普通高等教育生命科学专业系列教材

动　物　学

（第二版）

侯　林　吴孝兵　主编

科 学 出 版 社

北　京

内 容 简 介

本书是“普通高等教育生命科学专业系列教材”之一。在第一版的基础上，由编者参考当前国内、外动物学最新的相关教材和文献资料，结合教学实践进一步编写、修订而成。全书共分22章，全面、系统地介绍了无脊椎、脊椎动物在内的共25个门的动物形态学、分类学和生态学，着重反映形态学和分类学最新研究成果。特别设立了无脊椎动物起源与演化、脊椎动物起源与演化及动物地理分布三个章节，介绍当前关于动物起源、进化和动物分子进化等研究的最新研究进展和新成果。各章之前设有内容提要，章末设有思考题以供掌握、复习和巩固之用。

本书可作为高等院校生物科学及相关专业本科生的动物学教材，也可作为从事动物学、医学、农学、养殖、海洋科学等相关学科研究和教学人员的参考用书。

图书在版编目(CIP)数据

动物学/侯林，吴孝兵主编. —2版. —北京：科学出版社，2016.9(2025.8重印)
普通高等教育生命科学专业系列教材
ISBN 978-7-03-049794-9

Ⅰ.①动… Ⅱ.①侯… ②吴… Ⅲ.①动物学—高等学校—教材 Ⅳ.①Q95

中国版本图书馆CIP数据核字(2016)第203231号

责任编辑：朱 灵
责任印制：黄晓鸣/封面设计：殷 靓

科学出版社 出版
北京东黄城根北街16号
邮政编码：100717
http://www.sciencep.com
南京展望文化发展有限公司排版
江苏省句容市排印厂印刷
科学出版社发行 各地新华书店经销
*
2007年9月第 一 版 开本：A4(890×1240)
2016年9月第 二 版 印张：24 插页：8
2025年8月第二十一次印刷 字数：803 000

定价：66.00元

(如有印装质量问题，我社负责调换)

《动物学》(第二版)编委会

第二版前言

《动物学》第一版于 2007 年出版至今已 9 年，目前该书已经成为省属高等师范院校普遍使用的教材。习近平总书记强调，教材建设是育人育才的重要依托。由于分子生物学等新技术在动物学中的应用，产生了一批新的成果，需要我们把这些新成果介绍给读者，因此，《动物学》编委会决定在第一版的基础上修订出版《动物学》第二版。

经多方面征集读者、同行专家学者及编委的意见后，《动物学》第二版在第一版的基础上主要进行了以下四方面的修改和调整：第一，随着新物种的陆续发现，结合最新的资料，我们对部分分类阶元所具有的物种数量进行了修正，以正确反映分类学研究成果和进展。例如，甲壳动物桨足纲由原来的 12 种增加到 24 种，两栖动物各个分类阶元的数量均被重新修正；第二，甲壳亚门的分类当中增补了螯虾下目这一常见种类，尽量更全面的展示甲壳亚门复杂的分类系统。第三，结合读者和同行专家的反馈，对各章当中的文字、插图等细节进一步完善与修订，使本书的语言更加严谨、精炼，真正做到易读易懂。第四，限于篇幅、教材使用、教师的教学实践以及近年来学科发展迅猛的特点，对各门动物的生态、研究进展、附录中的词汇索引和保护动物名录四个部分予以删除，这部分的教学内容可由教师结合学科发展趋势和科研实践灵活补充，采取这样的方式可能更有利于内容的更新。

修订后的第二版教材继续突出第一版的特色：一是系统性。力求按照系统进化的主线，系统地介绍无脊椎和脊椎动物的形态、生理、分类和分布等的基本规律。二是实用性。力求与高等师范院校的教学计划和培养目标相一致，突出动物学基本内容，使其更加适合普通高等教育生命科学专业学生的需求。三是创新性。在一些章节加入了本书编者的科研成果，增加了原创的内容。全书尽量把本学科在世界上比较公认的新理论、新观点和新方法以及有争议的观点介绍给读者，使读者对当前动物学研究的热点问题有个比较清楚的认识。

第二版共 22 章，分别介绍了包括无脊椎动物和脊椎动物在内的 25 个门的动物的形态学、分类学和生态学，着重反映形态学和分类学最新研究成果。特别设立了无脊椎动物起源与演化、脊椎动物起源与演化及动物地理分布三个章节，主要介绍当前关于动物起源、进化的最新研究进展及动物的分子进化等研究的新成果。各章之前设有内容提要，章末设有思考题以供掌握、复习和巩固之用。其中绪论、第十三章由辽宁师范大学侯林编写，第一章、第四章由哈尔滨师范大学范学铭编写，第二章由天津师范大学刘强编写，第三章由江苏师范大学冯照军编写，第五章由沈阳师范大学杨明编写，第六章由安徽师范大学潘红春编写，第七章由吉林师范大学赵匠编写，第八章由江苏师范大学冯照军、哈尔滨师范大学范学铭编写。第九章节肢动物门的主要特征、螯肢动物亚门由南京师范大学孙红英编写，甲壳亚门由辽宁师范大学侯林、姚锋编写，六足亚门由上海师范大学李利珍编写，多足亚门和有爪动物门由福建师范大学陈寅山编写。第十章、第十一章、第十二章由浙江师范大学郑泉荣编写，第十四章、第十五章、第二十二章由上海师范大学俞伟东编写，第十六章由河北师范大学吴跃峰编写，第十七章由浙江师范大学邵晨编写，第十八章、第二十一章由安徽师范大学吴孝兵编写，第十九章由山东师范大学赛道建编写，第二十章由浙江师范大学鲍毅新编写，无脊椎动物学部分由侯林统稿、脊椎动物学部分由吴孝兵统稿，最终由侯林统稿并最后定稿。

在编写《动物学》第二版过程中得到科学出版社和编者所在单位的大力支持，特别是在章节结构调整、最新研究成果的增补、第一版一些错误的改正和问题的厘清以及后期编审、校对等方面做了大量工作。尽管我们在第一版的基础上，继续秉持科学性、创新性、准确性、系统性、前瞻性和实用性的原则，但受学术水平所限，加之时间比较仓促，书中欠妥之处和错误在所难免，诚恳希望同行和读者给以批评指正。

希望读者将学习贯彻二十大精神与动物学的学习相结合，更好地理解“人与自然是生命共同体”及“两山”理论等二十大精神，推动绿色发展，促进人与自然和谐共生，与读者共勉。

侯　林

2023 年 6 月修订

目　　录

绪　论

提　要

动物学的定义、动物的基本特征；动物学研究的主要内容与分支学科；物种的概念与动物分界；动物学的分支学科；动物多样性与进化；动物学的研究方法与分门；现代动物学研究的主要特点及所包含的主要研究内容。

随着科学技术的迅猛发展，动物学这门内容十分广博的基础学科与其他学科相互渗透，在动物形态学、分类学、动物分子系统学、动物进化生物学等方面得到了很大的发展，特别是在利用分子生物学的方法结合传统的形态学方法正确地确定过去在一些形态相近、差别甚微的种类的分类地位方面，在重新确定一些重要纲、目、科、属和种的种系发生和进化关系方面积累了大量的新的研究成果。这些重要的研究成果必将在了解各动物类群的进化历程和演变规律、形成保护动物多样性、自觉保护生态环境的良好素质、推动动物学的进一步发展为人类造福等方面具有重要的意义。

0.1　动物学的定义

动物学(zoology)是生物学研究范畴中的一大分支，它是研究动物各类群的分布、形态结构、生活、发生和发展等规律及其与周围环境相互关系的学科。远在古希腊时代，动物学就和植物学并行，分别以动、植物界为研究对象，逐步发展而成为独立完整的学科。

现代动物学所包含的内容愈来愈丰富，研究动物生命活动的方法愈来愈新，所涉及的内容也愈来愈多，形成了完整的学科体系。动物学依据达尔文的理论基础，即以个体发育与系统发育、功能与形态、机体与环境的统一性为前提，系统地研究动物的形态、生理、生态、分类、分布及其历史发展(包括个体发育与系统发育)的基本规律。

随着科学的发展，动物学的研究领域和研究内容也愈来愈广，因此掌握动物的基本形态特征和分类是进行其他实验的基础，是非常重要的。

0.1.1　生物的基本特征

1) 世界上所有的生物，除病毒以外都是由细胞组成的，构成生物体的基本单位是细胞。

2) 生物都有新陈代谢作用　　合成代谢或称同化作用是指生物体把从食物中摄取的养料加以改造，转换成自身的组成物质，并把能量储藏起来的过程。异化作用或称分解代谢是指生物体将自身的组成物质进行分解，并释放出能量和排出废物的过程。

3) 生物都有生长、发育和繁殖的现象　　任何生物在其一生中都要经过从小到大的生长过程。在生长过程中，生物的形态结构和生理机能都要经过一系列的变化，才能从幼体长成与亲代相似的个体，然后逐渐衰老死亡。这种转变过程总称为发育。当生物体生长到一定阶段就能产生后代，使个体数目增多，种族得以绵延。这种现象称为繁殖。

4) 生物都有遗传和变异的特性　　生物在繁殖时，通常都产生与自身相似的后代，这就是遗传。但两者之间是不完全相同的，这种不同就是变异。生物具有遗传性才能保持物种的相对稳定和生物类型间的区别,生物的变异性才能导致物种的变化发展。

0.1.2 动物的基本特征

动物区别于其他生物,尤其是植物,在形态、构造、运动、感觉等方面的差别是明显的。但这仅仅是在高等动物、植物之间,而在低等动物、植物之间往往就不易区分。因此,确切地说能够使我们区分动物或植物的惟一主要标志是营养方式。所有植物能吸取无机盐类、水和二氧化碳,能通过光合作用制造自己身体的组成部分,这种营养方式称自养性营养。所有动物只能以有机物为食物,除了少数动物可以吸收外界分解后产生的简单的有机物分子外,绝大多数动物都要吞咽食物,并在体内进行消化分解,吸取分子较大的有机物,这种营养方式称为异养性营养。

0.2 动物学研究的内容与分支学科

随着科学的发展,动物学的发展,动物学的内容愈来愈多,研究的方面也越来越广泛、细致和深入,形成了一门极其广博的多科性的学科。动物学的分类系统不仅简单地显示动物种类间形态的同一和差异,还同时表明动物的亲缘关系,反映动物界在前后接续的历史长河中系统发生的演化历程。

0.2.1 物种与动物的分类

地球上生活着的生物约有 200 万种,但每年还有许多物种被发现,估计生物的总数可达2 000 万种以上。对这么庞大的生物类群,必须将它们分门别类进行系统的整理,这就是分类学的任务。

1. 生物的分界

生物的分界随着科学的发展而不断深化。在林奈时代,对生物主要以肉眼所能观察到的特征进行区分,林奈(Carl von Linne,1775)以生物能否运动为标准明确提出两界分类系统:动物界(Animalia)和植物界(Plantae)。显微镜广泛使用后,霍格(J. Hogg,1860)和赫克尔(E. H. Haeckel,1866)提出原生生物界(Protista)(包括细菌、藻类、真菌和原生生物)、植物界和动物界的三界系统,这一观点到 20 世纪 60 年代才开始流行。

随着科学技术的发展,出现了电子显微技术,经过观察和分析,考柏兰(H. F. Copeland,1938)将原核生物另立为一界,提出了四界系统,即原核生物界(Monera)、原始有核界(Protoctista)(包括单胞藻、简单的多细胞藻类、黏菌、真菌和原生生物)、后生植物界(Metaphyta)和后生动物界(Metazoa)。随着电镜技术的完善和广泛应用以及生物化学知识的积累,1969 年惠特克(R. H. Whittaker)又根据细胞结构的复杂程度及营养方式提出了五界系统,他将真菌从植物界中分出另立为界,即原核生物界、原生生物界、真菌界(Fungi)、植物界和动物界。

我国著名的昆虫学家陈世骧(1979)提出了三个总界六界系统,即非细胞总界(包括病毒界)、原核总界(包括细菌界和蓝藻界)、真核总界(包括植物界、真菌界和动物界)(见表 0-1)。但是对于这一分界系统尚存在很多争议。有些学者主张扩大原生生物界,把真菌划归在内成为另一种四界系统,当然还有其他的学者提出了与上述六界系统不同的分类系统,R. C. Brusca 等学者在 2002 年也提出了一个与上述六界说基本相同的六界系统,即原核生物界、古细菌界、原生动物界、真菌界、植物界和动物界。这个学说普遍也被学者接受。但是目前人们对生物的分界还没有统一的意见。但是无论如何,生物的分界显示了生命历史所经历的发展过程。

2. 分类等级

分类学根据生物之间相同、相异的程度与亲缘关系的远近,使用不同的等级特征,将生物逐级分类。动物分类系统,由大而小有界(Kingdom)、门(Phylum)、纲(Class)、目(Order)、科(Family)、属(Genus)、种(Species)等重要的分类阶元(category)。在动物界的分类系统中,种是最基本的单元,在形态上具备一定的特征,因此种与种可以相互区别;同时每个种在地球上都占有一定的分布区。

在分类系统中,比种高一级的阶元是属,属由具备共同特征的种集合而成。进一步,具备共同的重要特征的属组合成科,科又组成目,目向上便组成纲,最后纲组合成为门。

表 0-1 生物的界级分类(引自陈世骧)

五界系统(惠特克,1969)	六界系统(陈世骧,1979)	六界系统(Brusca,2002)
Ⅰ. 原核阶段 1. 原核生物界 Ⅱ. 真核单细胞阶段 2. 原生生物界 Ⅲ. 真核多细胞阶段 3. 植物界 4. 真菌界 5. 动物界	Ⅰ. 非细胞生物界 1. 病毒界 Ⅱ. 原核生物界 2. 细菌界 3. 蓝藻界 Ⅲ. 真核生物界 4. 植物界 5. 真菌界 6. 动物界	1. 原核生物界 2. 古细菌界 3. 原生生物界 4. 真菌界 5. 植物界 6. 动物界

在这些分类阶元之外有时还建立亚种、亚属、亚科、亚目、亚纲与亚门以及总科、总目与总纲等。总之,门是最大的分类阶元,而种是最小的分类阶元;种以下的亚种是地方性种群的集合体。一般采用的分类阶元如下。

界 Kingdom
门 Phylum
亚门 Subphylum
总纲 Superclass
纲 Class
亚纲 Subclass
总目 Superorder
目 Order
亚目 Suborder
总科 Superfamily
科 Family
亚科 Subfamily
属 Genus
亚属 Subgenus
种 Species
亚种 Subspecies

按照惯例,亚科、科和总科等名称都有标准的字尾(科是-idae,总科是-oidea,亚科是-inae)这些字尾是加在模式属的学名字干之后的。因而对一些不常见的类群名称,也可以一见就知道是亚科名、科名或总科名。例如长臂虾的分类阶元:动物界(Animal)、节肢动物门(Arthropoda)、甲壳纲(Crustacea)、十足目(Decapoda)、长臂虾科(Palaemonidae)、长臂虾属(Palaemon)。

3. 物种的概念

物种是生物界发展的连续性与间断性统一的基本间断形式;在有性生物,物种呈现为统一的繁殖群体,由占有一定空间、具有实际或潜在繁殖能力的种群所组成,而且与其他这样的群体存在生殖上的隔离。

物种是分类系统中最基本的分类阶元,它与其他分类阶元不同,纯粹是客观的,有自己相对稳定的明确界限,可以与别的物种相区别。关于物种的概念、对于物种的认识,也随着科学的发展而发展。在林奈时代,物种的概念远比现在简单,18 世纪时认为物种是固定不变的。当进化的概念被广泛接受以来,人们逐渐达成共识,认为当前地球上生存的种或物种是自然选择的历史产物,是分类系统上的基本单位,是具有一定的形态、生理特征和一定的自然分布区的生物类群,是物种在长期历史发展过程中,通过变异、遗传和自然选择的结果。种与种间在历史上是连续的,但种又是生物连续进化中一个间断的单元,是一个繁殖的群体,具有共同的遗传组成,能生殖出与自身基本相似的后代。种内个体之间可以互相交配而生殖后代,但种与种之间在生殖上却相互隔离,即在自然条件下这一种的个体不能与别一种的个体交配生殖,即使人工使之杂交,所产后代也都无生育能力。

4. 动物的分门

现存形形色色的动物,可以根据异同的程度(如细胞数量及分化、体制及分节情况、附肢的性状、内部器官的布局和特点以及个体发育等)将动物界分为若干门。历来种以上各分类等级既具有客观性又具有主观性,随着对各类动物研究的深入,目前国内、外的学者对于动物分门的数目及各门动物在动物进化系统上的位置持有不同的见解,并根据新的准则、新的证据,不断提出新的观点。因此,关于现存动物的分门,在原来的十大门中,逐渐被另立或提升为许多门。到目前为止,动物界已被分立成30余门之多。我们按照大多数学者的意见划分为下列24门:

原生动物门(Protozoa)、多孔动物门(Porifera)、扁盘动物门(Placozoa)、刺胞动物门(Cnidaria)、栉水母动物门(Ctenophora)、扁形动物门(Platyhelminthes)、纽形动物门(Nemertinea)、线虫动物门(Nematoda)、线形动物门(Nematomorpha)、动吻动物门(Kinorhyncha)、轮虫动物门(Rotifera)、棘头动物门(Acanthocephala)、腹毛动物门(Gastrotricha)、内肛动物门(Entoprocta)、环节动物门(Annelida)、软体动物门(Mollusca)、节肢动物门(Arthropoda)、有爪动物门(Onychophora)、苔藓动物门(Bryozoa)、腕足动物门(Brachiopoda)、箒虫动物门(Phoronida)、棘皮动物门(Echinodermata)、半索动物门(Hemichordata)、脊索动物门(Chordata)。在上述24门动物中除脊索动物门的动物外,体内都无脊椎,除脑外中枢神经系统均位于消化管的腹侧,这一类动物合称为无脊椎动物(Invertebrate)。作为生物学的基础教学,我们的教学重心从上述24门动物门中选择了以下12门动物:原生动物门、多孔动物门、腔肠动物门、扁形动物门、线虫动物门、环节动物门、软体动物门、节肢动物门、苔藓动物门、棘皮动物门、半索动物门、脊索动物门以便教学。

0.2.2 动物学的分支学科

目前描述过的动物近150万种。这样繁多的动物需要有一个完整的、能反映进化系统的分类法,才能正确地认识和区分它们,深入地掌握它们的发生发展规律。正确地区别物种、建立起分类体系,不仅可以探索物种形成的规律,了解各种生物在自然界中所占地位及其进化的途径和过程,而且在生产实践中对有害动物的防除、有益动物的利用、良种繁育、了解各类动物与人类的关系等有重要意义。随着科学的发展,动物学的内容愈来愈多,已经形成了一门极其广博的多科性的学科。以研究对象划分,动物学可分为无脊椎动物学、原生动物学、寄生虫学、软体动物学、昆虫学、甲壳动物学、鱼类学、鸟类学、哺乳动物学等;按研究重点和服务的范畴,又可划分为理论动物学、应用动物学、资源动物学、仿生学等;传统的分支有动物形态学、动物生理学、动物分类学、动物生态学等。

动物形态学(animal morphology) 研究动物的构造以及它们在个体发育和系统发育过程中的形态发生,叫做形态学。形态学包括研究动物器官构造及其相互关系的解剖学(anatomy)、研究细胞与器官的细微结构的细胞学(cytology)与组织学(histology)以及研究动物个体发育过程中动物体形成过程的胚胎学(embryology)。如以人体解剖为研究对象的学科,称为人体解剖学(human anatomy);用比较现代动物结构异同的方法来研究各种动物器官形态变化的学科,谓之比较解剖学(comparative anatomy)。此外,古动物学是研究已经绝迹的动物,研究地质年代各纪中的动物化石,阐明动物的亲缘关系,这也是一重要的形态学。

动物分类学(animal taxonomy) 研究动物类群(包括各分类阶元)间的异同及其异同程度,阐明动物间的进化关系、进化过程和发展规律。

动物生态学(animal ecology) 研究动物与环境间的相互关系,包括个体生态、种群生态、群落生态,乃至生态系统的研究。

动物胚胎学(animal embryology) 研究动物胚胎的形成、发育的过程及其规律。近些年来应用分子生物学和细胞生物学等的理论与方法,研究个体发育的机理是胚胎学发展的新阶段,称为发育生物学。

动物地理学(zoogeography) 研究动物种类在地球上的分布以及动物分布的方式和规律。从地理学角度研究每个地区中的动物种类和分布的规律,常被称为地理动物学。

动物生理学(animal physiology) 研究动物体的生理功能,即动物的生命活动过程中的消化、呼吸、循环、排泄、分泌、运动与刺激反应以及生殖等生理功能。

动物遗传学(animal genetics) 研究动物遗传变异的规律,包括遗传物质的本质、遗传物质的传递和遗传信息的表达调控等。

由于学科发展和广泛的交叉渗透,使动物学研究向微观和宏观两极展开又相互结合,形成了从分子、细胞、组织、器官、个体、群体、生态系统等多层次的研究，同时以动物学为基础学科又新兴了许多新的学科。

保护生物学(conservation biology) 是生命科学中新兴的一个多学科的综合性分支，研究保护物种、保护生物多样性(biodiversity)和持续利用生物资源等问题。生物多样性包括物种多样性、遗传多样性和生态系统多样性。

仿生学(bionics) 研究生物各系统的结构性质、能量转换和信息过程，并将所获得的知识，用来改善现有的或模拟生物器官，创造新仪器设备。因此仿生学就成为现代发展新技术的重要途径之一。

进化形态学(evolutionary morphology) 综合比较解剖学、古生物学和胚胎学的资料来确定进化在形态方面的规律。

总之，动物学不是一门孤立的学科，而是阐明动物界的生命活动和历史的各个方面的学科，它具有完整的科学体系。随着现代生物技术的发展，各学科间相互渗透、交叉和综合，传统动物学各学科融合了新的研究内容，产生了许多新的分支学科。

0.3 动物的多样性与进化

1992 年，在巴西里约热内卢召开了由各国首脑参加的最大规模的联合国环境与发展大会，在此次“地球峰会”上，签署一系列有历史意义的协议，包括两项具有约束力的协议：《气候变化公约》和《生物多样性公约》。前者目标是工业和其他诸如 CO_2 等温室效应气体排放；后者是第一项生物多样性保护和可持续利用的全球协议，生物多样性公约获得快速和广泛的接纳，150 多个国家在里约大会上签署了该文件，此后共 175 个国家批准了该协议。作为《生物多样性公约》的缔约国，我国于 1994 年制定了《中国国家生物多样性公约行动计划》。《生物多样性公约》有三个主要目标：保护生物多样性；生物多样性组成成分的可持续利用；以公平合理的方式共享遗传资源的商业利益和其他形式的利用。

生物多样性(Biological diversity 或 biodiversity)是描述地球上生命的变化及其形成的自然格局的术语。今天我们所见到的生物多样性是几十亿年来生物进化的成果，生物多样性是自然过程塑造的，同时也日益受到了人类活动的影响。生物多样性形成了一个生命的网络，人类是其不可缺少的一部分，并且人类是如此完全地依赖于它。这种多样性常常被理解为植物、动物和微生物的广泛变化。迄今为止，大约 173.9 万个物种被鉴定，主要是小型生物，如昆虫。科学家推测大约有 1 300 万个物种，虽然估计的范围是 300 万到 1 亿个物种。我国国土辽阔，海域宽广，自然条件复杂多样，加之有较古老的地质历史(早在中生代末，大部分地区已抬升为陆地)，孕育了极其丰富的植物、动物和微生物物种以及繁复多彩的生态组合，是全球 12 个“巨大多样性国家”之一。动物汇合了古北界和东洋界的大部分种类，生物多样性丰富。我国现存无脊椎动物已描述的种数 132.5 万个，脊椎动物 6 300 余种，其中鸟类 1 244 种，占世界总数的13.7%，鱼类 3 862 种，占世界总数的 20.0%，都居世界前列。不仅如此，特有类型之多，更是中国生物区系的特点。已知脊椎动物有 667 个特有种，为中国脊椎动物总种数的 10.5%，中国拥有众多有“活化石”之称的珍稀动、植物，如大熊猫(*Ailuropoda melanoleuca*)、白鳖豚(*Lipotes vexillifer*)、文昌鱼(*Branchiostoma belcheri*)、鹦鹉螺(*Nautilus pompilius*)等等，是人们所共知的。

0.3.1 我国动物的多样性

1. 无脊椎动物的多样性

无脊椎动物的门类和种数不但在整个动物界中占主要地位，在全部生物中亦占优势。据 Groombridge (1992)提供的某些类群的已描述种数的统计，无脊椎动物已描述的种数(132.5 万个)占全部动物数(137 万个)的 96.71%，占全部生物已描述种数(173.9 万个)的 76.19%。对于全球无脊椎动物的多样性的了解还较少。现在每年描述的新种约 15 000 种。按这样的速度，即使以最低的估计种数，也需约 100 年才能完成对所有种类的描述。中国地域广大，物种丰富，家底更不清楚。中国的无脊椎动物种数一般约占全球总数的 10%左右。有的类群由于多为世界种(如轮形动物、甲壳动物中的枝角类 Cladocera)，或一些生活在海洋的类群[如毛颚动物、帚形动物、刺胞动物中的角珊瑚(Antipatharia)]，较少受地理隔阻，而且国人对这些类群调查得较清楚，因而所占比例甚高。由于中国在地球演化过程中所处的特殊地位，造成中国丰富的物种和包括活化石在内的许多特有的物种,因而中国无脊椎动物多样性是构成全球物种多样性的一个重要部分。中国无脊椎动物特有种属很多,如刺胞动物门水螅虫纲(Hydrozoa)的桃花水母属(*Craspedacusta*),全球仅5种及4亚种,而中国分布有4种,其中3种和4个亚种为中国特有种。扁形动物门涡虫纲(Turbellaria)中细涡虫属(*Phagocata*)3种中的2种为中国特有种,多目涡虫属(*Polycelis*)9种和枝肠涡虫属(*Dendrocoelopsis*)2种全为特有种。中国已知43种星虫中有8个特有种,11种螠虫中有4个特有种(包括拟无吻螠 *Para-arhynchite* 特有属),这在海洋动物中也是较典型的例子。当然,最显著的例子似乎见于淡水或内陆生活的动物类群。如软体动物中蜗牛有5个特有属,总计132个特有种,双壳类(Bivalve)的淡水蚌有6个特有属,共计26种。甲壳动物中桡足类(Copepoda),中国共记述206种和亚种,特有种有96种,占总种数的46.6%。最典型的例子是淡水溪蟹,由于长期生活在山溪的石块下,互相隔绝而衍生出许多不同属种。在已知35属中共计250个特有种,其中有32个特有属(占总属数的91.4%)。此外,多足类也是明显的例证,中国已发现华美马陆科(Sinocallipodidae)这一特有科,另2科中有3个特有属9个特有种。由上述例证可以说明,要最终搞清全球的物种,研究中国物种多样性是一项刻不容缓的任务。

2. 我国脊椎动物的多样性

我国脊椎动物(vertebrata)共6 347种,约占世界总数(45 417)的14%,其中许多为我国所特有,特有种数达667种,约占中国脊椎动物总种数的11%。中国脊椎动物物种丰富度高、特有程度高是复杂的动物区系历史和多样的生态地理条件相互作用的结果。中国位于亚洲东部,北方属古北区,东北大兴安岭和新疆阿尔泰山地区处于泰加林南缘,有许多冻原和泰加林动物区系的代表物种生活在那里。如貂熊(*Gulo gulo*)、紫貂(*Martes zibellina*)、驼鹿(*Alces alces*)、雪兔(*Lepus timidus*)、河狸(*Castor fiber*)、灰松鼠(*Sciurus vulgaris*)、花尾榛鸡(*Tetrastes bonasia*)、黑琴鸡(*Lyrurus tetrix*)、雷鸟(*Lagopus* spp.)、细嘴松鸡(*Tetrao parvirostris*)、黑啄木鸟(*Dryocopus martius*)和河流中的大马哈鱼(*Oncorhychus keta*)等。我国西北与蒙古和中亚荒漠相连,分布有许多典型的草原和荒漠动物,如沙狐(*Vulpes corsac*)、荒漠猫(*Felis bieti*)、兔狲(*F. manul*)、野马(*Equus przewalskii*)、蒙古野驴(*E. hemionus*)、野骆驼(*Camelus ferus*)、鹅喉羚(*Gazella subgutturosa*)、黄羊(*Procapra gutturosa*)、普氏原羚(*P. przewalskii*)、高鼻羚羊(*Saiga tatarica*)、草兔(*Lepus capensis*)、达乌里鼠兔(*Ochotona daurica*)、跳鼠科(Dipodidae)的许多种,沙鼠属(*Meriones* spp.)、短耳沙鼠(*Brachiones przewalskii*)、大沙鼠(*Rhombomys opimus*)、鸨(*Otis* spp.)、沙鸡(*Pterocles orientalis*)、毛腿沙鸡属(*Syrrhaptes* spp.)、蒙古百灵(*Melanocorypha mongolica*)、四爪陆龟(*Testudo horsfieldi*)、沙蜥属(*Rhrynocephalus* spp.)、麻蜥属(*Eremias* spp.)等。我国南方则属于东洋区,有许多典型的亚洲热带、亚热带物种生活在这里,如臭鼩属(*Suncus* spp.)、小鼠猬(*Hylomys suilus*)、树鼩(*Tupaia glis*)、菊头蝠属(*Rhinolophus* spp.)、蹄蝠(*Hipposideros* spp.)、蜂猴属(*Nycticebus* spp.)、猕猴属(*Macaca* spp.)、叶猴属(*Presbytis* spp.)、长臂猿属(*Hylobates* spp.)、穿山甲属(*Manis* spp.)、亚洲象(*Elephas maximus*)、马来熊(*Helarctors malayanus*)、鼬獾属(*Melogale* spp.)、灵猫科(Viveridae)的许多种,金猫(*Felis temminckii*)、云豹(*Neofelis nebulosa*)、鼷鹿(*Tragulus javanicus*)、麂属(*Muntiacus* spp.)、野牛(*Bos gaurus*)、巨松鼠(*Ratufa bicolor*)、犀鸟科(Bucerotidae)、啄花鸟科(Dicaeidae)、太阳鸟科(Nectariniidae)、画眉亚科(Timaliinae)的许多种、鹧鸪(*Francolimus pintadeanus*)、山鹧鸪属(*Arborophila* spp.)、原鸡(*Gallus gallus*)、孔雀(*Pavo muticus*)、长尾雉属(*Syrmaticus* spp.)、水龟属(*Clammys* spp.)、闭壳龟属(*Cuora* spp.)、飞蜥(*Draco* spp.)、巨蜥(*Varanus salvator*)、蟒(*Python molurus*)、树蛙科(RhacoPhoridae)、姬蛙科(Microphylidae)的许多种。古北区与东洋区的分界线在西部大致沿着喜马拉雅山脉南坡,向东伸延到横断山脉地区,线北分布古北界动物,线南分布东洋界动物。再向东到我国东部的季风区,分界线是古北区物种和东洋区物种交错分布的广阔过渡地带。在上述两大动物地理区内,由于各地地势高低不同、山川纵横阻隔,因地而异,既有利于新种的形成又有利于古老孑遗物种的保留(避难地),使得我国成为许多脊椎动物类群的起源中心或现代繁盛中心以及孑遗物种的保留地。

由于绝大多数脊椎动物的肉、卵可食,毛皮可衣,并且其中许多种具有很高的药用价值,所以它们历来是人类捕杀的对象。加之它们的某些生物学特性(躯体大小、繁殖和遗传方式、世代时间、在生态系统中的位置等),使得它们更容易受环境变迁(破坏)的影响。因此,一般而言,脊椎动物与其他生物类群相比,受威胁的程度更为严重。特别令人关心的是,许多我国特有种也处于濒危状态。

3. 动物多样性受到的威胁

由于环境的变化、人类的干扰等因素，一些可爱的动物如熊猫、老虎、大象、鲸鱼和鸟类的数量正在下降，这引起世界对这些物种危机的关注，物种已经以50倍于自然灭绝的速度消失，发生引人注目的上升，根据这个趋势，估计有34 000种植物、5 200种动物，其中包括1/8的鸟类面临绝种。生态系统正在碎化或消失，无数的物种其数量正在减少或已经灭绝，我们正在制造自6 500万年前灭绝恐龙的自然灾难以来最大的灭绝危机，这种灭绝是不可逆转的，并且正降临在粮食作物、药品和其他生物资源上，给人类健康带来威胁。如果不明白人类生命的支持系统正在逐步地瓦解，那将是鲁莽的；把其他的生命推向灭绝的边缘是不道德的，也剥夺了当代人和子孙的生存和发展。我们应当积极保护生物多样性，拯救世界的生态系统和那些我们珍视的物种及其他无数的物种。

0.3.2 寒武纪生命大爆发

提到动物多样性和进化，不能不提到寒武纪生命大爆发。1984年7月1日在云南澄江县帽天山首次发现了现已闻名于世的澄江动物化石群，并立即进行了大规模系统采集。在1984年和1985年的野外地质调查中发现，澄江生物化石群分布广泛，在滇东地区下寒武统筇竹寺组玉案山段中的泥质岩层中均有发现，其时代为寒武纪早期，距今约5.3亿年前。虽经5亿多年的沧桑巨变，这些最原始的各种不同类型的海洋动物软体构造保存完好，千姿百态，栩栩如生，是目前世界上所发现的最古老、保存最好的一个多门类动物化石群，生动如实地再现了当时海洋生命壮丽景观和现生动物的原始特征，为研究地球早期生命起源、演化、生态等理论提供了珍贵证据。澄江动物化石群的发现，引起世界科学界的轰动，被称为20世纪最惊人的发现之一。澄江生物群向人们展示了各种动物在寒武纪大爆发时立即出现，现在生活在地球上的各个动物门类几乎都已存在，而且都处于一个非常原始的等级，只是在后来的演化中，各个不同类群才演化为一个固定模式。如现在所有昆虫的头部体节数量都是一样的，而原始的节肢动物类群头部体节的数量变化则相当大（从1节到7节）。从形态学的观点来讲，早寒武纪动物的演化要比今天快得多。新的构造模式或许能在“一夜间”产生，门和纲一级的分类单元特征所产生的速度或许就如我们认为种所产生的速度一样地快。而达尔文认为，较高级的分类范畴是生物种级水平演化变化慢慢堆积的结果，依次达到属、科、目、纲和门级水平。这并不意味着达尔文是不正确的，而是由于受当时科学条件束缚、研究工作的积累不够造成的，但可以肯定其理论是不全面的。自然选择很大程度上是一个稳定选择，这种选择有可能阻碍着演化。在寒武纪，新门（例如腕足动物）通过不同器官在成长速度中，通过简单的转换就可以产生，以至于成年个体能够保存祖先幼虫的滤食生活方式。类似这个过程在几百年或几千年内就可以形成、产生新门。澄江动物群给我们提供的生物高级分类单元快速演化的证据（突变）是我们在教科书中所读不到的。澄江生物群给我们提供了一个完整的最古老的海洋生态群落图，在这种生态群落之前我们的认识几乎是一片空白。现在，我们不仅能知道在寒武纪大爆发时产生了哪些动物，我们还能初步了解不同动物的生活方式和食性。澄江动物群或许还能帮助我们了解寒武纪生物大爆发中生物演化的原因，以及诱发这种大爆发的理由。

这场关于寒武纪生命大爆发对进化论的挑战的争论到目前还在进行中，主要的焦点是生命大爆发是否对达尔文渐变论的否定，物种突然出现的原因，对达尔文进化论有何挑战等。关于这场争论的结果我们还要耐心等待，也希望有志之士参加化石群的研究，搞清楚寒武纪生命大爆发的原因。

0.4 动物学研究的方法

学习生命科学，首先要具有正确的生物学观点。所谓正确的生物学观点就是动态地注意形态与功能的统一，生物体对环境的适应，整体与局部之间的相互关系，有机体各层次之间的联系，以及个体发育与系统发育的统一的观点。对复杂的生命现象的本质的探讨，不能用简单的方法做出结论，需要用生物学的观点对科学的事实加以分析和综合。动物学和其他所有学科一样，其一般性的研究方法是辩证唯物主义。辩证唯物主义是科学的世界观，同时也是认识自然界的唯一方法。从事动物学研究，必须多方面接触自然与实际、丰富感性认识，然后再通过整理和概括，提高到理性阶段，把最本质的问题揭露出来。

除了上述的指导性的方法外，动物学的学习和研究中所涉及的方法学问题，基本上有以下几种基本方法。

1. 观察描述法

观察是动物学研究的最基本的方法。通过观察从客观世界中获得原始的第一手材料。科学观察的基本要求是客观地反映所观察的事物,并且只有可重复的结果才是可以检验的,从而才是可靠的结果。观察需要有科学知识,观察切不可为原有的知识所束缚。描述主要是通过观察将动物的外部特征、内部结构、生活习性以及经济意义等用文字或图表如实地系统的记录下来。它包括文字描述、绘图(生物图)、摄影、摄像、仪器记录等。

2. 比较法

比较法是动物学研究最常用的方法。没有比较就没有差别,通过对不同动物的系统从宏观的形态结构到微观的细胞、分子水平的比较,才能对有关动物学的各种问题进行研究并得到正确的结论。

3. 实验法

实验法是动物学研究中实践性和技术性较强的方法。实验法经常与比较法同时使用,并与方法学及实验手段的进步密切相关,是在一定的人为控制条件下,对动物的生命活动或结构机能进行观察和研究。例如,用放射性同位素示踪法研究动物的代谢过程和生态习性等。

4. 历史法

历史法是根据现在所观察的生命过程及其规律来推论过去所发生的生命过程。简单地说,历史方法就是"以今论古"的方法。研究自然生命在自然界的历史发展,必须应用这个方法。

5. 人工模拟生命

通过动物药理实验、动物病理实验、计算机模拟(输入动物声音)来探索高级神经思维活动的规律。

必须指出,上述各种研究方法是彼此相互联系的,在实际的研究工作中经常被综合的应用。

0.5 现代动物学研究的特点及所包含的主要研究内容

0.5.1 传统动物学研究的主要特点及动物学研究的简史

传统动物学主要研究动物的分类、演化、动物区系与动物地理,其跨学科的应用严重不足。其中以动物分类学形成较早,其次为形态学和解剖学,这与人类自身健康、医药有关。随后产生动物演化、动物区系及动物地理。

关于动物学的研究有较为悠久的历史,公元前300多年古希腊动物学家亚里士多德(Aristotle,公元前384~前322),在专著中记述了450种动物,首次建立起动物分类系统,将它们分为有血动物和无血动物两大类,并采用了种(eidos)和属(genos)的术语,同时,书中就涉及解剖学和胚胎学的内容。16世纪以后许多学者发表了大量动物分类学及解剖学方面的研究著作。17世纪显微镜的问世,更推动了微观领域中组织学、胚胎学及原生动物学的研究。这个时期著名的动物学家,如英国的哈维(W. Harvey,1578~1657)、荷兰的列文虎克(A. Leeuwenhoek,1632~1723)等,他们对动物学的细微结构都有卓越的贡献。18世纪瑞典生物学家林奈(Carl von Linne,1707~1778),创立了动物分类系统,将动物划分为哺乳纲、鸟纲、两栖纲、鱼纲、昆虫纲和蠕虫纲六个纲,还创立了双名法(binomen),奠定了现代分类学的基础。19世纪初的法国生物学家拉马克(J. B. Lamarck,1744~1829)提出了物种进化的思想,认为动物在生活环境的影响下,可以变化、发展和完善。同时期的法国自然科学家居维叶(Cuvier,1769~1832)确定了器官相关定律,在比较解剖学及古生物学方面作出了贡献,可谓比较解剖学的奠基者。1832年,俄国学者贝尔(Baer,1792~1876)发表了鸡胚胎的巨著,创立了胚层学说。19世纪中叶,德国学者施莱登(M. Schleiden,1804~1881)和施旺(T. Schwann,1810~1882)提出了举世闻名的细胞学说;英国科学家达尔文(C. Darwin,1809~1882)发表了《物种起源》的伟大著作,认为生物的种是在不断向前发展和变化的,是从简单到复杂、从低等到高等不断的变化,没有固定不变的种,他还确立了生物进化的学说。1900年,奥地利学者孟德尔(G. Mendel,1822~1884)的遗传定律被重新发现和注意,这一发现和后来发现的细胞分裂时染色体的行为相吻合,成为摩尔根(T. H. Morgan,1866~1945)派基因遗传学说的理论基础。1953年,沃森(J. D. Watson)和克里克(F. H. C. Crick)提出了著名的 Watson-CrickDNA 结构的双螺旋模型，DNA 的复制、遗传信息的传递等问题也就得到了更精确的解答。随着现代生物技术的应用，现代动物学蓬勃发展。

我国早在 4 700 年以前中国殷商的甲骨文中，就已经出现了许多兽、鸟、鱼、虫等字。春秋时代的《诗经》中就已经记述了 100 余种动物。2 500 年前的《尚书・禹贡篇》中记载了当时 9 个大区域的经济动物种类，是中国动物地理学的萌芽。距今 2 000 多年前《周礼》中就把动物分为毛、羽、介、鳞、嬴 5 类，大致相当于现代动物分类中的兽类、鸟类、甲壳类、鱼类和软体动物。汉代《尔雅》中有释虫、释鱼、释鸟、释兽、释畜 5 类，每篇都写了近百种动物。北魏的《齐民要术》总结了许多渔、桑、农、牧的经验。唐代陈藏器的《本草拾遗》中以侧线鳞数作为鱼类分类的重要性状，至今沿用。我国在公元 265～420 年的晋代，已率先编纂了动物图谱。明代李时珍《本草纲目》描述了 300 余种动物。

我国结束了封建制度以后，进入半封建半殖民地时期，由于时局动荡等原因，动物学的发展较为缓慢。新中国成立后，动物学学科的发展进入了新阶段。特别是近 20 年，国家重新调整了原有研究机构，引入创新机制；充实了高等院校动物方面的师资和设备；出版了许多学术刊物；进行了大规模的动物资源调查和生态研究，制定了动物地理区划等，为合理利用、保护动物资源提供理论依据。

0.5.2 现代动物学研究的特点

近 20 年，随着分子生物学等现代生物技术的迅猛发展，传统动物学面临极大的挑战，同时，借助于分子生物学和计算机科学的技术，传统动物学也正在焕发新的生机。由于新技术的渗透，从传统动物学派生出相关分支学科，如动物行为学、动物生态学、生殖生物学和保护生物学等。简单总结现代动物学研究的主要特点是：① 动物学与分子生物学、细胞生物学、高等数学、化学、计算机科学等学科间相互渗透、交叉和综合，使得传统动物学的学科得到整合和发展，其实质就是从整体性和系统性出发，采用多层次、多学科的研究理论和方法来开展动物学的研究，有了交叉、融合的趋势。② 由于现代生物技术的发展，使得相关功能基因的研究、表达、遗传、标记、分离、提取、转导、沉默、缺失、突变、跳跃、序列测定等研究都融入传统动物学原有的相关学科，使得一些传统学科得到了迅速的更新和发展。特别是近年来在人体基因组计划、克隆技术、胚胎移植、干细胞研究等等技术也极大地促进了动物学在分子水平上的研究和发展，转基因技术使动物获得了所没有的遗传特性。③ 由于学科间相互渗透、交叉和综合传统动物学产生了许多新的分支学科，并不断扩展新的研究领域。例如出现了动物系统学、发育生物学、动物基因组学与生物信息学等学科，这些学科的出现也促进了传统动物学在基因组和蛋白质组学水平上的研究和发展。

近年来，国际动物学会提出"整合动物学"(integrative zoology)的概念，2004 年在北京召开的第 19 届国际动物学大会，把整合动物学推向了一个新的高潮。整合动物学在解决环境与我们生活相关的动物学问题、生物学问题、生物多样性保护与利用问题、动物疫病研究方面将发挥越来越重要的作用。另外，在微观与宏观相结合的研究课题可能在"整合动物学"思想的指导下，才能得到很好的解决。近年来整合动物学的发展取得了一些令人鼓舞的进展，如分子生物学与生态学结合，形成了分子生态学，人们可以利用分子生物学手段来解决宏观的生态学现象；分子生物学与行为学结合，与神经生物学结合，也是当前研究的一个非常重要的发展方向。整合动物学作为未来动物学研究的一个重要方向，正在逐渐得到科学界的认可。

0.5.3 现代动物学研究的主要内容

1. 系统动物学(systematic zoology)或称动物进化生物学(evolutionary biology of animal)

从系统动物学的诞生和发展，可以说明现代动物学研究中的宏观和微观正在更高程度上相互渗透，并全面地推动着动物学向前发展。系统动物学是动物科学中的一个重要组成部分，其研究内容包括动物分类和区系的研究、动物进化过程的阐明和生物多样性等广泛的领域。从分类学到系统学和进化生物学名称的变化，反映了这个分支学科的发展趋势，也体现出现代动物学研究的特点：微观研究的手段和理论不断介入宏观领域，宏观的研究结果又不断指导着微观研究的进一步发展。

在系统动物学方面，以梅尔(Mayr)和辛普森(Simpson)为代表，他们对居群、物种授予准确的生物学定义，并运用同源相似性比较的特征分析方法，对动物进行等级分类，通过分类等级来反映动物的进化过程。以史尼斯(Sneath)和索可尔(Sockal)等人为代表的数值系统学派，兴起于 20 世纪 50 年代初期，主张对生物的全部性状进行不加权的定量(数值)分析,并依据统计结果的分类意义建立相应的分类系统。60年代,由于一系列进化现象的发现,以新的分类理论为标志的分类学科——分支分类学(cladistic taxonomy)或称分支系统学(cladistic systematic)应运而生。分支分类通过对性状的同源性分析(homology analysis)或称分支分析(cladistic analysis)获得关于性状在进化中的起源和传递途径的顺序的资料,并据此画出反映这种进化顺序的分支图(cladogram)。以德国昆虫学家和分类学家亨尼(Harming)为代表的分支系统说提出之后,这个领域迄今比较活跃,在此基础上构建分子树(molecular tree)或物种树(species tree),能精确地估计出物种间或群体间的进化年代。进化树(evolutionary tree)又名系统树(phylogenetic tree)已发展成为多学科(包括生命科学中的进化论、遗传学、分类学、分子生物学、生物化学、生物物理学和生态学,又包括数学中的概率统计、图论、计算机科学和群论)交叉形成的一个边缘领域。动物系统学和进化生物学方面,近年来在无脊椎动物和脊椎动物起源、鸟类和恐龙起源、寒武纪大爆发等方面的最新研究成果,丰富和填补了动物系统进化树上的重要环节缺失。

2. 动物行为生态学(animal behavioural ecology)

近些年,动物行为生态学发展很快,其主要的研究热点集中在下列几个方面。

进化稳定对策(evolutionary stable strategy,ESS)的理论。进化稳定对策是行为生态学中最重要的概念之一。进化稳定对策的概念使我们第一次能够清楚地看到,一个由许多独立的实体构成的集合体(如种群)如何最终成为一个有组织的稳定整体。这不仅适用于物种内的社会组织,也很可能适用于许多物种所构成的群落和生态系统。ESS理论也不断受到挑战。例如:Ehrlich就认为ESS概念并不能解释一种进化稳定对策被建立的进化过程,为此还需提出更进一步的论点去说明一个ESS对策是如何被建立起来的。另外,也有人提出了进化不稳定性的问题(Marrow & Cannings,1993)。

动物在生境选择中的行为适应研究是一个正在兴起的研究领域。一些研究表明,有些动物只能选择特定的生境,而有些则对不同的生境具有较强的适应能力。有学者认为,生境选择至少对鸟类来说是一种印痕行为,但无可靠的直接证据。有些学者则认为生境选择基本上是由遗传性所决定的。在一般情况下,大多数动物对生境选择都具有一定的可塑性。生境选择与保证食物供应和营巢场所有密切的关系。假定生境选择具有适应意义,由于生境条件包括复杂的非生物和生物因素,一个动物不可能同时在一个生境中满足所有条件或达到最适合。当需求发生矛盾时,行为的优先性有助于生境选择。

亲缘关系和亲缘识别的研究。从行为生态学的角度看,亲缘识别不仅是亲代个体对子代个体的抚育行为所需要的,而且还可避免近亲繁殖。动物亲缘识别似乎是化学性的,可能是由特殊的化合物组成的复杂的混合物,这种物质是由遗传决定的。对亲缘关系和亲缘识别的研究将会促使我们对种群结构和婚配对策形成新的认识。

动物的信号和通讯的研究。任何物种的社会相互作用都包含着通讯的问题。迄今为止,有关动物通讯行为的研究仍然是一个十分活跃的领域,主要研究各种动物信号如何通过自然选择的作用而达到高效通讯的目的。生态因素和信号接收者对信号的反应是对动物信号有影响的两种自然选择压力。生境类型也会影响到各种通讯方式的有效性。

动物的学习行为在进化过程中的作用。人们普遍认识到动物在自然状态下的学习行为的重要意义。动物的本能行为是达尔文式的进化,即通过自然选择而进化,而学习的行为则是拉马克式的进化,即将习得行为传递给后代。所以如果先天行为为孟德尔遗传,那么学习行为则为"文化传播"。文化传播的高效性和多变性与先天行为相辅相成、互相促进,对动物的取食、逃避敌害、性选择能力起到加速和修饰作用。人类在动物界的脱颖而出也是依靠学习及传统的帮助才得以完成。广义的学习行为在昆虫、两栖类、爬行类、鸟类和兽类中均不罕见,其作用也不可忽视。

动物学伦理、哲学和教育研究。行为生态理论已经向人类学及社会学、心理学的全面延伸。20世纪70年代E. O. Wilson发表《社会生物学》时受到人们强烈的攻击,但现已得到普遍承认。许多社会学家、人类学家、心理学家、哲学家纷纷用自然选择及广义适合度解释广泛的人类行为,每年有大量的关于人类行为生态学论文在众多刊物上发表,研究的主要内容有择偶标准及性选择、人类的进化动力、基因与文化的相互作用及精神起源,甚至在研究犯罪及医疗方面都有应用。目前,动物科学工作者已经注意动物福利、注重研究过程中的可能存在不利于动物保护和福利方面的问题、注重熊的养殖问题、注重动物学教育以及环境道德的定义和标准等多个方面的问题。进一步唤起广大公众包括动物学研究者们重新认识有关动物和环境的道德和哲学问题，建立起新的动物和环境保护的道德标准。从人性化的角度，尊重动物的生存等角度来规范个人、大众的行为，实现对资源可持续利用。

3. 动物生态与环境研究

在动物生态与环境研究方面，由于全球气候变化，尤其是厄尔尼诺—南方涛动(ENSO)现象的出现，在许多动物种群爆发方面起着非常关键的作用；人类活动也对动物种群的波动形式、强度有重要影响。这些发现对指导渔业捕捞、动物灾害预警与控制十分重要。动物作为生态系统的消费者，其啃食、挖掘等活动不只对植物具有有害作用，同时还具有有益的作用，如促进种子扩散、萌发，加速营养物质循环流动等。这些可以说明生物之间的关系不再局限于传统认为的非"益"即"害"的关系，而是同时存在"益""害"关系。由于全球经济一体化加速，外来物种(入侵物种)问题十分突出。外来物种不仅带来农业上的损失，而且还对生态系统结构和功能造成巨大破坏，从而加速生物多样性的丧失。此外，外来物种还带来疾病等问题，对人类健康也构成严重威胁。日益严重的环境污染对野生动物的生长发育、繁殖造成严重负面影响，并最终导致物种的灭绝。污染物在生态系统的富集效应会对生态系统功能带来严重的障碍。富营养化加剧了水华、赤潮问题，给水生生态系统带来灾难性破坏。

4. 动物多样性研究

根据联合国《生物多样性公约》，生物多样性的定义是指所有来源的活的生物体的变异性，包括陆地海洋和其他水生生态系统及其所构成的生态综合体。生物多样性是物种种质资源适应多变的生存环境而得以维系生存、发展、进化的基础，包含物种多样性、遗传多样性和生态系统多样性等三个层次，它主要评析的问题有：① 功能丰富度、物种多样性和群落乃至生态系统的稳定性；② 地域性生物地理学和区域种类丰盛度；③ 人类活动和环境退化对生物群落结构的影响。我国动物多样性保护主要集中在物种多样性和遗传多样性方面。其中基因资源的保护和利用，尤其显得重要。研究动物基因组及功能基因，不仅有助于培育出优质、高产、抗病的动物新品种，而且，还有助于开发具有我国自主知识产权的动物基因工程新药。从动物分类学看动物界有 24 个门是海洋生物，所以对海洋动物的多样性研究是非常重要的。中国海洋现已记录 20 278 个物种，其中黄、渤海 1 140 种，东海 4 167 种，南海 5 613 种。中国海洋生物中有中国特有的物种或世界珍稀物种，中国丰富的海洋资源不仅具有世界范围内重要的自然保护价值，而且也是长期开发利用的重要自然资源。从遗传多样性而言，海洋生物生活习性独特，其基因表达产物具有多种特殊的生理活性物质。因为人类对海洋生物的了解不够，而且由于海洋生物资源丰富，被认为可以任意索取，因而一直遭受肆意破坏，有关海洋生物多样性保护的研究更是远远落后陆地达 20～40 年之久。根据世界粮农组织最近的统计，全球渔业资源中 47%被充分捕捞，18%被过度捕捞，还有 9%被捕捞殆尽。此外，世界上 90%的大型捕食型鱼类群自工业化前时代即已消失。这样高水平的开发度不仅严重影响了捕捞种类的群体数量，而且改变了海洋生态系统的物理和营养结构。海洋生物多样性正在迅速衰退。目前，我国对于鱼、虾、贝等重要海洋经济动物的遗传多样性的研究基础还比较薄弱，相对于发达国家有较大差距。这方面的研究成果 20 世纪 80 年代初才有少量报道，但也多数集中在淡水鱼类资源种质遗传结构的研究上，80 年代中后期开始针对海水鱼(主要是带鱼)开展了生化分类、生化遗传结构及其变异的研究，而对贝类以及真鲷等其他鱼类的生化遗传研究则起步较晚，并且大多数的研究工作并未涉及遗传多样性方面。但是，这些又都是有着重要学科意义和应用价值的工作，对于我国的经济发展和社会进步具有重要现实意义，迫切需要迅速开展起来。

对于遗传多样性，首先考虑的是种内水平的遗传变异，也就是说要考虑相同物种的亚种内和亚种间、居群内和居群间的丰富的遗传多样性。遗传多样性主要通过遗传标记来进行分析。遗传标记可以包括形态特征、生理生化特征、染色体核型变异、同工酶变异及 DNA 序列差异标记，这些标记已不同程度地应用到了海洋生物遗传多样性的研究上。在动物多样性保护方面，我国科学家对包括大熊猫、虎、鳄鱼等动物的保护进行了深入的研究。鉴于世界两栖类和爬行类受威胁状况的严重性，生物学家从动物物种的保护方法以及物种就地保护的原则上进行了研究。

5. 动物生殖与发育生物学研究

目前，生殖与发育生物学研究方面主要集中在下列几个方面：对经典模式动物，如线虫、文昌鱼、斑马鱼和小鼠的早期发育调控基因进行研究，特别是研究发育中重要信号传导分子的时空表达和功能；探讨早期发育调控的分子机制和发育机制的进化;哺乳类动物的生殖与发育,胚胎干细胞建系及其分化诱导,免疫细胞的发生与分化,造血干细胞的分化与癌变,肿瘤免疫基因组学研究;利用模式动物,探讨发育过程中细胞分化、器官生成的分子机制,包括特定细胞分化、迁徙过程中基因的调控以及特定细胞器,如溶酶体、黑色素体、血小板致密体、CTL/NK 细胞、lytic 小体等的生成、发育和功能调节的分子机制;肿瘤发生的分子机制,特别是 hedgehoge 信号通路在肿瘤发生中的作用;动物克隆和功能基因组、配子发生和受精机制、胚胎植入的分子路线图和胚胎干细胞;利用小鼠等实验动物开展包括功能基因组和核质相互作用的研究,增加对早期胚胎发育机制的认识;在实验动物研究和人类健康研究之间建立灵长类的研究和应用平台,创造人类疾病的灵长类模型。

6. 保护生物学

保护生物学的热点问题是:物种保护和受胁物种的客观评价体系、种群生存力分析、自然保护区的设计原理和地理信息系统(GIS)和全球定位信息系统(GPS)应用于保护生物学研究。

受胁物种的客观评价体系的建立。世界自然保护联盟(IUCN)在其著名的红皮书中把受胁物种分为濒危(En)、渐危(V.)、稀有(R.)、灭绝(Ex.)和未定等级别。由于该评价体系是定性的,带有较多的主观性,在 20 世纪 90 年代已面临新的挑战。Mace 和 Lande(1991)提出了新的等级体系,受胁物种被划分为极危(Oritical)、濒危(Endan gered)、易危(Vulnerable)三级,并以种群生存力分析(PVA)为基础提出了一些简单的定量标准,试图使受胁物种的评价更客观,使濒危生物的管理进一步朝科学化、精确化和信息化方向发展。目前在国际上应用 Mace - Lande 标准重新审定脊椎动物分类单元受胁程度的工作正在迅速进行,并且在 1991 年就灵长类、鹿科、猫科及某些鸟类提出有关报告。

近些年,一些科学家致力于种群生存力分析的研究。Shaffer 在 1990 年报道了有关种群生存力分析(PVA)的研究内容,目前 PVA 已成为保护生物学研究的焦点之一。从 PVA 研究中所得出的主要结论是最小生存种群(minimum survival population,MVP),即以一定概率存活一定时间的最小种群。MVP 成为设计自然保护区的重要准则。

岛屿生物地理学是保护生物学最重要的基础研究之一。目前,全球自然栖息地面积不断缩小,破裂成许多碎片,随着碎片数量增多,自然栖息地已呈岛屿状分布并形成了栖息地岛屿。岛屿生物地理学的研究对保护生物学发展有三个方面的意义:可以得出一些自然保护区的设计原则;探索物种灭绝的规律;可用于检验一些理论模型的正确性。

自然保护区的设计原理与实践的研究。在 IUCN 推动下,至 1989 年全世界保护区面积超过 $4.25\times10^7\ km^2$,占地球总面积的 3.7%。国际上自然保护区虽然发展很快,但对自然保护区设计原理、科学管理的理论依据等方面却显得十分薄弱。

地理信息系统(GIS)和全球定位信息系统(GPS)对野生动物栖息地的监测和规划研究在国内、外用于野生动物的保护较为广泛,成为宏观动物学研究的基本方法之一。近年来智能地理信息系统(IGIS)的发展,把专家知识和计算机的巨大功能相结合,其应用潜力很大。如用于监测野生动物的栖息和迁移特征,并可用来分析调查种群的分布范围和动态规律。

由于动物学是一门具有多分支学科的基础科学,与农、林、牧、渔、医、工等多方面的实践也具有密不可分的关系。因此,动物学的研究对动物资源保护和开发利用、农业和畜牧业的发展、医药卫生、工业工程等方面都具有重要的意义。

思考题

1. 目前生物分界理论中,哪一种理论被广泛接受,如何理解生物分界的意义?
2. 解释物种的概念,说明现代动物学研究中分子分类的作用。
3. 怎样理解寒武纪生命大爆发对进化论的挑战?
4. 研究动物多样性的意义。
5. 现代动物学的主要研究特点是什么?与传统动物学有何区别?
6. 简述现代动物学所产生的主要研究领域。

第1章 原生动物门(Protozoa)

提 要

原生动物是最原始和最低等的动物类群，包括一切单细胞和单细胞群体，细胞内有完成各种生理功能的胞器，是一个完整的、独立的有机体。具有多细胞生物表现出的生命功能，具备各种营养类型；具有无性生殖和有性生殖两种生殖方式；多生活在有水的地区，甚至寄生在其他生物体内。

原生动物均为单细胞动物，有时形成单细胞动物群体，身体微小，是动物界中最原始和最低等的动物类群。细胞内包含完成各种生理功能的胞器，是一个完整的、独立的有机体。具有多细胞生物表现出的生命功能，具备各种营养类型；出现了基本的酶系；出现了水中行动的运动器；具有无性生殖和有性生殖两种生殖方式；有些种类有特有的外壳。多生活在例如海洋、河水、池塘、沟渠、潮湿的土壤等有水的地区，甚至寄生在其他生物体内。

1.1 原生动物门的主要特征

1.1.1 一般形态

1. 身体由一个细胞组成的单细胞动物

原生动物是动物界中最原始、最低等的动物，由于身体是由一个细胞构成，故称为单细胞动物。在形态结构上，原生动物的细胞也是由细胞质、细胞核和细胞膜等部分构成；在生命活动中，原生动物是一个完整的、独立完成一切生命活动的有机体，如运动、感应、营养、呼吸、排泄和生殖等。因此，把原生动物称为简单和原始的动物、复杂的细胞。原生动物具有特殊的细胞器(organelle)完成不同的生理机能。细胞器是由细胞质分化出不同部分完成各种生活机能的细胞小器，与多细胞动物的器官相似。如鞭毛(flagellum)、纤毛(cilium)、肉足(pseudopodium)是运动的胞器，胞口(cytostonme)、胞咽(cytopharynx)、食物泡(food vacuole)、胞肛(cytopyge)是营养胞器，眼点(stigma)是感觉胞器等。

2. 身体微小

原生动物身体十分微小，肉眼不易见到。最小的种类仅 2～3 μm，如利什曼体(*Leishmania*)，个体较大的种类如大草履虫(*Paramecium caudatum*)长度也只有 200～300 μm。除少数种类可达数毫米外，绝大多数都需借显微镜来观察。但也有少数原生动物比较大，如玉带虫(*Spiroa fomum amviguum*)体长可达 1～3 cm，还有一种新生代有孔虫化石—货币虫(*Nummulites*)，它可达 19 cm。

3. 单细胞动物群体

极少数原生动物可以由多个细胞形成单细胞动物群体，细胞之间可能没有形态与机能的分化，或只有生殖细胞和体细胞分化，但每个细胞仍然保持着一定的独立性，我们把这类原生动物称为群体(colony)，如盘藻(*Gonium* spp.)、团藻(*Volvox* spp.)等。

4. 包囊特殊的适应性

包囊(cyst)是大多数的原生动物遇到不良环境时，体表的鞭毛、纤毛、伪足等胞器缩入体内或消失，虫体分泌胶质在体外形成圆球形的包囊。包囊内的动物新陈代谢水平降低，处于休眠状态，度过低温或干燥的恶劣环境。包囊易被传播,是原生动物对不良生活环境的一种适应方式,等环境良好时,脱囊而出,动物体又恢复正常的生活。好些原生动物还能在包囊内分裂繁殖,如眼虫等。原生动物在长期的进化过程中与其他动植物建立了共生、共栖和寄生等关系。它们广泛地分布于海水、淡水、土壤以及寄生在动植物的体内外,以微小的包囊传播,并能在人和其他动物的细胞内以及黏稠的血液中繁殖和完成生活史。

1.1.2 生理及生殖特点

1. 营养(nutrition)

原生动物包含了生物界的全部营养方式,分三个类型:① 植物性营养(holophytic nutrition),也称全植营养。鞭毛虫具有色素体,和植物一样,行光合作用,将二氧化碳和水合成碳水化合物,自己可以制造食物,这种营养方式为植物性营养。② 动物性营养(holozoic nutrition),又称吞噬性、全动营养。动物自己不能制造食物,靠吞食其他的微小生物或有机碎片为食,如变形虫,草履虫。③ 渗透性营养(osmotrophy nutrition),也叫腐生性营养,体表渗透摄取周围环境中的有机物质,如各种孢子虫等。有的原生动物可兼营几种营养方式。

2. 呼吸(respiration)和排泄(excretion)

绝大多数原生动物的呼吸作用是通过气体的扩散(diffusion),从周围的水中获得氧气。有色素体的原生动物,光合作用产生的氧供自身呼吸。腐生或寄生的原生动物在低氧或缺氧的环境下,有机物不能完全氧化分解,而是利用大量的糖的发酵作用产生很少的能量来完成代谢活动。呼吸作用产生二氧化碳、水和含氮的废物,借扩散作用从细胞的表面排出到周围的水中。有伸缩泡(contractile vacuole)的种类,伸缩泡除调节水分平衡外,也有一定程度的排泄作用。

3. 激应性(irritability)

原生动物对环境的变化能产生一定的反应,这种由外界刺激引起的行为称激应性。激应性对于原生动物寻找食物和逃避敌害等生存活动是有很大意义的,如草履虫逃避高浓度的盐水,趋集有 0.2%醋酸的地方。

4. 生殖(reproduction)

原生动物的生殖分为无性生殖(asexual reproduction)和有性生殖(sexual reproduction)两种类型。

无性生殖有以下几种方式:① 二分裂(binary fission):是原生动物最普遍的一种无性生殖,即一个个体经分裂形成两个相等的子体,如变形虫、眼虫、草履虫等。② 出芽生殖(budding reproduction):是母体的一部分分化和发育为一新个体的过程,通常形成一大一小两个个体,大的是母体,小的是芽体。有的可以同时形成许许多多的芽体,如夜光虫(*Noctiluca*)。③ 裂体生殖(achizogony):分裂时细胞核先分裂多次,形成许多核之后细胞质再分裂,最后形成许多单核的子体,如孢子虫。④ 质裂(plasmotomy):这是一些多核的原生动物,如多核变形虫、蛙片虫所进行的一种无性生殖,即核先不分裂,而是由细胞质在分裂时直接包围部分细胞核形成几个多核的子体,子体再成为多核的新虫体。

有性生殖包括配子生殖和接合生殖。① 配子生殖(gamogenesis):经过两个配子的融合(syngamy)或受精(fertilization)形成一个新个体。配子又可分为同型配子(isogamete)和异型配子(anisogamete)两种。同型配子中的两个配子在大小、形状上相似,生理机能上不同,如有孔虫。异型配子中的两个配子在大小、形状及机能上均不相同。大配子(macrogamete)和小配子(microgamete)结合而成合子(zygote),大多数原生动物有性生殖都是异配的。② 接合生殖(conjugation):是纤毛虫所具有的生殖方式。接合时两个虫体在口沟处暂时贴附在一起,互换小核及部分细胞质,然后两虫体分开,大、小核经一系列变化,形成 8 个子体,如大草履虫。

1.2 原生动物的分类

现今已命名的原生动物已逾 65 000 种,其中半数以上是化石种类。现存种类中,约 10 000 种寄生虫,自由生活的 21 000 余种。关于原生动物的分类,动物学家是有争论的,很多原生动物学家主张将原生动物上升为“界”,所属纲依次升为“门”。本书采用为多数动物学家所沿用的分类,将原生动物仍作为门来阐述,介绍下列4个纲即鞭毛纲(Mastigophora)、肉足纲(Sarcodina)、孢子纲(Sporozoa)和纤毛纲(Ciliata)。

1.2.1　鞭毛纲

1. 鞭毛纲的主要特征

具有鞭毛是本纲的主要特征。通常有1～4根，多的6～8根，少数种类有很多根。鞭毛主要作为运动胞器。鞭毛是细胞质伸展出来的丝状构造，在光学显微镜下可以看出在外围是原生质鞘，里面有一根具弹性的轴丝(图1-1)。

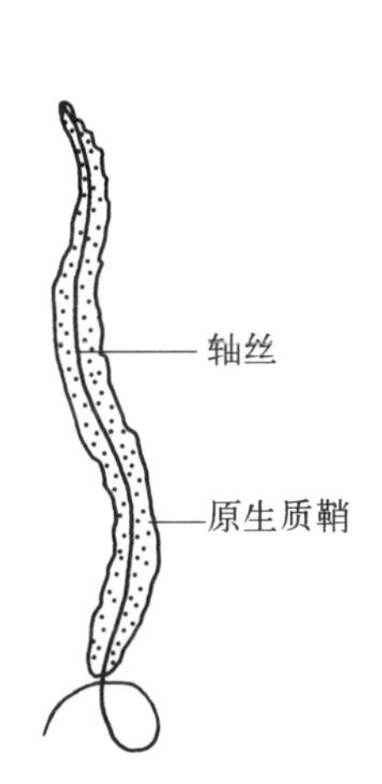

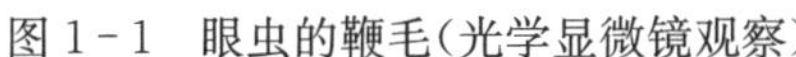

图1-1　眼虫的鞭毛(光学显微镜观察)

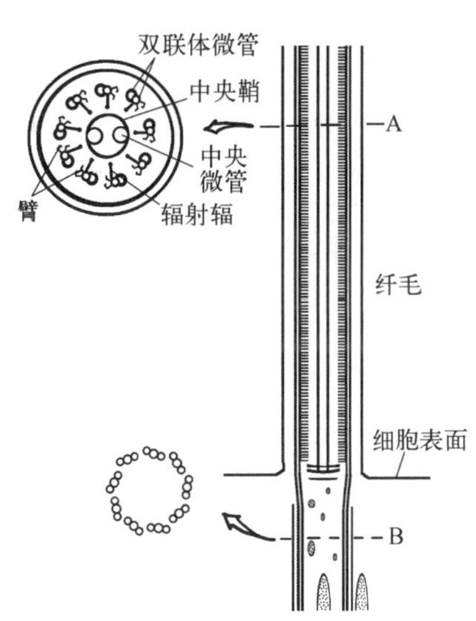

图1-2　纤毛微细结构

鞭毛与纤毛构造是基本相同的。在电子显微镜下观察鞭毛的横切面，最外为细胞膜，膜内有二组微管(microtubule)，纵向排列成"9+2"微管式样。周围有9个双联体微管(doublets)，中央有2个微管。每个双联体上有2个短臂(arms)，对着下一个双联体，各双联体有辐射辐(radial spokes)指向中心(图1-2A)。鞭毛深入细胞质的部分称基体(basal body)。基体是筒形的构造，外面没有细胞膜，是由9个三联体微管排成一圈，中央微管消失。基体结构十分类似中心粒，在细胞分裂时也可起中心粒的作用(图1-2B)。目前，对与基体有关的各种微管或微丝结构研究得很详细，有人把鞭毛轴丝以及与鞭毛基体相关的基部小纤维及胞器总称为鞭毛毛基系统(mastigontsystem)。

鞭毛运动的方式大致分为两种：划动(rowing)，鞭毛打动时水的反作用力曳使身体前进(图1-3A)；波动(undulating)(图1-3B)，鞭毛由顶端至基部或从基部至顶端作波浪形的运动，借水的反作用力使身体向反波浪的前端游去(图1-3C)。

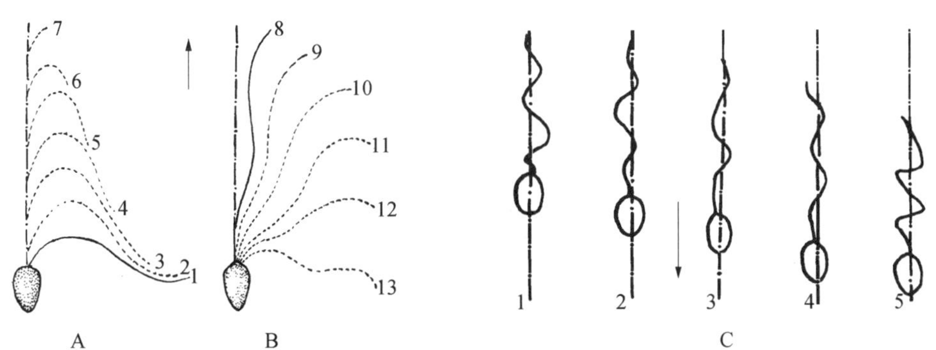

图1-3　鞭毛的划动和波动图解

A. 划动；B. 鞭毛波动；C. 鞭毛波浪运动使虫体前进

鞭毛虫具有三种营养类型。含色素体的鞭毛虫行植物性营养；有的吞食固体食物颗粒，如梨波豆虫(*Bodo edax*)属动物性营养；寄生的鞭毛虫行腐生性营养。

生殖分无性和有性两种。无性生殖一般是二裂生殖，如眼虫等(图 1-5)，细胞核分裂之后，细胞质和细胞器也纵分为二，成为 2 个子体。包囊内也连续进行二裂生殖，产生多个子体。出芽生殖，如夜光虫，长出许多小芽体，形成许许多多的新个体。有性生殖为同配或异配生殖。

2. 代表动物——绿眼虫(*Euglena viridis*)

生活在有机质丰富的池沼、缓流或雨后的积水中，温暖季节大量繁殖，水呈绿色。

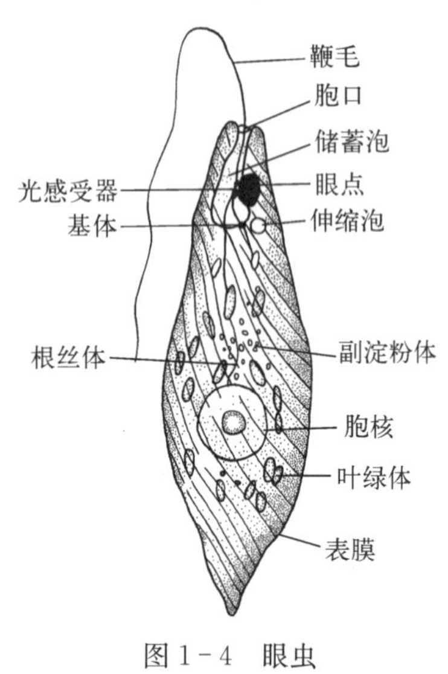

图 1-4 眼虫

绿眼虫(图 1-4)略呈梭形，长约 60 μm，前端钝圆，后端尖。在细胞质的中央有一个大的胞核，体表为表膜(pellicle)所覆盖，细胞内含有大量的卵圆形的叶绿体而呈绿色。在细胞质内还有许多颗粒状透明的副淀粉体(paramylum bodies)，是糖类的一种，但在碘的作用下不变成蓝紫色，其形状可作为眼虫的分类特征。

眼虫体前端有一胞口，由管状的胞咽向后连一膨大的储蓄泡(reservoir)。储蓄泡是水的储存处及鞭毛着生部位。基体(basal body)位于它的基部，由基体伸出两根鞭毛，一根很长伸向体外，一根很短不伸出储蓄泡。基体对虫体分裂起着中心粒的作用。眼虫借鞭毛在水中行螺旋运动。眼虫的表膜有细的斜纹，很薄，富有弹性，使身体各部依次收缩和伸展，做眼虫式运动(euglenoid movement)。鞭毛虫缺乏明显的内质与外质的分化。储蓄泡附近有一含有类胡萝卜素(carotinoid)的脂类球集合而成的红色眼点(stigma)，能感觉出光的强度，而寻找适合它生活的光度。

眼虫像绿色植物一样，能够从周围吸收无机物、水和二氧化碳，借阳光和叶绿素而进行光合作用，制造碳水化合物作为自己的食物。眼虫的呼吸和排泄靠体表的渗透作用进行，此外储蓄泡旁边的伸缩泡除调节体内过多的水分外，还有一定的排泄作用。它收集细胞质中多余的水分及溶解于水中的代谢废物，排到储蓄泡，再通过胞咽和胞口排出体外。眼虫常行纵二分裂生殖。环境不良时可形成包囊(图 1-5)。

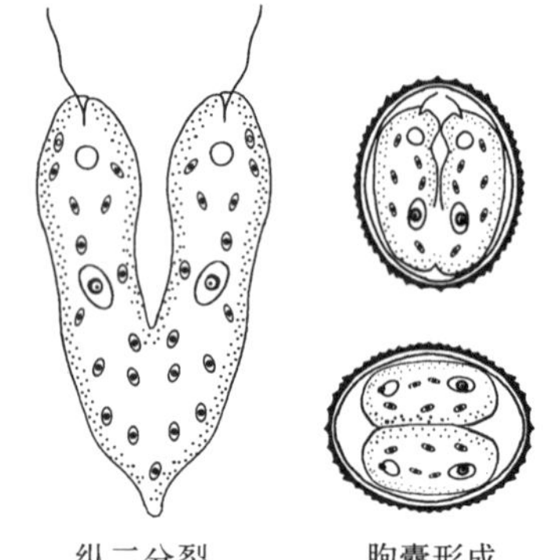

图 1-5 眼虫的生殖

3. 鞭毛纲的重要类群

已描述的鞭毛虫种类约 7 000 种。根据营养方式的不同，分为 2 个亚纲。

(1) 植鞭亚纲(Phytomastigina)

通常具色素体，行植物性营养。有单体和群体生活的种类，眼虫、衣滴虫(*Chlamydomonas*)属于自由生活的个体。有些种类能形成群体，盘藻(*Gonium*)一般由 4～16 个个体排列在一个平面上，团藻(*Volvox*)由多达几万个个体组成的群体，各个体间有原生质桥相联络，群体已有营养个体与生殖个体的分化，行无性生殖和有性生殖两种方式(图 1-6)。

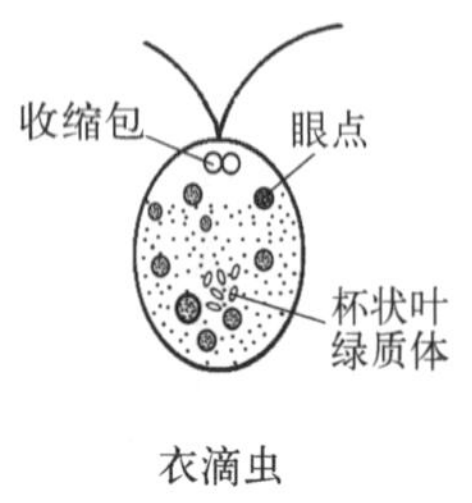

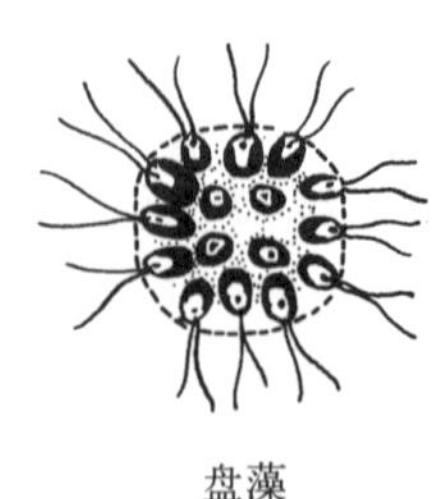

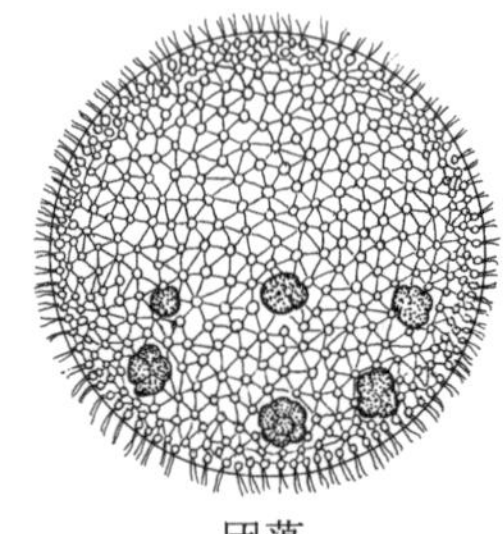

图 1-6 衣滴虫、盘藻和团藻

本亚纲的大多数种类是浮游生物的组成部分，可作为鱼类的自然饵料。但有不少种类的鞭毛虫，对渔业也可以造成危害。如夜光虫、沟腰鞭虫(*Gonyaulax*)、裸甲腰鞭虫(*Gymnodinium*)等，是一群造成海洋赤潮的浮游鞭毛虫。我国渤海、黄海、广东粤东、湛江一带海区，都曾发生过赤潮。如生活在海水中的夜光虫，圆球形，直径1 mm左右，有两根鞭毛，颜色发红，在夜间由于海水波动的刺激能发磷光，营分裂法和出芽生殖，大量繁殖密集在一起，使海水变色，称为赤潮。它们排出大量代谢产物以及死亡的虫体腐败海水，造成沿海鱼类及养殖贝类的大量死亡(图1-7)。所产生的有毒物质，积累于鱼虾及贝类体内，人食用引起中毒。

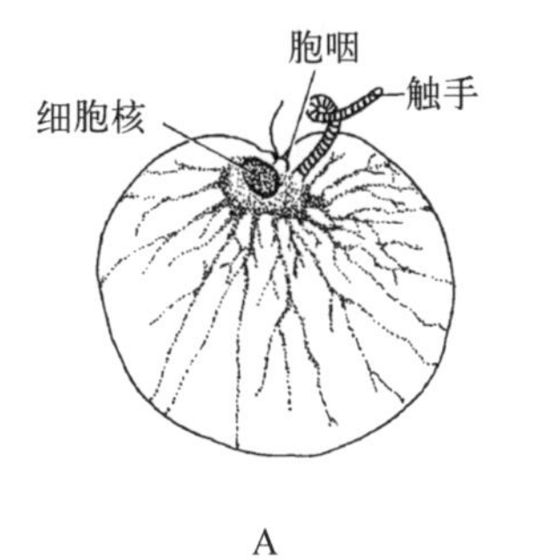

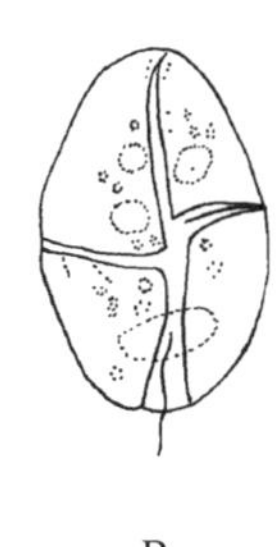

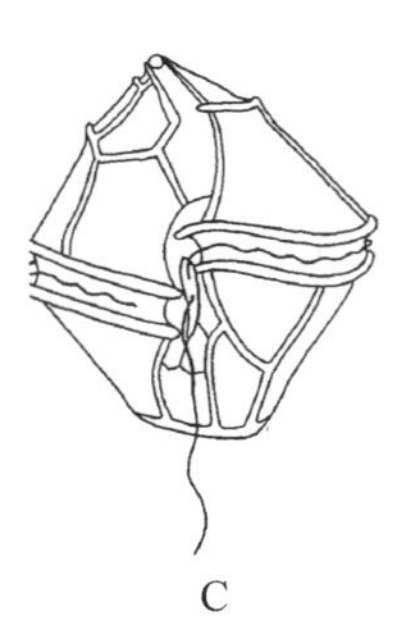

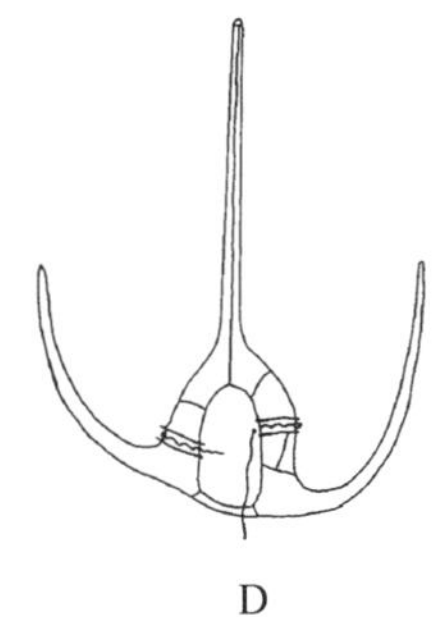

图1-7 几种腰鞭毛虫

A. 夜光虫；B. 裸甲腰鞭虫；C. 沟腰鞭虫；D. 角鞭虫

钟罩虫(*Dinobryon*)、合尾滴虫(*Synura*)等大量繁殖，死亡后能使淡水发生恶臭或鱼腥味，造成水源污染(图1-8)。

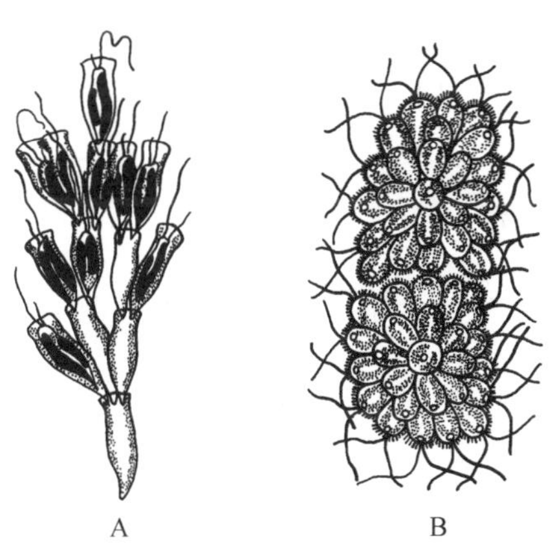

图1-8 两种淡水鞭毛虫

A. 钟罩虫；B. 合尾滴虫

(2) 动鞭亚纲(Zoomastigina)

无色素体，动物性营养。不少寄生种类危害人和家畜，如利什曼原虫等。

利什曼原虫(*Leishmaniia*)：寄生于人体的利什曼原虫有三个种，其中以杜氏利什曼原虫(*L. donovani*)(图1-9)为害最大，生活史有两个宿主，人(或狗)和白蛉子(*Phlebotomus*)。白蛉子是一种吸人血的小昆虫，为杜氏利什曼原虫的传染媒介。利什曼原虫寄生于人体肝、脾等的内脏巨噬细胞内，虫体极小，长2～3 μm，在寄主的一个细胞之内可多达上百个。虫体呈圆形或椭圆形，鞭毛不伸出虫体外，称无鞭毛体(amastigote)，又名利杜体或利什曼型。寄主被它们大量寄生时，出现发烧、肝脾肿大、毛发脱落等症状，严重时造成寄主死亡。当被白蛉子叮咬后，无鞭毛体在白蛉子消化道发育繁殖形成前鞭毛体(promastigote)，虫体细长，鞭毛伸出体外。前鞭毛体于白蛉子再度吸人血时注入人体中，使人感染，发生黑热病。主要发生在中国、印度及地中海沿岸国家为主，我国流行于长江以北广大地区，是我国五大寄生虫病之一。经积极治疗病人、消灭病犬和白蛉子三方面进行防治，已在全国范围内基本控制了黑热病的流行。

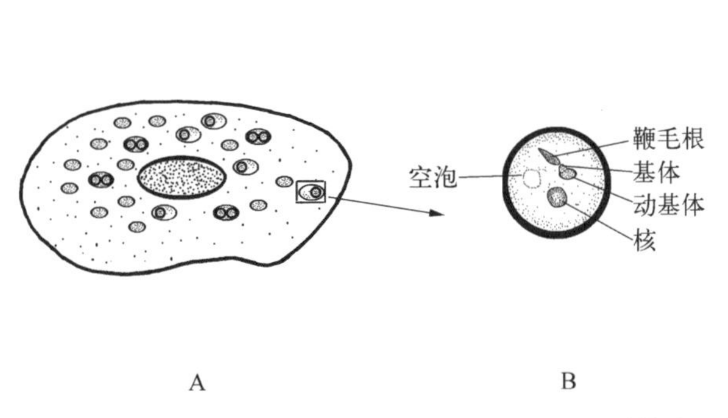

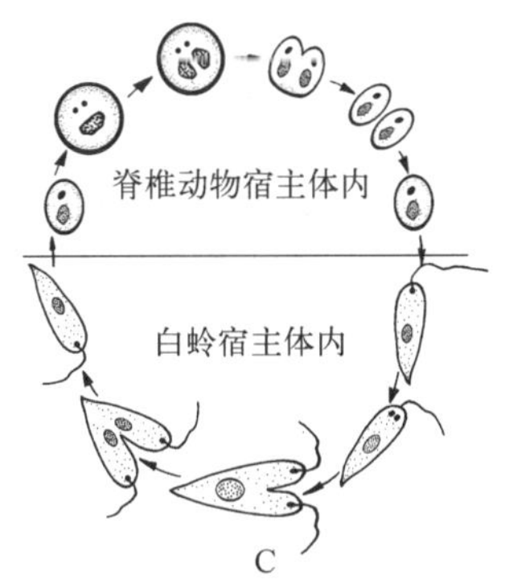

图1-9 杜氏利什曼原虫

A. 巨噬细胞内的无鞭毛体；B. 无鞭毛体放大；C. 生活史

锥虫(*Trypanosoma*)(图1-10)：多寄生于人和各类脊椎动物的血液和组织液中。细长梭形，一根鞭毛由体后方发出与细胞质形成波动膜，由前方伸出体外。寄生于人体锥虫能侵入人的脑脊髓液中而使人得睡眠病。非洲有30多个国家广泛流行，是由一种吸血的采采蝇(*Tsetse fly*)作媒介传播的，每年造成约10万人死亡。此外还有各种锥虫寄生于家畜体内,为害甚大。我国华南地区,牛体寄生时表现为水肿、消瘦,有时突然死亡。

鳃隐鞭毛虫(*Cryptobia branchialis*)(图1-11):寄生淡水鱼鳃。虫体由两根鞭毛,一根向前,一根向后与体表形成波动膜。大量寄生时,由于寄生虫破坏鳃表皮及刺激鳃组织大量分泌粘液,妨碍鱼的呼吸,因而引起鱼的死亡。

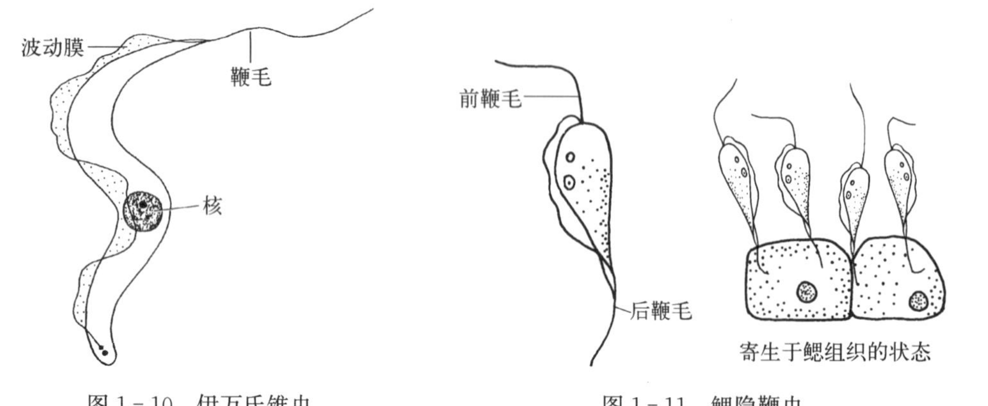

图1-10 伊万氏锥虫

图1-11 鳃隐鞭虫

图1-12 阴道毛滴虫

阴道毛滴虫(*Trichomonas vaginalis*)(图1-12):鞭毛5根,其中一根与身体形成波动膜,达虫体中部左右。另有一轴柱贯穿虫体,从末端伸出。主要寄生在女性阴道和尿道,致患者外阴瘙痒和白带增多。

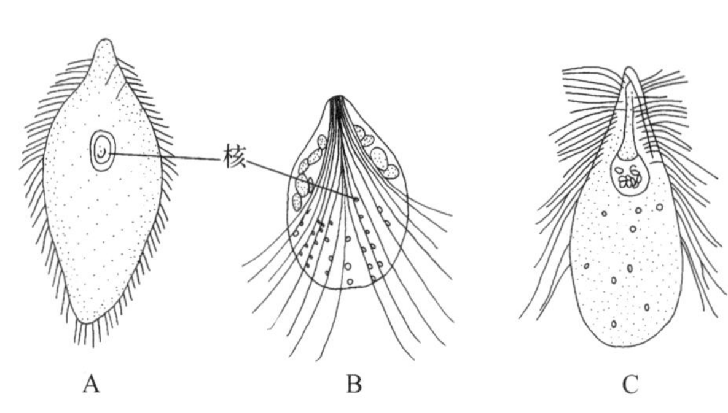

图1-13 生活在白蚁肠中的几种鞭毛虫

A. 披发虫;B. 裸冠鞭毛虫;C. 青披发虫

披发虫(*Trichonympha*)(图1-13):鞭毛多,生活在白蚁消化道内,与白蚁为共生关系。白蚁为披发虫提供了食物及居住场所,披发虫可把肠道内的纤维素分解成可溶性的糖,以供白蚁吸收。若白蚁肠中失去披发虫,白蚁取食木头后不能消化,以至饿死。

1.2.2 肉足纲

1. 主要特征

肉足虫纲最主要的特征是伪足作为运动及取食的胞器。体表极薄的细胞质膜使虫体有很大的弹性,可以改变虫体的形状,并做变形运动(amoeboid movement)。多数种类营单体自由生活,少数种类群体生活,淡水、海水均有分布,极少数种类营寄生。

结构简单,有较少的细胞器,似乎是最原始的单细胞动物,但许多种类有复杂的"骨骼"结构,均为异养,生活史中出现带鞭毛的配子时期,所以肉足纲可能比鞭毛纲更进化。

本纲的最大特征是虫体的任何部位可形成临时的细胞质或细胞膜突起的伪足,完成运动和摄食。伪足的类型多样,一般分为四类:① 叶型伪足(lobopodium)呈指状或舌状,由外质与内质共同形成,如大变形虫。② 丝型伪足(filopodium)细小如丝状,由外质构成,如鳞壳虫。③ 根型伪足(rhlzopodium),细如丝状,有分枝,这些分枝又再连接成网状,如有孔虫。④ 轴型伪足(axopodium),伪足形状细长,其内有富于弹性的轴丝(axial filament),伪足形状较固定,如太阳虫和放射虫(图1-14)。

细胞质膜内的细胞质常分化为外质(ectoplasm)与内质(endoplasm)。内质又分化为外面固态的凝胶质(plasmagel)和内面液态的溶胶质(plasmasol)。有些种类具有石灰质、硅质、几丁质或砂质的外壳,有些种类具有硅质的内壳或向外伸出的细长骨针。

肉足纲中除有孔虫和放射虫之外,一般不行有性生殖。无性生殖为二分裂。在不良条件下,普遍形成包囊。生活于海水、淡水,也有寄生的。

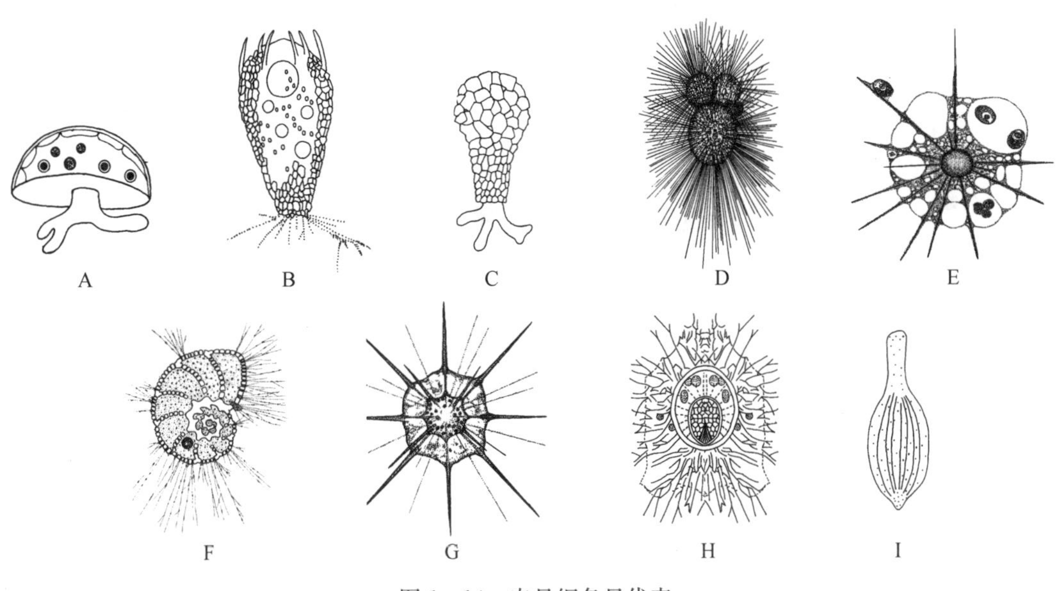

图 1-14 肉足纲各目代表

A. 表壳虫;B. 鳞壳虫;C. 砂壳虫;D. 球房虫;E. 太阳虫;F. 纺缍虫;G. 等棘触;H. 环骨虫;I. 瓶孔虫

2. 代表动物——大变形虫(*Amoeba proteus* Pallas)

大变形虫生活在池塘、水坑等静止的积水中或小溪、沟渠、藻类丰富的浅水,通常可在浸没的植物或淤泥表面找到。

大变形虫(图 1-15)身体约 200~600 μm 大小。生活时,虫体可以不停地变换形状,虫体的任何部位可以延伸形成伪足。大变形虫的伪足粗短,末端较顿,其中包含有流动的细胞质,这种伪足属于叶型伪足。伪足伸出的方向代表身体临时的前端,由于可以不断地伸出新伪足,所以体形是不固定的。体表为质膜,细胞质明显地分成无色透明的外质和具有颗粒不透明的内质。内质又可分为固态的凝胶质和液态的溶胶质,内质中的凝胶质和溶胶质形态可互变。伪足形成时,外质和质膜突出,身体中部的溶胶质流动至伪足前端转变为凝胶质,而身体相对后端的凝胶质流入身体中部转变为溶胶质。这种通过伪足来运动的方式称为变形运动。有关变形虫运动的机理,有多种说法,近年来有人用电子显微镜观察变形虫的切片,发现其中包含有类似于脊椎动物横纹肌的粗肌球蛋白丝和细的肌动蛋白丝。用细胞松弛素处理,可以中断细胞质向前流动和伪足的形成,由此说明变形虫运动可能是靠伪足内肌丝的滑动而进行运动。

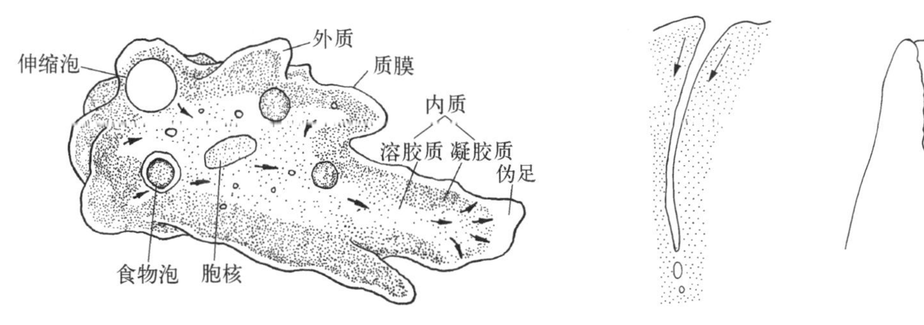

图 1-15 大变形虫

图 1-16 变形虫胞饮示意图

大变形虫的细胞核呈圆盘形,通常在身体中央的内质中。内质中还有伸缩泡、食物泡及大小不等的颗粒物质。大变形虫主要吞噬细菌、藻类和一些小型原生动物,伸出的伪足包裹食物形成食物泡。食物泡与质膜脱离进入内质,并与溶酶体融合对食物进行消化,食物残渣由身体相对的后端排出。当水溶液中含有蛋白质、氨基酸或某些盐类等物质时,可诱导大变形虫发生胞饮作用(pinocytosis)(图 1-16)。大变形虫通过体表进行呼吸和排泄。内质中具一伸缩泡来调节体内水分平衡,也有部分排泄作用。

大变形虫无性繁殖为二分裂,是典型的有丝分裂。分裂前虫体变圆,细胞核先行有丝分裂,然后细胞质在中央部分缢缩,最后成为 2 个变形虫(图 1-17)。在不良环境下,某些变形虫(不是大变形虫)的身体收缩成圆球状形成包囊,在包囊内虫体进行分裂繁殖。

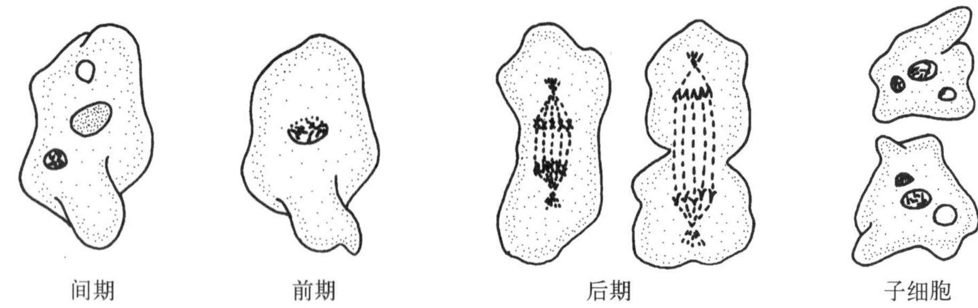

图 1-17 变形虫的二分裂繁殖

3. 肉足纲的重要类群

已描述的肉足虫种类约 12 500 种,分为二亚纲。

(1) 根足亚纲(Rhizopoda)

伪足呈指状、叶状、根状或丝状。有自由生活的种类(如变形虫),还有寄生生活的,如痢疾内变形虫(*Entamoeba histolytica*)寄生在人体内,使人致病。

痢疾内变形虫(图 1-18),又称溶组织阿米巴,寄生在人体消化道内,引起阿米巴痢疾。生活史分为滋养体及包囊两个阶段。滋养体是指寄生原虫能活动、摄取养料、生长和繁殖的寄生阶段。大滋养体 12～40 μm,寄生在肠壁组织中。小滋养体 7～15 μm,寄生在肠腔内。包囊内含 1～4 核,成熟包囊具有 4 个核,是传播阶段。当人误食了包囊之后,在人小肠内包囊破裂,4 个细胞核释出,并形成 4 个小滋养体,小滋养体在肠腔中以细菌和有机质碎屑为食,以无性繁殖形成更多的小滋养体或大滋养体。大滋养体活动能力强,侵入肠壁,溶解组织和吞噬红细胞,造成肠壁脓肿,大便脓血,称为阿米巴痢疾或赤痢。大滋养体一般不直接形成包囊,可形成小滋养体,也可直接随寄主粪便排出体外。小滋养体可以形成包囊,随寄主粪便排出体外,进行传播。防治本病的方法,消灭携带包囊的苍蝇、蟑螂等,并注意饮食卫生,及时治疗病人,根治大便中含有包囊的带虫者。

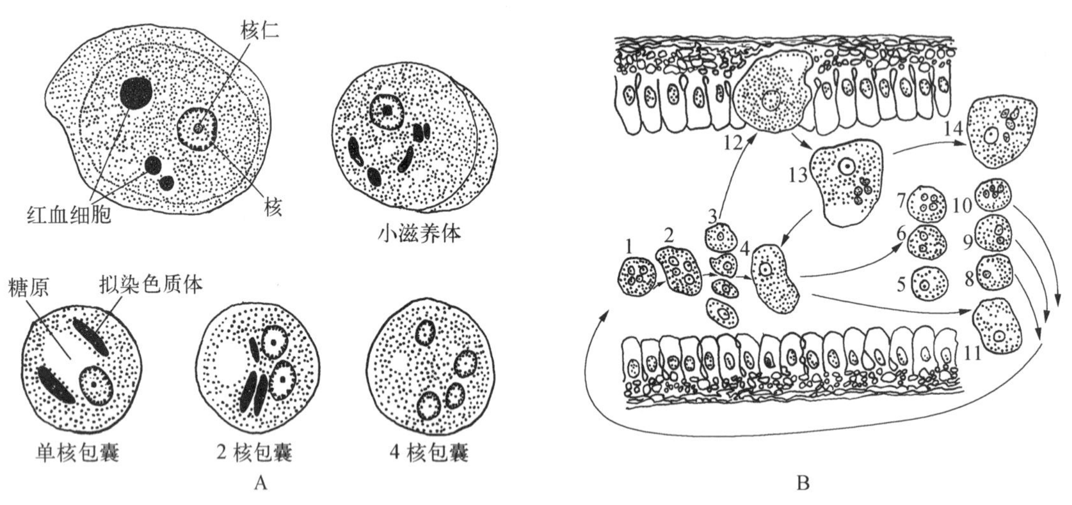

图 1-18 痢疾内变形虫的形态(A)及生活史(B)

本亚纲有的种类大多具有保护性的外壳。如表壳虫(*Arcella*)、砂壳虫(*Difflugia*),壳为几丁质或胶质混合砂粒所构成,有孔虫为石灰质的壳(图 1-14)。绝大部分的有孔虫为海洋底栖生活,一般都具有石灰质单室或多室的外壳,生活史有世代交替现象。有孔虫数量巨大,1/3 的海底都覆盖着有孔虫的淤泥。有孔虫死后,外壳在海底堆积,当海变为陆地时,便形成了石灰岩。著名的埃及金字塔,就是用这种岩石建成的。

(2) 辐足亚纲(Actinopoda)

伪足针状,其中有轴丝,称有轴伪足;一般球形,多营漂浮生活。

常见淡水种类为太阳虫(*Actinophrys*)(图 1-14),细胞质呈泡沫状,伪足由球形身体周围伸出,伪足较长。是浮游生物的组成部分，为鱼的天然饵料。海产的放射虫类的辐骨虫(*Acanthometron*)，具硅质骨骼，并有辐射排列的刺。具几丁质多孔的中央囊(central capsule)将原生质分为内外两部分。放射虫也是古老的动物类群，虫体死后，骨骼沉入海底，形成沉积物。

1.2.3　孢子纲

1. 主要特征

孢子纲动物全部营寄生生活。由于寄生生活，虫体缺乏胞口和运动胞器等，一般用体表吸收寄主的物质为营养。生活史复杂，繁殖力大。孢子纲种类具有侵入寄主细胞有关的顶复合器(apical complex)。顶复合器的超微结构包括极环(polar ring)、微丝(microneme)、棒状体(rhoptry)和类锥体(conoid)等(图1-19B)。顶复合结构往往只存在于子孢子期。

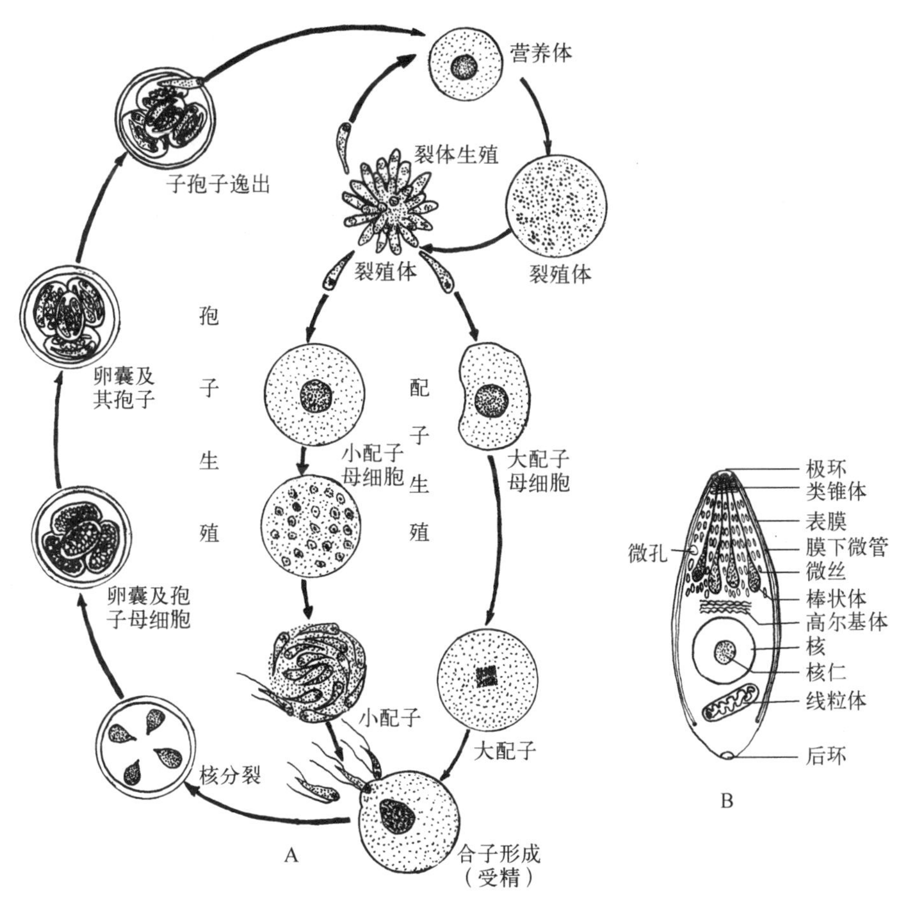

图1-19　孢子虫生活史(A)和子孢子(B)(或裂殖子)顶复合结构图解

孢子虫具有复杂的生活史。一般具无性和有性两种生殖的交替现象。孢子虫的生活史包括3个时期：① 裂体生殖时期(schizogony)，发生在有性生殖之前，包括营养体(trophozoite)、裂殖体(schizont)、裂殖子(merozoite)的无性生殖(复分裂)，一般能够重复，大量增加个体；② 配子生殖(gametogony)，包括大、小配子的形成及其结合为合子的过程；③ 孢子生殖(sporogony)，是合子、孢子母细胞(sporoblast)、孢子(spore)、子孢子(sporozoite)的时期。这是有性生殖以后的无性生殖(复分裂)。所形成的子孢子与裂殖子不同，子孢子一般是包在孢子壳内，而孢子又包在卵囊壁内，可以抵抗不良的环境，有利于转换宿主。子孢子侵入新宿主后，发育成为营养体，又重复其生活史(图1-19A)。有人将配子生殖和孢子生殖称为有性生殖，将裂体生殖称为无性生殖。

2. 代表动物——间日疟原虫(*Plasmodium vivax* Grassi & Feletti)

寄生于人体的疟原虫共有4种，即间日疟原虫、恶性疟原虫(*Plasmodium falciparum*)、三日疟原虫(*P. malariae*)和卵形疟原虫(*P. ovale*)。疟原虫寄生于人的红细胞和肝脏的实质细胞中，引发疟疾病，俗称打摆子。疟疾是全球性的严重疾病，主要流行于温带和热带的发展中国家，全世界有一半人口受到威胁，在亚、非、拉危害最烈,非洲每年有百万儿童死于疟疾。在我国,间日疟原虫分布较广,南自海南省,北至黑龙江省,东为沿海各省,西至新疆。疟疾是中国五大寄生虫病之一。

寄生人体的4种疟原虫的生活史基本相同。现以间日疟原虫(图1-20)为例,描述如下。

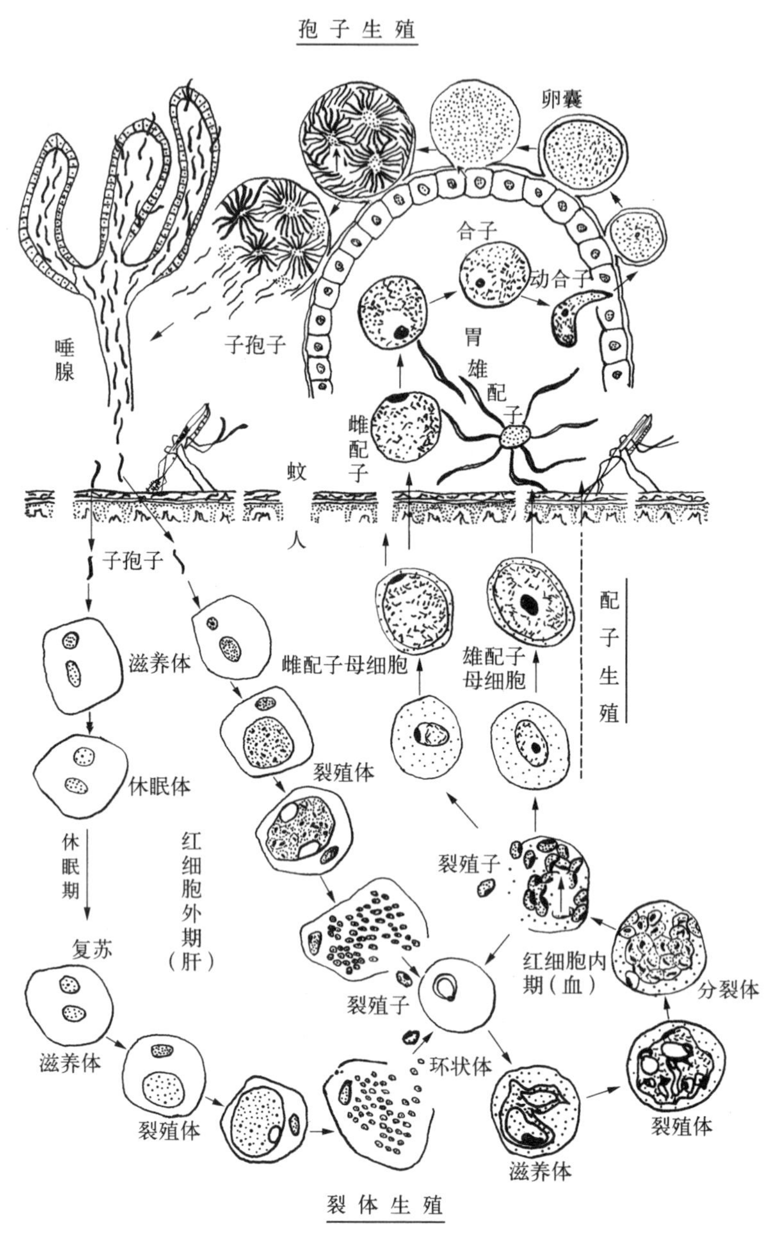

图1-20 间日疟原虫的生活史图解

间日疟原虫有2个寄主:人和雌按蚊。传播疟疾的雌按蚊,被称为媒介昆虫。生活史分为三个时期:① 裂体生殖在人体内进行;② 配子生殖在人体内开始,于雌按蚊胃中完成;③ 孢子生殖在雌按蚊体内进行。

(1) 裂体生殖

疟原虫在人体肝细胞和红细胞内发育增殖。在人体肝细胞内发育称红细胞外期(exoerythrocytic stage),在红细胞内发育包括红细胞内期(ehythrocytic stage)和配子生殖时期开始。

红细胞外期:在人体肝细胞内。当受染疟原虫子孢子的雌性按蚊叮咬人时,子孢子可随按蚊的唾液进入人体。子孢子随血流首先侵入肝细胞,虫体变圆形,核开始分裂,即进行无性的裂体生殖,形成裂殖体。接着细胞质也分裂,并包绕核周围形成裂殖子。裂殖子成熟引起肝细胞破裂,一部分被吞噬细胞吞噬掉,一部分侵入红细胞内进行红细胞内期的发育。进入肝脏的子孢子并非同时进行发育,分为速发型和迟发型。速发型子孢子侵入肝脏后就开始裂体生殖,完成红细胞外期。迟发型子孢子进入肝脏之后不马上发育,而是进入休眠状态,称休眠子(hypozoite),到数个月、一年或一年以上才开始发育成裂殖子。休眠子的发现对揭示疟疾复发的机制提供了依据。

红血细胞内期：在人体红细胞内。裂殖子侵入红细胞，开始了红血细胞内期的发育。裂殖子的顶复合器与红细胞接触时，细胞膜内陷将裂殖子裹进红细胞内，红细胞将入口封闭并恢复正常状态。裂殖子首先发育为中央有一空泡、核偏在一侧的环状体(ring form)(小滋养体)。环状体逐渐增大，发育为伸出伪足的大滋养体(或称阿米巴样体)，其体内不断沉积出虫体无法吸收利用的血红蛋白分解产物的颗粒，称为疟色素(pigment granules)。成熟的大滋养体进入裂体生殖，形成多个裂殖子，裂殖子成熟后几乎占满了红细胞，此时称裂殖体。红细胞破裂，裂殖子散入血液，再侵入其他的红细胞重复进行裂体生殖。由于大量红细胞破裂，以及裂殖子及其疟色素等代谢物释放到血液中，引起人体生理上的一系列反应。患者表现为寒战、发热和大汗淋漓三个连续症状，俗称"打摆子"，伴有剧烈头痛，全身酸痛。红细胞内裂体生殖的每一个周期，需时48小时，因此，称为间日虐，即病人每间隔一天发病一次，三日虐则病人每间隔两天发病一次。

(2) 配子生殖

从人体内配子母细胞形成开始至在雌按蚊体内形成合子的有性生殖阶段。红细胞内期的裂体生殖经过几个循环后，一部分裂殖子侵入红细胞后不再进行裂体生殖，而是形成呈圆形或椭圆形的大、小配子母细胞。大配子母细胞较大，有时使红细胞胀一倍，核较致密偏在虫体一侧，疟色素颗粒较大；小配子母细胞较小，核较疏松位于虫体中央，疟色素颗粒较小。配子母细胞在血液中可能生存30～60天。

当雌按蚊叮人时，配子母细胞随血液进入雌按蚊体内，在蚊胃中分别发育成熟。大配子母细胞发育为大配子或称雌配子(macrogamete)，小配子母细胞分裂3次后，形成8个具鞭毛的小配子或称雄配子(microgamete)。大、小配子结合形成合子(zygote)。合子体渐伸长，形成香蕉状、能活动的动合子(ookinate)。

(3) 孢子生殖

在雌蚊体内从合子开始至子孢子形成阶段。疟原虫的动合子蠕动穿过胃壁，定居在胃壁基膜与上皮细胞之间，体形增大，分泌囊壁，发育成圆球形的卵囊(oocyst)，在一个蚊胃上可达数百个卵囊。卵囊中的核及胞质多次分裂，形成数千至上万个长梭形的子孢子。成熟的子孢子破卵囊而出落入血腔，随蚊血淋巴聚集于唾液腺内。一个蚊虫的唾液腺内含子孢子数量多达20万个。当雌按蚊再次叮人时，将子孢子注入新的寄主体内，又开始其人体内的发育。

疟原虫对人的危害除周期性地发作外，它能大量地破坏红细胞，造成贫血、肝脾肿大，严重影响健康。

3. 孢子纲的重要类群

已描述的孢子虫种类约5 700种左右。

兔球虫：寄生于牛、羊、猪、兔、鸡等家畜及家禽消化道的上皮细胞内。自然界中许多野生动物，如鸟类等是艾美球虫的保存宿主。裂殖生殖及配子生殖在寄主的细胞内进行，孢子生殖在体外卵囊中完成，卵囊是感染期。例如寄生家兔体内的兔肝艾美球虫(*Eimeria stiedae*)(图1-21)是世界范围内造成幼兔大量死亡的一种球虫。兔球虫的生活史与疟原虫基本相同，不同的是，它只寄生在一个寄主体内。兔误食了卵囊后，

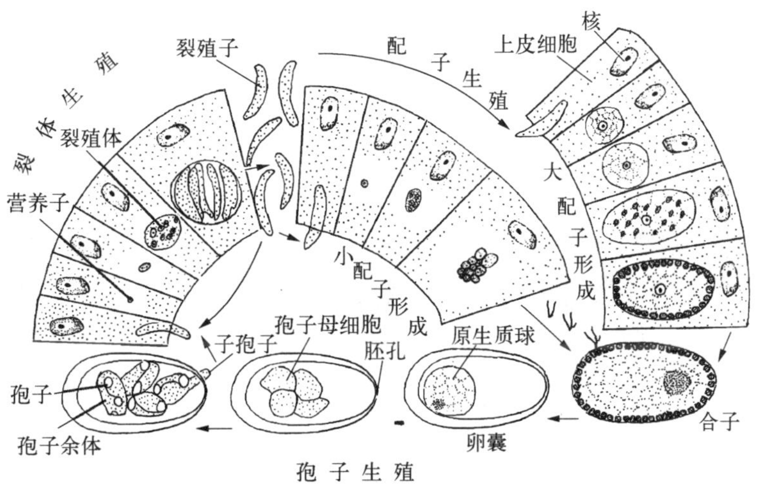

图1-21 兔肝艾美球虫的生活史

在小肠中释放出子孢子,侵入胆管上皮细胞内发育成滋养体,进行裂体生殖形成许多裂殖子。裂殖子再进入新的细胞内产生大小配子母细胞,进行配子生殖,形成合子。合子分泌厚壳形成卵囊,卵囊对各种不良环境具有很强的抵抗力。卵囊随粪便排出体外,并在外界发育成有壳的 4 个孢子,每个孢子内有 2 个子孢子,即每个卵囊内有 8 个子孢子。成熟的卵囊具有感染活力。部分家兔对卵囊具有免疫力,感染后的兔子不引起死亡,而成为球虫的保虫宿主,这种家兔对球虫的传播及延续起了重要作用,特别是在群养的情况下。

血孢子虫:寄生在脊椎动物或人的红细胞或内皮细胞内。生活史中经过两个寄主,裂体生殖在脊椎动物或人体内,配子生殖和孢子生殖在蚊或蜱等吸血昆虫体内。血孢子虫生活史是在寄主体内进行,不形成卵囊,孢子无壳,如疟原虫。牛血孢子虫(图 1-22)对牛的危害,和疟原虫对人的危害相似,都是大量破坏红细胞。严重者血红素会从尿中排出,所谓"血尿"。传染媒介是牛壁虱(蜱)。牛血孢子虫病我国牧区较常见,本地牛一般有免疫力,但对输入的外地牛却威胁甚大,死亡率极高。

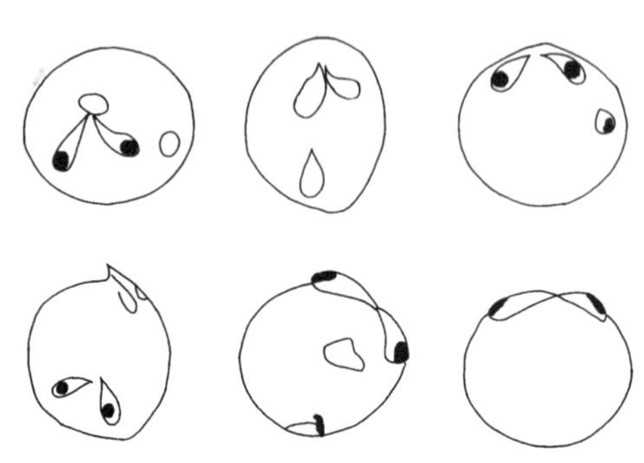

图 1-22 牛巴贝斯虫在红细胞内

粘孢子虫:主要是鱼类体表或内脏寄生的原虫,也可寄生于两栖、爬虫类。如一种碘泡虫(*Myxobolus artus*)(图 1-23)寄生在鱼的肠壁组织等部位形成包囊,孢子具 2 个极囊和极丝。包囊破裂,孢子逸出,被鱼吞食,放出极丝,附着于肠壁组织,肠呈白色、无弹性。严重发生可引起鱼大量死亡,危害较大。

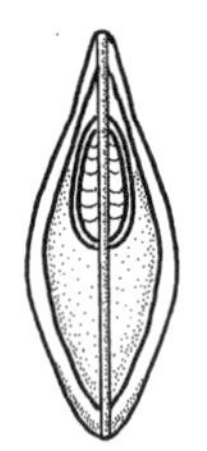

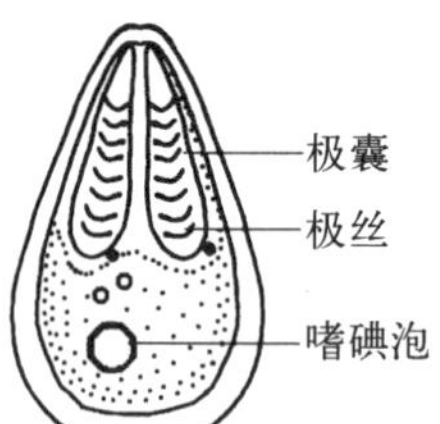

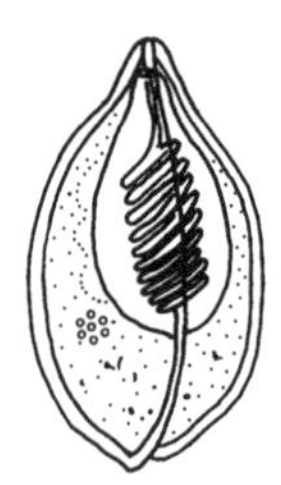

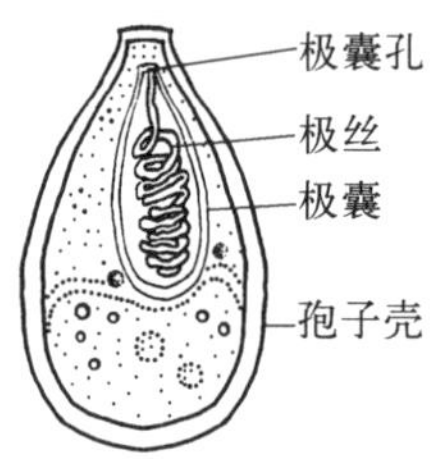

图 1-23 寄生于鱼体的黏孢子虫(引自江静波等)

1.2.4 纤毛纲

1. 主要特征

纤毛虫类是分布极广泛的原生动物,任何水域,甚至污水沟也有分布。大多数为单体自由生活,少数群体营固着生活。也有少数营共生或寄生生活。结构是原生动物中最为复杂的一类。以纤毛为运动器,纤毛的超微结构与鞭毛基本相同。一般说来,纤毛较短,数目较多,运动时节律性强。纤毛可成排分散存在,也可由多数纤毛愈合成小膜、在口旁排列,叫小膜带(membranella);有的种类胞咽中纤毛愈合,形成大片的波动膜(undulating membrane);还有的种类腹方纤毛愈合成束,称为棘毛(cirrus),作水底爬行之用(图 1-24)。

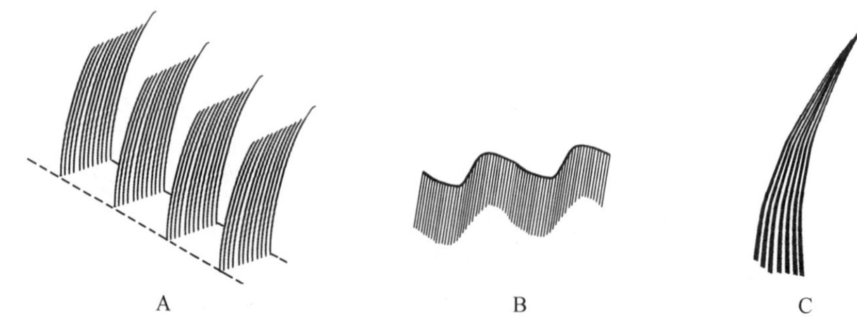

图 1-24 纤毛的愈合形成(引自江静波等)

A. 中状小膜;B. 波动膜;C. 棘毛

细胞核一般分为大核与小核。大核一般是1个，多倍体，司营养，称为营养核(vegetative nucleus)。小核1个或多个，二倍体，司生殖，称为生殖核(reproduction nucleus)。细胞质分化为内质与外质。大部分纤毛虫具有摄食的胞器。无性生殖通常为横二分裂，有性生殖为独特的接合生殖。生活在淡水或海水中，也有寄生的。

2. 代表动物——大草履虫(*Paramecium caudatum* Ehrenberg)

大草履虫又称尾草履虫，生活在有机质丰富的淡水中，一般池沼、小河中都可采到。

前端钝圆，后端稍尖，形状略似倒置的草鞋。大小约250 μm左右。全身长满了纵行排列的纤毛(图1-25)。从体之前端开始有一道沟斜着伸向身体中部，称口沟(oral groove)。游泳时，全身的纤毛有节奏地摆动，由于口沟的存在和该处的纤毛较长，摆动有力，所以使虫体螺旋形旋转向前进。

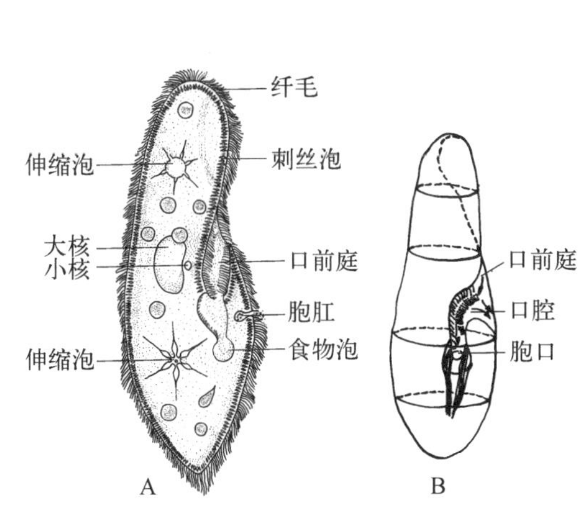

图1-25　大草履虫的构造(A)与立体观(B)

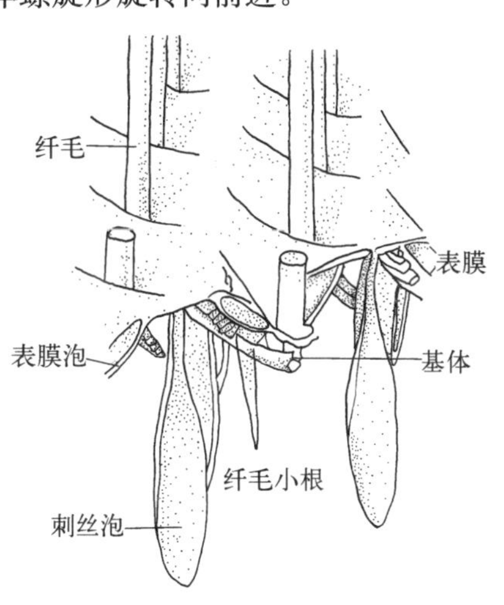

图1-26　草履虫的表膜

草履虫体表有表膜(pellicle)，借以维持它们身体固定的形状。表面被划分为许多六角形的小区，从每个凹下成杯状区域的中心各伸出1～2根纤毛。在电镜下观察，表膜由三层膜组成，外层与纤毛鞘相连续，中层和内层在每一纤毛基部形成一对表膜泡(alveoli)。表膜泡有增加表膜硬度的作用，同时又不妨碍虫体的局部弯曲。表膜内层紧附于外质上。外质内有动体(或称基体)(kinetosome)、刺丝泡(trichocyst)和连接动体间的纤维网等构造。动体位于纤毛的基部，每个动体发出一细动纤丝(称为纤毛小根 ciliary rootlet)，这些纤丝在动体右边向前伸展一段距离，与同排的其他动体发出的纤丝连系起来，成为一束纵行的动纤丝(kinetodesmas)(图1-26)。动体和由它们发出的动纤丝称为动体列(kinety)。草履虫的纤毛非常多，其动体所发出的动纤丝再加上表膜下由小纤维连结成的网状结构，形成非常复杂的纤维系统，故有人把各动体以及所相连的、由微丝或微管组成的小纤维结构，统称为表膜下纤维系统(infraciliatu)。有的学者认为，它们的作用是传导冲动和协调纤毛的活动，也有人认为，纤毛摆动的协调作用与它无关，而与膜电位变化有关。

表膜下的外质中有一层小杆状结构，整齐地与表膜垂直排列，此为刺丝泡。刺丝泡有孔开口在表膜上，当草履虫受强烈刺激时，刺丝泡内含物射出，遇水变成细长而黏的细丝，可能有防御功能。

草履虫有口沟的一侧为草履虫的口面或腹面。口沟之后依次为口前庭(vestibule)、口腔(buccal cavity)、胞口(cytostome)和胞咽(cytopharynx)。口腔内有纤毛构成的波动膜和小膜(cytopharynx)。由于波动膜和小膜及口沟中纤毛协同击水，水流带来了草履虫的食物。草履虫的食物主要是细菌、微小生物和腐败的有机物小颗粒。这些食物微粒到达胞咽的末端形成小泡，小泡逐渐胀大落入细胞质内即为食物泡。食物泡在体内环流，在环流过程中，消化酶将食物消化，不能消化的残渣由身体靠后部的胞肛(cytoproct)排出。

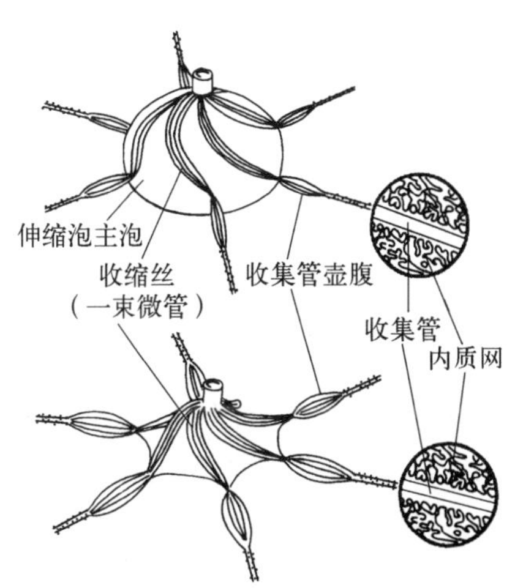

图1-27　草履虫伸缩泡的细微结构

内质多颗粒，能流动，其内有细胞核、食物泡、伸缩泡等。

在外质的内层有2个伸缩泡(图1-27)，靠近虫体两端。每个伸缩泡包括主泡和收集管(collecting canals)。收集管有6~11条,放射状排列,与内质网相连。收集管收集水和废物,注入主泡,通过表膜小孔(或称排泄孔)排出体外。每个主泡和收集管交替扩张或收缩,前后2个伸缩泡也是有规律地相互交替收缩。伸缩泡的作用主要是排水,调节体内水分平衡,并附带有排泄的功能。

在虫体中部的内质中有一大核一小核,大核多呈肾形,小核圆形,较小,位于大核的凹处。大核主要管营养代谢,小核主要管遗传。

草履虫由体表进行气体交换,从水中获得氧并把二氧化碳和其他含氮废物排到水中。对外界刺激常产生一定的反应。

草履虫无性生殖为横二分裂(图1-28)。在温度和食物适宜时,每天可分裂1~2次。分裂时小核先行有丝分裂,大核拉长行无丝分裂,接着虫体中部横向缢断,分成2个新个体。

有性生殖为接合生殖。当接合生殖时,2个草履虫口沟部分互相黏合,相贴处细胞膜愈合,细胞之间形成原生质桥联结。小核脱离大核,拉长成新月形,接着大核逐渐碎裂并消失。小核分裂2次,其中一次是减数分裂(meiosis),结果各形成4个单倍体的小核,其中有3个解体,留下的1个小核进行有丝分裂,形成大小不等的2个配子核。然后两个虫体互相交换较小的配子核,与对方较大的配子核融合,形成1个二倍体的合子核,这一过程相当于受精作用。此后两个虫体分开,每个虫体的合子核分裂3次成为8个核,4个变为大核,其余4个核有3个解体,留下一个小核分裂2次成为4个,各自带一个已形成的大核,最后形成4个各有1个大核,1个小核的新个体;每个虫体也分裂2次,最后形成8个新个体,每4个为一组,每组来自同一草履虫(图1-29)。

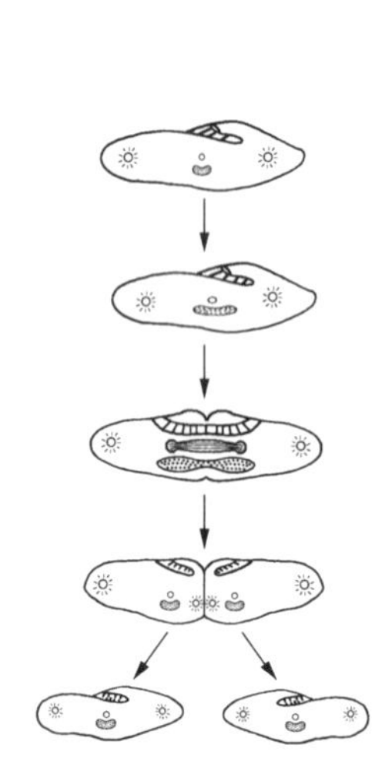

图1-28 草履虫的横二分裂

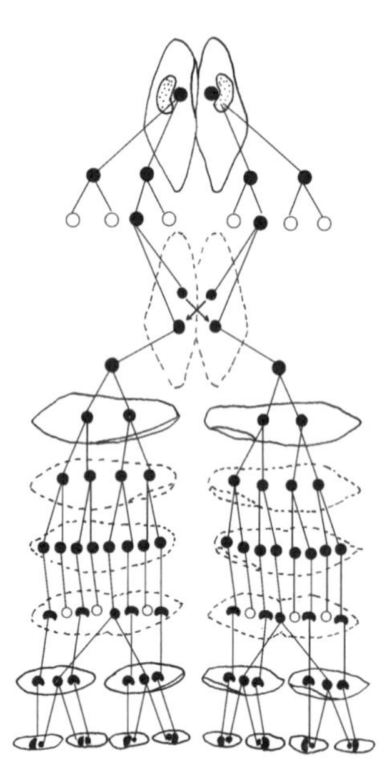

图1-29 大草履虫接合生殖图解

3. 纤毛纲常见种类

纤毛虫分布广泛,种类很多,已描述的大约8 500种左右。自由生活的草履虫等纤毛虫全身都有纤毛,并作为运动和摄食胞器。有些种类纤毛愈合成毛笔状的棘毛,在虫体的腹面作爬行用,如棘尾虫(*Stylonychia*)、游仆虫(*Euplotes*),取食微小的鞭毛虫。钟虫(*Vorticella*)的纤毛在围口部形成口缘小膜带,虫体下端有一能伸缩的柄,可营固着生活(图1-30)。

有的纤毛虫营寄生生活。寄生在人体的有结肠肠袋虫(*Balantidnm coli*)(图1-31),寄生在人的大肠中,侵蚀肠壁,引起腹泻。小瓜虫(*Ichthyophthirius*)(图1-32)寄生在鱼的皮肤及鳃等处,形成一些白色的小斑点,得小瓜虫病,对鱼危害很大,幼鱼的死亡率很高。又如车轮虫(*Trichodina*),寄生于淡水鱼的鳃或皮肤上,虫体像一车轮,从侧面看也呈钟形,有两圈纤毛。吃鳃组织细胞和红血细胞,大量发生时,鱼体皮肤变黑,体表粘液白浊,若同时感染细菌,可使皮肤溃疡,对鱼危害较大(图1-32)。

自由生活的纤毛虫,大部分为浮游生物的组成部分,是鱼类的自然饵料。

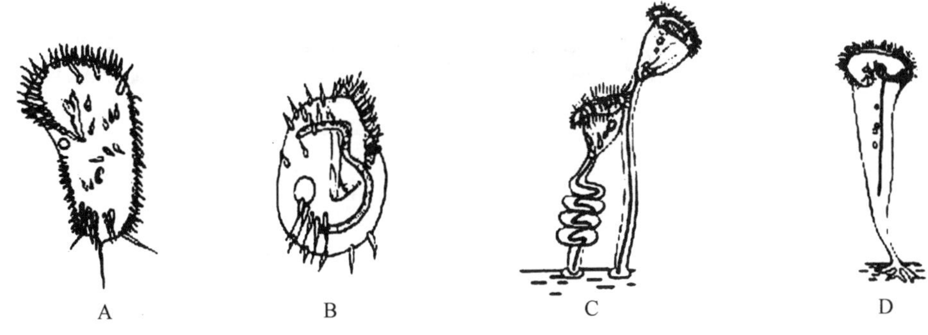

图 1－30　几种常见的纤毛虫(仿 Sleigh，Grell；Marshall)

A. 棘尾虫(*Stylonychia*)；B. 游仆虫(*Euplotes*)；C. 钟虫(*Vorticella*)；D. 喇叭虫(*Stentor*)

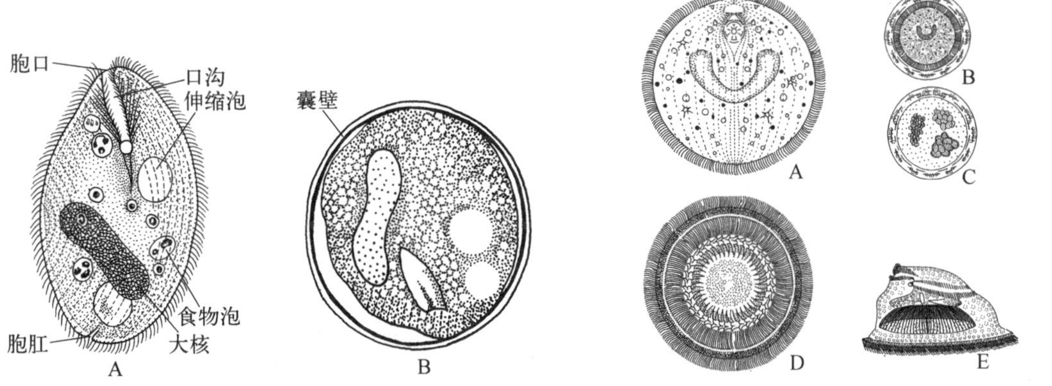

图 1－31　结肠肠袋虫

A. 营养体；B. 包囊

图 1－32　多子小瓜虫(A、B、C)和车轮虫(D、E)

思　考　题

1. 为什么说原生动物是动物界里最原始、最低等的一类动物？怎样理解原生动物作为单个细胞比多细胞动物的细胞更为复杂？
2. 原生动物门有哪几个纲？分纲的主要依据是什么？
3. 比较眼虫、变形虫和草履虫的主要形态结构和生命活动特点，以此分别说明鞭毛纲、肉足纲和纤毛纲的主要特征。
4. 以间日疟原虫为例说明孢子虫的生活史。通过疟原虫掌握孢子纲的主要特征。
5. 试述草履虫的接合生殖过程。

第2章 多细胞动物的发育与起源

提 要

发育的基本概念，多细胞动物的个体发育及其早期胚胎发育的重要阶段。系统发育和生物发生律。地球上生命的起源。细胞的起源与进化。多细胞动物的起源及其假说。中生动物。

2.1 多细胞动物的发育

发育(development)是生命从简单到复杂、从低等到高等的变化过程。广义的发育包括个体发育和系统发育，狭义的发育仅包含个体发育或狭义的个体发育。

2.1.1 什么是个体发育

动物的个体发育(ontogeny)是指某一动物的发生全过程，是有机体以遗传信息为基础进行自我构建和组织。单细胞动物(原生动物)的个体发育比较简单。多细胞动物的个体发育由低等到高等，在不同的类群中明显不同，例如，腔肠动物只是到两胚层阶段，从扁形动物开始动物的发育要经历三胚层阶段。三胚层动物由于进化程度的差异，进一步发育所经历的组织分化、形态发生和器官系统的形成等的水平也有很大差别，但是在个体发育的早期所经历的过程是基本一致的。

狭义的个体发育是指除了无性生殖(天然克隆)以外，动物有性生殖的个体发育过程都是从受精卵开始到性成熟为止的整个发育过程。一般包括：受精及受精卵、卵裂期、囊胚期、原肠期、胚层分化，组织、器官、系统的形成，逐步发育成一个新个体，直至性成熟。大致经历胚胎期、幼体期和成体期几个阶段。

有性生殖动物广义的个体发育是指从生殖细胞的形成到死亡为止的整个过程。经历了胚前发育期、胚胎发育期、幼体期、性成熟期、衰老期和死亡几个阶段。

2.1.2 多细胞动物个体发育

有性生殖的多细胞动物广义个体发育一般划分为胚前发育期、胚胎发育期和胚后发育期三个阶段。胚前发育期是指生殖细胞的形成阶段；胚胎发育期是指从受精卵开始到幼体从卵内孵出或从母体产出为止的阶段；胚后发育期指动物幼体从卵内孵出或从母体产出以后直至生命的终结。

1. 胚前发育

胚前发育是指精子和卵子的形成过程。已知在很早期的发育阶段，昆虫、脊椎动物和其他许多动物的生殖细胞和体细胞就有明显的分化，也有不少动物体细胞与生殖细胞的分化并不确定，在一定的条件下体细胞能够转化成为生殖细胞，如腔肠动物、扁虫和被囊动物等。不论是雄性生殖细胞或是雌性生殖细胞，其发生的过程都经过增殖期、生长期和成熟期(图2-1)。

(1) 精子的发生

增殖期：精原细胞经过多次有丝分裂数量不断增加，形成许多精原细胞。

生长期：部分精原细胞开始生长，体积增大，形成初级精母细胞。

成熟期：初级精母细胞再经过两次成熟分裂，形成精细胞。初级精母细胞(2n)第一次成熟分裂形成两个次级精母细胞，次级精母细胞再进行第二次成熟分裂各形成两个大小相似的精细胞。精细胞经过分化后成为能活动的精子。精子极小，形态多样(图 2-2)，多数为蝌蚪形，分头、颈、尾三部分；头部的顶体内含有多种溶解酶，可溶解卵膜，使精子进入卵内。

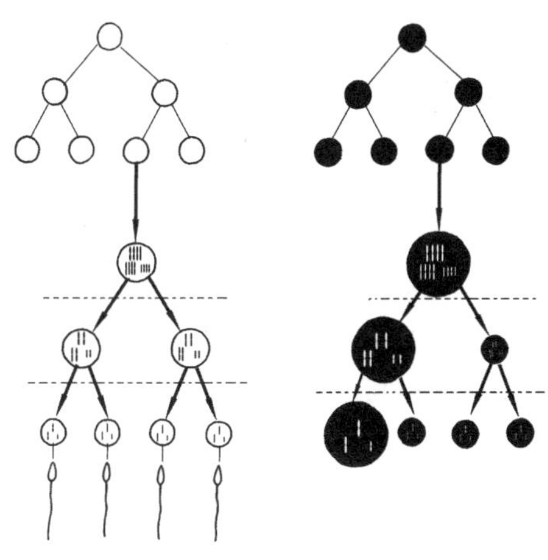

图 2-1　精子和卵子的发生图解
(仿华中师院等)

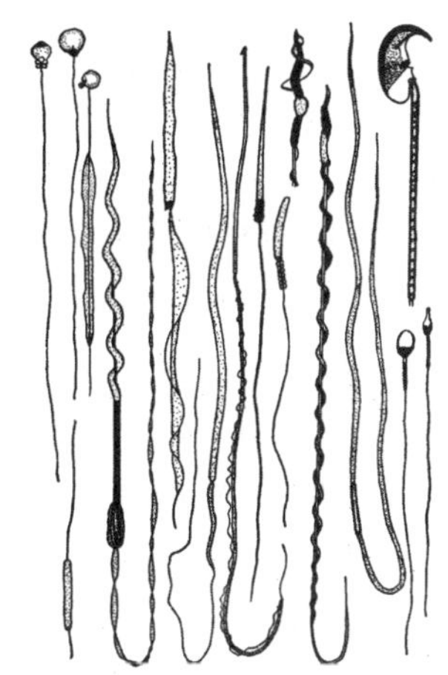

图 2-2　各种脊椎动物的精子
(引自曲淑惠等)

(2) 卵子的发生

增殖期：卵原细胞经过多次有丝分裂数量不断增加，形成许多卵原细胞。

生长期：部分卵原细胞开始生长，体积增大，形成初级卵母细胞。

成熟期：初级卵母细胞经过第一次成熟分裂，形成 1 个大的次级卵母细胞和 1 个小的第一极体；次级卵母细胞再进行第二次成熟分裂形成 1 个大的卵细胞和一个很小的第二极体；第一极体也分裂成两个很小的第二极体。

卵子和精子在发生上的主要区别是：1 个初级精母细胞经过分裂和发育最后可形成 4 个精子，而 1 个初级卵母细胞经过分裂和发育只能形成 1 个卵子。

卵子具有一定的极性，卵黄多的一端为植物极，卵黄少的一端为动物极，细胞质偏向动物极。根据卵细胞内卵黄的多少和分布情况，又将卵分以下几种类型：① 少黄卵(或均黄卵)，卵黄少而均匀地分布在整个卵中，如文昌鱼、海胆和高等哺乳类的卵。② 端黄卵，卵黄大多集中在植物极。这类卵的卵黄极多，细胞质只有一薄层分布在卵黄的表面和动物极，如爬行类、硬骨鱼和鸟类的卵。③ 中黄卵，卵黄位于卵的中央，细胞质为一层包在卵黄的外围，如昆虫的卵。

2. 胚胎发育早期的重要阶段

不同动物类群的胚胎发育情况不同，但是大多数动物胚胎发育早期的几个主要阶段是相同的。

(1) 受精与受精卵

受精(fertilization)是指雄性配子或精子与雌性配子或卵结合形成合子的过程(图 2-3)。或者说是精子趋向卵子，并与之融合，引起核质变化的相互同化、合而为一的过程。受精是胚胎发育的起点。动物的卵子和精子彼此间有相互吸引的化学物质，使同种的精子与卵子相互识别。在受精过程中，精子头部与卵膜成分接触诱发顶体反应，通常卵子在与精子的接触处形成一个原生质小突起，叫受精锥(fertilization cone)。精子细胞头部的顶体小泡开放并释放出一些水解酶，通过酶解作用溶解卵膜的胶状层和卵黄膜，形成通道。精子穿过通道，精卵质膜发生融合，随后精子的细胞核进入卵内，成为雄性原核(male pronucleus)，线粒体和中心粒也进入细胞内。精子核进入卵内后，卵被激活，精子核与卵子的雌性原核(female pronucleus)结合，即形成受精卵(2n)。精子和卵子均是单倍体，它们各向合子提供一套染色体，为构建新后代的有机体提供了完整的信息。

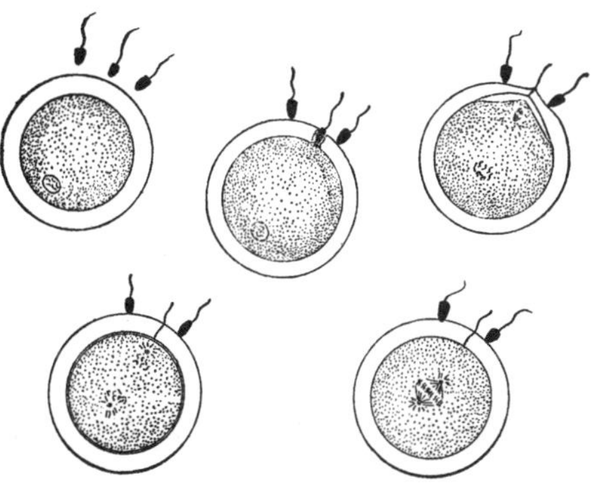

图 2-3　受精过程示意图
(仿 Hichman)

根据受精的环境将动物的受精方式分为体内、体外两种;根据形成受精卵的精子和卵子是否来自同一个体还区分为同体受精和异体受精。

1) 体外受精　雌雄两性个体分别把卵子和精子排出体外,并在水中受精。如大部分鱼类、两栖类和水生无脊椎动物等。

2) 体内受精　通过雌雄性器官交配,然后在雌性生殖道内受精。如爬行类、鸟类、哺乳类和绝大多数昆虫等陆生动物。

3) 同体受精　形成受精卵的精子和卵子来自同一个体。

4) 异体受精　形成受精卵的精子和卵子来自不同个体。

(2) 卵裂(cleavage)

受精卵经过多次重复分裂,先后形成2,4,8,16,32……个分裂球(blastomere)或胚胞的过程,称为卵裂(cleavage)。包括细胞的分裂、增殖(proliferation)和移位(migration)。卵裂与一般细胞分裂的不同点在于分裂球本身不生长,却迅速进行再一次的分裂。分裂的次数愈多、分裂球的体积愈小。

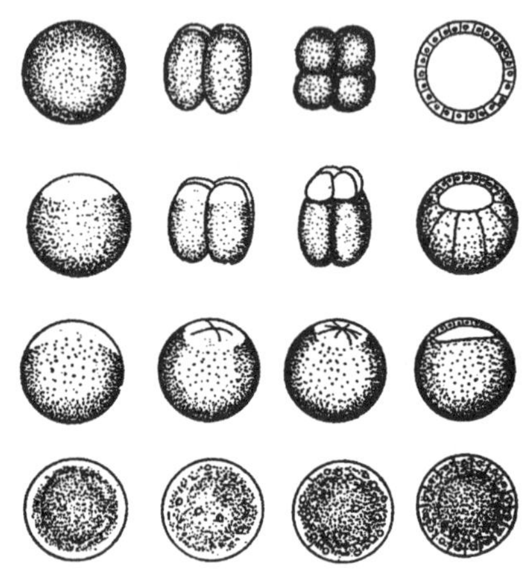

图2-4　卵裂和囊胚的形成示意图
(仿 Meglitsch 修改)

由于卵黄的多寡和分布情况的不同,卵裂的方式也不同(图2-4)。主要有以下两类:

1) 完全卵裂(toltal cleavage)　整个卵细胞全部都参与分裂。多为少黄卵的卵裂方式。均黄卵分裂后的分裂球形状大小相同,称等裂(equal cleavage),如海胆、文昌鱼等。卵黄少但分布不均,卵黄多的部分分裂慢,卵裂球较大,卵黄少的部分分裂快,形成的卵裂球小,分裂后的分裂球就有大小之分,称不等裂(unequalcleavage),如多孔动物、蛙类等。

2) 不完全卵裂 (partial cleavage)　受精卵只限于不含卵黄的部位进行分裂。多见于多黄卵(端黄卵和中黄卵),卵黄多分裂受阻。端黄卵,分裂只限于动物性极胚盘上,称盘裂(discal cleavage)。如乌贼、鸟类等。中黄卵,分裂只限于卵细胞的表面,称表面卵裂 (superficial cleavage)。如昆虫卵裂。

完全卵裂还有两种主要模式,辐射型卵裂(radial cleavage)和螺旋型卵裂(spiral cleavage)(图2-5)。辐射型卵裂是在第三次分裂后形成8个分裂球,以后每层的分裂球都较整齐地排列在下一层的上面,并呈辐射状排列,如棘皮动物、腔肠动物等。螺旋型卵裂是第三次分裂时,分裂轴不与赤道面垂直,而成45°倾斜,分裂球排列在两个植物性分裂球之间,这样继续分裂就呈螺旋状排列,如螺、蚌、纽虫及多毛类环节动物等。

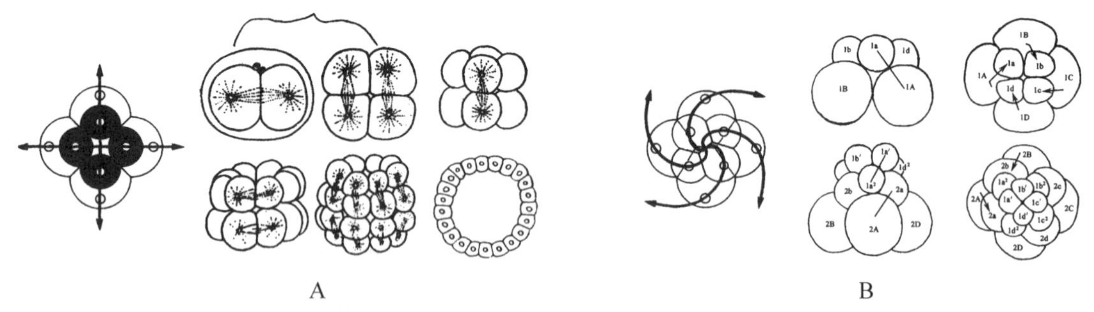

图2-5　辐射型卵裂(A)、螺旋型卵裂(B)

(3) 囊胚的形成

卵裂的后期,分裂球排成球形,一般形成中空囊状的球状胚,称囊胚(blastula)。囊胚外面的细胞层叫囊胚层(blastoderm),内面的腔叫囊胚腔(blastocoel)(图2-4)。由于卵子类型不同和卵裂类型的不同,形成的囊胚可以分为四种。

1) 腔囊胚(coeloblastula)　球状、有较大的囊胚腔的囊胚,均黄卵或少黄卵,全裂及等裂的类型,都形成腔囊胚。如棘皮动物、两栖动物等。

2) 实囊胚(stereoblastula) 有些全裂卵的囊胚，由于分裂球排列紧密，其中间无腔，或者分裂初期尚有裂隙存在，以后被分裂球挤紧而消失成为实心球体的实囊胚。如某些水母类、水螅类和腹足类等。

3) 表面囊胚(superficial blastula) 中黄卵进行表面卵裂，到囊胚期由一层分裂球包在一团实体的卵黄外面，没有囊胚腔。如昆虫的囊胚。

4) 盘状囊胚(discoblastula) 典型的端黄卵进行盘状卵裂，形成盘状的囊胚，盖于卵黄上，称为盘状囊胚。如硬骨鱼类，爬行类和鸟类等。

(4) 原肠胚的形成

囊胚进一步发育形成具有内、外两胚层和原肠、原口的胚，称原肠胚(gastrula)。其外层细胞称外胚层(ectoderm)，内层细胞称内胚层(endoderm)，内胚层包围的腔称原肠腔(archenter cavity)，将来形成动物的消化腔，其开口称原口或胚孔(blastopore)，内外胚层之间的囊胚腔在后期消失。原肠胚的形成很复杂，不同动物的形成方式不同，主要有以下几种方式。

1) 内陷(invagination) 由囊胚植物极细胞向内陷入，形成内胚层，外面的一层为外胚层的原肠胚形成方式(图2-6)。如海胆、文昌鱼和纽形动物等。

图2-6 原肠胚形成示意图
(仿 Meglitsch 修改)

2) 内移(ingrassion) 囊胚的一部分细胞移入内部而形成内胚层。初始移入的细胞位于囊胚腔中，排列不规则，接着逐渐调整排列成规则的内胚层。内移法形成的原肠胚没有原口，以后在胚体的一端开孔，形成原口(图2-6)。如某些水熄、水母和苔虫等。

3) 分层(delamination) 囊胚细胞分裂时，细胞沿切线方向分裂，从而形成内外两胚层。囊胚壁全部细胞向腔内分裂出一层，成为内胚层。如某些水母。或者实囊胚向外分出一层，成为外胚层(图2-6)。如某些水螅水母类。

4) 内转(involution) 通过盘裂形成的盘状囊胚，分裂的细胞不断由边缘向内转卷入，再伸展成为内胚层(图2-6)。如鱼类、两栖类、爬行类以及头足类软体动物。

5) 外包(epiboly) 囊胚动物极的细胞分裂快，植物极细胞由于卵黄多分裂较慢，结果动物极细胞逐渐向下包围植物极，形成外胚层，被包围的植物极细胞形成内胚层(图2-6)。如某些软体动物和两栖类。

以上原肠形成的几种形式往往不是单一进行，常常两种或两种以上同时进行，最常见的是内陷与外包同时进行，分层和内移相伴进行。

图2-7 中胚层和体腔的形成示意图
(仿 Hichman)

(5) 中胚层及体腔的形成

动物体在原肠胚形成的同时，在内、外胚层之间逐步形成中胚层(mesoderm)，中胚层之间形成的空腔为真体腔(true coelom)。中胚层和体腔的形成密切相关，主要有以下两种方式(图2-7)。

1) 端细胞法(telocells method) 在胚孔两侧，内外胚层交界处各有一个原始中胚层细胞，由它分裂成很多细胞，在内外胚层之间形成中胚层。由中胚层细胞之间裂开形成的体腔也称裂体腔(schizocoel)，这种形成体腔的形式称裂体腔法(schizocoelous method)。原口动物均以端细胞法形成中胚层和体腔。

2) 体腔囊法(coelesac method) 在原肠背部两侧，内胚层向外突出成对的囊状突起——体腔囊(coelom sac)。体腔囊和内胚层脱离后，在内外胚层之间逐步扩展成为中胚层，中胚层包围的腔为体腔。由于这种体腔来源于原肠的背部两侧，故称肠体腔(enterocoel)。这种形成体腔的形式也称为肠体腔法(enterocoelous method)。属后口动物的棘皮动物、毛额动物、半索动物和脊索动物等均以这种方式形成中胚层和体腔。

(6) 胚层分化与器官建成

三个胚层的形成基本奠定了组织和器官的基础，三胚层的进一步分化、发育就形成各种组织和器官。

1) 外胚层 形成神经系统、感觉器官、消化管的两端、皮肤上皮及其衍生物等。

2) 中胚层　形成肌肉、真皮、循环系统、泄殖系统、体腔膜及系膜等。

3) 内胚层　形成消化管和呼吸道的上皮、肺、肝、胰及咽部衍生物的腺体(如甲状腺、胸腺)以及泌尿系统膀胱的大部分、尿道和附属腺体的上皮等。

三胚层的多细胞动物可分两大类,一类称原口动物(protostomia),其成体的口由原口发育而成;另一类称后口动物(deuterostomia),其胚胎的原口发育成为成体的肛门或封闭,而成体的口是后来在原口相对的一端产生的。

3. 胚后发育

动物从卵孵出或从母体产出之后直到生命终结,都属胚后发育。

(1) 幼体产出的方式

根据胚胎的发育场所、营养来源及其幼体的产出方式分为以下三类。

1) 卵生(oviparious)　受精卵在外界环境中完成胚胎发育,其营养由卵黄供给,幼体直接从卵中孵出,称卵生。如大多数低等动物。

2) 胎生(viviparious)　胚胎在母体子宫内发育,其营养由母体供给,待发育到与成体形态相近时,才从母体产出,称胎生。如绝大多数哺乳动物。

3) 卵胎生(ovoviviparious)　胚胎虽在母体内发育,但所需营养物质仍依靠卵供给,待发育到与成体形态相近时,才从母体产出,称卵胎生。如田螺、蚜虫、鲨鱼等。

(2) 胚后发育类型

根据幼体的形态特点和生活方式以及与成体的差异,大致可分两类。

1) 直接发育或无变态发育(ametabola)　即幼体出生时的形态结构与成体基本相似,不经过明显的变化,直接成长为成体。如鸟类、哺乳类和某些低等昆虫等。

2) 间接发育或变态发育(metabola)　即幼体出生时的形态结构、生活方式与成体有显著差异,要经过变态(metamorphosis),才能发育为成体。如蛙类和多数昆虫等。

2.2 系统发育

2.2.1 系统发育的概念

狭义的系统发育(phylogeny)是指生物各类群(包括界、门、纲、目、科、属、种等各分类阶元)发生、发展的历史(种族发展的历史过程或现有类群的形成历史)。任何一类生物都有其发生发展的历史过程,研究它们的发生发展历史、所属各类群的演化关系是系统发育的研究内容。广义的概念是指生命从地球上起源以后演变至今的过程,即生命发展的历史过程。

2.2.2 生物发生律(重演律)的中心内容

生物发生律(biogenetic law)的中心内容是:个体发育是系统发育简短而迅速的重演,亦称重演律(recapitulation law)。是由德国学者赫克尔(E. Haeckel, 1834~1919)提出的。他于1866年在《普通形态学》一书中提出:"生物发展史可分为两个相互紧密联系的部分,即个体发育和系统发展,也就是个体发育史是系统发展史的简短而迅速的重演。"如两栖类的蛙,其个体发育由受精卵开始,经囊胚、原肠胚、三胚层胚、无腿蝌蚪、有腿蝌蚪变态成为蛙。这个过程反映了系统发展所经历了的单细胞、单细胞群体、腔肠动物、原始三胚层动物、低等脊椎动物、鱼类到两栖类的基本过程。蛙的个体发育重演了其祖先的进化过程。又如高等脊椎动物用肺呼吸,而它们的胚胎期出现鳃裂,鳃裂和鳃是圆口类和鱼类的呼吸器官,可见其个体发育重演了系统发育。生物发生规律对了解各类群动物之间的亲缘关系及其发展线索提供了理论依据。因而,许多动物在形成结构上难以确定其分类地位时,常常可以由胚胎发育找到答案。当然,这里的"重演"绝不能理解为机械的重复。个体发育往往有新的变异出现,不断地补充和丰富系统发展。

进入20世纪以后,赫克尔的重演律逐渐被抛弃,原因是生物学家早就发现胚胎发育并不像赫克尔所设想的那样严格重演进化史,而且分子生物学也一度无法解释胚胎发育为什么会重演进化史。但是,近十几年来，随着发育生物学研究的深入，发现几乎所有的动物的发育过程都由相同的遗传机制控制，赫克尔的重演律又部分复活了。事实上，现在已能够用分子生物学的方法在胚胎发育过程中重演某些大进化现象。赫克尔虽有过失，但不能抹杀他对生物学的杰出贡献。

2.3　多细胞动物的起源

2.3.1　多细胞动物起源于单胞动物的证据

一般公认多细胞动物起源于单细胞动物。其证据有以下三个方面。

1. 古生物学证据

根据古动物学的研究发现，从太古代—元古代—古生代—新生代，在距今愈古老的地层中，动物化石的种类愈少而简单，在距今愈近的地层中，则愈多而复杂。还能看出，随着时间的推移，动物由低级向高级发展的顺序。现在已经发现在太古代的地层中有大量的最古老的原生动物化石——有孔虫化石和放射虫化石，有孔虫的钙质外壳化石和放射虫的硅质外壳、针棘化石最早出现于前寒武系地层的海相沉积里，而多细胞动物的化石在那里则极少。说明最初出现的动物是单细胞动物，多细胞动物可能起源于单细胞动物(图 2-8)。

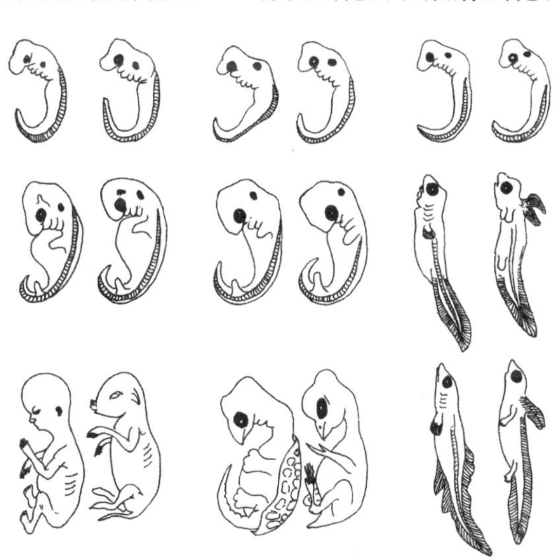
图 2-8　冯・贝尔早期胚胎图

2. 形态学证据

根据现有原生动物门鞭毛纲植鞭亚纲动物比较形态学研究，其形态有 1 个细胞的单体如衣藻、4～16 个细胞的如盘藻、16～32 个细胞的空球藻、36～128 个细胞的杂球藻，直至多达数万个细胞的团藻，形成一个由简单到复杂、由低等到高等的序列。由此可以推测出动物界是如何由单细胞动物向多细胞动物进化的途径。一般认为单细胞动物分裂的时候，所形成的细胞不分开，便形成了群体单细胞动物，群体单细胞动物中的体细胞进一步分化，就形成了多细胞动物。团藻便是介于单细胞动物与多细胞动物之间的过渡类型。

3. 胚胎学证据

根据胚胎学的研究表明，有性生殖的多细胞动物，在胚胎发育过程中，都是由单细胞的受精卵开始，经过卵裂、囊胚、原肠胚等一系列变化逐渐形成成体。根据生物发生律，个体发育是系统发育简短而迅速的重演，可以说明多细胞动物起源于单细胞动物(图 2-8)。

2.3.2　多细胞动物的祖先及其起源学说

1. 赫克尔的原肠虫学说

赫克尔(Haeckel，1874)认为，多细胞动物的祖先是一种有内外两胚层、原肠和原口的，类似原肠胚的“原肠虫”(gastraea)。原肠虫是由类似团藻的球形群体，一端内陷形成的(图 2-8)。

2. 梅契尼柯夫的吞噬虫学说

梅契尼柯夫(мечников，1887)认为，多细胞动物的祖先是一种具有二胚层，起初为实心的，后来发展逐渐地形成消化腔的“吞噬虫”(phagocitella)。他认为这种吞噬虫的形成，最初是由一层细胞构成的单细胞球形群体，后来个别细胞摄食以后进入群体内部形成了内胚层，这样就形成了具有内外两胚层的多细胞动物祖先(图 2-8)。这样假想的多细胞动物祖先，是由吞噬食物后内移形成的，故梅契尼柯夫称之为吞噬虫。这种吞噬虫很像腔肠动物的浮浪幼虫，也被称为浮浪幼虫样的祖先(planuloid ancestor)(见图 2-9)。

以上两种学说都有胚胎学上的证据，但是最低等的多细胞动物多以内移法形成原肠胚，而内陷法是后来才产生的；另外低等的多细胞动物主要以吞噬作用进行细胞内消化，很少为细胞内消化；还可根据结构与功

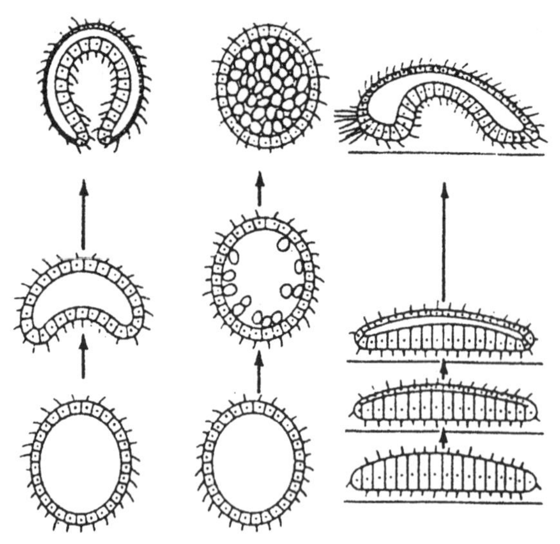

图 2-9 原肠虫、吞噬虫和扁囊虫学说

能发生顺序，应该是先产生某种功能，然后才发展出独立完成这种功能的器官，而不可能先有某种器官，再产生这种器官的功能。可以推论细胞外消化是后来才发展的。故梅氏学说更易被多数学者接受。

3. 扁囊胚虫学说

巴士里(O. Butshli，1883)认为，原始的后生动物是一种两侧对称、两胚层的扁的动物——“扁囊胚虫”(plakula)。他认为两胚层动物的起源是扁囊胚虫通过腹面细胞层的蠕动、爬行、摄食，最后背、腹细胞层分开为中空的，然后腹面的营养细胞内陷形成消化腔，同时产生了内胚层，成为两胚层动物(图 2-8C)。这一学说提出后由于缺乏令人信服的证据，长期被人们忽视。20 世纪 70 年代以后随着对扁盘动物——丝盘虫研究的深入，这一学说又恢复了生机，这种假想的扁囊胚虫与现存的扁盘动物——丝盘虫很相似。近年来有些学者认为丝盘虫是扁囊胚虫现存种类的证据(见图 2-9)。

4. 合胞体学说

主要由 Hadzi(1953)和 Hanson(1977)提出。持这一观点者认为，后生动物的祖先开始是合胞体结构，后来每个核各获得一部分细胞膜形成了多细胞的、两侧对称的结构。这种多细胞动物的祖先来源于多核纤毛虫的原始类群(图 2-10)，并由其发展为无肠类扁虫，认为无肠类扁虫是现在生存的最原始的后生动物。此学说与已揭明的进化过程相违背。反对者较多，主要因为：① 任何动物类群的胚胎发育都未出现过多核体分化成多细胞的现象，无肠类合胞体是典型的次生现象；② 体型的进化是从辐射对称到两侧对称，如果无肠类的两侧对称是原始的，那么腔肠动物的辐射对称倒成为次生的了。

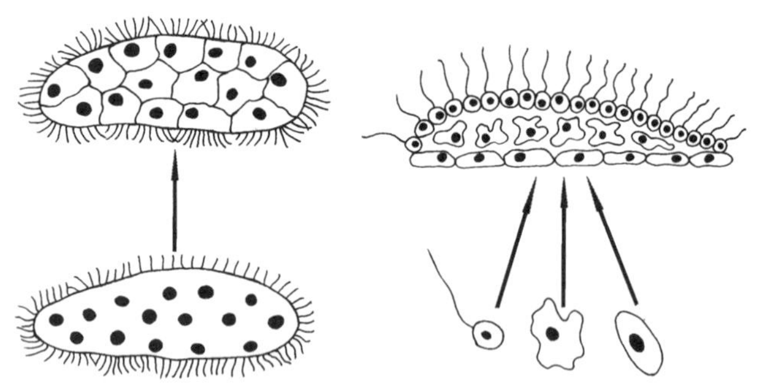

图 2-10 合胞体和共生学说

5. 共生学说

认为多细胞动物的祖先是由一些不同种的原生动物共生在一起发展形成的(图 2-9)。这一学说在遗传学上是难以解释的问题是：不同遗传基础的单细胞生物如何聚集在一起形成能繁殖的多细胞动物？

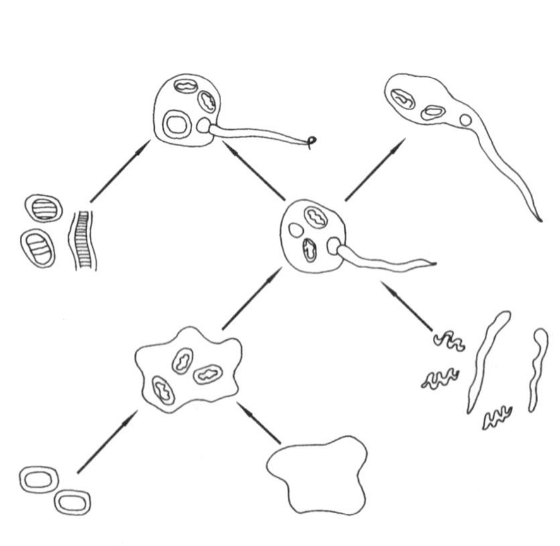

图 2-11 内共生说示意图

图 2-12 渐进说模型图

6. 多细胞动物是单起源还是多起源

多数进化理论者倾向于单元说。但事实已提示多细胞动物起源于不止一类原生动物的祖先，即是多元的。无论单元说还是多元说，大部分的争论是集中在多细胞动物的祖先类群是鞭毛虫还是纤毛虫，并仍在寻找从原生动物过渡到多细胞动物的祖先。

2.4　中生动物(Mesozoa)

长期以来把原生动物和后生动物作为两个相对的概念。原生动物就是指单细胞动物及其单细胞群体，与之相反的多细胞动物都称之为后生动物(metazoa)。海绵动物也是多细胞动物，但是由于其具有许多其他多细胞动物没有的特殊构造和胚胎逆转现象，为了区别于其他多细胞动物，将之单独列出来，叫做侧生动物(parazoa)。所谓的真后生动物是指有多细胞组成的、有分化的组织结构的生物，一般包括从腔肠动物以后的各类动物。长期以来有些学者一直认为在原生动物与后生动物之间还存在着介于二者之间的过渡类型——中生动物(Mesozoa)。下面先了解一下这类动物的主要特征，然后再讨论其演化地位。

2.4.1　中生动物的主要特征和分类

1. 主要特征

1) 两侧对称，身体由少数细胞构成，外层为具纤毛的体细胞，内层是轴细胞。

2) 无器官分化，消化、排泄、呼吸等生理机能都是由细胞完成。

3) 全部寄生在海洋无脊椎动物的体内。

4) 生活史复杂，包括有性世代和无性世代。如，菱形虫类的菱形体产生精子和卵子，在轴细胞内受精形成滴虫形幼虫，完成有性生殖；菱形虫类的线形体的轴细胞以无性的方式可形成多个线形体(图2-10)。

2. 分类

已知约50种，分两个纲：菱形虫纲(Rhombozoa)和直泳虫纲(Orthonecta)。

(1) 菱形虫纲

1) 寄生于软体动物头足纲的肾内。

2) 体长约0.5～10 nm；由20～40个细胞组成。

3) 每个种的细胞数恒定，细胞基本排列为双层(但不同于胚层)。如：双胚虫和异胚虫。

(2) 直泳虫纲

1) 寄生于多种海产无脊椎动物体内，如：扁形、纽形、环节、瓣鳃类、棘皮动物。

2) 多数为雌雄异体；生殖细胞可分裂成多核的变形体(图2-13)；变形体由无性的碎裂的方法产生很多变性体，然后再发育成雌、雄个体(图2-13)。

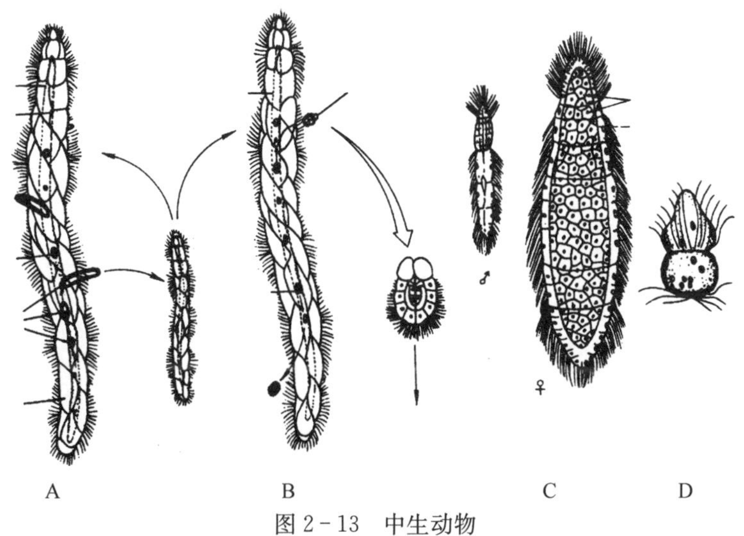

图2-13　中生动物

A. 行无性生殖的双胚虫的成体—虫形体；B. 行有性生殖的虫形体；C. D. 直泳虫的成体及幼体(仿 Hickman 等)

2.4.2 关于中生动物的演化地位

关于中生动物演化地位一直很难确定,主要有以下两种观点:

一种认为是退化的扁形动物。依据:全部为内寄生,说明其寄生历史长,生活史复杂。但结构简单,是扁虫高度适应寄生生活而退化的结果。

另一种认为是最原始的多细胞动物进化来的早期多细胞动物的一个分支,是一个特殊的类群,也可能是真正原始的多细胞动物。依据:有体细胞和生殖细胞的分化;体表具纤毛;生化分析DNA中鸟嘌呤和胞嘧啶的含量低于扁形动物,接近纤毛虫类,说明和原生动物纤毛类的亲缘关系较近。

思考题

1. 什么是个体发育?个体发育包括哪几个阶段?
2. 精子和卵子的形成有何不同?
3. 多细胞动物早期胚胎发育包括哪几个主要的阶段?
4. 为什么卵裂会有多种不同的方式?主要的卵裂方式及其特点是什么?
5. 囊胚的主要类型及其特点。
6. 原肠胚的形成方式及其形成过程。
7. 中胚层和体腔的形成方式及其过程。
8. 什么是卵生、胎生和卵胎生?
9. 什么是直接发育、间接发育?
10. 什么是系统发育?
11. 生物发生律是谁提出的?其中心内容是什么?对动物系统发育的研究有何意义?
12. 赫克尔关于多细胞动物早期胚胎发育图的错误是什么?应如何看待赫克尔在这一问题上的错误和贡献?
13. 关于生命在地球上起源地的几种错误的观点是什么?
14. 你认为细胞的起源和真核细胞的产生对地球上生命的演化有何意义?
15. 简述多细胞动物起源于单细胞动物的证据
16. 多细胞动物的祖先及其起源学说主要有哪些?你认为哪种更有说服力?
17. 中生生物的演化地位。

第3章 多孔动物门(Porifera)

提　要

多孔动物的组织结构原始，细胞具有相对独立性，无消化腔，无神经。故被认为是“最原始、最低等的多细胞动物”，也可以认为是介于原生动物和真正多细胞动物之间的“过渡动物”。由于这类动物身体与机能存在诸多的特殊性，以至其在动物演化上没能成为真后生动物的祖先，而是朝着十分特化的方向发展形成了一支侧生动物。

多孔动物，又称“海绵动物”(Spongia)。古生物学和现代分子生物学的研究结果表明，这类动物早在10亿年前就出现在地球上了。在与真后生动物(Eumetazoa)分歧后的演化过程中，多孔动物的身体结构极少有大的变化，因此被称为“活化石”(living fossil)。

3.1 多孔动物门的主要特征

3.1.1 体制

1. 体型和体色

多孔动物体形多样(指状、瓶状、管状、喇叭状、扇状、片状、树枝状、球状及块状等)(图3－1)，原本属于辐射对称(radial symmetry)，但由于这类动物营固着生活，体形会因固着部位不同而发生变化，再加上这类动物具有旺盛的出芽增殖，以致许多种类的身体次生性地出现了不对称的现象。少数多孔动物为单体，如毛壶、拂子介等；多数为群体，如白枝海绵、针海绵等。群体直径大约2～3 m，体重40 kg者；单体直径小有几毫米，体重仅几克的种类。除少数种类体色灰白外，多数种类具有鲜艳的颜色，如大红、橘红色、黄色、绿色、紫色、褐色等。其色彩来源于共生藻类或非活性的色素。例如，绿色是因为体内共生有绿色的绿藻，红色、黄色、橘黄色等则是因为多孔动物的细胞内含有脂溶性胡萝卜素的缘故。鲜艳的体色可能具有警戒及保护作用。

2. 体孔和管道(腔)

多孔动物的体表具有无数的小孔而得其名，体内具有由体壁围成的空腔——中央腔(central cavity)或称海绵腔(spongiocoel)，有些种类的体壁上还有管道(canal)和鞭毛室(flagellated chamber)，这些结构都是水沟系的重要组成部分(图3－2)。

3.1.2 细胞及组织分化

多孔动物的身体的体壁分为三层，分别由不同形态和功能的细胞构成(图3－3、图3－4)，细胞间结合疏松(在电子显微镜下看，细胞间的连接面宽平，其间有大约15 nm的间隙)，虽然这些细胞基本上还处于独立生活的状态，但在分布上各有固定的位置。

1. 外层

又称“皮层”(dermal epithelium)，为一层大而扁、多角形的扁平细胞(pinacocyte)，分布在体表(双沟型和复沟型多孔动物的中央腔表面也有)，但没有基膜。扁平细胞的核位于细胞中央，细胞内含有肌丝(myoneme)，具有缓慢的收缩能力。在单沟型多孔动物，扁平细胞间穿插有无数的由扁平细胞或变形细胞

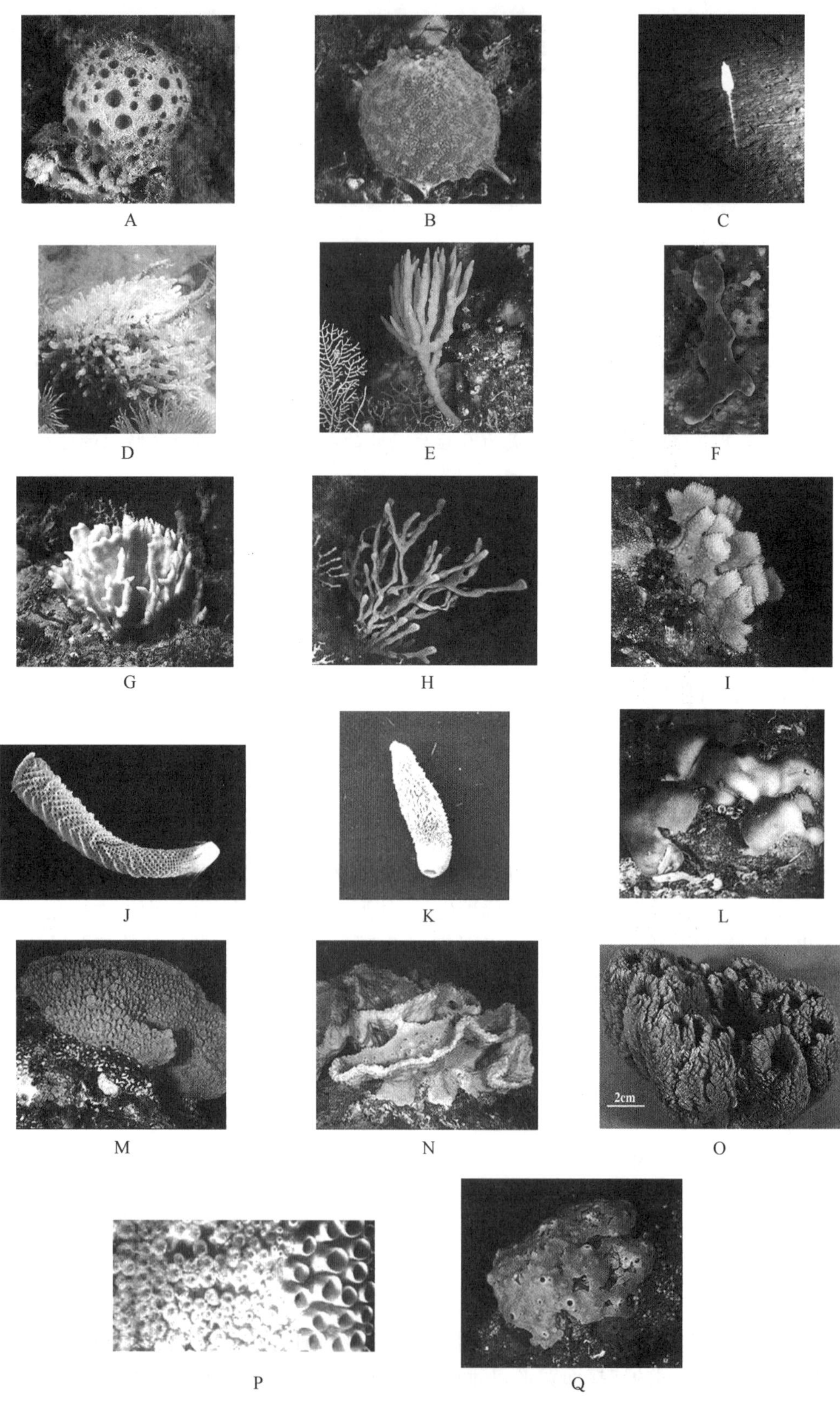

图 3-1　形形色色的多孔动物

A. 澳洲厚皮海绵；B. 日本荔枝海绵；C. 拂子介；D. 白枝海绵；E. 角叉海绵；F. 壳状石海绵；G. 鹿角海绵；H. 长管枝状海绵；I. 圆管粗糙海绵；J. 偕老同穴；K. 毛壶；L. 小灶海绵；M. 隐藏旋星海绵；N. 取棉絮海绵；O. 沐浴海绵；P. 穿贝海绵；Q. 扰旋星海绵

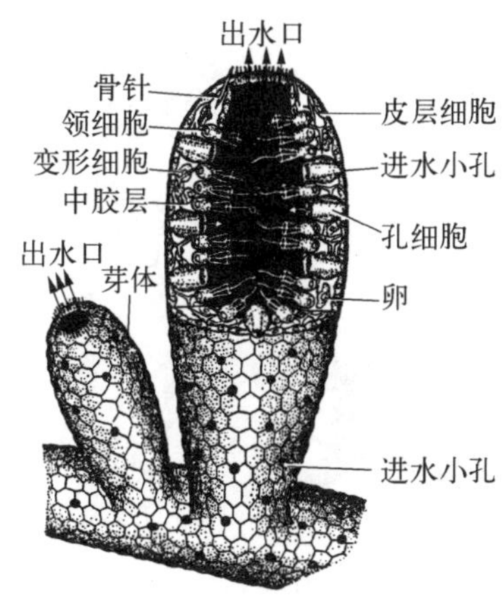

图3-2 白枝海绵的外形及内部结构
(引自江静波等)

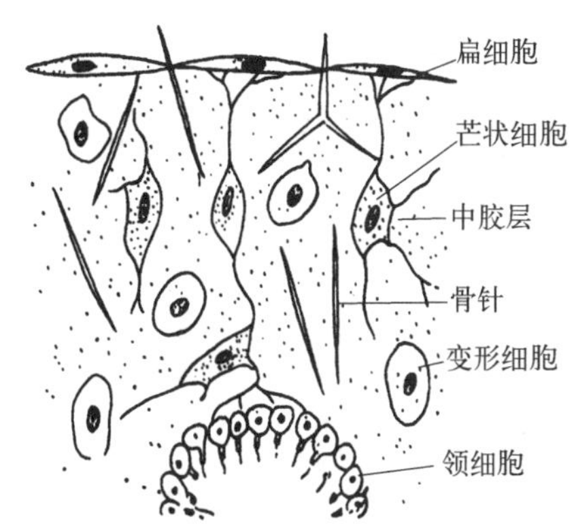

图3-3 多孔动物体壁结构,示各种细胞
(仿 Hickman)

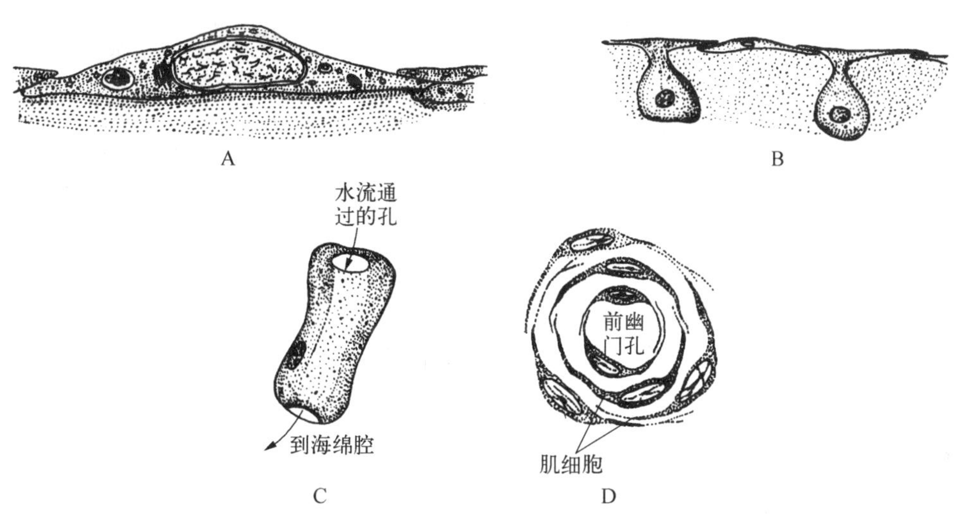

图3-4 多孔动物的几种细胞

A. 寻常海绵表面的梭形扁平细胞与其相邻扁平细胞重叠;B. 钙质海绵T形扁平细胞与梭形的相间排列;C. 白枝海绵的孔细胞;D. 肌细胞围绕着幽门孔(仿 Connes 等)

(amoebocyte)特化形成的孔细胞(porocyte)。孔细胞的中央有一细管,是水流进入体内的通道,其外端与外界相通——即形成水沟系的进水小孔(ostium),内端与中央腔相通。孔细胞本身的收缩可以调节进水量。但在双沟型和复沟型多孔动物,进水小孔并不是孔细胞,而是在扁平细胞之间有一些由扁平细胞变成的类肌细胞(myocyte)围绕形成的,并能收缩控制水流量的入水小孔。

2. 中胶层(mesoglea)

为一层类似蛋白质的胶状透明结构,内含有几种细胞、骨针(spicule)和海绵质纤维(spongin fiber,又称“海绵丝”)。细胞类型包括变形细胞及由它转变成的其他几种细胞。变形细胞游离移动于中胶层内,不仅行细胞内消化,还可借助其移动性,将营养物质运送到身体各部分,将代谢废物运出体外。芒状细胞(collencyte)可能有神经传导的功能(传导速度极其缓慢)。成骨针细胞(scleroblast,又称“造骨细胞”)能分泌形成骨针。骨针分钙质骨针和硅质骨针两种,按大小可分为大骨针(megasclere)和小骨针(microsclere),前者构成支持身体的骨架,后者散布在中胶层内,以支持体壁中的管道部分。按形状可分为单轴型(monaxons)、三轴型(triaxons)、四轴型(tetraxons)、多轴型(polyaxons)、双盘型(amphidisks)等几种类型(图3-5)。成海绵质细胞(spongioblast)能分泌类蛋白质的海绵质纤维,并联合形成柔软的网状海绵丝。骨针和海绵质纤维都能支持和保护身体。原细胞(archeocyte)是尚有一定分化潜能的细胞,不仅具有吞噬及消化食物的能力,还能在需要的时候转化成生殖细胞(generative cell)、成骨针细胞、营养贮存细胞(thesocyte)及能分泌粘液的腺细胞(gland cell)等。

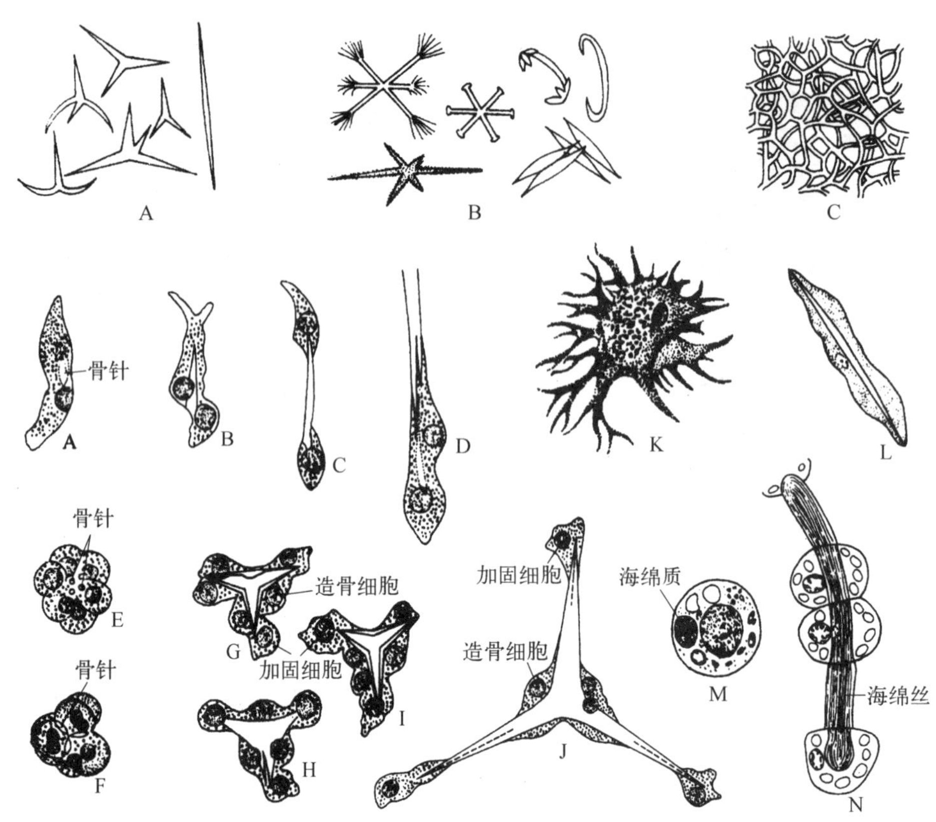

图 3-5 多孔动物骨骼(上)及其形成(下)

上：A. 钙质骨针；B. 硅质骨针；C. 海绵丝
下：A～D. 单轴骨针的形成；E～J. 三轴骨针的形成；K. 钙质分泌细胞；
L. 淡水海绵单轴硅质骨针的形成；M、N. 海绵丝的形成(仿江静波等)

3. 内层

又称“胃层”(gastral epithelium)，为一层领鞭毛细胞(choanocyte，又称“领细胞”)，分布在中央腔四周或鞭毛室内。领细胞近呈卵圆形，胞体的大部分陷于中胶层中。在电子显微镜下看(图 3-6)，游离端的领(collar)由一圈原生质突起及各突起间的许多微丝(microvilli)相连构成，微丝间距仅 0.2 μm，领中央围绕着由细胞体伸出的一根鞭毛。鞭毛由基部向顶端螺旋式波动，产生同一方向的引力，引起水流通过身体。随水流带入的微小食物颗粒被黏在领上，领细胞即以变形虫摄食的方式将食物摄入胞中进行消化，并将部分食物传递给中胶层里的变形细胞继续消化；不能消化的食物残渣，又由变形细胞传递给领细胞，继而排到水流中及体外(图 3-7)。Hickman(1989)认为，扁平细胞亦有一定的吞噬能力。

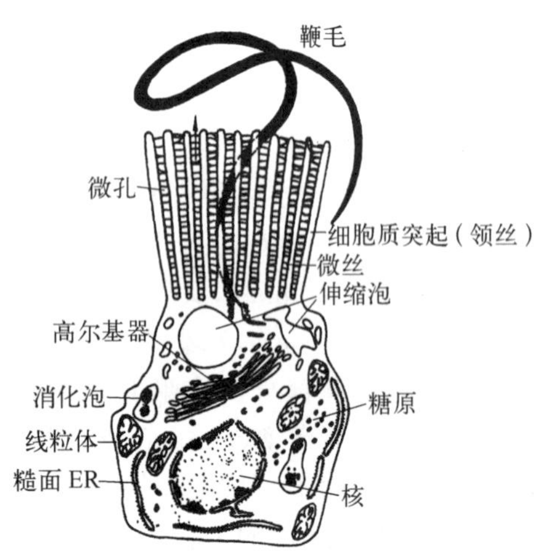

图 3-6 淡水海绵领细胞的细微结构
(仿 Welsch 和 Meglitsch 修改)

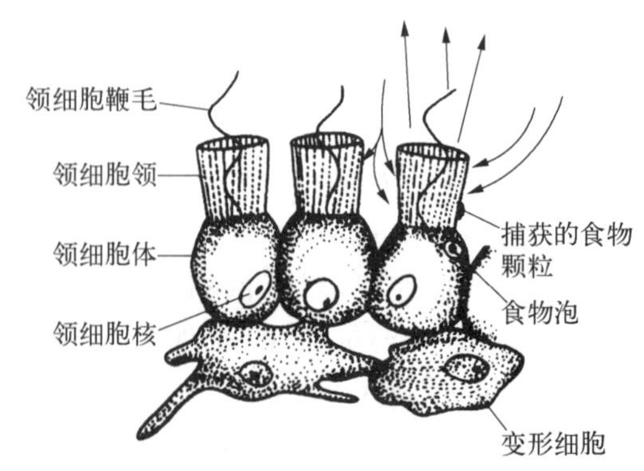

图 3-7 多孔动物的领细胞与取食
(箭头示水流方向)(仿 Barnes)

多孔动物的细胞分化类型不在少数，但身体的各种机能仍然由或多或少具有相对独立性的细胞完成。因此一般认为，多孔动物是处于细胞水平的多细胞动物，体内外两层细胞接近于组织，但又与真正的组织有区别。

3.1.3　水沟系及其作用

各种多孔动物，由皮层到胃层组成复杂程度不同的管道，它是水流进出身体的通道，称为“水沟系”(canal system)，不仅为多孔动物所特有，而且它对多孔动物营固着生活，完成摄食、呼吸、排泄、生殖等生理机能，均具有极其重要的意义。水沟系有三种类型(图 3-8)。

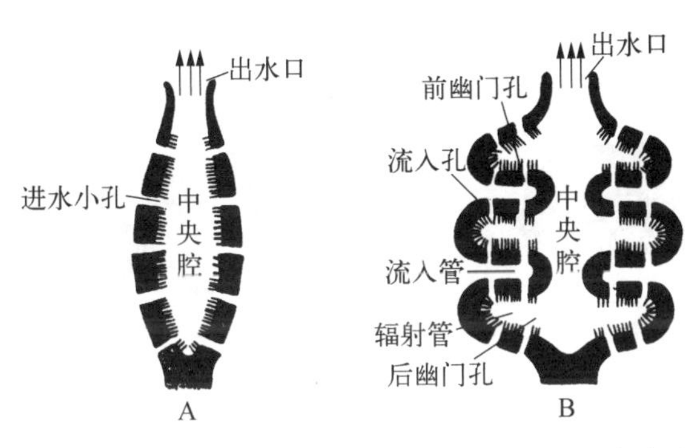

图 3-8　水沟系

A. 单沟型；B. 双沟型；C. 复沟型

1. 单沟型(ascon type)

最原始、最简单的一种，具有这种水沟系的动物为单体或群体，体长一般不超过 10 cm，如白枝海绵、篓海绵等。由皮层到胃层的体壁很薄，直接包围着一个宽阔的中央腔，顶端为出水孔(osculum)。水流由进水小孔直接流入中央腔，然后经出水孔流出。

2. 双沟型(sycon type)

比较复杂的一种。动物体壁凹凸折叠成放射状的管道，皮层细胞向内陷入中胶层形成流入管(incurrent canal)，而胃层的领细胞则向外突入中胶层形成鞭毛管(flagellated canal)，又称“辐射管”(radial canal)，这样的中央腔壁上没有领细胞，而由扁平细胞包围。水流由流入孔(incurrent pore)流入，经流入管、前幽门孔(prosopyle)、鞭毛管、后幽门孔(apopyle)、中央腔，然后经出水孔流出。如毛壶、樽海绵等。由于管道的出现，体壁加厚。有些种类的皮层及中胶层更发达，以至遮盖了整个体表，形成了一层薄厚不一的外皮(coetex)，结果出现了更多的流入孔，这样可以增加体壁内的水压，加速水在体内的流动(图 3-9)。

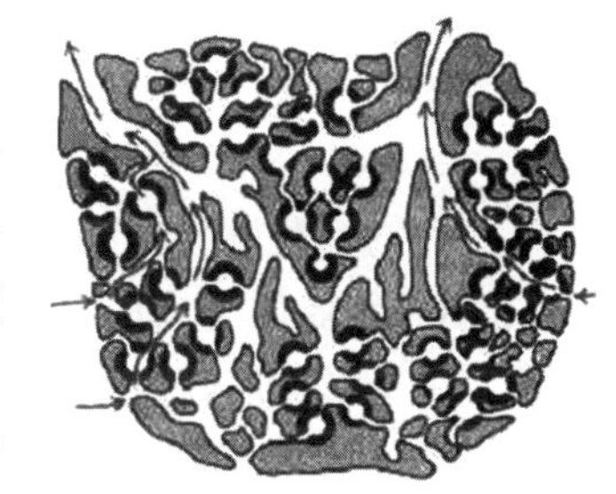

图 3-9　具有“外皮”的水沟系

3. 复沟型(leucon type)

最复杂的一种。动物体壁折叠成更复杂的管道，鞭毛管继续向中胶层内褶入而形成多个鞭毛室(直径通常小于100 μm)，如细芽海绵体壁上的鞭毛室多达 1 000 个/mm^2。在流入孔与鞭毛室之间、鞭毛室与中央腔之间形成若干分支的管道，以致体壁大大增厚，中央腔体积更加缩小(腔壁也是扁平细胞)，几乎被分支的流出管替代。水流由流入孔流入，经流入管、前幽门孔或前幽门管(prosodus)、鞭毛室、后幽门孔或后幽门管(aphodus)、流出管(excurrent canal)、中央腔，然后经出水孔流出。如少数的钙质海绵(*Minchinella*、*Petrostroma* 等)、浴海绵(*Euspongia*)、矶海绵(*Reniera*)及淡水海绵等。

3.1.4　繁殖及发育

多孔动物具有多种繁殖方式，包括无性繁殖和有性繁殖。

1. 无性繁殖

(1) 出芽(budding)繁殖

由一些原细胞从中胶层移到母体的体表，并聚集成团，逐渐发育并突出体壁而形成芽体，与母体脱离后长成新个体，或者不脱离母体而形成群体。出芽多见于海产种类。

(2) 形成芽球(gemmule)

所有的淡水种类和少数海产种类，如皮海绵(*Suberites*)能在夏秋季形成芽球。中胶层里的一些储存了丰富营养的原细胞聚集成团，外面包围一层造骨细胞，并分泌形成一层几丁质膜及双盘头或短柱状的小骨针(海产种类的芽球外面包有海绵丝，骨针有或无)，形成球形芽球(图 3－10)。当成体死亡后，无数的芽球可以生存下来，渡过严寒或干旱。当条件适宜时，芽球内的细胞从芽球上的一个微孔(micropyle)释放出来，经分裂再发育成一个新个体。有些多孔动物的芽球，有时外界条件已好转，但芽球仍不萌发。据认为这是自身分泌的一种抑制物造成的。

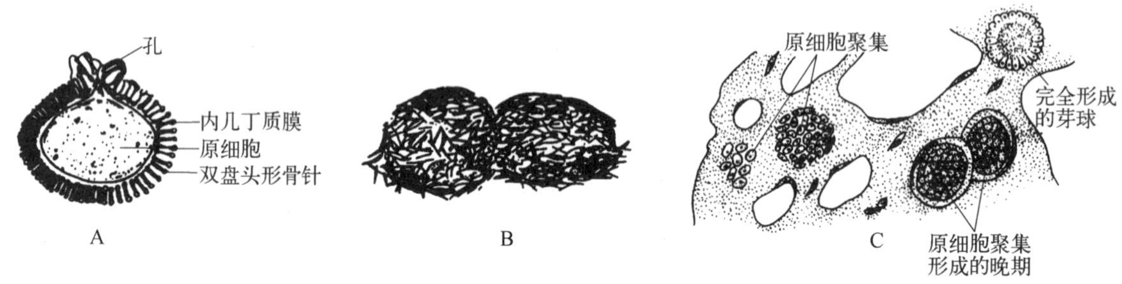

图 3－10 芽球及其形成

A. 淡水海绵芽球；B. 海产硅质海绵芽球(引自 Marshall 等)；
C. 海产多孔动物芽球的形成(引自 Bayer，Owre)

(3) 裂体生殖(division)与再生(regeneration)

两者有时不易区分。多孔动物的亲体可自发破裂成小块，每一小块可长成一新个体；或由于外界因素(包括人工切割)使身体破碎，每个碎片也能长成一个新个体。例如，将白枝海绵切成大于 0.4 mm 的碎片，并带有一些领细胞，不久即可长成一株完整的白枝海绵。

2. 有性繁殖

(1) 受精

多孔动物为雌雄同体(monoecy)或雌雄异体(dioecy)，但均为异体受精。多孔动物没有生殖腺。一般认为，精子由领细胞转变而成，卵是由领细胞或原细胞转变而成。Villee(1989)认为，精子和卵实际上均源于变形细胞。精子形成后，随水流进入其他个体体内，领细胞吞食精子后，失去鞭毛和领，成为变形虫状，并将精子传递给中胶层里的卵而受精，这是一种特殊的受精形式(图 3－11)。

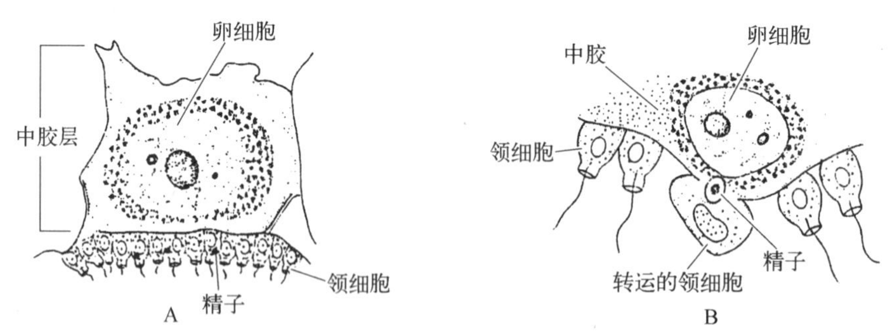

图 3－11 钙质海绵的受精作用(转引自 Barnes)

A. 精子被领细胞捕获；B. 领细胞转运精子到卵

(2) 发育

钙质海绵的受精卵进行完全不均等卵裂(图 3－12)，形成囊胚，动物极的小细胞向囊胚腔内生出鞭毛，植物极的大细胞中间形成一个开口，然后小细胞由开口倒翻出来，里面小细胞具鞭毛的一侧翻到囊胚的表面。这样，动物极的一端为具鞭毛的小细胞，植物极的一端为不具鞭毛的大细胞，这种空心的幼虫称为“两囊幼虫”(amphiblastula，又称“中空幼虫”)。两囊幼虫从母体出水孔随水流逸出，然后具鞭毛的小细胞内陷，形成内层(胃层)，大细胞留在外边形成外层细胞(皮层)。这样就形成了具有两层细胞的“原肠胚”状，并由两层细胞共同形成中胶层及变形细胞。这种“胚层”的发育与其他多细胞动物原肠胚内外胚层的形成方式正相反(其他多细胞动物的植物极大细胞内陷形成内胚层，动物极小细胞形成外胚层)，因此称为“逆转”(inversion)。两囊幼虫在水中游动一段时间后(数小时至数天)，即行固着，继而发育为成体。如毛壶、樽海绵、白枝海绵、糊海绵等。

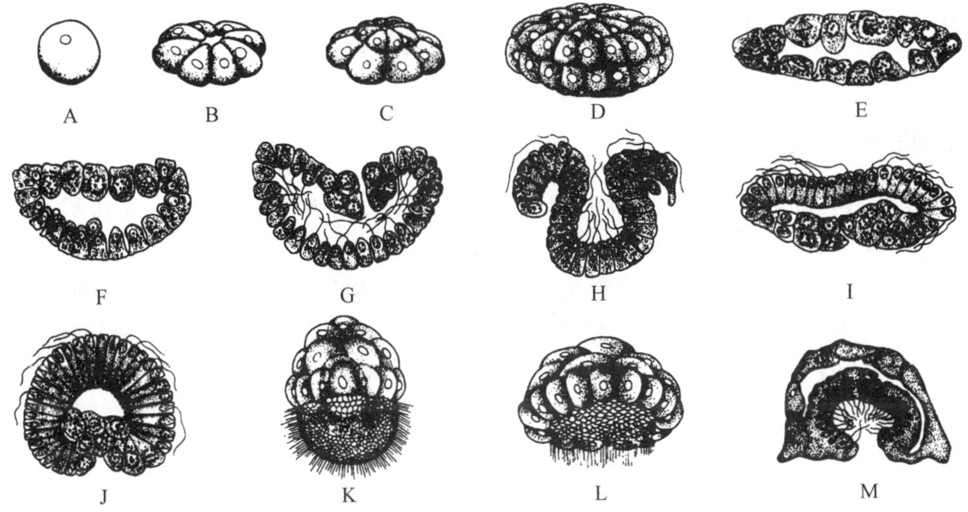

图3-12　多孔动物的胚胎发育(引自江静波等)

A. 受精卵；B. 8细胞期；C. 16细胞期；D. 48细胞期；E、F. 囊胚期(切面)；G. 囊胚的小细胞向囊腔内生出鞭毛(切面)；H、I. 大细胞一端形成一个开孔，并向外包，里面的变成外面；J. 幼两囊幼虫(切面)；K. 两囊幼虫；L. 小细胞内陷；M. 固着(纵切面)

大多数六放海绵纲和寻常海绵纲的种类形成的是一种实心的幼虫，称为“实胚幼虫”(*parenchymula*)，又称“中实幼虫”(*stereogastrula*)。该幼虫的表面几乎全为有鞭毛的细胞覆盖，结构类似腔肠动物的“浮浪幼虫”(*planula*)(图3-13)。幼虫从母体出水孔随水流逸出，经过短期游动后，沉到水底，紧贴固体物，并以“挖空”(hollowing out)内部的方式形成中央腔，以“开裂”(dehiscing)的方式形成出水孔。同时，具有鞭毛的外层细胞移入内部，形成胃层；内部的变形细胞移到外面，形成皮层，继而发育为成体。

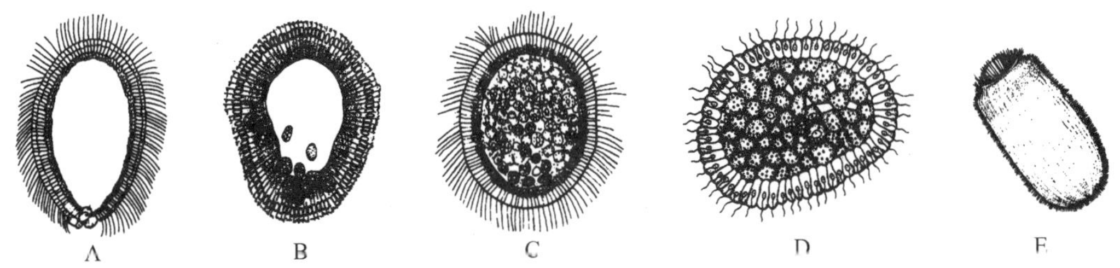

图3-13　多孔动物的中实幼虫

A～C. 白枝海绵通过单极移入，形成实胚幼虫的不同阶段(仿 Hyman)；
D. 南瓜海绵(*Tethya*)的幼虫；E. 一种寻常海绵的幼虫(D、E 仿 Brusca)

3.1.5　生态特点

多孔动物是典型的水生动物，分布于世界各地。在潮间带、浅海、深海、溪流、池塘及湖泊等地均可见到，但多数种类喜欢生活在温带海洋的沿岸，靠近河口处的海域种类更多。绝大多数的成体固着于水下的岩石、贝壳、船体、管道、码头建筑物及水生植物上(1765年以前，多孔动物被认为是植物)，极少数以硅质丝插于软质海底。多孔动物是滤食性动物，食物中80%是细小的有机质颗粒，20%为细菌、鞭毛虫类及其他极小的浮游生物。有研究认为，0.5～1 m/s的流速对多孔动物是最适宜的。因此，生活在静水环境中的多孔动物则不易繁盛起来。一些生活在海底洞穴里的种类，由于那里的海水几乎不流动，靠水流来滤食海洋生物成为不可能，因而转变为肉食性。由于多孔动物具有尖锐的骨针，并带有恶劣的腥臭味，或能产生毒素，因此很少被其他动物捕食。尽管这样，有些动物还是与它们建立起了非常好的共生或寄生关系。例如，多孔动物的中央腔可以为线虫、环节动物和节肢动物等提供居住场所。多孔动物也可附着在软体动物、甲壳动物体外,为它们提供保护。多孔动物与海葵有共生关系,海葵不仅能携带它四处移行,多孔动物在为海葵提供保护的同时,也从海葵的食物碎屑中获得一份食物。淡水海绵体内常伴有大量的共生藻类(symbiotic algae),它们为多孔动物提供部分补充营养。

3.2 多孔动物的分类及其在动物界的地位

3.2.1 多孔动物的分类

全世界已鉴定的多孔动物有 10 000 多种,其中淡水种类约 150 种。有人估计,全世界可能有 15 000～40 000 种多孔动物(仅 1994 年以来就发现了 1 000 个新种),其中近 1/3 种类生活在澳大利亚附近海域。我国已鉴定的多孔动物有 200 多种,其中淡水种类 20 余种。有人估计,我国海域可能储藏有上千种多孔动物。依据骨针成分(氢氧化钾或氢氧化钠溶液可溶解硅质骨针,稀盐酸可溶解钙质骨针)、骨针形态及鞭毛室复杂程度等特征,可将多孔动物分为三个纲。

1. 钙质海绵纲(Calcarea)

又称“石灰海绵”。骨针为钙质(主要是碳酸钙,另有少量铜、镁及锌离子),呈单轴型、三轴型或四轴型。体小且体色多灰暗,高度一般不超过 10 cm。结构相对简单,三种水沟系均存在。多数生活在浅海。下分两个目。

(1) 同腔目(Homocoela)

体壁薄,无褶叠,领细胞连续分布于中央腔;水沟系单沟型。如白枝海绵(*Leucosolenia*)、篓海绵(*Clathrina*)等。

(2) 异腔目(Heterocoela)

体壁较厚,并有褶叠,领细胞分布于鞭毛管或鞭毛室内;水沟系双沟型或复沟型。如毛壶(*Grantia*)、樽海绵(*Sycon*)、白海绵(*Leucandra*)、樽壶(*Sycetta*)等。

2. 六放海绵纲(Hexactinellida)

又称“玻璃海绵”。骨针为硅质(主要是二氧化硅,可能有少量铜、镁及锌离子),以三轴六放型(hexactinal)为主,并构成网格状骨架(desma)。个体死亡后,骨架仍然保留。体型较大且多灰白,高度 10～90 cm。中央腔较发达,水沟系双沟型或复沟型,鞭毛室少而大。多数种类是辐射对称的单体,大多生活于 200～7 000 m 的深海。下分两个目。

(1) 六放星目(Hexasterophora)

骨针三轴六放型。如偕老同穴(*Euplectella*)等。

(2) 双盘目(Amphidiscophora)

骨针双盘型,两端具钩。如拂子介(*Hyalonema*)等。

3. 寻常海绵纲(Demospongiae)

95%的种类属于本纲。骨针为硅质(主要是二氧化硅,可能有少量铜、镁及锌离子),或有海绵丝,或两者同时存在;骨针单轴型或四轴型。水沟系复沟型,鞭毛室多而小。体型较大,且多不规则;体色鲜艳。分布广泛。下分三个亚纲。

(1) 四射海绵亚纲(Tetractinellida)

骨针四轴型或无骨针,无海绵丝。下分三个目。

1) 胶海绵目(Myxospongide)　无骨针,无海绵丝。如糊海绵科(Oscarellidae)。

2) 同骨目(Carnosa)　大小骨针分不清楚。如多板海绵科(Plakinidae)。

3) 异骨目(Choristida)　能分清大小骨针。如洗手钵海绵科(Geodiidae)、南瓜海绵科(Tethyidae)和Tetracladidae。

(2) 单轴海绵亚纲(Monaxonida)

骨针单轴型,有海绵丝或无。下分四个目。

1) Hadromerina　有大骨针和星状小骨针,无海绵丝。如穿贝海绵科(Clionidae)和皮海绵科

(Suberitidae)。

2) Halichondrina　有1～2种大骨针,有杆状小骨针或无;极少有海绵丝。如Axinellidae。

3) Poecilosclerina　大小骨针复杂。如细芽海绵科(Microcionidae)、Myxillidae和Tedaniidae。

4) Haplosclerina　仅有一种大骨针,小骨针有或无;通常有海绵丝。如Gelliidae、指海绵科(Chalinidae)、砂海绵科(Spongeliidae)和淡水海绵科(Spongillidae)。

(3) 角质海绵亚纲(Keratosa)

没有骨针,但有发达的海绵丝构成网络骨骼。如Hircinidae、Aplysinidae和海绵科(Spongiidae)。

有的分类系统将多孔动物分为两个纲,即钙质海绵纲(分目情况同上)和硅质海绵纲[分为三个目:三轴海绵目(Triaxonida)、四轴海绵目(Tetraxonida)和角质海绵目(Cornacuspongiae)]。还有人将一些复沟型硬海绵(具有硅质骨针及海绵丝,体外有碳酸钙硬质骨骼沉积,分布珊瑚礁的洞穴内,种类很少)独立成硬质海绵纲(Sclerospongiae)。

3.2.2 多孔动物在动物界的地位

关于多孔动物是否是"侧生动物",尚有不同的观点。

一种观点认为,多孔动物胚胎发育过程中的动物极细胞和植物极细胞的后期分化不同于所有的其他后生动物;体内具有水沟系、骨针及海绵丝等其他后生动物没有的结构;多孔动物的领细胞除了与原生动物的领鞭毛虫类(Choanoflagellate)相似外(有人因此认为多孔动物是由领鞭毛虫类进化而来),在其他后生动物中也不曾发现。因此,传统认为多孔动物在动物进化中很早就与其他多细胞动物"分道扬镳",演化为一个侧支——侧生动物(Parazoa)。

一种观点认为,Tuzet(1963)提出了不同的看法。他观察到领细胞不仅存在于多孔动物和领鞭毛虫,也存在于棘皮动物的幼虫;具有单个鞭毛的细胞,在腔肠动物及其他后生动物的精子中普遍存在,扁平细胞和变形细胞也是普遍存在的;多孔动物体内的胶质物与其他后生动物结缔组织中的胶原物质的理化特性相似;现存的硬海绵与腔肠动物的层孔虫类(Stromatoporidea)和刺珊瑚类(Chaetetida)形态相似;多孔动物幼虫的多样性(特别是实胚幼虫类似腔肠动物的浮浪幼虫),意味着它的多重起源。Tuzet据此认为,多孔动物不应被看作是"侧生动物",它也是动物进化主流中的一支,并由它进化到腔肠动物。

3.3 附:扁盘动物门(Placozoa)

扁盘动物门是Grell于1971年建立的一个门,目前只发现丝盘虫一种(图3-14)。这类动物最早是由Schulze(1883)在奥地利Graz大学的海洋水族馆里发现的。标本采自亚德里亚海,当时定名为丝盘虫(*Trichoplax adhaerens* Schulze)。这类动物的形状、大小、运动方式与变形虫很相似。但经组织学研究,确定它属于多细胞动物。因此又称为"多细胞变形虫"。

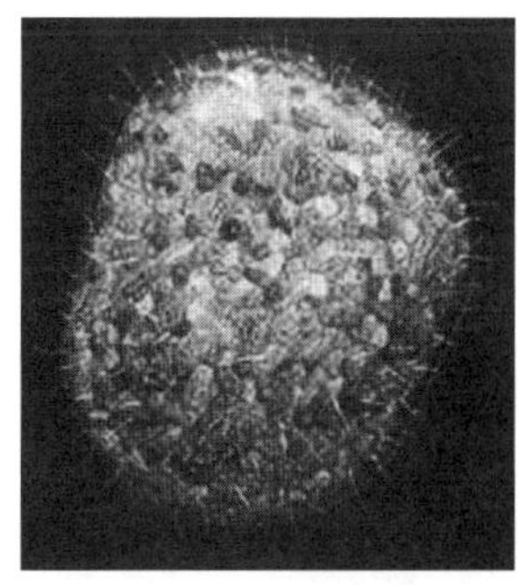

图3-14　丝盘虫(*Trichoplax adhaerens* Schulze)

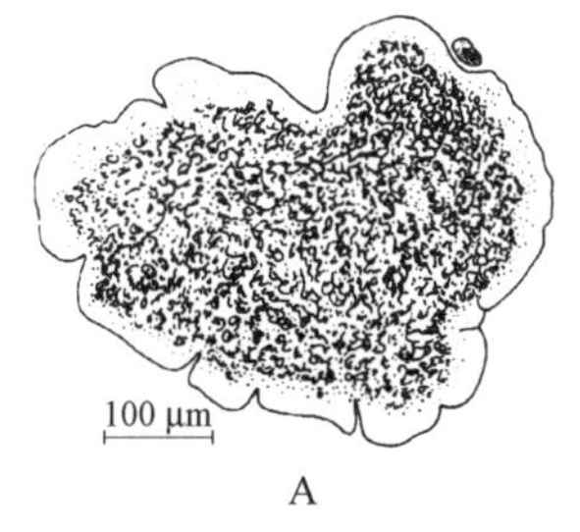

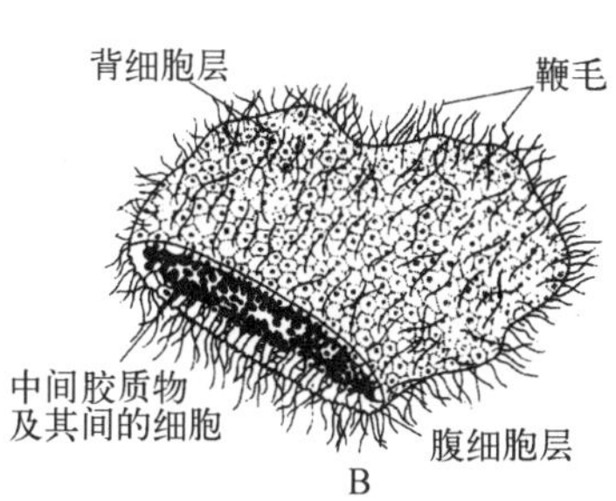

图3-15　丝盘虫背面观(A)及其立体切面示意图(B)
(A仿Grell;B仿Margulis和Schwartz)

扁盘动物体为扁平薄片状,直径1～4 mm。体无前后之分,也没有口等器官,体形经常改变,边缘不规则,缺乏前后极性及对称性(图3-15A);没有体腔及消化腔,也没有神经系统。整个虫体由几千个细胞构

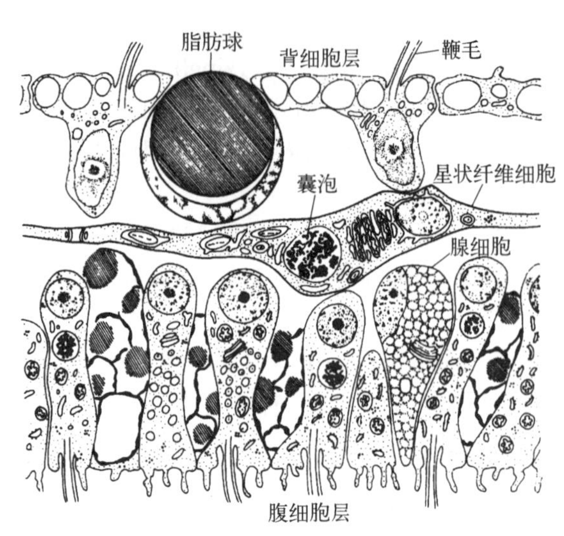

图 3-16 丝盘虫切面图解示背、腹层及其间的细胞
(仿 Grell)

成,排列成双层。虫体有恒定的背腹方向(图 3-15B、图 3-16)。背面(上表面)由一层扁平细胞构成,其中很多细胞生有一根鞭毛;腹面(下表面)的细胞层较厚,包括两种类型的细胞——具鞭毛的柱状细胞和分散于其中的无鞭毛的腺细胞。在背腹两层细胞之间,充满来源于腹面上皮的实质组织(parenchyma),并有来源于腹细胞层的星状纤维细胞(stellate fiber cell),也有人称之为星状变形虫样细胞的间质层(mesenchymal layer of stellate ameboid cells),这些星状纤维细胞就埋在胶状基质中。腹面的细胞层能暂时凹进去,可能与取食有关。扁盘动物以微小的原生动物为食,腹细胞层的腺细胞能分泌一些酶消化食物;然后又被这些腺细胞所吸收,因此它是部分地进行体外消化。扁盘动物的运动,一方面借体腹面的鞭毛摆动使虫体进行滑动,另一方面是依靠中胶里的星状纤维细胞协调地进行收缩和松弛导致形状改变而运动。通常以分裂和出芽方式进行无性生殖,也能进行有性生殖,但目前对其有性过程及其胚胎发育了解得很少。

由于扁盘动物体仅有四种类型的细胞,且细胞 DNA 的含量比其他任何动物的都少,染色体也很小(不大于 1 μm)。因此扁盘动物被认为是已知最简单的多细胞动物之一。近 100 年来,这类动物一直被看成是多孔动物或腔肠动物的幼虫。直到 20 世纪 60 年代后期才发现它具有有性生殖及受精卵的早期发育,继而证实这类动物的存在。与此同时,前苏联的 Иванов 对丝盘虫进行了细胞组织学的研究和生态观察,认为该动物的鞭毛上皮细胞有吞噬作用,由此他认为应将扁盘动物定为吞噬动物门(Phagocytozoa)。

目前扁盘动物的分类地位尚未确定。关于系统发生,Иванов 曾经提出将吞噬动物门立为一个亚界。Barnes 将扁盘动物列入侧生动物,但扁盘动物在个体发育中并无逆转现象,因此有学者建议将扁盘动物置于多孔动物门之后。Grell(1982)认为丝盘虫是真正两胚层的后生动物,并指出背面和腹面的上皮分别同源于外胚层和内胚层,但是在上皮之下的基膜尚未得到证实。由此,有学者认为扁盘动物和真正的两胚层动物相比,可能更接近于多孔动物。近年来,又有学者认为扁盘动物的丝盘虫是最原始的后生动物,并认为它是多细胞动物起源早期的群体学说(Otto Butschli,1883)中所提的扁囊胚虫(plakula)现存种类的一个证据。

思 考 题

1. 解释名词:领鞭毛细胞,水沟系,逆转现象,侧生动物。
2. 为什么说多孔动物是最原始、最低等的多细胞动物?
3. 为什么说多孔动物在动物演化上是一个侧支?
4. 试述水沟系的结构及其对多孔动物生活的重要性。

刺胞动物门(Cnidaria)

提　要

刺胞动物是真正的二胚层多细胞动物,是进入组织分化和器官发生阶段的动物,在动物系统进化中占重要地位。身体为辐射对称或两辐射对称体制,二胚层;出现了有口无肛门的原始消化腔和原始的网状神经系统,身体能够自由运动。绝大多数生活于海水中,少数淡水中生活,单体或群体生活。

刺胞动物真正的二胚层多细胞动物,是进入组织分化和器官发生阶段的动物,在动物系统进化中占重要地位。身体为辐射对称或两辐射对称体制,二胚层;出现了有口无肛门的原始消化腔和原始的网状神经系统,身体能够自由运动。绝大多数生活于海水中,少数淡水中生活,单体或群体生活。

4.1　刺胞动物门的主要特征

刺胞动物与栉水母动物身体都是由两层细胞构成的多细胞动物,在结构、生理及进化水平上比海绵动物高等。刺胞动物出现了一些海绵动物还没有发生,而为其他多细胞动物所共有的基本特征。刺细胞是刺胞动物特有的细胞,它遍布体表,触手上特别多。刺胞动物个体发育终止在原肠胚阶段,所有其他后生动物(metazoa)的发育都要经过这个阶段,因此在动物进化中占有重要地位,属于低等的后生动物。常见的动物有水螅、水母、海葵、珊瑚等。

1. 辐射对称

刺胞动物在水中营固着或漂浮生活,其身体已形成了一种原始的对称形式,即辐射对称(radial symmetry),通过动物身体从口面到反口面的中轴,有两个以上的切面可以把身体分为两个相等的部分,是一种原始的对称形式。有的种类已发展到两辐射对称(biradial symmetry),即通过动物身体的中轴只有两个切面,可以把身体分为相等的两部分。这是由辐射对称向两侧对称(bilateral symmetry)发展的中间类型。

2. 两胚层及原始胃循环腔

刺胞动物第一次出现胚层分化,是真正具有两胚层的多细胞动物。胚胎发育时期的外胚层发育成皮层(epidermis),具有保护、运动和感觉等功能;内胚层发育成胃层(gastrodermis),具有消化、吸收等功能。两层之间有外、内层细胞所分泌的中胶层(mesoglea),呈胶质状,具有支持身体的作用。皮层、中胶层和胃层构成了刺胞动物的体壁。胃层包围形成胃腔,即胚胎发育的原肠。胃腔是食物初步消化的场所,有口无肛门,消化后的残渣仍由口排出。该类群动物最先出现了细胞外消化过程,同时也行细胞内消化。这是动物向高等发展的重要步骤,对更有效地取食、消化,提高新陈代谢能力具有重要意义。刺胞动物的胃腔兼有循环的作用,称为胃循环腔(gastrovascular cavity)。

3. 细胞和组织的分化

细胞分化:刺胞动物内胚层细胞分化为内皮肌细胞(inner epithelio-muscular cell)、腺细胞(gladular cell)、间细胞(interstitial cell)、感觉细胞(sensory cell)。外胚层细胞分化为外皮肌细胞(epithelio-muscular cell)、间细胞、刺细胞(cnidoblast)、感觉细胞、神经细胞(nerve cell)和腺细胞。

原始的组织分化:刺胞动物皮肌细胞的特点是在上皮细胞内包含有肌原纤维,兼有上皮和肌肉的功能,所以称为上皮肌肉细胞(epithelio-muscular cell)(图 4 - 1)。同时刺胞动物的上皮还具有像神经一样的传导

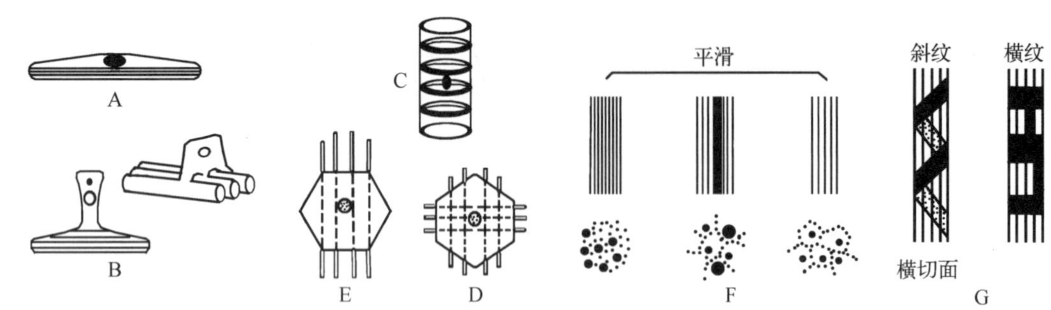

图 4-1 刺胞动物上皮肌细胞的类型(A～E)和肌原纤维类型(F、G)

功能。非神经的传导(non-nerous conduction)或类神经(neuroid)传导,首先是在刺胞动物得到证实的。

4. 神经网

刺胞动物是动物界中最早出现神经结构的多细胞动物。是由双极神经元、多极神经元及感觉细胞基部的神经纤维联合成疏松的网,称为神经网(nerve net)。有的种类只有一个神经网,位于外表皮细胞基部(图 4-2)。但大多数刺胞动物除了表皮的神经网之外,在胃层的基部也有一个神经网,这两个神经网或是完全独立的,或有纤维相连。甚至有的种类除了表皮神经网外,在中胶层里也有神经网。刺胞动物没有神经中枢。发现大多动物的突触间隙的两侧都有突触小泡(synaptic vesicle),致刺激的传递没有固定的方向,因此又称为散漫神经系统(diffuse nervous system)。刺胞动物的感觉细胞接受刺激,神经细胞传导,皮肌细胞产生动作,便形成了神经肌肉体系(neuromuscular system)。因此它能对外界的刺激(如接触、光或化学刺激)起有效的反应,但神经的传导速度较慢,它比人的神经传导速度约慢 1 000 倍以上,说明网状神经系统的原始性。

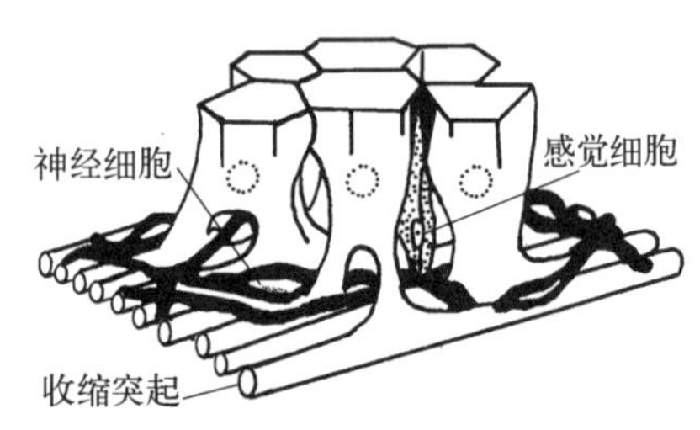

图 4-2 上皮肌肉细胞与神经网

5. 刺细胞

刺细胞是刺胞动物特有的一种攻击及防卫性细胞。刺细胞由间细胞形成,核位于基部,细胞顶端具一个刺针(cnidocil)。刺细胞内有一刺丝囊(nematocyst),囊内为细长盘卷的刺丝。当刺针受到刺激时,刺丝囊由刺细胞中被排出,同时刺丝也由刺丝囊外翻出来,形成不同长度的刺丝,用以捕食及防卫。刺丝囊其尖端不断地渗出液体,这种液体对被捕物具有麻醉及毒杀作用。对刺细胞毒液的研究表明,其化学成分是有毒的蛋白质或多肽和多种酶。每个刺细胞仅能排放一次,刺丝发射后,刺细胞本体缩入体壁内崩溃被吸收,由间细胞不断地补充及更新。根据其排放出的刺丝囊及刺丝的形态,刺胞动物的刺丝囊有 30 多种。有人观察水螅在一次捕食时可以排放出触手上 25%的刺丝囊,并在 48 小时内更新。一般认为刺细胞是一种独立的效应器,即它对刺激直接作出反应,但也有人发现水螅的神经元和刺细胞有突触联系。

6. 水螅型与水母型

刺胞动物的体型具有两种基本形态,即营固着生活的水螅型(polyp)(图 4-3A)和营漂浮生活的水母型(medusa)(图 4-3B)。这两种体型均为辐射对称或两辐射对称。水螅型动物圆筒状,一端有口,口周围有触手,另一端是用作固着的基盘(basal disc)。水母型动物身体呈圆盘状,其突出的一面称外伞,凹入的一面称内伞(subumbrella)。内伞中央悬挂着一条垂管(manubrium),管的末端是口,口进去是胃循环腔。胃循环腔发出许多辐管(radial canal),与伞缘的环管(ring canal)相连接。若将水母型沿其横轴向上翻转 180°使内伞向上,则与水螅型的结构基本相似(图 4-3C)。不同的是盘状的水母型,中胶层较厚,在伞缘有神经环、平衡囊或触手囊。水螅型与水母型的体制特点与各自适应水中固着和漂浮的生活方式是紧密相关的。

7. 生殖与世代交替

刺胞动物的生殖有无性生殖和有性生殖两种方式。无性生殖的主要形式是出芽生殖。芽体生成后,脱离母体而成为新个体;有的芽体长大后,不脱离母体而形成复杂的群体。有性生殖的种类多是雌雄异体,也有少数为雌雄同体。生殖腺由间细胞分化而成。海产种类在发育过程中要经过一个浮浪幼虫(planula larva)时期。它们的水螅世代可用无性生殖方式产生水母型,水母世代又以有性生殖方式产生水螅型,生活史中这种无性生殖和有性生殖交替进行的现象称为世代交替。

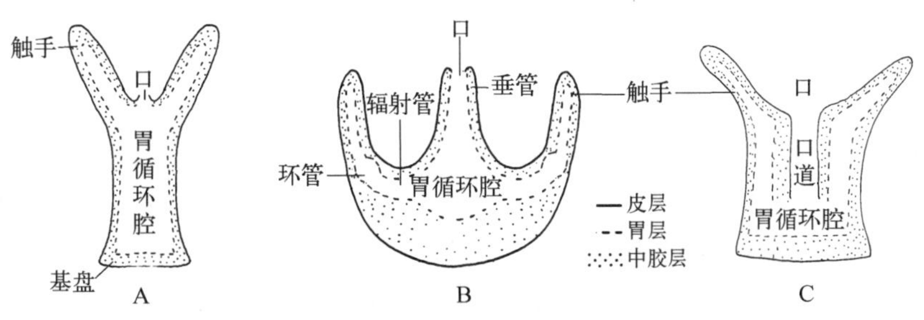

图 4-3　水螅型和水母型的比较

A. 水螅型；B. 水母型；C. 水母型沿其核轴向上翻转 180°使其成为水螅型

8. 多态现象

刺胞动物有些营群体生活的种类，有多态现象：群体内生活有两种以上不同形态的个员，具有不同的结构和生理上的分工，完成不同的功能，而使群体成为一个完整的各司其能的整体。如薮枝螅有两种个员：专司营养的水螅体和专营生殖的生殖体。

4.2　刺胞动物的分类

刺胞动物除少数种类为淡水生活外，绝大多数均为海洋生活，多数在浅海，少数为深海种类，现存种类约有 10 000 种，分为三个纲。

4.2.1　水螅纲(Hydrozoa)

1. 主要特征

单体或群体生活；大多数生活在海水中，少数生活在淡水中。多数生活史有水螅型和水母型，形成世代交替。水螅型无口道(stomodaeum)，水母型绝大多数具缘膜(velum)。刺细胞存在于皮层，生殖腺由皮层临时产生。如水螅、薮枝螅(*Obelia*)、筒螅(*Tubularia*)、钩手水母(*Conionemus*)和僧帽水母(*Physalia*)等。

2. 代表动物——水螅(*Hydra*)

水螅生活在清澈缓流有水生植物着生的淡水中，附着在植物的茎上、叶的背面或石块上，以水蚤、水丝蚓、孑孓等小动物为食。

身体呈圆柱形，肉眼可见(图 4-4)。能伸缩，伸展时体长约 0.3～1.0 cm，遇到刺激时可将身体缩成一团。大多体呈乳白色、褐色，也有体为绿色的水螅。口在体前圆锥形的突起——垂唇(hypostome)上。垂唇周围环生 5～11 条中空的触手(tentacle)，成辐射状排列，主要为捕食器官。另一端为基盘(basal or pedal disk)，基盘处有能分泌黏液的腺细胞，水螅靠其所分泌的黏液附着在水中的植物或其他物体上。垂唇与基盘间的圆柱体称为体柱。水螅无骨骼，身体与触手可伸展得很长，能向任何方向慢慢弯曲和摆动，遇刺激时能很快地把全身收缩成小团。

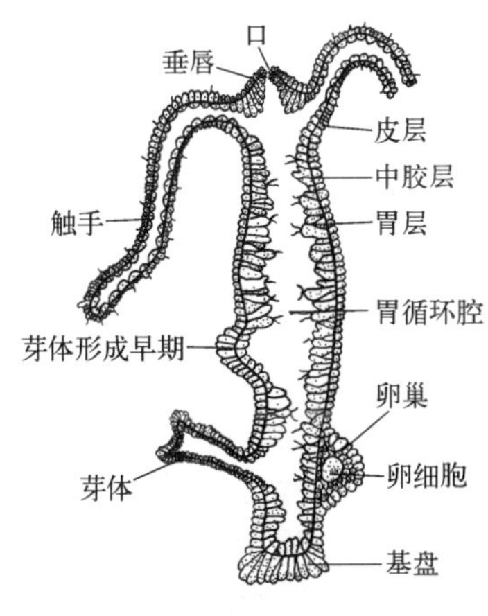

图 4-4　水螅的纵切面

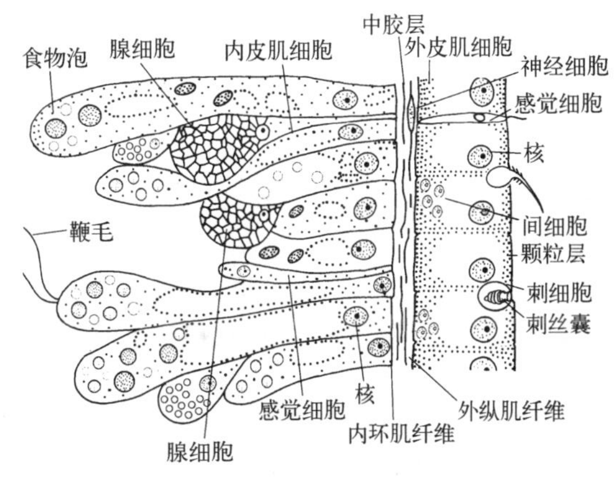

图 4-5　水螅体壁横切面的一部分

水螅的体壁(图 4－5)由皮层与胃层所构成。两层细胞之间是非细胞结构的中胶层,它是由这两层细胞共同分泌的。皮层细胞排列整齐,较薄。分化成六种细胞：外皮肌细胞、间细胞、感觉细胞、神经细胞、刺细胞和腺细胞。在皮层中以皮肌细胞数目最多,皮肌细胞基部的肌纤维沿着身体的纵轴排列,它收缩时可使水螅身体与触手缩短变粗。间细胞小圆形,散布在皮层细胞基部,靠近中胶层处,是一种小型的未分化细胞,能分化成刺细胞和生殖细胞等。感觉细胞体长形,细胞小,垂直于体表,分布在皮肌细胞之间,在口区及触手处较多,端部具感觉毛,感受各种刺激,由细胞基部的神经突起作用于效应器或细胞。神经细胞位于上皮肌肉细胞的基部,靠近中胶层,与体表平行排列。由神经细胞的突起相互连接成网状,传导刺激向四周扩散,所以当其身体的一部分受较强的刺激时,全身都发生收缩反应。刺细胞以触手上最多。水螅有四种刺丝囊：穿刺丝囊(stenotele),在受刺激时,刺丝翻出,可把毒液射入敌害或被捕获物体内;钩刺丝囊(holotrichous),射出的刺丝上有大量的倒刺,可钩住被捕获物;黏刺丝囊(atrichous isorhiza),刺丝上有黏液,黏住被捕获物;卷刺丝囊(desmoneme),刺丝缠绕被捕获物(图 4－6)。腺细胞以基盘和口周围分布多,能分泌黏液,可使水螅附着于物体上或在其上滑行,也可分泌气体,由黏液裹成一气泡,使水螅由水底上升至水面。

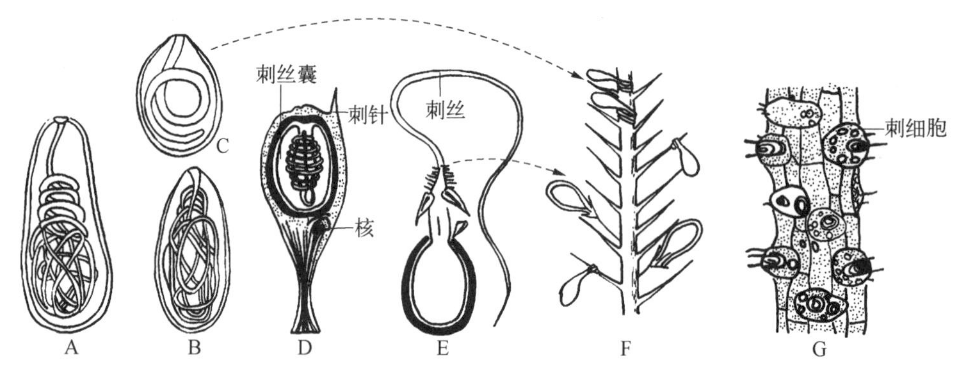

图 4－6 水螅的刺细胞(引自江静波等)

A、B. 黏性刺丝囊；C. 卷缠刺丝囊；D. 刺细胞(内含有穿刺刺丝囊)；E. 穿刺刺丝囊的刺丝向外翻出；F. 翻出的卷缠刺丝囊在甲壳动物的刺毛上；G. 触手的一段,示其上的刺细胞

中胶层薄而透明,不发达,一般为很薄的一层,其中很少有细胞分布,对身体起支撑作用。

胃层细胞较厚,包括内皮肌细胞和腺细胞紧密排列在胃循环腔周围,也有少数感觉细胞与间细胞。在胃层细胞的基部也有分散的神经细胞,但未连接成网。皮肌细胞靠中胶层一侧的肌纤维呈环状排列,收缩时可使虫体和触手变细变长。内皮肌细胞或称营养肌肉细胞(nutritivemuscular cell),是一种具营养和收缩双重功能的细胞。部分细胞顶端长有鞭毛,其摆动能使胃腔内形成水流;部分细胞顶端能伸出伪足吞噬食物微粒,进行细胞内消化。腺细胞分布在胃层不同的部位,执行不同的功能：分散在皮肌细胞之间,能分泌消化酶,进行细胞外消化;分布在垂唇部分的腺细胞可分泌粘液,起滑润作用,使食物容易被吞进去。数目较少的间细胞形态、机能和分布特点等与分布在皮层的相同。

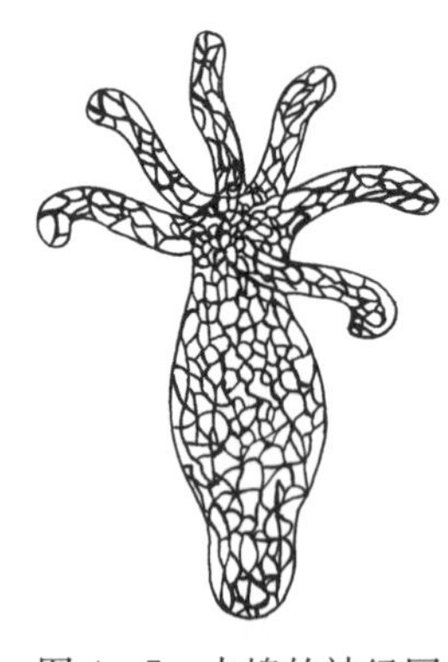
图 4－7 水螅的神经网

感觉和运动 水螅具有网状的神经系,一个神经网(图 4－7)位于皮肌细胞的基部,没有神经中枢。对外界的刺激的反应,主要表现为全身性的收缩和移动,机械性的接触刺激,能使水螅收缩。受到刺激后,分布在外皮肌细胞间的感觉细胞把冲动通过神经传导给皮肌细胞,在内外皮肌细胞的协同作用下,使水螅全身性收缩和移动位置。水螅运动的方式多借于触手和身体弯曲作尺蠖样运动或翻筋斗运动(图 4－8),还能靠基盘部细胞分泌气体形成气泡而由水底浮至水表面,随波漂移。

摄食和消化 当水蚤等猎物碰撞到水螅触手时,刺丝囊弹出,大量的刺丝即被发射出来,将猎物紧紧抓住、麻痹或杀死,然后用触手把它送到口部。猎物受刺丝的损伤后释放出一种叫做谷胱甘肽(glutathione)的物质,在该物质的刺激下,水螅口张大,并把食物吞到胃循环腔中进行消化。口周围的胃层腺细胞能分泌一种润滑液体帮助吞咽。胃腔中,由腺细胞分泌消化酶(主要为胰蛋白酶),分解食物中的蛋白质和脂肪,行细胞外消化(extracellular digestion),将食物消化成小分子物质。营养肌肉细胞端部的鞭毛(部分腺细胞也具

图 4-8 水螅的翻筋斗运动

有鞭毛)击动胃腔中的液体,端部的伪足吞噬被消化的小分子物质,在细胞内形成大量的食物泡,进行细胞内消化。水螅和其他所有的刺胞动物都没有肛门,不能消化的食物残渣,仍经口抛出。

呼吸和排泄 水螅没有特殊的呼吸和排泄器官。靠皮层和胃层细胞通过细胞膜的渗透扩散作用与水环境进行气体交换,代谢产生的废物通过细胞膜排出体外。

生殖 水螅的生殖分无性生殖和有性生殖。水螅在适宜的温度(18~22℃)和营养条件良好的环境下,出芽生殖十分旺盛。出芽时体壁向外突出,逐渐长出触手和口,形成芽体。芽体的胃循环腔与母体的腔连通。待芽体能取食时,基部收缩与母体脱离,营独立生活。往往一个水螅体上,同时能出现多个芽体。水螅的有性生殖是精卵结合。大多数种类为雌雄异体,少数为雌雄同体,多为异体受精。生殖腺是由皮层的间细胞分化形成的临时性结构,精巢为锥形,卵巢为圆形,卵巢内往往只有一个卵子发育成熟。卵巢常长在基盘的附近,精巢则长在触手环下不远的地方。当环境条件不良时水螅发生有性生殖,主要因子是水体中温度的改变。根据水螅发生有性生殖对温度要求的不同分为:低温发生型、高温发生型和温度综合发生型。大多水螅当秋天或初冬水温降低时即发生有性生殖,少数种类在温度较高的夏季也发生。卵成熟后,周围的细胞破裂并退缩成一个柄,于是卵裸露于体表;这时,精子也从精巢内逸出,与卵结合形成受精卵。受精卵进行完全卵裂以分层法形成实心原肠胚,并围绕胚胎分泌胚鞘,胚鞘可作为分类依据。胚胎脱离母体沉入水底或粘在其他物体上,度过严冬或干旱等不良条件,至春季或环境好转时,胚胎完成其发育。胚鞘在酶的作用下破裂,胚胎逸出,发育成小水螅(图 4-9)。

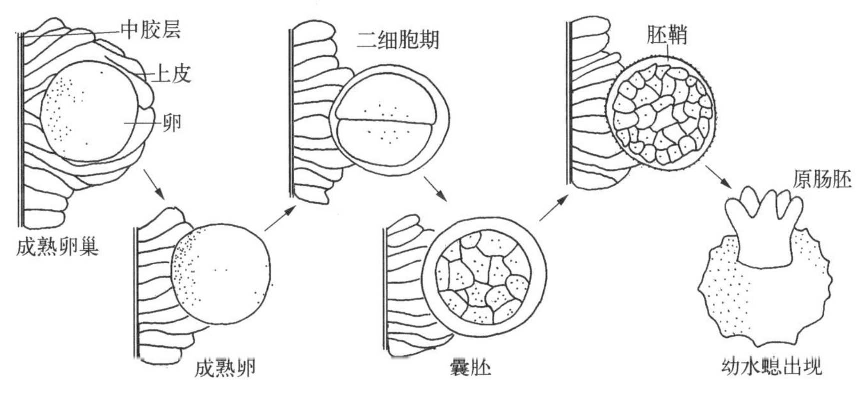

图 4-9 水螅的胚胎发育

水螅有很强的再生能力。被切成数段后(约 1 mm),在适宜的条件下,每段都可以再生成一个新的个体,接近口端的部分再生垂唇,另一端再生基盘。再生时口与反口端的极性不变。有人实验证明,1/200 大小的一块体壁可再生一完整个体,一种水螅的一部分身体移植到另一种水螅体上,也能存活。

3. 水螅纲(Hydrozoa)常见种类

薮枝螅(*Obelia*)(图 4-10A)生活在浅海,分为固着生活的水螅型群体和自由生活的水母型个体。水螅型群体似树枝形,基部形成匍匐茎,也称螅根(hydrorhiza),固着于海藻、岩石或其他物体上。由螅体上生出很多直立的茎,称为螅茎(hydrocaulus)。螅茎上再分出两种形态的个体——水螅体(hydranth)与生殖体(gonangium)。整个群体外面包围着由皮层分泌的一层透明的角质膜,称围鞘(Perisarc),具保护和支持的功能。水螅体主司营养,又称营养体(图 4-10B)。结构与水螅基本相似,有口和触手及一突起的垂唇。触手数多、实心的。水螅体外有一透明的杯形鞘,称螅鞘(hydrotheca)。生殖体(gonangium)行出芽生殖(图 4-10C)。无口、无触手,中央有一棒状的子茎(blastostyle)。以出芽法生出的许多圆盘形芽体,称水母芽。

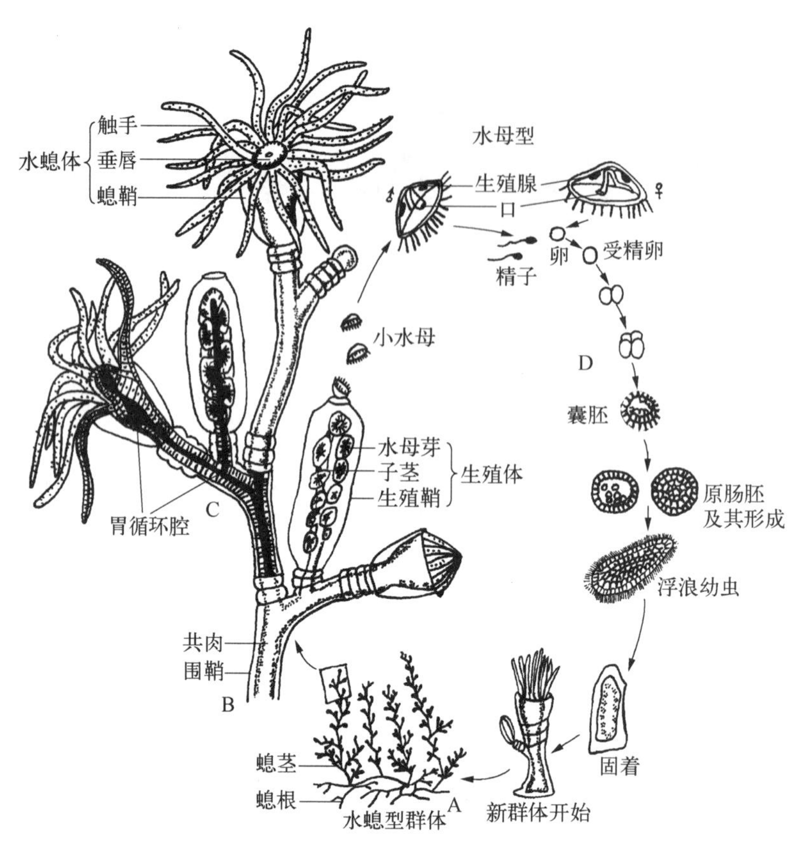

图 4-10 薮枝虫及其生活史

A. 薮枝螅；B. 薮枝螅螅茎上的水螅体和生殖体；C. 生殖体及水母芽；D. 薮枝螅的有性生殖和发育

生殖体的外面包有透明的瓶状鞘，称生殖鞘(gonotheca)。水母芽成熟后即脱离子茎，由生殖鞘顶端的开口出来，在水中营浮游生活。水母体很小，结构较简单。水螅水母特征之一是在内伞面边缘有一圈薄的缘膜(velum)，而薮枝虫的水母缘膜退化。水母体为雌雄异体，在四条辐管上有四个由皮层形成的精巢或卵巢，精卵成熟后在海水中受精。受精卵发育，以内移的方式形成实心的原肠胚，在其表面生有纤毛，能游动，称为浮浪幼虫。浮浪幼虫游动一段时期后沉入水底，固着他物上，以出芽的方式发育成水螅型的群体(图 4-10,D)。

群体中水螅体和生殖体彼此由螅茎中的共肉(coenosarc)连接，水螅体捕食消化后，可通过共肉输送给其他个体。薮枝虫的生活史中，水螅型群体以无性出芽的方法产生单体的水母型，水母型又以有性生殖方法产生水螅型群体，这两个阶段互相交替，完成世代交替的生活史。

本纲动物生活史大多如同薮枝螅，有水螅型和水母型的世代交替现象，但有的种类水螅型世代较发达，水母型世代不显著，如筒螅(*Tubularia*)；也有发达的水母型世代，水螅型世代则退化，如钩手水母(*Gonionemus*)和桃花水母(*Craspedacusta*)；而淡水生活的水螅只有水螅型世代。在一些群体种类中，有一些出现了群体多态现象(polymorphism)，即在同一群体上，有多种不同形态的个体，如在热带海洋中较多的僧帽水母(图 4-11)。

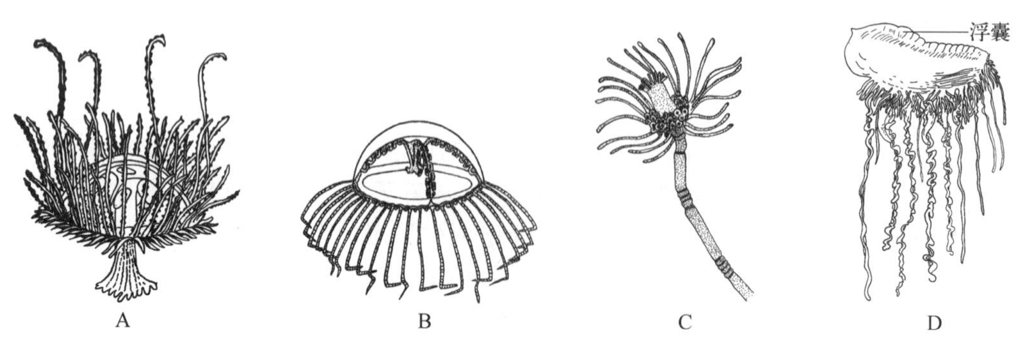

图 4-11 四种水母

A. 桃花水母；B. 钩手水母；C. 海筒螅；D. 僧帽水母

4.2.2　钵水母纲(Scyphozoa)

1. 主要特征

全部生活在海水中的大型水母类动物，水螅型退化或没有。有触手囊，无缘膜。生殖细胞由胃层产生。目前已知有 200 多种。如海月水母、海蜇等。

2. 代表动物——海月水母(*Aurelia aurita* Lamarck)

海产，世界性分布，七八月间大批漂浮于我国山东沿海。海月水母(图 4 - 12)营浮游生活。其伞扁平如圆盘，直径可达 30 cm，无色透明。在伞的边缘布满细丝状的触手。伞缘有 8 个缺刻，每个缺刻中有感觉器也称触手囊。伞体上面隆起称外伞，下面凹进称内伞。内伞中央有呈四角形的口，口角延长成为 4 条口腕(oral lobe)，其上有大量的刺细胞，是捕捉食物的器官。

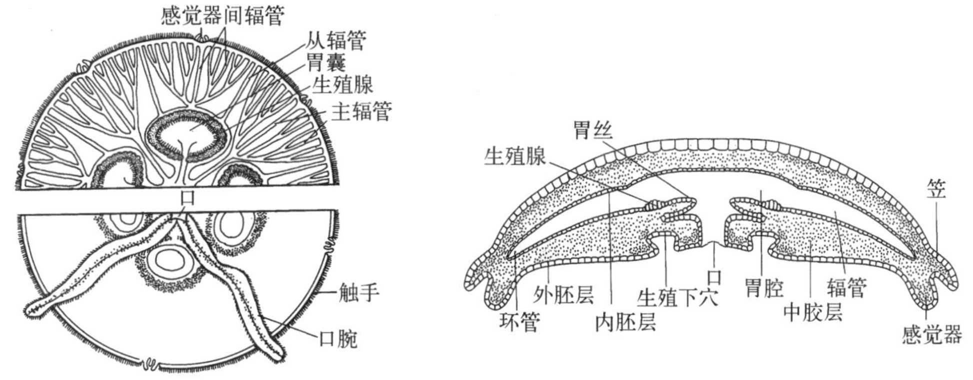

图 4 - 12　海月水母

胃循环系统比较复杂，由口经极短的食管进入体中央的胃腔，胃腔向四方发出 4 个胃囊(gastric pouch)。由胃囊壁上和胃囊之间伸出辐管(radial canal)，与边缘的环管(ring canal)相连。辐管可分为三种：主辐管(perradial canal)是 4 条分枝的管由两胃囊之间发出；间辐管(interradial canal)也是 4 条分枝的管，由胃囊底部正中发出；从辐管(adradial canal)为 8 条不分枝的管，由胃囊底部的两侧发出。各辐管与环管内皆具纤毛，不停地颤动以输送养料和排除废物。

海月水母主要以浮游生物为食。在胃囊内由胃囊壁产生 4 个生殖腺和很多胃丝。胃丝位于生殖腺内侧，其上分布有大量的刺细胞和腺细胞，具有保护生殖腺的作用。食物进入胃囊后，即被刺丝杀死，经腺细胞的分泌物进行消化。同水螅一样行细胞外和细胞内消化。消化后的小分子物质由辐管输送到全身各部，不能消化的残渣，仍由口排出。水流的方向是由口、食管、胃腔、胃囊进入从辐管至环管，然后由主辐管和间辐管、胃腔，经口排出。

海月水母的触手囊分别与主辐管和间辐管通向伞缘的主干相对。囊内有钙质的平衡石(statolith)，囊上面有眼点(ocellus)，并有外伞延长的笠遮盖。囊下面有缘瓣(marginal lappet)，缘瓣上有感觉细胞和纤毛，另外有两个感觉窝。当水母体不平衡时，触手囊对感觉纤毛的压力不同而产生不平衡的感觉。整个感觉器官还有两个内陷的嗅窝，有嗅觉作用(图 4 - 13)。

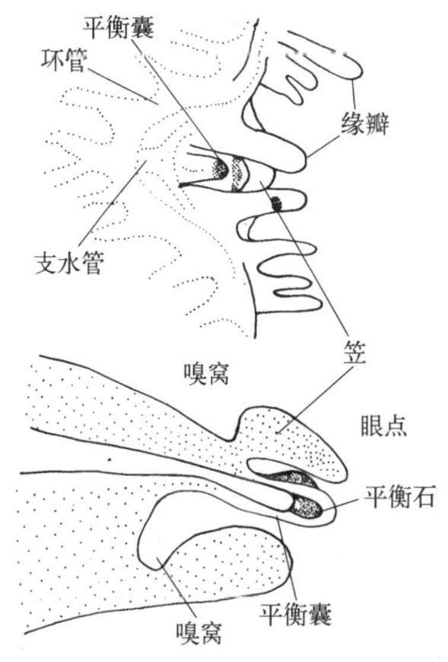

图 4 - 13　海月水母的感觉器官

海月水母的生殖腺呈马蹄形，共 4 个，呈肉红色，位于胃囊的底面。雌雄异体，多数在体内受精。成熟时，精子由口排出体外，游到雌体与卵受精。受精卵在雌体口腕(oral lobe)发育成浮浪幼虫。浮浪幼虫脱离母体至海中游动一个时期，附于其他物体上发育成螅状幼体(hydrula)，有口和触手。螅状幼体以横分裂形成钵口幼体(scyphistoma)，再进行连续横分裂形成盘状个体，称横裂体(strobila)。经横裂形成的盘状个体依次脱离母体游离到水中，称为碟状幼体(ephyra)，由它发育成水母成体(图 4 - 14)。

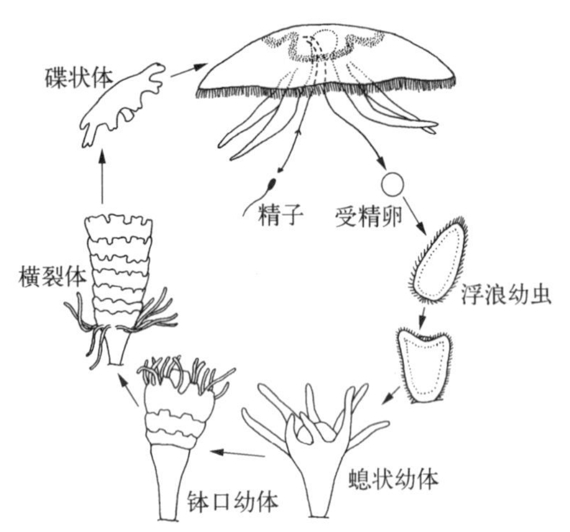

图 4-14 海月水母生活史

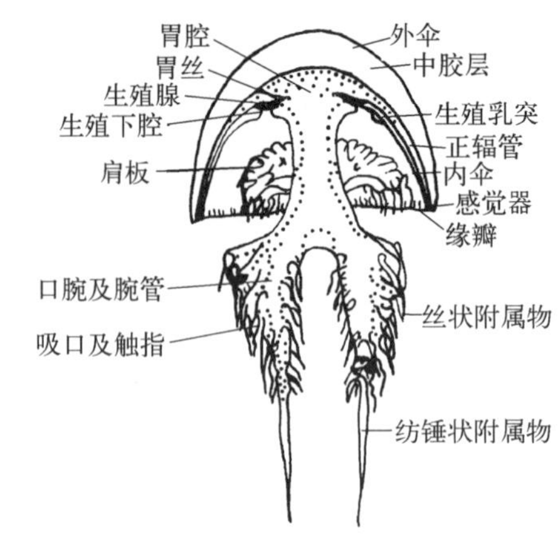

图 4-15 海蜇

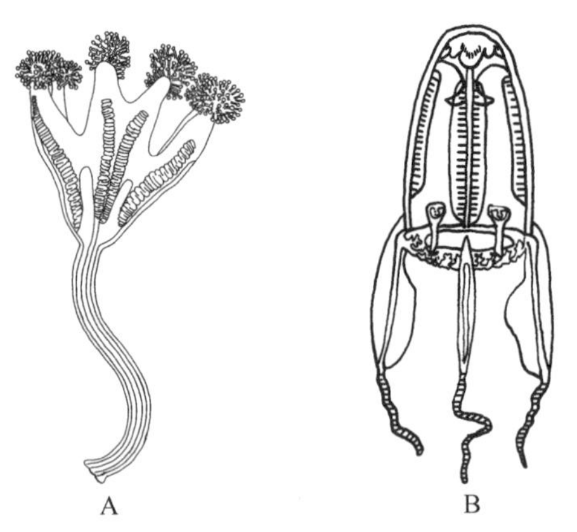

图 4-16 高杯水母(A)与灯水母(B)

3. 钵水母纲常见种类

海蜇(*Rhopilema esculentum*),(图 4-15)伞为半球形,中胶层很厚,含有大量的水分和胶质物,伞缘有八个缺刻而无触手,缺刻中有感觉器。成体口腕愈合,大型口封闭,形成很多小的吸口。在口腕上长有很多丝状和棒状附属器。海蜇靠吸口吸食一些微小的动植物为食物。广布于我国南北各海中,浙江沿海最多。可供食用,并可入药。捕获后以明矾和盐压榨,除去水分,洗净后再用盐渍,伞部称为"蜇皮",口腕称为"蜇头"。还有一些水母类的形态发生改变,如营附着生活的高杯水母(*Lucernaria*)的外伞部为柄状,灯水母(*Charybdea*)伞部为立方形等(图 4-16)。

4.2.3 珊瑚纲(Anthozoa)

1. 主要特征

全部生活在海水中,为水螅型个体,没有水母型。绝大多数种类群体生活;口道(stomodaeum)发达,具1~2口道沟(siphonoglyphe),身体为两辐射对称。生殖细胞由胃层产生。大多数具有发达的骨骼。海葵、橙海葵和各种珊瑚等。已知的珊瑚虫纲动物约 7 000 种,是刺胞动物中最大的一个类群。

2. 代表动物——海葵(*Sargartia*)

全部海产,分布甚广,固着生活在浅海海底。海葵(图 4-17A),单体,无骨骼。触手充分伸展时,形状似葵花。身体圆筒形,上端叫做口盘,中央有一裂缝般的口,周围有许多中空的触手,触手一般为 6 的倍数。下端以基盘(basal disc)固着在他物上。由口进入由皮层内陷形成的口道。在口道两侧各有一纤毛沟,称口道沟。当海葵收缩时,水流仍可由口道沟流入胃循环腔。胃循环腔由胃层突出的隔膜(mesentery)分成许多小室(图 4-17B、C)。每一隔膜由胃层和中胶层所形成。海葵最宽的隔膜由体壁直伸至口道,称为初级隔膜(primary mesentery),其次依其长短不同分别称为次级隔膜(secondary mesentery)、三级隔膜(tertiary mesentery)及正对口道沟的指向隔膜(directive mesentery)。这些隔膜都是成对排列。隔膜具有支持身体,增加消化面积的作用。在初级隔膜上,往往有小

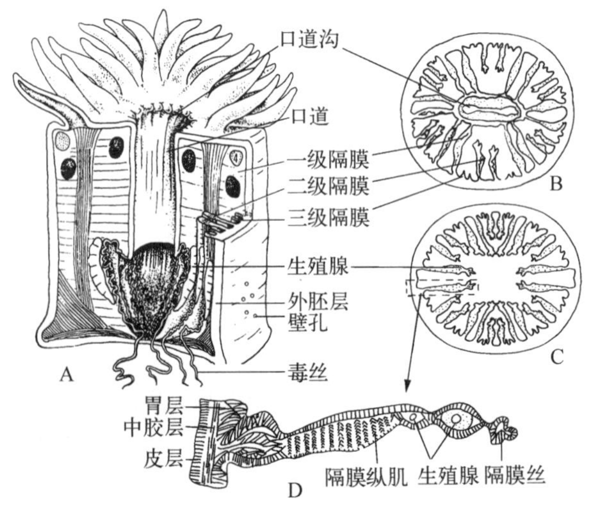

图 4-17 海葵

A. 海葵纵切面;B、C. 海葵横切面星子隔膜;D. 海葵的隔膜丝

孔,使相邻的小室彼此相通。隔膜的游离缘形成隔膜丝(mesenteric filament)(图 4－17D),从横切面看呈现三叶状。隔膜丝主要由刺细胞和腺细胞构成,能杀死摄入体内的捕获物,并由腺细胞分泌消化液,行细胞外和细胞内消化。隔膜丝达胃循环腔底部时形成游离的毒丝,其中含有大量的刺细胞,可由口或壁孔射出。海葵肉食性,以小鱼、小虾、小软体动物等为食。肌肉较发达,在较大的隔膜上都有一纵肌肉带称为肌旗(muscle band),隔膜和肌旗的排列是分类的依据之一。

海葵为雌雄异体,生殖腺来源于胃层,在隔膜丝的外侧。成熟时精子流出体外,进入雌体内受精,受精卵在母体内发育成浮浪幼虫。幼虫出母体游动一时期后,以反口的一端固着,发育成新个体。有的种类在海水中受精,在体外发育较为普遍,但也有海葵不经浮浪幼虫,直接发育到具有触手的幼体时才出母体。无性生殖为出芽及纵分裂。

3. 珊瑚纲常见种类

海葵是单体的,无骨骼。很多珊瑚虫为群体,多具骨骼,大多数珊瑚虫的皮层细胞能分泌骨骼。八放珊瑚亚纲(Octocorallia),各珊瑚虫有 8 个羽状触手故名。具有 8 个隔膜,个员合成树枝状群体;表面有互相连续的共肉,内部有由皮层的细胞移入中胶层中分泌的钙质或角质组成的骨骼。生活于暖海中,如海鸡冠(*Alcyonium*)和海鳃(*Pennatula*)等。也有的种类中胶层形成管状骨骼,如笙珊瑚(*Tubipora*)。还有的骨针或骨片愈合成中轴骨,如红珊瑚(*Corallium*)(图 4－18)。六放珊瑚亚纲(Hexacorallia)各珊瑚虫的触手均呈指状,无分枝。通常触手和隔膜的数目为 6 个或 6 的倍数。有单体与群体,每个虫体与海葵相似。基盘部分与体壁的皮层能分泌石灰质物质,积存在虫体的底面、侧面及隔膜间等处,好像每个虫体都镶在一个石灰座上,称为珊瑚座(corallite)(图 4－19),如石芝(*Fungia*)(图 4－20 C)等。群体珊瑚虫的表皮层也分泌石灰质,如鹿角珊瑚(Acroporidae)(图 4－20A)、菊珊瑚(*Goniastrea*)(图 4－20B)等。

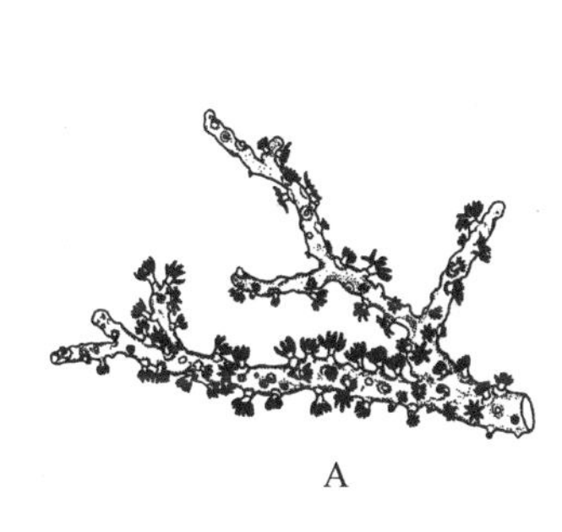
A

B
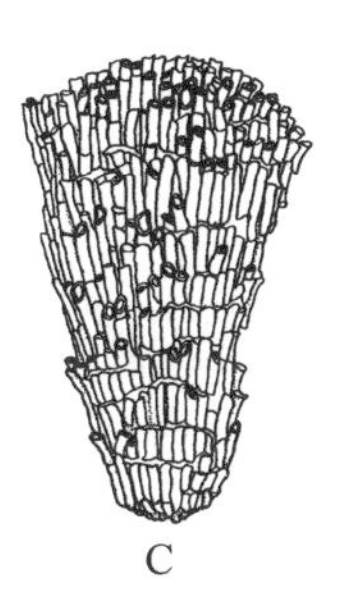
C

D

图 4－18　八放珊瑚类

A. 海鸡冠; B. 海鳃; C. 笙珊瑚; D. 红珊瑚

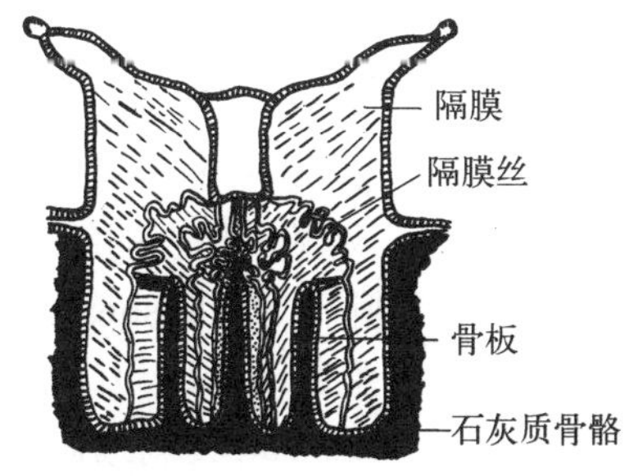

图 4－19　石珊瑚骨骼的构造(纵切面)

A

B

C

图 4－20　六放珊瑚类

A. 鹿角珊瑚; B. 菊珊瑚; C. 石芝珊瑚

由于珊瑚虫(尤其是石珊瑚虫类)的大量繁殖,其石灰质的骨骼在海洋中逐渐地堆积,形成了珊瑚礁、珊瑚岛。世界上闻名的有印度洋的马尔代夫群岛(Maldive Islands)和南太平洋的斐济群岛(Fiji Islands)。最大的珊瑚岛是澳洲东北的大堡礁,岛长延绵达 1 930 km。我国境内最有名的珊瑚岛是西沙群岛,由 34 个岛礁组成,分布在长 250 km,宽约 150 km 的海域里。珊瑚礁可形成储油层,对找寻石油有重要意义。珊瑚骨骼的堆积,有助于鉴定地层、地质找矿。石珊瑚骨骼还可用来盖房子、铺路、烧石灰制水泥等,产于地中海的红珊瑚(*Corallium rubrum*)骨骼是珍贵装饰用品。少数种类可供食用,如海蜇。

4.3 附:栉水母动物门(Ctenophora)

栉水母动物的种类已知110多种,全部海产,多数种栖息于三大洋的热带和亚热带海区,中国主要生活在东海和南海北部。这是一类极美丽的海洋漂浮动物,在黑暗的环境下它们一般都会发出不同颜色的荧光。身体透明,呈球形、卵圆形、袋形或长带状(图4-21)。

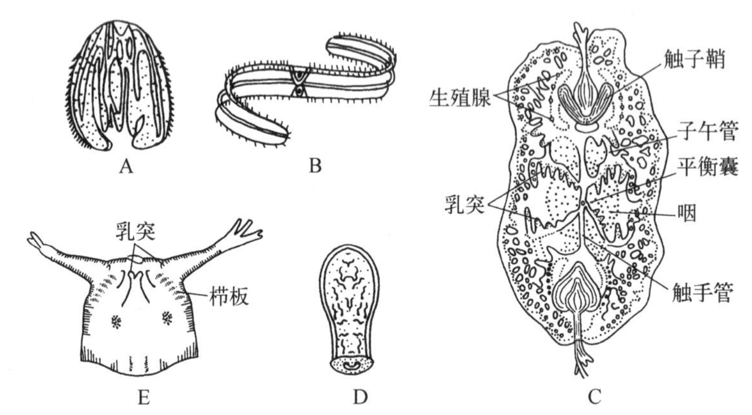

图4-21 各种栉水母(引自江静波等)

A. *Mnemiopsis*; B. 栉水母; C. 腔栉虫(*Coeloplana*); D. 爪水母(*Beroe*); E. 扁栉虫(*Ctenoplana*)

以侧腕栉水母(*Pleurobrachia*)(图4-22)为例了解栉水母动物的特征。

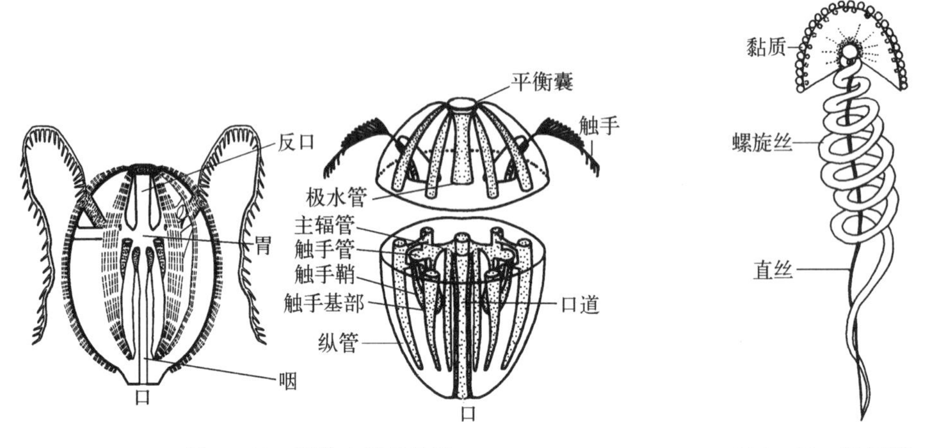

图4-22 侧腕水母的构造　　图4-23 黏细胞

身体明显的两辐射对称。下端有口称口极(oralpole),相对的一端称反口极(aboralpole)。胃循环腔具分枝的辐管,中胶层发达。体表具有8行纵行的栉板(comb plate),每一栉板是由一列基部愈合的纤毛组成,借助栉板下肌纤维的收缩完成运动。有触手的栉水母在靠近反口极的两侧有触手鞘(tentacle sheath),鞘内各有一条触手,触手上分布有大量的黏细胞(colloblast)(图4-23)而无刺细胞(仅个别种例外,如 *Euchlora rubra*,具刺细胞),具捕食功能。黏细胞是栉水母所特有的。由于触手鞘从而使栉水母动物身体成为两辐射对称。反口极的感觉器内有平衡石(statolith)(图4-24),维持身体的平衡。皮层基部的神经网已向栉板集中,成为8条辐射神经索。胚胎发育过程中产生不发达的中胚层细胞,并由它形成肌纤维。栉水母动物均为雌雄同体,精子、卵经口排出体外,在海水中受精,受精卵在发育中经过一个自由游泳的球形的球栉水母幼虫(cydippid larva)再发育成成虫。

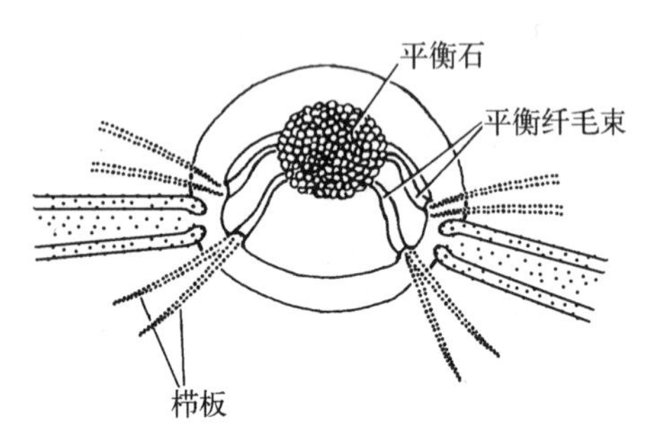

图4-24 感觉器

栉水母动物与刺胞动物较接近，但较刺胞动物略为高等。

栉水母类以浮游生物为食，还能吃牡蛎幼虫，吞食鱼卵和仔鱼等，对牡蛎养殖和某些鱼的繁殖有一定影响。

思考题

1. 刺胞动物门的主要特征是什么？
2. 掌握水螅的基本结构，了解刺胞动物的体壁结构、组织分化等基本构造。
3. 刺胞动物门依据哪些特征进行分纲？
4. 水螅对外界刺激有何反应？为什么？
5. 叙述水螅捕食、消化过程及其机制。
6. 珊瑚骨骼是怎样形成的？

第5章 扁形动物门(Platyhelminthes)

提　要

从扁形动物开始出现了两侧对称的体型，中胚层的出现对动物结构和机能的复杂化和完善具有重要意义；在扁形动物阶段出现了原始的排泄系统和梯形的神经系统。扁形动物分为涡虫纲、吸虫纲和绦虫纲，很多种类为营寄生生活的种类。寄生生活的扁虫在各方面表现出适应寄生生活的特点。本章还阐述了各纲主要代表动物的生活史特点及防治原则；扁形动物的生态及寄生虫更换寄主的生物学意义，扁形动物的系统发育及研究进展。

扁形动物是一类背腹扁平、两侧对称、三胚层、无体腔的动物，它们广泛地分布在海水、淡水中，少数在陆地湿土中生活，其中有一大部分种类已过渡到寄生生活。它们的形态大小差异很大，从不足 1 mm 的涡虫到长达数米的绦虫。

5.1 扁形动物门的主要特征

1. 两侧对称(bilateral symmetry)

刺胞动物是辐射对称的动物，而从扁形动物开始出现了两侧对称的体型，即通过动物体的中央轴，只有一个对称面(或切面)将动物体分成左右相等的两部分，因此两侧对称也称为左右对称。两侧对称的动物，其身体可明显地分出前后、左右、背腹。从动物演化上看，这种体型主要是由于动物从水中漂浮生活进入到水底爬行生活的结果。身体背面发展了保护的功能，腹面发展了运动的功能，向前的一端总是首先接触新的外界条件，促进了神经系统和感觉器官越来越向体前端集中，逐渐出现了头部，使得动物由不定向运动变为定向运动，使动物的感应更为准确、迅速而有效，适应范围更广泛。

2. 中胚层(mesoderm)的形成

从扁形动物开始，在外胚层和内胚层之间出现了中胚层。扁形动物的中胚层为实质组织(parenchyma)，能贮藏水分和养料，提高了机体抗旱和耐饥饿的能力。中胚层的出现，引起了一系列组织、器官、系统的分化，使扁形动物达到了器官系统水平，使动物体的结构进一步复杂完备。由中胚层分化形成了复杂的肌肉层，增强了运动机能，使动物有可能在更大的范围内摄取更多的食物。同时由于消化管壁上也有了肌肉，使消化管蠕动的能力加强了。

3. 皮肤肌肉囊(dermo — muscular sac)

中胚层形成后，扁形动物产生了复杂的肌肉构造，如环肌(circular muscle)、纵肌(longitudinal muscle)、斜肌(diagonal muscle)，它们与外胚层形成的表皮相互紧贴而组成的体壁称为“皮肤肌肉囊”，皮肤肌肉囊除有保护功能外，还强化了运动机能。加上两侧对称，使动物能够更快和更有效地去摄取食物，更有利于动物的生存和发展。在皮肌囊内，为中胚层形成的实质组织所充填，实质组织有利于水分和营养物质的储存，同时还有对机体的保护作用，体内所有的器官都包埋于其中。

4. 消化系统(digestive system)

扁形动物的消化系统为不完善消化系统(imcomplete digestive system)。与一般的刺胞动物相似，通到体外的开孔既是口又是肛门，仅单咽目(Hyplopharyngida)涡虫，如单咽虫(*Haplopharynx*)有临时肛门。口后是咽，肠与咽相连。除了肠以外没有广大的体腔。肠是由内胚层形成的盲管，营寄生生活的种类，消化系统趋于退化(如吸虫纲)或完全消失(绦虫纲)。

5. 排泄系统(excretory system)

从扁形动物开始出现了原肾管(protonephridium)的排泄系统(图 5-5)。原肾管是由身体两侧外胚层陷入形成的，通常由具许多分支的排泄管构成，有排泄孔通体外。每一小分支的最末端，由焰细胞(flame cell)组成盲管。焰细胞是由帽细胞(cap cell)和管细胞(tubule cell)组成。帽细胞位于小分支的顶端，盖在管细胞上，帽细胞生有两条或多条鞭毛，悬垂在管细胞中央。在光学显微镜下，鞭毛打动，犹如火苗，分不出管细胞和帽细胞，故名焰细胞。电镜下，在两个细胞间或管细胞上有无数小孔。管细胞连到排泄管的小分支上。

原肾管的作用，可能是通过焰细胞鞭毛的不断打动，在管的末端产生负压，引起实质中的液体经过管细胞上细胞膜的过滤作用，Cl^-、K^+等离子在管细胞处被重新吸收，产生低渗液体或水分，经过管细胞膜上的无数小孔进入管细胞、排泄管经排泄孔排出体外。原肾管的功能主要是调节体内水分的渗透压，同时也排出一些代谢废物。一些真正的排泄物如含氮废物是通过体表排出的。

6. 神经系统(nervous system)

与刺胞动物的网状神经系统相比，扁形动物出现了较为集中的原始中枢神经系统(central nervous system)。神经细胞逐渐向前集中，形成“脑”，从“脑”向后分出若干纵神经索(longitudinal nerve cord)，在纵神经索之间有横神经(transverse commisure)相连。在高等种类，纵神经索减少，只有一对腹神经索发达，其间有横神经连接如梯形，故称梯形神经系统。脑与神经索都有神经纤维与身体各部分联系。但扁形动物的中枢神经系统是原始的，因为神经细胞不完全集中于“脑”，也分散在神经索中。头部一对眼点可以辨别光线强弱，耳突有嗅觉和味觉的功能，表皮上还分布有许多触觉细胞。

7. 生殖系统(reproductive system)

扁形动物大多数为雌雄同体(monoecious)，由于中胚层的出现，形成了产生雌、雄生殖细胞的固定的生殖腺及一定的生殖导管，如输卵管(oviduct)、输精管(vas deferens)等，以及一系列附属腺，如前列腺(prostate gland)、卵黄腺(vitellaria)等。这样生殖器官能通过交配向对方输送生殖细胞，进行体内受精。

5.2 扁形动物的分类

扁形动物约 2 万种，根据它们的形态特征和生活方式的不同，一般分为三纲：涡虫纲、吸虫纲、绦虫纲。涡虫纲是自由生活的种类，它们的体小，体表有纤毛，又具杆状体，适于自由游泳或爬行，这种生活方式促使涡虫的神经系统和感官比较发达，能迅速地对外界刺激，特别是对光线和食物起反应，捕捉食物与防御敌害的能力加强。但有些种类生活在其他动物体上，由于生活方式的改变，在形态上也就相应的起了变化，产生了附着器官，体后端具吸盘。有的种类体表色素消失，表皮无纤毛和杆状体，眼点退化，肠囊状，但生殖器官却特别发达，如三肠目中的海产种鲎涡虫，附着在鲎的鳃上，多肠目中的一些种类附着在海螺的口内，它们并不吸取被附着动物的营养，而是与其营共栖生活。可以看出，从自由生活的扁形动物进到共栖，再到寄生的过渡现象。吸虫纲还保持着一些自由生活的特征，如有自由生活的幼虫，它们有纤毛和眼点，成虫有明显的消化管，由体外寄生到体内寄生。绦虫纲则较明显地、全面地适应着寄生生活，无消化管，全部体内寄生，幼体也全部营寄生生活。

5.2.1 涡虫纲(Turbellaria)

1. 涡虫纲的主要特征

1) 多数种类营自由生活　涡虫纲是扁形动物中原始的类群，除极少数种类过渡到寄生生活外，多营自由生活，绝大种类生活在海水中，少数进入到淡水生活，极少数种类进入到陆地的湿土中。体长 5mm～60 cm，种类较多。

与自由生活方式相适应的特征：在运动、感觉和神经系统上都发展了与自由生活相应的特点。涡虫的体表(主要是腹面)一般具有纤毛，体壁形成典型的皮肤肌肉囊，强化了运动机能；表皮中的杆状体能排到体外，在水中成为粘液，便于虫体滑行。感觉器官包括眼、耳突、触角、平衡囊等等，能感受触觉、化学及水流的刺激。神经系统有不同的形式，但较高等的涡虫，趋向形成典型的梯式神经系统。较发达的感觉器官和神经系统，能对外界环境如光线、水流及食物等迅速发生反应。

2）涡虫类具有消化系统　有口无肛门(单咽目涡虫有临时性肛门)，其消化管复杂程度不同，最原始的没有消化管，由口通到体内一团来源内胚层的吞噬细胞(或称营养、消化细胞)呈合胞体状，具消化功能；简单的消化管为一囊状或盲管状(如大口虫目、单肠目)；有些消化管由中央肠管向两侧伸出许多侧枝(如多肠目)，有些则如三角涡虫消化管分为3支(一支向前、2支向后)再分多枝(如三肠目)。

3）无专门的呼吸系统　涡虫的呼吸是通过体表从水中获得氧，并将二氧化碳排至水中。

4）原始的排泄系统　为具焰细胞的原肾管系，具有渗透调节(osmoregulation)和排泄作用。

5）多为雌雄同体，一般生殖系统复杂　出现了产生雌雄生殖细胞的固定生殖腺，同时出现了输卵管、输精管等生殖导管和附属腺体。由于具有外生殖器，出现了交配和体内受精，这是动物由水生到陆生的一个重要条件。涡虫纲动物具有无性生殖的能力(主要是通过横分裂)和强大的再生能力，且具有极性。

2. 代表动物——三角涡虫(*Dugesia*)

(1) 外部形态

三角涡虫身体柔软扁平而细长，背面稍凸，多褐色，腹面色浅，前端呈三角形，两侧各有一发达的耳突(auricle)，头部背面有2个黑色眼点(eyespots)，身体腹面密生纤毛，由于纤毛和肌肉的运动，使涡虫能在物体上作游泳状的爬行，体中部稍后方有口，口的后方为生殖孔，无肛门(图5-1)。

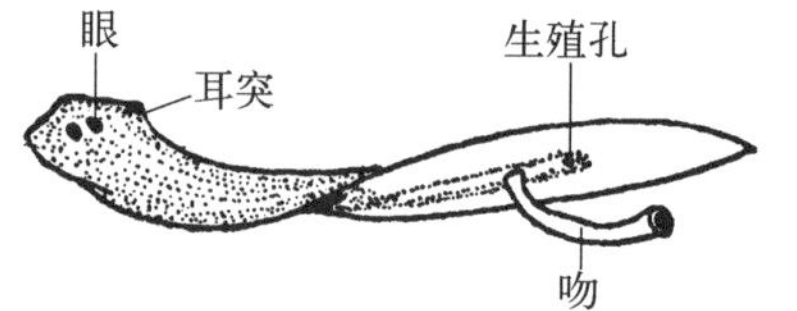

图5-1　涡虫的外形(仿 Hegner)

(2) 内部结构

体壁—皮肤肌肉囊　涡虫的体壁由表皮和肌肉共同构成。体壁包裹全身，有保护和运动功能，这种体壁结构又称为皮肤肌肉囊。表皮(epidermis)由外胚层来的柱形上皮细胞组成，上皮细胞向外生有纤毛，腹面纤毛比背面发达。在表皮细胞之间有腺细胞(gland cell)和感觉细胞(sensory cell)，另外还有成杆状体细胞，可以产生杆状体(rhabdites)，当涡虫遇刺激时杆状体排出体外，在水中弥散有毒性的黏液，即可供捕食和防御敌害之用，又可帮助纤毛打动，使虫体在粘液上滑行。表皮内侧是非细胞构造的基膜。基膜内侧是中胚层形成的肌肉层，共有三层，外层为环肌，中层为斜肌，内层为纵肌。在表皮、肌肉与内部器官之间填满了由中胚层来的实质，疏松地互相连接在一起，形成网状，可贮存养分(图5-2、图5-3)。

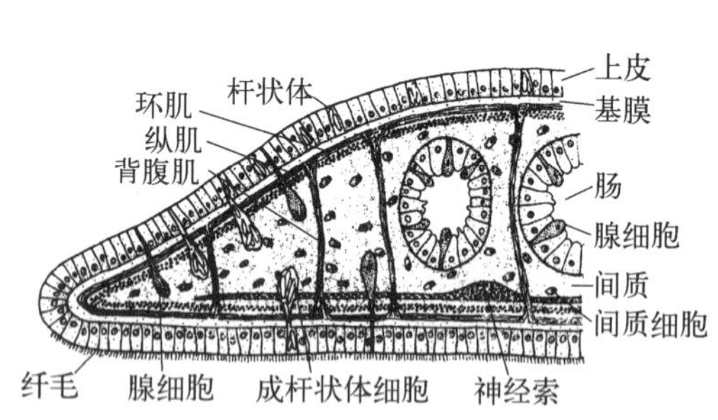

图5-2　涡虫体壁横切(仿 Storer等)

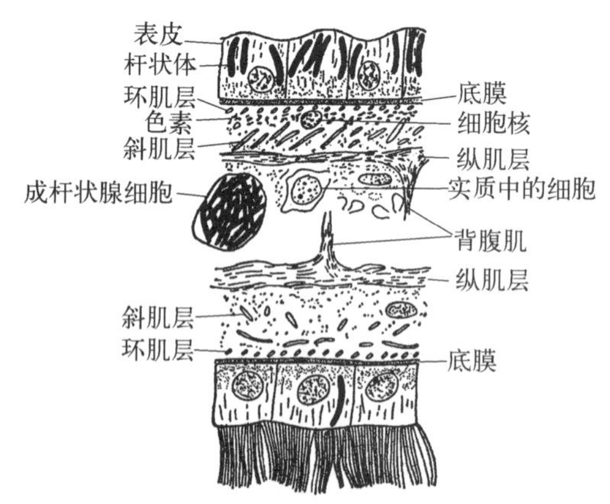

图5-3　淡水涡虫背面体壁(上)及腹面体壁(下)结构图(纵切面)(仿 Hyman)

消化系统　由口、咽、肠组成，与刺胞动物一样没有肛门，属于不完全消化系统。口在腹面，口后为咽囊，周围为咽鞘，其中有肌肉质的咽。咽可从口中伸出，口咽结构用以抽吸食物。紧接着是肠，肠壁由一层内胚层来源的柱状上皮形成，其中的空腔即为肠腔。肠分三支主干，一支向前，两支向后，分别位于咽囊的两侧，每支主干又反复分出小支，小支末端封闭为盲管。肠的分支扩大了消化吸收面积，不能消化的食物仍由口排出(图 5-4)。真涡虫捕食小型甲壳类、线虫、轮虫和昆虫幼虫。

呼吸和循环 涡虫无特殊的呼吸、循环器官,依靠体表扩散作用进行气体交换,借网状的实质组织增加表面面积,由其中的液体运送和扩散新陈代谢的产物。

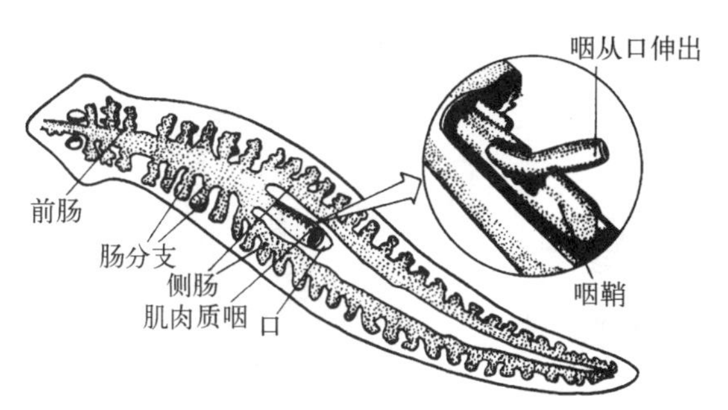

图 5-4 涡虫的消化系统(仿 Moore,Olsen)

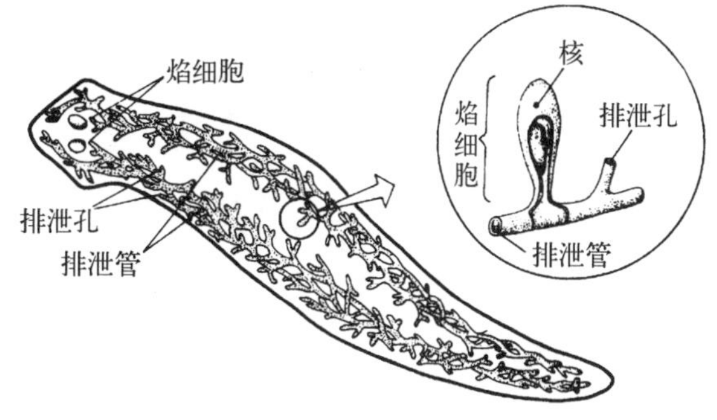

图 5-5 涡虫的排泄系统(自 Moore,Olsen)

排泄系统 为原肾管型,由焰细胞和排泄管组成。在虫体两侧有一对弯曲、多次分支的纵行排泄管,每一小分支细管的末端连着焰细胞(即帽细胞和管细胞)。通过焰细胞收集体内多余的水分和液体废物,经排泄管由体背面的排泄孔排出体外(详见本门动物主要特征部分)(图 5-5)。

神经系统和感觉器官 真涡虫有典型的梯形神经系统,前端有一对神经节形成了脑,由脑分出一对腹神经索通向体后,在腹神经索之间还有横神经相连,因而构成梯形(图 5-6)。涡虫头部背面的一对眼点是由色素细胞和视觉细胞所构成,它们只能辨别光线的明暗,不能看物像;耳突在头的两侧,有许多感觉细胞,司味觉和嗅觉,在表皮内还分布着许多触觉细胞,涡虫对食物是正向反应,对光线的刺激是避强光,寻找暗的微光,夜间活动强于白昼(图 5-7)。

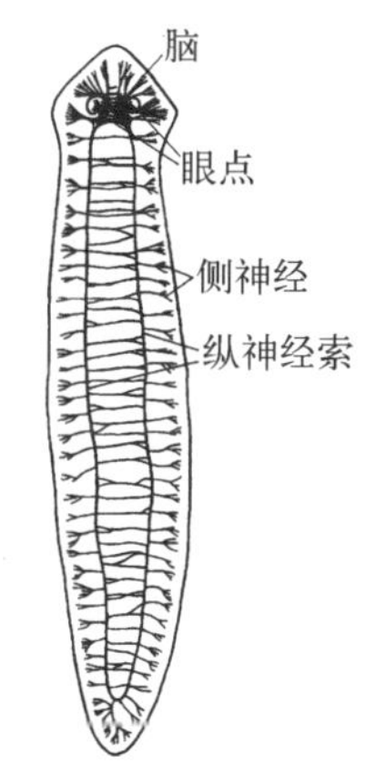

图 5-6 涡虫的神经系统(引自 Moore,Olsen)

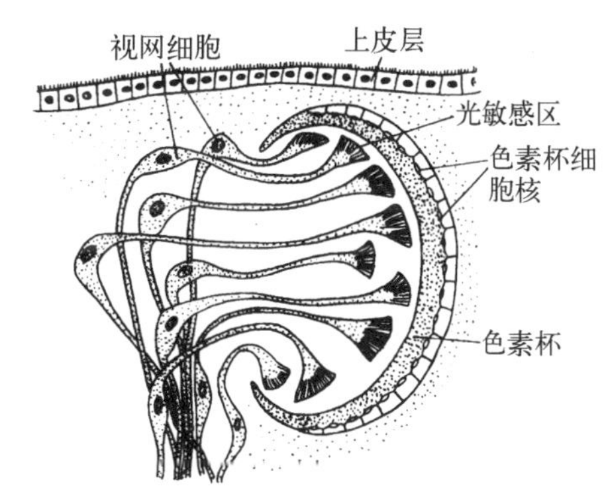

图 5-7 涡虫眼的结构示意图(引自 Brusca)

生殖和发育 雌雄同体,雌雄生殖系统相当复杂。

雄性生殖系统 在体之两侧有很多精巢,每一精巢有一输精小管(vas efferens),汇合在两侧各成一输精管(vas deferens),到身体中部膨大成储精囊,两侧储精囊汇入多肌肉的阴茎(penis),在阴茎基部有很多单细胞腺体称前列腺(prostate glands),开口于生殖腔(genital atrium)。

雌性生殖系统 在身体的前方两侧各有一卵巢,每一卵巢有一条输卵管(oviduct)向后行,同时收集由卵黄腺(vitellaria)来的卵黄,两条输卵管在后端汇合形成阴道(即为雌性生殖腔),通入生殖腔中,由阴道前端向前伸出一条受精囊(seminel receptacle),也称交配囊(copulatory bursa)在交配时接受和储存对方的精子(图 5-8)。交配囊中的精子移行到输卵管的上方与卵子受精,然后与卵黄腺分泌的卵黄移到生殖腔中。若干个卵子与卵黄细胞在生殖腔分泌的黏液包裹下形成卵袋,排入水中。涡虫虽为雌雄同体,但需要交配进行异体受精(cross-fertilization)。受精卵经螺旋式卵裂(spiralcleavage),发育为牟勒式幼虫(Mullers larva)。幼虫呈卵形,有 8 个纤毛瓣可以游动(图 5-9)。这种发育为间接发育。

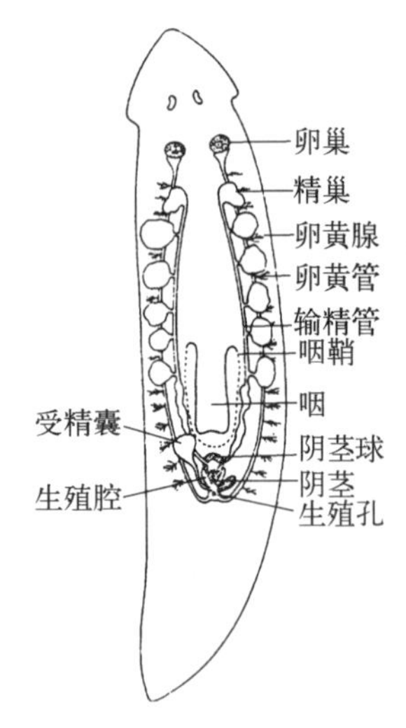

图 5-8 涡虫的生殖系统背面观
(引自 Barnes)

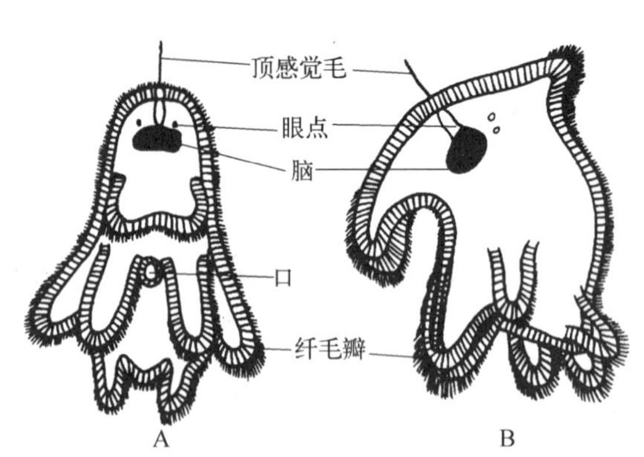

图 5-9 牟勒氏幼虫(仿 Hyman)
A. 腹面观;B. 背面观

除进行有性生殖外,涡虫尚可进行无性生殖。淡水及陆地的涡虫以分裂方式进行无性生殖。分裂时以虫体后端粘于底物上,虫体前端继续向前移动,直到虫体断裂为两半。其分裂面常发生在咽后,然后各自再生出失去的一半,形成两个新个体。有些小型涡虫,如微口涡虫(*Microstomum*)经数次分裂后的个体并不立即分离,彼此相连,形成一个虫体链,当幼体生长到一定程度后,再彼此分离营独立生活。

再生 涡虫的再生能力很强,若将它横切为两段,每一段都会将失去的那一半再生长出来,成为一条完整的涡虫,甚至分割为许多段时每一段也能再生成一完整的涡虫。还能进行切割或移植,产生二头或二尾的涡虫。涡虫的再生表现出明显的极性,再生的速率由前向后呈梯度递减,即前端生长发育最快,后端最慢。当涡虫饥饿时,内部的器官(如生殖系统等)逐渐被吸收消耗,唯独神经系统不受影响,一旦获得食物后,各器官又可重新恢复,变成正常的体型,这也是一种再生方式。

3. 涡虫纲的分类

涡虫纲的分类意见尚不一致,过去一直根据消化管的有无及其复杂程度分为无肠目、单肠目、三肠目及多肠目(图 5-10)。

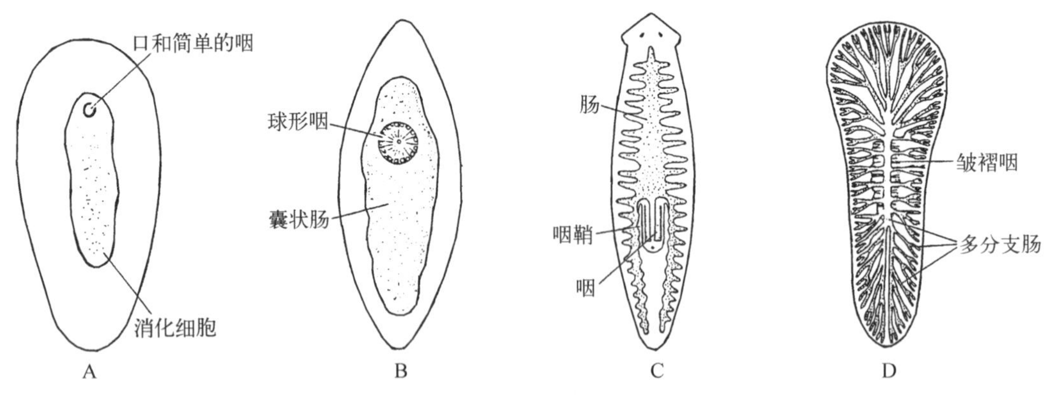

图 5-10 涡虫的消化系统类型(引自 Brusca)
A. 无肠目; B. 单肠目;C. 三肠目;D. 多肠目

(1) 无肠目(Acoela)

小型涡虫,体长 1~12 mm,通常约 2 mm。无明显的肠道,口位于近中央的腹中线上,有的具一简单的咽,有由口通道体内的一团来源于内胚层的营养细胞进行吞噬和消化。无原肾管,直接发育,海产。如旋涡虫(*Convoluta*)(图 5-11A)。

(2) 单肠目(Rhabdocoela)

体小,长度为 0.5~15 mm,有口、咽和呈管状或囊状而不分支的肠,口位于前端。大多生活在海水或淡水中，少数生活在潮湿土壤里或营寄生生活。如直口涡虫(*Stenostomum*)、微口涡虫(*Microstomum*)(图5-11B、C)。

(3) 三肠目(Tricladida)

体长2～50 mm，口在腹面近中央部分，咽为管状，肠分三支主干(一支向前，两支向后)每支上各有许多分支。原肾管一对，卵巢一对，具分支的卵黄腺。多生活在海水或淡水中，部分在潮湿土壤中，少数营寄生生活，如笄蛭涡虫(*Bipalium*)(图5-11D)。

(4) 多肠目(Polycladida)

体长3～20 mm，通常在体之前缘或背部具一对触手(tentacls)，有许多眼，肠位于体中央向四周分出很多分支盲管，故名多肠目。具褶皱咽。神经系统也包括脑及成网状的神经索。生殖系统完全。无卵黄腺，螺旋卵裂，个体发育中经牟勒氏幼虫(Muller's larva)。海产，常见的如平角涡虫(*Planocera*)(图5-10E)。

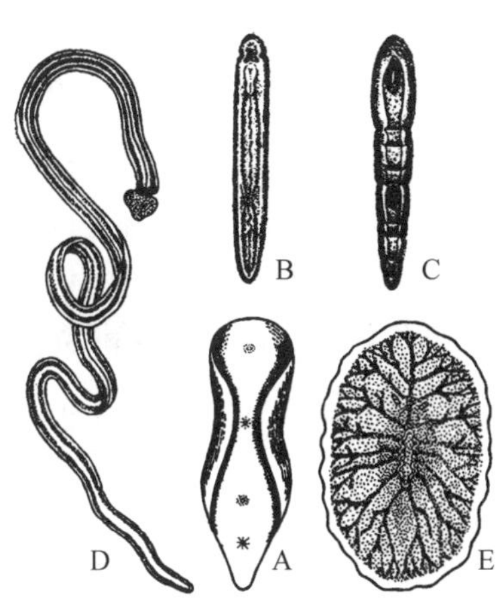

图5-11 涡虫纲各目代表(自江静波)

A. 旋涡虫；B. 直口涡虫；C. 微口涡虫；D. 笄蛭涡虫；E. 平角涡虫

近年来许多学者认为以生殖系统为主要依据并结合消化管的结构进行分类较为确切、合理。但各学者的意见不完全一致，有的学者根据生殖系统卵黄腺的有无，以及是否为典型的螺旋卵裂分为2个亚纲：原卵巢涡虫亚纲(Archoophoran turbellarians)和新卵巢涡虫亚纲(Neoophoran turbellarians)，其下分为9个目或11个目不等。有的不列亚纲，直接分为12个目。

5.2.2 吸虫纲(Trematoda)

1. 吸虫纲的主要特征

吸虫纲的种类均为寄生的。少数营外寄生，多数营内寄生生活。它们与涡虫类在系统发生上较为接近，表现在体形及消化、排泄、神经、生殖系统等结构有许多一致或相似之处。但是由于吸虫类适应寄生生活，其形态结构和生理相应地发生了一系列变化。寄生生活的环境相对稳定、有局限、营养丰富。适应这类环境，其运动机能退化，体表无纤毛、无杆状体，也无一般的上皮细胞，而大部分种类发展有具小刺的皮层；神经、感觉器官也趋于退化，除外寄生种类有些尚有眼点外，内寄生的种类眼点感觉器官消失；同时发展了吸附器，如肌肉发达的吸盘和小钩等，用以固着于寄主的组织上；消化系统相对趋于退化，一般较简单，有口、咽、食管和肠；呼吸由外寄生的有氧呼吸到内寄生的厌氧呼吸；生殖系统趋向复杂，生殖机能发达；生活史也趋向复杂，外寄生种类生活史简单，通常只有一个寄主，一个幼虫期；内寄生的复杂，常有2个或3个寄主，具有多个幼虫期(图5-12)，如从受精卵开始经毛蚴、胞蚴、雷蚴、尾蚴、囊蚴到成虫(不同种吸虫的幼虫期有所差别)，且幼虫期(胞蚴、雷蚴)能进行无性的幼体繁殖，产生大量的后代，这有利于几次更换寄主，是适应于寄生生活的结果。

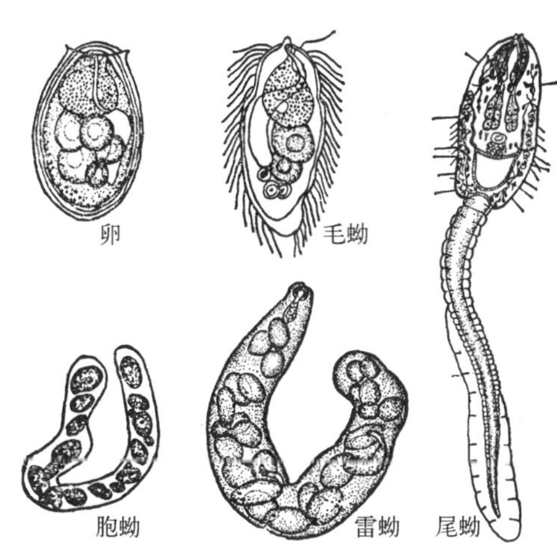

图5-12 华枝睾吸虫各幼虫期

2. 代表动物——华枝睾吸虫(*Clonorchis sinensis*)

(1) 外形和结构

虫体柔软、扁平、叶片状，前端较窄，后端略宽，虫体长为10～25 mm，体宽为3～5 mm。虫体的大小与寄主的大小、寄生胆管的大小和寄生的数目多少有关。具口吸盘和腹吸盘(图5-12A)。吸盘富有肌肉，是附着器官。口吸盘(oral sucker)大于腹吸盘，在虫体的前端，腹吸盘(acetabulum)位于虫体腹面前约1/5处。生活的华枝睾吸虫呈肉红色，固定后灰白色，体内器官隐约可见，在虫体后端有2个前后排列的树枝状睾丸，为该虫主要特征之一，故称枝睾吸虫(图5-13A)。

体壁 吸虫体壁的最表层，过去一直认为是一层角质膜，是由间质细胞分泌的非生活物质。经电子显微镜研究证实，其表层非分泌物，而是由许多大细胞的细胞质延伸、融合形成的一层合胞体(syncytium)(图

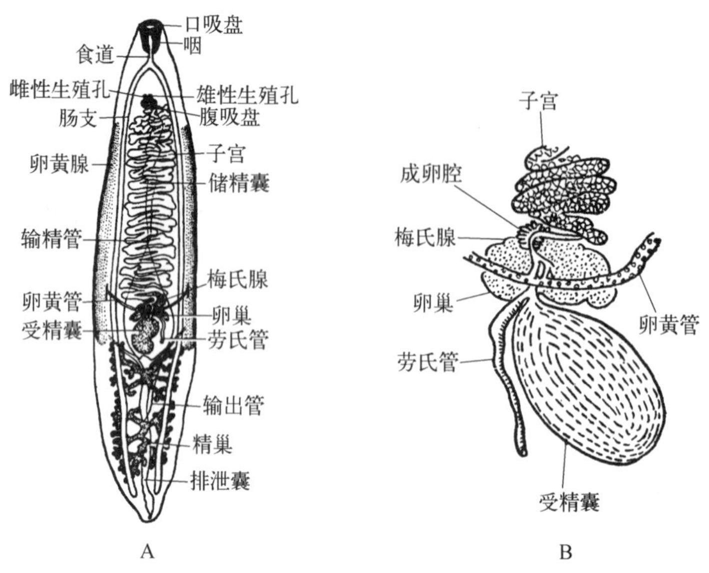

图 5-13　华枝睾吸虫

A. 成虫(仿陈心陶);B. 雌性生殖系统部分放大(仿陈心陶)

5-14A)。其中有线粒体、内质网以及胞饮小泡、结晶蛋白所形成的小刺等。这一层称为皮层(tegument)。皮层的基部为基膜(basement membrance),其下为环肌(circular muscle)、纵肌(longitudinal muscle),再下为实质细胞。大细胞的本体(包括细胞核)下沉到实质中,由一些细胞质的突起(或称通道)穿过肌肉层与表面的细胞质层相连(图 5-14B)。皮层的这种特殊结构,不仅对虫体有保护作用,而且虫体与环境之间的气体交换、含氮废物的排除也通过扩散作用(diffusion)经体表进行的。一些营养物质,特别是氨基酸类也通过胞饮作用摄入虫体。

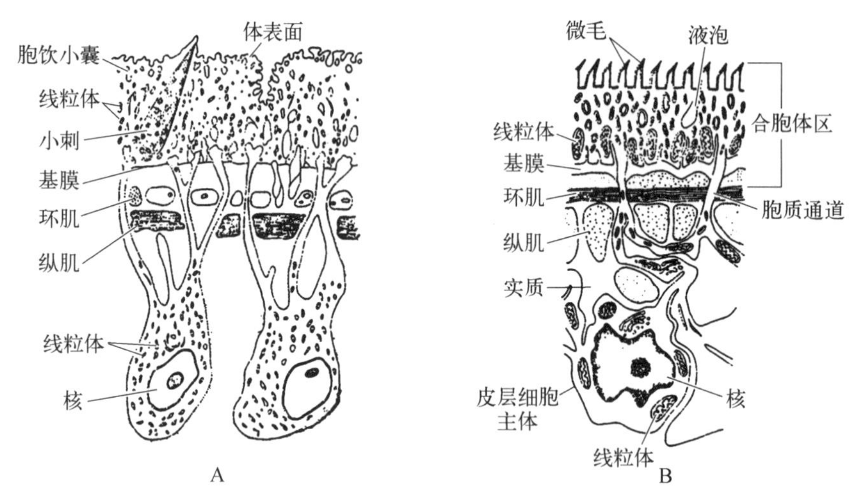

图 5-14　吸虫体壁(A)及绦虫体壁(B)结构(引自 Brusca)

消化系统　口位于口吸盘中央,口下接一球形而富肌肉的咽(pharynx),咽下为短的食管(oesophngus),后接二肠支,沿虫体两侧直达后端,无肛门。华枝睾吸虫主要以寄主肝胆管的上皮细胞为食物,有时也吃一些白血细胞、红血细胞和胆管内的分泌物,还可以通过体表吸收一些养料,也可以分泌酶来软化宿主的组织,以便于消化,以细胞外消化为主。食物以糖原、脂肪的形式贮藏。

呼吸系统　没有特别的呼吸器官,因为是体内寄生,其周围环境中多缺乏游离的氧,所以行厌氧性(anaerobic)的呼吸方式,它们能利用其体内的某些酶来分解已贮藏的养分(如糖原),而产生几种有机酸和二氧化碳,由此释放能量,供它们利用。

排泄系统　为分支的原肾管系统,位于身体两侧,末端终止于焰细胞。两侧分支的小管收集代谢废物,经左右两排泄管送到身体后部,由两管汇合而成略呈 S 形的排泄囊,最后由末端的排泄孔排出体外。

神经系统和感觉器官 不发达,基本与涡虫的神经系统相似,也是梯形,咽旁有一对神经节,由此向前后各发出6条纵行的神经,向后的6条神经有横神经联络。

生殖系统 构造复杂,雌雄同体(图5-13A、B)。

雄性生殖器官:有精巢一对呈树枝状分支,在虫体后端前后排列,约占体长的1/3,每个精巢发出一条输精小管(或称输出管),两条输精小管汇合成一条输精管,向前扩大成储精囊,储精囊前行并开口于腹吸盘前的雄性生殖孔通出体外。无阴茎、阴茎囊(cirru sac)和前列腺。

雌性生殖器官:在精巢之前有一个略呈分叶状的卵巢,由此发出输卵管,先后与受精囊、劳氏管、卵黄管相通。受精囊长椭圆形,位于精巢和卵巢之间。劳氏管(Laurer's canal)细长,弯曲,一端与输卵管相接,另一端开口在身体背面,其功能有人认为具有排出多余卵黄或精子的作用,也有人认为它是退化的阴道。卵黄腺为许多细小、密集的颗粒状体组成,分布于虫体的两侧,每侧的腺体相互汇合成一卵黄管(vitelline duct),在虫体中部合成总卵黄管(common vitelline duct),然后与输卵管相连接。由输卵管、受精囊、劳氏管及卵黄管汇合成成卵腔(ootype)。成卵腔周围有一群单细胞腺体,称为梅氏腺(Mehlis'gland)。成卵腔之前为子宫(uterus),其内常充满虫卵,子宫迂回前行于腹吸盘与卵巢之间,开口于腹吸盘前的雌性生殖孔(图5-13B)。华枝睾吸虫无生殖腔。

华枝睾吸虫能自体受精(self-fertilization)也能行异体受精(cross-fertilization)。自体受精,精子从精巢出来,经输精管、储精囊、生殖孔,再到子宫,最后达受精囊。异体受精,两虫体交配,虫体从雌性生殖孔接受另一个体的精子,到受精囊,也可由劳氏管接受精子到受精囊,精卵在输卵管或成卵腔中结合成受精卵,在成卵腔中,每个受精卵的外面,包围很多来自卵黄腺的卵黄细胞,卵黄细胞可作为受精卵发育的营养,同时又可分泌一些物质形成卵壳。梅氏腺的功能是对卵壳的形成起作用或刺激卵黄细胞释放卵黄物质以及活化精子,也有学者认为它的分泌物对卵有滑润作用。由成卵腔形成的卵,向前移至子宫,最后从生殖孔排出。

(2) 生活史

成虫寄生于人、猫、狗的胆管内,受精卵由虫体排出后,到人(或猫、狗)的胆管或胆囊里,经总胆管进入小肠,然后随粪便排出体外。虫卵产出后便已成熟,里面含有毛蚴。虫卵呈黄褐色,略似电灯泡形,顶端有盖,盖的两旁可见肩峰样小突起、底端有一个小突起称小疣,平均大小为29 μm×17 μm。如图5-15所示。

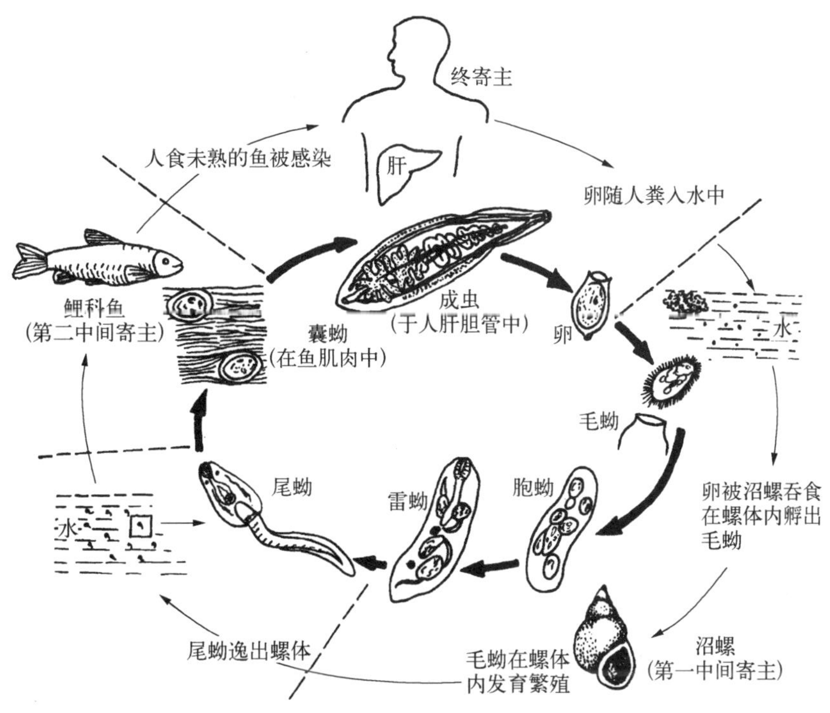

图5-15 华枝睾吸虫的生活史(引自刘凌云)

虫卵在一般情况下不能孵化,只有进入水中被第一中间寄主(first interrediate host)(纹沼螺、中华沼螺、长角沼螺等)吞食后才能继续发育,在螺的消化道内孵出毛蚴(miracidium),毛蚴体略呈椭圆形,体表具纤毛,穿过肠壁脱去纤毛变成胞蚴(sporocyst)。胞蚴无口及肠管,靠体表摄取营养,随即移往螺体直肠外围和鳃部的淋巴间隙中,并在该处继续发育繁殖,体内的许多胚细胞团开始分裂,形成许多雷蚴(redia)。雷蚴体呈长袋形,具口、咽和单一的盲管状肠支,除通过体表吸收营养外,也能用肠支进行消化,其体内的胚细胞团又可产生大量的尾蚴(cercaria)。尾蚴形似蝌蚪,有口、腹吸盘等附着器官以及原始的分支肠管和排泄器官及头部的一对单细胞腺体——头腺(cephalic glands),因具穿刺侵袭作用,又称穿刺腺(penetration glands)。尾部单一,长大于体长的2~3倍,具似鳍状的背膜及腹膜。尾蚴成熟后自螺体逸出,在水中可活1~2天,游动时如遇第二中间寄主(second intermediate host),如某些淡水鱼或虾(国内已报道可作本虫的第二中间寄主的,主要是鲤科鱼类,如鲩、鳊、鲤、鲫、土鲮、麦穗鱼及米虾、沼虾等)则侵入其体内,脱去尾部,形成椭圆形的囊蚴(metacercaria)。囊蚴具双层囊壁,可透过囊壁从寄主获得营养。囊蚴是感染期,人或动物吃了未煮熟或生的含有囊蚴的鱼、虾而感染。囊蚴在寄主胃肠道消化液的作用下逸出,经寄主十二指肠、循总胆管移到肝胆管发育成长,约经一个月成长为成虫,并开始产卵。

(3) 防治

防治原则首先考虑切断华枝睾吸虫生活史的各主要环节。由于华枝睾吸虫病是经口感染,囊蚴集中在鱼、虾体内,因此不吃生的或不熟的鱼虾,包括喂给猫、狗的鱼虾,也应煮熟。因为囊蚴浸于70℃热水内经8秒钟即可死亡,但利用冰冻、盐腌或浸在酱油内的方法,均不能在短期内杀死囊蚴。

再有应加强粪便管理,防止未经处理的新粪便落入水中;以及治疗病人和管理猫、狗等动物,对患病的猫、狗进行驱虫治疗或捕杀。

3. 吸虫纲的分类

吸虫纲分三个亚纲:单殖亚纲(Monogenea)、复殖亚纲(Dizenea)和盾腹亚纲(Aspidogastrea)。我国动物志已将单殖亚纲上升为纲与吸虫纲并列。

(1) 单殖亚纲(Monogenea)

本亚纲为体外寄生吸虫。生活史简单,直接发育,不更换寄主。主要寄生于鱼类、两栖类、爬行类等的体表和排泄器官或呼吸器官内,如鳃、皮肤、口腔,少数寄生在膀胱内。常缺少口吸盘,体后有发达的附着器官,其上有锚和小钩。排泄孔一对,开口在体前端。如三代虫(*Gyrodactylus*)、指环虫(*Dactylogyrus*)。三代虫是雌雄同体,有卵巢两个及精巢一个,位于身体后部。三代虫为卵胎生,在卵巢的前方有未分裂的受精卵及发育的胚胎,在大胚胎内又有小胚胎,因此称为三代虫。

(2) 盾腹亚纲(Aspidogastrea)

是吸虫纲中很小的一类。其最显著的特征是吸附器官。或者是单个的大吸盘覆盖在整个虫体腹面,吸盘上有纵行及横行肌肉将吸盘纵横分隔成许多小格,或者是一纵列吸盘。具口、咽及一个肠盲管。生殖系统基本上像复殖吸虫,典型的仅有一个精巢,与单殖吸虫和复殖吸虫有相似特征,但更接近于复殖吸虫。大部分为内寄生的,寄生在鱼和爬行类动物的消化管和软体动物的围心腔或肾腔内。生活史中有1个或2个寄主。许多种类没有寄主的专一性,在软体动物及鱼体上均可生活及产卵。这一类动物似能说明由自由生活到寄生生活的过渡。如盾腹虫(*Aspidogaster*)。

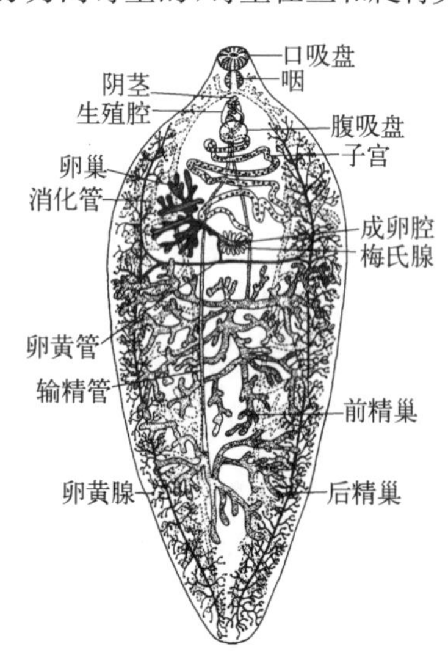

图5-16 肝片吸虫(仿Meglitsch)

(3) 复殖亚纲(Dizenea)

为体内寄生的吸虫。生活史复杂,一般需要两个寄主。一般幼虫期的寄主是软体动物,成虫期的寄主为脊椎动物和人,危害性严重。成虫有吸盘1个或2个,体后部无复杂的固着器,成虫无眼点,而幼虫有退化的感光器。这类寄生虫寄生在肠内的,一般称为肠吸虫,例如布氏姜片虫;寄生在肝脏、胆管内的称为肝吸虫如肝片吸虫;寄生在血液中的则称为血吸虫。

肝片吸虫(*Fasciola hepatica*) 又称羊肝蛭(图5-16),体长为20~40 mm,宽5~13 mm。体表有细棘,前端突出,略似圆锥,叫头锥。口吸盘在虫体的前端,在头锥之后腹面具腹吸盘。雌雄同体,精巢2个,前后排列呈树枝状分支,卵巢一个呈鹿角状分支,在前精巢的右上方;劳氏管细小,无受精囊。虫卵椭圆形,淡黄褐色,卵的一端有小盖,卵内充满卵黄细胞。肝片吸虫分布于世界各地,尤以中南美、欧洲、非洲等地比较常见。我国动物虽有感染,但人体感染少见。其生活史为(图5-17):成虫寄生在牛、羊及其他草食动物和人的肝脏胆管内,排出的虫卵随胆汁排在肠道内,再和寄主的粪便一起排出体外,落入水中,在适宜的温度下经过2~3周发育成毛蚴;毛蚴体被纤毛在水中自由游动,当遇到中间寄主锥实螺,即迅速地穿进其体内进入肝脏,脱去纤毛变成囊状的胞蚴;胞蚴的胚细胞发育为雷蚴,仍在螺体内继续发育,每个雷蚴再产生子雷蚴,然后形成尾蚴;尾蚴成熟后离开螺体在水中游泳,尾部脱落成为囊蚴,固着在水草上和其他物体上,或在水中游离;牲畜饮水或吃草时吞进囊蚴即可感染,囊蚴在肠内破壳而出,穿过肠壁经体腔而达肝脏,寄生在胆管中,引起肝组织破坏、肝炎及胆管变硬,虫体在胆管内生长发育并产卵,造成胆管的堵塞,影响消化和食欲,虫体分泌的毒素渗入血液中,溶解红血细胞,使家畜发生贫血、消瘦及浮肿等中毒现象。人体感染可能是食生水、生蔬菜所致,因此在牧场中应改良排水渠道,消灭中间寄主锥实螺,禁止饮食生水、生菜。

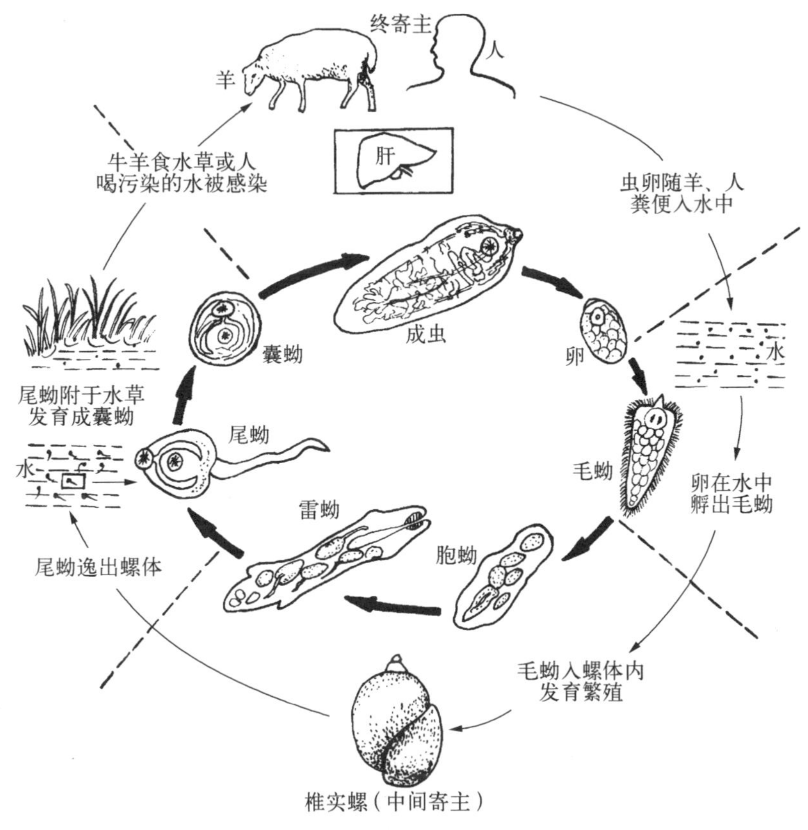

图5-17 肝片吸虫的生活史(引自刘凌云)

布氏姜片虫(*Fasciolopsis buski*) 是人体内的一种大型寄生吸虫,虫体扁平,卵圆形,皮层有体棘,生活时肉红色,固定后为灰白色,体形像姜片,故名姜片虫(图5-18)。成虫长20~75 mm,宽为8~20 mm左右,其大小常因肌肉伸缩而有较大变化。口吸盘位于虫体前端,腹吸盘靠近口吸盘(图5-17),比口吸盘大3~4倍。肠管分2支,在体侧波浪形弯曲。精巢一对,前后排列,高度分支;卵巢1个,呈鹿角状,分为3支,每支又分细支。虫卵椭圆形,淡黄色至无色,卵壳很薄,一端有小盖,卵内有未分裂的卵细胞和20~40个卵黄细胞,是人体寄生虫卵中最大的一种。生活史为(图5-19):成虫寄生于人或猪的小肠内,偶见于大肠,虫卵随粪便排出,在水中发育成为毛蚴,毛蚴在中间寄主扁卷螺体内发育成胞蚴、雷蚴和第二代雷蚴、尾蚴,尾蚴从螺体内逸出,在水中游动,吸附于菱角、荸荠、菱白等水生植物表面,脱尾而成囊蚴。囊蚴具有感染性,借水生植物的媒介作用,被吞入,在小肠上段经过消化液和胆汁的作用,囊壁破裂,幼虫脱囊而出,吸附在十二指肠或空肠黏膜上,约经3个月发育为成虫,

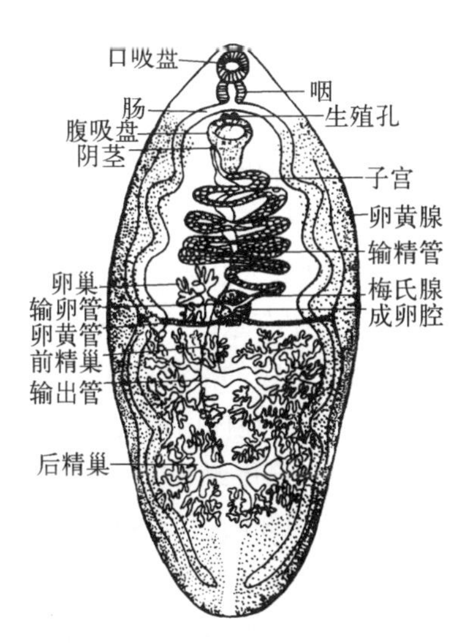

图5-18 布氏姜片吸虫(自刘凌云)

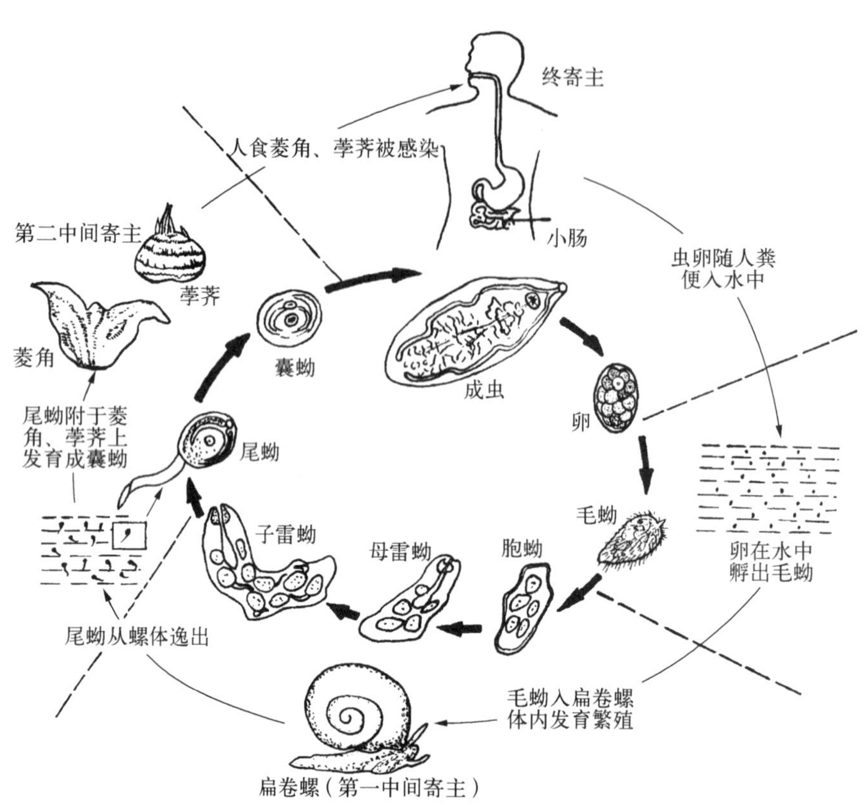

图 5-19 布氏姜片吸虫的生活史(引自刘凌云)

并开始产卵。成虫以肠内的食物为营养,一般可存活两年左右。布氏姜片虫在国外分布于越南、泰国、印度、马来西亚、印尼、日本等,我国中南、华南、台湾等有分布。患者的症状为营养不良、消瘦、贫血,儿童可引起发育障碍。由于此病的流行常与种植某些水生植物和养猪业有密切关系,因此预防姜片虫感染的关键在于避免吃入活的囊蚴,不吃生菱角、生荸荠等。种植饲料的池塘内不用新鲜人、猪粪作肥料,加强粪便管理。普查普治病人及治疗或处理患病的家畜,杜绝传染源。

日本血吸虫(*Schistosoma japonicum*) 又称日本裂体吸虫,成虫体长 10～26 mm,雌雄异体,雌虫(图 5-19)细长,暗黑色,前端细小,后端粗圆,口吸盘与腹吸盘等大。雄虫粗短,乳白色,口吸盘在前端,腹吸盘略后于口吸盘,突出如杯状,虫体两侧向腹侧内褶,形成抱雌沟(gynecophoric canal),雌虫停留其中,呈合抱状态。虫卵椭圆形,淡黄色,卵无盖,其一侧有一小刺,排出的虫卵已发育至毛蚴阶段。生活史为:成虫寄生于人或哺乳动物的门静脉及肠系膜静脉内,雌雄虫在肠系膜静脉的小静脉管内交配后,雌虫可逆血流移行到肠黏膜下层的静脉末梢处产卵,虫卵或顺血流进入肝内,或逆血流而入肠壁,在肠壁或肝脏内逐渐成熟。成熟的卵内含有毛蚴,由于卵内毛蚴分泌酶的刺激,周围的肠黏膜组织溶解,虫卵经肠壁穿入肠腔,随粪便排出体外;虫卵在自然界存活的时间受环境影响极大,一般存活时间不超过 20 天。在适宜温度(13～28℃)的清水中,虫卵孵化出呈梨形的毛蚴,毛蚴的抵抗力较弱,在水中约存活 1～3 天,遇到钉螺,即自钉螺软体部分侵入螺体,进行无性繁殖,先形成母胞蚴,母胞蚴成熟破裂后释放出多个子胞蚴;子胞蚴成熟后即不断放出尾蚴,一条毛蚴进入螺体后能增殖到数万条甚至十万条尾蚴。尾蚴的尾干分叉,具较强的活动能力,是血吸虫的感染期。在有水的条件下,成熟尾蚴从螺体内逸出,一般密集在水面上,当接触人、畜的皮肤(或黏膜)时,借其头腺分泌物的溶解作用及本身的机械伸缩作用侵入皮肤,脱去尾部成为童虫(smallworm),而后侵入小静脉和淋巴管,在体内移行。血吸虫在人体内移行发育过程中,未能到达门静脉系统的一般不能发育为成虫(图 5-20)。自尾蚴感染至成虫产卵约需 4 周,产出的虫卵发育成熟最少需要 11 天,故粪便中最早出现成熟虫卵在感染后 35 天;成虫在人体内的寿命估计在 10～20 年之间。血吸虫病是热带与亚热带地区重要的传染病之一,日本血吸虫病是严重危害我国人民健康的一种寄生虫病,其流行区分布于长江流域及长江以南广大地区。在 2 100 多年前,我国已有血吸虫病的流行,近年来我国又有受血吸虫感染者。人感染血吸虫,主要由于接触疫水,如下水劳动或皮肤接触被尾蚴污染的露水、雨水及潮湿地面等。防治要采取综合措施,包

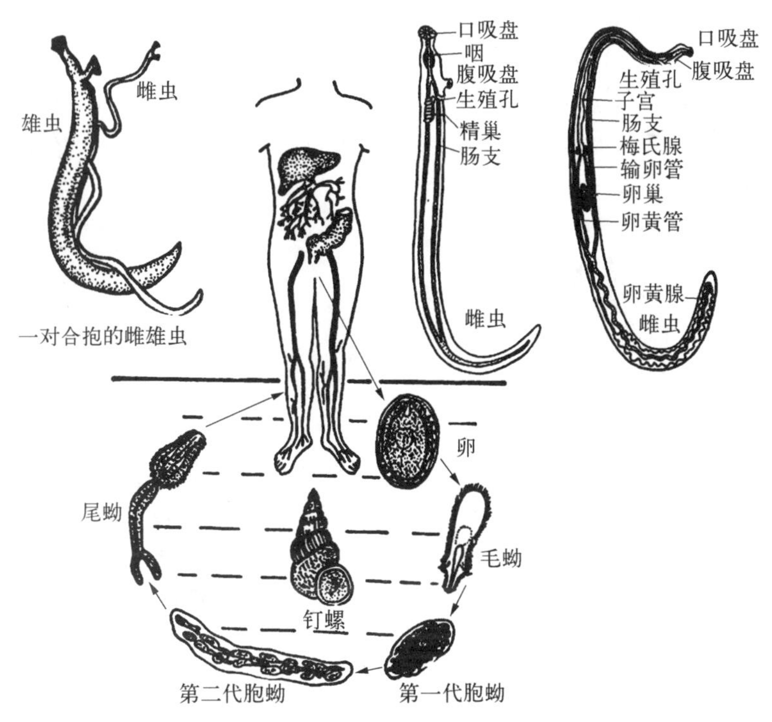

图 5-20　日本血吸虫及其生活史

括查病治病、查螺灭螺、粪管、水管及预防感染等几个方面，以切断血吸虫生活史的各个环节。钉螺是血吸虫惟一的中间寄主，因此灭螺是防止血吸虫病流行的重要环节。

5.2.3　绦虫纲(Cestoidae)

1. 绦虫纲的主要特征

所有绦虫都营体内寄生生活，成虫寄生在人及其他脊椎动物的肠腔内。它们的寄生历史可能比吸虫还要长，因此身体构造也表现出对寄生生活的进一步适应。

(1) 体形

由于在寄主肠内长期适应的结果，绦虫的身体呈背腹扁平的带状，一般由许多节片构成，少数种类不分节片。体表纤毛消失。身体前端有一个特化的头节，附着器官都集中于此，有吸盘、小钩、吸钩等构造，用以附着寄主肠壁，以适应肠的强烈蠕动。

(2) 内部器官系统

与体内寄生相适应，感觉器官完全退化，消化系统全部消失。生殖器官高度发达，在每一个成熟节片内都有雌、雄性的生殖器官，因此每一节片的生殖系统与一条吸虫的生殖系统相当，繁殖力极强。一般也有幼虫期，其幼虫也为寄生的，大多数只经过一个中间寄主。

(3) 体壁

绦虫体壁的超微结构与吸虫的基本相似，外被皮层，由有生命的合胞体组成，但由于缺乏消化道，靠体表吸收营养，因此体壁在形态和生理上均有所改变，整个皮层表面具皮层微毛(microtriches)，以增加吸收营养物的面积。绦虫皮层还具有丰富的线粒体，从体外吸收的物质可能在此合成、贮存，并通过孔道直接输入到实质组织中。此外体壁具有强的抗寄主消化酶的作用。

2. 代表动物——猪带绦虫(*Taenia solium*)

猪带绦虫的成虫寄生在人的小肠中，中间寄主为猪故得名。

(1) 形态结构

成虫形态　白色带状，全长为 2～4 m，有 700～1 000 个节片(proglottid)。虫体分头节(scolex)、颈部(neck)和节片 3 个部分(图 5-21A)。头节(图 5-21B)圆球形，直径约为 1 mm，前端中央为顶突(rostellum)，顶突上有 25～50 个小钩，大小相间或内外两圈排列，顶突下有 4 个圆形的吸盘，是适应寄生生活的附着器官。生活的绦虫以吸盘和小钩附着于肠黏膜上。头节之后为颈部,颈部纤细不分节片,与头节间无明显的界限,以横分裂方法产生节片,是绦虫的生长区。依据节片内生殖器官的成熟情况可分为未成熟节片(immature proglottid)、成熟节片(mature proglottid)(图 5-21C)和孕卵节片或称妊娠节片(gravid proglottid)3 种。未成熟节片宽大于长,内部构造尚未发育;成熟节片近于方形,内有雌雄生殖器官;孕卵节片长方形,几乎全被子宫所充塞(图 5-21D)。

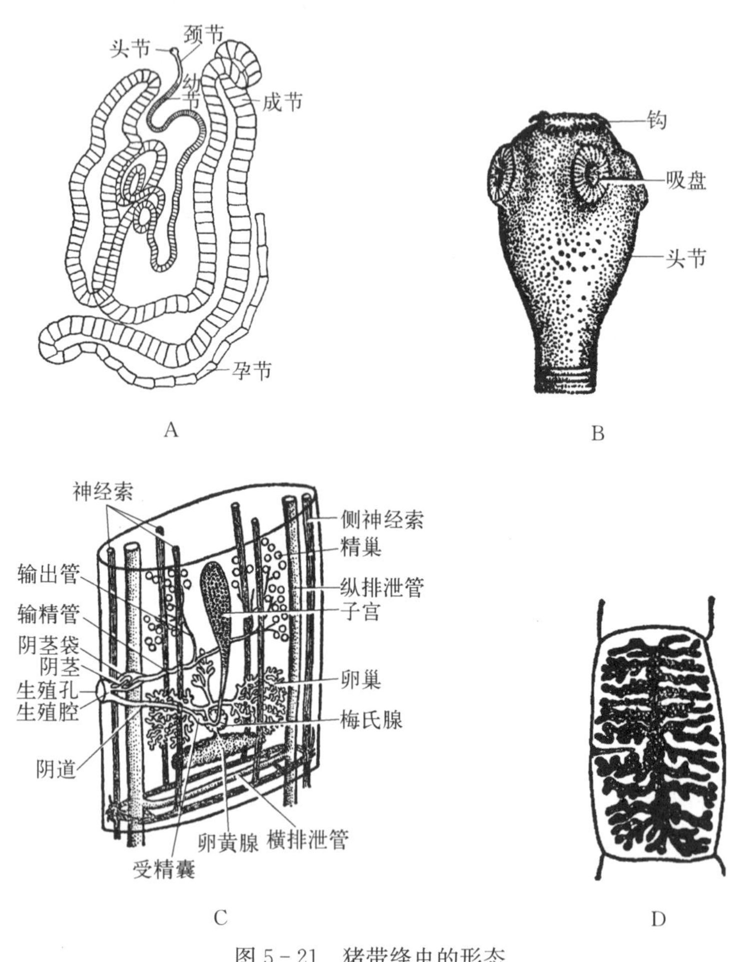

图 5-21 猪带绦虫的形态

A. 绦虫全形;B. 头节形态;C. 成节;D. 孕节

营养与呼吸 绦虫没有消化系统,没有口及肠,而是通过体表的渗透作用直接吸收寄主小肠内已经消化的营养,以糖原的形式储存于实质中,以便通过厌氧呼吸以获得能量。

排泄系统 排泄器官属原肾管型,由焰细胞和许多小分支汇入身体两侧的两对侧纵排泄管(一对在背面,一对在腹面)组成。在每个节片的后端两条腹排泄管间又有一横排泄管相连,在成熟节片中背排泄管消失,在头节两对排泄管间形成一排泄管丛,在最末一个节片的后方二腹排泄管会合,并由一总排泄孔通出体外,若该节片脱落,则两条纵排泄管末端各自直接通至体外成为排泄孔,不再形成总排泄孔。

神经系统 头节上的神经节不发达,由此发出的神经索贯串整个节片,最大的一对神经索是在两纵行排泄管的外侧,节片边缘之内侧。没有特殊的感觉器官。

生殖系统 雌雄同体,在每个成熟节片内,都有成套的雌雄生殖器官(图 5-20C)。雄性生殖器官:在成熟节片的背侧有 150~200 个泡状的精巢散布在实质中,每个精巢有输出管(输精小管),输出管汇合成输精管,输精管稍膨大盘旋曲折,成为储精囊(有人仍称为输精管),其后为阴茎,被包在阴茎囊内,开口于生殖腔。由生殖腔孔与体外相通。雌性生殖器官:卵巢分为左右两大叶,在靠近生殖腔的一侧有一小副叶(此为该种特征之一),由卵巢发出的输卵管通入成卵腔,成卵腔之周围有梅氏腺。由成卵腔向上伸出一盲囊状的子宫,向下通过卵黄管与卵黄腺相连。并由成卵腔伸出一管称为阴道,通至生殖腔,可以接受精子。

受精可以是同一节片、不同节片或两个个体互相受精。精子从阴道到成卵腔,一般在成卵腔或阴道内受精,并在成卵腔内由卵黄细胞分泌成外壳。梅氏腺的分泌物对卵起滑润作用。受精卵由成卵腔到子宫,子宫逐渐长大,节片中的其他部分逐渐消失,最后子宫分成许多支,其中储存很多卵,此时的节片称为孕卵节片。孕卵节片的子宫分支,猪带绦虫一般每侧分成约9支(7~13支)。虫体后端的孕卵节片,常数节连在一起,逐渐地和虫体脱离,随寄主粪便排出体外。卵为圆形,直径31~43 μm,其外壳在卵排出时已消失。但在卵外包有较厚的具放射状纹的胚膜(图5-22)。

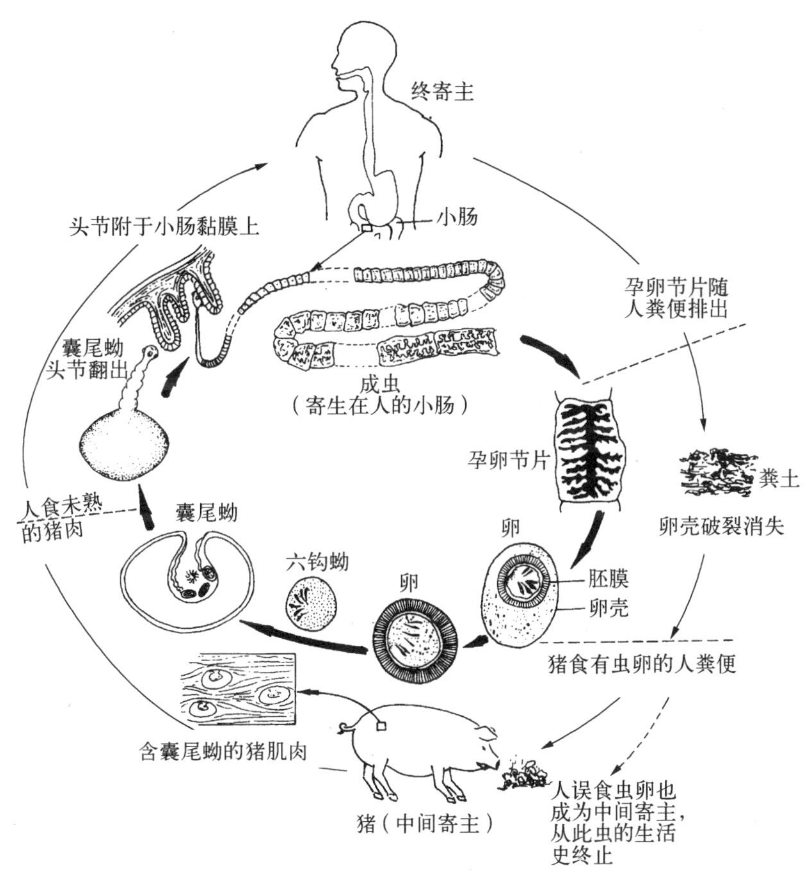

图5-22 猪带绦虫的生活史

(2) 生活史

如图5-21所示,成虫寄生于人体小肠中,人是该虫的惟一终寄主。虫体后端的孕卵节片,随寄主粪便排出,其子宫内的卵已发育成六钩蚴(oncosphere或 hexacanth embryo),具3对小钩。随着节片之破坏,虫卵散落于粪便中。虫卵在外界可活数周之久。孕卵节片或虫卵被中间寄主(猪)吞食后,在其小肠内受消化液的作用,六钩蚴孵出,利用其小钩钻入肠壁,经血流或淋巴流带至全身各部,一般多在肌肉中约经60~70天发育为囊尾蚴(cysticercus)。囊尾蚴为卵圆形、乳白色、半透明的囊泡,头节凹陷在泡内,可见有小钩及吸盘。有囊尾蚴寄生的猪肉俗称为"米猪肉"或"豆猪肉"。人如果吃了囊尾蚴未被杀死的米猪肉就会感染。在十二指肠中其头节自囊内翻出,借小钩及吸盘附着于肠壁上,经2~3个月后发育成熟。此时在患者的粪便内可以找到孕节和虫卵。囊尾蚴在猪体内平均可存活3~5年,成虫寿命据称可达25年。

人不仅是猪带绦虫的终寄主,也可成为其中间寄主。如果经口误食被虫卵污染的食物,如瓜果、蔬菜,或已感染该虫成虫的患者,由于肠之逆蠕动(恶心呕吐)将脱落的孕卵节片返入胃中,其情形与食入大量虫卵一样,虫卵可在肌肉、皮下、脑、眼等部位发育成囊尾蚴。

此虫为世界性分布,但感染率不高,我国也有分布。切断其生活史,改良饮食和生活习惯,加强猪的饲养管理以杜绝传染源。

3. 绦虫纲的分类

绦虫纲分为两个亚纲,单节亚纲(Cestodaria)和多节亚纲(Eucestoda或译为真绦虫)。

单节亚纲：一小类群，与吸虫纲动物有些相似，体不分节。虫体仅有雌雄同体的生殖系统，有时存在像吸虫的吸盘，无消化系统，幼虫为十钩蚴，主要寄生在鲨鱼、鳐和原始的硬骨鱼的消化道或体腔内，中间寄主为水生的无脊椎动物幼虫或甲壳类等。如旋缘绦虫(*Gyrocotyle*)(图 5－23)。

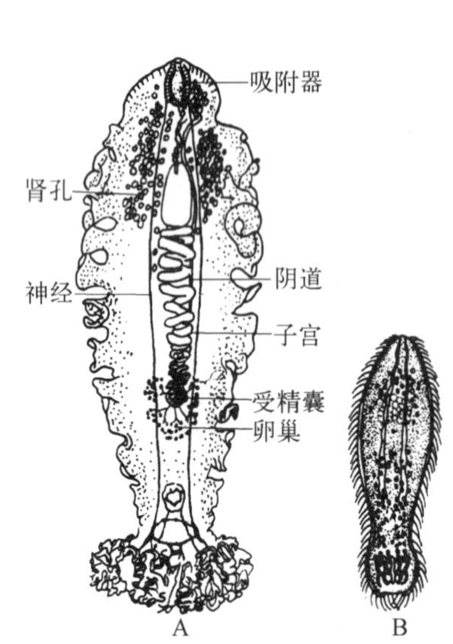

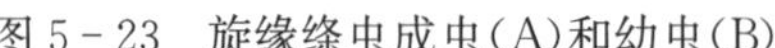

图 5－23　旋缘绦虫成虫(A)和幼虫(B)

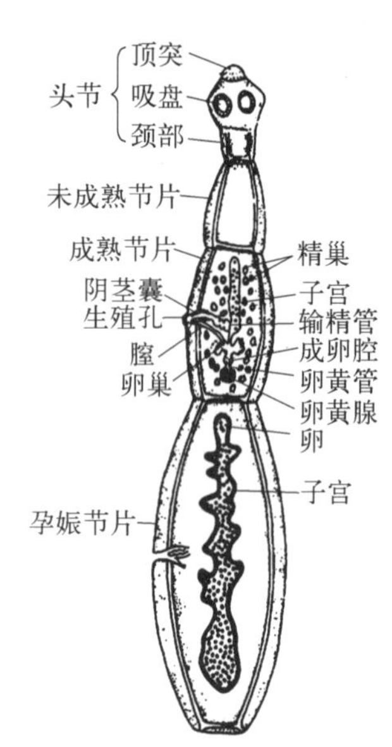

图 5－24　细粒棘球绦虫(仿 Noble)

多节亚纲：成体由多个节片构成。幼虫为六钩蚴。成虫全部寄生在人或脊椎动物的消化道内。常见的绦虫均属于此类。除前述的猪带绦虫外，还有一些重要的种类，如牛带绦虫(*Taenia saginatus*)、细粒棘球绦虫(*Echinococcus granulosus*)(图 5－24)等。

牛带绦虫(*Taenia saginatus*)　形态与猪带绦虫很相近，主要区别是，成虫体长较长，为5～10 m，有1 000～2 000 个节片。头节略呈方形，无顶突和小钩。成熟节片卵巢仅分两叶，子宫前端有分支。成虫寄生于人的小肠，幼虫寄生于黄牛、水牛、长颈鹿、山羊、绵羊等的肌肉里，不寄生人体。虫卵污染草场，牛等食草时吞食虫卵后，卵在十二指肠内孵化，六钩蚴逸出，穿过肠壁进入血流或淋巴管，带至肌肉，2 个月后即发育为牛囊尾蚴，人吃未煮熟含有牛囊尾蚴的牛肉而感染，囊内的头节凸出，吸着于肠壁，3 个月后发育为成虫。牛带绦虫的妊娠节片可自动爬出肛门。牛带绦虫世界各地都有，我国西北及西南如西藏、青海、广西、贵州等地也有分布。

细粒棘球绦虫(*Echinococcus granulosus*)　成虫长约 3～6 mm，通常由头节和 3 个节片组成(图 5－23)。头节梨形，上有 4 个吸盘，顶突上有小钩，颈部细短。成熟节片内有雌雄生殖系统各一套，孕卵节片的子宫有12～15 个不明显的分支，可在节片脱离母体前或后被虫卵充满膨胀而破裂。成虫多寄生于狗、狼等动物的小肠，妊娠节片或虫卵随终末寄主的粪便排外，被中间寄主(牛、羊、骆驼等)吞食后至小肠，释放出六钩蚴，六钩蚴钻入肠壁进入门静脉系统，大部分停留在肝，部分随血流到达肺及其他器官组织寄生，发育为棘球蚴，人也可由于误食虫卵而感染棘球蚴。食含棘球蚴的牛、羊内脏组织后，棘球蚴内的头节在狗的小肠内散出，并吸附于肠壁上寄生，3～10 周发育为成虫。

5.3　寄生虫和寄主之间的相互作用

一方面寄生虫对寄主造成危害、有致病作用。主要表现在夺取寄主营养和正常生命活动所必需的物质，影响寄主的生长发育；寄生虫的分泌物和排泄物等对寄主机体产生各种化学反应，如炎症、过敏反应等，导致局部或全身的毒性作用；寄生虫对寄主有机械性损伤作用，可压迫和破坏组织、阻塞腔道，如猪囊尾蚴寄生于脑部时，由于脑组织受压而坏死，可使患者发生四肢麻痹及癫痫等症状；寄生虫的寄生还可传播微生物，激发寄主病变，如继发性细菌感染等。

另一方面，寄主对寄生虫感染具有免疫性。人体对寄生虫具有防御机能，先天免疫(天然免疫)对于非人体固有的寄生虫表现特别明显,例如人绝对不会感染鸡疟原虫。后天免疫(获得性免疫)一般表现为带虫免疫,即当虫体存在时,寄主对该虫保持有一定的免疫作用。虫体减少或消失时,免疫力则逐渐下降,甚至完全不具免疫力。例如,人体感染疟疾后就有明显的带虫免疫,这种带虫免疫力可以影响寄生虫在人体内的寄生,寄生虫可被排出。如果带虫者的免疫力较弱,可重复感染,但有的寄生虫病如黑热病在完全恢复健康后,常出现对该虫的长期免疫力,很少发生再感染。

总之,寄生虫感染和寄主的免疫是一个斗争的过程,主要决定于机体的反应性。两者相互作用的结果,或是寄生虫被寄主消灭;或是寄主体内虽有寄生虫寄生,但不出现任何症状,而成为带虫者;或是呈现疾病状态即患寄生虫病。

5.4 附:纽形动物门(Nemertinea)

纽形动物是种类较少的一门动物,大约有 500～600 种,几乎全是海产,大多数栖于温带的海岸,生活在岩石和藻类之间,有的居于自身分泌的黏液管里,埋于泥沙中;极少数是淡水种;也有些生活在热带和亚热带的潮湿土壤中。它们大多数是线状、带状或圆柱形(图 5－25),小的仅数毫米,个别长的可达 30 m。大多数暗灰色或无色,有些种类色泽鲜艳。

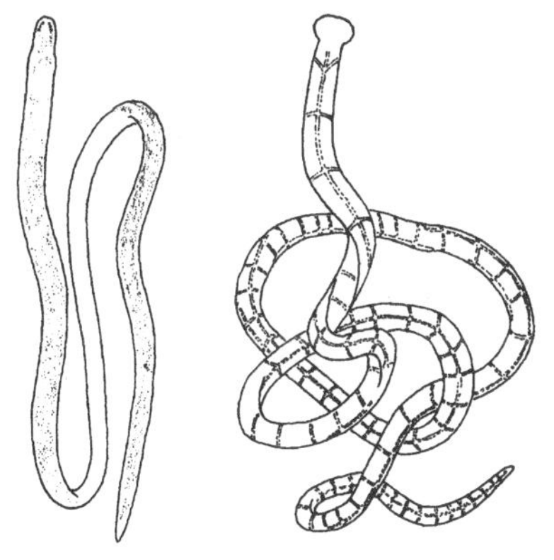

图 5－25 纽虫

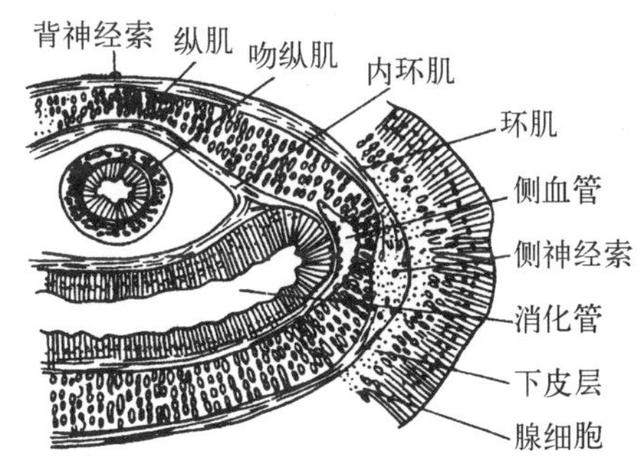

图 5－26 纽虫的横切

本门动物和扁形动物有很多相似之处,都为两侧对称、三胚层无体腔的动物。有带纤毛的柱状表皮,有的种类还有杆状体或腺细胞。在表皮和肌肉之间还有一些结缔组织,称下皮层。肌肉常有 2 层(环肌和纵肌)或 3 层(多一层环肌或纵肌)。有的环肌在外,有的纵肌在外(图 5－26)。肌肉的层数和排列,是重要的分类根据。纽虫的排泄系统也为原肾管系统,具焰细胞的基本构造;同时,也没有特殊的呼吸系统,靠体表进行气体交换。但在另一些构造上又较扁形动物完善,如纽虫有一完整的消化管,有口和肛门。消化管两旁有许多侧囊,它和生殖腺都前后间隔地在体侧作对称的排列。在消化管的上方还有一个能翻转的吻,可自由活动于吻腔中。吻端有刺和毒腺,用以捕捉食物和防御敌害。有人认为,吻腔是真体腔的部位。从纽虫起,开始出现了初级的闭管式循环系统:有一背血管和两侧血管、三纵管前后都是相连的,血液在背血管中由后向前流,经两侧血管由前向后流。除少数种类的血细胞有血红蛋白外,一般纽虫的血是无色的。神经系统相当发达,比涡虫集中,有较大的脑,由 2 对神经节组成。背神经在吻道上方,腹神经在吻道下方,环神经围绕吻道。感觉器官除了单眼外,头部还有纤毛沟,为感受器。大多数雌雄异体,生殖腺成对排列,胚胎发育有直接的,也有间接的,间接发育的有帽状幼虫(图 5－27)。

纽虫的再生能力很强,在一定季节能自割成数段,每段可再生为一成虫。

从纽虫的构造来看,有很多特征和扁形动物相同,有人把它们列入扁形动物中,两者似有亲缘关系,但从消化道具肛门和闭管式循环系统来看,要比扁形动物进步很多;又如假分节现象是向真分节动物发展的趋向,而帽状幼虫又和环节动物的担轮幼虫相似。这些特点说明纽虫与环节动物也有相似之处,因此把它们分出自成一门,分类地位应介于扁形动物与环节动物之间。

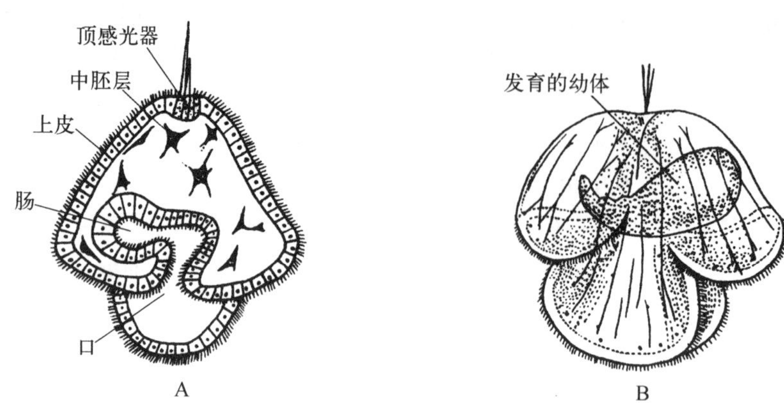

图 5-27 纽虫的帽状幼虫

A. 切面观;B. 晚期幼虫其中有发育的幼体

思 考 题

1. 与刺胞动物相比,扁形动物有哪些进化特征,这对动物演化有何意义?
2. 扁形动物门分成哪几纲?结合其生活环境和方式比较各纲动物的特点?
3. 什么是皮肌囊?其结构怎样?
4. 扁形动物中胚层出现的意义?
5. 为什么说扁形动物的神经系统比刺胞动物进化?
6. 什么是原肾管形排泄系统?其结构怎样?
7. 扁形动物中寄生种类有哪些对寄生生活适应的特征?
8. 比较华枝睾吸虫、肝片吸虫、布氏姜片吸虫、血吸虫的形态结构和生活的特点,说明如何避免感染和防治吸虫病。
9. 环境条件对血吸虫病的防控有哪些影响?
10. 猪带绦虫的形态结构如何适应于寄生生活?结合其生活史,思考其危害和防治原则。
11. 纽形动物与扁形动物有哪些异同,纽虫在分类上的地位如何。

第6章 假体腔动物(Pseudocoelomates)

提　要

假体腔动物体壁中胚层和仅由内胚层形成的消化道之间有空腔,即假体腔。多方面的证据表明,具有假体腔的动物是多系起源,因此假体腔动物不是严格的动物分类阶元。这类动物具有发育完善的消化管,原肾系统,雌雄异体,表现出较为高等的进化特征。假体腔动物共包括7个动物门,它们是线虫动物门、线形动物门、动吻动物门、轮虫动物门、棘头动物门、腹毛动物门和内肛动物门。

尽管两侧对称动物类群中的线虫动物门(Nematoda)、线形动物门(Nematomorpha)、动吻动物门(Kinorhyncha)、轮虫动物门(Rotifera)、棘头动物门(Acanthocephala)、腹毛动物门(Gastmtricha)和内肛动物门(Entoprocta)7个动物门之间在形态结构上差异较大,并且它们中的有些类群之间的亲缘关系甚至相隔很远,但它们都具有假体腔(pseudocoelomate)这个共同结构特征,因而通常把它们集合在一起统称为假体腔动物(pseudocoelomates)。

6.1 假体腔动物的主要特征

假体腔动物具有三胚层,身体不分节,在其体壁中胚层和仅由内胚层形成的消化道之间有空腔(图6-1),即假体腔或称原体腔(protocoelomate)。它来源于胚胎发育期的囊胚腔,其中充满体腔液并容纳了部分器官,但在体壁中胚层的内表面和消化道的外表面均没有体腔膜。假体腔与扁形动物的实质组织相比较在动物形态结构的进化上有着明显的进步意义。首先,它对体内器官系统的发展提供了空间;其次,体腔液能更有效地输送营养物质及代谢产物,以完成循环的机能,同时体腔液也能调节及维持体内水分的平衡,以维持稳定的内环境。此外,体腔液使假体腔对体壁肌肉层产生一定的静水压(hydrostatic pressure),能维持虫体保持一定的形状,辅助动物身体的运动,从而使假体腔动物大多数类群摆脱了以纤毛作为主要运动器官的状态。

图6-1　无体腔动物(左图)和假体腔动物(右图)身体横截面结构模式图(潘红春绘)

假体腔动物的体表具有角质膜和环纹(假分节),寄生种类的角质膜特别发达,以抵抗寄主消化酶的消化作用;角质膜之下由外胚层形成的表皮层通常为合胞体,细胞之间的界限不明显,但通常细胞或细胞核的数目恒定。

假体腔动物出现了发育完全的消化系统,即身体前端有口,后端分化出了肛门;肠道的前端有肌肉质咽,以完成食物的机械消化。寄生种类由于适应寄生生活,消化管变得简单,呈一条直管,如蛔虫;自由生活的种类消化管较发达,咽囊内分化出了咀嚼器,如轮虫。

假体腔动物排泄系统为由外胚层演化而来的原肾管,但大多数种类不具备像扁形动物具有的典型原肾管结构,尤其是寄生种类的原肾管结构已非常特化。

假体腔动物无循环系统和专门的呼吸器官,寄生种类营厌氧呼吸,自由生活的种类靠体表呼吸。

6.2 假体腔动物的分类

6.2.1 线虫动物门(Nematoda)

线虫动物门是假体腔动物中种类最多的一类动物,已记录的约有 15 000 余种。它们分布广泛,种群数量很多,生活方式多样。自由生活的种类广布于海洋、淡水及土壤中,还有许多种类寄生于动、植物体内。

1. 线虫动物门的主要特征

1) 绝大多数线虫的身体呈细长的圆柱形,它们个体大小差别较大,寄生生活的种类小的只有 1 mm 左右,大的可超过 1 m。

2) 线虫的体壁具有发达的角质层,有的种类体表光滑,有些种类体表具有斑纹、小刺或鳞片;线虫在生长发育过程中,有几次脱去旧的角质膜,长出新的角质膜,称为蜕皮。角质层下为合胞体的表皮层。肌肉层仅有较厚的纵肌层,而无环肌层。

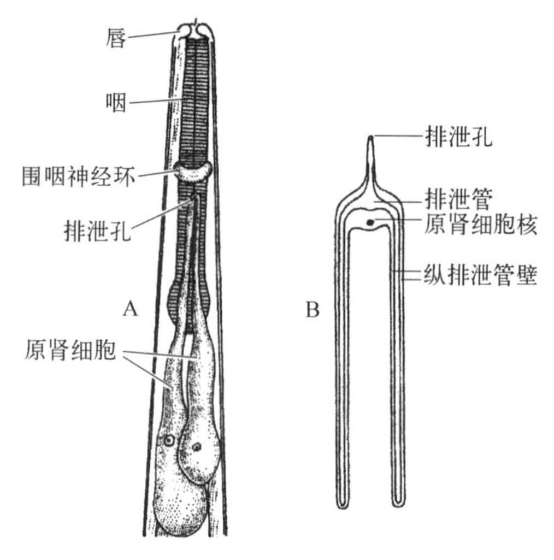

图 6-2 线虫原肾管的类型(修改自 Brusca,1990)
A. 小杆线虫的腺型原肾管;B. 人蛔虫的管型原肾管

3) 消化道分为前肠、中肠和后肠。前肠和后肠是由外胚层内陷形成的,内壁具角质层;中肠由来源于内胚层的一层细胞构成。线虫的消化道和假体腔构成了"管中套管"的排列方式。

4) 自由生活的种类靠体表进行呼吸,寄生的种类进行厌氧呼吸。

5) 线虫的排泄系统仍然属于原肾管型,一般无类似扁形动物具有焰细胞的典型原肾管结构,而为非常特化的结构。一般包括两种类型,一种如小杆线虫(*Rhabditis maupasi*)具有的腺型原肾管,由 1～2 个原肾细胞构成(图 6-2A);另外一种为如人蛔虫(*Ascaris lumbricoides*)具有的管型原肾管,它是由一个大的原肾细胞形成的细胞内管构成(图 6-2B)。

6) 线虫的神经系统是圆筒状梯形神经系统,所有神经都嵌在表皮中。感觉器官不发达。

7) 绝大多数的线虫雌雄异体,进行两性生殖,少数种类进行孤雌生殖。生殖腺管状,螺旋型卵裂,直接或间接发育,幼虫有蜕皮现象。

2. 代表动物——人蛔虫(Ascaris lumbricoides)

(1) 外形

人蛔虫成虫是寄生在人体肠道中体型最大的线虫,身体长圆柱形,活体呈粉红色或微红色,死后为白色,体表有细横纹,并且一般可辨别出 4 条纵行的线,包括 1 条背线、1 条腹线和 1 对侧线。雌虫长约 20～35 cm,尾端钝圆;雄虫 15～30 cm,尾部向腹面卷曲(图 6-3A)。口孔位于虫体顶端,其周围有呈"品"字形的三片唇围绕(图 6-3B),背唇 1 片,腹唇 2 片,唇表面有感觉乳突,唇内缘具细齿(图 6-3C)。口稍后处腹中线上有一极小的排泄孔。肛门位于体后端腹侧的中线上。雌性生殖孔在体前部约 1/3 处腹面中线上,很小;雄性生殖孔与肛门合并称为泄殖孔,自孔中

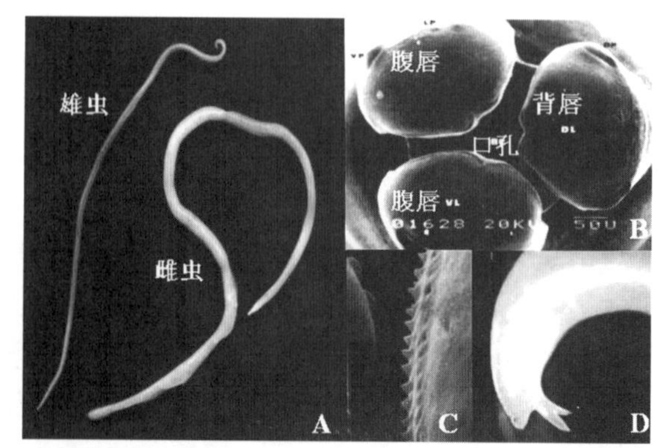

图 6-3 人蛔虫外部形态图
A. 人蛔虫外形(潘红春摄);B. 口周围结构(引自徐秉锟,1988);C. 唇内缘的细齿(引自徐秉锟,1988);D. 雄虫尾端的 1 对交合刺(引自 Viqar,1992)

伸出一对交合刺(图 6－3D),能自由伸缩。

(2) 体壁与假体腔

人蛔虫的体壁从外到内由角质膜、表皮层和纵肌层三层构成(图 6－4)。角质膜发达,由皮层、均质层和纤维层构成(图 6－5),其中纤维层又分为三层。外胚层形成的表皮层为合胞体构造,在背线、腹线和侧线相应位置的表皮层向假体腔方向加厚。两侧线发达,其内各有一条纵排泄管;背线及腹线明显,其内分别有背神经和腹神经。人蛔虫只有纵肌层而无环肌层。肌细胞可分为 3 个部分,靠近表皮层的肌细胞基部具肌原纤维被称为收缩部,细胞核位于细胞中段膨大的原生质部,由原生质部向假体腔方向伸出细长的肌臂与背线或腹线内的背神经索或腹神经索相连接。蛔虫的肌细胞产生细胞突起延伸到神经细胞形成肌肉—神经连接(neuromuscular junction)是一种非常特殊的现象,因为绝大多数动物类群都是由神经细胞产生细胞突起延伸到肌细胞形成肌肉—神经连接。体壁内为广阔的假体腔,内充满体腔液,虫体饱满鼓胀,纵肌伸缩时只能作弯曲的蠕动,消化管及生殖器官浸没在体腔液内。

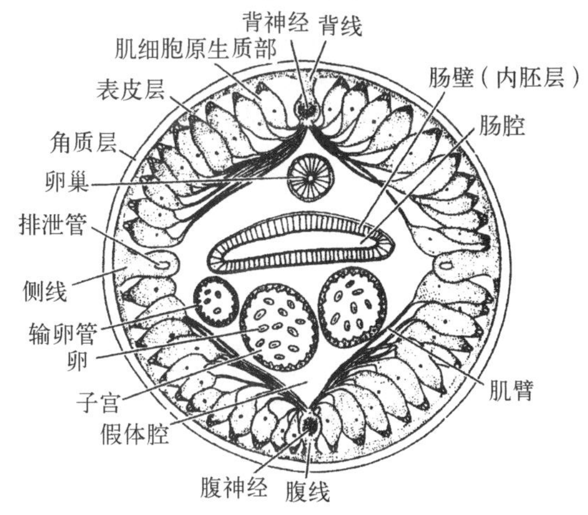

图 6－4　人蛔虫(雌虫)身体横截面结构模式图
(修改自 Brusca,1990)

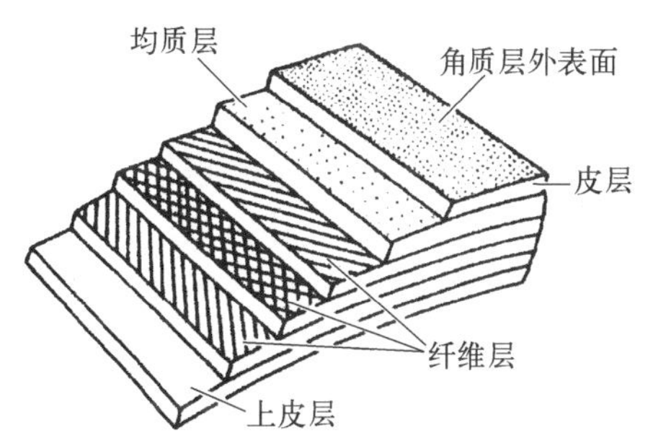

图 6－5　人蛔虫角质膜超微结构模式图
(修改自 Brusca,1990)

(3) 消化

蛔虫消化道为一简单的直管结构,包括前肠、中肠和后肠三段。口腔和咽组成前肠,它们的内表面上皮层来源于外胚层,咽的外壁附有辐射状肌肉,有吸吮功能;中肠肠壁仅由来源于内胚层的单层柱状上皮细胞构成,上皮细胞游离端富含微绒毛;后肠包括直肠和肛门,内表面上皮层来源于外胚层。雄虫的雄性生殖孔开口于直肠,直肠实为泄殖腔,以泄殖孔开口于体表。蛔虫无消化腺,它摄取的食物是寄主肠内已消化或半消化的物质,一般可以直接吸收。

(4) 呼吸

蛔虫生活在含氧量不高的肠腔内,因此无专门呼吸器官。其代谢采用厌氧呼吸方式,即借助酶的作用,分解体内储存的糖原,以获得能量。故厌氧呼吸为寄生线虫的特点之一。

(5) 排泄

蛔虫的排泄器官属管型原肾管,是由一个原肾细胞特化形成的管状结构,伸向体后的 2 条纵排泄管位于侧线内(图 6－2B)。

(6) 神经系统与感觉器官

蛔虫为梯形神经系统。咽部有一围咽神经环,由此向前、向后各伸出 6 条纵神经索。向后的神经索中,以背神经索和腹神经索最发达,分别位于在背线和腹线内;背侧神经索和腹侧神经索各一对。各纵神经索间有横神经连接。蛔虫唇片上的唇乳突和雄虫泄殖孔前后的生殖乳突都有感觉功能。

(7) 生殖系统与生活史

蛔虫的生殖系统发达,生殖力强。雌虫有一对细管状的卵巢、输卵管和子宫。卵巢和输卵管细,极长,前后盘曲于原体腔内,子宫较粗大,二子宫汇合成一短的阴道,以雌性生殖孔开口于身体前部腹面体表。雄性具单根细管状的精巢和输精管及较粗大的储精囊和射精管组成,射精管入直肠(泄殖腔),通过泄殖孔开口于体表。在泄殖腔背侧有一对交合刺囊,囊内各有一条交合刺(图 6-3D)。交配时,二交合刺伸出,可撑开雌性生殖孔,将精子经阴道排入子宫中,精子与卵在子宫远端部受精。一条雌蛔虫每天产卵 20 万粒左右,自人体排出的蛔虫卵有受精卵和未受精卵两种。受精卵呈宽椭圆形(图 6-6A),长、宽为(45～75)μm×(35～50)μm,卵壳厚而透明,卵壳外有一层凹凸不平的蛋白质膜,常被胆汁染成棕黄色,卵壳内有一个大而圆的细胞,与卵壳两端间常存在新月形空隙;未受精卵(图 6-6B)为单性感染的或未交配的雌虫所产,多呈长椭圆形,长、宽为(88～94)μm×(39～44)μm,蛋白质膜与卵壳均较受精蛔虫卵薄,卵内成分为大小不等的屈光颗粒。

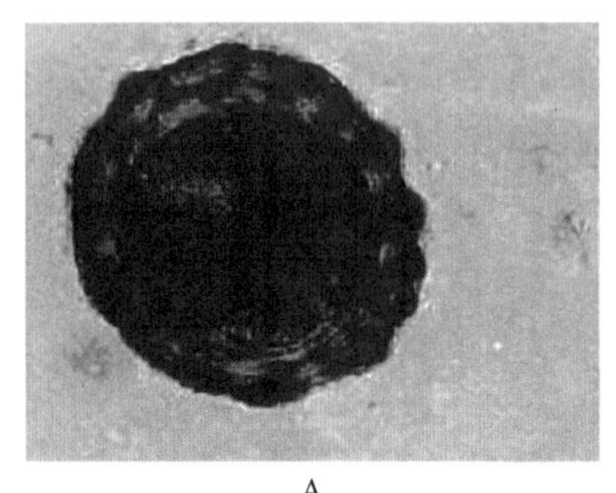
A

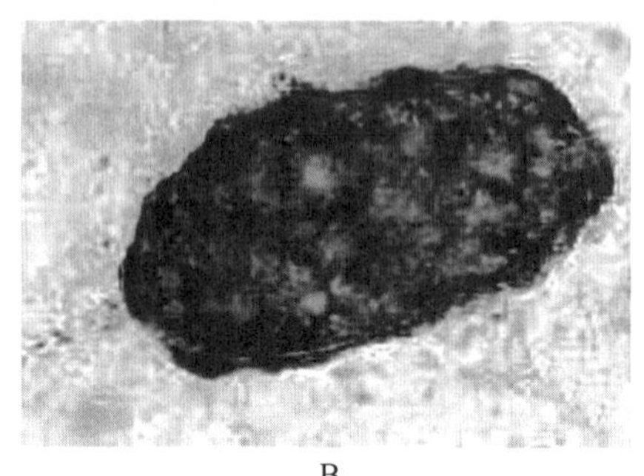
B

图 6-6 人蛔虫受精卵(A)和未受精卵(B)(引自 Viqar,1992)

蛔虫为土源性寄生虫,生活史包括虫卵在外界土壤中发育和虫体在人体发育两个阶段。成虫仅寄生于人体小肠中,虫卵随粪便排到外界环境后,在潮湿、荫蔽、氧气充分、湿度适宜的土壤中,约经两周,受精卵内的卵细胞即可发育为幼虫,再经一周,卵内幼虫经第一次蜕皮成为感染期幼虫,此种内含感染期幼虫的虫卵称为感染性虫卵,为蛔虫的感染期。人食入感染期卵后,在小肠中卵内幼虫释放孵化液,消化卵壳后幼虫破壳逸出,然后经人的肝、右心到达肺部,穿过肺泡毛细血管进入肺泡,在此进行两次蜕皮后沿支气管、气管移行至咽,被吞咽后进入肠,经数周后发育为成虫。人体食入感染性虫卵到粪便中出现虫卵约需 60～70 天。蛔虫在人体寿命一般为一年左右。

(8) *危害、传播途径及预防*

蛔虫的成虫和幼虫均可致病。幼虫主要引起肺蛔虫症,病人可有肺部炎症的临床症状,如:发热、咳嗽、哮喘、血痰等;血中酸性粒细胞增多,X 线检查可见浸润性病变;幼虫也可引起肝脏的炎症或可能侵入甲状腺、脾、脑、肾等器官从而导致异位损害。成虫为主要致病虫期,一般有以下几种危害:① 掠夺营养与影响吸收:蛔虫成虫以人肠腔内容物为食,加之对肠黏膜直接的机械损害,从而造成人体营养不良。患者可有食欲不振、恶心、呕吐以及间歇性脐周疼痛等表现。② 变态反应:由于蛔虫抗原的刺激,部分患者可出现荨麻疹,皮肤瘙痒甚至血管神经性水肿等过敏症状。③ 并发症:蛔虫有喜钻孔的习性,当肠道内环境发生改变时,刺激虫体活动力增强,容易钻入开口于肠壁上的管道,临床最常见的是侵入胆总管引起胆管蛔虫症,病人表现为突发性右上腹绞痛,并向右肩、背部及下腹部放射,疼痛呈间歇性加剧,伴有恶心、呕吐等,如诊治不及时,可导致化脓性胆管炎、胆囊炎,甚至发生胆管坏死、穿孔等。另外肠梗阻也是常见并发症之一,多因蛔虫感染量大,大量虫体扭结成团堵塞肠道所致。临床表现为脐周或右下腹突发间歇性疼痛,伴有腹胀、呕吐、便秘等。阻塞部位可发生在小肠各部但多见于回肠,在患者腹部可触及条索状移动包块。

蛔虫的分布遍及全世界,在温热潮湿地区,如果生活水平低、环境卫生和个人卫生差,人群感染率更高。我国各地都有蛔虫的感染,一般来讲,其感染率农村高于城市,儿童高于成人。粪便内含受精蛔虫卵的人是蛔虫感染的传染源。使用未经无害化处理的人粪施肥,或儿童随地大便是造成蛔虫卵污染土壤、蔬菜或地面的主要方式。鸡、狗和蝇类的机械性携带也起一定作用。人感染是由于接触被虫卵污染的泥土、蔬菜,经口吞入附在手指上的感染期卵;或食用被虫卵污染的生菜、泡菜和瓜果等而造成感染。

防治蛔虫病应采取综合性措施,包括查治病人或带虫者,无害化处理粪便、提高群众的卫生意识等。但对病人和带虫者进行驱虫治疗是控制传染源的重要措施。常用的驱虫药物有肠虫清、丙硫咪唑、左旋咪唑、甲苯咪唑等。对有并发症的患者,应及时送医院诊治,不可盲目自行用药,以免贻误病情。

3. 几种重要的寄生线虫

(1) 鞭虫(*Trichuris trichiura*)

虫体后部粗，前部3/5细长如鞭，以此钻入人肠壁内。雄虫30～45 mm(图6-7A)，尾端卷曲，有交合刺一根；雌虫长35～50 mm(图6-7B)。鞭虫成虫主要寄生在人的盲肠和阑尾，严重感染时亦可在结肠、直肠，甚至回肠下段寄生。虫卵纺锤形(图6-7C)，黄褐色，卵壳厚，两端各有一透明的盖塞，内含一卵细胞。虫卵在土壤中发育3周成为感染期虫卵，人们吞食后，幼虫钻入结肠的黏膜下层，成熟后虫体后部则悬于肠腔内，以便于交配及产卵。轻症患者无症状或仅有腹泻，感染重时特别是幼儿可有慢性腹泻、黏液血便、里急后重、脱肛、体重减轻及贫血。

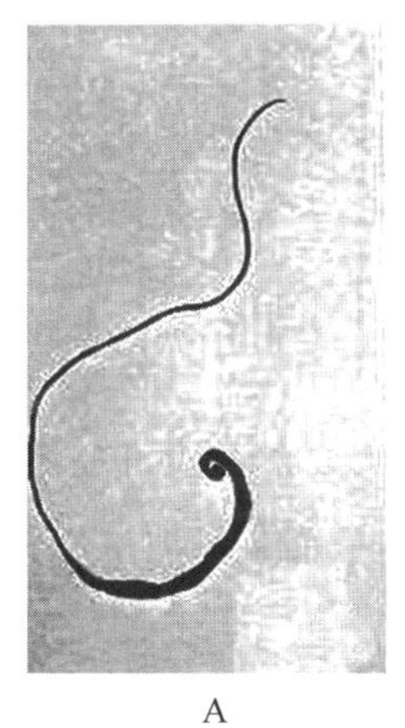
A

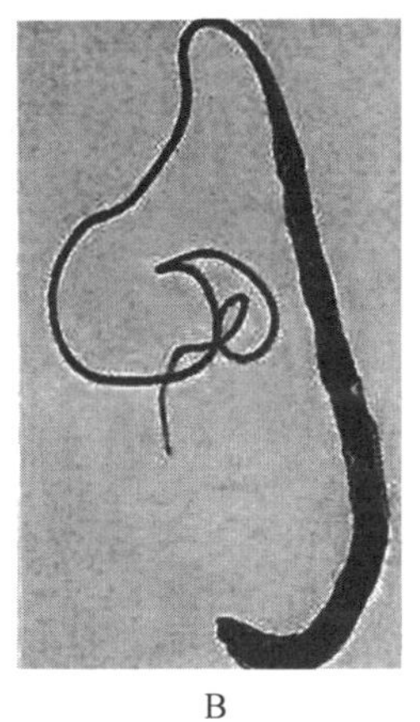
B

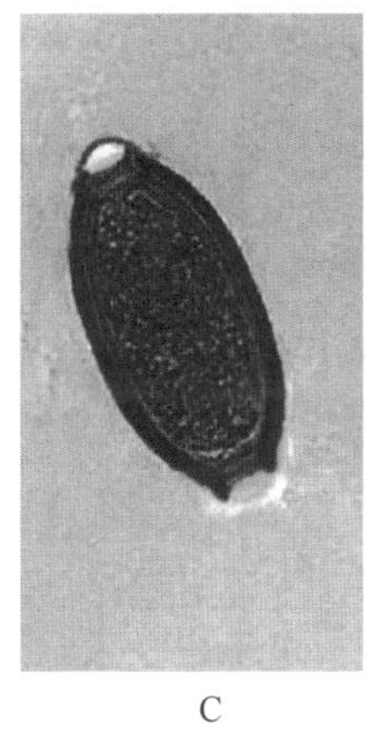
C

图6-7　人鞭虫雄虫(A)、雌虫(B)及虫卵(C)(引自Viqar，1992)

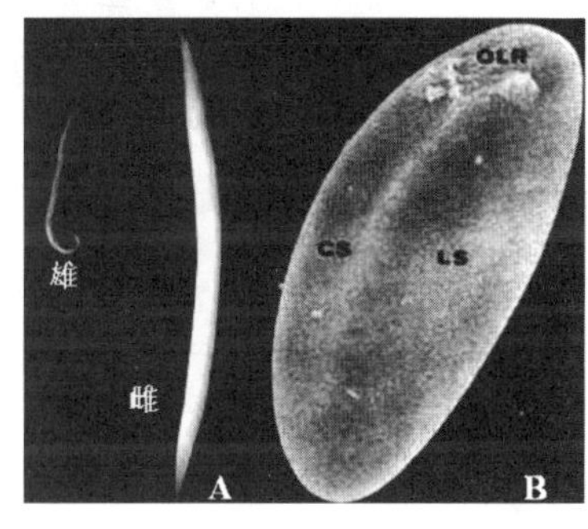

图6-8　人蛲虫(A)及虫卵(B)(引自徐秉锟，1988)

(2) 蛲虫(*Enterubius vermicularis*)

虫体细小(图6-8A)，线头状，乳白色，雌虫8～13 mm长，雄虫更小，只有2～5 mm长。雌虫尾端直而尖细，雄虫尾部向腹面卷曲，有交合刺一根。虫卵淡黄色；一侧较平，一侧稍凸(图6-8B)；有两层卵壳，内多为一幼虫。成虫常寄生于人体盲肠及升结肠等部位，蛲虫头部钻入肠壁黏膜吸取营养。雌虫常在晚间移至肛门或会阴部皮肤产卵，引起局部皮肤的奇痒。蛲虫病易在儿童集体机构如幼儿园中传播，常自身感染，当小儿以手搔抓痒处时手指常沾有虫卵，误食后可引起再感染，此为蛲虫病不易根治的原因。驱蛔药对驱除本虫亦有良效。

(3) 钩虫

成虫寄生于人体小肠的上段，人体寄生的钩虫主要有两种，即十二指肠钩虫(*Ancylostoma duodenale*)及美洲钩虫(*Necator americanus*)，我国北方多感染十二指肠钩虫，南方多感染美洲钩虫。成虫前端具口囊、唇片退化，口囊内具有成对的钩齿(图6-9A)，具切割作用，雄虫尾端具交合囊(Copulatory bursa)及交合刺(图6-9B)。

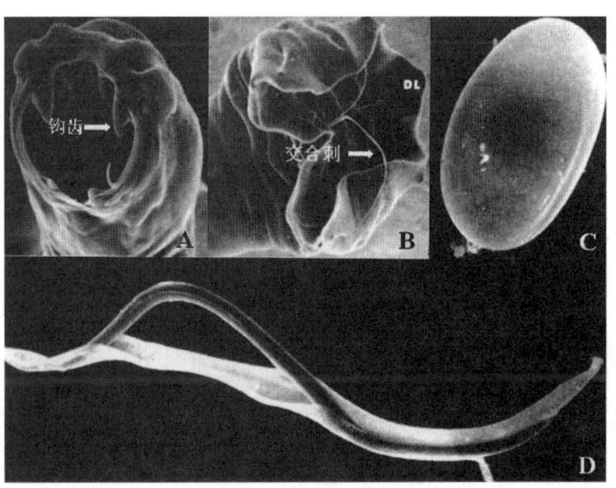

图6-9　钩虫口囊(A)、雄虫尾端交合囊(B)、虫卵(C)及丝状幼虫(D)(引自徐秉锟，1988)

成虫在人小肠内交配并产卵，每头雌虫日产卵数万粒，虫卵椭圆形、卵壳薄，无色透明，卵壳与细胞间有明显的空隙(图6-9C)。卵随寄主粪便排到体外后如温度适宜时，卵在松软的土壤中1～2天即可孵化为杆状幼虫，在土壤中发育5～8天后再蜕皮成丝状幼虫(图6-9D)，即感染期幼虫。感染期幼虫具有群集习性，在土壤中可存活三个月左右。当人赤足在土壤上行走，或用手接触土壤时，感染期幼虫会从手指之间或足趾间薄嫩皮肤处进入皮内，再随血液或淋巴液移行，经右心、肺，然后再逆行至咽，经吞咽进入小肠。在小肠内再蜕皮两次，发育成成虫。感染期幼虫从皮肤进入人体到雌虫产卵，约需 5～7 周，十二指肠钩虫在人体内可存活 1～7 年，美洲钩虫存活时间更长。成虫在小肠内寄生时，咬破肠黏膜，吸食血液。同时虫体可分泌抗凝血酶，使伤口处不停的渗血，造成肠壁严重机械损伤。成虫有不断更换咬吸部位的习性，因此造成新老伤口同时流血不止，寄主大量新鲜血液由肠壁伤口处流失，使病人严重贫血，病人出现头晕眼花、心跳气短、苍白无力，甚至浮肿、贫血性心脏病，严重丧失劳动能力。一些病人还出现“异嗜症”，即喜食生米、泥土、纸张、玻璃等非正常食品物质，据研究这是由于严重贫血引起的缺铁症，如单独补充铁剂，异嗜症状可缓解。

钩虫病在国内主要分布于淮河及黄河一线以南，海拔 800 m 以下的丘陵和平坝地区。其中以四川、广西、广东、福建、江苏、江西、浙江、湖南、安徽、云南、海南和台湾省较为严重。

(4) 丝虫

丝虫是寄生于人体淋巴系统中的线虫，我国主要有班氏丝虫(*Wuchereria bancrofti*)及马来丝虫(*Brugia malayi*)流行。丝虫成虫乳白色(图 6-10A)，细长如丝线，体长约 1 cm；雄虫尾端卷曲 1/2 到 3 圈，具交合刺。雌虫大于雄虫，尾端直。班氏丝虫多寄生于人体深部淋巴系统中，如下肢、阴囊、腹股沟等部位，马来丝虫多寄生于下肢浅部淋巴管中，两者均通过蚊子进行传播。雌、雄虫交配，胎生幼虫称微丝蚴(图 6-10B)。微丝蚴在人体内可生活 2 周以上，白天在内脏血液中，夜间则移至体表血液内。蚊子为其中间寄主，在蚊体内约经 10～17 天即可发育成感染期微丝蚴，再传给健康人。

丝虫首先可引起丝虫热。丝虫热为周期性发热，有时先有寒战、体温可达 40℃，2～3 天后自行消退，亦可持续达一周，有的仅有低热，无寒战。丝虫热在班氏丝虫病流行区内较常见。急性期突出症状为淋巴结炎、淋巴管炎、丝虫热、精索炎等。它们的特点是有周期性发作，隔 2～4 周或每隔数月发作一次。发作时常有发热，体温上升达 39℃左右，多数持续 2～5 天。患者主要表现为畏寒、发热、咳嗽、哮喘等。

晚期丝虫病人的上肢、下肢、阴囊、阴茎、阴唇、阴蒂和乳房等身体部位出现异常组织增生，即象皮肿或称象皮病(图 6-10C)。由于两种丝虫寄生的部位不同，上、下肢象皮肿可见于两种丝虫病，而生殖系统象皮肿则仅见于班氏丝虫病。由于蚊子是传染丝虫病的重要媒介，所以在预防丝虫病方面，防蚊灭蚊是主要措施。

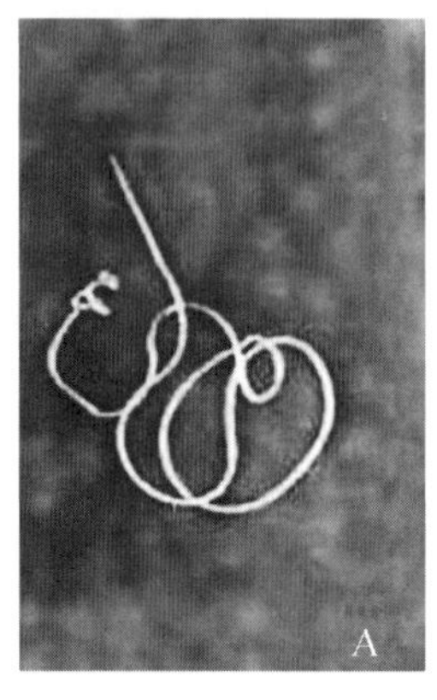

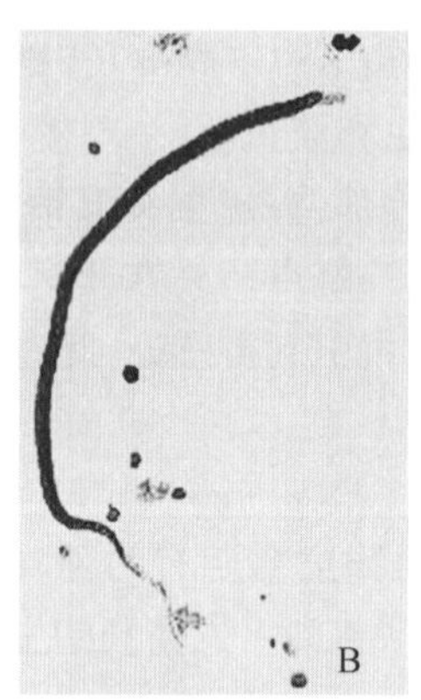

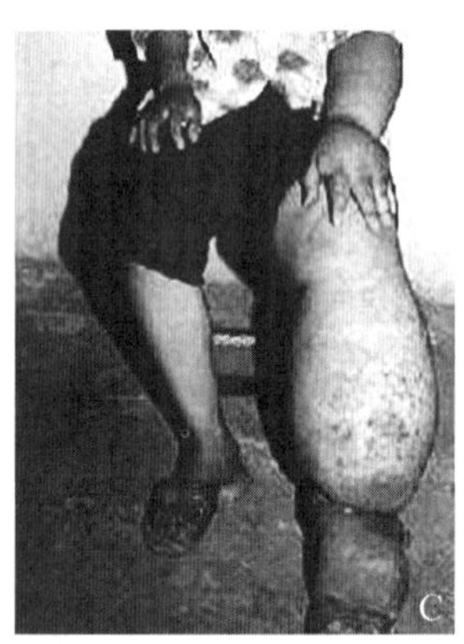

图 6-10 丝虫成虫(A)、微丝蚴(B)及象皮肿病例(C)(引自 Viqar，1992)

(5) 小麦线虫(Anguina tritici)

小麦线虫为寄生在小麦上的一种植物线虫，成虫体小，长仅 3～4 mm，雌虫向腹侧弯曲盘绕，体较雄虫粗大。寄生在小麦麦穗上，使麦粒形成虫瘿，一个虫瘿内有数千条小麦线虫的幼虫(图6-11)。虫瘿混在麦粒中播入土内，幼虫外出，后侵入麦苗，先在叶腋间聚集为害，使小麦发育不良，严重时不能抽穗或死亡。当小麦抽穗时，即侵入子房，迅速发育长大为成虫，子房即变成虫瘿，雌、雄虫在内交配产卵，每一雌虫可产卵 2 000 个左右。卵在虫瘿内孵出幼虫，蜕皮两次，即进入休眠期。在干燥条件下，幼虫在虫瘿内可生活 10 年以上。次年虫瘿随小麦播入土壤中，再侵害小麦植株，有小麦线虫寄生的小麦，会严重减产。

图 6-11 麦粒破裂后释放大量小麦线虫的幼虫(引自 www.ipmimages.org 网站)

6.2.2 线形动物门(Nematomorpha)

线形动物体细长呈线形，前端钝圆，体表角质膜很坚硬，雌雄异体。成虫生活在湿土或水中，幼虫寄生于昆虫、蟹类等动物体内。寄生于昆虫的种类可用于有害昆虫的生物防治。已知种类只有230种左右，大多数种类分布于热带和温带的淡水水域和潮湿的土壤里，少数种类分布于海洋营游走生活。常见种类如铁线虫(*Gordius* sp.)又名发形蛇(hair snake)或称为马尾毛虫(horsehair worm)(图6-12)，它的成虫生活于沼泽、池塘、溪流、沟渠等水体中。虫体细长，圆线形，似铁丝，黑褐色；长约100～500 mm，宽约1～3 mm；头端钝圆，具有0.5～1 mm长的淡黄色区；虫体表面有许多小乳突；雄虫尾部卷曲，末端分叉。虫体在体外非常活跃，常有自行打结的习性。

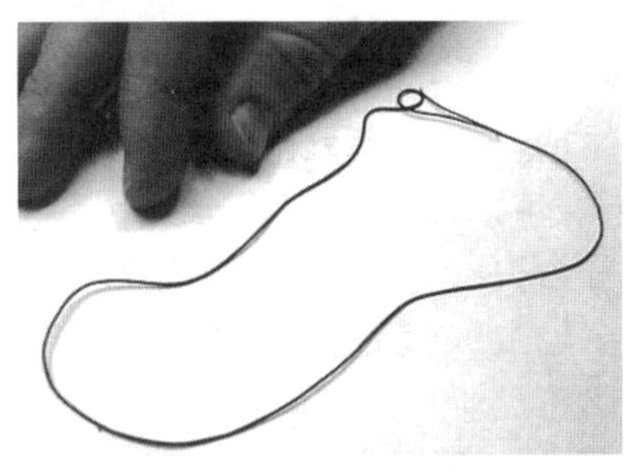

图6-12　铁线虫外形(引自www.biosci.ohio-state.edu)

铁线虫成虫体壁结构与蛔虫相似，外表具有厚的角质层，角质层下上皮细胞分界清楚；肌肉层只有纵肌、无环肌；肌肉层之内为假体腔；消化道退化，只留有遗迹，成虫期不再取食。没有呼吸、排泄及循环器官。神经系统包括头端的神经环及腹面的神经索，位于上皮细胞层内。

铁线虫为雌雄异体，交配时雄虫环绕雌虫，在雌性生殖孔周围产出精子，精子主动游入雌性受精囊中。交配季节常多条虫体缠绕在一起，雌虫不善运动，交配后即产卵水中。卵内幼虫孵出进入昆虫(蚱蜢、蟋蟀、蟑螂、甲虫等)体内发育形成稚虫，昆虫入水，稚虫离开寄主在水中发育为成虫。

铁线虫成虫主要在水中营自生生活，偶尔感染人体，引起铁线虫病(nematomorphiasis)。人体消化道感染铁线虫可能是通过接触或饮用含有稚虫的生水、昆虫、鱼类和螺类等食物而引起。尿路感染是由于人体会阴部接触有铁线虫稚虫的水体，经尿道侵入，上行至膀胱内寄生。虫体侵入人体后可进一步发育至成虫，并可存活数年。寄生泌尿道的患者，以女性为多，均有明显的泌尿道刺激症，如下腹部疼痛、尿频、尿急、尿痛、血尿、放射性腰痛、会阴和阴道炎等，虫体排出后，症状缓解。铁线虫寄生于人体的病例，我国大陆地区到2000年止共报道19例，本病女性多于男性。防治本病的关键是不饮不洁之水，不生吃昆虫、鱼类和螺类等食物，下水时避免口腔与不洁水体直接接触。

6.2.3 动吻动物门(Kinorhyncha)

动吻动物是一类体表分节带(zonites)、无纤毛的假体腔动物，仅有100种左右，生活在沿海底部泥沙中。体长一般不超过1 mm，体表可分为13个节带，例如动吻虫(*Echinoderes sensibilis*)(图6-13)，第一节带为头节，其顶端有口，头节上有几圈长刺；第二节带为颈节，周围有一层角质板，头节可缩入其中。其余的体节带构成躯干，在躯干节背面角质层形成一背板，腹面有两个腹板。节带间质膜很薄，身体可以弯曲自如。每个躯干节带有1根中背刺及2根侧刺。尾节的侧刺很长，可以自由运动。刺中空，内充满上皮组织，通常在第3～4节带之间有一对黏液管，有的种有多对侧黏液管。体壁是由角质层、合胞体上皮细胞层及肌肉层组成。合胞体上皮细胞在背中线及两侧加厚，肌肉成束，按节带排列。运动时以头插入泥底，收缩头部牵引身体移动，如此重复前进。体壁内为假体腔，充满体腔液。

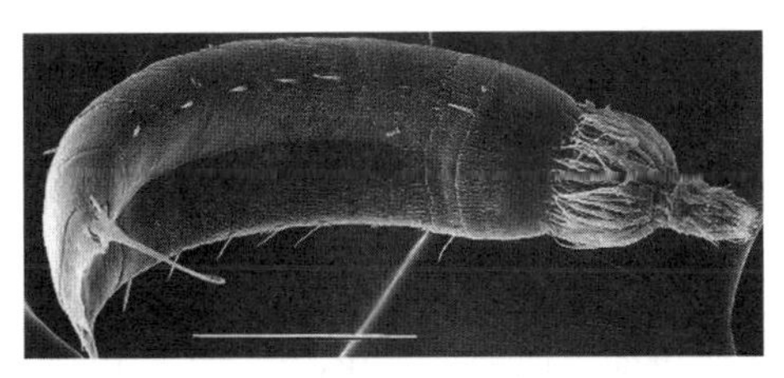

图6-13　动吻虫的外形(引自Andrey，2002)

动吻虫的消化道包括口、口腔、肌肉质的咽及短的食管，食管后为中肠，后肠很短，最后以肛门开口在躯干末端，还有唾液腺及消化腺开口到食管内。动吻动物以硅藻或海底沉积的有机颗粒为食。动吻虫具一对原肾管，位于身体近后端，焰茎球内具一条鞭毛，肾孔开口在第11节带两侧。脑成环状，围绕在咽的前端，由此伸出一条腹神经索，在每个节带内腹面、背面及两侧都有成丛的神经细胞，神经与上皮紧密相连。

动吻虫雌雄异体，雌性个体身体中部有一对囊状卵巢，有短的输卵管，生殖孔开口在最后节带上。雄性个体有一对精巢，经输精管及末节的一对生殖孔开口到外界。对其交配情况及发育很少了解，幼年个体体表的节带分界不清,经多次蜕皮之后,节带明显。成年之后不再蜕皮。

6.2.4 轮虫动物门(Rotifera)

大多数轮虫分布于各种淡水水体,少数生活在海洋中,极少数营寄生生活,约有 2 000 余种已定种。以底栖种类为多,约 100 种是典型的浮游种,有单体的、也有群体的。大多数轮虫是滤食性。体形很小,一般体长在 0.5 mm 以下,最大的体长达 3 mm 左右,通常无色透明,由于消化道内所具有的不同食物的原因使身体呈现绿色、橘色或褐色等。

轮虫身体由头、躯干和尾部组成(图 6-14)。头的前端有能伸缩的纤毛器官,称为轮盘(trochal disc)或称为头冠,上有 1~2 列或更多的纤毛,其构成轮虫动物的主要特征。轮盘上的纤毛的转动形同车轮,因此得名轮虫。轮盘中央为口,头冠表面无角质膜。其上纤毛不停运动,形成一定水流,有游泳、摄食和滤食功能。除轮盘外,体表其他区域无纤毛。躯干部角质膜增厚形成兜甲(lorica),并且角质膜分节,每节间角质膜较薄,由于躯干中部的直径较大,身体缩短时,前、后端节可向中部节缩入,节内套节。躯干部呈囊状,包括了内脏器官。尾部在躯干之后,或长或短,与躯干的分界明显或不明显,尾部角质膜亦分节,可像望远镜镜筒般的套叠起来,使尾部变短。尾部末端有 1~4 个趾,尾部内具足腺(pedal gland),它是由 2~30 个腺细胞组成,它的分泌物通过足腺管开口到趾或尾端部,用以黏着在其他物体上,漂浮生活的种类,尾端常退化或完全消失。

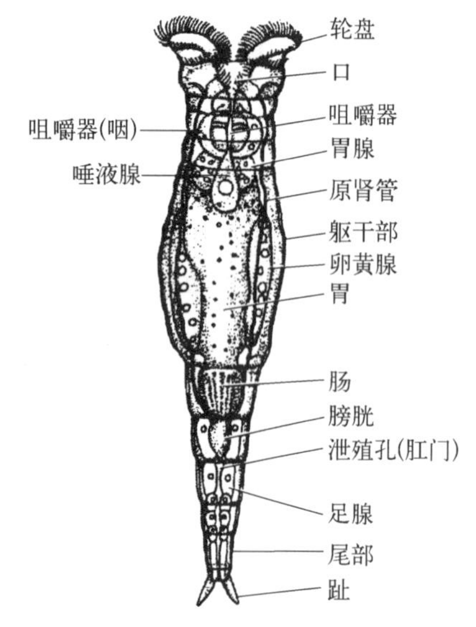

图 6-14 旋轮虫(*Philonida*)的外形及内部结构(改自 Brusca,1990)

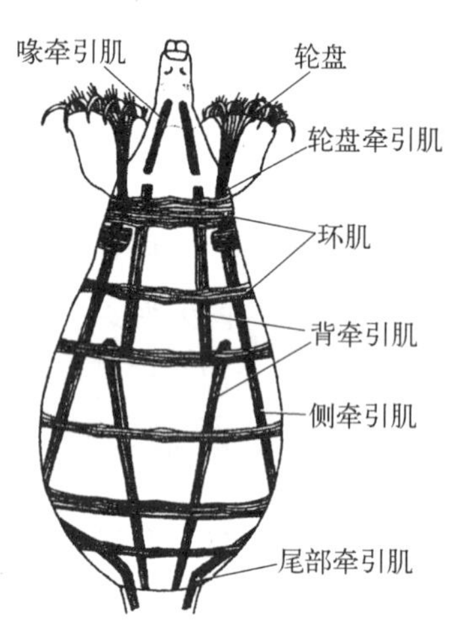

图 6-15 普通轮虫(*Rotaria*)的主要肌肉束(改自 Brusca,1990)

轮虫的体壁表面角质层是由其下面来源于外胚层的上皮细胞分泌形成的,上皮细胞的数目在同一个种一般是固定的。上皮细胞之内为独立成束的肌肉(图 6-15),环肌形成一定数目的环肌带;纵肌束较发达,特别是在头、尾区,肌肉的收缩可使头、尾伸出或缩回躯干部。由体壁也伸出肌肉到消化道等器官,以固定器官的位置;肌肉之内即为充满体腔液的假体腔。

轮虫的运动方式主要是游泳或爬行或是两种方式结合进行。它们靠纤毛轮盘的旋转以推动身体游泳前进。在水底沉积物上附着生活的种类,靠尾部黏附腺产生分泌物,可在物体上做蛭形爬行运动。远洋漂浮生活的种类,尾部退化,躯干成球状,体表长出长刺以增加表面积或体内出现油滴以增强漂浮机能,运动的方式常随生活方式而有所不同。

轮虫以细菌、单细胞动植物和有机碎屑为食。口位于身体前端腹面,常被轮盘环绕;咽壁具很厚的肌肉呈球状,咽内壁来源于外胚层,故其内壁有角质层,并由角质层特化成几个大的突起,构成轮虫特有的咀嚼器(trophi),因此轮虫的咽又称咀嚼囊(mastax),不同种类的轮虫咀嚼器形态与结构不同,常作为轮虫分类的主要特征之一。它的功能主要是机械消化用以研磨食物。悬浮取食的轮虫,靠轮盘上纤毛的运动,造成水流,再将水流中微小的食物颗粒滤入咽中由咀嚼器对食物进行研磨(图 6-16A、B);捕食性的轮虫取食时,咽中的咀嚼器可由口中伸出,用以捕食或把持食物,然后与食物一起缩回咽中进行食物的研磨(图6-16C、D);一些寄生的种类轮盘减小,咽完全退化。咽壁周围有2~7个唾液腺,直接开口到咽,它的分泌物可帮助消化食物。咽后为膨大的胃,胃的两侧各有一胃腺,可以分泌消化酶,食物在胃中被消化和吸收。轮虫主要行细胞外消化。胃后为短的肠,肠末端汇合排泄管及生殖管形成泄殖腔(cloaca),通过泄殖腔孔开口到身体背面躯干的末端。

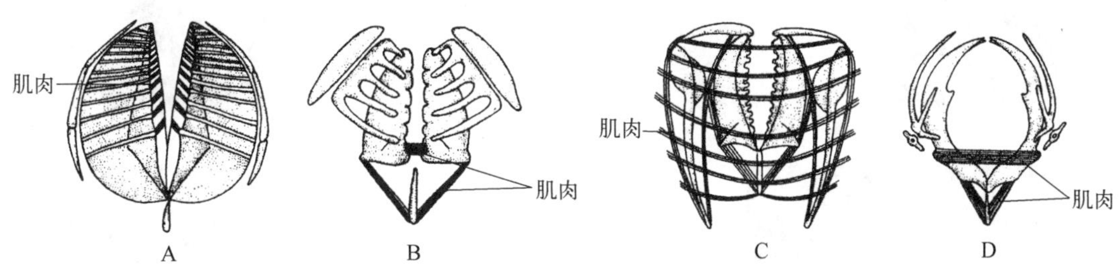

图6-16 轮虫咀嚼器及附着肌肉(修改自 Brusca,1990)

A、B. 研磨型咀嚼器,不能伸出口外主动捕食;C、D. 捕食型咀嚼器,能伸出口外主动捕食

轮虫的排泄器官为一对类似于扁形动物的原肾管,位于假体腔的两侧,但轮虫的原肾管在结构上与扁形动物的原肾管有所区别,主要区别是相当焰细胞的位置被称为焰茎球(flame bulb)的结构所取代。每个原肾管包括几个到20余个焰茎球及一个排泄管,焰茎球和排泄管为一合胞体,焰茎球上无细胞核,核在排泄管壁上。焰茎球也呈倒杯形,由杯顶向管腔伸出许多鞭毛,通过鞭毛的运动液体可进入焰茎球腔内,再进入排泄管。左右排泄管在后端联合形成膀胱,开口到泄殖腔。原肾管的功能主要是水分的调节,因为随环境中离子浓度变化,焰茎球内鞭毛的运动及液体的排出可以加速或减慢,其排出的液体比之体腔液也是低渗的。随水分的排出,可以带走一些代谢产物。轮虫没有呼吸及循环系统,以体表进行气体交换,靠体腔液完成物质的输送。

咽的背面有一分叶状的脑神经节,由它分出两条神经索直达身体后端,由脑向前发出神经到感官。轮虫的感官包括眼点、触须及轮盘处的感觉毛。

一部分轮虫在整个生活史中没有雄虫出现,因此完全行孤雌生殖;而多数轮虫,具有雄性个体,行孤雌生殖及有性生殖。通常在外界环境适宜时,雌虫行孤雌生殖,由雌性个体产生大而卵壳较薄的卵,这种卵成熟过程中不发生减数分裂,仍为双倍体,称为非需精卵(amictic egg),它可以很快地发育成雌性个体,这种雌体又行孤雌生殖,称非混交雌体(amictic female)。如此重复可行许多代孤雌生殖。当外界环境发生改变或有其他刺激时,轮虫种群中会出现混交雌体(mictic female),它产生小型的卵,卵壳亦薄,这种卵在成熟过程中经过了减数分裂,为单倍体,称需精卵(mictic egg),需精卵如果不受精,则孵化成雄性,雄虫的寿命很短,其精巢通过有丝分裂产生单倍体的精子;需精卵如果受精,则发育成一个具厚卵壳的休眠卵(resting egg)。休眠卵可以对抗各种不良环境长达数月之久,待环境条件转好时,再孵化成非混交雌虫,它又开始孤雌生殖。轮虫的这种生殖与生活史方式,是调节其种群数量的一种方式。在环境有利时,轮虫行孤雌生殖,以迅速增加种群数量;当环境不利时,出现雄虫,行交配生殖,形成休眠卵以对抗恶劣环境。其混交个体的出现可以受温度、光照、水质、食物及种群内的密度等各种因素所诱导。有性生殖在一年中可以出现一次到多次,同一水域中同种轮虫可以出现一次到多次数量高峰。

轮虫动物门可分为蛭态轮虫纲(Bdelloidea)、单巢纲(Monogononta)和海轮虫纲(Seisonidea)三个纲。

1. 蛭态轮虫纲

雌虫有两个卵巢,身体前端有两个轮盘,尾部分节可套叠,未曾发现过雄虫,如旋轮虫(*Philonida*)(图6-17A)等。

2. 单巢纲

大多数轮虫属于该纲。雌虫仅有一个卵巢,生活史中有雄虫,雄体身体大小只有雌体的1/8~1/3,寿命短,体内只有一个精巢、一个输精管和交配器官,其他器官均退化。如镜轮虫(*Testudinella*)(图6-17B)、胶鞘轮虫(*Collotheca*)(图6-17C)、臂尾轮虫(*Brachionus*)(图6-17D)、龟甲轮虫(*Keratella*)(图6-17E)、晶囊轮虫(*Asplanchna*)(图6-17F)等。

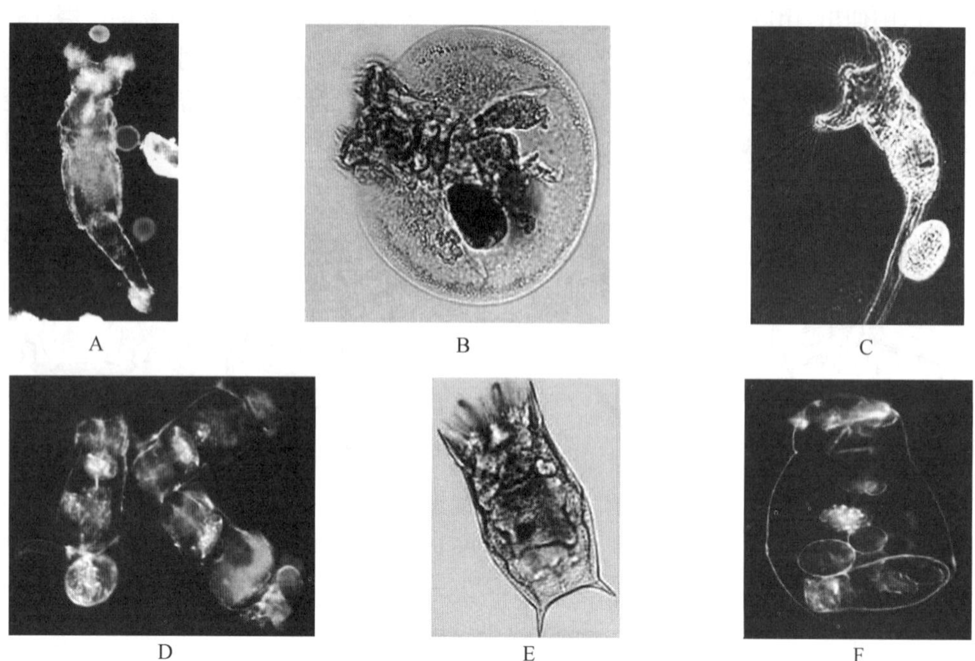

图 6-17 常见轮虫(引自 www.microscopy-uk.org.uk)

A. 旋轮虫(Philonida);B. 镜轮虫(Testudinella);C. 胶鞘轮虫(Collotheca);D. 臂尾轮虫(Brachionus);E. 龟甲轮虫(Keratella);F. 晶囊轮虫(Asplanchna)

3. 海轮虫纲

雌虫有两个卵巢,生活史中有雄虫,并且雌、雄体身体大小类似,常与海产甲壳类共生,种类较少,只有海轮虫(*Seison*)一属。

轮虫是许多经济鱼类和其他经济动物的优质天然饵料。例如,中国特有的青鱼、草鱼、鲢鱼、鳙鱼,半咸水的梭鲻鱼,海水的牙鲆、黑鲷、对虾等,在培育幼苗中均以轮虫作为幼体的主要食物。轮虫供应数量的多少决定着鱼苗生长的快慢和成活率的高低。由于进行孤雌生殖,轮虫种群增长极为迅速,是理想的人工培养材料。另外,轮虫以细菌、单细胞动植物和有机碎屑为食,因此在水体净化、改善水质等方面有着不可替代的作用。

6.2.5 棘头动物门(Acanthocephala)

棘头动物全部为寄生种类,有500多种。成虫与幼虫均为内寄生生活,有两个寄主。幼虫寄生在昆虫或甲壳纲动物,成虫寄生于鱼类、两栖类、鸟类和哺乳类等脊椎动物的消化道内。棘头动物体表有环纹似的假分节;体长一般几厘米到十几厘米,直径不超过1 cm,个别种可长达1 m,体无色或白色,分成吻、颈、躯干三部分。体前端有一能伸缩的吻,吻上生有倒钩,故名。体壁具环肌和纵肌。成虫和幼虫均无消化道,以体表直接摄取寄主肠内的养分。

棘头动物的体壁包括角质层、上皮细胞层及肌肉层。上皮细胞为合胞体,核很大,核的特征及位置是分类的依据。上皮层较厚,其中有一种特殊的空腔系统(lacunar system),它在背、腹中线及两侧位置上形成纵行管,由纵行管分支互相联结成网,这些空腔与外界及体内均不相通,其中充满液体和由体表直接吸收的营养物质。体壁的肌肉包括外层的环肌及内层纵肌。颈区两侧体壁向内延伸,形成两个吻腺(lemnisci)伸入假体腔中,其中也充满腔隙及液体,它的功能可能是当吻伸出时,作为一种液体静压控制系统。体壁内为假体腔,它也进入吻、吻鞘及韧带囊中。棘头动物没有消化系统,食物直接由体壁从寄主消化道中吸收。排泄器官为一对原肾管,但只存在于部分种类中,以共同的排泄孔开口在输精管或子宫内。棘头动物没有呼吸及循环器官,神经系统有脑神经节,位于吻鞘内后端,由它发出神经支配吻及感觉突起。由脑神经节向后发出一对侧神经,支配躯干部。感觉器官均为触觉感受器,分布在吻与尾部。

常见的如猪巨吻棘头虫(*Macracanthorhychus hirudinaceus*),寄生在猪小肠内,以带钩的吻附在肠壁上

(图6-18A)。身体呈长圆筒形,体表有环纹似的假分节。幼虫寄生在金龟子幼虫蛴螬体内,猪食蛴螬时被感染。由于棘头虫寄生,影响猪的生长发育。成虫寄生于猪的小肠内,偶尔亦可寄生人体,引起人体棘头虫病(acanthocephaliasis)。此病属人兽共患寄生虫病之一。

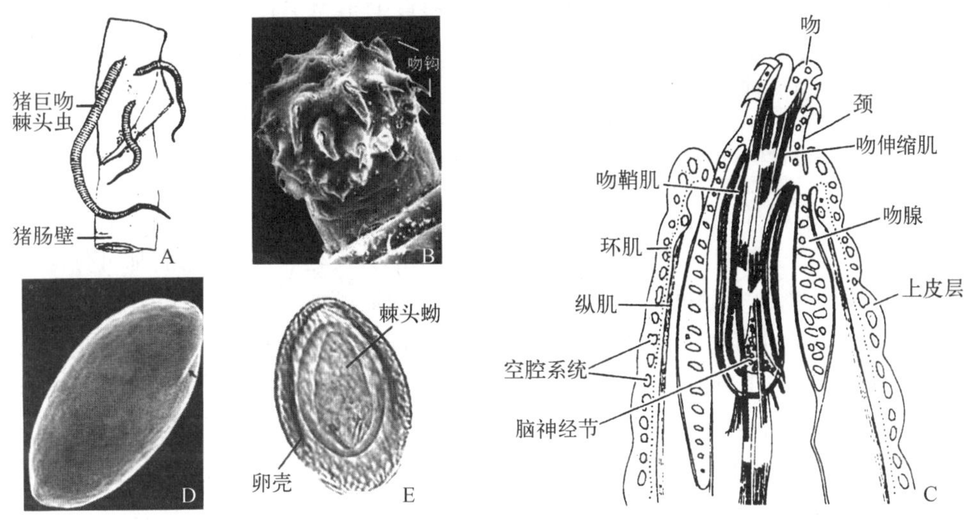

图6-18 猪巨吻棘头虫外形、内部结构及卵

A. 猪巨吻棘头虫以带钩的吻附在猪肠壁上(修改自 Brusca,1990);B. 猪巨吻棘头虫伸出的吻(引自徐秉锟,1988);C. 猪巨吻棘头虫身体前端纵切面(修改自 Brusca,1990);D. 猪巨吻棘头虫卵外形(引自徐秉锟,1988);E. 猪巨吻棘头虫卵纵切面(引自 www.cvm.okstate.edu 网站)

猪巨吻棘头虫成虫呈乳白色或淡红色,体表有明显的横皱纹,尤以体前部为甚。活体时,虫体背、腹面略扁平,固定后为圆柱形,前端粗大,后端渐细,尾端钝圆。整条虫体由吻突、颈部和躯干三部分组成。吻突呈球形,可伸缩,其周围有5～6排尖锐透明的吻钩(图6-18B),每排6个,呈螺旋形排列。颈部短,圆柱形,与吻鞘相连。由于肌肉的活动,可使吻突缩入吻鞘内,吻鞘收缩时,吻突则伸出(图6-18C)。无口及消化道,营养物质自体表吸收。雌虫大小约为(20～65)cm×(0.4～1.0)cm,生殖器官特殊,随着虫体的发育,卵巢逐渐分解为卵巢球,其内卵细胞受精后,经漏斗状的子宫钟进入子宫,最后经阴道、生殖孔排出。雄虫大小约为(5～10)cm×(0.3～0.5)cm,睾丸两个,呈长圆形,前后排列于虫体中部,输精管的末端有8个椭圆形黏腺,其分泌物有封闭雌虫阴道的作用,虫体尾端有钟状交合伞。虫卵呈椭圆形(图6-18D),深褐色,大小约为(67～110)μm×(40～65)μm,卵壳厚,由三层组成:外层薄而透明;第二层明显增厚,并有凹凸不规则的皱纹,一端闭合不全,呈透明状,卵壳易从此处破裂;内层光滑而薄。成熟虫卵内含一个幼虫即棘头蚴(图6-18E)。

猪巨吻棘头虫主要寄生在猪和野猪的小肠内,偶尔亦可寄生于人、犬、猫的体内,中间寄主为鞘翅目昆虫。发育过程包括虫卵、棘头蚴(acanthor)、棘头体(acanthella)、感染性棘头体(cystacanth)和成虫等阶段。虫卵随寄主粪便排出体外,由于对干旱和寒冷抵抗力强,在土壤中可存活数月至数年。当虫卵被甲虫的幼虫吞食后,卵壳破裂,棘头蚴逸出,并穿过肠壁进入甲虫血腔,在血腔中经过棘头体阶段,最后发育为感染性棘头体,约需3个月。感染性棘头体存活于甲虫发育各阶段的体内,并保持对终寄主的感染力。当猪等动物吞食含有感染性棘头体的甲虫(包括幼虫、蛹或成虫)后,在其小肠内约经1～3个月发育为成虫。人则因误食了含活感染性棘头体的甲虫而受到感染,但人不是猪巨吻棘头虫的适宜寄主,故在人体内,棘头虫大多不能发育成熟和产卵。

成虫可寄生于人回肠的中下部,虫数一般为1～2条。棘头虫以吻钩附于肠黏膜上,造成黏膜组织充血、出血、坏死并形成溃疡。随后由于结缔组织的增生,局部形成直径为0.7～1.0 cm大小的棘头虫结节,质硬并突出浆膜面,常可与大网膜组织粘连后形成包块。若虫体损伤达肠壁深层,也易造成肠穿孔,引起局限性腹膜炎。少数病人可由于肠粘连而出现肠梗阻。此外,常因虫体更换固着部位,使肠壁组织发生多处病变。患者早期症状不明显,偶尔可有食欲不振、乏力等。随着虫体代谢产物等毒性物质被吸收后,患者可出现消瘦、贫血、腹泻、阵发性腹痛,以及恶心、呕吐、失眠、夜惊等神经精神症状。

鞘翅目的某些昆虫既是棘头虫的中间寄主，又是其传播媒介。我国目前查明的主要有大牙锯天牛(*Dorysthenes paradoxus*)、曲牙锯天牛(*D. hydropicus*)和棕色鳃金龟(*Holotrichia titanus*)等33种甲虫，其成虫阶段的感染率可高达62.5%。猪巨吻棘头虫的感染也与人们的生活习惯有关，在流行区，儿童有烧吃、炒吃，甚至生吃天牛、金龟的习惯，所以患者以学龄前儿童和青少年为主。棘头虫病的流行具有明显的地域性和季节性，在辽宁，大牙锯天牛于每年7月中旬至8月上旬羽化为成虫，儿童捕食后，约经30～70天发病。因此，病例多在9月中、下旬出现。而山东则在6～8月间患病的较多。

6.2.6 腹毛动物门(Gastrotricha)

腹毛动物为水生小型的假体腔动物，体长一般不超过1 mm，少数种类体长可达4 mm，身体不分节，一般呈长椭圆形、带形或卵圆形，尾部通常分叉。淡水种类身体尾部分叉处有黏腺，它们都可分泌黏液，使动物可以随时黏着在物体上，如常见种类鼬虫(*Chaetonotus*)(图6-19)。腹毛动物还保留有比较发达的纤毛，但仅分布在身体的腹面及头区，它仍用纤毛在黏液上滑行，其纤毛的形态、分布与功能与涡虫腹面的纤毛相似，说明两者之间似有亲缘关系。但也有的种类其纤毛排列在身体的两侧或排列成纵行或横排，少数种类纤毛仅存在于头部腹面两侧，其功能不再是运动而变成了感觉器官，纤毛的变化及排列是种的特征之一。较原始的腹毛动物其上皮细胞为单纤毛上皮细胞，即每个上皮细胞仅有一根纤毛，这个特征还见于颚胃动物门(Gnathostomulida)，除了这两类动物之外，绝大多数的后生动物都是多纤毛上皮细胞。

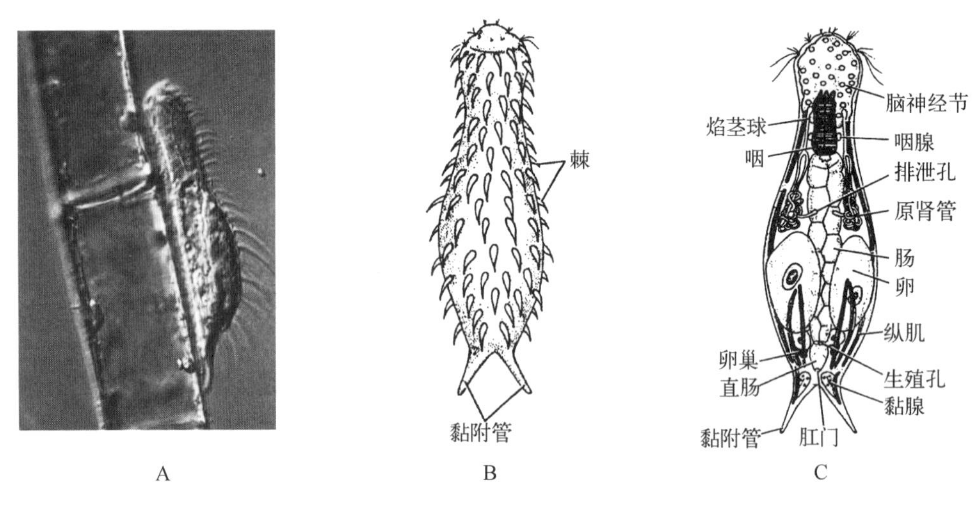

图6-19 鼬虫的侧面观(A)、背面观(B)及内部结构(C)(引自Brusca,1990)

体表的角质层或薄而光滑或很厚呈鳞状、板状或呈刺状覆盖体表。角质层内为来源于外胚层的上皮细胞，上皮细胞之间界限清楚。上皮细胞内为环肌与纵肌，通常有6对纵肌束，收缩时可使身体缩短或弯曲。借肌肉与纤毛的配合进行游泳或滑行运动。肌肉层之内即为假体腔，腹毛动物的假体腔空间小、不发达。

口位于身体前端，通入口腔，口腔内有突出的齿与钩，咽发达、其周围被肌肉包围呈球状，咽球内也有腺体。咽后即中肠为单层上皮细胞构成；经直肠通过肛门开口在身体后端腹面。腹毛动物主要以原生动物、细菌、硅藻等为食。淡水生活的种类，在腐烂植物较多的地方比较丰富。海产种类咽部有一对咽孔，用以排出随取食而进入咽内的过多水分。

排泄器官为一对具焰茎球的原肾管，以排泄孔开口在身体中部腹侧面。淡水种类原肾管发达，兼有排泄与水分调节的功能；一些海产种缺乏原肾管。

腹毛动物咽的背面有较发达的脑神经节，由此分出两条侧神经索纵贯全身，没有特殊的感官，主要由头部感觉毛及身体腹面的纤毛行感觉功能。

大多数腹毛动物雌雄同体；淡水腹毛动物雄性生殖系统完全退化，生殖腺仅有雌性机能，因此行孤雌生殖。雌性可产两种类型的卵，一种卵在产后3～4天即孵化；另一种卵是滞育卵，即产出的卵不立即孵化，它可抵抗低温、干旱等恶劣条件，待条件好转后再孵化。

6.2.7　内肛动物门(Entoprocta)

内肛动物是单体或群体营固着生活的假体腔动物,过去曾把它与外肛动物(Ectoprocta)合称为苔藓动物门(Bryozoa)。但内肛动物为假体腔动物而外肛动物为真体腔动物,现行动物分类体系已将这两类动物独立成门。

大多数内肛动物为小型动物,大小不超过 5 mm,主要为海产,固着在浅海底部岩石或动物外壳上,只有少数种类生活在淡水中。单体的内肛动物身体分为萼部(calyx)、柄(stalk)及基部的附着盘(attachment disk)(图 6-20)三个部分。群体的种类常由 2~3 个柄共有一个附着盘。萼部一般为球形,其顶端边缘有一圈触手,数目在 8~36 个之间,形成触手冠(tentacular crown),触手的内面具纤毛。触手是由顶端的体壁向外延伸形成,触手基部围绕一个凹陷部分称为前庭(vestibule)。在前庭处有口、肛门、排泄管及生殖管开孔。前庭边缘为具纤毛的前庭沟(vestibule groove),由它与口相连。萼部中含有主要的内脏器官。柄是萼部背面的延伸物。

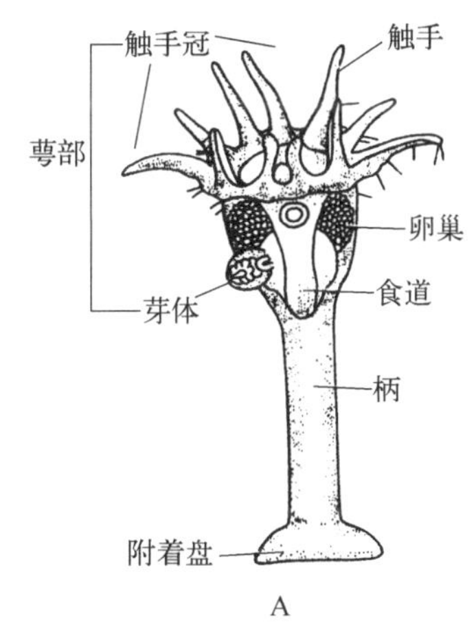

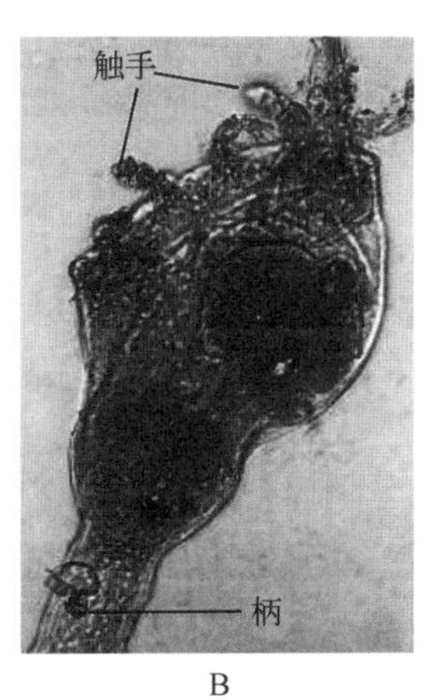

图 6-20　内肛动物身体结构

A. 单体内肛动物结构模式图(仿 Brusca,1990);
B. 一种内肛动物(*Loxosomella* sp.)(引自 SCAMIT Newsletter,2001)

内肛动物的体壁由角质层、上皮层及肌肉层组成,上皮细胞界限清楚,肌肉呈纵行排列,触手及柄部肌肉发达。假体腔发达,触手、柄内也有假体腔。消化道为"U"形管,口与肛门分别开口在前庭的两端,由于肛门位于触手冠之内,故名内肛动物。内肛动物为滤食性动物,靠触手纤毛的摆动造成水流,携带食物颗粒进入前庭沟,再送入口内,经食管、胃、小肠、直肠,消化后的残渣由位于前庭另一端的肛门排出。排泄器官为一对原肾,位于食管周围,以一共同的排泄孔开口在前庭中。胃的上方具有一个分叶的脑神经节,由它发出放射状的神经到触手、萼及柄部等处。触手及萼的边缘具有感觉毛,触手冠对触觉刺激敏感,遇刺激后可缩回到前庭中。

内肛动物可行有性生殖及无性生殖。群体生活的种类以有性生殖产生新个体,以无性生殖形成或增加群体。绝大多数的种为雌雄异体,通常整个群体是单性的。生殖腺一对,有短的生殖管,以一共同的生殖孔开口在前庭排泄孔附近。体内受精,生殖时雌虫在生殖孔及肛门之间的前庭内分泌一层薄膜,形成孵育室,受精卵在孵育室内进行发育并孵化形成一个具纤毛的幼虫,其形态类似于担轮幼虫,幼虫在孵育囊中发育一段时间之后,离开母体,经短期游泳之后,固着变态成成体,以后再经萼部及柄部的出芽生殖形成群体。

思　考　题

1. 简述人蛔虫身体横切面的结构特点。
2. 根据人蛔虫的生活史,应怎样预防蛔虫病?

3. 简述轮虫纲的主要特征、生活史及经济意义。
4. 假体腔动物主要包括几个类群？为什么假体腔动物不是严格的动物分类阶元？
5. 哪几个方面的证据都支持假体腔动物多系起源的假说？

第7章 环节动物门(Annelida)

提 要

环节动物在动物演化史上发展到较高水平,是高等无脊椎动物的开始。其在蠕虫类中它的有机结构和生理功能都达到完善和高度发展的程度,环节动物出现身体分节、真体腔、原始附肢、后肾系统、闭管式的循环系统和链状神经系统。发育经担轮幼虫。寡毛类大部分种类适应陆地生活,部分在淡水栖息;多毛类大多数在海洋底栖生活。

环节动物是身体分节的高等蠕虫。在蠕虫类中它的有机结构和生理功能都达到完善和高度发展的程度,在动物演化史上已经发展到较高水平,是高等无脊椎动物的开始。全世界大约有环节动物 8 700 多种,生活在淡水、海水或陆地上。其中许多种类的成虫和幼虫都与人们的生产、生活密切相关,因此在农业生产、医药开发、疾病预防等方面具有重要的研究意义。

7.1 环节动物门的主要特征

1. 分节现象(metamerism)

分节现象是高等无脊椎动物在进化过程中的一个重要标志。环节动物躯体是由许多形态相似且重复排列的部分所构成,这些构成部分叫做体节(metamere or segement),躯体由体节构成的现象称为分节现象。分节是特化的开始,它不仅在身体的外表明显的显示出由各个体节所构成,而且血管、排泄器官、生殖腺、神经系统等重要内部器官也按节重复排列。体节的出现使每一体节等于一个单位,这对加强动物新陈代谢和对外界环境的适应能力都有重要的意义。

分节现象的起源可能由低等蠕虫的隔膜(seprum)逐渐演变形成。它们的消化、生殖等内脏器官成对按体节重复排列,当动物体作左右蠕动时,于各器官之间的体壁处产生了褶缝,以后在前后褶缝间分化出肌肉群,于是形成了体节。环节动物中原始种类的体节界限不明显。多数环节动物除体前端两节及末一体节外,其余各体节,形态上基本相同,称此为同律分节(homonomous metamerism)。分节不仅增强运动机能,也是生理分工的开始。如体节再进一步分化,各体节的形态结构发生明显差别,身体不同部分的体节完成不同功能,内脏各器官也集中于一定体节中,这就从同律分节发展成异律分节(heteronomous metamerism),致使动物体生理分工更为显著,身体分化更为复杂,各部分分工更为精细,躯体向更高级发展并使逐渐分化出头、胸、腹各部分有了可能,因此分节现象是动物发展的基础,在系统演化中有着重要意义。

2. 次生体腔(secondary coelom)的发生及意义

环节动物结构中的一个重要变化,即在于它们体壁和消化管之间有一个很大的空腔,这个腔从动物的胚胎早期发育过程来看,最早由两个中胚层细胞发育为左右两团中胚层带,每团裂开分为成对的体腔囊。体腔囊靠近内侧的中胚层和内胚层合成肠壁,靠近外侧的中胚层和外胚层构成体壁。空腔即位于中胚层内外之间,由于该体腔是从中胚层裂开形成的,故称裂体腔(schizocoel)(图 7-1)。这种体腔在肠壁和体壁上都有中胚层发育的肌肉层和体腔膜,由于该体腔比初生体腔出现较迟,故又称次生体腔或真体腔。次生体腔的出现,是动物结构上的一个重要发展。消化管壁有了肌肉层,同时又有很大的空腔,消化道可以盘转和自由蠕动,大大地提高了消化机能;消化管有了中胚层还可使肠的分化具备物质基础,也就为消化系统的复杂化提供了必要的条件。此外,真体腔的形成,与循环、排泄、生殖系统等有密切的关系,因此体腔的形成在进化上有重大的意义。

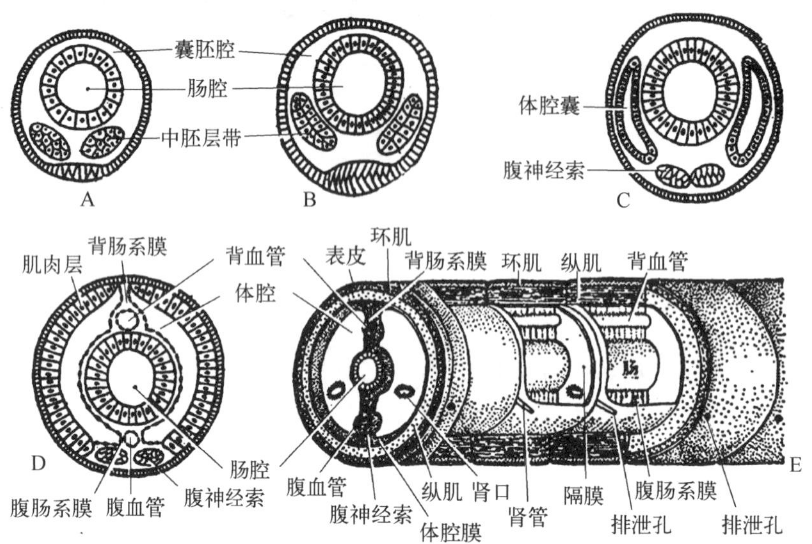

图 7-1 环节动物体腔的形成(A～D 仿 Korschels;E 仿 Barnes)

A、B. 中胚层带的出现;C. 体腔囊的形成;D、E. 真体腔的形成

3. 刚毛与疣足

从环节动物开始,出现了附肢形式的疣足(parapodium),疣足与刚毛(seta)是环节动物的运动器官。海产种类一般具有疣足,疣足是体壁凸出的扁平片状突起双层结构,体腔也伸入其中,疣足划动可游泳,有运动功能。疣足也会变成各种不同的形态,以适应不同的功能(图 7-7)。刚毛是由表皮细胞内陷而形成的刚毛囊(setal sac)中的一个细胞分泌的(图 7-2),这也是环节动物的主要特征之一。在寡毛类,疣足退化,刚毛直接着生在身体上。环节动物的刚毛和疣足的出现,增强了运动功能,使它们的运动更敏捷,更迅速。无疣足无刚毛的一些种类,依靠吸盘及体壁肌肉的收缩进行运动。附肢的出现加强了环节动物的运动机能,但由于适应不同的功能,也就演变成不同的形态,司游泳和爬行的功能等。

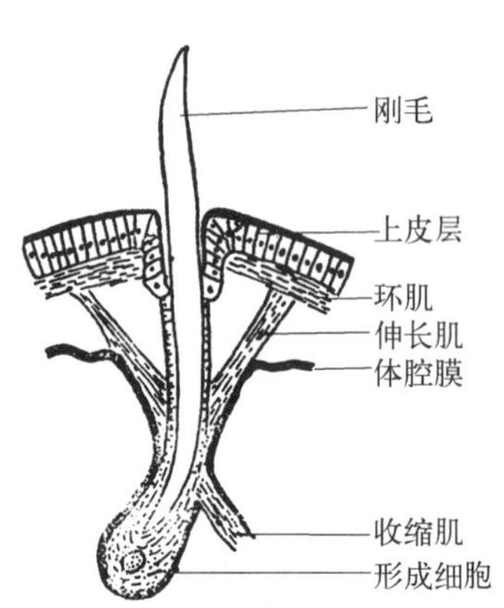

图 7-2 寡毛类刚毛囊的纵切面(仿 Hegner)

4. 闭管式循环系统

从环节动物开始出现了比较完善的循环系统。血液循环系统结构复杂,由纵行血管和环行血管及其分支血管组成。各血管以微血管网相连,血液始终在血管内流动,不流入组织间的空隙中,构成了闭管式循环系统。环节动物主要依靠血管壁的收缩和扩张,有规律地搏动来推动血液流动,提高了运输营养物质及携氧机能。

环节动物循环系统的形成与次生体腔的发生有密切的关系。由于左右的体腔囊逐渐扩大而使原体腔缩小,结果在消化管的上下方形成背血管和腹血管的狭小内腔。体腔囊的体腔膜在接触的地方留下的空隙形成了血管弧或心脏。所以循环系统的内腔实际上是初生体腔被排斥后遗留下来的遗迹。血浆中具有血色素,含有血红蛋白,能够携带氧,血液中的血细胞无色,不具有血色素。一般在体表面或疣足上以血色素和外界气体进行交换。

5. 后肾管

随着体腔的产生,环节动物的排泄系统发生了很大的变化。比较原始的环节动物还保留着原肾管,不同点不过是管细胞(solenocyte)代替了扁形动物的焰细胞。多数环节动物具有按体节排列的一对或多对排泄管,称为后肾(metanephridium),后肾管来源于外胚层。有些环节动物(多毛类)由体腔上皮形成管子,称体腔管(coelomoduct),多开口于体表。有排泄代谢产物功能的称排泄管,排出生殖细胞的称生殖管。有些种类的后肾管与体腔管合并,形成混合肾(nephromixium),除排泄代谢产物外,在生殖季节可排出生殖细胞。

典型的后肾管为一条两端开口迂回盘曲的管子(见图7-3),一端开口于前一体节体腔的多细胞纤毛漏斗,称肾口(nephrostome);另端开口于本体节的体表,为排泄管或肾孔(nephridiopore)。后肾管具有排泄代谢产物和平衡体内渗透压的作用。

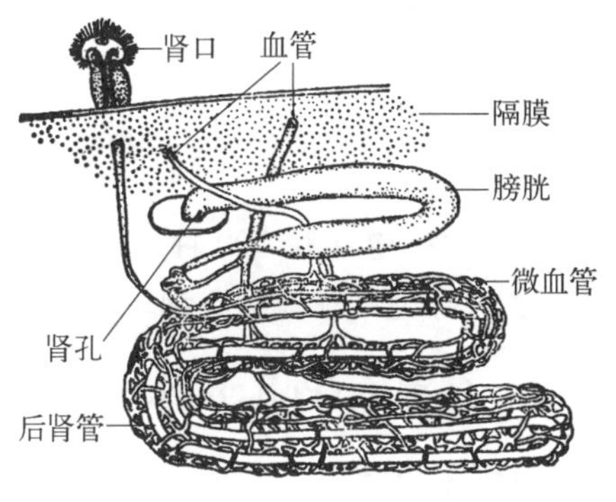

图7-3　蚯蚓后肾管模式图(仿 Storer 等)

6. 链状神经系统

环节动物的神经系统和扁形动物、线形动物最大不同的地方在于它基本上每节都有1对神经节,因此成为神经链(nerve chain)的形式。体前端咽背侧由1对咽上神经节(suprapharygeal ganglion)愈合成的脑,左右由一对围咽神经(circumpharygeal connective)与一对愈合的咽下神经节(subpharygeal ganglion)相连。自此向后伸的腹神经链(ventral nerve cord)纵贯全身(图7-4A)。腹神经链是由2条纵行的腹神经合并而成,在每体节内形成一神经节,整体形似链状(图7-4D),故称链式神经。每对神经节发出神经至体壁和各器官,司各种反射作用。脑和神经链可协同控制全身的运动和感觉。

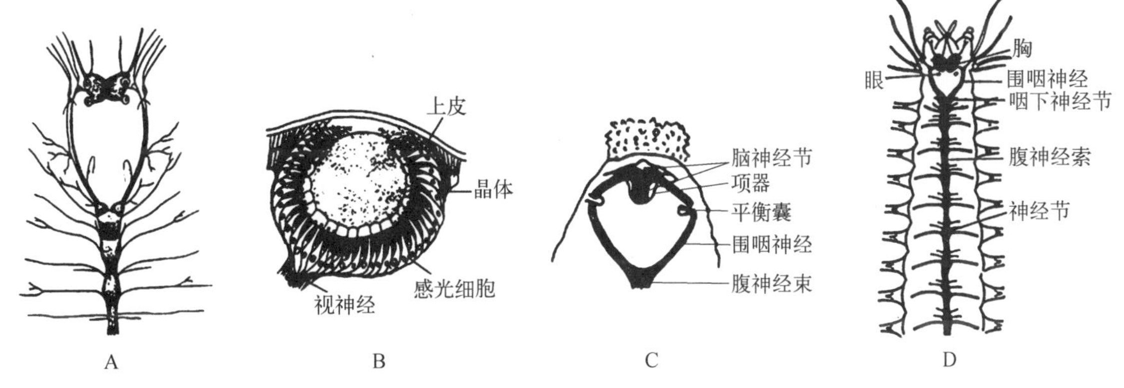

图7-4　多毛类的神经系统及感官(A仿 Quatrefages;B仿 Hesse;C仿 Wells;D仿 Buchsbaum)

A. 沙蚕的神经系统前端部分;B. 沙蚕的眼;C. 沙蠋的平衡囊和项器;D. 沙蚕的神经系统整体图

环节动物的感官发达(多毛类),有眼、项器(nuchal organ)、平衡囊(statocyst)、纤毛感觉器(ciliated sence organ)及触觉细胞(tactile cell)等(图7-4B)。有些种类(寡毛类及蛭类)感官则不发达。眼位于口前叶的背侧,2对、3对或4对,有的构造简单,有的发育良好。平衡囊位头后体壁内,有管开口于体表,如沙蠋(*Arenicola*)。项器位头后,实为一对纤毛感觉窝,为化学感受器(图7-4C)。纤毛感觉器位体节背侧或疣足的背腹肢之间,又称背器官或侧器官。触觉细胞分布于体表。感官不发达种类有的无眼,体表有分散的感觉细胞、感觉乳突及感光细胞(photoreceptor cell)等(图7-6)。

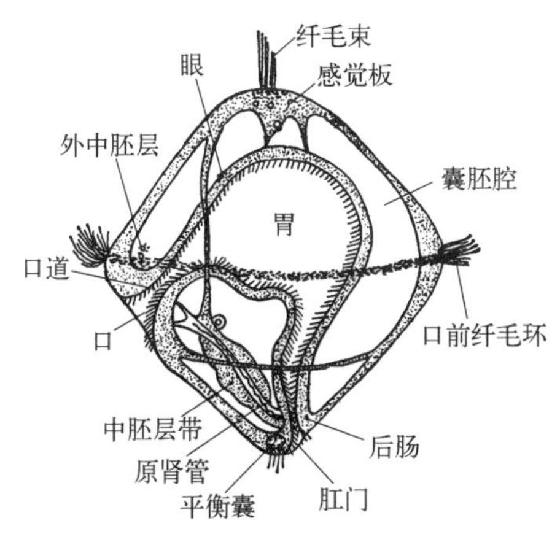

图7-5　多毛类的担轮幼虫(仿 Barnes)

7. 担轮幼虫

环节动物的卵裂是螺旋式的,低等环节动物发育过程中一般具有担轮幼虫时期。陆生和淡水生活的环节动物为直接发育,无幼虫期。海产种类的个体发生中,经螺旋卵裂、囊胚,以内陷法形成原肠胚,最后发育成一担轮幼虫(trochophore)。担轮幼虫呈陀螺形,体中部具两圈纤毛环,位体侧口前的一圈称原担轮(protroch),口后的一圈为后担轮(metatroch),体末尚有端担轮(telotroch)(图7-5)。口接短的食管,连膨大的胃,通入肠,肛门开口于体后端。消化管内具纤毛,只有肠来源于内胚层。担轮幼虫的前端顶部有一束纤毛,司感觉作用,其基部为神经细胞组成的感觉板(sensory plate,又称顶板 apical plate)和眼点。担轮幼虫体不分节,具有一对有管细胞的原肾管,原体腔,神经与上皮相连。这些都表现出原始特点。担轮幼虫在海水中游泳,后沉入水底,口前纤毛环前的部分形成成体的口前叶,口后纤毛环以后的部分逐渐延长,中胚带形成体节和成对的体腔囊。近体末端的体节最早形成,最后幼虫的结构萎缩退化消失而发育成成虫。

7.2 环节动物的分类

环节动物约有 17 000 种,海水、淡水及陆地均有分布,少数营内寄生生活(花索沙蚕科 Arabellidae)。分为多毛纲、寡毛纲和蛭纲 3 纲。

7.2.1 多毛纲(Polychaeta)

1. 多毛纲主要特征

多毛纲环节动物身体一般呈圆柱状,或背腹稍扁,长 1~20 mm,最大的可达 1 m 以上,体节多,分头部和躯干部。主要特征为:头部显著,感官发达,口前叶位于口的上方,上有触角、触须与眼等,有疣足,其上有成束的刚毛,无环带,雌雄异体,个体发生中卵裂为螺旋型,发生时有担轮幼虫,除极少数种类外,都生活在海洋中,底栖,约 10 000 种。代表动物为沙蚕、磷沙蚕等。

2. 多毛纲代表动物——沙蚕(*Nereis*)

沙蚕科(Nereidae)的沙蚕(图 7-9A),头部分化良好(图 7-6),口前叶(prostomium)近梨形,背侧有眼点 4 个,可感光;前缘中央有一对短的口前触手(prostomial tentacle),其两侧各有一分节的触角(palp)。围口节(peristomium)是身体的第Ⅰ体节,两侧各有 4 条细长的围口触手(peristomial tentacle),腹面为口,吻(proboscis)可翻出,前端有一对颚,吻可分为近颚的颚环和近口的口环,划分为Ⅰ~Ⅷ区,上具乳突、小齿或平滑,这在鉴定属种上有重要意义。躯干部为围口节以后的体节组成,每一体节两侧均具一对薄片状的疣足,为双叶型(图 7-7)。疣足主要为游泳器官,也可进行气体交换。在疣足的腹侧有一极小的排泄孔。

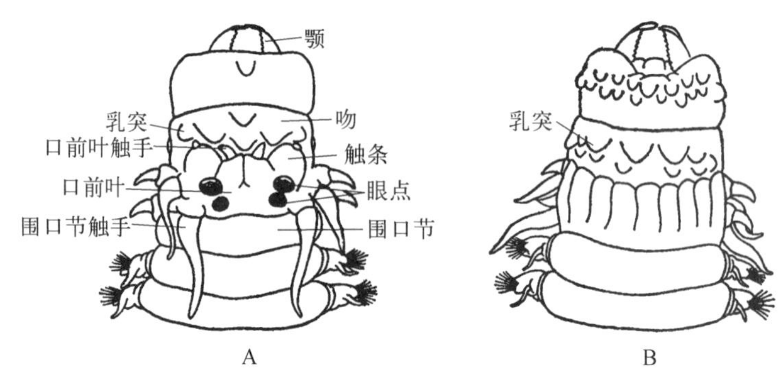

图 7-6 疣吻沙蚕头部的构造(仿吴宝铃、陈木)

A. 背面观;B. 腹面观

沙蚕的消化管为一直管,前端为口,口后是咽,食管短,食管两侧有一对很大的食管腺或称食管盲囊,可分泌蛋白酶,有消化机能,其后为胃肠和肛门。

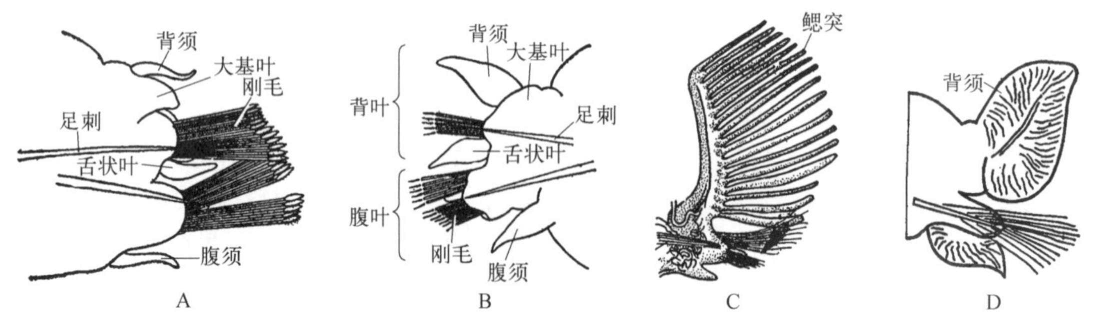

图 7-7 多毛类动物的疣足(A、B 仿吴宝铃、陈木;C、D 仿 McIntosh)

A. 疣吻沙蚕性成熟异沙蚕期疣足;B. 疣吻沙蚕正常个体的第Ⅻ疣足;C. 叶须虫疣足;D. 矶沙蚕疣足

循环系统有背血管、腹血管及各体节连接背腹血管的环血管组成，为典型的闭管式循环（图 7－8）。沙蚕的血浆内含血红蛋白，呈红色，具有运输氧的能力。呼吸在疣足和体壁中进行。排泄系统基本上各体节均有一对后肾管，肾管一端具有纤毛的漏斗形肾口（nephrostome），开口在体腔中，并经肾管由排泄孔到体外，肾管前端大部分具有纤毛，可排泄代谢产物的尿素及衰老细胞等。

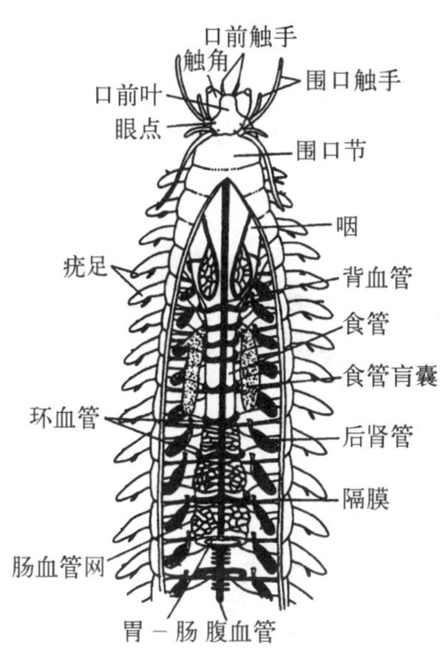

图 7－8 沙蚕的解剖图(背面观)
(仿 Brown)

沙蚕的神经系统是典型的环节动物链状神经系统，感官发达，除眼、触手、触角外，尚有项器（nuchial organ），这是位口前叶后端两侧的纤毛窝，有嗅觉功能，为化感器（chemoreceptor）。沙蚕无固定的生殖腺，只在生殖期间，卵巢发育，几乎各体节都有，精巢位置不固定，数目多。生殖细胞来源于体腔上皮。无生殖导管，成熟的卵主要由体壁上临时裂口排出或由背纤毛器（体腔管的遗迹）处的临时开口排出。精子则由后肾管排出。卵在海水中受精，螺旋式卵裂，为实心囊胚，以外包法形成原肠胚。经担轮幼虫发育为成虫。沙蚕科中有的种类（*Nereis pelagica*）性成熟时，体后部具生殖腺部分的体节形态发生改变，转变为生殖节（epitoke），体前部仍保持原来形状，不产生生殖细胞，称无性节（atoke），生殖节各体节变宽，疣足扩大，生出特殊的新刚毛；体壁肌肉细胞，消化管等发生组织分解；眼点变大；这种现象称异沙蚕相（heteronereis phase）。这种个体性成熟时，当月明之夜，受月光刺激，能大量游向海面，群集一起，雄性排精，雌性放卵。沙蚕的这种习性称群浮（swarming）。

3. 多毛纲主要类群

多毛类约有 10 000 种，一般分为 3 目。

(1) *游走目*(Errantia)

能自由游泳，体为同律分节；头部明显，感官发达；咽能外翻，具颚；每体节有一对疣足，如日本沙蚕（*Nereis japonica*）(图 7－9A)。鳞沙蚕(*Harmothoe*)，背侧具鳞片 15 对，口前叶有 3 条触手(图 7－9B)。巢沙蚕(*Diopatra*)口前叶有一对短触手及 5 条长的具环轮的触角；鳃始于第 4～5 体节；有栖管，外黏有碎贝壳和藻类(图 7－9C)。吻沙蚕(*Glycera*)吻大且长，呈棒状，具 4 颚(图 7－9D)。裂虫(*Syllis*)具 3 触手，2 触角(图 7－9E)，可行无性生殖称匍枝生殖(stolonization)，即体后部生出许多芽体，芽体再分支，后形成许多匍枝，匍枝断离母体，发育成新个体。囊须虫(*Saccocirrus*)体长 20 mm 左右，疣足退化，具一对细长的触手(图 7－9F)，生活在潮间带砂砾间，为原始的多毛类。

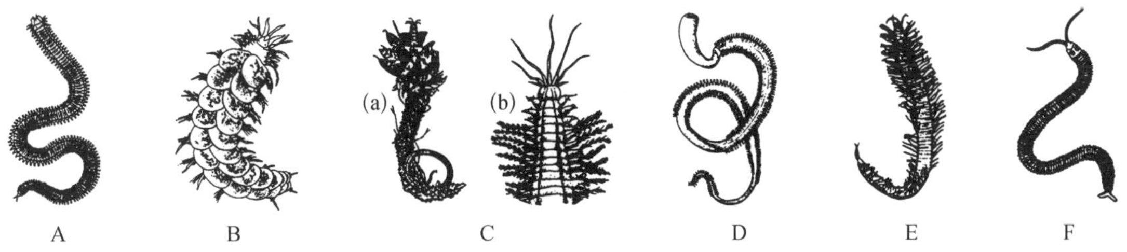

图 7－9 多毛纲游走目(A、B、D 仿吴宝铃；C、E、F 仿高哲生)

A. 日本沙蚕；B. 鳞沙蚕；C. 巢沙蚕(a. 在栖管内，b. 体前部)；D. 常吻沙蚕；E. 裂虫；F. 大囊须虫

(2) *隐居目*(Sedentaria)

穴居，常有栖管；异律分节；头部不明显，口前叶小，无触手；咽不能外翻，无颚；疣足退化。磷沙蚕(*Chaetopterus variopedatus*)头不明显，躯干部柔软，分为前、中、后三区。前区疣足单叶型，中后区为双叶型。穴居泥沙内“U”形管中，虫体可发磷光。沙蠋(*Arenicola cristata*)体为蠕虫状，头部不明显，无触手触角等；吻外翻呈囊状。躯干部可分三区：胸区无鳃，腹区有发达的羽状鳃，尾区无鳃，也无刚毛。疣足退化，属

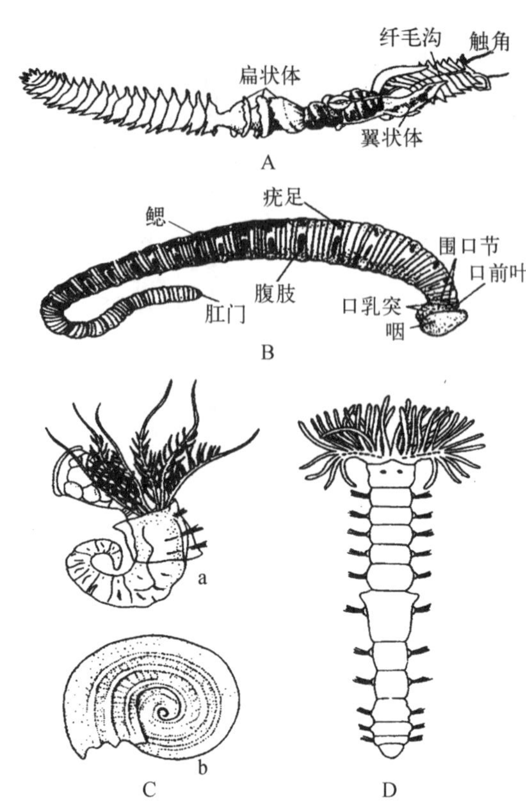

图 7-10 多毛纲隐居目(A、B 仿 Sherman;C 仿吴宝铃;D 仿 Pennak)

A. 鳞沙蚕;B. 沙蠋;C. 日本左旋虫(*Dexiospira nipponicus*)(a. 虫体;b. 石灰质管);D. *Manayunkia speciosa*

双叶型。栖于泥沙中"U"形穴内,常排沙条状粪便于沙滩表面。盘管虫(*Hydroides*)栖于盘曲的石灰质管内,具一对鳃冠,有壳盖,腹部具鳃,为主要的附着生物。栖于螺旋形石灰质管内,栖管右旋,直径 1~2 mm,管面有 3 脊。有鳃冠和壳盖。淡水种类如 *Manayunkia*,生活在水底泥沙中的栖管内(图 7-10)。

(3) 吸口虫目(Myzostomaria)

寄生在海百合类体外或海星类体内生活,体小,呈扁平盘状,体不分节,具吸盘和疣足。如吸口虫(*Myzostoma*)有疣足 5 对,具钩;4 对吸盘;体周缘有 10 对触须(cirrus),有感觉功能。雌雄同体(图 7-11)。

7.2.2 寡毛纲(Oligochaeta)

1. 寡毛纲主要特征

头部不明显,感官不发达;具刚毛,无疣足,有生殖带,雌雄同体,直接发育。大多数陆地生活,穴居土壤中,称陆蚓;少数生活在淡水中,底栖,称水蚓。

2. 寡毛纲代表动物——环毛蚓(*Pheretima*)

蚯蚓为习见的一种陆生环节动物,生活在土壤中,昼伏夜出,以腐败有机物为食,连同泥土一同吞入,也摄食植物的茎叶等碎片。蚯蚓可使土壤疏松、改良土壤、提高肥力,促进农业增产。世界的蚯蚓约有 1 800 多种,我国已记录 229 种。环毛属(*Pheretima*)种类多,我国有 100 多种。

(1) 环毛蚓的外形及其对土壤生活的适应

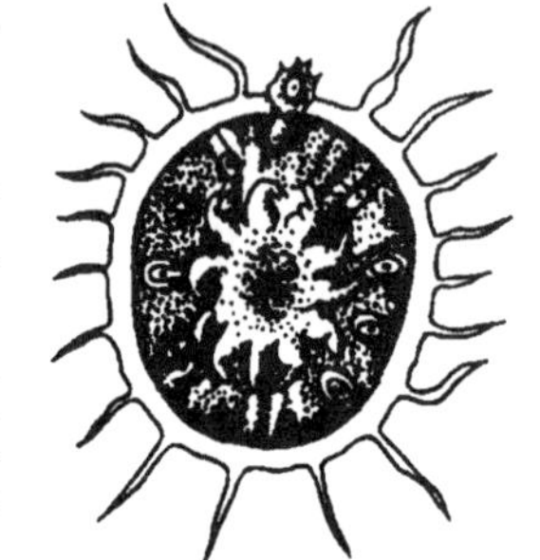

图 7-11 多毛虫纲吸虫目有须吸虫腹面观(仿陈义)

环毛蚓体长呈圆柱状,由百余相似的体节组成,节与节之间为节间沟(intersegmental furrow)。头部及感官因适应土壤穴居生活而退化。头部由围口节(peristomium)及其前的口前叶(prostomium)组成。由于体腔液压力的作用,当口前叶膨胀时,有掘土、摄食、触觉等功能。围口节为第Ⅰ体节,口位其腹侧,口前叶下方。肛门在体末端,呈直裂缝状。由于适应土壤穴居生活疣足退化,刚毛着生在体壁上,自第Ⅱ体节始具刚毛,环绕体节排列,故称环毛蚓。性成熟个体,第ⅩⅣ至第ⅩⅥ体节色暗,肿胀,无节间沟,无刚毛,如戒指状,称为生殖带或环带(clitellum)。生殖带的形态和位置,因属不同而异。生殖带的上皮为腺质上皮,其分泌物在生殖时期可形成卵茧(cocoon)。生殖带的第一节,即第ⅩⅣ体节腹面中央,有一雌性生殖孔;第ⅩⅧ体节腹侧两侧为一对雄性生殖孔;纳精囊孔(seminal receptacle opening)2~4 对,随种类不同而异,环毛蚓有受精囊孔 3 对,位于Ⅵ/Ⅶ、Ⅶ/Ⅷ、Ⅷ/Ⅸ、各节间沟的腹面两侧。自Ⅺ/Ⅻ节间沟开始,于背线处有背孔(dorsal pore),可排出体腔液,湿润体表,有利于蚯蚓的呼吸作用进行和在土壤中穿行。

(2) 内部构造

环毛蚓的体壁由角质膜、上皮、环肌层、纵肌层和体腔上皮等构成(图 7-12)。上皮细胞只有一层单层柱状细胞,这些细胞的分泌物形成角质膜(cuticle),上有小孔。柱状细胞间杂以腺细胞,能分泌黏液,可使体表湿润。蚯蚓遇到剧烈刺激,黏液细胞大量分泌,包裹身体成黏液膜,有保护作用,可顺利地在土壤中穿行运动。另有感觉细胞和感光细胞分散在上皮细胞之间。上皮下面为狭的环肌层与发达的纵肌层。蚯蚓为次生体腔,很宽广,内脏器官位于其中。体腔内充满体腔液。当肌肉收缩时,体腔液即受到压力,使蚯蚓体表的压力增强,身体变得很饱满,有足够的硬度和抗压能力。体壁内的壁体腔膜(parietal peritoneum)明显,而肠壁的脏体腔膜(visceral peritoneum)退化。中肠的脏体腔膜特化成黄色细胞(chloragogen cell),可能有排泄作用。

消化系统中的消化管纵行于体腔中央,穿过隔膜,管壁肌层发达,可增进蠕动和消化机能。消化管分化为口、口腔、咽、食管、砂囊、胃、肠、肛门等部分(图 7－13A)。口腔可从口翻出,摄取食物。咽部肌肉发达,肌肉收缩,咽腔扩大,可辅助摄食。咽外有单细胞咽腺,可分泌黏液和蛋白酶,有湿润食物和初步消化作用。咽后连短而细的食管,其壁有食管腺,能分泌钙质,可中和酸性物质。食管后为肌肉发达的砂囊(gizzard),内衬一层较厚的角质膜,能磨碎食物。自口至砂囊为外胚层形成,属前肠。砂囊后一段消化管富微血管,多腺体,称胃。胃前有一圈胃腺,功能似咽腺。胃后约自第ⅩⅤ体节开始,消化管扩大形成肠,其背侧中央凹入成一盲道(typhlosole),使消化及吸收面积增大。消化作用及吸收功能主要在肠内进行。肠壁最外层的脏体腔膜特化成了黄色细胞。自第ⅩⅩⅥ体节始,肠两侧向前伸出一对锥状盲肠(caeca),能分泌多种酶,为重要的消化腺。胃和肠来源于内胚层,属中肠。后肠较短,约占消化管后端 20 多体节,无盲道,无消化机能。以肛门开口于体外。

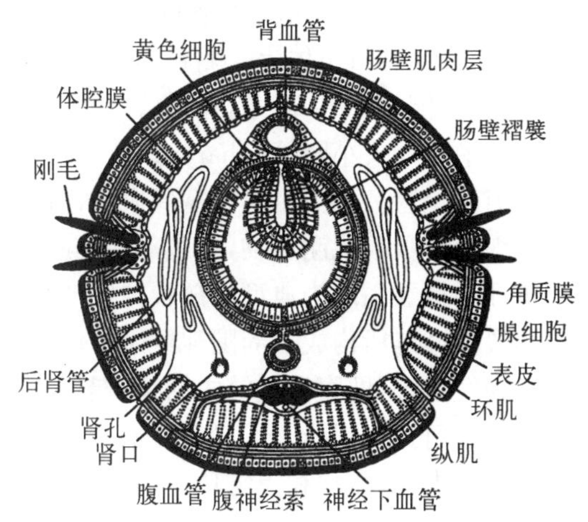

图 7－12 环毛蚓的横切面(仿 Buchsbaum)

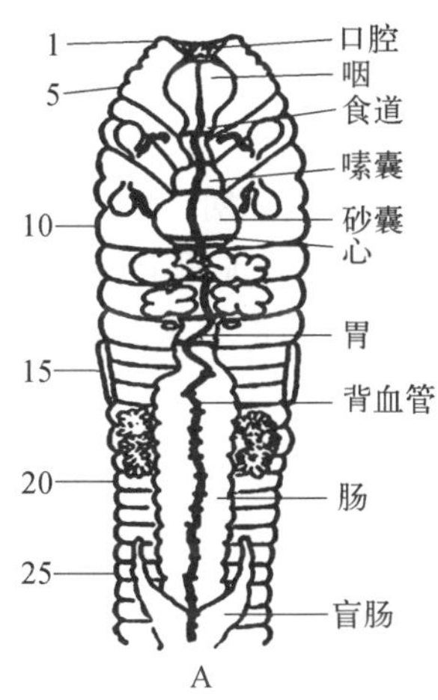

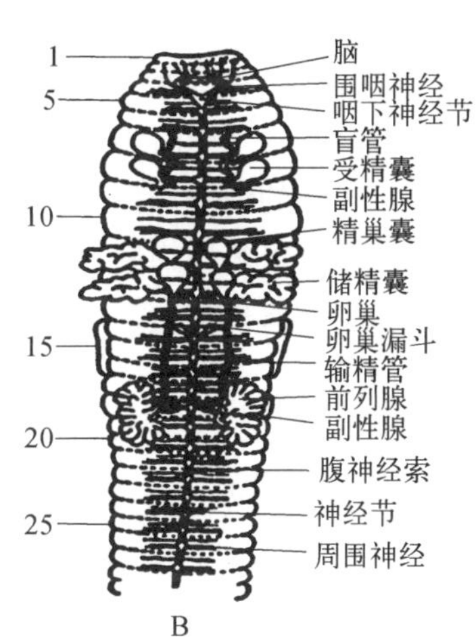

图7－13 参状环毛蚓的循环系统、消化系统(A)和生殖系统、神经系统(B)(仿林绍文)

环毛蚓无专门的呼吸器官,由体表进行呼吸。循环系统由纵血管、环血管和微血管组成,属闭管式循环(图 7－14)。血管的内腔为原体腔被次生体腔不断扩大排挤,残留的间隙形成。纵血管有一条背血管(dorsal vessel)、一条腹侧中央的腹血管(ventral vessel)、一条神经下血管(subneural vessel)和两条食管侧血管(lateral oesophageal vessel)。环血管主要有心脏 4～5 对(*Pheretima hupeiensis* 为 4 对,*P. aspergillum* 为 5 对),在体前部,位置因种类不同而异。心脏连接背腹血管,可搏动,内有瓣膜,血液自背侧向腹侧流动。蚯蚓的血管未分化出动脉和静脉。血循环途径主要是背血管自第ⅩⅣ体节后收集每体节一对背肠血管含养分的血液和一对壁血管含氧的血液,自后向前流动。大部分血液经心脏入腹血管,一部分经背血管在体前端至咽、食管等处的分支入食管侧血管。腹血管的血液由前向后流动,每体节都有分支至体壁、肠、肾管等处,在体壁进行气体交换,含氧多的血液于体前端(第ⅩⅣ体节前)回到食管侧血管,而大部分血液(第ⅩⅣ体节后)则回到神经下血管,再经各体节的壁血管入背血管。腹血管于第ⅩⅣ体节以后,在各体节于肠下分支为腹肠血管入肠,再经肠上方的背肠血管入背血管(图 7－14)。

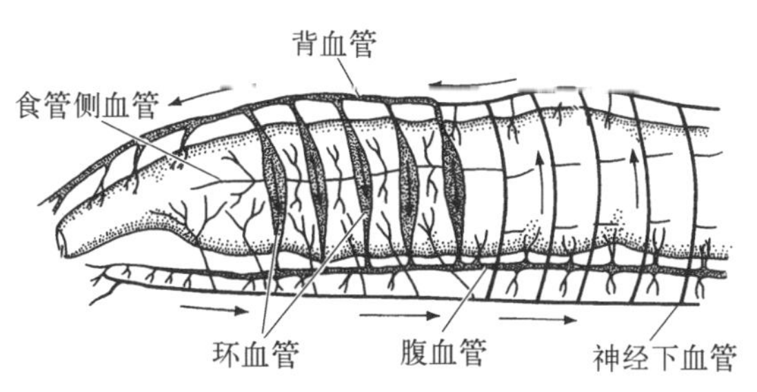

图 7－14 蚯蚓的循环系统示意图(引自 Brusca)

蚯蚓的排泄器官为后肾管,一般种类每体节具一对典型的后肾管,称为大肾管。环毛属蚯蚓无大肾管,而具有三类小肾管：体壁小肾管(parietal micronephridium)位体壁内面，极小，每体节约有 200～250 条，内端无肾口，肾孔开口于体表。隔膜小肾管(septal micronephridium)(图 7－3)位于第ⅩⅣ体节以后各隔膜的前后侧，一般每侧有 40～50 条，有肾口，呈漏斗形，具纤毛，下连内腔有纤毛的细肾管，经内腔无纤毛的排泄管，开口于肠中。咽头小肾管(pharyngeal micronephridium)位咽部及食管两侧，无肾口，开口于咽。后两类肾管又称消化肾管。各类小肾管富微血管，有的肾口开口于体腔，故可排除血液中和体腔内的代谢产物。肠外的黄色细胞可吸收代谢产物，后脱落在体腔液中，再入肾口，由肾管排出。

蚯蚓的神经系统为典型的链状神经(图 7－13B)。中枢神经系统由咽上神经节(脑)、围咽神经、咽下神经节和腹神经链所构成。周围神经系统包括感觉神经细胞和运动神经细胞。感觉神经细胞表皮的刺激传递到中枢神经系统(即腹神经链中的神经节)，再由运动神经细胞将冲动传送到肌肉，引起相应的收缩，这就是最简单的反射弧(reflex arc)。感觉器官不发达，体壁上的小突起为体表感觉乳突，有触觉功能；口腔感觉器分布在口腔内，有味觉和嗅觉功能；光感受器广布于体表，口前叶及体前几节较多，腹面无，可辨别光的强弱，有避强光趋弱光反应。

蚯蚓的生殖系统为雌雄同体(图 7－13B)，生殖器官仅限于体前部少数体节内，结构复杂。雌性生殖器官：卵巢 1 对，很小，卵成熟落体腔中，由 2 个卵漏斗(oviduct funnel)收集。两输卵管联合由一雌生殖孔通外。雄性生殖器官：具有精巢囊(seminal sac)和储精囊(seminal vesicle)各 2 对，精子由精漏斗(2 对)、输精管，经雄生殖孔排出。在输精管将达到雄生殖孔的地方，有前列腺(prostate gland)来相会，前列腺分泌黏液，交配时伴精子排出，供精子在其中生活。在雄性生殖腺的前方，有 2～3 对纳精囊(seminal receptacle)，有纳精囊孔通体外。精巢产生精细胞后，先入贮精囊内发育，待形成精子，再回到精巢囊，经精漏斗由输精管输出。蚯蚓的精子与卵不同时成熟，故生殖时为异体受精，有交配现象(图 7－15)。交配时 2 个蚯蚓的前端腹面紧贴，各自的雄生殖孔靠近对方的纳精囊孔，以生殖孔突起将精液送入对方的纳精囊内，交换精液后，两蚯蚓即分开。待卵成熟后，生殖带分泌黏稠物质，于生殖带外形成黏液管，排卵于其中。当蚯蚓后退移动时，纳精囊孔移到黏液管时，即向管中排放精子。精卵在黏液管内受精，最后蚯蚓退出黏液管，管留在土壤中，两端封闭，形成卵茧。卵在卵茧内发育。卵茧较小，如绿豆大小，色淡褐，内含 1～3 个受精卵。蚯蚓为直接发育，无幼虫期。受精卵经完全不均等卵裂，发育成有腔囊胚，以内陷法形成原肠胚。经 2～3 周即孵化出小蚯蚓，破茧而出。有人报道环毛蚓有孤雌生殖。

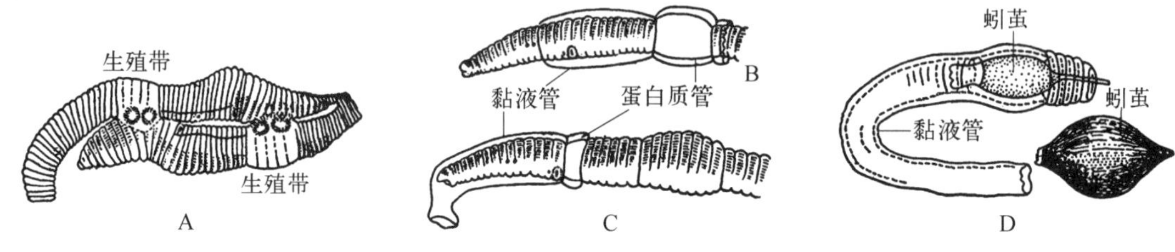

图 7－15 蚯蚓的交配和卵茧的形成

A. 两条蚯蚓在交配；B. 分泌黏液管和蛋白质管；C. 黏液管和蛋白质管往前滑出；D. 游离的黏液管包着蚓茧和脱离出的蚓茧(仿 Storer & Usinger)

3. 寡毛纲主要类群

寡毛类约有 6 700 多种。一般分为 3 目。

(1) 近孔目(Plesiopora)

水生，底栖；体小形；雄生殖孔一对，开口在具精巢、精漏斗这一体节的后一节。颗体虫(*Aeolosoma*)体微小，分节不明显，自第Ⅱ体节起，每节有刚毛 4 束。体内有带绿色或黄绿色油点。颤蚓(*Tubifex*)体细长，微红色。尾鳃蚓(*Branchiura*)体细长，淡红色，自体后部约 1/3 处始，每节具丝状鳃一对，前面短，向后逐渐增长。头鳃蚓(*Branchiodrilus*)体细长，微红色，自第Ⅳ或第Ⅴ体节起具鳃。前端鳃较长，向后端渐短，末几节无鳃(图 7－16A～D)。

(2) 前孔目(Prosopora)

水生，雄性生殖孔 1～2 对，末对开口在最后具精巢、精漏斗的体节上。带丝蚓(*Limbriculus*)体细长，红褐色，无鳃。每体节有刚毛 4 束，体末端呈喇叭状。蛭蚓(*Branchiobdella*) (图 7－21E)体圆柱状，末端有一

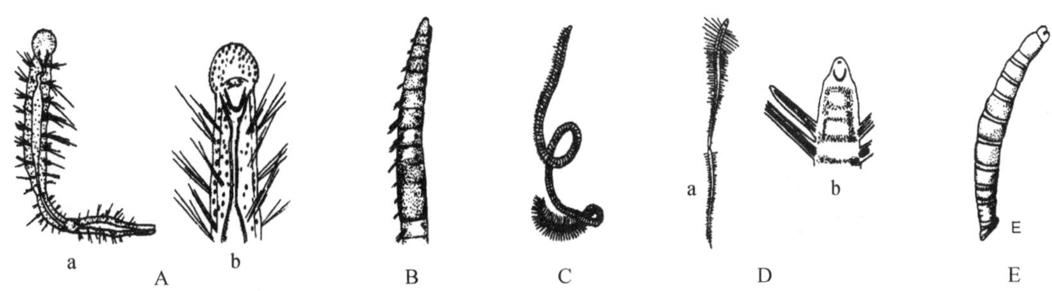

图 7 - 16　寡毛纲近孔目和前孔目(仿陈义)

A. 点缀颤体虫(a. 整体;b. 体前端);B. 中华颤蚓;C. 苏氏尾鳃蚓;
D. 印西头鳃蚓(a. 整体;b. 体前端);E. 远东蛭形蚓

吸盘,寄生在虾类体表。我国东北螯虾体上发现 2 属 7 种,其中蛭蚓属 1 种、冠蚓属(*Stephanodrilus*)6 种。

(3) 后孔目(Ophisthopora)

陆生,雄性生殖孔一般一对,开口在具精巢、精漏斗这一体节后一节或后几节。常见属有:环毛属(*Pheretima*)生殖带在第 XIV ～ XVI 体节、异唇属(*Allolobophora*)生殖带在第 XXVI ～ XXXIV 体节、杜拉属(*Drawida*)生殖带在第 X ～ XIII 体节、寒蚯属(*Ocnerodrilus*)生殖带在第 XIII ～ XX 体节、双胸属(*Bimastus*)生殖带在第 XXV ～ XXXII 体节、合胃属(*Desmogaster*)生殖带在第 X ～ XIV 体节和爱胜属(*Eisenia*)生殖带在第 XXV ～ XXXIII 体节(图 7 - 17)。

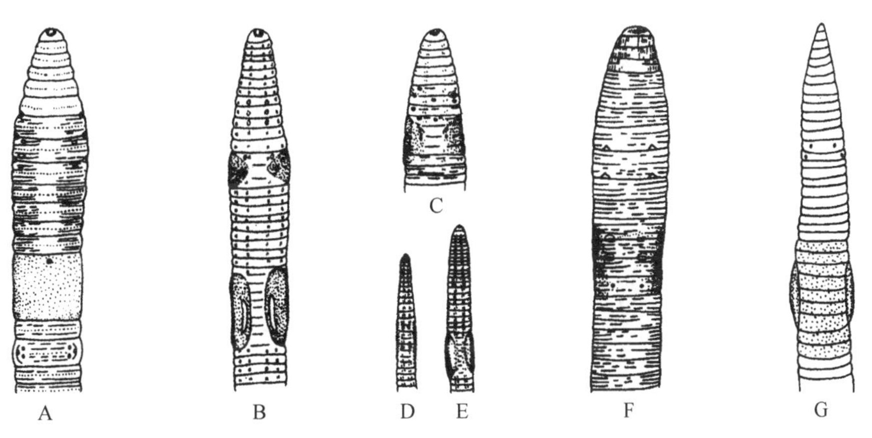

图 7 - 17　寡毛纲后孔目(A～F 仿陈义;G 仿和振武)

A. 环毛属;B. 异唇属;C. 杜拉属;D. 寒蚯属;E. 双胸属;F. 合胃属;G. 爱胜属

赤子爱胜蚓(*Eisenia foetida*)、毛里巨蚓(*Megascolex mauritii*)(属巨蠕蚓科 Megascolecidae)和无锡微蠕蚓(*Microscolex wuxiensis*)(属棘蚓科 Acanthodrilidae)为我国著名的发光蚯蚓。我国已应用分析染色体组型方法鉴定蚯蚓,赤子爱胜蚓的染色体 $2n=22$,与人工养殖的蚯蚓"太平二号"和"北星二号"完全相同(许智芳,1983)。

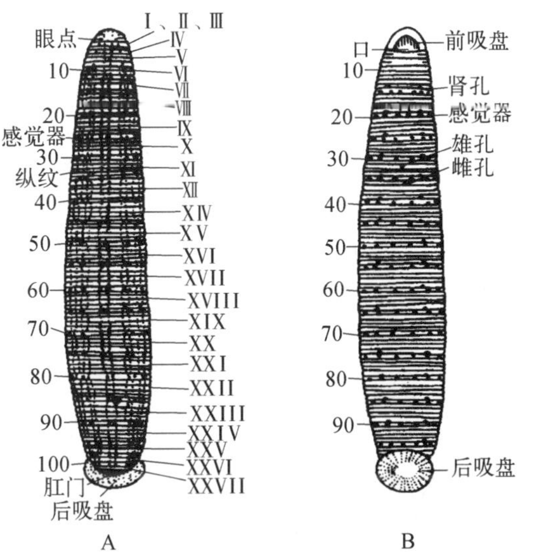

图 7 - 18　医蛭外形图(仿宋大祥)

A. 背面观;B. 腹面观(I、II、III 表示体节数;10、20、30 表示环节数)

7.2.3　蛭纲(Hirudinea)

1. 蛭纲主要特征

蛭类动物俗称蛭或蚂蟥,体扁长,体节数恒定,无疣足和刚毛,营暂时性外寄生生活,身体前后端各有一吸盘,直接发育。

以蛭纲代表动物——医蛭为例,介绍其主要特征。

医蛭的体形较小(图 7 - 18),背部有纵纹,次生体腔多退化,大多数由于肌肉、间质或葡萄状组织(botryoidalis tissue)的扩大而缩小形成一系列腔隙(lacuna)。棘蛭目较原始,次生体腔发达,血管系统存在,为闭管式,如寡毛纲一样。吻蛭目舌蛭科(Glossiphoniidae)中体腔形成背腔隙(内含背血管)、腹腔隙(内含腹血管和腹神经索)及侧腔隙等,背腹腔隙由网状结构的连接腔隙相连接,皮肤下尚有皮下腔隙。颚蛭目医蛭科(Hirudinidae)中体腔进一步被间质占据而退化缩小,真正的血管系统已消失,代之以背血窦、腹血窦和侧血窦等(图7-19)是指血管系统的内腔。所谓血循环系统是通过源出于体腔的管道进行循环,形成了一系列血体腔管(haemocoelomic channel)。因此血体腔系统(haemocoelomic system)代替了血循环系统。

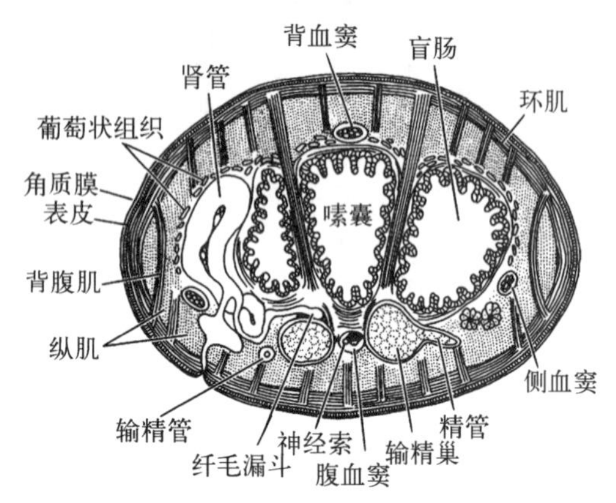

图7-19 欧洲医蛭的横切(引自Brusca)

蛭类的消化管分化为口、口腔、咽、食管、嗉囊、胃、肠、直肠及肛门等(见图7-20)。吸血性的蛭类如颚蛭目的医蛭、蚂蟥等,口腔内具三片颚,背面一,侧腹面二,上有齿,可咬破宿主的皮肤。咽部具有单细胞唾液腺,能分泌蛭素(hirudin),它是由65个氨基酸组成的低相对分子质量多肽,为一种最有效的天然抗凝剂,有抗凝血、溶解血栓的作用。食管短,嗉囊发达,其两侧生有数对盲囊(医蛭有11对,蚂蟥有5对),可储存血液。蛭类除少数肉食性外,大多数以吸食无脊椎动物的体液和脊椎动物的血液为生。

蛭类为雌雄同体,异体受精,有交配现象,具有生殖带,这些特点似蚯蚓。雄性生殖器官有精巢数对至10余对(医蛭为10对)、输精管、贮精囊、射精管、阴茎等。阴茎可自雄性生殖孔(医蛭为第Ⅹ体节)伸出。雌性生殖器官有卵巢一对,输卵管一对,阴道开口为雌性生殖孔(医蛭为第Ⅺ体节)。当生殖季节交配时,以阴茎将射精管末端膨大处由前列腺分泌物形成的精荚送入对方的雌性生殖孔内。受精卵产出于生殖带分泌的卵茧内,直接发育。

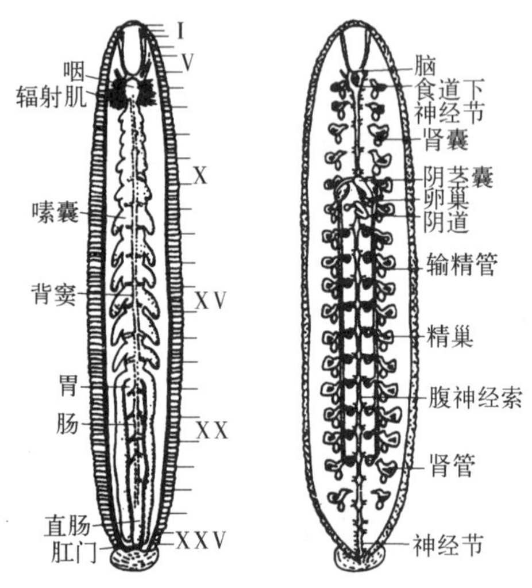

图7-20 医蛭内部结构(仿Mann)

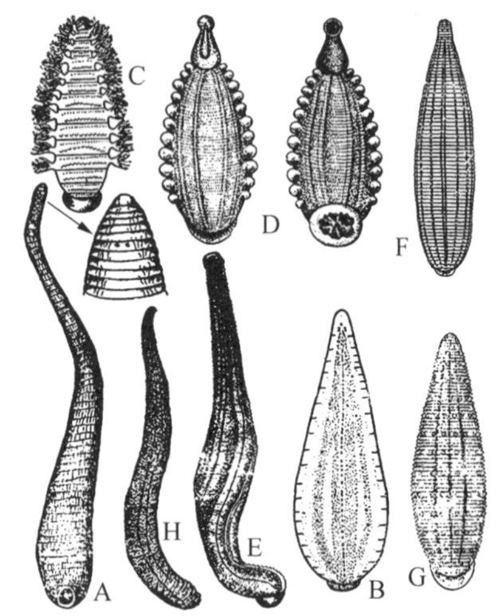

图7-21 蛭纲各目的代表(引自江静波)

A. 棘蛭;B. 舌蛭;C. 扬子江鳃蛭;D. 中华颈蛭;E. 欧洲医蛭;F. 宽身蚂蟥;G. 日本山蛭;H. 石蛭

2. 蛭纲主要类群

蛭类大部分栖于淡水中,少数陆生或海产。蛭纲一般分4目。

(1) **棘蛭目**(Acanthobdellida)

体腔发达,具刚毛;只有后吸盘。种类少,只棘蛭科(Acanthobdellidae)一科,棘蛭(*Acanthobdellida*)寄生在鲑鱼(Salmo)鳃上(图7-21A),分布于俄罗斯北部。

(2) **吻蛭目**(Rhynchobdellida)

具有可伸出的管状吻,无颚;前吸盘有或无。寄生在鱼等冷血动物体上。如舌蛭(*Glossiphonia*)、扬子鳃蛭(*Ozobranchus yantseanus*)、中华颈蛭(*Trachelobdella sinensis*)(图 7-21B~D)。

(3) 颚蛭目(Gnathobdellida)

口腔内具颚,有前吸盘,无循环系统,水生或陆生。如欧洲医蛭、宽身蚂蟥(*Whitmania pigra*)、日本山蛭(*Haemadipsa. japonica*)(图 7-21 E~G)。栖息山林中,吸食脊椎动物及人的血液。

(4) 石蛭目(Herpobdellida)

无颚片,具肉质的伪颚。如石蛭(*Herpobdella*)(图 7-21H),分布在池塘、河流中。

思 考 题

1. 环节动物门有哪些主要特征?
2. 分节现象和次生体腔的出现在动物演化上有何重要意义?
3. 环节动物门依据哪些特征进行分纲?
4. 从沙蚕、蚯蚓和蛭的主要结构特征,试述其对各自生活方式的适应性。
5. 试述环节动物与人类的利害关系。

第8章 软体动物门(Mollusca)

提　　要

软体动物外形多样化，种类多、数量大，仅次于节肢动物，是动物界中的第二大类群。包括所有贝壳类动物、八爪鱼及墨鱼等。

软体动物的结构与机能特点与环节动物相比较，既有比环节动物高级的，也有相对低等的。这两大类动物极可能有着共同的祖先，但却是朝着不同方向演化。环节动物朝着适于活动的生活方式演化；软体动物则朝着不大活动的生活方式演化(头足纲动物例外)，并由此产生了一系列适应性的“退化”。

软体动物分布十分广泛，大多数自由生活，主要为海产种类，也有生活在淡水或潮湿的陆地环境中，少数种类营寄生生活。绝大多数软体动物具有贝壳，故称之为“贝类”。软体动物的身体结构和机能比较复杂，根据现存种类的比较形态学、胚胎学和古生物学的研究发现，所有的软体动物都是建筑在一个基本的模式结构上的，这个模式就是假想的原软体动物(祖先模式)，由这个原软体动物再发展成各个不同的类群(图8－1)。

8.1 软体动物门的主要特征

8.1.1 体制

虽然少数软体动物的身体左右对称，多数种类的身体不对称，但它们柔软的身体一般都可分为头、足和内脏团三部分(图8－1)。

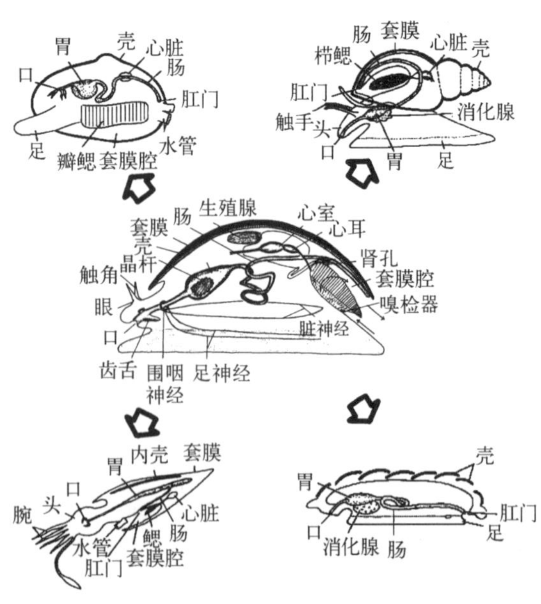

图8－1　软体动物体制模式图及其与各主要纲的演化关系(引自Brusca)

1. 头部

位于身体的前端。头部发达程度依生活习性而异。行动敏捷的种类，头部明显，其上生有眼、触角(tentacle)等感觉器官(田螺、蜗牛及乌贼等)；行动迟缓或固着(或穴居)的种类，头部不发达(石鳖)或头部消失(蚌类、牡蛎等)。

2. 足部

常位于动物体的腹侧，是由体壁伸出的一个多肌肉质运动器官(不成对)。足的形态常因动物生活方式的不同和对外界环境的适应而异，如块状(石鳖、蜗牛)，斧状(河蚌)或柱状(角贝)。有的足特化分裂成数条腕，生于头部，故称头足，成为捕食器官(乌贼、章鱼)；有的足部退化，失去了运动功能(扇贝)；固着生活的种类，则无足(牡蛎)；少数种类足的侧部(侧足)特化成片状，司游泳，称为翼或鳍，如海兔(*Aplysia*)。

3. 内脏团(visceral mass)

是足部背面隆起的部分，由柔软的体壁包围着，其中包括了大部分的内脏器官。除腹足类动物以外，其他各类动物的内脏团均为左右对称。

8.1.2　外套膜(mantle)

是由身体背侧皮肤褶状扩张，并向下伸展而成的一个或一对膜，常包裹整个内脏团。外套膜与内脏团之间形成的空腔称外套腔(mantle cavity)，腔内常有鳃、足，肛门、肾孔、生殖孔等开口于外套腔。

外套膜由内、外两层上皮(也称表皮)构成(图 8-2)，中间夹有结缔组织及少量的肌纤维(也称真皮)。外层上皮由圆柱形和椭圆形的表皮细胞(内含色素颗粒)及腺细胞(包括黏液细胞和颗粒细胞)组成，具有很强的分泌功能，是形成贝壳的重要部位；内层上皮细胞表面具有纤毛，纤毛的摆动造成水流不断地经过，使水循环于外套腔内，以有利于气体交换、废物排泄、摄取食物等。左右两片外套膜在不同种类因呈不同的愈合情况而形成不同类型的出水孔(exhalant siphon)和入水孔(inhalant siphon)；有些种类的出、入水孔延长成管状，甚至伸出壳外，成为出水管和入水管，如蛏类。

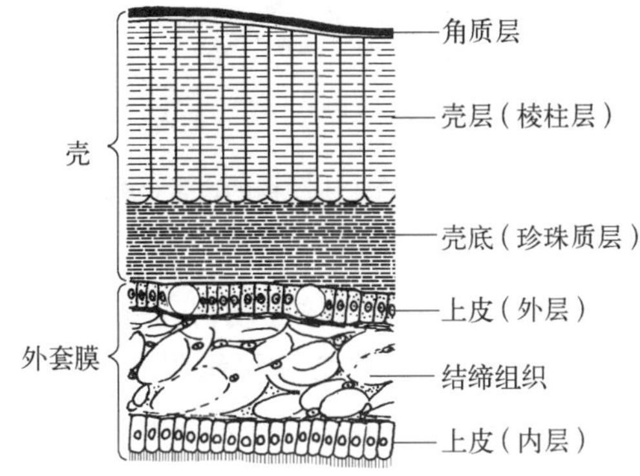

图 8-2　无齿蚌的壳与外套膜切面(引自椎野季雄)

外套膜在贝壳内贴附得很紧，因此形成外套痕(pallial impression)，又称外套线(pallial line)；外套痕末端向内弯入的部分称为外套窦(pallial sinus)，其深浅与水管的发达程度有关。

8.1.3　贝壳(shell)

贝壳是软体动物的重要特征之一。大多数软体动物具有 1~2 个或多个贝壳。贝壳的形态有帽状、螺旋状、管状、瓣(勺)状、梭状等多种。多数种类具有外壳(external shell)，少数种类的贝壳退化成内壳(internal shell)，有的甚至无壳。贝壳有保护柔软身体的功能。

贝壳的成分主要是碳酸钙(95%)，另外还有少量的壳基质(conchiolin，又称贝壳素或贝壳硬蛋白)、镁、铁、磷酸钙、硫酸钙、硅酸盐和氧化物等，这些物质均由外套膜外层的上皮细胞分泌。

贝壳的结构一般可分为 3 层(图 8-2)。最外一层为角质层(periostracum，也称壳皮层)，很薄，透明或半透明，具有一定光泽；由壳基质构成，不受酸碱的侵蚀，可保护贝壳。中间一层为壳层(ostracum)，又称棱柱层(prismatic layer)，占贝壳的大部分，由角柱状的方解石(calcite)构成。最内一层为壳底(hypostracum，又称壳下层)，即珍珠质层(pearl layer)，由叶状霰石或文石(aragonite)构成，具有折光性(即呈现珍珠光泽)。在电子显微镜下看，霰石结晶呈砌砖状构造，每层之间都有氨基酸充塞。

一般认为，外套膜的分泌机能是有区域性的。角质层由外套膜缘生壳突起分泌形成，棱柱层由外套膜缘背面表皮细胞分泌形成，这两层均可随动物的生长逐渐加大，但不增厚。内层由外套膜全部外表皮细胞分泌而成，可随动物的生长而增加厚度。乌贼和枪乌贼只有相当于棱柱层或角质层的内壳。角质层和棱柱层的生长并非是连续不断的，动物的繁殖、疾病、食物、温度等因素都会影响外套膜的分泌机能，进而影响贝壳的生长速度，因此在贝壳表面形成了生长线(growth line)，生长线的形成就是角质层增长不连续性的一种表现，显示出外套膜缘不能持续分泌的结果。

珍珠就是由珍珠质层形成的。当外套膜受到微小砂粒等异物侵入刺激，受刺激处的上皮细胞即以异物为核，陷入外套膜上皮之间的结缔组织中，陷入的上皮细胞自行分裂形成珍珠囊。异物与囊壁之间产生电位差，引起生物电流，致使钙质不断向珍珠囊方向移动，继而沉淀结晶，层复一层地将核包住，逐渐形成珍珠。实际上，珍珠的形成可以看作是外套膜抵抗异物刺激的一种保护性反应。

8.1.4　较发达的消化系统

除少数寄生种类(如内寄螺 *Entocolax*)的消化管退化以外，软体动物的消化管通常较发达。消化管可分为前肠(口腔和食管)、中肠(胃)和后肠(肠本身)三大部分。多数种类口腔内具有角质颚片(mandible)和齿舌(radula)，颚片一个或成对，可辅助捕食。齿舌是软体动物特有的器官，位于口腔底部的舌突起(odontophore)表面，由横列的角质齿组成，似锉刀状(图 8-3)。摄食时，以肌肉收缩带动齿舌作前后伸缩

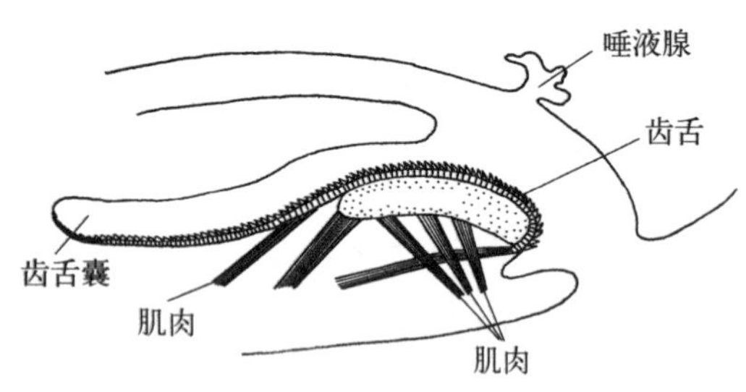

图 8-3 原始软体动物的齿舌(仿 Barnes)

运动,刮取食物。口腔背面有唾液腺的开口,其分泌物可以润滑齿舌,并将进入口中的食物颗粒黏着在一起。齿舌上小齿的形状、数目及排列方式是鉴定软体动物种类的重要依据之一。一些后鳃类及肺螺类的食管或胃的前端形成了嗉囊(crop)及砂囊(gizzard)。在前鳃类,由于扭转,胃的位置发生倒转,即食管从胃的后端进入,肠则由胃的前端通出。

8.1.5 体腔和循环系统

软体动物属于真体腔动物,但在体腔形成时,中胚层同时分化产生了发达的结缔组织,并深入到器官和其他组织之间,这些结缔组织限制了体腔的发展,使体腔大为缩小退化,只残留下了围心腔(pericardinal cavity)、生殖腺腔和排泄器官的内腔。因为真体腔不发达,限制了血管壁的形成,使组织之间流动的血液不受血管壁包围,而是处于组织间的不规则空隙中,这样的组织间隙叫做血窦(blood sinus)。因此,软体动物即为开管式循环(open circulation),体内通常有1～3个血窦(足窦、外套窦、中央窦)。

软体动物的循环系统由心脏、血管、血窦及血液组成。心脏一般位于内脏团背侧的围心腔内,由心耳(auricle)和心室(ventricle)构成。心室一个,壁厚,能搏动,为血循环的动力;心耳一个或成对(常与鳃的数目一致)。心耳与心室之间具有瓣膜,以防止血液逆流。血管分化为动脉和静脉(环节动物的血管尚未分化为动脉和静脉)。血液自心室经动脉及分支形成的小血管,进入身体各部分的组织间隙(血窦);再经过血窦,汇集流入静脉,并流回心耳及心室。血液循环的基本路线是:心脏→动脉→血窦→静脉→心脏。一些快速游泳的种类,血窦不发达,血液接近闭管式循环(closed circulation),其血液循环的基本路线是:心脏→动脉→微血管→静脉→心脏。

少数种类软体动物的血浆中具有含铁元素的血红蛋白(又称血红素,haemoglobin),故血液显红色,如蚶科的种类(Arcidae);多数种类血浆中具有含铜元素的血清蛋白(又称血蓝素,haemocyanin),故血液显青色或无色。血液内含有变形虫样的细胞。

8.1.6 专门的呼吸器官

软体动物是最先出现专门呼吸器官的动物类群。水生种类用鳃呼吸。鳃由外套腔内面的上皮伸展而成。鳃由鳃丝和鳃轴构成。鳃丝的前缘具有几丁质骨棒,以增加鳃的硬度。鳃丝的前缘及表面布满纤毛,纤毛的摆动造成水在外套腔中的流动。鳃轴内包含有肌肉、神经和血管。水由外套腔后端的下室流入,经鳃丝表面及上室流出外套腔。鳃轴内具有两个血管,即背面的入鳃血管(afferent blood vessel)和腹缘的出鳃血管(efferent blood vessel)。

软体动物鳃的形态因种而异。楯鳃,羽状,鳃轴两侧生有鳃丝;栉鳃(ctenidium),梳状,鳃轴一侧生有鳃丝;瓣鳃(lamellibranch),鳃为瓣状;丝鳃(filibranch),鳃丝状。有的种类本鳃消失,在背侧皮肤表面生出次生性鳃(secondary branchium)。鳃一个或成对(多可达几十对)。陆地生活的种类均无鳃,由"肺"(lung)呼吸,这类动物外套腔内部一定区域的微细血管密集成网,直接摄取空气中的氧,这是对陆地生活的一种适应性。

8.1.7 后肾管型排泄系统

软体动物的排泄器官是肾脏,其结构与环节动物的后肾管类似(发生上同源)。后肾管的数目一般与鳃的数目一致。少数种类的幼体为原肾管。后肾管位于围心腔两侧,由腺质部分和管状部分组成。腺质部分富有血管。肾口,又称内肾口(nephrostome),具有纤毛,开口于围心腔。管状部分为薄壁的管子,内壁具纤毛。肾孔,又称外肾孔(nephridiopore),开口于外套腔。后肾管主要是排除血液中的代谢产物。另外,围心腔内壁上分支状的围心腔腺,密布微血管,可排除代谢产物于围心腔内,再由后肾管将其排出体外。软体动物的肾脏具有一定的水分重吸收能力,将有用的盐类回收,将无用的废物变成尿,排出体外。

8.1.8　不发达的神经系统和感觉器官

软体动物的神经系统在各纲中的发展情况很不一致。原始种类的神经系统无神经节的分化，仅有围咽神经环及向体后伸出的一对足神经索(pedal nerve cord)和一对侧神经索(pleural nerve cord)(图 8-4)，情形类似扁形动物。较高等的种类，主要有 4 对神经节(不仅各神经节间有神经相连，各神经节也发出分支神经到相应的器官)。脑神经节(cerebral ganglion)位于食管背侧，发出神经至头部及体前部，支配触手、眼等感官；足神经节(pedal ganglion)位于足的前部，伸出神经至足部，支配足的运动和感觉；侧神经节(pleural ganglion)发出神经至外套膜及鳃等处；脏神经节(visceral ganglion)发出神经至各内脏器官(图 8-5)。头足类的主要神经节集中在一起形成了脑，其外有软骨包围，这是无脊椎动物中最高级的中枢神经系统。

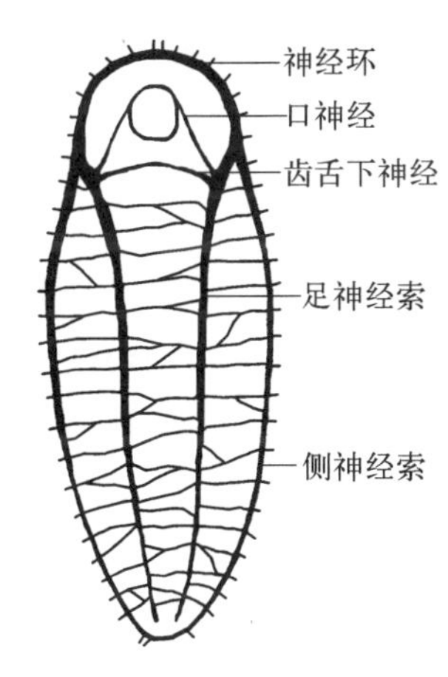

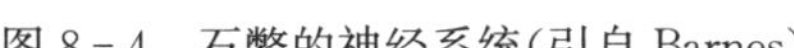
图 8-4　石鳖的神经系统(引自 Barnes)

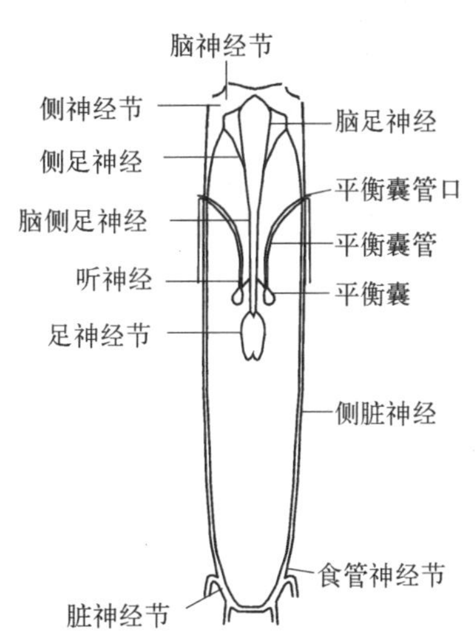

图 8-5　湾绵蛤的神经系统(仿刘凌云)

软体动物的皮肤、外套膜内面和触角等处，都分布着许多专司感觉的神经末梢。触角生在头部前端，又称头触角，一对或两对。腹足类的眼通常生在头部，故又称头眼，一对；多板纲、瓣鳃纲和掘足纲的成体均无头眼，但在其贝壳或外套膜上，常生有微眼(aesthetes)或外套眼(pallial eye)；头足纲的眼最为高级。软体动物还有嗅检器、平衡囊等感觉器官，感觉灵敏。

8.1.9　较复杂的生殖与发育方式

大多数软体动物为雌雄异体，少数种类为雌雄同体；雌雄同形或异形。多数种类营体内受精，精子通过交配、递送至或随水流进入雌体内。生殖腺由体腔壁形成，生殖细胞由生殖上皮产生，生殖导管内端通向生殖腔，外端开口于外套腔或直接与外界相通。卵裂形式多为完全不均等卵裂，少数为不完全卵裂，多数为螺旋型卵裂。个体发育中先后经过担轮幼虫(trochophore larva)和面盘幼虫(veliger larva)两期幼虫(图 8-6)。担

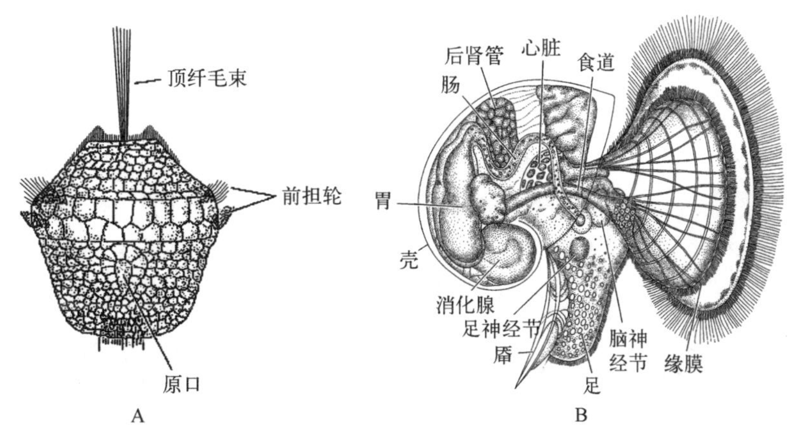

图 8-6　担轮幼虫(A)(引自 Brusca)和面盘幼虫(B)(引自 Brusca)

轮幼虫的形态与环节动物多毛类的幼虫近似。面盘幼虫发育早期背侧有外套膜的原基,且分泌外壳;腹侧有足的原基,口前纤毛环发育成缘膜(velum,又称面盘)。腹足纲动物发育至面盘幼虫期时,内脏开始扭转,形成左右不对称。淡水蚌类有特殊的钩介幼虫(glochidium)(图 8-7)。钩介幼虫 0.5~5mm,已具有双壳;具有发达的闭壳肌,壳的游离端具有钩和齿。腹部中央生有一条有黏性的细丝,称足丝。壳侧缘生刚毛,有感觉作用。头足类动物为直接发育。

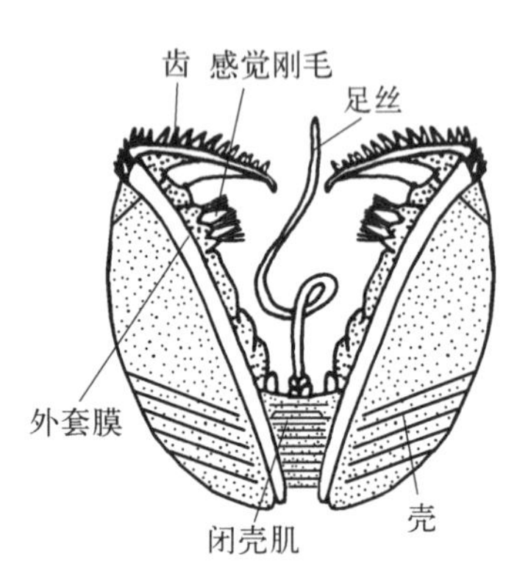

图 8-7 钩介幼虫(仿椎野季雄)

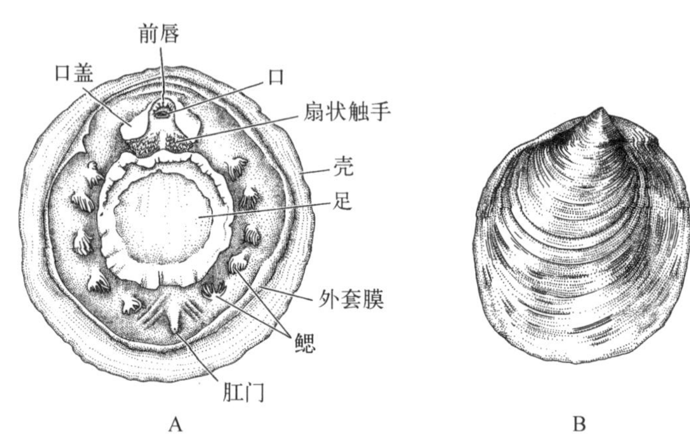

图 8-8 新蝶贝腹面观(A)及贝壳(B)(引自 Brusca)

8.2 软体动物的分类

全世界已记载的软体动物约有 100 000 个现存种(中国大约有 3 500 种)和约 40 000 个化石种。依据现存种的贝壳、足、鳃、神经及发生特点等特征,通常将软体动物分为七个纲。

8.2.1 单板纲(Monoplacophora)

发生在 4 亿年的一类软体动物,长期被认为是化石种类。1952 年,丹麦的"海神"号海洋探险船(Galathea Expedition)在太平洋沿岸的哥斯达黎加 3 570 m 深海处,第一次采得十个生活的动物个体,并于 1957 年由丹麦的 Lemche 定名为新碟贝(*Neopilina galathea*),称为动物界的活化石(图 8-8)。

身体两侧对称,体长 0.3~3 cm。头部很不发达,口位于身体腹面的前端,具齿舌,肛门位于体后端。具有一枚帽状外贝壳,腹足宽大而扁,适于在海底滑行。部分器官有按节排布的现象,两对心耳,五对鳃,五对肾脏,八对缩足肌,十对足神经,两对生殖腺。雌雄异体,雌雄同形。海产种类。目前这类动物已在太平洋和印度洋各深海陆续发现了 8 种,这一类"活化石"的发现,对探讨贝类的起源与进化,提供了新的材料。

8.2.2 无板纲(Aplacophora)

无贝壳,头不发达,体呈蠕虫状,体长一般在 5 cm 左右,肛门开口在体后的外套腔(排泄腔)中。外套膜极发达,体表有角质层,包含有石灰质或角质骨刺。腹侧中央通常有一个腹沟(ventrale groove),有的种类沟中有一小形具纤毛的脊状足,而有运动功能。多数种类在外套腔内有一对鳃,心脏为一心室一心耳,不十分典型的后肾管,开口于外套腔。神经系统较简单,没有触角、眼等感觉器官。多数雌雄同体,生殖腺成对。个体发生中有担轮幼虫期。全为海产种类,生活在低潮线以下至深海海底,底栖种类多为腐食性,穴居种类多为肉食性。分布遍及全球。

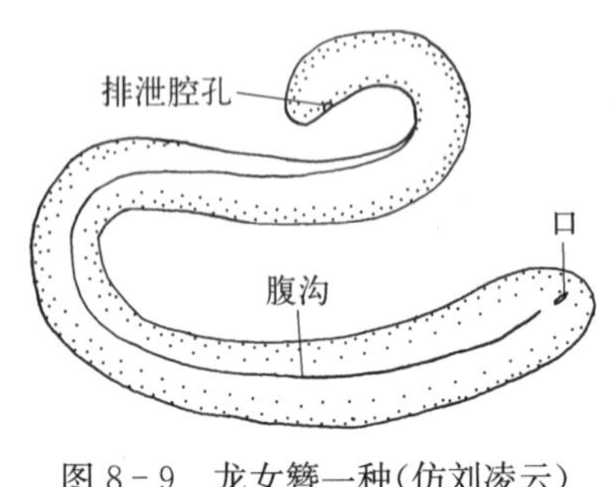

图 8-9 龙女簪一种(仿刘凌云)

无板类约有 250 种(包括大约 150 个化石种),如毛皮贝(*Chaetoderma*)、新月贝(*Neomenia*)和龙女簪(*Proneomenia*)(图 8-9)等。我国比较少见,仅在南海海域 79 m 深处曾采得龙女簪。

8.2.3 多板纲(Polyplacophora)

图 8-10 石鳖的生活状态

身体上着生有8块板状的贝壳,故称"多板类"。它们身体呈椭圆形,左右对称,口及肛门位于身体的前后端。腹足宽大而扁,常吸附于沿海潮间带的岩石或藻类上,很少活动。多板类的贝壳不能覆盖整个身体,在贝壳与外套膜边缘之间裸露的部分,叫做"环带"。环带的表面有角质层或生有石灰质的鳞片、针骨或角质毛等。多板纲数目多,全世界已知有600余种,全部为海产(图8-10、8-11)。

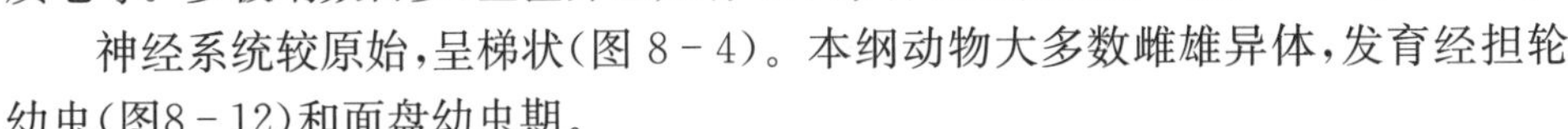

神经系统较原始,呈梯状(图8-4)。本纲动物大多数雌雄异体,发育经担轮幼虫(图8-12)和面盘幼虫期。

多板类约有1 000种(其中包括350左右的化石种)。多分布在潮间带,一般生活在盐度29~35的水域中。常见动物如红条毛肤石鳖(*Acanthochiton rubrolineatus*)、朝鲜鳞带石鳖(*Lepidozona coreanica*)、函馆锉石鳖(*Ischnochiton. hakodadensis*)等(图8-13)。

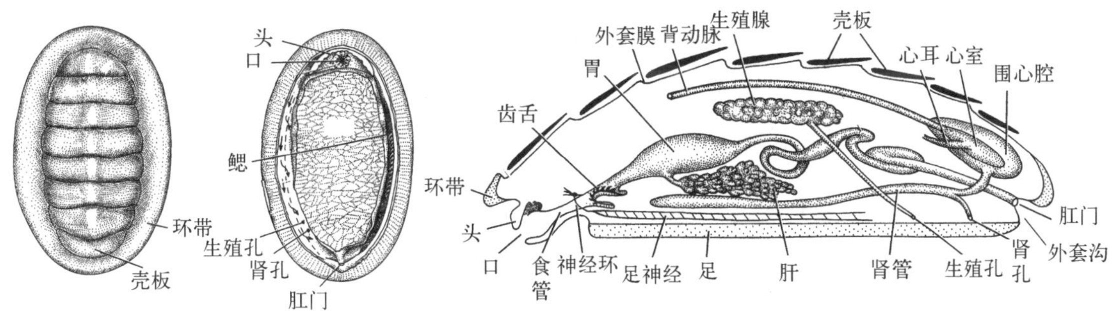

图 8-11 石鳖(A. 背面观;B. 腹面观;C. 内部结构)(引自 Brusca)

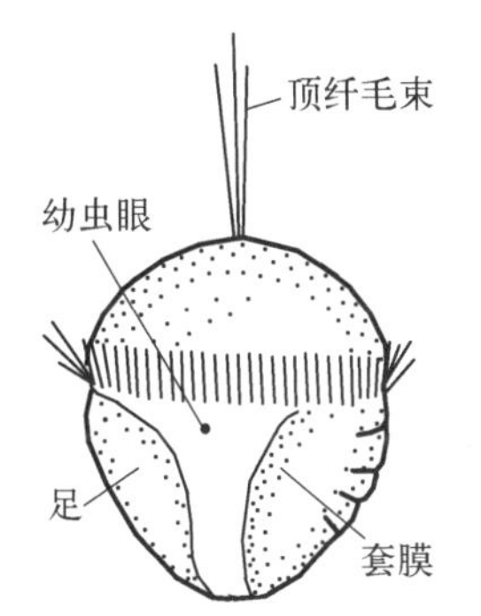

图 8-12 石鳖(*Ischnochiton*)的担轮幼虫(仿 Barnes)

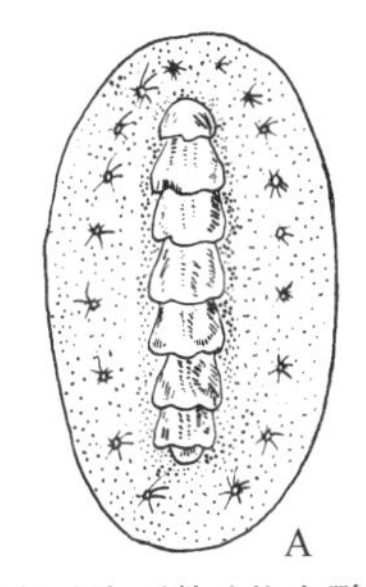

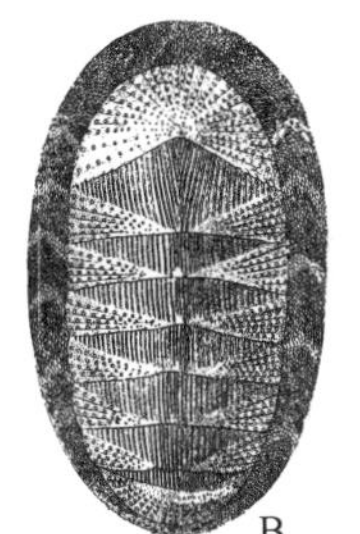

图 8-13

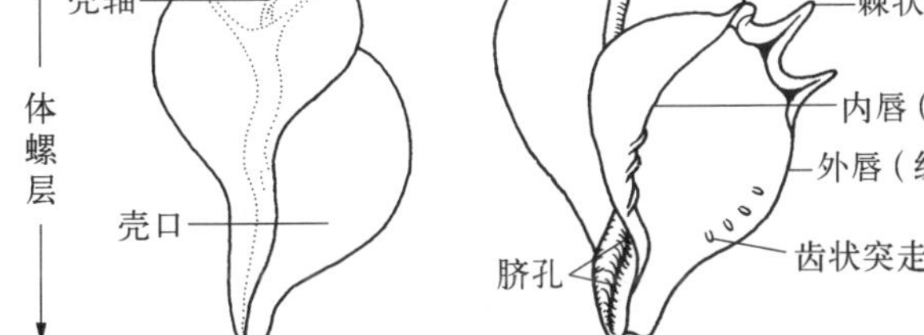

图 8-14 腹足纲的贝壳各部名称图解(引自椎野季雄)

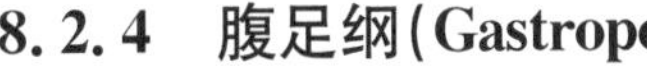

8.2.4 腹足纲(Gastropoda)

1. 主要特征

腹足类多营活动性生活,大多数种类具有一枚螺旋状外贝壳,故又称单壳类(Univalvia)或螺类;少数无贝壳。腹足发达(故名腹足类),足呈块状或叶状。广泛分布于海洋、淡水及陆地,为软体动物中最繁盛的一个类群,少数种类为寄生。

(1) 贝壳的结构

腹足类的贝壳形态各异,是重要的分类依据。壳呈螺旋形(图8-14),多数种类为右旋(dextral),它是由于受精卵螺旋卵裂的第一次分裂为逆时针方向,第二次为顺时针方向所致;少数左旋(senistral),它是由于受精卵螺旋卵裂的第一次为顺时针方向,第二次为逆时针方向所致;极个别种类(如椎实螺)的左旋和右旋同时存在。螺壳可以分为两个部分,螺旋部(spire)和体螺层(body whorl)。螺旋部一般由许多螺层(spiral whorl)构成,有的种类退化(如鲍、宝贝等)。壳的顶端称壳顶(apex),为动物最早形成的一层(胚壳)。各螺层间的界限称缝合线(suture),深浅不一。许多与缝合线相垂直的平行线称生长线(growth line)。体螺层的开口称壳口(aperture),壳口内侧称内唇(inner lip),外侧称外唇(outer lip)。螺轴(columella)为整个贝壳旋转的中轴,位于贝壳内部中央,轴的基部遗留的小窝称脐孔(umbilicus),深浅不一。有的种类由于内唇外转而形成假脐孔(pseudoumbilicua)。

(2) 身体不对称的起源

腹足类的头部和足表现出明显的两侧对称,但内脏团却呈螺旋形,失去对称性。这是因为在个体发育中,身体发生了扭转的结果。

腹足类身体不对称起源的问题很复杂,目前还没有很好的解决。经古生物学的研究,下寒武纪(距今约5.5亿年)腹足类的化石表明,其身体为左右对称。同时,腹足类的个体发生中的担轮幼虫,身体亦左右对称。只是到了面盘幼虫的后期,身体才发生了扭转(torsion),随后的不对称生长,使动物的身体逐渐失去对称性。这说明腹足类祖先的身体是左右对称的。除腹足类外,其他软体动物类群的身体都是左右对称。这些都显示出腹足类身体不对称是由左右对称的祖先经漫长的演变发生的。究竟是什么因素促使它们发生了这样的变化?扭转学说(theory of torsion)认为,古生物学、胚胎学和比较解剖学的研究结果表明,腹足类的祖先身体为左右对称,心耳、鳃及肾脏等器官成对,左右对称排列;口在前端,肛门位于体末;背侧有一碗形贝壳,以腹面的足在水底爬行(与单板纲及多板纲相似)。这种体制与已发现的化石标本是相符的。这样的腹足类动物,当遇到敌害时,则可将身体缩入壳内,以保护自己。由于腹足逐渐发达,贝壳相应地也慢慢增大,不断向上方发展,成为圆锥形(与掘足类近似)(图 8-15A)。贝壳的容积增大了,口径相对变小,身体可以完全缩入壳内。在下寒武纪地层中发现的腹足类化石中,有不少种类就是这样的。但这样的贝壳有碍动物的运动,爬行中受到的阻力较大,也难以保持身体平衡。在演化发展中,高耸的贝壳逐渐向体后方倾倒(图 8-15B)。如此虽克服了爬行中的阻力,但使外套腔的出口受到压迫,肛门及肾孔等被压在足和壳之间,阻碍了各器官的正常生理机能(水的穿流、鳃的呼吸、排泄物和生殖细胞等的排出都受到了阻碍)。于是动物身体发生了适应的变化,即身体的外套膜及内脏团部分沿纵轴发生了 180°的扭转(头和足不受影响),肛门移到身体前方,心耳、鳃及肾脏等器官左右易位,同时也发生螺旋曲卷,内脏团变成螺旋形。扭转使外套腔及其开口移到身体的前端,不再受压,各器官的生理机能得以正常进行(水的穿流、鳃的呼吸、排泄物和生殖细胞等的排出都通畅了)(图 8-15C)。这样,在贝壳的容积不变的情况下,其表面积减小了,高度降低了,从而爬行中受到水的阻力也减小了,运动相对更为灵活。这一切变化对腹足类的生活是有利的,并且在长期演化发展中被保留下来。然而,内脏团顺时针方向或逆时针方向的扭转,致使一侧的器官因发育受阻而消失,心耳、鳃及肾脏等均成为单个,内脏器官失去了对称性;侧神经节和脏神经节间的侧脏神经连接从平行扭成"8"字形(图 8-16)。这种扭转过程在腹足类个体发生中看得很清楚(图 8-17)。腹足类的这个扭转过程,自寒武纪开始至奥陶纪末期才完成,经历了千万年的演化过程。但在一个螺的个体发育过程中,这样的扭转只需几分钟便可以完成。腹足纲中的后鳃类,其侧脏神经连接并不扭成"8"字形,身体表现为左右对称,这是它们又发生了反扭转(detorsion)的结果。有人认为,贝壳退化是导致它们发生反扭转的原因。因已发生过扭转,扭转中失

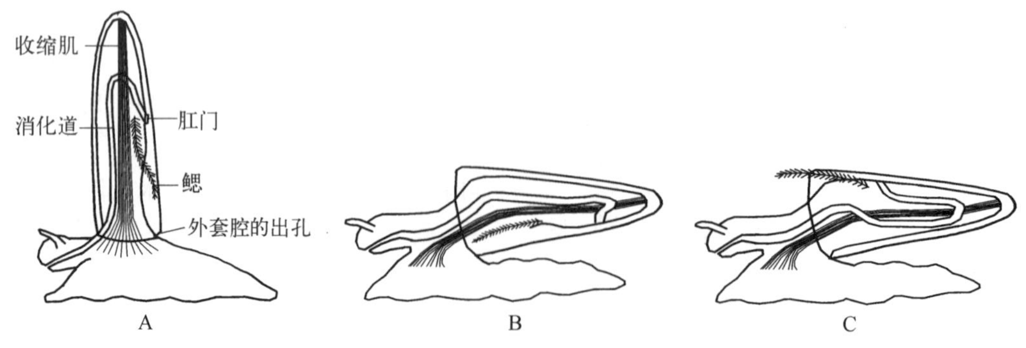

图 8-15 腹足类身体扭转示意图(仿江静波)

A. 具圆锥形的贝壳; B. 贝壳向后方倾倒; C. 内脏团扭转

去的器官不再复生,因此内脏器官仍然不对称。反扭转的结果是外套腔又回到了身体后方。实际上,大部分种类的外套腔和鳃消失了,继而出现了次生性的皮肤鳃;贝壳也趋于退化,身体又变成了蠕虫形。肺螺类在进化中经过了扭转而没有经过反扭转。由于适应陆地生活,本鳃消失了,由外套腔变成"肺"进行呼吸。由于侧脏神经节都移到前端食管周围,所以肺螺类虽然经历了扭转,但其侧脏神经节仍不呈"8"字形。

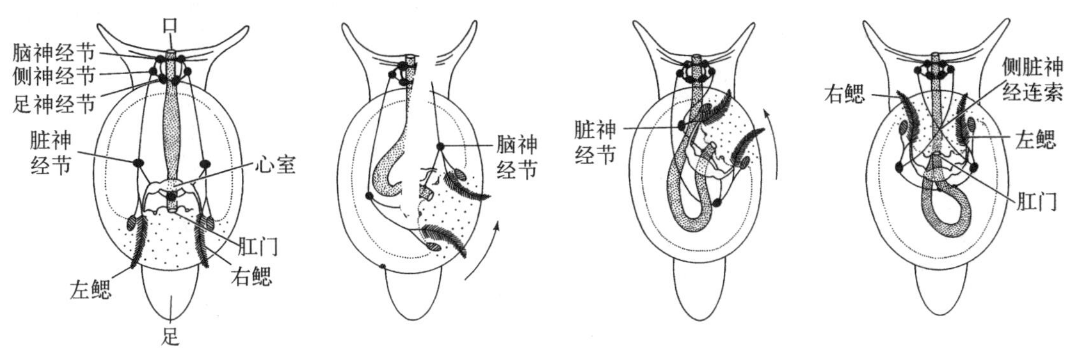

图 8-16 腹足类的内脏团扭转图解(引自 Brusca)

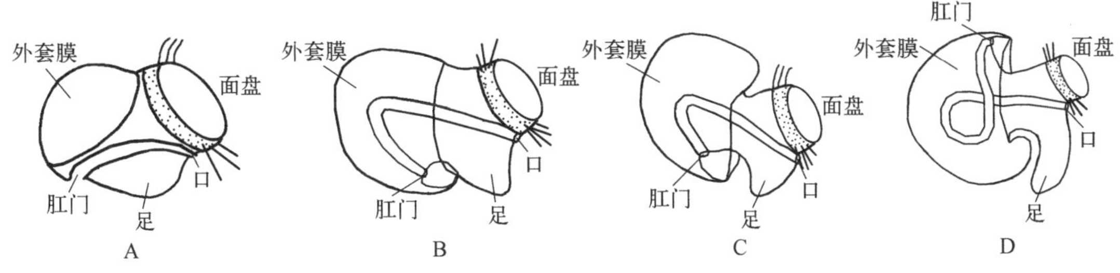

图 8-17 腹足类的面盘幼虫内脏团扭曲过程(仿刘凌云)

A. 尚未扭转;B. 消化官发生扭转;C. 内脏团逐渐扭转;D. 内脏团扭转 180°

2. 代表动物——圆田螺(*Cipangopaludina*)

圆田螺(图 8-18、8-19)生活在湖泊、池沼、河流及水田等处,为淡水中习见的大型螺类。种类多,分布广,常见的中国圆田螺(*Cipangopaludina. chinensis*)为世界性种类(仅南美洲尚未发现)。圆田螺以宽大的肉质足在水底、水草或石壁上爬行,以水生植物叶片、附生藻类等为食。

图 8-18 圆田螺的外形

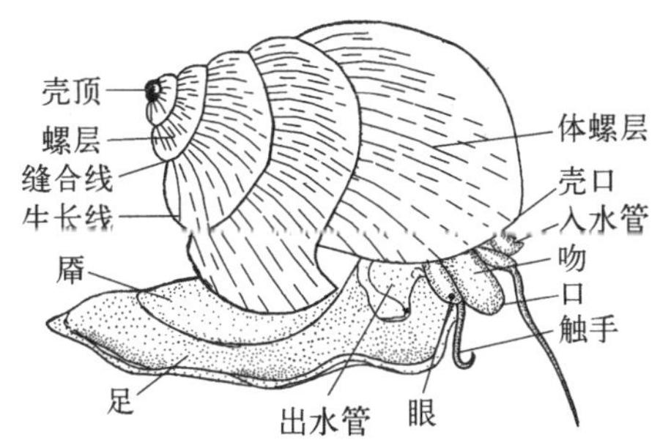

图 8-19 圆田螺(♀)的外形(仿华中师院等)

(1) 外部形态

壳大,薄而坚固,壳高 5~6 cm,壳宽 3.5~4 cm,呈圆锥形。螺层膨胀,螺旋部(spire)6~7 层,是内脏团所在之处。缝合线(suture)深,体螺层(body whorl)上有明显的生长线,是容纳头和足的部位。壳口(aperture)卵圆形,外唇薄,内唇厚;脐孔呈缝状。头和足可自壳口伸出,内脏团则留在壳内。头部发达,前端有一圆形突起的吻,吻的腹侧为口。吻的基部两侧生有一对长圆锥形的触角。触角基部的外侧各有一突起,其上各有一黑色的眼。头后方两侧有由部分外套膜形成的褶状颈叶。右侧的发达,卷成出水管(原始腹足目无此结构,该目的许多种类是在壳上开口),它是水流进入外套腔的通道;左侧的较小,贴在外套膜上,形成入水管,是水流出外套腔的通道。头后身体腹面为宽阔的肌肉质叶状足,适于在物体表面爬行、水面游泳。足的背侧为内脏团,后部背面有一卵圆形、黄褐色的角质片状物(有些种类的厣是石灰质的),称为角质厣(operculum),其上有同心环形生长纹。当圆田螺缩入壳内时,首先是头缩入,继而足蹠面中央横折也缩入,厣正好封住壳口。因此,厣具有保护作用。圆田螺的外套膜呈薄膜状,将内脏团包围。其前端宽广,边缘处色素增厚,形成环绕头足部周围的领。外套膜边缘较厚,围绕头及足的周围,背缘及侧缘游离,腹缘与足愈合。在头足部与内脏团之间形成外套腔。雄螺的外套腔右侧前端有肛门和肾孔,雌螺则还有生殖孔。

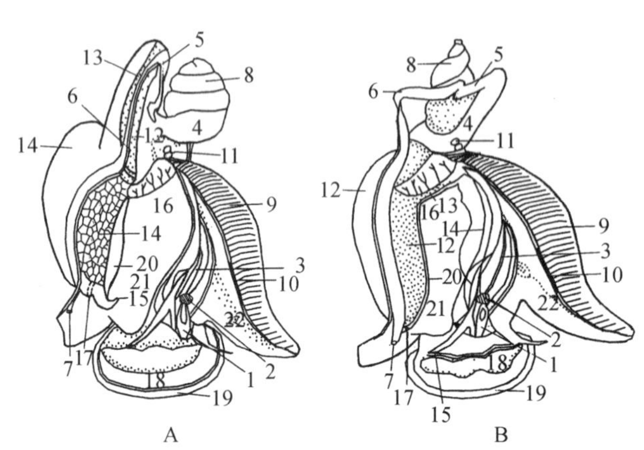

图 8-20 圆田螺的内部结构(背面观)
A 雌性;B 雄性(仿刘凌云)

A. 雌性 1. 咽;2. 唾液腺;3. 食管;4. 胃;5. 肠;6. 直肠;7. 肛门;8. 肝;9. 鳃;10. 嗅检器;11. 心脏;12. 卵巢;13. 输卵管;14. 子宫;15. 生殖孔;16. 肾;17. 肾孔;18. 足;19. 厣;20. 输尿管;21. 外套腔;22. 外套膜
B. 雄性 12. 精巢;13. 输精管;14. 前列腺(余注释与 A 相同)

(2) 内部构造(图 8-20)。

1) 消化系统 口位于吻前端的腹面,内为膨大的咽,其内腔称为口腔,具齿舌。咽后连以狭长的食管,伸至围心腔下,通入膨大的胃。咽与食管相连处的背侧,脑神经节之上,为一对唾液腺,开口于口腔。唾液腺没有消化作用,仅分泌黏液,利于吞咽。胃周围为一大型的黄褐色肝脏是圆田螺的主要消化腺,有肝管通入胃,能分泌淀粉酶和蛋白酶。除营细胞外消化外,胃还有吸收作用。胃的内壁常有一层外皮覆被。胃后为肠,外皮在肠的起首部特别发达,这种外皮有时分化形成相当大的晶杆,藏在幽门盲囊中。小肠很短,后面是直肠,其长度是小肠的 5 倍,并穿过围心腔。肠扭转 180°,其后半部分与输卵管平行。肛门开口于外套腔肾孔的右侧。

2) 呼吸系统 一个栉状鳃,位于外套腔左侧。鳃的上皮细胞具有纤毛,内有血管。鳃正位于入水管内侧,当水流经过外套腔时,可摄取溶于水中的氧,排出二氧化碳。此外,密部血管的外套膜也有一定的呼吸作用。

3) 循环系统 由心脏和血管构成。心脏位于胃和肾之间薄膜状的围心腔内,由一心室和一心耳构成。心室壁厚,位后方;心耳壁薄,位前方,二者之间有瓣膜分隔,以防止血液从心室倒流回心耳。出鳃静脉连于心耳。从心室分出的大动脉,离心后分为前后两支。一支为头(前)动脉,分布至头、食管、交接器、水管、外套、足缘等处;另一支为内脏(后)动脉,分布至体后部的内脏器官。各血管末端形成血窦。血液流回心耳有两条途径:一条为肾门静脉通路,即来自肝脏、胃、肠、输尿管、子宫等处的血液经肾静脉到肾脏,出肾后进入入鳃静脉,交换气体后回到心耳;另一条为鳃门静脉通路,即来自卵巢、外套膜的血液直接进入入鳃静脉,交换气体后回到心耳。血液无色,含有变形虫状细胞。

4) 排泄系统 包括肾脏和输尿管。肾脏一个,为带黄色的三角形体,位于围心腔之前,直肠在左侧。肾右侧为一薄壁的输尿管,有孔与之相通。输尿管右侧壁与子宫或精巢的外壁相连,另一侧游离在外套腔中。肾孔开口于肛门一侧稍后处,正位出水管的内侧,这样可使排泄物随水排出体外。

5) 神经系统及感觉器官 圆田螺的神经及感官比较发达,是与其活动的生活方式相适应的。

神经系统由神经节和神经连索构成,主要有四对神经节(图 8-21)。脑神经节一对,较大,其间有神经相连,位于咽的背侧,并分出十对神经到触角、眼、口、平衡器及口区各部分。侧神经节一对,位于脑神经节之后,较小,左右不对称,前面以脑侧神经连索与脑神经节相连,后面以侧足神经连索连于足神经节。足神经节一对,长带状,位于咽的下方、足的蹠面中央处,两神经节有神经相连,每一足神经节分出神经至足前部和后部,由脑足神经连索连于脑神经节。脏神经节一对,较小,位于食管末端处,其间有神经相连。左脏神经节有一长神经连索与食管左侧的肠上神经节相连,肠上神经节又连于右侧神经节,其间的神经连索在食管上方,自左后至右前;右脏神经节也有一长神经连索与食管右侧的肠

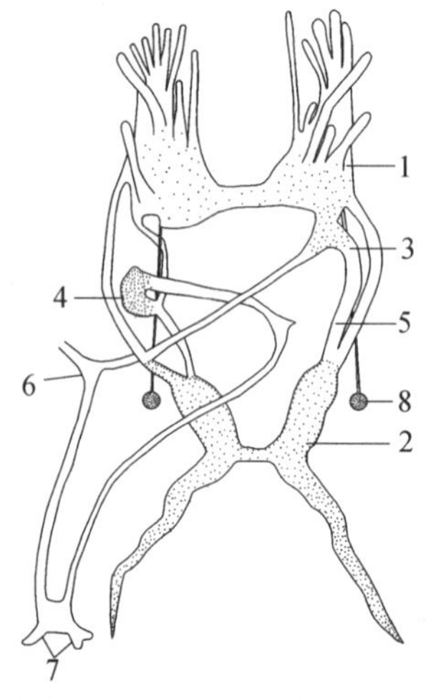
图 8-21 圆田螺的神经系统(仿刘凌云)

1. 脑神经节;2. 足神经节;3. 右侧神经节;4. 左侧神经节;5. 肠下神经节;6. 肠上神经节;7. 脏神经节;8. 平衡器

下神经节相连，肠下神经节又连于左侧神经节，其间神经连索在食管下方，自右后至左前。因此侧、脏神经节间的神经索在食管上下左右交叉形成“8”字形。从脏神经节分出神经至消化、生殖及排泄器官。

圆田螺除其皮肤具有一定的触觉作用外，其触角还有嗅觉作用。平衡囊(也称听觉器)位于足神经节后部内侧，为皮肤内陷的小囊，囊内有多个细小的耳石(otolith)。平衡囊分布有脑神经节分出的神经，以维持身体平衡。一对头眼为视觉器官，亦由皮肤内陷形成，具视网膜、晶体。口腔的腹面及两侧分布有由感觉细胞构成的味蕾。嗅检器为皮肤突起，位于外套腔内鳃的基部近端部左侧，呈弯曲线状，色黄，是鉴别流入外套腔内水质的化学感受器。

6) 生殖系统　雌雄异体。雄性右触角较左触角粗而短(以此鉴别雌雄)为交接器。雄性外套腔的右侧具有一个新月状棕黄色的精巢(由许多小管组成，内有精子和各发育阶段的生殖细胞)，精巢后端左侧连一较短的输精管(在输尿管下方)，向左横行，再向前伸，膨大成贮精囊(前列腺)，最后变细成射精管(阴茎)，入右侧触角中，其顶端的开口即为雄性生殖孔。故雄性的右触角有交接器的作用。雌性有一个长带状黄色的卵巢，与直肠上部平行。输卵管较短，连于卵巢，后端膨大通入子宫。子宫位于右侧，为一腺质壁的大形薄囊，可分泌蛋白质液包裹卵。子宫末端变细成管状，顶部为雌性生殖孔，末端开口于外套腔，位于肾孔的右侧。圆田螺为体内受精(受精部位在输卵管的顶端)。受精卵在子宫内生长发育(生殖季节中的子宫内可以有十余个至百余个处于不同发育阶段的胚胎或仔螺)，并产下幼螺。圆田螺营卵胎生(ovoviviparus)，是腹足类中特有的。

3. 分类

腹足纲是软体动物中最大的类群，有10万种以上(其中包括15 000左右的化石种)。依据有无鳃、鳃和心耳与心室之间的位置、侧脏神经连索的形状等特征，下分为三个亚纲。

(1) 前鳃亚纲(Prosobranchia)或扭神经亚纲(Streptoneura)

是腹足纲中最大的亚纲，现存55 000种以上。通常具外壳，一般有厣。头部具一对触角。外套腔及其开口位于身体前端。鳃1～2个，与心耳均位于心室前方，故又称前鳃类。胚胎在发育期间发生扭转，使左右侧脏神经连索交叉成“8”字形。多数雌雄异体。大多海产。分三个目。

1) 原始腹足目(Archaeogastropoda)　1～2个楯鳃；通常一心室二心耳；两个肾脏；齿舌的角质齿一般很多；神经系统集中，但不显著。

本目较有名的鲍(*Haliotis*)常栖息在海藻丛生、多礁石的海底。贝壳大而低，质地坚厚；螺旋部极小，体螺层及壳口极大；靠近贝壳边缘有一列突起，端部有孔；足肥大，无厣。为海味中的珍品，我国已进行人工养殖。壳可入药，称石决明。北方常见种类是皱纹盘鲍(*H. discushanuai*)，南方常见种类是杂色鲍(*H. diversicolor*，也称九孔鲍)。其他常见的种类有帽贝(*Patella*)、笠贝(*Notoacmea*)、蝾螺(*Turbo*)、马蹄螺(*Troc hus*)、翁戎螺(*Pleurotomaria*)等(图8-22，见彩页)。

2) 中腹足目(Mesogastropoda)　一个栉鳃；一心室一心耳；一个肾脏；无吻、无水管的种类多；多数种类的齿舌每一横排有七个细齿；神经系统相当集中。

除了圆田螺外，本日较有名的湖北钉螺(*Oncomelania hupensis*)分布在地势低洼的平原地区，生活在水流缓慢的小河、山溪、湖沼、稻田、池塘、沟渠等处。形似螺钉，壳质较厚，螺层6～9层；螺层上有与缝合线相垂直的纵肋；壳口卵圆形，略外翻。是一种水陆两栖性螺，陆生时也用“肺”呼吸。枯水期的河、湖滩上也有。虎斑宝贝(*Cypraea tigris*)和唐冠螺(*Cassis cornuta*)是国家二级保护动物，前者螺旋部退化，并被珐琅质所遮盖；贝壳表面极光滑，灰白色或淡黄色，上面有许多大小不同的黑褐色斑点；生活在低潮线以下1 m至数米深的珊瑚礁间的沙质海底，我国南海及台湾有分布。后者为螺类中最大的种类，壳质重厚，高度可达30 cm；螺旋部小，体螺层膨大；整个贝壳形如唐朝的帽子，故名；生活在低潮线以下的沙质海底，我国西沙群岛及台湾有分布。其他较重要的种类有玉螺(*Natica*)、凤螺(*Strombus*)、水字螺(*Pterocera chiragra*)等(图8-23，见彩页)。

3) 新腹足目(Neogastropoda)或狭舌目(Stenoglossa)　一个栉鳃；一心室一心耳；一个肾脏；吻发达，有水管；齿舌上每横排有三个细齿。神经系统非常集中。本目较有名的红螺(*Rapana*)壳呈陀螺形，形大而后，外唇内面呈杏红色；食用价值较大，但该动物也危害牡蛎。其他较常见的种类有荔枝螺(*Thais*)、骨螺(*Murex*)、织纹螺(Nassa)、芋螺(*Conus*)、榧螺(*Oliva*)等(图8-24，见彩页)。

(2) 后鳃亚纲(Opisthobranchia)或直神经亚纲(Euthyneura)

贝壳及外套腔不发达，有的为内壳(被鳃类)，有的壳退化(无腔类)，有的无壳(裸鳃类)。除捻螺外，均无厣。触角 1～2 对或无。外套腔及其开口位于身体后端。一个栉鳃，与心耳均位于心室后方，故又称后鳃类。除捻螺外，侧脏神经连索不左右交叉成“8”字形。许多种类的本鳃消失，继而出现次生性的皮肤鳃。雌雄同体。现存约 10 000 种。下分八个目。全为海产(图 8-25，见彩页、8-26，见彩页)。

1) 头楯目(Cephalaspidea)　由一对扁平的触角愈合形成肥厚的头楯(cephalic shield)，用在淤泥中爬行时铲泥。贝壳大而薄；外套腔很长。本目较有名的泥螺(*Bullacta exarata*，也称吐铁)壳呈卵圆形，薄而脆，壳白色或淡黄色，表面有许多螺旋状环纹；体近长方形，头盘大而肥厚；外套膜不发达，侧足发达，软体部不能完全缩入壳内。我国沿海较多见，生活于浅海泥沙滩上。肉可食用。其他较常见的种类有泡螺(*Hydatina*)等。

2) 无楯目(Anaspidea)或海兔目(Aplysiacea)　无头楯，有两对触角；贝壳薄，部分或全部被外套膜包裹；足的两侧部分也位于贝壳上。本目较有名的蓝斑背肛海兔(*Notarchus leachiis*)体中等大(10 cm)，黄褐色或青绿色，布有蓝或蓝绿色斑点；胴部非常膨胀，但向前、后两端削尖，略呈纺锤形；侧足发达；本鳃较大。贝壳完全消失，体侧和背部有许多大小不等的突起和黑色细点及蓝色斑点；具有紫汁腺，遇敌时能射出紫色汁液，作为“烟幕”。其卵群晒干后称为海粉，可入药(清凉剂)或清凉饮料。分布我国东南沿海，栖息于潮下带的海涂，已有人工养殖试验。

3) 被壳翼足目(Thecosomata)　有石灰质壳或软骨的厚皮，贝壳螺层不多；有厣。足的前侧部分成为翼状副足(前鳍)，用来浮游。如龟螺(*Cavolinia*)、笔帽螺(*Creseis*)、长角螺(*Clio*)、舴艋螺(*Cymbulia*)及蝛螺(*Limacina*)等。

4) 裸体翼足目(Gymnosomata)或翼足目　成体无外套腔及贝壳。足的两侧演化为鳍状，作为浮游器官。如皮鳃(*Pneumoderma*)和海若螺(*Clione*)等。

5) 囊舌目(Sacoglossa)　壳、外套腔及本鳃均消失，一对触手，齿舌上仅有一列纵行小齿，部分藏在背侧的一个囊内。如长足螺(*Oxynoe*)、双壳螺(*Berthelinia*)、海天牛(*Elysia*)及海蛞蝓(*Limapontia*)。

6) 无壳目(Acochlidiacea)　成体无贝壳，具有骨针。长的内脏团形成身体的后部，背部无附属物。如小甜螺(*Microhedyle*)和无壳螺(*Acochlidium*)等。

7) 背楯目(Notaspidea)　贝壳扁平，位于体背，或游离，或被外套膜覆盖，或无贝壳；无侧足和外套腔，栉鳃大。如伞螺(*Umdraculum*)、无壳侧鳃(*Pleurobranchaea*)。

8) 裸鳃目(Nudibranchia)　贝壳、外套腔及本鳃均消失，体背具有数目较多的裸鳃(cerata)及其他次生性鳃；内脏团平坦；齿舌上小齿每行四个。如海牛(*Doris*)及蓑海牛(*Eolis*)等。

(3) 肺螺亚纲(Pulmonata)

本鳃消失，以右侧外套腔内壁特化成“肺”进行气体交换。1～2 对触角，触角端部或基部有一对眼。胚胎期有厣，至成体时厣多消失。壳不同程度退化或包在外套膜内。具有一心室一心耳，一个肾脏。神经系统集中在食管前端，侧脏神经连索一般不交叉成“8”字形。雌雄同体，直接发育。现存约 20 000 种，下分为两个目。多栖于陆地或淡水(图 8-26，见彩页)。

1) 基眼目(Basommatophora)　具有外壳。一对触手。眼位于触角的基部(无眼柄)。水生种类具有嗅检器。如菊花螺(*Siphonaria*)、萝卜螺(*Radix*)、椎实螺(*Lymnaea*)、耳螺(*Ellobium*)、隔扁螺(*Segmentina*)、网纹螺(*Amphibola*)、斜齿螺(*Gadinia*)、扁卷螺(*Planorbis*)等。

2) 柄眼目(Stylommatophora)　贝壳发达或退化或无壳；两对触手；眼位于后触角的顶端(无眼柄)。如石磺(*Oncidium*)、玛瑙螺(*Achatina*)、蛞蝓(*Limax*)、野蛞蝓(*Agriolimax*，鼻涕虫)、蜗牛(*Fruticicola*)、大蜗牛(*Helix*)、琥珀螺(*Succinea*)、旋螺(*Vertigo*)、烟管螺(*Clausilia*)及阿勇蛞蝓(*Arion*)等。

8.2.5 掘足纲(Scaphopoda)

掘足类全部海洋中穴居，有一个两端开口呈牛角形管状壳，故又称“管壳纲”。足发达圆柱状，用来挖掘泥沙，故名“掘足类”。头部退化成身体前端的一个突起，呈圆锥形；前端为口，具有不能伸缩的吻；神经系统主要由脑、侧、脏和足 4 对神经节及其连结的神经所组成，结构仍较简单。无鳃，以外套膜进行气体交换。雌雄异体，个体发生中有担轮幼虫和面盘幼虫。全世界约 350 种(其中包括大约 100～150 左右的化石种)，全部海产，自潮间带至 4 600 m 深海都有分布，如大角贝(*Dentalium vernedei*)、胶州湾角贝(*D. kiaochowwanensis*)、长角贝(*D. longum*)、网纹角贝(*D. cancellatum*)、尖角贝(*D. aciculum*)、八角角贝(*D. octangulatum*)及梭角贝(*Cadulus clavatus*)等(图 8-27、8-28)。

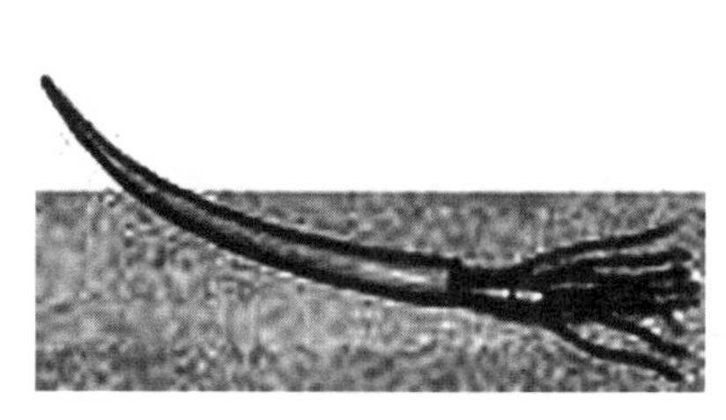

图 8-27 掘足类生活状态

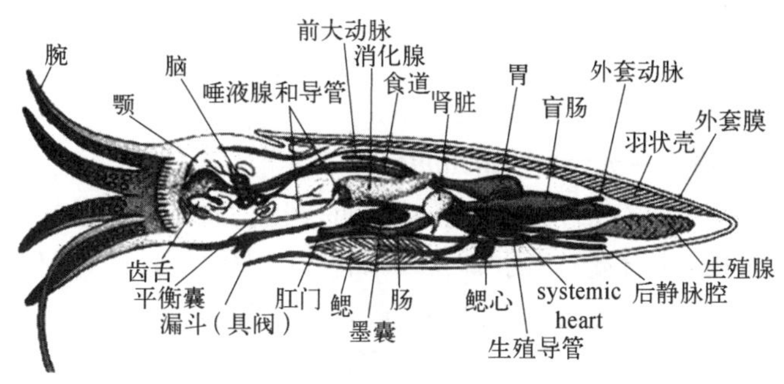

图 8-28

8.2.6 瓣鳃纲(Lamellibranchia)

1. 主要特征

具有两枚勺状或碗状外贝壳,故也称双壳类(Bivalvia)。腹足呈斧状,故又称斧足类(Pelecypoda)。本纲动物分布遍及全球,各种水域都有它们的分布,种类及数量仅次于腹足类。主要生活在浅水区,但也有能生活在 5 500 m 深的海底者。瓣鳃类多营水底半穴居或半掩埋生活,一般运动缓慢(扇贝运动较快);有的固着生活(如牡蛎);有的凿石或凿木而栖(如海笋、船蛆);极少数为寄生,如内寄蛤(*Entovalva*)及恋蛤(*Peregrinamor*)等。

瓣鳃类的贝壳形态各异,也是极为重要的分类依据。一对勺状或碗状贝壳,通常左右相称(equivalve)(图 8-29),即左右两壳的大小、形状相同;少数左右不相称(inequivalve)(如不等蛤、牡蛎等),即左右两壳的大小、形状不同。贝壳顶端特别突出的一部分,略向前方倾斜,称为壳顶(umbo),这是贝壳最初形成的部分(也称胚壳)。壳顶所在的一端即为前,相反的一端则为后。壳顶前方常有一个椭圆形或心脏形的小凹陷,称为小月面(lunula),壳顶后方与小月面相对的一面称楯面(escutcheon)。有的种类(如丁蛎、扇贝、珠母贝等)壳顶的前、后方具有壳耳,前端的称为前耳(anterior ear),后端的称为后耳(posterior ear)。壳面上有以壳顶为中心,呈同心环状排列的生长线。随着年龄的增加,生长线增多。有的种类有自壳顶伸向腹缘的放射肋(radial rib)或放射带(radial band)或放射线(radial line)。壳的背缘较其他边缘为厚。壳顶内下方常有齿和齿槽,左右壳的齿及齿槽相互吻合,构成绞合部(hinge)。绞合齿(hinge tooth)的数目、形态和排列方式是鉴定种类的重要依据之一。较低等种类(如蚶类)的绞合齿数目很多,且形状相近,通常排列成 1～2 列;较高级的种类的绞合齿数目大为减少,且形状分化,即可分为主齿(cardinal tooth)和侧齿(lateral tooth)两种。绞合齿中正对壳顶的为主齿,其前的齿称为前侧齿(anterior lateral tooth),其后称为后侧齿(posterior lateral tooth)。少数种类的绞合部无齿。

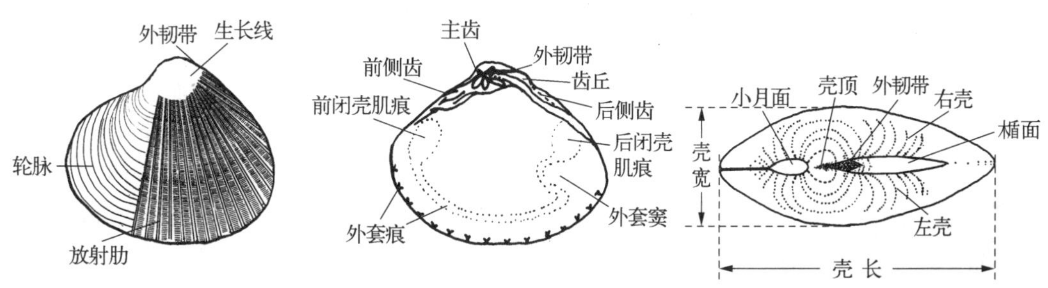

图 8-29 瓣鳃类的贝壳各部名称图解(引自范学铭)

在壳顶后方,绞合部背面有一几丁质、具弹性的黑褐色韧带(ligament)。韧带由胚胎期的外套膜形成,这一部分的外套膜不沉积钙质,而是增加鞣化蛋白质使之硬化。韧带的作用是联结两瓣贝壳,依靠弹簧机制使两壳张开。当两壳闭合时,韧带表面被拉直;当壳内的闭壳肌松弛时,韧带的弹性使两壳张开。动物死后,两壳自行张开,就是因为闭壳肌已失去收缩特性,而仅有韧带作用的缘故。壳自背至腹为其高度,自前至后为其长度,两壳左右最宽处为其宽度。两壳之间有联结双壳的发达肌肉——闭壳肌(adductor),该肌群包括前闭壳肌(anterior adductor muscle)和后闭壳肌(posterior adductor muscle)。闭壳肌由横纹肌(收缩迅速)和平滑肌(紧闭贝壳)组成,控制着壳的闭合,即与韧带呈拮抗作用。闭壳肌在壳的内表面附着处留下闭壳肌痕(adductor scar)。此外,壳内面还有缩足肌痕(retractor muscular scar)及伸足肌痕(protractor muscular scar)。壳缘部分有外套线痕(pallial impression)。

2. 代表动物——无齿蚌(*Anodonta*)

俗称河蚌。生活在淡水湖泊、池沼、河流、池塘等水域的底部,以斧足挖掘泥沙,使身体前后略呈斜向半插埋在其中,体后端的出水管和入水管露于泥沙的外面,以保证水流畅通。在自然状态下,两瓣贝壳微微张开,水可以自如地流入和流出外套腔,蚌类借以完成摄食(主要是滤食水中的浮游生物及有机质颗粒)、呼吸及排出粪便、代谢产物等机能。受到刺激时,身体柔软的部分立即缩进壳内,闭壳肌随即紧闭两壳。

(1) 外部形态

体形侧扁,两侧对称。贝壳呈卵圆形,左右同形;壳顶突出,略向前方倾斜;壳前端钝圆,后端稍尖;腹缘弧形,背缘平直。绞合部无齿,其外侧有韧带。生长线明显(图 8-30A)。壳的内面有肌肉附着的闭壳肌痕及与壳腹缘并行的外套痕(图 8-30B)。壳内前上方有三个肌痕,最大的一个呈椭圆形,为前闭壳肌痕;其后上缘为一小的略呈三角形的前缩足肌痕;再后下缘为伸足肌痕。壳后端近背缘处有两个肌痕,大的为后闭壳肌痕,呈椭圆形;其前上缘一小的是后缩足肌痕。

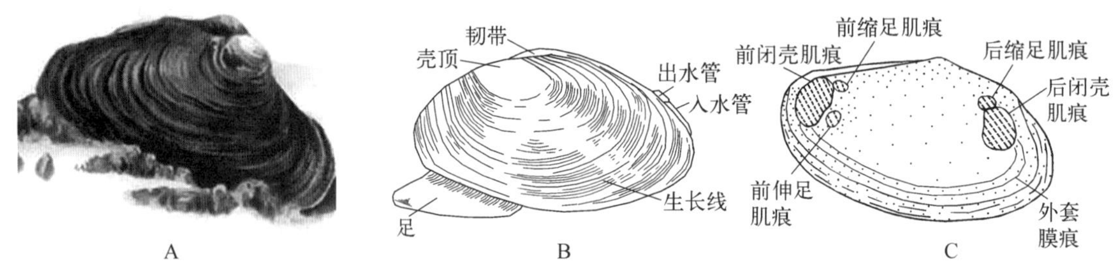

图 8-30 无齿蚌的外形(B)及右壳的内面观(C)示肌痕

(2) 内部构造

1) 外套膜、外套腔及水出入结构 紧贴两壳内面的两片膜状物即为外套膜,包围软体部;其背缘与内脏团背面的上皮组织相连,由此处向两侧延伸;外套膜在背方和中央部分通常相当薄,但向腹方和前、后两缘则逐渐加厚,外套膜间即为外套腔。在外套膜内面的上皮具有纤毛,纤毛摆动有一定方向,从而引起水流。两片外套膜在身体后端处稍突出,左右对合形成出水管(efferent siphon)和入水管(afferent siphon),两管之管口则分别为出水孔(efferent pore)和入水孔(afferent pore)。入水管在腹侧,开口呈长形,边缘具有褶皱,黑褐色,其上有许多感觉乳突;出水管位于背侧,开口小,边缘光滑。

2) 足 无齿蚌的足呈斧状,左右侧扁,富肌肉,位于内脏团腹侧,并向前下方伸出。斧足既是蚌的运动器官,也有挖掘泥沙而使身体部分埋没于泥沙中的作用。

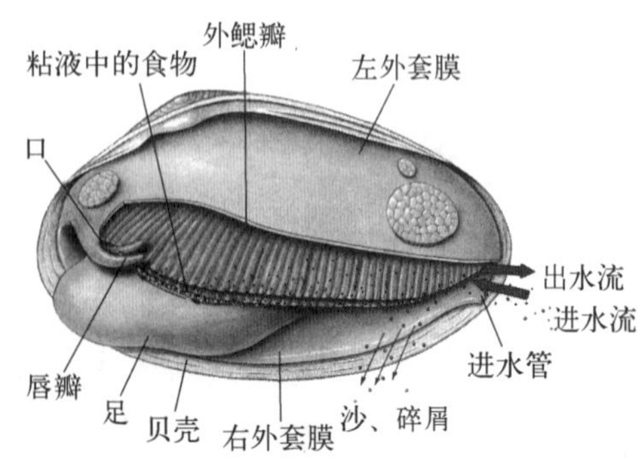

图 8-31 无齿蚌的内部结构(引自 http://life.xmu.edu.cn/kejian/animal%20biology/3-7.files/frame.htm)

3) 肌肉 在内脏团的前后,各有一束闭壳肌连于两壳,即前闭壳肌和后闭壳肌。闭壳肌为粗大的柱状肌,其收缩可使壳关闭,放松时借韧带的弹力可使贝壳张开。前缩足肌(anterior retractor muscle)、前伸足肌(protractor muscle)及后缩足肌(posterior retractor muscle)的一端连于足,另一端附着在壳内面(图 8-31)。缩足肌可使足缩入,而伸足肌则具有伸足的功能。流动于足内部的结缔组织间隙中的血液汇流引起足膨胀和收缩肌的收缩等,对足的运动起着决定性的作用。蚌体内另外还有背部下擎肌、外套膜缘肌(环走肌)和水管肌等。

4) 消化系统 口位于前闭壳肌下,为一横缝。口的两侧各有一对三角形触唇(labial palp,也称唇瓣),外触唇与外套膜基部相连,在背方形成上唇或背唇;内触唇与内脏团相连,形成下唇或腹唇。外触唇的内面和内触唇的外面具有横褶,并密生纤毛,兼有感觉和摄食功能。口后为短而宽的食管,食管上皮细胞具有纤毛,也起运送食物的作用。下连膨大的胃,胃的上皮具有能脱落的厚皮物质,称为胃楯(gastric shield),有保护胃分泌细胞的作用。胃周围有一对葡萄状的褐色肝脏,也称消化盲囊(digestive diverticula),主要分泌淀粉酶(amylase)和蔗糖酶(sucrase),有一对肝管开口于胃的前端。胃腔内有一晶杆囊,也称幽门盲囊(pyloric caecum),内有一细长的胶质棒状的晶杆。晶杆前端较粗,顶端形态变异较大。晶杆位于肠内,其前端突出于胃中,与胃楯下部相接,晶杆上吸附有消化酶,囊壁内纤毛的作用使晶杆不停地旋转。在胃酸的作用下,晶杆顶端被溶解释放出消化酶,既能帮助进行细胞外消化,还能调节胃液的 pH 值,从而起到缓冲液的作用;晶杆的旋转也起到了搅拌和混合食物与酶的作用。晶杆的顶端被不断磨损,其后端可以不断地补充。胃壁无肌肉,不能收缩,因此食物的消化主要是在胃楯和晶杆等物理和化学作用下进行的。胃后为肠,肠上皮具有纤毛;肠盘曲于足部背面的生殖腺之间,后上行入围心腔,直肠穿过心室。肛门开口于后闭壳肌上的出水管附近(图 8-32)。

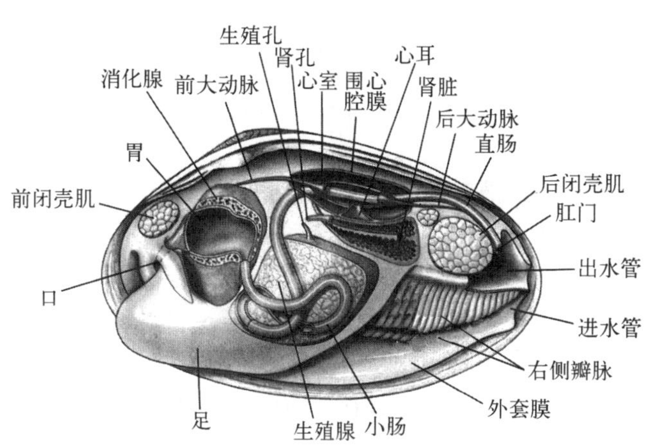

图 8-32　无齿蚌的结构(引自 http://life.xmu.edu.cn/kejian/animal%20biology/3-7.files/frame.htm)

5) 呼吸器官　　在外套腔内,蚌体两侧各具两片状的瓣鳃(lamina,也称鳃板),靠近外套膜的外鳃瓣(outer lamina)短于靠近内脏团的内鳃瓣(inner lamina)。每个瓣鳃由内、外两个鳃小瓣(lamellae)构成,其前后缘及腹缘愈合成"U"形,而每侧两个瓣鳃的截面则呈"W"形。每个鳃瓣内都具有非常扁窄的鳃内腔(interlamellar cavity),背缘为鳃上腔(suprabranchial chamber)。鳃小瓣由许多纵行排列的鳃丝(branchial filament)和丝间隔(interfilamental junction)构成,表面有纤毛;丝间隔上有小孔,称为鳃孔(ostrium)。两鳃小瓣间有瓣间隔(interlamellar junction)连接内、外鳃小瓣,将内、外鳃小瓣间的鳃腔分隔成许多垂直的小管,即鳃内腔或鳃腔(branchial cavity),也称水管(water tube)。丝间隔与瓣间隔内均有血管分布,鳃丝内也有血管及起支持作用的几丁质棍(chitinous rod)(图 8-33)。

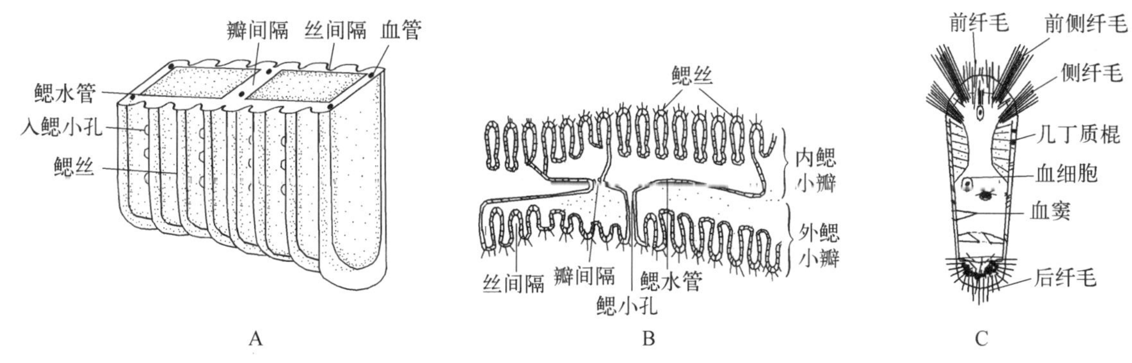

图 8-33　无齿蚌的呼吸系统

A. 瓣鳃的结构模式图;B. 瓣鳃的横切面;C. 鳃丝的结构(仿刘凌云)

由于鳃及外套膜上纤毛摆动,引起水流。水流的具体路线是:外界水→入水口→外套腔→鳃小孔→鳃内腔→水管→鳃上腔→出水口→排出体外。水经过鳃时,含有 CO_2 的血液由入鳃血管及其分支到各小鳃片进行气体交换,含有 O_2 的血液由各小鳃片上的分支小管集中到鳃轴腹面的出鳃血管,输送到心耳,从而完成呼吸作用。外套膜也有辅助呼吸的功能。每 24 小时流经蚌体内的水可达 40 L。外鳃瓣的鳃腔又是受精卵发育的地方,直至钩介幼虫形成。

6) 循环系统　　无齿蚌的循环系统属于开放式循环。由心脏、血管、血窦组成。心脏位于内脏团背侧椭圆形的围心腔内(悬浮在围心腔液中),由一卵圆形富肌肉的心室及左右两个薄膜三角形心耳构成(图

8-32、8-34),内有直肠穿过;心室与心耳之间有肌肉质瓣膜,在心室收缩时,可防止血液倒流回至心耳。心室向前、向后各伸出一条大动脉。前大动脉(aorta)沿肠的背侧前行,再分支成小动脉(artery)至足、胃、肠及外套膜等处;后大动脉沿直肠腹侧伸向后方,再分支成小动脉至直肠及外套膜等处。大部分的血液汇集于血窦(足窦、中央窦等)后,再入静脉。经肾静脉入肾,排除代谢产物后,再经入鳃静脉(afferent vessel)入鳃,进行气体交换。经出鳃静脉(efferent vessel),回到心耳。少部分流入外套膜中(外套窦)的血液,在该处交换气体后,由静脉入心耳,或经过肾脏排出代谢产物后再流回心耳,称此为外套循环,外套循环也是气体交换的辅助方式。

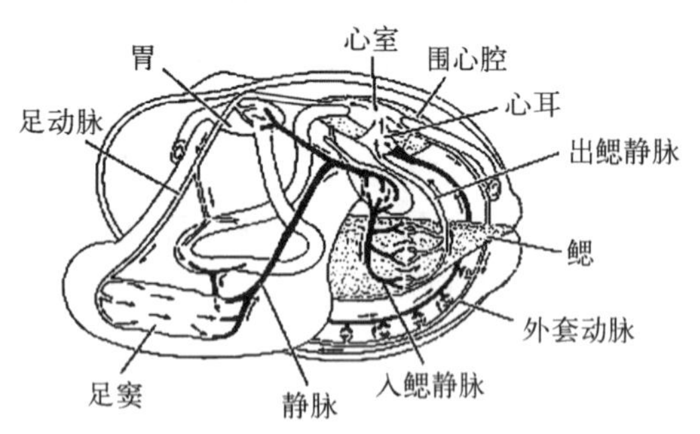

图 8-34 无齿蚌的循环系统(引自 Brusca)

无齿蚌血液中含血清蛋白(haemocyanin),氧化后成为氧化血清蛋白(oxyhaemocyanin)而呈青色;还原时无色。血清蛋白与氧结合能力不及血红蛋白(hematoglobin)。软体动物血液中的含氧量通常低于0.033 mg/ml。血液中钙离子较多,这可能与贝壳形成有关。血液除输送营养物质、O_2 及 CO_2 外,血液中的变形细胞还有吞噬作用,因此血液具有一定的排泄功能(对外界进入体内不利的物质有防御作用)。另外,受到创伤时,变形细胞可以聚集,其伪足部分互相结合,而使血液凝固(蚌的血液中没有纤维蛋白原)。

7) 排泄系统　无齿蚌具有一对由后肾管(metanephridium)特化形成的肾脏,也称鲍雅诺氏器(organ of Bojanus)。肾脏位于围心腔腹面左右两侧,各由一海绵状黑褐色的腺状肾体(glandular part)及一具纤毛的薄壁管状体(膀胱)构成,呈"U"形。腺体部在下,在此进行废物的过滤,肾口(nephrostome)开于围心腔前底壁;管状部在上,为代谢物的贮存处,肾孔(nephridial pore)开口于内瓣鳃的鳃上腔前端(图 8-32、8-35)。肾脏同时接受来自围心腔和腺体部血管渗出的排泄物(即一部分排泄物从围心腔入肾脏,另外还通过海绵状的厚壁从血液中摄取代谢产物),最后从肾孔排至鳃上腔,再随水流排出体外。无齿蚌另外还有围心腔腺,也称凯伯尔氏器(Keber's organ)。围心腔腺位于围心腔的前壁,是一团由围心腔壁的表皮分化来的分支状赤褐色腺体,由扁平上皮细胞及网状结缔组织组成,其中有许多微血管,可收集从血液中渗透出来的代谢产物,或者依靠变形细胞的搬运,将排泄物排入围心腔,再经肾排出体外。此外,各组织间广泛存在的吞噬细胞,也能将废物或外来不利的物质运到肾脏,直接排入肾腔中。主要的含氮排泄物形式是尿素(urea)。

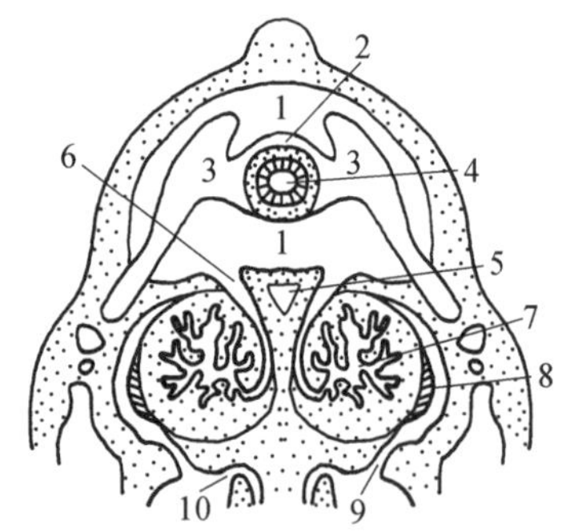

图 8-35 瓣鳃类的围心腔与肾的横断面图解(仿刘凌云)

1. 围心腔;2. 心室;3. 心耳;4. 直肠;5. 静脉窦;6. 内肾孔;7. 肾腔;8. 肾的管状部;9. 外肾孔;10. 生殖孔

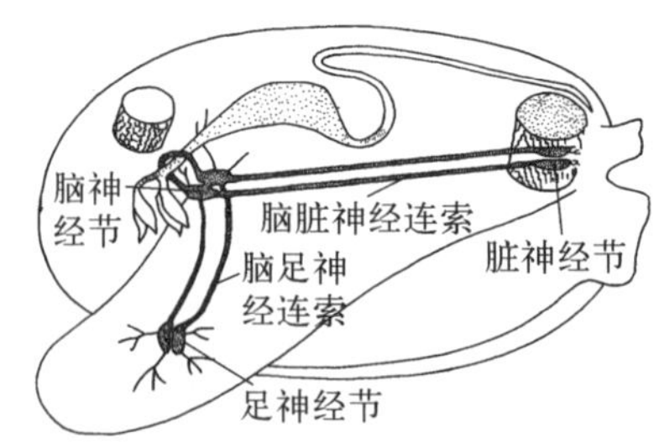

图 8-36 无齿蚌的神经系统模式图(引自刘凌云)

8) 神经系统　无齿蚌适应水底不大活动的生活方式,头部不明显,其神经感官均不发达,故又称无头类(Acephala)。具有脑、足、脏三对神经节(图 8-36、8-37)。一对很小的脑神经节分别位于前闭壳肌下方的食管两侧(实为脑神经节和侧神经节合并形成,可称其为"脑侧神经节"),支配前闭壳肌、触唇、外套膜的活动,并发出神经到平衡囊和嗅检器。一对长形的足神经节(两者紧靠在一起)埋于足前缘上部之中(足基部中央)(图 8-32);支配足的运动。一对愈合后呈蝶状的较大的脏神经节位于后闭壳肌腹侧的上皮之下(图 8-37),支配心脏、鳃、外套膜后部、水管及后闭壳肌的收缩等。这三对神经节之间都有神经连索相连接,其中脑脏神经连索较长。

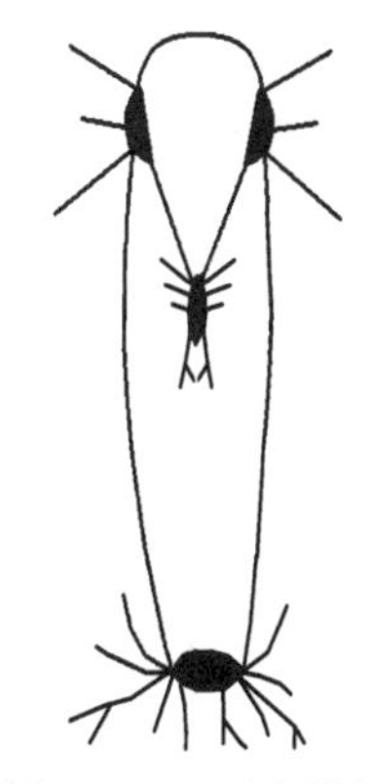
图 8 - 37　无齿蚌的神经系统（仿刘凌云）

无齿蚌没有触角和眼。在足神经节后方有一对平衡囊(otpcyst)(其附属神经由脑神经节发出)，由足部上皮下陷形成，内有耳石(otolith)，司身体的平衡。脏神经节下面有一对黄色的嗅检器(osphradium)(其附属神经也由脑神经节发出)，为化学感受器，有检测水质的功能。另外，在外套膜内面、触唇上皮及入水管周围的乳突上有感觉细胞的分布。

9) 生殖及个体发育　　无齿蚌为雌雄异体，但外观上没有两性差别，可通过观察鳃丝的宽窄区别雌雄(前面已有描述)。另外，观察背角无齿蚌的早期胚胎细胞发现，其染色体 $2n=38$ 或 37(第 19 号染色体为单个)，无齿蚌两性差异不明显，可能与性染色体有关(马庆福等，1987)。一对葡萄状的生殖腺对称地分布在肠的周围；精巢乳白色，卵巢淡黄色。生殖导管短，生殖孔开口于肾孔后下方的鳃上腔，很小(图 8 - 32、8 - 35)。

无齿蚌的生殖季节一般在夏季。雄蚌通常先成熟，将精子排到鳃上腔后，随水流由出水孔排到体外。遇到雌蚌时，精子又随水流进入到雌蚌的外套腔，继而进入外瓣鳃的鳃水管或鳃上腔。卵子成熟时，先进入鳃上腔，然后也聚集到鳃水管或鳃上腔，精、卵在此受精。受精卵由于母体的黏液作用，不会被水流冲出，而是留在鳃腔中发育。故外瓣鳃的鳃腔又称“育儿囊”(marsupium)。经完全不均等卵裂(属螺旋型)，发育成囊胚，以外包和内陷法形成原肠胚，发育成幼体，并在鳃腔中越冬。春季后，成熟的幼体由鳃水管排出，发育成淡水蚌类特有的钩介幼虫(一个无齿蚌约可产 300 万个钩介幼虫)，并可借双壳的开闭游泳。当某些鱼类接近时(特别是鳑鲏亚科的鱼类以其长的产卵管插入蚌的入水管，产卵于蚌的外套腔中时)，钩介幼虫就有机会接触鱼，并借助钩和齿寄生在鱼的鳃、鳍及皮肤上(一条鱼体上可供 3 000 个钩介幼虫寄生)。鱼皮肤受其刺激而异常增生，将钩介幼虫包在其中，形成囊状。钩介幼虫即以外套膜上皮吸取鱼的养分。经 10～30 天，变态成幼蚌，随即破囊而出，沉入水底，开始底栖生活。大约经过五年时间，才能发育性成熟，以后仍然可以继续生长。

3. 分类

瓣鳃纲约有 50 000 种(其中包括大约 15 000 左右的化石种)。依绞合齿的形态、闭壳肌发育程度和鳃的结构等，下分为三个目。有人将瓣鳃纲分为原鳃亚纲(Protobranchia)、瓣鳃亚纲(Lamellibranchia)和隔鳃亚纲(Septibranchia)三个亚纲；也有人将瓣鳃纲分为六个亚纲(略)。

(1) 列齿目(Taxodonta)

绞合部具有一排数目较多的同形齿，呈一列或分为前、后两列；前、后闭壳肌均发达；具有楯鳃或丝鳃。

我国蚶科动物资源较为丰富，约有 50 多种。常见种类有：毛蚶(*Arca subcrenata*)，壳面上有大约 34 条放射肋；泥蚶(*Arca granosa*)，也称粒蚶，贝壳坚厚而膨隆，壳面具有 18～21 条放射肋，肋上有小结节；魁蚶(*A. inflata*)，壳面上有 42～48 条(以 43 条者居多)放射肋，壳质坚实且厚，极膨胀，无明显结节或突起(图 8 - 38，见彩页)。

本目其他重要种类有湾锦蛤(*Nuculo*)、云母蛤(*Yoldia*)等。

(2) 异柱目(Anisomyaria)

绞合齿一般退化或成小结节状，或无绞合齿；前闭壳肌很小或消失，后闭壳肌发达；鳃丝间以纤毛盘或结缔组织相连接(图 8 - 39，见彩页)。

本目经济价值较大的种类很多。例如贻贝(*Mytilus edulis*)壳略呈三角形或楔形，壳顶尖，腹缘平直；壳面黑褐色，并具有光泽；韧带深褐色，小月面淡褐色；壳内常呈青紫色，并具有珍珠光泽。足小，以发达的足丝附着于浅海的岩礁间，也能大量生长在海港中的各种建筑物上。其干制品称为“淡菜”味鲜美。贻贝在黄海和渤海均有分布，并已大量进行人工养殖。栉孔扇贝(*Chlamys farreri*)，俗称“干贝”，壳呈扇状，壳皮色彩鲜艳多样；具有 10 条明显的放射状主肋，主肋间尚有小肋，肋上有棘突；壳的前耳(anterior ear)大于后耳(posterior ear)。其后闭壳肌干制品称“干贝”，为海味中的上品。珍珠贝(*Pteria*)两壳大小不等，左壳较右壳稍隆起；壳顶有耳状突，壳面有覆瓦状排列的同心鳞片层；无绞合齿；珍珠层极厚，为生产珍珠的母贝。马氏珍珠贝(*P. martensii*)贝壳呈斜四方形，两壳不等，右壳较平，左壳稍突；壳的后耳大于前耳；背缘平直，腹缘圆形；边缘鳞片层紧密，末端稍翘起；壳面暗褐色，韧带紫褐色；壳内面珍珠层厚，光泽强，为世界著名的生产珍珠的母贝。我国只在南海有该物种的分布。栉江瑶(*Pinna pectinata*)为大型种类，两壳等大，壳质脆，三角形或楔形;壳面黑褐色(幼体淡褐色),具有 10 余条放射肋;壳内面与外面同色,珍珠层较薄;足丝极发达。其闭壳肌的干制品称"江瑶柱",为海味中的珍品。该物种在黄海以南沿海均有发现。我国的牡蛎(*Ostrea*)资源也极为丰富。牡蛎的左壳大而深,固着于岩石或别的牡蛎壳上;右壳小而平,当盖使用。无绞合齿;壳面有放射肋和鳞片层;闭壳肌位于近中央或后方,鳃与外套膜相愈合;无足及足丝。其干制品称"蚝豉",其汤浓缩后即成"蚝油"。牡蛎为海产贝类中主要养殖种类。常见的种类有密鳞牡蛎(*O. denselamellosa*)、僧帽牡蛎(*O. cucullata*)、大连湾牡蛎(*O. talienwhanensis*)、近江牡蛎(*O. rivularis*)等。

(3) 真瓣鳃目(Eulamellibranchia)

铰合齿少或无;前、后闭壳肌均发达,大小相等;鳃丝和鳃小瓣间以血管相连接;出水孔和入水孔常形成水管。也有人将此目再细分为裂齿目(Schizodonta)、异齿目(Heterodonta)和贫齿目(Adapedonta)(图 8-40,见彩页)。

我国有蚌类 50 多种。除了背角无齿蚌(*A. woodiana*)以外,还有圆顶珠蚌(*Unio douglasiae*)、背瘤丽蚌(*Lamprotula leai*)、褶纹冠蚌(*Cristaria plicata*)、三角帆蚌(*Hyriopsis cumingii*)、扭蚌(*Arconaia fonceolata*)、短褶矛蚌(*Lanceolaria grayana*)、橄榄蛏蚌(*Solenaia oleivora*)、河蚬(*Corbicula fluminea*)、缢蛏(*Sinonovacula constricta*)、文蛤(*Mertrix mertrix*)、青蛤(*Cyclina sinensis*)、海笋(*Martesia*)、船蛆(*Teredo*)。砗磲(*Tridacna*)是贝类中体积最大的种类,壳质重厚;壳面放射肋粗壮,壳缘有大的缺刻;外套膜色彩鲜艳,闭壳肌一个,极大,位于腹方中央。其中的库氏砗磲(*T. cookiana*)壳巨大,长 1~2 m,重 200~500 kg,为双壳类中最大的种类,是国家一级保护动物。我国海南及西沙有分布。另外还有鳞砗磲(*T. sguamosa*)。

8.2.7 头足纲(Cephalopoda)

1. 主要特征

头足类动物都是左右对称,分头、足、躯干(trunk)三部分。大多数种类具有一枚梭状或长椭圆形内壳,或无壳,少数原始种类有一个盘旋外壳。足前移,与头部愈合,特化成腕和漏斗,故名头足类。全为海产种类,其中多数种类游泳器官完备,神经感官发达,并有掠食习性。因此本纲动物身体的结构与机能较其他各纲发达。

2. 代表动物——金乌贼(*Sepia esculenta*)

俗称墨鱼(图 8-41)。生活在温暖海洋中,游泳速度快,主要捕食甲壳类、鱼类、水母及其他软体动物。春暖季节,成群游到浅海多海藻的地方繁殖。

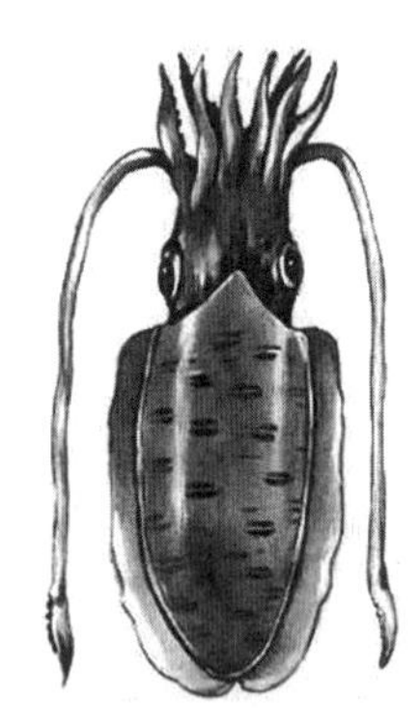

图 8-41 乌贼的外形(引自 http://www.bioon.con/figure/200405/37184.html)

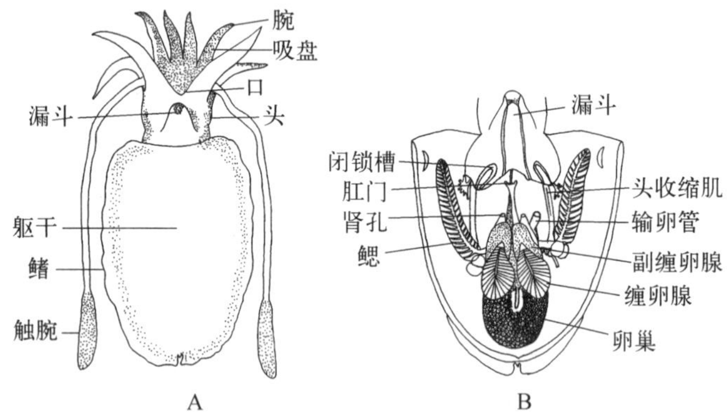

图 8-42 乌贼的外部及内部结构(引自椎野季雄)
A. 外形(腹面观);B. 内部结构(腹面观)

(1) 外部形态

金乌贼的身体可分为头、足和躯干(相当于内脏团)3 个部分。体长可达 200 mm,外被肌肉质化的外套膜(图 8-42A),具有石灰质内壳。

1) 头　头位于身体前端,呈球形,其顶端为口,口周围具有口膜(buccal membrane,也称唇);口外围有五对腕。头两侧具有一对发达的眼。眼后下方有一椭圆形的小窝,称嗅觉陷(相当于腹足类的嗅检器)。

2) 足　足特化成腕和漏斗。腕 10 条,左右对称排列,背部正中央为第一对,向腹侧依次为第 2~5

对,其中第 4 对腕特别长,其末端膨大呈舌状,称为触腕(tentacular arm),用以捕食;不用时能缩入触腕囊内。各腕的内侧均具有 4 行带柄的吸盘(sucker),吸盘内有角质环(horny ring)(图 8-43)。触腕只在末端舌状部的内侧有 10 行小吸盘(sucker),称为触腕穗(tentacular club)。

图 8-43　乌贼腕上的吸盘

漏斗位于身体腹面躯干的前端,也是肌肉质结构。漏斗前端为指向前方的筒状水管(siphon),露在外套膜外。水管内面的背部有一半圆形的舌瓣(valve),可防止水逆流。漏斗基部宽大,可伸入外套腔内,其腹面两侧各有一椭圆形的软骨凹陷,称为闭锁槽(adhering groove),并与外套膜腹侧左右的闭锁突(adhering ridge)相吻合,形如子母扣,称此结构为闭锁器(locking apparatus),可控制外套膜孔的开闭(图 8-42B)。漏斗后身体背面两侧各有一束下擎肌,能控制漏斗的动作。乌贼的运动以外套膜的收缩为动力。当外套膜环肌松弛、放射肌收缩时,外套腔体积扩大,水由外套腔开口进入外套腔中;然后是放射肌松弛,环肌收缩,闭锁器关闭外套腔的开口,外套腔中的压力增加,迫使水由漏斗前端开口处喷射出去,其反作用力推动身体迅速倒退;如果漏斗前端向后弯曲喷水时,则其反作用力推动身体前进。漏斗孔喷出的水流越快,乌贼行动也就越迅速(通常后退的速度快于前进)。另外,漏斗也是排出代谢废物、生殖产物及墨汁等的通道。

3) 躯干　乌贼的躯干呈袋状,背腹略扁,位于头后。躯干外被肌肉非常发达的套膜,其内即为内脏团。躯干两侧具有狭长的肉质鳍,鳍在躯干末端分离,在游泳中起平衡和转向的作用。外套膜在身体的背面与体壁相连,腹面游离,与内脏之间的空间即为外套腔。

乌贼躯体的方位若依其在水中的生活状态来确定,则头端为前,躯干末端为后,有漏斗的一侧为腹,相反一侧则为背。但从软体动物的体制与乌贼的形态比较来看,因足位于腹侧,故其前端应为腹侧,后端为背;背侧为前,腹侧为后。为了观察叙述方便,现多采用前种定位。

(2) 内部构造

1) 体壁　由上皮、结缔组织及肌肉组成,并具有内骨骼。上皮为单层细胞,皮下(尤其是背侧)有许多扁平的色素细胞(chromatophore),这些色素细胞与脑神经节分出的神经末梢相连,细胞膜富弹性,内含黄、黑、橙黄等色素,细胞周围有放射状的肌纤维(图 8-44)。当乌贼所处的环境颜色变化、求偶交配或受到刺激干扰时,肌纤维就会收缩,色素细胞向四周扩展呈星状,色素颗粒展露,体色变深;肌纤维舒张时,色素细胞变小,色素颗粒集中并隐藏,体色变浅。上皮下还有一种虹彩细胞(iridocyte,也称反光细胞),具有特殊的闪光作用,在阳光下体表呈金黄色光泽。乌贼体色的变化,既可适应颜色深浅不同的海水环境,也可隐身接近猎物或躲避敌害,或直接用来恐吓其他动物。

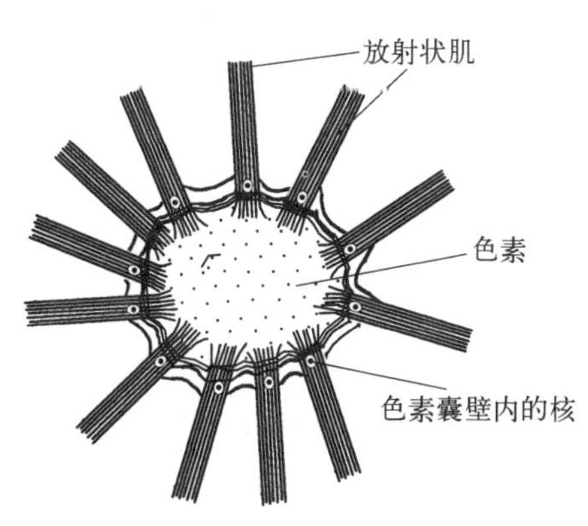

图 8-44　乌贼的色素细胞
(仿南京师范学院)

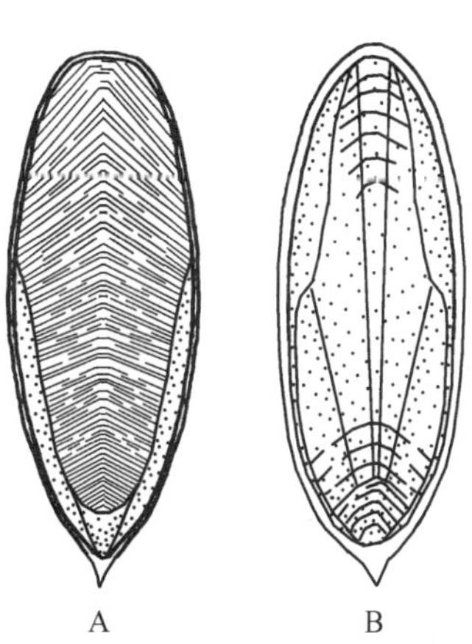

图 8-45　乌贼的内骨骼(仿江静波)
A. 腹面;B. 背面

2) 内骨骼　由内壳及软骨组成。内壳(也称“海螵蛸”)位于体背侧皮肤下的壳囊内,很发达,呈长椭圆形,前端圆,末端有一尖形突起(图 8-45)。内壳背侧硬,腹侧疏松;空隙多,可充气。内壳不但可以增加身体的坚强性,又可减小身体比重,以利于游泳,并有助于保持身体平衡。乌贼的软骨较发达,其结构与脊椎动物的软骨相似,只是软骨细胞有较长的分支。主要的软骨有头软骨(cephalic cartilage)(来源于中胚层),它包围着中枢神经系统和平衡囊,其上有小孔,神经可由此伸出。另外还有颈软骨、腕软骨等。

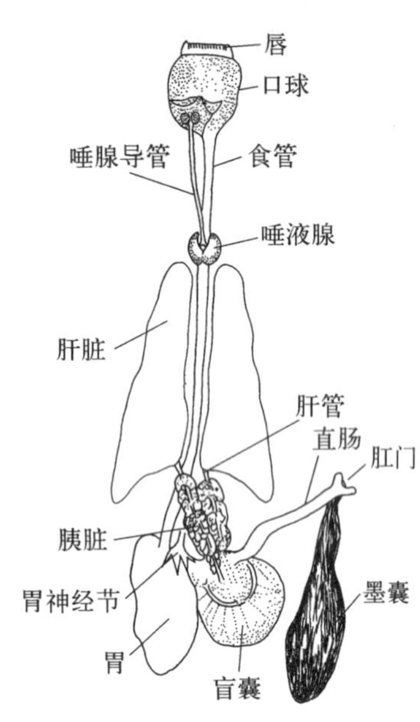

图 8-46 乌贼的消化系统(引自椎野季雄)

3) 消化系统 乌贼的消化管呈"U"形。口位于前端,口膜的中央,口内为肌肉质口腔,称为口球(buccal mass),其内有一对黑褐色、鹦鹉喙状的几丁质颚片(背、腹侧各一片),用以切碎食物(能咬碎鱼类头骨、甲壳类的外壳)。口球底部为几丁质的齿舌,可帮助磨烂和推送食物。口腔内有前、后唾液腺。前唾液腺为单个,唾液管开口于齿舌两侧,分泌黏液及双肽酶(dipeptidase);后唾液腺为一对,较小,位于食管前端背侧,有导管通入口球,分泌神经毒素或溶蛋白酶(proteolytic enzymes),可麻痹和毒杀捕获的动物。口球下接狭长的食管,连于胃的贲门部。胃位于内脏囊顶端,为长囊状,壁富肌肉。胃左侧为一盲囊(eaecum),内壁有许多增加表面积的褶皱,并具有纤毛。肠短而粗,自胃幽门部转向前伸,稍作拱曲,末端为直肠(图 8-46)。肛门开口于外套腔、漏斗基部后方(图 8-42B);肛门两侧有一对肛门瓣(功能不详)。实际上,其他各纲软体动物消化道中纤毛的作用,在乌贼已被肌肉所代替。

肝脏一对,甚大,为黄色腺体,占据内脏囊的前半部,位于食管两侧。肝脏的前端圆,后端尖。一对肝脏导管沿肠的两侧向后行,后两管会合,通入胃的盲囊。肝脏可分泌淀粉酶及蛋白酶,输入胃中,进行消化作用。肝管有节律收缩,可自盲囊和胃中吸收养分,故肝脏有储存营养物质的功能。在肝脏导管上被有分支的腺体为胰脏(pancreas)(图 8-46)。胰脏也分泌淀粉酶及蛋白酶,亦入胃中。消化后的食物入盲囊吸收,残渣由肛门排出体外。在直肠的末端近肛门处有一导管,连着一个梨形小囊,即墨囊(ink sac),位于内脏团后端,实际上是一极发达的直肠盲囊(图 8-47)。墨囊由腺体部(即墨腺 ink gland)、囊部和管部三部分构成。墨腺可分泌墨汁,经导管(与肠伴行)开口在肛门附近的直肠内,其开口部位有括约肌司开闭。需要时可通过肛门喷射出来,使周围海水呈墨色,借以隐藏避敌或接近猎物。墨汁含有毒素,有一定的麻痹作用,贮存在囊部。

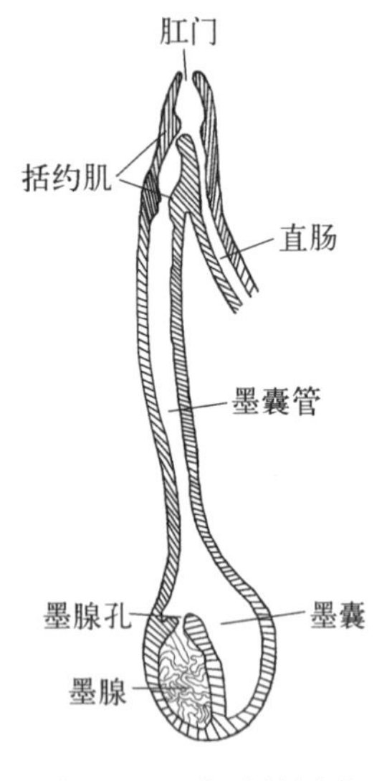

图 8-47 乌贼的墨囊

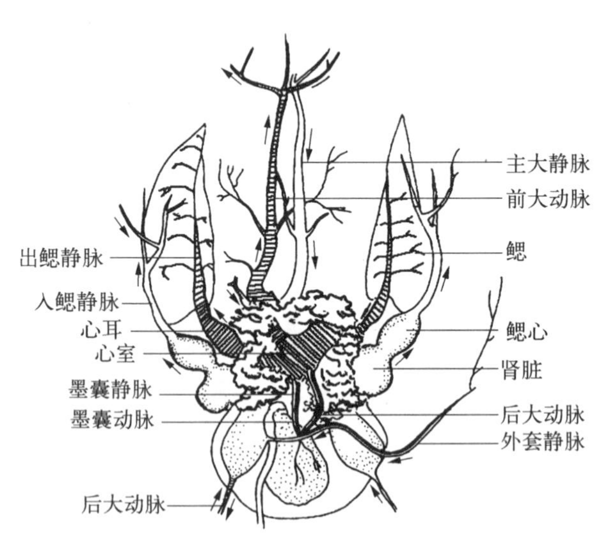

图 8-48 乌贼的循环系统(仿南京师范学院)

4) 呼吸器官 一对羽状鳃分别位于外套腔前端两侧(图 8-42B),但鳃的大部分贴于外套腔壁上。每个鳃有一鳃轴,两侧生有鳃叶,鳃叶由许多鳃丝组成。鳃上有入鳃血管、出鳃血管及密布的微血管,但没有纤毛。外套膜的收缩引起水流由外套腔口流入(机能上替代了纤毛),再由漏斗口喷射排出。水流经鳃,完成气体交换。鳃轴背缘有鳃腺(branchial gland),可能与鳃的营养有关。

5) 循环系统 乌贼的循环系统基本为闭管式,但仍有一些血窦(如围口球窦、围食管窦、眼窦等)。心脏由一心室二心耳组成,位于体近后端腹侧中央围心腔内。心室菱形,不对称,壁厚;心耳长囊状,壁薄(图

8 - 48)。心室向前伸出一前大动脉(anterior aorta),分支至头、外套膜、口球、肝脏、胃、腕及触腕等处,以毛细血管进入组织细胞之间;心室向后伸出一后大动脉(posterior aorta),至外套膜后部、鳍、肾、直肠、生殖腺、墨囊等器官,也以毛细血管进入组织细胞之间。然后,血液经微血管网汇入主大静脉,主大静脉分两支成肾静脉入肾;肾静脉及体后的外套静脉入鳃基部的鳃心(branchial heart)(鳃心壁为海绵质,其收缩可增加鳃血管中的血压,以加速血液流动),由入鳃静脉入鳃,再由出鳃静脉入左、右心耳,返回心室。血液循环中,在肾内排出代谢产物,在鳃内进行气体交换。血管外壁还被有腺质附属物,并具有排泄作用。鳃心壁也被有腺质附属物,可自血液中提取代谢废物,相当于瓣鳃类的围心腔腺。血液中含有血清蛋白。

6) 排泄系统　一对囊状后肾,包括两腹室和一背室。两腹室位于直肠背面两侧,背室位于腹室的背侧,有孔与腹室相通(图 8 - 49)。肾孔开口于直肠末端外套腔中(图 8 - 42B),肾口则以肾围心腔管与围心腔相通,可自围心腔内收集代谢产物。两肾静脉周围有海绵状的静脉腺(图 8 - 50),也称肾附属物(renal appendage),其分支中空,与静脉相通,并与鳃心同步搏动。这些腺体具有一层有排泄功能的腺质上皮,可从血液中吸收代谢产物,再排入肾囊,经肾囊的重吸收后,废物由肾孔排到外套腔,再通过漏斗喷水排出。另外,在鳃心之下有一对附鳃心(branchial heart appendage),也可以收集围心腔中的代谢产物。乌贼的含氮类排泄物主要是鸟嘌呤(guanin,也称鸟粪素)。

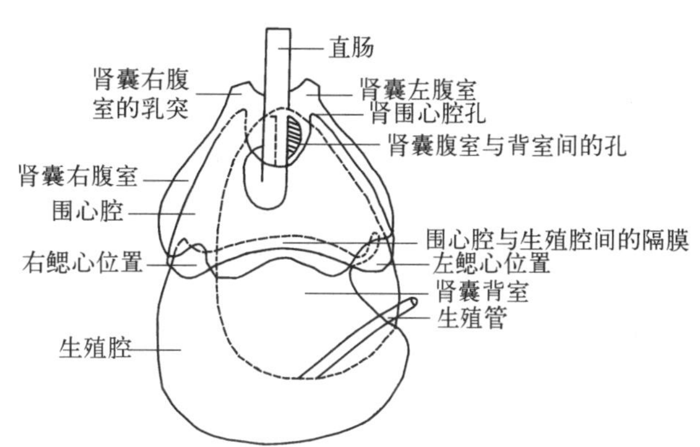

图 8 - 49　乌贼的排泄系统(引自刘凌云)

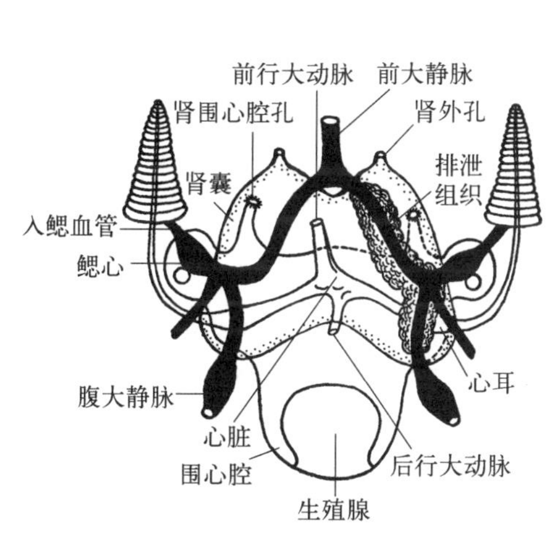

图 8 - 50　十腕目循环系统及排泄系统的腹面观(引自江静波)

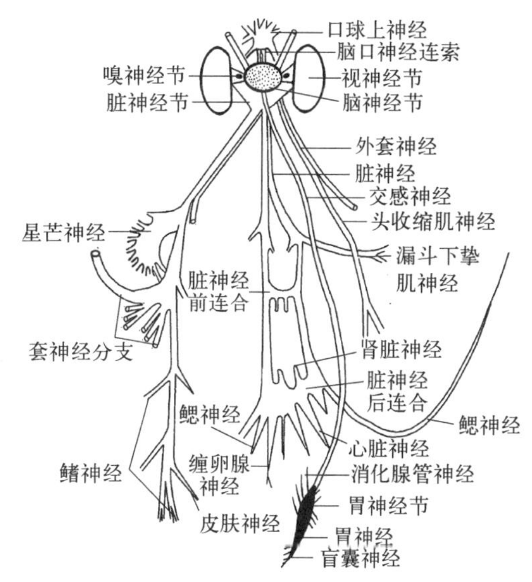

图 8 - 51　乌贼的神经系统(仿刘凌云)

7) 神经系统　乌贼的神经系统由中枢神经系统、周围神经系统及交感神经系统组成,结构复杂而发达(图 8 - 51)。

中枢神经系统由食管周围的脑神经节、侧脏神经节和足神经节这三对神经节组成(图 8 - 52),中枢神经外由软骨包围成“脑箱”。周围神经系统由中枢神经发出的神经组成。食管背侧为一对脑神经节,特别发达,并由此发出视神经节(optic ganglia),以及由视神经节再发出神经到眼球和眼后嗅觉陷(位于每个眼的后下方,一对有纤毛的凹陷);脑神经节前方还有口球神经节(buccal ganglia),并由此发出口唇神经。食管腹侧有一对足神经节(有神经索与脑相连),向前发出腕神经节(arm ganglia),并由此分别发出腕神经至腕部和漏斗神经至漏斗。足神经节之后的一对侧脏神经节(由原来的侧神经节和脏神经节愈合成)发出三对神经:一对至内脏形成交感神经(sympathetic nerves),并在胃与盲囊之间形成胃神经节(gastric ganglia);一对至鳃的鳃神经,鳃基部各有一鳃神经节(branchial ganglia);一对至外套膜的外套神经(palliak fibers),并形成巨大的星状神经节(stellate ganglia,也称外套神经节 palliak ganglia)及巨大神经(giant fibers),再由此发出分支神经至壳囊、皮肤、鳍等处;发出脏神经至墨囊等处。

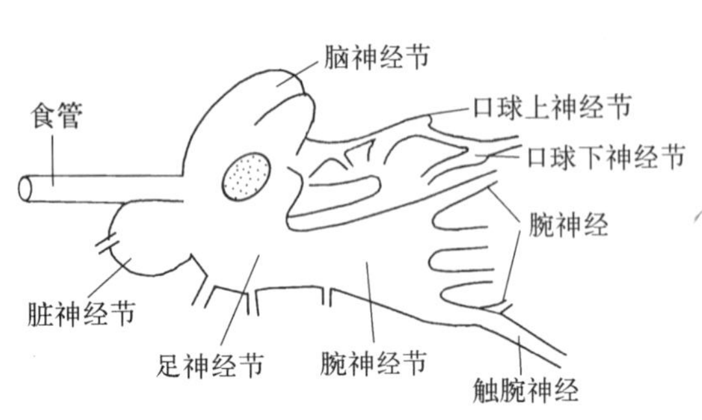

图 8-52 乌贼的中枢神经系统,侧面观

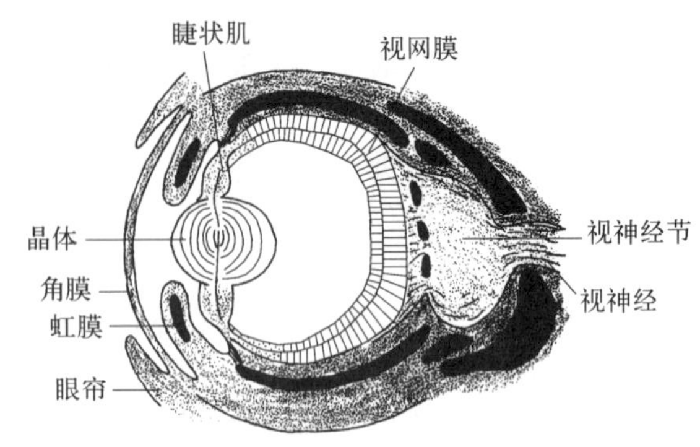

图 8-53 乌贼眼的结构(引自 Barnes)

乌贼的巨神经纤维系统(giant fiber system)包括在脑的脏神经节内有一对巨细胞(giant cell),这些细胞的突起在脑的脏神经节中形成突触;在巨神经元通至星芒神经节与其他巨神经纤维也形成突触;在星芒神经节内有巨神经轴突(giant axon),内含许多神经通到外套膜。一个巨神经纤维的直径可达 800 μm,其中的神经冲动传导很快,能使外套在喷射推进时迅速收缩。

8) 感觉器官 乌贼的感官十分发达,有眼、平衡囊、嗅觉陷或嗅检器等。

乌贼眼的结构十分复杂(图 8-53)。最外为透明的假角膜(false cornea),假角膜的外方形成一个横的下眼皮。假角膜的下方有瞳孔,瞳孔周围为虹彩(iris diaphragm),虹彩具有肌纤维,能收缩改变瞳孔的大小;与虹彩相连的是巩膜,它构成眼球的壁,并由巩膜软骨(sclerotic cartilage)支持;瞳孔后为晶体(lens)和睫状肌(ciliary muscle)。晶体是由假角膜的内外两面产生的,因此形成了内外两段,而将眼腔分为前部的水状液腔和后部的玻璃状液腔。眼球最内层为视网膜(retina),主要由含有色素的杆状细胞(也称杆状体)组成,外层是视网膜细胞。眼的基部有软骨支持,形成眼窝(orbit);眼球外面的皮肤可以形成眼皮。这种眼的构造类似脊椎动物,但因为它由外胚层内陷逐渐发育形成的,故与脊椎动物眼的起源不同,其视力范围也很有限。眼球内侧有一个很大的视神经节(源于脑神经节),眼球上方有肌束,以控制眼球转动。由此可见,头足类的眼是无脊椎动物中最高级的视觉器官。

平衡囊一对,位于头软骨内,介于足神经节和侧脏神经节之间。囊内充满液体,有一耳石,司运动时保持平衡。囊内前端背面有平衡斑(macula statica,也称听斑),另有突起的平衡脊(crista statica,也称听脊),为感觉作用部分。嗅觉陷位于眼后下方,为一皮肤凹陷,内有许多具有纤毛的嗅觉细胞,脑神经节分出嗅神经至此,嗅觉陷为化学感受器。

9) 生殖系统 乌贼为雌雄异体,外形上区别不明显。雄性乌贼左侧第四腕的中间吸盘退化,特化为茎化腕(hectocotylized arm,也称生殖腕、交接腕),可输送精荚(spermatophora)入雌体内,起到交配器的作用。体内受精,直接发育。

雌性具有一个卵巢,位于内脏团后端中央的生殖腔中(图 8-42B)。生殖细胞由体腔上皮发育形成,卵成熟后落在生殖腔内,再由粗大的输卵管输出,管末端细,雌性生殖孔开口于鳃基部前方外套腔内。输卵管后端有一输卵管腺(oviducal gland)或称蛋白腺(albumen gland),其分泌物形成外卵膜。卵巢顶端有一对大型的白色缠卵腺(nidamental gland),开口于外套腔,其分泌物不仅参与形成卵膜(一种遇水即会变硬的弹性物质),而且可将卵黏成卵群。缠卵腺前还有一对小形副缠卵腺(accessory nidamental gland),其功能不详。生殖季节到来时,卵分批成熟,分批产出(每一雌体一次可怀卵千粒)。

雄性有一个精巢,位于体后端中央的生殖腔中,由许多小管集成。生殖细胞亦来源于体腔上皮。精子成熟后,由小管落入生殖腔中。输精管高度盘曲,管上有精囊(vesicula seminalis)和副性腺或摄护腺(prostate gland);后部膨大成精荚囊(spermatophore sac)或称尼德汗氏腺(Needham's gland)及前列腺(prostate gland);末端为阴茎,雄性生殖孔开口于外套腔。精荚囊内有许多精荚(spermatophora)。精子到达精荚囊内,包被一层弹性的几丁质鞘而形成精荚(长约 2 cm)。精荚细长而卷曲,其一端内部有一个弹器

(ejaculatory organ)。精荚开裂时，即可将精子弹出(图 8－54)。

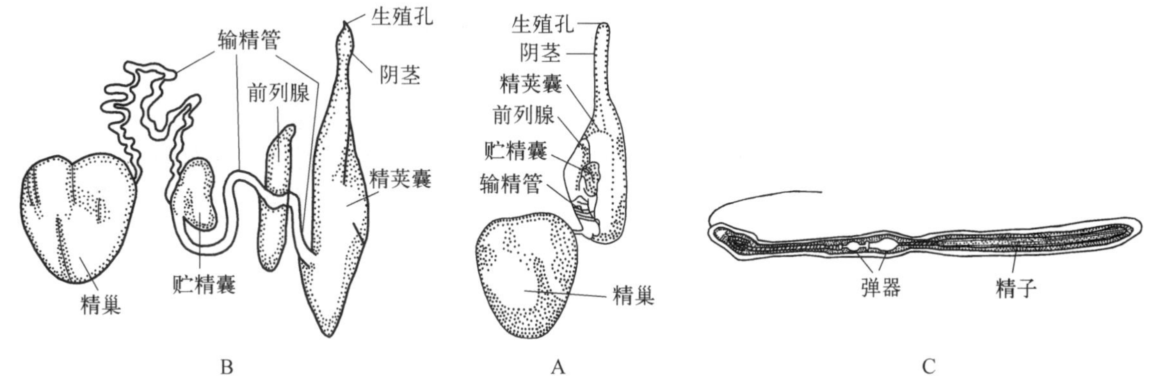

图 8－54　乌贼的雄性生殖系统

A. 自然状态；B. 游离状态；C. 精荚(A、B 仿江静波；C. 仿椎野季雄)

每年春夏之际，乌贼由深水区向浅水内湾处进行生殖洄游。产卵时的适宜水温为 15～20℃，盐分为 30‰以上。交配前，雄乌贼有追尾现象，待雌性动情后，雌、雄个体头部相接触，并以腕相互紧抱(可持续 2～15 分钟)，雄性以其茎化腕将精荚送入雌体外套腔中或黏于雌性的口膜上。然后精荚因吸水而膨胀破裂，释放出精子，精、卵即在外套腔内受精。交配后不久，雌性即从漏斗口排出受精卵(圆形，一端稍尖，长径约 10 mm)，常 50～100 粒左右的卵黏成一串，表面黑色，粘于岩石或海藻上，俗称“海葡萄”。乌贼卵内含有大量卵黄，属端黄卵；经不完全卵裂(盘状卵裂)，以外包法形成原肠胚，直接发育成幼小乌贼。水温 18～22℃时，孵化期大约一个月。孵化出的幼体与成体相似，孵出后即可独立生活。

3. 分类

现存种类约有 700 种，化石种类在 10 000 种以上。主要根据鳃和腕的数目，下分为两个亚纲四个目(图 8－55)。

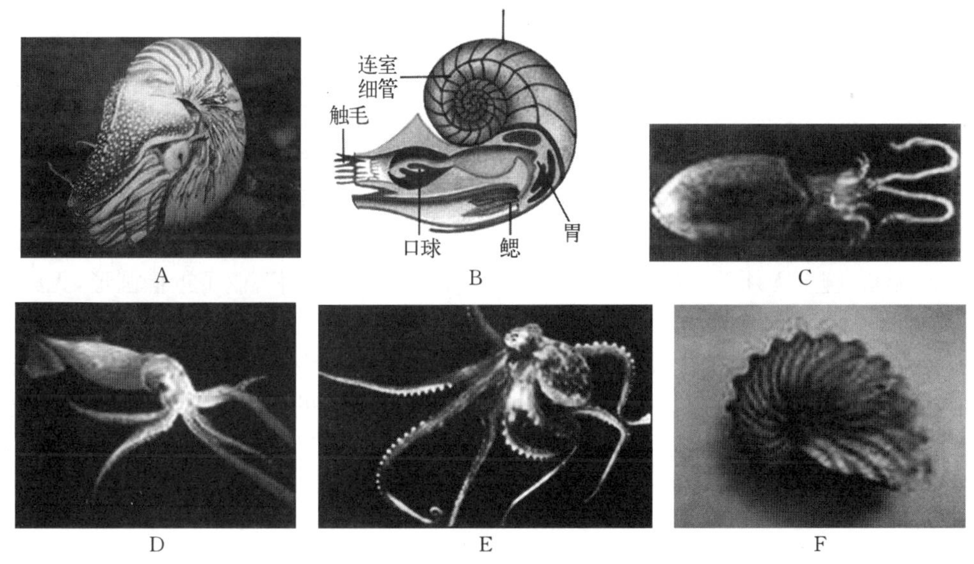

图 8－55　几种头足纲动物

A. 鹦鹉螺；B. 鹦鹉螺内部结构示意图；C. 无针乌贼；D. 枪乌贼；E. 章鱼；F. 船蛸

(1) 四鳃亚纲(Tetrabranchia)

又称鹦鹉螺亚纲(Nautiloidea)或外壳亚纲(Ectocochlia)。具一钙质盘旋的外壳；腕数多(数十个)，腕上无吸盘；漏斗两叶状；两对鳃，故名四鳃类；两对心耳；两对肾脏；无墨囊。

1) 鹦鹉螺目(Nautiloidea)　外壳的隔膜与壳壁结合的缝合线为直线，不曲折。约有 3 500 种，绝大多数为化石种，现仅存一个鹦鹉螺属(*Nautilus*)，共 3～4 种。鹦鹉螺生活在南太平洋热带海区，在 200～400 m 的海底营底栖生活，也可短暂的浮动和游泳。生殖期间由深海向浅海移动。鹦鹉螺(*N. pompilius*)为模式种，我国在海南、西沙和南沙均未采到生活标本，只获得空壳，已被列为我国一级保护动物。鹦鹉螺壳的长径达 200 mm,壳表面光滑,呈淡黄色或灰白色,其上散布有 15～30 条火焰状红褐色花纹;壳内有横隔板(transverse septa),将壳分隔成 30～36 个不等的小室,每个隔板中央有一小孔,孔之间有由组织相连而成的体管(siphunclus,也称通管、串管、室管、气室),体管内充气(富含氮和氩的气体)或液体。可能是通过改变液体的盐度,引起吸水与排水;再通过气室中气体与液体的交换或气体与液体体积比例的改变的途径,来控制身体在水中的垂直运动。动物的身体仅位于最后一室中(也是最大的一室,故称"住室")。头前和口的周围有 60(雄性)～90(雌性)条细腕;腕的腹面有由两只腕愈合成的帽状物,起封闭壳口的作用。漏斗位于腕的背面,左右两片,为愈合不完全的管子。口球较大,内有角质颚及齿舌。食管短,与胃的连接部膨大,胃略呈圆形。无墨囊及后唾液腺。鹦鹉螺主要以蟹类、瓣鳃类、海胆和小鱼等为食。开放式循环;神经节小(头神经节、足神经节和内脏神经节)。生殖腺简单,缺少缠卵腺和前列腺,输卵管和输精管均为单一型。

2) 菊石目(Ammonoidea)　　缝合线曲折,极为复杂,全为化石种类(志留纪到白垩纪),约 5 000 多种,可供划分地层及探矿时的参考。如菊石(*Ammononites*)、箭石(*Belemnites*)等。

(2) 二鳃亚纲(Dibranchia)

也称蛸亚纲(Coleoidea)或内壳亚纲(Entocochlia)。具钙质、几丁质或角质内壳,或无壳;腕 8～10 个,腕上具吸盘;漏斗为一完整的管子;一对鳃,故名二鳃类;一对心耳;一对肾脏;具有墨囊。

1) 十腕目(Decapoda)　　体近椭圆形或梭形;五对腕,吸盘有柄;有石灰质或几丁质内壳;外套膜两侧具有缘膜状鳍或三角形鳍。除了金乌贼外,本目较有名的曼氏无针乌贼(*Sepiella maindroni*)内壳末端无骨针,躯干部腹面后端有一腺孔;各腕几等长,吸盘大小一致;体卵圆,长可达 150 mm。无针乌贼是我国产量最大的一种头足类,构成我国四大渔业之一,盛产于浙江南部沿海及福建沿海,其干制品称为"螟蜅鲞"。旋壳乌贼(*S. spirula*)石灰质的贝壳向腹面作游离状螺旋,壳的内部分室;贝壳的大部分包埋在外套膜内,只在动物体后端部分裸露形成了内外壳。这种现象可以认为是由四鳃类演化到二鳃类的中间过渡类型。中国枪乌贼(*Loligo chinensis*)体形较大,鳍呈长三角形,大于或等于体长的 1/2,左右鳍在末端相连,合并呈菱形;腕长度不等,吸盘两行,大小略有差异;触腕长度小于躯干长,触腕穗近菱形,吸盘四行。内壳角质,薄而透明;盛产于我国东南沿海,其干制品称为"鱿鱼"。台湾枪乌贼(*L. formosana*),分布于台湾海峡以南海区,每年早春洄游到北部湾一带或夏季洄游到福建厦门至广东汕头一带产卵;在我国沿海的产量很大。大王乌贼(*Architeuthis*)体形巨大,全长(躯体及腕)可达 16～18 m,体重可达 30 吨,为无脊椎动物中最大者。柔鱼(*Ommatostrephes*)体形较小,略呈圆筒状;鳍呈三角形,位于体后部,不及体长 1/2,两者愈合略呈箭头状;触腕穗部中央的吸盘有许多长而尖的齿与许多小板状的副齿交替排列;内壳角质,细条状;营养价值也较高。

2) 八腕目(Octopoda)　　体略呈球形。四对腕,吸盘无柄,腕间膜(interbranchial membrane,也称伞膜umbrella)发达;内壳退化或完全消失。有须类(Cirrata)的外套膜背侧具一或两对鳍,腕上有须毛,深海产。无须类(Incirrata)无鳍,腕上无须毛。章鱼(*Octopus*),俗名"八带鱼"、"蛸",躯干近椭圆形,无鳍;腕长超过体长,彼此相似,无触腕,腕间有短小而宽的膜,吸盘两行。雄性右侧第三腕为茎化腕;内壳退化或消失,雌体无缠卵腺。长蛸(*O. variabilis*)的腕较长,但各腕的长度不等,第一对腕极长,约为躯干长的六倍。短蛸(*O. ochellotus*)身体较小,腕较短,但各腕长度近等;第一对腕约为躯干长的四倍。这两种动物在我国沿海均有分布,短蛸多鲜食,肉嫩味美;长蛸干制品味美,鲜品为钩捕大型经济鱼类的饵料。船蛸(*Argonauta*)雄体小,无外壳;雌体大,背腕具翼状腺质膜,能分泌两次性石灰质壳;我国南海有分布。

思考题

1. 解释名词:外套膜,齿舌,晶杆,钩介幼虫,巨神经纤维系统。
2. 试述软体动物门的主要特征。
3. 试述河蚌对环境适应的结构与机能特点。
4. 试述头足类对环境适应的结构与机能特点。
5. 软体动物分哪几个纲,简述(或列表)各纲的主要特征。
6. 试述腹足纲各亚纲分类和瓣鳃纲各目分类的主要依据。
7. 分析软体动物种类多、分布广与其形态结构和生活习性的关系。

图 8-22　几种常见的原始腹足目动物

A. 皱纹盘鲍；B. 杂色鲍；C. 帽贝；D. 笠贝；E. 蝾螺；F. 马蹄螺；G. 翁戎螺

图 8-23　几种常见的中腹足目动物

A. 斑凤螺；B. 虎斑宝贝；C. 玉螺；D. 湖北钉螺；E. 唐冠螺；F. 水字螺

图 8-24　几种常见的新腹足目动物

A. 红螺；B. 荔枝螺；C. 骨螺；D. 织纹螺；E. 芋螺；F. 榧螺

图 8-25　几种后鳃亚纲动物

A. 泥螺；B. 泡螺；C. 蓝斑背肛海兔；D. 海蛞蝓

图 8-26　几种后鳃亚纲（A）和肺螺亚纲（B、C、D）动物

A. 海牛；B. 蛞蝓；C. 蜗牛；D. 玛瑙螺

图8-38 几种列齿目动物

A. 毛蚶；B. 泥蚶；C. 魁蚶

图8-39 几种异柱目动物

A. 贻贝；B. 栉孔扇贝；C. 马氏珍珠贝；D. 江珧；E. 牡蛎

图8-40 几种真瓣鳃目动物

A. 背角无齿蚌；B. 球形无齿蚌；C. 圆顶珠蚌；D. 三角帆蚌；E. 背瘤丽蚌；F. 佛耳丽蚌；G. 环带丽蚌；H. 中国尖嵴蚌；I. 橄榄蛏蚌；J. 鱼尾楔蚌；K. 圆头楔蚌；L. 剑状矛蚌；M. 短褶矛蚌；N. 扭蚌；O. 射线裂脊蚌；P. 高顶鳞皮蚌；Q. 河蚬；R. 缢蛏；S. 库氏砗磲；T. 鳞砗磲；U. 海笋；V. 文蛤；W. 杂色蛤子；X. 四角蛤蜊；Y. 中国蛤蜊；Z. 船蛆

第9章 节肢动物门(Arthropoda)

提　要

节肢动物是在环节动物同律分节的体制结构基础上发展起来的一个庞大的动物类群。其基本特征是：两侧对称，身体分区，附肢分节；体被角皮，具有几丁质的外骨骼；肌肉系统复杂，具有独立的肌肉束；具有复杂的消化系统；口器因附肢的加入，结构复杂多样，适应于不同的取食方式；呼吸通过体表、鳃、书鳃、气管或书肺完成体腔退缩为血腔，具有开放式的循环系统；其机体的形态与内部器官系统的结构；具有成对的排泄器官如触角腺、颚腺和基节腺，与环节动物按节排列的后肾管同源，一些种类以马氏管作为排泄器官；雌雄异体，具有成对的生殖腺和生殖导管；生活方式和生活史等复杂多样。这种独特而丰富的多样性标志着节肢动物在进化上获得空前的成功。

节肢动物门囊括了动物界种类最多、分布最广的一类动物。已记录的现存物种多达110万种，约占已知动物种数的85%。某些节肢动物物种的个体数量极为庞大。此外还有繁多的可追溯到寒武纪早期的化石种类。节肢动物的机体结构在进化上获得了空前的多样化发展，形成繁杂多样的形态构造，以适应"海、陆、空"广泛多样的生活环境。这些同宗的后裔又具有许多共同的结构特征。

9.1　节肢动物门的主要特征

9.1.1　异律分节

节肢动物的躯体因体节发生不同程度的愈合而形成形式多样、功能各异的体区(tagmata)。身体分区是异律分节的一种最高形式，其结果促使机体各部分在机能上发生进一步的分化，如头部、胸部与腹部的分化，其头部主要司感觉和摄食，胸部主要司运动和支持，腹部则集中了许多内脏器官，司代谢和生殖。这种体节分区的特化现象被称为体区化(tagmatization 或 tagmacia)。

节肢动物躯体的体区分化在不同类群各有其特征，但也具有一些共享的特点，如甲壳动物、六足动物和多足动物，它们在胚胎发育中头部均出现6个相同的区，最前面的是原头区(acron，或称顶节)，又称眼区。其后是第一、第二触角节、大颚节和第一、第二小颚节。节肢动物的这种体区化受Hox基因和受它影响的其他发育相关基因的调控。节肢动物的身体分区在奠定节肢动物的多样性及其在动物界的重要地位方面具有极为重要的意义。

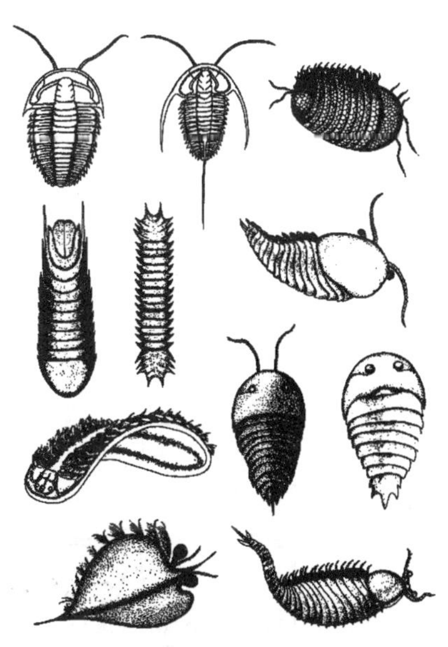

图9-1　抚仙湖虫化石图、复原图和生态景观图(引自陈均远等，1998)

9.1.2　体壁

典型的节肢动物的体壁是由单层柱状上皮和覆盖在皮肤之外的分层的角皮(cuticle)(又称角质层)构成。在上皮细胞层的内侧有一层完整的基膜，将血腔与外侧的上皮分隔开来。角皮层由上皮细胞分

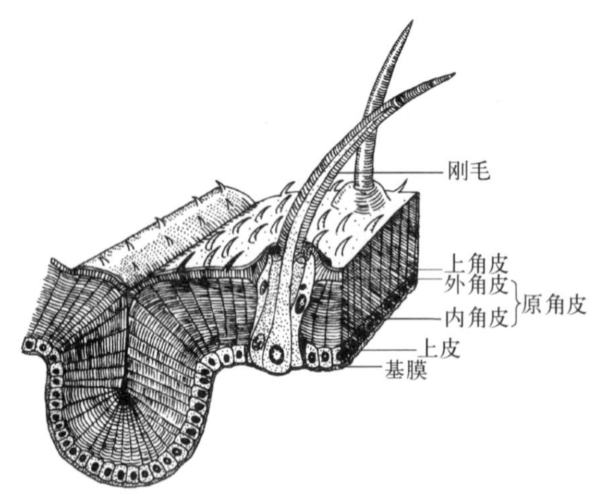

图 9-2 节肢动物的外骨骼

泌形成，厚而坚韧，具有保护和支持作用。由于角皮的内表面可以供成束的肌肉附着，从而通过杠杆作用完成运动，故又被称为外骨骼(exoskeleton)。依据组成成分和结构的差异，角皮从外向内分为上角皮(epicuticle)和原角皮(procuticle)(图 9-2)。上角皮主要由脂蛋白组成，在昆虫和蛛形类，其脂蛋白层内还有蜡质层，从而为防止体内水分的蒸发散失提供了一种有效的屏障。同时，蜡质层与脂蛋白层一起还可以防止外界菌类的侵入。上角皮之下是相对较厚的原角皮，原角皮主要由蛋白质和多糖的几丁质组成，它又分成内外两层，外侧的称为外角皮(Exocuticle)，内侧的称为内角皮(Endocuticle)。

节肢动物的外骨骼原本是坚韧而柔软的。许多昆虫的幼虫或一些蜘蛛和小型甲壳类，它们的外骨骼都是相当柔软的。然而，大多数节肢动物的角皮层除关节以外都是十分坚硬的，这是由硬化作用(Sclerotization)或矿化作用(Mineralization)所致。多数节肢动物角皮的硬化可归因于上角皮不同程度的硬化作用。即蛋白质分子通过多酚氧化酶的氧化作用形成直链醌键，构成彼此交联的刚性结构。硬化作用通常是从上角皮的最内层开始，逐渐向原角皮层发展，其硬化程度与明显的颜色加深有关。而外骨骼的矿化作用则主要是甲壳动物所具有的一种伴随着原角皮层形成的碳酸钙和磷酸钙的沉积现象。

节肢动物的每个体节都包括单一的背板和腹板，以及成对的侧板。侧板通常柔软，其中嵌有各种微小而游离的骨片。节肢动物的腿和翅借助关节连接在侧板上。在许多体节，这些骨片或骨板还伸入血腔，形成隔板或突起，用以支持内脏或供肌肉附着，故称为内骨骼。头部的内骨骼称为幕骨(tentorium)，起着保护脑的作用，并供头肌和口器附着。外骨骼对节肢动物而言具有极其重要的意义，但它同时又限制了节肢动物机体的生长。为了长大身体，就必须蜕去旧皮，换上新皮。这个推陈出新的蜕皮过程与调节蜕皮过程的途径在各类节肢动物则不尽相同。

9.1.3 生长与蜕皮

节肢动物受其体表包被的坚硬外骨骼的束缚，身体的渐进式生长受到了阻碍。伴随着周期性的蜕去旧皮，并通过沉积作用形成更大的新皮的过程，其身体也随之发生递进式的增长(图 9-3)。这种脱去外骨骼的过程，称蜕皮(molting 或 ecdysis)，这种蜕皮现象也是节肢动物和其他一些体表被有厚角质层的无脊椎动物共同具有的特征之一。

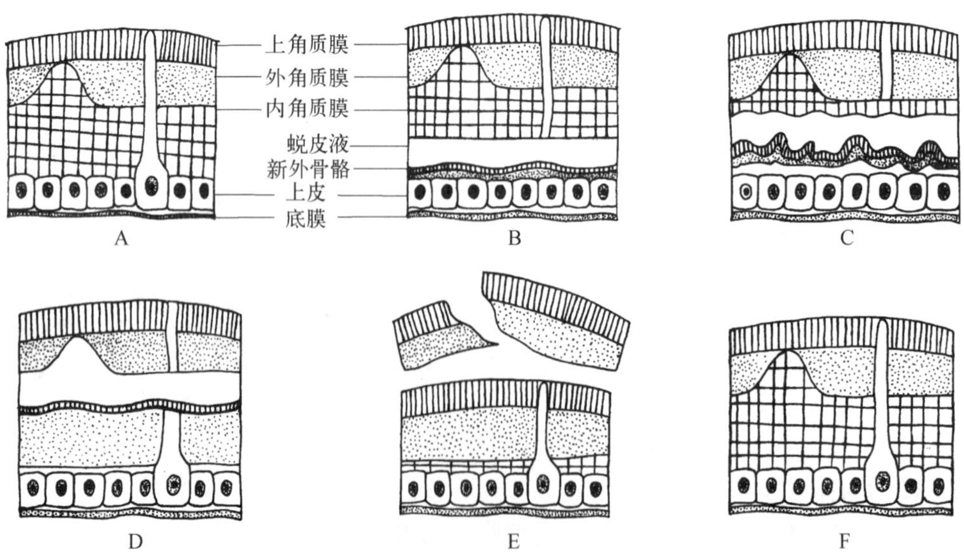

图 9-3 节肢动物的蜕皮(A~F 蜕皮的过程)

节肢动物两次蜕皮之间的时期称作龄期(instars)。在此期间,尽管动物身体的外形并未发生变化,但组织的生长正是在这一阶段发生的。当这种组织的生长达到一个临界点,即身体填满了外骨骼内的空间时,动物通常会进入一个生理阶段,称作蜕皮前期(premolt 或 preecdysis)。在这一时期,动物体为蜕皮做积极地准备,包括再生器官的加速生长。一些上皮腺分泌多种酶,开始消化旧的内角皮,使外骨骼与上皮层分离开来。在许多甲壳动物,角皮层中的大量钙质被移走并贮存在身体中,以备随后的再沉淀之需。当旧的角皮发生松动和变薄时,上皮开始分泌形成一层柔软的新角皮。一旦旧角皮层完全松动,新角皮层形成,实际意义上的蜕皮就要发生了。在蜕皮期,旧角皮从一定部位裂开,动物身体就可以从裂缝中钻出。此时,前肠和后肠内表面的角质衬膜(linings)和眼睛表面的表膜也连在一起一同脱下。节肢动物一旦脱旧壳而出,便通过吸入空气和水分使身体迅速膨胀,柔韧的新外骨骼也因此扩张。此后动物开始进入蜕皮后期(postmolt period 或 postecdysis),在这期间,角皮通过骨化作用或钙盐的再沉积而发生硬化,随后身体中过多的水分(或空气)被有力地排出。节肢动物的蜕皮周期受许多基因和一套复杂的激素系统的调控,与蜕皮周期的内分泌调节有关,蜕皮的次数也因种类不同而异,低等的节肢动物没有固定的蜕皮次数,终生都可以进行。而高等的种类,如大多数蜘蛛和昆虫,不同种类各有其固定的蜕皮次数,当达到性成熟之后便不再蜕皮。

9.1.4 附肢及其进化

节肢动物的附肢与环节动物的附肢一样也是按节排列,每个体节有一对附肢。但不同于由皮肤突起形成的疣足,节肢动物附肢的最典型特征是与体躯之间是以可活动的关节相连接。同时,其附肢本身也是分节的,附肢的节与节之间亦彼此以关节相连接。节肢动物也正是以这一特征命名的。

附肢的分节表现在表面的外骨骼及其内部的肌肉均按节排列,节与节之间以关节膜相连。这样,附肢不仅可以上下、左右摆动,还可以沿肢体长轴做一定程度的折弯动作,具有更大的灵活性。原始的附肢呈双肢型(biramous),它包括与体壁相连的原肢节(protopodite)和从原肢节上同时分出的内肢节(endopodite)与外肢节(exopodite)三个部分。在节肢动物的进化过程中,随着体区的形成,附肢也发生了相应的形态上和机能上的分化。例如头部的附肢用以司感觉,并形成口器用以取食。胸部的附肢用以司运动和呼吸,这些附肢通常由双肢型附肢失去外肢节而形成单肢型的附肢(uniramous limbs)。腹部的附肢或者仍保留双肢型用以游泳,或者形成单肢型用以爬行,甚或通过一部分结构的消失而特化成生殖器。附肢的内外枝节在进化上的可塑性造就了节肢动物附肢的多样性,在以后的各节中我们可以看到大量有关附肢形态及其适应性的多样化。

9.1.5 支持与运动

节肢动物依赖外骨骼支持身体,并保持身体的形状。这也是所有节肢动物具有的,与其他近亲有着本质区别的共近裔性状。与其近亲环节动物相区别的还有,节肢动物的体壁肌肉不再平铺于表皮之下,而是按节排列,形成独立的肌肉束。这些肌肉束成对地附着在外骨骼的内表面或外骨骼伸向体内的突起上,伸肌与屈肌成对排列,其作用相互拮抗。肌肉束与外骨骼通过附肢的节与节之间,或附肢与体节之间的关节,借助杠杆作用产生运动。通常,每一附肢内有 3 对附肢肌以节制附肢的运动;每一体节中有 1 对背纵肌和 1 对腹纵肌,背纵肌收缩,腹纵肌松弛,致使身体向上弯曲或伸直,反之则使身体下弯。而这种体节肌作用的结果又影响到附肢,使之产生相应的运动。

节肢动物发展了形式多样的运动装置,包括结构复杂、类型多样的附肢、关节、附肢肌以及支配肌肉运动的运动神经元,从而适应在水中、陆地乃至空中的运动。节肢动物在水中的游泳运动有各种各样的方式,如像虾类一样的快速划桨式运动,有某些昆虫和小型甲壳动物的一停一划式运动,还有像龙虾和螯虾借助弯曲尾部而采取的后退式运动。飞行运动则早已是有翅昆虫驾轻就熟的运动方式,但是一些蜘蛛也已熟练掌握借助丝线漂荡完成空中运动。许多节肢动物在各种地方掘穴或者钻洞,如蚁、蜜蜂、白蚁和穴居甲壳动物等。一些陆生动物在逃避时通常会脱离地面做短暂的飞行。另一些则会采取跳跃或者一边跳一边滑翔的运动方式,这为我们推测节肢动物的飞翔起源与进化提供了线索。可以说,节肢动物运动方式的多样化与其体区化和附肢的分化相类似,同样反映了节肢动物所独有的广泛的适应性以及显著的进化上的可塑性。

节肢动物为了克服外骨骼对运动的束缚,其躯体和附肢关节处的外骨骼变薄,而且因有弹性蛋白的渗入而变得十分柔软,同时,弹性蛋白在受压时还能贮存能量,并适时有效地释放出来,这一特性对翅或跳跃足的关节来说至关重要。外骨骼具有柔性关节是节肢动物在进化中获得的最大成功之一,这为它们打开了一条通向飞行的道路,极大地拓展了生活的空间。

9.1.6 摄食与消化系统

节肢动物整个类群在摄食方面所受到的惟一真正的制约就是体表缺乏功能性的纤毛。而许多节肢动物在进化过程中通过其他方法获得了悬浮取食的能力,从而克服了这种局限性。可以说,多样化的取食是节肢动物采取的摄食对策。

从消化系统的基本结构和功能来看,节肢动物具有完整的消化道,这种通常呈直形的消化道从头部腹侧的口一直延伸到身体后端的肛门。位于口周围的由各种类型的附肢组合而成的口器可以协助摄食并将食物送入口中。大多数节肢动物的消化道在结构上常常会发生局部的适应性变化或者特化。消化道的两端是由外胚层向内陷入而形成的前肠与后肠,其内壁衬有角皮担当一定的保护作用。在蜕皮时这种角皮衬膜亦随着体表的外骨骼一同脱落。连接前肠与后肠间的中肠则是由内胚层发育形成。从功能上来看,前肠通常用以摄取食物、运送和贮存食物,以及对食物进行机械消化;中肠则是产生酶,司食物的化学消化,与营养物质吸收的场所;后肠则是水分吸收、粪便的形成与暂时贮存场所。典型的中肠常与一个或者多个消化盲囊(常被称作消化腺、肝脏或肝胰脏)相通。节肢动物的消化系统的一个特征是由中肠分泌形成的具有通透性的围食膜包裹在中肠的内壁,它容许消化液透过而进入肠腔,并容许消化道中的水和营养物质穿过而进入肠壁。昆虫、蜘蛛和多足类中肠与后肠交界处具有马氏管(Malpighian tubules),可以收集血腔中的代谢产物,通过肠排出体外。

9.1.7 循环与气体交换

由于体表被有坚硬的外骨骼和失去环肌,节肢动物的体腔失去了它作为流体静力骨骼的功能。存在于节肢动物祖先类群机体中的体腔在很大程度上发生退化,而形成血腔(hemocoel),残存真体腔只保留于生殖腺和某些种类排泄器官的内腔。机体内部的各种组织器官都浸润在血腔的血液或血淋巴液中。血腔,从结构上看,是组织器官间充满血液或血淋巴液的窦隙;从来源上看,它是残余囊胚腔与退化的真生体腔的混合,因此也被称为混合体腔。

节肢动物的循环系统是开放式,即血液的流动并非封闭在密闭的血管中,而是需要流经组织间隙或窦隙。为了使血液在血腔内流动,类似存在于环节动物的背血管被保留了下来,且演化成一个有肌肉的心脏。心脏基本上呈管状或块状。心脏壁由肌肉组成,具有搏动能力,其两侧具有成对的穿孔,称为心孔(ostia)。这种肌肉质的心脏对于无法依靠肌肉质的弹性体壁来推动血液流动节肢动物来说尤其重要。血液从心室输出,多数先经过短的封闭血管,然后进入一系列开放的血腔,将氧和营养输送至浸浴在血腔内的各种组织器官。一部分返回心脏的血液通过回收血管(静脉)流经呼吸器官,包括鳃、书鳃、肺、气管或附肢表面进行气体交换,然后返回到围心窦(并非由体腔形成),最后经过心孔流回心脏。

节肢动物循环系统的复杂程度在不同类群中变化极大,其差别大部分取决于躯体大小与形状。这些差别包括心脏大小和形状的变化,心孔数量的变化,以及与气体交换有关的循环系统构造,如血管、血窦的长度和数量的变化等。用体表呼吸的小型甲壳类,或仅有心脏没有血管,如水蚤与剑水蚤等;用鳃呼吸的种类其血管较发达,如虾、蟹等;而用气管呼吸的种类仅具有发达的管状心脏,血管基本消失,血液完全在血腔内循环。

节肢动物的血液或血淋巴液,其主要功能是作为运输营养物质和新陈代谢产生的废物,通常还携带气体,如氧和二氧化碳等。其血淋巴液中包括各种类型的变形细胞。某些类群还含有凝聚剂,以及呼吸色素等。节肢动物的呼吸色素溶解在血淋巴液中而并非在细胞中,主要是血蓝蛋白,极少数种类为血红蛋白。

节肢动物在进化上面临的与气体交换有关的问题就是外骨骼的非透气性,这对于陆生种类尤其重要。小型的节肢动物没有专门的呼吸器官,是以体表或通过关节处薄的角皮直接进行呼吸。绝大多数节肢动物则以外胚层形成的呼吸器官进行气体交换,并发展了适应水生和陆生生活的两类不同的气体交换装置。水生类群以甲壳动物或水生螯肢动物——鲎为典型,主要用鳃或书鳃(book gill)进行呼吸,书鳃是由体壁表皮细胞向外突起或体壁整齐折叠而成，借以增大呼吸表面与水的接触面积。陆生类群则以昆虫和陆生螯肢动物为代表，使用由体壁内陷而成的书肺(book lung)或气管(tracheae)进行呼吸。书肺呈囊状，内有由内陷体壁整齐折叠而成的书页状构造；气管是由内陷的体壁发生连续分支而形成的管状结构，其内壁具有由角皮形成的螺旋借以支持管壁，并借助气孔与外界相通。气管系统的管道末端直达血腔，可以允许空气和血液以及内部器官直接进行气体交换。这种构造既可以防止体内水分的蒸发散失，又可以有效地完成呼吸。一些高等蛛形纲动物也用气管呼吸，而一些陆生甲壳动物则以伪气管进行呼吸。

9.1.8　排泄与渗透调节

低等节肢动物缺少专门的排泄器官，其代谢产物常伴随蜕皮排出。大多数节肢动物随着真体腔的退化，以及血腔和开放式循环系统的进化，体内开口的后肾管(nephridium)消失，发展出一系列内端封闭的高效排泄器官，以防血液受排泄物的污染。其中，一类是由残留的体腔囊与体腔管形成的构造，例如甲壳动物头部的触角腺(antennal gland)和小颚腺(maxillary gland)、蛛形纲步足基部开口的基节腺(coxal gland)。这些腺体均呈囊状，一端有管与外界相通。另一种类型的排泄器官称为马氏管(malpighian tubules)，主要在蛛形类、六足类和多足类的中、后肠之间，向肠内开口。马氏管是由肠壁(内胚层或外胚层细胞)延伸形成的单层细胞的盲管，游离在血腔中收集代谢产物，排泄物最后经肛门排出体外。马氏管在不同类群中的出现很可能是趋同进化的结果。

节肢动物的渗透压生理调节极其复杂，血腔中的物质进入体腔管型的排泄器官既有在滤过压作用下的被动流动，也有主动运输。刚进入肾管的液体其成分与血淋巴液相同，但是，随着液体在管中的流动，大量的有用物质被选择性吸收，特别是盐类和营养物质，如葡萄糖。最后，含氮废物被集中在肾孔处而形成终尿。马氏管的渗透调节与之类似，但必须借助肠道的重吸收作用。相对来说，马氏管缺少选择性吸收，其结果是将形成的原尿，其中包含营养物质、水、盐类等直接排入肠道，仅有少数非废物的物质沿着马氏管自身的管道被重吸收。后肠则成为主要的重吸收有用物质和浓缩含氮废物的场所。而肠道对水分的重吸收作用对营陆生生活或淡水生活的种类具有至关重要的作用。

9.1.9　神经系统与感觉器官

神经系统的基本构造与环节动物以及其他同源的分类类群相似，为链状神经系统。节肢动物的脑或称脑神经节(cerebral ganglia)通常由两或三部分组成，各部分相对独立。前端的神经节形成背侧(咽上方)(supraesophageal)的前脑(protocerebrum)，以及有些种类具有的中脑(deutocerebrum)。最后端的神经节，即后脑(tritocerebrum)通常形成围绕食管的环状神经，并与腹面的咽下神经节[subesophageal (subenteric) ganglion]相连。咽下神经节常由其他几个与下颚和小颚(mandibles and maxillae)有关的头部神经节愈合而成。脑结构的分化也伴随着机能的分工，如前脑成为视觉与行为调节的中枢；中脑是触觉的神经中枢；后脑则发出神经到下唇、消化道等。甲壳动物、六足动物和多足动物的脑均具有三部分，包括由两个前脑神经节形成的前脑和中脑，以及较晚形成的后脑。螯肢动物则缺少中脑，这与它们缺乏触角有关。随着体区化的发生，节肢动物腹神经索上按节排列的神经节在不同类群也发生程度各异的愈合现象。

外骨骼的出现尽管对中枢神经系统的结构影响甚微，但是对感觉器官，特别是感受器本身则产生一定的影响。若不加以改造，外骨骼必将在外界环境与体表的表皮机械感受器和化学感受器之间形成一道屏障。这种改造包括位于节肢动物体表的一系列由表皮突起形成的感受器(sensillum)，如各种类型的感觉毛、小孔、小裂缝或小的凹陷等。大多数节肢动物的触觉感受器(机械感受器)是表皮突起而成的可动的刚毛(bristles 或 setae)，其内侧端与感觉神经元(sensory neurons)相连。当刚毛被触动时，这种触动被转变成一种神经末梢的变形(deformation)，从而启动一次神经冲动。节肢动物对周围振动的感受与其触觉感受器相似，当绒毛或刚毛状的感受器受到外界振动的机械作用，便将这种振动传递给感觉神经元。而陆生节肢动物则具有能够接受空气振动的感受器，它由薄膜状表皮窗(cuticular windows)覆盖与感觉神经相连的感觉室(chamber)或感觉窝之上而形成。节肢动物有两种类型的光感受器，即单眼(ocelli)和复眼(compound eyes)。

9.1.10 生殖与发育

节肢动物成体形态和生活习性的巨大多样性同样反映在它们的生殖和发育策略方面。极端的进化与个体发育的可塑性导致节肢动物发生大量的趋同和平行进化,如不同类群在相似的选择条件或选择压力下产生的相似结构。基本上所有的节肢动物都是雌雄异体的(dioecious)。陆生种类通常体内受精,水生种类多体外受精。生殖腺来自残存的体腔囊,生殖导管来自体腔管,某些附肢改变成外生殖器。尽管节肢动物的卵为中黄卵(centrolecithal eggs),但是卵黄量在不同类群之间的巨大差异也导致不同的卵裂方式,包括完全卵裂(holoblastic cleavage)和不完全卵裂(meroblastic cleavage)两种类型。前者见于螯肢动物中的剑尾目和蝎目,以及甲壳动物中的藤壶和桡足类等具有少黄卵(weakly-yolked eggs)的类群;后者则多见于大多数昆虫和其他甲壳动物等具有多黄卵(strongly-yolked eggs)的类群。父母通常在胚胎发育期间(至少是在早期发育阶段)进行孵卵,或表现其他形式的对后代的照顾。

节肢动物的生活史通常在海洋生活的种类比较复杂,它们往往借助浮游生活的幼体进行扩散。而进入陆地和淡水生活的节肢动物,其生活史多趋向简单化。但昆虫是一个例外,其复杂的生活史为陆生生活的适应性带来了巨大的好处。具有完全变态发育的昆虫种类,占昆虫总种数的比例从 3.25 亿年前的 10%,到 2 亿年前的 63%,直至现生种类已增加到 90%之多。

9.2 节肢动物的分类

现生节肢动物包括螯肢动物(Chelicerata)、甲壳动物(Crustacea)、六足动物(Hexapoda,为广义的昆虫 Insecta *sensu lato*)和多足动物(Myriapoda)四大类。其中,螯肢动物常被作为一个独立的亚门——螯肢亚门。而对其他三类的分类,长期以来存在争议。一些学者根据甲壳类、六足类和多足类都具有颚肢而把它们合成为颚肢亚门(Mandibulata)。后来人们发现"颚肢动物"并不是单系类群(单系类群系指由一个祖先发展而来的,所有后裔都包括在内的自然类群),所以这一系统不能成立。另一个系统是把甲壳类作为一个亚门,把余下的六足纲和多足纲(这两类的附肢是单肢型的)合成单肢亚门(Uniramia)。但由于单肢类的依据也不确切,这一分类阶元名已被否定。还有一些学者把"六足类+多足类"合称为"缺角类(Atelocerata)"(它们都没有第二触角)或"有气管类(Tracheata)"(都有气管),但现在这两个名称也都已被否定。

目前,国际上新的分类系统是把这四类节肢动物分列为 4 个亚门:螯肢亚门(Subphylum Chelicerata)、甲壳亚门(Subphylum Crustacea)、六足亚门(Subphylum Hexapoda)、多足亚门(Myriapoda)。

9.2.1 螯肢亚门(Subphylum Chelicerata)

螯肢亚门是节肢动物中一支庞大而多样的类群,除具有节肢动物的基本特征外,还具有一些独有的特征。如体分为前体部(prosoma)(或称头胸部)与后体部(opisthosoma)(腹部)两部分。无触角。前体部由 6 节组成,第一对附肢成螯状,故称螯肢(chelicerae);第二对附肢称触肢(palps)或脚须(pedipalps);第三至六体节各有 1 对步足。海蜘蛛类较其他螯肢动物多一对附肢,即携卵肢(ovigerous legs),位于触肢与第一步足之间。螯肢和触肢在不同的螯肢类群中发生特化,以行使多种功能,包括感觉、取食、防御、运动和交尾等。后体部最多有 12 个体节和 1 个尾节。营水生或陆生生活。

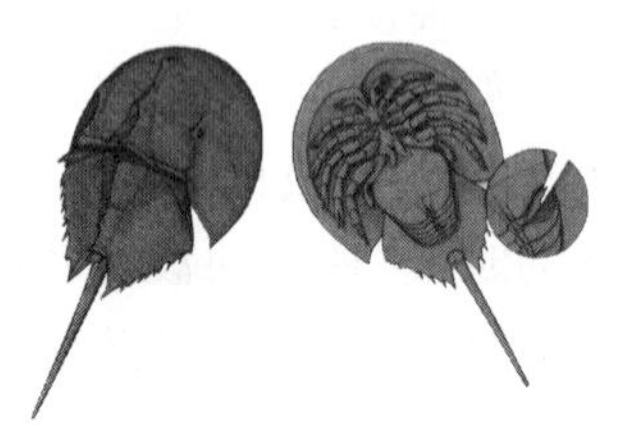

图 9-4 异形鲎(*Limulus polyphemus*)的外形与书鳃(引自 Brusca 2002)

1. 螯肢亚门的分类

现生螯肢动物分为 3 个纲:肢口纲(Merostomata)、蛛形纲(Arachnida)和海蜘蛛纲(Pycnogonida,曾称皆足纲 Pantopoda)。

(1) 肢口纲

前体部被覆大而坚硬的盾形(或马蹄形)背甲;触肢形似步足;后体部常分成中躯和后躯,具有作为书鳃的叶状附肢;尾节延长成剑形,称为尾剑。代表种类如异形鲎(*L. polyphemus*)(图 9-4),分布于北美东部。生活在我国浙江、福建和广东沿海的是三刺鲎(*Tachypleus tridentatus*),也称中国鲎。

(2) 蛛形纲

部分或整个前体部被背甲覆盖;后体部分节或发生愈合;后体部附肢缺失,或特化成纺器(蜘蛛)或栉状器 pectines(蝎子);阴茎缺失[盲蛛目(Opiliones)例外];以气管、书肺,或两者兼备以完成气体交换;绝大多数营陆生生活。蛛形纲动物分布广泛,有 11 个目(附表),超过60 000种。常见如蜘蛛、蝎、蜱、螨等。

(3) 海蜘蛛纲

是一类常见的小型海产动物,因其形态酷似蜘蛛而得名。具有 4 对细长的步足,头部前端向前伸出一圆柱形的吻(proboscis),用以吸吮食物。常具有一对携卵肢(ovigerous legs 或 ovigers)(位于须肢与第一步足之间),在雄性可用以携带卵块。头胸部延长,腹部缩短。现存种类约有 500 种。常见种类如海蜘蛛(*Nymphon* sp.,图 9-5),该属所有种类的两性均具有前 3 对附肢[螯形肢(chelifores)、触肢和携卵肢],其他各属的雌体则缺少携卵肢。

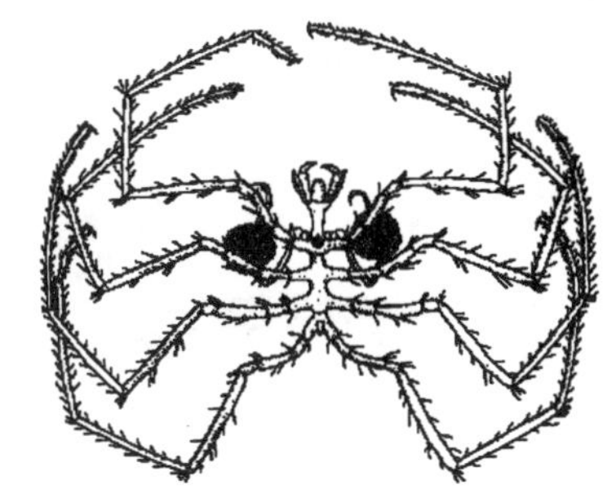

图 9-5　海蜘蛛(*Nymphon* sp.)的外形(引自 Brusca,2002;张加勇复墨)

2. 螯肢动物的形态结构与生理机能

从上述分类概要中我们可以认识到螯肢动物的多样性。下面就螯肢动物的形态结构与生理机能等做进一步讨论,从而深刻认识螯肢动物在进化上的一致性与可塑性。

(1) 丝腺、蛛丝与蛛网

蜘蛛在进化上的成功很大程度上取决于它们会制造丝,以及它们织网行为的多样化发展。尽管某些鳞翅目、膜翅目和脉翅目昆虫等也能吐丝,但这仅限于它们生活史的某一个阶段,比如蚕在化蛹前方作茧。而所有的蜘蛛都具有丝腺。蜘蛛的丝腺位于后体部,由基节腺转变而成。蛛丝是由丝腺分泌的丝心蛋白通过纺器(spinnerets)抽出形成。纺器是高度特化的后体部附肢,其中残留的附肢肌肉促使纺器运动,以完成抽丝过程。丝腺和纺器的数量、种类因物种不同而异。不同的丝腺产出不同的丝,通过不同的纺器抽出直径不同、品质各异、适于各种用途的丝线。通常游猎蛛的丝腺比较简单,而结网蛛的丝腺较为发达。一些新蛛类具有由纺器转变成的中央板,称为筛器(cribellum)。筛器上具有细小的纺管,能够纺出极细的丝纤维。蛛丝主要由甘氨酸、丙氨酸和丝氨酸组成。当丝离开身体后,就从一种水溶性液体转变成纤维。这种转变使得丝蛋白分子质量成十倍的增加(分子键的形成增进了这一过程)。蜘蛛丝线的韧性极好,可与尼龙媲美;其弹性是尼龙的两倍,蛛丝可以拉长 30%,而尼龙只有 16%。蛛丝的强度大于钢,最好的蛛丝强度可以达到钢强度的 5 倍。蛛丝在蜘蛛的生活中有着极其广泛的用途,除能够张网捕虫之外,还能构筑隐蔽所和卵囊、传递信号(信号丝)、安全防护(拖丝)、协助雄性转移精子(精网)、捆缚猎物、飞航扩散等。

结网是蜘蛛独特的行为,网形随种类而异。最典型的蛛网是圆网,由框架、放射丝(又称"经丝")和螺旋丝(又称"纬丝")三部分组成。螺旋丝有黏性,弹性极好,能拉长几倍于自身的长度而不断裂,经受得住落在网上的昆虫的激烈挣扎。一个复杂的圆网在半小时内就可编织完成。蛛网起源于原始的穴居蜘蛛在洞穴内壁用丝编织的衬里(丝管)。以后,丝管出口处向外延伸出领或放射的绊丝,进而出现具有丝带管(隐蔽所)的片网(如漏斗蛛科)或网片上、下有缠结丝的皿网(如皿蛛科),圆网在进化到新蛛阶段才出现(图 9-6)。

(2) 运动

螯肢类的运动遵循节肢动物关节足的基本运动原则。除剑尾类和部分水生蛛形类外,螯肢动物的足必须足够强壮才能够支撑身体。通常用螯肢行走以保持身体离开地面,4 对步足紧随其后,可以使身体移动,并保持平衡。

剑尾类是营缓慢的底栖爬行和浅海穴居生活的动物,它们利用结实的前体部附肢将沉重的身体在沙面上向前推移。躯干两侧各足的位置彼此靠近,便于协调运动顺序。还可以借助后体部附肢击水进行游泳和翻身。

蝎的螯肢较小,突出于背甲的前端;脚须(pedipalp)发达,末端呈钳状,用以捕食;4 对步足各分为 7 节,即基节(coxa)、转节(trochanter)、腿节(femur)、膝节(patella)、胫节(tibia)、跗节(tarsus)和前跗节(pretarsus),前跗节末端具有 1 对爪(图 9-7)。运动时,各步足基节与躯体间的关节实际上是不动的。蝎类

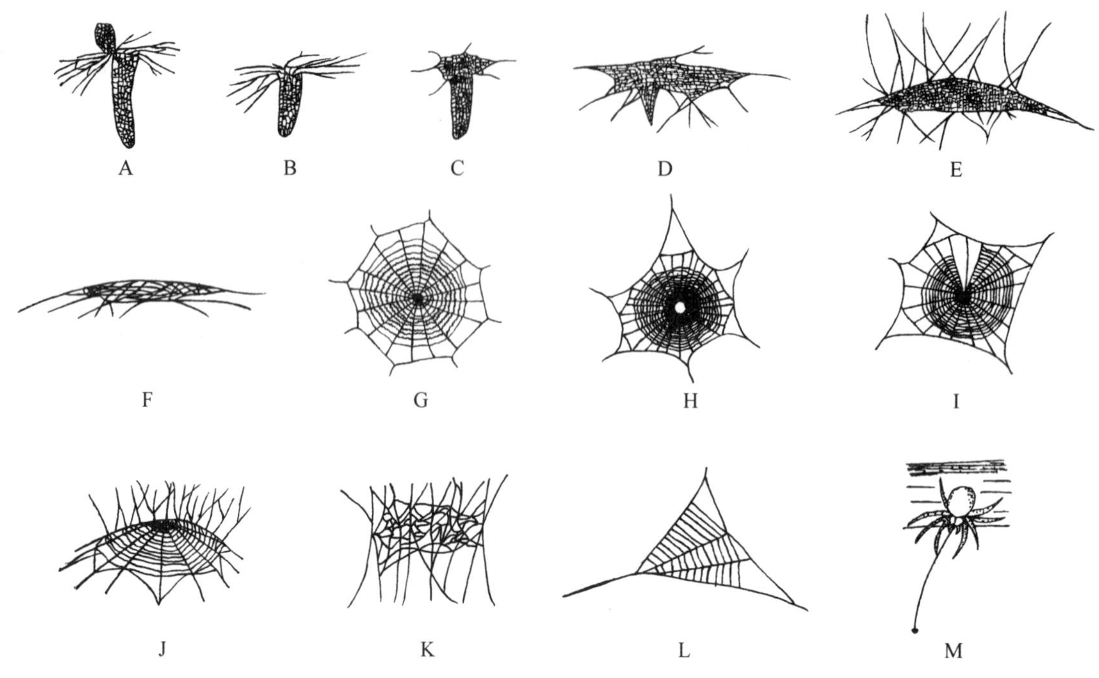

图 9－6 蛛网的若干类型(引自宋大祥，1997)

A. 隐蔽洞穴的丝管，有活门和绊丝(节板蛛科)；B. 无活门的丝管(类石蛛科 Segestriidae)；C. 丝管口有领状的网(漏斗蛛科)；D. 水平网片，中央有一丝通道(漏斗蛛科)；E. 皿网，网片上下有缠结的丝(皿蛛科皿蛛亚科)；F. 地面上简单的片网(皿蛛科微蛛亚科)；G. 典型的圆网，螺旋丝为粘丝，网中枢有网眼(园蛛科)；H. 中枢中空的圆网(园蛛科棘腹蛛 *Gasteracantha*，肖蛸科 Tetragnathidae)；I. 缺扇形面的圆网(圆蛛科齐蛛 *Zygiella*)；J. 有缠结丝的圆网(园蛛科云斑蛛)；K. 不规则网，由垂直丝和斜丝连结而成(球蛛科)；L. 圆网，简化为一个扇形面(蚖蛛科扇蚖蛛)(仿 Kaston，1964；Wiehle，1927 等)

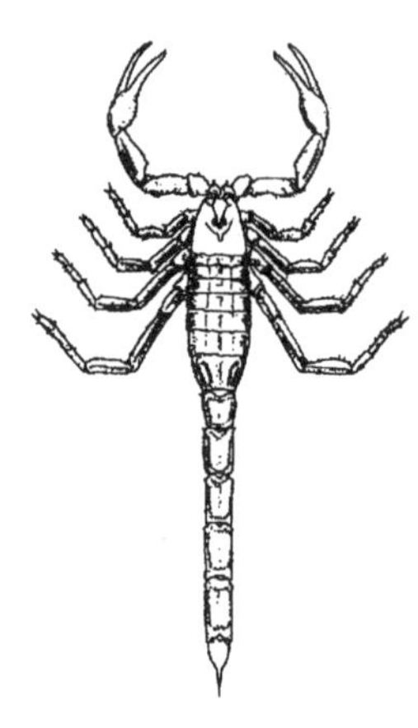

图 9－7 蝎的外形(仿 Brusca，2002)

向前步行时，各步足以交错重叠(staggered overlap)式的顺序移动，步态平滑。移动时，每条步足足尖的伸展距离有别，当步幅重叠时可以避免前后步足彼此之间发生相撞。此外，蝎类还会后退、快速转身或做变速运动，甚至在松软的沙子中掘穴。

蜘蛛发展了一系列运动方式，其附肢关节(包括腿节、膝节、跗节和后跗节)在伸展时需要借助体内的流体静力压。步行时，8 条步足按照对角线一致的节拍顺序(diagonal rhythum sequence)向前移动，即一侧的二、三足与对侧一、四足同时移动。跳蛛向前跳跃的推进力是由第四对足快速的牵伸产生。而降落时，则依靠前肢向前伸展以保持身体平稳着陆。丝在蜘蛛的各种运动中起到举足轻重的作用。在行走或跳跃的时候，大多数蜘蛛都会不停地在它们身后抽出丝，这种拖丝(dragline)就像蜘蛛系上的安全绳。当蜘蛛从物体表面落下时，它们并不会掉到地上，而是靠拖丝悬在空中。许多蜘蛛还可以借助步足尖端精巧的“线夹”(thread clamps)在一根蛛丝上移动。一些蜘蛛仍行掘穴，还有少数狼蛛和盗蛛可以在水上行走。水蛛科的(Argyroneta aquatica)可以在水中游泳，或在水下的植物上行走。

(3) 摄食与消化

螯肢类一般的摄食策略是首先捕获猎物，然后进行粗略的外消化，最后摄取液化的食物，如蛛形类、蝎类等，但也有例外。一些口器发生特化的种类如蜱、螨类，则依靠刺吸式的口器(piercing mouthparts)过上寄生生活。例如硬蜱，其口下缘(hypostome)形尖如箭，腹面有成行排列的倒生小齿，用以刺入宿主组织，吸血时固定在宿主体上。螯肢被包在螯肢鞘内，顶端常有爪状指，不吸血时能缩入鞘内，它是口器中重要的切割器官。口下缘与螯肢共同组成吸管，以吸取宿主血液。此外，还有一些摄食习性很宽泛的种类，如鲎以各种无脊椎动物为食，包括蠕虫、软体动物、甲壳动物和其他海洋底栖生物，它们借助螯肢摄取食物，用颚基部研磨后再送入口中。鲎还可以通过滤食而摄取水中的各种有机质。

蝎类主要以昆虫为食，大部分为夜行性，依靠高度灵敏的机械感受器发现猎物。蝎一旦锁定目标，便用具螯的脚须将猎物抓住,借后体部向前弯曲(超过前体部)以尾刺刺中猎物。尾刺内具有由肌肉包裹的毒腺,借肌肉收缩将毒液注入猎物体内。这种毒液是神经毒素,能迅速麻痹或杀死猎物。一些蝎的毒液甚至可以杀死大型动物,包括人类。蝎的摄食步骤与蛛形类典型的摄食步骤类似。

所有的蜘蛛都是食肉性动物,但少数类群如跳蛛科(Salticidae)、猫蛛科(Oxyopidae)、蟹蛛科(Thomisidae)和狼蛛科(Lycosidae)除外。蜘蛛主要在夜间捕食,其狩猎方式大致有两种类型。一类是结网等待捕食,借丝网诱捕猎物;另一类是游猎捕食,在狩猎或伏击猎物时并不直接用到丝,但很多种类会把捕获的猎物用丝包起来。蜘蛛捕食时,通常用螯肢的牙刺穿猎物体壁,注入毒液使之麻痹。结网蜘蛛在捕捉大型昆虫时,先用足从纺器拉出丝捆缚猎物,再注入毒液,然后将捆绑的猎物运到隐蔽处。取食时,先吸食猎物的体液,再注入消化液,将猎物的软组织进行体外消化后,再行吸入。

螯肢类消化系统具有一般节肢动物的前、中、后肠结构特点,但其前肠常发生局部的特化。剑尾类(如鲎)前肠前部弯曲形成食管、嗉囊和砂囊(gizzard),其后方还具有研磨食物的硬嵴。蛛形类的前肠包括咽、食管和由食管扩大形成的吸吮胃(sucking stomach),吸吮胃的外壁具有强大的肌肉束与胸部背、腹板相连,通过肌肉收缩和松弛以使胃腔扩大或缩小,以利于吸吮汁液。蝎类肌肉质的咽具有与之类似的功能。

中肠多具有成对的消化盲囊(digestive ceca)。剑尾类中肠前端分出两对盲囊。蜘蛛中肠前端向前体部分出 4 对消化盲囊,其末端伸入步足基部,为储存食物之用;中部经过细柄进入腹部,并在后体部形成分支很多的消化盲囊(又称肝脏);中肠后部在与短的直肠连接处,膨大成宽大的"混合腔",称为粪袋(stercoral pocket),为排遗和排泄物的汇集处(图 9-8)。蝎类的中肠有 6 对消化盲囊,第一对位于前体部,可分泌用于初步体外消化的消化液(又称唾液腺);另 5 对位于后体部。消化盲囊的主要功能是分泌消化酶,它是进行最终的化学消化与营养吸收的场所。

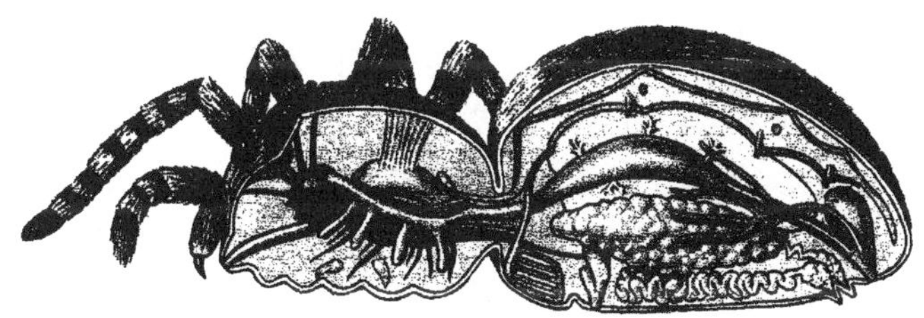

图 9-8　蜘蛛的内部结构
(仿 Brusca, 2002)

(4) 循环与气体交换

螯肢类循环系统与其他节肢动物类似,均由一管状的心脏和一系列血管、血腔组成。血液由血管通过血腔进入组织器官间隙进行气体交换,然后再返回到心脏。其循环系统的复杂程度取决于躯体的大小。一些小型种类(如鞭蝎、蜱类)已失去许多或者全部循环系统的结构,借助体表完成气体交换。相反,大型的剑尾类则有赖于发达的循环系统将血液输送至全身各个部分。

剑尾类发达的管状心脏位于腹部背面的围心腔内,两侧有 8 对心孔。围心腔通过延伸形成的悬韧带与体壁相连以固定心脏。从心脏发出主动脉伸至前体部各器官。在后体部,由腹大动脉发出一系列入鳃血管通往书鳃,出鳃血管带着含氧血进入围心腔,最后通过心孔回到心脏。剑尾类具有独特呼吸器官——书鳃(book gill)。它是体壁向外的突起,每个鳃由成百片鳃瓣(lamellae)组成,有效地扩大了气体交换的表面积。鳃的节律性运动起到激动水流,并促使血液流入和流出鳃血窦(gill sinuses)的作用。

蜘蛛的心脏位于后体部,有 2～5 对心孔。借助围心腔与体壁相连的悬韧带的弹性回缩,促使心脏舒张,以使血液从围心窦进入心脏。动脉血管的分布确保充足的富氧血供应到主要的器官,特别是中枢神经系统、肌肉以及足部。足部血腔内的流体静力作用则有助于足的伸展运动。蜘蛛的呼吸器官包括书肺和气管。原始的蜘蛛仅有 2 对书肺。多数类群(如 Araneomorphae)除有 1 对书肺外,还具有气管系统。气管是独立进化的,只在较进化的蜘蛛类群中出现。蜘蛛的书肺位于后体部第二或第二至第三体节,通过气门(spiracles)或位于腹沟处的书肺孔(lung slits)与外界相通。书肺内扩大的气室(atrium)中有许多由体壁皱褶形成的薄片,内有充血的血窦。这些平行的书页状血窦与空气囊间隔排列,为气体交换提供了充足的表面积。经过气体交换的血液通过肺静脉进入围心窦。蜘蛛的气管通过 1～2 个位于后体部第三节后部的气孔与外界相通。与昆虫不同的是,蜘蛛气管末端需要少量的血液作为氧扩散的媒介。蝎类的循环系统和气体交换方式与蜘蛛类相似。

螯肢类血液具有多种血细胞。血浆中的呼吸色素为血蓝蛋白,其基本功能是储存氧。载氧的血蓝蛋白只有在周围氧含量极低的情况下才将氧释放出来。

(5) 排泄与渗透压调节

螯肢动物主要的排泄器官包括基节腺和马氏管。剑尾类的基节腺位于前体部两侧步足的基节处。基节腺从周围的血窦中收集含氮废物,并汇入体腔囊,经排泄管和位于步足基部的排泄孔排出。一些螯肢类还可以制造稀的尿液来调节机体内的渗透压。多数螯肢类还通过消化盲囊从血液中收集钙质释放到肠腔,从而排出体内多余的钙质。

对陆生螯肢类来说,机体的排泄与盐—水平衡显得尤为重要。陆生蛛形类在形态结构、生理和行为等方面表现出对陆生生活多样的适应性。基节腺在蛛形类行使不同程度的排泄与渗透压调节的机能,但其作用远不及马氏管。蛛形类的马氏管从中肠前端发出(来源于内胚层),与六足或多足动物的马氏管不同源(来源于后肠,即由外胚层形成)。马氏管的分支在后体部血腔中有效地收集含氮废物,并将它们送入肠腔,随粪便排出。其排泄物主要是鸟嘌呤、尿酸或其他含氮复合物。这些复合物都是低毒的,以半固体的方式储存和排出,可以减少体内水分的散失。此外,中肠的肠壁还可以收集含氮废物并排入肠腔,位于前体部的成簇肾细胞(nephrocytes)也具有收集和储存代谢废物的作用。

陆生蛛形类还借助各种行为的调节以避免干燥。大多数蛛形类是夜行性动物,白天则在阴冷潮湿的地方活动。一些蜘蛛在干燥环境或受伤失血时,通过积极饮水来补充水分。沙漠蝎不仅要忍受低湿度,还要忍受白天的高温。它们会在白天把身体埋在沙土下,或躲在石头或树的背阴处。一些种类还借助踩高跷(stilting)的动作将身体腹面抬高,促使身体底部的空气流通,以达到降低体温和减缓体内水分蒸发的作用。一些蝎类在极为干燥的环境中甚至可以耐受相当于40%体重的体液流失。

(6) 神经系统与感觉器官

螯肢类的脑包括前脑和后脑,中脑缺失。由后脑形成的围咽神经在消化道腹面与成对的咽下神经节愈合。剑尾类和蝎类的咽下神经节与所有前体部的神经节愈合,被称为肠下神经团(subenteric neuronal mass)。蛛形类的肠下神经团融合了所有后体部神经节,又称腹神经团。剑尾类和蝎类的腹神经索上分别有5个和7个神经节,这与其体节的分化相一致。前脑和后脑分别发出神经分布到眼(眼神经)和螯肢(螯肢神经)。蛛形类的螯肢神经由前脑发出。蜘蛛的腹神经团发出5对神经分支到触肢和4对步足。剑尾类和蝎由肠下神经团发出神经分支到步足,腹神经节则发出神经控制后体部的附肢、肌肉和感觉器官。

螯肢类的感觉器官包括视觉感受器、机械感受器、本体感受器和化学感受器等。剑尾类前体部背中线处有2个单眼,侧面有1对复眼。单眼具有色素杯和表皮晶状体,复眼由成千个小眼松散聚集而成。蛛形类的眼有两种基本类型,一类是前中眼,又称主眼(main eyes),其视网膜上感觉细胞的光敏部分正对着晶状体;另一类是次眼(secondary eyes),与主眼相反,其视网膜上的光感受器背对着晶状体。大多数次眼都具有银膜(tapetum),以便在光线暗淡时聚光。银膜的反射特性使蜘蛛的眼在黑暗中闪光。蝎眼属于直接型眼,但与蜘蛛的眼不同。蝎类更多地依赖于机械感受器和化学感受器。

机械感受器包括毛感觉器(hair sensilla)和隙感觉器(slit sensilla),这些感受器成群或单独地分布于体表。简单的毛感觉器又称触毛(tactile hairs),覆盖体表的大部分,能够对直接的接触产生感应;另一类则称为听毛(trichobothria),着生于附肢表面,极为灵敏,能够感受昆虫振翅或空气流动等引起的微弱的气流振动。隙感觉器是与神经元相连的凹陷,可以对裂隙周边表皮物理变形产生的机械刺激产生感应。

本体感受器分布于所有螯肢类的步足和触肢上,以蛛形类最为发达。这种有效的感受器可以提供附肢运动的速度和方向以及附肢相对于躯体和其他附肢的位置信息。

蛛形类的化学感受器可以感知与身体相接触的液态和气态的化学成分。这种化学感受兼备味觉和嗅觉双重功能。最重要的化学感受器是着生在触肢或口边的上百根顶端开口的直立而中空的毛,感觉神经的树突穿过毛的轴心到达开口处,可以直接接受化学刺激。这些感受器在足尖端尤其丰富。一些蜘蛛还有湿度监测器,称为跗节器(tarsal organs)。剑尾类腹部表面有一对梳状结构,称为栉状器(pectines),它既是机械感受器又是化学感受器。

(7) 生殖与发育

螯肢类雌雄异体,具有复杂的交配行为以确保受精。螨类与盲蛛类雄性具有阴茎,精子通过阴茎直接送入雌性生殖孔内。其他陆生螯肢类通过间接传递精子的方法进行体内受精。水生种类行体外受精。

剑尾类的生殖腺位于肠道两侧,呈不规则的分支。通过成对的生殖管开口于腹部中线处。第一对后体部附肢覆盖在生殖孔上,形成生殖孔盖(又称生殖厣)。繁殖期,鲎进入浅海或河口,聚集在岸边准备交配。交配时,雄性用第一步足紧抱住雌性到浅水处,雌性在沙中挖出一个或多个浅坑,将卵产在沙坑中,雄性将精子直接释放到卵上。雌性用沙将受精卵覆盖。

卵为中黄卵,经完全卵裂产生实囊胚,发育过程中经过三叶幼虫阶段(trilobite larva)。该幼虫因形态类似于三叶虫而得名。经过一系列蜕皮过程逐渐完成体节和附肢的发育。

蛛形类的生殖生物学直接关乎其陆生生活的成功与否。它们已经进化出了多种成熟的交配行为、机智的精子运送方法以及多种保护受精卵的设备,从而确保了它们在陆地环境中的成功繁衍。

蜘蛛的雄性生殖系统包括精巢、输精管和贮精囊。精巢呈两条长管状,向前与细长弯曲的输精管相连。两输精管汇合成贮精囊,以单一的生殖孔开口于腹沟处。精子鞭毛轴丝内微管的排列按(9×2+3)形式。雄蛛没有直接与贮精囊相连的交接器官,多通过间接传递精子的方法进行体内受精。精液由生殖孔释放到临时织成的精网(sperm web)上,雄蛛借触肢跗节特化成的触肢器(palpal organ)从精网上收集精子,并暂时贮存在储精囊内,待交配时再送入雌性体内。

雌蛛有卵巢1对,形似葡萄状,位于腹部消化道的下方。卵巢各与一输卵管相通,两管合并为膨大的子宫(uterus),以雌性生殖孔开口于腹沟处。在雌性生殖孔内或两侧还有成对的受精囊孔,借弯曲的连接管与受精囊相通。新蛛亚目还有1对受精管(fertilization duct)与子宫相连。很多雌蛛在腹沟上方都有结构复杂的硬化的生殖厣(覆盖生殖孔)。精子进入受精囊后,一般需要储存几个月,待蜘蛛产卵时,精子通过受精囊管与卵共同产下方完成精卵的结合。

蝎的生殖腺位于躯干中部,精巢和卵巢都呈管状,侧面与输卵管或输精管相连。输卵管与生殖孔结合处膨大形成生殖腔或精液接收器。

在多数蛛形类,雄性用特化的附肢将精子送入雌性体内,如蜘蛛目(Aranea)和尾蝎目(Uropygi)利用触肢,节腹目(Ricinule)利用第三对步足、避日目(Solpugida)利用螯肢传递精子。而一些蛛形类则将装有精子的精包(spermatophore)安放在地上,等待雌性来拾取。这种传递机制对于同类相残的种类来说是非常合适的。蛛形类往往还通过复杂的求偶行为以确保同种的交配,如通过雌雄蛛之间的身体或足接触、触碰,雌蛛释放雌激素或通过视觉来确认配偶。伪蝎在行求偶行为之后并不进行真正意义的交配,而是把精包放在地上。比较高等的伪蝎,雄体只有在雌体在场的情况下,通过复杂的交配舞蹈后才安放精包。雄体要将雌体引导到附着的精包上,然后迅速离开。雄蝎转移精子的方式与之类似,它用螯肢夹住雌蝎的螯,一边舞蹈一边寻找合适的地面,将有柄的精包安置在地面上。雄蝎将雌蝎拉到使雌性生殖孔与精包相对的位置。精包上有一个机械操纵的射精杠杆,当精包插入到雌孔中一定深度,便启动精包上的杠杆,将精子射入雌体。

蛛形类的发育,除螨类(mites)与节腹类(ricinuleids)经过"六足幼虫"(hexapod larvae)外均为直接发育。蜘蛛常将卵包裹在用蛛丝织成的卵袋中。卵袋一般呈椭球形或球形。卵在卵袋中发育,直到孵化成幼蛛。蜘蛛的胚胎期包括4个阶段,即胚胎早期、体节期、胚胎逆转期和器官发育期。丰富的卵黄为胚胎发育提供了充足的营养,一直到胚后发育,幼体破壳而出,可以自己取食为止。蜘蛛的胚后发育通常被划分为3个阶段,即前幼虫期(prelarvae)、幼虫期(larva)和若虫期(nymph,或稚虫期 juvenile)。前幼虫期体节和附肢尚未发育完全。待成熟、蜕皮后进入幼虫期,然后再发育为形态与成体类似的若虫期。真水狼蛛(*Pirata piraticus*)在产卵后144小时左右,其前幼虫脱去表面的卵膜进入幼虫期(一龄幼蛛期)。此时的幼蛛腹部可见9个腹体节、附肢伸长、8眼排成3列、书肺板形成,并可见前、中、后3对纺器。

蝎为卵胎生(ovoviviparous)或胎生(viviparous)。卵在卵巢管(ovarian tubules)中发育。胎生蝎类的受精卵为少黄卵,卵裂方式为完全均等卵裂,而非卵胎生蝎类或其他蛛形类的表面卵裂。著名的亚洲胎生蝎(*Hurmurus australasiae*)卵的发育依靠母体卵巢管壁上的微囊(tiny diverticular)供给。一些卵巢管壁细胞可以从邻近的消化盲囊(digestive ceca)吸收营养,以供给胚胎发育。卵胎生蝎的胚胎发育依靠卵黄提供营养。幼蝎从雌性生殖孔产出后即爬到母体背上。它们在母体背上长大,直到足以离开母体去定期游荡,最终得以独立生活。幼蝎一般需要一年时间,经过多个龄期的蜕皮才能成熟。

3. 螯肢动物的起源与系统发生

现存螯肢动物中,肢口纲可能起源于前寒武纪晚期,并在寒武纪无脊椎动物的辐射演化时期发生多样化发展。其中,广鳍目(Eurypterida)的板足鲎类(eurypterids)与剑尾目(Xiphosura)的化石类群最早见于5亿年前的奥陶纪,在志留纪和泥盆纪达到繁盛。广鳍目的鳍鲎(*Pterygotus*)是节肢动物中个体最大者,体长近3 m,曾在古代的海洋和淡水中一直生活到二叠纪。遗憾的是,迄今肢口类中只有剑尾类(xiphosurans)的3属5个种幸存下来,成为一类“活化石”。

蛛形类最早可追溯到志留纪,在石炭纪时各种蛛形类均已出现。早期的蛛形动物是水生的,直到泥盆纪才出现陆生种类。现存的蛛形纲动物很可能是一个单系群。尽管一些研究者仍坚持蛛形类可能来源于两次独立的登陆事件(第一次登陆出现了蝎类,第二次登陆则导致其他所有各目的出现),因而是双系的(diphyletic)。最早的古蝎类是水生的,它们借助书鳃呼吸。书鳃可能是现代陆生蛛形类所具有的书肺的前身或同源器官。然而,现存蛛形纲11个目之间的系统发生关系仍存在争议。

尽管海蜘蛛类被发现已经有150多年,但是对海蜘蛛类与其他螯肢动物系统发生关系的争论始终没有停止。最近的形态学、古生物学和基于多条基因的分子研究都表明螯肢动物起源于螯肢形祖先(cheliceriforme ancestry)。海蜘蛛类的螯形肢和触肢很可能与螯肢动物的螯肢和脚须或触肢是同源器官。目前,有关海蜘蛛类的系统发生有两种不同的看法,一种看法认为海蜘蛛类是螯肢动物的姐妹群;另一种看法认为海蜘蛛类可能起源于真正的蛛形类祖先。

9.2.2 甲壳亚门(Subphylum Crustacea)

甲壳动物是节肢动物门中体制比较原始的种类。身体由较多的体节构成,附肢也特别多,几乎每个体节都有一对附肢。附肢大部分都是双枝型。但甲壳动物在体形大小、体节数、体区化程度、附肢分化以及所处的栖息环境等多个方面都表现出异乎寻常的多样性。与其他节肢动物相反,绝大多数甲壳动物水生,用鳃呼吸。尤其在海洋中生活着形形色色的甲壳动物,因此甲壳动物也有“海洋昆虫”之称。

1. 甲壳亚门的分类

甲壳亚门现存6.7万余种。分类系统十分复杂,分为5个纲。在甲壳动物的分类系统中,亚纲、下纲和目等高级分类阶元特别多,同时多数种只隶属于少数几个纲和目,如软甲纲约占甲壳动物的60%,而有些亚纲和目的种类却很少。

(1) 桨足纲

身体分为头部和躯干部两部分。躯干部同律分节,体节数最多可达32节,并且每一体节具有一对扁平的附肢。头部第一触角双枝型,躯干的附肢桨状,双枝型并具分节的内外肢。无头胸甲,头部仅有头盾(head shield)保护,躯干部的第一体节与头部愈合,其附肢形成帮助摄食的颚足。上唇大,并形成室,其内为大颚。第一小颚成可注射毒液的毒牙。躯干部最后一体节在其背方部分与尾节愈合,尾节具尾叉。中肠带有成行排列的盲肠(图9-9)。

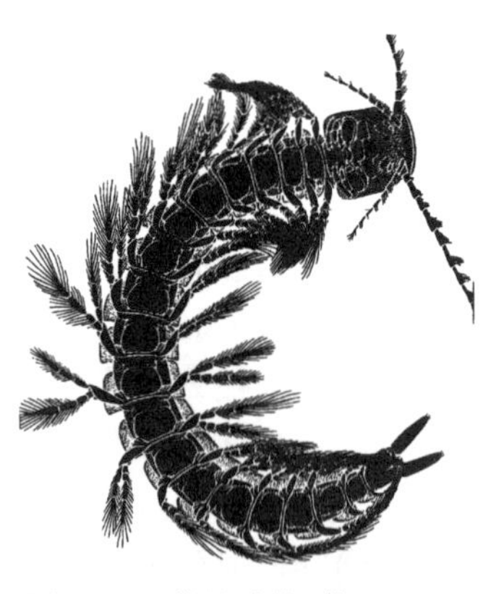
图9-9 桨足动物(仿Brusca)

桨足动物于1981年在巴哈马的一个洞穴中被首次发现(Yager, 1981),其后在加勒比海、印度洋、澳洲等地区的与海相连的洞穴中发现了多种桨足动物,截止2011年5月共发现24种。这些洞穴中的水与众不同,是分层的,淡水位于海水的上层,桨足动物就生活在其中,这样的洞穴只有经验丰富的洞穴潜水员才能进入,所以虽然近十多年来对桨足动物的了解取得巨大进步,但有关桨足动物的生态、行为和进化仍有许多未知的问题。

(2) 头虾纲

身体细长,仅3 mm左右。身体可分头、胸、腹三部分。头部5体节,胸部8体节,腹部11体节。头部覆头盾,头部不与胸部愈合。无眼,两触角短小,第一触角单枝型、第二触角双枝型。大颚无触须,第一小颚呈足型,第二小颚结构与前七对胸肢相似。前七对胸肢为原始双枝型。第八胸肢无内肢。具尾节,并具有尾叉。雌雄同体,但与一般甲壳动物不同,雄性生殖孔位于第六胸节,而雌性生殖孔位于第九胸节。主要栖息于潮间带海底表面淤泥内，以有机碎屑为食(图 9-10)。本纲现存仅一目——短足目，我国未曾发现过。

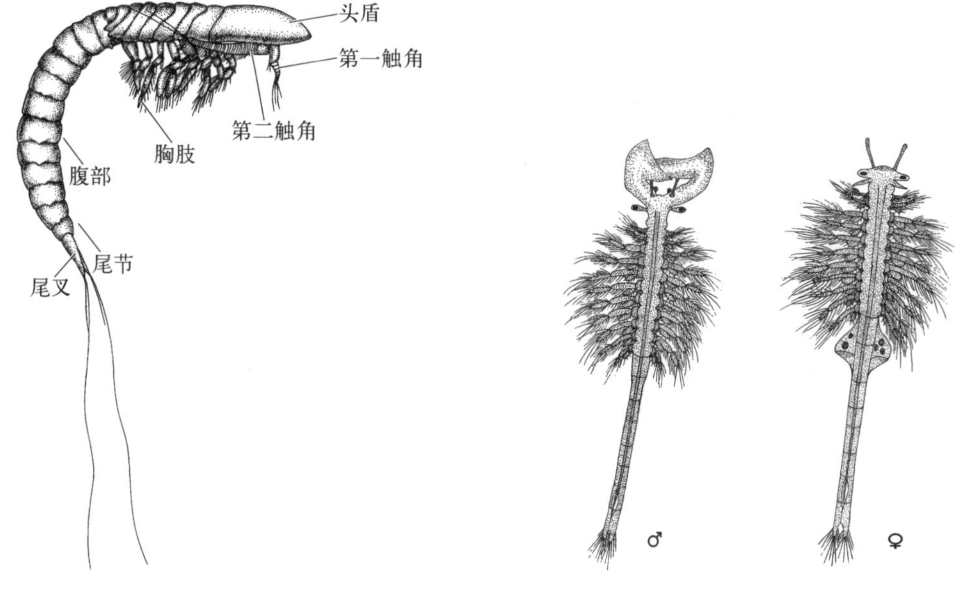

图 9-10　头虾(仿 Brusca)　　图 9-11　卤虫(引自侯林)

(3) 鳃足纲

身体小，身体胸部和腹部的体节数和附肢数因种类不同而异。第二小颚几乎完全退化。胸肢大部分扁平成叶状，无真正关节。腹部无附肢。尾节具尾叉。本纲分布以淡水水域为主，少数种类生活在海水中。

本纲分两总目，共分无甲目、背甲目、双甲目三目。

1) 无甲目　无头胸甲，胸部 11 个体节，每体节具有一对附肢，叶状，腹部 8 个或 9 个体节，无附肢。如卤虫(图 9-11)栖息于内陆盐水水域中，也生活在与海洋隔离的潟湖和盐田中，但不真正生活在海洋中。卤虫的初孵无节幼体可作为鱼、虾、蟹等苗种生产的重要活体饵料，受到人们的广泛重视。

2) 双甲目　头胸甲发达并形成壳瓣，包被整个身体及其胸肢。第二触角十分发达，为主要的运动器官。尾叉爪状，形成尾爪。本目绝大多数种类栖息于淡水水域，为淡水浮游生物的主要组成部分之一，如大型溞(图 9-12)。

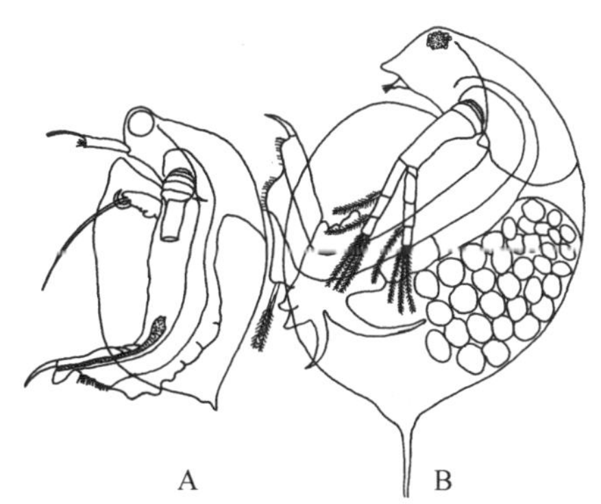

图 9-12　大型溞(仿堵南山)

图 9-13　藤壶(仿 Brusca)

(4) 颚足纲

本纲最基本的体制为头部 5 节，胸部 6 节，腹部 4 节，有尾节，尾节通常有尾叉。不过这种体制在很多种类中发生了变化。胸部的体节常与头部愈合。胸部附肢双枝型，无上肢(特化用于呼吸的原肢外叶)。腹部缺少典型的附肢。头胸甲有或退化。

1) 蔓足下纲　绝大多数种类成体营固着生活，少数种类寄生。身体分节不明显，外包由皮肤皱褶形成的外套，外套外面一般覆有石灰质壳板。第二触角完全退化。胸肢双肢型，内外肢细长多节，能够卷曲如蔓，称蔓足(cirri)，用于摄食。如藤壶、茗荷(图 9-13)等。

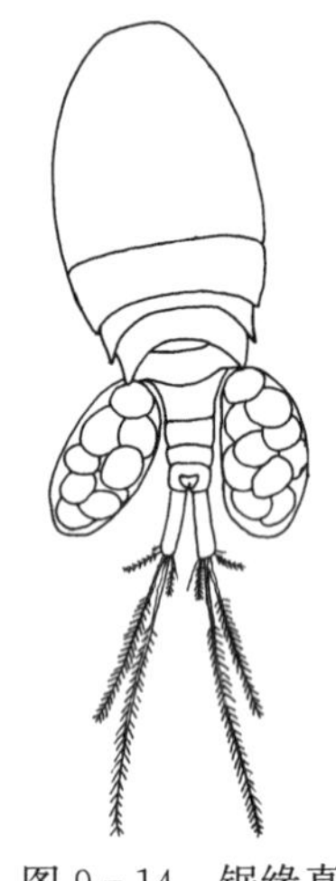
图 9-14 锯缘真剑水蚤(仿堵南山)

2) 桡足亚纲　无头胸甲,具有发达的头盾。胸部体节与头部愈合成宽大的前体部,腹部形成瘦小的后体部。前体部有附肢,后体部没有附肢。胸肢 6 对,第一对形成颚足。后 5 对为游泳足。海洋和淡水中种类都很多,是浮游动物的主要组成部分之一。如剑水蚤(图 9-14)。

(5) 软甲纲

为本总纲中最大的一个纲,共40 200余种,占甲壳动物总数的 60%。身体平均大小远大于其他各纲。体节数恒定,19 或 20 体节,包括:头部 5 节、胸部 8 节,腹部 6 节(狭甲目种类腹部为 7 节),具尾节,尾叉有或无。头胸甲发达,全部或部分盖住胸部,少数种类退化或无。触角两对通常双枝型,0～3 对颚足,胸部附肢原始种类双枝型,较进化的种类单枝型。叶状附肢仅见于叶虾亚纲。腹部具有 5 对双枝型游泳足和 1 对双枝型尾肢。复眼发达具眼柄。雌雄异体,两性生殖孔位于一定体节,雌性位于第六胸节,雄性位于第八胸节。尾肢常与尾节形成尾扇。主要的目有:

1) 口足目　头胸甲短,不覆盖后四个胸节。胸部前 5 对胸肢发达,单肢型。第二对胸肢尤为强大,形如螳螂前足。如虾蛄(*squilla*)(图 9-15)。

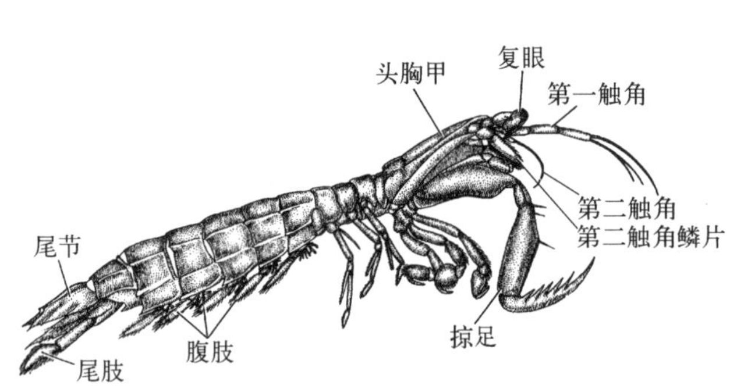

图 9-15　虾蛄(仿 Brusca)

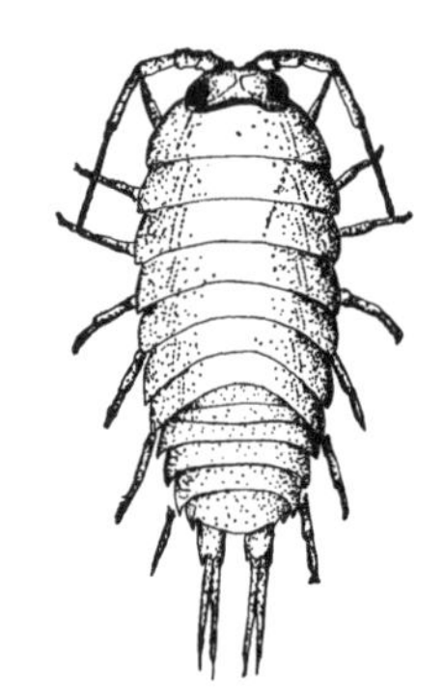
图 9-16　海蟑螂(仿堵南山)

2) 等足目　身体通常扁平。头部只与第一或第一、二胸节愈合形成头胸部。尾节常与末一腹节愈合。无头胸甲。胸肢第一对形成颚足。腹肢双枝型。内外肢扁平。大多数种类水栖,以海洋为主,还有不少种类陆栖(鼠妇)。如海蟑螂(图 9-16)。

3) 端足目　体多侧扁。头部与第一胸节愈合,只少数种类与前两个胸节愈合。无头胸甲。腹肢前 3 对形成游泳足,后 3 对为跳跃足。栖息以海洋为主,少数种类生活在淡水水域,个别种类陆栖。如钩虾(图 9-17)。

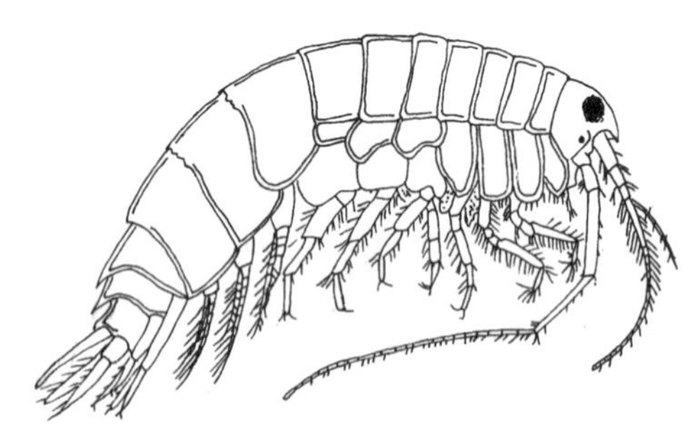
图 9-17　钩虾(仿堵南山)

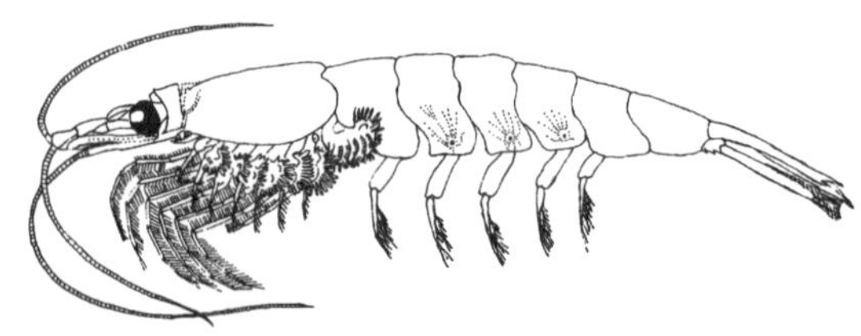
图 9-18　磷虾(仿堵南山)

4) 磷虾目　体呈小虾状,但与十足目的虾类的主要区别为,第一,鳃裸露,不被头胸甲覆盖;第二,8 对胸肢结构基本相同,均为双枝型,任何一对不特化为颚足。有发光器。如磷虾(图 9-18)。

5) 十足目　为甲壳动物中最高等的一个目。体形大,头胸甲发达,两侧形成鳃室,鳃位于其中,不裸露。第二小颚外肢特别发达,成为颚舟片。胸部附肢前 3 对为颚足,双枝型;后 5 对为单枝型(外肢消失)步足,因此称为十足目。本目曾被分为游泳亚目和爬行亚目(Boas,1890),现在这种分类方法已被废止。目前根据鳃的形式、雌性是否抱卵及初孵幼体的类型等特征可将本目分为:枝鳃亚目和腹胚亚目。

枝鳃亚目　主要包括对虾和樱虾两类,其主要特征为:鳃为枝鳃,由鳃轴前后侧各发出一行分支的鳃丝(图9-19)。前3对步足前端呈钳状,并且没有增大的现象。雄性第一对腹肢特化为雄性交接器。雌性不抱卵,体外受精,初孵幼体为无节幼体。如中国明对虾(图9-20)。

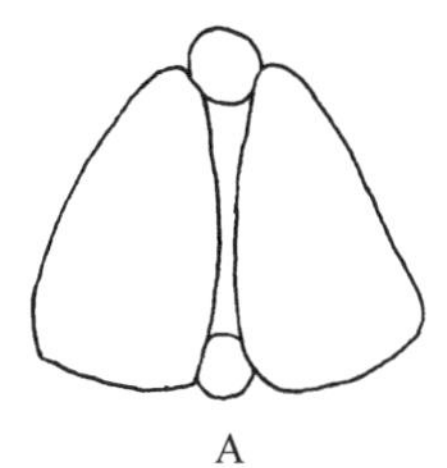

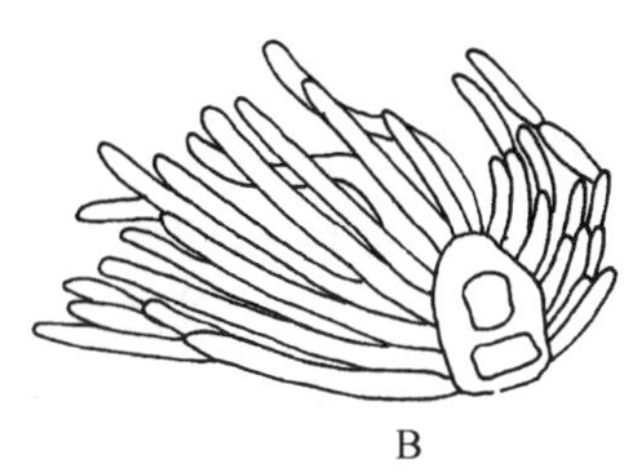

图9-19　十足类鳃的横切面图(仿堵南山)

A. 叶鳃;B. 丝鳃;C. 枝鳃

腹胚亚目　本亚目鳃为叶鳃或丝鳃(图9-19),不具枝鳃。雌性利用腹肢抱卵。初孵幼体为无节幼体后的幼体类型,如溞状幼体。这一亚目主要包括多种虾、蟹、龙虾等。

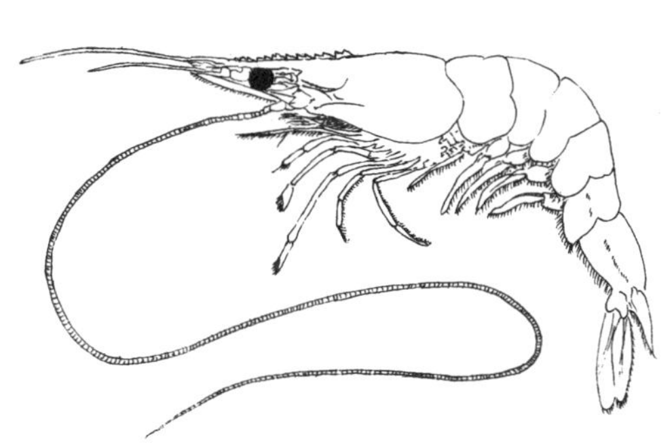

图9-20　中国明对虾(仿刘瑞玉)

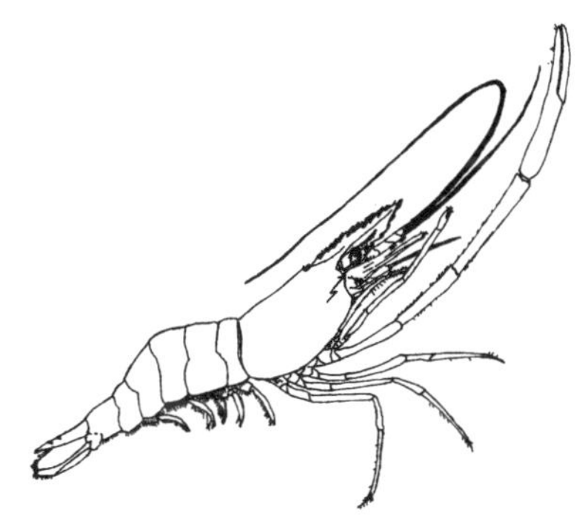

图9-21　日本沼虾(仿刘瑞玉)

6) 真虾下目　第一或二对步足形成钳状,有钳的步足通常十分粗大、发达,特称为螯足。第二腹节的侧甲覆盖在第一、三腹节上。如日本沼虾(图9-21)。

7) 龙虾下目　腹部扁平,并具尾扇。头胸甲圆筒形或背腹扁平,强大多棘,前缘中央具强大的一对眼上棘。步足是否具有钳因种类而异,有的种类前四对步足均为钳状,有的仅第五对步足为钳状,一些种类甚至所有步足都不成钳状。鳃为丝鳃。如龙虾(图9-22)。

8) 螯虾下目　体形较大呈圆筒状,甲壳坚厚,头胸甲稍侧扁。3对颚足都具外肢。步足单枝型,前3对末端螯状,其中第1对特别强大、坚厚,故称螯虾。鳃为丝鳃。如克氏原螯虾(图9-22)。

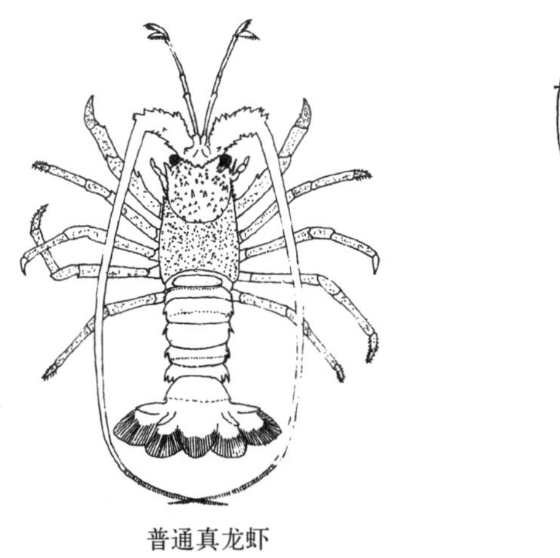

图9-22　普通真龙虾和克氏原螯虾(仿堵南山)

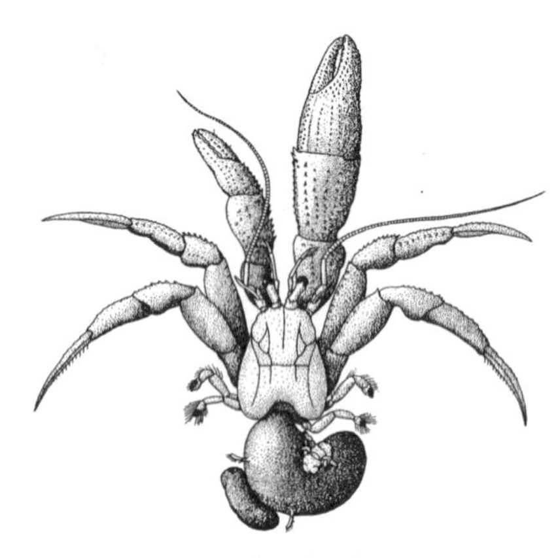
图 9-23 寄居蟹(仿 Brusca)

9) 异尾下目　　腹部柔软,扭转而左右不对称(如寄居蟹),或左右对称,弯曲在头胸部之下(如瓷蟹)。第三对步足绝无钳,末 1 或 2 对步足退化,向上弯曲。有尾肢,多不形成尾扇。如寄居蟹(图 9-23)。

10) 短尾下目　　为真正的蟹类,头胸部完全愈合,头胸甲发达,背腹扁平。腹部短,且十分扁平,向前弯曲,贴附在头胸部下侧。雄性只保留前 2 对腹肢,变为生殖肢,后 3 对退化;雌性则保留第二到第五对腹肢。常无尾肢,即使有也不呈叶状,且绝对不与尾节组成尾扇。鳃为叶鳃。如中华绒螯蟹、三疣梭子蟹等(图 9-24)。

2. 甲壳动物的形态结构与生理机能

(1) 外部形态

甲壳动物是节肢动物门中体制比较原始的种类。身体由较多的体节构成,体节数目因种类不同而异。原始种类体节数较多,鳃足纲背甲类全身可多达 40 个体节以上。高等的软甲纲节数恒定,除尾节外,共 19 或 20 节,计头部 5 节,胸部 8 节,腹部 6 或 7 节。最原始的甲壳动物身体由头部及许多相同体节构成的躯干部所组成,桨足纲是这种体制的最典型代表。其余种类躯干部都出现了胸部和腹部的分化,并且在甲壳动物的进化过程中明显存在着躯干部不断缩短、身体分部不断明显等趋势。

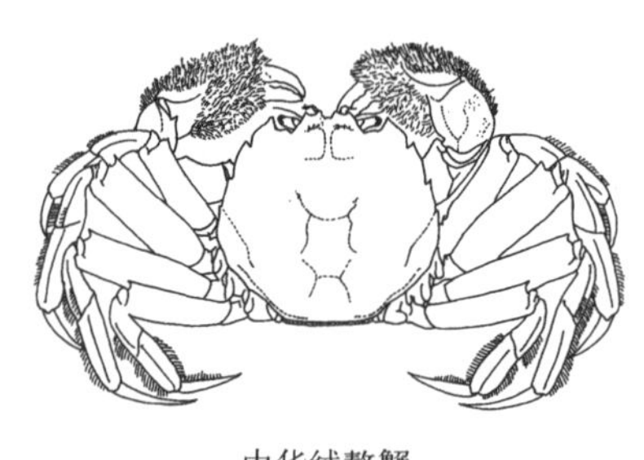
中华绒螯蟹

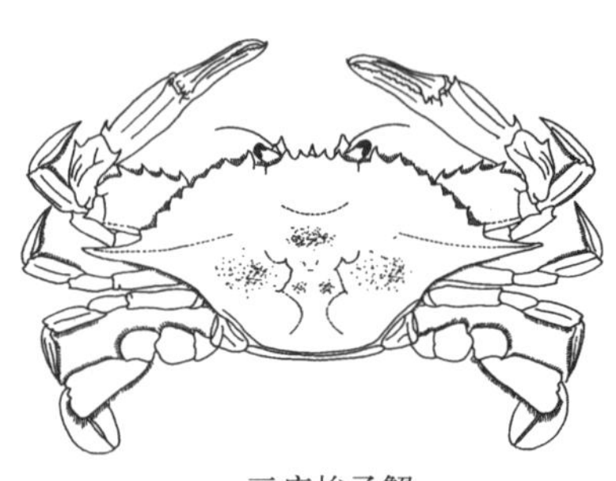
三疣梭子蟹

图 9-24 短尾下目常见种类(仿堵南山)

甲壳动物头部包括 5 个体节,由前到后依次为:两个触角节、一个大颚节和两个小颚节。大多数甲壳动物头部与一部分胸节愈合形成头胸部(cephalothorax)。这样,整个身体就分成了头胸部、胸部和腹部。高等的种类磷虾目、十足目头部与 8 个胸节全部愈合,身体就只有头胸部和腹部两个体部。腹部发达或退化,因种类而异。腹部最后一体节的末端有一尾节(telson)。尾节也称肛节,肛门即位于其腹面。它不是真正的体节,不仅外部无附肢,同时内部也无神经节。不少种类的尾节有一对尾叉(furca),尾叉呈爪状、花柱状或鞭毛状,是甲壳动物特征性的结构。

像其他节肢动物一样,甲壳动物身体表面也有外骨骼,其主要成分是几丁质,但含有大量的碳酸钙,因而往往比较坚硬,这点与其他节肢动物的外骨骼不同,特称甲壳。甲壳按体节排列,前后游离的体节之间甲壳并不相互愈合,而以薄膜相连,以利于身体的伸曲。每一体节背面的一片甲壳称为背甲,腹面的一片称腹甲。在背甲和腹甲间常出现一侧甲。水生甲壳动物的甲壳除保护身体外,还起到抵抗水环境中过大的压力的作用。因此甲壳动物出现了一些深水种类。

所有的甲壳动物,至少在胚胎发育的早期都出现头盾或头胸甲。有些种类成体头胸甲次生性退化。头盾是由头部的背甲愈合形成的,并且经常和身体侧面的甲壳愈合。具有头盾是桨足纲和头虾纲的主要特征之一。此外,这个特征也出现在鳃足纲的一些种类当中。头胸甲是覆盖在头胸部的甲壳,它是由头部后缘发出并向后延伸的皮肤皱褶所形成。头胸甲不仅覆盖在身体的背侧,一些种类(双甲目、介形亚纲等)的头胸甲特别发达,延伸到身体左右两侧,形成像蚌类那样包被身体的甲壳,而称为壳瓣(shell)。头胸甲的前端通常有一个尖的突起,称为额剑(rostrum),动物游泳时,额剑大概起着平衡身体的作用。头胸甲对于甲壳动物有十分重要的意义,它起到保护身体、附肢和鳃的作用。

甲壳动物的附肢对数特别多,几乎每个体节就有一对附肢,多为双枝型。因着生的部位和机能不同而形态各异。

头部共有5对头肢。前2对为触角,后3对为口肢,是口器的主要组成部分,分别为1对大颚和2对小颚。第一触角,又称小触角。一般单枝型,由节数不多的触角柄(basal stalk)和分成多数小节的节鞭(flagellum)两部分构成。一部分软甲纲种类却有两条节鞭,外侧的一条较长,称为外鞭(outer flagellum),内侧的一条称为内鞭(inner flagellum)。少数种类有三鞭,外鞭又分出一短鞭,称为副鞭。这对触角主要机能是化感,具有多数嗅毛。第二触角又称大触角,通常双枝型,原肢2或3节。内外肢在不同种类中特化成不同形式。在十足目的一些种类中外肢不分节,扁平呈鳞片状,可能对动物在水中升降有关。第二触角主要接受机械刺激,常有多数触毛。绝大多数甲壳动物大颚单枝型,外肢完全消失,内肢也十分退化,变成只有少数几节的大颚须。构成大颚的主要部分是原肢及其内叶。大颚具有坚硬的角质,并分化出门齿突和臼齿突。门齿突在前,有齿,用来撕裂食物;臼齿突在后,具有隆起和沟槽,用来研磨食物。因此大颚主要起到咀嚼食物的作用。第一小颚和第二小颚都扁平呈叶片状。相互紧依,并靠近大颚。通常双枝型。两对小颚或用来辅助大颚,咀嚼食物或用来传递食物。

胸肢的数量和形式因种类的不同而异。有些种类胸肢特化程度很高。大多数甲壳动物前1～3对胸肢因胸节与头部愈合而演变成颚足(maxilliped),颚足是协同口肢摄取食物的辅助器官。后续的几对则为步足,一般单枝型,外肢退化或完全消失,内肢发达,顶端两节常形成钳或半钳。步足为运动器官,用于游泳及爬行,形成钳的步足还可以用于持握和防御捕食等功能。

甲壳动物只有软甲纲有腹肢,其余甲壳动物均无腹肢。腹肢双枝型,特化为游泳足。长而扁平,密生刚毛。末一对腹肢形态显然不同于前几对,特称尾肢(uropod),常与尾节共同构成尾扇(tail fan),有增强腹部拨击运动的功能。雄体前一、二对腹肢在对虾总科等种类中特化为雄性交接器,用来授精,特称生殖肢。

(2) 生理机能

消化管分为前肠、中肠和后肠三部分。前肠和后肠都是由外胚层发育而来,像其他甲壳动物的体表一样,二者内壁都具有几丁质的外骨骼。而中肠则由内胚层形成,内无外骨骼。前肠包括食管、胃等部分,主要功能是摄取、碎化及过滤食物,并将其转运至中肠。前肠的发达程度和甲壳动物的食性有关。小型种类以细小的有机物颗粒为食,前肠较不发达;而像软甲纲这样的大型种类因摄取的食物较大需经碎化,因此前肠得到了很好的发展,结构复杂。胃膨大呈囊状,内面的几丁质外骨骼增厚,形成板和齿等坚硬结构,用来磨碎食物,这种胃特称磨胃(masticatory stomach);其中坚硬的结构称为胃磨(gastric mill),粗大的食物虽经口器的咀嚼,但还难以消化,必须再经磨胃的进一步碎化。磨胃在甲壳动物中为软甲类所特有。这样磨胃可分化成两部分,前为贲门胃(cardiac stomach),用来磨碎食物;后为幽门胃(pyloric stomach),用来过滤食物。

中肠的长短因种类不同而差别很大,前肠不发达的种类,中肠特别长,几乎占了消化道的全部。食物在中肠内必须停留较长时间,以使食物得到充分的消化。但在软甲类中,因其前肠比较发达,消化和吸收已在磨胃内进行,中肠因而变短,只限于消化腺开口的一小段肠道。甲壳动物中肠具有助消化的中肠突出物——盲肠,借以增大表面面积,加速食物的消化和吸收。其形状与数目因甲壳动物种类而异,其中仅桨足纲动物具成对排列的盲肠。一些软甲动物,如蟹类,盲肠融合形成消化腺。

后肠主要机能是排出不能消化的食物残渣。通常较短,结构也比较简单。它的末端的开孔就是肛门,位于肛节,也称尾节的腹面。

小型种类无真正的循环系统,绝大多数的介形亚纲及桡足亚纲、蔓足下纲的一些种类无心脏。只有大型的软甲纲像一般节肢动物一样,具典型的开管型循环系统。心脏一般具成对的心孔,通常1～3对。心脏位于靠近身体背面的围心窦内,围心窦外周有一层薄膜,称围心膜。大部分种类的围心膜与心脏的腹壁相连,围心膜上有翼肌,其收缩可使围心窦的大小发生变化。翼肌的收缩舒张与心脏相协调,当翼肌收缩,围心窦体积变小,同时心脏舒张,血液经心孔流入心脏。反之,心脏收缩,因心孔有防止血液倒流的活瓣,血液由心脏流入动脉;此时,翼肌舒张,身体各处流回的血液流入围心窦。

甲壳动物的血液中含有多种细胞,如吞噬细胞、变形细胞等。除了软甲亚纲外的甲壳动物体内,氧气通过血浆及溶解于其中的血色素运载。绝大多数软甲动物具有血蓝蛋白。血色素不像脊椎动物不存在于血细胞中。

少数小型种类体表角质膜薄，就以整个身体的表面进行扩散性呼吸。还有一些种类头胸甲的内层上皮有大量血管网，是主要的呼吸器官，而其余种类呼吸器官则为鳃。鳃是甲壳纲最有特征性的器官，鳃的数量和结构因种类不同而异。每个鳃由中央的鳃轴及其多数的附属物构成。根据附属物的不同，鳃可分为叶鳃(phyllobranchia)、丝鳃(trichobrania)和枝鳃(dendrobranchia)三种(如图 9-19)。叶鳃的附属物呈三角形的扁平鳃叶。真虾下目和大多数异尾下目和短尾下目具有这种鳃。枝鳃是枝鳃亚目的主要特征。鳃掩藏在由头胸甲两侧部分形成的鳃室内，鳃室以入水孔和出水孔与外界相通。第二小颚的外肢称为颚舟叶(scaphognathite)或呼吸板(respiratory flat)，在鳃室内不停地拨动，激起水流，水就通过入水孔和出水孔不断地内外循环，使鳃可从新鲜的水中获得足够的氧气。

甲壳动物为排氨型代谢的动物(ammonotellc anireals)，蛋白质代谢的最终氮废物大部分以氨的形式排出体外，只一小部分为尿素与尿酸。甲壳动物的排泄器官也是由后肾管演变而成，但与环节动物相比，差别很大。甲壳动物只头部存在后肾管，在成体中仅保留 1 或 2 对，第二触角节的一对称触角腺(antennal gland)或绿腺(green gland)；第二小颚节的一对称小颚腺(maxillary gland)或壳腺(shell gland)。这些排泄物主要借触角腺或小颚腺排出。甲壳动物的幼体既有触角腺，又有小颚腺，而绝大多数种类的成体却只保留一种。触角腺和小颚腺虽都由后肾管演化而来，但肾口已次生性的封闭，二者结构基本相同，主要由末端囊(sacculus, end-sac)与排泄管(excretory canal, nephridial canal)两部分构成。前者小，呈球形，囊壁薄，由所属体节的体腔退化而成；后者长而弯曲，末端部分常膨大，形成膜质的膀胱(bladder)，膀胱又与由外胚层发育而来的尿道(exitduct)相连，尿道末端有排泄孔，一般位于腺体本身所属体节的基部；这两种排泄器官在软甲纲大型种类中随着机能的增强而相应地发达，形成很多皱褶，以扩大排泄面，同时又加强与循环系统的联系。十足目的触角腺结构特别复杂，末端囊内有许多皱褶，就是与末端囊连接的排泄管前端部分也膨大成囊，内部出现很多皱褶，将内腔分隔成许多沟道，这一部分特称为肾迷路(labyrinth)。肾迷路呈绿色，而后续的排泄管则呈白色，这两部分都是触角腺的腺质部分。由触角动脉和神经下动脉发出的分枝就在腺质部分内分成许多细支，伸入其血腔中，血液所含的氮废物可能像脊椎动物的肾小球那样，透入腺质部分内，最后通过排泄孔排出体外(图9-25)。此外，氨盐也可借鳃排出，鳃除呼吸外，兼有排泄。

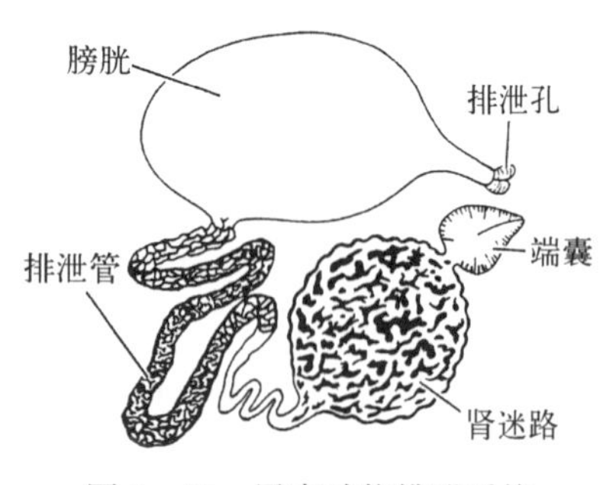

图 9-25 甲壳动物排泄系统
(仿 Meglitsch)

在节肢动物中，甲壳动物的中枢神经系统比较原始，低等种类的中枢神经系统仍然保持梯形。但大部分软甲纲种类头部前三对神经节愈合成脑，头部后三对神经节以及附肢演变成颚足的胸节所具有的几对神经节已愈合成食管下神经节，但腹神经链上的神经节仍然前后各对不相愈合，就是同对的左右神经节也不愈合。蟹类等身体变短的种类，腹神经链的所有神经节都愈合成一个神经团(图 9-26)。

甲壳动物有多种感觉器官，体表的各种触毛是主要的触觉器官。软甲类的平衡囊为一种特化的触觉器官，常位于第一触角的第一柄节内。第一触角也是味觉的重要器官，上有感觉器，用来接受化学刺激。此外，第二触角、口器以及其他附肢的颚基也都司味觉。

视觉器官分单眼和复眼两种，单眼是甲壳动物无节幼体和后无节幼体唯一的视觉器官，因此又称无节幼体眼。一些种类终生只具单眼，还有一些种类成体只具复眼，口足目、磷虾目与十足目等种类则兼有两种视觉器官。

除蔓足类等少数种类外，通常都雌雄异体。

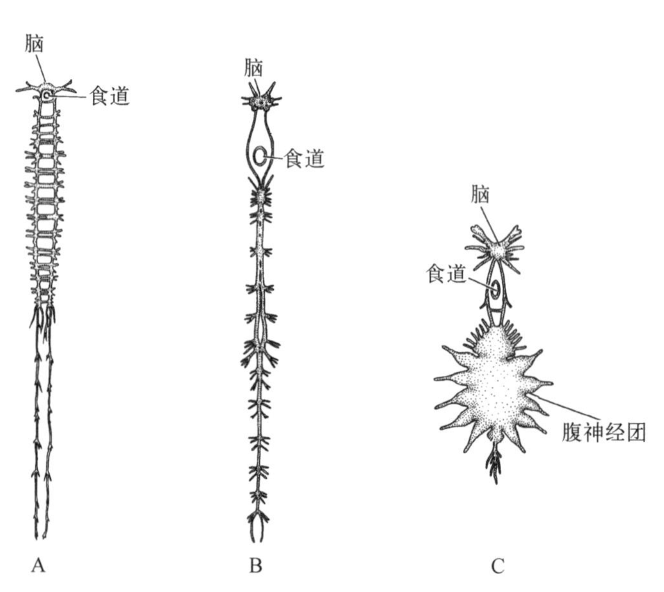

图 9-26 甲壳动物中枢神经系统(仿 Brusca)
A. 鳃足类；B. 螯虾；C. 蟹类

生殖腺原有1对，但常一部分或全部分左右愈合，位于体内消化道的背面或背侧面。输出管一对，远端部分可能左右愈合；管的内面有特化的腺上皮，输卵管的腺上皮分泌物质；用来形成卵壳或黏合卵子，而输精管的腺上皮分泌物则用来形成精荚。输卵管末部凸起，形成受精囊，不少种类的受精囊有其独特的交配孔(copulatory pore)；交配孔虽靠近输卵管末端的雌性生殖孔，但二者分开。输精管的一段扩大，形成储精囊；管末端的开口就是雄性生殖孔。输精管的末端部常突出体外，形成交接器，即阴茎；软甲类的雌雄生殖孔位置基本恒定，雌性生殖孔在第六胸节，而雄性生殖孔在第八胸节。同时雄体前一、二对腹肢常演变成生殖肢，交配时，雄体的阴茎并不直接与雌体接触，而只将精荚传送给自身的生殖肢，生殖肢再与雌体接触，将精荚授予雌体。交配以后，雌体产出的卵子只少数立即脱离母体，如枝鳃亚纲，绝大多数种类有抱卵习性。少数种类，如卤虫等行孤雌生殖。

甲壳动物的个体发育分为胚胎时期和胚后时期。其主要特点为：胚胎时期多为表面卵裂，胚后要经过复杂的变态，经过多种幼体时期。因甲壳动物的幼体在卵内度过的时间因种类不同而异，不同种类的甲壳动物经历不同的胚后发育过程。低等的甲壳动物仅经过1或2个幼体阶段即变为成虫。而高等种类往往需经过多个幼体阶段。现介绍几种重要的幼体(图9-27)：

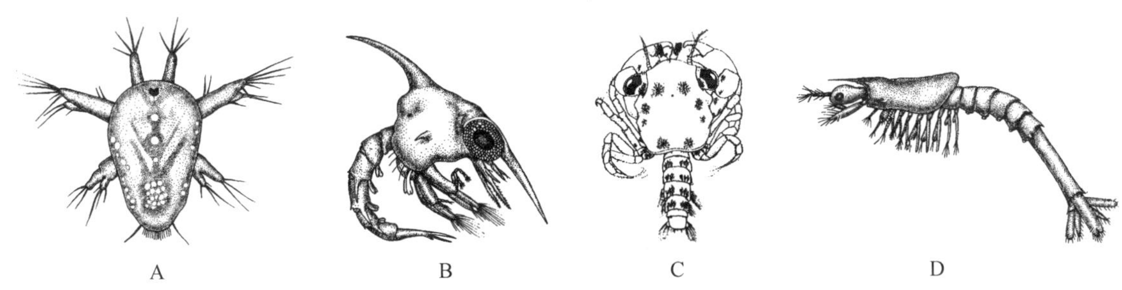

图9-27　甲壳动物几种重要幼体(仿Brusca)

A. 初孵无节幼体；B. 蟹类的溞状幼体；C. 蟹类的大眼幼体；D. 对虾类的糠虾幼体

无节幼体(nauplius)　是甲壳动物最典型的幼体。这种幼体小，呈卵圆形或圆形，不分节，具三对附肢，即2对触角和1对大颚，这3对附肢的机能还未分化，既是游泳的器官又是捕食的器官。具一片大的上唇和一单眼。这种幼体在水中浮游生活。

溞状幼体(zoëa)　也是一种甲壳动物常见的幼体。是大部分十足目种类受精卵直接孵出的幼体形式。形态与水蚤前期相同，头胸部短，头胸甲发达，常有刺，腹部长，已分节。前2或2对颚足双枝型，为运动器官。具复眼。营浮游生活。

糠虾幼体(mysislarve)　在一部分十足目种类中，由溞状幼体发育而成。这种幼体具额剑与眼柄，在颚足之后，已出现其余各对胸肢，胸肢双枝型。似糠虾。

大眼幼体(megalopa)　体形似蟹，但腹部直伸，有游泳肢。

(3) 代表动物

如前所述，甲壳动物是节肢动物门中形态结构和栖息环境的差异、多样性较高的类群。对其形态结构和生理机能的概述不能很好地反映其主要特征，现以中国明对虾为例具体说明。中国明对虾是我国重要的海产资源之一，经济价值高。主要分布于我国黄、渤海和朝鲜西部沿海。我国的辽宁、河北、山东省及天津市沿海是对虾的重要产地。过去常成对出售，因而称为对虾。

1) 外形特征　　如图9-20所示，对虾体长大而侧扁，雌虾长18～24 cm，雄体较小，约13～17 cm。甲壳薄，光滑透明，雌体青蓝色，雄体呈棕黄色。对虾全身由19体节组成，头部5节、胸部8节、腹部6节。头部5个体节和胸部8个体节完全愈合成头胸部，外被发达的甲壳，称头胸甲(carapace)。头胸甲的前端中部，有一长而尖的突出部分，称为额剑，上缘具7～9个短棘，呈锯齿状，下缘具3～5个短棘。额剑两侧有一对能活动的眼柄，顶端着生复眼。腹部呈长柱状，肌肉发达，第六腹节末端还有一呈三角形的尾节，尾节也称肛节，肛门即位于其腹面。它不是真正的体节，不但外无附肢，且内无神经节。尾节与第六腹节的附肢——尾肢共同组成尾扇。对虾口位于头胸部腹面。雌性生殖孔成对，位于第三步足的基部，而雄性生殖孔却位于第五步足的基部。

对虾除尾节外,每一体节即使愈合也保留一对分节的附肢,共 19 对附肢,这些附肢多为双枝型。

头部 5 对附肢,前 2 对为触角,主要司嗅觉、平衡、触觉等感觉;后 3 对为口肢,特化为适合咀嚼和辅助摄食的结构。具体结构(图 9-28)如下。

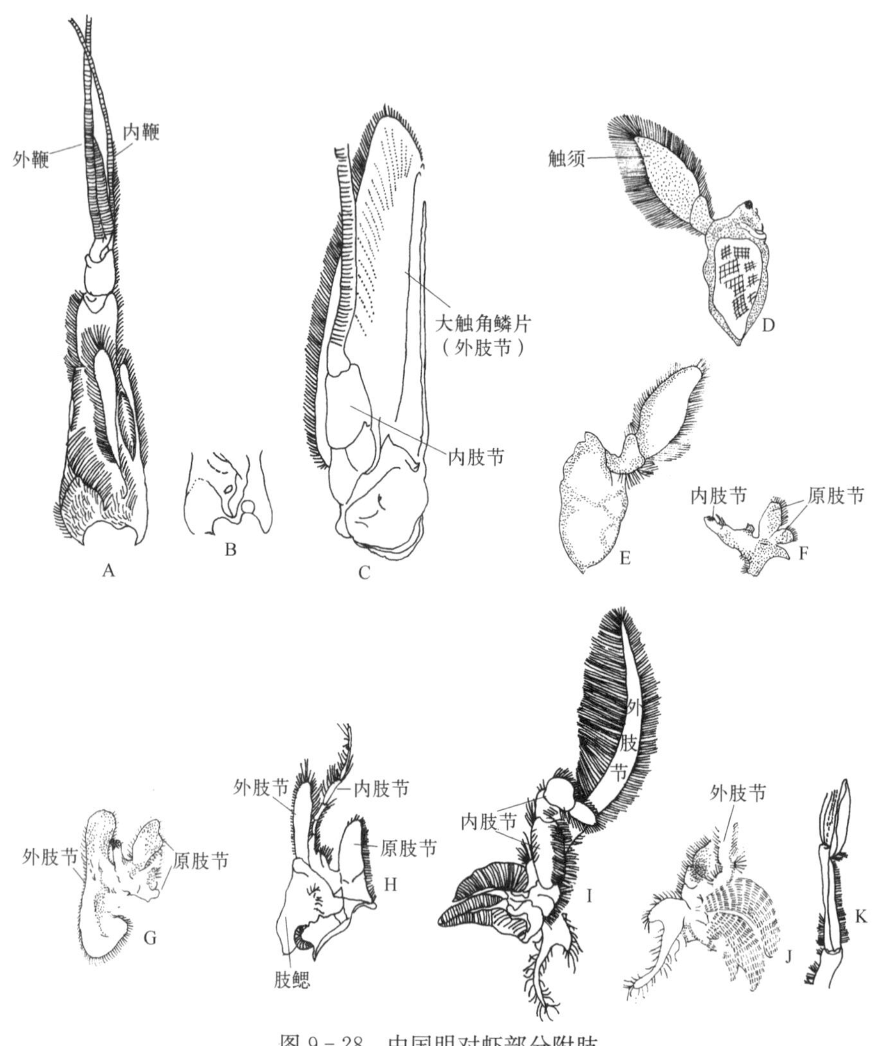

图 9-28 中国明对虾部分附肢

A. 第一触角;B. 平行囊;C. 第二触角;D、E. 大颚;F. 第一小颚;G. 第二小颚;H. 第一颚足;I. 第二颚足;J. 第三颚足;K. 步足

第一触角(小触角)(antennule) 原肢节分三节,第一节最长,背面有一大凹陷,为容纳眼球处。凹陷内侧丛毛之中为平衡囊(图 9-28A、B)。第三节端部有内、外两触鞭,两触鞭之间还有一短小的附鞭。

第二触角(大触角)(antenna) 原肢两肢节,其外肢不分节,呈扁平的鳞片状。内肢由三节的大触角柄及一极细长的触鞭构成(图 9-28C)。

大颚(mandible) 主要部分由不分节的原肢节形成。特别坚硬,边缘齿形,分为切齿部与臼齿部。外肢退化,内肢变为宽大的触须(图 9-28D、E)。

第一小颚(maxillule 或 first maxillae) 呈薄片状,内侧两片为原肢内叶,内缘生有硬刺毛。外肢完全退化。外侧一片则为内肢节演变成的小颚须(图 9-28E)。

第二小颚(maxillae 或 second maxillae) 原肢二节,呈叶片状。外肢极发达,名为颚舟片,用以扇动鳃腔内水流,以利呼吸,因此也称呼吸板。内肢很小,夹在原肢与外肢之间(图 9-28G)。

胸部八对附肢,前 3 对演化为颚足,后 5 对为步足。

颚足(maxilliped) 如图 9-28 所示,胸部前三对附肢称为颚足,内外肢都存在。第一颚足构造近似第二小颚,基部有薄片状肢鳃,有助于呼吸。第二颚足原肢基部也具肢鳃,原肢底节还向外突,成一足鳃(podobranchia);附肢与身体相连处又有关节鳃(arthrobranchia),均用于呼吸。外肢长大不分节,边缘密生刚毛,有助于游泳。内肢五节,呈弯曲的屈指状。第三颚足的内肢细长如棒,遍生刚毛,其端部雌雄异形。外肢节发达,遍生刚毛。具鳃(图9-28H、I、J)。

步足(pereiopoda)　如图9-28K;图9-29所示,共5对,为捕食及爬行器官。原肢由两节构成。外肢很小,内肢发达,分为五节。第一至三对步足末端呈钳状,后两对步足末端呈爪状。

腹部附肢共6对,为主要游泳器官。原肢多为一节。内外肢皆不分节,边缘具羽状刚毛。雄性第一对腹肢内肢变形,成为雄性交接器(petasma),第二对腹肢内肢的内侧具一小形雄性附肢。第三至五对腹肢形状相同,内外肢皆发达。尾肢的原肢粗短,内外肢宽大,与尾节共同组成的尾扇,借以增强腹部的拨击功能。

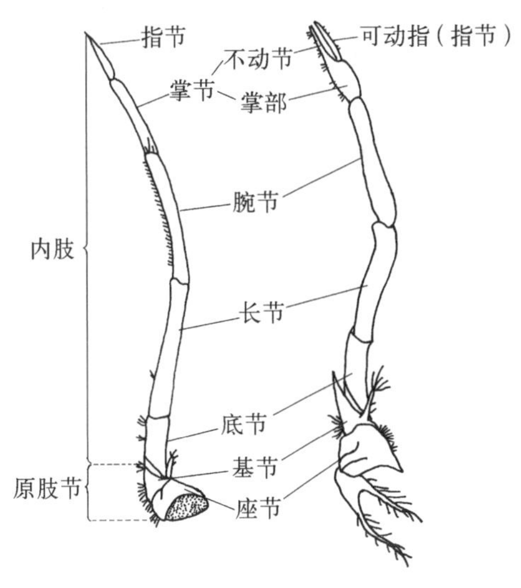

图9-29　中国明对虾第二及第四步足

对虾体色常随环境的变化而变化,其体色变化也和头足类的变化一样,是由体壁下面的色素细胞调节的。色素细胞扩大,体色变浓,反之则浅。虾蟹一类的甲壳动物,主要的色素由类胡萝卜素同蛋白质互相结合而构成,在高温下或与无机酸、酒精等相遇,蛋白质沉淀而析出虾红素(astacin)或虾青素(astaxunthin)。虾红素色红,熔点较高,为238～240℃,所以在沸水中色素细胞破坏后,它仍不起变化,因此煮熟的虾蟹类都呈红色。

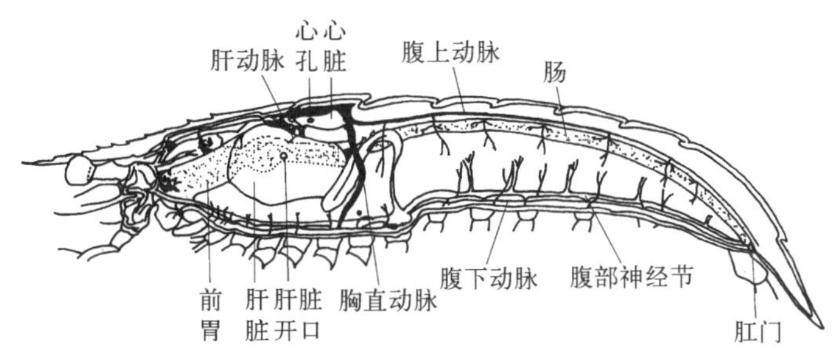

图9-30　中国明对虾消化及循环系统

2）内部解剖

消化系统　如图9-30所示,对虾的消化道由前、中、后肠组成。前肠及后肠起源于外胚层,因而具有几丁质的内膜。这两部分比较发达。中肠由内胚层发生,很短,无几丁质内膜。前肠包括口、食管及胃。口位于两大颚之间。食管为短管状,其后为胃(图9-31),胃膨大,前部是贲门胃,为一个薄壁的囊,内具三个钙质齿组成的胃磨(gastric mill),能磨碎食物。后部为幽门胃,其内布满刚毛,可过滤食物以免粗物入肠。中肠很短。后肠很长,在腹部背面;末端或称直肠,具直肠腺,肛门位于尾部腹面。对虾主要的消化腺为胃及中肠两侧的肝胰脏,有肝管通入中肠,能分泌消化液及吸收营养物质。中国对虾是以浮游生物为食。

循环系统　如图9-30所示,对虾为开管式循环。心脏位于头胸部的后背部的围心窦内,扁囊状,肌肉质,以心孔与围心窦相通。心孔三对,两对在背面,一对在腹侧面。心孔具瓣膜,可防止血液倒流。心脏发出六条动脉,把血液分送至全身各部。心脏前端有三条,一条为中央动脉,供给脑及复眼血液。两条为触角动脉,心脏侧面各有一条肝动脉通肝脏。心脏后面发出一条腹上动脉。这条动脉除为腹部背面体后端供血外,还在基部分出一条胸直动脉,穿过头胸部中央,直下胸部腹面,在腹神经索下面分为前后两支,给胸部及腹部的腹面供血。在动脉内也有瓣膜,血液从动脉经小动脉流入组织间的血窦内,再由血窦将血液收集流入胸部底面的胸血窦,通过入鳃血管进入鳃内交换气体,新鲜血液从出鳃血管进入鳃心窦,最后流回围心窦,经心孔返回心脏。如此周而复始地运行不息。血液无色,血浆内含血清蛋白,可携带氧气。此外血浆内还有变形细胞。

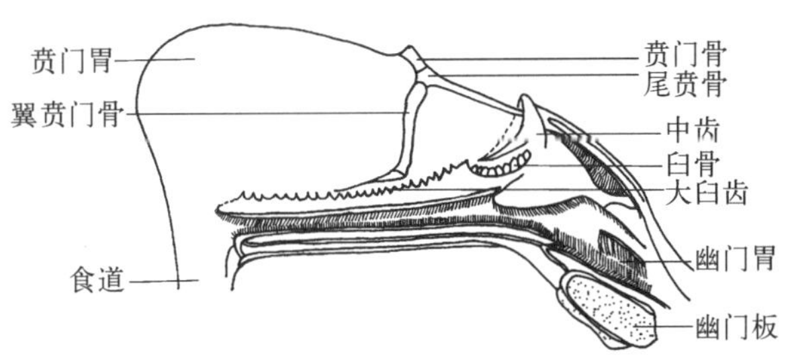

图9-31　中国明对虾胃结构图

呼吸系统　对虾以鳃呼吸,鳃位于头胸部两侧的鳃腔内,外面被鳃盖(branchiostete)(头胸甲的侧板)所覆盖。鳃为枝鳃(图9-19)。每个鳃上具有一个鳃轴及许多分支的鳃丝,借以增加气体交换的面积。鳃轴内有入鳃血管和出鳃血管,它们都有分支通入鳃丝,并形成血管网。

对虾的鳃,按其着生位置及来源可分为侧鳃(pleurobranchiae)、关节鳃、足鳃及肢鳃(mastigobranchiae)四种,共计 25 对,分别位于Ⅵ至ⅩⅢ体节的附肢基部。一个体节,可同时具有几种鳃,但有的只具一种鳃。

排泄系统 对虾的排泄器官随发育而变化,幼体以位于第二对小颚基部的小颚腺(maxillary gland)进行排泄,到成体小颚腺退化,以触角腺(antannary gland)行排泄的功能。它位于大触角的基部,由一腺体及一薄壁的膀胱组成,腺体末端有一小腔。相当于环节动物排泄器的残余,是退化了的次生体腔。腺体内的排泄物是近似尿酸的绿色鸟氨酸,因此触角腺呈绿色,故又名绿腺(green gland)。绿腺以管与膀胱相通,后者是一储存排泄物的构造,囊状,以裂缝状的排泄孔开口于大触角基部的乳突上。

神经系统 对虾的神经系统为索式神经。脑位于食管上方,由此分出神经至复眼、大小触角,并分出一对围食管神经,绕过食管至腹面与胸神经节连接,胸神经节之后连接一对白色的腹神经索。外包结缔组织,所以在外表看好像是一条。这条腹神经索在Ⅻ与ⅩⅢ体节之间互相分离,留出一孔,胸直动脉即从此穿过,通到腹面。腹神经索在第ⅩⅢ至ⅩⅨ节的每一体节中,都膨大为一个腹神经节,由它分出神经到该节之附肢肌肉及器官上。

对虾的视觉器官发达,为一对具柄的复眼,每一复眼由许多六角形的小眼镶嵌而成,它与昆虫的复眼相似。

对虾的平衡器位于小触角的原肢节基部,囊壁为几丁质,有几丛刚毛分布,每一刚毛基部都有感觉神经末梢与脑相连。在刚毛丛中有砂粒(平衡石 statolith),砂粒位置的改变可触及一方的刚毛,从而引起冲动通到大脑,产生相应的平衡身体的动作。小触角除具平衡囊外,其上还有许多感觉毛,有嗅觉功能。此外,对虾全身各部还有许多触觉毛,它们都是表皮细胞向外突出而形成的,基部有神经末梢,所以有触觉的作用。

生殖系统 对虾为雌雄异体,并具第二性征,借此可辨雌雄:① 雄虾的雄性交接器由第一游泳肢的内肢节变成,左右内肢节相互合抱,形成一槽状结构;雌虾的雌性纳精器(thelycum)位于第四和第五对步足间的腹甲上,为一椭圆形的结构,中有一纵的开口,口缘向外翻卷,内为一空囊,可接受或储存精液,故又名受精囊,开口的前方有一密生细毛的圆形突起。② 雄性生殖孔位于第五步足的基部;而雌性生殖孔位于第三步足的基部。

雌虾的生殖腺(卵巢)一对位于围心窦的腹面,纵贯全身,体积很大,自额角基部向后,达尾节中部,相当于胃、肝和肠的背面。成熟时为暗绿色。左右两卵巢相并呈叶状,各叶分别向前后方延伸及向侧面下垂,位于肝脏两侧。每一卵巢从侧叶上通入一输卵管,向腹面通至第三对步足基部的雌性生殖孔。

雄虾的精巢一对,输精管细长,均为白色,末端膨大变为豆粒大小的构造,是为储精囊,末端以一细短管通雄性生殖孔。精巢的位置与卵巢的位置相当。

3) 生殖和发育

对虾两性成熟期不同,雄虾当年成熟,而雌虾要到翌年 4～5 月份方可成熟。雄虾成熟后,于当年 10 月末至 11 月初与雌虾交配,通过雄性交接器把精子输送到雌虾的交接器内,在其外方留下一白色的扇形囊状构造,经 3～4 天后始脱落。翌年 4～5 月间,卵成熟,由雌性生殖孔排出,纳精器内的精子逸出与卵受精。

对虾的产卵次数不定,但通常分几次进行,产卵次数与体质有关,一般每次相隔时间约半月左右。每次产卵的卵数又与个体的大小及性成熟度有直接关系。一个中等大小的雌虾,总产卵量约为 100 万～150 万粒。对虾喜在河口咸淡水混合处的软泥浅海区繁殖产卵。从目前人工孵化育苗的情况看,对虾的产卵以水质新鲜、盐度适当(比重 1.016～1.019)、水温 19.5～23℃为宜。

对虾卵为沉性卵,产出后沉在水下,在适温下经一昼夜即可孵化。发育过程经过无节幼体、前溞状幼体、溞状幼体及糠虾期等阶段,逐渐蜕皮长大,变为幼虾,继续长大约至秋末即成为成虾。

对虾主要分布于我国黄、渤海和朝鲜西部沿海。但随着环境因子的变化(主要是水温的变化),对虾每年都要作规律性的迁游,称为洄游。对虾的越冬场所位于朝鲜半岛南端济州岛西南方水深 70 m 以上的广大海区。在越冬场多分散居住,多不捕食,活动能力很差。在越冬场所经过两个多月潜居生活的对虾,随着水温的升高,活动能力渐次增强;同时其生殖腺也逐渐发育起来。从每年春季 3 月底起,分散越冬的对虾相继集中,从黄海向山东半岛的南部海区迁移,是为春季洄游。因为这次洄游主要是到产卵场所产卵,所以又称生殖洄游或产卵洄游。4 月初都进入渤海区,4 月下旬先后到达莱州湾和塘沽外海。其中一部分从河北省沿海北上,到达秦皇岛外海,有的更北上至辽宁沿海。对虾到达浅海后,即分散各自在各大河口附近的浅海处进行产卵。初孵小虾 9～10 月成长为成虾,当雄虾性成熟后即与雌虾交配。交配后,随着近海水温下降,分散的虾群又趋于集中，从北方向黄海区越冬场所迁移，是为越冬洄游。大约在12月初到12月中旬可先后到达山东半岛的南部海区，12月末渐次分散于黄海北部海区，进行越冬。除了对虾以外，其他的一些甲壳动物也具有洄游的习性，如中华绒螯蟹，与对虾不同的是中华绒螯蟹是在淡水和海水之间。

3. 甲壳动物的系统发生

根据目前化石记录，甲壳动物最早出现在古生代前寒武纪。我国澄江化石群发现的甲壳动物化石已基本具有现生甲壳动物的主要特征，如具有复眼，头部至少出现4对附肢，具有头盾或头胸甲等。但甲壳动物在节肢动物门内的分类地位和甲壳动物本身系统发生的问题长期以来都是学术争论的焦点，如甲壳动物中最原始的种类是什么、甲壳动物各主要类群的亲缘关系如何等，这些问题至今仍未有定论。随着当前分子进化发育生物学的出现和许多新研究手段在甲壳动物系统发生研究中的应用，自20世纪90年代以来，取得了许多进展。

甲壳动物像其他的节肢动物一样，与环节动物有亲缘关系。因而目前大多数的学者都认为甲壳动物最原始的种类理应具有环节动物的主要特征：具有较多的体节，身体分为头部和躯干部，躯干部由多数相同的体节以及多对同型的附肢组成。但关于最原始种类躯干部附肢的类型是什么，这仍是一个有争议的问题。一种观点认为最早出现的甲壳动物躯干部的附肢为叶状，这种附肢既可用于游泳又可用于辅助摄食，这种附肢可见于许多现存的种类如头虾纲、狭甲目和一些鳃足纲动物。一些学者将这些动物称作叶足类(Schram, 1986)，但最近的基于18S rDNA的分类学研究证实，叶足类不成为一个单系，而且叶状附肢这一特征的起源可能不止一次，为多次起源。另一种观点认为最原始的甲壳动物附肢不是叶状而是简单的用于游泳的桨状附肢，并且这种附肢不用来辅助摄食，摄食的功能仅由头部的附肢完成。这样的身体结构现存最好的代表为桨足动物。因此，本书也将桨足动物放在系统进化树的最底层(图9-32)。

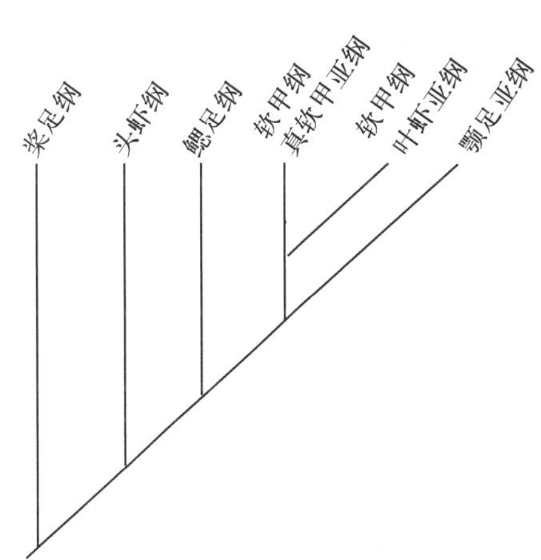

图9-32 甲壳动物系统进化(仿Brusca)

现存的甲壳动物主要有两大分支，软甲纲和颚足纲。软甲纲是甲壳动物发展的主干，有不少体形较大的种类。本纲几乎每一体节都保留一对附肢，胸部的附肢发生了明显的特化，腹部尾肢和尾节多形成尾扇。另一分支为颚足纲，胸部和腹部的体节数分别缩短为6个和4个或更少，腹部没有附肢，是本纲最大的特征。

9.2.3 六足亚门(Subphylum Hexapoda)

六足动物包括内口纲(Entognatha)和昆虫纲(Insecta)，是一类高度适应陆地生活的无脊椎动物。主要其特点是：种类多(已知100万种以上，约占动物种类的2/3)；数量大(一棵树上可有蚜虫10多万个个体，一个蚂蚁群的个体多达50万以上)；分布广(几乎遍及整个地球)。这充分说明昆虫有惊人的适应环境的能力。为什么昆虫能在地球上会如此繁荣昌盛？究其原因不外乎以下几点。

1) 有翅　昆虫是无脊椎动物中唯一有翅的动物，飞行给昆虫的觅食、求偶、避敌和扩大分布等方面都带来便利。

2) 体小　只需少量食物便可完成发育。例如，一张白菜叶可供上千头蚜虫生活，一粒米可供几头米象生存。此外，体小便于昆虫隐蔽自己，逃避敌害。

3) 口器类型多样化　有咀嚼式、刺吸式、舐吸式、虹吸食等多种类型的口器，扩大了昆虫的取食范围。特别是从取食固体食物变为液体食物，改善了与寄主的关系，寄主不会因失去部分汁液而死亡，这样昆虫就能长期得到食物。

4) 有惊人的繁殖能力　如一头蜂后一天可产卵2 000～3 000粒；一头蚜虫300天内可使种群数量达到2×10^{15}头，即使自然死亡率达到90%以上，也能保持一定的种群数量。

1. 昆虫纲的主要特征

(1) 外部形态

昆虫由若干体节组成，这些体节相互愈合成头、胸、腹三部。头部有口器、1对触角、1对复眼，通常还有

2～3 个单眼，是取食和感觉的中心。胸部有 3 对足，通常还有 2 对翅，是运动的中心。腹部无运动附肢，包含生殖器官和大部分的内脏器官，是生殖和代谢的中心(图 9－33)。

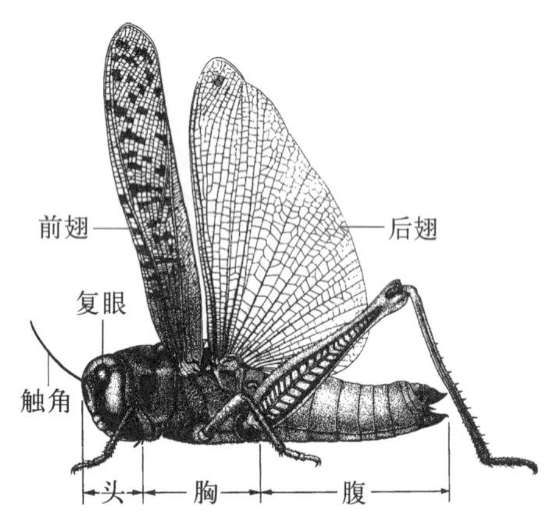

图 9－33 昆虫的基本构造(仿彩万志)

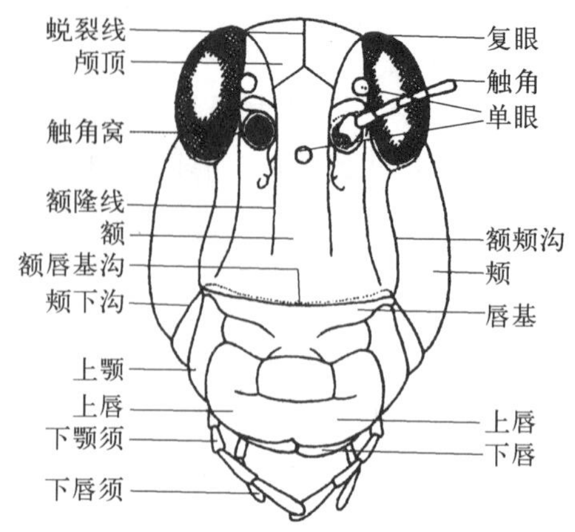

图 9－34 蝗虫的头部(仿陆近仁等)

1) 头部　昆虫的头部已无任何分节的痕迹，关于头部的分节(segmentation)至今仍存在着争论，但大多数学者接受六节学说。在头壳形成的过程中，由于体壁的内陷，使表面形成许多沟和缝，如蜕裂线、额唇基沟、额颊沟、后头沟等，这些缝和沟将头壳分成头顶、额、唇基、颊和后头等若干区域(图 9－34)。

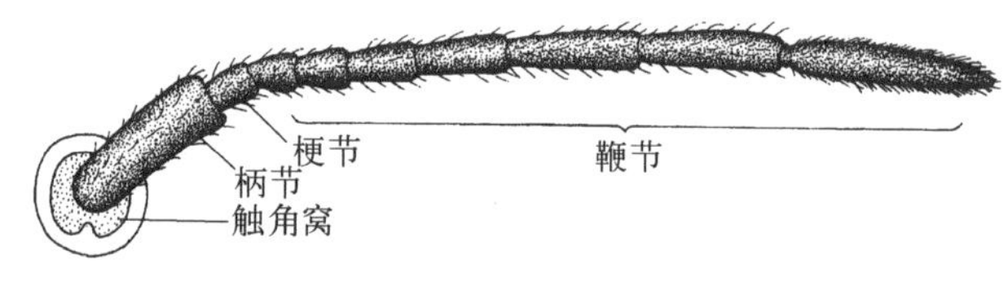

图 9－35 昆虫触角的基本构造(仿彩万志)

头部着生有许多附器，包括触角、复眼、单眼和口器等。

触角(antennae)　位于头的额部前端或两复眼间的触角窝内，是昆虫的感觉器官，有触觉和嗅觉的功能。触角的基本构造可分为 3 部分(图 9－35)。① 柄节(scape)：是触角的最基部一节，常较粗大。② 梗节(pedicel)：是触角的第二节，常较短小。③ 鞭节(flagellum)：除柄节和梗节外，其余各节统称为鞭节。

因种类和性别的不同，触角的形态常有变化，使得触角呈现出不同类型，触角的形态是分类的主要依据，常见的有以下几类(图 9－36)。

刚毛状：短小如刚毛，基部 1～2 节较粗大，鞭节部分向端部逐渐变细，呈刚毛状，如蝉、蜻蜓的触角；丝状：细长，各节近圆筒形，除基部 2～3 节较粗大外，其余各节都相似，如蝗虫、蟋蟀、蚜虫、螳螂、蟑螂的触角；念珠状：柄节大，鞭节各节圆球形，形如念珠，如白蚁的触角；锯齿状：鞭节各节向一侧突出成三角形，形似锯齿，如豆象的雌虫、某些叩甲的雌虫；棍棒状：也称球杆状，细长，近端部数节逐渐膨大呈棍棒状，如蝴蝶的触角；栉齿状：除基部 1～2 节外，其余各节向一侧突出较长，呈梳齿状，如雄性叩头虫的触角；羽毛状：也称双栉齿状，鞭节各节向两侧突出较长，呈羽毛状，如某些蛾类的雄虫触角；具芒状：一般仅有 3 节，短而粗，鞭节特别膨大，其上有 1 根刚毛，称触角芒，芒上有时还有许多细毛，如蝇类的触角；鳃片状：鞭节的末端数节扩展成片状，并且相互重叠，似鱼鳃，如金龟子的触角；环毛状：鞭节各节有一圈细毛，近基部的细毛较长，如雄蚊的触角；膝状：也称肘状，柄节特别长，梗节短小，鞭节各节大小相似，并与柄节形成膝状弯

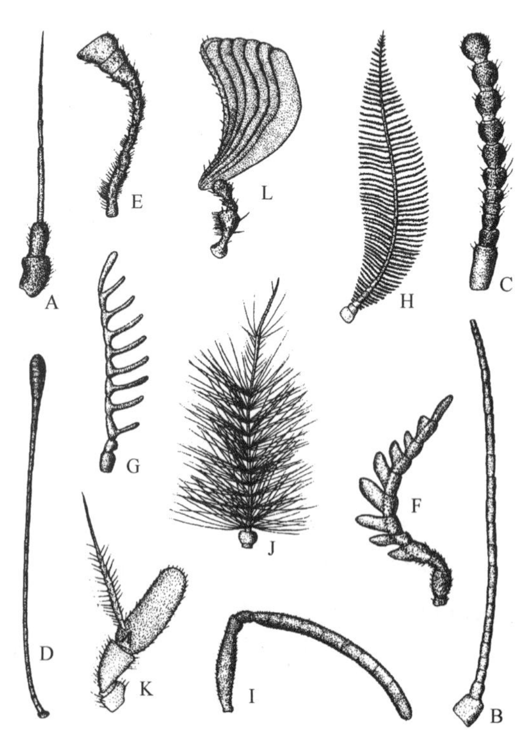

图 9－36 昆虫触角的基本类型(仿周尧，管致和等)

A. 刚毛状；B. 丝状；C. 念珠状；D. 棍棒状；E. 锤状；F. 锯齿状；G. 栉齿状；H. 羽毛状；I. 膝状；J. 环毛状；K. 具芒状；L. 鳃片状

曲，如蜜蜂、蚂蚁的触角；锤状：短小，端部数节突然膨大成锤状，如小蠹虫、瓢虫的触角。

复眼(compound eyes)和单眼(ocellus)　是昆虫的感光器官(图 9－37、9－38)。复眼是昆虫的主要视觉器官，不仅能感知光线的强弱，而且能成像，对取食、求偶、避敌等起重要作用。复眼有 1 对，位于头的两侧，由许多小眼集合而成。小眼的数目在不同昆虫中有很大变化，如家蝇有4 000多个、蜻蜓有28 000个小眼，而有些蚂蚁的复眼仅由 1 个小眼构成。一般复眼越大，小眼的数目越多，成像也越清晰。单眼通常有1～3 个，位于头顶的复眼之间。单眼近似于复眼的一个小眼，只能分辨光线的强弱和方向，而不能成像。

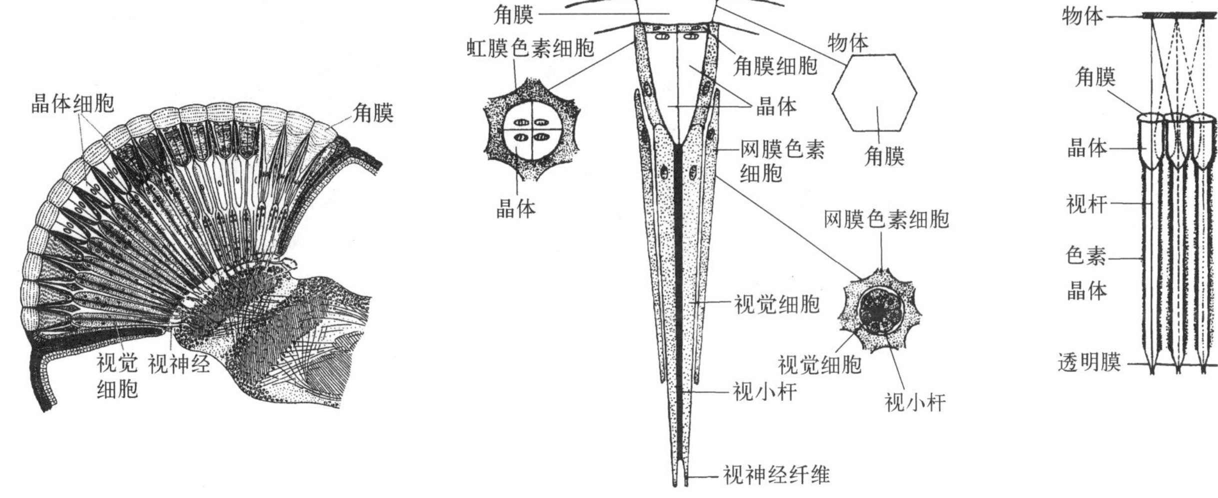

图 9－37　昆虫复眼纵切面模式图(仿 Weber)

图 9－38　昆虫复眼中小眼的结构(仿 Imms)

昆虫只能在近距离看到物体，如蝴蝶约能看到 1～1.5 m 之内的物体、家蝇约 0.4～0.7 m、蜻蜓约 1.5～2 m。但昆虫对移动的物体反应十分敏捷，如蜜蜂，当物体突然出现时，只需 0.01 秒就能作出反应，而人眼需要 0.05 秒才能看清。许多夜出活动的昆虫对光线有趋性，称趋光性。相反，有的昆虫喜欢在暗处活动，一旦暴露在明处，立即寻找阴暗处隐蔽起来，这种习性称负趋光性或避光性。

口器(mouthparts)　是昆虫的取食器官，位于头部的下方或前端。由于昆虫的种类不同，食性和取食方式也不同，口器的构造也发生了相应的变化，形成多种不同的口器类型，主要有以下几类。

咀嚼式口器(chewing mouthparts)：比较原始的口器，其他类型的口器都是由咀嚼式口器的基础上演变而来的。适于取食固体食物，由上唇(labrum)、上颚(mandible)、下颚(maxilla)、下唇(labium)和舌(hypopharynx)组成(图 9－39)。上唇覆盖在上颚的前方，形成口前腔的前壁，可防止食物外落，并有味觉功能。上颚位于上唇下方，是一对坚硬带齿的块状物，前端为切齿叶，具齿，用以切断食物，基部为臼齿叶，表面粗糙，用以磨碎食物。是由头部的第一对附肢演变来的。下颚一对，位于上颚下方，由头部的第二对附肢演变而来，能辅助上颚取食。下颚可分为轴节、茎节、内颚叶、外颚叶和下颚须 5 部分。茎节外侧的下颚须有嗅觉和味觉的功能。下唇位于口器的底部，取食时下唇用来托住食物。由头部的第三对附肢演化而来。可分为后颏、前颏、中唇舌、侧唇舌和下唇须 5 个部分。下唇须的功能与下颚须相似，具有感觉作用。舌位于口器中央，是一袋状突出物，有味觉和帮助吞咽食物的功能。在舌后侧有唾腺，能分泌唾液。咀嚼式口器的昆虫种类很多，如蝗螂目、直翅目、鞘翅目、脉翅目、鳞翅目的幼虫、膜翅目的大部分种类等。

刺吸式口器(piercing-sucking mouthparts)：下唇延长成一条喙管，喙管中藏有 2 对细长的口针，外面 1 对由上颚延长形成，里面 1 对由下颚延长形成。下颚口针的内侧各有两条纵沟，互相嵌合形成食物道和唾液道，用以吸取寄主汁液和输送唾液。上唇呈狭小的片状，盖在喙管基部(图 9－40)。取食时，上、下颚口针交替刺入寄主组织内，首先把唾液注入寄主体内，用唾液酶把复杂的养料分解成简单的成分，如淀粉分解成单糖，蛋白质分解成氨基酸等，然后再吸入体内。半翅目、同翅目、双翅目的蚊类等都是刺吸式口器，危害特点是吸收寄主的营养，使其营养不良，同时刺吸式口器的昆虫常传播动植物病害，如蚜虫、叶蝉、蚊子等，造成的危害甚至比直接刺吸寄主营养还要大。此外，由于唾液酶破坏植物的叶绿素，使植株呈现斑点、卷曲、皱缩、枯萎、畸形等症状。

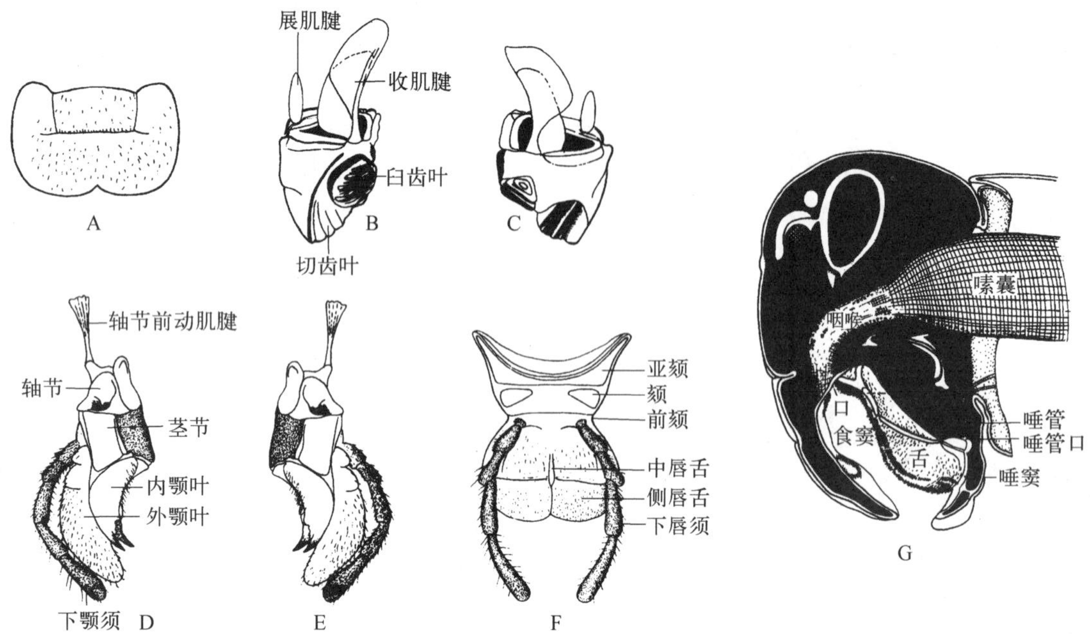

图 9-39　东亚飞蝗的咀嚼式口器(仿陆近仁等)

A. 上唇;B、C. 上颚;D、E. 下颚;F. 下唇;G. 头部纵切面

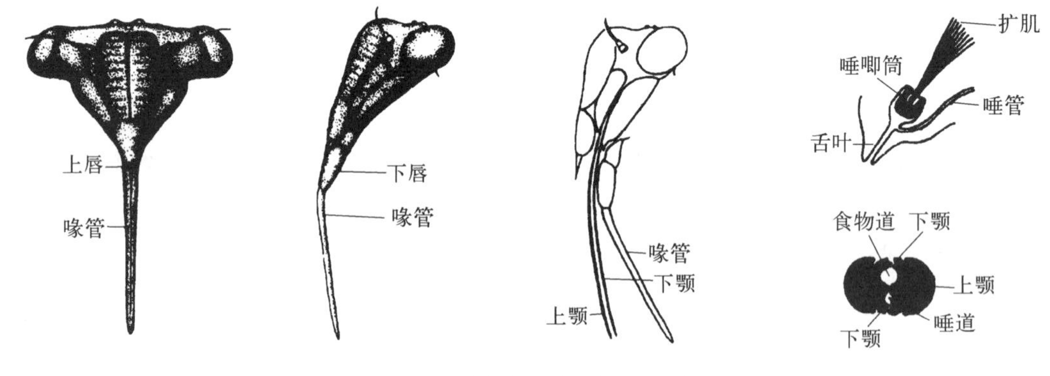

图 9-40　蝉的刺吸式口器(仿周尧)

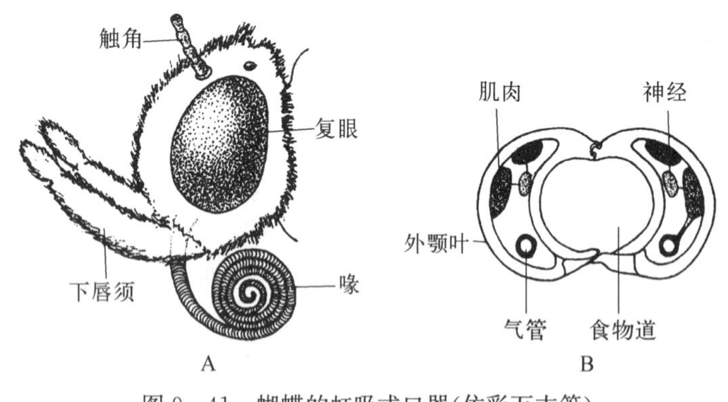

图 9-41　蝴蝶的虹吸式口器(仿彩万志等)

A. 头部侧面观;B. 喙的横切面

虹吸式口器(siphoning mouthparts):为鳞翅目昆虫所特有。两下颚的外颚叶特别延长,并且互相嵌合成一个管状的喙,喙不用时卷曲呈钟表的发条状(图 9-41)。取食时可伸开,吸食花蜜、露水或其他液体。这类口器一般无穿刺能力,对植物不会造成危害。

锉吸式口器(rasping mou-thparts):为缨翅目昆虫(蓟马)所特有。由上唇、左上颚、下颚和下唇特化而来。喙管内有 3 根口针,分别由一对下颚和一左上颚形成,右上颚退化,形成不对称口器。食物道在两下颚间形成。唾液道由舌与下唇的中唇舌形成(图 9-42)。取食时先以左上颚锉破植物表皮,然后以喙端紧贴伤口,吮吸汁液。

舐吸式口器(sponging mouthparts):为双翅目的蝇类所特有。下唇特别发达,末端有两个半圆形的唇瓣,唇瓣上有许多环沟,与食管相通。取食时唇瓣贴在食物上,借抽吸作用将液体或半流体食物吸入食管内(图 9-43)。

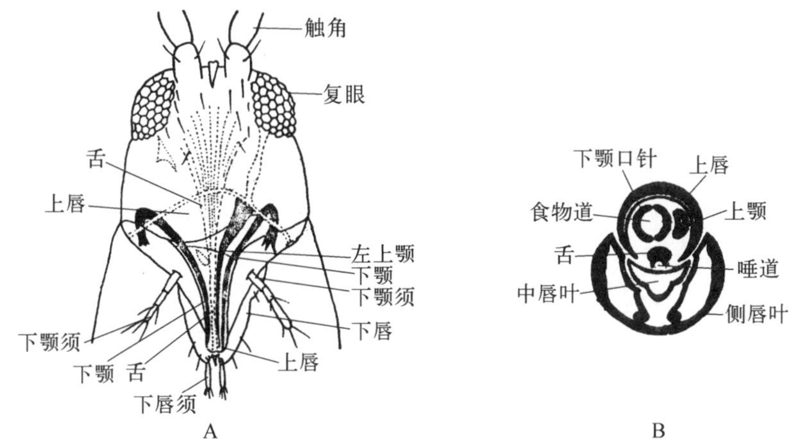

图 9-42 蓟马的锉吸式口器

A. 头部前面观;B. 喙的横切面

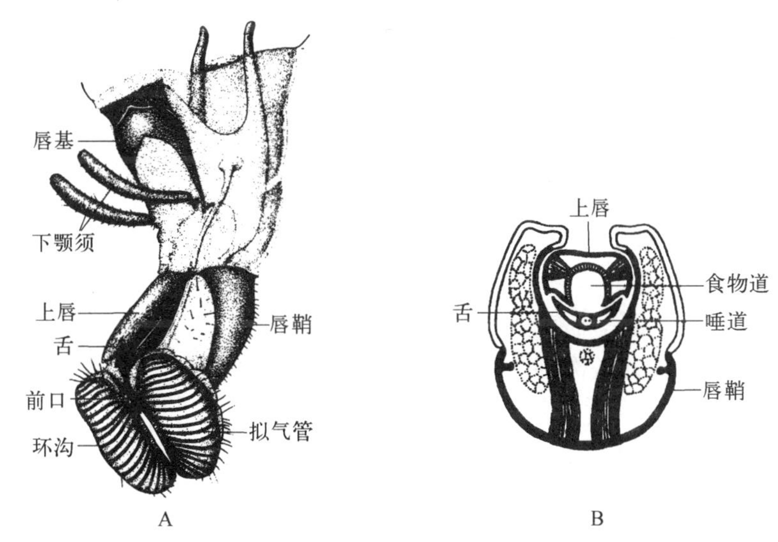

图 9-43 家蝇的舐吸式口器(仿 Matheson)

A. 口器的侧面观;B. 喙的横切面

嚼吸式口器(chewing-lapping mouthparts):为蜜蜂类昆虫所特有。上颚似咀嚼式口器,下颚和下唇组成吮吸用的喙,不用时下颚和下唇分开,弯折在头下。

由于昆虫的食性和取食方法的不同,昆虫口器的着生位置和方向也不同,可分为三类口式(图 9-44)。

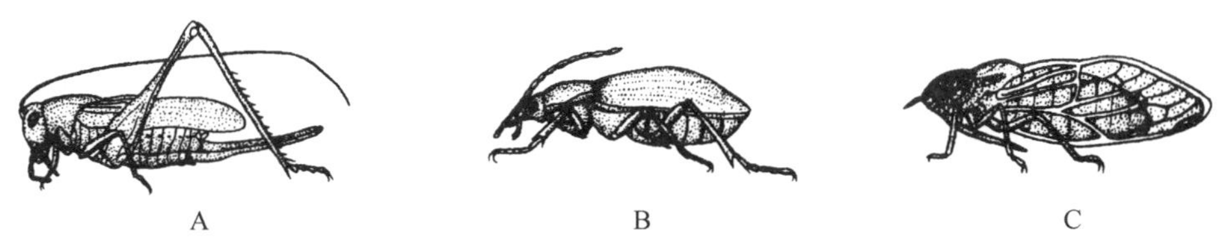

图 9-44 昆虫的头式(仿 Eidmann)

A. 下口式;B. 前口式;C. 后口式

下口式(hypognathous):口器着生在头部的下方,头部纵轴和身体的纵轴几乎成直角。大多数取食植物根、茎、叶的昆虫都是这种头式,如蝗虫、蟋蟀、天牛、蛾蝶类的幼虫等,多为害虫。

前口式(prognathous):口器着生在头部的前方,头部的纵轴和身体的纵轴成钝角或几乎平行。如在地下钻蛀隧道的蝼蛄、有钻蛀习性的蛾类幼虫、捕食其他小动物的昆虫等,都具有这种头式。

后口式(opisthognathus):口器着生在头部的下方,由前向后伸出,不用时贴在身体的腹面,头部的纵轴和身体的纵轴成锐角,如蝉、蚜虫、蝽象、介壳虫等,一般为刺吸式口器类昆虫,多为害虫。

了解昆虫的口器类型和口式,对于识别昆虫类群和了解食性及取食方式,都有重要的意义。此外,根据口器类型正确选用农药,在防治害虫上有实际意义。

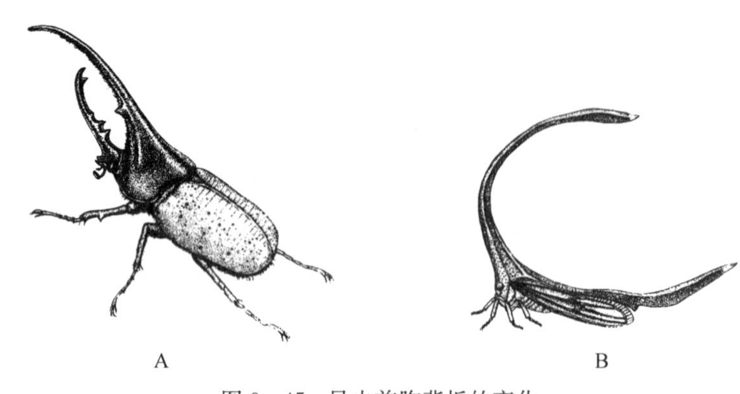

图 9-45 昆虫前胸背板的变化

A. 独角仙;B. 角蝉

2) 胸部　胸部(thorax)是昆虫体躯的第二个体段,由前胸(prothorax)、中胸(mesothorax)、后胸(metathorax)三个体节组成。每个胸节各着生1对足,分别称前足(fore legs)、中足(middle legs)和后足(hind legs)。多数昆虫在中、后胸各着生1对翅(具翅胸节 pterothorax)。所以胸部是昆虫运动的中心。每一胸节都由背板、腹板和两个侧板组成,各骨板又常分为若干小骨片。

前胸无翅,构造比较简单,但在各类昆虫中有较大变化,其发达程度与前足的发达程度相适应。前胸背板(pronotum)在不同昆虫中变化很大,例如,直翅目的蝗虫其前胸背板向两侧扩展,呈马鞍形;菱蝗的前胸背板向后延伸,直达腹部末端;半翅目昆虫的前胸背板多呈梯形;鞘翅目的独角仙和同翅目的角蝉,其前胸背板向上突起,呈角状(图 9-45)。前胸侧板(propleuron)一般不发达,其上有一条纵沟,将侧板分成前侧片和后侧片。前胸腹板(prosternum)也不发达,但有时着生有一些特殊构造,如叩头虫生有一个突起,嵌入中胸腹板的凹陷中。

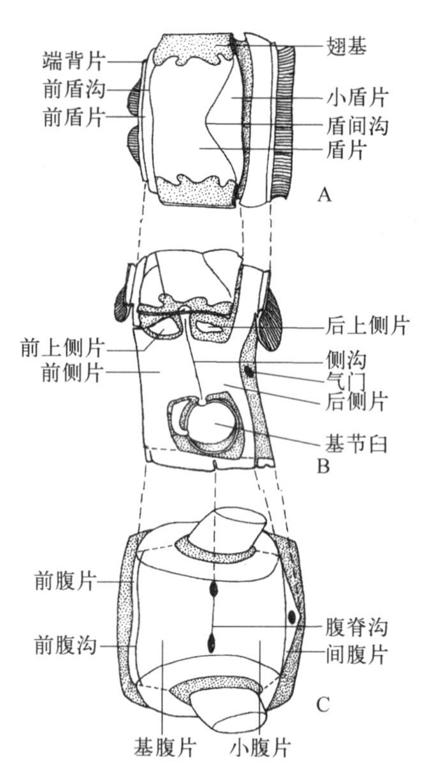

图 9-46 具翅胸节的基本构造

(仿 Snodgrass)

A. 背面观;B. 侧面观;C. 腹面观

中胸和后胸的背板、侧板和腹板都很发达,彼此紧密相接,结构坚固,以适应翅的飞行。背板被几条沟划分为几个背片,即端背片(位于最前面的一块骨片,被前脊沟所划分)、前盾片(位于端背片之后,由前脊沟和前盾沟分出)、盾片(位于前盾片之后,被前盾沟和盾间沟所划分)、小盾片(为盾间沟后的一块骨片,常呈三角形,其形状常作为分类的依据)。侧板常由侧沟分为前侧片和后侧片。腹板被腹板上的沟分为前腹片、基腹片、小腹片等(图 9-46)。

胸足的基本构造包括以下几部分(图 9-47)。

基节(coxa):是最基部的一节,通常短而粗。

转节(trochanter):基部第二节,小,常与其后的腿节愈合在一起不能活动。极少数昆虫如蜻蜓,转节有2节。

腿节(femur):通常是最大的一节,善跳的昆虫腿节特别发达,如蝗虫的后足。

胫节(tibia):细而长,常有刺,端部常有能够活动的距。

跗节(tarsus):通常有2~5节,其下方常具有跗垫。

前跗节(pretarus):是足的最末端部分,包括爪和爪间垫,用于抓住物体。

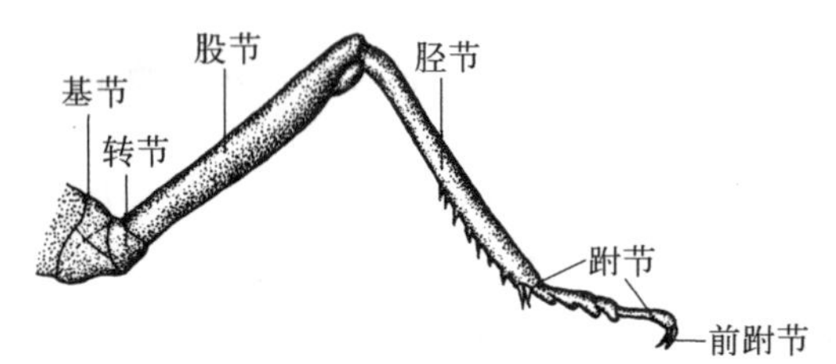

图 9-47 昆虫胸足的基本构造

足的主要功能是行走,但由于昆虫生活环境和生活方式的不同,逐渐演化成为具有多种功能的器官。常见的有以下几种类型(图 9-48):

步行足:最基本的足,各节细长,无特化,适于行走。如步甲、虎甲、蚂蚁等。

跳跃足:腿节特别发达,适于跳跃。如蝗虫、跳甲的后足。

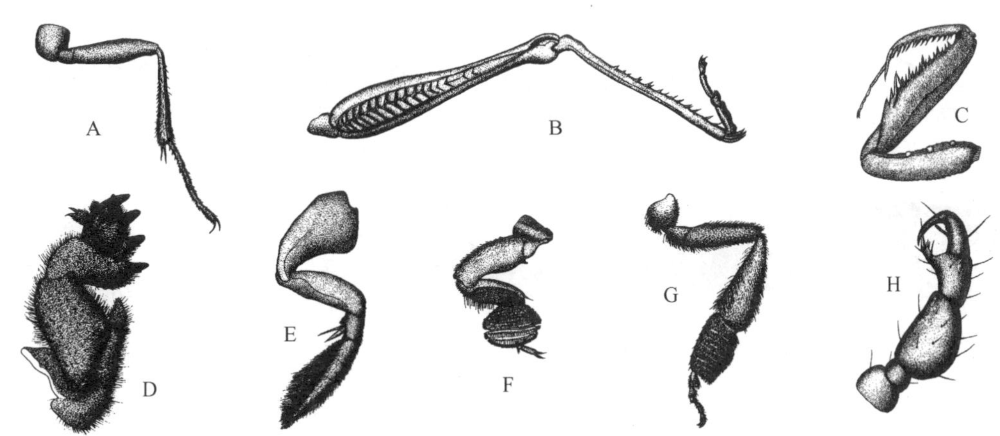

图 9-48 昆虫胸足的基本类型(仿周尧,彩万志)

A. 步行足;B. 跳跃足;C. 捕捉足;D. 开掘足;E. 游泳足;F. 抱握足;G. 携粉足;H. 攀缘足

捕捉足：基节特别延长,腿节腹面有槽,槽边有两排硬刺,胫节腹面也有两排刺,胫节弯折时正好嵌入腿节的槽内,适于捕捉其他小动物。如螳螂。

开掘足：胫节扁平宽大,末端具齿,跗节铲状,适于挖土。如蝼蛄的前足。

游泳足：许多生活在水中的种类,足变得扁平,胫节和跗节边缘有长毛,适于游泳。如龙虱的后足。

携粉足：后足胫节端部宽扁,其边缘密生长毛并相对环抱,形成花粉篮,第一跗节特别膨大,内侧具有数排横列的刺毛,形成花粉刷,用来刮刷身体上的花粉。如蜜蜂的后足。

抱握足：前足胫节特别膨大,上面有吸盘状构造,交配时可以抱住雌体。如雄性龙虱的前足。

攀缘足：各节粗短,胫节端部有一指状突,与跗节及弯钩状的前跗节形成一个钳状构造,能夹住人畜的毛发。如虱子的足。

昆虫是无脊椎动物中唯一有翅的动物,目前多数学者认为昆虫的翅是由胸部背板向两侧扩展成的侧背叶发展而来的(图 9-49)。

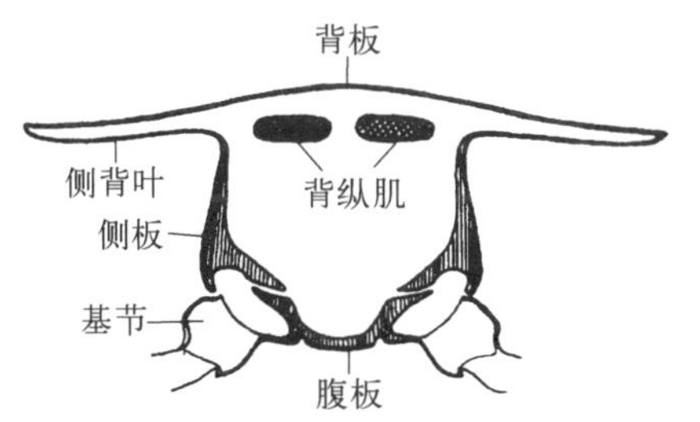

图 9-49 昆虫翅的起源(仿 Snodgrass)

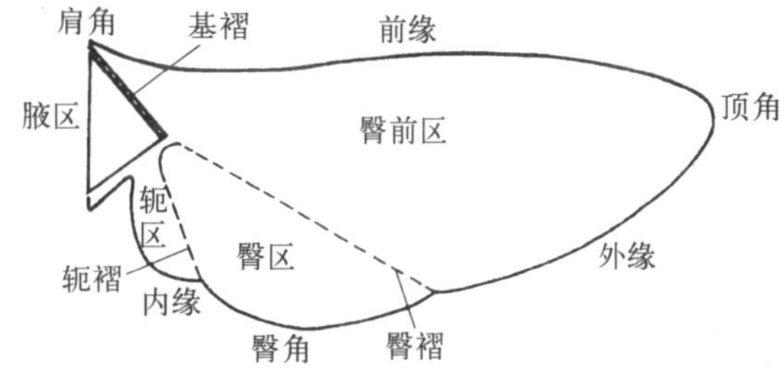

图 9-50 昆虫翅的基本结构(仿 Snodgrass)

翅的构造较复杂,分前缘、后缘、外缘,肩(基)角、顶角、臀角,基褶、轭褶、翅扇褶,臀区、肘区、轭区、臀前区等部分(图 9-50)。翅面上有许多翅脉(vein),翅脉实际上是在有气管的部位加厚形成的,对翅起支撑和加固的作用。翅脉的数目和排列方式在不同昆虫中差别很大,常作为分类的重要依据。翅脉在翅面上分布排列的形式称为脉相(venation)。由纵脉和横脉把翅面分隔出的小室称为翅室(cell)。

翅的主要功能是用来飞行,但是不同的昆虫由于适应不同的生活环境,翅的功能和形态也发生了变化,归纳起来主要有以下几类(图 9-51)。

膜翅：膜质透明,翅脉明显。如蝉、蜜蜂。

覆翅：革质,半透明,兼有飞翔和保护作用。如蝗虫。

鞘翅：角质,坚硬,具有保护身体的作用。如金龟子、天牛的前翅。

半鞘翅：翅的基半部革质,端半部膜质。如蝽象的前翅。

鳞翅：膜质,翅面覆有鳞片。如蛾、蝶类。

缨翅：膜质,狭长,翅缘着生许多细长缘毛。如蓟马。

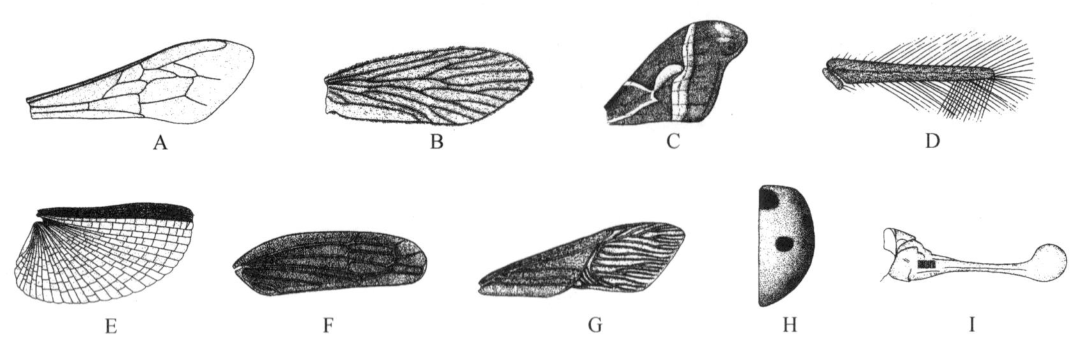

图 9-51 昆虫翅的基本类型(仿彩万志等)

A. 膜翅;B. 毛翅;C. 鳞翅;D. 缨翅;E、F. 覆翅;G. 半鞘翅;H. 鞘翅;I. 平衡棒

毛翅:膜质,翅面密生细毛。如石蛾。

平衡棒:后翅特化成棍棒状的构造,飞行时起平衡身体的作用。如蚊类和蝇类的后翅。

有的昆虫以前翅为主要飞行器官,后翅一般不太发达,飞行时必须将后翅挂在前翅上,才能保持前后翅协调行动,连接前、后翅的构造称为连锁器。连锁器有下列几种类型(图 9-52)。

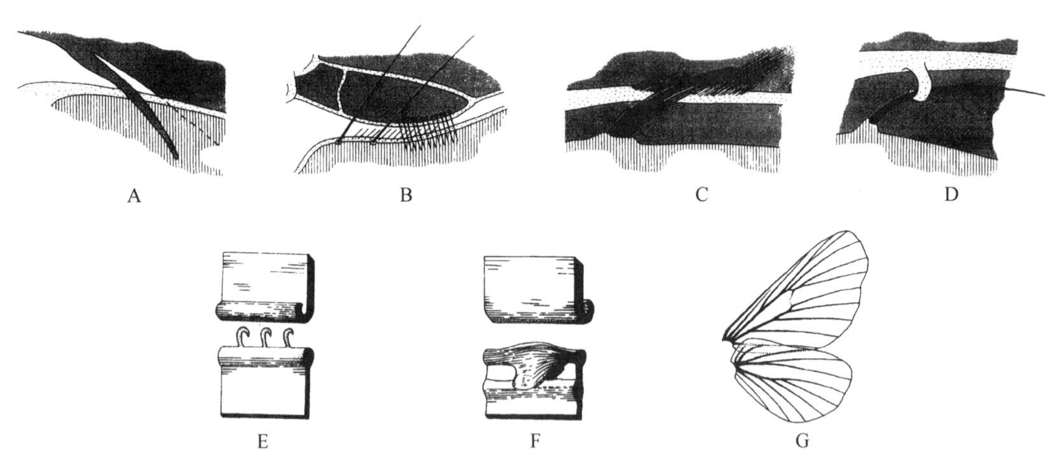

图 9-52 昆虫翅的连锁(仿彩万志等)

A. 翅轭型;B~D. 翅缰型;E. 翅钩列型;F. 卷褶型;G. 翅抱型

翅轭型:较低等蛾类的前翅后缘基部有一指状突起,称为翅轭,飞行时翅轭伸到后翅的前缘下面,使两翅连接。如蝙蝠蛾。

翅缰型:大部分蛾类的后翅前缘基部有一根或数根刚毛状构造,称为翅缰,在前翅反面的相应部位生有一列刚毛或突起,可把翅缰钩住,此构造称为翅缰钩。如小地老虎。

翅钩列型:膜翅目昆虫的后翅前缘有一列向上弯的小钩,称为翅钩列,可钩在前翅后缘向下卷曲的卷褶内,使两翅连接。如胡蜂。

卷褶型:同翅目昆虫的前翅后缘有向下的卷褶,后翅前缘也有一个向上卷曲的短褶,飞行时两褶互相钩挂,使前后翅协调动作。如蝉。

翅抱型:蝶类和部分蛾类的后翅肩角特别发达,伸到前翅下面,使前后翅连接。如凤蝶、天蚕蛾。

3) 腹部 腹部(abdomen)是昆虫的第三个体段。前端与胸部紧密相连,成虫末端有尾须和外生殖器,两侧有气门,没有运动器官。大部分内脏器官都在腹腔内,因此,腹部是生殖和代谢的中心。

腹部的构造比较简单,只有背板和腹板,没有侧板。背板和腹板之间有侧膜相连,节与节之间有节间膜相连,腹节之间可以伸缩。腹部的节数在各类昆虫中变化较大,从胚胎学研究证明,腹部的原始体节应为 11 个体节和 1 个尾节,共 12 节,较高等的昆虫大多数只有 9~10 节。着生生殖器官的体节称为生殖节(genital segments),位于生殖节之前的各腹节称生殖前节(pregenital segments),因其内包含内脏,又称脏节(visceral segments)。位于生殖节之后的腹节称生殖后节(postgenital segments),生殖后节往往退化或变形。第十一节称臀节,侧面生有 1 对尾须,肛门位于此节末端。此节的背板称肛上板,位于肛门侧面的两块骨片称肛侧板(图 9－53)。

外生殖器由腹部第八至九节的附肢特化而成。不同种类的昆虫其外生殖器有显著的不同，特别是雄性外生殖器，即使在近似种之间也有较大的差异，是分种的重要依据。

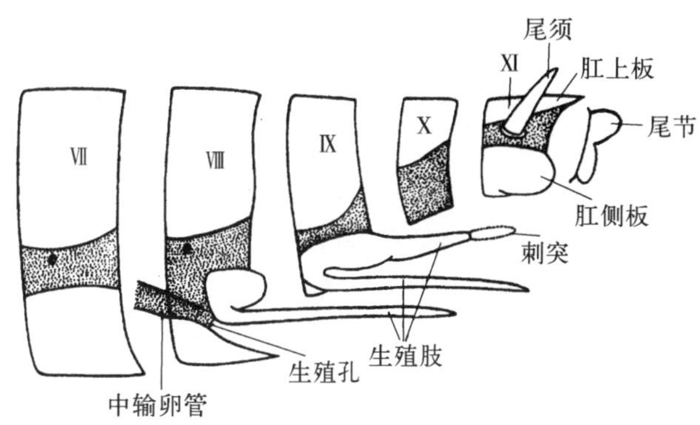

图 9－53　雌性昆虫腹部末端构造模式图(仿 Snodgrass)

雌性外生殖器又称为产卵器，其构造比较简单，主要由腹产卵瓣、内产卵瓣、背产卵瓣 3 对产卵瓣组成。生殖孔开口于第八节或第九节的腹面(图 9－54)。产卵器的变化较大，如蝗虫的产卵器短小，呈瓣状，背瓣和腹瓣发达，内瓣较退化；蟋蟀的产卵器呈箭状；螽斯的产卵器呈刀状或剑状；胡蜂的产卵器特化成针状；姬蜂的产卵器特别长，超过体长。

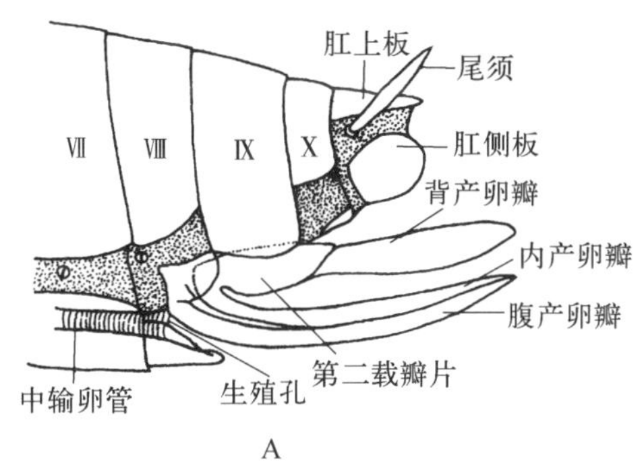

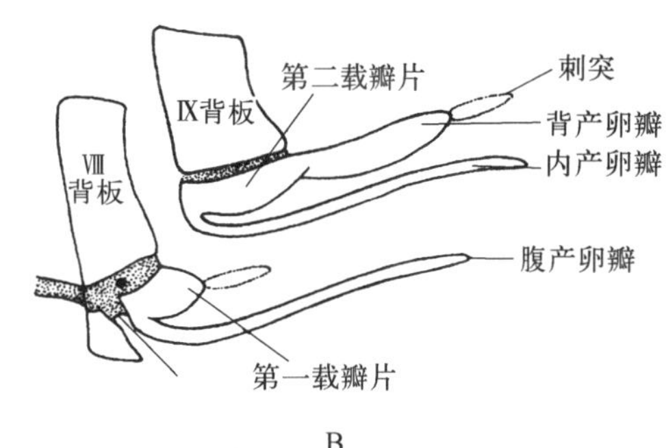

图 9－54　昆虫雌性外生殖器(A)和基本结构(B)(仿 Snodgrass)

雄性外生殖器又称为交配器或交尾器，其构造比较复杂，主要包括阳茎和一对抱握器(图 9－55)。阳茎一般呈锥状或管状，平时隐藏在生殖腔内，交配时伸出体外，将精子送入雌体内。阳茎的基部为阳茎基，阳茎可缩入阳茎基内。阳茎基两侧的突起称阳茎侧叶。抱握器由第九腹节的附肢形成，交尾时起抱握雌体的作用，形状变化很大，有叶状、钩状、钳状等，其大小、形状以及骨化程度在各类昆虫中有很大差异，常作为鉴定种的重要依据。

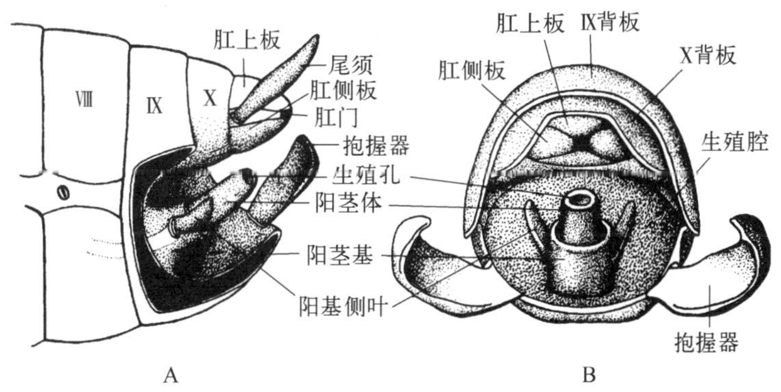

图 9－55　昆虫雄性外生殖器(A)和基本结构(B)(仿 Weber，Snodgrass)

A. 昆虫的阳茎；B. 昆虫的抱握器

尾须(cerci)是第十一腹节的 1 对附肢，一般细长分节，如蜉蝣目和缨尾目昆虫的尾须细长如丝状；蝗虫的尾须短小不分节；革翅目昆虫的尾须硬化呈钳状。许多高等昆虫由于腹节的减少而没有尾须。

无翅亚纲昆虫的腹部，除尾须和外生殖器外，还常有各种特殊的附肢。如弹尾目昆虫腹部第一节有黏管，第三节有握弹器，第五节有弹器。有翅亚纲昆虫的幼虫腹部常有能行走的腹足。

4) 体壁及其衍生物　　昆虫的体壁是包在整个体躯表面的一层组织，具有皮肤和骨骼两种功能，又称为外骨骼。体壁的功能是构成昆虫躯体、着生肌肉，保护内脏不受损伤，防止体内水分蒸发，防止有害异物侵

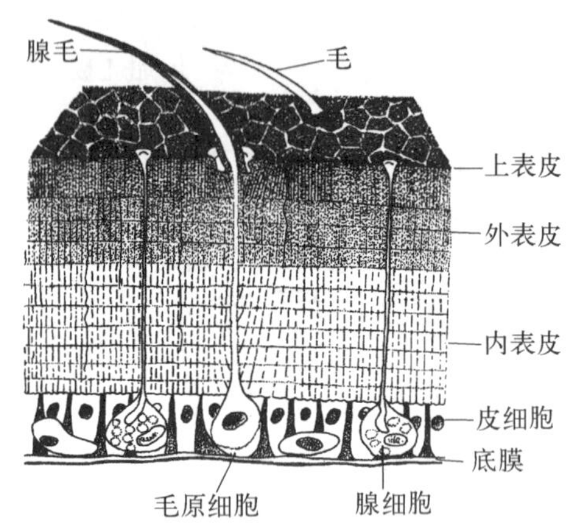

图 9-56 昆虫体壁的模式构造(仿 Hackman)

入。体壁上有许多感受器,能与外界环境取得联系。体壁由底膜、皮细胞层、表皮层三部分构成。底膜是紧贴于皮细胞层下的一层薄膜,使皮细胞与血腔分开。皮细胞层是一层活细胞,体表具有的刚毛、鳞片、各种腺体,都由此特化而来。表皮层是皮细胞层向外分泌的非细胞性物质,体壁的特性和功能主要与此层有关,可分为三层(图 9-56)。

内表皮(endocuticle):主要成分是节肢蛋白和几丁质,富有弹性。

外表皮(exocuticle):是最坚硬的一层,主要成分是骨蛋白、几丁质和脂类。

上表皮(epicuticle):最外一层,很薄,但还可分四层,由内向外分别为脂腈层(主要成分是脂蛋白类)、多元酚层(主要由多元酚构成)、蜡层(由蜡质组成,构成体壁的不透水性)、护蜡层(保护蜡层,主要成分为拟脂类蜡质)。

体壁的衍生物可分为外长物、内陷物、皮细胞腺。外长物有两种形式:① 非细胞性突起:由表皮层向外突出形成,如刻点、刻纹、微毛等;② 细胞性突起:由表皮细胞向外突出形成,多细胞突起常形成刺或距,单细胞突起常形成刚毛、毒毛、鳞片。内陷物由体壁内陷形成,依内陷的深浅可分为内脊(较浅)、内突(较深)、内骨(形成骨架)。内陷物可增加体壁的强度,增大内部肌肉的着生面积。皮细胞腺由皮细胞特化形成,按功能可分为丝腺、蜡腺、胶腺、臭腺、蜕皮腺、毒腺等。按结构可分为单细胞腺(如毒腺)、多细胞腺(如唾腺)。

5) 体色　昆虫身体的颜色主要取决于体壁的皮细胞层、表皮层及其外长物(刚毛、鳞片)。按其成因可分为三类。

色素色(pigmentary colour):又称化学色,由色素化合物产生的颜色,这些化合物能吸收某一波段的光波,反射另一波段的光波,从而呈现各种颜色。如许多幼虫为绿色,是由于吞食植物的叶绿素所致。色素色在体壁内的分布有一定位置,从而形成一定的图案。当昆虫死亡或经化学处理,色素色会消失。

结构色(structural colour):又称物理色,是光波在虫体表面发生干涉或衍射产生的各种颜色,是永久性的,不会消退。如甲虫鞘翅表面存在细小刻点,可使鞘翅产生光亮的金属色,某些蝴蝶翅面上的鳞片表面有细密的刻纹,使光线发生反射和干涉现象,形成闪光的颜色。

混合色(combination):由色素色和结构色混合而成,是昆虫最普遍的色彩,常因视线的不同而变化,如凤蝶的亮绿色是由蓝色的结构色和黄色的色素色混合而成的。

有些昆虫的体色与生活环境极为相似,称保护色,有利于迷惑天敌,保护自身。

(2) 内部结构

昆虫体内是一个连通的腔,体腔中充满血液,所有内部器官都浸泡在血液中,故体腔又称血腔。血腔被上下两层隔膜(背隔、腹隔)分成 3 个区域(图 9-57)。

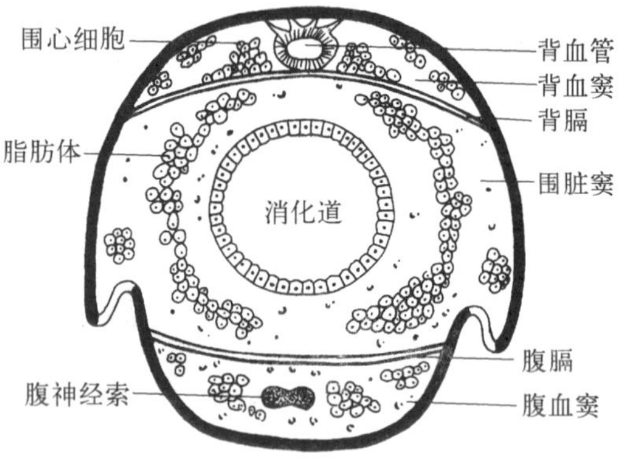

图 9-57 昆虫腹部横切面模式图(仿 Snodgrass)

背血窦:背隔上方的小腔,由于心脏位于其中,又称围心窦。

腹血窦:腹隔下方的小腔,由于神经系统位于其中,又称围神经窦。

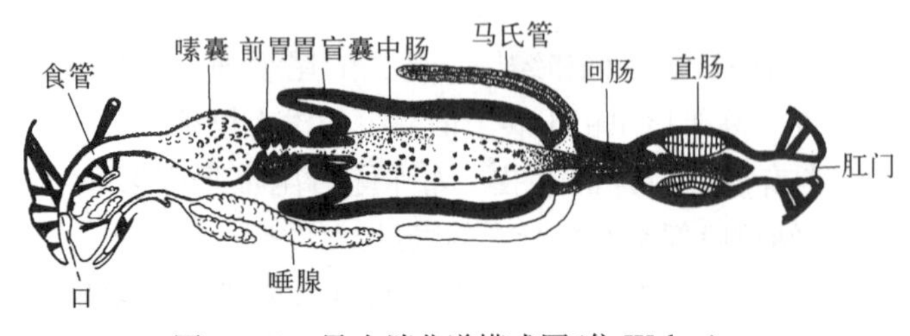

图 9-58 昆虫消化道模式图(仿 Weber)

围脏窦:背隔和腹隔之间的腔,包括消化、排泄、呼吸和生殖系统等内脏器官。

1) 消化系统　昆虫的消化系统由消化道和唾液腺组成(图 9-58)。消化道是一条从口到肛门、纵贯体腔中央的管道,分 3 段。

前肠:由外胚层细胞内陷形成。可分为口腔、咽喉、食管、嗉囊(是食管后端的膨大部分,有临时贮存食物的作用)、前胃(内壁有齿状突起,起磨碎食物的作用)、贲门瓣(位于前胃的后端,呈筒状或漏斗状,可阻止食物从中肠倒流入前肠)。

中肠(胃):由中胚层产生,是食物消化和吸收的主要部位。咀嚼式口器昆虫的中肠短而均匀,刺吸式口器的长而弯曲。中肠肠壁细胞能分泌多种消化酶,用以消化食物。中肠前端常有向外突出的胃盲囊,可增加中肠的消化和吸收面积。

后肠:由外胚层形成,包括回肠、结肠、直肠。在中、后肠交界处,有幽门瓣,能调节食物残渣送入后肠,阻止残渣倒流。后肠的主要功能是排泄食物残渣、回收水分和无机盐、调节血液的渗透压和离子平衡。

唾液腺位于中肠前端两侧,由管道通向下唇与舌之间的口前腔内,分泌的唾液可润滑口器、润湿和消化食物。

2) 呼吸系统　昆虫用气管(trachea)呼吸。气管是体壁内陷形成的管状构造,以气门开口于体外(图9-59)。根据直径不同,可分为气管干、支气管、微气管等,伸入到细胞组织间,细胞通过气管直接与外界进行气体交换。气管内膜呈螺旋状加厚,富有弹性和张力。气管在体壁上的开口称气门,位于身体两侧,气门一般有10对,即中、后胸各1对,腹部1～8节各1对。但因生活环境的不同,气门的数目和位置也有变化。

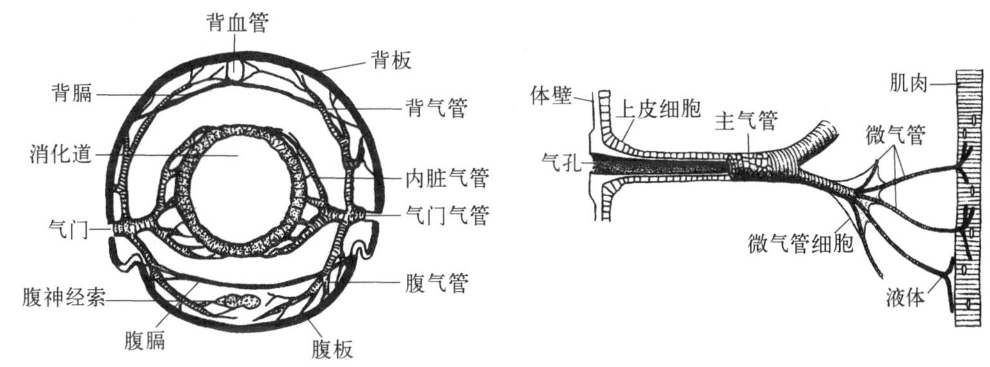

图9-59　昆虫气管分布模式图(体躯横切面)(仿 Snodgrass 等)

3) 循环系统　昆虫的循环系统为开放式循环系统,构造十分简单,只有一条背血管(图9-60)。背血管的前段部分为大动脉,前端延伸到头部,开口于脑的后方或下方。背血管的后段部分为心脏,位于腹部,由一串膨大的心室组成,能借助心翼肌的伸缩进行搏动。每一心室具有1对心门与体腔相通,心门的边缘向内延伸形成心门瓣。当心室扩张时,心门瓣开启,血液流入心室;当心室收缩时,心门瓣关闭,血液流向前方。

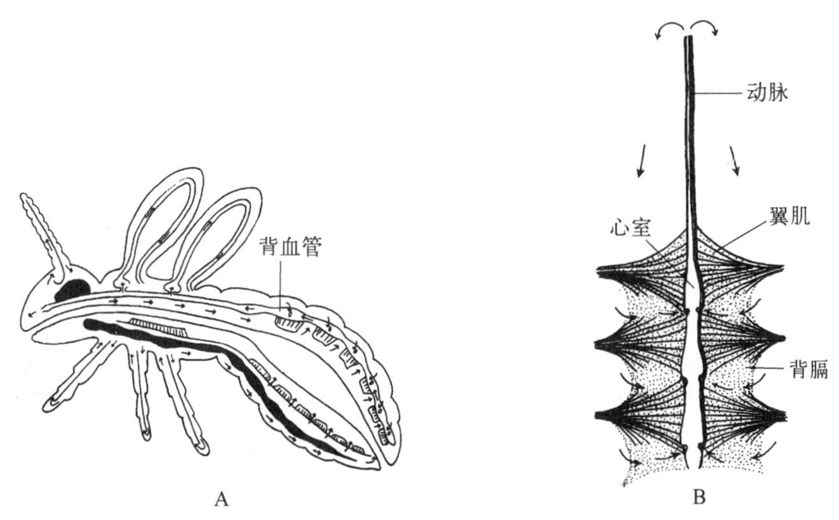

图9-60　昆虫背血管的基本结构(仿 Snodgrass 等)

A. 血流途径;B. 背血管构造

昆虫的血液由血浆和悬浮于血浆中的血细胞组成,因不含血红蛋白,所以常为无色透明的液体,有些呈淡黄色或淡绿色。昆虫的血液不负责运送氧气和二氧化碳,而主要是将营养物质和体内激素运输到各组织细胞，同时将各组织细胞新陈代谢产生的废物运送到马氏管排出体外。

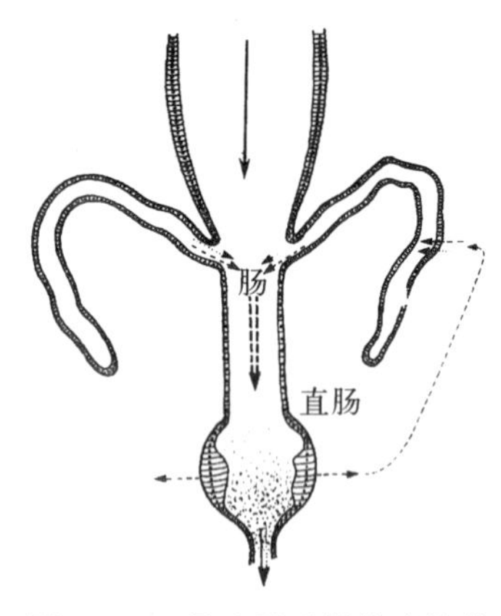

图 9－61 昆虫马氏管模式结构

血液中的血细胞类似于高等动物血液中的白血球，有消灭细菌、移除死细胞、堵塞伤口、产生免疫等功能。

4）排泄系统 昆虫的主要排泄器官是马氏管(Malpighian tube)，一端着生于中、后肠交界处与肠道相通；另一端为盲管，游离在血液中(图 9－61)。

血液中的废物(主要是尿酸)被马氏管吸收后送入后肠，随粪便从肛门排出体外。马氏管的数目因虫而异，多则两百多条(蝗虫)，少则两条(蚧壳虫)。

昆虫体腔内的脂肪体也有排泄的功能，具有贮存体腔内暂时不需要的氮素代谢产物的功能，是一种贮存排泄形式，主要排泄那些马氏管不能排泄的物质。此外，体壁特化成的腺体也有一定的排泄作用。

5）生殖系统 多数以有性生殖方式繁殖后代，雌雄异体。生殖系统发达，位于腹部消化道的背侧方。生殖孔多开口于腹部末端。

雌性生殖系统：由卵巢、输卵管、受精囊、附腺、阴道等组成(图 9－62)。卵巢 1 对，由多数卵巢管构成，卵巢管的基部集中开口于下方的侧输卵管，两条侧输卵管会合形成 1 条中输卵管，通至生殖腔。生殖腔又称阴道，囊状或管状。受精囊可贮存来自雄性的精液，卵子成熟后排出时，精子由此放出，与卵结合受精。附腺的分泌物能把产出的卵子粘着在物体上，或把许多卵粘在一起，形成卵块。

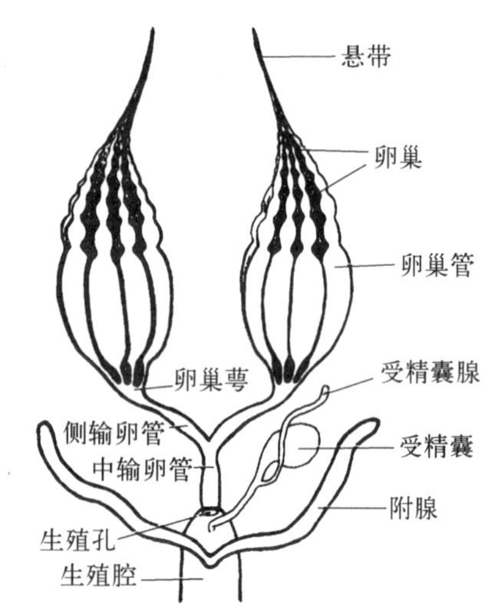

图 9－62 昆虫雌性生殖系统模式结构
(仿 Snodgrass)

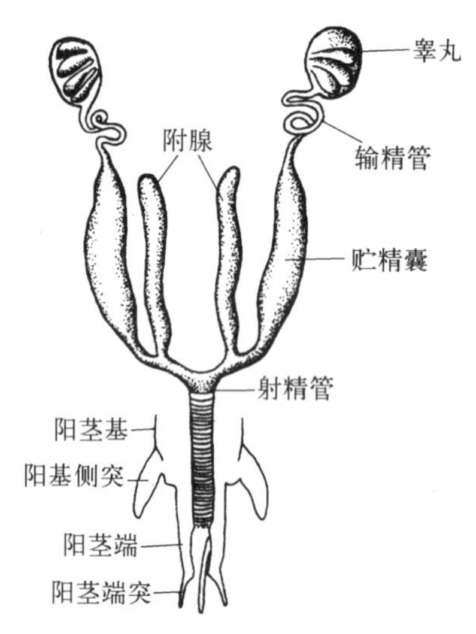

图 9－63 昆虫雄性生殖系统模式结构
(仿 Weber)

雄性生殖系统：由睾丸、输精管、贮精囊、射精管、附腺等组成(图 9－63)。睾丸 1 对，一般呈卵圆形、肾形，由若干睾丸管组成，是精子形成的地方。睾丸经输精管与贮精囊相连，两贮精囊末端相互合并成的一条射精管，开口于阴茎末端。成熟的精子先临时储存于贮精囊内，交配时经射精管由阳茎输送到雌体内。附性腺分泌液可稀释精子，有利于交配。

6）神经系统和感觉器官 昆虫的神经系统由中枢神经系统、周缘神经系统和交感神经系统组成，由外胚层细胞形成(图 9－64)。

中枢神经系统：由脑、围咽神经、咽下神经节和腹神经索组成。脑由前脑、中脑和后脑组成，由脑发出的神经分别与复眼、单眼、触角、额和上唇相连。咽下神经节是位于食管下方的 1 对神经节，由围咽神经与脑相连，由此发出神经与上颚、下颚和下唇相连。腹神经索位于腹部消化道的腹面，一般由 11 对神经节组成，即胸部 3 对、腹部 8 对，分别位于前、中、后胸和第一至八腹节内。腹神经节发出的神经分别与足、翅、尾须等相连。

周缘神经系统：分布于体壁的真皮细胞下面，由感觉神经元和运动神经元的神经纤维组成网络状。其功能是把外来刺激通过感觉纤维传到中枢神经系统，再把作出的反应通过运动神经纤维传到运动器官。

交感神经系统：也称内脏神经系统。由额神经节向后伸出1条逆走神经，通至前肠、唾腺、背血管、生殖器官等处，协调虫体内部环境，控制内部器官的活动。交感神经系统的活动是不随意的。

昆虫的感觉器官根据功能可分4类，即感触器、听觉器、感化器、视觉器。感触器多为毛状，由一个毛原细胞和一个或几个感觉细胞构成，有触觉功能。听觉器主要有鼓膜听器，如蝗虫的听器位于第1腹节；螽斯、蟋蟀的位于前足胫节。感化器分嗅觉器和味觉器两类，主要分布于触角、下颚须、下唇须、足须、尾须等处。视觉器有单眼和复眼。

7）内分泌系统　昆虫体内有一些腺体，可分泌激素，起支配昆虫生长发育和行为活动的作用。可分为内激素(hormone)和外激素(pheromone)两类。

内激素：分泌于体内，调节自身的内部生理活动。主要有3种，即脑激素(brain hormone)——由脑神经分泌细胞分泌，能刺激前胸腺(prothoracic gland)分泌蜕皮激素(moulting hormone, MH)，活化咽侧体(corpus allatum)分泌保幼激素(juvenile hormone, JH)；蜕皮激素——由前胸腺分泌，使昆虫蜕皮、变态。保幼激素——由咽侧体分泌，使昆虫保持幼期状态(抑制蜕皮、变态)。在正常情况下，保幼激素和蜕皮激素在脑激素的控制下，保持一定的比例，幼虫得以正常的发育和蜕皮。最后一龄幼虫，保幼激素停止分泌，在蜕皮激素的单独作用下，体内潜在的成虫器官开始发育，蜕皮后变成成虫(图9-65)。

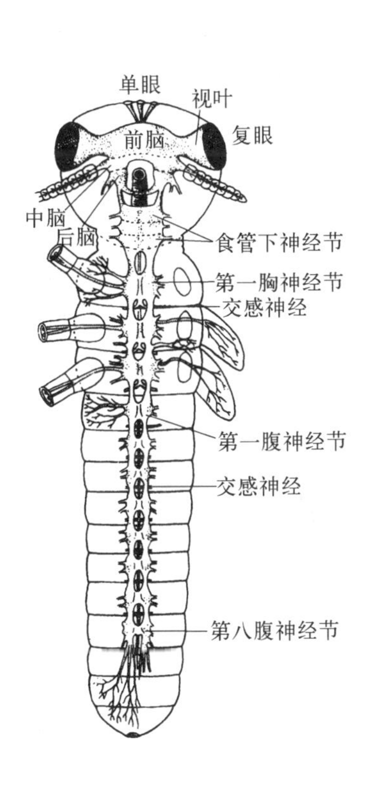

图9-64　昆虫神经系统模式结构

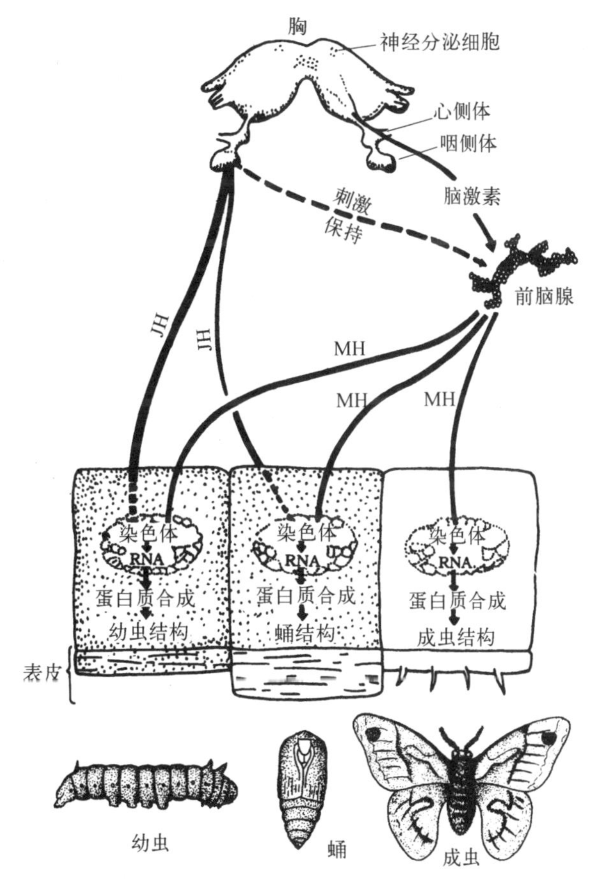

图9-65　昆虫生长发育的激素调节图解

外激素：又称信息素，分泌于体外，用于种内个体间传递信息。主要有以下几种类型。

性外激素(sex pheromone)——引诱同种异性个体前来交尾，又称性信息素，多数由雌虫放出引诱雄虫。利用性外激素防治害虫已得到了广泛的应用。示踪外激素(trail pheromone)——许多社会性昆虫，如白蚁的工蚁，发现食物源后，就在路上隔一定距离排出示踪外激素，其他工蚁就能沿着这条路找到食物源。告警外激素(alarm pheromone)——蚂蚁受到敌害后，能散发出这种外激素，其他蚂蚁闻到后就会前来参战。蚜虫受到天敌攻击时，能从腹部排出告警激素，其他蚜虫闻到后就会跌落于地面逃生。群集外激素(aggregation pheromone)——蜜蜂的蜂王与工蜂失去联系时，就会释放这种激素，工蜂闻到后就会飞集到蜂王的周围。

(3) 生殖

昆虫由于生活环境和生活方式的不同,经过长期的适应,生殖方式也表现出多样性。归纳起来主要有两类,即两性生殖和孤雌生殖。

1) 两性生殖　　绝大多数种类为此类生殖方式,即通过两性交配产生后代。

2) 孤雌生殖　　孤雌生殖可分为三类:① 永久性孤雌生殖:同翅目介壳虫的一些种类至今尚未发现雄性个体,所产的卵都发育为雌性个体。② 偶发性孤雌生殖:有些昆虫一般情况下进行两性生殖,但有时也有孤雌生殖的现象,如白粉虱、家蚕等,偶尔可产下未受精卵,发育成新个体。③ 周期性孤雌生殖:随着季节的变化,两性生殖和孤雌生殖交替进行的生殖方式,又称季节性孤雌生殖。如蚜虫,在春、夏季适宜的环境条件下,以孤雌生殖繁殖后代,而在秋末环境条件不利时营两性生殖,这种有性和无性世代交替进行的现象称世代交替。

在两性生殖和孤雌生殖的两种类型中,还常见下列几种生殖方式:

卵胎生:有些昆虫的卵在母体内孵化出小幼虫后再产出,这种生殖方式称为卵胎生,如蚜虫和蝇类。卵胎生与哺乳动物的胎生不同,是雌虫将卵产在生殖道内,待幼虫孵出后才从母体产出,母体并不供给胚胎发育所需营养物质,而哺乳动物的胚胎是在母体子宫内发育,并由母体供给营养。卵胎生能对卵起到良好的保护作用,提高后代成活率。

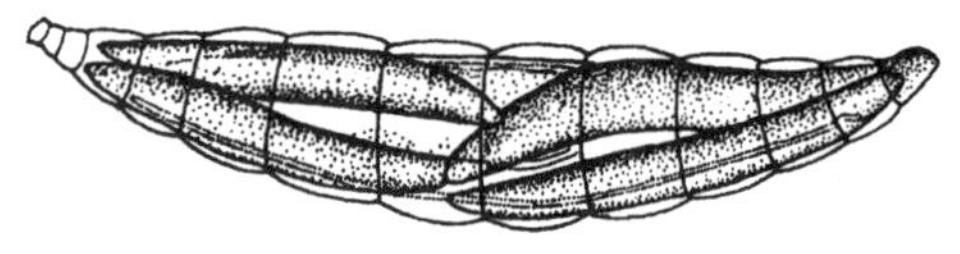

图 9-66　瘿蚊的幼体生殖(仿彩万志等)

多胚生殖:有的昆虫的卵在发育过程中可分裂成两个以上的胚胎,每一个胚胎可发育成一个新个体,这种生殖方式称多胚生殖,常见于一些寄生蜂(图 9-66)。多胚生殖是对活体寄生的一种适应,可以用少量的生活物质,在较短的时间内繁殖较多的个体。

幼体生殖:有的昆虫尚未达到成虫阶段,还处于幼虫期间就进行生殖(孤雌生殖),这种生殖方式称幼体生殖,如某些瘿蚊。凡是幼体生殖的,产出的都不是卵,而是幼虫,所以幼体生殖也是卵胎生的一种。

(4) 发育与变态

昆虫的个体发育可分为两个阶段,即胚胎发育和胚后发育。胚胎发育是在卵内完成的,至孵化为止,胚后发育是从卵孵化开始至性成熟为止。

昆虫的卵属于中黄卵,有球形、半球形、纺锤形等多种形态。

昆虫从幼虫状态转变为成虫状态要经过外部形态、内部结构以及生活习性上的一系列重大变化才能变为成虫,这种变化称变态。不同的昆虫类群有不同的变态方式,主要有以下几类。

1) 不全变态(incomplete metamorphosis)　　发育过程中只经过卵、幼虫、成虫三个阶段,成虫特征随着幼虫生长发育而逐渐显现,幼虫和成虫的形态相似,只是翅和性器官还未发育成熟。不全变态还可细分为以下三类。

渐变态(paurometamorphosis):幼虫的外部形态和生活习性都和成虫相似,取食相同的食料,栖息在相近的环境中,其幼虫称为"若虫",如直翅目、半翅目等昆虫(图 9-67)。

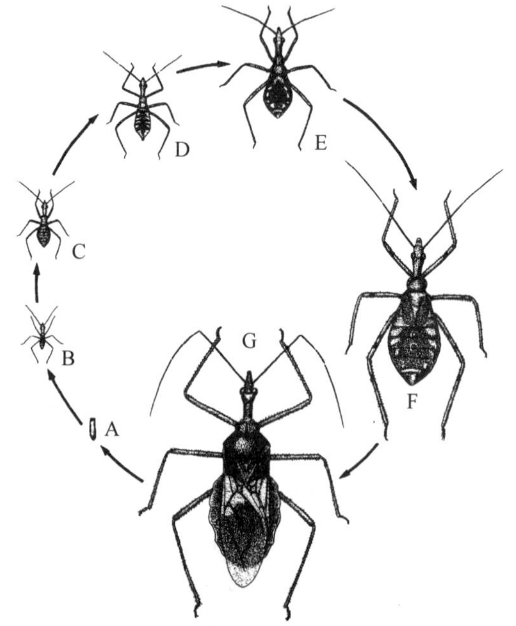

图 9-67　猎蝽的不全变态(仿彩万志等)

A. 卵;B~F. 若虫;G. 成虫

半变态(hemimetamorphosis):幼虫水生,成虫陆生,幼虫的形态和成虫相差甚远,其幼虫称为"稚虫",如蜻蜓目、襀翅目昆虫。

过渐变态(hyperpaurometamorphosis):缨翅目、同翅目中的粉虱科和雄性蚧类的变态类型属于此类。若虫与成虫均陆生,形态相似,但末龄若虫不吃不动,类似于全变态的蛹,比渐变态复杂一些,故称为过渐变态,这可能是由不全变态向全变态演化的过渡类型(图 9-68)。

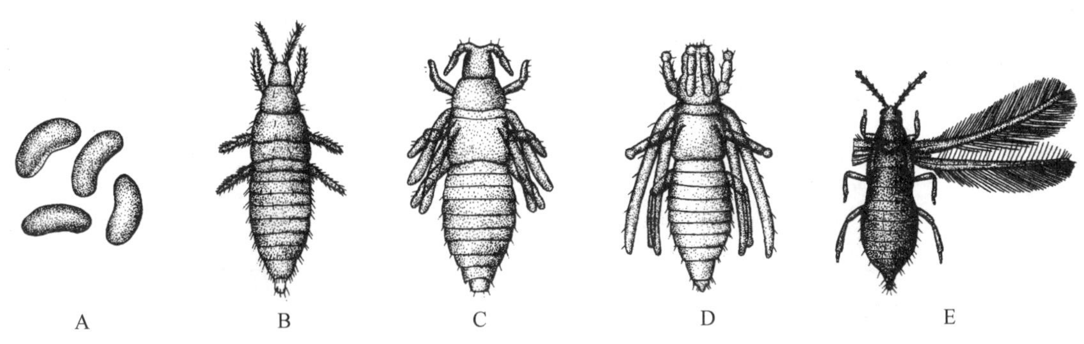

图 9-68 蓟马的过渐变态(仿 Foster 等)

A. 卵;B. 若虫;C. "前蛹期";D. "蛹期";E. 成虫

2) 全变态(complete metamorphosis) 发育过程中具有卵、幼虫、蛹、成虫四个阶段,幼虫和成虫不仅形态不同,生活环境和生活方式也有很大差别。这是有翅亚纲内翅类昆虫所具有的变态类型,如蝴蝶(图 9-69)。

此外,在全变态昆虫中,有些昆虫在幼虫期的不同龄期具有迥然不同的外部形态,如芫青的幼虫,第一龄为衣鱼型,第二至六龄为蛴螬型,其中第五龄为不活动的"拟蛹",因此称这类变态为复变态。

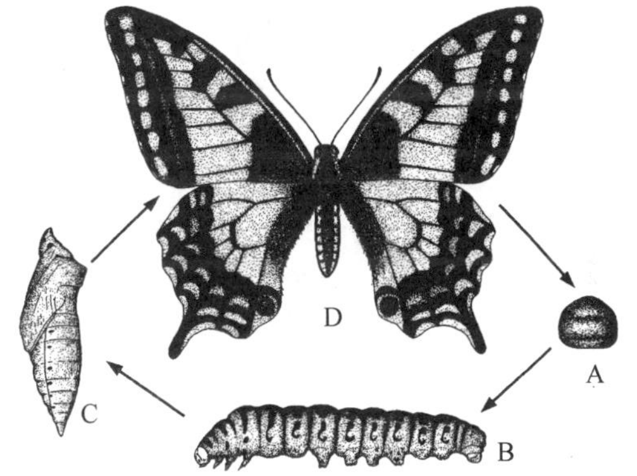

图 9-69 蝴蝶的全变态(仿周尧)

A. 卵;B. 幼虫;C. 蛹;D. 成虫

2. 昆虫纲的分类

昆虫种类繁多,通常分 2 个亚纲、34 个目。

(1) 无翅亚纲(Apterygota)

比较原始的昆虫,体细小,原生无翅,腹部除生殖肢及尾须外,多具其他腹肢或有附肢的痕迹。增节变态或表变态。包含 4 个目。

1) 原尾目(Protura) 体微小,0.6~1.5 mm,无翅、眼、触角;腹部 12 节,1~3 腹节各有 1 对针突。增节变态,即每蜕皮一次,增加 1 腹节。生活在土中,如九毛古蚖(*Eosentomon novemchaetum*)(图 9-70)。

原尾目是起源较早的一个类群,近年来,有人建议将本目上升为纲,即原尾纲。全世界已知约 650 种,我国已知 160 多种。

图 9-70 原尾目的代表——九毛古蚖(仿尹文英)

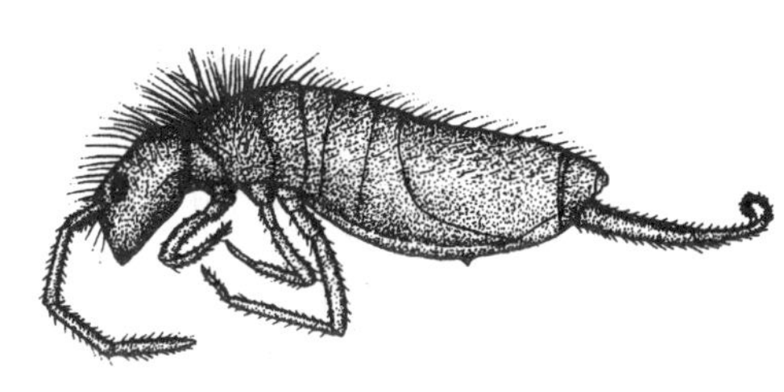

图 9-71 弹尾目的代表——长角长跳(仿周尧)

2) 弹尾目(Cinura) 体小,0.2~10 mm,细长或球形;有眼和触角;无翅;腹面有附肢特化的弹器,能跳跃。表变态(成虫期仍继续蜕皮)。生活于潮湿环境。如长角长跳(*Sinella straminea*)(图 9-71)。

目前也有人将本目提升为弹尾纲。全世界已知约6 600种,我国记载 190 多种。

3）双尾目(Diplura)　体细长，5～10 mm；无翅；腹面常有成对的针突和翻缩泡；尾须1对。表变态。多生活于砖石、枯叶下或土中，畏光。如伟铗叭(*Atlasjapyx atlas*)(图9－72)。

有人建议将本目也提升为纲，即双尾纲。全世界已知约600种，我国记载30多种。

图9－72　双尾目的代表——伟铗叭(仿周尧等)

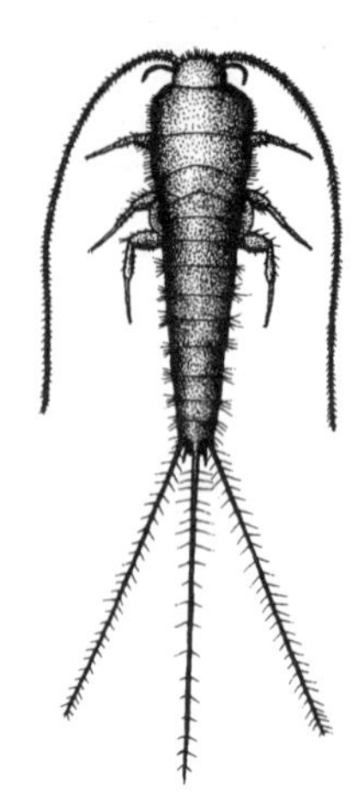

图9－73　缨尾目的代表——多毛栉衣鱼(仿周尧)

4）缨尾目(Thysanura)　体细长，被鳞片；触角细长；无翅；腹末常有1中尾丝和1对长尾须。表变态。如多毛栉衣鱼(*Ctenolepisma villosa*)、石蛃(*Machilis* sp.)(图9－73)。

近年来，有的学者建议将该目中的石蛃分出来，新建一个石蛃目(Microcoryphia)。全世界已知约600种，我国记载30多种。

(2) 有翅亚纲(Pterygota)

较高等的昆虫，原生有翅，但有的类群翅退化或消失，成虫腹部除生殖器和尾须外，无其他附器。原变态、不全变态或全变态。包含30个目，主要目如下。

1）蜉蝣目(Ephemerptera)　身体纤弱；触角刚毛状，口器咀嚼式；翅薄而柔弱，膜质，翅脉多，前翅大，后翅小；尾须长丝状，常有中尾丝。原变态，即从幼期转变为成虫期要经过一个亚成虫期(亚成虫与成虫基本相同，仅体色较浅、足较短，呈静止状态，需要再蜕一次皮才能变成成虫)，亚成虫和成虫寿命很短(朝生暮死)。稚虫水生，腹部有气管鳃(水中呼吸器官)，主要取食水生高等植物和藻类，少数捕食水生节肢动物，为鱼类和其他水生动物的主要食物。如短丝蜉(*Siphlonurus* sp.)(图9－74)。

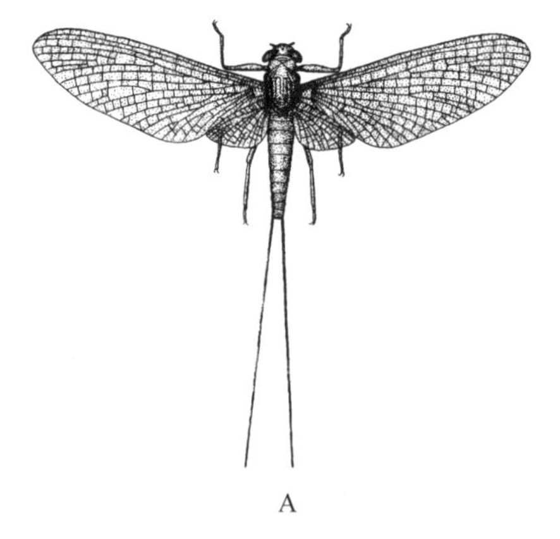

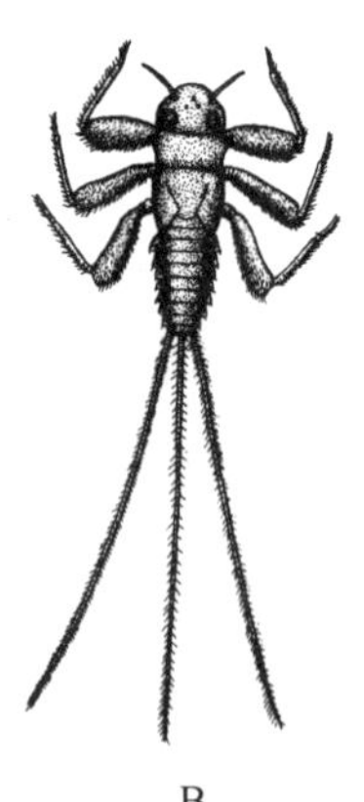

A　　B

图9－74　蜉蝣目代表(仿周尧)

A. 短丝蜉成虫；B. 扁蜉的稚虫

较原始的有翅昆虫，寿命很短。本目全世界已知约2 250种，我国记载约250种。

2）蜻蜓目(Odonata)　中型至大型，成虫色彩艳丽，飞行迅速。头大，触角刚毛状，复眼发达，口器咀嚼式；翅膜质、翅脉网状；腹部细长。半变态，幼虫水生。成虫捕食蚊类、叶蝉等，稚虫捕食蚊类幼虫等昆虫，是重要的益虫。如蜻蜓、豆娘(图9－75)。

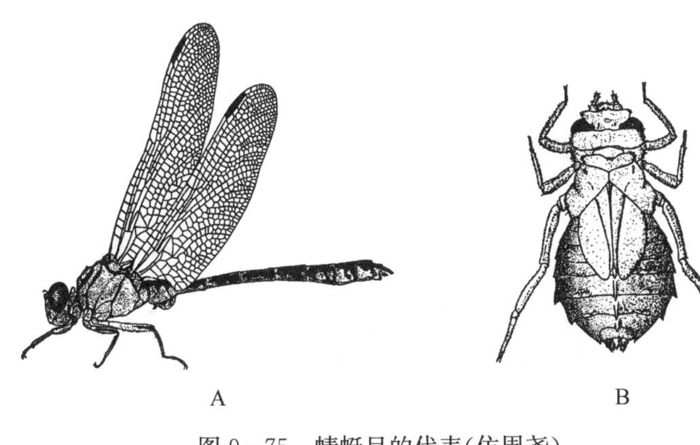

图 9-75 蜻蜓目的代表(仿周尧)
A. 一种春蜓的成虫;B. 春蜓的稚虫

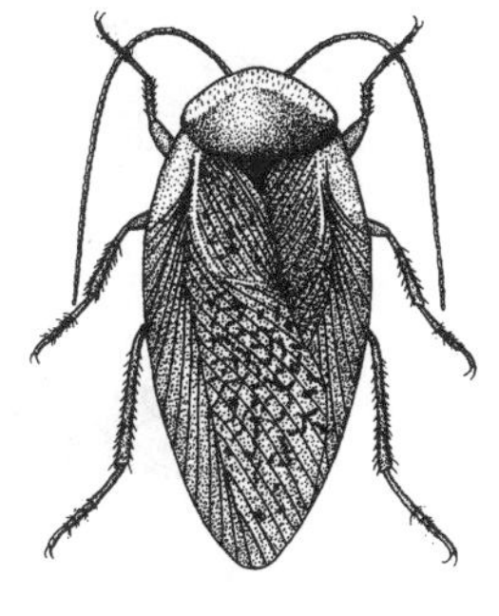

图 9-76 蜚蠊目的代表——中华真地鳖(仿冯平章等)

本目也是较原始的有翅昆虫,全世界已知约6 500种,我国已知 400 多种,其中包含 2 种国家二级保护种类,即尖板曦箭蜓(*Heliogomphus retroflexus*)和宽纹北箭蜓(*Ophiogomphus spinicornis*)。

3) 蜚蠊目(Blattodea) 体扁,椭圆形;触角丝状,口器咀嚼式;前胸背板发达盖及头部,前翅覆翅;腹部有臭腺。渐变态,夜出性,杂食性,适应性强,活动范围广;室内种类为卫生害虫。如中华真地鳖(*Eupolyphaga sinensis*)(图 9-76)。

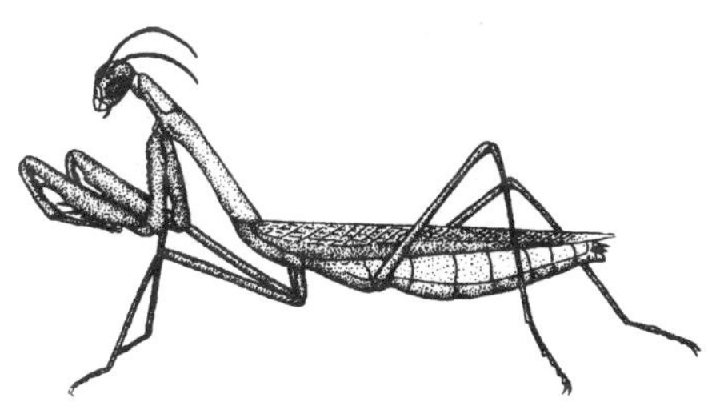

图 9-77 螳螂目的代表——中华大刀螳(仿周尧)

本目全世界已知约 3 680 种,我国记载 240 余种。本目的地鳖虫以全虫入药,能入心、肝、脾三经,有行瘀破血、消症化积、通经活络之功用。

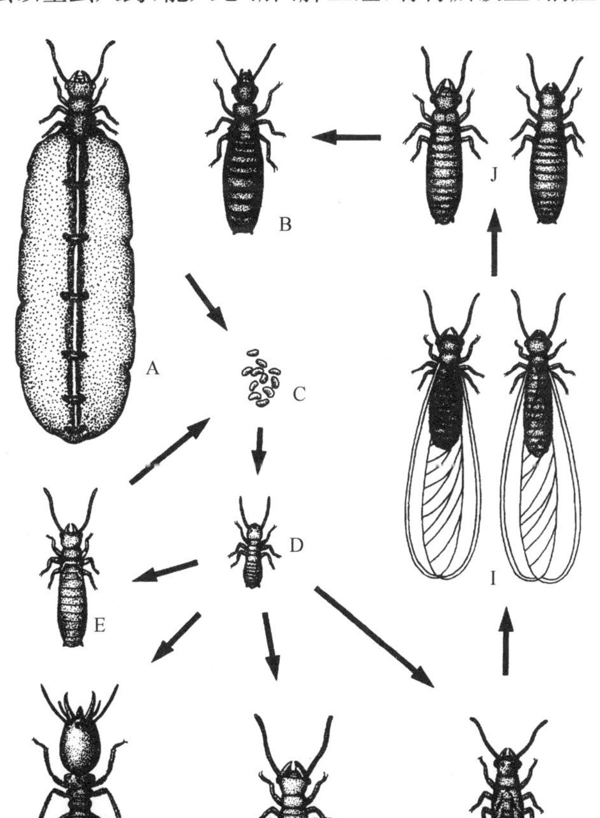

图 9-78 等翅目的代表——家白蚁
A. 蚁后;B. 雄蚁;C. 卵;D. 若蚁;E. 补充生殖蚁;F. 兵蚁;G. 工蚁;H. 长翅生殖蚁若虫;I. 长翅雌雄生殖蚁;J. 脱翅雌雄生殖蚁

4) 螳螂目(Mantodea) 体中到大型;头部三角形,口器咀嚼式;前胸极长,前足捕捉式,前翅覆翅。渐变态,肉食性,捕食小虫;其卵鞘可入药;交配时雌虫有取食雄虫的现象。多数绿色或褐色,常有保护色和拟态现象。如中华大刀螳(*Tenodera sinensis*)(图 9-77)。

本目全世界已知约2 000种,我国记载约 120 种。

5) 等翅目(Isoptera) 通称白蚁。口器咀嚼式,上颚发达,触角念珠状;一般的白蚁类型无翅,只有繁殖蚁才有翅,前、后翅相似(故称等翅目)。渐变态。为多型性昆虫,营群体生活,有社会性,可分为生殖蚁、兵蚁、工蚁等不同等级。取食木材等植物性物质,有些种类严重危害房屋和古树。如家白蚁(*Coptotermes formosanus*)等(图 9-78)。

本目全世界已知3 000多种,我国记载 400 多种。

6) 直翅目(Orthoptera) 体小到大型;口器为典型的咀嚼式;前翅覆翅,后翅膜质,后足发达,善跳;雌虫腹末多具发达的产卵器。渐变态。本目昆虫多危害植物,许多种类是农林的重要害虫。如东亚飞蝗(*Locusta migratoria manilensis*),能成群迁飞,常造成大范围内农作物颗粒无收。另外,华北蝼蛄(*Gryllotalpa unispina*)、中华稻蝗(*Oxya chinensis*)、中华蚱蜢(*Acrida chinensis*)、南方油葫芦(*Gryllus testaceus*)、中华露螽(*Phaneroptera sinensis*)等也是农业上的重要害虫(图 9-79)。

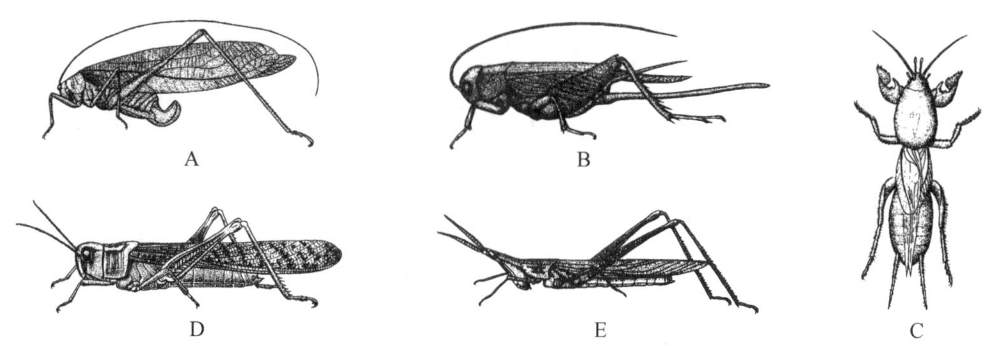

图 9-79 直翅目的代表(仿周尧)

A. 日本露螽;B. 南方油葫芦;C. 华北蝼蛄;D. 东亚飞蝗;E. 中华蚱蜢

本目全世界已知20 000多种,我国记载1 000多种,分 3 个亚目。

螽蟖亚目(Tettigoniodea):触角一般长于体长;跗节 3 或 4 节;听器位于前足胫节上;产卵器刀状、剑状、针状、矛状。包括各种螽斯和蟋蟀。

蝼蛄亚目(Gryllotalpodea):触角短于体长;跗节 3 节;前足开掘足;产卵器不外露。包括各种蝼蛄和蚤蝼。

蝗亚目(Locustodea):触角短于体长;跗节 3 节;听器位于腹部第一腹节两侧;产卵器锥状。包括各种蝗虫、蚱蜢。

7) 竹节虫目(Phasmida)　体延长成棒状或扩大成叶状;触角丝状,咀嚼式口器;翅有或无。渐变态。植食性,多有拟态现象。如叶修(*Phyllium siccifolium*)、棉秆修(*Sipyloidea sipylus*)等(图 9-80)。

本目全世界已知2 500多种,我国记载 100 多种。

8) 革翅目(Dermaptera)　口器咀嚼式;前翅甚短,皮革质;后翅膜质,隐藏于前翅下;有 1 对铗状尾须。渐变态,杂食性。如欧洲蠼螋(*Forficula auricularia*)(图 9-81)。

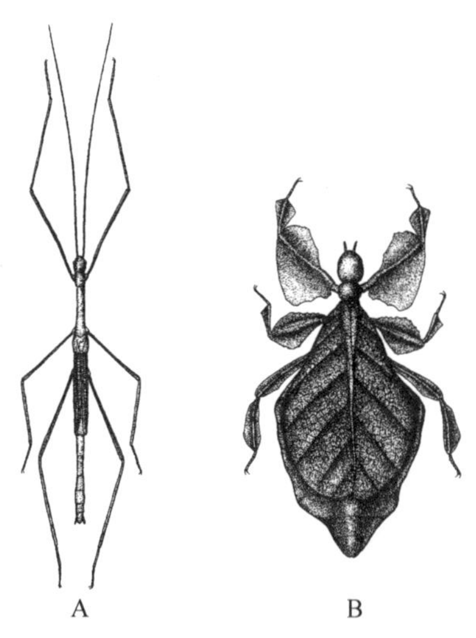

图 9-80 修目的代表(仿周尧)

A. 棉秆修;B. 叶修

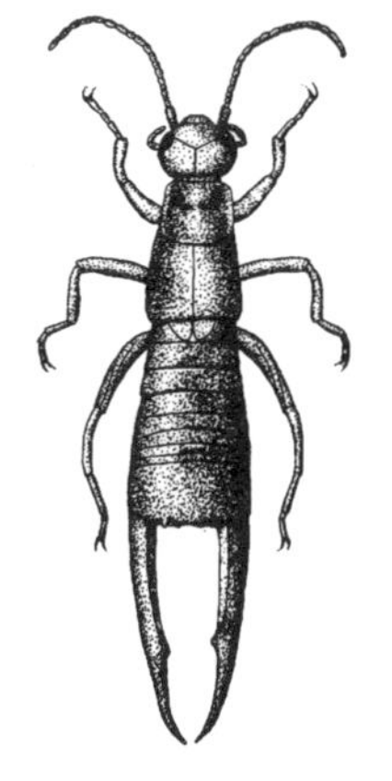

图 9-81 革翅目的代表——欧洲蠼螋(仿周尧)

本目全世界已知1 800多种,我国记载 210 多种。

9) 半翅目(Hemiptera)　口器刺吸式;前翅半鞘翅,后翅膜质,静止时平覆于腹部背面,少数种类翅完全退化;小盾片发达;常有臭腺。渐变态。多为植食性的农林害虫,如三点盲蝽(*Addphocoris taeniophorus*)、菜蝽(*Eurydema dominulus*)、梨网蝽(*Stephanitis nashi*)等;少数种类为肉食性,如猎蝽能捕食害虫,水生的田鳖则捕食鱼苗等(图 9-82);有的还吸食人血,传染疾病,如臭虫(*Cimex*)。

本目全世界已知38 000多种,我国记载3 100多种,通常分 3 个亚目。

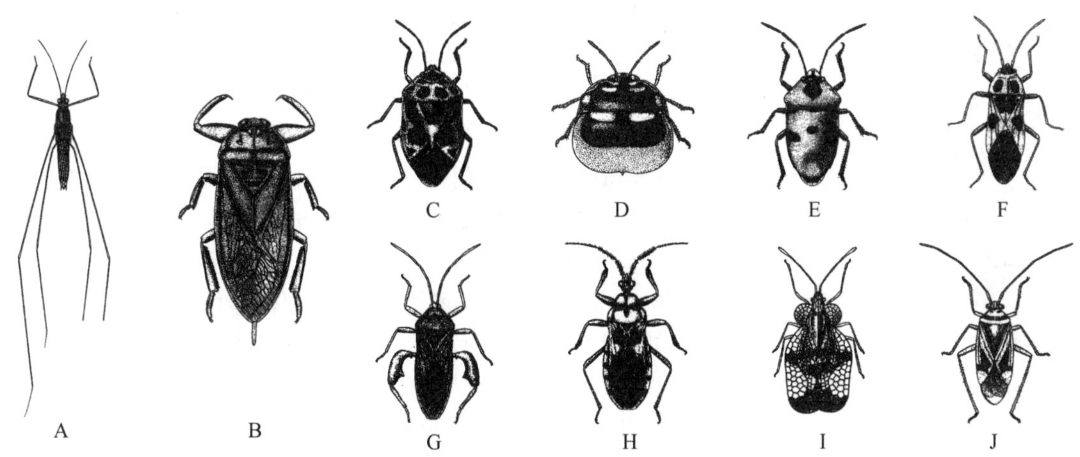

图 9-82　半翅目的代表(仿彩万志等)

A. 长翅大水黾;B. 大田负蝽;C. 菜蝽;D. 刺盾圆龟蝽;E. 丽盾蝽;F. 红脊长蝽;G. 红背安缘蝽;H. 黑红赤猎蝽;I. 梨网蝽;J. 三点盲蝽

两栖亚目(Amphibicorizae)　半水生或岸边生活;触角外露;胫节有特化毛,能在水面行走。如黾蝽。

水栖亚目(Hydrocorizae)　水生;触角短于头,隐藏于头部腹面;后足为游泳足。如负子蝽等。

陆栖亚目(Geocorizae)　陆生;触角发达;后足非游泳足。包括蝽、龟蝽、盾蝽、长蝽、缘蝽、猎蝽、网蝽、花蝽等类群。

10) 同翅目(Homoptera)　　口器刺吸式;前翅质地相同,革质或膜质,后翅膜质,静止时翅置于腹部背面上方呈屋脊状。渐变态。多数为农业害虫,既直接危害农作物,又传播植病,如棉蚜(*Aphis gossypii*)、灰飞虱(*Laodel phax striatellus*)、黑尾叶蝉(*Nephot timcincticeps*)等(图 9-83)。有些种类能生产胶、蜡,为益虫,如白蜡虫(*Ericerus pela*)、五倍子蚜(*Schlechtendalia chinensis*)等。

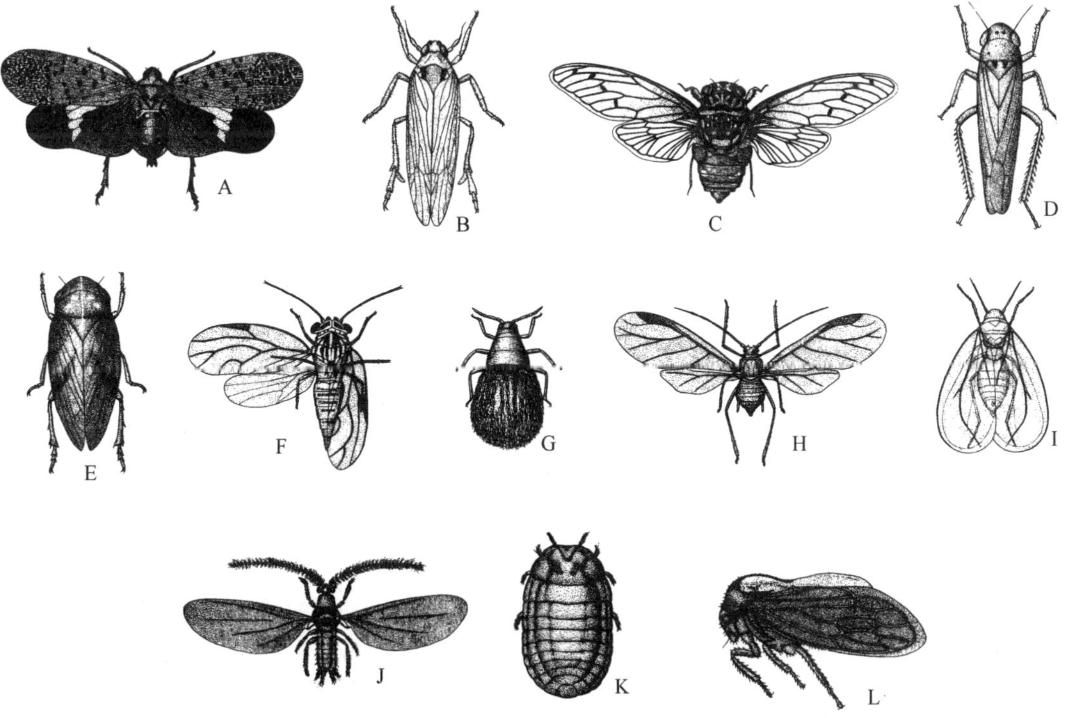

图 9-83　同翅目的代表(仿周尧)

A. 斑衣蜡蝉;B. 灰飞虱;C. 鸣鸣蝉;D. 二星叶蝉;E. 白带沫蝉;F. 梨木虱;G. 苹果棉蚜;H. 桃蚜;I. 橘绿粉虱;J、K. 草履蚧(雄、雌);L. 苹果红脊角蝉

本目全世界已知45 000多种,我国记载3 000多种,分 2 个亚目。

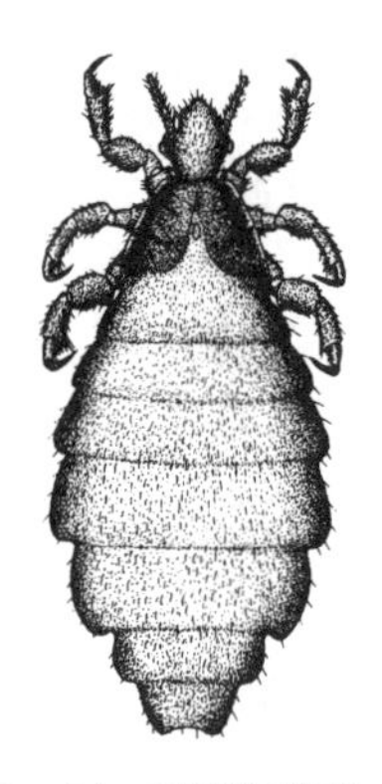

图 9-84 虱目的代表——体虱(仿周尧)

头喙亚目(Auchenorrhyncha) 喙从头下基部伸出;触角短,刚毛状;跗节 3 节;前翅有明显爪片;活泼。包括蜡蝉、飞虱、蝉、沫蝉、叶蝉、角蝉等类群。

胸喙亚目(Sternorrhyncha) 喙从前足基节间伸出;触角长,丝状;跗节 1～2 节;前翅一般无明显爪片;不活泼。包括木虱、蚜虫、蚧壳虫等类群。

11) 虱目(Anoplura) 体小而扁平;口器刺吸式;无翅。渐变态。寄生于哺乳动物体外,如寄生于人体上的体虱(*Pediculus humanus corporis*)(图 9-84)。

本目全世界已知 500 多种,我国记载 60 多种。

12) 缨翅目(Thysanoprera) 通称为蓟马。体微小型;口器锉吸式;翅狭长,边缘生有长而整齐的缨状缘毛(缨翅),翅脉退化,纵脉最多 2～3 条;产卵器管状或锯状。过渐变态;大多数种类为植食性,有些种类为捕食性或食菌性,有些种类是农业上的重要害虫,如麦蓟马(*Haplothrips tritici*)、横纹蓟马(*Aeolothrips fasiatus*)、烟蓟马(*Thrips tabaci*)等(图 9-85)。

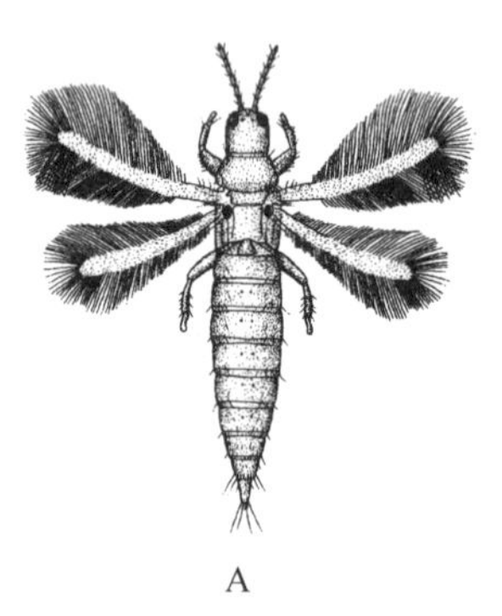

A

B

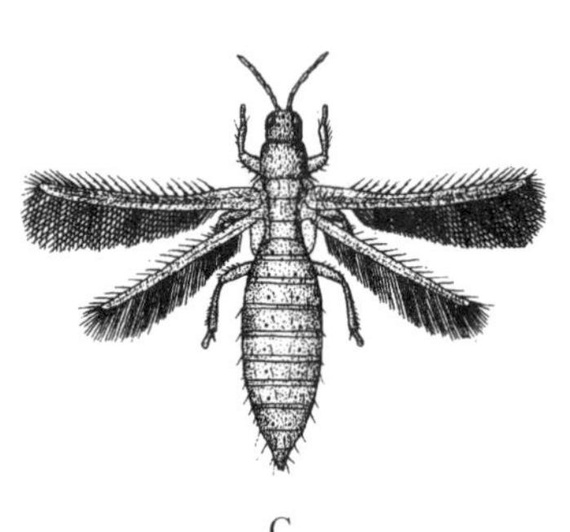

C

图 9-85 缨翅目的代表(仿彩万志等)

A. 麦管蓟马;B. 横纹蓟马;C. 烟蓟马

本目多生活在花丛中,取食花蜜和花粉。全世界已知6 000多种,我国记载 340 多种。

13) 鞘翅目(Coleopter) 通常称“甲虫”。口器咀嚼式;前翅角质化,硬化称鞘翅,后翅膜质。全变态。多为植食性,许多种类为农林害虫,如铜绿丽金龟(*Anomala corpulenta*)、星天牛(*Anoplophora chinensis*)、黄守瓜(*Aulacophora femoralis*)、细胸叩头甲(*Agriotes fusicollis*)、甘薯小象甲(*Cylas formicarius elegantulus*)等;也有肉食性的种类,如中华虎甲(*Cicindela chinensis*)、疱鞘步甲(*Carabus pustulifer*)、长角圆胸隐翅虫(*Tachinus longicornis*)、七星瓢虫(*Coccinella septempuctata*)(图 9-86)。少数为粪食性种类,如蜣螂科种类。

本目不仅是昆虫纲中最大的目,也是动物界最大的目,全世界已知 35 万种,我国记载7 000多种。本目中的拉步甲(*Carabus lafossei*)、硕步甲(*Carabus davidis*)、阳彩臂金龟(*Cheirotonus jansoni*)为国家二级保护种类。

14) 脉翅目(Neuroptera) 口器咀嚼式;前后翅相似,翅脉呈网状,翅脉在近翅缘处多分叉。全变态,肉食性,是重要的害虫天敌。如叶色草蛉(*Chrysopa phyllochroma*)、蚁蛉(*Myrmeleon formicarius*)、黄花蝶角蛉(*Ascalaphus sibericus*)、豫黑螳蛉(*Sagittalata yuata*)等(图 9-87)。

本目全世界已知4 500多种,我国记载 640 多种。

15) 鳞翅目(Lepidoptera) 包括各种蛾蝶,翅被鳞片,成虫口器为虹吸式,幼虫口器为咀嚼式。全变态。多数为农业害虫。本目是昆虫纲中的第二个大目,已知种类约 16 万种,分 2 个亚目。

蝶亚目(锤角亚目)(Rhopalocera):触角端部膨大,大多白天活动,静止时翅多直立或平置。如菜粉蝶(*Pieris rapae*)、直纹稻弄蝶(*Parmara guttata*)、箭环蝶(*Stichophthalma howqua*)、大紫蛱蝶(*Sasakia charonda*)等(图 9-88)。

在蝶亚目中有许多国家保护种类,如金斑喙凤蝶(*Teinopalpus aureus*)为国家一级保护种类,中华虎凤蝶(*Luehdorfia chinensis*)、双尾粉蝶(*Bhutanitis mansfieldi*)、三尾凤蝶(*Bhutanitis thaidina*)、阿波罗绢蝶(*Parnassius apollo*)为国家二级保护种类。

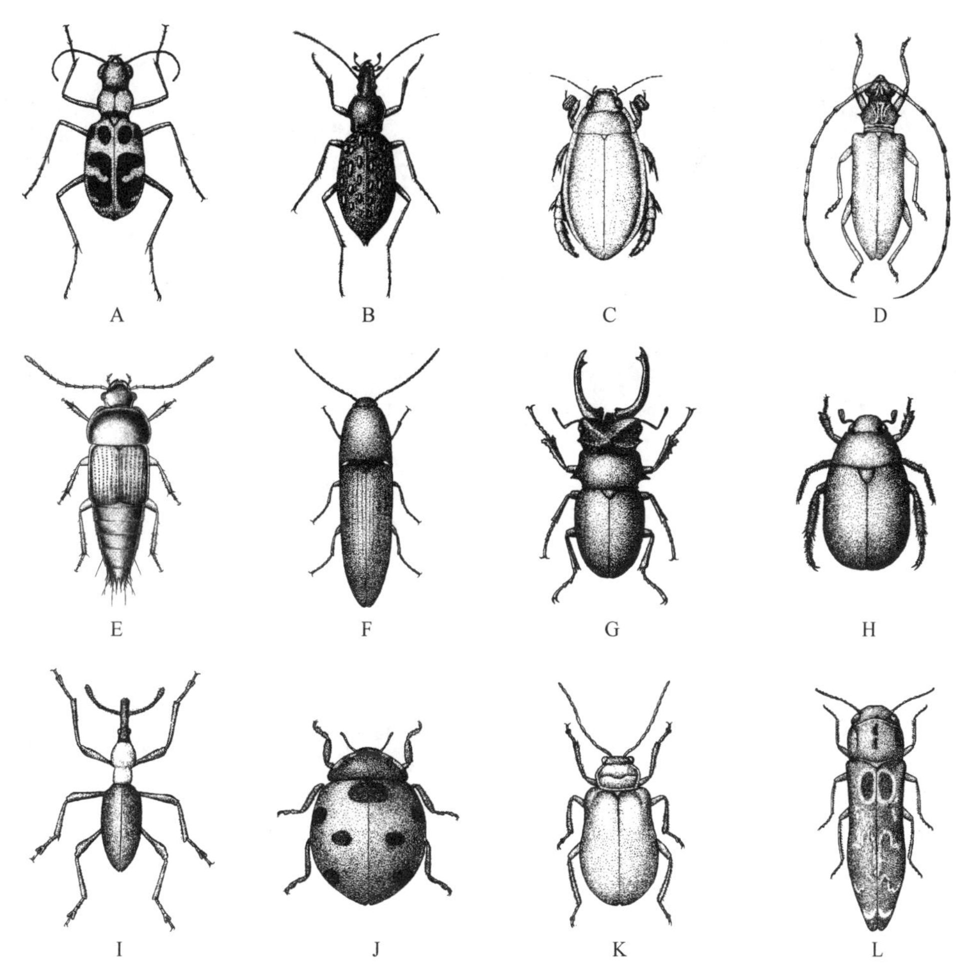

图 9－86　鞘翅目的代表(仿周尧等)

A. 中华虎甲;B. 疱鞘步甲;C. 黄边厚龙虱;D. 橘褐天牛;E. 长角圆胸隐翅甲;F. 细胸叩头甲;G. 大锹甲;H. 铜绿丽金龟;I. 甘薯小象甲;J. 七星瓢虫;K. 黄守瓜;L. 柑橘吉丁甲

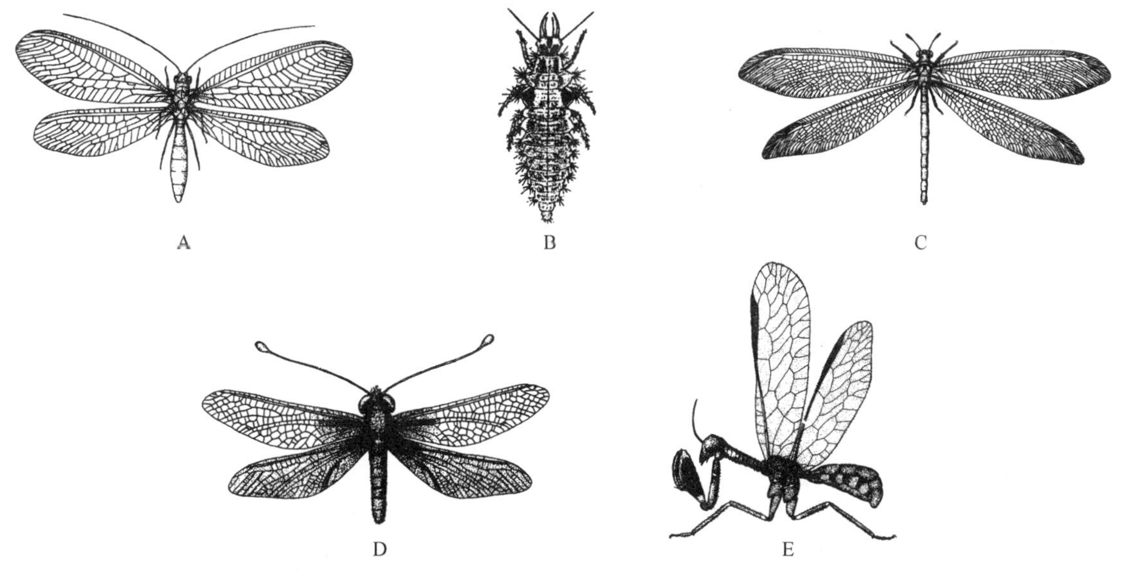

图 9－87　脉翅目的代表(仿周尧,杨集昆)

A. 叶色草蛉;B. 大草蛉幼虫;C. 蚁蛉;D. 黄花蝶角蛉;E. 豫黑矢螳蛉

蛾亚目(异角亚目)(Heterocera):触角丝状或羽毛状,多夜间活动,静止时翅多呈屋脊状。许多种类是重要的农业害虫,如二化螟(*Chil uppressalis*)、亚洲玉米螟(*Ostrinia furnacalis*)、黏虫(*Pseudaletia separata*)、小地老虎(Agrotis ypsilon)、棉铃虫(*Helicoverpa armigera*)、麦蛾(Sitotroga cerealella)、小菜蛾

图 9-88 鳞翅目蝶亚目的代表(作者图)

A. 金斑喙凤蝶;B. 中华虎凤蝶;C. 金裳凤蝶;D. 金带喙凤蝶;E. 珍珠绢蝶;F. 大紫蛱蝶;G. 箭环蝶;H. 菜粉蝶

(Pultella xylostella)、咖啡透翅天蛾(Cephonodes hylas)等(图 9-89);而另一些种类则是重要的资源昆虫,如家蚕(*Bombyx mori*)、柞蚕(*Antheraea pernyz*)和蓖麻蚕(*Philosamia Cynthia ricing*)等能吐丝作茧。

图 9-89 鳞翅目蛾亚目的代表(A~E 作者图,其余仿周尧)

A. 乌桕大蚕蛾;B. 绿尾大蚕蛾;C. 咖啡透翅天蛾;D. 丝棉木金星尺蛾;E. 尺蛾幼虫;F. 麦蛾;G. 苹小卷叶蛾;H. 亚洲玉米螟;I. 小地老虎;J. 棉铃虫;K. 小菜蛾

16) 双翅目(Diptera) 复眼发达,触角丝状、具芒状等,口器舐吸式或刺吸式,前翅膜质,后翅特化成平衡棒。全变态,幼虫为无足的"蛆式幼虫"。许多为卫生害虫,是人畜疾病的传播者,如蝇、蚊、虻等(图 9-90)。

本目全世界已知 12 万种,我国记载5 000多种,分 3 个亚目。

长角亚目(Nematocera) 触角较长,6 节以上,幼虫有明显的头部。此亚目昆虫通称蚊。如大蚊(Tipula praepotens),吸食植物汁液;白蛉子(*Phlebotomus*),成虫吸血,为传播黑热病的媒介;蚋(*Simulium*),能刺吸人畜的血液;按蚊(*Anopheles*)、库蚊(*Culex*)和伊蚊(*Aedes*)是重要的医学害虫,仅雌蚊吸食人畜血液,是传播乙型脑炎、疟疾等的重要媒介。

短角亚目(Brachycera) 触角短,一般 3 节,无芒,幼虫半头型。此亚目昆虫通称虻,如牛虻(*Tabanus amaenus*),吸食人畜的血液。

芒角亚目(Aristocera) 触角 3 节,第三节背面具触角芒,幼虫无头型。包括各种蝇类,如黑带食蚜蝇

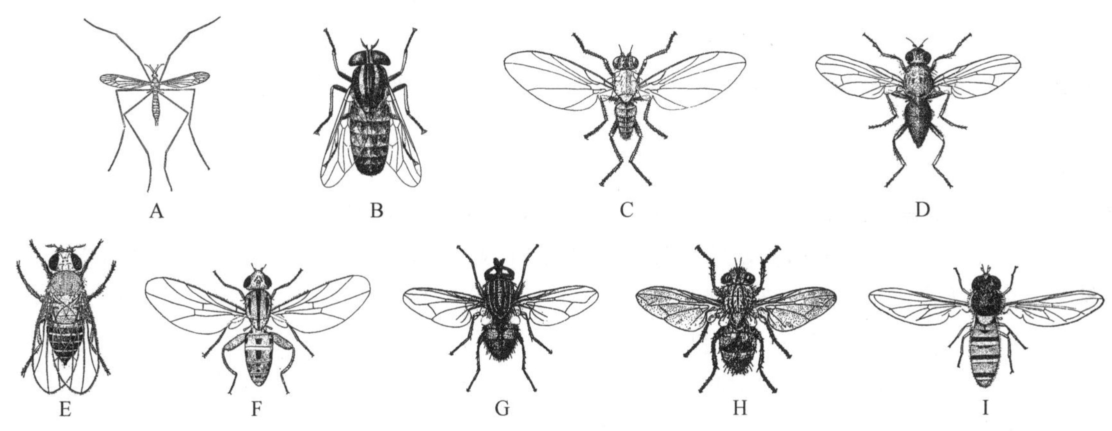

图 9-90 双翅目的代表(仿周尧等)

A. 大蚊;B. 牛虻;C. 豌豆潜叶蝇;D. 种蝇;E. 果蝇;F. 麦秆蝇;G. 家蝇;H. 黏虫寄蝇;I. 黑带食牙蝇

(*Episyrphus balteata*),幼虫捕食蚜虫,为农业上的重要益虫;果蝇(*Drosophila melanogaster*),常作为遗传学研究材料;家蝇(*Musca domestica vicina*),是重要的医学昆虫;黏虫寄蝇(*Cuphocera varia*),寄生在害虫的幼虫及蛹上,是重要的天敌昆虫。

17) 蚤目(Siphonaptera) 体小,左右侧扁;刺吸式口器;无翅,后足为跳跃足。完全变态。寄生于鸟类及哺乳动物体外,并传播疾病。如人蚤(*Pulex irritans*),多寄生于人、狗、猫、猪、羊等动物身上(图 9-91)。

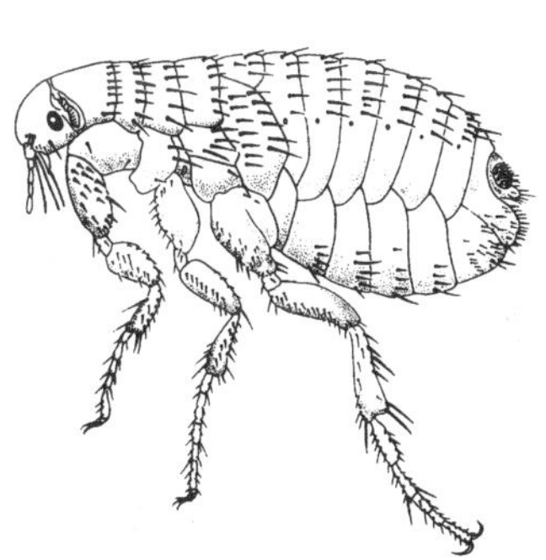

图 9-91 蚤目的代表——人蚤(仿周尧)

本目全世界已知2 500多种,我国记载 640 多种。

18) 膜翅目(Hymenoptera) 口器咀嚼式或嚼吸式;翅膜质透明;雌虫产卵器发达,有的特化为螯针。完全变态。其中少数为植食性的种类,多数为捕食性和寄生性种类(图 9-92)。

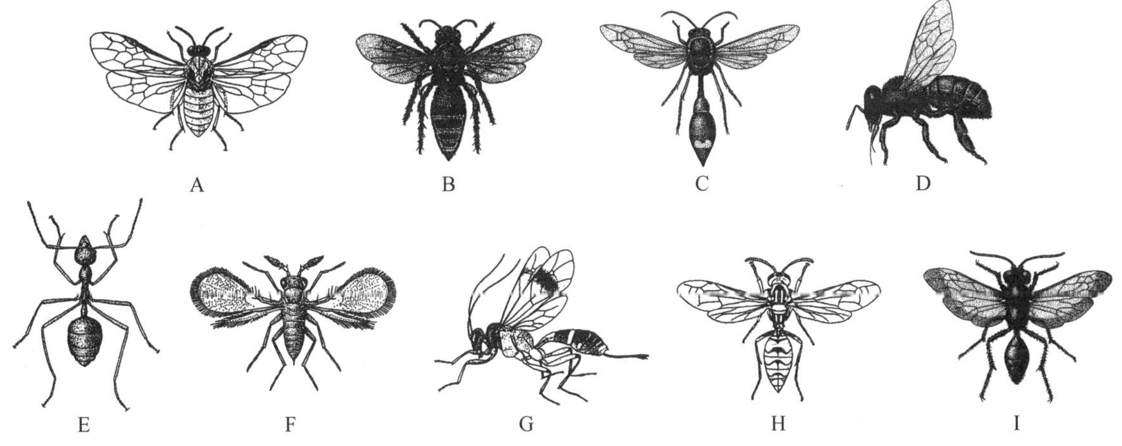

图 9-92 膜翅目的代表(仿周尧,彩万志等)

A. 小麦叶蜂;B. 中华土蜂;C. 尾带蜾蠃;D. 中华蜜蜂;E. 黄猄蚁;F. 稻螟赤眼蜂;G. 横带驼姬蜂;H. 普通黄足胡蜂;I. 黑足泥蜂

本目全世界已知 10 万余种,未知种类甚多。我国记载5 000多种,分 2 个亚目。

广腰亚目(Symphyta) 体中至大型;后翅至少有 3 个完整的基室,足转节 2 节;腹部的基部宽,不收缩成细腰状,产卵器锯齿状;多为植食性。如小麦叶蜂(*Dolerus tritica*)、麦茎蜂(*Cephus pygmaeus*)等,为农林害虫。

细腰亚目(Apocrita) 体微小至大型;后翅至多只有 2 个基室,足转节 1～2 节;腹部的基部多收缩成细腰状,产卵器针状;寄生性或捕食性。如普通黄足胡蜂(*Polistes olivaceus*)、横带驼姬蜂(*Goryphus*

basilaris)、稻螟赤眼蜂(*Trichogramma japonicum*)等,是重要的害虫天敌。

3. 昆虫的生态

影响昆虫个体发育和种群数量的因素主要有气候因素和生物因素,它们共同构成昆虫的生活环境,综合作用于昆虫。

(1) 气候因素

气候因素很多,如温、湿、光、风、气压等,但其中对昆虫影响最大的是温度、湿度和光照。

1) 温度　昆虫是变温动物,其新陈代谢和行为受外界温度影响很大,它们维持体温所需的热量主要来自外界。昆虫的生命活动是在一定的范围内进行的,这个范围称昆虫的适宜温区,又称有效温区,在有效温区内,有一个最适于昆虫生长发育的温度范围,称最适温区,一般在22～30℃之间。有效温区的下限是昆虫开始生长发育的温度,称发育起点温度,一般为 8～15℃,而上限是昆虫因温度过高而生长发育开始被抑制的温度,称高温临界温度,一般为 35～45℃。昆虫在发育起点温度以下的一定范围内并不死亡,而是呈休眠状态,这个区称停育低温区。温度在下降,昆虫因过冷而死亡,这个区称致死低温区。同样,在高温临界以上有一个停育高温区(未死亡)。温度再高,昆虫因过热而死亡,即进入致死高温区(图 9－93)。

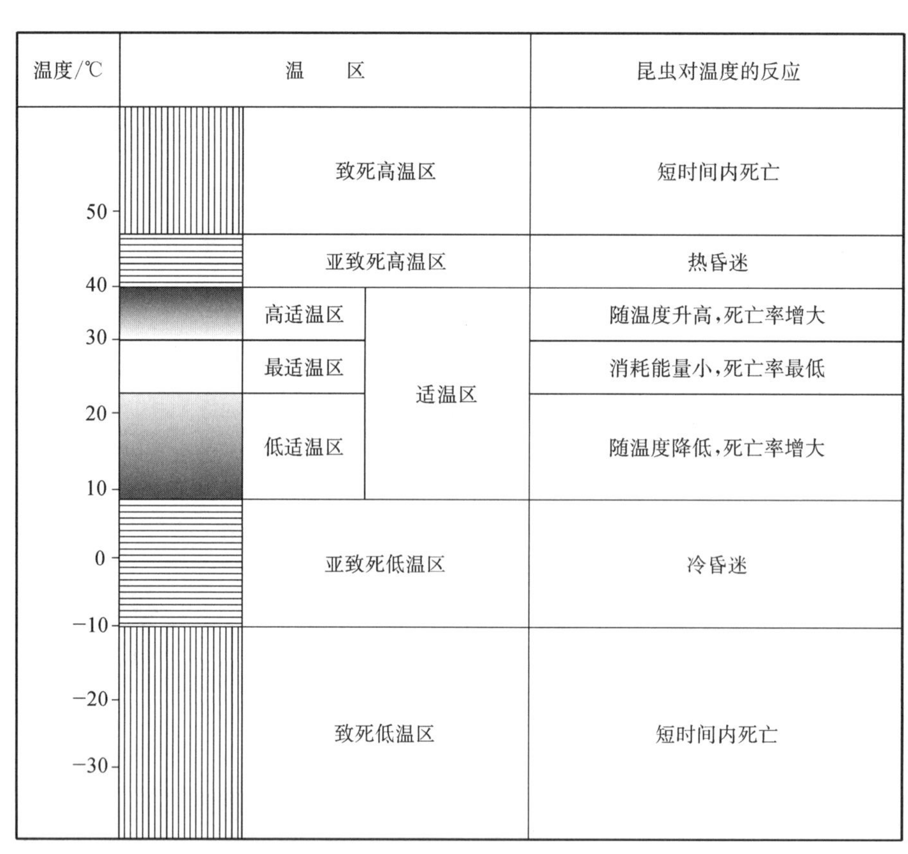

图 9－93　温区的划分和昆虫在不同温区内的反应

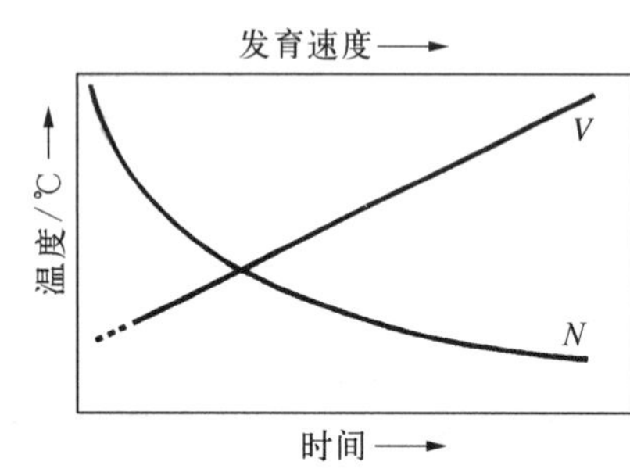

图 9－94　温度与发育历期及发育速度的关系

在适温区内,随着温度的提高昆虫生长发育的速度加快,发育历期缩短,两者的关系为:

$$\text{发育速度}(V)=1/\text{发育历期}(N)$$

温度与发育历期或发育速度的关系可用下列模式曲线(图 9－94)表示。从图中可以看出,温度与发育历期的关系为一曲线(N);而温度与发育速度的关系为一直线(V)。

一定范围内,昆虫完成某发育阶段所需的温度积累是一个常数,这个规律称有效积温法则。即:

$$K=NT$$

其中,K 为常数,即总积温(天·度);N 为发育历期(天);T 为平均温度(度)。

由于昆虫的发育在发育起点温度以上才能进行(不是0℃),因此,上式中的温度应减去发育起点温度,即:

$$K=N(T-C) \quad 或 \quad N=K/(T-C)$$

其中,K 为有效积温(天·度),常数;N 为发育历期(天);T 为平均温度(度);C 为发育起点温度;$(T-C)$为逐日的有效积温。

用有效积温法则可预测昆虫的发生期,从而指导防治。

2) 湿度(水)　降水和湿度主要影响昆虫的种群数量,而对昆虫的发育速率影响不大。湿度对昆虫的影响主要表现在影响成活率和生殖率。

影响成活率:卵孵化、幼虫蜕皮、成虫羽化时,大气湿度过低,往往造成大量死亡。如黏虫在23℃,不同相对湿度下的成活率为:

相对湿度(%)	18	50	75	80	95	100
成 活 率(%)	0	20	60	77	76	74

影响生殖率:干旱影响昆虫性腺的发育,是造成雄性不育的一个原因,也影响雌虫的产卵量。如黏虫在16～30℃的范围内,湿度愈多,产卵量愈大。

3) 光照　光对昆虫的影响包括光的波长、光周期和光照强度三个方面。

光的波长:太阳光到达地面的波长为290～2 000 nm,不同的波长呈现不同的颜色,随着波长从750 nm向390 nm(可见光范围)逐渐缩短时,其颜色的变化为:红—橙—黄—绿—青(蓝绿)—蓝—紫,短于390 nm的是紫外线,长于750 nm的是红外线。昆虫能辨别的光波范围在250～700 nm之间,也就是说,昆虫不能看到红光,但能看到人眼看不到的紫外光。许多昆虫有趋光性,趋光性的强弱与波长有关,如三化螟对330～400 nm的光趋性最强。

光周期:指昼夜交替时间在一年中的周期变化。昆虫的滞育、迁飞、世代交替等,都与光周期的变化有关。光周期是一种信号,能引起生物体内的时间性组织作同步反应,即光周期反应。这就是所谓生物体内的“生物钟”,生物钟控制着昆虫生理机能的节律,从而使昆虫的行为表现出时间性的节律反应。

光照强度:指光的辐射能量。主要影响昆虫的昼夜节律行为,如交尾、取食、栖息等。

(2) 生物因素

在自然界中昆虫与昆虫、昆虫与其他生物之间主要依靠食物链和食物网联系在一起,食物的有无决定昆虫的生存,而食物的好坏决定昆虫的种群数量。按照食物性质的不同,昆虫可分为植食性、肉食性和腐食性三类。按照取食范围的不同,又可分为单食性、寡食性和多食性昆虫。

在自然界中,昆虫常被其他动物或微生物取食或寄生,使昆虫种群数量下降,这些动物或微生物称为昆虫的天敌。如致病微生物(有细菌、真菌、病毒等)、食虫动物(捕食和寄生)等,这些天敌对昆虫种群数量起着重要的控制作用。

4. 昆虫与人类的关系

昆虫在地球上至少已经有3.5亿年的历史,人类出现后就与昆虫发生了密切的关系,主要表现在有益和有害两个方面。

(1) 有害方面

农林害虫和病害:如仅我国记载的水稻害虫就有约300种,棉花害虫已有300多种,苹果害虫超过160种。每年造成的农林损失约占总产量的10%,室内贮藏物损失率约为5%。此外,有些昆虫取食植物的同时还传播植物病害,造成农作物病害的流行。

昆虫与人畜的健康关系十分密切:例如有的种类是体外寄生的吸血害虫,如蚊子、跳蚤、虱子、牛虻、刺蝇等,还常传播人畜病害,据估计人的传染病有2/3是以昆虫为媒介传播的,如鼠疫、伤寒、脑炎等。

(2) 有益方面

昆虫每年为人类生产大量工业原料,大宗的如蚕丝、白蜡、五倍子、紫胶、洋红等。以花蜜和花粉为食料的昆虫(蜂类、蝇类、蛾类和蝶类)能为植物授粉,提高产量。昆虫中的捕食性和寄生性种类能将害虫数量自然控制在一定水平。在中药材里,有很多昆虫能入药,如冬虫夏草、蝉蜕、蚂蚁等。腐食性昆虫占昆虫总种数的17%左右,能把动植物有机残体分解,促进自然界物质循环起到重要作用,被称作地球的“清洁工”。人们利用昆虫作为科学研究材料,从中揭开了许多自然之谜,如果蝇。许多昆虫还可作为饲用、食用昆虫,如黄粉虫、蝉、蝗虫、柞蚕蛹等。此外,人们常用色彩斑斓的昆虫美化环境,如蝴蝶、蜻蜓等,给人们的生活增添了许多乐趣。

9.2.4 多足亚门(Subphylum Myriapoda)

“多足类”意即具有“许多足”,通常用来指具颚节肢动物中的若干类群,这些类群已演化到体分两体段——头部和躯干部,除最后一节外,躯干的其余各节均具成对的附肢,附肢为单肢型。多足总纲现存的包括唇足纲(Chilopoda)(蜈蚣)、倍足纲(Diplopoda)(马陆)、烛蛾虫纲(Pauropoda)(烛蛾虫)、综合纲(Symphyla)(么蚰)。头部前侧缘有1对细长的触角,单眼数个。1对大颚和2对小颚组成口器。触角是多足类的触觉和嗅觉器官。大颚用于切割和磨碎食物(图9-95)。

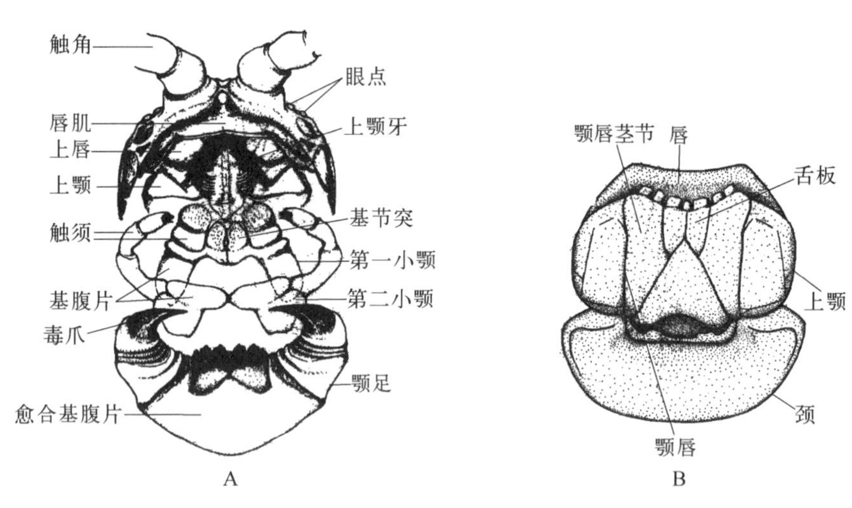

图9-95 多足类口器(仿D. T. Anderson)
A. 蜈蚣口器腹面观;B. 马陆的口器

躯干部通常背腹扁平,由许多体节构成。体节数因种而异,各节基本同律。体节由4片几丁质板连接而成。侧板上具有步足、气孔和几丁质化的小片。每个体节有1或2对附肢。附肢单肢型,具关节,同型。多足类的内部结构和昆虫的颇为相似(图9-96)。消化系统直而不弯曲,可分为前、中、后肠,各部分没有进一步的分化,也无中肠腺。

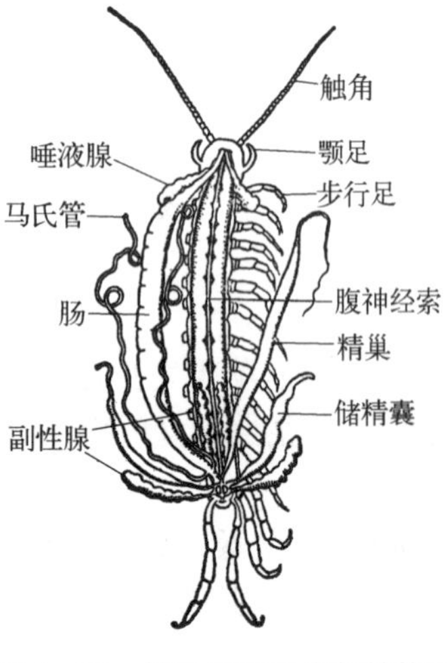

开放式循环系统,心脏很长,几乎与躯干部等长,心孔多对,每个体节1～2对。

气管呼吸。唇足类的气管颇为发达,分布于全身的气管连接成一完整的网络状系统,气孔开口于躯干节的左右两侧,这种结构有些类似于昆虫的。倍足类从第四躯干节开始,每节具2对气孔,气孔位于步足基部附近,内连一个气囊,由气囊发出一簇气管,气管细长而无分支,全身各体节的气管相互不连接成网状。

排泄器官为马氏管,着生于中、后肠交界处,1或2对。

神经系统是典型的节肢动物的神经系统。中枢神经系统为链索状,由脑神经节、围咽神经、食管下神经节和腹神经索等部分组成。腹神经索上的神经节相互不愈合,每个体节有1或2个神经节。触角是主要的感觉器官,视觉器官不发达,有些种类有单眼。

触角
唾液腺
颚足
马氏管
步行足
肠
腹神经索
精巢
储精囊
副性腺

图9-96 雄性石蜈蚣内部结构图(仿Kerkut)

雌雄异体。几乎全为两性生殖。多卵生,孵化的幼体,体节与足较成体为少，经变态后，增生体节与足而为成虫。

多足类为陆生动物，栖息隐蔽，见于各种生境，从潮湿的雨林到较干燥的地方，取决于种类。通常生活在石块、木头、树皮、土壤或落叶层。许多种类在人类居住环境周围是很常见的。

多足类大约12 000种。在节肢动物门中，多足类的分类系统颇多争议。现在一般将其归为 4 个纲。

1. 唇足纲(Chilopoda)

亦称后殖类(Opisthogoneata)，俗称蜈蚣、雨虫(rainworm)、百足虫(centipeds)。体扁而长，大约 3～6 cm，有些热带的种可达 18～26 cm。体节数 15～177 个，第一躯干节的一对附肢特化为颚足，内含毒腺，颚足是强有力的捕食工具，唇足纲因此而得名。末两节无足，其余各节均具 1 对附肢。头部 4 对附肢，即 1 对触角、1 对大颚、2 对小颚。

雌雄异体，具不成对的生殖腺和生殖导管，生殖孔不成对，位于躯干部末端的生殖节腹面。蜈蚣有些卵生，有些胎生。蜈蚣通常春季交配。交配前，常有求婚仪式，雄性不停地摆动触角，吸引雌性。两性接近以后，身体都向一侧弯曲，相互以触角碰触对方身体末端。随后雄性身体末端产出像蜘蛛丝那样的细丝，在地面上织成小网，并将精包黏附于网上。随即雌性爬上黏有精包的小网并将精包黏附于其肛生殖节上，不久精包开裂，精子逸出，经雌生殖孔而进入雌体内，与成熟卵细胞结合。交配时间一般不超过 1 小时。这种交配方式多少有些类似于蜘蛛的(图 9－97)。在某些种类中受精卵由雌性小心孵育，孵出的幼虫与成虫体形相似。

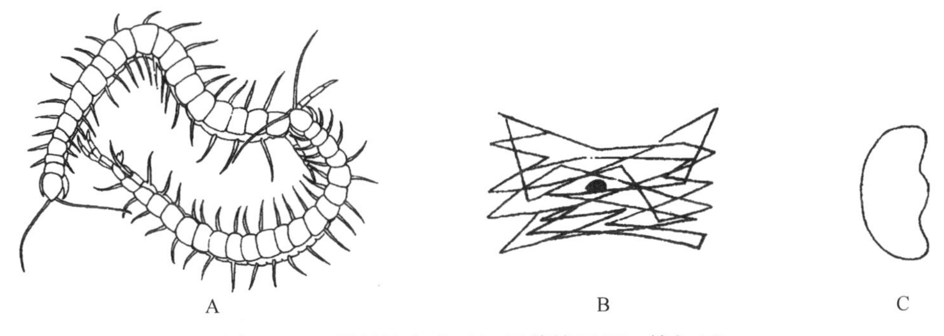

图 9－97　蜈蚣的交配(A)；及其精网(B)；精包(C)

唇足类并不像倍足类那样多样化，现存的只含有 5 个目，已知的大约 2 800 种，据估计全球大约有8 000种(Adis & Harvey，2000)。唇足纲化石历史可以追溯到古生代的志留纪元 4 亿 1000 万年以前(Shear，1992)。蜈蚣零星地分布于极地，栖息于所有的亚极地环境，在干旱的沙漠生境中是很丰富的，是那里最常见的陆生无脊椎动物之一。白天常隐蔽在石缝、木块、树皮下或落叶层中，夜间出来活动。5 个目中有 4 个目的种类运动敏捷，适于快速奔走，但地蜈蚣目的种类运动缓慢，以一种类似蚯蚓的伸缩方式营钻洞生活(图 9－98)。

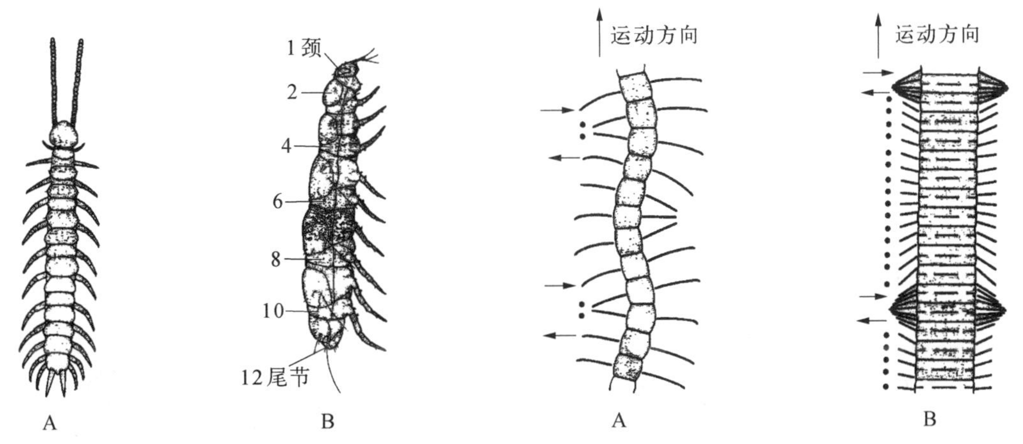

图 9－98　多足类爬行时附肢的运动(仿 D. T. Anderson)

A. 蜈蚣；B. 马陆

唇足类是肉食者，主要取食蚯蚓、蜗牛、线虫及昆虫等土壤动物，但是体形较大的某些蜈蚣目的种类会攻击并取食较小的哺乳类、蛇类、蛙类及蝌蚪和鸟类。它们用颚足放出毒液杀死猎物，然后用上颚咀嚼。唇足类有些种类会分泌化学防御物质，如欧洲常见的锈厚股地蜈蚣(*Pachymerium ferrugineum*)胸板上的小孔能分泌一种苦杏仁气味的氢氰酸。较大的蜈蚣的螫咬对于成人来说可能会引起疼痛，一般不会有生命危险，但对小孩子来说则可能是危险的。

唇足纲最常见的有 2 个目。

(1) 蜈蚣目(Scolopendromorpha)

体长，头部扁平。无复眼而只有单眼或完全无眼。触角 17～31 节。躯干部常为 25 节，步足 21 对，末一对较长，称尾足，上有短棘。并非躯干节均具气孔。主要分布于热带和亚热带地区。约有 500 余种。如少棘蜈蚣(Scolopendra mutilans)(图 9－99)，在我国江苏、浙江、湖北、湖南、河南、四川等地颇常见，体墨绿色或黑褐色，头部和第一背板金黄色，步足黄色，21 对，长约 110 mm，气门 9 对。可入药，现已进行人工养殖。

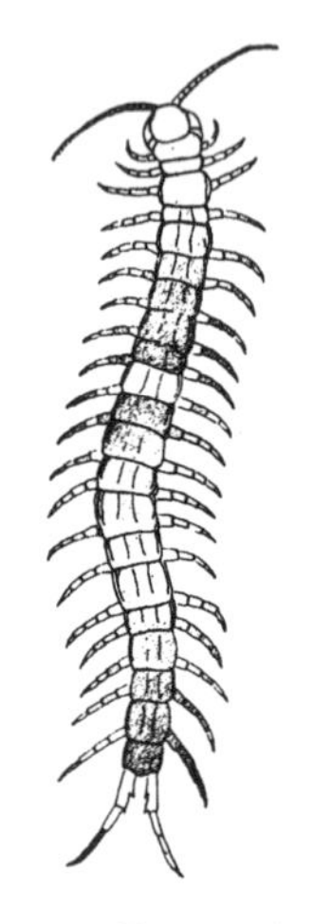

图 9－99 少棘蜈蚣(仿张崇洲)

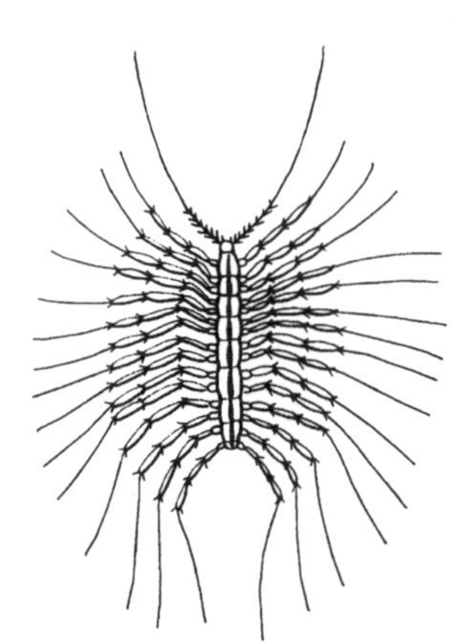

图 9－100 花蚰蜒(仿 D. T. Anderson)

(2) 蚰蜒目(Scutigeromorpha)

体短，头部不扁平，呈圆形。有一对大的复眼。触角很长。第二小颚呈步足形。躯干部 18 节，但只有 10 块背板。末一节为尾节，无背板。第二至第九块背板近后缘中央各有一纵裂的气孔，因此本目又称背孔目(Notostigmorpha)。步足跗节分成若干小节，故也称裂跗目(Schizotarsia)。本目约有 100 余种，分布于温暖潮湿地区。我国常见的有花蚰蜒或称大蚰蜒(Thereuopoda)，灰白色，体长约 25 mm，常见于屋内外阴湿处(图 9－100)。

2. 倍足纲(Diplopoda)

俗称马陆、千足虫(millipedes)。体呈圆筒形，由 25～100 个体节组成。胸部短，由 4 个体节构成，每节一对足。胸部后为腹部，每个体节 2 对附肢，倍足纲因此而得名。从胚胎发育看，成体每节都由胚胎时期的 2 个体节愈合而成。头部两侧有许多单眼集合成团，形似复眼。触角 1 对，1 对上颚和 1 对下颚。每个腹节上有 2 对气门通到气室，空气经气室扩散进入气管。2 个生殖孔位于第三躯干节腹面(图 9－101)。

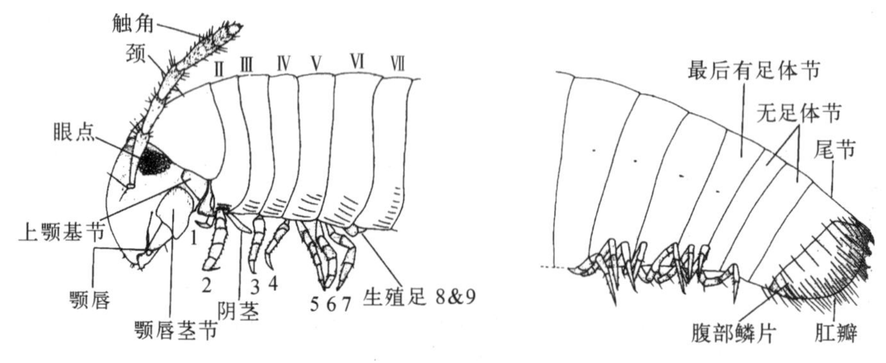

图 9－101 马陆的分节和附肢(仿 Hopkin & Read)

大多数马陆的第七节附肢特化成交配器官，用于传送精子到雌性生殖孔。交配后，产卵于巢中，由母体细心看护。初孵出的幼虫仅有 3 对足和 7 个躯干节，以后每蜕皮一次，体节和足数逐渐增多。

马陆不像蜈蚣那样活泼，它们行走缓慢，喜栖息于木头、石块、树皮、落叶层等阴暗潮湿的环境。马陆是腐食性和草食性的，以动植物的腐烂物质为食，但有时也取食活的植物。受干扰时，常卷曲成团，同时释放出难闻的气味。

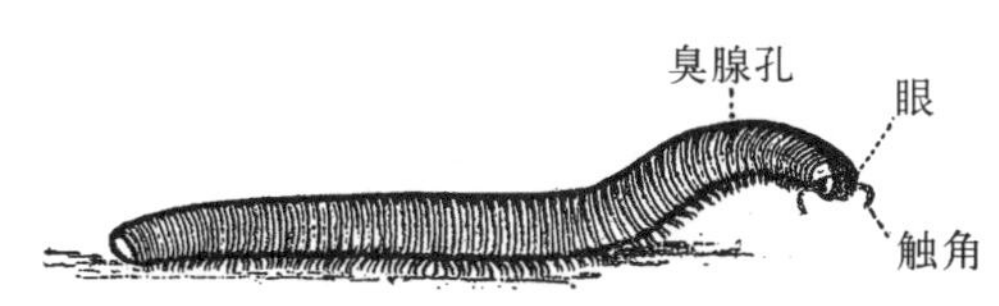

图 9 - 102　马陆(仿 D. T. Anderson)

倍足纲约有8 000种。我国常见的如巨马陆(*Prospirobolus*)，体大而长，头部平滑，躯干部黑褐色，表面光滑，各地山区及山林潮湿地带均有分布(图 9 - 102)。

3. 烛蜒纲(Pauropoda)

身体小型，2 mm 或更小，体躯柔软。身体由 11 个体节和 1 个尾节组成，覆盖着 6 个背板，步足 9 对。头小，上有一对分支状触角，无眼。气管、气门和循环系统均缺。它们栖息于潮湿的土壤、落叶层碎屑和腐烂的菜叶及树皮和碎石块下。烛蜒纲至今已定名的约 550 种。其亲缘关系上可能与倍足类最接近，但更为原始。代表种类是烛蜒属(Pauropus)(图 9 - 103)和异烛蜒属(Allopauropus)。

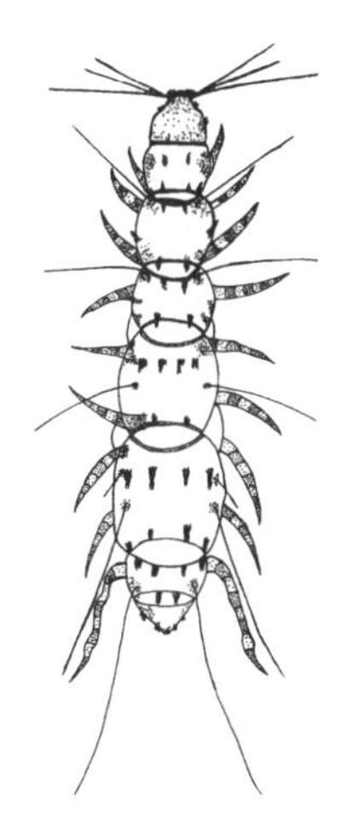
图 9 - 103　烛蜒虫
(仿 D. T. Anderson)

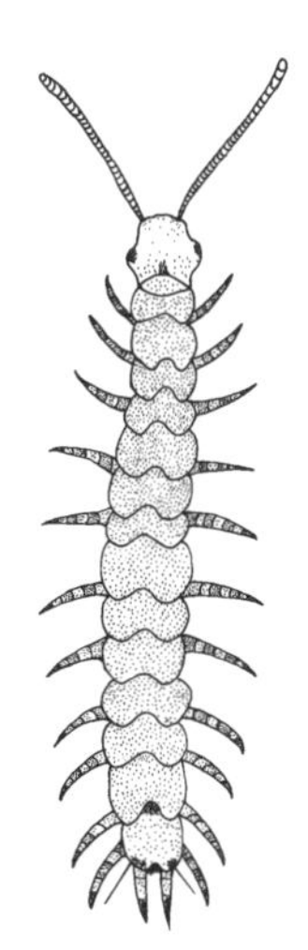
图 9 - 104　么蚰
(仿 D. T. Anderson)

4. 综合纲(Symphyla)

体小，无色，体长 2～10 mm，形似蜈蚣。多数种类有 13 个体节。无眼，但在触角基部有感觉窝。气管系统局限于头部一对气门，气管只达前部体节。栖息于腐殖土、落叶堆和废墟中。么蚰属(*Scutigerella*)的交配行为特异，雄虫把精包置于草梗末端，当雌虫发现精包时，把精包吞入口内，精子存放在特化的口囊中。然后，雌虫用口把卵自生殖孔移出，附着于苔藓、地衣或墙壁的缝隙中，当运卵时把一些精液涂抹在卵上，使其受精。刚开始时幼虫只有 6 对或 7 对足。综合纲目前已知的约有 200 余种。么蚰是蔬菜和花卉的常见害虫(图 9 - 104)。

唇足类生殖孔不成对，位于躯干部末端的生殖节腹面，因此亦称后殖类(Opisthogoneata)。而另外 3 个纲生殖孔成对或不成对，位于第三或第四躯干节的腹面，因此亦称前殖类(Progoneata)。

9.3　附：有爪动物门(Onychophora)

有爪动物门是动物界的一个小门，俗称“天鹅绒虫”或“步行虫”。第一个有爪动物发现于 1825 年。其形态结构特征被认为是介于环节动物和节肢动物之间，兼具这两门动物的某些特征。与环节动物相似的特征是：柔软的身体、无关节的附肢、逐节排列的肾管、肌肉体壁、色素杯状的单眼和具纤毛的生殖管。和节肢动物相似的特征是角质层、管状心脏和开放式循环系统、用气管呼吸以及血腔的存在。因此它们曾被认为是这两个门中间“缺失的环节”(missing ring)。

有爪类体呈长圆筒形,蠕虫状。除了成对的附肢外,身体不分节,约 1.5～15 cm 长,可分为头和躯干两部分(图 9-105)。

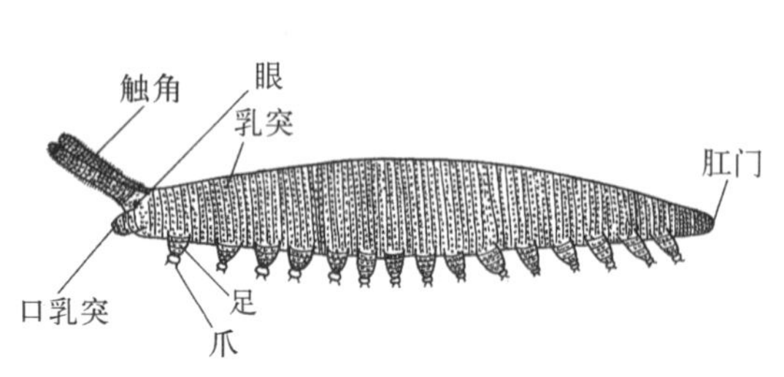

图 9-105　栉蚕外形(仿 Clarence J. Goodnight, Marie L. Goodnight, Peter Gray)

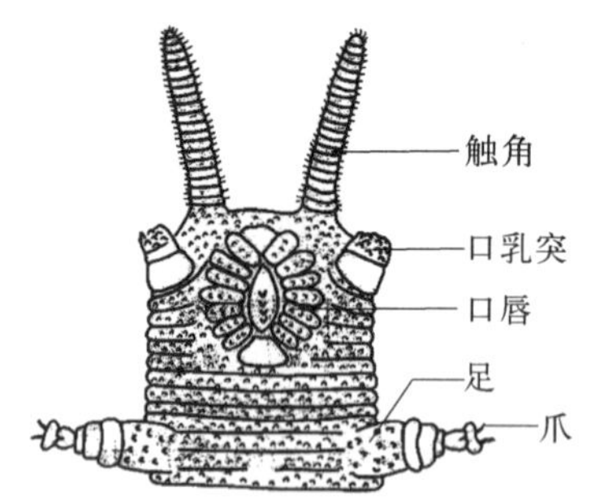

图 9-106　栉蚕的头部(仿 Clarence J. Goodnight, Marie L. Goodnight, Peter Gray)

头部具有一对触角,在其基部各有一个单眼,其结构类似于环节动物,无复眼。腹面有一对爪状大颚,口的侧翼有一对口乳突,能排出保护性分泌物(图 9-106)。躯干部不分节,每对附肢意味着一个体节。附肢数目在不同的种类中变化比较大,通常为 14～43 对,粗短,末端爪状,不分节,为一中空的体壁突起,由前而后波浪式地伸缩来完成移动。

体表没有几丁质外骨骼,而复有薄的、有弹性的角质层。角质层不会硬化,蜕皮是一块块地脱落而不像其他节肢动物那样整个一次蜕皮。皮肤通常是蓝灰色、橙色、绿色、黑色或白色,同时覆有许多疣状小结节和感觉毛。这些感觉毛使它们呈天鹅绒般的外表。

体壁为皮肤肌肉囊结构,由外而内包括角质膜、上皮和肌肉层。肌肉层为平滑肌,层状排列,自外而内由环肌层、斜肌层和纵肌层组成。体腔为血体腔,内脏器官位于其中。

口由口叶包围着,具一背齿和一对侧颚,用于把握和切割猎物。有个肌肉质的咽,消化管为一直管,前后肠均短,中肠几乎和身体等长。一对唾液腺开口于咽的两侧,分泌消化酶注入猎物体内,已半消化了的猎物组织被吸收到口里。大多数有爪类是肉食性的,捕食毛虫、昆虫、蜘蛛、螺类和蠕虫等。有些有爪类生活在白蚁巢内取食白蚁。它们用触角发现猎物,由口叶和咽捕捉,再由大颚将其体壁撕开,然后注入消化酶。

每一体节都有一对后肾管,每一肾管由一个具纤毛的囊状漏斗、导管和开口于足基部的肾孔组成。和其他大多数陆生无脊椎动物一样,主要的排泄物是尿酸。位于中肠的吸收细胞排出结晶状的尿酸。某些围心细胞,起着肾原细胞的作用,储存由血液中来的排泄物。

通过分布到身体各处的气管进行呼吸,气管由遍布于体表的气孔和外界相通。这些小孔永久性地开放,体内水分很容易丧失,因此有爪类必须生活在潮湿的环境中,气管系统同样容易引起栉蚕被水淹死,所以这个门的现存种类没有水生的。

开放式的循环系统,在围心窦处有一背部管状心脏,每一节有一对心孔。

有一对具连索的脑神经节和一对分得很开的、具有神经相连的神经索。但左右两条神经索没有明显的神经节。从脑发出神经到头部和触角,从两条神经索发出神经到体壁和足部。感觉器官包括有色素杯的单眼、口周围的味刺、体被上的触乳突等(图 9-107)。

有爪类雌雄异体,生殖器官成对。以非常奇怪的方式生殖。雄性将精包产在雌性体表,或背面或侧面,并大量堆积。白细胞溶解在精包下的体被,精子进入体腔并在血液中迁移,最后到达卵巢并使卵子受精(图 9-108)。有爪类有卵生、卵胎生或胎生的,都为直接发育。

现存种类已知大约 110 种。它们生活在许多热带和亚热带地区,包括墨西哥、中南美洲、非洲、澳大利亚、新西兰、马来群岛、西印度群岛和喜马拉雅山等。通常生活在落叶层或倒下的树干下等潮湿环境以抵御干燥。现存种类相当小,最大的可达 20 cm。知道最清楚的种类是栉蚕(*Peripatus*)(图 9-109)、大栉蚕(*Macroperipatus*)等。我国西藏高原曾报道过有盲栉蚕(*Typhloperipatus*)。

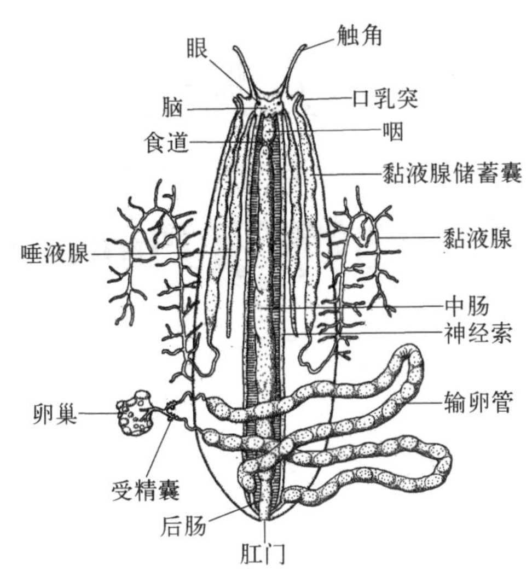

图 9-107　雌性栉蚕内部解剖图
(仿 D. T. Anderson)

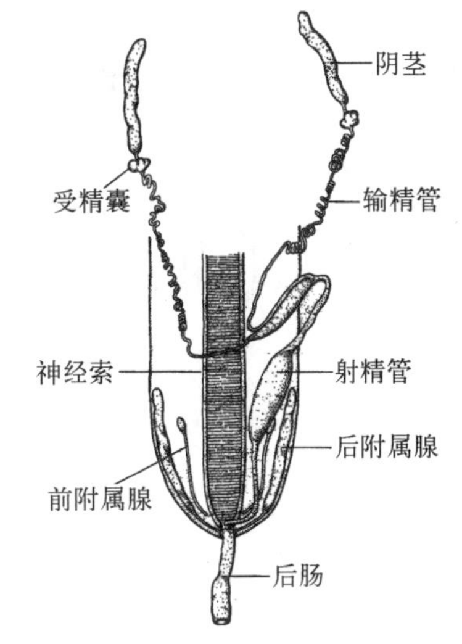

图 9-108　栉蚕生殖系统和附属腺体
(仿 D. T. Anderson)

有爪类被认为是残遗动物。化石记载表明，它们在其 5 亿年的历史进程中没有什么变化。有爪类曾是海产的，但今日则全是陆生的并极端隐居，只在晚间空气几乎是饱和湿润的情况下才出来活动。

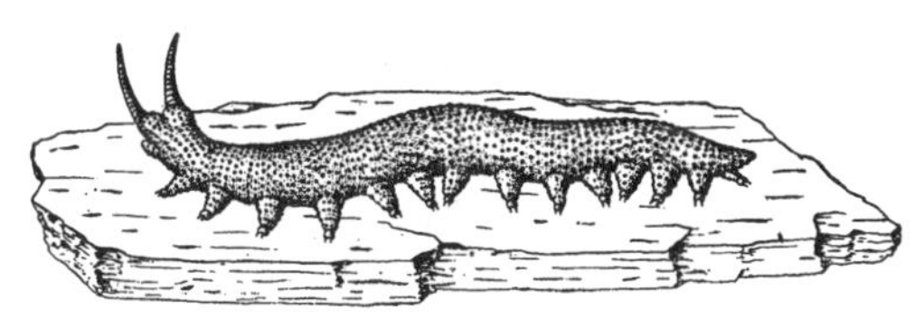

图 9-109　栉蚕(仿 C. P. Hickman)

有爪类的分类地位迄今尚有许多争论。有人认为有爪类应该放在节肢动物门中，但该门的特征需要重新修订。1977 年 Manton 认为有爪类、多足类和昆虫的附肢均为单肢型而非双肢型，应当归在一起，单独建立一个门，称为单肢动物门(Uniramia)。也有人认为虽然有爪类和多足类、昆虫的关系较为密切，但有显著的区别，故应列为独立的一个门——有爪动物门(Onychophora)。

思考题

1. 结合节肢动物门的主要特征，说明节肢动物适应陆生生活的特点。
2. 螯肢类的消化系统有哪些特点？
3. 简述螯肢亚门的分类特点。
4. 简述甲壳亚门的分类。
5. 简述甲壳动物的形态结构与生理机能。
6. 举例说明甲壳动物的洄游。
7. 简述昆虫纲的主要特征。
8. 列表总结昆虫的口器有哪些类型？各部分结构怎样？
9. 总结昆虫呼吸系统的特点。
10. 试述昆虫纲各目的主要特征和代表动物。
11. 简述甲壳素和壳聚糖的提取和应用。

第10章 苔藓动物门(Bryozoa)、腕足动物门(Brachiopoda)、帚虫动物门(Phoronida)

提　要

苔藓动物门、腕足动物门、帚虫动物门都有体壁延伸形成的环绕口周围的触手冠,因而又被称为触手冠动物或总担动物。它们既具有原口动物的特征,又有后口动物的某些特征。因而这三类动物可被认为是原口动物和后口动物之间的过渡类群。它们之间的亲缘关系目前尚不清楚。

苔藓动物门、腕足动物门、帚虫动物门都有体壁延伸形成的环绕口周围的触手冠(Lophophore),因而又被称为触手冠动物或总担动物。

这三类动物身体不分节,总担动物都具有真体腔,由于都营固着生活,使头部不明显,神经系统、肌肉系统以及感觉器官等方面都有所退化。它们的胚胎发育比较特殊,兼有原口动物和后口动物的特点。帚虫及腕足类由胚孔演化成口,帚虫和苔藓虫的幼体均具有自由游泳与担轮幼虫相似的幼虫期。这些特征属于原口动物。但从卵裂的方式来看,除少数帚虫行螺旋卵裂外,其余都以辐射卵裂为主,加以腕足类的中胚层及体腔是由肠腔法产生,这些特征又与后口动物相似。所以,这三类动物是介于具有真体腔的原口动物和后口动物之间的一类动物。

10.1 苔藓动物门(Bryozoa)

10.1.1 苔藓动物的形态结构与生理

苔藓动物门的动物,营固着生活,常群集而居,联结成片,外形似苔藓植物,故名。本门大多数生活在温带海域,少数淡水生活。它们附着在各种硬质表面,例如岩石、贝壳、珊瑚、木质、海藻及其他动物体表,充分利用各种有效空间。

苔藓动物都以群体生活为主,其群体的大小、形状、骨骼及群体结构都因不同类别而有很大区别。依靠这些特征也可做某些分类,特别是海产种类。例如,某些种的群体小到只有在显微镜下才能观察到,但一些枝状群体其高度可达二十多厘米,而另一些呈片状或块状的群体其直径可达 50 cm。一般群体呈灰白色,少数种类呈深褐色。群体中的个体通过横壁或侧壁上的小孔彼此相通。在原始的种类个体间的隔板不完全,也就是说个体间的小孔是开放的,允许个体间的体腔液相互沟通。而在裸唇类个体间的小孔常被有规则排列的有极化的细胞塞所关闭。电子显微镜的研究证明,在非匍匐状群体中存在有群体的神经系统,神经包围着虫壁,并进入小孔和相邻个体的神经相连,以控制触手冠的活动及其在群体中的位置。

群体中的个体也称为个员(Zooid),它与水螅相似,一般很小,体长不及 1 mm。每一个员存在于自身分泌面形成的角质或钙质的管状虫室(zooecium)中。

个体头部不明显。其上有口,口的周围生有触手冠。触手冠上纤毛摆动,可收集食物。被唇类的触手冠呈马蹄形,包括16～108个中空的触手,排列在两个隆起的嵴上。口位于两嵴之间,口上具有上唇盖。裸唇类的触手冠呈环状,包括8～34个中空的触手,排列在一环状隆起的嵴上,包围中央的口。触手的内中线及两侧具有纤毛,纤毛上皮内有肌肉及神经纤维。触手中央为体腔,每个触手内的体腔均与触手冠基部的体腔环管相通,最终与躯干部体腔相通。体腔发达,进入触手冠及触手内的体腔来自胚胎期的中体腔,围绕内脏器官的躯干部体腔来自胚胎期的后体腔囊,两部分体腔之间由小孔相通。

肛门开口在触手冠的旁侧,因此消化管呈"U"形,故这一类动物又称为外肛动物(Ectoprocta)。从胃的中心部分向后突出成盲囊,盲囊的底部有间质细胞形成的索状物,称胃绪(funiculus),使胃固定在一定的位置上。食物经咽内壁的纤毛作用进入胃,在其中行胞外消化与胞内消化,而盲囊是胞内消化的主要场所。未消化的废物在胃的后区形成结实的粪粒,经肠及肛门排出体外。营养物质贮存在消化道上皮及胃绪上。

无循环、排泄及呼吸器官。由体表及触手进行气体交换,体腔液担任体内的循环,其中的体腔细胞可吞噬代谢产物,随后体腔细胞被排出体外。群体间的物质交换由体腔液及胃绪完成。

神经系统很简单,有一个神经节,在口和肛门之间。由神经节分出神经到触手冠、消化道及肌肉等处。没有特殊的感官,仅有少量的具刚毛的神经感觉细胞存在于体表。

在体壁上有肌肉,收缩时可使翻吻伸出;此外还有由总担或消化道寅达虫室底部的收缩肌,作用时可将整个翻吻拉入虫室内(图10-1)。

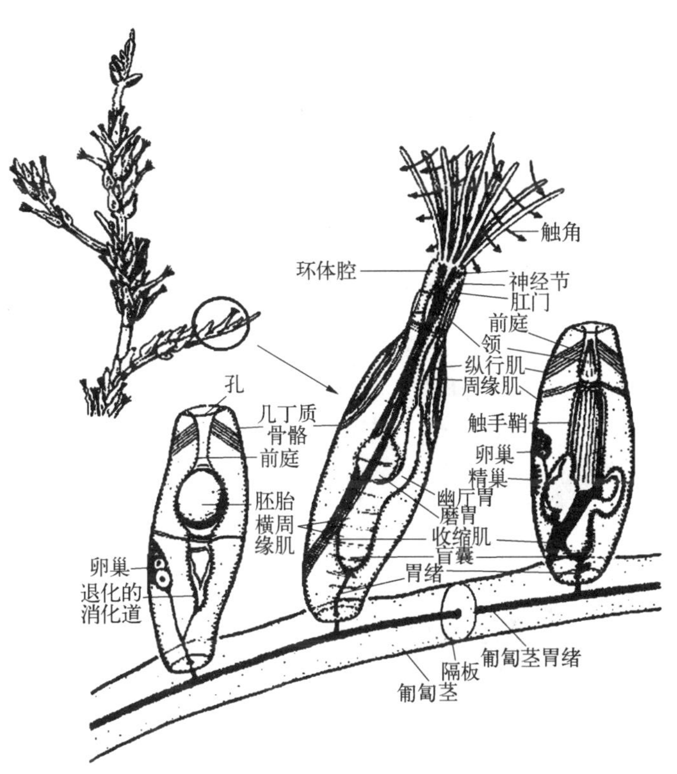

图10-1 苔藓动物的结构(引自许崇任)

苔藓动物在生殖上表现出多样性。淡水生活的种及大多数海产种类均为雌雄同体,而且精、卵同时成熟,也有少数种为雌雄异体,一些种表现出无性出芽生殖,此外,淡水种类在胃底部,由体腔膜形成的胃绪上,还能形成盘状的休眠芽。它具有几丁质的外壳,在母体死亡腐烂后,才自由释出漂浮水面或沉于水底,渡过不良条件,再发育成新的群体。休眠芽的形态及结构是淡水苔藓虫分类的重要依据之一。生殖腺由体腔膜产生。卵巢在虫室的内壁或胃壁上。精巢在胃绪上。苔藓体腔内受精,由退化的肾管排出或留在体腔内发育,也有移至卵室内发育的。体内发育的在母体死亡后始由虫室口外出。有些种类有多胚现象,一个卵可发育成百余幼体。海产种类发育时有变态,具担轮幼虫阶段。

某些苔藓动物(裸唇类)的个员间有多态现象,即群体中的一些个体能正常取食消化,这种个体称为独立个体(autozooid),是群体的主干。另一部分个体形状改变,失去独立的营养机能而具其他机能,这种个体称为异个体(heterozooid)。如鸟头草苔虫(*Bugula avicularia*),在正常个员的虫室外有鸟头体(avicularia)(图10-3),其体积较正常个体大量减少,内脏器官消失,形如鸟头,鸟头体担任防卫及清除体表附着物的功能。另外还有一种异个体称为鞭状体(vibraculum),即形体长鞭状,可以在一个平面上扫动,以清除落入体表的沉渣及微小生物。还有的个体因生殖目的而改变形态。

10.1.2 苔藓动物的分类

苔藓动物现有种类数约4 000种,化石种类15 000种。本门动物可分为两大类群。

1. 被唇纲(Phylactolaemata)

淡水生活,个体圆柱形,触手冠马蹄形,口上具上唇盖(epistome),体壁具肌肉,虫室角质或胶质,无钙化,个体间的体腔是相通的,群体无多态现象,例如丛匍羽苔虫(*Plumatella repes*)(图10-2),附着在淡水藻类或岩石上。

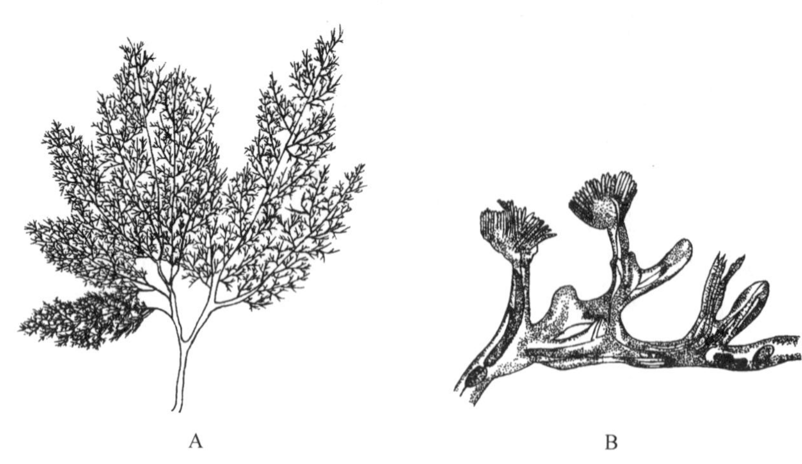

图 10-2 羽苔虫(A 引自 Wescnbery-Lund;B 引自 Allman)
A. 丛匍羽苔虫的群体;B. 羽苔虫的结构

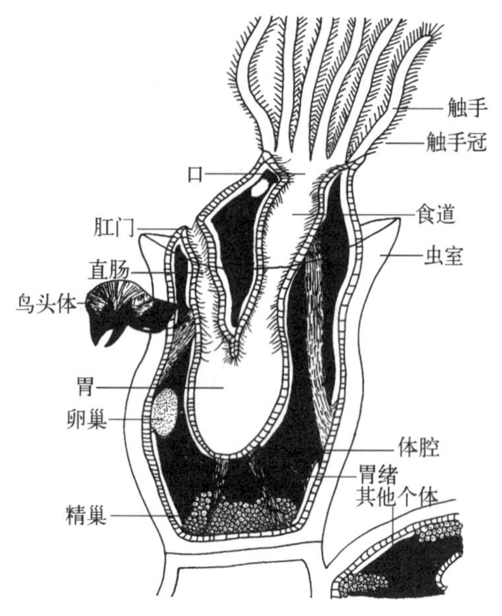

图 10-3 鸟头草苔虫(*Bugula avicularia*)(引自 Brusca)

2. 裸唇纲(Gymnolaemata)

海水生活,虫体圆柱形、盒形、瓶形等,触手冠环状,无上唇盖,体壁无肌肉层,虫室角质或钙质,个体间不直接相通,群体常多态,分三个目:栉口目(Ctenostomata)、唇口目(Cheilostomata)和环口目(Cyclostomata)。我国已报道 199 种,鸟头草苔虫(*Bugula avicularia*)(图 10-3)、毡苔虫(*Elustra*)常生长在软体动物的贝壳上或贝类繁殖的苗床上,影响贝类的生长及幼苗的着床。

海产苔藓虫为海洋污损生物的主要成员之一,其生态特点是在船底及一些设施上形成特定的生物群落。沿海工厂冷却水管、船底、浮标、码头、水产养殖网箱等设施及养殖的海带、贝类等都有苔藓虫群落附着,造成不同程度的危害,阻碍养殖生物的生长发育,使产量下降。

10.2 腕足动物门(Brachiopoda)

10.2.1 腕足动物门的形态结构与生理

腕足动物全部生活在海洋中,多数分布在浅海,不成群体,外形构造与软体动物的瓣鳃类很相似,故以前曾将其归入拟软体动物,但两者的结构相差很大。腕足动物的壳均背腹位置而非两侧生长,且腹壳略大于背壳,常以腹壳或肉质柄附着,特别是它们具有触手冠,胚胎发育也不相同,所以才由软体动物中独立出来。

腕足类的贝壳分背壳与腹壳,通常是腹壳比背壳大,背、腹壳后方接触线称绞合线。如果绞合线处两壳没有特殊的结构,两壳仅以肌肉连接在一起,壳的开闭主要由身体向后收缩,使体腔液压力增加以张开两壳,这种壳属于无绞类。如果腹壳后端有一对绞合齿(hinge teeth),而背壳相对的部位有一对绞合槽(hinge sockets),两者恰好吻合,使壳相连,它形成一个支点,使壳的前端仅能做有限的开闭(接近 10°),这种壳属于有绞类。壳也是由下面的外套叶分泌形成的。外套叶的结构与软体动物相似,也是由两层上皮细胞、中间夹有一层结缔组织构成。壳的最表层为很薄的几丁质层。无绞类除了表层的几丁质层外,壳的主要成分是几丁质与磷酸钙的混合物,即几丁磷酸钙,它们或分层分布,或混合分布。而有绞类壳的主要成分是碳酸钙,并以方解石的形式存在,可分为纤维钙质层及棱柱层。奥陶纪之后的化石才出现了碳酸钙质壳,而寒武纪的化石均为几丁磷酸钙质壳,因此几丁磷酸钙质壳是较原始的结构。壳的几丁质层及纤维钙质层由外套叶边缘分泌形成,而棱柱层则是由整个外套叶分泌形成,壳也是由下面的外套叶分泌形成的。

绝大多数腕足类都有一圆柱形的肉柄(Pedicle)用以固着于他物上。无绞类一般具有一长的可弯曲的柄,由外套叶后端向外延伸形成,由两壳之间伸出,仅与腹壳相接触。柄有很大的收缩力,生活时身体垂直埋在泥沙中,当遇干扰时,柄立即收缩,将身体拖入穴内。有绞类的柄很短,由腹壳后端的柄孔伸出,以柄附着后壳常呈水平位置,壳口向侧面,或绞合线向下,壳口向上。另外肌肉插入柄的基部,使身体竖立、旋转等。柄的附着端常有根状突起。也有一些种类柄完全丢失,而是以腹壳的后表面直接附着。

腕足动物外套腔的后部为身体所在部位,身体表面包有体壁,其前端游离部分即为外套叶。除体壁中有发达的肌肉层之外,体腔内也有独立的肌肉束,负责壳的开闭及柄的运动。有绞类由于壳后端绞合,肌肉收缩仅能使壳有限的开闭,因此肌肉比较简单。无绞类壳未绞合,完全靠肌肉开闭壳及使壳左右移动,因此肌肉较复杂。

单体固着生活于浅水中,少数可在深水中生活。背腹壳内的两叶外套膜围成外套腔。腔中的前部有总担,其基部有一狭沟状的口,借总担上触手纤毛的摆动,可将食物驱入口中。后部为内脏团。消化道为"U"形,肛门或有或无。

真体腔发达,内有体腔液,即为血液。循环系统开管式,包括一个可收缩的囊状心脏,位于胃的背面体腔的背系膜上。血管通体腔,血液无色,其中有体腔细胞,担任物质的输送功能。

没有特殊的呼吸器官,触手冠及外套叶是其主要气体交换场所,排泄器官为肾管,肾管一个或一对,两端分别与外套腔和体腔相通,司排泄兼有生殖功能。

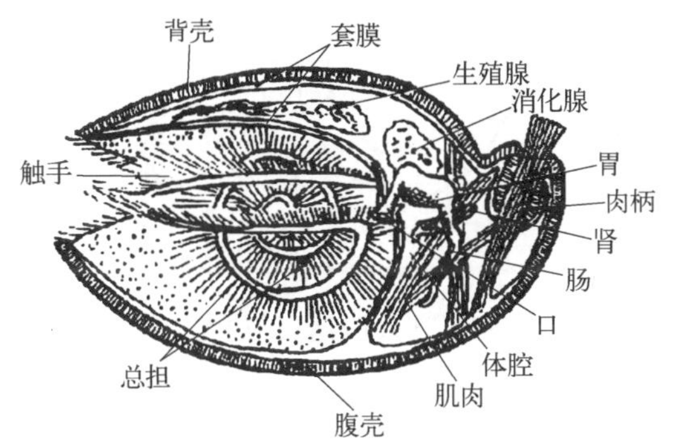

图 10-4 腕足动物的结构

神经系统为一神经环,围于食管周围。一般没有专门的感觉器官,但在海豆芽靠近前闭壳肌两侧的体壁上有一对平衡囊,是其唯一的感官,外套膜边缘及其附近的刚毛可能是其感受刺激的部位。

雌雄异体,有生殖腺两对,一对在背侧,一对在腹侧。精卵排出在水中受精。其受精卵经放射卵裂、有腔囊胚,以内陷法形成原肠胚。特别是经肠腔法形成中胚层及真体腔,这是后口动物所具有的胚胎发育特征。发育有变态,幼虫似担轮幼虫,经一段时间自由游泳后,下沉水底,固着后发育为成体。不行无性生殖。

10.2.2 腕足动物的分类

现存的腕足动物约有 300 余种,多分布在高纬度的冷水区,已描述的化石种类超过30 000种以上。本门动物主要有两个类群。

1. 无绞纲(Ecardines)

主要特征是背腹两壳几乎相等,壳多由几丁质组成。两壳由闭壳肌连在一起。有肛门。如海豆芽(*Lingula anatina*)(图 10-5),海豆芽科,体长舌形,背腹 2 片壳瓣光滑,并稍隆起,同心生长线明显,有 1 条长圆锥形的长柄。寒武纪开始出现,至今面貌基本没变,又没有灭绝,有"活化石"之称,在我国南北沿海都有分布。

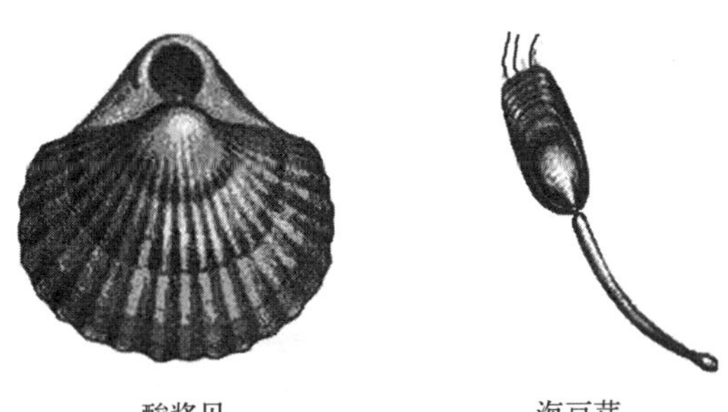
酸酱贝　　海豆芽

图 10-5 腕足动物习见种类

2. 有绞纲(Testicardines)

背腹两壳大小不等,壳多为钙质。两壳有齿和槽绞合。无肛门。如酸酱贝(*Terebratella coreanina*)(图 10-5),壳呈卵圆形,背壳较小且平,腹壳较大且向外凸,在我国山东沿海有分布。

腕足类以化石种类为主,主要繁盛于古生代,极盛于志留纪和泥盆纪,对地质的鉴定甚为重要。

10.3 箒虫动物门(Phoronida)

箒虫动物门的种类很少,已知者仅 2 属 20 余种。全部是海洋底栖动物,分布在热带及亚热带地区、潮间带及亚潮间带的沙粒或软质海底,管居,虫体各自分泌角质管,附着在岩石、贝壳或埋在沙粒中,常成群聚集,虫管相互附着缠绕在一起。

管内虫体呈蠕虫状或圆柱形,很少超过 20 cm 长,体前端有向外散开的总担,由内外两行具纤毛的触手构成,状似一把扫帚。触手常伸出捕食。口为横裂状,位两列触手之间;生活时触手冠常伸出管外,遇到刺激时缩回管内。

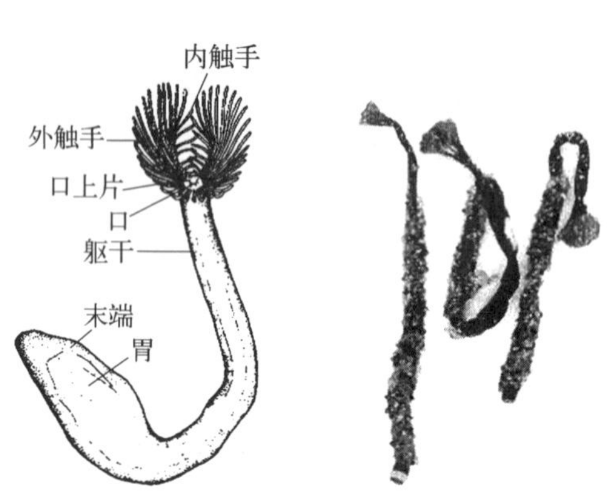

图 10-6 箒虫动物外部形态(引自许崇任)

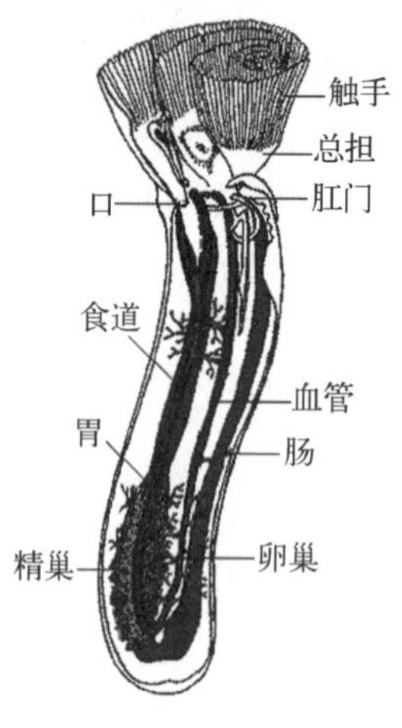

图 10-7 箒虫内部结构(引自 Antoine)

消化道呈"U"形,包括口、口腔、食管、胃、肠及肛门(图 10-7)。胃膨大,位于躯干近后端。肠折行向前,以肛门开口在前端腹面。胃与肠表面具纤毛上皮,消化可能是在细胞内进行。

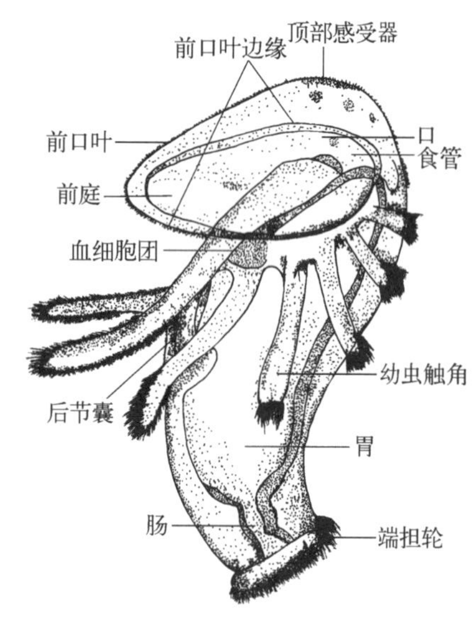

图 10-8 辐轮幼虫(自 Brusca)

箒虫类有发达的循环系统,包括一对纵行的血管,一条位于背面,携带血液向前流入触手冠及触手,另一条为腹血管,携带血液向后流到身体末端。两条血管之间在前端有一对半环形血管相连,后端在胃的周围也有一丛血管相连,没有心脏,靠血管壁肌肉的收缩而推动血液的流动。血液中包含有血球,其中含有血红蛋白,故血液为红色。大多数种类为雌雄同体,少数为雌雄异体。少数聚集生活的种还可通过分裂或出芽行无性生殖,生殖细胞来自腹血管周围的体腔上皮,在雌雄同体的种中,卵巢位于腹血管的背面,精巢位于腹血管的腹面。生殖细胞形成后进入体腔,再经后肾排出体外,多数种类体外受精,也有的种触手冠的两腕之间形成孵育室,在此受精。受精卵被内嵴分泌的黏液黏着,并在此发育直到幼虫期。1977 年 Emig 报道大多数的箒虫动物受精卵经放射卵裂、肠腔法形成中胚层及体腔,原肠以后发育成一圆形具纤毛的辐轮幼虫(actinotroch)(图 10-8),它具有很大的口前盖,口后是一倾斜的领及具纤毛的触手,在躯干的后端有一纤毛的尾环(telotroch),可能是幼虫的主要运动器官。经数周的自由游泳生活之后,辐轮幼虫迅速变态,沉入水底,并分泌虫管发育成成体。

代表动物如澳大利亚箒虫(*Phoronis australis*)(图 10-9)在厦门鼓浪屿发现,体最长者为 93 mm、加利

加利福尼亚箒虫

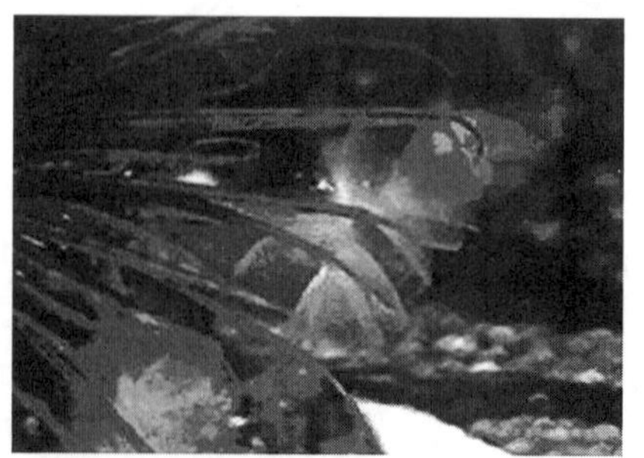

澳大利亚箒虫

图 10-9 习见箒虫(加利福尼亚箒虫 Erik Daniel, Erickson 摄,澳大利亚箒虫引自 www.mondomarino.net)

福尼亚帚虫(*Phoronis californica*)等。

10.4 苔藓动物、腕足动物及帚虫动物的系统发展

这三类动物的演化地位较难确定。它们在个体发生中具有似担轮幼虫的幼虫阶段;都为次生体腔;后肾管;生殖细胞来自体腔上皮,由肾管排出;这些特点似环节动物。腕足类以肠腔囊法形成中胚层和体腔,这是后口动物的特点。因此这三类动物可能是介于原口动物和后口动物之间的一类动物。尽管它们均为次生体腔,具总担,"U"形消化管,有似担轮幼虫的幼虫期等特征,但苔藓动物有虫室,除有性生殖外,尚进行无性生殖(出芽);腕足类具背腹 2 瓣壳;帚虫体呈蠕虫状,体腔有隔膜,闭管式循环系统。这些都说明它们在系统演化上彼此的类缘关系不密切。

思 考 题

1. 苔藓动物门、腕足动物门及帚虫动物门各有何主要特征?
2. 腕足动物和软体动物的双壳纲动物在外部形态上有何区别?
3. 试述这三类动物介于原口动物与后口动物之间类型的理论依据。

第11章 棘皮动物门(Echinodermata)

提　要

棘皮动物全部生活在海洋中,成体大多为次生性的五辐对称,幼体两侧对称,具有特殊的水管系统、血系统和围血系统,内骨骼起源于中胚层,在演化上与半索动物和脊索动物同属后口动物(deuterostome),亲缘关系较近,为无脊椎动物中最高等的类群。

绝大多数无脊椎动物是原口动物,而棘皮动物则与半索动物和脊索动物同属于后口动物,为无脊椎动物的最高分类类群。因为棘皮动物的幼虫都是两侧对称的,后为了适应固着生活或不太活动的生活方式,而转变成辐射对称,所以成体的五辐对称是次生性的。本门动物全部生活在海洋中,少数生活在含盐分较淡的海水中,但不能生活在淡水中。

11.1 棘皮动物门的主要特征

棘皮动物大多为五辐对称(pentamerous radial symmetry),全部生活在海洋中。因为棘皮动物的幼虫都是两侧对称的,再加上棘皮动物是真体腔动物,所以成体的五辐对称是次生性的,与原始种类的固着生活相关,这与刺胞动物的原始的辐射对称不同。

棘皮动物整个身体覆盖着表皮,其下是中胚层形成的石灰质的内骨骼,其化学成分是大量碳酸钙和少量碳酸镁的混合物,在表皮和内骨骼的内部是肌肉层和体腔腹膜。内骨骼和肌肉的发育程度在不同的种类中有巨大的差异。内骨骼包埋于体壁中,外面是一层上皮细胞,其下为一层厚的结缔组织,内衬一层纤毛体腔上皮,因往往形成棘或刺突出体表,故称棘皮动物。

棘皮动物具有特殊的水管系统(water vascular system),主要是运动功能,还有血系统及围血系统(perihemal system),行使循环功能,它们都来自次生体腔的一部分。其神经系统没有神经节,不形成中枢。所有这些系统都呈五辐排列。

棘皮动物从发生上属后口动物。在胚胎发育中的原肠胚期,其原口(胚孔 blastopore)形成动物的肛门,而在与原口相对的一端,另形成一新口称为后口。以这种方式形成口的动物,称为后口动物。棘皮动物的卵是均黄卵,经完全均等卵裂,形成囊胚,以内陷法形成原肠胚,中胚层以体腔囊法形成,发生上的这些特征相似于脊索动物,而不同于原口动物。

11.2 棘皮动物形态及生理特征

11.2.1 外部形态

棘皮动物除少数种类外,体制基本上以五辐对称为主,其中央部分称中央盘(central disc),由它发出五条放射状的腕(arm)(图 11-1)。腕和中央盘在有些种类分得很明显(如蛇尾),在另一些种类却没有十分明显的界限,如有的腕向上翻折愈合形成了球形(海胆)或长筒形(海参)。棘皮动物有口的一面称口面(oral surface),无口的一面称反口面(aboral surface)。运动的种类口面是朝下的(如海星、蛇尾);固着的种类口面是朝上的(如海百合);卧倒作蠕虫状活动的种类无口面和反口面之分(如海参)。无腕的种类仍保留管足,因此所有棘皮动物有腕或有管足的部分叫步带区(ambulacral area),两步带区之间的部分叫间步带区(interambulacral area),有腕的种类顺腕的中线发出五条纵沟,直达腕的末端称步带沟(管足沟)(ambulacral groove)。肛门一般在反口面(如海星、海胆),有些在口面(如海百合),还有些没有肛门(如蛇尾),卧倒的种类口与肛门分别在身体的前后端(如海参)。在口面(蛇尾)或反口面(海星),通常在间步带区的部分有1 个多孔的筛板(madreporite),这是水管系统水流的出入口(图 11-1)。许多内骨骼形成的骨板向外突出成棘(papilla)或刺(spine),棘间分布有叉棘(pedicellaria)和皮鳃(papula)(图 11-2)。叉棘很小,由一个基片(basal ssicle)和 2 个颚片(blade)构成(如海星),呈钳状,能活动,可以清除粘在体表的污垢。皮鳃呈泡状,为体壁的突起,外面有一层上皮细胞,内面有一层体腔上皮,中间的结缔组织退化,突起内腔和体腔相通,体腔液在其内循环,有呼吸及排泄的功能。海胆类的皮鳃比海星类复杂,海百合类、蛇尾类与海参类均无皮鳃。

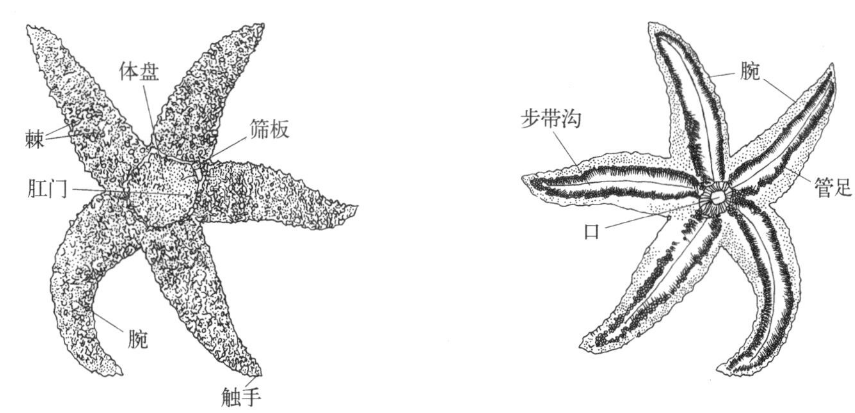

图 11-1 海盘车外形(口面和反口面)(引自 Storer 修改)

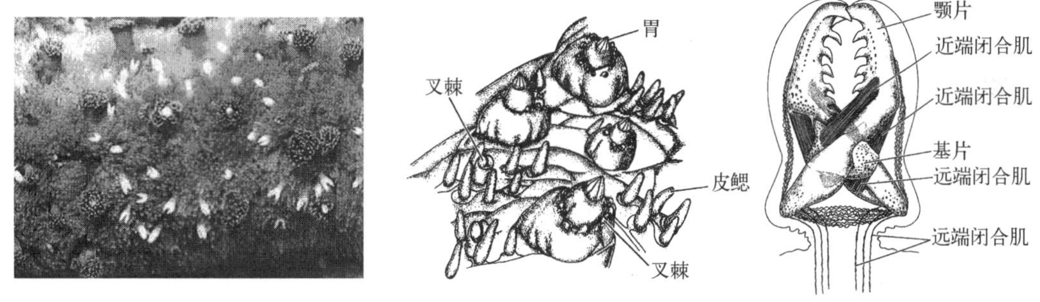

图 11-2 棘、叉棘和皮鳃(引自 Brusca)

11.2.2 消化系统

棘皮动物的消化系统包括两种类型:一类是囊型(如海星、蛇尾)(图 11-3),另一类是管型(如海胆、海参、海百合)(图 11-15)。囊型的消化管短呈囊状(如海星的幽门盲囊),有的没有肛门(如蛇尾),有的有肛门而不用(如海胆),消化后剩余的食物残渣仍由口吐出。管型的消化管比较长,呈长管状,一般在体内盘曲着,有肛门,其口常有收集食物的器官,如海胆有复杂的咀嚼器,称亚里士多德提灯(Aristotle's lantern),由五个齿和一套复杂支架所构成。海参有摄取食物的触手,都由管足演变成,此外其直肠发出一管,分叉形成树状的结构,称呼吸树(respiratory trees),又叫水肺(water lung),有呼吸和排泄的功能(图 11-14)。

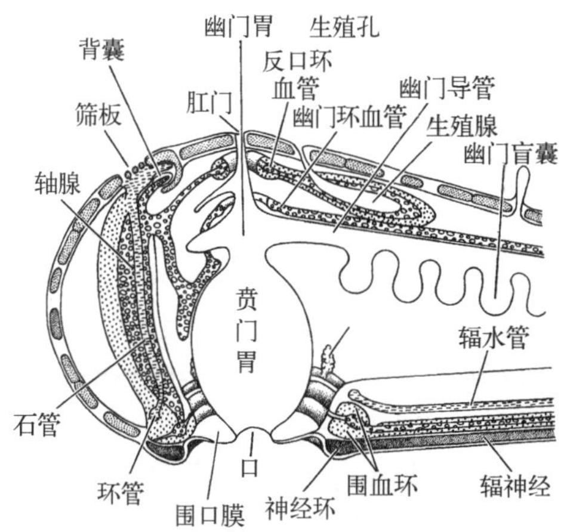

图 11-3 过海星腕及体盘的纵切(引自 Brusca)

海盘车肉食性,以软体动物、棘皮动物、蠕虫等为食。在捕食瓣鳃类时,先用管足吸在贝壳上,随后弯曲各腕,将其罩于口下,接着收缩体壁,向左右拉开两壳,将贲门胃从张大的口内翻出,包裹住动物柔软的肉体,逐渐消化和吸收,后贲门胃翻入体内,将动物吞入胃内进行消化,消化主要在幽门胃中进行。已消化的营养物质为幽门盲囊吸收贮存,养分可透过盲囊进入体腔液内,运送至身体各部分。不能消化的残渣硬壳大的由口吐出,小的则经肛门排出。

11.2.3 体腔和水管系统

棘皮动物有宽大的次生体腔,一部分有腕类的体腔一直伸展到腕内。体腔和皮鳃的内腔是相通的(图11-3),其内充满体腔液,通过体腔内壁上皮细胞的纤毛摆动,可以使体腔液流动,有运送营养和代谢废物的作用。棘皮动物次生体腔的一部分形成了水管系统也称步管系统(图11-4)。在反口面近肛门处有一明显的筛板与外界相通,这是水流的出入口,具有快速调节水管系统的水压作用。筛板下连接垂直而略弯曲呈"S"形的石管(stone canal),石管伸向口面与围绕口的环管(ring canal)相连,从环管再分出五条辐管(radial canal),沿步带沟直伸至腕的末端,在辐管两侧对生的发出多对短小侧管,每条侧管末端分为背腹两枝,背枝形成囊状的罍(ampulla),腹枝形成盲管状的管足(podium),罍一收缩可将体腔液和海水压入各管足中使管足伸长,反之罍若一舒张则会使管足缩短。管足末端有吸盘者可吸附在固体物上,海星即借此可以拉动身体。管足除运动外,一般还有呼吸、排泄和挖掘泥沙的功能。有些棘皮动物管足退化,只有分泌黏液、使食物颗粒进入步带沟的作用(如海百合)。环管上有9个帖特曼氏体(Tiedemannl's body)(图11-4),每个步带区有2个,石管和环管连接处附近有1个,是产生变形细胞的地方。除个别种类外,环管上还有波里氏囊(Polian vesicle),用来储水,调节水管系统的水压。

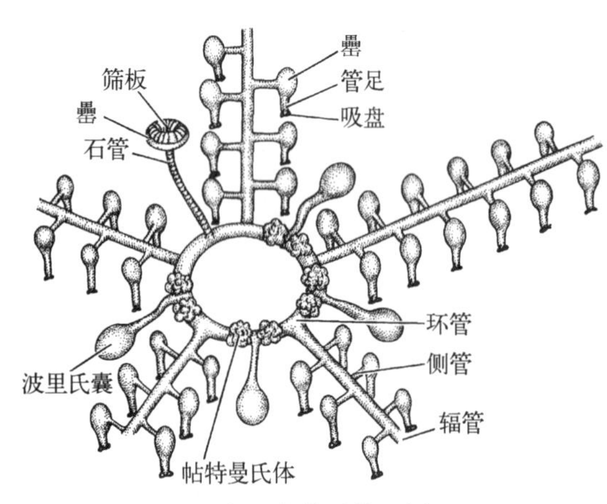

图11-4 海星水管系统(引自Brusca)

海星运动时常以1～2个腕为领导腕,该腕内的管足同步向相同方向伸出及缩回。但实际上5个腕的管足并不总是向相同方向伸出或完全协调的,因此,海星的运动是很缓慢的。由于意外身体翻转时,它用1～2个腕扭转恢复到正常位置,并吸附在地面,然后身体由腕下面翻过,以恢复正常运动。显带目海星如槭海星(*Astropecten*)、砂海星(*Luidia*)等生活在软质海底,其管足无吸盘,在步带沟中排成两列,这些特征有利于它们在泥沙中穴居或爬行。

11.2.4 血系统和围血系统

血系统和围血系统是次生体腔的一部分演变而来的,其构造也是规则的五辐对称,全由微小血管或血窦组成。血系统包括口环血管(oral hermal ring)和反口环血管(aboral hermal ring),以及由此发出的5条辐血管(radial haemal cannal)。血系统外往往有一相应的管状体腔包围着,常称围血窦,这套管腔就是围血系统,包括口面的环窦(ring sinus)和反口面的生殖窦(genital sinus),由此发出5条辐围血窦(ridial hyponeural sinus),环窦和生殖窦之间有轴窦(axial sinus)相连。

海盘车的主要血管是围在口周围的环血管和向每腕辐射出一辐血管直达腕的末端,其外是环窦包围。口环血管通过轴窦(axial sinus)内的轴腺(axial gland)与反口面的反口环血管(aboral haemal ring)相连。轴腺是体腔上皮发育而来的,有很低的搏动的音量和频率,故可把它认为是动物的心脏和机械的循环中心。轴窦内除轴腺外,还包括水管系统的石管,轴窦和轴腺合称轴器(oral organ)。反口环血管有分支通到每个生殖腺,其外有生殖窦包围。

在海星类、海胆类、海参类和蛇尾类都有围血系统和血系统,尤以海胆类和海参类的血系统较明显,而其他种类的循环系统是很退化的。

11.2.5 神经系统和感官

棘皮动物具有 3 个神经中枢系统，即外神经系统(epineural system)、下神经系统(hyponeuraI system)、内神经系统(entoneural system)，各个神经中枢都未曾与上皮细胞分开，而相连上皮细胞还有传导刺激的作用，这和刺胞动物有些相似。3 个中枢神经系统都是和水管系统平行的。其中由外胚层形成的，称外神经系统(epineural system)(图 11-5)。在围血系统的下方，由 1 个围口神经环(circumoral nerve ring)和步带沟内的 5 条辐神经(radial nerve)所构成。在腕的横切面，辐神经呈"V"形。下神经系统(hyponeural system)，因它在身体的内部，故又称深在神经系统(deep nervous system)，是中胚层形成的，位于围血系统的管壁之上，也是由 1 个神经环和 5 条辐神经所构成。内神经系统(entoneural system)，又称体腔神经系统(coelomic nervous system)，也是中胚层形成的，位于反口面体壁内的体腔上皮处，因它在反口面体腔上皮的外面，故没有神经环只有辐神经。通常是外神经系统都较明显，内神经系统在海百合纲特别发达，在海参纲却完全没有。

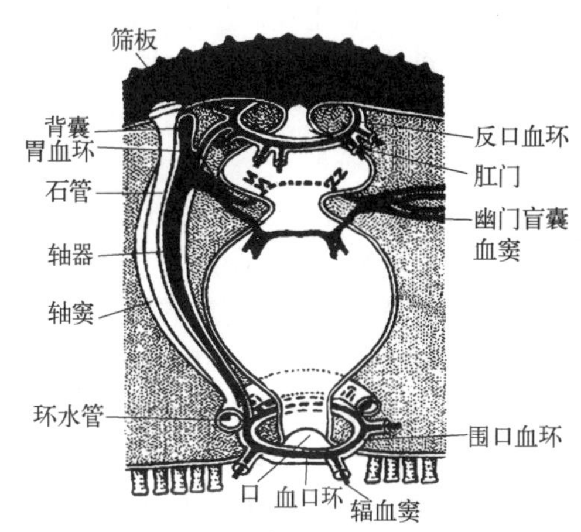

图 11-5 海盘车的血系统和围血系统(引自许崇任)

以上 3 个神经中枢系统，只有外神经系统是起源于外胚层，而下神经系统和内神经系统是起源于中胚层的，棘皮动物中胚层细胞形成神经系统，这是动物界惟一的特例。

棘皮动物的感觉器官不发达，在上皮细胞层内散布着各种感觉神经细胞(sensory neurons)，可以对接触、溶解的化学剂、水流和光刺激做出反应。如海参在口附近有平衡囊(statocyst)，海胆具有球棘(sphaeridia)，这些都是感觉感受器。海盘车在各腕的顶端触手的基部口面有一眼点，是由一簇含有色素的杯状的单眼(ocelli)构成，可感光，这是视觉感受器。有证据表明海参和海胆对溶解的化学剂敏感，这说明有化学感受器，但对其具体的结构机制的研究还不够深入。

11.2.6 骨骼

棘皮动物石灰质的骨骼是中胚层形成的，不同于一般无脊椎动物由外胚层发育而来的外骨骼，因此是内骨骼(endoskeleton)。棘皮动物的内骨骼是由初级间质细胞(primary mesenchyme)形成的，因此和脊椎动物由次级间质细胞(secondarv mesenchyme)形成的内骨骼不同。内骨骼和肌肉的发育程度在不同的种类中有巨大的差异。在海胆中，骨板互相嵌合成坚硬的壳，同时还会形成突出的刺，这些刺和身体关联的部分是可动的，而体壁的肌肉发育却很弱。在海星和蛇尾中，其骨板之间借肌肉互相连接(图 11-6)，因此是比较灵活的，肌肉腐烂后这些骨板也就散开。在海参中，只形成了许多小骨片，仅在显微镜下才能看到，没有形成较大的骨板，但是形成了发达的体壁肌，包括环肌和纵肌。

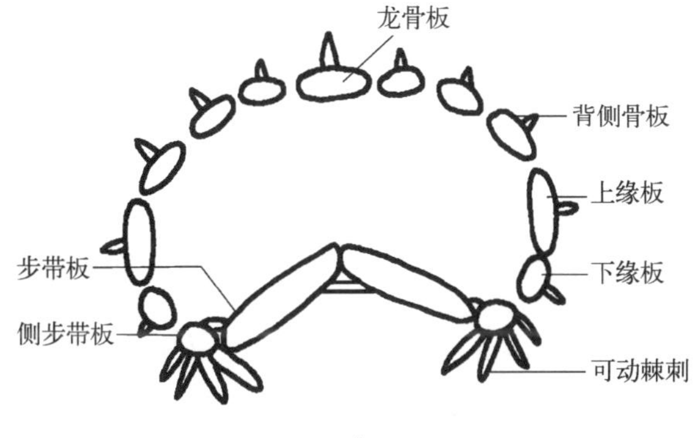

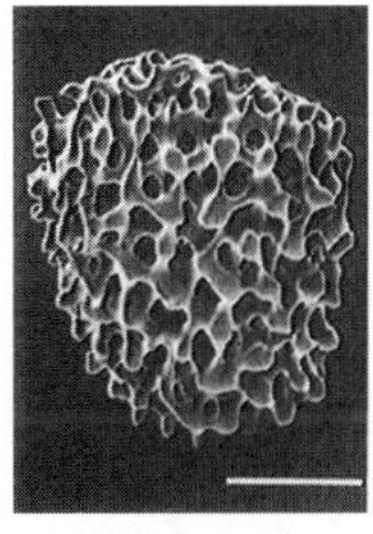
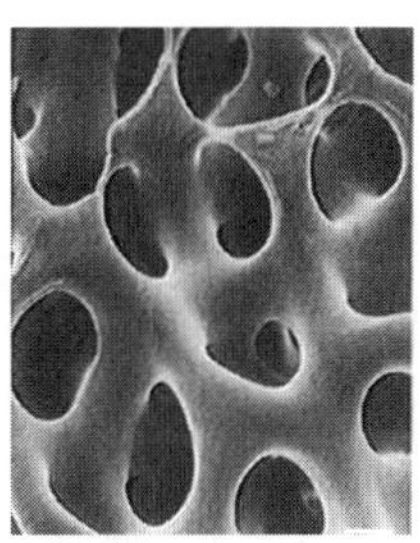

图 11-6 A. 海星类腕横切，示骨板排列(引自任淑仙)；B. 骨片网状结构(引自 Brusca)

11.2.7 生殖系统

棘皮动物除海星纲个别种类无性生殖外,一般都是有性生殖。除海胆纲外,各纲都有少数雌雄同体的种类,绝大多数种类都是雌雄异体的。棘皮动物一般有 5 对或 5 的倍数的生殖腺(海参纲除外),位于间步带区,起源于次生体腔上皮。生殖一般在夏季,成熟的生殖腺常常填满了整个体腔,非生殖季节,生殖腺不发达。一般卵巢黄色,精巢白色。成熟的精子和卵都排出体外,在海水中进行受精。

11.2.8 发育

许多棘皮动物能产生大量的卵,而且容易在实验室中培养,这些卵已经成为动物胚胎学家良好的研究对象。关于棘皮动物受精和早期发育的生物学信息大部分来自一个多世纪前,特别是关于海胆和海星的研究。此外相比较于许多其他被研究的发育模式,一些棘皮动物的早期个体发育已经被认为是后口动物的发育模式。除了卵孵化的种类外,棘皮动物的发育中有大量卵黄的变化,个体发育过程的次序在整个门中是非常相似的。自由产卵的棘皮动物的卵通常是有相对少量卵黄的均黄卵。卵裂是放射状的、全裂的,一般是等裂或近似等裂,形成有腔囊胚,在一些种群中,如海胆类,囊胚之前的分裂是不均等分裂。形成囊胚后,以内陷法形成原肠胚,再由肠体腔法形成中胚层和体腔。原肠产生一对左右对称的体腔囊,这时胚胎就从卵壳内孵化出来,成为浮游幼虫。浮游幼虫在发育过程中由原肠形成的两个体腔囊再分化成 3 对体腔囊,由前向后依次为轴体腔(axocoel)、水系腔(hydrocoel)及躯体腔(somatocoel),这些体腔相当于其他后口动物的三分体腔,即左右前体腔、中体腔、后体腔(图 11-7)。

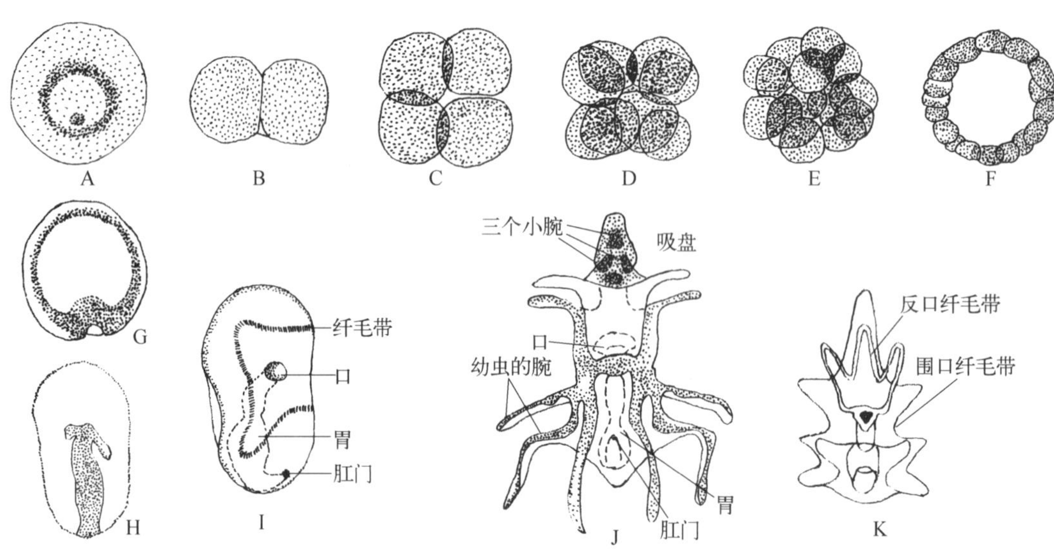

图 11-7 海星的个体发育

A. 受精卵;B. 2 细胞期;C. 4 细胞期;D. 8 细胞期;E~F. 囊胚;G~H. 原肠胚;
I. 纤毛幼体;J. 羽腕幼虫;K. 短腕幼虫
(A~J 引自刘凌云;J 引自 Osterud;K 引自 Leuckart)

在大多数种类中,左侧各体腔发育良好,右侧则多退化消失,左右躯体腔发育成次生体腔。最后幼虫由左右对称逐渐发育成辐射对称的成体,当这种变态发育开始的时候,幼虫下沉水底,发育成为底栖的成体。原肠以后迅速发育成的幼虫,体表具不同数目的纤毛带或腕,可用来游泳并可形成进食的水流,幼虫体内还有完整的具纤毛的消化道。幼虫都呈两侧对称(图 11-8),但各纲的幼虫形态有所不同。例如海星纲形成羽腕幼虫(bipinnaria larva),蛇尾纲形成蛇尾幼虫(ophiopluteus larva),海胆纲形成海胆幼虫(echinopluteus larva),海参纲先形成耳状幼虫(auricularia larva),后变成桶状幼虫(doliolaria larva),海百合纲形成桶形幼虫(doliolaria larva)。其中只有海百合类的幼虫早期即用前端附着,以后在附着处长出长柄,成为永久固着生活的种类,而其他各类附着都是暂时的。在幼虫的变态发育过程中,左右躯体腔发育成成体的体腔,左侧的水系腔发育成水管系统的环管,并长出辐管及管足,奠定了辐射对称的基础。

左侧轴体腔及部分左侧躯体腔形成了围血系统,其他体腔逐渐退化。在幼虫的左侧外胚层陷入和内胚

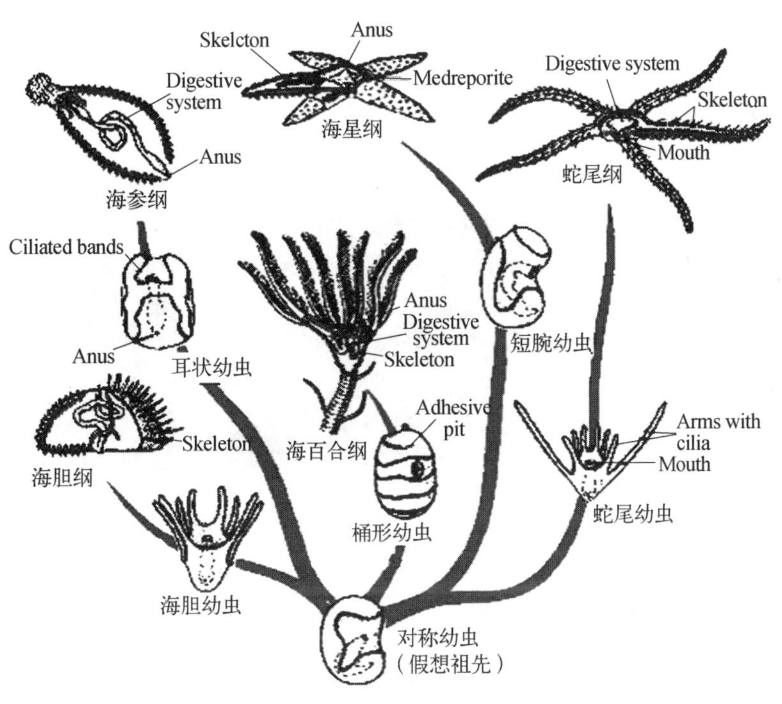

图 11－8 棘皮动物各纲幼虫发育情况

层突出形成新的幼虫的口,原来的口封闭,右侧以同样的方式形成新的肛门,原来的肛门封闭。结果幼虫左侧发育成口面,右侧发育成反口面,以口面与反口面为中轴向外辐射出 5 支,最初是水管系统,随后其他器官系统也相应地五辐排列,形成了成体的辐射对称。这样,棘皮动物就由两侧对称转变成次生性的辐射对称,所以说这样形成的辐射对称完全是次生性的。棘反动物由两侧对称转变成辐射对称完全是适应固着生活的结果。原始的棘皮动物都是营固着生活的(和海百合相似)。现在能运动的棘皮动物也是由固着生活的棘皮动物演变来的,因为其幼虫时期还要营短暂的固着生活。

11.3 棘皮动物的分类

棘皮动物现存大约7 000种,我国已记载约 300 种,化石种类13 000多种,为一古老的类群,始于古生代寒武纪,到志留纪、石炭纪、泥盆纪最繁盛。棘皮动物的分类根据体形,有无柄和腕、筛板的位置以及管足的结构等可分为 2 个亚门,即有柄和游移亚门,5 纲,即海百合纲、海星纲、蛇尾纲、海胆纲、海参纲。

11.3.1 有柄亚门(Pelmatozoa)

幼体终生具柄,成体有的有柄,有的无柄但有卷枝,营固着生活。口面向上,有口与肛门,反口面向下,具有从颚发出的一柄或一簇卷枝(cirrus),主要神经系统也在反口面。内骨骼发达,骨板愈合成一完整的壳,但无筛板。现存种类约 625 种,只有 1 纲。另 4 纲均为化石种,大约有5 000种。

海百合纲(Crinoidea)

海百合纲是最原始的种类,大都营固着生活,形如植物(图 11－9)。口面向上,其身体的中央部分呈杯形,称萼(calyx),腕原始为 5 个,后由于一再分支而成多个,每腕又可再分支,腕的两侧有许多羽枝(pinnule),腕中具步带沟,也随腕的分支而分支,步带沟内的管足只是简单的小突起,无运动功能,步带沟内纤毛的打动,可以摄食。反口面向下,具有由萼产生的柄(stalk)或是一簇卷枝(cirrus)。除了有关节的部位外,骨板在萼部愈合。没有外部的筛板。口和肛门都在口面,消化管完整,主要以浮游动物为食。水管系统有许多石管,开口于体腔,体表也无棘或叉棘。胚胎发育中有桶形幼虫。

本纲现存约 625 种,化石种类极多,约5 000种,在古生代很繁盛,后来逐渐衰落。海百合类多为滤食性,食物以浮游生物为主,与许多其他动物共栖。现存的海百合分为两个类型:柄海百合类,终生有柄,营固着

图 11-9 A. 柄海百合模式图(引自张凤瀛等);B. 海羊齿和海百合化石

生活,多栖息于深海。如海百合(*Metaerinus*)具长柄,我国海南有分布。海羊齿(*Antedon*)或称羽星类,成体无柄,营自由生活或暂时性固着生活。生活在沿岸浅海,底质多半都是硬的石底、贝壳底或沙底,少数种生活在软泥底。海羊齿类以印度洋、西太平洋地区种类最多,中国的海羊齿南海约有 60 多种,黄、渤海仅有 1 种,我国海南有分布。

11.3.2 游移亚门(Eleutherzoa)

无柄,自由生活。口面向下有口,或是口位于体前端,主要神经系统在口面。反口面向上有肛门,或是肛门位于体后端。内骨骼有的发达,有的不发达。现存种类约 5 400 种,有 4 纲。

1. 海星纲(Asteroidea)

体扁平呈星形,从中央盘辐射出 5 或 5 的倍数个腕,体盘和腕分界不明显,多为五辐对称。生活时口面向下,反口面向上,肛门位于反口面。腕的口面有步带沟,内有带疊的管足,有或无吸盘。内骨骼的骨板以结缔组织相连,柔韧可弯曲。体表具棘和叉棘,为骨骼的突起。从骨板间突出的膜质泡状突起,外覆上皮,内衬体腔上皮,其内腔连于次生体腔,称为皮鳃,有呼吸和使代谢产物排泄到外界的作用。水管系统发达。个体发育中经羽腕幼虫和短腕幼虫。现存种类1 500多种,化石种类 300 种,分目意见并不一致,现在一般分为 5 个目。

平海星目(Platysterida):包括大部分原始的海星;管足没有吸盘,肛门消失;一般生活在柔软的海底。一些专家已经把这个目去除了。现存的种类被界定为两个属。

桩海星目(paxillosida):上表面有伞状的丛生的小骨,叫做毛头棘;管足没有吸盘;肛门有或无。一般是浅海海底掘穴种类。

瓣海星目(Valvatida):管足有吸盘;有肛门;一些种类有毛头棘。现存有几百种,分布广泛。

有棘目(Spinulosida):有 5~18 个腕;管足有吸盘;有肛门;一般没有叉棘。现存有几百种。例如太阳海星(*Solaster*)、海燕(*Asterina*)、长棘海星(*Acanthaster planci*)。

钳棘目(Forcipulatida):有 5~50 个腕;管足有吸盘;有肛门;有钳状的叉棘。海星分布广泛,包括大部分潮间带的种。这个目现存有几百种。例如多棘海盘车(*Asterias amnrensis*)、罗氏海盘车(*Asterias rollestoni*)、冠海星(*Stephanasterias*)。

2. 蛇尾纲(Ophiuroidea)

体扁平星状,带有 5 个无分支或有分支的有关节的腕,明显由中央盘发出,腕细长,体盘小,二者分界明显。步带沟闭合,管足有疊但无吸盘,触手状,无运动功能。由于腕内有骨骼的椎骨(vertebra),骨间有可动关节,肌肉发达,所以腕中的体腔大大减小。腕细长,有很大的弯曲能力,能做水平屈曲运动。每腕由 4 行骨板组成,分别是 1 行腕上板、2 行腕侧板、1 行腕下板。消化管退化,无肠,没有肛门,以藻类、有孔虫、有机物碎屑为食。口面向下,反口面向上,筛板位于口面间步带区面板。蛇尾一般是雌雄异体,有少数种类雌雄同体,个体发育过程中有蛇尾幼体(ophiopluteus)。本纲现存约 2 000 种,一般分为三个目。

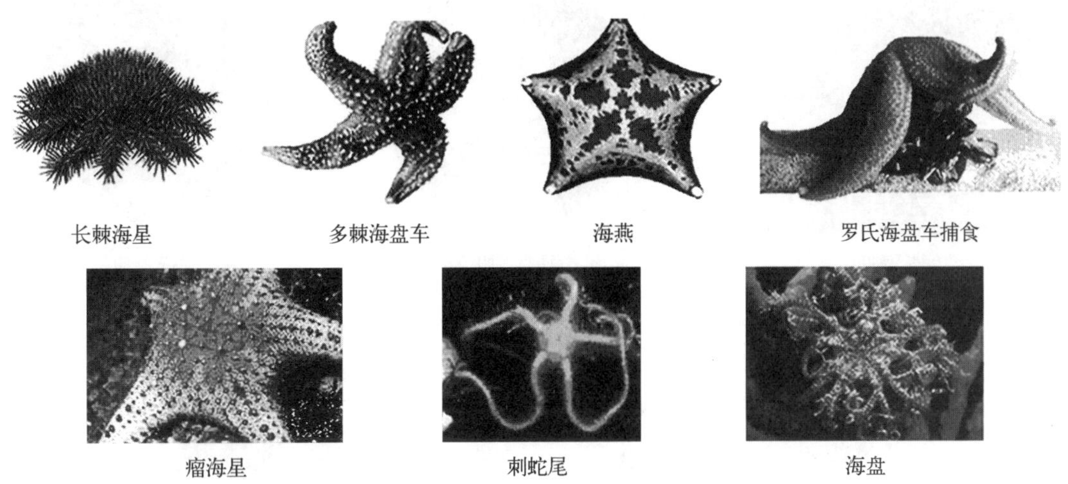

图 11-10　海星纲和蛇尾纲习见种类

孔蛇尾目(Oegophiurida):没有伞囊;腕的背面和腹面没有甲壳;在中央盘的边缘有筛板;消化腺延伸到离腕最近的部分。本目现存只有一个种。

蟾蛇尾目(Phrynophiurida):伞囊出现;腹面的腕甲没有变化,而背面的腕甲通常消失;腕有分支或无分支,但都能垂直地卷曲;在口面有筛板;消化腺被限定在中央盘。本目包括一些原始的脆星和篮星。

蛇尾目(Ophiurida):伞囊出现;背面和腹面的腕甲也出现了而且通常发育很好;不分支的腕不能垂直地卷曲;在口面有筛板;整个消化腺在中央盘内。本目包括现存的脆星中的绝大多数种。

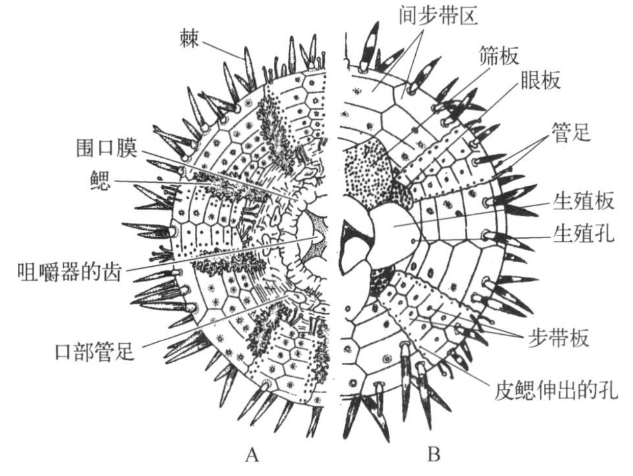

图 11-11　海胆口面(A)和反口面(B)
(引自 Brusca, Petrunkevitch)

3. 海胆纲(Echinoidea)

体呈球形或盘状有少数呈心形。因五辐射的腕在反口面中央互相愈合,所以无腕。由于胶原质基质和方解石的结合,使骨板联合成为一坚固的壳。壳的骨板可分为三部分:第一部分由 20 行骨板,排列成 10 个区、5 个步带区和 5 个间步带区,步带区有管足,间步带区无管足,两区互相间隔。各骨板上均有可活动的长棘,步带沟闭合。第二部分在反口面中央肛门的周围,称围肛部(periproct),有 5 个生殖板(genital plate)和 5 个眼板(或称辐板 ocular plate)构成了顶系(apical system)(图 11-12)。5 个生殖板在间步带区,其上各有一生殖孔,有 1 个生殖板有许多小孔,是生殖板和筛板的愈合,兼作筛板。5 个眼板在步带区,其上各有一眼孔,辐水管末端自孔伸出,为感觉器。第三部分位于口面中央口的周围,称围口部,有 5 对口板,各口板上有 1 个管足。口周围每个间步带区的两侧,共有 5 对分支的鳃,与体腔相通,进行呼吸作用。

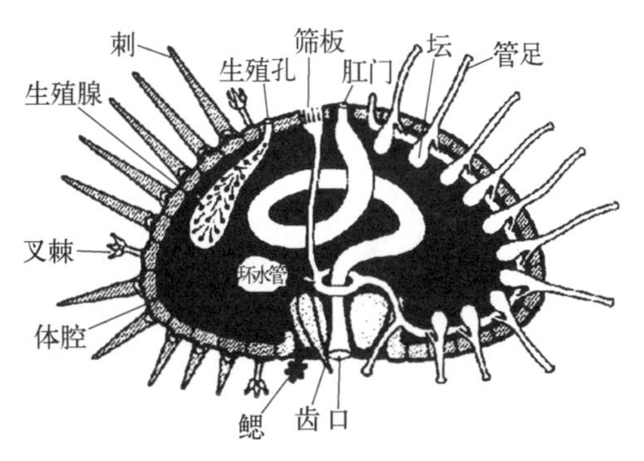

图 11-12　海胆过口面和反口面的切面

口周围还有许多棘帮助捕食,口内具有咀嚼器,称亚里士多德提灯,可咀嚼食物。咀嚼器后为食管和肠,肠在体内盘曲(图 11-13),经直肠到肛门。海胆类大多为雌雄异体,一般为体外受精,个体发生中经海胆幼虫(echinopluteus),后变态成幼海胆,经 1～2 年才达性成熟。海胆纲现存有两个亚纲,十几个目,大约有 950 种。

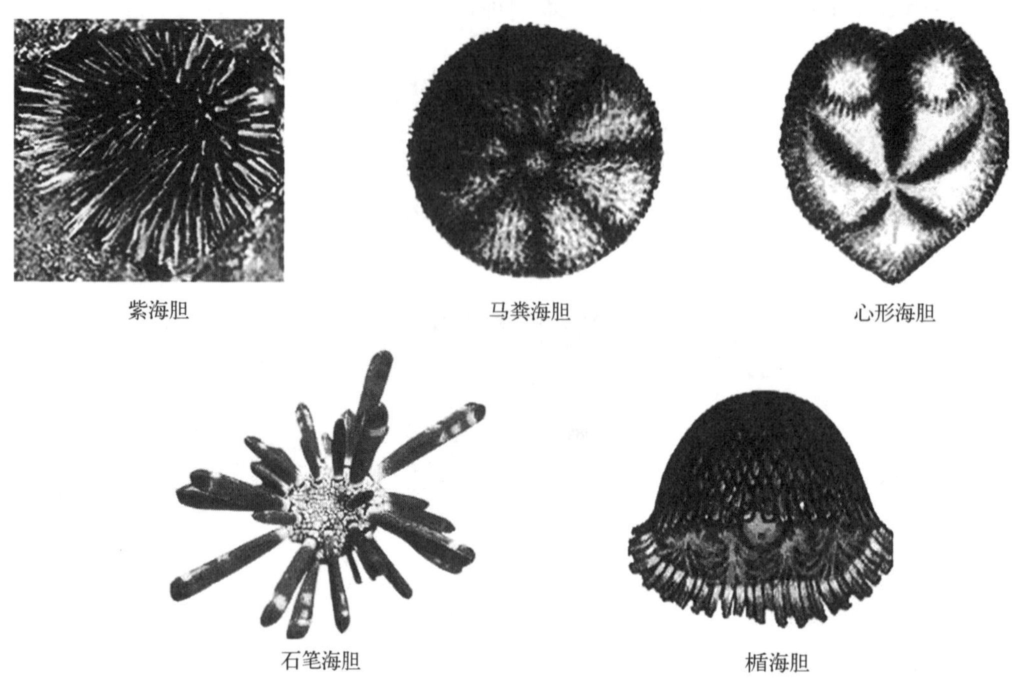

图 11-13 海胆纲习见种类

头帕亚纲(Cidaroidea):铅笔海胆。壳是球状的,步带板简单,每一步带板有一对穿孔,其内有一个管足;像铅笔一样的棘很大,没有表皮保护;肛门位于反口面;真皮的鳃消失;大部分种灭绝,在这个亚纲中都是原始的种,仅存在于一个目(Cidaroida)中,大约有 140 种。

真海胆亚纲(Euechinoidea):壳球状或是饼状;在每一个不同的骨板上有许多管足和棘;肛门的位置从反口面移到了后部。亚里士多德提灯是可变的,在心形和灯形海胆中就消失了。本亚纲中现存大约 800 种。

规则海胆亚纲(Endocyclica):胆壳呈球形,五辐对称,每两列步带板与两列间步带板相间排列,具亚里士多德提灯,例如紫海胆(*Anthocidaris crassispina*);马粪海胆(*Hemicentrotus pulcherrimus*)壳半球形,褐色,棘短而多,状如马粪;细雕刻肋海胆(*Temnopleurus toreumaticus*)壳较低平,棘大而长;石笔海胆(*Heterocentrotus mammillatus*)棘粗大如石笔状(图 11-14),我国西沙群岛有分布。

不规则海胆亚纲(Exocyclica):胆壳非球形,肛门移到反口面顶板中央,口位于口面中央或非中央,提灯存在或不存在,例如心形海胆(*Echinocardium cordatum*)、楯海胆(*Clypeaster*)等。

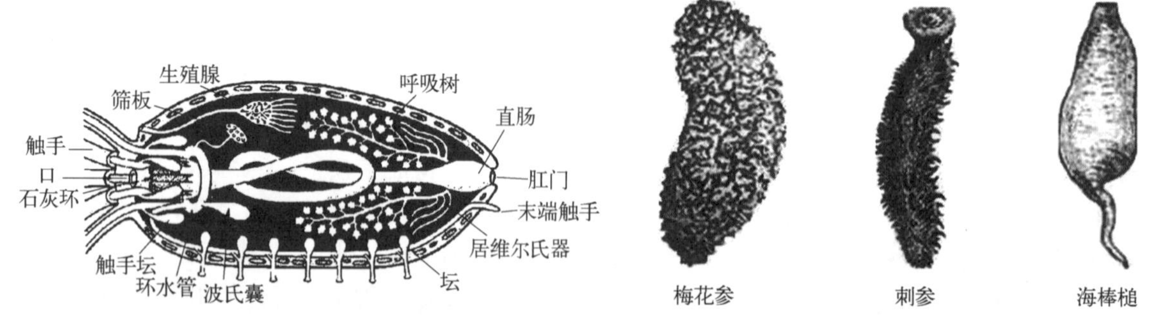

图 11-14 海参内部结构

图 11-15 海参纲习见种类

4. 海参纲(Holothuroidea)

体肉质呈长筒形,在口面和反口面轴上拉长,由五辐射对称转变成左右对称,有前、后、背、腹之分。口位于体前端,周围有管足变成的触手,可以帮助进食,肛门位于体后端。背腹面有一定的差异,背面管足退化,变成圆锥状肉质突起,称疣足(papillae),无吸盘或肉刺,有呼吸和感觉的作用。腹面有具吸盘的管足,有运动的作用,有时管足会完全地消失,步带沟闭合消失。内骨骼通常缩小成分离的小骨片,形状规则。筛板位于体内,开口于体腔内。消化道长管状很长,在体内回折,末端膨大为排泄腔,由此向体腔分出一对树状结构,称呼吸树或水肺,为海参特有的呼吸器官(图 11 - 14),同时还兼有排泄的作用,受刺激时,可从肛门射出,抵抗和缠绕敌害,以后可以再生。雌雄异体,体外受精,个体发育中经耳状幼虫或短腕幼虫(auricularia)、樽形幼虫或桶形幼虫(doliolaria)和五触手幼虫(pentactula lavra),最后变态成幼参,2～3 年成熟。海参营底栖生活,以泥沙内的小有机物、藻类及原生动物等为食,摄食时连同泥沙一同吞入。海参纲现存有 3 个亚纲,6 个目,大约有 950 种。

(1) 枝手亚纲(Dendrochirotacea)

围绕着口有 8～30 个从指状到树枝状的触手;触手和口面都有牵缩肌;有管足但位置有变化。

指手目(Dactylochirotida):身体经常呈"U"形,且围绕在骨板形成的柔软的壳中;触手无分枝;大部分是深海掘穴的个体。

枝手目(Dendrochirotida):身体不呈"U"形,但是在一些特定的属中身体部分地围绕在骨板中;进食触手具有典型地分枝。本目包括许多普通的潮间带海参。

(2) 楯手亚纲(Aspidochirotacea)

有 10～30 个叶状或是楯状的口部触手;口的周围没有牵缩肌;有管足。

楯手目(Aspidochirotida):触手是楯状;有呼吸树。本目包括有最大的海参,可以达到 2 米。

平足目(Elasipodida):本目是典型的深海海参,经常带有奇特的身体组成;有呼吸树。

(3) 无足亚纲(apodacea)

有 25 个以上的触手;触手从指状到羽状各不相同;管足高度减少或是消失。

芋参目(Molpadida):身体坚实而狭窄,向后形成一条明显的尾;有 15 个指状的触手;没有管足。

无足目(Apodida):身体是蠕虫状的;没有管足;有 10～25 个触手。在这个目中,锚参科(Synaptidae)是很奇特的家族,带有独特的锚定小骨,开始时的密度超过了每平方厘米1 500个,而且能提供引人注意的力量(在管足的区域),这是通过伸展和收缩把水流压入皮肤,水流沿着海参的体壁蠕动而产生力量。

思　考　题

1. 棘皮动物门的主要特征是什么?
2. 何谓水管系统,血系统和围血系统?
3. 了解海盘车的形态结构特征。
4. 棘皮动物的胚胎发育有哪些与其他无脊椎动物不同的特点?
5. 了解棘皮动物的经济价值。

第12章 半索动物门(Hemichordata)

提　要

半索动物(Hemichorda),后口动物的一支,海栖类群,口腔背面有一条短盲管前伸至吻内的。包括两个类群,肠鳃纲的动物呈蠕虫形,羽鳃纲的动物像苔藓虫。该门动物兼具脊索和无脊椎动物的特征,在进化上具有特殊的意义。

半索动物,又称隐索动物(Adelochorda),口腔背面有一条短盲管[口盲囊(buccal diverticulum),俗称口索(stomochord)]前伸至吻内的。过去一直把它们的口索视为脊索,又由于身体前端两侧各有一列鳃裂,因此把它们列为脊索动物门的一个亚门。但近年来根据组织学与胚胎学的研究发现口索与脊索既非同功,又非同源器官,可能是一种内分泌器官,再加之半索动物有许多无脊椎动物的特征,因而将它们独立出来,列为无脊椎动物中的一个门。

12.1　半索动物的主要特征

消化管前端背侧有许多有鳃裂(gill slits),由外鳃孔与外界相通,为呼吸器官;有口索(过去被认为是原始的脊索),由口腔背面向前伸出一条短盲管;具有背神经索(dorsal nerve cord),无脊椎动物的神经索位于腹面,称腹神经索。半索动物除了有腹神经索之外,还有背神经索。其前端内部出现空腔,是背神经管的雏形;身体由前而后由三节体腔组成(第一节只一个体腔,第二节和第三节皆为两个成对的体腔),而身体外面也相应分为三部分,即前体节(protosome),也称吻节,中体节(mesosome),也称领节和后体节(metasome),也称躯干节。

12.2　半索动物分类

半索动物全世界约有 90 余种,可分为肠鳃纲(Enteropneusta)及羽鳃纲(Pterob ranchia)两个纲。半索动物门的两个纲在外形上差别很大。肠鳃纲的动物像蚯蚓,羽鳃纲的动物像苔藓虫。这是因为它们各自适应不同的生活环境而产生的结果,凡是分类地位很近的动物由于分别适应各种生活环境,经长期演变终于在形态结构上造成明显差异的现象,特称为适应辐射(adaptive radiation)。在动物界这样的例子很多。

12.2.1　肠鳃纲

1. 形态结构与生理

肠鳃纲动物主要分布在浅海,特别在潮间带,在几百米深处也可发现。总共约有 70 余种。大多数种类为泥沙中穴居(图 12－1),或在石块下生活。身体蠕虫形,体呈蠕虫形,两侧对称而背腹明显,全身由吻(proboscis)、领(collar)和躯干(trunk)三部分组成(图 12－2),大小范围在2～250 cm 之间,但多数种类在9～40 cm 之间。吻位于最前端,稍后是指环状的领,躯干部最长,又可分为鳃裂区、生殖区、肝囊区和肠区。柱头虫凭借富含肌肉和腔内充满海水的圆锥形吻部(柱头虫之命名即来源于这一特征),在浅海沙滩中运动和挖掘成 U 字形洞道,并藏身在洞道内营少动的生活,人们可在退潮时于其洞口看到盘曲成条的粪便。虫体非常脆弱,往往不易采到完整的标本。躯干部前端背中线两侧各有一行鳃裂孔,是内部鳃裂的开口,其数目及大小随种而异。躯干前半部两侧向外延伸形成翼状板,内有生殖腺,常称为生殖翼(genital wing)。躯干部后端没有特殊的分化,其末端有肛门。

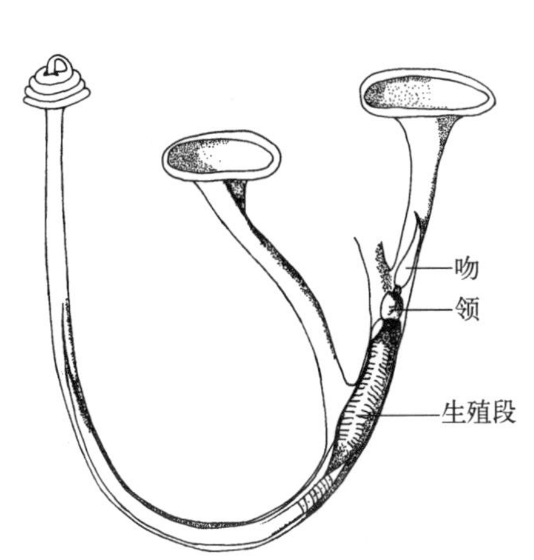

图 12-1　柱头虫的洞穴(引自 Adof 等)

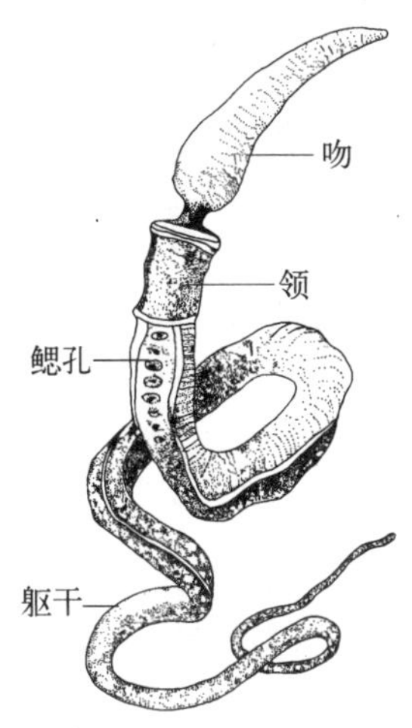

图 12-2　柱头虫外形(引自许崇任)

体壁由表皮、肌肉层和体腔膜构成。表皮的外层是单层较厚的上皮,外被纤毛,除肝囊区外,上皮内含有形状各异的多种腺细胞,均可分泌黏液至体表,粘牢洞道壁上的沙粒,使之不致坍塌。外层下为神经细胞体及神经纤维交织而成的神经层,底部则为薄而无结构的基膜。基膜的深处是环肌、纵肌和结缔组织合成的平滑肌层,紧贴其内的为体腔膜。

半索动物的体腔亦为三分体腔,即单个的吻体腔、成对的领体腔及成对的躯干体腔,三者之间均有隔膜分隔。吻体腔通过一中背孔开口到外界,领体腔也有一对管及孔开口在中背线,躯干体腔与外界不相通。另外肠鳃类的体腔上皮是很特殊的,它不再是体腔膜,而是在体腔上皮处形成了结缔组织及肌肉,并充满体腔的大部分,它在很大程度上已代替了体壁的肌肉层。

穴居的种类多吞食泥沙,从中获得有机食物。当它们以吻在泥沙中挖掘或以躯干蠕动时,周围的泥沙可以大量地被吞咽,然后再由肛门排出到洞穴之外(图 12-1)。而非穴居的种类为悬浮取食,由于吻、领部甚至躯干部体表均有纤毛,靠纤毛运动使水流经过体表,悬浮于水中的食物颗粒被吻及领部的黏液粘捕,然后随水流由吻基部腹面的口流入,水再由咽部的鳃孔流出。当不取食时,口关闭,水流经体表流过(图 12-3)。消化道为一直管。由口进入,在领内形成口管。由口管向前伸出一盲囊进入到吻中,形成一细而长的口盲囊。口盲囊也被称为口索(图12-4)。由口管向后进入咽,咽占据着躯干部前端的鳃裂区,咽的背侧有鳃裂及鳃孔与外界相通,咽的腹面一半作为消化道部分。咽后为食管,有的种食管上也有小孔可与外界相通。食管后为肠,肠的前端呈褐色或绿色,有大量腺细胞的部分称肝区(hepatic division),在此进行消化与吸收。肝区后的肠即为直肠,最后以肛门开口在身体末端。

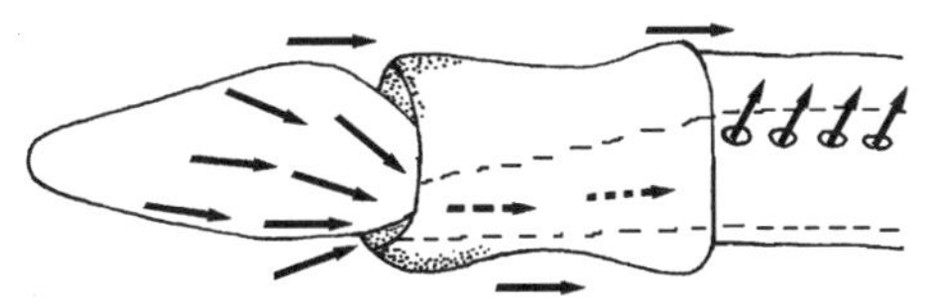
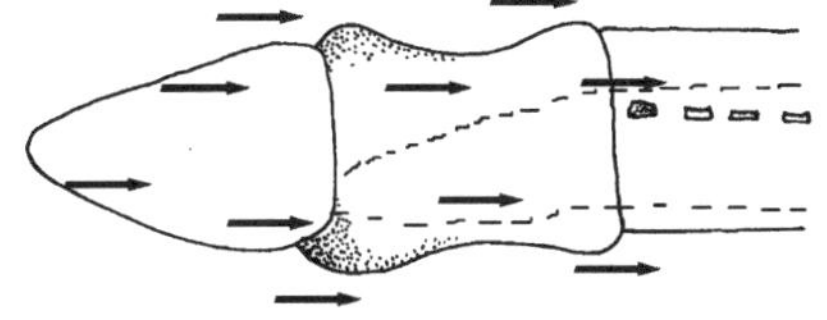

图 12-3　柱头虫的呼吸、摄食与水流出入(引自 Hickman)

具开放式循环系统,主要由纵走于背、腹隔膜间的背血管、腹血管和血窦组成。血液循环方式与蚯蚓类似。消化道背面有一背血管,血液由后向前流,流到领部进入一静脉窦(venous sinus),再前行进入吻基部形成一中心窦(central sinus)。中心窦的背面有一充满液体的心囊(heart vesicle),心囊壁上有肌肉,它的收缩使血液向前流,进入一血管球(glomerulus),一般认为血管球有排出代谢产物的机能。血液由血管球经一开放的血窦再进入腹血管,它位于消化道腹面,血液由前向后流,直到肛门之前有丰富的血管网进入体壁与消

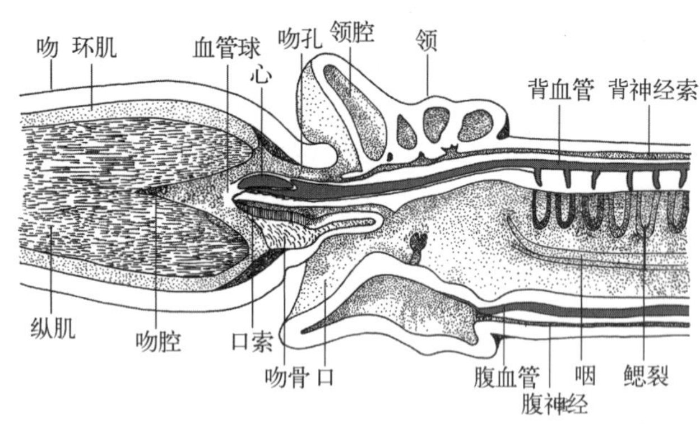

图 12-4 柱头虫前端纵剖

化道,由腹血管最后再流回背血管,完成血液循环。血液无色,其中很少有细胞成分。

咽背面的一系列的鳃结构是其气体交换的主要场所,鳃的数目可由几个到 100 个以上。咽壁两背侧各有一列"U"形鳃裂,鳃裂之间有隔板及骨棒支持。鳃裂并不直接开口到外界,而是开口到鳃囊(图 12-5),鳃囊再以鳃孔开口到体外。鳃裂的隔板处以及两"U"形腕之间具有纤毛及由腹血管来源的血管丛。由于纤毛作用,水由口进入咽,经咽裂、鳃囊及鳃孔流出,在这一过程中完成气体的交换。鳃裂最初可能是起源于取食的机能。

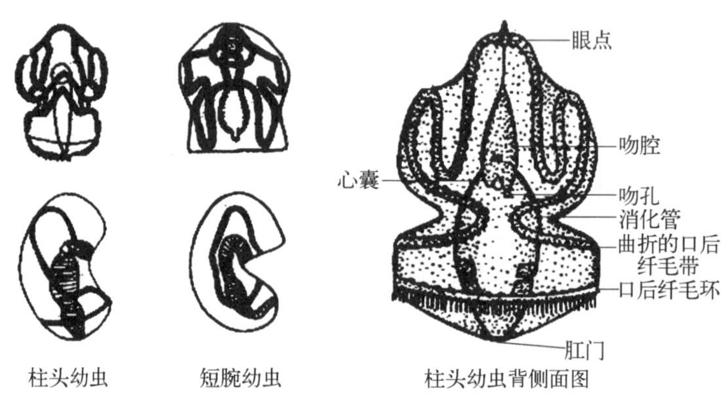

图 12-5 柱头幼虫和短腕幼虫的比较(引自 Parker nand Haswell)

半索动物的神经系统是很原始及特殊的,和棘皮动物一样,在身体表皮细胞的基部有一层神经纤维网,但在背、腹中线处神经层加厚而形成神经索(nerve cord)即沿着背中线的一条背神经索和沿着腹中线的一条腹神经索。背、腹神经索在领部相连成环。背神经索在伸入领部处出现有狭窄的空隙,由此发出的神经纤维聚集成丛,这种结构曾被认为是雏形的背神经管,该特点表明它们似与更高等的脊索动物具有一定亲缘关系。切断神经索,其上皮神经丛仍可进行传导。

感觉功能主要是由散布在上皮中的感觉细胞完成。特别是在吻处,吻基部腹面的口前纤毛环具化学感觉功能。

半索动物的一些种有无性生殖的报道,再生能力也很强,至少可以再生失去的躯干部分。有性生殖为雌雄异体,生殖腺呈囊状,纵列在躯干部前端两侧的体腔中,约在鳃区处,性成熟时卵巢呈现灰褐色,精巢呈黄色。生殖腺外躯干的体壁向外扩张形成生殖翼。每个生殖腺开口到外界,因此生殖孔也排成列。卵产出后往往粘成团块状。雄性个体在卵的刺激下排精,卵在体外受精。受精卵由潮汐作用而被分散。

受精卵经均等辐射卵裂、内陷法形成原肠胚,经肠腔法形成中胚层及体腔,体腔亦为三分体腔。幼虫自由生活,称柱头幼虫(tornaria),它们不论在形态或生活习性方面均酷似棘皮动物海参的短腕幼虫(bipinnaria)(图 12-5),自由游泳数日或数周后沉入水底变态成成虫。也有的种没有柱头幼虫期,而是由具纤毛的原肠胚自由游泳,最后直接发育成成体。

2. 常见种类

总共约有 70 余种,最常见的代表动物为各种柱头虫。我国北部沿海分布的柱头虫有殖翼柱头虫科(Ptyroboderidae)的三崎柱头虫(*Balanoglossus misakiansis*);黄岛长吻柱头虫(*Dolichoglossus hwangtauensis*),玉钩虫科(Harrimaniidae),与柱头虫相似,但体较短,吻较长,产于我国青岛一带海中,国家二级保护动物(图 12-6);多鳃孔舌形虫(*Glossobalanus polybranchioporus*),柱头虫科,吻为短圆锥形或尖锥形,呈淡橘黄色;领的前缘环抱着吻的基部,具有许多纵走的褶皱和一条深橘红色的环带,分布在山东、江苏和河北等附近海域。

黄岛长吻柱头虫

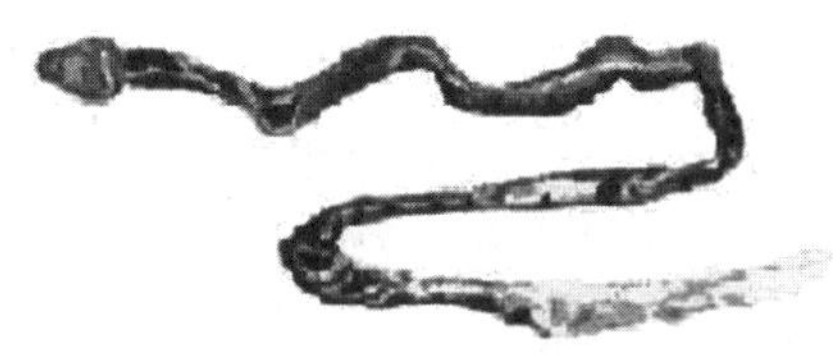

多鳃孔舌形虫

图 12－6　肠鳃纲习见种类

12.2.2　羽鳃纲

1. 形态与生理

羽鳃类大多数生活在较深的海水中，种类很少。体外有分泌的管，以柄附着在海底。个体一般在 1～5 mm之间，例如杆壁虫(*Rhabdopleura*)(图 12－7)。群体生活时，有匍匐管使个体相连(图 12－7A、B)。每个个体外均有虫管，身体亦分为吻、领及躯干三部分(图 12－7C)，亦为三分体腔。吻成楯形，用以在管内吸着，向腹面倾斜，基部有口。领靠背面伸出两个腕，腕的两侧为密生纤毛的触手，腕与触手中空，内有体腔伸入。触手数目随年龄而增加，粘着在触手上的食物颗粒经过腕中间的沟而进入口。杆壁虫无鳃裂，但有的种有一对鳃裂，且腕的数目为 5～9 个，例如头盘虫(*Cephalodiscus*)。杆壁虫吻的基部亦有口索，消化道呈"U"形，肛门开口在领的背面。雌雄异体，有一纤毛幼虫，固着后以出芽方式形成群体。头盘虫及无管虫(*Atubaria*)为单体或聚集生活，有柄。

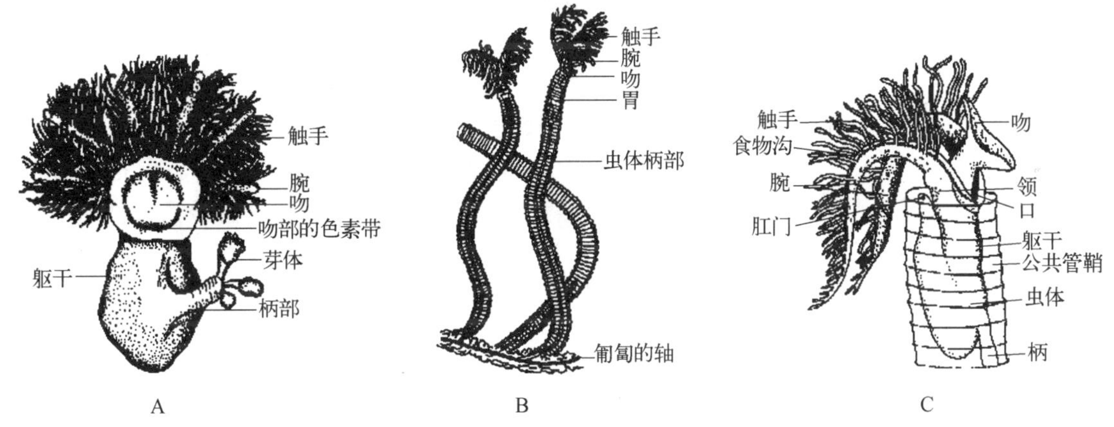

图 12－7　头盘虫(A)、杆壁虫(B)及腕部结构放大(C)(引自惠利惠；Davi 等)

羽鳃类是更原始的种类，具有腕，消化道也相似于触手冠动物。

2. 常见种类

羽鳃类种类很少，仅有三个属，约 20 种，代表动物有头盘虫(*Cephalodiscus dodecalophus*)，体长仅 2～3 mm，群栖于一个有许多小孔的公共管鞘内，彼此营独立生活，即使由出芽生殖的芽体，在成长后从亲体上脱落也能自立生活。杆壁虫(*Rhabdopleura*)是群居于角质管鞘内的羽鳃纲动物，其主要特征是虫体以柄彼此相连，领背部仅有腕状突起一对，无鳃裂。我国海域中至今尚未发现本纲动物。

12.3　半索动物的进化地位

半索动物在动物界究竟处在什么地位，这个问题直到现在还是有争论的。

有人认为半索动物应该列入动物界中最高等的一个门即脊索动物门里面去。因为半索动物的主要特征与脊索动物的主要特征基本符合。它的口索相当于脊索动物的脊索；它的背神经索前端有空腔，相当于脊索动物的背神经管；它也有咽鳃裂。当然，在脊索动物中，半索类仍然是最原始的一群。

不同意上述观点的人则认为把口索直接看成是与脊索相当的构造，还欠说服力，因为根据一些研究报告，口索很可能是一种内分泌器官。在另一方面，半索动物却具有一些非脊索动物的结构，例如腹神经索、开管式循环、肛门位于身体末端等等。

就目前已有的研究资料来看，把半索类作为脊索动物中的一个类群，不如把它作为无脊索动物中的一个独立的门较为合适。现有的动物学文献表明：半索类和棘皮动物的亲缘更近，它们可能是由一类共同的原始祖先分支进化而成。依据如下。

1）半索动物和棘皮动物都是后口动物。

2）两者的中胚层都是由原肠凸出形成。

3）柱头虫的幼体（柱头幼虫）与棘皮动物的幼体（例如短腕幼虫）形态结构非常相似。

4）有人认为，脊索动物肌肉中的磷肌酸含有肌酸的化合物，非脊索动物肌肉中的磷肌酸含有精氨酸的化合物。但海胆和柱头虫的肌肉中都同时含有肌酸和精氨酸。说这两类动物有较近的亲缘关系，从生化方面也可以得到证明。

研究志留纪的丰富笔石化石可以得到许多重要启示，例如一些笔石常与三叶虫、腕足类等底栖生物伴生在一起，说明当时的生态环境是属于一种氧气充足、水体较浅的地区；但也有的笔石只保存在黑色的页岩中，这种暗色页岩内通常很少发现伴生有其他生物化石，表明产有这些笔石化石的区域属于缺氧的还原环境，由于笔石善于漂浮，能够随波逐流有幸来到这种环境，它们死后沉落在海底，才能最终得以保存成为化石。很多学者认为笔石属于半索动物，现全部绝灭，这些古老的化石通常保存在岩石层面上，很像用笔书写的痕迹，故称之为笔石。志留纪的笔石种类很多，但都有一些共同的特征。笔石动物分泌的群体骨骼称为笔石体，笔石体大小不一，通常大型笔石体长 50～70 cm 或更长，小型的仅有几毫米长。笔石体的一端是一个长锥形的胎管，从这里芽生出一系列笔石虫体居住的胞管，胞管的数目在不同种类中相差悬殊，有的仅具有 5～6 个胞管，而有的则具有上万个胞管。许多胞管接连生长就形成了笔石枝，由一个或多个笔石枝就形成了笔石体，笔石体在海水中漂浮，可以到达很远的地方。古生物学家根据胞管的特征，把笔石划分为许多目，如树形笔石目、管笔石目、腔笔石目、正笔石目等等。在众多的笔石目中，以树形笔石目和正笔石目的延续时间最长，数量多、分布广，具有重要的地质意义，常见的化石也多属于这两个目。

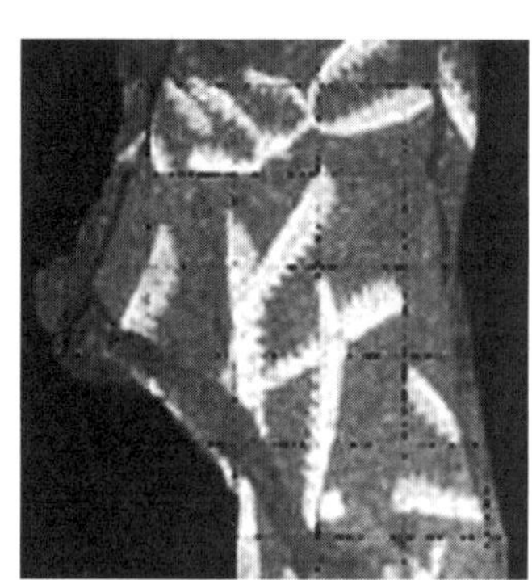

图 12 - 8　笔石化石

我国的笔石非常丰富，分布极广，一些世界性的标准属种几乎都在我国出现，还有一些中国特有的种类，化石保存完好，层位齐全，其中许多是演化上的关键属种，而且在我国出现较早，为研究笔石的系统分类、生态学及其演化等提供了难以替代的材料。

思　考　题

1. 半索动物的主要特征。
2. 半索动物在动物界中的进化地位如何确立？根据是什么？
3. 何谓“适应辐射”？用半索动物为例来说明。

第13章 无脊椎动物的起源与演化

提　要

随着现代科学技术的发展，特别是分子生物学研究方法的建立，使我们能够对各动物阶元间的起源与演化关系有了更加深刻的了解。过去由于实验条件的限制而尚未解决的问题，现在有了比较清楚的结论。本章分别对无脊椎动物各门的起源与演化进行了论述，着重介绍近年来最新的研究成果和新的观点，结合分子生物学和形态学等证据对各门动物的系统发生进行了综合分析。

13.1 原生动物的起源与演化

原生动物是动物界中最原始的一门。它们都是单细胞动物，是生命进程中的一个重要阶段。众所周知，生命的起源经历了由无机物到简单的有机物，由简单的有机物小分子发展到有机大分子，并发展成具有新陈代谢功能但还没有细胞结构的原始生命。现代科学研究揭示，蛋白体是最初的生活物质、生命形态。以后又经过漫长的年代，才由非细胞形态的生活物质发展成为有细胞结构的原始生物。而原生动物就是由这种原始的生物进化发展而来的一个分支。由原生动物开始，动物界不断分化，才发展成了形形色色的动物世界。

如果说原生动物是动物界的最原始的形式，那么，原始鞭毛虫就是所有原生动物的祖先。现代科学研究认为，原始鞭毛虫是所有原生动物进化的开端。因为鞭毛虫的结构简单，大多数都有渗透营养和光合营养的方式，能以这种方式进行营养，是因为在单细胞出现以前，已经存在有机物，所以，这种营养方式比较原始，而其他纲的动物都没有这种原始的方式。根据物质的发展是由简单到复杂、由低等到高等的规律，可知鞭毛虫是原生动物较为原始的类型。Cavalier-Smith(1997)在利用 rRNA 对原生动物做系统发生研究时，也发现最先从系统树分化出来的是鞭毛纲的绿眼虫，这也证明，最早分化出来的原生动物是鞭毛纲的动物。

对于其他各纲的系统发育，一般认为，肉足纲是比较原始的纲，因其和鞭毛纲的结构相近，而且很多肉足的配子具有鞭毛，说明其祖先是具有鞭毛的。因此，人们常把肉足纲和鞭毛纲合并为一，称为 Sacromsatigotes，这说明肉足纲是由鞭毛纲进化而来的。而孢子纲动物全为寄生的种类，一般认为，寄生的种类是在适应了外界环境后受环境所迫而转为寄生，说明孢子纲也是由鞭毛纲演化而来的。它们的来源，有的认为是肉足纲，而有的可能来源于鞭毛纲。而纤毛纲是所有原生动物中结构最复杂的动物，有的一些特点使它们更接近多细胞动物，因此，这一纲分化的最晚。有可能它们是从原始鞭毛虫转变为鞭毛虫时的一个分支。

对于各纲的关系，现在分子生物学方面的研究，提出很多新的观点。如古真核生物界只作为原生动物的一个亚门。Cavalier-Smith(1997)在对动鞭动物所做的研究时，发现原生动物最基本的类型是伪足纲的动物，而根足纲以及孢子纲、纤毛纲都是由此演化来的。

总之，对原生动物的系统发育，以及各纲之间的关系将随着科学的发现不断完善。现代分子生物学的研究，尤其是 rRNA 以及 DNA 分子标记研究方法的进展，将会使我们更加了解原生动物。

13.2 刺胞动物的起源与演化

刺胞动物是真正多细胞动物的开始。从刺胞动物的个体发育来看，一般海产的刺胞动物都经过浮浪幼虫阶段。由此,我们可知,刺胞动物的祖先应当是能够游泳的、具有纤毛的动物,其形状像浮浪幼虫(刘凌云等,1999)。正如赫克尔所指出的,后生生物起源于类似鞭毛虫的祖先,鞭毛虫聚集成中空的囊胚,再形成双层壁的原肠虫。这便是原始的双胚层刺胞动物。俄国学者梅切起契尼科夫也提出后生生物起源于一种类似腔肠动物的实心囊胚的祖先,即所谓的浮浪幼虫的祖先。这种假说被广泛接受。

关于刺胞动物的系统发育,多年来一直是人们研究的热点。有的教科书将本门的动物划分为三个纲,即水螅纲、钵水母纲和珊瑚纲。因而,系统发育也是就这三纲而论。而现在普遍接受的是将其分为四个纲,即水螅纲、钵水母纲、珊瑚纲和立方水母纲(Ribson,1985)。本文主要就这四个纲的系统发育做一些阐述。

对刺胞动物的发育,一直存在不同的看法。许多学者从不同的方面做了不同的研究。并且,存在着很大的争议。图 13-1 是 Werner(1973)和 Bridge 等(1995)所做的刺胞动物的进化关系图。在这个图中,包含了已经灭绝的锥石亚纲与各纲的关系,从图 13-1 中可以看出,以前把锥石亚纲归为单独的一个纲,并且,独立于水母型的进化树之外,而现在人们多把它归为钵水母纲的一个亚纲。其后的分类学研究大致存在两种截然不同的假说,这两种假说围绕珊瑚纲是最基本的类型还是由别的物种衍生而来而展开的。一种假说坚持认为,水螅体是刺胞动物最基本的类型,而水母型是由此衍生而来的。水螅型是刺胞动物的祖先类型。因此,只有水螅型的珊瑚纲无疑是刺胞动物中最原始的类型,而其他各纲都是由它演变而来的(图 13-2A),这一假说被广泛接受。而且,越来越多的研究都支持这一假说。如形态学、线粒体 DNA、18SrDNA 的研究数据均支持珊瑚纲在刺胞动物中的基础地位,但对于水螅纲、钵水母纲以及立方水母纲三者之间的关系,还很少有人进行研究(Bridge et al., 1995)。

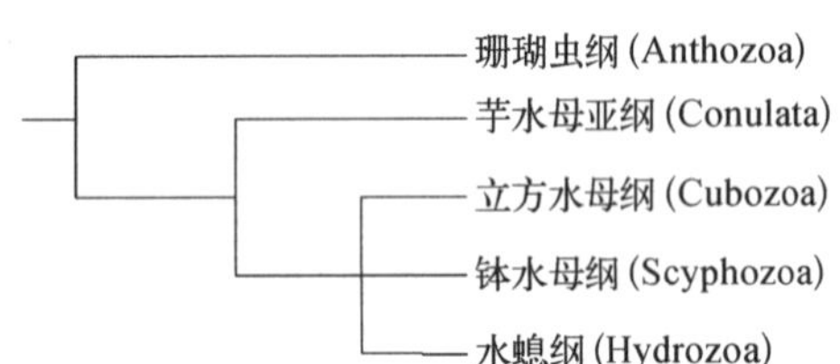

图 13-1 刺胞动物的进化关系图(Werner, 1973 和 Bridge et al. 1995)

另一种假说是认为,原始的水母型是刺胞动物的祖先,它是原始的浮浪幼虫式的祖先出现触手后形成的。这种假说认为,在刺胞动物特殊的生活史上,水母型是配子形成的,并且能最后形成成体,而水螅型始终是以幼虫的形式存在的。因此,水螅型是后进化而来的,是动物在发育过程中遗失了水母型后发展而来的。拥有水母型的水螅纲、钵水母纲以及立方水母纲较只有水螅型的珊瑚纲更为原始。而从形态学角度来分析,水螅纲组织结构简单,没有口道,消化循环腔没有隔膜,性细胞由外胚层产生,这些特点最接近原始的浮浪幼虫的祖先,因此被认为是最先分化的,而另外几个纲是由水螅纲的硬水母类向不同的方向进化的结果(图 13-2B)。钵水母纲是由水母型的进一步复杂化,适应漂浮生活的结果;而珊瑚纲则可能是原始的水螅型进化,水母型退化的结果。立方水母是由钵水母纲分化出来的,而 Werner 在将其分化出时,认为其和水螅纲的关系更为密切,并将之与水螅纲很出色地联系了起来。但 Slviini-Plawen 却认为,立方水母和钵水母纲关系更加近(1978,1987)。Allen G. Colins 对水母型的刺胞动物进行分子研究时,更倾向于 Werner 等的观点,认为立方水母和水螅纲的关系更近一些。但是所有的研究都没有认识到钵水母不是单源的。图 13-2 是人们在 Bridge 等之后所做的进化关系树,反映了近年来的两种不同观点。

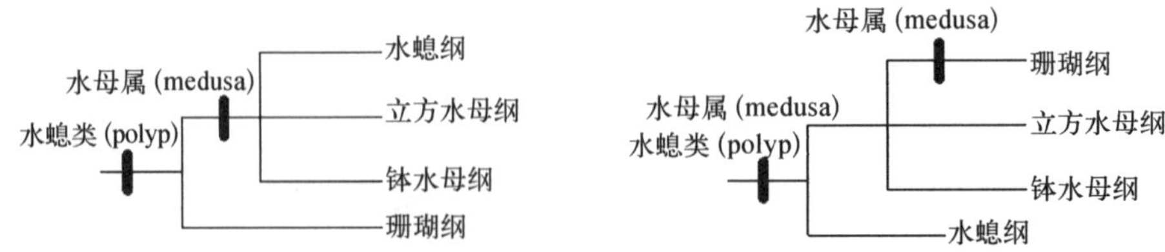

图 13-2 人们在 Bridge 等(1995)之后对刺胞动物所做的进化关系树,反映了近年来的两种不同观点

目前,所有的假说都只是一种推测,并不能完全真实地反映距我们几亿年的生物是如何发生变化的。但随着科学的不断发展,相信我们对刺胞动物的了解会更全面、更真实。

13.3　扁形动物的起源与演化

关于扁形动物的起源问题，到目前为止，学者们的意见尚未完全一致。至少存在三种假说：一种假说是由柯瓦列夫斯基所提出，而被郎格所支持认为扁形动物是由栉水母门的爬行栉水母动物进化而来的；因为栉水母在水底爬行，丧失游泳机能，体形扁平，口在腹面中央等特征，和涡虫纲多肠目极为相似；另一种假说是格拉夫所提出浮浪幼虫样的祖先，它适应爬行生活，体形扁平，神经系统趋向前方，原口留在腹面，逐渐演变为涡虫纲中无肠目的种类，其他各目由无肠目演变而来；最后一种假说认为涡虫纲的无肠目仍是由多核的纤毛虫进化而来。

多数学者支持由格拉夫所提出的学说即扁形动物起源于浮浪幼虫式的祖先。自由生活的涡虫纲是扁形动物门中最原始的种类；吸虫纲的消化、神经、排泄系统和涡虫纲的单肠目相似，生活史中具有纤毛的毛蚴，并且有部分涡虫营共栖生活，纤毛和感觉器官趋于退化，因此吸虫纲应是由涡虫纲单肠目适应寄生生活进化而来。关于绦虫纲的起源问题，现在存在两种观点：一种观点是绦虫纲起源于涡虫纲的单肠目，绦虫头节与单肠目涡虫身体前端同源，而且单肠目有借无性繁殖组成链状群体，这和绦虫产生节片的能力可能有关；另一种观点是绦虫纲起源于吸虫纲，绦虫与吸虫相比盲肠或咽退化，是对寄生生活进一步适应的表现。

13.4　假体腔动物的起源与演化

假体腔动物出现了较扁形动物高等的一些特征，如消化系统具肛门和前、中、后肠的分化和雌雄异体等；但也出现了一些阻碍性特征，如具发达的原体腔、特殊的线形生殖系统和肌肉结构等，因此被认为是动物进化上的一个堵塞分支。假体腔动物及其各类群彼此间的亲缘关系是比较复杂的问题，至今说法不一。目前假体腔为非同源特征已成为共识，即假体腔不足以成为假体腔动物为单系起源的充分证据，假体腔动物多系起源的可能性较大。由于从大量形态学特征中剔除非同源特征、选择同源特征的难度较大等因素的限制，所以不同的研究者从形态学、胚胎学等方面研究假体腔动物 7 个门之间的系统发育关系的结果往往大相径庭，但都支持假体腔动物多系起源的假说(David，1999；Nielsen，2001)。

关于假体腔动物各门的起源和亲缘关系问题一直存在争议。有学者通过对线虫动物门、腹毛动物门和轮虫动物门的系统学分析，认为三者为一单系群，亲缘关系较近，线虫动物门是由三者的共同祖先较早地分出的一支；而腹毛动物门和轮虫动物门则为一对姐妹群。这三个类群均具有表皮层是由合胞体组成的这一特征，而整个动物界中其他动物类群的表皮层基本不是由合胞体组成的(除一些寄生的扁形动物外)。由此有人将这三者合并称为合胞体动物门。线虫通常被列为不分节、两侧对称的假体腔动物的代表，一般认为其与扁形动物门的涡虫类有较接近的血缘关系。从结构特征的对比来看，其与腹毛动物门和轮虫动物门的差异也是较明显的。线虫动物门体表无纤毛，体壁表皮层部分向内增厚形成背、腹线及侧线结构，将肌肉层分成 4 部分，其消化系统中未出现唾液腺，个体尾部无黏腺。这些均为其与腹毛动物门和轮虫动物门的不同之处。对于线虫的系统发育，除传统意义上的研究外，目前已有许多人开始了分子系统学方面的研究。线虫传统上被认为出在进化树的基部，是一个低等的动物类群，而分子系统学将其提升到一个相当高的位置，Akeshin 等人从独立进行的 18SrDNA 研究中提出线虫与线形动物和节肢动物亲缘相近的论断。

腹毛动物被认为是线虫和涡虫之间的中间动物，腹毛动物体表具纤毛，有生殖器官，原肾型排泄系统，梯形神经系统等与涡虫相似的结构特征。此外其还具有完全的消化管，食管的肌肉呈辐射型，体表具角质层和真体腔等线虫类的构造特征。轮虫动物门在构造和胚胎发育方面类似于涡虫纲，而体表具纤毛，肌肉细胞由原生质部和收缩部组成，消化系统具唾液腺，排泄系统为末端具有焰细胞的原肾管型。这些特征与腹毛类相当接近。二者可能是很早就由原始的涡虫类祖先分化出来的两个类群，因此有的分类系统将这两类列为担轮动物。

内肛动物曾和外肛动物一起归为苔藓动物门。但外肛动物为真体腔动物，几乎没什么证据说明二者间有密切的关系。内肛动物可能是通往外肛动物的演化路线上的一个早期分支。

棘头动物门是高度特化的寄生虫，构造特殊，几百年来都是那样的构造。棘头虫和线虫都显现出细胞恒

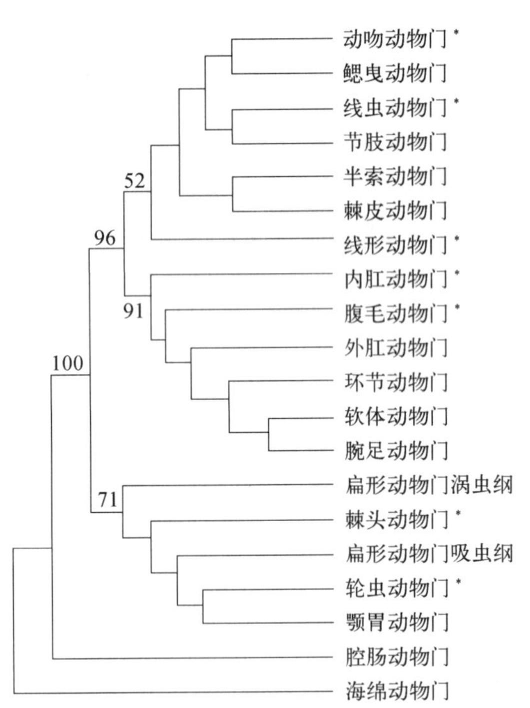

图 13-3 基于 18S rDNA 基因全序列、用 MEGA(2.1 版本)程序中的 NJ 法(Neighbor-joining method)重建的分子系统树(潘鸿春绘),每个结点上方的数字分别为来自 NJ 法的自引导值(1 000个复制品),* 示假体腔动物

数,但结构和发育有很大不同。因此棘头虫是一个独立的门,和任何已知动物没有什么密切联系。

潘鸿春等从 GenBank 中下载了包含了假体腔动物 7 个类群在内的 19 个门多细胞动物的 18S rDNA 基因全序列,并重建了它们的分子系统树(图 13-3)。分子系统研究的结果同样也支持假体腔动物多系起源的假说,假体腔动物 7 个门并非单系,而分散在三个分支中,棘头动物门和轮虫动物门亲缘关系较近,它们与扁形动物门(Platyhelminthes)和颚胃动物(Gnathostomulida)一起聚为一支;线形动物门、线虫动物门和动吻动物门与节肢动物门(Arthropoda)、鳃曳动物门、半索动物门(Hemichordata)和棘皮动物门(Echinodermata)一起聚为一支;而内肛动物门和腹毛动物门与外肛动物门(Ectoprocta)、环节动物门(Annelida)、软体动物门(Mollusca)和腕足动物门(Brachiopoda)聚为一支。

13.5 环节动物的起源与演化

环节动物是一个古老的类群,其系统发育和进化仍是一个很有争议的问题,主要是没有足够的证据来得到一个明显被支持的假说。最初的环节动物出现于寒武纪,起源于水生生物。环节动物经过了广泛的适应辐射,形成了一些基本适应特征,身体分节,体节间有隔膜排列,液体充满体腔隔膜室中,液体压力使身体保持一定的形状,并进行准确的运动;有力的横纵肌收缩和延长身体。目前有关环节动物的起源主要有两种学说:一种是起源于扁形动物门涡虫纲,即某些动物的成虫和担轮幼虫有管细胞的原肾管,与扁形动物的焰细胞本质上相同。有些环节动物和有些涡虫,受精卵均进行螺旋式卵裂。担轮幼虫与扁形动物的牟勒氏幼虫基本上相似。海产的三肠目涡虫的内部器官显示出原始的分节现象。另一种是起源于一种假想祖先担轮动物。环节动物的发生过程中大部分低等种类在发育初期都经过一个担轮幼虫时期,低等环节动物这种幼虫形态十分明显,可独立生活一个时期,高等环节动物这种幼虫期则缩短或不见了。由此认为担轮幼虫可代表环节动物的共同祖先。这种担轮幼虫时期也出现在软体动物、苔藓动物和腕足动物等外形差别很大的动物类群中,据此可进一步说明它们之间有较近的亲缘关系。环节动物最早发生的一类曾被认为是小类群的微小多毛类原环虫,但没有得到广泛支持,有人认为它们似乎是多毛类的再次简化。

多毛纲是环节动物中最多及比较原始的一类,大多数环节动物起源理论认为多毛类是最早分节的蠕虫,而且分节的出现和侧枝的发育有关。多毛纲的系统发育分析存在两种互相对抗的假说,一种认为其起源于一种浅水浮游生物,具有带触角和触须等附属物的发达的口前叶,具许多同源体节和有区别的双枝型疣足,体表被浓密的刚毛;另一种认为其起源于穴居动物,口前叶不发达且无附属物,身体具同源体节但无疣足,体表刚毛少。后者认为寡毛类是最原始的环节动物,疣足以及浓密刚毛的出现被解释为系统发育的结果。但是高度复杂的血管系统的出现可能是侧生疣足发展的结果,因此疣足被认为是在环节动物起源种中一定存在的,这与传统的环节动物系统学的解释相一致,也就确定了前一种假说在多毛类系统发育中的基础地位。

Numis 等(2002)研究认为,多毛纲和寡毛纲是由同一祖先——原环节动物进化而来。寡毛类是海产穴居的原环节动物侵入淡水和陆地发展起来的一支,其身体分节但不分区,疣足退化,体表刚毛数目少于多毛类,这些特征使其明显区别于多毛类。

蛭纲在形态结构上与寡毛纲有许多共同特征,如头无触手触须等感觉器官,无疣足,雌雄同体,具明确的生殖腺和生殖导管,并限制在少数几个体节内,性成熟时出现环带,由环带形成卵茧,在茧中完成发育。因此有人认为蛭纲是寡毛纲某一个类群的进化。也有人认为其二者有共同的起源,并将二者称为有环亚门。但蛭纲有其明确的结构特征，身体体节数减少且节数固定，体表完全缺乏刚毛，又次生性地出现了体环，身体两端出现了吸盘，体腔减小充满间质，且部分退化形成了围心腔和排泄器官以及生殖器官的内腔和开口。蛭纲的血管和血窦一般仍是真体腔的遗迹。

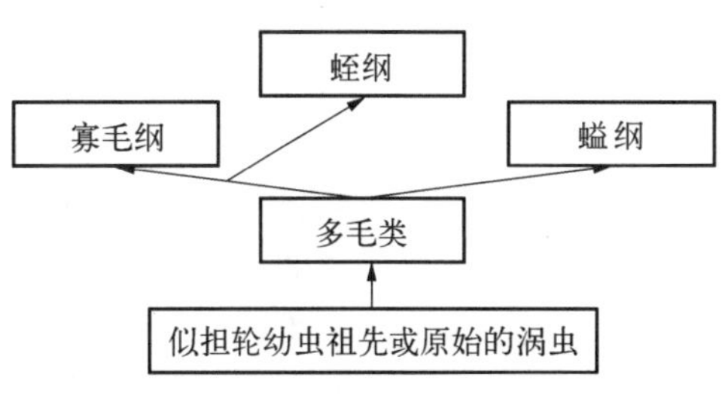

图 13－4　环节动物各纲的进化关系图

螠虫曾被分类在环节动物门中，因为其已退化的分节现象，但众多研究并未能验证此种分节现象，也没有其他的证据来支持其属于环节动物的分类结果（Edwards and Lofty，1977）。环节动物各纲的进化关系见图 13－4。

13.6　软体动物的起源与演化

关于软体动物的起源有几种不同的说法，其中理由比较充分的一种说法是软体动物和环节动物都是从共同的祖先进化而来，由于在长期进化过程中朝着两种不同的生活方式发展，形成了两类体制不同的动物。于是，软体动物就产生了保护用的外壳和许多适于运动的构造，如分节现象和头部等多不出现或退化。同时，也发展了一些它们所特有的构造如足及外套膜等。环节动物和软体动物两者的胚胎形成和发育明显相似。如两者均具有螺旋式的卵裂，很多海产软体动物的担轮幼虫和海产动物的担轮幼虫几乎相似。这有力地证明了这两类群有共同的起源。

Stasek(1974)提出了原始软体动物是通过三条独立的进化线来完成进化的观点。一条是进化为无板纲，一条是进化为多板纲，此时出现了一些假分节现象。第三条则是多板纲进一步的发展，在角质层下面产生外套膜、外套腔和鳃。这样发展产生了单板纲。单板纲进化为其他的带壳软体动物。Haszprunar(1994)也指出，无板纲是原始的种类，是较早分出的一支。

关于带壳软体动物的进化，在 20 世纪 90 年代有两种假设比较盛行。一种是由 Runnegar 和 Pojeta 在 1974 年提出的 Cyrtosoma－Diasoma 假说。他们将带壳软体动物分成两个亚门，即背部具壳类(Cyrtosoma)和全身具壳类(Diasoma)。Cyrtosoma 包括单板纲、腹足纲和头足纲，这三纲的动物最初都是覆盖着圆锥形的单壳，再逐渐演化成螺旋形的壳。Diasoma 包括古老的现已灭绝的喙壳类、瓣鳃纲和掘足纲。单板纲进化为腹足纲、头足纲和喙壳类，而喙壳类又进一步发展为瓣鳃纲和掘足纲，虽然 Diasoma 是由单板纲演化的，但这两个亚门在早寒武纪便开始各自的分化。他们认为多板纲也是由单板纲演化而来的而并不是最原始的祖先。另一种假设是由 John S. Peel(1991)提出的 Helcionellid 假说。Helcionellid 是一种现已灭绝的古老的结构简单的软体动物，形似蜮形，有很多的皱褶。Diasoma 的进化由两条平行的进化线所代替，即一条为单板纲进化为瓣鳃纲和腹足纲，另一条为 Helcionellid 进化为喙壳类。掘足纲由喙壳类演化而来，头足纲是由 Helcionellid 演化而不是由单板纲演化的。

Wimmer 和 Plawen 在 2001 年的研究结果与 Cyrtosoma－Diasoma 的观点相一致。而 Waller 在 1998 年却推翻了传统的 Cyrtosoma－Diasoma 的观点，提出头足纲和掘足纲同属 Cyrtosoma 演化的一支。他认为，带壳软体动物的演化是一支演化成单板纲，在另一支的演化过程中瓣鳃纲较早地分支出去。然后继续进化为腹足纲和 Helicionellid，Helicionellid 进一步进化为掘足纲和头足纲。Steiner 和 Dreyer(2003)通过对不同种类的软体动物的 18S rDNA 序列进行分析，从种群的亲缘关系上也得出了相同的结论。进化的关系如图 13－5 所示。由此可推断，在带壳软体动物的进化中，瓣鳃纲很早便分出一支，而掘足纲和头足纲是最后分出的。

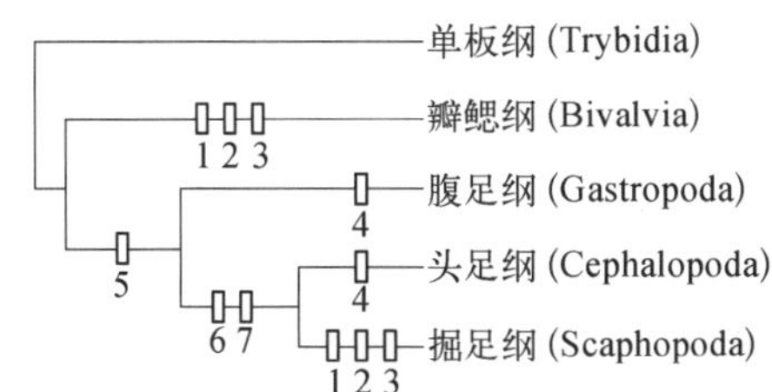

图 13－5　Steiner 和 Dreyer(2003)通过对不同种类的软体动物的 18S rDNA 序列进行分析，从种群的亲缘关系上得出了在有壳软体动物的进化中，瓣鳃纲很早便分出一支，而掘足纲和头足纲是最后分出的结论

对软体动物早期演化的认识，不仅要从胚胎学和解剖学进行，而且也需要从化石材料加以论证。化石产出的层位直接反映软体动物早期演化的时代特征。我国古生物学家余汶

(1990)认为,多板纲的化石的发现,说明了在早寒武纪时,多板纲初步分化时期,也是腹足纲第一次辐射演化时期,出现了许多重要类群的祖型分子,如上旋、左旋和右旋。钱逸(2001)根据目前寒武纪的软体动物化石标本产出的层位以及壳体形态特征、组织结构、生长方式、地层中出现先后顺序等方面论述瓣鳃纲是由喙壳类分支演化而来,喙壳类由单板纲分支演化而来。腹足纲是在早寒武纪的梅树村期由单板纲分支演化而来。

以上为软体动物进化的不同的观点,由于出土的化石结构的不完整和种类的欠缺,给软体动物的系统发育的研究带来了很大的困难,以至于不能得到准确的进化途径。对于软体动物的系统发育与进化有待于进一步地研究。

13.7 节肢动物的起源与演化

节肢动物起源于6亿年前的前寒武纪的海洋中。其中,甲壳动物的类群在寒武纪早期已经十分兴旺。此后,节肢动物经历了巨大的辐射演化,即使一些类群如三叶虫类早已退出了历史舞台,但现存的类群在地球上已无处不在。节肢动物由环节动物演化而来,为以前大多数学者所认可。也普遍认为与节肢动物近缘的是缓步动物 Tardigrade(如熊虫)和有爪动物 Onychophora(如栉蚕)。形态学的研究和近30年来的分子生物学的研究都支持节肢动物和缓步动物是姐妹群,这两类然后又与有爪动物构成姐妹群的关系。学者们对构建这三类亲缘关系的共同衍征并无多大的争议,并把这三类合称为泛节肢动物 Panarthropoda(图13-6)。

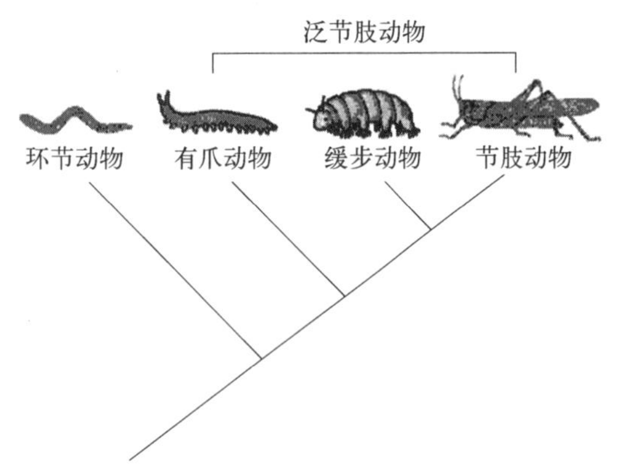

图13-6 节肢动物和近缘类群(泛节肢动物)的亲缘关系(引自宋大祥,2006)

至于节肢动物的原始远祖是怎样的?它与现存的类群之间究竟有何亲缘关系?节肢动物的起源是单系还是多元的?关于这些问题众说纷纭,但主要的争论点为:其一是六足动物起源于多足动物还是甲壳动物;其二是节肢动物是单系群还是多系群。

1. 起源问题

目前普遍接受的观点是节肢动物、有爪动物和缓步类共同起源于躯体分节的蠕虫状祖先型生物。这种祖先型生物本身是起源于类似多毛类或者寡毛类的环节动物型祖先还是其他未知的非环节动物型生物尚不清楚。这种祖先型生物逐渐演化出叶足状附肢而不是类似于环节动物的疣足,导致有爪动物的出现。有爪动物仍保留着许多原始特征,如表皮未钙化、还没有明显体节化的骨片、不分节的附肢。随着真正的腿肢式运动方式的产生,缓步类和节肢动物可能开始从这一演化支系中出现。所以节肢化过程中重要的最后步骤是在有爪类和缓步类出现后才真正开始的。具有这些特征的前寒武纪原始生物被认为是第一个真正的节肢动物——原节肢动物(Protoarthropods)。近年来的研究显示线虫、缓步类和有爪类是节肢动物的近缘类群,而非以前绝大多数学者所认为的软体动物和环节动物。此外,有证据显示环节动物与节肢动物的分节现象并不同源,这对于澄清节肢动物内部各类群的关系非常重要。有学者研究认为:在所有的原口动物中,线形动物与节肢动物是关系很近的类群,这与传统的观点截然不同。

2. 单系起源还是多系起源问题

节肢动物单起源论认为节肢动物起源于一个共同的节肢动物祖先型;而多起源论认为节肢动物具有多个不同的非节肢动物祖先型。多起源论的核心是节肢动物主要的四大类群不是起源于一个共同的节肢动物祖先型,而是独立的起源于四类不同的环节动物或者环节动物祖先型。以前的研究多赞同多系起源假说,但是现在越来越多的研究支持单系起源假说。当然目前还有许多争议。

3. 节肢动物门类群间关系的问题

现生的节肢动物包括多足类、六足类、甲壳类和有螯类。它们的共同点是:有几丁质表皮、体分节、附肢分节、周期变态、头部分节、特殊形式的口前节、有复眼及体腔退化等。

上文提到,学者目前倾向于认为节肢动物为单系群;由甲壳类、六足类和多足类联合形成单系群——具颚类;与六足类最为近缘的类群是甲壳类,而非多足类。六足动物(昆虫)完全合并到甲壳动物之中,共同构成一个新的类群:泛甲壳动物(Pancrustacea)(图 13－7、13－10)。

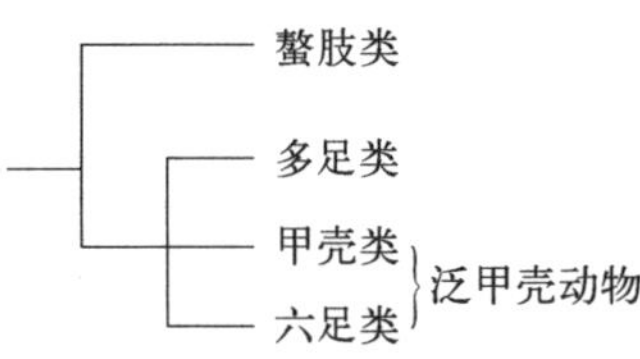

图 13－7 泛甲壳动物新假说的系统支序图(Giribet et al. 2002)

近年来,许多学者应用分支系统方法来研究节肢动物的系统发育,其主要分歧在于昆虫和多足类的归属问题。传统的形态分类学认为甲壳类、昆虫类以及多足类口前附肢属同源构造,因而构成一单系群。可是,有相当多的分析结果将多足类和昆虫类置于节肢动物系统发育树的最基部。这就意味着单支类节肢至少在三叶虫出现之前就已演化发展。因此提出,不管单支还是双支,很可能所有节肢动物类别都来自有爪类。虽然现生有爪类是陆生,而且是很小的一个门类,但在寒武纪,与之类似的海生叶足类十分丰富多样。基于比较形态解剖学特征的传统分类学者认为多足类与昆虫类有较近的亲缘关系,但是越来越多的证据,特别是分子生物学研究数据表明是甲壳类而不是传统上认为的多足类与昆虫类有密切的系统发育关系(图 13－8)。

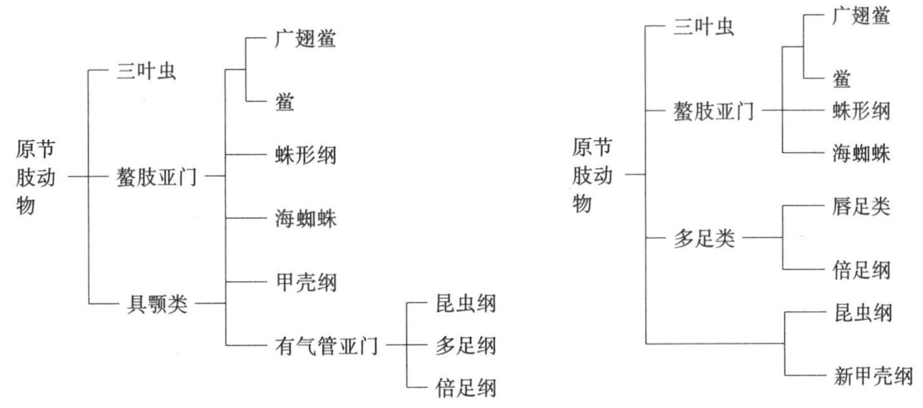

图 13－8 节肢动物系统发生树传统与后来研究结果之间的差异

修改后的系统发生树支持这种假说:昆虫和现生甲壳类是姐妹类群,它们可能共同起源于类似甲壳类的原始祖先

单系的节肢动物门是否包括有爪类?非常特殊的有爪纲拥有节肢动物门主要类群的一些特征,同时还具有环节动物的部分特征。早年研究认为,从心脏、血腔、表皮、神经节、气管系统以及胚胎发育等方面的特征来看,节肢动物应包括有爪类。从形态学角度对节肢动物与"寒武纪爆发"所形成的一些化石类群间的关系所做的研究认为有爪类不属于节肢动物。对 18SrDNA 序列的研究结果认为单系的节肢动物不包括有爪类,有爪类与线形动物的关系更为密切。

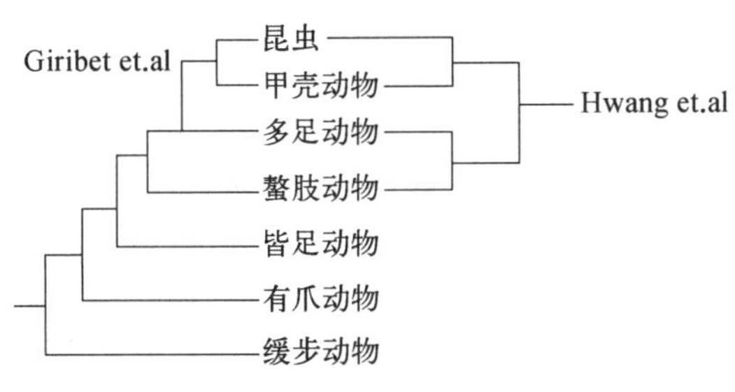

图 13－9 关于节肢动物各亚门演化关系的两种假说

左边是 Giribet 等人基于形态学和序列特征而提出的假说,右边是 Hwang 等人基于线粒体基因组序列数据而提出的假说

但是多足类和螯肢类在节肢动物系统演化树中的位置关系还存在争议,例如 Giritbet 等人(2002)指出海蜘蛛是一个独立的亚门,并且认为多足类与甲壳类等其他节肢动物有较近的亲缘关系,将螯肢类看作是[多足类＋(甲壳类＋昆虫类)]的姐妹类群。而 Hwang 等人却认为螯肢类与多足类是姐妹类群,螯肢类—多足类支系与甲壳类—昆虫类支系为姐妹类群(图 13－9)。

关于节肢动物系统发生推测有 6 点说明:① 最早的节肢动物可追溯到 6 亿年前,有趣的是最早的化石不是三叶虫,而是与甲壳类相似。有人推断节肢动物都源自一个基干类群——古代的甲壳类,或"原甲壳动物(Protocrustacea)"。② 三叶虫出现于寒武纪的早期,可能是自原甲壳动物演化出来的第一主支,它们是当时最繁盛的节肢动物,直到 2 亿 4 千万年前(二叠纪和三叠纪之间)灭绝。③ 螯肢动物肢口类可能起源自前寒武纪的晚期,在寒武纪中大爆发。肢口纲广鳍目(Eurypterida)(已灭绝)和剑尾目(Xiphosura)的化石见于 5 亿年前的奥陶纪。广鳍目的鳍鲎(Pterygotus)是节肢动物中个体最大者,体长近 3 m,曾在古代的海洋和淡水中一直生活到二叠纪,在志留纪和泥盆纪十分繁荣。有证据表明:广鳍目的某些种类甚至演化为两栖的或半陆生的。剑尾

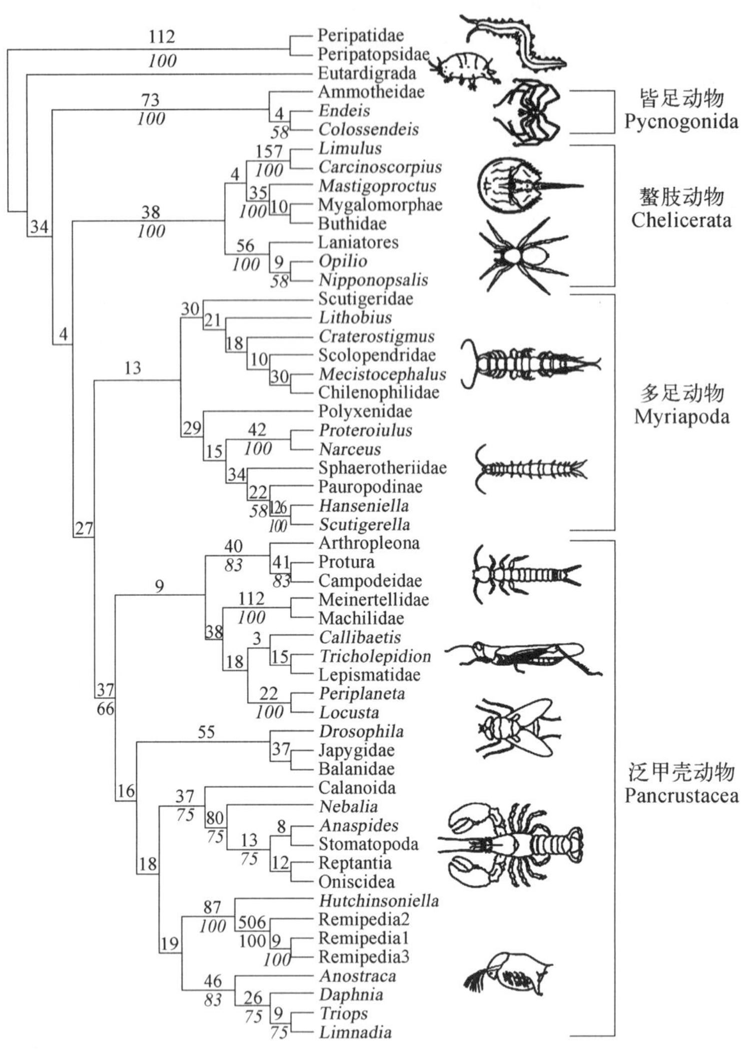

图 13-10 节肢动物各类群的系统树(引自 Giribet et al. 2001)

根据 8 个基因位点 DNA 序列分析数据和 303 个非序列特征数据作为参数组,从总体上将 9 个分支之间的不一致减到最低限度。仅一棵树,需27 375步。Bremer 支持值见图中各分支之上的正体数码,各参数分析值的百分比以斜体数码表示

目大多灭绝,现仅剩 3 属 5 种,成为一类“活化石”。到志留纪许多螯肢动物演化为陆生种类。④ 在化石中随后出现了多足动物。现生的多足类都是陆生的,但最早见于奥陶纪晚期与志留纪早期之间的化石却是海洋种类。陆生种类在志留纪中期才出现,它们与陆生的螯肢动物共同在陆地上栖息。⑤ 六足类是节肢动物中最后出现的一支。类似今天的弹尾类和石蛃类的化石出现在泥盆纪的早期,可追溯到 3.9 亿年前。但在志留纪发现的一些遗迹化石与六足类非常相像,以及分子钟的资料似乎表明昆虫的起源应推前到志留纪的早期。第一个有翅昆虫的化石见于泥盆纪稍晚时。随着 1 亿 3 千万年前开花植物的出现,以及昆虫飞行的演化,昆虫在白垩纪可能有了快速的发展。昆虫基本上是一陆生类群,水生种类是次生性进入水生境后产生的。⑥ 现在的甲壳动物起源自节肢动物进化树的很基部的分支,而且可能由原甲壳动物在不同时期多次演化而来(图 13-11)(图中有多条未具体标名的进化支,引自宋大祥,2006)。

13.8 棘皮动物的起源与演化

关于棘皮动物的起源问题,至今有三种学说,一种学说认为棘皮动物起源于两侧对称体形的对称幼虫(dipleurula)。对称幼虫具三对体腔囊,与现在生存的棘皮动物幼虫形态类似。棘皮动物各纲在发育过程中都具有两侧对称的幼虫,而成熟体的辐射对称是次生形成的,说明棘皮动物是对称幼虫对固着生活进一步适

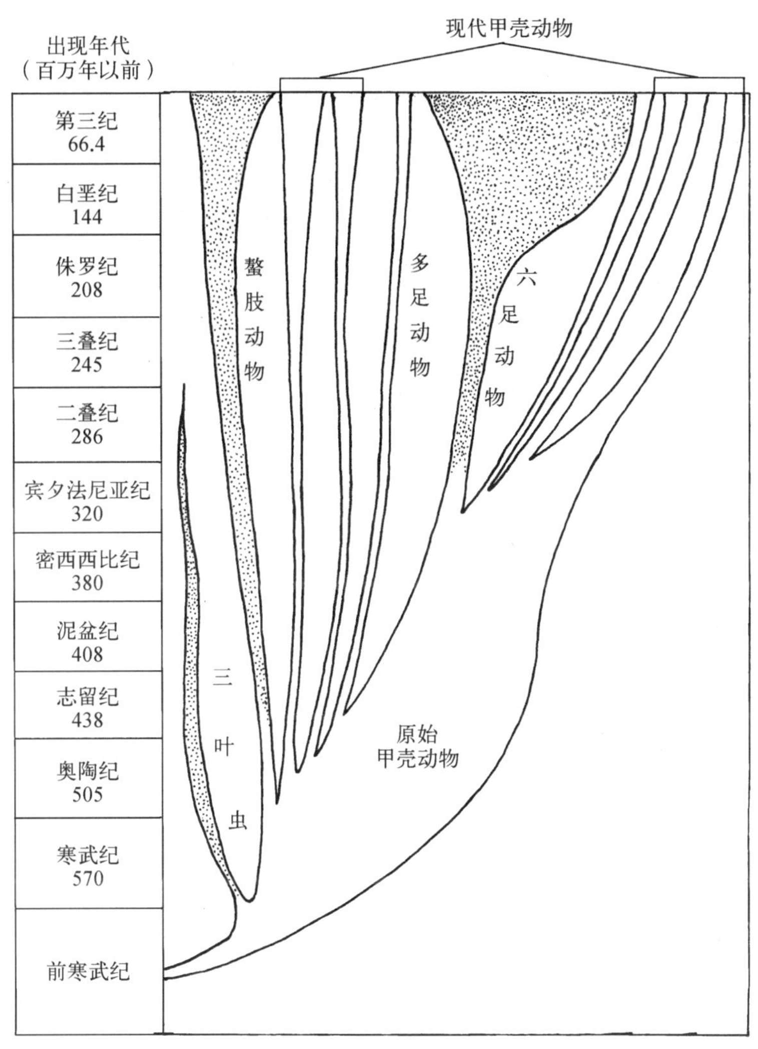

图 13 - 11　关于节肢动物系统发生的推测(引自宋大祥，2006)

应而演变而来的。现已发现部分已绝迹的化石种类为两侧对称体形，如出现于寒武纪地层中的两侧对称的海林擒类(Cystidea)化石和海蕾类(Blastoidea)化石，进一步支持了棘皮动物起源于两侧对称体形的对称幼虫的学说。另一种学说认为棘皮动物起源于五触手幼虫(pentactula)，五触手幼虫也为两侧对称体形，具 3 对体腔囊和围绕口的 5 条中空触手；5 条触手似总担，为体腔囊的延伸，是形成水管系统的基础。五触手幼虫由于进化为固着生活，其体形逐步转化为辐射对称。有一部分以后再营自由生活，但其体形仍保持着辐射对称；最后一种学说是在最近由舒德干等人(2004)提出的，该学说认为棘皮动物起源于在中国澄江化石库发现的古囊动物。古囊动物躯体分为两部分，其前体与其他古生代的低等棘皮动物一致，而后体却仍保留了原始后口动物古虫类的基本特征，从而证实了现代五辐射对称的棘皮动物的祖先原本是两侧对称的。

关于棘皮动物的分类问题，长期以来存在着两种观点：一种是传统的外部形态分类法，根据有茎固着、无茎游移。另一种是现代费尔分类法，根据内部水管生长梯度。传统分类法认为棘皮动物可分为两类：一是有茎或固着亚门：似植物，固着定居生活，口面向上，反口面向下，有茎，如海百合纲、海林檎纲、海座星纲、海扁果纲、海蕾纲等；另一个为无茎或游移亚门：自由移动生活，无茎，口面向下，反口面向上，如海胆纲、海星纲、海参纲、海蛇尾纲等。现代费尔分类法也认为棘皮动物可分为两类：一是水管系统生长梯度是纵向或经向，如海胆纲、海参纲；另一个是水管系统生长梯度是辐射生长海百合纲、海星纲和海蛇尾纲。

而关于棘皮动物各纲的起源与进化关系问题也存在很多争议，现在主要有两个假说：第一种是由 Bather 于 1900 年提出的“Asterozoan”假说，并且被 Mooia 和 David (1997)等的工作所支持。另一种假说则是由 MacBride 于 1906 年提出的“Cryptosyringida”假说，并且被 Smith(1988)等的工作所支持。两种假说认

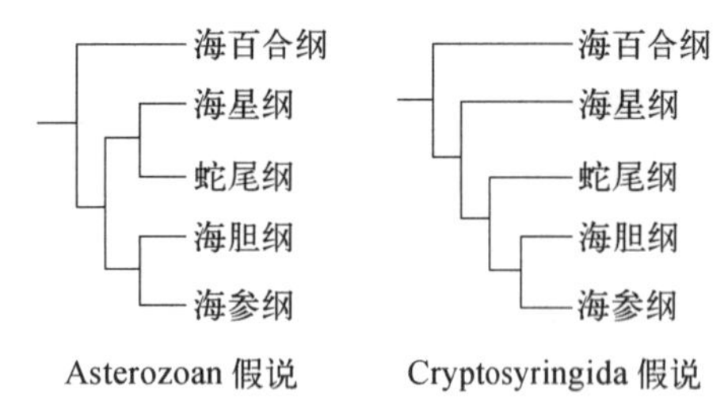

图 13-12 棘皮动物各纲的起源与演化(Asterozoan 假说与 Cryptosyringida 假说的比较)

为棘皮动物门均起源于同一祖先,其中海百合纲为最古老的一类,出现于寒武纪,泥盆纪以后逐渐衰落。它们大多数营固着生活,其形态特征与海林擒纲和海蕾纲相似,且海百合类的幼虫与海林擒类近似,故海百合纲可能来源于海林擒纲,为最古老的一类;而其他四纲共同组成了游移亚门。其余四种棘皮动物的进化关系在两种假说中就产生了分歧:"Asterozoan"假说认为海星纲与海蛇尾纲演化关系较近,而海胆纲和海参纲演化关系接近;"Cryptosyringida"假说则认为蛇尾纲可能共同由海星纲进化而来,而蛇尾纲则有一部分进一步演化为海参纲和海胆纲,如图 13-12。

思 考 题

1. 为什么说原始鞭毛虫是所有原生动物的祖先? 原生动物各纲的关系如何?
2. 试述刺胞动物各纲的系统发生。
3. 阐述扁形动物起源的三种假说并说明哪一种观点被大家所接受。
4. 简述环节动物起源的两种主要学说,你认为哪种学说更容易被接受。
5. G. Steiner 和 H. Dreyer(2003)通过对不同种类的软体动物的 18S rDNA 序列进行分析后得到什么结果?
6. 简述泛甲壳动物学说与节肢动物系统发生的新观点。
7. 比较 Asterozoan 假说与 Cryptosyringida 假说,说明棘皮动物各纲的系统进化关系。

第14章 脊索动物门(Chordata)

提　要

脊索动物是动物界中进化最高等、身体结构最复杂、生理机能最完善的一个类群。适应各种不同的环境条件。终生或在胚胎发育的早期阶段具有脊索、背神经管和咽鳃裂三大特征。包括尾索动物、头索动物和脊椎动物三大类群。

生物的进化是由简单到复杂、低级到高级、水生到陆生的方向不断发展,脊椎动物的出现是一个自然进化的过程,是生物不断进化的结果。

在距今约5亿年的奥陶纪,从无脊椎动物中进化出了最早的脊椎动物,脊椎动物最显著的结构就是身体背部有一根脊柱,它是由一块块脊椎骨相互关节和串联在一起,用于支持身体的中轴骨骼。常见的鱼类、两栖类、爬行类、鸟类和哺乳类等动物都是具有脊柱的脊椎动物。

1866年起俄罗斯胚胎学家柯瓦列夫斯基对文昌鱼、海鞘、柱头虫的胚胎学研究,揭示了脊椎动物与无脊椎动物之间的过渡类群的特征。1874年起赫格尔根据柯瓦列夫斯基的研究成果,将海鞘、文昌鱼等动物与脊椎动物合并在一起,成立了一个新门——脊索动物门。

14.1 脊索动物门的主要特征

脊索动物门是动物界中最高等的一门,现存种类数量繁多,在地球上广泛分布。它们的身体结构复杂,生理机能完善,生活方式多样,能够适应各种不同的生活环境。尽管它们各自都存在着显著的差异,然而,与其他动物界各门动物相比较,它们都具有以下共同的主要特征。

1. 脊索(notochord)

脊索是身体背部起支持作用的一条不分节的棒状支柱(图14-1)。位于背神经管的腹面,消化道的背面。脊索来源于胚胎期的原肠背壁,经加厚、分化、外突、脱离而成。脊索由富含液泡的脊索细胞组成,外面围有两层结缔组织鞘:纤维组织鞘和弹性组织鞘(图14-2)。脊索细胞能随动物个体发育而不断生长,脊索细胞的液泡所产生的膨压致使脊索有弹性,又有硬度,似骨骼一样起到了支持身体的作用。

脊索是脊索动物门最主要的特征之一。低等的脊索动物中,脊索终生存在(如文昌鱼)或仅存在幼体(如柄海鞘);高等的脊索动物中,脊索仅在胚胎期间出现(如鱼类、两栖类、爬行类、鸟类和哺乳类),发育完全时被分节的脊柱(vertebral column)所取代,通常将这些具有脊柱的动物称为脊椎动物。

2. 背神经管(dorsal tubular nerve cord)

背神经管是神经系统的中枢部分,位于脊索的背面,中空呈管状。它是由外胚层在胚体背面中央下陷卷褶而成(图14-1)。

背神经管是脊索动物门最主要的特征之一。在高等种类中,背神经管前端膨大形成脑,脑后发育成脊髓;背神经管内空腔也保存下来,在脑中形成脑室,在脊髓形成中央管。

3. 咽鳃裂(pharyngeal gill slits)

咽鳃裂是指消化道前段的咽部两侧一系列成对排列、数目不等的裂孔,直接开口于体表或以一个共同的开口间接地与外界相通。它是由内胚层外突和外胚层内陷达到相互贯通而成(图14-1)。

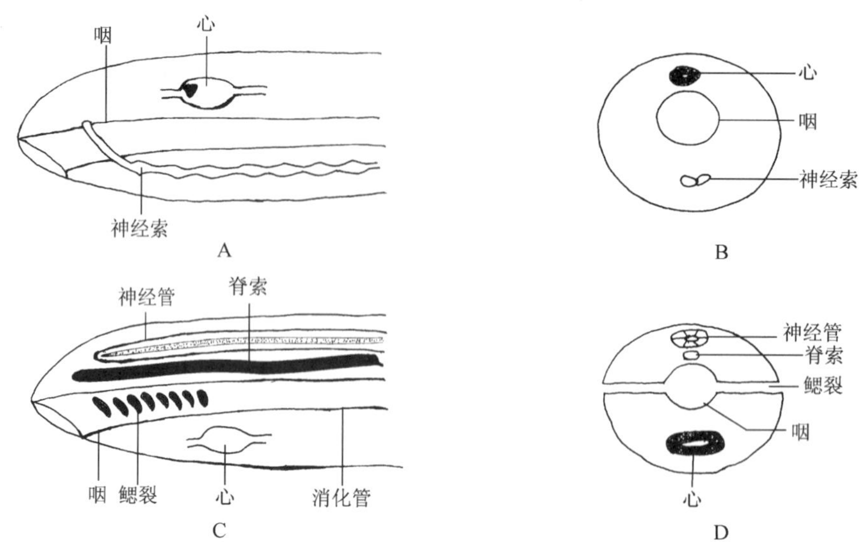

图 14-1 脊索动物的主要特征及与无脊椎动物的区别(引自刘凌云和郑光美)
A. 无脊椎动物纵断面;B. 无脊椎动物横断面;C. 脊索动物纵断面;D. 脊索动物横断面

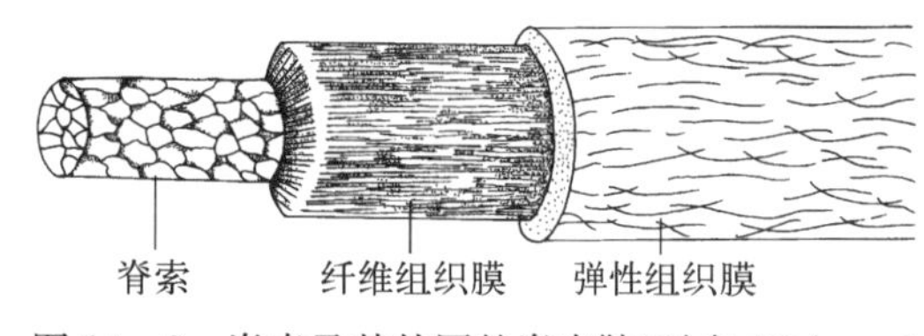

图 14-2 脊索及其外围的脊索鞘(引自 Hickman)

咽鳃裂是脊索动物门最主要的特征之一。低等水栖脊索动物的咽鳃裂终生存在,在咽鳃裂之间的咽壁上着生了布满血管的鳃,作为呼吸器官进行鳃呼吸;陆栖高等脊索动物仅在胚胎期或幼体期(如蝌蚪)有咽鳃裂,成体时消失,取而代之的是呼吸空气中氧的肺。

4. 次要特征

脊索动物除了具备上述三大主要特征以外,通常还具有以下的次要特征,如脊索动物的心脏通常位于消化道的腹面(图 14-1);循环系统为闭管式(尾索动物例外),血液具有红细胞;尾部总是在肛门后方,称为肛后尾(postanal tail);骨骼如存在,是属于中胚层形成的内骨骼。

此外,两侧对称、后口、三胚层、真体腔和分节现象等特征与一些高等的无脊椎动物同样共有,这也说明脊索动物是由无脊椎动物进化而来。

5. 脊索动物与无脊椎动物的区别与联系

脊索动物与无脊椎动物区别是显著的(图 14-1)。脊索动物具有纵贯背部的支持结构脊索,脊椎动物被脊柱所代替;中空的神经中枢位于背部;生活的全部或部分时期具有鳃裂;心脏位于消化道腹面。而无脊椎动物无脊索或脊柱,中枢神经呈索状且位于身体腹面,不具鳃裂,心脏位于消化道背面。在比较生物化学方面,脊索动物参与肌肉收缩能量代谢的非蛋白质含氮浸出物是磷酸肌酸(creatine),无脊椎动物的是磷酸精氨酸(arginine)。

但脊索动物的一些结构也见于一些无脊椎动物,如后口、三胚层、两侧对称、真体腔、分节现象、闭管式血液循环等。

14.2 脊索动物门的分类

目前,已知脊索动物约有70 000多种,现存种类约有41 000种,依据脊索动物的脊索、背神经管和咽鳃裂三大结构的不同发育情况,分为三个亚门。

尾索动物亚门(Urochordata):脊索只存在于幼体的尾部,成体消失;背神经管至成体后也消失;咽鳃裂终生存在。

头索动物亚门(Cephalochordata):脊索伸达到头部并终生存在,背神经管、咽鳃裂也终生存在。

脊椎动物亚门(Vertebrata):脊索仅存在于胚胎时期,由脊柱所取代;背神经管进一步分化成结构复杂的脑和脊髓;咽鳃裂也大都存在于胚胎早期,水栖脊椎动物用鳃呼吸,陆栖脊椎动物发展为肺呼吸。

其中尾索动物亚门和头索动物亚门是一类属于低等的脊索动物,称为原索动物(Protochordata)。它们均无真正的头和脑,又称无头类(Acrania)。

14.2.1 尾索动物亚门(Urochordata)

本亚门包括海鞘(Ascidia)等在内的大约2 000种。

1. 尾索动物的主要特征

1) 幼体具脊索动物3大特征,但脊索仅限于尾部,故称尾索动物。但尾索成体消失。

2) 海生动物,大多数营自由生活,经变态为成体后营固着生活。

3) 身体被被囊(tunic)包裹——被囊动物(Tunicate)。

4) 有单体和群体两种类型。

5) 尾索动物为雌雄同体,但异体受精,常营有性生殖,也有营无性的出芽生殖,甚至生活史中还有复杂的世代交替现象出现。

本亚门动物长期被归属于无脊椎动物,直至1866年俄国胚胎学家柯瓦列夫斯基研究了海鞘的胚胎发育后,才确立了它们的低等脊索动物的地位。

2. 尾索动物的结构与功能概述(以柄海鞘 *Styela clava* 为例)

(1) 外形

海鞘是尾索动物亚门中最主要的类群,占全部种数的90%以上,柄海鞘是海鞘类中的常见优势种,经常与盘管虫、藤壶、苔藓虫等附着在岩石、贝壳、码头和船体等物体上,被作为沿海污损生物的重要指标种。

柄海鞘的外形呈长椭圆形,基部固着在海底岩石、贝壳或船底之上。顶端有2个开口,顶部开口是入水管口(incurrent siphon),侧面的开口是出水管孔(excurrent siphon)(见图14-3)。水流带着食物和氧由入水孔进入体内,代谢废物和由鳃裂流出的水经出水孔排出。如果受到惊扰或刺激,它的体壁会激烈收缩,积聚在体内的水可从两孔喷射而出。

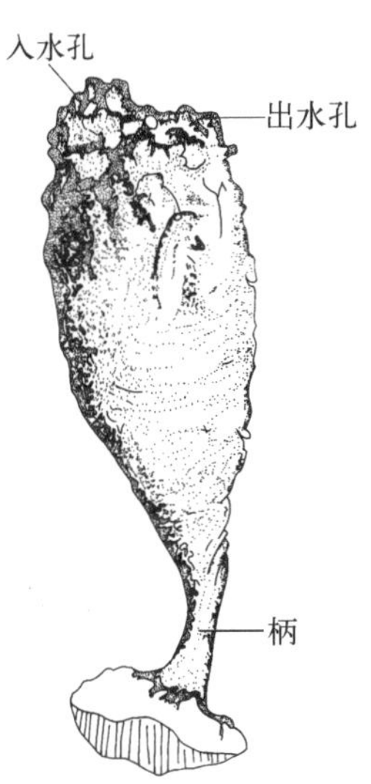

图14-3 柄海鞘的外形
(引自刘凌云和郑光美)

通过柄海鞘身体的水流对海鞘的生存和保护有重要意义。海鞘无内骨骼,靠水流产生内压以支撑身体,同时水流对柄海鞘的新陈代谢是必需的。

(2) 内部结构

1) 体壁构造 身体的最外层是被囊,被囊内是一层柔软的外套膜(mantle),在入水孔和出水孔的边缘处与被囊汇合,有环形括约肌控制两孔的启闭。外套膜围合的腔为围鳃腔(atrium),它以出水孔通向体外(图14-4)。

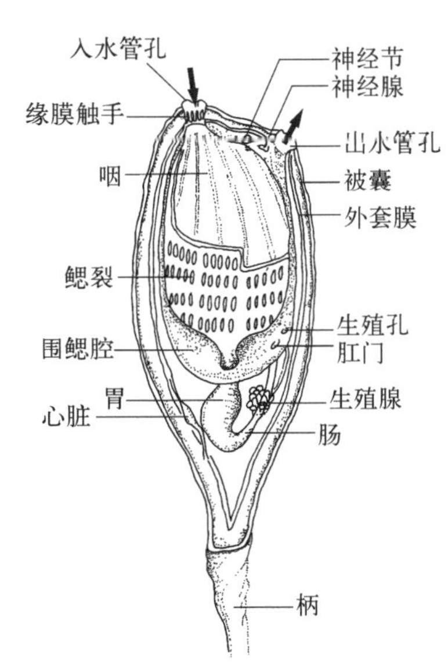

图14-4 柄海鞘的内部解剖
(赵肯堂,引自刘凌云和郑光美)

被囊厚而粗糙,棕褐色,由外胚层上皮分泌形成的被囊素形成,呈半透明状,中胚层细胞也分布在内,经分析其化学成分是植物纤维素。在动物界有被囊是很特殊的。被囊仅见于原索动物和少数原生动物。

2) 消化系统 柄海鞘的口在入水孔的底部,口的四周长有缘膜触手,口下为宽大的咽部,占身体的绝大部分(3/4)。咽壁上分布有大量横向排列的鳃裂,水流由入水孔经口流到咽部,由于鳃裂周围的咽壁上布满着丰富的血管,当水流流经鳃裂进入围鳃腔,就进行气体交换,完成了呼吸作用。同时,食物微粒是依靠水流经口携带进咽部,缘膜触手能滤去粗大食物和杂物,咽壁上生有纤毛,其背腹侧的中央各有一条沟状结构,背腹相对,分别称为背板(dorsal lamina)和内柱(endostyle),它们在咽前端以围咽纤毛沟相连。沟内具有腺细胞和纤毛细胞,腺细胞分泌的黏液使沉入内柱的食物粘成团,沟内的纤毛摆动,将食物团从内柱推向前端,经围咽纤毛沟往背板方向推进。尔后,食物进入了食管、胃和肠进行消化和吸收。肠末端肛门开口于围鳃腔内,不能消化的食物残渣进入围鳃腔,最后随水流经出水口孔排出体外。口始于入水管孔下方。

3) 呼吸系统　呼吸作用在咽部完成,鳃裂周围咽内壁有丰富的毛细血管,当水流经过鳃裂时进行气体交换。

4) 排泄系统　无集中的排泄器官,仅在肠的弯曲处有一团具排泄机能的细胞。

5) 循环系统

心脏:位体腹面的围心腔内(体腔的一部分)。

血管:心脏前端发出的一条鳃血管,分布于鳃裂间咽壁上;心脏后端发出的一条肠血管,分布到胃、肠等内部器官。

血循环方式:血管一再分支后即流入血窦(即各器官的组织间),血窦无真正的血管壁,因此循环为开放式循环。柄海鞘具有很独特的可逆式血液循环,血液循环不仅为开管式循环,而且血液的流动每隔几分钟就周期性地改变方向,血管无动脉和静脉之分。这种循环方式在脊索动物中是惟一的,在动物界也是极少见的。血液无色。

6) 神经和感官　由于营固着生活,神经系统和感觉器官都很退化。成体时背神经管退化成一个神经节,位置在入水管孔和出水管孔之间的外套膜上,由此发出若干神经分支分布到身体各个部分。无集中的感觉器官,仅在外套膜、出、入水管孔等处有分散的感觉细胞。

7) 生殖系统

有性生殖:雌雄同体,但同一个体的精子和卵子不同时成熟,为异体受精。成熟的生殖细胞经围鳃腔排出体外,或在围鳃腔内与另一个体的生殖细胞相遇而受精,受精卵再随水流排出体外。

无性生殖:出芽。

3. 幼体和变态

柄海鞘的幼体外形似蝌蚪,在水中营自由游泳生活。尾部有典型的脊索,脊索背侧有中空的背神经管,前端膨大成脑泡,并具有含有色素的眼和平衡器。咽部具有成对的鳃裂。这样,柄海鞘幼体就具备了脊索动物门的三大主要特征。

柄海鞘的幼体时期是短暂的,几小时后,它借助于简单的眼和感觉细胞,寻到合适的栖息地,用身体前端的附着突附着在某一物体上,开始变态。变态期间,它失去了一些作为脊索动物应具有的特征:其尾部连同脊索逐渐萎缩消失,神经管退化成神经节,感觉器官消失。但由于咽部扩大,其上的鳃裂数大为增加。同时附着突起背面生长迅速,其他部位生长迟缓,使其内部器官旋转了大约 90°。然后体壁分泌被囊素形成被囊,附着突起也为柄海鞘的柄所替代,柄海鞘的成体开始营固着生活(图 14-5)。

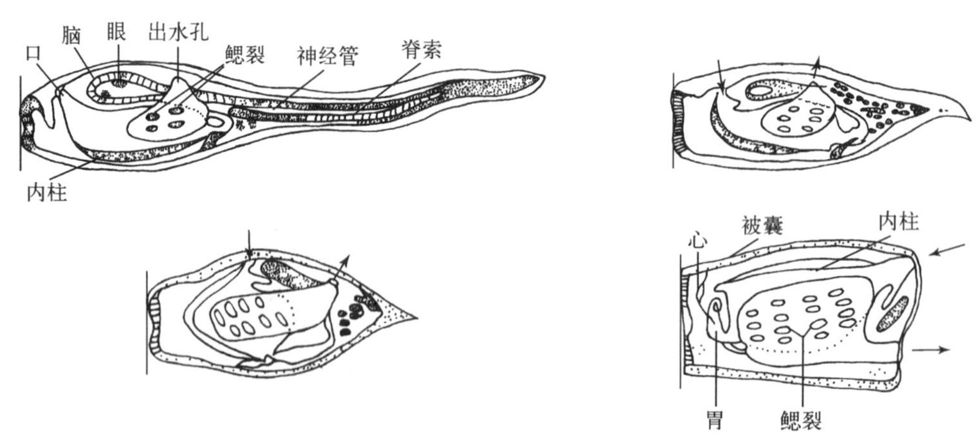

图 14-5　海鞘的变态(引自 Storer)

柄海鞘这种成体的形态结构变得越来越简单(一些重要的结构消失),生活方式也发生了显著差异的生长发育的现象,被称为逆行变态(retrogressive metamorphosis)或退化变态(retrograde metamorphosis)。

4. 尾索动物亚门的分类

尾索动物是脊索动物中最低等的类群,遍布世界各地的海洋,约有1 370多种,分属于三纲,我国已知有

14种。

(1) 尾海鞘纲(Appendiculariae)

属于原始类群,约有60多种,营游泳生活,形如蝌蚪,结构同海鞘幼体相似,终生保留着细长的尾和脊索,因而被称为幼态纲(larvacea)。无外套膜和围鳃腔,咽鳃裂一对且直接开口于体外,雌雄同体,行有性生殖。如:尾海鞘(*Appendicularia*)、住囊虫(*Oikopleura*)(图14-6A)。我国至今未见分布。

(2) 海鞘纲(Ascidiacea)

尾索动物亚门的主要类群,约有1 250种,单体或群体,成体多营吸附和固着生活,外被厚实的被囊。幼体通常有尾,营自由生活,有变态。常见种类为单海鞘目的柄海鞘,复海鞘目的菊芳海鞘(*Botryllus*)(图14-6C)。

(3) 樽海鞘纲(Thaliacea)

约有65种,单体或群体,身体呈桶形或樽形,营漂浮生活,被囊薄而透明,囊外有环状排列的肌肉带。入水孔和出水孔分别位于身体的前后端。肌肉带依次由前往后地收缩,迫使水从出水孔排出,从而推动樽海鞘的运动。生活史复杂,甚至有世代交替现象。常见种类为环肌目的樽海鞘(*Doliolum*)(图14-6D),半肌目的萨尔帕(*Salpa*)(图14-6E)。

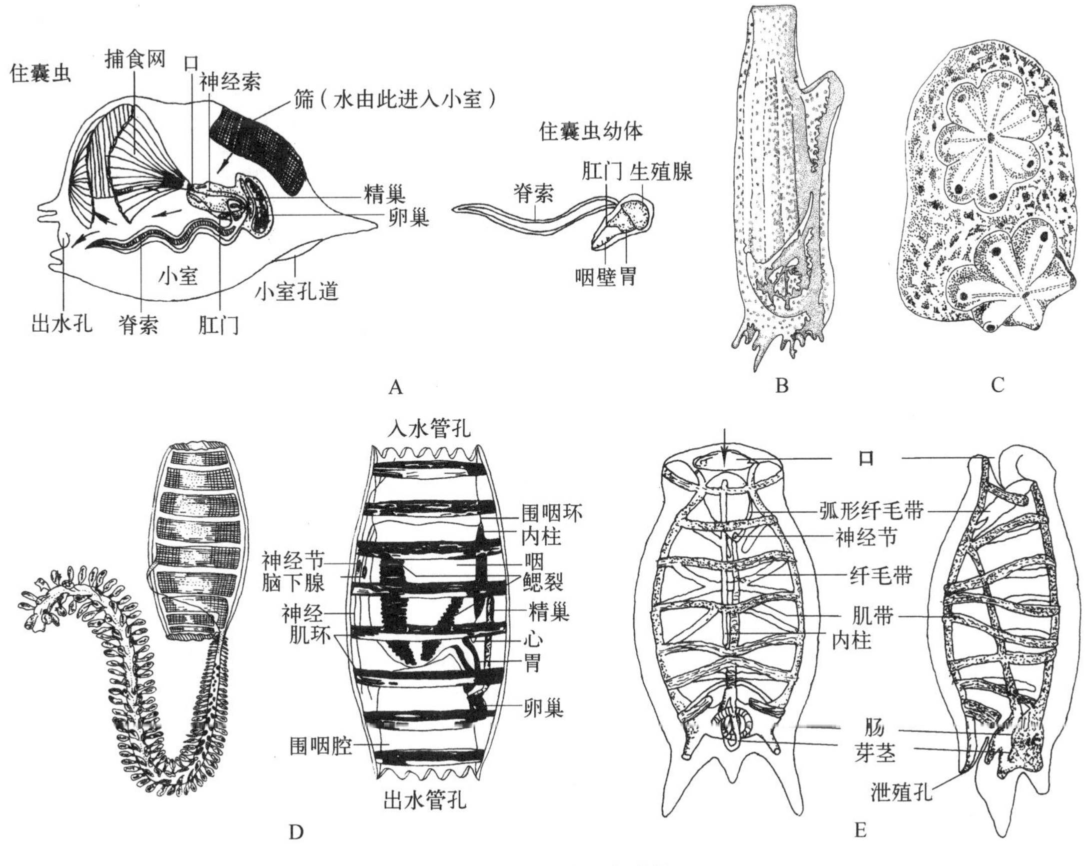

图14-6　几种尾索动物

A. 住囊虫及其幼体;B. 玻璃海鞘;C. 菊芳海鞘;D. 樽海鞘;E. 萨尔帕

14.2.2　头索动物亚门(Cephalochordata)

头索动物栖息在热带和亚热带的浅海中,体呈鱼形。头索动物的构造虽然简单原始,但是脊索动物的三大特征都以简单的形式终生保留着,因而被称为一个典型的脊索动物的简化缩影,在动物学研究中占有重要地位。

1. 头索动物的主要特征

1) 终生保留脊索动物门的三大特征,脊索和背神经管纵贯身体的全长,且脊索延伸到背神经管的前面,故称头索动物。

2) 身体仍有分节现象存在,无明显头部。

3) 生殖、排泄器官多对,各自开口。

4) 无心脏、血液无色。

2. 头索动物的结构与功能概述(以文昌鱼 *Branchiostoma belcheri* 为例)

文昌鱼是最早由德国动物学家 P. S. Pallas 在 1744 年发现,1923 年在我国厦门也被首次报道,据调查,我国在厦门、青岛和烟台等地均盛产文昌鱼。

(1) 生活方式

生活在北纬 48 度至南纬 40 度之间,常栖息在浅海水质清澈沙滩上,将身体埋入沙中,只露出身体前端,或一侧平卧沙面。不善游泳,游泳时 60 mm/s。夜间活跃,依靠体侧肌节的交互收缩,身体左右摆动,能在海水中作短暂的游泳。以借助水流携带的藻类为食。寿命 2 年 8 个月,一生中可繁殖 3 次。生殖季节为 5~7 月。

(2) 外形

文昌鱼是一种半透明的鱼形动物,体色呈肉红色,无明显头部,左右侧扁,两端稍尖,故又名双尖鱼(Amphioxus)。体长在 42~47 mm。身体除口以外,还有两个孔与外界相通,即腹孔(atriopore)或围鳃腔孔和肛门(anus)(图 14-7)。

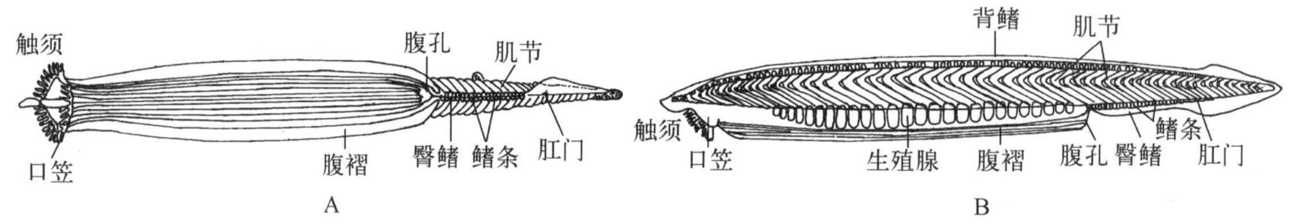

图 14-7 文昌鱼的外形腹面观(A)和侧面观(B)

文昌鱼的背面有一纵形的皮肤皱褶,称背鳍(dorsal fin),向后延伸与尾鳍(caudal fin)相连。腹面两侧皮肤下垂形成成对的腹褶(metapleural fold),至腹孔为止。尾鳍腹侧从腹孔起的皮肤皱褶,称臀鳍(anal fin),同样向后延伸也与尾鳍相连。

文昌鱼的口位于体前端,口周围有环形的缘膜,着生有缘膜触手,阻挡沙粒等物进入口内,具有过滤作用。口前端的空腔为口前庭(vestibule),底部边缘伸向前方的指状突起为轮器(wheel organ),用于搅动水流帮助吞食。口前庭的外缘为口笠(oralhood),口笠边缘有触须,用于过滤和筛选食物颗粒。肛门位于腹孔后方,稍稍偏向身体左侧。

(3) 内部构造

1) 皮肤 皮肤有表皮(epidermis)和真皮(dermis)的分化。表皮仅由单层柱状上皮细胞组成,其间有感觉细胞、无腺细胞和色素细胞,表皮外覆有一层角质层,幼体有纤毛。真皮是一薄层胶冻状结缔组织。腹面前部两侧有由皮肤下垂形成的成对的腹褶。

2) 骨骼 文昌鱼无骨质的骨骼;脊索细胞扁盘状,收缩时可增加脊索的硬度,纵贯全身的脊索是其主要的支持结构。无偶鳍。有 1 背鳍和尾鳍及身体腹面的臀鳍,口须中有类似软骨的支持物(骨骼的前体)在轮器、触手、触须中。

3) 肌肉 背部肌肉较腹部发达。肌肉按体节不对称排列在体侧,由 60 多对原始未分化的呈 V 字形的肌节组成,角顶朝前,肌节间以结缔组织的肌隔分隔。两侧肌节交错排列,使文昌鱼可在水平方向上作弯曲运动。肌节的收缩是文昌鱼运动的动力源泉。

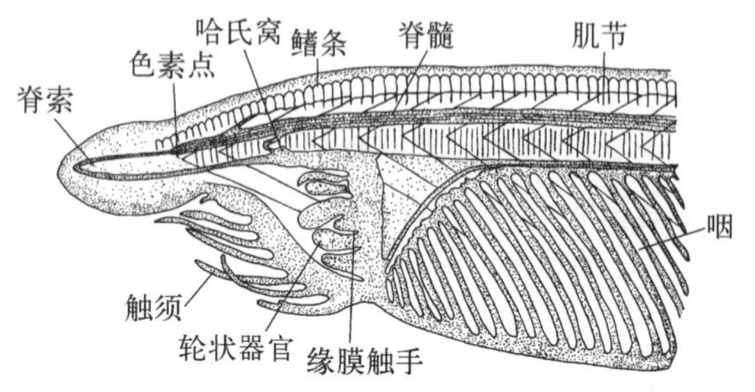

图 14-8 文昌鱼的头部

4) 消化系统 文昌鱼的消化系统较简单,由前庭、口、咽、肠、肛门组成。

口:文昌鱼钻泥沙少活动,其摄食是采用被动的营养方式,因而形成一套特化的取食和滤食器官。身体前端有口笠和触须(图 14-8,图 14-10),触须上有感觉细胞。口笠内是前庭,前庭后方通向口。口周围是一环形的缘膜(velum)(图 14-9),缘膜边缘向前方伸出指状突起,称轮器,轮器的摆动使带有食物的水流进入口中。缘膜边缘向口中央伸出缘膜触手(velar tentacle),防止泥沙等进入。触手和口笠触须具有过滤的作用,挡住泥沙,并使小的食物颗粒随水流进入口中。然后进入咽部食物留在咽内,水流经鳃裂进入围鳃腔,经腹孔排出体外。

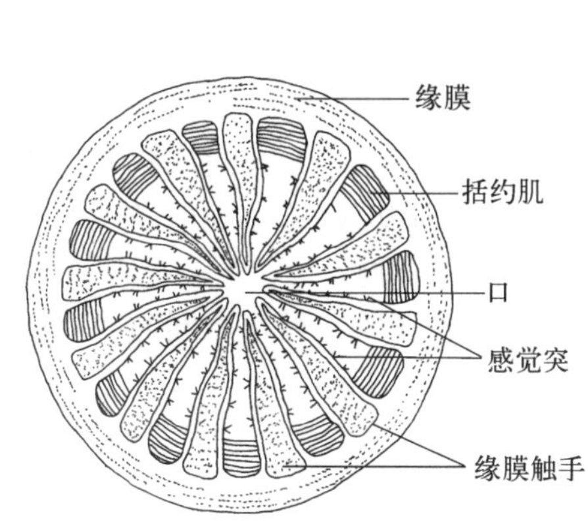

图 14-9　文昌鱼的口与缘膜

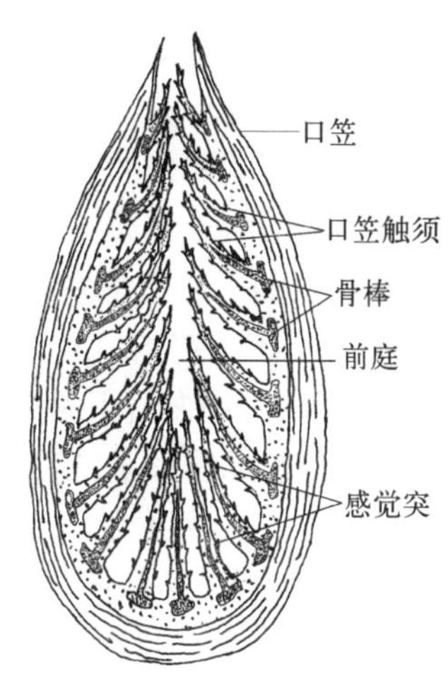

图 14-10　文昌鱼的口笠

咽　发达,几占体全长的 1/2。其侧壁被大量的鳃裂所洞穿。咽部背腹侧和口端也同尾索动物一样具有背板、内柱(图 14-11)和围咽纤毛沟,沟内腺细胞分泌黏液使食物微粒黏结成团,再由纤毛细胞的摆动使食物团发生运动,通常是食物微粒在腹侧的内柱由后向前,再经围咽纤毛沟由下往上到背侧的背板,继续由背板的纤毛细胞往后推送进入肠内。内柱有富集碘的功能,与脊椎动物的甲状腺有同源关系。

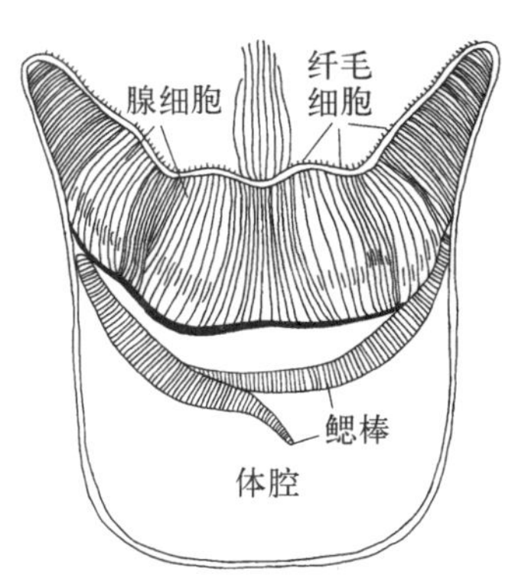

图 14-11　文昌鱼的内柱

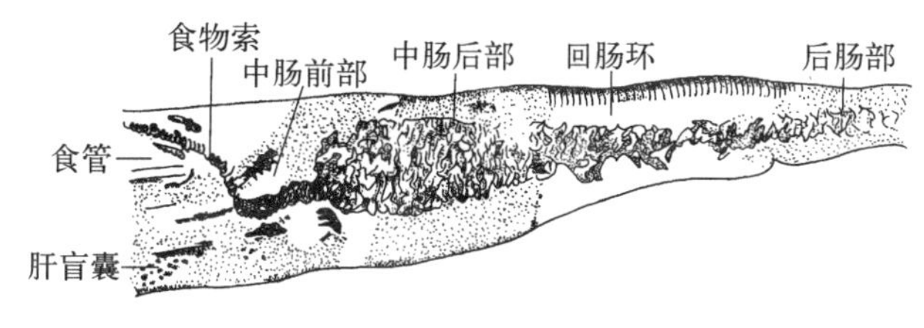

图 14-12　食物在文昌鱼肠道内流经的途径

肠　为一直管,在其起始处向前伸出一盲囊,进入咽的右侧,称为肝盲囊(hepatic diverticulum),其内壁是腺细胞,可分泌消化液,相当于脊椎动物的肝脏。食物大微粒在肠内分解成小微粒进入到肝盲囊(脊椎动物肝脏的同源器官)进行细胞内消化,最后在后肠继续进行消化和吸收,不能消化和吸收的食物残渣便通过肛门排出体外(图 14-12)。

5) 呼吸系统　　气体交换在咽部以及身体表面进行。文昌鱼的呼吸就是在水流通过咽壁两侧的 60 多对鳃裂流至围鳃腔时,鳃裂内壁布满有大量血管和纤毛细胞,借助纤毛运动,水流与血管内的血液进行气体交换,完成了呼吸作用(图 14-13)。最后,流入围鳃腔的水再由腹孔排出体外。也有人认为文昌鱼的皮肤具有从水中直接摄取氧气的功能。

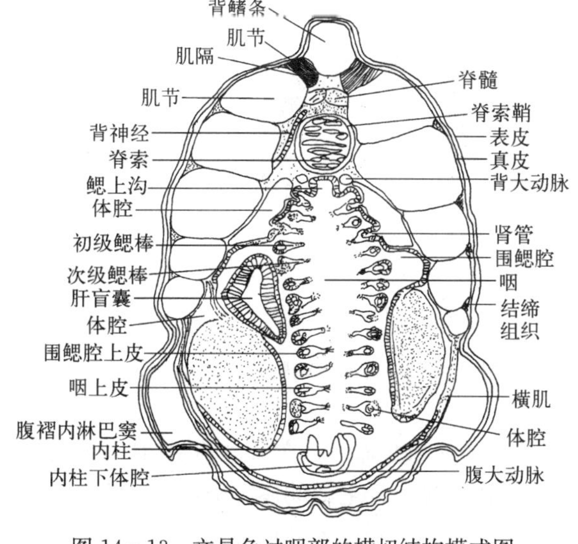

图 14-13　文昌鱼过咽部的横切结构模式图

6) 循环系统

心脏 心脏仍没有分化,只有依靠相当于"心脏"的腹血管(腹大动脉和鳃动脉)收缩。

动脉系统 具有搏动功能的腹大动脉和由它发出的入鳃动脉,其基部的收缩推动血液流动。腹大动脉(ventralaorta)发出许多成对的入鳃动脉(branchial arteries)直接进入鳃间隔,不散成毛细血管,经过气体交换后的血液在背部汇成对的背动脉根,向前将新鲜血液供给身体前端,向后合并成背大动脉(dorsal aorta),并由此发出血管到身体各个部分。

静脉系统 由身体前端回来的血液汇成 1 对前主静脉(anterior cardinal veins),身体后端回来的血液汇成 1 对后主静脉(posterior cardinal veins),它们从两侧汇入 1 对总主静脉(common cardinal veins),又称居维叶氏管(ductus Cuvieri)。左右总主静脉汇合处为静脉窦(sinus venosus),并通入腹大动脉。肠部返回的血液由毛细血管网汇成肠下静脉,向前进入肝盲囊后又散成毛细血管,这条血管称为肝门静脉(hepatic portal veins)。肝盲囊的毛细血管汇集成肝静脉(hepatic vein)进入静脉窦。

血循环方式 文昌鱼的循环系统仍是较为原始的,与尾索动物开管式循环不同,它是闭管式循环,已具有脊椎动物的基本模式。血液流动方向在腹面是从后向前,在背面是从前向后。

血液 文昌鱼的血液无色,无血细胞,无色素,氧气通过渗透进入血液。

7) 排泄系统　文昌鱼的排泄器官为肾管,没有集中的肾脏。肾管位于咽壁背部的两侧,约有 90～100 对(图 14－14)。每一肾管(nephridium)是一个短而弯曲的小管,一端有肾孔开口于围鳃腔,另一端以管细胞紧贴体腔,体腔的代谢废物渗透进入管细胞和肾管,再经肾孔进入围鳃腔,排出体外。

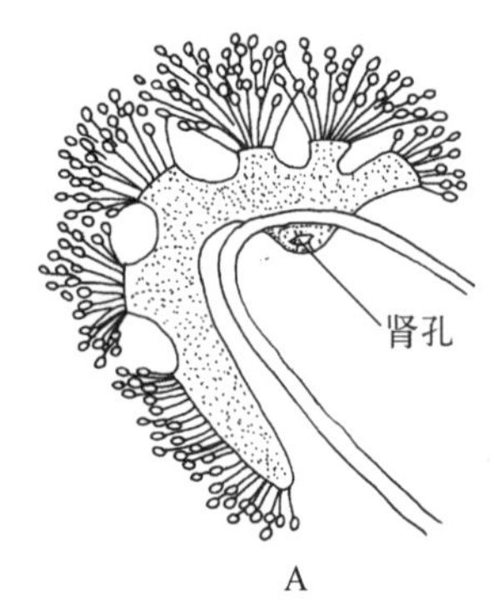

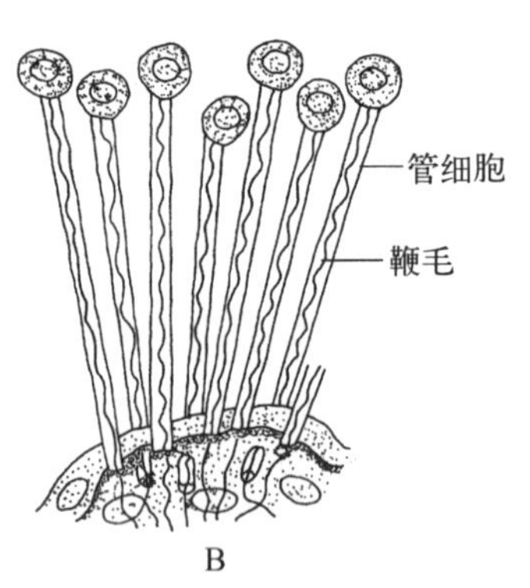

图 14－14　文昌鱼的肾

A. 肾管;B. 肾管壁的一部分及管细胞

8) 神经系统与感觉器官　文昌鱼的神经系统是一条纵行在脊索背面的背神经管,几乎无脑和脊髓的分化,神经管前端膨大成"脑泡"(cerebral vesicle)。由脑泡发出 2 对脑神经和背神经管发出的脊神经构成了周围神经。背神经管在每个肌节发出一对背神经根和几条腹神经根,其中背神经根接受皮肤感觉和支配肠壁肌肉运动,腹神经根专管运动,分布在肌肉上。

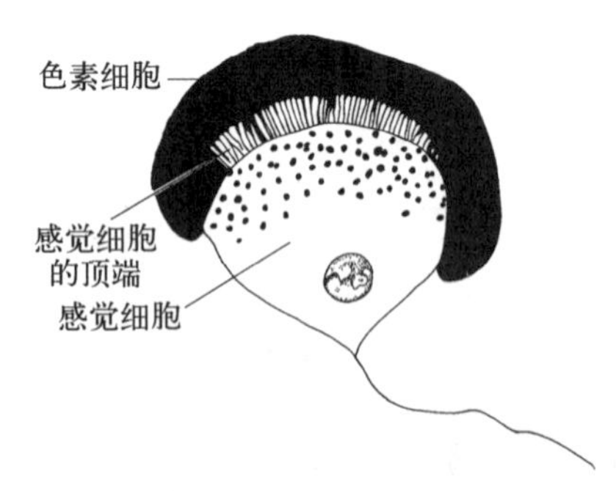

图 14－15　文昌鱼的脑眼

文昌鱼的感觉器官很不发达,仅有分布于背神经管两侧的黑色小点称为脑眼(图 14－15),是由一个感光细胞和一个色素细胞构成的光线感受器,能通过半透明的体壁起到感光作用。口笠、触须和缘膜触手等分布有少量感觉细胞。这与文昌鱼很少运动的生活方式是相关的。

9) 生殖系统　雌雄异体,大约 26 对方形生殖腺按体节排列于围鳃腔两侧的内壁上,无生殖管道,成熟生殖细胞穿过生殖腺壁、体腔壁和围鳃腔壁进入围鳃腔,随水流从腹孔排出体外。在体外的海水中受精发育。

10) 发育和变态　文昌鱼的受精卵经过桑椹胚、囊胚、原肠胚、神经胚等阶段,经历不到 1 天时间的胚胎发育,体表被有纤毛的幼体突破卵膜在海水中自由游泳,不久后沉落海底进行变态。前庭出现,鳃裂数目增加,由开口体外到通入新形成的围鳃腔中。文昌鱼的幼体期持续 3 个月左右,进入变态期,一年后达到性成熟。

3. 头索动物亚门的分类

该亚门仅有一纲一科，即头索纲(Ephalahorda)鳃口科(Branchiostomidae)，共有 2 属，即文昌鱼属(*Branchiostoma*)和偏文昌鱼属(*Asymmetron*)，后者仅体右侧有生殖腺，仅分布于印度洋—太平洋热带海域。头索动物是比较进步的原索动物，约有 30 多种。

我国厦门刘五店地区曾是世界上著名的文昌鱼产区，分类上为文昌鱼属，生物量达到1 000尾/m^2，年产量高达 50 多吨，20 世纪 60 年代后，围垦造堤致使生态环境遭到严重破坏，资源衰竭。目前，厦门市已经建立文昌鱼自然保护区加强资源保护。

14.2.3　脊椎动物亚门(Vertebrata)

脊椎动物是脊索动物门中数量最多、结构最复杂、进化地位最高等的一大类群，因而也是动物界中最进步的类群。脊椎动物不仅影响着我们的物质生活和文化生活，而且为人类了解自身也提供了许多宝贵的科学资料；更因为我们人类自身在动物界的位置是处在脊椎动物之列，研究脊椎动物显得更有意义。

1. 脊椎动物亚门的主要特征

脊椎动物是脊索动物门中最高级的一个亚门，也是动物界发展到最高等的类群。它们都是沿着积极主动的生活方式进化的，因而也产生了更为高级的机能和结构(图 14-16)。但因处各自不同的环境，生活方式不同，使得脊椎动物的形态结构也是彼此各不相同。高度的多样化不仅不能掩盖它们属于脊索动物的共性：即在胚胎时期都要出现脊索、背神经管和咽鳃裂等特征，同样也产生了许多脊椎动物互相共同的特征。

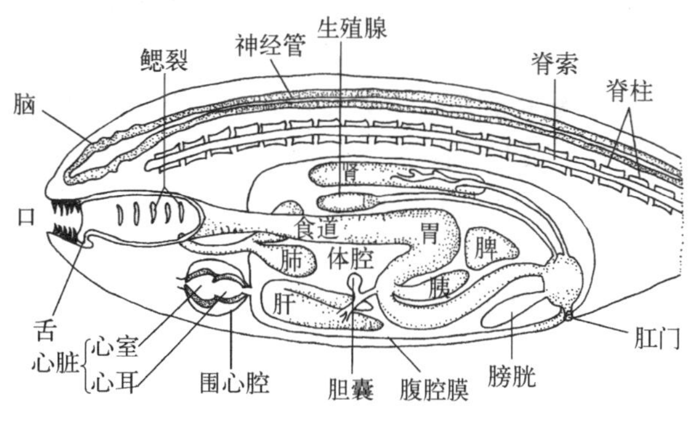

图 14-16　脊椎动物的结构模式图

(鳃和肺同时画出，但实际上一般并不同时出现)(引自 Storer)

(1) 发达的神经系统

背神经管的前端分化出复杂结构的脑，脑进一步分化为大脑、间脑、中脑、小脑和延脑等五部分，脑后背神经管分化成脊髓；同时出现了集中的感觉器官，眼、耳、鼻也都集中到前端。再加上头骨(脑颅)的保护，脑和感觉器官就构成了明显的头部，成为明显的"有头类"(Craniata)。愈益发达和集中的神经中枢是脊椎动物的重要特点。

(2) 脊柱代替脊索

绝大多数脊椎动物脊索被脊柱所取代，脊索仅存在于胚胎时期，成体时仅留残余或完全退化。脊柱是由一块块脊椎骨组成，保护脊髓；脊柱与保护脑的头骨是脊椎动物所特有的内骨骼的重要组成部分，它们构成了脊椎动物重要的中轴骨骼，具有重要的支持和保护作用。脊椎动物也因脊柱具有脊椎骨而得名。

(3) 鳃呼吸和肺呼吸

脊椎动物在胚胎早期，咽部的内、外胚层形成的咽囊相互贯通形成鳃裂，水栖脊椎动物的鳃裂终生存在，各鳃裂的咽壁形成鳃的结构，进行鳃呼吸。陆生脊椎动物发展了肺呼吸，但在胚胎时期也都形成咽囊或鳃裂结构。脊椎动物由水生向陆生的演化，致使呼吸器官也发生演变并日趋完善。

(4) 具有上、下颌

除圆口类以外，脊椎动物都具有能活动的上、下颌，上、下颌的出现加强了脊椎动物主动捕捉食物的能力。下颌上举使口闭合的方式，也是脊椎动物所特有。

(5) 完善的循环系统

日益完善的循环系统是脊椎动物新陈代谢不断发展的基础，出现了具有发达的心肌并能自动节律收缩的心脏，心脏与血管日趋复杂，动静脉血的逐渐分离，血液循环迅速，使得机体的代谢更为旺盛，新陈代谢能力得到大大加强，逐渐出现了体温恒定的恒温动物(homethermal animal)。

(6) 高效的肾脏

排泄系统出现了构造复杂的肾脏,取代了简单的分节排列的肾管,提高了排泄系统的机能,能更有效地排出新陈代谢产生的废物。

(7) 成对的附肢

除圆口纲以外,脊椎动物都出现了成对的附肢,水生脊椎动物的胸鳍和腹鳍,陆生脊椎动物的前肢和后肢都是作为专门的运动器官,挥鳍击水、展翅高飞、疾足奔驰,大大地提高了脊椎动物的生活范围并提高了脊椎动物摄食、求偶和避敌的能力。

2. 脊椎动物亚门的分类

现存脊椎动物约有39 000多种,可分为六个纲,各自主要特征如下。

圆口纲(Cyclostomata) 鳗形,无颌,无成对的附肢,脊索和雏形椎骨并存。又名无颌类(Agnatha)。

鱼纲(Pisces) 出现上下颌,皮肤被鳞,鳃呼吸,有成对的胸鳍和腹鳍适应水生生活。与以后各纲统称有颌类(Gnathostomata)。

两栖纲(Amphibia) 皮肤裸露,幼体用鳃呼吸,用鳍游泳,经过变态发育后,成体在陆上生活时用肺呼吸,以五趾型附肢运动。与以后各纲动物统称四足类(Tetrapoda)。

爬行纲(Reptilia) 皮肤干燥,外被角质鳞或骨板,心脏有二心房一心室(或近二心室),在胚胎发育中出现了具有羊膜的羊膜卵,与以后各纲动物统称为羊膜动物(Anamniotes)。

鸟纲(Aves) 体被羽毛,前肢特化为翼,恒温,卵生,与哺乳纲统称为恒温动物,其他动物为变温动物(poikilothermal animal)。

哺乳纲(Mammalia) 体被毛发,恒温,胎生,哺乳,具有发达的神经系统和感觉器官。

思 考 题

1. 名词解释:原索动物　被囊动物　逆行变态　围咽腔　内柱　腹孔　肝盲囊　四足类　无颌类
2. 什么是脊索、背神经管、咽鳃裂和脊柱?
3. 脊索动物门的三大主要特征是什么?
4. 脊索动物门的次要特征有哪些?
5. 脊索动物与无脊椎动物的异同点在哪里?
6. 脊索动物门的分类及各个亚门的主要特点和类群有哪些?
7. 为什么说文昌鱼是典型的脊索动物,而柄海鞘属于尾索动物?
8. 以柄海鞘为例说明什么是逆行变态。
9. 简述文昌鱼的呼吸活动和摄食过程。
10. 脊椎动物的主要特点和类群有哪些?

第15章 圆口纲(Cyclostomata)

提　要

圆口纲是现存脊椎动物中最原始的类群,没有上下颌和成对的附肢,又称无颌类。栖息于海水或淡水中,营寄生或半寄生生活。身体结构特征表现为双重性,既表现出它们在脊椎动物中的原始性,又显示出它们与寄生生活方式相适应的特化性。

圆口纲是一类没有成对附肢,无上、下颌的低等脊椎动物,故又称无颌类。是迄今为止人类所知的在动物进化过程中最早出现的脊椎动物,也是最为原始的脊椎动物。

圆口纲是一类营寄生生活并发生高度特化的脊椎动物,是一类具有特殊结构的水栖动物。因营寄生生活而产生了一个圆形的口吸盘,故称圆口类。

圆口纲动物都生活于海洋或淡水中,营半寄生生活或寄生生活。从距今5亿多年古生代奥陶纪地层中发现的古代——甲胄鱼化石,与圆口类现存种类非常相似,因而,圆口纲在动物学和解剖学上具有不可替代的地位,现存圆口纲动物被誉为“活化石”之称。

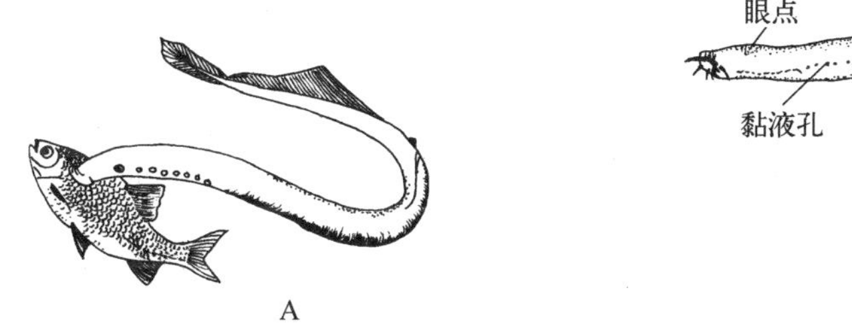

图15-1　圆口纲动物

A. 七鳃鳗;B. 盲鳗

15.1　圆口纲的土要特征

圆口纲是现存脊椎动物中最原始、最特殊的水栖动物。其特征表现为双重性,既表现出它们在脊椎动物中的原始性,又显示出它们与寄生生活方式相适应的特化性。

1) 没有真正的上、下颌。

2) 无成对附肢(偶鳍)。

3) 鼻孔单个,位于头部背面。

4) 鳃位于咽部两侧的鳃囊(gill pouch)中,鳃囊中附有由内胚层起源的鳃丝(gill filament),故称囊鳃类(marsipobranchii)。

5) 生殖腺单个,无输出管。

15.1.1　圆口纲的原始性特征

在脊椎动物进化史上,圆口纲代表着动物已经进入了有头、无颌的这一发展水平。现存种类与古代化石中的无颌类——甲胄鱼非常相似,其原始性特征表现在以下几点。

1) 没有真正的上、下颌,缺乏主动捕食的能力。

2) 没有成对的附肢,只有奇鳍而没有偶鳍。

3) 终生保留脊索,刚刚出现了雏形的脊椎骨(脊索鞘两侧按体节成对排列的软骨质弓片)。

4) 没有真正的齿,只有表皮形成的角质齿。

5) 脑颅发育不完整,没有形成顶部。相当于高等脊椎动物颅骨胚胎发育的早期阶段。

6) 肌肉分化少,仍保持原始的肌节排列,肌节间尚无水平隔。

7) 脑发育程度低,无脑弯曲。内耳的平衡器仅有1或2个半规管。

8) 胃未分化,肠管内有许多纵形皱褶,增加食物消化和吸收的面积。

9) 心脏为一心室一心房,开始出现静脉窦。

圆口纲动物的结构甚为原始,它为我们提供了最古老的原始脊椎动物的特征和概念。

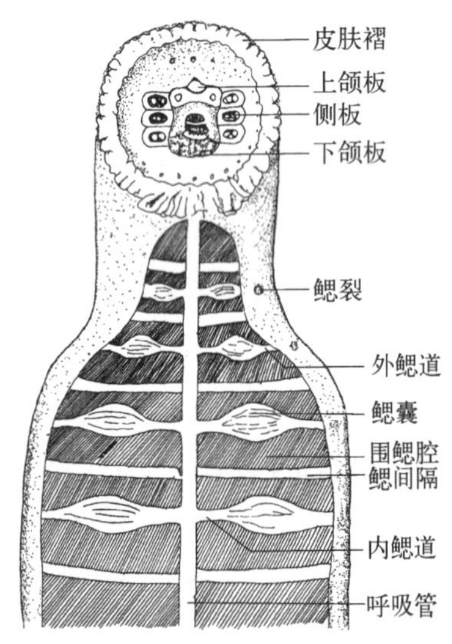

图15-2 七鳃鳗的口吸盘及呼吸系统

15.1.2 圆口纲的特化性特征

圆口纲动物常以鱼类和龟类为寄主,营寄生或半寄生生活,是一类因寄生生活而引起显著特化的动物,其表现出的特化性特征如下。

1) 具有漏斗状的口吸盘,不能启闭。舌位于漏斗的底部,由环肌和纵肌构成,因而能做“活塞”状的活动;舌长有可再生的角质齿(称锉舌),与漏斗内壁形成锉刀式的摄食器(图15-2)。

2) 鳃位于特殊的鳃囊中,鳃囊中附有由内胚层起源的鳃丝。

3) 皮肤无鳞,体表黏滑富有黏液腺。

4) 嗅囊为单个,开口在头顶中线上。

圆口纲动物的特化性特征表现出对寄生生活方式的高度适应性。也正是由于其产生了对寄生生活方式的特化,圆口纲动物才得以在动物进化过程中保存至今。

15.2 圆口纲动物的形态结构和功能概述

以东北七鳃鳗(*Lampetra morii*)为例。

15.2.1 生活方式

东北七鳃鳗生活在淡水中,营半寄生生活。常用口吸盘吸附在鱼类身上,并用长有角质齿的锉舌刺破鱼类进行寄生。海水产的如海七鳃鳗(*Petromyzon marinus*)。

15.2.2 外部形态

体呈鳗形,长约30 cm,分头、躯干和尾三部分,头部前端腹面有一个漏斗状的口吸盘,它四周边缘有乳头突起,可以吸附在其他鱼类上,口漏斗的内面有角质齿(锉舌),可以刺破鱼的皮肤获取食物。头部中央有单个鼻孔,其后方的皮下有一个松果眼,头两侧有一对无眼睑的眼,眼后方各有7个圆形的鳃裂孔(故名七鳃鳗)。无偶鳍,只有奇鳍,两个背鳍,一个尾鳍,雌体另有一臀鳍,七鳃鳗尾鳍通常在外形和内部骨骼上都是对称的,被称为原尾型。躯干部和尾部交界处的腹面有一肛门,后方有一乳头状突起为泄殖突,泄殖孔开口于此(图15-3)。

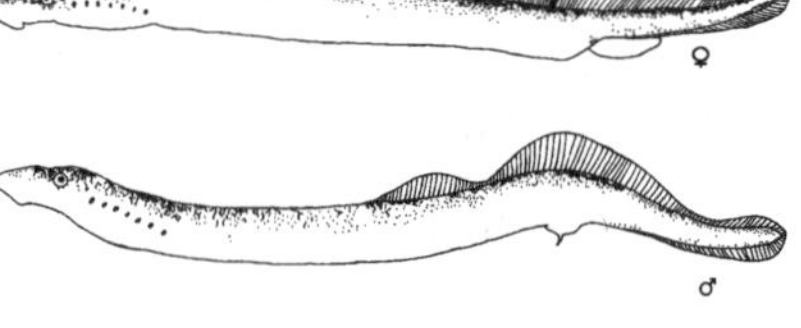

图15-3 七鳃鳗的外形

15.2.3 内部结构

1. 皮肤

皮肤裸露无鳞片,表皮已由多层上皮细胞组成,内有发达的单细胞腺,分泌黏液使体表润滑。身体两侧各有一行纵形的浅沟称侧线，是一种能感受水波震动的皮肤感觉器官。真皮为有规则排列的结缔组织，有韧性。

2. 骨骼系统

骨骼结构原始，有软骨和结缔组织组成，没有硬骨。身体主要支持结构仍为终生保留的脊索。脊索鞘不仅包围了脊索，还包围了脊髓。

脊索背方背神经管两侧有许多小软骨质弓片，代表了雏形脊椎骨的开始(图 15－4)。

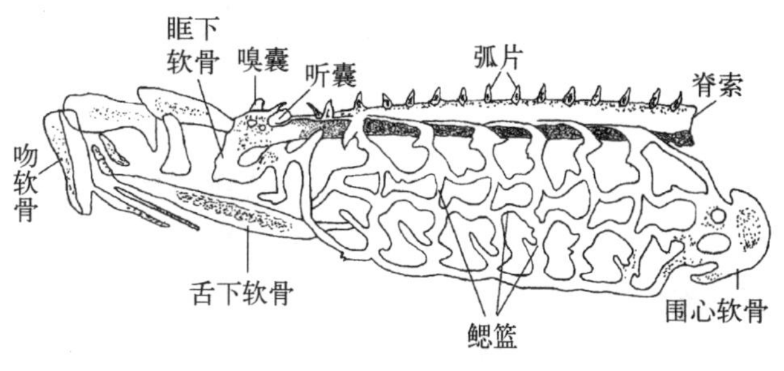

图 15－4　七鳃鳗的内部结构

头部出现了保护脑和感觉器官的脑颅，但完整的软骨性脑颅尚未形成，头骨顶部尚未形成，鼻、耳等软骨仅以结缔组织与脑颅相连，相当于高等脊椎动物颅骨胚胎发育的早期阶段(脑底形成期)。支持鳃囊的咽骨是有一个称为鳃笼(branchial basket)的软骨篮构成。它是由九对横行的软骨弧和四对纵行的软骨条相互连接而成。圆口纲还发展了一系列支持口漏斗和舌的特殊软骨(见图 15－4)。

3. 肌肉系统

肌肉仍相当原始，基本上与文昌鱼相似。体壁肌肉分化少，有一系列原始的肌节组成，呈∑形分布，没有水平隔。但也产生与鳃笼、口吸盘和舌结构和功能相适应的复杂肌肉(见图 15－5)。

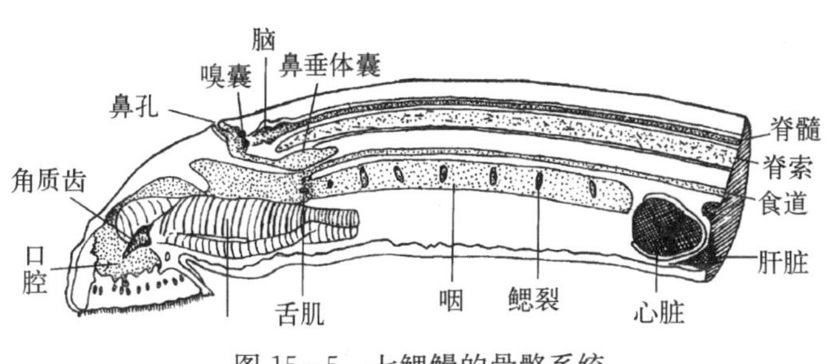

图 15－5　七鳃鳗的骨骼系统

4. 消化系统

消化系统原始而且特殊，这是与它们的营寄生生活方式相关联的。口位于口吸盘的底部，由口通入口腔，口腔后为咽，咽分化出背腹两条管道，背面管道为食管，腹面管道为呼吸道，入口处有缘膜可阻隔。七鳃鳗无胃的分化，食管与肠直接相连(图 15－5)。肠内有纵走的螺旋状的黏膜褶，称为盲沟，以增加消化和吸收的面积并延缓食物通过肠管的时间，使得食物得以充分消化和吸收。末端为肛门。

七鳃鳗有独立的肝脏，分左右两叶，无胆囊。但没有独立的胰脏，有胰细胞聚集成群，能分泌出蛋白质分解酶及糖代谢相关物质。

5. 呼吸系统

咽部腹面的呼吸管为盲管，其两侧各有 7 个内鳃孔(图 15－5)，每个内鳃孔各与一个鳃囊相通，每个鳃囊也各与一个外鳃孔同外界相通。鳃孔周围有强大的括约肌和缩肌可控制鳃孔的启闭。鳃位于鳃囊中，鳃囊背、腹及侧壁均为内胚层演变而来的皱褶状鳃丝，有丰富的毛细血管，是呼吸器官的主体(图 15－6)。而其他行鳃呼吸的脊椎动物的鳃是都是由外胚层形成的，这在起源发生上与七鳃鳗的鳃囊是不同的。在利用口吸盘寄生时，水流的进出由外鳃孔流入，经鳃囊交换气体后，仍由外鳃孔流出，这也是七鳃鳗营寄生生活所表现出的一种适应。

盲鳗无呼吸管，内鳃孔直接开口于咽部，各鳃囊不直接从外鳃孔通向外界，而是分别由出鳃管往后汇总到一条总鳃管内，在远离头部的后方开口于体外，所以体外只能见到一对鳃孔。

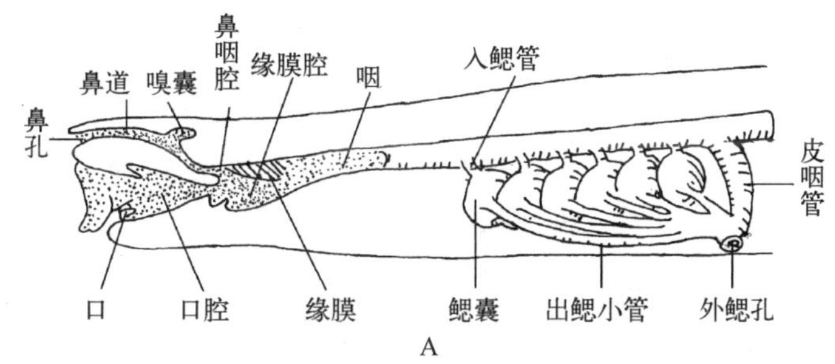

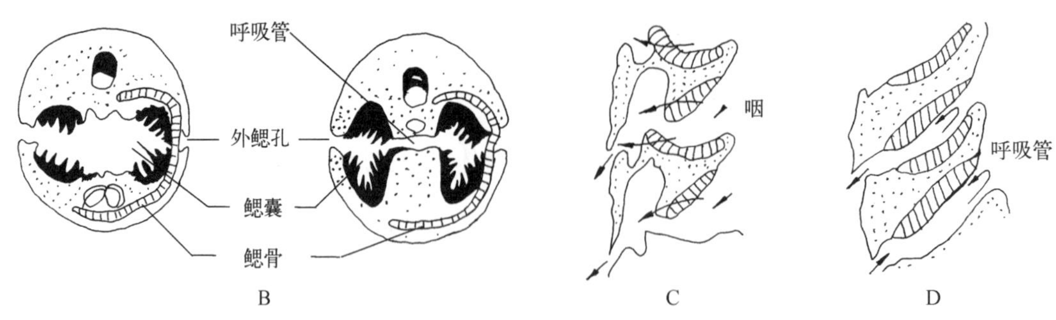

图 15-6 盲鳗的呼吸系统及七鳃鳗的呼吸系统和呼吸运动

A. 盲鳗的呼吸系统；B. 七鳃鳗的呼吸系统；C、D. 七鳃鳗的呼吸运动

6. 循环系统

血液循环与文昌鱼基本一致，但圆口纲已具有心脏，常位于鳃囊后的围心囊内，具一心房、一心室、一静脉窦，无动脉圆锥。由心室发出一条腹大动脉，再发出八对入鳃动脉，分布于鳃囊壁上形成毛细血管，血液进行气体交换，尔后八对出鳃动脉集中到背动脉根内，由此向前发出一条颈动脉，向后汇合成背大动脉，分支到体壁和内脏器官中(图 15-7)。经过组织交换汇合到一对前主静脉，一对后主静脉，最后共同汇入到总主静脉，然后注入静脉窦。

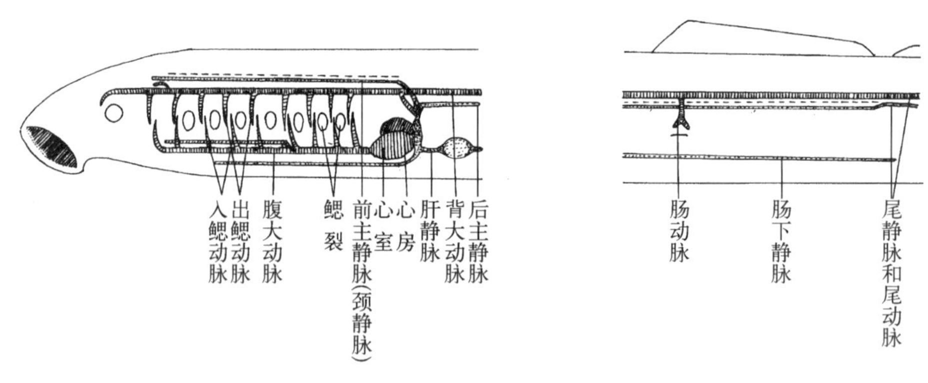

图 15-7 七鳃鳗的循环系统

血液红色，具有红细胞，呈圆盘形，有核，有色素，加强了血液循环和血液携带氧气的能力。

7. 神经系统和感觉器官

神经系统相当原始，虽然已有脑，且脑已分化成大脑、间脑、中脑、小脑和延脑五部分(图 15-8)。脑体积小，排列在一个平面上，未发生其他脊椎动物的脑弯曲现象。大脑与前端嗅叶相连，无神经细胞；中脑只有一对视叶，顶上有脉络丛；间脑顶上有松果体、顶器及脑副体，底部有漏斗体和脑下垂体；小脑不发达，与延脑还未分离。脑神经10对，与文昌鱼一样，脊神经的背根与腹根未愈合。

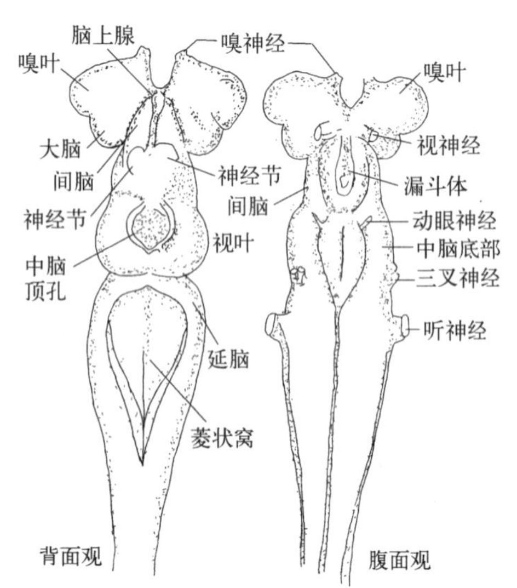

图 15-8 七鳃鳗的脑

感觉器官包括嗅觉器官、听觉器官、视觉器官和侧线四部分。嗅觉器官为鼻，外鼻孔开口头部背中央，内通有嗅觉细胞分布嗅囊。听觉器官仅有一对位于耳软骨囊内的内耳，只有前后两个半规管(盲鳗内耳只有一个半规管)，椭圆囊和球状囊未分化。视觉器官为一对眼(盲鳗的眼退化隐于皮下)，无眼睑。鼻孔后方头顶部有松果眼和顶器，其构造与真眼相似，具有感光作用，这一结构在古代脊椎动物中广泛存在。侧线是分布在头部和躯干部两侧的纵行浅沟，与神经纤维相连，能感受水波的震动。

8. 排泄系统

有狭长的肾脏一对，由腹膜固着在体腔壁上，两条输尿管沿体腔后行，开口于泄殖窦内，由泄殖孔通向体外(图 15-9)。肛门开口于泄殖孔的前方。七鳃鳗的肾脏属中肾，幼体时前肾和中肾同时存在;盲鳗的前肾终生保留,中肾分节排列。

9. 生殖系统和个体发育

七鳃鳗为雌雄异体,仅有单个精巢或卵巢,占据体腔的大部分。无输出管道。成熟的精子或卵细胞突破生殖腺壁落入体腔内,经过腹孔入泄殖窦,经泄殖孔排出体外。卵在水中受精。盲鳗为雌雄同体,但生理功能上两性仍是分离的,成体后往往会发育为雄性或雌性个体。这是圆口纲动物表现出的性分化较晚的原始现象。

受精卵的孵化大约需要一个月的时间,幼体长约 10 mm。七鳃鳗的幼体阶段持续时间很长,大约要经过 3～7 年后才变成成体。其幼体——沙隐虫(ammocoete)的特征和生活习性均与文昌鱼非常相似。这一现象也为脊椎动物与原索动物具有共同祖先提供了有力证据。

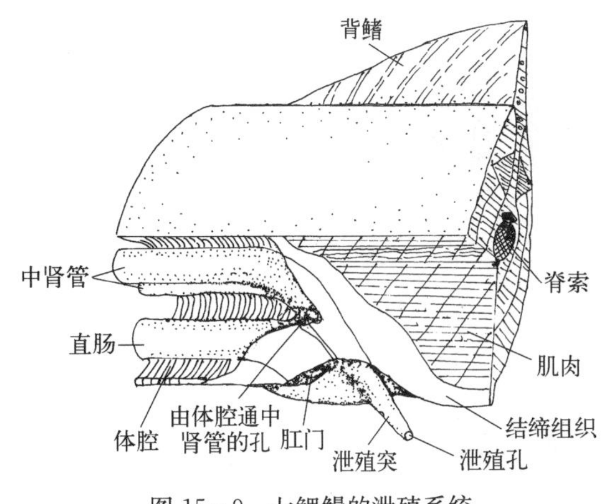

图 15－9　七鳃鳗的泄殖系统

15.3　圆口纲的分类

现存圆口纲动物约有 70 种,通常分为两个目。

15.3.1　七鳃鳗目(Petromyzoniformes)

有漏斗状的口吸盘和角质齿,口位于漏斗底部,鼻孔在两眼中间。鳃囊 7 对,分别开口体外,鳃笼发达。内耳有 2 个半规管。卵小,发育有变态。大多数种类成体营半寄生生活。分布广泛,江河和海洋内均有分布。海七鳃鳗分布于大西洋沿岸及淡水河流;我国东北产的东北七鳃鳗、日本七鳃鳗(*Lampetra japonicus*)和雷氏七鳃鳗(*Lampetra reissneri*)等种大多分布于松花江和黑龙江等河流,皆为淡水种类。

15.3.2　盲鳗目(Myxiniformes)

营寄生生活。无背鳍和口漏斗,口位于身体最前端,有 4 对口缘触手,鼻孔开口于吻端,眼退化,隐于皮下。鳃孔 1～16 对,鳃笼不发达。内耳仅有一个半规管,雌雄同体,卵大,无变态。与七鳃鳗相比,盲鳗向寄生方向的特化更为明显,而且是唯一一支行体内寄生的脊椎动物。常常由鱼的鳃部钻入鱼体内,吸食血肉和内脏,危害渔业。全部为海产,常见种类盲鳗(*Myxine glutinosa*)分布于大西洋,黏盲鳗(*Bdallostoma slouti*)(图 15－10)分布于太平洋和印度洋,蒲氏黏盲鳗(*Eptatretus burgeri*)和杨氏黏盲鳗均产于日本海和我国南方沿海海域。

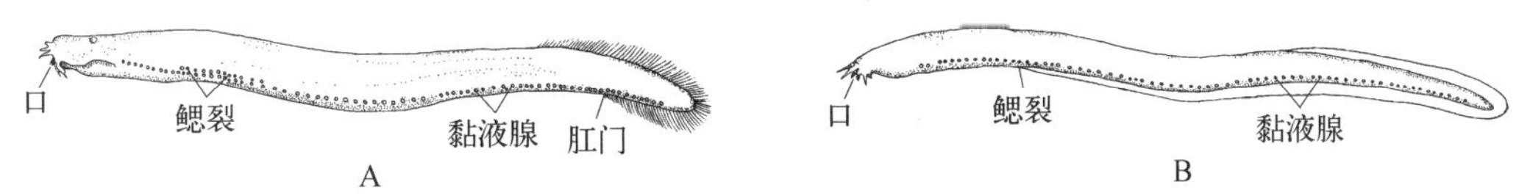

图 15－10　黏盲鳗(A)和盲鳗(B)

思　考　题

1. 为什么说圆口纲是脊椎动物亚门中最低等的一个纲?
2. 试总结圆口纲动物有哪些原始性的特征,又有哪些特化性的特征?
3. 七鳃鳗的消化和呼吸系统各有什么特点? 并说明这些结构和七鳃鳗生活方式有何关系?
4. 七鳃鳗的神经系统有何特点?
5. 比较七鳃鳗与盲鳗的异同点。
6. 为什么说七鳃鳗对研究脊椎动物的演化具有重要的意义?

第16章 鱼　类(Pisces)

提　要

鱼类是脊椎动物中最为繁盛的一个类群,种数超过脊椎动物总数的50%以上,终生生活于各种水域中,包括软骨鱼纲和硬骨鱼纲。是一群身体多被有鳞片,以颌取食,用鳃呼吸,以鳍作为运动和平衡器官的低等变温脊椎动物。其身体结构高度适应水生生活。

16.1　鱼类的主要特征

由于鱼类生活在水里,在进化过程中外部形态和内部结构都向适应水生生活的方向发展。主要特征表现如下。

1) 身体多呈纺锤形,皮肤富含黏液腺,游泳时可以减少水中的阻力。体表一般被有鳞片,增强了保护功能。

2) 脊柱代替了脊索。在脊椎动物中,圆口纲仅出现雏形的脊椎骨,脊索仍然是支持身体的中轴骨骼,从鱼类开始形成了结构完整的脊柱,加强了支持、保护和运动的功能。

3) 出现了上、下颌。从鱼类开始出现了能活动的上、下颌支持口部,因此鱼类与两栖纲、爬行纲、鸟纲和哺乳纲共同组成有颌类(gnathostomes)。在脊椎动物的演化史上,颌的出现是一个非常重要的进步,而且大多数种类上、下颌上着生有牙齿,使得动物能够利用颌主动地去捕捉食物,增加了获取食物的机会,扩大了食物范围,有利于动物提高生存能力。同时颌还是防御、攻击、营巢、求偶、育雏等多种活动的工具。

4) 具有成对的附肢。鱼类成对的附肢为胸鳍和腹鳍,能够维持身体的平衡和改变运动的方向。偶鳍的出现可以增强动物的运动能力,为鱼类不断扩大分布范围和陆生脊椎动物四肢的出现奠定了基础。

5) 用鳃进行呼吸。鳃是原始水生脊椎动物的呼吸器官,由咽部两侧发生形成的,着生于鳃弓上,鱼类的鳃来源于外胚层。

6) 血液循环为单循环(single circulation)。鱼类的心脏仅有一心房和一心室,由心脏流出的血液在鳃部进行气体交换,多氧血不再流回心脏,直接分布到各器官和组织,气体交换后的乏氧血再经静脉返回心脏,整个循环血液流经心脏一次,心脏中的血液均为乏氧血。

7) 脑和感觉器官比圆口纲更为发达。鱼类的脑可以分为明显的5部分,即端脑、间脑、中脑、小脑、延脑,不完全在一个平面上,出现了弯曲。嗅觉器官出现一对鼻孔,内耳具有3个半规管。

16.2　鱼类的结构与功能

16.2.1　外形

1. 外部分区

鱼类在外形上虽然存在着各种各样的变异,但身体一般可以分为头部、躯干部和尾部3个部分。头部和躯干部的分界在板鳃类为最后一个鳃裂,在硬骨鱼类为鳃盖骨的后缘;躯干部和尾部的分界一般为肛门或泄殖腔孔的后缘,但有些鱼类如鲆、鲽等肛门移到身体的前方,以体腔末端或第一枚具有脉弓的脊椎骨为界。

2. 体型

由于水环境的差异和生活习性的不同，鱼类的身体形成了各种不同的形状，一般有 4 种基本体型(图 16-1)。

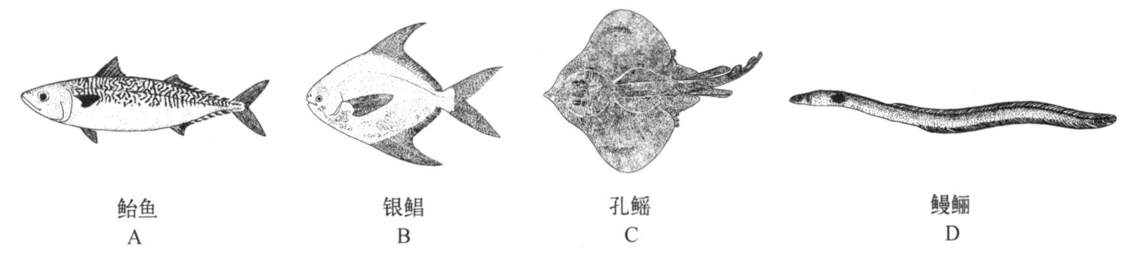

图 16-1 鱼类的基本体型

A. 纺锤形；B. 侧扁形；C. 平扁形；D. 圆筒型

纺锤形(fusiform)：这是鱼类最常见的体型，头尾轴最长，背腹轴次之，左右轴最短，身体头尾稍尖细，中段肥大，呈梭状。具有这种体型的鱼类多生活于中上层水域，能够快速而持久的游泳。如鲐鱼(*Pneumatophorus japonicus*)、蓝点马鲛(*Scomberomorus niphonius*)、鲈鱼(*Lateolabrax japonicus*)等。

侧扁形(compressiform)：头尾轴缩短，左右轴最短，背腹轴延长，身体短而高，呈侧扁，侧面观为菱形。这种体型多为栖息于水流缓慢、中下层水域的鱼类。游泳速度较慢，不甚灵活，很少进行长距离地迁移。如团头鲂(*Megalobrama amblycephata*)、银鲳(*Stromateoides argenteus*)等。

平扁形(depressiform)：头尾轴一般，背腹轴最短，左右轴特别延伸，身体左右宽阔，背腹扁平。这种体型适应于底栖生活，运动较迟缓。如孔鳐(*Raja porosa*)、赤魟(*Dasyatis akajei*)、黄鮟鱇(*Lonphius litulon*)等。

圆筒形(anguilliform)：亦称鳗型或棍棒型，头尾轴特别延长，背腹轴和左右轴基本相等且短小。头尾尖细，身体延长似棍棒。这种体型多潜伏于水底泥沙中，适于穴居或穿行于水底礁石岩缝之间。如鳗鲡(*Anguilla japonica*)、黄鳝(*Monopterus albus*)等。

一般的鱼类都可以归入这 4 种基本体型中，但有些鱼类具有特殊的体型(图 16-2)。

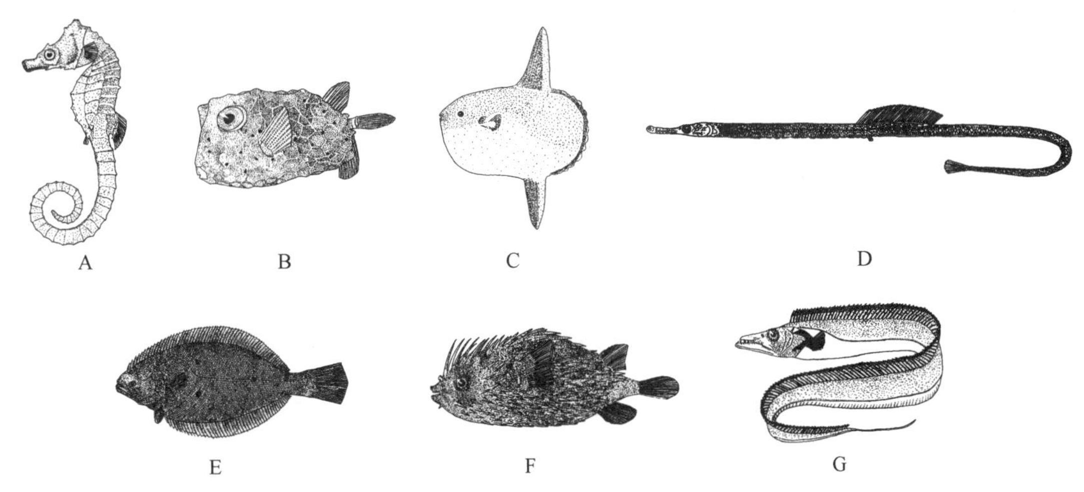

图 16-2 几种特殊体型的鱼类

A. 海马；B. 箱鲀；C. 翻车鲀；D. 海龙；E. 牙鲆；F. 刺鲀；G. 带鱼

3. 头部器官

头部位于身体最前端，一般前端比较尖锐，向后逐渐增高加厚。鱼类头部的形态虽然多种多样，但组成头部的器官基本相同，主要有口、须、眼、鼻孔、鳃等。口是鱼类捕食的工具，其形状和位置因食性而异，板鳃类的口位于身体的腹面，呈半月形或裂缝状，硬骨鱼类口的形状和位置变化较大，根据位置和上、下颌的长短分为上位口、端位口和下位口。有些鱼类在口的周围着生有须，分布有味蕾，具有感觉作用，须的数目、位置、形状等可作为鱼类的分类依据。鱼类的眼一般较大，多位于头部的两侧，但由于体型和生活方式的不同而有变化,底栖生活的平扁形鱼类,眼位于头的背面,眼距较近;鲽形目鱼类成体两眼移到头部的一侧;弹涂鱼(*Periophthalmus cantonensis*)的眼突出,能够左右转动;有些鱼类的眼退化,如盲条鳅(*Nemacheilus gejiuensis*)。鼻孔一对,软骨鱼类的鼻孔位于头腹面,口的前方,鼻孔周围具有由皮肤形成的鼻瓣,把鼻孔不完全分隔成前、后两个孔;硬骨鱼类的鼻孔位于头的侧面,由瓣膜分隔为前鼻孔和后鼻孔,除了肉鳍亚纲外,鱼类没有内鼻孔。鳃裂位于头的后方,是呼吸时水的流出通路,板鳃类有 5~7 对鳃裂,鲨类开口于头部的两侧,鳐类开口于头部的腹面,全头类具有一皮肤褶的假鳃盖,因此仅有 1 对鳃孔,硬骨鱼均具有骨骼支持的鳃盖,在外观上有 1 对鳃裂。多数软骨鱼类和少数低等硬骨鱼类在眼的后方有 1 对喷水孔,是退化的鳃裂。

4. 鳍(fin)

分布于鱼类的躯干部和尾部,是维持身体平衡和运动的器官,由内骨骼的支鳍骨和露在身体外面的鳍条组成。鳍条分 2 种,一是软骨鱼具有的不分节的角质鳍条(actinotrichia),另一是硬骨鱼类具有的由鳞片衍生所形成的鳞质鳍条(lepidotrichia)。鳞质鳍条可分为鳍条(fin ray)和鳍棘(fin spine)两类。鳍条柔软且分成多节,其末端分支或不分支,分别称分支鳍条和不分支鳍条。棘是由鳍条演变形成不分支不分节的强大坚硬棘状鳍条,为高等硬骨鱼类所具有,在鲤形目的一些种类具有坚硬不分支而分节的硬棘,由左右两鳍条骨化形成的,称为假棘。

鱼类的鳍可分为奇鳍(median fin)和偶鳍(paired fin),奇鳍着生在身体的中线上,包括背鳍(dorsal fin)、臀鳍(anal fin)、尾鳍(caudal fin);偶鳍着生于身体两侧,左右成对,包括胸鳍(pectoral fin)和腹鳍(ventral fin)。

背鳍位于身体背部正中,是维持身体垂直的平衡器官。软骨鱼中的鲨类背鳍 1~2 个,鳐类背鳍移到尾部后方,魟类的背鳍大多消失,代以硬棘。硬骨鱼类背鳍的形状、大小和数目因种而异。低等种类一般有 1 个背鳍,少数种类有 2 个[如黑鳍犀鳕(*Bregmaceros atripinnis*)]或 3 个[如鳕鱼(*Gadus macrocephalus*)],均由鳍条组成,称为软鳍鱼类(malacopterygii),有些种类如大麻哈鱼(*Oncorhynchus keta*)、黄颡鱼(*Pelteobagrus fulvidraco*)等在背鳍之后还具有 1 个肉质状的脂鳍(adipose fin)。高等种类具有 2 个背鳍,第一背鳍均由鳍棘组成,第二背鳍主要由软条组成,有时两个背鳍相连,称为棘鳍鱼类(acanthopterygii)。有些种类如鲐鱼、金枪鱼(*Thunnus thynnus*)等背鳍后方有一系列的分离小鳍,由分支鳍条组成,䲟鱼(*Cheneis naucrates*)的第 1 背鳍变成吸盘,位于头的背侧,鮟鱇的第一背鳍特化成细长的钓丝,末端膨大。

臀鳍位于体后腹面肛门与尾鳍之间,也是维持身体垂直的平衡器官。其形状、大小也有一些差异,以臀鳍为主要运动器官的种类(如鳗鲡等)一般较长;若仅为平衡身体的种类,一般较短。

尾鳍位于尾部末端,均由鳍条组成,在运动中起推进和舵的作用。根据尾鳍的外形和尾椎骨末端的位置,一般分为 3 种类型(图 16-3)。原型尾(protocercal)尾椎一直伸到尾的末端,尾鳍的上下叶对称,仅见于鱼类的胚胎期;歪型尾(heterocercal)部分尾椎骨上翘伸入尾鳍的上叶,把尾鳍分为上下不相等的两叶,在外观和内部结构上都不对称,如鲨鱼、鲟鱼等;正型尾(homocercal)末端尾椎骨愈合向上翘入尾鳍上叶基部,但从外观上看,尾鳍的上下叶对称,见于大多数硬骨鱼类。

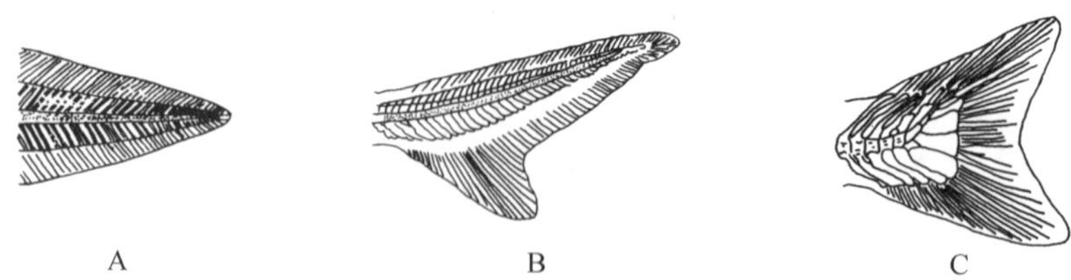

图 16-3 鱼类尾鳍的基本类型(引自王所安)

A. 原型尾;B. 歪型尾;C. 正型尾

胸鳍一般位于头的后方,紧靠鳃裂附近,仅高低位置有所变化,其功能为运动、协助身体平衡和控制运动方向。软骨鱼类中鲨类的胸鳍较大,与体轴呈水平排列,是重要的平衡身体和控制运动方向的器官;鳐类和魟类的胸鳍宽大,前缘与头侧相连呈盘状,成为主要的运动器官,全头类银鲛的胸鳍宽大。硬骨鱼类的胸鳍一般较小,与体轴垂直。运动缓慢的鱼类,胸鳍宽阔呈舌片状,运动迅速的鱼类,胸鳍狭长呈镰刀状。马鲛、鲚(*Coilia*)、鬼鲉(*Inimicus japonicus*)等鱼类部分胸鳍鳍条呈游离的长丝状或指状。燕鳐的胸鳍特别扩大和延长,可以进行滑翔。弹涂鱼的胸鳍基部具有臂状肌肉,能在滩涂上爬行或跳跃。少数鱼类无胸鳍,如海鳝(*Muraena*)、黄鳝、舌鳎(*Cynoglossus*)等。

腹鳍的主要作用为协助维持身体的平衡和辅助升降,形状一般较小。软骨鱼类均有腹鳍,雄性腹鳍内侧延长,内有软骨支持,称为鳍脚(clasper),为交配器官。硬骨鱼类的腹鳍位置变化较大,低等种类如鲱形目、鲤形目等的腹鳍位于腹部,称为腹鳍腹位;有些鱼类如鲈鱼、大黄鱼(*Pseudosciaena crocea*)等的腹鳍位于胸鳍下方前后,称为腹鳍胸位;有些鱼类如云鳚(*Enedrias nebulosus*)、绵鳚(*Enchelyopus elongatus*)等的腹鳍位于胸鳍前方的喉部下方,称为腹鳍喉位。腹鳍的形态也有较大变化,如鲽形目的腹鳍有时左右不对称;虾虎鱼(*Gobiodon*)、弹涂鱼(*Periophthalmus cantonensis*)、狮子鱼(*Liparis*)等左右腹鳍连合在一起呈吸盘状。鳗鲡、海龙(*Syngnathus*)、黄鳝、带鱼(*Trichiurus haunela*)、鲀(*Fugu*)等腹鳍退化或消失。

鱼类鳍的组成和鳍条数目,是鱼类分类的重要依据,以鳍式(fin formula)表示。记载时用 D 代表背鳍,A 代表臀鳍,C 代表尾鳍,P 代表胸鳍,V 代表腹鳍;鳍棘的数目以大写罗马数字表示;鳍条数目以阿拉伯数字表示;鳍棘或鳍条的数目范围以"～"表示;鳍棘与鳍条相连时用"-"表示,分离时以","隔开。如鲤的鳍式为: D. Ⅲ,Ⅳ-17～22;A. Ⅲ-5～7;C. 20～22;P. Ⅰ-15～16;V. Ⅱ-8～9。鲈的鳍式为: D. Ⅻ,Ⅰ-13;A. Ⅲ-7～8;C. 17;P. 16～18;V. Ⅰ-5。

16.2.2　皮肤及其衍生物

1. 皮肤的结构

鱼类的皮肤由表皮(epidermis)和真皮(dermis)组成(图 16-4)。表皮位于鱼体最外层,来源于外胚层,可分为生发层(germinal layer)和腺层(glandular layer)。生发层位于表皮的基部,由 1 层柱状细胞构成,具有旺盛的分生能力。腺层位于生发层上方,由多层细胞构成,含有大量的单细胞腺,单细胞腺分泌黏液,除了润滑体表可以减少游泳时与水的摩擦外,还能保护鱼体不受病菌、寄生物等的侵袭,凝结和沉淀水中悬浮物质以及有助于皮肤调节渗透压等作用。真皮位于表皮的下方,来源于中胚层,可分为外膜层(membrana externus)、疏松层(stratum spongiosum)和致密层(stratum compactum),在真皮内除了结缔组织外,还有平滑肌细胞、神经纤维、色素细胞等。在真皮下方有一层不太发达的皮下层(subcutis),含有色素细胞、脂肪细胞、血管等。

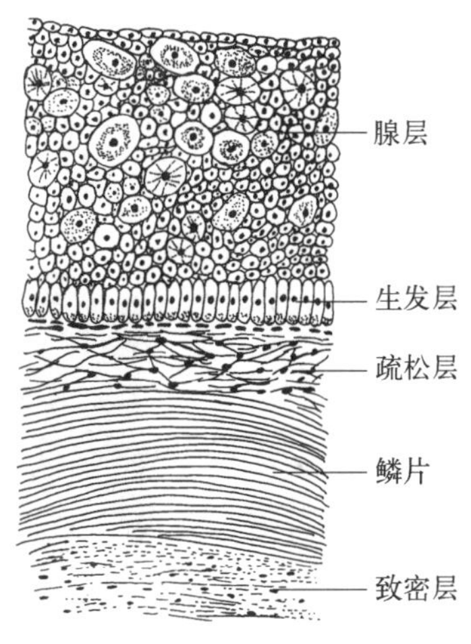

图 16-4　鲤皮肤构造

2. 皮肤衍生物

鱼类皮肤衍生物主要有鳞片、色素细胞、毒腺、发光器等。

(1) 鳞片

绝大多数鱼类的全身或身体的一定部位被有鳞片(scale),具有保护作用,仅有少数鱼类如鲇、杜父鱼、电鳐等没有鳞片。根据来源、外形、构造分为 3 种,即盾鳞(placoid scale)、硬鳞(genoid scale)、骨鳞(bony scale)。

盾鳞为软骨鱼类所特有,由表皮和真皮共同形成的,在身体表面多呈对角线排列,可使流经身体表面的水流流态平顺,减少漩涡,提高游泳速度。盾鳞由基板(basal plate)和棘(spine)两部分组成,基板埋藏于真皮中,多呈菱形,基板底部有一孔,是神经和血管通入的地方;棘着生在基板上,露于皮肤外面,尖端朝向体后,外层覆以釉质(珐琅质)(enamel),内层为齿质(dentine),中央为髓腔(pulp cavity)(图 16-5)。基板和齿质来源于真皮,釉质来源于表皮,和牙齿属于同源器官,因此盾鳞也称为皮齿(dermal teeth)。

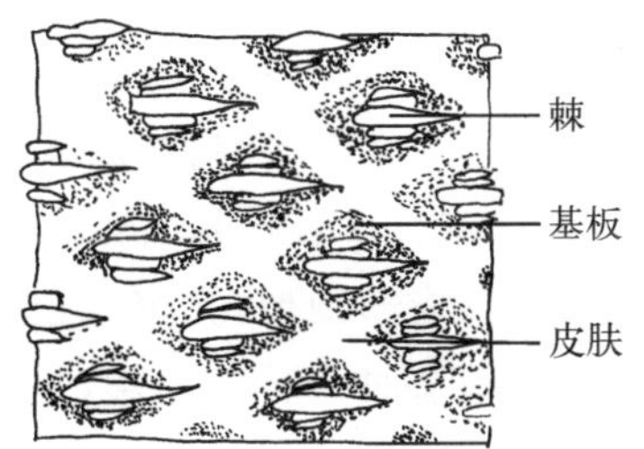

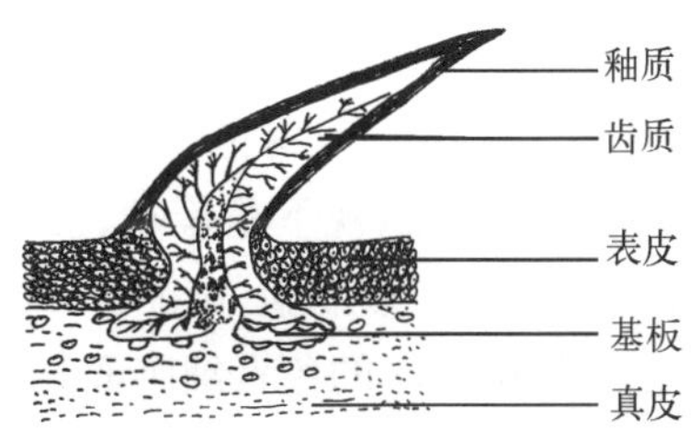

图 16-5　鲨鱼的盾鳞

硬鳞为硬骨鱼类中硬鳞鱼如鲟(*Acipenser*)、雀鳝(*Lepidosteus*)、多鳍鱼(*Polypterus*)等所具有,是由真皮形成的。一般为斜方形的骨质板,上面覆盖一层硬鳞质(ganoine),能反射特殊的光亮。硬鳞坚硬,成行排列,鳞片间以关节凹凸相连接,影响了活动的灵活性。我国分布的鲟仅在尾鳍上叶具有硬鳞,身体其他部位硬鳞消失。

骨鳞为绝大多数硬骨鱼类所具有,由真皮形成。多为圆形或椭圆形,具弹性的半透明薄骨板,骨鳞呈覆瓦状排列,前端插入真皮形成的鳞袋内,后端游离于表皮之下,侧缘为相邻的鳞片所覆盖,有利于身体的运动。骨鳞的结构为上下 2 层,上层为骨质层(透明质层),由骨质组成,薄脆而坚硬;下层柔软为纤维层(基板),由成层的胶原纤维束排列而成。骨质层生长是从边缘向外添加,中央与外周厚度几乎相等,纤维层的生长是从中心向外铺展,新生长的层位于最底层,比原来的层要大一些,因此鳞片的中央部分最厚。鳞片的表面可分为 4 个区,基区(前区)埋在真皮内;顶区(后区)是未被周围鳞片覆盖的区域;上侧区和下侧区位于前后区之间的背腹部,为上下方鳞片部分覆盖。结构主要包括鳞焦(scale focus),为鳞片最早形成的部位;鳞沟(scale grooves),为鳞片骨质层出现的凹沟,由骨质层局部切断形成,可增加鳞片的弹性和柔软性;鳞嵴(scale ridges),为骨质层的隆起线,也称环片。骨鳞根据顶区(游离缘)鳞嵴的结构分为 2 种,圆鳞(cycloid scale)顶区边缘光滑,如鲱形目、鲤形目等;栉鳞(ctenoid scale)顶区具有锯齿状突起,如鲈、虾虎鱼等(图 16-6)。从演化上看,一般具圆鳞的鱼类比具栉鳞的鱼类在分类上较低等,但不是绝对的,有时在同一条鱼的身体上两种骨鳞并存,如大黄鱼身体的前部为圆鳞,身体的后部为栉鳞;半滑舌鳎(*Cynogossus semilaevis*)的无眼侧为圆鳞,有眼侧为栉鳞。骨鳞形成后,数目终身不变,在身体生长过程中,骨鳞也随之增大、增厚,鳞嵴间的距离随生长季节而变化,春夏食物丰富,水温高,鱼类生长快,鳞嵴间距离宽,秋冬季生长缓慢或停止生长,鳞嵴间距离窄,组成宽窄相间的生长带,即年轮,可以作为鉴定鱼类年龄的标志。

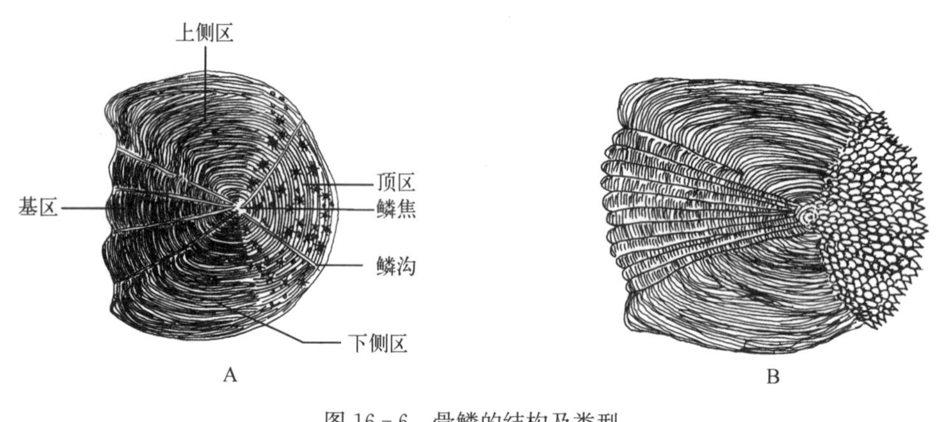

图 16-6 骨鳞的结构及类型

A. 圆鳞及分区;B. 栉鳞

多数硬骨鱼类身体的两侧,各有一条由鳞片上的小孔排列成线状构造,即侧线(lateral line),是鱼类重要的感觉器官,具有小孔的鳞片叫侧线鳞,在分类上经常记录侧线鳞本身和侧线上鳞、侧线下鳞的数目,作为分类的依据,称为鳞式(scale formula)。鳞式的记录方式为:侧线鳞线$\frac{\text{侧线上鳞式}}{\text{侧线下鳞式}}$,如鲤鱼的鳞式为:32～36 $\frac{5\sim6}{4\sim5}$,即鲤鱼的侧线鳞为 32～36 枚,侧线上鳞 5～6 行,侧线下鳞 4～5 行。

(2) 色素细胞

鱼类的体色在脊椎动物中是最艳丽的,尤其是热带珊瑚礁鱼类。主要有 4 种色素细胞:① 黑色素细胞(melanophore)呈星状,多突起,含有黑色、棕色和灰黑色的色素颗粒;② 黄色素细胞(xanthopore)具有两个细胞核,色素颗粒小,在光线透视下呈橙黄色或深橙色;③ 红色素细胞(erythrophore)比较少见,含有红色素,大多见于热带鱼类;④ 虹彩细胞(iridocyte)或称反光体,为多边形或卵圆形,无突起,含有鸟粪素颗粒。鱼类体色的产生主要是由不同的色素细胞经过组合产生的。鱼类具有多种多样的色彩,是对周围环境的适应,一般生活于上层或运动迅速的鱼类,色彩较单调,背部多深灰或蓝灰,腹面灰白或银白;栖息于水底或岩礁之间的鱼类,体色丰富艳丽。鱼类体色可因年龄、性别、环境生理及健康状态而改变。

(3) 毒腺

鱼类的毒腺(poison gland)是表皮细胞集合在一起,下陷到真皮内,外包结缔组织,构成能分泌有毒物质的腺体,毒腺常与棘连在一起,当棘刺入其他生物体内,毒物从棘基旁或通过棘沟、棘管注射到被刺生物体内,以达到自卫、攻击及捕食的目的。我国具有毒腺和毒棘的鱼类有100余种,大多数分布于海洋中。

(4) 发光器

生活于海洋的鱼类,特别是中层和深层的种类具有发光器(luminescent organ),目前已知能发光的鱼类有240余种。鱼类的发光有两种方式:一是与发光细菌共生而发光,如长尾鳕科、鳕科、松球鱼科等的发光种类;另一种是本身有发光腺体,能够独立发光,如角鲨科、巨口鱼科、灯笼鱼科等。发光器的形态、数量、位置及结构因种而异,典型的发光器由发光腺体、晶状体、反射器和色素罩等部分组成。

16.2.3 骨骼系统

鱼类具有发达的内骨骼,具有支持身体、保护体内柔软器官的功能,并与肌肉一起完成各种运动。骨骼按照其性质,分为软骨(cartiage)和硬骨(bone)两种,软骨鱼类终生保持软骨。硬骨鱼类的骨骼主要为硬骨,根据发生分为软骨化骨(cartilage bone)和膜骨(membrane bone),软骨化骨又称替代骨,发生上由软骨骨化形成的,如脊椎骨、肢骨等;膜骨在发生上不经过软骨阶段,在结缔组织的基础上直接骨化形成,如鼻骨、顶骨、鳃盖骨等,软骨化骨和膜骨仅是形成方式不同,其结构没有区别。按照功能和位置可分为中轴骨骼(axial skeleton)和附肢骨骼(appendicular skeleton),前者包括头骨和脊柱,后者包括偶鳍骨骼和奇鳍骨骼(图16-7)。

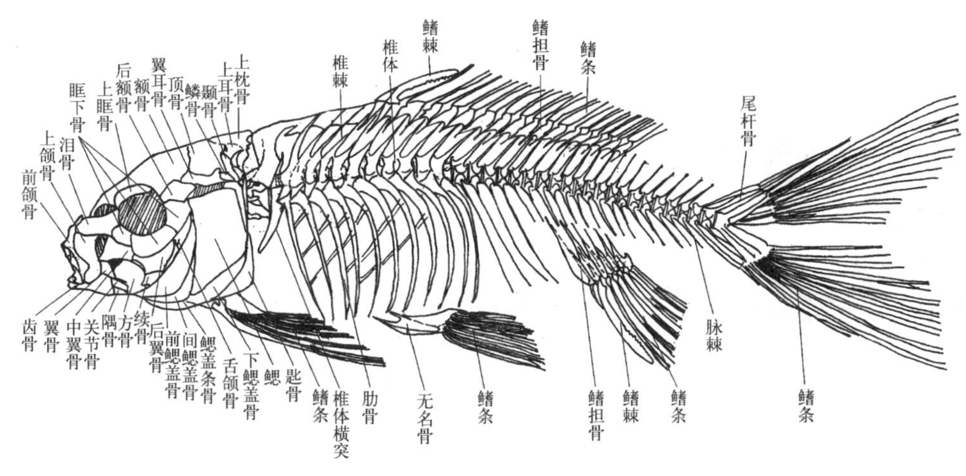

图16-7 鲤鱼的骨骼

1. 中轴骨骼

(1) 头骨

头骨包括脑颅(neurocranium)和咽颅(splachnocranium)两个部分。

脑颅包藏脑和视觉、听觉、嗅觉等感觉器官,软骨鱼类的脑颅是由软骨组成的,无分界和缝合的发育良好的软骨匣,在背面留有以皮肤覆盖的囟门,称为软颅。硬骨鱼类的脑颅在软颅的基础上骨化成许多骨片,并增加一些膜骨,组成硬骨性脑颅。属于软骨化骨的骨块主要有位于筛区的前筛骨(preethmoid bone)、中筛骨(mesethmoid bone)、外筛骨(ectethmoid bone),位于蝶区的眶蝶骨(orbitosphenoid bone)和翼蝶骨(alisphenoid bone),位于耳区的蝶耳骨(sphenotic bone)、翼耳骨(pterotic bone)、前耳骨(protic bone)、上耳骨(epiotic bone)、后耳骨(opisthotic bone),位于枕区的上枕骨(supraoccipital bone)、侧枕骨(exoccipital bone)、基枕骨(basioccipital bone)等,属于膜骨的骨块主要有背面的鼻骨(nasal bone)、额骨(frontal bone)、顶骨(parietal bone)、颞骨(temporal bone)、鳞骨(squamosal bone),腹面的犁骨(vomer bone)、副蝶骨(parasphenoid bone)以及侧面的围眶骨系。

咽颅位于脑颅的下面,围绕消化道前端两侧,由左右对称且分节的骨块组成。在软骨鱼类一般为7对,第一对特化为颌弓(mandibular arch),由背段的腭方软骨(palato-quadrate cartilage)和腹段的麦氏软骨

(Meckel's cartilage)构成上、下颌,这种由腭方软骨和麦克氏软骨构成的颌叫做初生颌(primary jaw)。第二对特化为舌弓(hyoid arch),由成对的舌颌软骨(hyomandibular cartilage)、角舌软骨(ceratohyal cartilage)和腹中央单个的基舌软骨(basihyal cartilage)组成。第三至七对为鳃弓(gill arch),每对鳃弓从背至腹由成对的咽鳃软骨(pharyngobranchial cartilage)、上鳃软骨(epibranchial cartilage)、角鳃软骨(ceratohyal cartilage)、下鳃软骨(hypobranchial cartilage)及单个的基鳃软骨(basibranchial cartilage)所组成。硬骨鱼的咽颅在软骨性咽颅的基础上骨化,同时又加入了膜骨和出现了鳃盖骨系(opercular series),使得咽颅的成分更加复杂。颌弓的腭方软骨骨化为腭骨(palatine bone)、翼骨(pterygoid bone)、中翼骨(mesopterygoid bone)、后翼骨(metapterygoid bone)、方骨(quadrate bone),麦克氏软骨骨化为关节骨(articular bone),执行上、下颌功能的是新出现的膜骨,即上颌的前颌骨(premaxillary bone)和上颌骨(maxillary bone),下颌的齿骨(dentary bone)和隅骨(angular bone),这种由膜骨构成的颌叫做次生颌(secondary jaw)。舌弓骨化为成对的舌颌骨、间舌骨(interhyal bone)、上舌骨(epihyal bone)、角舌骨(ceratohyal bone)、下舌骨(hypohyal bone)和单个的基舌骨,膜骨为尾舌骨(urohyal bone)。鳃弓骨化为咽鳃骨、上鳃骨、角鳃骨、下鳃骨、基鳃骨,其中第五对鳃弓特化成一对下咽骨(hypopharyngeal bone),鲤科鱼类的下咽骨发达,着生有咽齿(pharyngeal teeth),其数目、形状和排列方式是鲤科鱼类重要的分类依据。鳃盖骨系包括鳃盖骨(opercular bone)、前鳃盖骨(preopercuiar bone)、间鳃盖骨(interopercular bone)、下鳃盖骨(subopercular bone)和鳃盖条骨(branchiostegal ray bone)。

绝大多数鱼类咽颅与脑颅的连接方式为舌接式(hyostyly),即颌弓通过舌颌骨悬挂于脑颅上。

(2) 脊柱

脊柱是由脊椎骨相互连接在一起构成的,鱼类的脊椎骨按其形态和构造分为躯干椎和尾椎两部分。尾椎由椎体(centrum)、椎弓(neural arch)、椎棘(neural spine)、脉弓(haemal arch)和脉棘(haemal spine)构成,躯干椎包括椎体、髓弓、髓棘和椎体横突(parapophysis)。鱼类的椎体前后两面均凹入,属于双凹型椎体(amphicoelous centrum),在凹入处残存有念珠状脊索。前后椎弓连在一起构成椎管,脊髓位于椎管中。在躯干部,肋骨与椎体横突关节,从两侧包围内脏,尾椎的脉弓为血管提供了通道,因此脊柱除了支持身体外,还有保护脊髓、内脏和血管的功能。

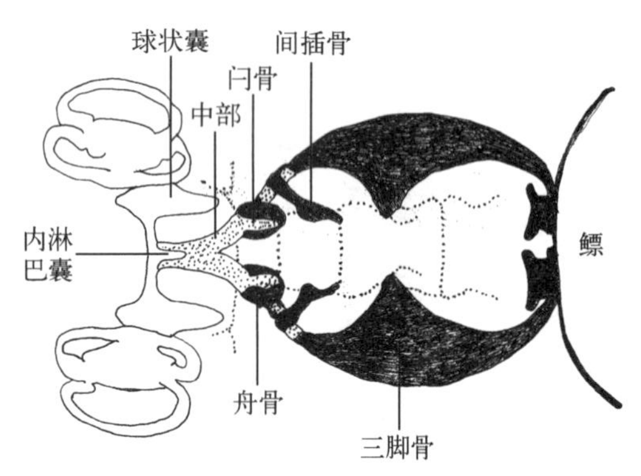

图 16-8 鲤形目的韦伯器

在鲤形目鱼类,最前面的 3 个脊椎骨的一部分经过变异,形成韦伯器(Weber's organ)(图 16-8),包括闩骨(claustrum)、舟骨(scaphoideum)、间插骨(intercalarium)和三脚骨(tripus),位于内耳和鳔之间,起声波传导作用。

2. 附肢骨骼

(1) 奇鳍支鳍骨

奇鳍支鳍骨(pterygiophore)又称担鳍骨。软骨鱼的背鳍和臀鳍的支鳍骨是一分为 3 节的棒状软骨,有些种类支鳍骨的基部趋于愈合,称为辐状软骨(radial cartilage),部分突入鳍内,并参与鳍的组成。硬骨鱼背鳍和臀鳍的支鳍骨深埋在肌肉中,低等种类分为 3 节,高等种类一般为 2 节或 1 节。仅在鲟、多鳍鱼等种类支鳍骨数目少于鳍条,其他鱼类支鳍骨和鳍条数相等。尾鳍支鳍骨在软骨鱼和鲟仅分布于尾鳍的上叶,下叶支鳍骨与脉棘愈合。硬骨鱼的最后几枚尾椎骨愈合成 1 根尾杆骨翘向后上方,在尾杆骨的上、下方有尾上骨和尾下骨及其他骨片共同构成尾鳍支鳍骨。

(2) 偶鳍骨骼

鱼类的偶鳍骨骼包括偶鳍支鳍骨和带骨,带骨又分为连接胸鳍的肩带(pectoral girdle)和连接腹鳍的腰带(peivic girdle)(图 16-9)。软骨鱼的肩带位于咽颅后方成"U"字形,由腹侧的乌喙部和两侧的肩胛部组成,鲨类不与头骨或脊椎骨相连,鳐类与脊柱相连。胸鳍支鳍骨包括几块鳍基软骨(pterygium cartilage)和辐状软骨(radialia cartilage)。肩带侧面与鳍基软骨相关节。硬骨鱼的肩带成分复杂,除了肩胛骨(scapula)、乌喙骨(coracoid)及低等种类的中乌喙骨(mesocoracoid)外,还有膜骨成分,如匙骨(cleithrum)、

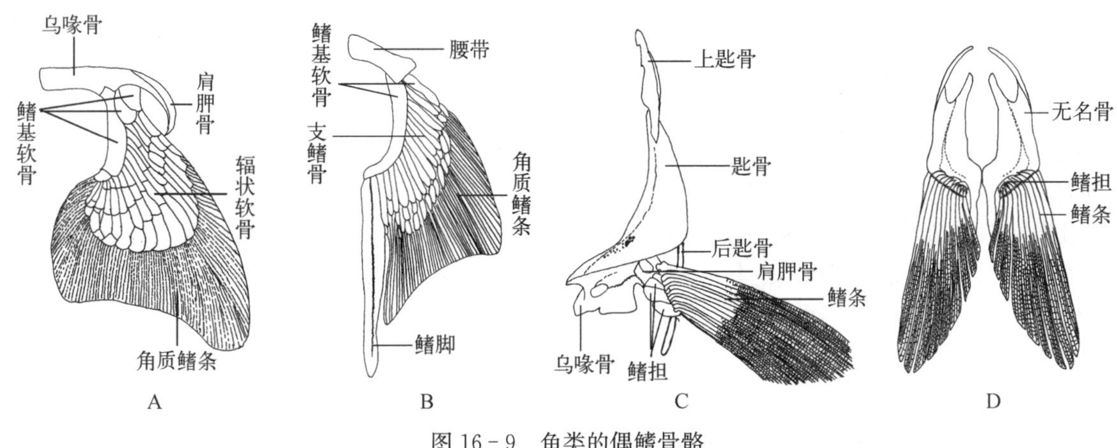

图 16-9　鱼类的偶鳍骨骼

A. 鲨鱼的胸鳍；B. 鲨鱼的腹鳍；C. 鲤鱼的胸鳍；D. 鲤鱼的腹鳍

上匙骨(supracleithrum)、后匙骨(postcleithrum)等。通过后匙骨将肩带连于头骨上。鳍基骨在真骨鱼类已经消失，支鳍骨直接与肩带相连。腰带在鱼类结构简单，软骨鱼位于泄殖腔前方，呈"一"字形，腹鳍支鳍骨数目趋于减少，鳍基软骨与腰带两端相连，鳍脚为鳍基软骨的变形。硬骨鱼的腰带由一对无名骨(innominatum)组成，无膜骨成分，支鳍骨多与腰带愈合。

16.2.4　肌肉系统

1. 头部肌肉

鱼类头部的体节肌由于头骨的发达，趋于退化消失，仅前部的三个肌节转变成每侧的6条眼肌，其中第一肌节演化成上直肌(superioc rectus muscle)、下直肌(inferior rectus muscle)、内直肌(medialis rectus muscle)、下斜肌(inferior oblique muscle)，受动眼神经支配，第二肌节演变成上斜肌(superioc oblique muscle)，受滑车神经支配，第三肌节演化成外直肌(lateralis rectus muscle)，受外展神经支配，这6条眼肌非常稳定，在脊椎动物中基本一致(图16-10)。

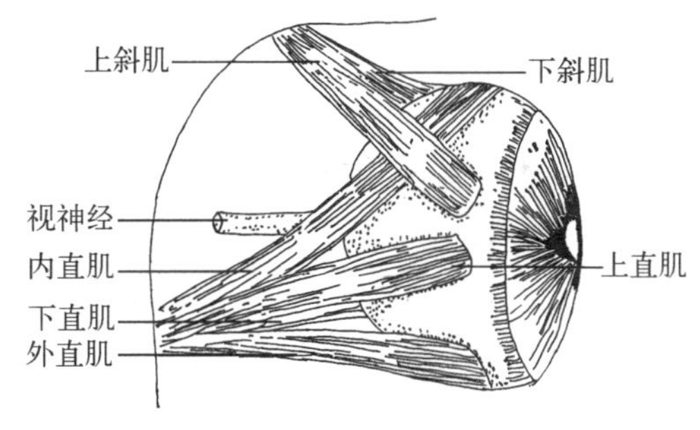

图 16-10　鱼类的眼肌

鱼类的鳃节肌发达，着生在颌弓、舌弓及鳃弓上。控制颌运动的肌肉主要有下颌收肌(adductor mandibulae)、颏舌肌(geniohyoideus mandibulae)、舌肌(hyoideus mandibulae)、胸舌肌(sternohyoides mandibulae)；控制鳃盖启闭的肌肉主要有鳃盖提肌(levator opercular muscle)、鳃盖开肌(dilatoe opercular muscle)、舌颌提肌(levator hyomandibulare muscle)、鳃盖收肌(adductor opercular muscle)和鳃条骨舌肌(branchiostego hyoideus muscle)；鳃肌在硬骨鱼逐渐退化，并分为背腹两群，中间不相连。主要有背部的鳃弓提肌(levator arcus branchial muscle)、鳃间背斜肌(interarcualis dorsalis obliqus muscle)、鳃弓收肌(adductor arcus branchial muscle)等，腹部的鳃弓牵引肌(iprotractor branchial muscle)、鳃间腹斜肌(interarcual obliqus muscle)、鳃弓连肌(interarcualis branchial muscle)等。

2. 躯干部和尾部的肌肉

鱼类躯干部和尾部最主要的肌肉是大侧肌(lateral muscle)，位于身体两侧，从头后直至尾柄末端，由一系列按体节排列的呈锯齿状的肌节组成，肌节间具有结缔组织的肌隔。同时沿水平体轴有一结缔组织形成的水平隔膜，把大侧肌分成上下两个部分，上方为轴上肌(xpaxial muscle)，下方为轴下肌(hypaxial muscle)。躯干部和尾部的轴上肌肌节的差异主要是大小不同，而轴下肌由于在躯干部有的构造上存在明显的区别。多数鱼类的大侧肌可区分为性质和功能不同的两种类型，一是在躯干表面水平隔膜附近，颜色呈暗红色的红肌，富含脂肪和肌红蛋白，进行有氧呼吸，运动迅速、持久的鱼类如金枪鱼、马鲛等红肌比较发达，生活于底层，行动迟缓的鱼类，红肌少，甚至缺乏。另一类为白肌，是构成大侧肌最主要的肌肉，不含脂肪和肌红蛋白，行厌氧呼吸，是产生迅速运动的物质基础，但缺乏持久力。

硬骨鱼除了大侧肌外，在背中线和腹中线有纵行细长、成对的棱肌(carinate muscle)，作用是使鳍伸展或后缩。包括位于身体背中线镶嵌在左右大侧肌之间的上棱肌，如背鳍引肌(protractor dorsalis muscle)、背鳍缩肌(retractor dorsalis muscle)和位于身体腹中线束状成对的下棱肌，如腹鳍引肌(protractor ventralis muscle)、腹鳍缩肌(retracto ventralis muscle)、臀鳍缩肌(retracto analis muscle)等。

3. 附肢肌肉

奇鳍肌肉在软骨鱼比较简单，为一系列束状肌肉，一端附在鳍条基部，一端附在背中隔结缔组织膜上。硬骨鱼的奇鳍肌肉复杂，背鳍和臀鳍的每一鳍条基部都具有 6 条束状肌肉，收缩可使鳍条向前后左右移动。尾鳍肌肉更为复杂，这与尾鳍的作用有关。软骨鱼的偶鳍肌肉简单，胸鳍主要有胸鳍提肌(levator pectoralis muscle)、胸鳍降肌(depressor pectoralis muscle)；腹鳍主要有腹鳍提肌(levator ventralis muscle)、背展肌(abductor dorsalis muscle)、腹鳍降肌(depressor ventralis muscle)、腹鳍展肌(abductor ventralis muscle)。硬骨鱼的偶鳍肌复杂，胸鳍肌主要有肩带浅层展肌、肩带深层展肌、肩带浅层收肌、肩带深层收肌、肩带伸肌等，腹鳍肌主要有腰带浅层展肌、腰带深层展肌、腰带浅层收肌、腰带深层收肌、腰带提肌、腰带降肌等。

4. 发电器官

在鳐形目、电鳐目、长颌鱼目、鲤形目、鲈形目中的有些鱼类具有发电器官(electric organ)。鱼类的发电器官绝大多数是由肌肉演变形成的，仅电鲇(*Malapterucus electricus*)例外，是由真皮特化形成的。发电器官的位置因种而异，有的位于尾部两侧，如电鳗(*Electrophorus electricus*)；有的位于胸鳍内侧的鳃区，如坚皮单鳍电鳐(*Crassinarke dormitor*)；有的位于眼后，如电瞻星鱼(*Astroscopus guttatus*)。

发电器官一般由许多电细胞或电板所组成，电细胞一个个连在一起呈柱状构造，每个电细胞都有光滑面和粗糙面，光滑面为神经层，与神经纤维相联系，粗糙面为营养层，与血管联系。发电器官的动作电位为所有电细胞的电位和，每一电细胞的电位差约 0.1 V，因此可根据发电器官的电细胞数量，大约计算出总的电位，如体长 2 m 的电鳗，有电细胞6 000～8 000个，放电时总电压可达 600～800 V。电流强度取决于电细胞柱横切面的总面积。

16.2.5 消化系统

鱼类的消化系统和其他脊椎动物一样，由消化管和消化腺组成，消化管包括口腔、咽、食管、胃、肠、肛门(泄殖腔)等，消化腺主要有胃腺、肝脏和胰脏。

1. 消化管

鱼类的口腔和咽之间没有明显的界线，统称为口咽腔，内有齿、舌、鳃耙等构造。软骨鱼的齿是由盾鳞演变形成的，形态变化较大，是分类的重要特征。硬骨鱼不仅具有着生在上、下颌的颌齿(jaw teeth)，还有犁齿(vomerine teeth)、腭齿(palatine teeth)、舌齿(tongue teeth)、咽齿，这些齿的形态、数目和分布，常为硬骨鱼的分类特征。鲤科鱼类没有颌齿，咽齿发达，与基枕骨腹面的角质垫组成嚼面。咽齿的形态、数目和排列方式是鲤科鱼类的重要分类依据，以齿式表示，如鲤的齿式为 1.1.3/3.1.1，草鱼(*Ctenopharyngodon idellus*)的齿式为 2.5/4.2。硬骨鱼齿的形状与食性有密切关系，如肉食性鱼类的齿尖锐呈犬齿状、食软体动物等鱼类的齿呈臼齿状、食浮游生物鱼类的齿多不发达呈绒毛状或刷状，以固着在岩礁上生物为食的鱼类的齿呈门齿状。鱼类的舌较原始，位于口腔底部，缺乏弹性，肌肉不发达，不能活动，有些鱼类的舌前端游离，稍能做上下活动，有些鱼类舌的表面有味蕾分布，舌的形状因种而异。鳃弓内侧附生有鳃耙(gill raker)，排成 2 列，多数在鳃耙顶端具味蕾，鳃耙是重要的滤食器官，还具有味觉器官的作用。软骨鱼一般缺少鳃耙，但以浮游生物为食的种类如姥鲨(*Cetorhinus maximus*)具有发达的鳃耙，冬季脱落，夏季再重新生长。硬骨鱼的鳃耙数目、形状、排列与食性有关，肉食性鱼类的鳃耙粗短而疏，如乌鳢(*Ophiocephalus argus*)10～13 枚，鳜(*Siniperca chuatst*)7～8 枚；杂食性的鲤鱼鳃耙 20～25 枚，呈三角形；草鱼鳃耙 14～18 枚，短而扁；以浮游生物为食的鱼类鳃耙细长而密，如鲢(*Hypophthalmichthys molitrix*)主要以浮游植物为食，第一鳃弓约有 1 700 枚鳃耙，滤过面积约 25 cm^2，鳙(*Aristichthys nobilis*)以浮游动物为食，第一鳃弓有 680 余枚鳃耙。鳃耙的数目也是鱼类的分类特征，一般记载第一鳃弓外鳃耙数目。硬骨鱼中也有无鳃耙(如鳗鲡科、海龙科、舌鳎科、箱鲀科等)或仅具鳃耙痕迹(如虾虎鱼科、鳅科等)的种类。

食管(esophagus)短而宽，管壁厚，由 3 层组织构成，内层为黏膜层(mucous layer)，中层为肌肉层

(muscular layer),外层为浆膜层(serous layer)。肌肉层发达,均为横纹肌,又分2层,内层为纵肌,外层为环肌。内壁多具纵行黏膜褶。食管也有味蕾的分布。

胃(stomach)是消化管中最膨大的部分,以贲门(cardia)与食管相接,以幽门(pylorus)与肠相连,在连接处均有括约肌分布,可防止食物倒流。胃壁一般较厚,包括4层,即黏膜层、黏膜下层(submucous layer)、肌肉层、浆膜层。有些鱼类如鲤科、海龙科、颌针鱼科、飞鱼科、银汉鱼科等没有胃。

肠(intestine)是消化吸收的主要场所,肠管的组织结构与胃壁一样,由4层组成。软骨鱼的肠分为小肠(small intestine)和大肠(large intestine),小肠分十二指肠(duodenum)和回肠(ileum),十二指肠和胃相连,肠管较细,有胰管的开口,回肠管径较粗,肠壁向肠管腔内突出螺旋状的褶膜,称螺旋瓣(spiral valve),可以减缓食物的通过以及增加消化吸收面积。大肠分为结肠(colon)和直肠(rectum),结肠为回肠后面变细的部分,后面有突出肠外的指状直肠腺(rectal gland),具分泌无机盐的功能。直肠短,末端开口于泄殖腔(cloaca)。硬骨鱼(肉鳍亚纲、软骨硬鳞类除外)肠的分化不明显,螺旋瓣也仅存在于低等种类(肉鳍亚纲、硬鳞类、低等真骨鱼)。肠的长度与食性有关,一般肉食性鱼类肠较短,如狗鱼(*Esox reicherti*)、鳜鱼、乌鳢等仅为体长的1/4~1/3;植食性及以浮游生物为食的鱼类肠较长,一般为体长的2~5倍,有的甚至可达15倍;杂食性鱼类肠长度介于二者之间。有些鱼类肠的长度还随年龄增长而变长。肠的末端以肛门(anus)直接开口于体外。大多数硬骨鱼在肠的开始处具有盲囊状突出物,称幽门垂或幽门盲囊(pyloric caeca),能够扩大消化吸收面积,其数量、大小、排列可作为分类特征,如玉筋鱼(*Ammodytes personatus*)1个,鲻2个,鲈14个,银鲳约600个,脂眼鲱(*Etrumeus micropus*)多达1 000个。

2. 消化腺

多数鱼类缺乏真正的肠腺,一般具有胃腺(gastric gland),呈盲囊状构造,位于胃壁内,开口胃黏膜表面,分泌盐酸和胃蛋白酶,消化食物中的蛋白质。肝脏(liver)是体内最大的消化腺,位于体腔前端,以系膜悬挂在心腹隔膜后方,后端游离在腹腔内。形状、大小、颜色及分叶等变化较大,形状一般与体形有关,多数分为2叶,也有不分叶(如狗鱼、大麻哈鱼)或分3叶(如金枪鱼)、多叶(如玉筋鱼)的。鲤科鱼类肝脏无固定形状,分散在肠系膜上。肝脏分泌胆汁贮存在胆囊中,以胆管通入肠内,胆汁能够乳化脂肪,促进脂肪的分解,还有助于蛋白质的消化,促使某些蛋白质成分的沉淀。肝脏除了分泌胆汁外,还具有解毒、将吸收的营养物质合成糖原、脂肪、蛋白质等功能。大多数鱼类都具有发达的胰脏(pancreas),有外分泌和内分泌的功能,外分泌部是胰脏的主要部分,分泌胰蛋白酶、胰脂肪酶、胰淀粉酶及麦芽糖酶,胰蛋白酶能够催化蛋白质分解成氨基酸,胰脂肪酶促使脂肪分解为甘油和脂肪酸,胰淀粉酶及麦芽糖酶催化糖类的分解。这些酶需要在碱性环境下发挥作用。软骨鱼的胰脏坚实,为单叶或双叶,位于胃与十二指肠附近。硬骨鱼的胰脏一般为弥散性的腺体,常一部分或全部埋藏在肝组织中,与肝脏混杂在一起,称为肝胰脏(hepatopancreas)。

16.2.6 呼吸系统

鳃是由咽部两侧发生形成的,靠鳃弓骨骼支持,是鱼类的主要呼吸器官,同时还具有排泄含氮废物和调节渗透压的重要作用。

1. 鳃的构造

鱼类一般有5对鳃弓,在鳃弓的内缘生有鳃耙,外缘着生2列鳃片,每一鳃片称为半鳃(hemibranch),同一鳃弓上的两个半鳃合称为全鳃(holobranch)。鳃片是由平行排列的鳃丝(gill fiament)组成的,鳃丝一端固着在鳃弓上,一端游离,使鳃片呈梳齿状或栅板状,每个鳃丝的两侧又生出许多的鳃小片(gill lamella),鳃小片由2层细胞组成,中间分布丰富的微血管网,相邻鳃丝的鳃小片呈相互交叉嵌合排列,鳃小片是气体交换的场所。在鳃小片基部的上皮间常有呈椭圆形的泌氯细胞。软骨鱼中的板鳃类多数有5对鳃裂,少数6~7对,直接开口于体外。两个半鳃之间具有发达的鳃间隔(gill seotum),鳃丝末端虽然游离,但短于鳃间隔,板鳃类一般有9个半鳃,即舌弓后方有1个半鳃,第一至第四对鳃弓各具1个全鳃,第五对鳃弓无鳃。全头类具4对鳃裂,第五对封闭,有1个舌弓半鳃,第一至第三对鳃弓具全鳃,第四对鳃弓具1个半鳃,共8个半鳃。鳃间隔缩短,鳃丝末端超出鳃间隔。在舌弓后方长出皮膜状假鳃盖,上下缘与体壁愈合,后方有一开孔。硬骨鱼一般具5对鳃裂,鳃间隔退化,具有发达的鳃盖骨系,鳃盖下方的鳃腔宽大,以鳃孔与体外相通,鳃盖后缘有鳃盖膜。多数种类有8个半鳃,即第一至第四对鳃弓上各着生1个全鳃,第五对鳃弓无鳃(图16-11)。

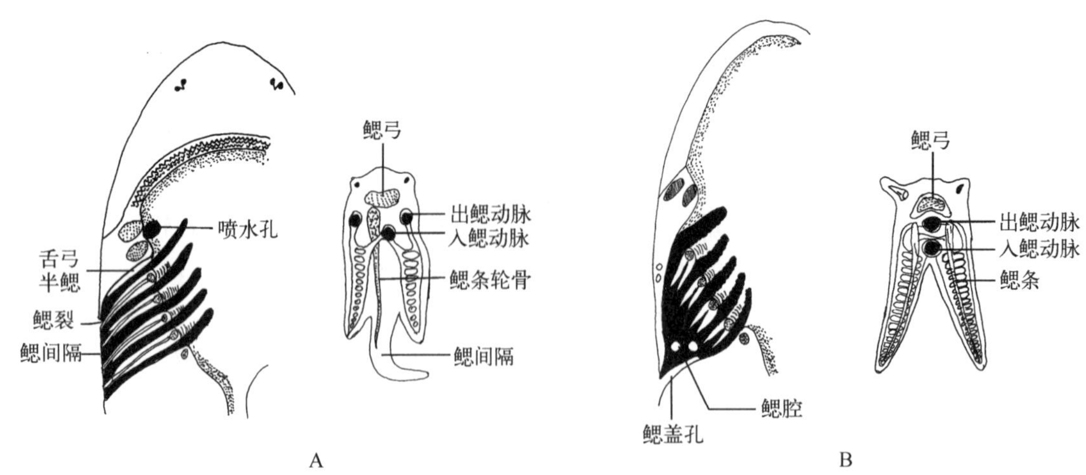

图 16-11 鳃的结构

A. 软骨鱼;B. 硬骨鱼

2. 呼吸运动

鱼类靠口、口咽腔、鳃盖的运动,使水出入鳃区,完成呼吸作用。绝大多数硬骨鱼具有 2 对呼吸瓣,一对是位于上、下颌内缘的口腔瓣,可以防止进入口内的水逆行流出口外;另一对为着生在鳃盖后缘的鳃盖膜,能够阻止水从鳃孔进入鳃腔。鱼类的呼吸运动是一个连续的过程,当鱼类的口张开,口腔瓣倒向内侧,鳃条骨展开并下沉,口咽腔容积扩大,水流入口咽腔。此时鳃盖也向外扩张,鳃盖膜在外界水的压力下,紧贴鳃孔,把鳃孔紧紧关闭,鳃盖向外方扩展,增大了鳃腔的容积,压力降低,水由口咽腔进入两侧的鳃腔,进行气体交换。当水流进入鳃腔时,口腔瓣关闭,在肌肉收缩的作用下,口咽腔的容积从前向后逐渐缩小,这时鳃盖膜仍然关闭,鳃盖后部已扩展到最大限度,水充满整个鳃腔。当收缩作用至鳃盖部,造成鳃盖向内移动,鳃腔内压力增大,水冲开鳃盖膜从鳃孔流出体外。

板鳃鱼类呼吸运动与硬骨鱼类相似,由于鳃间隔发达,在呼吸时,每一鳃间隔皮褶都掩盖着后一外鳃裂,鳃间隔皮褶的活动控制外鳃裂的开闭。板鳃类的鳃丝一端附着在鳃间隔上,但鳃小片并不着生在鳃间隔上,留下一段距离,形成 1 条上下贯通的"水管",使流经鳃小片的水通过"水管"进入鳃腔,从外鳃裂排到体外。

3. 辅助呼吸器官

有些鱼类离开水也可以生活一段时间,或者在含氧低的水中直接呼吸空气及利用其他构造进行气体交换,这些适应特殊生活方式的呼吸器官称为辅助呼吸器官。鱼类常见的辅助呼吸器官有:

皮肤:有些鱼类的皮肤表面布满血管,能进行气体交换。如鳗鲡,在夜间常经过潮湿的草地从一个水体转移到另一个水体中,离水期间可用皮肤进行呼吸。鲇(*Silurus asotus*)、弹涂鱼、黄鳝、鲤等的皮肤均能进行呼吸。

口咽腔黏膜:有些鱼类的口咽腔黏膜血管丰富,有的还具乳头状突起,能与空气中的氧进行气体交换。如黄鳝的鳃退化,只有依靠口咽腔黏膜呼吸,才能正常生活。电鳗、虾虎鱼科和鳚科中有的种类能进行口咽腔黏膜呼吸。

肠管:泥鳅(*Misgurnus anguillicaudatus*)是最典型的例子,在高温季节,停止摄食,肠后段上皮细胞变得扁平,细胞间出现微血管或淋巴,肠呼吸时,泥鳅口伸出水面,吞下空气,压入肠内进行气体交换,多余的空气和从血液中释出的 CO_2 经肛门排出。

鳃上器官:乌鳢(*Ophiocephalus argus*)、攀鲈(*Andbas scandens*)、胡子鲇(*Clarias fuscus*)、斗鱼(*Macropodus*)等具有鳃上器官进行辅助呼吸。生长在鳃弓上方,由鳃弓的一部分特化形成。形状因种而异。

气囊:鲇形目中的囊鳃鱼(*Saccobranchus*)、合鳃目中的双肺鱼(*Amphipnous*)的每侧鳃腔中都有气囊,囊内壁血管丰富,充满空气,能行气体交换。

4. 鳔

大多数硬骨鱼类都有鳔(swim bladder),少数种类(如金枪鱼、蓝点马鲛)和软骨鱼类没有鳔,这是一种次生现象。鳔是在胚胎期食管背方突出向后扩展形成的囊状结构。根据有无鳔管，把具鳔的鱼类分成两类：一类是有鳔管的管鳔类或称喉鳔类(physostomous)，如鲱形目、鲤形目等，一类是无鳔管的闭鳔类(physoclietous)，如鲈形目等(图16-12)。鳔的形态有管状、椭圆状、心状、梭状、圆筒状等，管鳔类有单室，也有2室或3室的，闭鳔类多为单室。鳔多位于肠管背面紧贴肾和脊椎骨，也有鳔伸入尾部或分成两叶，对称伸入到尾部肌肉中。

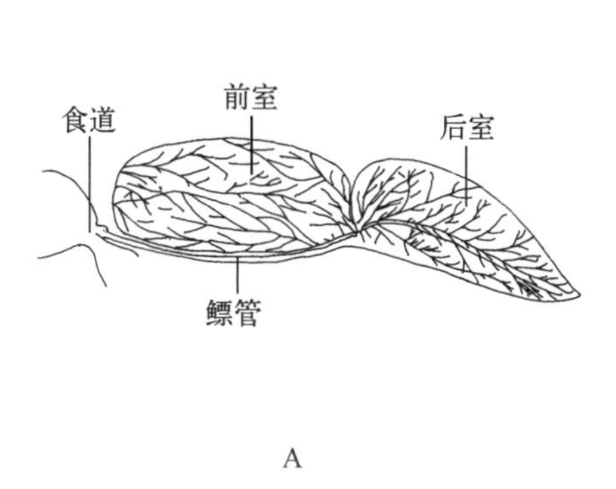

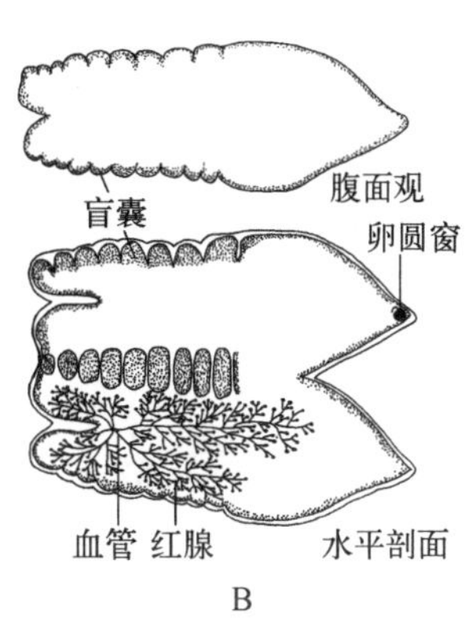

图16-12 鱼类的鳔

A. 管鳔类(鲤鱼)；B. 闭鳔类(鲈鱼)

鳔内的气体主要是O_2和N_2，还有少量的CO_2及微量的H_2、Ar_2、Ne_2、He_2等气体，气体成分的比例因种类和环境而不同，一般海水鱼鳔内O_2含量高于淡水鱼，深海鱼高于浅海鱼，如分布于175 m深处的康吉鳗(*Conger vulgar*)鳔内O_2的含量为87.7%，鲤鱼为3.4%，狗鱼(*Esox reicherti*)为19%，鲂鮄在1 m深处时，鳔内O_2的含量为16%，降到8 m深时，O_2的含量达50%。多数管鳔类在卵黄囊吸收时，已经吞入空气充满鳔，许多闭鳔类的鳔在发生时，有鳔管与食管相通，刚孵化时通过鳔管吞入空气充满鳔后，鳔管退化消失。成体鳔内的气体是通过特有的红腺(red glang)和腺体下的微血管网分泌的，红腺位于鳔前腹面的内壁上，为单层或多层上皮褶，下面大量的微血管按一定次序排列在红腺下组成特异的网状构造。鳔内气体的减少是靠卵圆窗吸收(闭鳔类)或通过鳔管排放。卵圆窗位于鳔的后背方，壁薄而密布微血管，以一小孔与鳔体相通，小孔周围环绕环肌和辐射状肌，控制孔的开闭。此外有的鱼类分布于鳔壁上的血管也能吸收一部分气体。

鳔的最重要的功能是调节身体比重，辅助鱼体在水中的升降。鱼通过鳔肌控制鳔的收缩和膨胀，可以使体内空气含量产生变化而调节身体密度，在水中产生的浮力也随之变化，达到上升或下沉的目的。当鱼下潜时，鳔肌收缩，空间变小，气压变大，以抵消水压的作用；当鱼上浮时，水压变小，鳔肌放松，空间变大，气压变小。但有鳔鱼类一次上升或下降都有一定的范围。鳔容积改变调节沉浮是一个缓慢的过程，因此鳔的这种调节方式，仅是辅助升降，鱼类实现升降运动的主要器官还是鳍和肌肉。鳔除了调节身体比重外，还具有呼吸作用(肺鱼、多鳍鱼、弓鳍鱼、雀鳝等)、感觉作用(鲤形目等)和发声作用(石首鱼科等)。

16.2.7 循环系统

鱼类的循环系统包括液体和管道2个部分，液体分为血液和淋巴，管道分为血管系统和淋巴系统。鱼类的循环方式为单循环。

1. 血液

血液是一种液体组织，由血浆(blood plasma)和血细胞(blood corpuscle)组成。血浆是血液除去血细胞后的液体部分，主要成分为水、无机盐(氮、钾、钠、铁、磷等)、蛋白质(白蛋白、球蛋白、纤维蛋白原等)，以及氨基酸、脂肪、葡萄糖等营养物质、激素、代谢废物等。血浆中除去纤维蛋白原剩下的液体为血清(serum)。血细胞包括红细胞(erythrocyte)、白细胞(leucocyte)和血栓细胞(thrombocyte)，红细胞数量最多，一般呈扁平椭圆形，具有细胞核，细胞质含有血红蛋白；白细胞分为嗜中性白细胞、嗜酸性白细胞、嗜碱性白细胞、淋巴细胞和无粒细胞；血栓细胞与哺乳动物不同，多呈纺锤形，具有细胞核。鱼类的血液量较少，一般占体重的1.5%～3%。

2. 血管系统

(1) 心脏

鱼类的心脏位于腹腔前面、鳃弓腹面后方的围心腔(pericardium cavity)内,腹腔和围心腔以结缔组织的横隔相分。软骨鱼的心脏由静脉窦(sinus venosus)、心房(atrium)、心室(vontriculus)、动脉圆锥(concs arteriosus)4 部分组成,静脉窦是心脏的起始部分,位于心脏的后背侧,壁薄,与总主静脉和肝静脉相连;静脉窦的前方为心房,壁厚于静脉窦;心室位于心房的腹前方,壁最厚;心室前方为动脉圆锥,壁厚,内壁具纵行的瓣膜。高等硬骨鱼的心脏由静脉窦、心房、心室 3 部分组成,动脉圆锥退化成痕迹构造,心室前连一圆锥状构造,称动脉球(bulbus arteriosus),内壁无瓣膜,不能搏动,不属于心脏的组成部分,为腹大动脉基部膨大形成的。心脏各部分之间都具有瓣膜,可以防止血液逆流,静脉窦与心房间的瓣膜为窦房瓣,心房与心室之间的瓣膜为房室瓣,心室与动脉球交接处(动脉圆锥位置)为半月瓣(图 16-13)。

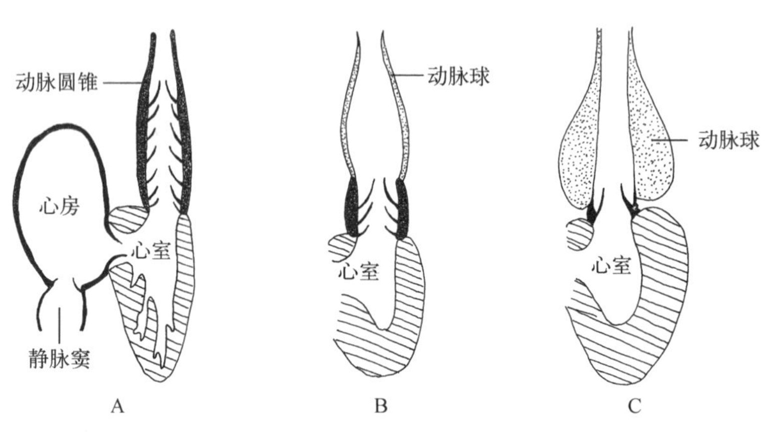

图 16-13 鱼类的心脏

A. 板鳃类;B. 弓鳍鱼;C. 真骨鱼

肺鱼由于能行鳔呼吸,心房、心室均由不完全的隔膜分成左右两部分,右半部分接受静脉窦的乏氧血,左半部分接受鳔返回的富氧血。

(2) 动脉

血液离开心脏,首先进入腹大动脉(aorta nemtralis),前行到鳃弓下方向左右鳃发出 4 对(硬骨鱼类)或 5 对(软骨鱼类)入鳃动脉(arteria branchialis afferens),入鳃动脉进入鳃片后一再分支,在鳃小片上形成微血管网,是气体交换的场所。然后微血管逐渐汇合成出鳃动脉(arteria branchialis efferens),由鳃上动脉(arteria epioranchialis)(软骨鱼类)或头动脉环汇入背大动脉(aorta dorsalis),再发出分支进入身体各部和内脏器官。

(3) 静脉

头部的静脉主要有 2 对,一对是前主静脉(vena cardinalis anterior),收集口周围、面部、口咽腔顶部、鳃弓背侧、眼、鼻、脑的回心血液;另一对是下颈静脉(vena jugularia inferior),收集下颌、口咽腔底部、鳃弓腹侧回心的血液。由尾部回来的血液经尾静脉(vena caudalis)进入腹腔形成肾门静脉(vena portalis renalia)入肾形成毛细血管,出肾汇合成一对后主静脉(vena cardinalis posterior)前行,与前主静脉、下颈静脉相连,组成一对总主静脉(vena cardinalis communis)开口于静脉窦。由内脏返回的血液汇合成肝门静脉(vena portae bepaticus)入肝,经肝静脉(vena bepatica)注入静脉窦。在软骨鱼类腹鳍、胸鳍的血液经侧腹静脉汇入总主静脉。

3. 淋巴系统

淋巴系统是血液循环的辅助部分,具有把血液经过毛细血管时渗透到细胞组织间的组织液运送回静脉的功能。鱼类的淋巴系统包括淋巴、淋巴管、淋巴心和淋巴器官。

淋巴(lymph)是无色透明的液体,由组织间液渗入淋巴管形成的,成分与血液近似,只是不含血细胞和蛋白质。淋巴管(lymph vessels)为运送淋巴的管道,最细的淋巴管为毛细淋巴管,以盲端起始于组织细胞间,接受组织细胞间的组织液的渗入,毛细淋巴管逐级汇合,管径变粗成各级淋巴管,最后开口于静脉。在肠部的淋巴管中存在脂肪等物质,使淋巴呈乳白色,特称乳糜,此处的淋巴管也称乳糜管(chylus vessels)。一些管鳔鱼类常具有淋巴心，为淋巴管的扩大部分，位于最后一枚尾椎骨的下方，是左右相连的一对圆形结构。能够搏动，将淋巴压入静脉。脾脏(spleen)是体内最大的淋巴器官，位于腹腔的肠系膜上，是造血、过滤血液及破坏衰老红细胞的重要场所。

16.2.8 排泄系统和渗透压调节

鱼类的排泄系统由肾脏、输尿管、膀胱等组成，其功能是排出代谢过程中产生的废物，此外在调节体内渗透压平衡方面也具有重要的作用。

1. 排泄系统的结构和泌尿机能

肾脏来源于中胚层生肾节(nephrotome)，鱼类的肾脏在系统发生上经历了前肾(pronephros)和后位肾(opisthonephros)两个阶段。前肾是胚胎时期的泌尿器官，位于体腔的前端，由身体前面的生肾节形成的。前肾小管按体节排列，一端以肾口与体腔相通，肾口边缘具纤毛，一端与前肾管相连，前肾管末端连泄殖腔。背大动脉的分支在肾口旁形成微血管团，即肾小球(renal glomerulus)。借肾口周围纤毛的摆动，把血液和体腔内的代谢废物渗入前肾小管内，经前肾管排出。前肾在多数硬骨鱼类的成体形成头肾(head kidney)，位于肾脏的前端，由淋巴样组织构成，没有泌尿机能。后位肾是鱼类成体的排泄器官，由身体中部和后部的生肾节形成，最初按体节排列，发育过程中分节现象被打破，成为紧贴于体腔背壁、一对呈块状而坚实的器官。肾小体(renal corpuscle)是后位肾的主要组成部分，包括肾小球和肾小囊(renal capsule)。肾小球即背大动脉的分支形成的微血管团，肾小囊是肾小管(renal tubule)壁向内凹入形成的杯状结构，由两层细胞构成，又称鲍氏囊(renal Bowman's)，把肾小球包裹起来。肾小体和肾小管构成了肾单位(nephron)。

输尿管(ureter)1对，在胚胎时期为前肾管，当后位肾形成时，前肾随之退化，前肾管纵裂为二，一条是与肾小管相连的吴氏管(Wolffian duct)，承担输尿功能，另一条是米氏管(Müllerian duct)，雄性退化，在软骨鱼类雌性成为输卵管。膀胱(urinary bladder)是贮藏尿液的薄壁囊状器官，位于输尿管的末端。绝大多数鱼类的膀胱属于输尿管膀胱(tubal bladder)，为输尿管末端扩大形成的，总鳍鱼和肺鱼的膀胱属于泄殖腔膀胱(cloacal bladder)，由泄殖腔壁突出形成。

肾脏的泌尿机能是通过肾小体的过滤作用和肾小管的重吸收作用完成的，肾小球内微血管壁和肾小囊内壁均富有半透性，在肾小球内血液的高压作用下，血液除了蛋白质和血细胞外，其他物质均过滤到肾小囊内，经过肾小囊内壁渗入肾小管中。沿肾小管后行时，营养物质、激素等全部被肾小管壁的血管吸收回血液中，水分和无机盐等大部分被吸收，尿液经输尿管流入膀胱暂时贮藏。

鱼类的排泄器官除了肾脏外，鳃也能进行氮化物和盐分的排出，肾脏主要排泄氮化物分解产物中难以扩散的物质如尿酸、肌酸、肌酐等，鳃主要排泄容易扩散的含氮废物，如氨、尿素等。

2. 渗透压的调节

生活在不同环境中的鱼类体液所含盐分的浓度是比较接近的，但淡水和海水的含盐度相差很大，鱼类为了维持体内盐分浓度的稳定，必须具备完善的渗透压调节功能，生活在淡水和海水中的硬骨鱼类以及软骨鱼类的渗透压调节方式是不同的。

渗透压浓度一般以血液冰点下降(Δ℃)来表示，淡水板鳃类为－1℃，淡水硬骨鱼类为－0.57℃，而淡水几乎接近于0℃。生活于淡水中鱼类体内的盐分浓度高于外界环境，属于高渗溶液，根据渗透压原理，外界的水分会不断地通过半透性的鳃、口咽腔黏膜等处渗入体内，淡水鱼类通过肾脏将多余的水分排出体外，淡水鱼类的肾小体特别发达，能够产生大量的尿液，但丧失的盐分却很少，肾小管能将绝大部分盐分重吸收，还可以通过食物和鳃上特化的吸盐细胞从外界获取盐分，从而维持体内渗透压的平衡。

海产硬骨鱼类血液冰点下降一般为－0.7～－0.87℃，而海水约为－2℃。海产硬骨鱼类体液的盐分浓度低于外界环境，属于低渗溶液。体内水分将不断地从鳃及身体表面向外渗出。海产硬骨鱼类为补充体内丧失的水分，除了从食物获取水分外，还需大量吞饮海水，每日的饮水量一般为体重的7%～35%，通过肠壁吸收，体内多余的盐分由鳃上的泌盐细胞排出，使体内维持正常的低浓度。另外海产硬骨鱼类肾脏中肾小体的数量较少，有的甚至完全消失，使得水分的排出减少到最低程度。

软骨鱼类采取另一种形式来调节体内渗透压，血液中所含的盐分稍高于海产硬骨鱼类，但血液中还含有2%左右的尿素，使血液中冰点下降超过－2℃，稍高于海水。尿素是维持体内水分和盐分平衡的主要因子，当血液内尿素含量增高时，从鳃渗透到体内的水分就多，水分的增加稀释了血液的浓度，排尿量随之增多，造成尿素的流失；当血液中尿素浓度降低到一定程度时，渗透到体内的水分就会减少，排尿量降低，尿素含量又逐渐升高。软骨鱼类的直肠腺及肠上皮等在渗透压调节中有一定作用，具有泌盐功能。

有些鱼类不同的发育阶段分别在淡水和海水中度过，需要有一定的调节机制适应改变的环境。淡水中孵化的幼鲑，在氯细胞没有充分发达前不能成功进入海洋，鳗鲡进入淡水，氯细胞从泌盐细胞变成吸盐细胞。从淡水进入海水后，需要大量饮水，同时肾功能发生变化，尿量的排出量仅为在淡水时的10%或更少。

16.2.9 生殖系统

鱼类一般是雌雄异体(gonochorism)，但少数鱼类存在着雌雄同体(hermaphrodite)现象，即同一条鱼同时具有卵巢和精巢。如鮨科、隆头鱼科、鲷科、合鳃科、鲔科等均有雌雄同体的鱼类，在鮨科鮨属中的一些种类雌雄生殖细胞同时成熟，并能自体受精。还有些鱼类具有性逆转(sexreversal)的现象，如黄鳝从胚胎到性成熟都是雌性，产卵后逐渐变成雄性。

鱼类的雌雄可以通过与繁殖活动直接相关的第一性征(生殖腺、鳍脚、交接器等)和与繁殖无直接关系的第二性征(追星、婚姻色等)来进行鉴别。有些鱼类在繁殖季节，雄性身体的某些部位出现白色坚硬的锥状突起物，称为追星，也称珠星。如“四大家鱼”的追星分布在胸鳍上；香鱼、雅罗鱼(*Leuciscus*)雄性全身均可以出现追星；马口鱼、棒花鱼(*Abbottina rivularis*)、鳑鲏(*Rhodeus*)、华鳈(*Sarcocheilichthy sinensis*)等雄性的吻部、颊部、鳃盖等部位追星明显，鲂属的追星密布头顶、眼眶、尾柄、胸部等部位。有些鱼类雌雄身体具有不同的色彩，如隆头鱼(*Labrus mixius*)雄性橙黄色，眼部向后有5～6条蓝色条纹，雌性红色，没有条纹。斗鱼体侧具蓝黑色横斑，鳃盖后缘有一碧绿色斑块，在雄性鲜明。有些雄性鱼类在繁殖季节身体出现鲜艳颜色，繁殖结束后消失，称之为婚姻色。例如，麦穗鱼(*Pseudorasbora parva*)体色除体侧有一条黑线外为浅灰色，繁殖期间雄性全身变成黑色；刺鱼属(*Gasterosteus*)的雄性繁殖季节时腹部鲜红色，背部亮绿色。

精巢(testis)多数左右成对，在未成熟时一般呈淡红色，成熟时为白色，表面匀净细腻。软骨鱼类的精巢一般右侧大于左侧，以精巢系膜连于体腔背壁上。从精巢发出许多输精小管进入肾脏前部与吴氏管相通，吴氏管即输精管(vas deferens)，后端膨大成为贮精囊(seminal vesicle)注入尿殖窦，再经尿殖乳突开口于泄殖腔。硬骨鱼类的精巢在幼体时表面光滑，成体形状不规则，表面发生皱褶，精巢前部一般左右分开，后部有时互相接触。在精巢的外面被由腹膜形成的外膜包裹，内由不规则排列的壶腹形腺体或辐射排列的叶片状腺体组成，这些腺体是精子形成和成熟的场所。硬骨鱼类的输精管是由包围在精巢外面的腹膜延伸形成的，与肾管没有任何关系。左右输精管在后端连合在一起，以生殖孔开口于肛门和泌尿孔之间或通入尿殖窦，与输尿管汇合以尿殖孔开口于肛门的后方(图16-14)。

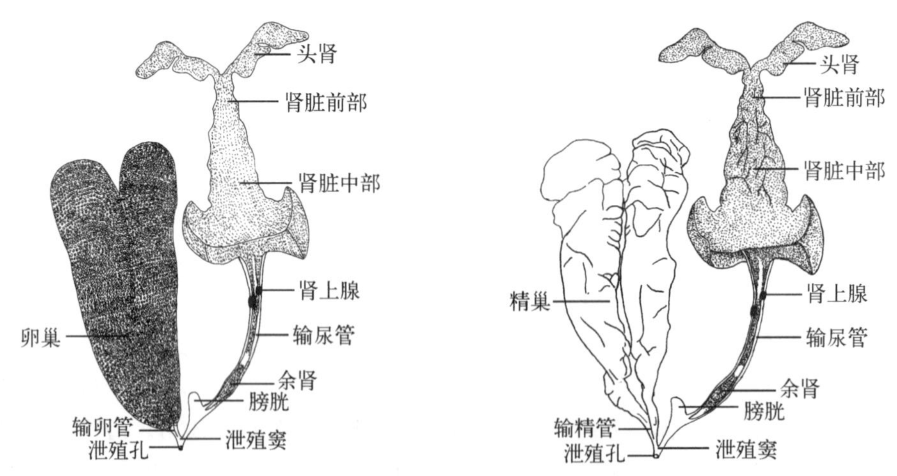

图16-14 鲤鱼的排泄和生殖系统

软骨鱼类和肺鱼类的卵巢(ovary)为游离卵巢，也称裸卵巢。卵巢裸露，外面没有腹膜形成的卵囊膜，卵巢大多数成对，也有单个的，以卵巢系膜连于体腔背壁，成熟的卵落入体腔，靠体壁肌肉的收缩，经输卵管腹腔口进入输卵管，输卵管是由米氏管形成的，又分化出卵壳腺和子宫。硬骨鱼类的卵巢属于封闭卵巢，也称被卵巢。卵巢外面被由腹膜形成的卵囊膜所包裹，卵囊膜向后延伸形成输卵管，以生殖孔开口于体外或与输尿管汇合以尿殖孔开口体外，卵巢在未成熟时一般呈透明的条状，成熟时呈长囊形，颜色多为黄色，也有呈绿色(鲇、红鳍原鲌)、橘红色(大麻哈鱼)及其他颜色的。

鱼类的繁殖方式一般可分为 3 种类型，即卵生(oviparity)、卵胎生(ovoviviparity)和胎生(viviparity)。绝大多数鱼类都是卵生的，鱼类把成熟的卵直接产在水中，在体外进行发育。卵生软骨鱼类和少数硬骨鱼类如杜父鱼科和鲉科的一些种类行体内受精，而绝大多数硬骨鱼类为体外受精。卵胎生的种类均为体内受精，受精卵在雌性生殖管道内进行发育，但胚胎发育所需的营养物质依靠卵黄供给，与母体没有营养物质的联系，仅呼吸靠母体进行或母体提供部分水分和矿物质。绝大多数软骨鱼类和部分硬骨鱼类如鳉形目种的食蚊鱼(*Gambusia affinis*)，鲈形目中的海鲫(*Ditrema temmincki*)、绵鳚(*Enchelyopus elongatus*)，鲉形目中的褐菖鲉等为卵胎生。胎生为某些软骨鱼类如灰星鲨、锤头双髻鲨等具有的繁殖方式，胚胎与母体发生循环上的联系，形成卵黄囊胎盘，胚胎发育所需的营养物质除了卵黄本身外，也靠母体供给。还有些鱼类能进行雌核生殖和孤雌生殖，如银鲫只有雌性而无雄性，繁殖时卵借助其他鲤科鱼类精子的刺激，全部发育成雌鱼。太平洋鲱、江鳕等未受精的卵可以孵化，发育成新个体。

16.2.10 神经系统

鱼类的神经系统由中枢神经系统、外周神经系统和植物性神经系统组成。

1. 中枢神经系统

中枢神经系统包括脑和脊髓，脑位于脑颅内，脊髓外由脊椎骨的椎弓包裹。

(1) 脑

鱼类的脑已明显分化为端脑、间脑、中脑、小脑和延脑 5 个部分(图 16－15、6－16)。端脑(telencephalon)位于脑的最前端，包括嗅脑(rhinencephalon)和大脑(cerebrum)两个部分，嗅脑由嗅球(olfactory bilb)和嗅束(olfactory tract)组成，有的硬骨鱼嗅脑仅由嗅叶(olfactory lobe)构成。大脑中央具有纵沟把其分成左右两半，称大脑半球(cerebrum hemisphere)，内部各有一侧脑室，大脑的腹壁神经细胞聚集形成纹状体(striatum corpora)。端脑是鱼类的嗅觉中枢和运动的高级中枢。间脑(diencephalon)位于大脑的后方，内有第三脑室，腹面观前方为视神经形成的视交叉(optic chiasma)，往后有一椭圆形的漏斗(infundibulum)及与其相连的脑垂体(hypophysis)，在漏斗的两侧有一对下叶，下叶后方为血管囊(vascular sac)。间脑背面中央突出有一细长的松果体(pineal body)，为内分泌腺。中脑(mesencephalon)背部为一对视叶，呈椭圆形球体状，覆盖在间脑上方，是鱼类的视觉中枢。中脑内有中脑腔，与第三脑室和第四脑室相通。小脑(cerebellum)位于中脑后方的一个椭圆形或圆球形体，软骨鱼类表面有纵沟和横沟，硬骨鱼类表面一般光滑，前方有小脑瓣伸入中脑，有些鱼类在小脑两侧具发达的小脑侧叶。小脑是鱼类身体活动的主要协调中枢，具有维持身体平衡和姿势、掌握运动的协调、节制肌肉的张力等作用。延脑(myelencephalon)为脑的最后部分，后端与脊髓相连，软骨鱼类延脑两侧有一对发达的纹状体，有些硬骨鱼类如鲤鱼等在延脑前部

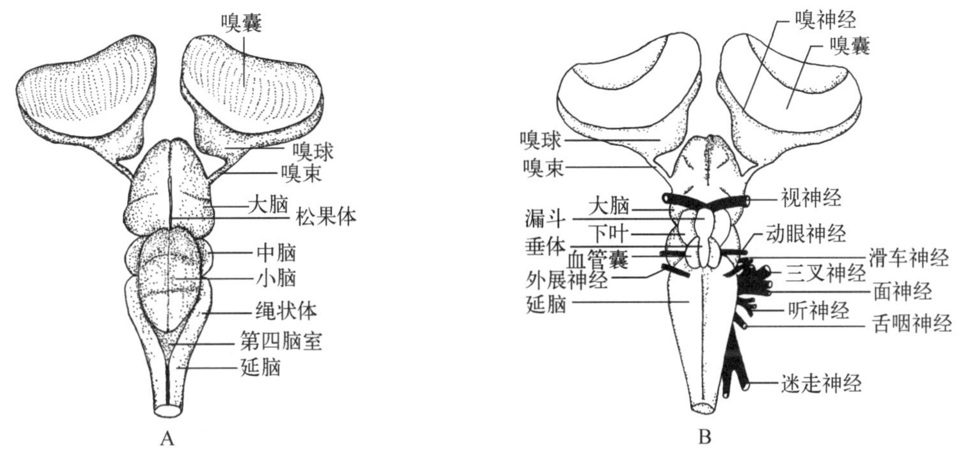

图 16－15 软骨鱼类的脑

A. 背面观；B. 腹面观

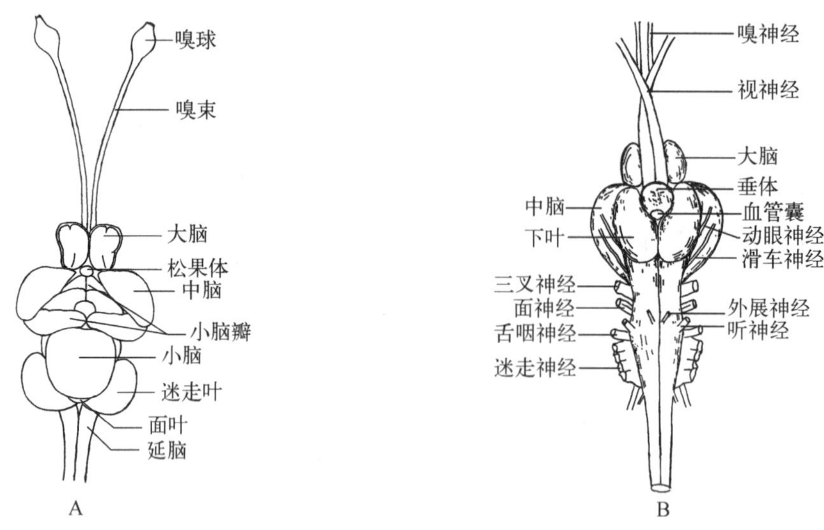

图 16-16 硬骨鱼类的脑

A. 背面观;B. 腹面观

背面中央有面叶,面叶两侧有成对的迷走叶,延脑内有第四脑室。延脑具有多方面的作用,是呼吸、循环、消化、皮肤感觉、听觉、侧线感觉以及调节色素细胞等的神经中枢。

(2) 脊髓

鱼类的脊髓(spinal cord)紧接于延脑后方,向后延伸至最后一枚脊椎骨,一般由前至后逐渐变细,但在胸鳍和腹鳍处稍微膨大。脊髓借背中沟和腹中沟分成左右两半。脊髓外面为脊髓膜,中央管纵贯脊髓全长,上与第四脑室相通,中央管周围是由神经原本体构成的灰质(gray matter),呈"H"形,可完成低级反射活动,灰质周围是白质(white matter),由纵行的神经纤维组成,传导感觉和运动的神经冲动。

2. 外周神经系统

外周神经系统包括脊神经和脑神经,可以将感觉冲动传导至中枢神经,或由中枢向外周传导运动冲动。

(1) 脊神经

脊神经(spinal nerve)是按体节由脊髓两侧发出的神经,分布到肌肉、皮肤等器官。每一脊神经包括一个背根(dorsal root)和一个腹根(ventral root),背根通入脊髓的背面,主要包括感觉神经纤维,能将外周刺激传至中枢神经系统;腹根从脊髓的腹面发出,主要包括运动神经纤维,能将中枢神经系统的冲动传到外周。背根和腹根在椎管内合并穿出脊椎骨后分成 3 支,背支分布到身体背部的肌肉和皮肤;腹支分布到身体腹部的肌肉和皮肤;背支和腹支都具有感觉神经纤维和运动神经纤维;内脏支分布到内脏各器官上,也含有感觉神经纤维和运动神经纤维,支配内脏的感觉和运动。

(2) 脑神经

脑神经(cranial nerve)从脑部发出,分布到身体外周。鱼类的脑神经 10 对,1895 年 Pinkus 首先在非洲肺鱼中发现端神经,以后除了无颌类和鸟类外,其他脊椎动物均发现,功能不太清楚(表 16-1)。

表 16-1 鱼类的脑神经

对 数	名 称	发出部位	分 布	功 能
0	端神经	端脑嗅叶	嗅囊黏膜	
Ⅰ	嗅神经	端脑嗅叶	嗅囊黏膜	感觉神经
Ⅱ	视神经	中脑视叶	视网膜	感觉神经
Ⅲ	动眼神经	中脑腹面	上直肌、内直肌、下直肌、下斜肌	运动神经
Ⅳ	滑车神经	中脑侧背面	上斜肌	运动神经
Ⅴ	三叉神经	延脑前背面	上下颌、鼻黏膜、头顶及吻部皮肤	混合神经
Ⅵ	外展神经	延脑腹面	外直肌	运动神经
Ⅶ	面神经	延脑侧面	吻部、上下颌、口咽腔前部的黏膜和上颌顶部、舌弓、鳃盖等	混合神经
Ⅷ	听神经	延脑腹侧	内耳	感觉神经
Ⅸ	舌咽神经	延脑侧面	口盖部、咽部及头部侧线系统	混合神经
Ⅹ	迷走神经	延脑侧面	鳃弓、心脏、食管、肠、肝脏、鳔、侧线	混合神经

3. 植物性神经系统

植物性神经系统是分布于内脏平滑肌、心肌、血管及内分泌腺的运动神经，支配机体内脏器官的活动，保证机体的正常生理功能。植物性神经系统包括交感神经和副交感神经两部分，他们同时分布到同一器官，作用拮抗。植物性神经从脑或脊髓发出，需更换神经元后，才能到达所支配的效应器。神经纤维分成自中枢到神经节之间的节前纤维和从神经节到效应器之间的节后纤维。交感神经交换神经元的位置在脊柱两侧的交感神经干和交感神经节内，副交感神经交换神经元的位置在效应器附近。鱼类的植物性神经系统不完善，软骨鱼类没有完整的交感神经干，仅有一些位于腹腔内的交感神经节，交感神经仅分布于血管和内脏，副交感神经为由脑发出的第Ⅲ、Ⅶ、Ⅸ、Ⅹ对脑神经组成的节前纤维，还没有脊髓荐部的副交感神经；硬骨鱼类开始出现两条完整的交感神经干，在头部和皮肤也有交感神经，副交感神经仅限于由第Ⅲ、Ⅹ对脑神经的分支。

16.2.11 感觉器官

鱼类的感觉器官比圆口纲发达，主要包括皮肤感觉器、听觉器官、视觉器官、嗅觉器官及味觉器官等。

1. 皮肤感觉器

鱼类的皮肤具有多种感觉功能，如触觉、感觉水流和水温、定位等。皮肤感受器结构一般由感觉细胞和支持细胞组成。重要的皮肤感受器有侧线和罗伦齐尼瓮。

侧线(lateral line)是鱼类和水生两栖动物特有的皮肤感受器，呈沟状或管状，分布于头部和躯干两侧，以小孔穿过头骨和鳞片与外界相通。一般鱼类体侧每侧有 1 条侧线，但也有 2 条或多条的。侧线管内充满黏液，感觉器位于黏液中。当水流冲击身体时，经侧线孔影响感觉细胞顶部的感觉毛摆动，把刺激传到感觉细胞，通过感觉神经纤维传递到中枢。躯干部的侧线受迷走神经侧线支的支配，头部的侧线受面神经和舌咽神经的分支支配。

罗伦齐尼瓮(ampulla of Lorenzini)又称罗伦瓮、罗伦氏壶腹或罗伦氏器，为软骨鱼类所特有的由皮肤衍生的感觉器。由罗伦瓮、罗伦管和管孔三部分组成。为水流、水压、水温的感受器，也能感知低限至 0.01 μV/cm的电压。

2. 嗅觉器官

嗅囊一对，为圆形的盲囊，不与口腔相通，由多褶的嗅觉上皮组成。软骨鱼类鼻孔前部为进水孔，鼻孔后部为出水孔；硬骨鱼类前鼻孔为进水孔，后鼻孔为出水孔。嗅囊能感受由食物发出的气味刺激，还有识别同类和辨别水质的作用。

3. 听觉器官

鱼类的听觉器官仅有内耳(internal ear)，位于脑颅听囊内。由椭圆囊(utricle)、球状囊(saceula)、瓶状囊(lagena)和 3 个半规管(semicircular canal)组成，半规管的一端膨大形成壶腹(ampulla)，壶腹内的感觉上皮形成听嵴，椭圆囊、球状囊、瓶状囊内的感觉上皮形成听斑。内耳的管腔内充满内淋巴液，内淋巴液中悬浮有耳石(otolith)，软骨鱼类从球状囊伸出一条细管与外界相通，称内淋巴管，硬骨鱼类的内淋巴管退化(图 16-17)。由于内耳是由膜质的囊和管相互连接在一起构成这种复杂的结构，因此又称为膜迷路(membranous labyrinth)。在内耳与听囊的骨骼之间具有外淋巴液。鱼类内耳的功能是平衡觉和听觉，椭圆囊和半规管是平衡机制的中心，听觉感受器位于球状囊和瓶状囊内。

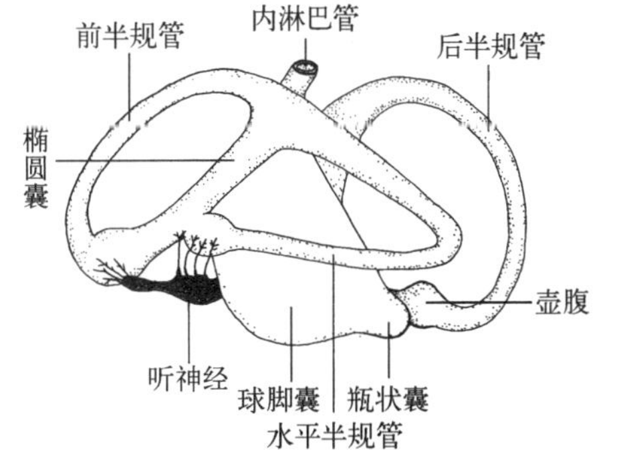

图 16-17 鱼类的内耳

4. 视觉器官

鱼类的眼球壁包括 3 层膜，最外层为软骨质或纤维质的巩膜(sclera)，可保护眼球，巩膜在眼球的前方形成透明的角膜(cornea)，鱼类的角膜扁平。巩膜内面是脉络膜(choroid)，由 3 层组成，从外向内依次是银膜(argentea)、血管膜和色素膜，银膜是鱼类特有的结构，含有鸟粪素，可把微弱光线反射到视网膜上，脉络膜向前延伸形成虹膜(iris)，中央的孔即瞳孔(pupil)。多数硬骨鱼类在银膜和血管膜之间有一环绕视神经，由微血管聚集而成的脉络腺，具有缓冲血压的作用。视网膜(retina)是眼球壁的最内层，有司光觉的视杆细胞

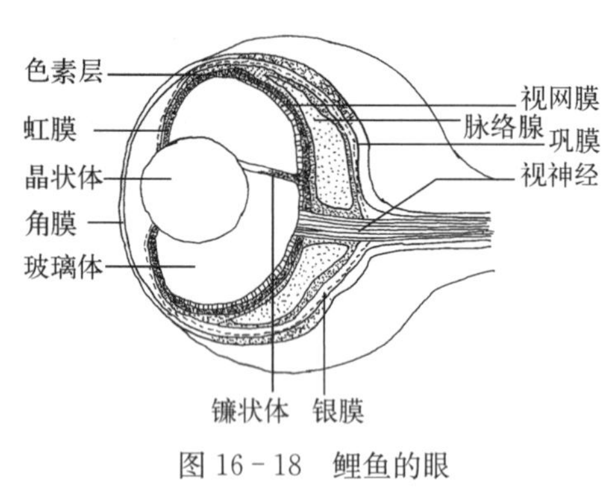

图 16-18 鲤鱼的眼

(rod cell)和司色觉的视锥细胞(cone cell),是产生视觉的部位,在视神经穿出的部位无视觉作用,称盲点(blind point)。

鱼类的晶状体(lens)呈圆球状,缺乏弹性,晶状体和角膜之间充满水状体,具反光作用,晶状体与视网膜之间具有玻璃体(vitreous body),能固定视网膜的位置,使光线落到视网膜上。软骨鱼类的晶状体前面有晶状体缩肌,收缩可使晶状体移向视网膜,硬骨鱼类具有调节视力的特有结构,即镰状突(falciform process),起于盲点,以韧带止于晶状体腹后方的铃状体,此外还有悬韧带,一端连于虹膜,一端与晶状体背面相连(图 16-18)。鱼类没有眼睑和泪腺,但有些鲨鱼具有瞬膜。

16.2.12 内分泌器官

内分泌腺属于无管腺,其分泌物(激素)直接释放到血液中,通过血液循环输送到靶细胞,使之发挥作用。鱼类的内分泌腺和组织包括脑垂体、甲状腺、性腺、肾上腺、胸腺、胰岛、后鳃腺、尾垂体等。

1. 脑垂体(hypophysis)

位于间脑腹面,视交叉的正后方,通过漏斗和第三脑室相通。包括由脑腹面突出形成的神经垂体和由口腔顶壁形成的腺垂体两个部分,腺垂体又分为前、中、后三部分,分别相当于高等脊椎动物的结节部、前叶、中叶。脑垂体是最重要的一种内分泌腺,分泌的激素不仅直接作用于身体各组织、细胞,促进生长、体色变异,而且还能调节其他内分泌腺的活动,控制甲状腺、性腺和肾上腺等的发育。脑垂体分泌的激素主要有中腺垂体分泌的生长激素、促性腺激素、促甲状腺激素、促皮质激素,神经垂体分泌的抗利尿激素、催产激素,以及前腺垂体分泌的黑色素集中激素和后腺垂体分泌的黑色素细胞刺激素。

2. 甲状腺(thyroid gland)

由上皮细胞中的滤泡集合而成的滤泡状腺体。软骨鱼类的甲状腺为坚实的块状腺体,呈新月形或不规则状,外被结缔组织膜,位于基舌软骨腹面的凹陷内,多数硬骨鱼类的甲状腺是弥散性的,少数种类呈坚实的块状组织,位于腹大动脉及鳃区动脉的间隙组织中,有时进入鳃。有些鱼类的甲状腺滤泡扩散到眼、肾脏、脾脏、头肾等处。甲状腺从血液中吸收碘,合成甲状腺素并贮存在滤泡内,当机体需要时,进入血液输送到身体各处。甲状腺在鱼类的生长、变态、代谢、渗透压调节等具有重要的作用。

3. 肾上腺(adrenal gland)

鱼类没有独立的肾上腺,由不规则分布在肾脏及大血管区域的两种不同类型的组织构成,即肾间组织和肾上组织,前者相当于高等脊椎动物的肾上腺皮质,后者相当于肾上腺髓质。肾间组织来源于中胚层,软骨鱼类位于两个肾脏的后端之间,成对或单个,硬骨鱼类的肾间组织较复杂,位置变化大,或掺入到肾组织中,或位于肾脏之间,或埋藏在头肾内,或位于总主静脉和静脉窦附近等。肾间组织分泌皮质类固醇激素,参与渗透压的调节,对蛋白质和糖类的代谢也有一定的影响。肾上组织也称髓质组织或嗜铬组织,来源于外胚层。软骨鱼类的肾上组织沿背大动脉发出的体节动脉作分节排列,多数硬骨鱼类的肾上组织位于头肾区或稍后于头肾,有的与肾间组织混合在一起。肾上组织分泌肾上腺素和去甲肾上腺素,对心跳速率、血压、瞳孔扩张及黑色素的集中等具有作用。

4. 胰岛(pancreatic islet)

软骨鱼类的胰岛埋藏在胰脏内,胰岛细胞包围在胰小管周围,硬骨鱼类的胰岛常与胰脏分开,位于胆囊、脾脏、幽门盲囊及小肠的周围。胰岛分泌胰岛素和胰高血糖素,胰岛素调节体内糖代谢,对糖的分解和糖原的合成都具有重要的作用,还可以促进脂肪和蛋白质的合成。胰高血糖素能促进糖原及脂肪分解和尿素的生成。

5. 尾垂体(ueohypophysis)

鱼类脊髓末端腹面增厚膨大,称为尾垂体。是鱼类特有的一种内分泌腺体,由两种神经分泌细胞组成,构造与脑垂体神经部相似,属神经分泌末梢。作用还不十分清楚,一般认为与渗透压调节有关,如果切除鲻的尾部,对钠的调节发生紊乱。又认为与浮力和生殖周期有关,如切除金鱼的尾部,失去浮力,用尾垂体制剂注射鳗鲡的腹腔,可使浮力显著增加;印度鲇在生殖季节尾垂体贮存的分泌物质完全消失。

6. 胸腺(thymus)

由胚胎时期鳃囊背侧的上皮形成的,软骨鱼类位于鳃裂背方内侧,硬骨鱼类位于接近鳃腔的鳃盖上缘。在幼鱼阶段胸腺体积较大,随着生长,胸腺趋于退化至完全消失。胸腺的作用至今还不清楚,有人证明对鱼类的生长发育具有一定的影响。

7. 后鳃腺(postbranchial or suprapericardial bodies)

由最后一对鳃裂的上皮细胞分化出一囊泡状突起,软骨鱼类中的鲨类仅身体左侧具有后鳃腺,位于围心腔背壁;鳐类左右成对,对称排列在围心腔后方。硬骨鱼类的后鳃腺位于靠近静脉窦的食管两侧或腹面。后鳃腺分泌降钙素,可抑制骨盐溶解,降低血清钙的含量,调节骨骼等对钙的代谢。

8. 性腺(gonads)

性腺除了产生精子或卵子外,还是一种内分泌器官,精巢分泌雄激素(androgen),卵巢分泌雌激素(estrogen)。性激素直接或间接与生殖活动有关,对鱼类的求偶、第二性征出现、体色变化等具有重要的作用,对生殖器官的生长、生殖细胞的成熟也有重要的影响。

16.2.13 鱼类的洄游

许多鱼类不是终生生活于某一环境中,在其整个生活史中或一年的不同时期,要求有不同的生存条件,在一定的季节,沿着一定的方向,聚集成群作有规律的长距离迁移运动,这种现象称为洄游(migration)。鱼类通过洄游寻觅适宜的生活环境来完成生活史中的重要的生命活动,如生殖、觅食、育肥、越冬等。鱼类的洄游是鱼类在长期演化过程中形成的对环境条件的适应,特点是定期、定向和集群,其结果是在一定时期、一定地点,鱼类就大量出现。鱼类大量出现的地点称为渔场。鱼类大量出现的时期称为鱼汛。掌握鱼类洄游的时间和路线,对于渔业捕捞和渔业资源保护都具有十分重要的意义。

根据鱼类洄游的目的分为3种类型,即产卵洄游、索饵洄游和越冬洄游。

1. 产卵洄游(spawning migration)

鱼类在达到性成熟之后,从越冬场所或觅食场所聚集成群向产卵场的洄游称产卵洄游,也称生殖洄游。根据产卵场的不同,可分为4种情况。

(1) 溯河产卵洄游

在海洋中育肥,性成熟后游至江河上游繁殖。如大麻哈鱼是最著名的溯河洄游鱼类,在我国繁殖的种群,从鄂霍次克海经鞑靼海峡上溯至黑龙江中上游支流,或从日本海大彼得湾溯游至绥芬河及图们江。在洄游期间停止进食,溯河速度可达30～50 km/d,到达产卵场立即进行繁殖活动,产卵后亲鱼很快死亡。中华鲟的幼鱼和性未成熟的个体在东海的河口和浅海区生活,繁殖的个体每年9～11月上溯到长江上游和金沙江下游,在水温17～20.2℃处产卵繁殖。

(2) 降河产卵洄游

在淡水中育肥,性成熟后进入深海进行繁殖。最典型的例子是鳗鲡,分布于我国的鳗鲡一般认为在北纬21°～26°、东经123°～129°的太平洋西部椭圆形海区中繁殖。分布于欧洲和美洲的鳗鲡,要分别洄游约5 000海里和2 000海里,到北纬22°～30°、西经48°～65°的大西洋西部、百慕大群岛与巴格姆群岛的海区深400 m、水温16～17℃处产卵,产卵后的亲鱼也因疲劳而死亡。孵化后的幼鱼称为柳叶鳗,洄游到欧洲和美洲分别需要约3年和1年的时间。

(3) 从深海向浅海及近岸的洄游

绝大多数海洋鱼类的生殖洄游均属于这种情况,在深海中生长,由于浅海或河口附近饵料丰富,温度和盐度等适于卵的孵化和幼鱼的生殖发育,因此在生殖时,游至浅海近湾或河口附近产卵。如在渤海产卵的带鱼,每年3～4月从济州岛附近的越冬场向莱州湾、渤海湾、辽东湾等产卵场进行洄游,在水深约20 m、底温14～19℃、盐度27.0‰～31.0‰的河口混合水海区产卵。

(4) 在江河湖泊中洄游

淡水鱼类中也有很多种类具有洄游习性,平时在水流较缓、饵料丰富的江河中下游、湖泊等处生活,繁殖时向上游产卵场洄游。如青鱼、草鱼等。

2. 索饵洄游(feeding migration)

鱼类因追随或寻找食物而进行的洄游称为索饵洄游,也称觅食洄游。多数鱼类的索饵洄游发生在产卵洄游之后,因鱼类在产卵洄游期间,很少进食或完全停止进食,经过长距离的洄游和繁殖活动,体力消耗较大,有些种类甚至因疲劳而死亡,因此繁殖结束后通过索饵洄游,摄取大量的食物来补充消耗的能量,积蓄营养,为越冬和第二年生殖提供物质基础。有些鱼类在繁殖前先从越冬区先进行索饵洄游,以获取大量营养物质,用于生长和生殖腺的进一步发育,然后再进行产卵洄游。有些分批产卵的鱼类,在两次产卵期间也进行小规模的索饵洄游。索饵洄游的路线、方向、时间、范围变化较大,常随饵料生物而变动。如鲣喜食沙丁鱼,而沙丁鱼主要以桡足类为食,因此桡足类的变化,可引起沙丁鱼和鲣的洄游。

3. 越冬洄游(wintering migration)

成鱼和幼鱼从觅食场所向越冬场所进行的洄游称为越冬洄游,也称季节洄游。鱼类对水温变化比较敏感,当秋季气温下降影响水温时,便聚集在一起,选择适宜的水域越冬。如许多鲤科鱼类在冬季来临之际,到深水处越冬。海洋中一些喜暖性鱼类如带鱼、小黄鱼、鲐等都具有明显的越冬洄游现象。如在渤海产卵繁殖的带鱼,每年秋末冬初,随着水温的下降,11 月前离开渤海,经过黄海北部、中部,从大沙渔场进入济州岛附近越冬。

16.3 鱼类的分类

世界现存鱼类21 400余种,我国有3 900余种,根据骨骼其性质分为软骨鱼纲和硬骨鱼纲。

16.3.1 软骨鱼纲(Chondrichthyes)

内骨骼完全由软骨组成,常有钙质沉淀。体常被盾鳞或光滑无鳞。上颌由腭方软骨构成,下颌由麦氏软骨构成。鳃裂每侧 5~7 个,分别开口于体表;或每侧 4 个鳃裂,外被一膜状鳃盖,后具一总鳃孔。雄性腹鳍内侧特化为鳍脚。无鳔,肠短,具螺旋瓣。体内受精,卵生、卵胎生或胎生。

全世界现存约 800 种,分布于南纬 55°至北纬 80°,大多数种类集中分布于赤道及其两侧,仅个别生活于淡水中。我国有 217 余种,南海种类多,东海次之,黄渤海最少。

1. 板鳃亚纲(Elasmobranchii)

鳃裂 5~7 对,分别开口于体表,体被盾鳞或光滑;上颌不与脑颅愈合;左侧腰带与右侧腰带愈合;有泄殖腔。

(1) 侧孔总目(Pleurotremata)

也称鲨总目(Selachomorpha),体多呈纺锤形;鳃裂侧位;胸鳍前缘不与头侧相连;臀鳍有或无(图 16-19)。

六鳃鲨目(Hexanchiformes) 鳃裂 6~7 个,背鳍 1 个,无硬棘;有臀鳍;卵胎生。我国只有六鳃鲨科(Hexanchindae)的 3 属 3 种,如扁头哈那鲨(*Notorhynchus platycephalus*)为东海、黄渤海常见的底栖鱼类,以小鱼及甲壳动物为食,体长可达 4~5 m,重 200~300 kg,肉能食,皮可制革,肝脏含油量达 65%~70%。

虎鲨目(Heterodontiformes) 背鳍 2 个,前方一个具 1 硬棘,有毒腺相附;具臀鳍;鳃裂 5 对;有口鼻沟,眼上棱显著。我国只有虎鲨科(Heterodontidae)1 属 2 种。宽纹虎鲨(*Heterodontus japonicus*)和狭纹虎鲨(*Heterodontus zebra*)。

鲭鲨目(Isuriformes) 背鳍 2 个,均无硬棘,有臀鳍;鳃裂 5 对;椎体星形。如噬人鲨(*Carcharodon carcharias*),又称大白鲨,体长达 12 m,体重 1 800 kg 左右,性凶猛,捕食各种大型动物,有袭击人类记录。分布于热带和温带海区。姥鲨(*Cetorhinus maximus*),体长达 15 m,性温和,以浮游生物和小鱼为食,肝脏占体重的 15%~20%,含油量达 60%,可制鱼肝油,肉供食用,皮制革,颅骨能制明骨和胶片,鳍可制鱼翅,内脏可制鱼粉。

须鲨目(Orectolobiformes) 背鳍 2 个,无硬棘;有口鼻沟或鼻孔开在口内,前鼻瓣常有 1 鼻须或喉部具 1 对皮须。常见或重要种类如豹纹鲨(*Stegostoma fasciatum*),产于西沙群岛海域、广东沿海和东海南部沿岸;日本须鲨(*Orectolobus japonicus*)分布于东海、黄海东部和南海;鲸鲨(*Rhincodon typus*),最大的鱼类,性温和,以软体动物、甲壳类、小鱼为食,体长可达 20 m,体重达 40 000 kg,分布于南纬 33°55′至北纬 42°的热

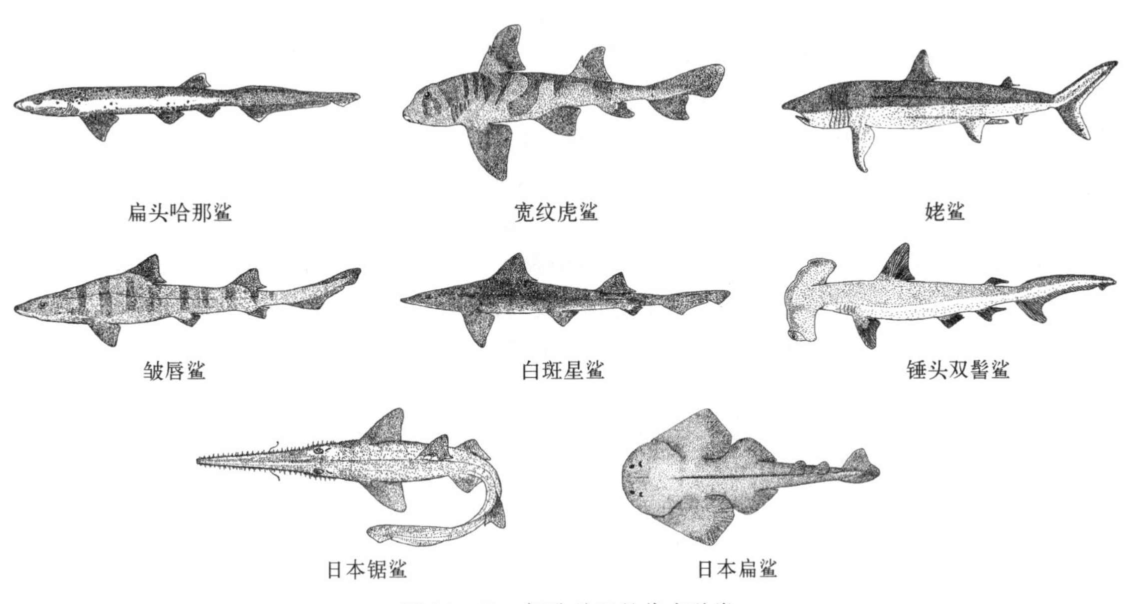

图 16－19　侧孔总目的代表种类

带、温带海区。

真鲨目(Carcharhiniformes)　眼具瞬膜或瞬褶；椎体具辐射状钙化区域；肠螺旋瓣呈螺旋形或画卷形。常见种类有皱唇鲨(*Triakis scyllium*)，分布于东海、黄海、南海；白斑星鲨(*Mustelus manazo*)，分布于东海、黄海、南海；灰星鲨(*Mustelus griseus*)，分布于南海、东海、黄海；尖头斜齿鲨(*Scoliodon sorrakowah*)，分布于南海及东海南部和中部。黑印真鲨(*Carcharhinus menisorrah*)，分布于南海、东海和黄海南部；锤头双髻鲨(*Sphyrna zygaena*)，分布于东海和黄海。

角鲨目(Squaliformes)　背鳍 2 个，硬棘有或无；无臀鳍；鳃裂 5 个位于胸鳍基底前方。常见种类如白斑角鲨(*Squalus acanthias*)，分布于黄海和东海。

锯鲨目(Pristiophoriformes)　吻长似剑状，边缘具锯齿，腹面鼻孔前方有 1 对皮须；眼上侧位，具瞬褶；喷水孔大；无臀鳍。我国仅 1 种，即日本锯鲨(*Pristiophorus japonicus*)，底栖种类，体长可达 4 m，肉质优良。分布于东海、黄海，数量稀少。

扁鲨目(Squatiniformes)　体扁平，吻宽短，口宽大，亚前位；背鳍 2 个，无硬棘，位于尾部；胸鳍扩大，前缘游离，向头侧伸延。如日本扁鲨(*Squatina japonica*)，分布于东海、黄海。

(2) 下孔总目(Hypotremata)

也称鳐总目(Batomorpha)，体多背腹扁平，鳃裂腹位，胸鳍前缘与头侧相连，无臀鳍(图 16－20)。

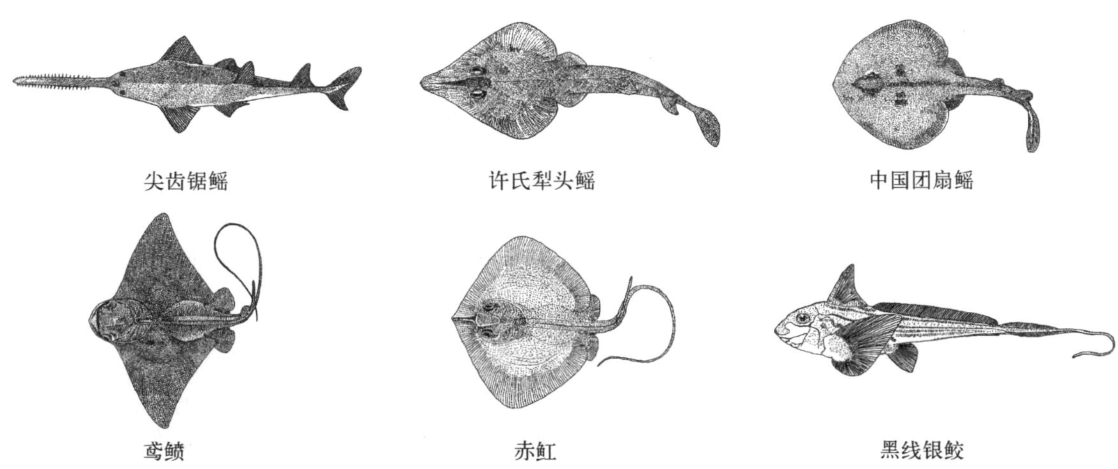

图 16－20　下孔总目和全头亚纲的代表种类

锯鳐目(Pristiformes) 吻平扁狭长呈剑状突出,边缘具吻齿;背鳍 2 个,无硬棘,胸鳍前缘达头侧后缘,尾柄粗大,尾鳍发达。如尖齿锯鳐(*Pristis cuspidatus*),分布于东海南部和南海。体长可达 9 m,吻锯长 2 m、宽 30 cm。经济价值高,肉味鲜美,皮制革,鳍制鱼翅。

鳐形目(Rejiformes) 吻圆形或尖形,胸鳍前延形成体盘,尾柄粗大,有的有小型发电器。常见种类如许氏犁头鳐(*Rhinobatos schlegelii*),体盘呈犁形,分布于各沿海。犁头鳐具有很高的经济价值,鳍为优质鱼翅,头侧半透明组织的干制品称鱼骨,皮的干制品称鱼皮。中国团扇鳐(*Platyrhina sinensis*),体盘呈团扇形,背部和尾正中有一行结刺,分布于南海、东海、黄海。孔鳐(*Raja porosa*),体盘斜方形,分布于东海、黄海。

鲼形目(Myliobatiformes) 胸鳍向前伸延达吻端,或前部分化为吻鳍或头鳍;背鳍 1 个或无,尾细长鞭状,上下叶退化,尾刺有或无;无发电器。我国 8 科 40 种左右。常见种类如赤魟(*Dasyatis akajei*),分布于东海和南海,也能生活于淡水中。日本燕魟(*Gymnura japonica*),分布于各沿海。鸢鲼(*Myliobatis tobijei*),分布于东海、黄海。日本蝠鲼(*Mobula japonica*),分布于我国各沿海。

电鳐目(Torpediniformes) 体盘卵圆形或圆形,头侧与胸鳍间有 1 发达的卵圆形发电器;背鳍 1~2 个。常见种类有黑斑双鳍电鳐(*Narcine meculata*),分布于南海。日本单鳍电鳐(*Narke japonica*),分布于我国沿海。

2. 全头亚纲(Holocephli)

鳃裂 4 对,外被一膜状鳃盖,后具一总鳃孔;成体光滑无盾鳞;上颌与脑颅愈合;无泄殖腔;雄性除鳍脚外,还具 1 对腹前鳍脚和 1 个额鳍脚。仅银鲛目(Chimaeriformes)1 个目,我国只有银鲛科(Chimaeridae),头侧扁,体近侧扁,尾细小,延长成鞭状。胸鳍宽大,位低;第一背鳍具 1 粗大硬棘,第二背鳍低而延长。牙愈合为牙板,上颌具 1 喙状前牙板和 2 个侧牙板,下颌具 1 对侧牙板。雄性鳍脚简单或分支。如黑线银鲛(*Chimaera phantasma*),分布于我国各沿海(图 16-20)。

16.3.2 硬骨鱼纲(Osteichthyes)

内骨骼为硬骨性。鳃间隔退化,鳃裂外有一片硬骨支持的鳃盖。雄性无鳍脚。内鼻孔有或无,鳔有或无,具硬鳞、骨鳞或裸露无鳞。尾鳍多为正尾型,多数种类肠无螺旋瓣,无泄殖腔。

硬骨鱼纲是脊椎动物中种类最多的一个类群,现存约20 000余种,广泛分布于各种水域。我国有3 721种。

1. 肉鳍亚纲(Sarcopterygii)亦称内鼻孔亚纲(Choanichthyes)

偶鳍基部肉柄状或鞭状,外被鳞片,具有内鼻孔,泄殖腔位于腹鳍基部中间,肠具螺旋瓣,心脏具有动脉圆锥。包括 2 个总目(图 16-21)。

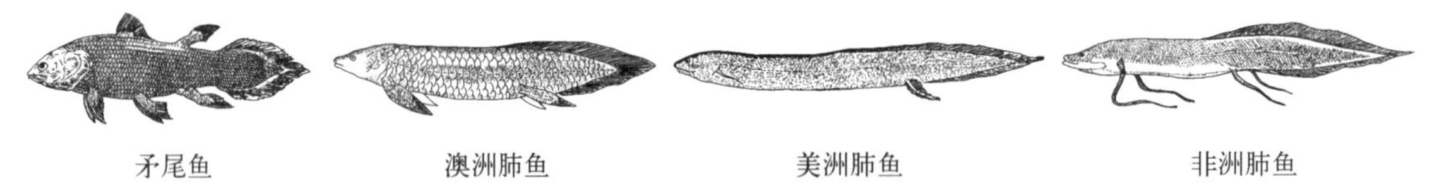

图 16-21 肉鳍亚纲的种类

(1) 总鳍总目(Crossopterygiomorpha)

脊索仍是主要的中轴骨骼,未形成椎体;头下具一对喉板。本总目为古老原始的鱼类,出现于泥盆纪,早期生活于淡水,二叠纪以后转入海洋生活。现仅存腔棘鱼目(Coelacanthiformes)、矛尾鱼科(Latimeriidae)、矛尾鱼(*Latimera chalumnaei*)1 种,有活化石之称。矛尾鱼是 1938 年 12 月 22 日在非洲东南沿海约 70 m 深的水域捕获,主要特征为尾鳍呈特殊的三叶式矛头尾,体被圆鳞,无鳔,无内鼻孔,体呈金属蓝色,肠具螺旋瓣,动脉圆锥发达,肉食性,卵胎生。

(2) 肺鱼总目(Dipneustomorpha)

具有内鼻孔,鳔能够进行呼吸,和陆生脊椎动物的肺相似。脊索终生存在,无椎体,偶鳍骨骼双列式排列,背鳍、尾鳍、臀鳍连在一起,体被覆瓦状圆鳞,肠具螺旋瓣,有动脉圆锥。生活于淡水中,最早出现于下泥盆纪,一直延续至今。现存 2 目 3 科 5 种。

单鳔肺鱼目(Ceratodiformes) 鳔单个,身体侧扁,偶鳍肉叶状尖突,鳞大。仅1科1种,即澳洲肺鱼科(Neoceratodidae)中的澳洲肺鱼(*Neoceratodus forsteri*),分布于澳大利亚昆士兰。

双鳔肺鱼目(Lepidosireniformes) 身体鳗形,鳔成对,偶鳍鞭状或狭短,鳞小埋于皮下。包括2科4种。美洲肺鱼科(Lepidosirenidae),偶鳍狭短,鳃裂4对,仅1种,即美洲肺鱼(*Lepidosiren paradoxa*),分布于南美洲亚马逊河。非洲肺鱼科(Protopteridae),偶鳍鞭状,鳃裂5对。有3种,如非洲肺鱼(*Protopterus annectens*),分布于非洲中部。

2. 辐鳍亚纲(Actinopterygii)

鳍均由真皮性的辐射状鳍条支持。体被硬鳞、骨鳞或裸露无鳞。无内鼻孔,偶鳍非原鳍型,无泄殖腔。种类极多,共9总目36目,我国分布有8总目28目。

(1) 硬鳞总目(Ganoidomorpha)

体被硬鳞,肠具螺旋瓣,有动脉圆锥,尾鳍为歪尾型,颏部多具喉板。为古老类群的残余,包括4个目,即鲟形目、多鳍鱼目(Polypteriformes)、弓鳍鱼目(Amiiformes)和雀鳝目(Lepidosteiformes)。其中鲟形目和多鳍鱼目称为软骨硬鳞鱼类,弓鳍鱼目和雀鳝目称为硬骨硬鳞鱼类。我国仅有1目,多鳍鱼目分布于非洲、弓鳍鱼目分布于中美及北美南部、雀鳝目分布于中美及北美。

1) 鲟形目(Acipenseeriformes) 内骨骼为软骨,脊索终生存在,无椎体。体被5行骨板或裸露仅尾鳍上缘具叉状硬鳞;无前鳃盖骨和间鳃盖骨;吻突发达,口腹位。我国有2科(图16-22)。

图16-22 鲟形目代表种类

鲟科(Acipenserdae) 体被五行骨板,头上具骨板,口具伸缩性,前方有四条吻须。如中华鲟(*Acipenser sinensis*),洄游鱼类,分布于近海沿岸及长江流域,有"活化石"之称。雄性体长达2.5 m,体重150 kg;雌性体长达4 m,体重超过350 kg;为国家Ⅰ级重点保护动物。达氏鲟(*Acipenser dabryanus*),淡水鱼类,分布于长江中上游,雄性体长达1.1 m,体重10 kg以上;雌性体长1.2 m,体重超过15 kg。为国家Ⅰ级重点保护动物。鳇(*Huso dauricus*),与鲟的主要区别为鳃盖膜与颊部不相连。分布于黑龙江,体长可达5 m以上,体重超过1 000 kg。

白鲟科(Polyodontidae) 吻长,体裸露仅尾鳍上缘具硬鳞,头光滑。如白鲟(*Psephurus gladius*),分布于长江干流上下游,为凶猛鱼类。我国特产鱼类,为国家Ⅰ级重点保护动物。

(2) 鲱形总目(Clupeomorpha)

体被圆鳞;腹鳍腹位,鳍条一般不少于6枚,胸鳍近腹缘,鳍无硬棘;上颌由前颌骨和上颌骨组成。共6目,我国均有分布(图16-23)。

1) 鲱形目(Clupeifromes) 头骨骨化程度低,无侧线,背鳍1个,体被圆鳞,鳔具鳔管。我国有3科。

鲱科(Clupeidae) 体通常侧扁,腹中线上具有锯齿状棱鳞;体被薄圆鳞,易脱落;口小,吻不突出。常见种类有鲥(*Macrura reevesii*),溯河性鱼类,4~6月由黄海、东海、南海进入长江、珠江、闽江、钱塘江产卵,幼鱼至秋季回到海中。是我国著名的经济鱼类。太平洋鲱(*Clupea pallasi*),我国分布于黄海中部,是重要的经济鱼类。鳓(*Ilisha elongata*),分布于我国沿海,味鲜美。斑鰶(*Clupanodon punctatus*),为近海常见的小型鱼类,喜生活于河口附近。

鳀科(Engraulidae) 颌骨很长,超过眼后缘;吻常突出;口下位,牙细小;臀鳍一般较长。如鳀(*Engraulis japonicus*),小型浅海上层鱼类,分布于东海、黄海、渤海,是北方经济鱼类之一。刀鲚(*Coilia ectenes*)和凤鲚(*C. mystus*),浅海河口洄游鱼类,分布于东海、黄海和渤海,均为主要的经济鱼类。黄鲫(*Setipnna taty*),是沿海常见的小型经济鱼类。

2) 鲑形目(Salmoniformes) 通常具脂鳍,头骨和脊柱不完全骨化;侧线存在;输卵管退化或消失。我国分布有16科。

鲑科(Salmonidae) 体被圆鳞,侧线完整;口裂大,多前位,齿圆锥形;鳍条不超过16枚。本科为北半球

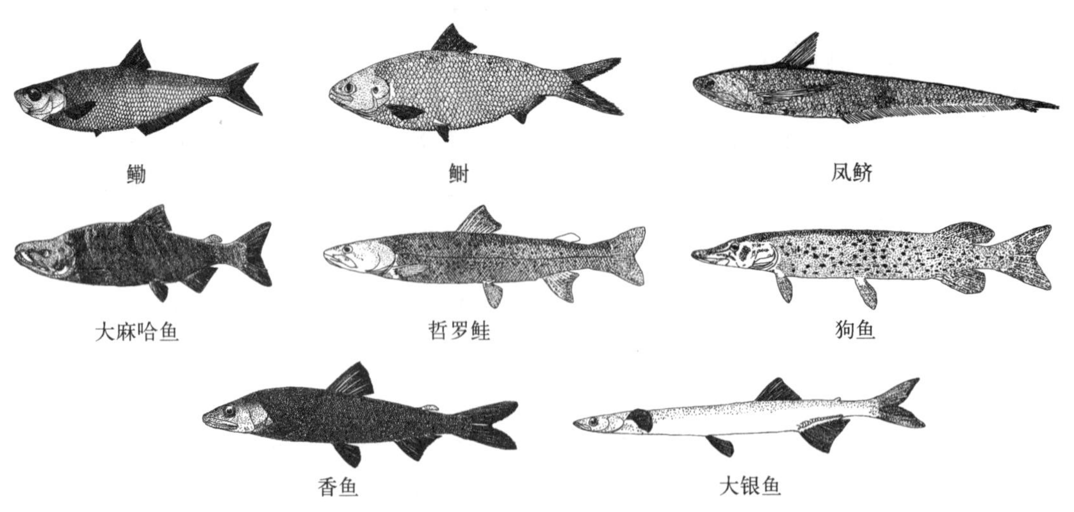

图 16-23 鲱形总目的代表种类

定居型或溯河洄游性鱼类,是重要的经济鱼类。常见种类如大麻哈鱼(*Oncorhynchus keta*),每年秋季进入黑龙江、乌苏里江、图们江产卵。哲罗鲑(*Hucho taimen*)分布于黑龙江、松花江、乌苏里江等流域,为凶猛鱼类,体重一般约 5 kg,最重超过 50 kg。虹鳟(*Salmo irideus*),原产北美,现成为欧、美、亚各国人工养殖冷水性鱼类的优良品种。

香鱼科(Plecoblossidae) 最后椎体不向上弯曲;上下颌各有 1 行宽扁、能动的小牙;犁骨无牙;口底黏膜作成 1 对大形褶膜。仅香鱼(*Plecoglossus altivelis*)1 种,从辽宁至台湾、福建沿海均有分布,为溯河产卵鱼类,秋季在河中产卵,生殖后亲体大都死亡,幼鱼在沿岸育肥越冬。

银鱼科(Salangidae) 体细长,半透明,前部近圆柱状,后部侧扁;体大部无鳞或有散在大而薄易脱落的鳞;头长,前部平扁,吻尖;脂鳍小;无鳔。如大银鱼(*Protosalanx hyalocranius*),肉食性鱼类,体长可达 210 mm,分布于东海、黄海、渤海。太湖新银鱼(*Neosalanx taihuensis*),分布于长江中下游许多湖泊中,以太湖所产最著名。

狗鱼科(Esocidae) 头大,吻扁平特别突出;口大;背鳍与臀鳍相对;无脂鳍。如狗鱼(*Esox reicherti*),我国产于黑龙江干支流及附属湖泊,为凶猛肉食性鱼类。

(3) 鳗鲡总目(Anguillomorpha)

体延长呈鳗形,腹鳍腹位或无腹鳍,背鳍、臀鳍、尾鳍相连。我国有 1 个目。

1) 鳗鲡目(Anguilliformes) 体呈鳗形,裸露或具圆鳞;各鳍无棘;无中乌喙骨和后颞骨,前颌骨不分离与中筛骨愈合,无基蝶骨;鳃孔狭窄。我国已知有 12 科(图 16-24)。

图 16-24 鳗鲡目的代表种类

鳗鲡科(Anguillidae) 鳞细小埋于皮下,呈席纹状排列;牙细小尖锐;具侧线;背鳍、臀鳍、尾鳍发达且相连。如日本鳗鲡(*Anguilla japonica*),降河洄游鱼类,成体生活于淡水中,性成熟后秋季入海,在海水中繁殖,发育过程中需经过变态。

康吉鳗科(Congridae) 吻突出,舌游离,体无鳞,侧线明显;背、臀、尾鳍连续。如星鳗(*Astroconger myriaster*),近海常见的中小型食用鱼类,经济价值较高。

海鳗科(Muraenesocidae) 体形较大,躯干部圆筒形,尾部侧扁;无鳞,吻长,口大;齿尖锐,两颌或犁骨部中间具大型犬牙;鳃孔发达;胸鳍发达。如海鳗(*Muraenesox cinereus*),凶猛性底层鱼类,常栖息于 50~80 m 水中,经济价值较高,分布于南海、东海、黄渤海。

(4) 鲤形总目(Cyprinomorpha)

鳔有管;具韦伯器;腹鳍腹位,背鳍1个,一般无硬棘,有些种类具脂鳍。本总目是较原始的硬骨鱼类,多生活于淡水中,生活环境多样,许多种类是重要的经济鱼类。分2目(图16-25)。

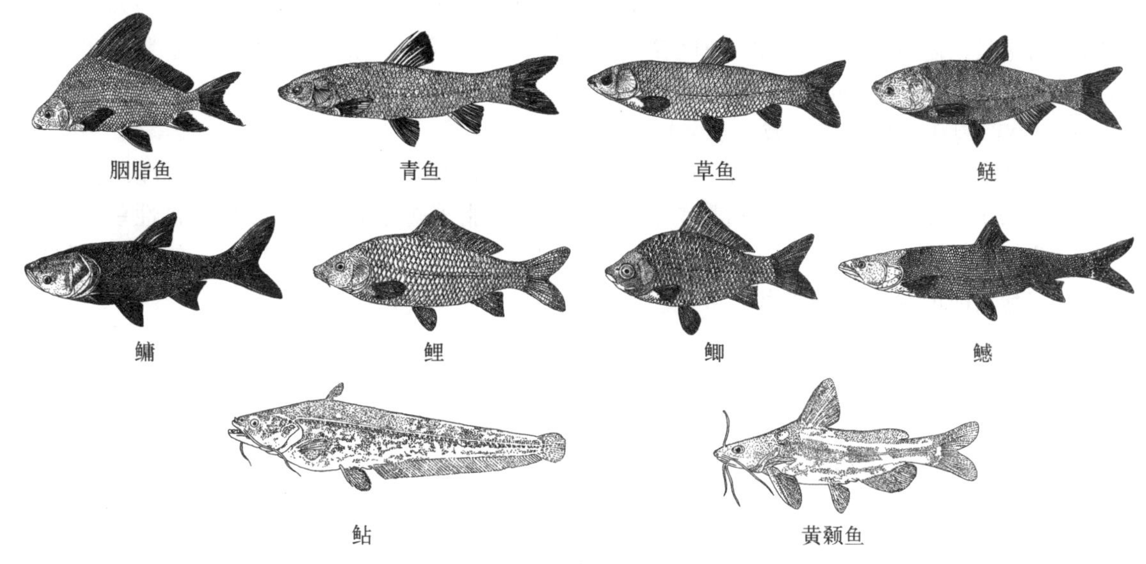

图16-25 鲤形总目的代表种类

1) 鲤形目(Cypriniformes) 被圆鳞或裸露,多数口内无齿,下咽骨有发达的咽喉齿。我国已知有6科。

胭脂鱼科(Catostomidae) 口小,下位;咽喉齿1行,数多,呈栉状;唇厚,密生乳突。如胭脂鱼(*Myxocyprinus asiaticus*),分布于长江中上游及其附属湖泊,个体较大,体重可达30 kg。

鲤科(Cyprinidae) 上颌口缘由前颌骨构成,咽喉齿1~3行;背鳍1个,无脂鳍。是鱼类中最多的一个科,属于温水性鱼类,我国具有重要经济价值的种类可达400余种,产量占全国渔业产量的1/4~1/3,是淡水捕捞和人工养殖的主要对象。常见种类如青鱼(*Mylopharyngodon piceus*),分布于除新疆、青藏高原外的所有水系,咽喉齿4/5,呈臼状;吻较尖,身体青黑色;生活于中下层水域,以螺、蚌等为食;最大个体重达50 kg。草鱼(*Ctenopharyngodon idellus*),身体略呈圆筒状,尾侧扁,体棕黄色;咽喉齿2行,2.4/5.2,呈栉状;草食性;肉质佳;最大个体重35 kg;分布于除新疆和青藏高原外的所有水系。鲢(*Hypophthalmichthys molitrix*),头占体长1/4,咽喉齿4/4,呈铲状;鳃耙呈海绵状;腹棱完全;身体银白色;以浮游植物为食;最大个体重35 kg;分布于我国东部。鳙(*Aristichthys nobilis*),头占体长1/3,咽喉齿4/4,呈铲状;鳃耙细长;腹棱不完全;身体上侧和背面暗色,具不规则黑点,体下侧和腹部灰白;以浮游动物为食;最大个体重45 kg;我国特产鱼类,东部各水体均有分布。青鱼、草鱼、鲢、鳙为我国的“四大家鱼”。鲤(*Cyprinus carpio*),口前位,2对须;咽喉齿3行,1.1.3/3.1.1,臼状。最大个体重18 kg;分布于我国各种水体中。鲫(*Carassius auratus*),口无须,咽喉齿1行,背鳍第三鳍棘后缘锯齿稀粗;适应性强;最大个体重4 kg;广泛分布于亚寒带至亚热带的江河湖泊、水库、池塘中。团头鲂(*Megalobrama amblycephata*)又称武昌鱼,身体侧扁而高,呈菱形;口上位;腹棱不完全;咽喉齿3行,2.4.5/4.4.2;鳔3室;分布于长江中下游流域。翘嘴鲌(*Erythroculter alburnus*),体长而侧扁;口上位,口裂几与体侧中轴垂直,下颌厚而上翘;鳞小;鳔3室;腹棱不完全;分布于除青藏高原外我国各地。鳡(*Elopichthys bambusa*),体细长,头小而尖长,吻尖突,口裂大;咽喉齿3行,齿端钩状;性凶猛,为典型的肉食性鱼类,最大个体重达50 kg;分布于黑龙江、长江、黄河、珠江等水系。鲮(*Cirrhinus molitorella*),须2对,咽喉齿3行,2.4.5/5.4.2;胸鳍基部后上方有8~9个鳞片基部具黑斑;生活于中下层水域,主要以藻类为食;分布于云南、广西、广东、海南岛、福建、台湾等地。

鳅科(Cobitidae) 口小,下位,有须3~5对,体延长呈圆筒形,咽喉齿1行,齿数多。本科我国分布有100余种,为小型低层鱼类。如泥鳅(*Misgurnus anguillicaudatus*),口须5对;咽喉齿13/13,鳔小呈双球状,包在骨囊内;对环境适应性强;分布于辽河以南、澜沧江以北及台湾、海南岛。

2) 鲇形目(Siluriformes) 有口须1~4对;体表裸露或局部被骨板;上颌骨退化;通常有脂鳍,胸鳍、背鳍常具1强大棘。我国有10科。

胡子鲇科(Clariidae) 背鳍、臀鳍长,无脂鳍;须4对。常见种类为胡子鲇(*Claris fuscus*),南方种类,胸鳍小,圆形;昼伏夜出;肉食性。广西、福建等地均有养殖。

鲇科(Siluridae) 背鳍1个,无鳍棘,无脂鳍,臀鳍长;有须2~3对。如鲇(*Silurus asotus*),口裂小,口须2对;胸鳍前缘具锯齿,尾鳍上下叶相等;肉食性,主要捕食小型鱼类;除青藏高原、新疆、河套外,遍布东部水系。大口鲇(*Silurus meridionalis*),口裂大,口须2对,尾鳍上叶长于下叶;个体大,最大个体重达35~45 kg;分布于长江、闽江及珠江等水域。

鲿科(Bagridae) 背鳍1个,具脂鳍,背鳍和胸鳍具棘,鳃膜左右联合但不与峡部相连。如黄颡鱼(*Pelteobagrus fulvidraco*),口下位;胸鳍棘前后缘均具锯齿;脂鳍短于臀鳍;为典型广食性鱼类,除西部高原和新疆外,分布于我国各地。长吻鮠(*Leiocassis longirostris*),口下位,弧形;背鳍、胸鳍具棘,后缘有发达的锯齿;分布北起辽河南至闽江各水系。

(5) 银汉鱼总目(Atherinomorpha)

腹鳍腹位或亚胸位,胸鳍位高,背鳍1~2个;鳔无鳔管;体被圆鳞或栉鳞。包括3目。

1) 颌针鱼目(Beloniformes) 鳍无棘,背鳍1个,腹鳍腹位;上颌口缘仅由前颌骨构成,体被圆鳞,侧线位低;鳔无鳔管。有4科(图16-26)。

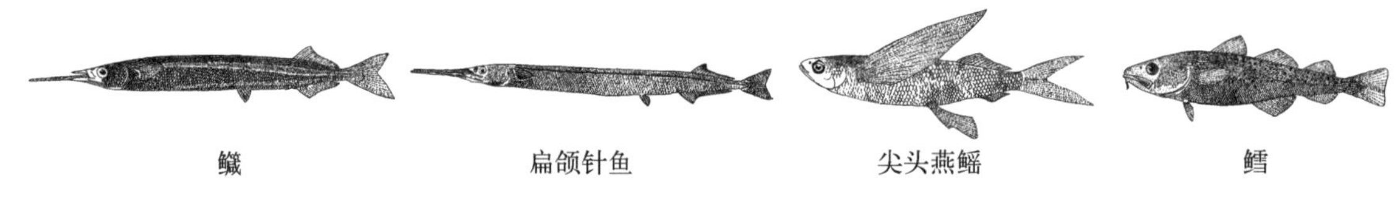

图16-26 颌针鱼目和鳕形目的代表种类

鱵科(Hemirhamphidae) 体长柱形或侧扁,上颌短,下颌一般延长成喙状;被圆鳞;背、臀鳍同形,位于体后,一般相对。如鱵(*Hemirhamphus sajori*),分布于我国东海、黄渤海。

飞鱼科(Exocoetidae) 体梭形,两颌不延长;背鳍无棘,位于体后部与臀鳍相对,胸鳍位高特别长大,可滑翔,尾深叉状,下叶长于上叶;鳔大,可伸达尾基。如尖头燕鳐(*Cypselurus oxycephalus*),为食用经济鱼类,我国分布于西沙群岛、台湾海域及江苏沿海。

颌针鱼科(Belonidae) 体细长,稍侧扁,被小圆鳞;两颌延长成喙,下颌稍长,颌具细小尖齿和稀疏的犬齿。如扁颌针鱼(*Ablennes anastomella*),以虾、幼鱼为食;生活于近岸或河口,有时进入淡水。我国沿海均有分布。

(6) 鲑鲈总目(Parapercomorpha)

腹鳍胸位或喉位,鳔无鳔管,被圆鳞或栉鳞,有些种类具脂鳍,我国有1目。

1) 鳕形目(Gadiformes) 体背圆鳞或裸露;多数种类颏部有1须;背鳍1~3个,臀鳍1~2个;鳔无鳔管,鳍无棘。常见种类为鳕(*Gadus macrocephalus*)(图16-26),口大,端位;口下颌具1颏须;背鳍3个,分离,臀鳍2个,腹鳍胸位;被圆鳞;为底层冷水性食用鱼类;分布于我国东海北部、黄渤海。江鳕(*Lota lota*),背鳍2个,第一背鳍小,臀鳍1个,尾鳍圆形;冷水性淡水鱼类;肉食性,昼伏夜出;体长可达1 m,重25 kg;为分布于东北及新疆的经济鱼类。

(7) 鲈形总目(Percomorpha)

胸鳍多胸位或喉位,少数腹位;鳍一般具棘,常被栉鳞,个别被小骨片或裸露。包括10目,重要目有:

1) 刺鱼目(Gasterosteiformes) 腹鳍腹位或亚胸位,或无腹鳍;背鳍1~2个,有些种类第一背鳍为游离的棘;身体裸露无鳞或沿体侧有一行骨板;吻多呈管状。我国产7科(图16-27)。

刺鱼科(Gasterosteidae) 体侧扁,尾柄很细;体裸露或被骨板。如中华多刺鱼(*Pungitis sinensis*),背鳍前有9枚游离的硬棘;以浮游动物为食;分布于我国东北和华北。

海龙科(Syngnathidae) 体长形,尾细长;体具环状骨片,头细长,通常具管状长吻;背鳍无棘,一般与臀鳍相对;胸鳍小或无,无腹鳍,尾鳍小或无;雄鱼常在腹部有育儿囊,由二皮褶形成。如尖海龙(*Syngnathus acus*),近海小型鱼类,栖息于海藻丛中,主要以甲壳动物为食,可入药,分布于我国沿海;日本海马

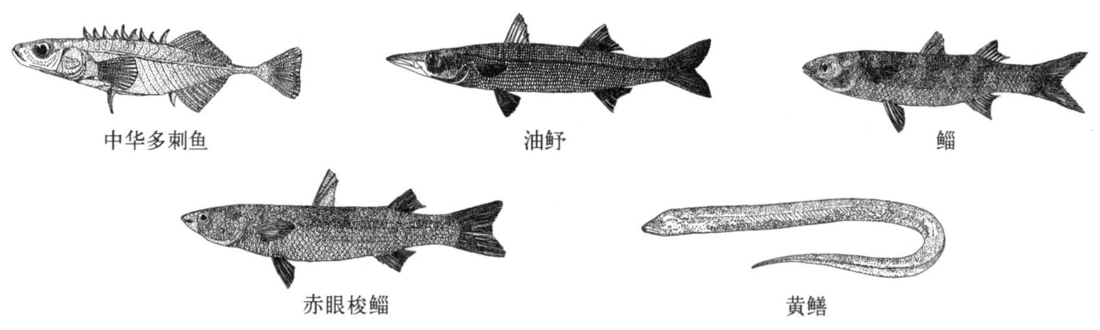

图 16－27 刺鱼目、鲻形目、合鳃目的代表种类

(*Hippocampus japonicus*)，为小型种类，体长 4～9 cm，有药用价值，分布于南海、东海、黄渤海；斑海马(*Hippocampus timaculata*)，体长可达 18 cm，药用价值高，分布于福建、台湾等沿海。

2) 鲻形目(Mugiliformes) 背鳍 2 个，第 1 背鳍由棘组成；腹鳍腹位或亚胸位；体被圆鳞或栉鳞；侧线有或无；脂眼睑有或无。我国有 3 科(图 16－27)。

魣科(Sphyraenidae) 体长梭形，头尖长，口裂大，牙强大，犬齿状；体被圆鳞，侧线发达。如油魣(*Sphyraena pinguis*)，肉味鲜美，分布于南海、东海、黄渤海。

鲻科(Mugilidae) 体延长，稍侧扁；头长宽而平扁，眼圆形，脂眼睑发达或不发达，口小；头常被圆鳞，体被弱栉鳞；无侧线。如鲻(*Mugil cephaius*)，脂眼睑特别发达；口下位，颌具绒毛状齿；我国沿海均产。赤眼梭鲻(*Liza soiuy*)，眼稍红色，脂眼睑不发达，分布于我国各沿海。

3) 合鳃目(Synbranchiformes) 体形似鳗，无胸鳍和腹鳍，奇鳍彼此相连，无鳍棘；左右鳃孔在头腹面愈合，鳃不发达，口咽腔壁辅助呼吸；无鳔。仅合鳃科(Synbranchidae)，如黄鳝(*Monopterus albus*)(图 16－27)，为底栖肉食性淡水鱼类，具性逆转特性，我国除西北地区外，各地有分布，是常见的食用鱼类。

4) 鲈形目(Percoiformes) 体被栉鳞、圆鳞或鳞消失；背鳍一般 2 个，第 1 个由棘组成，第 2 个主要由鳍条组成，与第 1 背鳍分离或相连；腹鳍胸位或喉位，有的亚胸位，尾鳍通常不超过 17 鳍条；腰带连于匙骨；鳃盖发达。为硬骨鱼中最大的一个目，主要为海产，经济价值高，我国海产经济鱼类的一半以上种类属于本目。我国有 90 余科，重要科如图 16－28。

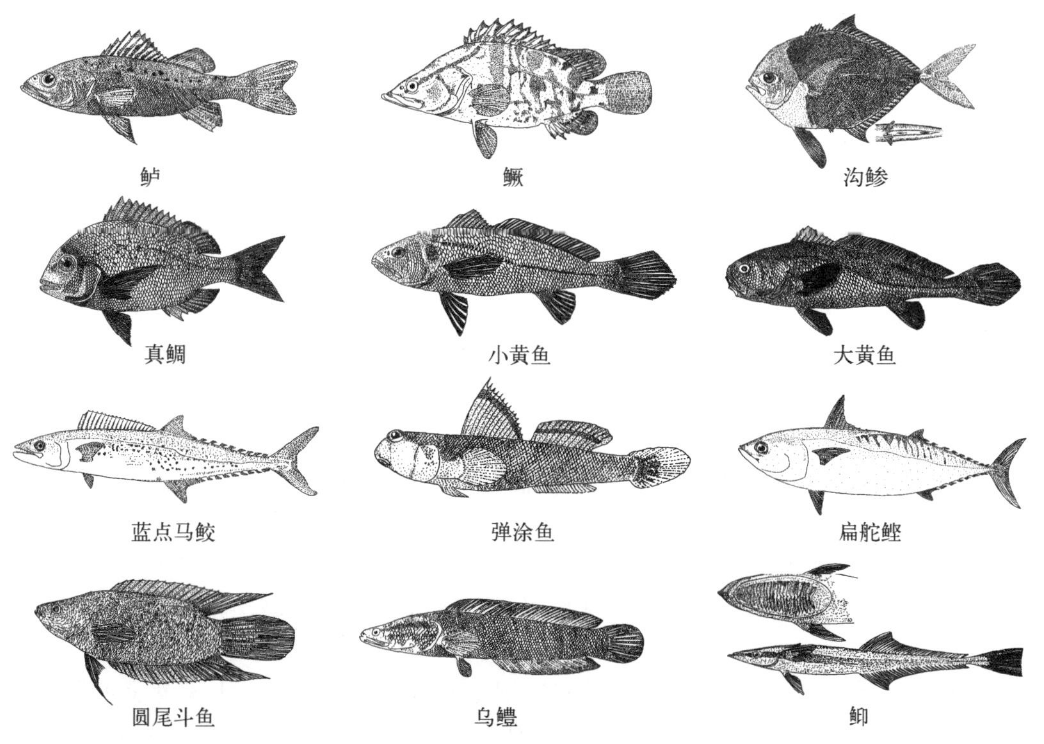

图 16－28 鲈形目的种类

鮨科(Serranidae) 体侧扁或椭圆形;被栉鳞或圆鳞,有时鳞埋于皮下;两颌牙细小;前鳃盖骨具锯齿,鳃盖骨具扁平棘1~3个,鳃盖膜分离,不与峡部相连;背鳍棘发达,胸鳍位低,腹鳍胸位。常见种类如鲈(*Lateolabrax japonicus*),个体大,生长快,一般重2 kg左右,最重达15~25 kg。我国各沿海均有分布;鳜(*Siniperca chuatst*),淡水种类,广布于我国南北各江河、湖泊,肉食性;肉味鲜美,是名贵食用鱼,多数地区已进行人工饲养。

鲹科(Carangidae) 体侧扁,椭圆形、菱形或纺锤形;尾柄细;颌牙细小,绒毛状;体被小圆鳞或退化,侧线完全,有时侧线全部或一部分被棱鳞;臀鳍与第2背鳍同形,前方常有2游离棘,有时第2背鳍和臀鳍后有小鳍,腹鳍胸位。常见种类如沟鲹(*Atropus atropus*)我国沿海均出产;蓝圆鲹(*Decapterus maruadsi*),分布于南海、东海、黄渤海;竹荚鱼(*Trachurus japonicus*)我国沿海均有分布。

石首鱼科(Sciaenidae) 体长侧扁,额骨及前鳃盖骨黏液腔发达;吻孔4~6个,颏孔2~6个;体被圆鳞或栉鳞,侧线完全;鳔发达;耳石大。本科是重要的经济鱼类,常见种类如白姑鱼(*Argyrosomus argentatus*),分布于我国南海、东海。叫姑鱼(*Johnius mblycephalus*),分布于我国各沿海。黄姑鱼(*Nibea albiflora*),分布于我国各沿海。鮸鱼(*Miichthys miiuy*),分布于我国各沿海。大黄鱼(*Pseudosciaena crocea*),尾柄长超过尾柄高的3倍,暖水性洄游鱼类;分布于我国黄海中部以南。小黄鱼(*P. polyactis*),尾柄长是尾柄高的2倍多,温水性洄游鱼类;分布于我国东海、黄海、渤海。

鲷科(Sparidae) 体较高,侧扁,被圆鳞或栉鳞;上下颌前端具犬状齿,圆锥齿,侧齿为臼状或颗粒状;腹鳍胸位,有腋鳞。如真鲷(*Pagrosomus major*),近海暖温性底层鱼类,为名贵的食用鱼类,分布于我国南海、东海、黄海、渤海。黑鲷(*Sparus macrocephalus*),浅海底层鱼类,为常见的食用鱼类,分布于南海、东海、黄渤海。

带鱼科(Trichiuridae) 体呈带状,尾鞭状,无鳞,侧线连续;口大,下颌突出,颌齿强大,尖锐侧扁;背鳍长,臀鳍由分离短棘组成或消失,腹鳍退化成1对鳞片状突起或消失;鳔有或无。如带鱼(*Trichiurus haunela*),为中上层鱼类,性凶猛,主要以鱼类为食;产量高,分布于我国各沿海。

鲭科(Scombridae) 体纺锤形,微侧扁;上颌骨不能收缩,两颌具细齿;第2背鳍与臀鳍同形,二者后方均有分离小鳍,腹鳍胸位,尾鳍叉形,尾柄两侧有2~3条隆起嵴。本科包括具有重要经济价值的种类。如鲐(*Pneumatophorus japonicus*),背鳍和臀鳍后各有5个小鳍,尾柄两侧各有2条隆起嵴;眼大,有发达的脂眼睑;为暖水性远洋中上层鱼类,分布于南海、东海、黄渤海。蓝点马鲛(*Scomberomorus niphonius*),背鳍和臀鳍后各有8~9个小鳍,尾柄两侧各有3条隆起嵴;眼较小;为暖水性近海中上层鱼类,肉味鲜美;分布于东海、黄渤海。扁舵鲣(*Auxis thazard*),背鳍后有8个小鳍,臀鳍后有7个小鳍,身体背部棕黑色,腹部浅灰;为外海暖水性中上层经济鱼类,分布于南海和东海。青干金枪鱼(*Thunnus tonggo*),背鳍后有9~10个小鳍,臀鳍后有8个小鳍,身体上部深蓝色,腹部较淡;为大洋性中上层鱼类,我国分布于南海。

鲳科(Stromateidae) 体卵圆形,侧扁,被小圆鳞;侧线完全;颌牙细小;食管有1侧囊,内壁有乳头状突起,突起上有针状齿;前鳃盖骨一般不明显;腹鳍有或无;尾鳍凹型或分叉。如银鲳(*Stromateoides argenteus*),肉味鲜美,为名贵鱼类;我国各海域均有分布。

虾虎鱼科(Gobiidae) 体侧扁,头侧扁或平扁;被栉鳞或圆鳞,有时鳞退化埋于皮下或无鳞;上下颌牙1行或多行;背鳍1~2个,胸鳍大而圆,基部肌肉不发达,腹鳍胸位,左右胸鳍愈合成一吸盘;尾鳍圆或尖。种类多。如矛尾虾虎鱼(*Chaeturichthys stigmatias*),分布于我国沿海。

弹涂鱼科(Periophthalmidae) 体侧扁,鳞小呈退化状,无侧线;眼突出于头背面,下眼睑发达,游离;背鳍2个,分离,胸鳍具肌肉柄,基部被鳞,用作陆地运动器官,左右腹鳍愈合成吸盘。如弹涂鱼(*Periophthalmus cantonensis*),分布于我国沿海。

斗鱼科(Belontiidae) 背鳍开始于胸鳍基部之后,短于臀鳍,腹鳍胸位,第一鳍条延长如丝;体被栉鳞。常见如圆尾斗鱼(*Macropodus chinensis*),尾鳍圆形,生活于水草丛生的水域中,雄鱼善斗;是著名的观赏鱼类;分布广泛。

鳢科(Channidae) 鳍无棘,腹鳍腹位;体被圆鳞,鳃上器官由第一鳃弓的上鳃骨及舌颌骨部分扩展而成。常见种类为乌鳢(*Ophiocephalus argus*),凶猛肉食性鱼类,肉质佳;分布于除西藏高原外的各河流、湖泊、池塘等水体。

䲟科(Echeneidae)　第1背鳍特化为吸盘，移至头背侧，吸盘由许多对横软骨板组成；第2背鳍与臀鳍相对，无棘，腹鳍胸位；无鳔。如䲟(*Cheneis naucrates*)，为暖水性近海上层鱼类，常以吸盘吸附在其他大鱼身上，取食大鱼食掉的残渣，我国各沿海均有分布。

5）鲉形目(Scorpaeniformes)　第二眶下骨与前鳃盖骨相连；头部一般具棘、棱或骨板，体被栉鳞或圆鳞、绒毛状细刺或骨板，胸鳍基底一般宽大。主要为底层鱼类，有些种类具毒腺。我国有11科(图16-29)。

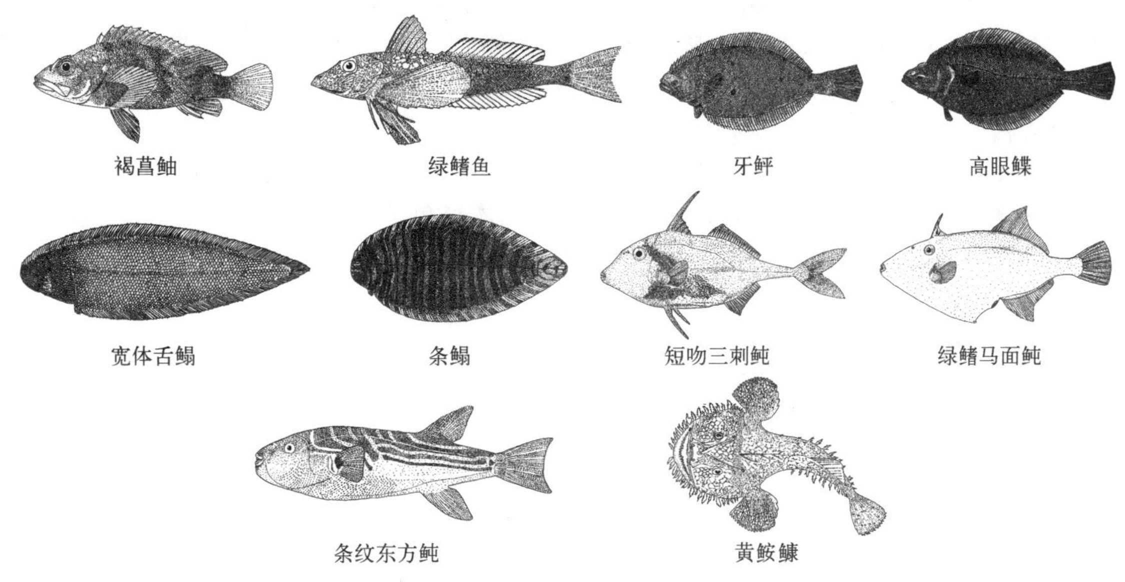

图16-29　鲉形目、鲽形目、鲀形目

鲉科(Scorpaenidae)　头部具棘和棱，眶前骨具棘；腹鳍胸位。常见种类为褐菖鲉(*Sebastiscus marmoratus*)，身体褐红色，背侧有6条横纹，体侧有4条横纹，温水性鱼类；我国各沿海均有分布。

鲂鮄科(Ttiglidae)　体延长，前部粗大后部渐狭小，被细鳞；头背及侧面有骨板；前颌骨能伸出，胸鳍长大，下方有3个指状游离鳍条，腹鳍胸位。如绿鳍鱼(*Chelidonichthys kumu*)，分布于我国各沿海；翼红娘鱼(*Lepidotrigla alata*)，分布于东海、南海。

鲬科(Parabembridae)　体延长稍侧扁，头稍平扁，具棱和强棘；上下颌、犁骨具绒毛状牙群；胸鳍下部无指状游离鳍条，腹鳍胸位。如鲬(*Platycephalus indicus*)，分布于我国各沿海。

杜父鱼科(Cottidae)　体前部稍平扁，后部稍侧扁；体裸露或具不整齐鳞片，被棘或骨板；前鳃盖骨具3～4棘，两颌牙绒毛状，胸鳍基底宽大，腹鳍胸位，尾圆形或分叉。如松江鲈(*Trachidermus fasciatus*)，降河在东海、黄海、渤海等近海区繁殖，产卵于贝壳内；幼鱼洄游至淡水中育肥。

6）鲽形目(Pleuronctiformes)　身体侧扁，成体左右不对称，两眼均在头的左侧或右侧；口、牙、偶鳍均不对称，左右侧体色不同，无眼侧近白色；肛门不在腹正中线上并前移至胸鳍后下方；背鳍、臀鳍基底均长，无棘；腹鳍胸位或喉位，成鱼无鳔。我国有7科，多数是重要的经济鱼类。主要科如图16-29。

鲆科(Bothidae)　两眼均位于头部左侧，下颌稍突出，前鳃盖骨边缘游离，背鳍始于上眼的上方，有胸鳍，背鳍、臀鳍与尾鳍不相连。如牙鲆(*Paralichthys olivaceus*)，分布于南海、东海、黄渤海。

鲽科(Pleuronctidae)　两眼均位于头部右侧，下颌稍突出，前鳃盖骨边缘游离；背鳍始于上眼的上方，有胸鳍或无眼侧无胸鳍；背鳍、臀鳍与尾鳍不相连。如高眼鲽(*Cleisthenes herzensteini*)，分布于我国东海、黄渤海；木叶鲽(*Pleuronichthys cornutus*)，分布于南海、东海、黄渤海。

鳎科(Soleidae)　两眼位于头部右侧，下颌不突出，吻部有时向下弯曲成钩状；牙绒毛状；前鳃盖骨边缘不游离；背鳍始于眼前方，胸鳍小或无，腹鳍小，有时缺少，尾鳍与背鳍、臀鳍相连。如条鳎(*Zebrias zebra*)，分布于我国沿海。

舌鳎科(Cynoglossidae)　吻突出，向后下方延伸包围下颌；两眼位于头左侧，前鳃盖骨边缘不游离；背鳍、臀鳍、尾鳍完全相连；背鳍始于吻前方，无胸鳍，有眼侧腹鳍通常与臀鳍相连，无眼侧腹鳍消失；有眼侧有侧线2～3条，无眼侧有侧线1～2条或无侧线。如宽体舌鳎(*Cynoglossus robustus*)，分布于南海、东海、黄渤海;半滑舌鳎(*Cynogossus semilaevis*),分布于我国沿海。

7) 鲀形目(Tetraodontiformes) 体被骨化鳞片、骨板、小刺或裸露;颌骨常与前颌骨愈合,牙圆锥状、门齿状或愈合为喙状牙板;背鳍1~2个,腹鳍胸位或亚胸位,有时消失;腰带愈合或消失;鳔有或无,气囊有或无。我国有10科。重要科如图16-29。

三刺鲀科(Triacanthidae) 体侧扁,有小鳞,鳞面有小刺;尾柄细长;口小,上下颌有1~2行锥形或楔形齿。如短吻三刺鲀(*Triacanthus brevirostris*),分布于我国各沿海。

革鲀科(Aluteridae) 体侧扁,长椭圆形,或细长形;尾柄细长;具小鳞或大板状菱形鳞,鳞面常具小刺;口小,前位;上下颌各有1~2行楔形齿;眼小,于头的最后部;无气囊。如绿鳍马面鲀(*Navodon modestus*),分布于我国沿海。

鲀科(Tetrodontidae) 体长椭圆形或长形,粗圆或侧扁;头吻宽或侧扁;背鳍与臀鳍相似,无棘,无腹鳍;上下颌缝显著;身体无鳞,有或无小刺。多为底层鱼类,本科鱼类肉味鲜美,但内脏、生殖腺、血液等含有河鲀毒素,在烹饪过程中,处理不当可引起中毒。如条纹东方鲀(*Fugu xanthopterus*),我国各沿海均有分布。

(8) 蟾鱼总目(Batrachoidomorpha)

体粗壮或扁平;皮肤裸露,有小刺或骨板,腹鳍喉位或胸位,或无腹鳍。我国有2目。

鮟鱇目(Lophiiformes) 体平扁或侧扁,皮肤裸露或密背细小棘刺;第1背鳍通常具1~3个独立鳍棘,位于头背侧,第1鳍棘变为肉质突起,腹鳍喉位;无肋骨。如黄鮟鱇(*Lonphius litulon*)(图16-29),近海底层鱼类,肉可食用;分布于我国东海北部、黄海、渤海。

思 考 题

1. 解释名词:有颌类 鳍式 鳞式 软骨化骨 膜骨 咽颅 初生颌 次生颌 韦伯器 单循环 前肾 后位肾 侧线 内耳 广温性鱼类 狭温性鱼类 广盐性鱼类 狭盐性鱼类 性逆转 卵生 卵胎生 洄游 产卵场
2. 简述鱼类的主要特征。
3. 简述鱼类的基本体型。
4. 简述鱼类鳍的种类和功能。
5. 简述鱼类鳞片的种类、结构和来源。
6. 绘鱼类躯干椎和尾椎结构模式图,并注明各组成部分。
7. 简述鱼类咽颅的结构及与脑颅的连接类型。
8. 简述鱼类鳃的结构和呼吸动作。
9. 说明鳔的结构和功能。
10. 简述鱼类心脏结构和血液循环途径。
11. 简述鱼类肾脏的结构和渗透压的调节。
12. 简述鱼类脑的结构特点和各部分的主要功能。
13. 说明鱼类侧线、眼球、内耳的结构和功能。
14. 比较软骨鱼纲和硬骨鱼纲的主要区别。
15. 软骨鱼纲和硬骨鱼纲各分为几个亚纲、总目?各举出3~5种代表种类。
16. 列举鲟形目、鲱形目、鲑形目、鲤形目、鲈形目、鲽形目、鲀形目1~3点主要特征,并举出代表种类。
17. 简述盐度、水温、含氧量、酸碱度对鱼类的影响。
18. 鱼类的繁殖方式有哪几种?
19. 简述鱼类的繁殖习性。
20. 简述鱼类的年龄鉴定和生长特性。
21. 简述洄游的类型及研究洄游在生产上的意义。
22. 总结鱼类在形态结构上适应水生生活的特征。

第17章 两栖纲(Amphibia)

提　要

两栖类动物是脊椎动物进化史上的一个重要类群,其各大系统已初步具备了陆生脊椎动物的形态结构模式,但没有完全摆脱水环境的限制,处于从水生到陆生过渡的中间环节。既保留着水栖祖先的特征,同时又获得了陆栖脊椎动物的特征;蛙类的幼体水生,经发育变态后,成体则能陆生。从结构机能和个体发育上看,都反映了它们所处的中间过渡地位。

两栖类动物是一类既能在水里,又能在陆上生活的脊椎动物,也有少数种类终生生活在水中,那是登陆后重新返回水域的次生性现象。迄今已生存了几百万年,现存约 7 500 种。除了南极和格陵兰岛以外的任何地区都有两栖类动物,最南分布到新西兰,往北可进入北极圈。但现存的两栖类动物大多分布在较潮湿的热带、亚热带和温带区域,尤以温暖湿润的热带森林中种类最多,寒带和海岛上的种类较稀少。两栖类动物为变温动物,需借助外界来维持及调节体温。属体外受精,受精卵在水中发育成幼体,幼体用鳃呼吸,在发育过程中需经过变态,成体可在陆地上生活,用皮肤及肺呼吸。两栖类动物皮肤光滑无鳞,富含黏液腺,经常保持皮肤湿润,以利于呼吸。眼球角膜呈凸形,适于陆生,耳朵结构略呈复杂机制,已有中耳,可感受声波,并可通过耳咽管平衡鼓膜内外压力,嗅觉尚不完善,但已具味觉感受器。两栖类动物通过身体的保护色或通过分泌毒液来防御敌害。这些现象表明,温度、湿度和地理屏障等环境因素对两栖类动物的发展及其分布范围起着严格的制约作用。同时,两栖类动物也发展出一系列初步适应陆地生活的形态特征和生理机能,各大系统已初步具备了陆生脊椎动物的形态结构模式。

两栖类动物是由水生到陆生的过渡类群,包括大鲵、蝾螈等有尾两栖类动物和日常习见的青蛙、蟾蜍等无尾两栖类动物等。现存的两栖类动物,从结构机能上和个体发育上都可以反映出它们的过渡性质。从结构机能上看,两栖类动物既保留着水栖祖先的许多特征,同时它们又获得了一系列陆栖脊椎动物的特点,承前启后,居于中间地位;从个体发育上看,蛙类的幼体——蝌蚪,生活在水中,经过变态发育为成体后,则能上岸生活,从中也可以反映出它在系统发生中所处的中间过渡地位。

脊椎动物进一步的发展是从水生到陆生。纵观脊椎动物的进化史,由水生到陆生是一个巨大的飞跃。陆地上和水中的生活条件是极不相同的,陆地上的生活条件远比水中要多样化,这也使动物有了向更高级和更多方面发展的可能性。水中的温度变动范围,一般不超过 25～30℃,而陆地上的温度,则存在着剧烈的周期性变化。陆地上的湿度变化很大,对于陆栖动物来说,存在着如何防止体内水分蒸发的问题,而对于生活在水中的鱼类来说,这个问题是不存在的。在陆地,空气中所含的氧气,至少是水中所含的氧气的 20 倍,每升空气中约含氧气 210 ml,而每升水中仅含氧气 3～9 ml。水的密度是空气的密度的 1 000 倍,鱼类生活在水中,由于水能产生浮力,重力对动物的影响较小,附肢不必承受体重,借助于尾、偶鳍和躯体的摆动即可完成运动,而陆生动物的附肢,则需承受体重,由它把身体支撑离开地面并完成运动。陆上环境条件多样而复杂,机械性刺激增加,另外,如声、光等在空气中的传播规律和在水中的也不同。因此,从水生转变到陆生的古两栖类动物面临着一系列必须克服的新矛盾:生活介质与气体交换器官的矛盾、浮力消失与动物体承重的矛盾、空气湿度减少与防止身体水分蒸发的矛盾,等等。在水、陆生活转变的许多矛盾中,其中主要矛盾就是防止身体水分蒸发、呼吸空气和陆上运动的问题。在古两栖类动物的进化过程中,为解决这些矛盾,客观上要求动物体制结构进行相应的改造,以及新器官的产生和原有器官的机能转变,否则将导致它们登陆失败而遭受灭绝的命运。所以,从水生到陆生,随着环境条件的改变,两栖类动物相应地进行动物体制结构的改造与变革。

两栖类动物初步适应于陆地生活,表皮开始发生角质化,但角质化程度不高,只是表层的1～2层细胞轻微角质化;且皮肤具呼吸功能。因此,身体水分蒸发的问题还未完全解决,这就决定了两栖类动物还依赖于周围环境的湿度条件,还不能离开潮湿的环境。

两栖类动物成体发展出了陆生脊椎动物的呼吸器官——肺囊,但结构简单,呼吸效率较低,肺呼吸还不完善,得借助于皮肤的辅助呼吸。

尤其是古两栖类动物由酷似古总鳍鱼类的偶鳍发展和形成了适应陆生的五趾型附肢(pentadactyle limb),这是动物演化史上的一个重要事件。五趾型附肢与一般的鱼鳍有很大的区别:鱼类的鳍是单支点的杠杆,只能依躯体作相对应的转动;而陆栖脊椎动物的附肢是多支点的杠杆,不仅整个附肢可以依躯体作相对应的转动,而且附肢的各部彼此间也能作相对应的转动,既坚固又灵活,适于载重又适于沿地面爬行。肩带游离,前肢在摆脱头骨的制约后,不但获得了较大的活动范围,而且也增强了动作的复杂性和灵活性;腰带一方面直接与脊柱牢固地联结,另一方面又与后肢骨相关节,构成支持体重和运动的主要结构,使登陆的目标得以实现。但是,和高等陆栖脊椎动物相比,两栖类动物的附肢还处于比较原始的地位,四肢还不能将躯干抬高离开地面,也不能在陆地上快速运动。

在晚泥盆纪时代,某些具有内鼻孔和肉质偶鳍的古总鳍鱼为寻找新的生活环境,尝试着从水中上岸,并获得初步成功。经过长期的演化,鳃演变为"肺"、肉质偶鳍演变为四足,推测两栖类动物就是在那时由古总鳍鱼类演化而来。最早的两栖类动物化石鱼头螈(*Ichthyostega*)发现于距今 3.5 亿年的古生代泥盆纪晚期地层,是迄今为止所发现的最早能在陆地上运动的古脊椎动物。在结构上同时具有鱼类和两栖类动物的特征:带鳍条的鱼尾、体表覆以小鳞片等鱼类的特征;与头骨失去联系的肩带、五趾型的附肢等两栖类动物的特征(图 17-1)。这些古两栖类动物大约于 1.5 亿年间,在征服新的陆生环境的同时,迅速地向各方面辐射演化,但以后相继灭绝。现存两栖类动物都是从侏罗纪以后才出现的,它们的身体结构及器官机能方面,既保留着原祖的水栖特性,又获得了一系列适应陆地生活的进步特征,居于两者的中间地位。

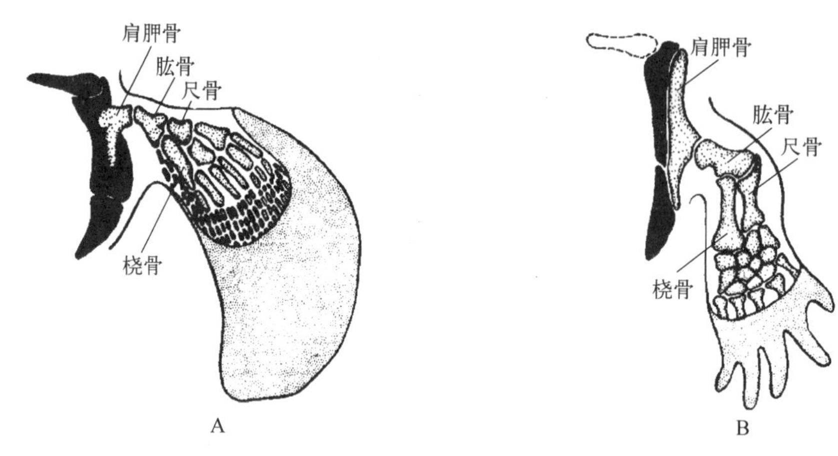

图 17-1 总鳍鱼类(引自许崇任等)

A. 与原始两栖类动物;B. 前肢骨的比较

17.1 两栖纲的主要特征

1) 体型分为蠕虫型、蝾螈型和蛙蟾型。
2) 皮肤裸露柔滑,角质化程度低。
3) 五指(趾)型附肢,脊柱出现颈椎和荐椎的分化,骨骼连接坚固而灵活,骨化比较完全。
4) 肌肉开始分化,原始的分节现象趋于消失,尾部和躯干部的肌肉减少,而四肢肌肉相对发达。
5) 幼体以鳃呼吸,成体内鳃消失,以肺囊呼吸,同时辅以皮肤呼吸。
6) 心脏具 2 心房 1 心室,血液循环为不完全双循环;但效率较低,血液不能完全"清浊分流"。

7) 肾门静脉系统完全,有助于肾单位的滤过。

8) 有泄殖腔、膀胱,为重吸收水分的新结构。

9) 出现中耳,可接受空气声波。具锄鼻器,感受味觉。原脑皮。

10) 体外受精,体外发育。生活史中有两个显著不同的阶段:水中生活的幼体阶段和能在陆地生活的成体阶段。幼体须经变态转为成体。

11) 变温。

12) 绝大多数仅分布于淡水,极少数分布于半咸水或咸水。

17.2 两栖动物的结构与功能概述

17.2.1 外形与运动

现存两栖类动物体长 16.2~1 800 mm。由于适应不同的生活条件,体型发生了较大改变,大致可分为蠕虫型、鲵螈型和蛙蟾型三种类型(图 17-2),分别代表现存两栖类动物的三个发展方向。

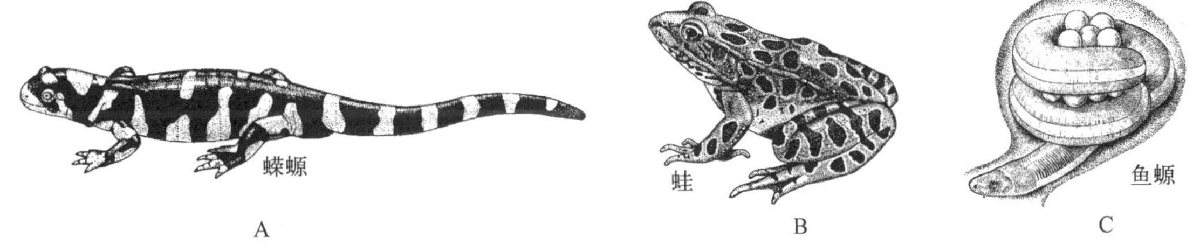

图 17-2 两栖类动物的三种体型(仿许崇任等)

从总体上看,两栖类动物的身体分为头、躯干、尾和四肢四部分,无明显颈部。吻端至颅骨后缘为头部,颅骨后缘至泄殖腔孔为较发达的躯干部,泄殖腔孔之后为尾部。附肢两对。但在不同的类型,这四部分会发生相应变化。

蠕虫型的种类营隐蔽的穴居生活,外观似蚯蚓或蛇,一般由头与躯干两部分组成,四肢退化,尾短而不明显,以屈曲身体的方式蜿蜒前进。头多扁平如楔形,口腔开口甚大;眼鼻间近颌缘处各有一司感觉的触突,状如蜗牛之触突;眼小而圆,因穴居而退化成眼点状,多隐于皮下,该处皮肤透明,且微隆起;无鼓膜。躯干扁圆柱状,布满环褶,呈覆瓦状排列;环褶表面腺体丰富,其分泌物可减少水分蒸发,并可大大减少体壁与洞壁的摩擦,加快在洞中的运动速度。代表动物有蚓螈和鱼螈等。

鲵螈型的种类终生水栖或繁殖期营水生生活,身体的四个部分齐全,彼此分界明显。头部一般都较扁平;吻端略圆,鼻孔位于吻两侧;眼位于头侧上方,具活动眼睑,但仅下眼睑可活动并能将眼球盖住;无鼓膜和鼓室,耳柱骨一般存在;口腔开口甚宽,有的有唇褶(labial fold);上、下颌着生有齿;舌椭圆形或圆形,活动的自由度极小,更不能外翻捕捉食物;具或无耳后腺。躯干背面光滑,一些种类的体侧具明显的肋沟(costal groove,如小鲵)。四肢短小,其中鳗螈仅有细小的前肢,后肢退化。前肢 4 指,后肢 5 趾或 4 趾。尾部相对发达,侧扁,是鲵螈类的游泳器官。匍匐爬行时,四肢、身体及尾的动作基本上与鱼的游泳姿势相同。代表动物有各种蝾螈和鲵类。

蛙蟾型的种类是适于陆栖爬行和跳跃生活的特化分支,是两栖类动物中发展最繁盛和种类最多的类群。体形短宽,四肢强健,幼体具尾,但成体尾部消失,故成体仅包括头、躯干和四肢三部分(图 17-3)。头形扁平而略尖,游泳时可减少阻力,便于破水前进;口裂宽阔,颌缘是否有齿视种类不同而异,口咽腔有许多孔,结构复杂;吻端两侧有外鼻孔 1 对,具鼻瓣,可随意开闭,以控制气体吸入和呼出,外鼻孔经鼻腔以内鼻孔开口于口咽腔前部;内鼻孔 1 对,位于犁骨的外侧;耳咽管(咽鼓管)孔(eustachin tube)1 对,由中耳腔通入颚部的两侧附近;有声囊的无尾类有 1 个或 1 对声囊孔。消化道的食管口和呼吸道的喉(声)门(glottis)也开口于口咽腔(图 17-4)。大多数陆栖种类具 1 对大而突出的眼,具活动性眼睑,下眼睑连有半透明的瞬膜,当蛙、蟾等潜水时,瞬膜会自动上移遮蔽和保护眼球。眼后常有一圆形的鼓膜(tympanic membrane),覆盖在中耳

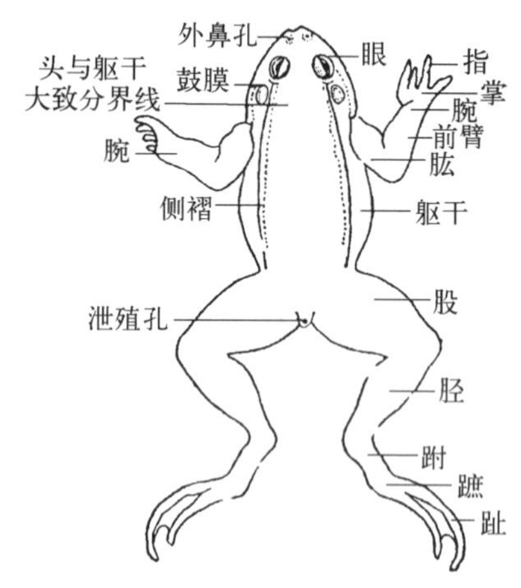

图 17-3 无尾目动物的身体(引自吉冈等)

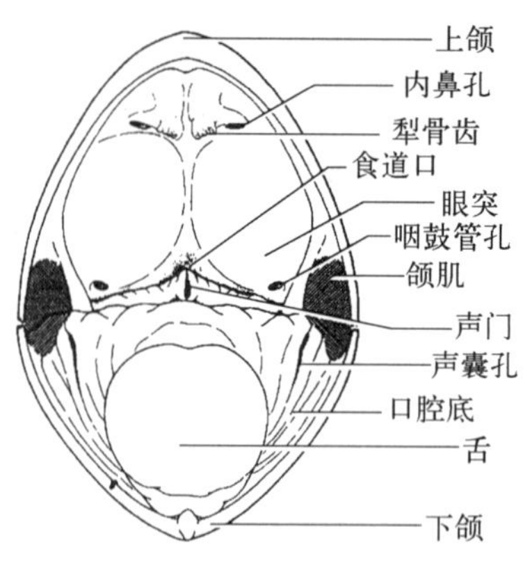

图 17-4 蛙类的口咽腔结构(仿 William 等)

(middle ear 或称鼓室 tympanic cavity)外壁，或隐于皮下。有些族类无鼓膜，但有耳柱骨，如沙坪角蟾(*Megophrys shapingensis*)；有的无鼓膜亦无耳柱骨，如乡城齿突蟾德钦亚种(*Scutiger xiangchengensis deqinensis*)。蟾蜍头部眼后具较发达的耳后(旁)腺(parotid)(图 17-5)。雄体的咽部或口角有 1～2 个内声囊(internal vocal sac，如花背蟾蜍)或外声囊(external vocal sac，如黑斑蛙)(图 17-6)。躯干背面光滑(如黑斑蛙)或粗糙而具瘰粒(如蟾蜍)；一些种类常有 2 条隆起的背褶(dermal plicae，如金线蛙)；另一些种类却只有长短不一的纵行肤褶(skin fold 或肤嵴 skin ridge，如虎纹蛙)。四肢强健，但发展不平衡。前肢短小，4 指，指间一般无蹼(web)，主要用作撑起身体前部，便于举首远眺，观察周围环境；后肢长大而强健，5 趾，趾间多有蹼，适于游泳和在陆地上跳跃前进。树栖及溪蛙类的指、趾末端膨大成吸盘，有助于攀爬、吸附在树木或岩石上。代表动物为各种蛙类和蟾蜍。

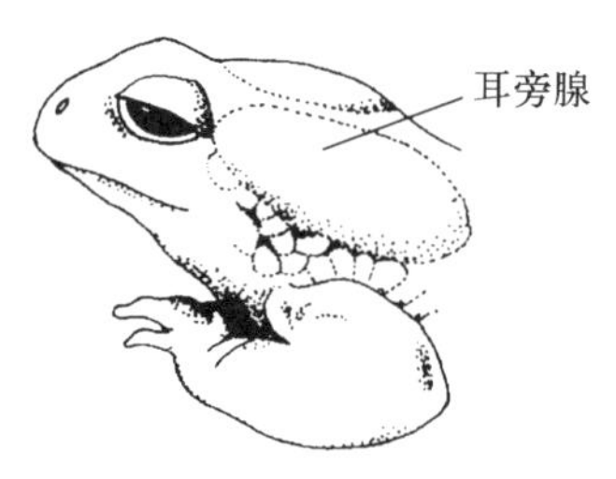

图 17-5 蟾蜍的耳后腺
(引自 Tepe 等)

A 成对的外声囊
(黑斑蛙)

B 单个外声囊
(泽蛙)

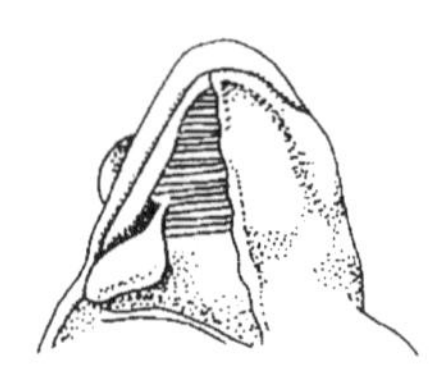

C 内声囊
(中国林蛙)

图 17-6 几种蛙的声囊(引自刘凌云等)

17.2.2 皮肤系统

两栖类皮肤由表皮和真皮组成，柔软、光滑和湿润。表皮轻微角质化，没有形成羊膜动物那样复杂的角质结构。富于黏液腺，容易透水、透气。最早的两栖类动物中的坚头类体表具骨质板，现代两栖类动物的皮肤表面已失去了骨质鳞，皮肤骨质残余常存在于原始两栖类，如无足类(如蚓螈皮肤还保留残余的骨质鳞)和少数无尾类有少量的骨质结构，但不是在表面，而是在皮肤深部，其他保护结构还未出现，皮肤处于裸露状态。由于皮肤角质化轻微，皮肤透水、透气，使呼吸成为可能，皮肤的呼吸量约占总呼吸量的 1/3；另一方面，体内的水分可经皮肤蒸发而丧失，同时能降低体温。

1. 表皮

表皮为复层上皮细胞，最内层由柱状细胞构成生发层，能不断地产生新细胞向外推移，由此细胞逐渐变为宽扁形，最外层 1～2 层细胞有不同程度的轻微角质化，称为角质层(stratum corneum)，仍属活细胞。皮肤的轻微角质化，使得皮肤透水、透气，使皮肤呼吸成为可能，皮肤的呼吸量约占总呼吸量的 1/3；此外体内的水分也可经皮肤蒸发而丧失，降低身体温度。但蟾蜍等的表皮角质化程度较高，较耐旱，因此其成体可在离水源较远的区域生活。角质层细胞可从皮肤表面脱落，再由生发层产生新细胞予以补充。

2. 真皮

真皮底部有皮下结缔组织，并以此与体肌疏松地相连。真皮较厚而致密，表现出陆生动物真皮的特征。真皮位于表皮下方，也分为 2 层：外层由疏松结缔组织构成，称为疏松层(stratum spongosum)，疏松层紧贴表皮层，其间分布着大量的黏液腺、神经末梢和血管；内层由致密结缔组织构成，称为致密层(stratum compactum)，其中的胶原纤维和弹性纤维呈横形或垂直排列。有些蝾螈在幼体经变态成为能上陆活动的成螈时，真皮内也能出现由多细胞构成的毒腺，借细管通至体表(图 17－7A)。

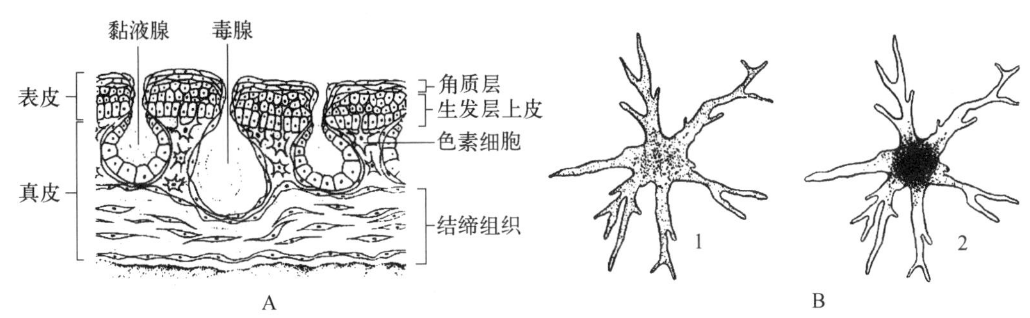

图 17－7　两栖类动物的皮肤和色素细胞(引自 Halliday，Hickman)

A. 蟾蜍皮肤切面；B. 色素细胞(1. 扩散；2. 集中)

两栖类动物的皮肤与皮下肌肉组织连接疏松，其间分布大量淋巴间隙和皮下血管，与皮肤呼吸功能有关。

3. 衍生物

(1) 黏液腺

表皮中含有丰富的多细胞腺体，最普遍的是黏液腺(mucousgland)，分泌黏液，保持身体的润湿和黏滑；黏液腺呈泡状，腺体的分泌部下陷嵌入真皮层，外围肌肉层，有输出管道通至皮肤表面。黏液腺借助于真皮层内肌纤维的收缩，其分泌物可通过输出管从开口于皮肤表面的腺孔中流出，在体表形成黏液层，使体表经常保持湿润黏滑，以利于防止皮肤干燥和体外水分的过量侵入，对于减少体内水分散失及利用皮肤进行呼吸具有重要作用，同时也是两栖类动物通过蒸发冷却用以调节体温的一种途径。雄性狭口蛙和齿突蟾的胸腹部有一大片腺区，其分泌物可使两性在繁殖抱对时牢固地粘贴在一起，在繁殖抱对时不致从背上跌落。

(2) 浆液腺

除黏液腺之外，两栖类皮肤还有浆液腺(serous gland)，为水性腺。浆液常有刺激性或毒性，毒性较强的名毒腺(poisonous gland)。蟾蜍的眼后由黏液腺转变而来的耳后(旁)腺和皮肤中的毒腺，能分泌乳状的毒液，内含多种有毒成分，对食肉动物的舌和口腔黏膜有强烈的涩味刺激，因而是一种防御的适应。产于中美洲和南美洲(自哥斯达黎加至巴西)的箭毒蛙(*Dendrobates*)，其皮腺内则含有剧毒的蛙毒素。有的皮肤腺具特殊气味，可能与两性联系有关。

(3) 色素细胞

两栖类表皮和真皮内常有色素细胞。不同色素细胞的伸缩、反光，形成各种体色和色纹。色素细胞的变化不受神经控制，而是受内分泌器官，特别是垂体的激素控制。在表皮和真皮中还有成层分布的 3 种色素细胞(chromatophores)：黑色素细胞(melanocyte)、虹膜细胞(iris pigment cell)和黄色素细胞(xanthophore)，色素细胞含有色素颗粒。不同色素细胞的互相配置，是构成各种两栖类动物体色和色纹的基础。在光线和温度的影响及自身内分泌调节下，色素细胞还能通过其扩展、聚合的形态变化，引起体色改变，由此变成与生活环境浑然一体的保护色，雨蛙和树蛙是两栖类动物中具有保护色及能迅速变色的典型代表(图 17－7B)。

17.2.3　骨骼系统

在由水生过渡到陆生的进化中，由于上陆后的重力作用及陆上运动，两栖类动物身体的支持和运动系统发生了深刻的演变,其中骨骼系统发生了巨大的变化。两栖类动物的成体已具有典型的陆栖脊椎动物的骨骼系统,较鱼类获得更大的坚韧性、活动性和对身体及四肢的支持作用(图 17-8)。

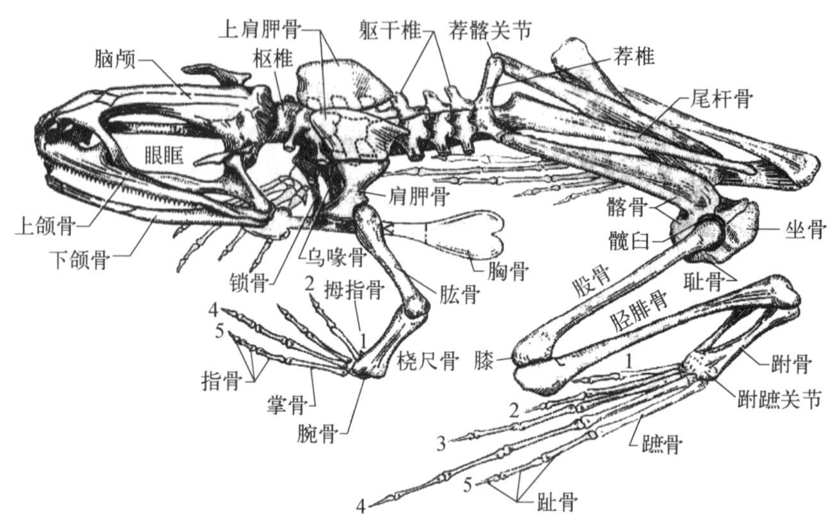

图 17-8 蛙的骨骼系统(仿许崇任等)

1. 头骨(cranium=skull)

头骨摆脱了肩带的束缚,有了灵活转动的可能性。数块骨片消失或愈合,使头骨的重量减轻,而骨化程度较轻,这在无尾类尤为明显。这对陆地上的运动是必要的。

1) 头骨宽而扁平,十分特化。脑颅中的颅腔狭小,无眶间隔,属于平底型(platybasic type),枕髁 2 个,由侧枕骨所形成,与颈椎构成可动关节。

2) 软骨性硬骨骨化不良,膜性硬骨大量消失。软骨性硬骨有侧枕骨、眶蝶骨(或单块筛蝶骨)和前耳骨(protic)各 1 对,而膜性硬骨也只有颅骨背面的鼻骨、额骨、顶骨(或愈合成额顶骨 frontoparietal)各 1 对。颅侧有 1 块鳞骨(squamosal),颅底由单块副蝶骨(parasphencid)和 1 对犁骨构成。

3) 初生上、下颌(分别为腭方软骨和麦氏软骨)趋于退化,分别由其外包的膜性硬骨(前颌骨和上颌骨、齿骨和隅骨)组成次生上、下颌,代为执行上、下颌的功能。

4) 舌弓背部的舌颌骨移至中耳内,转化成听骨——耳柱骨(columella)。颅骨则通过方骨(quadrate)与下颌连接,这种连接方式称自接型(autostylic)。

5) 幼体时期的鳃弓退化,其残余部分在成体中转变为支持舌、喉部和气管的软骨。

2. 脊柱

脊柱向四肢传递体重而进一步分化,首次出现了 1 枚荐椎,通过与腰带的关节把体重传给后肢;同时,由于陆地环境的多样且复杂而向头部灵活转动的方向演化,首次出现了 1 枚颈椎,所以头部较鱼类灵活。

整个脊柱分化为颈椎(cervical vertebra)、躯干椎、荐椎(sacral vertebra)和尾椎。颈椎略呈环状,故又称寰椎(atlas),椎体前有一突起与枕骨大孔的腹面连接,突起的两侧有 1 对关节窝与颅骨后缘的 2 个枕髁关节,使头部有了上下运动的可能性;横突不发达,肋骨发育不良;椎骨后端有 2 个后关节面。荐椎的横突及肋骨大而粗壮,外端与腰带的髂骨(ilium)连接,使后肢获得较为稳固的支持。与真正的陆栖脊椎动物相比,因其颈椎和荐椎的数目较少,所以在增加头部运动及支持后肢的功能方面还处于不完善的初步阶段。

躯干椎的数目因不同种类而异(7~200 枚)。一般说来,水栖有尾目动物的躯干椎 12~16 枚,蛙类则多具 7 枚。每枚躯干椎均由椎体、棘突(髓棘)和成对的前关节突、后关节突所组成,因而增强了脊柱的牢固性和灵活性。少数种类的椎体为原始低等的双凹型,大多数为前凹型(procoelous)或后凹型(opithocoelous),后两者对增大椎体间的接触面,提高连接的牢固性和支持体重具有重要意义。在脊柱左右两侧,前后相邻的 2 个椎骨之间有一椎间孔,作为脊神经向外延伸到躯体各处的通道。

尾椎数大多在 20 枚以上,原始种类(异鲵 *Xenobius*)的前面几枚尾椎尚留有尾肋的遗迹;半陆生无尾目动物的尾椎骨愈合成一根棒状的尾杆骨(urostyle),这样一来使整个脊柱变短,有利于在陆地做跳跃运动。

两栖类动物首次出现陆生脊椎动物所具有的胸骨(sternum),胸骨位于胸部正中,但由于肋骨发育不良或融合在椎体的横突上，所以胸骨与躯干椎的横突或肋骨互不连接，故未能形成胸廓。

3. 带骨和肢骨

两栖类动物的四肢不再像鱼类的偶鳍那样仅起类似桨的作用，而要承受体重，并使身体在陆地上运动，这就由五指(趾)型附肢来完成。两栖类动物为减轻重量、适应跳跃等运动，在四肢骨骼中多有愈合现象，如桡骨和尺骨愈合为桡尺骨等。两栖类动物的四肢位于身体躯干部的两侧，四肢的这种着生方式，决定了不能使身体完全抬离地面，因而限制了其在陆地上的运动速度。

(1) 肩带

两栖类动物的肩带不附着于头骨，已和头骨脱离了联系。腰带借荐椎与脊柱连接，这是四足动物与鱼类的重要区别。肩带脱离了与头骨的联系后，不但使头部的活动有了可能，而且使前肢多样的活动同样有了可能。无尾目动物的肩带加固，由肩胛骨(scapula)、乌喙骨(coracoid)、上乌喙骨(epicoracoid)和锁骨(clavicle)等构成(图 17－9)。肩胛骨通过肌肉与脊柱相连；1 对上乌喙骨构成肩带的腹面，蛙类的左右上乌喙骨在腹中线互相平行愈合，形成了固胸型肩带(firmisterny)；蟾蜍的上乌喙骨则彼此重叠，形成弧胸型肩带(arcifery)(图 17－10)。肩带的类型是两栖纲分类的重要特征之一。组成肩带的诸骨交汇处形成肩臼(glenoid fossa)，与前肢的肱骨形成肩关节。

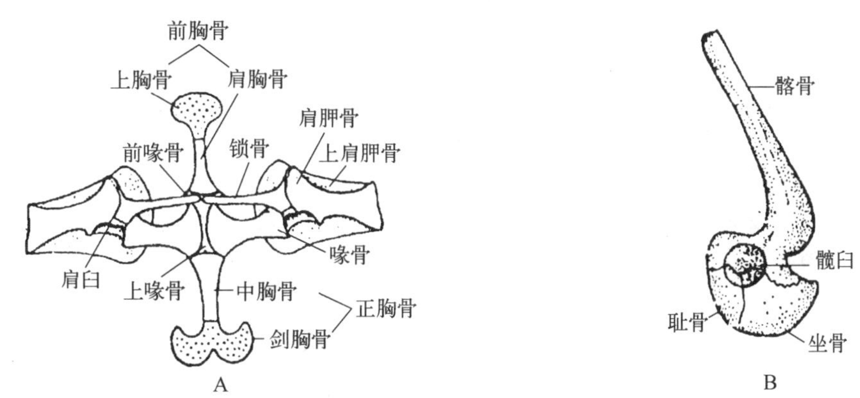

图 17－9　两栖类动物的肩带及胸骨(腹面观)(A)和腰带(侧面观)(B)(引自王志清)

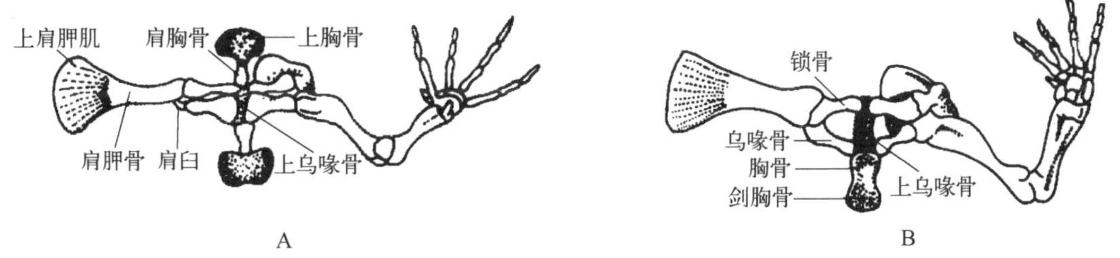

图 17－10　固胸型肩带(蛙)(A)和弧胸型肩带(B)(蟾蜍)(引自刘凌云等)

(2) 腰带

腰带包括髂骨、坐骨(ischium)和耻骨(pubis)，构成骨盆。髂骨与荐椎的横突相连。三骨愈合处形成髋臼(acetabulum)，与后肢的股骨形成髋关节(图 17－8)。有尾目动物的肩带、胸骨和耻骨等大多没有骨化，也缺乏锁骨。腰带中的耻骨位于髋臼腹面，髂骨和坐骨位于髋臼背面，前者与荐椎两侧的横突关联，这种由脊柱、腰带、后肢连成一体，体重主要由后肢承受的结构，也是所有陆生脊椎动物腰带的特性。

(3) 五趾型附肢

两栖类动物已具有五趾型附肢，包括前肢和后肢。典型的前肢包括上臂(brachium)、前臂(antibrachium)、腕(wrist)、掌(palm)和指(digits)等五部分。与之相应的前肢骨分别为肱骨(humerus)、桡骨(radius)、尺骨(ulna)、腕骨(carpus)、掌骨(metacarpus)和指骨(phalanx)。典型的后肢包括股(thigh)、胫(shank)、跗(tarsus)、跖(metatarsus)和趾(digits)等五部分。与之相应的后肢骨分别为股骨(femur)、胫骨(tibia)、腓骨(fibula)、跗骨(tarsus)、跖骨(metatarsals)及趾骨(phalanx)组成(图 17－11)。此外，无尾目动物的拇趾(hallux)内侧还有一个距(calcar)。

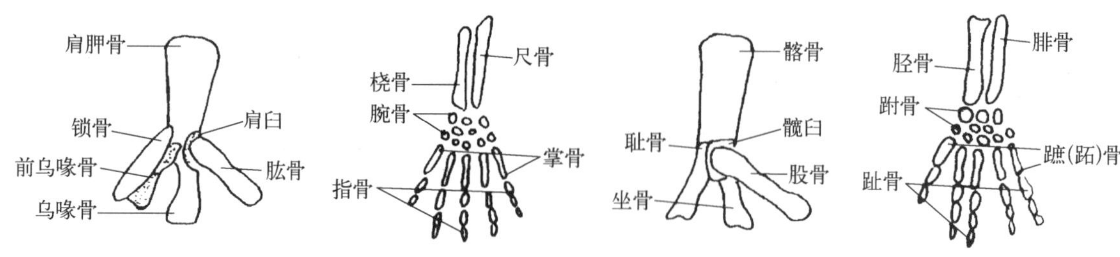

图 17-11　五指(趾)型附肢图解(引自许崇任等)

17.2.4　肌肉系统

两栖类动物的肌肉组成了体壁、运动器官和多种内脏器官,并依靠骨骼肌的收缩,协调完成各种运动。

两栖类动物由水生向陆生发展的结果,肌肉开始分化,分化成许多形状和功能各异的肌肉(图 17-12)。与鱼类的躯体两侧肌肉收缩摆动以完成单一的游泳运动相比,两栖类动物由水生转变为陆生时,陆上的运动形式多样而复杂,身体和四肢的运动方式不再是单一的游泳运动,而出现了屈背、扩胸、爬行及跳跃等不同形式的运动。因此,与这些运动形式有关的肌肉都得到了相应的发展。同鱼类相比,两栖类动物的肌肉有以下特点。

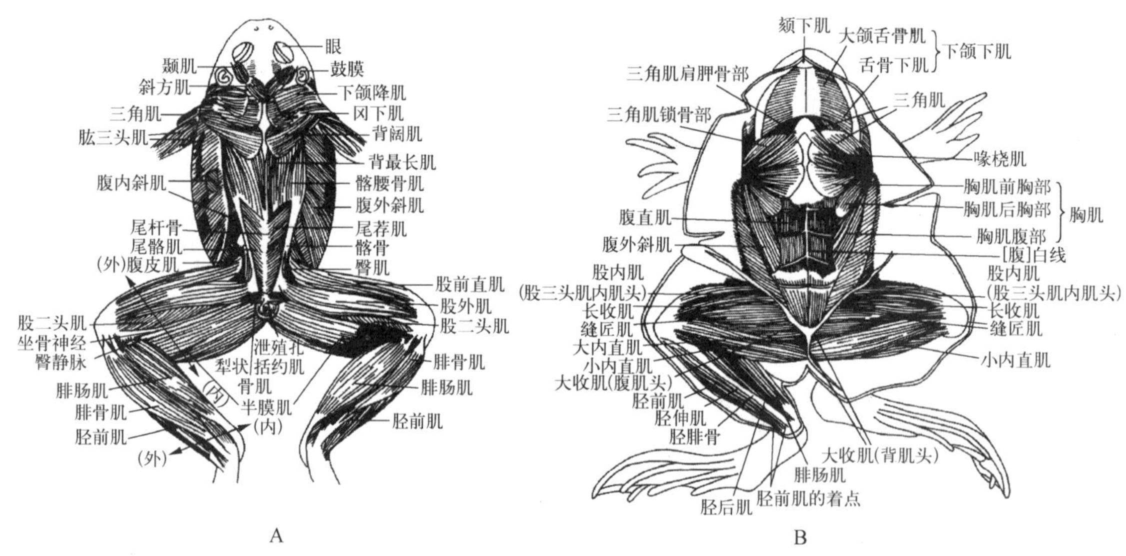

图 17-12　蛙的肌肉系统(引自周本湘)

A. 背面;B. 腹面

1) 无尾目成体的肌肉分节现象多已消失,仅在腹直肌(museulus rectus abdominis)上尚有横行腱划(inscriptio tendineae),为分节现象的遗迹。无尾目幼体(蝌蚪)、蚓螈目和有尾目动物,因其运动主要靠躯体收缩摆动,躯干肌则具较为明显的分节现象,但大部分肌节由于改变了鱼式运动姿势而发生了愈合或移位。

2) 由于水平骨骼的位置上移,因而躯干背部的轴上肌比例已大为减少,仅占躯干肌的一小部分。有尾目动物的轴上肌保留着分节状态,无尾目动物则进一步分化。躯干腹部的轴下肌分化明显,分化为腹直肌和腹斜肌(musculus obliquus abdominis)两部分,其中腹直肌又由腹部中线 1 条由结缔组织构成的腹白线(linea alba)分隔为左右对称的两部分;腹斜肌组成动物体的腹壁,由表及里又分为腹外斜肌、腹内斜肌和腹横肌 3 层。这些肌肉的分化,与其支持腹壁、保护内脏、压缩肺囊和参与呼吸运动有关。腹横肌有保护腹壁和向前牵拉腰带的作用,以适应两栖类动物在陆地上的爬行和跳跃运动。

3) 由于出现五趾(趾)型附肢,附肢肌也得到了相应的发展,变得强大而复杂。这些附肢肌使附肢本身可进行运动,即附肢的各节段均可作相对的局部运动,如屈腕、伸指、前臂转动等。显然这是与它们的肩带不直接连接在头骨上,以及动物上陆后需要具备更有力的附肢支持身体和完成多种形式的运动相一致的。两栖类动物具有一些起自头部、躯干部、带骨而分布到附肢去的肌肉,称为外来肌(肢外肌),例如,前肢腹侧的胸肌(musculus pectoralis)肌群和背侧的斜方肌(musculus trapezius)、背阔肌(musculus latissimus)、三角肌

(musculus deltoideus)等,使前肢与躯干牢固地连接起来而得到巩固。腰带直接与脊柱关联,使后肢得到有力的支持,因此起自躯干、腰带及尾杆骨而止于股部的肌肉数则有减少的趋势,主要有梨状肌(musculus piriformis)、臀肌(musculus gluteus)等。

由于四肢分节出现了前肢的肘关节、腕关节和后肢的膝关节、踝关节,因此又分化出许多起点和止点都在附肢骨骼上的肌肉,称为肢内肌。例如肱三头肌(musculus triceps brachii)、腕屈肌(musculus flexor carpi)等前肢肌和胫伸肌(musculus extensor cruris)、缝匠肌(musculus sartorius)、腓肠肌(musculus gastrocnemius)等后肢肌。一般说来,起讫于后肢的肌肉要比前肢更发达,用以加强爬行和跳跃能力。

4) 绝大多数两栖类动物在幼体时期用鳃呼吸,经发育上陆时鳃已退化消失,相应地鳃肌也转化成节制咽喉部和舌活动的肌肉。

5) 此外,还有眼肌、头肌、心肌和脏肌。

17.2.5 消化系统

两栖类动物的消化系统包括消化道和消化腺两部分(图 17-13)。

1. 消化道

包括口、口咽腔、食管、胃、小肠、大肠和泄殖腔。口裂宽阔。口腔与咽部无明显界限,称为口咽腔(Bucco-Phryngeal Cavity)。

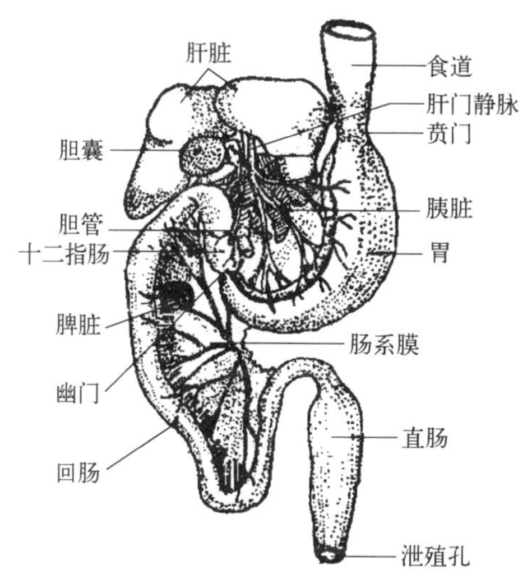

图 17-13 两栖类动物的消化系统
(引自陈樟福等)

口咽腔结构比较复杂,除有齿和舌外,还有内鼻孔、耳咽管孔,喉门和食管等开口,分别与外界空气,中耳、呼吸道和消化道相通。有尾目和无足目动物(鱼螈)的颌缘都有 1～2 排单尖形的颌齿,而无尾目动物则无颌齿(蟾蜍类)或仅有上颌齿(蛙类);口咽腔顶壁的犁骨上有两簇细小的犁骨齿;齿常是简单的锥形,或有双尖,嵌合在骨面。齿着生于下颌的齿骨、上颌的前颌骨、上颌骨,但也可着生在上、下颌的任何部分如颚骨、犁骨和副蝶骨。现生两栖类齿基部附近有一段钙化不全,因而干标本上仅有齿的残基。这些牙齿仅有咬伤捕食对象和防止食物从口中滑脱的作用,而无对食物进行咀嚼的作用。因此,两栖类动物的牙齿尚无对食物进行物理消化的功能。从两栖类动物开始有真正的肌性舌,并利用鱼类祖先的部分鳃弓,组成四足类特有的舌骨(舌器)以支持舌。有尾目动物的舌呈垫状,贴于口腔底,活动性较差,舌的后部黏膜内有黏液腺和味蕾;大多数无尾目动物的舌根附着于下颌前部,舌尖游离且大多分叉,并朝向咽喉部,捕食时能迅速翻出口外,由舌所分泌的黏液粘捕飞行或爬动的昆虫为食(图 17-14)。两栖类成体已失去了鳃以及颈部分化不明显因而咽部短小,食管也较短,咽部的背面紧缩成管状(即食管开口于咽的背面),短的食管向后通入胃。食管仅是食物的通道,没有消化机能。胃位于体腔左侧,略向左弯然后通入小肠,为消化道中最为膨大的部分,与食管相连的一端为贲门(cardia),与十二指肠相连的一端为幽门(pylorus)。无足目动物的胃则不明显。肠分为小肠和大肠两部分,由于两栖类动物的成体大多为肉食性,所以大、小肠均短,如成体蛙的肠总长仅为体长的 2 倍,而植食性的幼体(蝌蚪)的肠总长则为体长的 9 倍。小肠的主要功能是消化食物和吸收营养,其前段称为十二指肠(duodenum),总胆管开口于此;后段称为回肠(ileum)。大肠(intestine crassum)短而直,故又称直肠(rectum),较粗大,约为小肠直径的 2 倍多。大肠对水分具有重吸收作用,形成的食物残渣从泄殖腔孔排

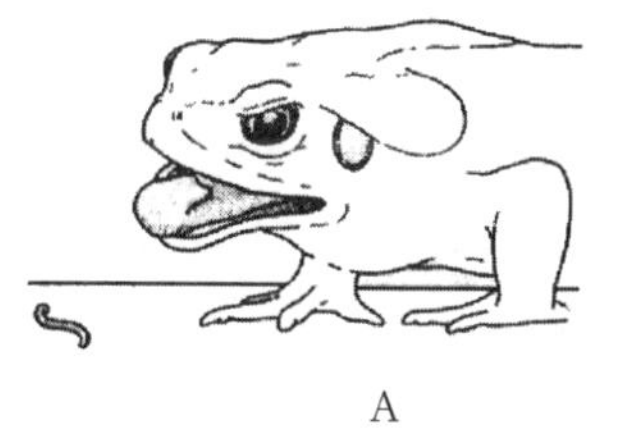
A

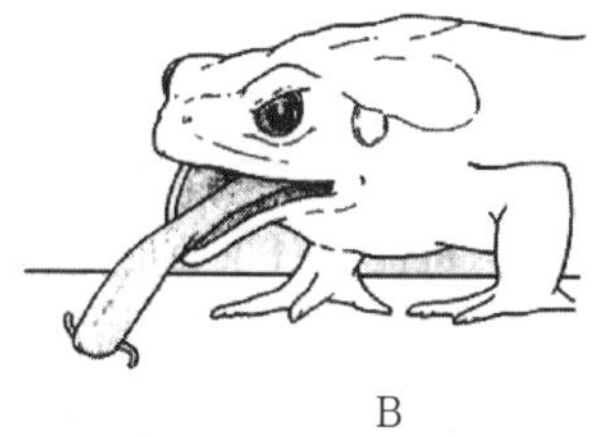
B

C

图 17-14 两栖类动物的捕食过程(A—C)(仿 William 等)

出体外。

各消化器官的内壁,均有发达程度不同和数目不等的纵向皱褶,以增加消化吸收的表面积。食管有纵褶12~17条。胃内有纵褶6~14条,胃壁皱褶中血管丰富,显示两栖类动物的胃内可能已初步具有消化吸收的机能。小肠前段的皱褶数量多而密集,后段则略显稀疏,小肠绒毛为单层柱状细胞。大肠内皱褶较少,且形状低平。

2. 消化腺

包括肝脏、胰脏、口腔腺、胃腺和肠腺。肝脏较大位于体腔的前半部,可分为2~3叶,胆囊位于肝叶之间或偏右侧,以数根胆管与总胆管相通,并由此将胆汁送入十二指肠远端。胰脏位于胃和十二指肠间的系膜上,形状狭长,为不规则的树枝状器官(有尾目动物分为背叶和腹叶),其胰管与总胆管汇合后再开口于十二指肠。胰脏分泌胰液与胆汁混合一并注入十二指肠内,在"胃液"初步消化的基础上,进一步消化食物。胰脏不但是一个重要的消化腺,而且还是一个内分泌腺。两栖类必须将干燥的食物润湿才便于吞咽,与此相适应,口腔内生有许多腺体,此外,颚的前端有1对大颌间腺(intermaxillary gland),其他部位也可有黏液腺。但多数分泌物不含消化酶,对食物无消化功能,仅起湿润口腔和食物的作用,并在眼球下沉压入口咽腔的同时,利于食物的吞咽。仅少数无尾类的口腔腺含有唾液淀粉酶。胃腺仅一种,位于胃壁纵褶基部的黏膜层内,能同时分泌胃蛋白酶和盐酸。小肠黏膜下层中具有肠腺(intestine gland),能分泌消化酶,大部分食物在这里被分解和吸收。

17.2.6 呼吸系统

1. 呼吸器官

两栖类动物的呼吸器官其过渡性十分明显。幼体用鳃呼吸,通常成体的"肺囊"是主要的呼吸器官,而皮肤是重要的辅助呼吸器官;口腔黏膜也能呼吸(约占1/10)。但有些现生的种类,特别是水居种类,"肺囊"常退化甚至消失,而全用皮肤呼吸,例如北美和欧洲的多齿螈科(Plethodontidae)和伪尾蟾(*Ascuphus*)。有"肺"的两栖类在冬眠或夏蛰时,几乎完全用皮肤呼吸。现生两栖类没有羊膜类的胸廓,用"肺囊"呼吸时,空气主要是"吞"入,而不是吸入。有相当多的有尾类终生保持全部或部分外鳃(咽鳃裂)。

两栖类动物的幼体和鱼类一样,用鳃呼吸,两者的血液循环方式也几乎完全相同。无尾目动物幼体早期具3对外鳃(external gill),外鳃随同幼体发育而被皮肤褶形成的鳃盖所遮掩并逐渐消失,代之以4对内鳃(internal gill)作为呼吸器官。变态登陆后,内鳃消失,再由咽部腹侧长出一对"肺囊"(lung),代替原有鳃的呼吸机能,"肺囊"的出现是陆栖脊椎动物的重要特征之一。

成体呼吸系统包括呼吸道和"肺囊"。呼吸道由外鼻孔、鼻腔、内鼻孔、口咽腔(为空气和食物的共同通道)、喉门、喉气管室(喉头)(laryngotracheal chamber)和气管构成,两栖类动物无支气管。外鼻孔开口于头部吻端,与外界空气相通,内鼻孔则开口于口咽腔。喉门为一纵向的狭小裂缝,开口于咽部。喉气管室由一块环状软骨(cricoid cartilage)和一对杓状软骨(arytenoid cartilage)所支持(图17-15A),通过喉门与口咽腔相通。无尾目动物在喉门内侧大都附生着一对声带(vocal cord),是2片水平状的弹性纤维带,当空气从"肺囊"里呼出时,就会振动声带而发出鸣声(图17-15B)。雄性的声带比雌体的发达,并通过声囊使鸣声产生共鸣的效果,故其鸣声较雌体更为响亮。但有尾目动物一般不能发声。气管由"C"形软骨环支持,这对保证气体在呼吸管中畅通出入具有重要意义。

"肺囊"位于心脏和肝脏的背侧,是一对中空半透明和富有弹性的薄壁囊状结构。结构较为简单,"肺囊"内被网状隔膜分隔成许多小室(也称为"肺泡"),呈蜂窝状,以此增大肺脏与空气的接触面积;壁上密布毛细血管,以利于在肺内顺利完成气体交换(图17-15B)。

由于两栖类动物"肺囊"的结构还比较简单,呼吸效率不高,需要皮肤呼吸予以辅助,以弥补肺呼吸摄氧的不足(图17-15C)。皮肤薄而湿润,而且在皮下分布着由肺皮动脉(pulmocutaneous artery)分出的皮动脉及肌皮静脉,通过这些皮下血管进行气体交换所得到的氧气,大约相当于肺脏获氧量的2/5。对于有尾目动物和那些冬眠的无尾目动物来说,此时肺呼吸已停止,呼吸作用几乎全由皮肤完成。像产于美洲和地中海地区的树螈(*Aneides lugubris*)等,既没有鳃,又缺乏"肺囊",则完全凭借分布在皮肤和口腔黏膜下的丰富血管进行呼吸。

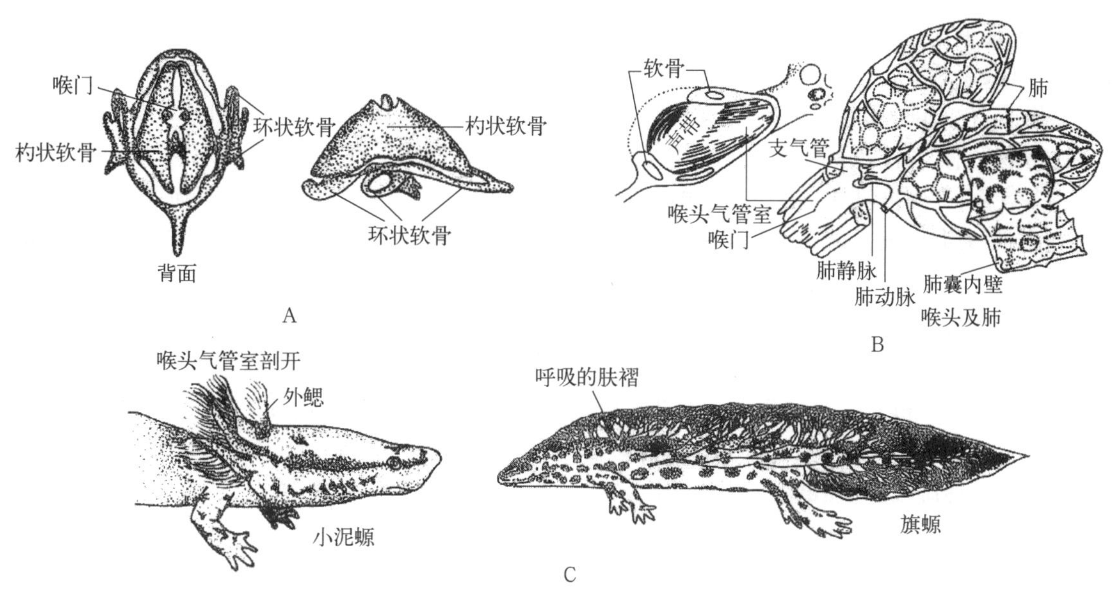

图 17－15　两栖类动物的呼吸系统(引自杨安峰等)

A. 无尾目动物支持喉头的软骨；B. 蛙的声带；C. 有尾目动物的外鳃和呼吸肤褶

2. 呼吸方式

由于两栖类动物尚未形成胸廓，故不能进行胸腹式呼吸，其呼吸方式为特有的口咽式呼吸(bucco-phryngeal respiration)，即呼吸时主要依靠口腔底部的颤动升降来完成，并通过口咽腔黏膜进行气体交换。吸气时，外鼻孔的瓣膜张开，口裂和喉门紧闭，口底下降而将空气吸入，经内鼻孔到达口咽腔内。呼气时，口底抬升，将空气循原路由外鼻孔呼出，此时因喉门始终紧闭而空气不能进入"肺囊"，只能由口咽腔黏膜执行气体交换机能。经过口底多次升降颤动后，外鼻孔的瓣膜关闭，喉门开启，随着口底上举，迫使吸入的空气从口咽腔进入"肺囊"，在"肺泡"的毛细血管处完成气体交换。由于腹壁肌肉收缩和"肺囊"本身的弹性回缩及口底下降，压迫空气从肺内呼出至口咽腔，但此时并不立即排出口外，而是又将空气压入"肺囊"中，如此反复多次后，气体即排出体外(图 17－16)。

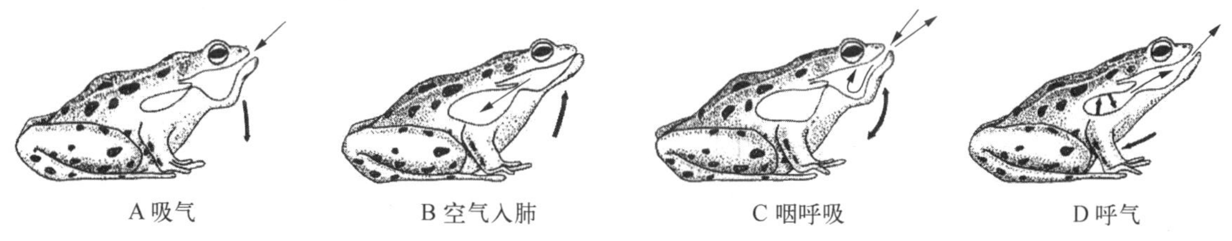

图 17－16　无尾目动物的呼吸动作(仿 Hickman 等)

A. 空气进入口咽腔；B. 空气压入"肺囊"；C. 空气在口咽腔内流通；D. 空气呼出体外

17.2.7　循环系统

两栖类动物的幼体水生，用鳃呼吸，心脏结构和血液循环方式和鱼类相似。成体由"肺囊"代替了鳃，血液循环方式由单循环发展为包括肺循环和体循环的不完全双循环，体动脉弓中含有混合血，这是两栖类动物血液循环中最为显著的特点。

循环系统包括血管系统和淋巴系统两部分。

1. 血管系统

(1) 心脏

幼体时期的心脏和鱼类相似，只含有 1 个心房和 1 个心室。变态后，由于"肺囊"呼吸的出现，循环系统发生相应的显著变化，心脏由 1 心房和 1 心室演变为 2 心房和 1 心室。心脏的位置由鱼类紧挨头部的腹面后移至胸腔内，外被围心膜而受到围心腔的很好保护。成体的心脏由静脉窦、心房、心室和动脉圆锥 4 部分组成。静脉窦是一个呈三角形的薄壁囊，位于心脏的背面，是 2 条前大静脉(precava)和 1 条后大静脉

(postcava)内的血液流回心脏之前的汇合处,汇集全身回流的缺氧血,再注入右心房。心房位居心室之前,壁薄而色深,内腔被新发生的房间隔分成左、右心房(无足目和有尾目动物的房间隔不完全)。右心房以窦房孔与静脉窦相通,孔的前、后各有一瓣膜,心房收缩可引起两个瓣膜同时关闭,以防血液发生逆流。右心房接受来自静脉窦的血液,再注入心室右侧。左心房的背壁有一孔与肺静脉(pulmonary vien)相通,在肺脏经气体交换后的多氧血,即由此孔进入左心房,再注入心室左侧。因此,心室的右侧为缺氧血,心室的左侧为多氧血,而心室的中间为混合血。左、右两心房分别以房室孔与心室相通,孔的周围有房室瓣(或称三尖瓣),用于阻止血液的逆流。心室近似三角形,位于心脏后端,肌肉质壁厚,内有肌质的柱状纵褶,可在一定程度上缓冲分别由左、右心房流入心室内的多氧血和缺氧血的混合。动脉圆锥自心室腹面的右侧发出,与心室连接处有3个半月瓣(valvula semilunaris),其作用和心脏中的其他瓣膜相同。动脉圆锥的前段为腹大动脉,分左右2支动脉干,每支动脉干各以2个隔膜分隔为3支,由此导出左右共3对动脉弓:由内而外分别为颈动脉弓(carotid arch)、体动脉弓(systemic arch)和肺皮动脉弓(pulmo-cutaneous arch)(图 17-17)。蛙蟾类的动脉圆锥中有一纵形的螺旋瓣,起血液分流的作用。

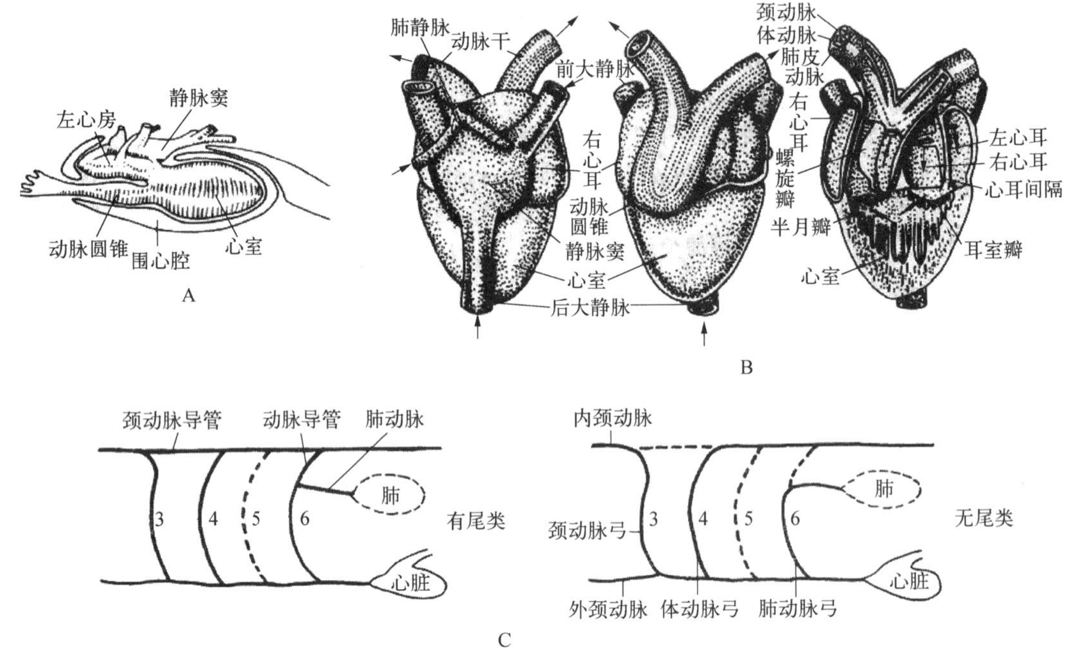

图 17-17 无尾目动物的心脏及动脉弓(引自 Torrey 等)

A. 心脏侧面观;B. 心脏构造;C. 动脉弓

心脏对血液的分流:心脏收缩时,首先由静脉窦开始收缩,将窦内的缺氧血注入右心房。接着左、右心房同时收缩,于是右心房内的缺氧血被压入心室中央偏右的一侧,左心房内的多氧血则被压入心室偏左的一侧。心室收缩初期,由于动脉圆锥位于心室右侧,肺皮动脉弓的开口最低,阻力最小,因此,心室右侧的缺氧血即率先进入,将血液分别送至"肺囊"和皮肤处进行气体交换。心室收缩的中期,收缩波从右面移向左边,由于肺皮动脉弓内已充满血液而阻力增大,颈动脉弓基部因有颈动脉腺,阻力也相当大,加以在动脉圆锥收缩时,螺旋瓣往左偏转,关住肺皮动脉弓的通道,于是心室中部的混合血流入体动脉弓,再送往全身各处。心室收缩末期,其左侧的多氧血,因受到的压力已达到顶点,便径直注入颈动脉弓,供血给头部及脑,保证了头部及脑得到较多的氧气供应。

(2) 动脉系统

肺循环的出现使原来鱼类中的6对动脉弓发生了很大的变化,第1、2、5对动脉弓消失,仅保留第3、4、6对动脉弓,分别演变为颈动脉弓、体动脉弓和肺皮动脉弓。颈动脉弓又分为内颈动脉(internal carotid artery)及外颈动脉(external carotid artery),前者供应血液至脑、眼及上颌等处,后者供应血液到下颌、舌和口腔壁。

左、右体动脉弓弯向心脏背侧,在分出锁骨下动脉(subclavian artery)至前肢及食管后,便汇合成1条背大动脉,往后延伸再分支到内脏各器官、躯干及后肢等处。

左、右肺皮动脉弓各分为 2 支：肺动脉(pulmonary artery)，通至“肺囊”，在肺壁上分散成毛细血管网；皮动脉(cutaneous artery)，行至背部皮下，也分散成毛细血管网。

(3) 静脉系统

成蛙有前大静脉 1 对，代替了鱼类的前主静脉，接受来自外颈静脉(external jugular vein)、内颈静脉(internal jugular vein)、锁骨下静脉(subclavian vein)和肌皮静脉(musculocutaneous vein)等的血液。心脏以静脉窦接受前大静脉的血液。后大静脉 1 条，代替了鱼类的后主静脉，接受来自肾静脉(renal vein)、生殖腺静脉(genital vein)、肝静脉等的血液。尾和后肢的静脉在前行中分为 2 对：肾门静脉(renal portal vein)和盆骨静脉(pelvic vein)。肾门静脉发达，进入肾脏后分成许多细小血管，再次汇集成数条肾静脉，由两肾之间通出，与来自生殖腺的生殖腺静脉一起，将血液送入后大静脉；盆骨静脉在腹壁中央合并成一条腹静脉(abdominal vein)，其血液往前注入发达的肝门静脉(vena portal vein)。从胃、肠、脾、胰等器官来的静脉汇合成肝门静脉，进入肝脏，再由肝脏发出 1 对肝静脉通入后大静脉，最后将血液汇入静脉窦。肺静脉中多氧血经左心房进入心室。(图 17 - 18)。

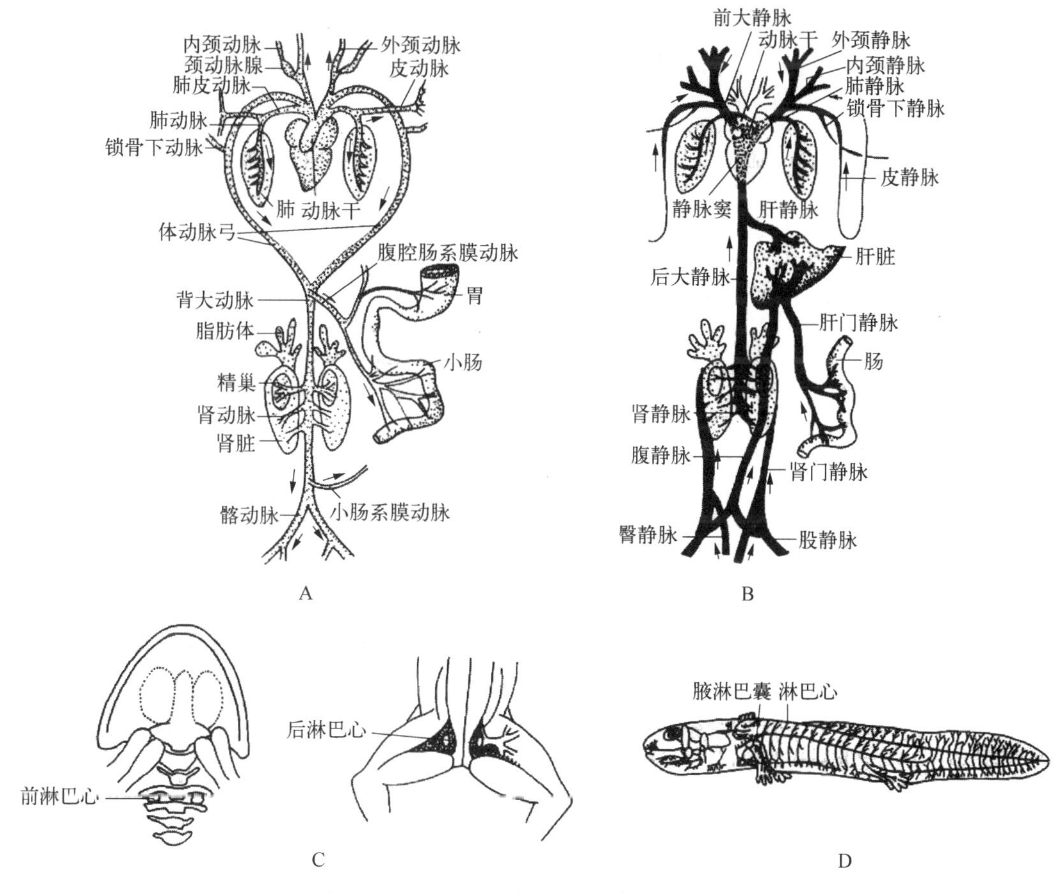

图 17 - 18　蛙的血液循环(引自新津恒良等)

A. 动脉系统；B. 静脉系统；C. 淋巴心；D. 蝾螈的淋巴系统

2. 淋巴系统

从两栖类动物开始出现比较完整的淋巴系统，与防止皮肤干燥和进行皮肤呼吸有关。两栖类动物的淋巴系统在皮下扩展成淋巴间隙，几乎遍布皮下组织，但无淋巴结。无尾目动物有 2 对淋巴心，能搏动，有推动淋巴液流回心脏的作用。

两栖类动物由于不完全的双循环，多氧血和缺氧血不能完全分开，体动脉中血液的含氧量也不充分，因而氧气供应明显不足，造成组织细胞中物质的氧化效率不高，新陈代谢率较低，产生的热量较少，不足以抵消所丧失的热量，同时又不具备良好的体温调节机制，因而不能维持体温的恒定，其体温在很大程度上随环境温度的变化而变化，主要借吸收太阳热能来提高体温，所以称为变温动物(poikilothermal)或冷血动物。但两栖类动物在行为上能够部分地避开不利环境，如夏季气温过高时常钻入地下进行夏眠；而冬季气温过低时常寻找较合适的地点进行冬眠。进行休眠时,其新陈代谢水平降至最低限度。

17.2.8 排泄系统

两栖类动物的排泄器官包括肾脏、皮肤和"肺囊"等,但主要为肾脏。肾脏位于体腔后部脊柱两侧,为暗红色中肾。蚓螈类的肾脏是1对长扁形的带状器官,无尾目动物是1对结实的椭圆形分叶器官。肾脏中肾单位的结构较原始,但滤过能力较强。肾脏具有泌尿和调节体内水分,维持渗透压平衡的作用。

左、右肾的外缘各连接1条输尿管,即中肾管,分别通入泄殖腔的背面。雄体的输尿管兼有输尿和输精的作用,称为输精尿管,雌性的则与生殖系统无联系。无尾目动物由泄殖腔的腹壁突出而形成一体积较大而薄壁的膀胱,称为泄殖腔膀胱(cloacal bladder),是暂时贮存尿液的器官。因此,膀胱并非是由2条输尿管汇合而形成,膀胱与输尿管并不直接相通,肾脏产生的尿液经输尿管先流入泄殖腔再倒流到膀胱里。当膀胱充满尿液后,由于膀胱受压收缩,以及伴随着泄殖孔的张开,才将尿液排出体外(图17-19)。

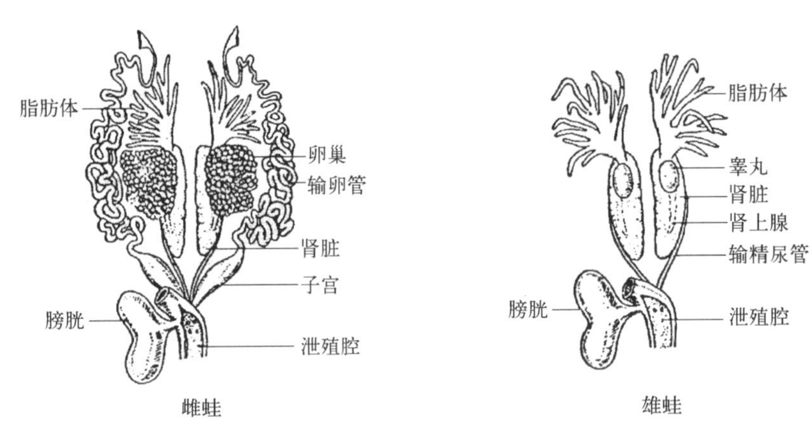

图17-19 蛙的泄殖系统(仿任淑仙)

两栖类动物皮肤裸露,对水分蒸发几乎没有任何屏障,体表的蒸发率同水的自由面上的蒸发率几乎相同,所以只能在潮湿的环境中生活。当处于水中时体内渗透压高于体外,大量水分渗入体内,并从淡水中吸收离子,肾脏肾小球的滤过机能强,每天从血液中滤出的水分可达动物自身体重的1/3,排泄器官通过排出大量的低渗尿,以排出体内多余水分,维持体内水分平衡,因而对于水栖种类维持动物体的内环境恒定,具有十分重要的意义(图17-20)。然而,肾脏肾小管的吸水力很弱,在陆地上生活而要保持体内水分,则主要靠膀胱对水分的重吸收作用来完成,它虽然对减少水分散失有重要作用,但不能完全补偿由于体表水分蒸发而造成的失水。这就决定了两栖类动物虽能上陆生活,却不能长时间地远离水源,也是干旱的荒漠地带缺乏两栖类动物和温湿多水地区种类繁多的原因之一。陆地上冬眠的种类,蛰眠期间完全依靠皮肤的渗透,从土壤中吸收水分,以获取维持生命活动的最低需水量。

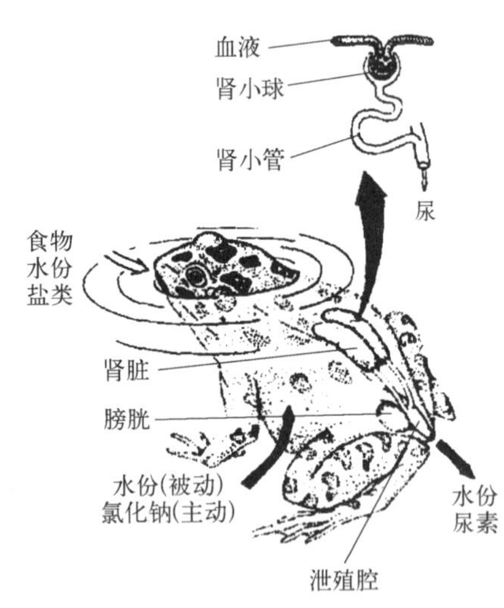

图17-20 蛙类在淡水中的渗透调节(仿 Hickman 等)

17.2.9 生殖系统

两栖类动物雌雄异体,且多数具有明显的两性异形。多数体外受精、体外发育。

1. 雄性生殖系统

雄性有精巢(睾丸)1对,位于肾脏内侧。精液从精巢出来后经数根输精小管进入到肾脏前部,并通过中肾管(输精尿管,兼具输精和输尿的作用)进入到由输精尿管膨大所形成的贮精囊内,最后经泄殖腔排出体外。

2. 雌性生殖系统

雌体有卵巢1对,呈囊状。囊内常含有许多圆形的卵,卵巢和卵的大小、颜色随季节及发育状况而不同。

卵巢中卵细胞成熟后进入腹腔，通过体腔液的流动、腹腔膜上的纤毛活动和腹肌收缩而进入输卵管前端的漏斗。卵在输卵管内向远端移动的行程中，裹上由管壁分泌的胶质，形成卵胶膜，最后到达输卵管扩大的“子宫”部，于两性配对或抱对后与雄性的精液同时排至水中。研究表明输卵管分泌物是两栖类动物成熟卵子受精必不可少的物质条件。

3. 脂肪体(fat body or copora adiposa)

无尾目动物精、卵巢的前方都有 1 对黄色的指状脂肪体(fat bodies)，内含有大量脂肪，为贮存营养的结构。在繁殖期间有供给生殖腺发育和生殖细胞营养的功能(图 17－18)。脂肪体的大小随季节而有变化，在深秋，当渐近蛰眠期时，脂肪体最大，至来年春暖时，生殖细胞迅速增长发育，脂肪体就变得很小了。摘除脂肪体会引起生殖腺的萎缩，由此可以看出脂肪体与生殖腺的正常发育是密切相关的。

4. 两性差异

两栖类动物的两性差异主要表现在身体大小、局部形态特征、色斑、副性征等方面。如多数雄性无尾目动物的身体略小于雌性；两性大树蛙(*Rhacophorus dennysi*)吻端的形状、两性花背蟾蜍(*Bufo raddei*)的色斑有明显的区别；棘胸蛙(*Rana spinosa*)、棘腹蛙(*Rana boulengeri*)雄体的胸、腹部出现黑刺，而雌体则没有；在繁殖期，不少无尾目种类的雄性会出现各种形式的副性征，其中最为常见的是前肢内侧第一、第二指的基部局部膨大隆起成婚垫(婚瘤 nuptial pad)，垫上富有黏液腺或角质刺，用于加固抱对(amplexus)作用(图 17－21)；有尾目动物雄体的皮肤色泽往往比雌体鲜明。

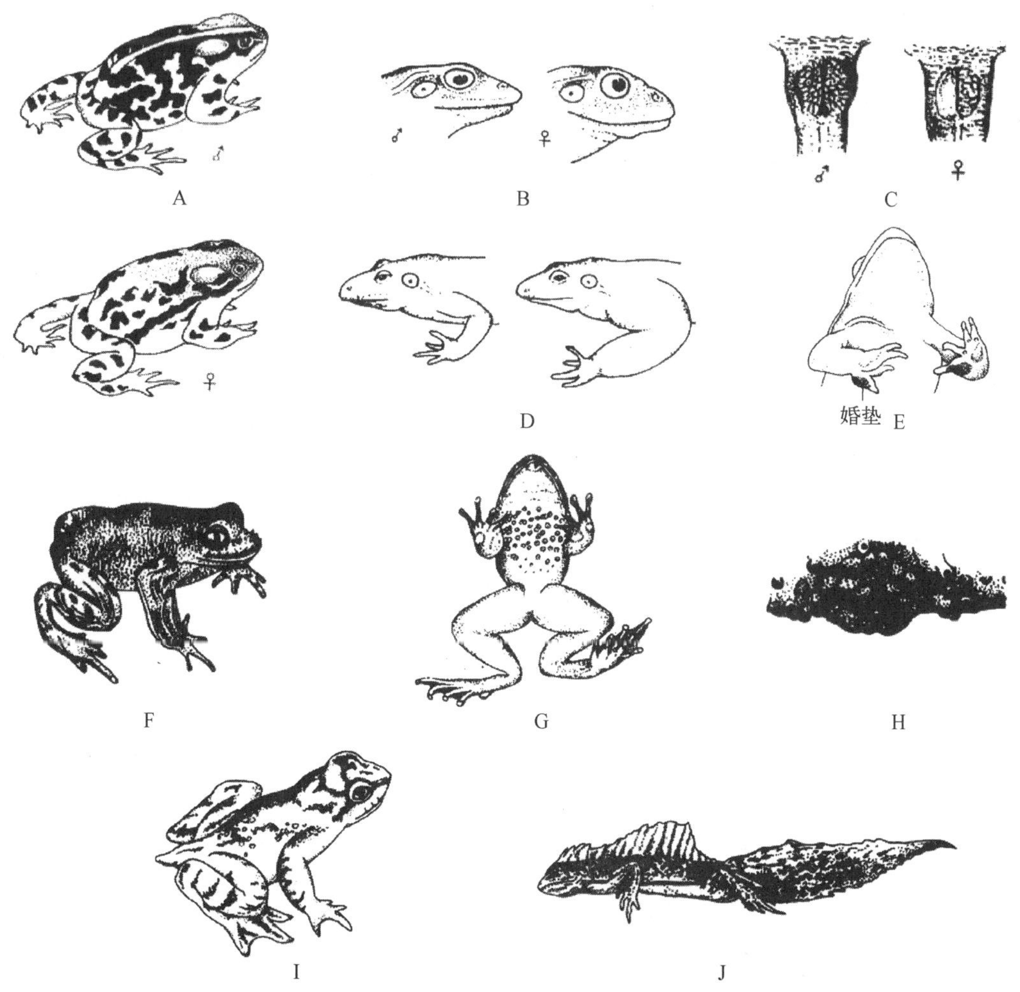

图 17－21　两栖类动物的两性差异及雄性在繁殖期出现的副性征

A. 两性花背蟾蜍的背斑差别(引自赵肯堂)；B. 两性大树蛙吻部比较(引自刘凌云等)；C. 两性中国瘰螈的肛部比较(引自蔡春林等)；D. 繁殖期两性斑细趾蛙(*Leptodactylus ocellatus*)的前肢差异(引自 Hewer)；E. 林蛙(♂)拇指上的婚垫(引自刘凌云等)；F. 髭蟾(♂)上唇边缘的黑色角刺(引自刘凌云等)；G. 棘胸蛙(♂)胸部疣上的角棘(引自浙江动物志)；H. 肛蛙(♂)的肛部突起(引自刘凌云等)；I. 尾蟾(♂)(引自刘凌云等)；J. 旗螈(♂)背面的肤褶(引自纳乌莫夫)

5. 发育与变态

卵在受精后2～4小时即开始卵裂。由于卵内所含卵黄分布不均匀而进行不完全卵裂，动物极和植物极的细胞分裂非等速进行。在卵裂期，动物极的细胞以比植物极细胞更快的速度进行有丝分裂，并形成最早的胚胎——囊胚(blastula)，囊胚内具有一个充满液体的囊胚腔。

随着细胞不断分裂，较小而数量多的动物极细胞开始向下外包到植物极细胞的表面。同时，植物极细胞也相应地移动和内陷，最后围成原肠腔(archenteron)，取代囊胚腔。这时胚胎发育进入原肠期，胚胎称为原肠胚(gastrula)。原肠期开始出现三胚层。那些内陷的植物极细胞为内胚层细胞，外包在胚体表面的动物极细胞为外胚层细胞。发生外包的动物极细胞后来也由原口处向胚内卷入，即中胚层细胞。

原肠期结束时，原口缩小成裂缝状，同时胚胎背面的外胚层细胞又形成神经管，接着下沉至胚内，并为皮肤所覆盖，而其他器官也随之相继分化，此时即神经期，此时的胚胎称神经胚(neurula)(图17-22)。

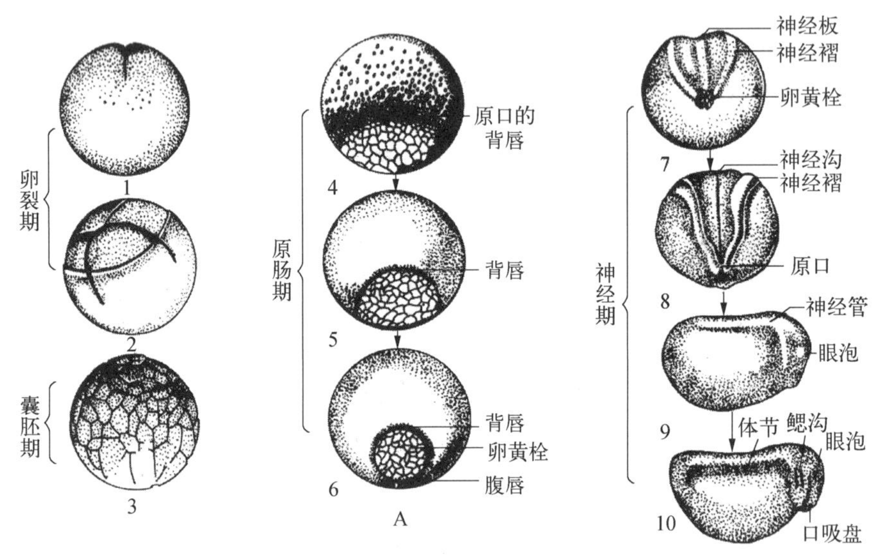

图17-22 两栖类动物的胚胎发育(引自刘凌云等)

两栖类动物的卵从受精到发育成幼体所需的时间，可因时、因地、因水温和种类不同而异，通常在水温12～23℃的条件下，蛙类约经4～5天(极北小鲵则需17～19天)即发育成6 mm左右的幼体——蝌蚪。刚出卵膜的蝌蚪似幼鱼，已出现3对外鳃、侧线感受器、口、尾鳍、心脏跳动和血液循环，此时可冲破卵膜或卵袋进入水中，靠口后面能分泌黏液的吸盘吸附在水草上静止不动，2～3天后吸盘退化即可在水中自由游泳。不久外鳃消失，而代之4对内鳃，并出现鳃裂，外有鳃盖褶以一个鳃孔与体外相通。蝌蚪内部结构似鱼，单循环，1心房，1心室；以前肾为排泄器官；消化道分化不明显，肠长而盘曲，植食性等。蝌蚪口的结构复杂。口有上、下唇，唇周围有唇乳突，可能是味觉器。口腔前端有角质板，板的游离缘呈锯齿状。唇的内面是成行的角质唇齿。唇乳突、角质板、唇齿的有无、形状、数量因种类而不同，是分类的依据。

有些有尾目动物在性成熟和具有生殖能力时，仍保留着幼体时期的某些特征，这种现象称为幼态成熟(幼期延长)(neoteny)。处于幼态时期的动物就能进行生殖的现象，称为幼体生殖(paedogensis)。例如巴尔干半岛地区的洞螈、北美的泥螈、中国的山溪鲵和滇池蝾螈(*Cynopus wolterstorffi*)及斑螈(*Trion puntatus*)等。斑螈一般在40 mm长时即进行变态，但有时长达80 mm时仍保持幼体状态。分布在墨西哥的虎螈(*Ambystoma tigrinum*)是幼体生殖的典型实例，其幼体名为美西螈(Axolote)，多数情况下能进行变态，但生活在高海拔地区时，由于寒冷影响其甲状腺素的分泌而不能变态，生活水中永久保留外鳃而生长，并能生殖(图17-23)。若将其移至温暖地区或喂以甲状腺素，即能激发变态，外鳃和尾鳍消失，成为可上陆生活的成体。

在两栖类动物的生活史中，幼体必须经变态才形成成体(有尾目动物的变态不明显)。幼体有外鳃，无肺，具尾。无尾类的幼体称为蝌蚪。变态期间蝌蚪体内、外出现的一系列变化，实质上是各种器官由适应水栖转变为适应陆生的改造过程。最显著的外形变化是成对附肢的出现(无尾目动物先出现后肢、有尾目动物

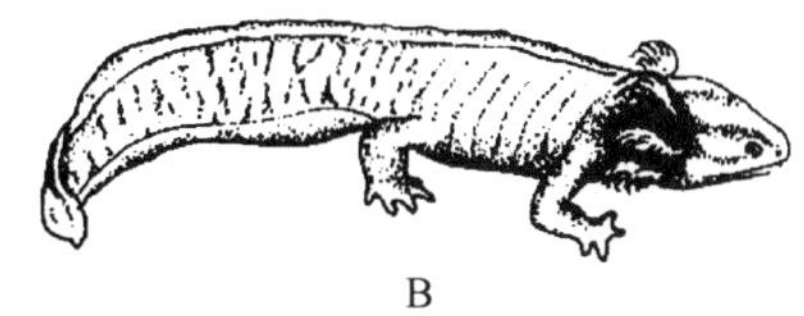

图 17-23　虎螈(引自刘凌云等)

A. 成螈;B. 幼螈

则先出现前肢)、无尾目动物尾部的萎缩消失等。同时,内部器官也有相应变化,当蝌蚪还在以鳃进行呼吸期间,咽部食管向腹面突出 2 个盲囊,形成肺芽,进而发展成左、右 2 个"肺囊",其前端则合并成气管,最终完全代替了鳃。随着肺的形成,心脏发展成 2 心房 1 心室,而血液循环方式也由单循环相应地改造成不完全的双循环,6 对动脉弓发生了很大的变化,第 1、2、5 对动脉弓消失,第 3、4、6 对动脉弓分别演变为颈动脉弓、体动脉弓和肺皮动脉弓。完成变态后的幼体已能离水登陆营两栖生活,并且食性由植食性为主演变为以肉食性为主、消化道相应地由长而盘曲转变成短而粗,同时胃、肠的分化也趋于明显。中肾代替了前肾。由孵化到变态完成一般需 3 个月,3 年后达性成熟(图 17-24)。但有些两栖类动物的蝌蚪期很长,需经过 1~2 次越冬后才进行变态。

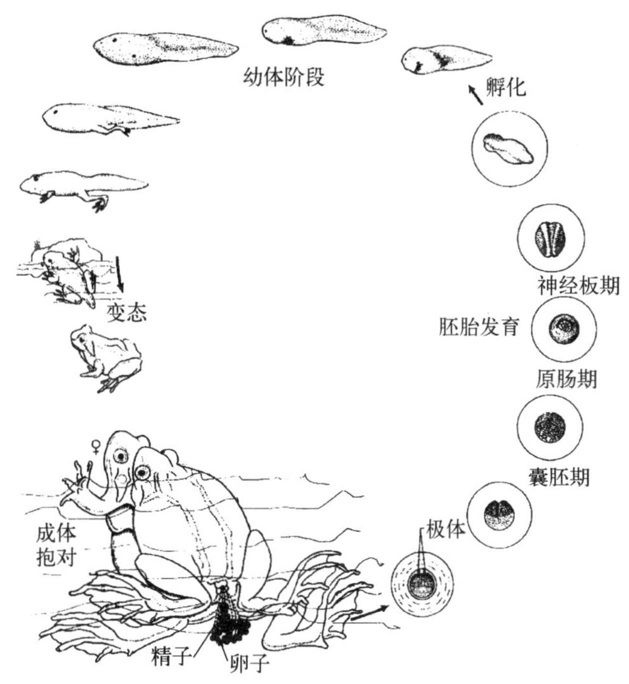

图 17-24　蛙的生活史(引自许崇任等)

幼体阶段有侧线器官,以鳃呼吸,鳃的形态、发生与鱼类的迥然不同,属新生器官。幼体形态不能代表近祖型性状,经过变态幼体器官或萎缩或消失或改组,形成有显著进步趋势的成体。成体与幼体两个阶段形态上的差别越显著(如无尾目),变态也越剧烈,对繁衍后代也越有利。在变态前后的两个生长发育阶段不能完全脱离水域或潮湿小生境而生存,这是过渡类群的关键特征。

17.2.10　神经系统

两栖类动物神经系统的发展水平与鱼类相似,但是初步适应陆上生活的结果,使它们的神经系统有了一定的进步性变化。

1. 脑

为五部脑,其分化程度不高,排列在同一个平面上,未形成明显的弯曲。

大脑较鱼类发达,体积增大,其腹部和侧面保留着神经细胞构成的古脑皮(旧脑皮)(paleopallium),其顶部也有零星的神经细胞分布,称为原脑皮(archipallium)。往前延伸成 2 个小形的嗅叶,大脑仍主司嗅觉;两大脑半球已完全分开,之间以矢状裂相隔。

间脑顶部呈薄膜状,由背面正中伸出一个不发达的松果体,间脑背侧部的壁厚,称为视丘或丘脑(thalamus),视丘的前下方为下丘脑(hypothalamus),包括视交叉、脑漏斗及脑垂体等。

中脑的背部发育成一对圆形的视叶,腹面增厚为大脑脚(crus cerebri),既是两栖类动物的视觉中心,也是神经系统的最高中枢。

小脑不如鱼类发达,这与其活动范围狭窄及运动方式简单有关。略呈狭带状,横跨于延脑菱形窝的前缘,紧贴在视叶之后。

延脑位于脑的最后部,后与脊髓相通(图 17-25)。

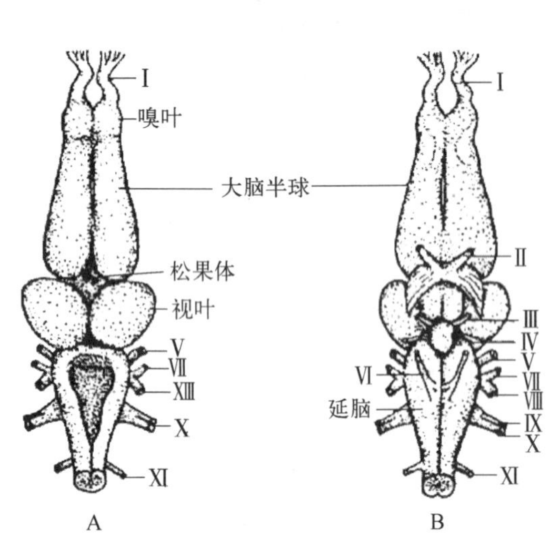

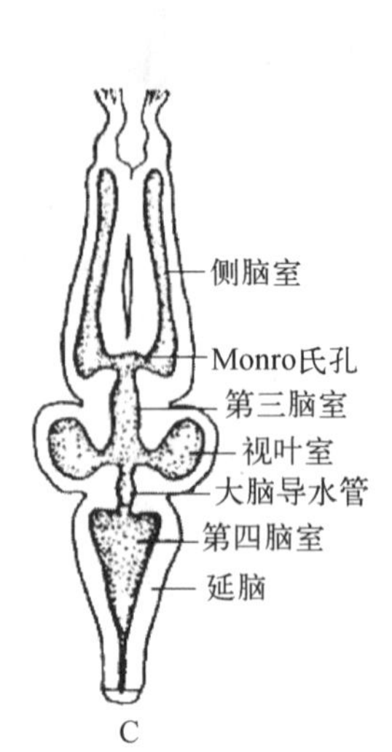

图 17-25 无尾目动物的脑(引自 Blootiam 等)
A. 背面观;B. 腹面观;C. 冠状面示脑室

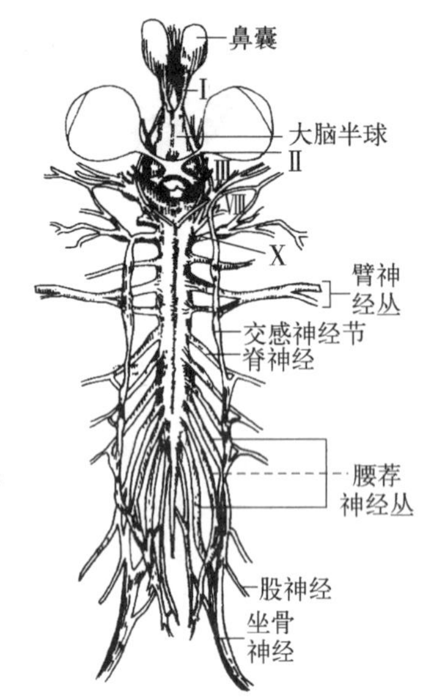

图 17-26 蛙的脊神经及植物性神经系统(引自 Ecker)

2. 脊髓

除有背正中沟外,还具有脊椎动物中首次出现的腹正中裂(fissura mediana ventralis)。由于四肢发达及运动机能的增强,促使脊髓在肩部和腰部分别发展成肩膨大和腰膨大。

3. 脑神经

仍为 10 对,其名称和分布与鱼类相似。

4. 脊神经

其对数因动物种类不同而异,其中第一对脊神经由寰椎和第二椎骨之间的椎间孔穿出,其分支往前分布到舌肌及部分肩肌上,支配舌的运动。有些脊神经集合成臂神经丛和腰神经丛(坐骨神经丛),分别支配前、后肢肌肉。

5. 植物性神经系统

较鱼类更为进化,但仍以交感神经为主。交感神经的主体是 1 对纵行于脊柱两侧较发达的交感神经干,呈链状,其上的交感神经节以交通支与脊神经相连,并有分支分布到血管、腺体及各内脏器官。副交感神经则不发达,分布到眼、口腔腺、血管和各内脏器官(图 17-26)。这些内脏器官同时接受交感神经及副交感神经的支配并以其互相拮抗的作用维持正常生理机能。

17.2.11 感觉器官

1. 侧线器官

两栖类动物的幼体都具有侧线,结构功能与鱼类相似,由许多感觉细胞形成的神经丘所组成,用作感知水压等的变化。幼体变态后侧线的变化视成体的生活环境而定,无尾目动物成体侧线消失,而终生水生的有尾目动物成体始终保留着侧线器官和侧线神经(图 17-27)。

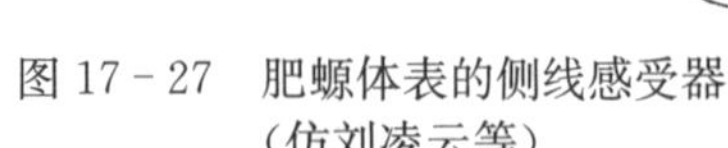

图 17-27 肥螈体表的侧线感受器(仿刘凌云等)

2. 视觉器官

视觉器官已初步具有一系列与陆生生活相适应的特征。大多数种类的眼球具有凸出的角膜,晶体近似圆形而稍扁平,与角膜的间距较鱼类远,因而适于远视。晶体牵引肌收缩时又能将晶体前移及改变其弧度,进行聚光,调整视觉的成像焦距,使之由远视转变成适于近视。虹膜有环肌和辐射肌,调节瞳孔的大小,以控制进光量。有能活动的下眼睑和瞬膜(下眼睑连着半透明的瞬膜,当蛙、蟾等潜水时,瞬膜会自动上移遮蔽和保护眼球),还有哈氏腺(Harderian gland)等,这些结构及腺体分泌物都能使眼球润滑,免遭干燥和伤害,有利于陆生生活(图 17-28)。总的说来,与真正的陆生脊椎动物相比,两栖类动物的视觉调节方式还不能有效改变晶体形状，其视觉调节能力还不强。

3. 嗅觉器官

出现了陆生脊椎动物的 2 个特化结构。一是内鼻孔。鼻腔内壁衬有褶襞状的嗅黏膜(olfactory mucous membrane)，分布在黏膜上的嗅神经往后通至嗅叶，司嗅觉，使鼻腔具有嗅觉功能的同时也是空气进出的通道，因此鼻腔已开始兼有嗅觉和呼吸的双重机能。二是犁鼻器(vomeronasal organ)。为鼻腔腹内侧的 1 对盲囊，能感知进入口腔的空气或物体的化学性质。

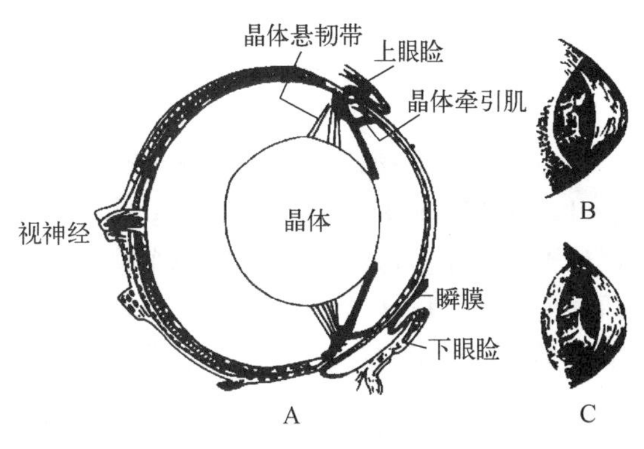

图 17-28 两栖类动物的眼及视觉调节(引自 Young)
A. 眼球纵切；B. 眼肌松弛；C. 眼肌收缩，晶体前移

4. 听觉器官

两栖类动物在由水生到陆生的转变过程中，听觉器官发生了极其深刻的变化。除内耳外，出现了中耳(middleear)，用于传导声波。中耳由鼓膜、中耳腔(鼓室)(tympanic cavity)和耳柱骨组成。鼓膜位于头部皮肤表面，无任何保护；中耳腔外面为鼓膜，内为由鱼类舌弓上的舌颌骨演变而来的耳柱骨，中耳腔通过耳咽管与口咽腔相通，具有平衡鼓膜内外压力的作用。耳柱骨外连鼓膜，内连内耳的卵圆窗(图 17-29)。内耳结构与鱼类相似，但其球状囊的后壁已开始分化出雏形的瓶状囊(听壶)(lagena)，具有感受音波的作用。因此，两栖类动物的内耳除有平衡感觉外，首次出现了听觉机能。声波的传递途径为：鼓膜所感觉的声波通过耳柱骨传入内耳，再通过听神经传导至脑，从而产生听觉。

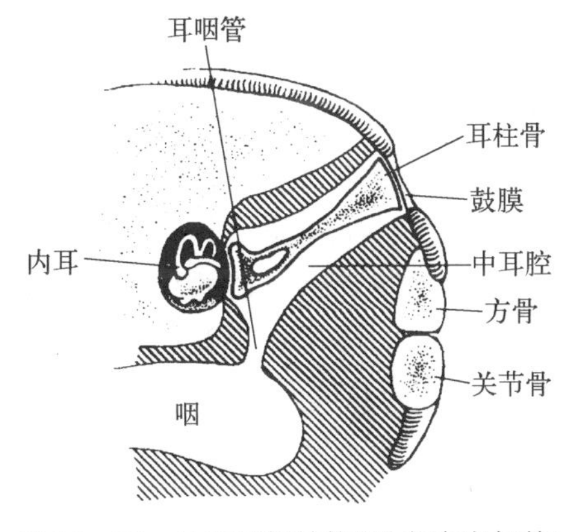

图 17-29 蛙的耳部结构(引自许崇任等)

有尾目和无足目无中耳腔，但有发达的耳柱骨，其外端与鳞骨相关节，通过颌骨可将声波的振动传送到内耳。

5. 超声通讯

动物在强噪声背景条件下进行声通讯，必须采用特殊的策略。有些哺乳动物如蝙蝠、海豚与鲸，及少数啮齿类用超声信号通讯。两栖动物中的雄性凹耳臭蛙(*Amolops tormotus*)的叫声宛如鸟鸣。声分析表明，凹耳臭蛙鸣声多样，明显的升或降频率调制，通常声谱能量延伸到超声(20.128 kHz)，回放记录表明，雄蛙均显示强的诱发发声反应，蛙听觉中脑电生理研究证实，它们可听范围延伸到超声。凹耳臭蛙也是被证实能产生并检测超声信号的非哺乳类脊椎动物。凹耳臭蛙进化超声通讯能力的研究，有助于了解动物听觉系统的进化，并对开发仿生技术有重要启示。

17.3 两栖类对陆生的初步适应和不完善性

两栖类在适应于陆生生活方面，基本上解决了在陆地运动、呼吸空气、适宜于陆生的感觉器官和神经系统等方面的问题。这是通过发展新的结构以及对旧有器官的结构和功能加以改造而实现的。例如感知声波装置中的听骨(耳柱骨)，就是由相当于鱼类的舌颌骨演变来的。这种"废物利用"的方式在脊椎动物演化历史上几乎随处可见。

新生事物在刚刚出现时，总是不十分完善的。两栖类对于陆生生活的适应也不例外，例如它的肺呼吸尚不足以承担陆上生活所需的气体代谢的需要，必须以皮肤呼吸和鳃呼吸加以辅助。特别是两栖类未能根本解决在陆地生活防止体内水分蒸发问题(皮肤防止蒸发的抗透水性与两栖类的皮肤呼吸完全对立)，以及在陆地繁殖问题(卵必须在水内受精、幼体在水中发育、完成变态以后上陆)，因而未能彻底地摆脱"水"的束缚，只能局限在近水的潮湿地区分布或再次入水水栖。皮肤的透性使两栖类在盐度高的地区(例如海水)生活困难，因而它是陆生脊椎动物中种类和数量最少的、分布狭窄的一个类群。

17.4 两栖纲分类

现生两栖类动物约有 7 500 种，分布较广泛，但其多样性远不如其他陆生脊椎动物，分为蚓螈目(Apoda)、有尾目(Caudata)和无尾目(Anura)3 个目，34 科，398 属。我国产两栖类动物约有 426 余种。其中无尾目种类最繁多，分布最广泛。每个目的成员大体有着类似的生活方式。两栖类动物虽然也能适应多种生活环境，但是其适应能力远不如更高等的其他陆生脊椎动物，既不能适应海洋的生活环境，也不能生活在极端干旱的环境中，在寒冷和酷热的季节则需要冬眠或者夏眠。

17.4.1 蚓螈目(Apoda)

蚓螈目动物为原始而特化的一类，保留着一系列原始特征和特化特征：身体细长形似蚯蚓或蛇，四肢及带骨均退化，尾短或无尾，是营钻土穴居生活的类型。皮肤裸露，但皮下具真皮鳞，用于加固体壁并抵抗洞穴中泥土的压力，皮肤腺丰富，分泌物既能减少水分蒸发，又可降低体表与洞壁的摩擦，以加快在洞穴中运动的速度；此外，部分蚓螈的皮肤还可分泌毒素以防捕食。多数蚓螈头骨数量减少并愈合；无荐椎；椎体为双凹型；具长肋骨，但无胸骨；左、右心房间的隔膜发育不完全，动脉圆锥内无纵形螺旋瓣。眼小，大多隐于透明的皮下成眼点状，可简单的感知光线的明暗；耳无鼓膜；听神经退化；鼻眼间近颌缘的凹槽内有一能伸缩自如的触突，具有第二嗅觉感受器的功能，敏感而有助于地下钻穴活动。雄性的泄殖腔能翻出体外，用作交配。体内受精，卵生或卵胎生。雌体常抱卵孵化，以皮肤表面的黏液保护卵免致干燥。

图 17-30 版纳鱼螈
[引自中国物种信息服务网(CSIS)http://www.chinabiodiversity.com]

本目共 10 科、33 属、205 多种，分布于非洲、美洲和亚洲的热带地区，其中尤以中、南美洲的种类最多。我国仅产 1 种，即版纳鱼螈(*Ichthyophis bannanicus*)，属鱼螈科(Ichthyophidae)，最早于 1974 年采自云南省勐腊县，于 1983 年和 1985 年又先后在广西壮族自治区十万大山和广东省鼎湖山等地发现了该螈(图 17-30)。

17.4.2 有尾目(Caudata)

有尾目动物体多呈圆柱状，终生具长尾，并有发达厚实的尾褶。一般有 2 对较细弱而均等发达的附肢，少数种类仅有前肢(鳗螈)。皮肤裸露，光滑无鳞，皮肤表皮角质层薄并定期蜕皮。眼小或隐于皮下(洞螈)，水栖种类常缺乏活动性眼睑(大鲵等)；无鼓室和鼓膜；少数种类有 1 对耳旁腺；舌圆或椭圆形，舌端不完全游离，不能外翻摄食；两颌周缘有细小颌齿；有犁骨齿。构成头骨的骨块少，头骨边缘完整，椎体在低等种类(小鲵科、隐鳃鲵科)为双凹型，高等种类则为后凹型；肋骨、胸骨和带骨大多为软骨质；有分离的桡骨、尺骨及尾椎骨。雄性无交配器，体外或体内受精，绝大多数为卵生，少数卵胎生是对激流水生环境的一种适应。幼体水栖，有 3 对羽状外鳃，尾褶较发达；经变态，多数有尾目两栖类外鳃消失、鳃裂封闭并形成颈褶；少数有尾目动物终生保留外鳃。成体栖息于潮湿环境，大多营半水栖生活，也有终生水栖或陆栖。除爬行外，主要以四肢后伸贴体和尾部左右摆动的方式在水中游泳前进。再生力强，肢、尾损残后可重新长出再生肢或再生尾。

有尾目共 10 科、68 属、约 685 种，我国产 3 科、15 属、70 种。主要分布在北半球，少数渗入热带地区，非洲大陆、南美洲南部和大洋洲无本目动物。代表科、种如图 17-31。

1. 隐鳃鲵科(Cryptobranchidae)

体长 500～1 500 mm，是现存两栖纲动物中体型最大的类群。背部光滑，散有小疣粒，沿体侧有宽厚的纵行肤褶。口裂宽大。眼小，无眼睑。犁骨齿呈长弧形排列，靠近颌缘并与上颌齿平行。幼体具鳃，成体时外鳃消失，具肺。椎体双凹型。体外受精。分布与亚洲东北部及美洲东部。代表动物为中国大鲵(娃娃鱼)(*Andrias davidianus*)，主产于我国华南和西南的山地溪流间，属国家Ⅱ级重点保护动物。

2. 小鲵科(Hynobiidae)

体较小，全长不超过 300 mm。皮肤光滑无疣粒，多数种类具颈褶；躯干呈圆柱状，体侧有明显的肋沟。

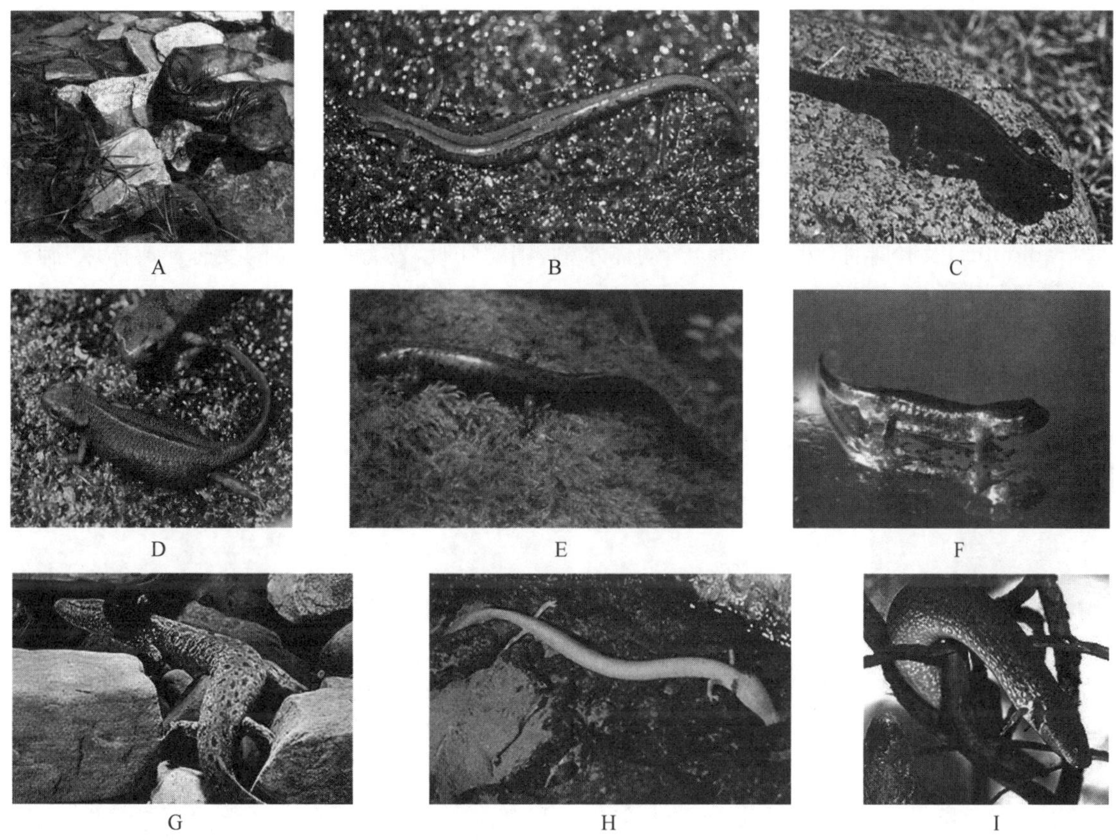

图 17-31 有尾目代表动物

A. 大鲵;B. 极北小鲵;C. 新疆北鲵;D. 棕黑疣螈;E. 肥螈;F. 东方蝾螈;G. 泥螈;H. 洞螈;I. 鳗螈
[引自中国物种信息服务网(CSIS)http://www.chinabiodiversity.com 及中国动物学科普网 http://blueanimalbio.com]

成体外鳃消失,具“肺囊”或无。有活动性眼睑。犁骨齿成“U”形或排列成左、右两短列。椎体双凹型。体外受精,雌鲵产成对的筒状卵胶囊,卵胶囊呈弧形、环形或螺纹形,一端游离,另一端附着在物体上。本科共9属,约65种,代表种类有安吉小鲵(*Hynobius amjiensis*)、极北小鲵(*Salamandrella keyserlingii*)、山溪鲵(*Batrachuperus pinchonii*)等。

3. 蝾螈科(Salamandridae)

全长小于200 mm。躯干部较胖。皮肤光滑或有疣瘰,肋沟不显,指4趾5。成体具“肺囊”而无鳃。有活动性眼睑。犁骨具多行纵裂齿,后端岔开,呈“^”形。椎体后凹型。体内受精,卵单生或连成单行(红瘰疣螈 *Tylototriton verrucosus*);大多水中产卵,少数在水源附近的湿土上产卵,成体以水栖为主,也有陆栖种类(疣螈)。本科有21属114余种,广布于北半球温带地区,但在我国却与之不同,所产的6属43种几乎全部分布于秦岭以南地区。代表动物有黑斑肥螈(*Pachytriton brevipes*)、东方蝾螈(*Cynops orientalis*)等。

4. 洞螈科(Proteidae)

成体具外鳃和“肺囊”。不具眼睑。具犁骨齿。椎体双凹型。体内受精。分布于北美洲及南欧。代表动物有洞螈(*Proteus anguineus*)和泥螈(泥狗)(*Necturus maculatus*)。

5. 鳗螈科(Sirenidae)

后肢退化。成体具外鳃而无“肺囊”。不具眼睑。犁骨齿及颌齿均缺。体外受精。分布于北美东部。代表动物有鳗螈(泥鳗)(*Siren lacertina*)。

此外,还有两栖鲵科(Amphiumldae)的双趾两栖鲵(*Amphiuma means*)、无肺螈科(Plethodontidae)的多褶无肺螈(*Eurycea multiplicata*)、钝口螈科(Ambystomidae)的虎纹钝口螈(*Ambystoma tigrinum*)和双曲齿螈科(Dicamptodontidae)的大西洋大螈(*Dicamptodon ensatus*)等。

17.4.3　无尾目(Anura)

无尾目动物是现生两栖纲动物中结构最高等、种类最繁多及分布最广泛的类群。成体体形短而宽，无尾。四肢强健，尤其是后肢，适于跳跃和游泳。皮肤裸露，富含黏液腺，有些种类在不同部位集中形成毒腺、腺褶、疣粒等。有活动性下眼睑和瞬膜；多数种类具鼓膜。椎体前凹型、后凹型等；荐椎后的椎骨愈合成尾杆骨；一般不具肋骨或肋骨发育不良，但胸骨发达。肩带弧胸型或固胸型。桡骨和尺骨、胫骨和腓骨分别愈合成桡尺骨(radioulna)及胫腓骨(tibiofibula)。幼体水栖，用鳃呼吸，发育有明显的变态。成体以“肺囊”呼吸为主，营水陆两栖生活。

本目现有 55 科、445 属，约 6 600 种，我国有 9 科、53 属、约 350 种。几遍布热带、亚热带地区，极少数种分布在北极圈内。代表科、种如下图 17－32。

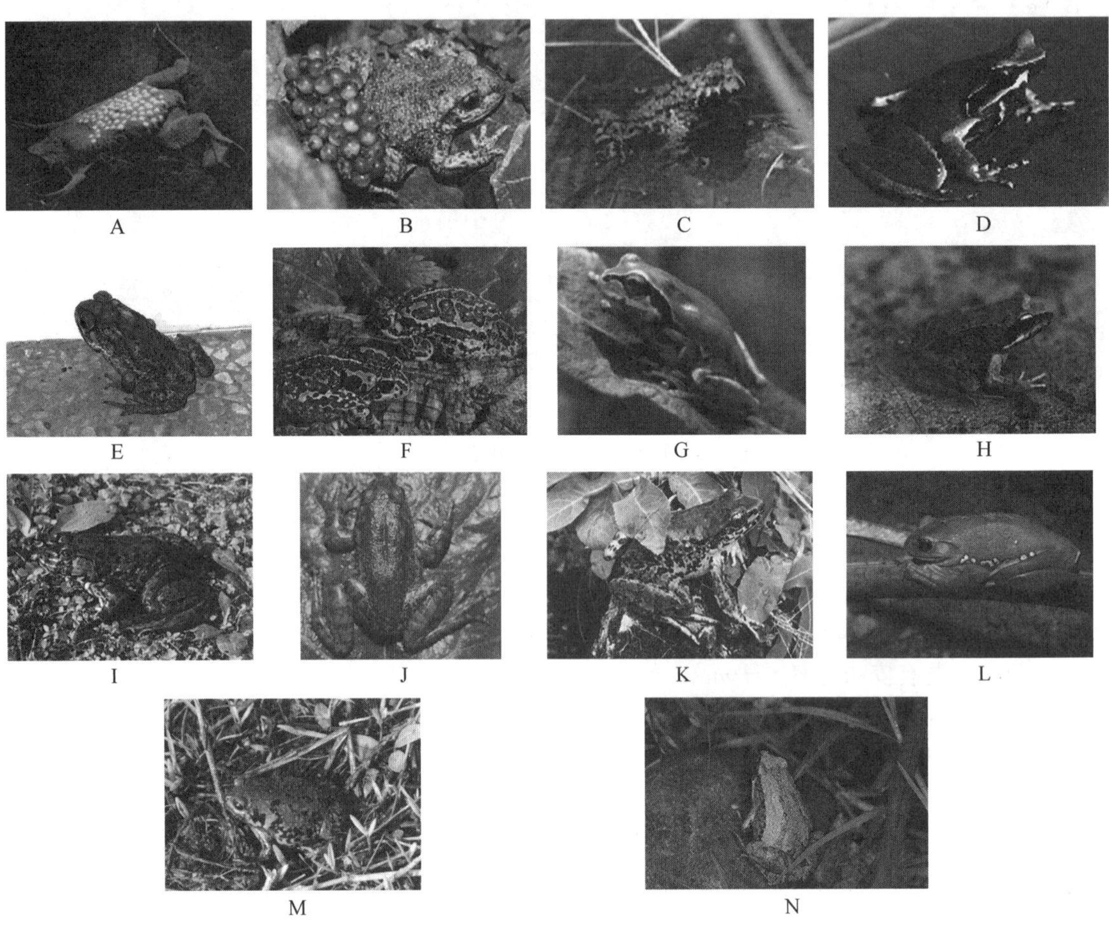

图 17－32　无尾目各科代表动物

A. 负子蟾；B. 产婆蛙；C. 东方铃蟾；D. 白额大角蟾；E. 黑眶蟾蜍；F. 花背蟾蜍；G. 日本雨蛙；H. 中国林蛙；I. 虎纹蛙；J. 棘胸蛙；K. 绿臭蛙；L. 大树蛙；M. 北方狭口蛙；N. 饰纹姬蛙

[引自中国物种信息服务网(CSIS)http://www.chinabiodiversity.com 及中国动物学科普网 http://blueanimalbio.com]

1. 铃蟾科(Discoglossidae)

舌呈圆盘形，舌端无缺刻，舌的四周与口腔黏膜相连，故不能伸出口外；仅具上颌齿；雄体无声囊。椎体后凹型；每 2～4 椎骨具肋骨。肩带弧胸型。分布于欧洲、亚洲的东部及东南部。我国产铃蟾 5 种，包括东方铃蟾(*Bombina orientalis*)、微蹼铃蟾(*Bombina microdeladigitora*)等。

2. 角蟾科(Pelobatidae)

舌卵圆形，舌端游离而缺刻浅。具上颌齿，通常无下颌齿和犁骨齿。胁部及股后缘各有一浅色疣粒，趾间无蹼或蹼不发达，肩带弧胸型，椎体变凹型，瞳孔大多垂直。成体除繁殖产卵期外，很少进入水中，本科共 9 属，196 余种，分布在亚洲的东部、南部和东南部，我国产 7 属约 93 种，全部生活在海拔较高的南方山区溪流内,较常见的有角蟾类(*Magophrys*)、髭蟾类(*Vibrissaphora*)、齿蟾类(*Oreolalax*)和齿突蟾类(*Scutiger*)等。如宽头大角蟾(*M. carinensis*)、白颌大角蟾(*M. lateralis*)、崇安髭蟾(*V. liui*)等。

3. 蟾蜍科(Bufonidae)

体形短而粗壮,后肢较短,头部有骨质棱嵴,背面皮肤上具有稀疏而大小不等的瘰粒。背部体色暗褐,腹部乳黄色具黑褐色斑纹。舌端游离,无缺刻。不具齿。具发达的耳后腺,能分泌毒物,其干制品即著名中药蟾酥。鼓膜大多明显。瞳孔水平型。椎体前凹型。不具自由的骨质肋骨。肩带弧胸型。陆栖性强,昼伏夜出。产卵于长条形的胶质卵带内。本科共 51 属约 596 种,分布几乎遍及全球。我国有 7 属 20 种,中华大蟾蜍(*Bufo gargarizans*)是习见的种类,此外还有分布在新疆的绿蟾蜍(*B. viridis*),以及长江以北的花背蟾蜍(*B. raddei*)、青藏高原的西藏蟾蜍(*B . tibetanus*)和南方地区的黑眶蟾蜍(*B. melanostictus*)等。

4. 雨蛙科(Hylidae)

小型蛙类。体细瘦,腿较长。皮肤光滑,无疣粒或肤褶。常具上颌齿和犁骨齿。瞳孔垂直、水平或三角形。椎体前凹型。不具自由的骨质肋骨。肩带弧胸型。最末 2 节指骨和趾骨之间各有一间介软骨(intercalary cartilage),指、趾末端膨大成吸盘(digital disc 或称指垫 pad),并有马蹄形横沟(horse shoe-shaped horizontal groove),适于吸附在挺水植物、农作物和乔灌木的叶上。本科共 51 属 955 种,世界性分布,但以澳大利亚、巴布亚、中美洲、南美洲等温热带地区种类最多,我国有雨蛙属的 8 种,如日本雨蛙(*Hyla japonica*)、中国雨蛙(*H. chinensis*)等。

5. 蛙科(Ranidae)

体形短而粗壮,后肢相对发达,具上颌齿,一般具犁骨齿。瞳孔水平或垂直的椭圆形。鼓膜明显或隐于皮下。舌端游离,大多具缺刻,椎体参差型,不具自由的骨质肋骨,肩带固胸型。本科共 22 属 386 种,分布于大洋洲和南极洲以外的各大洲,但以非洲的种类最多。我国产 8 属 110 种,蛙属占全部种类的 3/4,常见种类有黑斑蛙(*Rana nigromaculata*)、金线蛙(*R. plancyi*)和日本林蛙(*R. japonica*)等,民间统称为青蛙。其他蛙类有:中国林蛙(*R. chensinensis*)、泽蛙(*R. limnocharis*)、虎纹蛙(*R. rugulosus*)(属国家Ⅱ级重点保护动物)、棘胸蛙(*R. spinosa*)、凹耳湍蛙、海蛙(*R. cancrivora*)等。

6. 树蛙科(Rhacophoridae)

树栖。外形及生活习性与雨蛙相似。末端两指、趾节之间有间介软骨,指、趾端明显膨大成吸盘,并有马蹄形横沟。椎体、肋骨及肩带均似蛙科。产卵于卵泡内,蝌蚪生活在静水水域内。全世界约有 18 属 400 种,分布于非洲和亚洲南部等热带地区。我国产 12 属 58 种,分布在秦岭以南各省,常见种类有分布于长江以南广大地区的斑腿泛树蛙(*Polypedates megacephalus*)及大树蛙(*R. dennysi*)等。

7. 姬蛙科(Microhylidae)

中小型陆栖蛙类,头狭而短,口小,大多数种类无上颌齿和犁骨齿,舌端不分叉,指、趾间无蹼,椎体、肋骨及肩带均似蛙科,瞳孔常垂直。蝌蚪的口位于吻端,常缺乏角质颌和唇齿。全世界有 60 属 583 种,主要分布在非洲、亚洲、大洋洲、美洲的热带地区,我国产 5 属 15 种,常见种类有北方狭口蛙(*Kaloula borealis*)、饰纹姬蛙(*Microhyla ornata*)等。

8. 角蛙科(Ceratobatrachidae)

犁骨齿有或无;舌面有或大或小的乳突;鼓膜明显或不显;固胸型肩带;趾间无蹼或具蹼。全世界共有 4 属 94 种,主要分布于亚洲的东部、南部以及澳洲;我国有 1 属 4 种,代表种为高山舌突蛙(*Liurana alpina*)、西藏舌突蛙(*L. xizangensis*)。

9. 叉舌蛙科(Dicroglossidae)

犁骨齿发达或无;肩胸骨基部深度分叉或不分叉;指、趾末端尖或钝尖或膨大呈球状,不形成吸盘状,腹侧无沟;蝌蚪口部有唇齿和唇乳突;体腹面无大的腹吸盘,体背面及腹面无腺体。全世界共有 15 属 193 种,主要分布于亚洲和非洲地区;我国有 7 属 43 种,分布于秦岭以南各地区,常见物种有虎纹蛙(*Hoplobatrachus chinensis*,国家Ⅱ级重点保护野生动物),泽陆蛙(*Fejervarya multistriata*)。

思 考 题

1. 名词解释：五趾型附肢 浆液腺 色素细胞 犁骨齿 自接型 固胸型肩带 弧胸型肩带 口咽腔 变温动物 泄殖腔膀胱 脂肪体 原脑皮 幼态成熟 幼体生殖 冬眠 夏眠
2. 水陆环境有哪些主要差异？动物有机体从水生过渡到陆生所面临的主要矛盾是什么？
3. 陆地环境条件是如何影响两栖类动物各个器官系统进化的？
4. 两栖类动物对陆生生活的初步适应，其完善性和不完善性主要表现在哪些方面？
5. 简要总结两栖纲动物躯体结构的主要特征。
6. 什么是口咽式呼吸？请简述其基本过程。
7. 简述两栖纲动物的心脏结构及对血液的分流。
8. 总结两栖纲动物的目和主要科的特征。
9. 以蛙的个体发育过程说明四足类动物的系统发育。

第18章 爬行纲(Reptilia)

提　要

爬行纲是脊椎动物进化中第一支真正适应陆栖生活的类群,也是羊膜动物中最低等的一纲。本纲动物不仅成体结构适应陆地生活,而且能在陆地上产卵和孵化;在胚胎发育过程中产生羊膜、尿囊和绒毛膜等胚膜,使胚胎可以在陆地干燥环境下进行发育。爬行动物的皮肤缺乏腺体,表面干燥;角质化程度加深,外被角质鳞或角质盾片,能有效地防止体内水分蒸发;蜕皮现象特别明显。五趾型附肢及带骨进一步发达和完善,指趾端有角质的爪,适于在陆地上爬行。颈椎有寰椎、枢椎的分化,躯椎有胸椎和腰椎的分化,荐椎数目加多。开始有了由肋骨连接胸椎和胸骨而成的胸廓。和两栖类一样,仍属变温动物。体内受精,雄性一般具交配器。大多为卵生,少数种类为卵胎生。

18.1 爬行纲的主要特征

两栖类只是开始适应陆地生活,但它们还不能完全摆脱水的束缚,爬行类则完全摆脱了对水生环境的依赖,不仅成体的结构有对陆生的适应,而且在繁殖方式也发生了重要的变革,在陆地上产卵和孵化;爬行类在胚胎发育过程中,产生羊膜、尿囊等胚膜,使胚胎有可能脱离水域而在陆地的干燥环境下进行发育。这是和高等的鸟类和哺乳类所共有的特点,因而爬行纲、鸟纲和哺乳纲三纲动物总称为羊膜动物(Amniota)。

爬行类在中生代曾经盛极一时,种类繁多,留存至现代生存者仅为少数,它们具有下列主要特征。

1) 皮肤角质化程度加深。表皮有角质层的分化,而且外被角质鳞或角质盾片,能防止体内水分的蒸发。皮肤内缺少腺体,因而皮肤干燥。

2) 五趾型附肢及带骨进一步发达和完善,指趾端具角质的爪,适于在陆地上爬行。

3) 骨骼比较坚硬,骨化程度较高,硬骨的比重增大。脊柱除加固外,分化更加完备,颈椎有寰椎、枢椎和普通颈椎的分化,躯椎有胸椎和腰椎的分化,荐椎数目增多。

4) 头骨具单一的枕髁,头骨两侧有颞窝的形成。

5) 肺呼吸进一步完善,主要表现在吸氧面积的增大(肺内壁的间隔复杂化)和呼吸机械装备的改善(胸廓出现)。皮肤呼吸和鳃呼吸,均已失去。此外呼吸道的增长和支气管的出现也协助呼吸作用的完善进行。

6) 心脏具二心房一心室,心室中出现了不完全的隔膜(鳄类心室中的隔膜已是完整的)。血液循环虽然仍是不完全的双循环,但多氧血与缺氧血更加分清。

7) 和无羊膜动物一样,仍为变温动物。

8) 成体以后肾执行泌尿机能,尿以尿酸为主。

9) 出现了对陆上繁殖的适应,体内受精,雄性一般具交配器;卵大而含大量卵黄;不经变态,直接完成发育;具有不透水的韧性纤维质卵膜,有的种类在卵膜外还有一层石灰质的卵壳,可以防止卵内水分的蒸发和避免机械性损伤。在胚胎发育上有羊膜等胚膜出现。

18.2 羊膜卵的特点及其在动物进化上的意义

从两栖类到爬行类的转变发生于地史中的石炭纪,这个转变最后跨过的一个关口是羊膜卵(amniotic

egg)的完成。羊膜卵的出现是脊椎动物进化史上一个很大的跃进,它可以与前面讲过的“上下颌的出现”,或者是“从水到陆”这些重大的跃进相比拟。羊膜卵的出现,完全解除了脊椎动物在个体发育中对外界环境水的依赖,这才确立了脊椎动物完全陆生的可能性。

羊膜卵的特点是卵外包有一层石灰质的硬壳或不透水的纤维质卵膜(图 18-1),能防止卵内水分的蒸发,避免机械损伤和减少细菌的侵袭。卵壳仍能透气,可使氧气进来和二氧化碳排出,保证胚胎发育时的气体代谢正常进行。卵内有一个很大的卵黄囊(yolk sac),贮藏有大量营养物质,以保证胚胎不经过变态而直接发育的可能性。

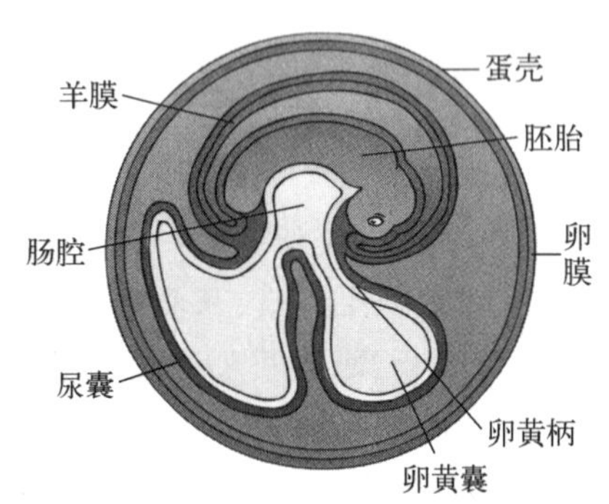

图 18-1 羊膜卵的结构

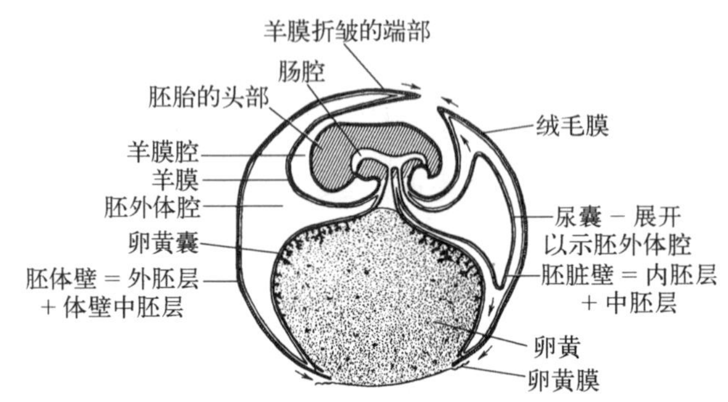

图 18-2 羊膜动物的胚胎发育

在胚胎发育期间,胚胎本身还发生一系列保证能在陆地上完成发育的适应,即产生三种重要的胚膜:羊膜(amnion)、绒毛膜(chorion)和尿囊膜(allantois)(图 18-2)。

当胚胎发育到原肠期后,在胚胎周围开始突起环状褶皱,环状褶不断生长,逐渐向中间相互愈合成围绕着胚胎的两层保护膜:内层为羊膜,外层为绒毛膜。羊膜腔(amniotic cavity)中充满液体,称为羊水。胚胎浸在羊水中,实际上,相当于胚胎处在一个专用的小水池中,使胚胎免于干燥和各种机械损伤。但是,胚胎在这个密闭的羊膜腔内不能像无羊膜动物在水的环境一样进行呼吸,也不能将代谢废物排到外界。因此,在形成羊膜的同时,还形成了适应这方面需要的特殊器官——尿囊。尿囊是从胚胎原肠的后部突出的一个囊,位于羊膜和绒毛膜中间的空腔中,尿囊内的腔称尿囊腔(allantoic cavity)。胚胎代谢所产生的尿酸即排到尿囊腔中,此外,尿囊还充当胚胎的呼吸器官,由于尿囊膜上有着丰富的毛细血管,胚胎可以通过多孔的卵膜或卵壳,与外界进行气体交换。

爬行类是最早有羊膜卵的动物,有了这样的卵,爬行类就可以在陆地上生殖,不需要如两栖类那样在生殖时必须再回到水中。

18.3 爬行纲动物的形态结构与功能概述

18.3.1 外形

身体形状大都呈圆筒形,体表被有鳞片。

1. 体型

现存爬行类按体型可分为如下。

1) 蜥蜴型　如蜥蜴类、楔齿蜥类和鳄类的体型(似有尾两栖类的蝾螈)。

2) 蛇型　如蛇类和蛇蜥类的体型。

3) 龟鳖型　如龟、鳖和海龟类的体型。

按生活习性分为:有地面上爬行的、有树栖的、有穴居的、也有水栖的(如龟鳖类、海蛇类等)。

2. 外部形态

除蛇型种类外,身体可明显地区分为头、颈、躯干、四肢和尾部,有活动性的眼睑(壁虎科种类例外),鼓膜下陷于外耳道的深处;四肢强健有力,前后肢均为五指(趾),末端具爪,善于攀爬、疾驰和挖掘活动;泄殖孔纵裂(鳄、龟)、横裂(蜥蜴和蛇)或圆形(龟、鳖);尾基较为粗大,往后逐渐变细,终于尾梢。

18.3.2　皮肤及其衍生物

1. 皮肤

爬行类皮肤(图 18-3)的主要特点是表皮角质化程度深,外被角质鳞,皮肤干燥,缺少腺体。这样的皮肤已失去呼吸的机能,有利于防止体内水分的散失。角质鳞的形成和鱼类的骨质鳞不同,它们是由表皮细胞角质化形成的。鳞片与鳞片之间以薄的角质层相连。

龟类具由表皮形成的角质盾片并兼有来源于真皮的骨板;鳖类只有真皮的骨板,外被皮肤;而鳄类在背部角质鳞下面还有真皮骨板。

真皮比较薄,由致密的纤维结缔组织构成,在真皮的上层富有色素细胞。色素细胞在外界环境因素(光、温度)作用下,通过植物神经系统或内分泌系统调节下迅速扩展或收缩而引起体色改变,色素细胞还有吸收辐射热提高体温的作用。

避役(*Chamaelron*)和许多种蜥蜴在不同环境条件下具有迅速改变体色的能力;避役以善于变色而闻名,素有变色龙之称。许多种蛇和一些蜥蜴的皮肤具有鲜艳的色彩图案,不同种爬行类控制皮肤改变颜色的机制也不尽同,例如,安乐蜥(*Anolis*)的变色并不是受神经控制,而是被内分泌腺所分泌的激素所调节。脑下垂体中叶分泌的中叶激素(intermedin)能使黑色素细胞收缩,从而使皮肤颜色变浅。

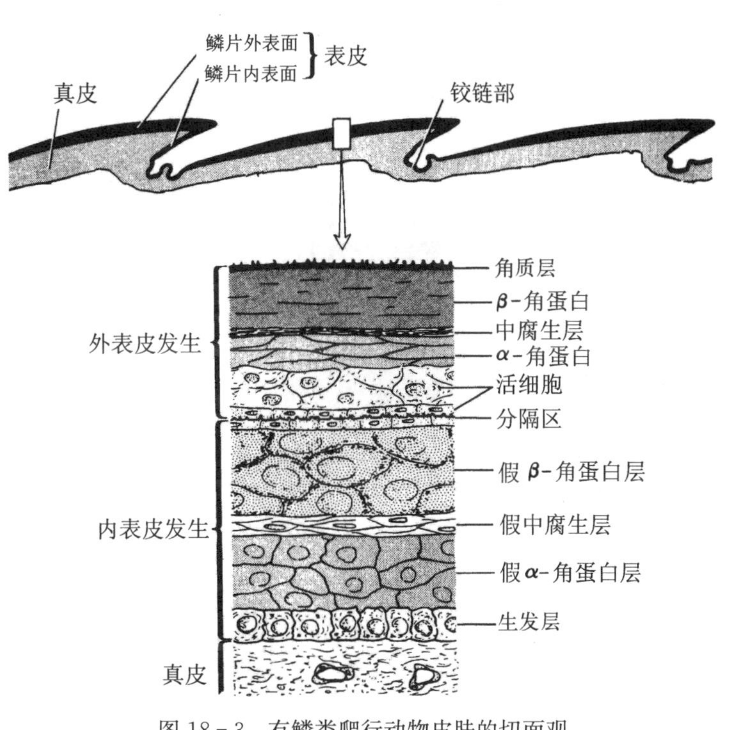

图 18-3　有鳞类爬行动物皮肤的切面观
(Hildebrand and George,2001)

2. 蜕皮(ecdysis)

与角质化相联系,爬行类的蜕皮现象特别明显,如蜥蜴和蛇有定期的蜕皮。蜕皮可能在湿度的影响下,受到激素的控制。爬行动物蜕皮后称为静止期(resting stage),这时的表皮层由生发层(stratum germinativum)和一个由五层结构的外表皮层组成(图 18-3);从外层向内,最外层是由 β 角蛋白组成的严重角质化的非细胞层,中间层是一层厚的疏松的无细胞核的死细胞层,主要由 β 角蛋白组成,在该层下面是两层活细胞层,内层在后期将成为导致蜕皮的分离层;静止期末,生发层迅速增殖多层内皮层细胞,成熟后,它们从表皮层的最内层分离开,然后蜕皮。

蜥蜴和蛇具有双层角质层,其外层在定期蜕皮时脱掉。蛇的外层角质层连同眼球外面透明的皮肤,大约每两个月完整地脱落一次,称为蛇蜕;蜥蜴则成片地脱落。鳄类和海龟类的角质鳞板(keratinous plate)称鳞甲(scute),则并不脱落;随着个体的生长,增加了整个鳞甲内表面的角质化,这样,每个生长期都使鳞甲的边缘扩展,从而形成了龟壳表面常见的同心环(concentric rings)。

3. 皮肤衍生物

(1) 皮肤腺

爬行类一般缺少皮肤腺,因而皮肤干燥,减少体内水分的蒸发。但有不同类型的味腺(scent gland)如麻蜥类,雄性有股腺(femoral gland),位于大腿基部内侧,排成一列,所分泌的胶液干后形成临时性的短刺,在交配时有助于把持雌体;草蜥类,大腿基部各有 1～2 个鼠蹊腺(preanal gland)(图 18-4);一些蛇、龟和鳄在下颌或泄殖腔附近有腺体,分泌物产生特殊气味影响其社会行为或借以引诱异性。

(2) 爪

爬行类指(趾)端皆具爪,爪也是由表皮角质层演变而来。

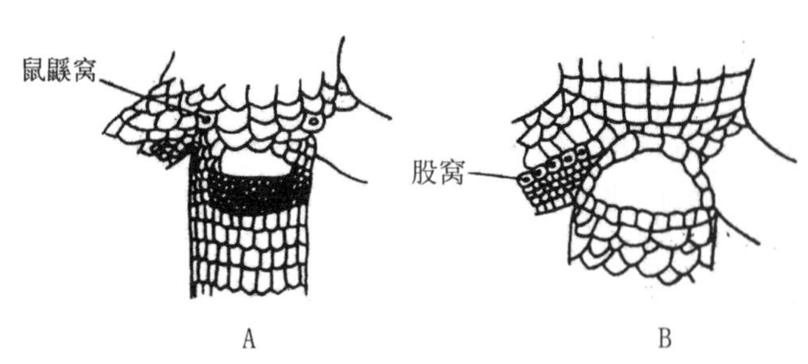

图 18-4 爬行动物的皮肤腺开口
A. 草蜥;B. 麻蜥

图 18-5 鳄类颈部皮肤的皮内成骨
(Hildebrand & Goslow,2001)

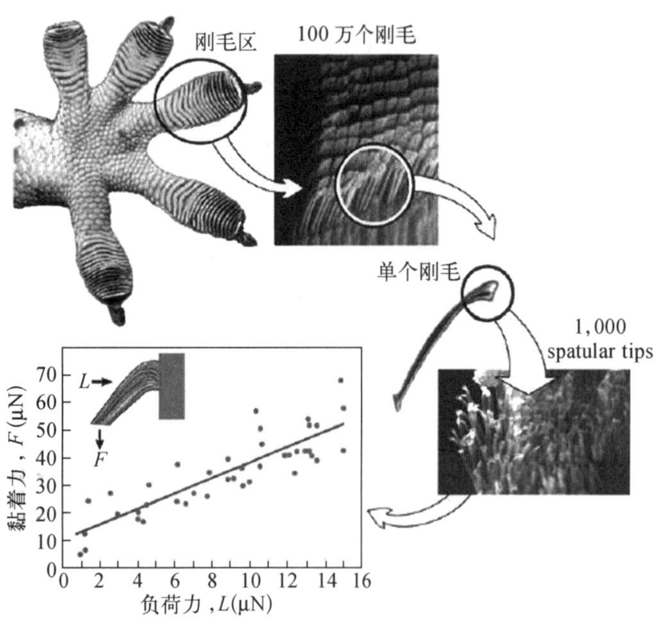

图 18-6 壁虎脚底的刚毛及其黏着力(K. Autumn. 引自 Urbakh et al.,2004)

(3) 皮内成骨(osteoderms)

有些爬行动物皮肤里还有骨骼，称为皮内成骨，位于鳄类和一些蜥蜴皮肤的角质鳞甲下(图 18-5)，它们起源于真皮鳞，在龟壳里的一些骨块可能起源于鳞片。

(4) 刚毛(seta)

壁虎的每只脚底部长着大约 100 万根极细的刚毛，而每根刚毛末端又有约400~1 000 个更细的分支(图 18-6)。这种精细结构使得刚毛与物体表面分子间的距离非常近，从而产生很强的黏着力。根据计算，一只大壁虎的四只脚产生的总压强相当于十个大气压。因此，壁虎能在光滑的墙壁上行走自如，甚至能贴在天花板上也不会掉下来。壁虎脚底的这种结构可用于仿生学，可研制爬墙机器人或黏合力超强的新型胶纸。

18.3.3 骨骼系统

爬行类的骨骼比较坚强，大多数都是硬骨的。由于身体局部活动的加强，脊柱除加固外，还具有很大的灵活性，分化程度更高。在脊椎动物中，爬行类是首次出现胸廓(thorax)的。除保护内脏外，加强了肺呼吸。头骨具单一的枕髁，并有颞窝出现。

1. 头骨

爬行类的头骨(图 18-7)具有下列特点。

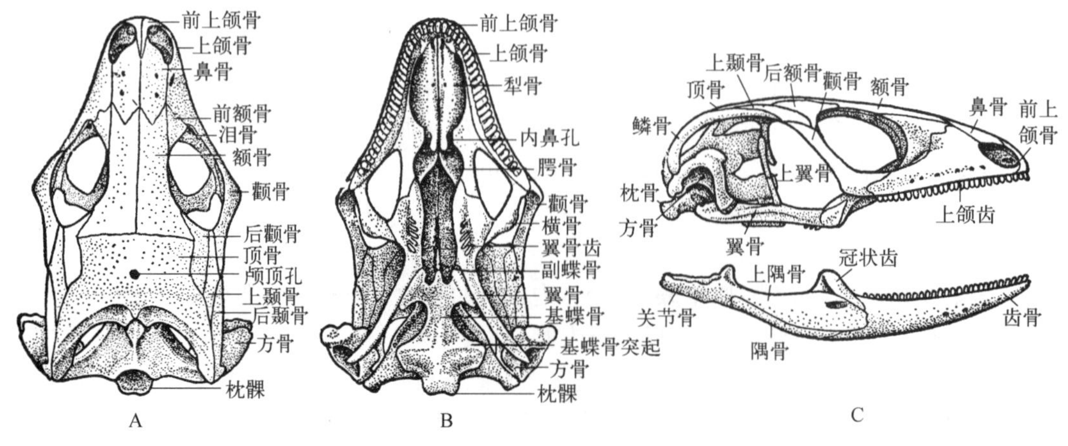

图 18-7 石龙子头骨(引自杨安峰,1995)
A. 正面观;B. 腹面观;C. 侧面观

1) 头骨的骨化更为完全,软骨性脑颅几乎完全骨化,只有在筛区仍保留一些软骨。膜原骨的数目很多,覆盖在软颅的顶部、侧部和底部。

2) 头骨的形状较高而隆起,属于高颅型(tropibasic type),反映了脑腔的扩大,不像两栖类头骨那样扁平,两栖类的头骨属于平颅型(platybasic type)。

3) 头骨具单一的枕髁。

4) 次生腭(secondary palate)形成(图 18－8)。鳄类的次生腭最为完整,由前颌骨、上颌骨、腭骨的腭突和翼骨愈合而成(图 18－9)。完整的次生腭使内鼻孔的位置后移,口腔和鼻腔完全隔开(气体通道与食物通道分开),气体通道延长有利于空气加温、净化。其他多数爬行类的次生腭并不完整。

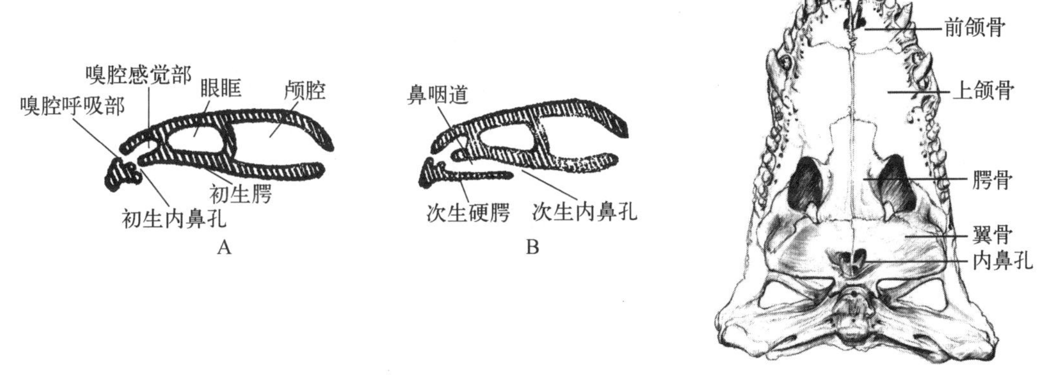

图 18－8　次生腭的形成(引自杨安峰,1995)
A. 初生腭;B. 次生腭

图 18－9　扬子鳄的次生腭(引自吴孝兵)

5) 脑颅底部的副蝶骨消失(在鱼类及两栖类,脑颅底部主要的骨块为副蝶骨),代替它的为基蝶骨。

6) 原始的爬行类(如楔齿蜥)和某些蜥蜴类头骨上保留着颅顶孔(parietal foramen),有顶眼。颅顶孔在古代爬行类普遍存在,着生在头骨左右顶骨之间的合缝上,这是从古代两栖类继承下来的一个特征,它标志着顶眼的所在位置。

7) 爬行类的很多种类在两眼窝间具软骨或薄骨片的眶间隔(interorbital septum)。

8) 具有颞窝(temporal fossa)。颞窝是爬行类头骨最重要的特点。它是头骨两侧眼眶后面的一个或两个孔洞,颞窝周围的骨片形成骨弓,称颞弓。颞窝是颞肌所附着的部位,它的出现与颞肌收缩时的牵引有关。颞窝是爬行类分类的重要依据,而且对追溯古代爬行类的进化也提供了线索。根据颞窝的有无和颞窝的位置,爬行类可分为四大类(图 18－10)。

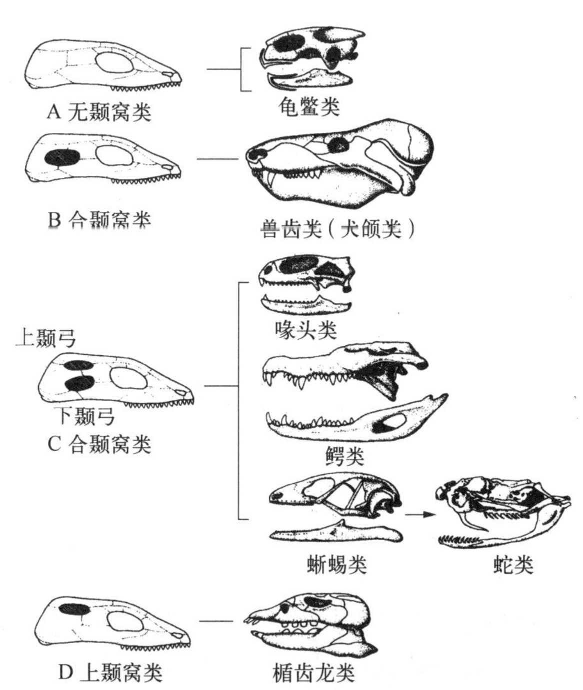

图 18－10　爬行动物颞窝的位置及类型
(引自赵肯堂等,1997)

无颞窝类(或无弓类)(Anapsida)　最原始的古代爬行类,如杯龙类属于此类。龟鳖类的头骨不具颞窝,一般认为是古代杯龙类的后裔,一并归入无颞窝类。但骨片的组成有所减少,也有在颞部次生性的开孔者,似属于次生性的变化。但也有人认为龟鳖类应属另一特殊类型。

合颞窝类(或合弓类)(synapsida)　头骨每侧只有一个颞窝,被后眶骨、鳞状骨和颧骨所包围,以后眶骨和鳞状骨所形成的颞弓为上界。古代兽齿类(Theriodont)属于此类型。这是一支进化到哺乳类的古代爬行类,现代哺乳类是合颞窝类的后代。

双颞窝类(或双弓类)(Diapsida)　头骨每侧有两

个颞窝。颞上窝以上颞弓(由后眶骨、鳞状骨组成)为下界,颞下窝以下颞弓(由颧骨、方颧骨组成)为下界。大多数古代爬行类属于此类,现代鸟类是双颞窝类的后代。现存的多数爬行类属于双颞窝类,但在进化过程中有不少变异:鳄类和楔齿蜥保留双颞弓。仍是典型的双颞窝类;蜥蜴类失去颞下弓,仅保留颞上窝;蛇类上下颞弓全失去,因之也就不存在颞窝了。

上颞窝类(或阔弓类,Euryapsida) 每侧有一个颞窝,颞窝位置高,以后眶骨和鳞状骨所形成的颞弓下界。蛇颈龙、楯齿龙类属于此类。

9) 爬行类的下颌骨由多块膜原骨参加组成。除麦氏软骨后端骨化成的关节骨为软骨原骨外,其余骨片,如齿骨、夹板骨、隅骨、上隅骨、冠状骨均为膜原骨。关节骨与上颌的方骨构成颌关节,属于自接型(autostylic)颌关节。

2. 脊柱、肋骨和胸骨

(1) 脊柱及其分区

脊柱分化为颈椎、胸椎、腰椎、荐椎和尾椎 5 个区域。椎体大多为后凹型或前凹型,低等种类为双凹型。

颈椎数目加多(石龙子 8 块,鳄 9 块),而且有寰椎、枢椎和普通颈椎的分化。第一个颈椎称寰椎(atlas),寰椎下部有一个关节面与头骨单一的枕髁相关节。寰椎孔被一韧带分为上、下两部。脊髓通过上部,枢椎的齿突通过下部。第二个颈椎称枢椎(axis),其向前伸出的齿突(odontoid process)实际上是寰椎的椎体。寰椎与枢椎的分化,保证头部能仰俯及自由转动,使头部的感觉器官获得更充分的利用。

爬行类具两块荐椎,有宽阔的横突连接腰带。和两栖类相比,爬行类的荐椎已有了加强,荐椎的加强,是后肢承受体重的结果。

有些蜥蜴(如蛇蜥、麻蜥、草蜥、石龙子、蝘蜓、壁虎等)的尾椎中部有一个能引起断尾行为的自残部位,这是尾椎骨在形成过程中前、后两半部未曾愈合而特化的结构。一旦蜥尾遭受拉、压、挤等机械刺激时,附生在自残部位前、后的尾肌分别往不同方向作强烈的不协调收缩,于是就会在尾椎骨的某个自残部位处断裂,连同肌肉和皮肤一起发生自残(autotomy)断尾现象。由于自残部位的细胞始终保护着增殖分化能力,因此,残尾断面可重新长出再生尾(图 18－11)。

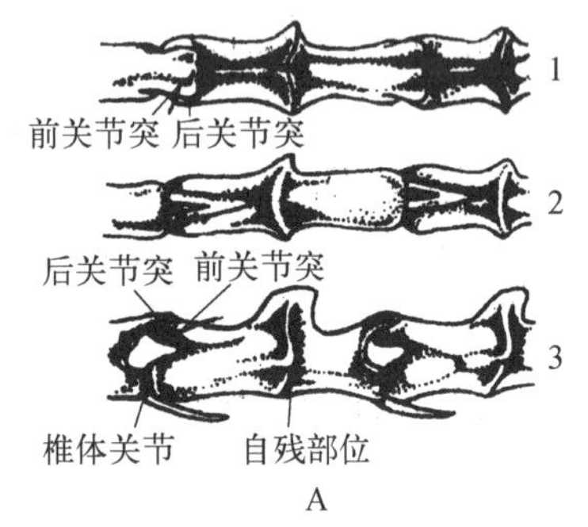

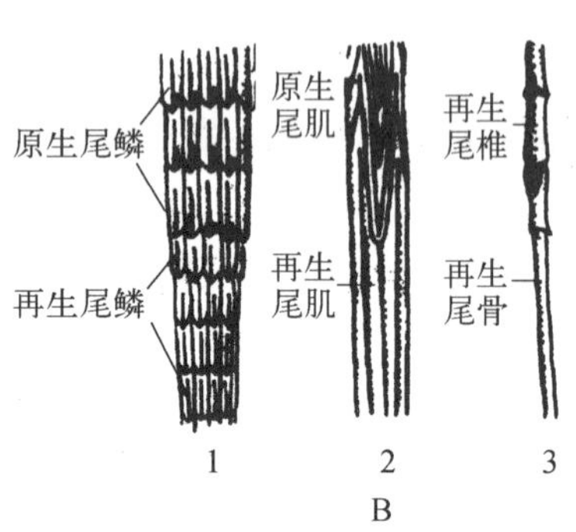

图8－11 蜥蜴尾椎的自残部位及原生尾与再生尾的比较(赵肯堂,引自刘凌云和郑光美,1997)

A. 北草蜥的尾椎骨(1. 前面;2. 腹面;3. 侧面);B. 原生尾与再生尾的比较

(2) 肋骨

爬行动物的颈椎、胸椎及腰椎两侧皆具肋骨。颈肋一般为双头式,胸肋多为单头式。蛇的脊椎骨数目可多达 500 块,脊柱分区不明显,仅分化为尾椎及尾前椎两部,代表特化的类型。除寰椎外,尾前椎椎骨上都附有发达的肋骨,肋骨为单头。肋骨的远端均以韧带与腹鳞相连. 借脊柱的左右弯曲和皮下肌的作用,使肋骨移动,通过肋骨支配腹鳞的活动,鳞片的外缘和地面接触,靠反作用力使蛇得以贴地面爬行。

楔齿蜥、鳄等在身体腹面还有腹壁肋(abdominal ribs)(图 18－12)。腹壁肋实际上是腹壁中央肌肉中的薄片状骨块,为退化的膜原骨板,可能起源于真皮鳞。

图 18－12 鳄的脊柱、肋骨及腹膜肋(杨安峰,1994)

(3) 胸骨及胸廓

爬行类大多有发达胸骨。石龙子的胸骨为位于腹中钱的一块菱形软骨板，其前方有一“十”字形的上胸骨(或称间锁骨，episternum or interclavicle)。上胸骨为膜原骨，而胸骨为软骨原骨，因此，上胸骨并不是胸骨的一部分，而是肩带的一部分。蛇类和龟鳖类不具胸骨。

爬行动物开始有了胸廓。胸廓是由胸椎、肋骨及胸骨借关节、韧带连接而成。胸廓为羊膜动物所特有，与真正陆生动物肺的发达相联系。胸廓除有保护内脏的功能外，更重要的是加强了呼吸作用。肋骨上附着有肋间肌，由肋间肌的收缩而造成胸廓的扩张与缩小，从而直接影响了肺呼吸。

3. 带骨及附肢骨

(1) *肩带*

爬行动物的肩带基本上和两栖类相似，但是更为坚强，反映进一步适应陆地生活。肩带包括乌喙骨、前乌喙骨、肩胛骨、上肩胛骨(图 18-13)。其中以肩胛骨和乌喙骨最为稳定，在各类群中皆存在。间锁骨(即上胸骨)把胸骨和锁骨连接起来。大多数爬行类皆有间锁骨，这块骨片一直保存到原始哺乳类。

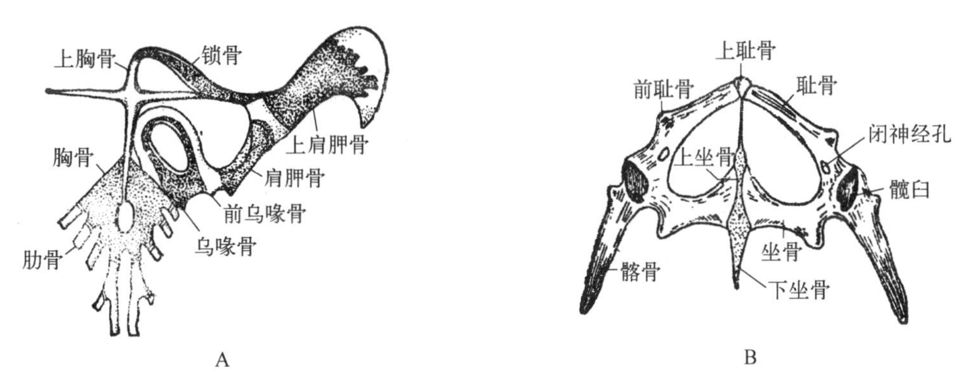

图 18-13　蜥蜴的肩带(A)和腰带(B)(杨安峰，1994)

(2) *腰带*

爬行类的腰带(图 18-13)也是由髂骨、坐骨、耻骨组成。和两栖类不同的是，两栖类的左右耻骨与坐骨全部愈合，而爬行动物的耻骨和坐骨之间分开，形成一个大孔，称耻坐孔(obturator foramen)。左右耻骨在中线处结合，称耻骨连合(symphysis pubis)；左右坐骨在中线处结合，称坐骨连合(symphysis ischialis)。这样的腰带结构可以减轻骨块的重量，而支持身体的力量并不减小。

(3) *四肢*

爬行类具典型的五趾型四肢，比两栖类的肢骨更为坚强，指(趾)端具爪，是对陆地上爬行生活的适应。和两栖类不同的是，后肢踵关节不在胫、腓骨与跗骨之间，而在两列跗骨之间，形成所谓跗间关节(intertarsal joint)。

蜥蜴类中的蛇蜥科(Anguidae)种类，体形似蛇，全无四肢。但具带骨；蛇类四肢退化，且无带骨，仅蟒蛇为例外，仍有后肢的残迹，为位于泄殖腔孔两侧的一对角质爪，内部骨骼仍保留有退化的髂骨和股骨。海龟的四肢变为桨状，指(趾)骨变扁平且延长，指(趾)骨之间缺少关节。

18.3.4　肌肉系统与运动

爬行类的肌肉比两栖动物进一步复杂化，由于五趾型四肢的发达、颈部的发达以及脊柱的加强，躯干肌更趋于复杂分化，特别是发展了陆栖动物所特有的肋间肌和皮肤肌。

1. 肌肉特点

(1) *皮肌*(skin muscle)

一般起自躯干肌、附肢肌或咽部肌肉而止于皮肤。蛇是爬行动物中皮肌最发达的类群，皮肌收缩可引起皮肤及其附属的鳞片产生活动。肋骨具有较大的活动性，其远端和中段各附生着两对肋皮肌(cotocutaneous)，分别与紧贴皮肌的前、后腹鳞相连。收缩时能使腹鳞运动借反作用的推力，使蛇体蜿蜒爬行前进(图 18-14)。此外，蜥蜴和龟的颈括约肌也属于皮肌。

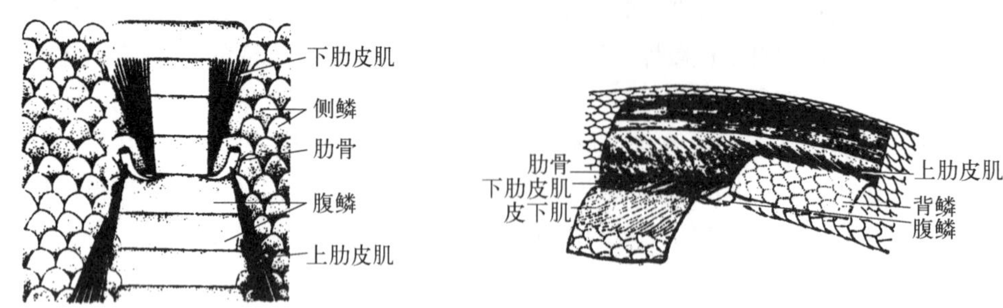

图 18-14 蛇的皮肌与运动(引自 Weicherr,黄美华)

(2) 咬肌(masseter)

始于颞部及上颌后部而止点位于下颌的颞肌(temporalis)和咬肌,均为闭口肌,起止于舌弓及下颌骨腹面的二腹肌为开口肌,是前两块肌肉的拮抗肌。咬肌因颞孔的出现,收缩时肌腹可以容纳在窝内,使咬啮机能得到了加强而变得有力。翼肌使下颌可作前后左右各个方向的运动,增强了捕食能力。

(3) 肋间肌(intercostal muscle)

是营胸腹式呼吸的陆栖脊椎动物的特有肌肉。肋间肌位于胸部表层肋上肌下方的相邻两枚肋骨之间,可分为外肋间肌和内肋间肌,用于调节肋骨升降,控制胸腹腔的体积变化,并协同腹壁肌肉完成呼吸作用。

(4) 躯干肌

躯干肌因四肢发达而渐趋萎缩。背部的主要肌肉是最长肌,担负着脊柱上、下屈曲的机能。北肌在两侧还分化出一层薄片肌,为髂肋肌(iliocostales),往下伸展到腹壁,止于肋骨侧面。背最长肌和髂肋肌均起自颅骨枕区后缘,肌肉收缩与头、颈部的转动有关。腹肌由表及里仍为外斜肌、内斜肌、横肌构成,腹直肌也发育良好。

(5) 附肢肌

四肢上部肌肉粗大,前臂肌大多起自前部、体侧、肩带(如背阔肌、三角肌和三头肌等),收缩时可前举和伸展前肢;后肢有位于腰腿之间的耻坐股肌、髂胫肌,腿部的股胫肌和臀部肌肉等,主要机能是把大腿拉向内侧和使膝关节闭合,将动物体抬离地面并往前爬动。

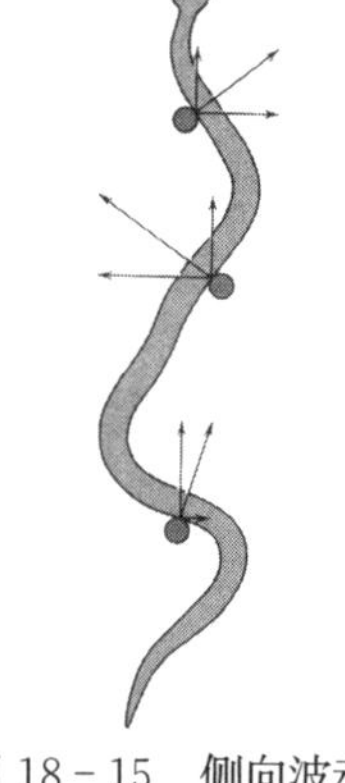

图 18-15 侧向波动或蜿蜒运动(Hildebrand & Goslow,2001)

2. 蛇的运动

蛇类无四肢,在自然生境中,蛇类的运动有四种主要方式。

1) 侧向波动(lateral undulation)。侧向波动亦称蜿蜒运动,是所有蛇类都可进行的最基本的运动方式,由于蛇在粗糙地面上作一连串的波状弯曲,身体侧向不断施压力于地面的物体如小石块、植物茎等物体,因这些物体反作用而推动蛇体前进(图 18-15)。

2) 直线运动(rectilinear movement)是不依赖于身体的弯曲,在脊椎动物中是独一无二的,别的脊椎动物都依赖于部分骨骼像连接起来的杠杆那样活动。躯体较粗如蟒蛇和蝰科蛇常采取直线运动。直线爬行是腹下及身体两侧下部的鳞片做齿轮式活动的结果,而要成功地做到这一点,这类蛇的特点是腹鳞与其下的组织之间较疏松,由于肋骨与腹鳞间的肋皮肌有节奏地收缩,使宽大的腹鳞依次竖立,支持于地面,于是蛇体就不停顿地呈一直线向前运动(图 18-16)。游蛇科大多数科类因为腹鳞与其下方的组织之间较紧密,就不能进行这种运动方式。

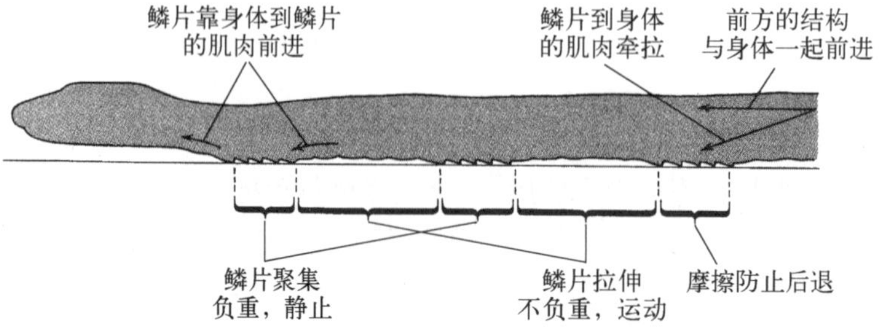

图 18-16 直线运动(Hildebrand & Goslow,2001)

3) 伸缩运动(concertina movement)是蛇在较光滑的表面或在狭窄空间(如钻洞等)内的一种运动方式,方法是先将身体前部抬起,尽力前伸,直至接触到某物体,作为支持后,身体后部随着收缩上去,然后再抬起身体前部,取得支持,身体后部再缩上去,这样交替伸缩,蛇就不断前进(图 18-17)。

4) 侧进运动(sidewinding)可能起源于伸缩运动,适于在疏松的沙地上前进,侧进运动时,前进的方向与蛇体的主轴略呈垂直,而与蛇头的方向一致。侧进运动的每一瞬间,蛇体仅有两点或两部分与地面接触,所以在地面上留下一条条长度与蛇相等,彼此平行的"J"形痕迹(图 18-18)。

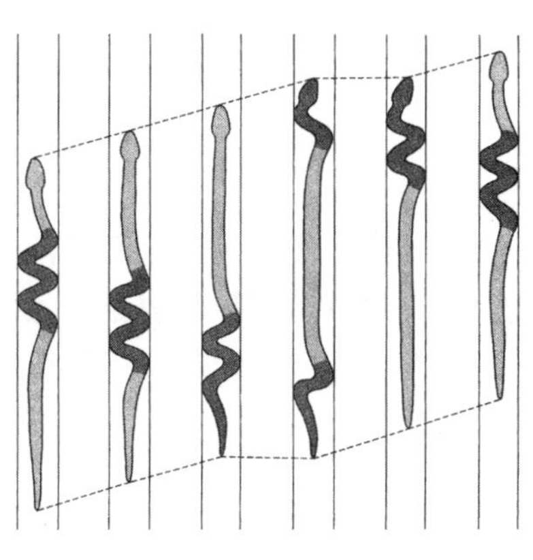

图 18-17　伸缩运动(Hildebrand & Goslow,2001)

18.3.5　消化系统

与两栖类相比,爬行类的消化道有更多的分化;口腔中的齿、舌、口腔腺等结构均进一步复杂化。消化道各部的基本结构和一般四足类基本相同(见图 18-19)。由于爬行动物颈部延长,其食管也趋于延长。大多数爬行动物的胃仍然是简单而直或稍有弯曲,但鳄类的胃则是趋于圆形且富有肌肉。

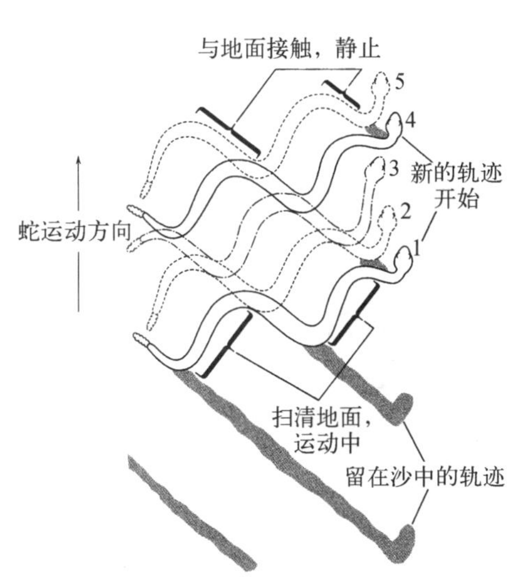

图 18-18　侧进运动(Hildebrand & Goslow,2001)

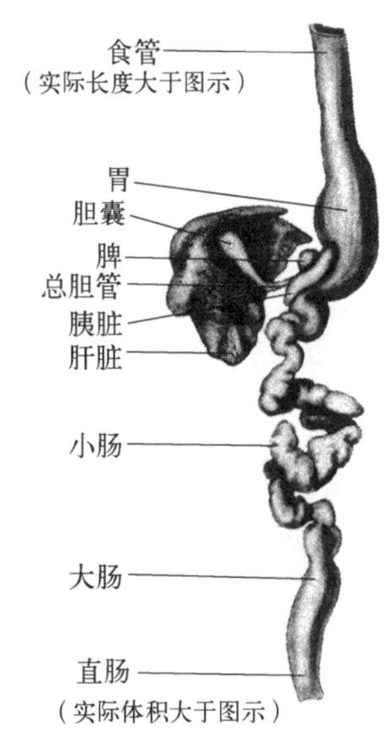

图 18-19　爬行动物的消化系统(Hildebrand & Goslow,2001)

1. 口腔

与咽有明显的分界(两栖类的口腔与咽无分界,称口咽腔),鳄类有完整的次生骨质腭,内鼻孔后移,接近于喉头,因而将口腔和鼻腔隔开,这样,当口腔中有食物充塞时,并不妨碍呼吸作用。蜥蜴类的骨质腭还不像鳄的那样完整,不过内鼻孔的位置已较两栖类后移。

(1) 牙齿

爬行类的牙齿着生在上下颌缘,也有生于腭骨和翼骨上的,经常脱落更换。幼年楔齿蜥不但在颌骨及腭骨上着生牙齿,在犁骨上也有牙齿,这一特点在爬行类中是例外的,而和两栖动物有共同之处。

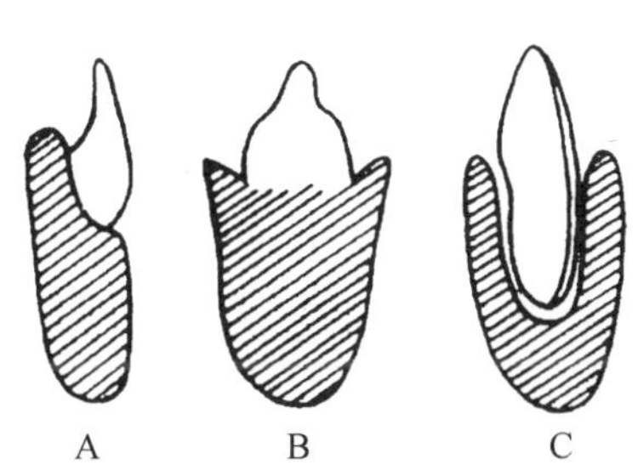

图 18-20　爬行动物的齿型
(自刘凌云和郑光美,1997)
A. 侧生齿;B. 端生齿;C. 槽生齿

牙齿依着生位置的不同分为 3 种类型(图 18-20):

端生齿(acrodont),着生在颌骨顶面,如蛇类;

侧生齿(pleurodont),着生在颌骨边缘的内侧,如蜥蜴类;

槽生齿(thecodont),着生在颌骨的齿槽内,如鳄类。其中以槽生齿最为牢固,哺乳类的牙齿皆属此种类型。

牙齿依形状的相同或相异可分为同型齿(homodont)和异型齿

(heterodont)。绝大多数爬行动物是把食物整个吞咽下去而并不咀嚼,牙齿为圆形齿。某些古代爬行类,如兽齿目的一些种类,牙齿属于异型齿,有了门齿、犬齿和臼齿的分化,由这一支发展出哺乳动物。

龟与鳖不具牙齿,而代以角质鞘。

(2) 毒牙(fang)

由前颌、上颌牙齿特化而成,可分为管状牙和沟状牙(前沟牙、后沟牙)(见图 18-21)。毒牙的基部通过导管与毒腺相连,咬噬时引毒液入伤口。毒牙后面常有后备齿,当前面的毒牙失掉时,后备齿就递补上去。在闭口时,毒齿向后倒卧;在咬噬时,由特殊的肌肉收缩,拉之竖立(见图 18-22)。

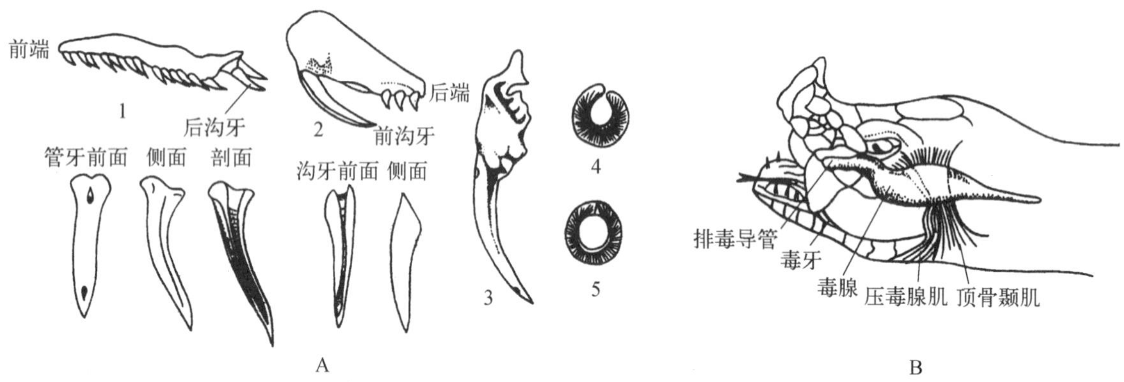

图 18-21 蛇类的毒牙及毒腺(江耀明等)

A. 毒牙类型(1. 后沟牙生长的位置;2. 前沟牙生长的位置;3. 管牙侧面观;4. 沟牙的横切;5. 管牙的横切);
B. 毒蛇(尖吻腹)的毒腺及排毒肌

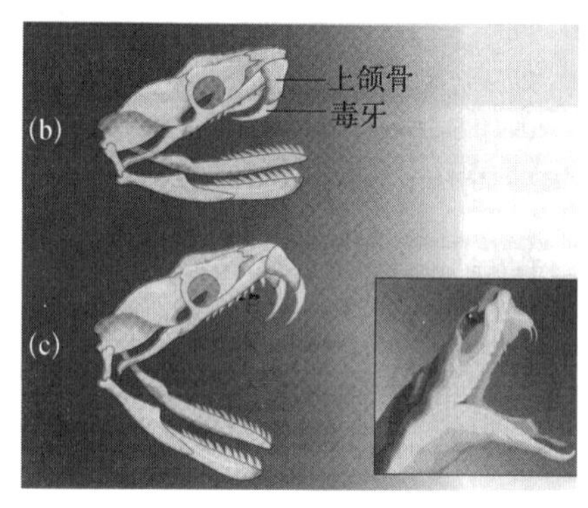

图 18-22 蛇的头骨对捕食的适应性(Miller & Harley,2003)

(3) 卵齿(egg tooth)

在蜥蜴、一些蛇类的胚胎,有卵齿着生在上颌的前端,长度超出于一般牙齿,为幼仔出壳时啄破卵壳之用。孵出后不久,卵齿就脱落。另外,在楔齿蜥、龟和鳄类,在胚胎的吻端上有角质齿,亦为破卵壳之用,但这种角质齿仅为表皮的角质层加厚,和一般牙齿并不同源。

(4) 舌

口腔底部有发达的肌肉质舌。龟、鳄的舌不能向外伸出,而有鳞类的舌,活动性很大,蛇和一些蜥蜴的舌可以伸出很远。蛇的细长而尖端分叉的舌,俗称"信子",总是在不停地吞吐着,当收回舌时,舌尖进入犁鼻器的两个囊内。犁鼻器的内壁具嗅黏膜,有嗅神经的分支通入,起到监测舌尖带入的化学物质的特殊作用。避役的舌极为发达,成为特殊的捕食器,平时留在口腔内,捕食时,迅速伸出,其长度几与体长相等,舌端富于黏液,可以粘捕昆虫。

(5) 口腔腺

陆生的爬行类具有比两栖类更为发达的口腔腺,包括唇腺(labial gland)、腭腺(palatine gland)、舌腺(lingual gland)和舌下腺(sublingual gland),其分泌物帮助湿润食物,也能用作粘捕之用。毒蛇的毒腺是变态的唇腺,腺导管通到毒牙的沟或管中。毒蜥(*Heloderma*)是蜥蜴类中唯一具有毒腺的种类,其舌下腺变态为毒腺,腺导管通到下颌前方毒牙的沟中。海龟和鳄类的口腔腺不发达。

2. 消化道

由于颈长，食管随之明显加长。

爬行动物的肠道除了大多数蛇类和蚓蜥是直的外，其他种类均为中等程度的弯曲，其长度通常是体长的1/2到2倍，在龟类中则趋于更长些。小肠和大肠分界明显。

盲肠 (caecum)是从爬行类开始出现的，蜥蜴类的盲肠仅为回肠与大肠相连接处的一个小盲囊，只有植物食性的陆生龟类，盲肠才十分发达，这与消化植物纤维有关。大肠的末端开口于泄殖腔，以单一的泄殖腔孔通体外。

3. 捕食

蛇类在捕食时可吞食比它的头大好几倍的食物。这是因为蛇的下颌骨左右两半并未愈合，而是靠韧带松弛地连在一起；而脑颅骨的方骨周围的骨块消失，腭骨、翼状骨、方骨和鳞骨彼此形成能动的关节，因此，口可以开得很大，达130°角(图18-22)，因而可以吞食比身体大数倍的猎物。

18.3.6 呼吸系统

与两栖类相比，爬行动物的肺呼吸进一步完善。成体既没有鳃呼吸也没有皮肤呼吸，胚胎期虽有鳃裂产生，但不形成鳃，也无鳃呼吸，胚胎的气体交换是通过尿囊来实现。

1. 肺

爬行动物的肺通常为一对，位于胸腹腔的左右两侧，长而变化较大。但有些长体形的种类中，一对肺排列为前后的位置，也有的一侧不发达或退化，例如，在缺四肢的蛇蜥和蛇类，左肺大多退化或缺少。爬行动物的肺脏虽然也和两栖类一样，呈囊状，但其内壁有复杂的间隔，把内腔分隔成蜂窝状小室，与空气接触的表面积扩大。

有的种类，肺的内部分为前、后两部，前部内壁呈蜂窝状，称呼吸部；后部内壁平滑，分布的血管也较少，称贮气部。例如，避役的肺的后部内壁平滑并且伸出若干个薄壁的气囊，插到内脏之间，有贮气的作用。这种气囊的结构到鸟类得到了更大的发展。一些高等蜥蜴、龟类和鳄类的肺脏都没有空腔，支气管在肺脏内一再分支，其末端连以肺漏斗，使整个肺脏呈海绵状(图18-23)。

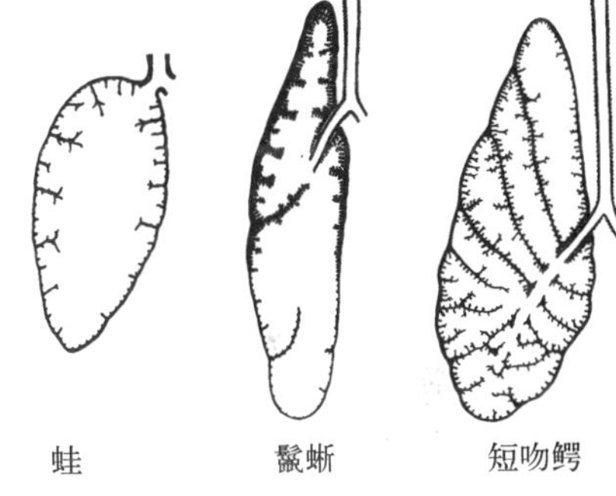

图18-23 几种动物肺的比较(Hildebrand & Goslow, 2001)

2. 气管

呼吸道有明显的气管(trachea)和支气管(bronchi)的分化，气管的后端分成左右两支气管，支气管是从爬行类才开始出现的，较长，其长度大体随颈的长度而异，管壁由气管软骨环支持。

3. 喉

气管的前端膨大形成喉头(larynz)，爬行动物喉部构造较复杂，由单一的环状软骨和成对的杓状软骨所支持。喉头前面有一纵长的裂缝，称为喉门(glottis)，开口于舌的后面。由左右支气管分别通入左右侧肺。仅具一侧(右)肺的某些蛇类，其支气管也仅具一条，爬行类除少数种类外，一般皆不发声。

爬行动物的喉头与无尾两栖类近似，绝大多数种类的喉门都有一对上皮黏膜褶壁，但不形成声带，所以无法发声。壁虎科和避役科的蜥蜴在喉门有声带，能产生高低不等的喉音(guttural noises)，其中尤以大壁虎发出的"蛤—蚧"之声为人们所熟悉。

4. 呼吸方式

爬行动物的呼吸动作除像两栖动物一样，借助于口咽腔底部的升降和鼻孔的开关相配合来完成。

爬行动物还发展了羊膜动物所特有的呼吸方式，即借助于胸廓的扩张与缩小，使气体吸入或排出。当肋间外肌收缩时，牵引肋骨上提，胸廓扩张，空气随之吸入；肋间内肌收缩时，牵引肋骨下降，胸廓缩小，空气随之呼出。

水栖的龟鳖类，由泄殖腔壁突出两个副膀胱(图18-36)，可作为呼吸的辅助结构。这两个副膀胱的壁上分布有特别丰富的毛细血管，在水中可以进行气体交换。因此，它们可在较长时间潜伏于水底。

实验表明，大多数蜥蜴在中速或高速运动时会影响其呼吸，但至少有一个物种(*Varamus*)，它的咽部可以抽吸气体进入肺部,可以克服这一问题。而鳄类以另一种方式解决了呼吸与运动间的矛盾。它们有一块隔膜肌(diaphragmatic muscle)(与哺乳动物的隔膜不同源)可以将肝脏拉向骨盆(pelvis)。肝脏如活塞状,抽吸肺部引起吸气。在水中,体表受到足够的压力,可以被动排气;在陆地上,其他肌肉拉动肺部向前。鳄类也具有一个耻骨,它以运动关节连接于坐骨;密西西比鳄中,两块腹肌使耻骨产生腹向旋转以增大腹部体积(吸气),背向旋转则减小腹部的体积(呼气)。这些特点反映了在鳄类进化过程中,对高需氧运动的选择。在龟类中,龟壳臂孔交接处的肌肉增大体内腔时吸气,呼气可能是被动的或主动的。在蛇类中,吸气和多数呼气则是被动的,其动力来源于连接肋骨和皮肤腹侧间的肌肉的运动。

18.3.7 循环系统

爬行类的循环系统比两栖类进步,血液循环虽然仍居于不完全的双循环,但心室内出现了不完全的分隔,含氧血和缺氧血进一步分开。爬行类中的高等种类,如鳄类,其心室已分隔为左右两部,血液循环已接近于完全的双循环。

1. 心脏

包括二心房一心室和退化的静脉窦,动脉圆锥已退化不见。爬行类除心房具完全的分隔外,心室也出现了不完全的室间隔(interventricular septum)(图 18-24)。室间隔由心室腹壁向前长出,但不完全,心室的左右两部之间仍有相通的地方。鳄的心室间隔比较完全,仅留一孔相通,名潘氏孔(foramen of Panizzae),血液通过此孔可以由左心室进入左体动脉弓。可以说,鳄的心脏基本上是二心房二心室了。爬行动物虽有静脉窦,但已开始退化,仅成为右心房的一部分。

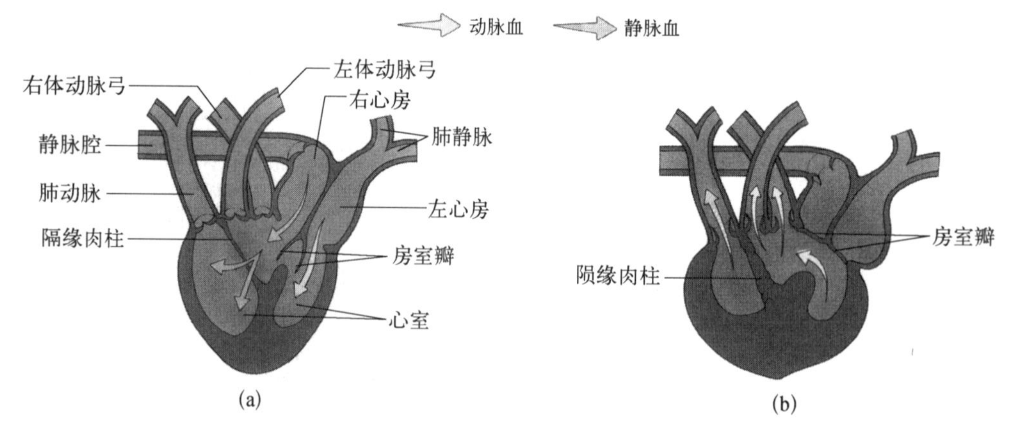

图 18-24 蜥蜴的心脏及主要动脉(Miller & Harley,2003)

(a) 当心房收缩,血液进入心室,房室瓣通过不完全分隔的心室防止含氧血和缺氧血的混合

(b) 当心室收缩,隔缘肉柱闭合,含氧血进行体动脉,而缺氧血进行肺动脉

2. 动脉

爬行动物动脉系统(图 18-24、图 18-25)的主要特点是:动脉圆锥已完全消失,肺动脉、左体动脉弓和右体动脉弓 3 个主干分别由心室发出,每个干的基部皆有半月瓣,其中肺动脉和左体动脉弓是由心室的右侧发出,右体动脉弓是由心室的左侧发出,进入头部的颈动脉即由该支发出,左右体动脉弓在背面合成背大动脉,再向后走行。

传统的看法认为,由于心室隔膜的产生以及 3 条动脉弓的发出部位,使进入肺脏的血主要是缺氧血(肺动脉由心室右部发出),进入头部的主要是多氧血(颈动脉由右体动脉弓分出),而左体动脉弓内主要是混合血,左右体动脉弓在背面合成背大动脉,其中血液主要是混合血,但还以多氧血为主。但对心脏不同部位和动脉干内血压的测定以及血液内氧含量的测定证明:左体动脉弓内的血液也是多氧血,并不是传统所认为的混合血。左体动脉发自心室右部(来自右心房,主要含缺氧血),为什么能发出多氧血呢?对龟、蜥蜴和蛇所进行的一系列研究表明,在左、右体动脉弓发出处,正是心室间隔不完全的地方,在这里由肉柱形成了一个腔(cavum venosum)(图 18-24),由心室左部来的多氧血直接进入该腔,由该腔再流入左、右体动脉弓,因此,左右体动脉弓的血液全是多氧血。只有由心室右部发出的肺动脉内含有缺氧血。

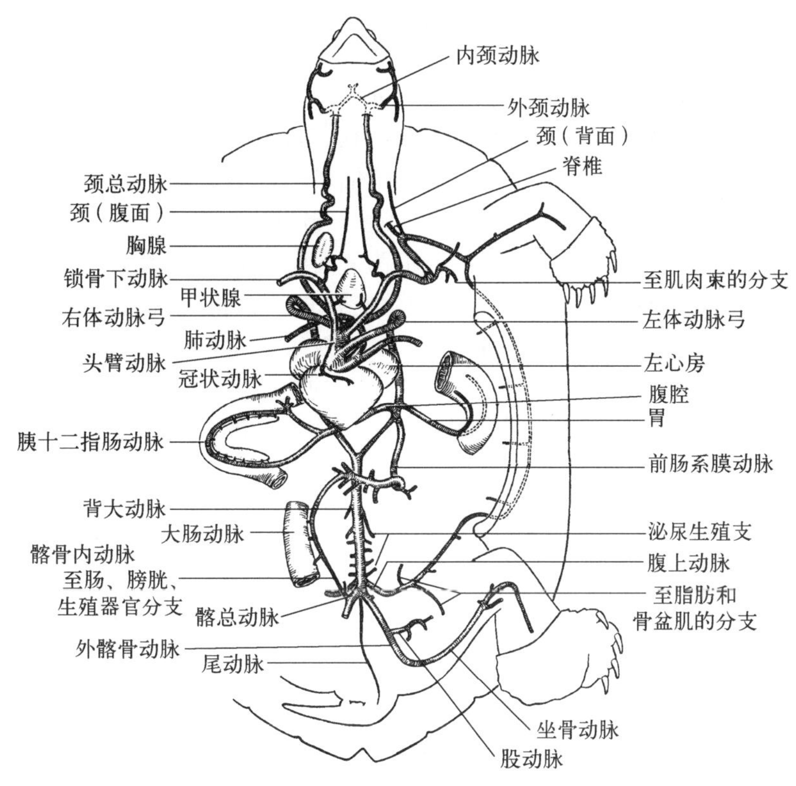

图 18－25　爬行动物的动脉系(Hildebrand & Goslow,2001)

至于鳄的情况,和一般爬行类又有所不同。实验研究证明:在正常的呼吸情况下,左、右体动脉弓内血液的氧含量是和左心室内氧含量一致,即全是多氧血。这是由于有潘氏孔相通,左体动脉弓的血是来自左心室。那么,为什么左体动脉弓的血不来自右心室呢? 这是由于右心室和肺动脉内的压力低于左心室和右体动脉弓,在这种情况下,由右心室通往左体动脉弓的半月瓣是关闭的。当鳄在潜水时,右心室的收缩加强,由右心室通往左体动脉的半月瓣打开,这时一部分缺氧血将由右心室压入左体动脉。

3. 静脉

爬行类的静脉系统基本上和两栖类相似(图 18－26),包括一对前腔静脉、一条后腔静脉、一条肝门静脉和一对肾门静脉。但是,爬行类仍保留一对侧腹静脉(两栖类已合为沿腹中线走行的一条腹静脉),汇集由后肢和腹壁来的血。侧腹静脉向前以毛细血管终止于肝脏内(鱼类的侧腹静脉向前通入总主静脉)。另外,爬行动物的肾门静脉已开始退化。

鳄类从后肢来的血液一部分进入肾门静脉,在肾脏散成毛细血管,由肾静脉汇集起来,通入后腔静脉;另有一部分血液进入肾门静脉,直接穿过肾脏(不散成毛细血管)进入后腔静脉(见图 18－26)。这后一条途径,到了鸟类已成为后肢血液回心脏的主要渠道了,显示出肾门静脉的作用逐步降低。

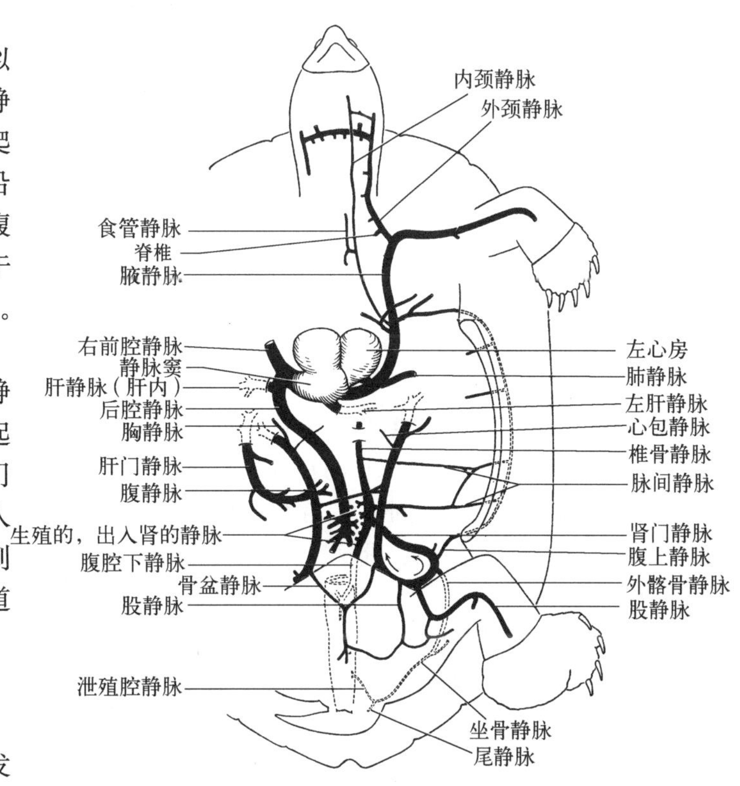

图 18－26　爬行动物的静脉系(Hildebrand & Goslow,2001)

18.3.8　神经系统

爬行动物的脑(图 18－27)较两栖类发达,两大脑半球增大,开始有由灰质构成的大

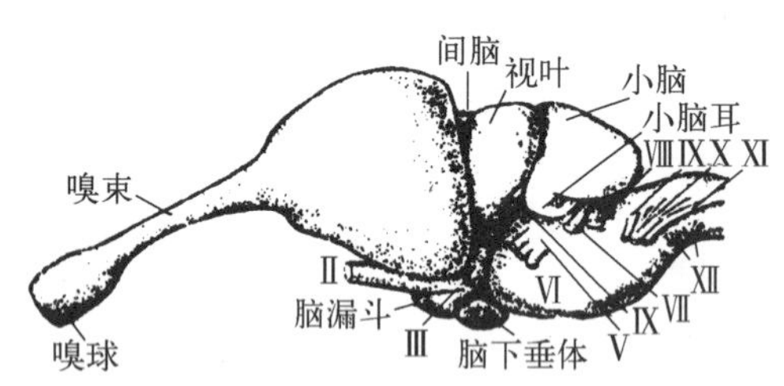

图 18-27 爬行动物(蜥蜴和鳄)的脑
(刘凌云和郑光美,1997)

脑皮层,即新皮层(neopallium),在皮层中第一次出现了锥体细胞。但是,新皮层还只是处于萌芽状态,大脑的增大仍然是以纹状体(corpus striatum)为主,纹状体增大,并向下移,因之侧脑室变窄。在爬行类,纹状体的重要性增加,其地位仅次于中脑。脑的弯曲较两栖类显著。从背面观,间脑几乎看不出来。从间脑背面发出脑上体(epiphysis)和顶器(parietal organ)。中脑背面为一对圆形的视叶,在爬行类,视叶仍为高级中枢(图 18-28)。蛇类中脑背面已分化为四迭体(corpora quadrigemina),在响尾蛇及蟒蛇很明显,不过后面一对较前面一对视叶为小。在石龙子和蛇类,小脑并不发达,仅为一个半圆形的褶;水生的爬行类,小脑较为发达;鳄的小脑很发达,已有分化成中央的蚓部和两侧的小脑鬈的趋势。延脑发达,具有作为高级脊椎动物特征的颈弯曲。

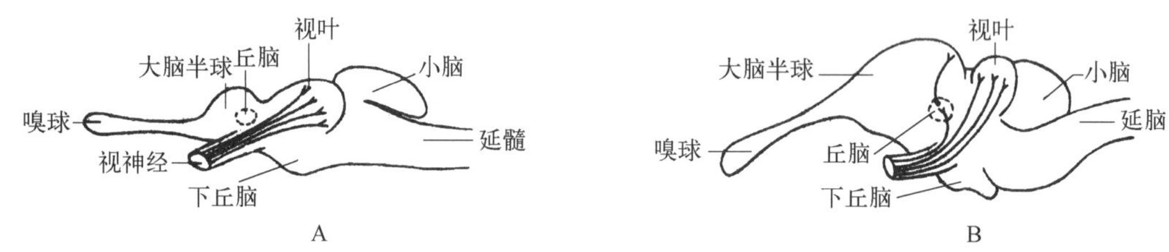

图 18-28 低等脊椎动物与爬行动物脑的比较(示中脑视叶与大脑的神经通道)(引自 Villee 等)

A. 鱼类;B. 爬行类

随着成对附肢的进一步发达,脊髓有颈胸膨大和腰荐膨大。爬行类已开始具有脑神经 12 对。前 10 对与无羊膜类的相同。第Ⅺ对称副神经,为运动神经,分布至咽、喉和肩部的肌肉。第Ⅻ对称舌下神经,也是运动神经,分布到颈部肌肉和舌肌。惟蜥蜴和蛇仅 11 对,其中第Ⅺ对(副神经)尚未由第Ⅹ对迷走神经中分出。

18.3.9 感觉器官

爬行动物的侧线消失了,即使是水栖的爬行类,也无侧线。

1. 视觉器官

(1) 结构特点

一般有能活动的上下眼睑和瞬膜。蛇、壁虎和蚓蜥类没有能活动的眼睑,蛇的眼睛永远是张开的,它的眼球被一层透明的薄膜所盖,这层薄膜是上下眼睑在眼球前面愈合而成,如手表的表玻璃一样,既能让光线透过,也能起到保护眼球的作用。蛇在蜕皮时,覆盖眼球的这层薄膜不复透明,所以临时目盲而看不见周围物体。

大多数的爬行动物,在后眼房内具有由脉络膜突出形成的栉状体(pecten,或称锥状突 conus papillaris,以区别于鸟类的栉状体,图 18-29),这一结构到了鸟类更为发达。栉状体内具丰富的血管和色素,具有营养眼球内部的功能,也有人认为它有助于察觉近处移动着的物体,这是由于锥状体能将该移动着的物体的阴影投射在视网膜上。

爬行类眼睛与鸟类的共同特点,除都具有栉状体、睫状体中的肌肉是横纹肌外,两类动物在巩膜中部有一圈呈覆瓦状排列的环形骨片。

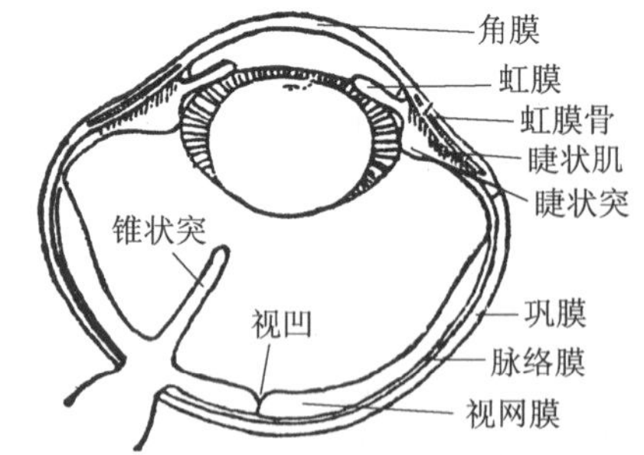

图 18-29 爬行动物的眼球剖面
(杨安峰,1994)

(2) 泪腺

爬行动物出现泪腺(lachrymal gland),分泌的泪液与哈氏腺(Harderian gland)的多余分泌物从鼻泪管经鼻腔排出。楔齿蜥没有泪腺,可见泪腺是后生的,在系统发生上,泪腺后于哈氏腺出现(两栖类已有哈氏腺,但还无泪腺)。

(3) 视觉调节

爬行动物的视觉调节更加完善,睫状体内的肌肉(睫状肌)是横纹肌(此点与鸟类相似,而哺乳类的睫状肌是平滑肌)。睫状肌不仅可以调节水晶体的前后位置,而且也能略微改变水晶体的凸度,因此,爬行类可以观察在不同距离内的物体,这对于生活在陆地环境的动物来说是很重要的。

(4) 顶眼

顶眼(或名顶器、松果旁体,parapineal organ,图 18-30)位于两眼稍后方的头部正中线上,其结构和真眼相似,上部有透明扩大的壁,相当于水晶体,后部有感光细胞和色素细胞,相当于视网膜,并且有特殊的神经和间脑相连。这类动物头骨上的颅顶孔仍存在,光线由该孔透入。顶眼虽不能像真眼一样在视网膜上成像,但具有感光作用。蜥蜴类利用顶眼调节在日光下暴晒的时间,这对于外温动物适度地利用日光热能十分重要。此外,顶眼还和动物周期性的生命活动有关,相当于一个"生物钟"。顶眼是起源很古老的一个器官,化石材料证明,古代爬行类普遍具有顶眼。顶眼和松果体常合称为脑上体复合体(epiphyseal complex)。蜥蜴在胚胎期,顶眼和松果体同时存在,到成体时,松果体退化,而顶眼发达。

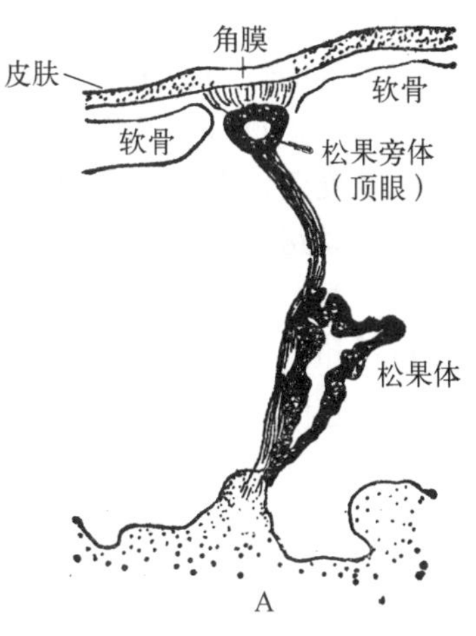

图 18-30　蜥蜴的顶眼(松果旁体)和松果体(杨安峰,1994)

现代大多数爬行类头骨上的颅顶孔已封闭,无顶眼的结构,但在楔齿蜥和一些蜥蜴类仍具有顶眼,可称之为痕迹器官(vestigial organ)。

2. 听觉器官

(1) 结构特点

和两栖类一样,爬行类具有内耳和中耳。但爬行类的鼓膜不像两栖类那样位于表面,而是随中耳稍下陷,为形成外耳听道的开端,这对保护鼓膜是有利的。此外,在中耳腔的后壁上除具卵圆窗(fenestra ovalis)外,新出现了第二个窗,即正圆窗(fenestra rotunda),使内耳中淋巴液的流动有了回旋的余地(图 18-31)。内耳的膜迷路和两栖类基本一致,只是由球状囊分化出来的司听觉的瓶状体(lagena)更加明显。在鳄类,瓶状体延长,并开始有卷曲(哺乳类就是以瓶状体为基础,延长并卷曲成蜗牛状的耳蜗管)。

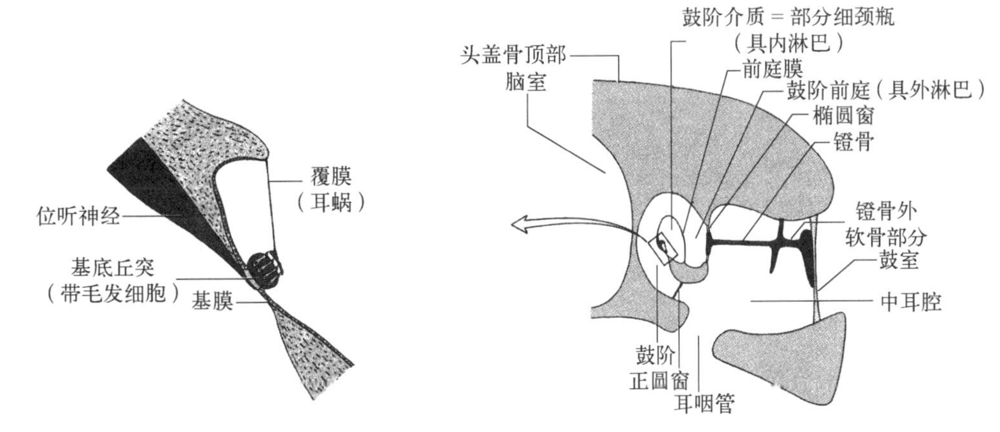

图 18-31　蜥蜴听器的剖面图(Hildebrand & Goslow,2001)

图 18-32　蛇类(蝮蛇)传导声波至脑的途径(赵肯堂,引自刘凌云和郑光美,1997)

(2) 听觉的产生

具有鼓膜的爬行动物是通过声波引起鼓膜的振动产生听觉。蛇没有外耳道和中耳,其鼓膜、中耳腔和耳咽管均退化,但其听小骨(耳柱骨)存在,它虽然不能接受通过空气传来的声波,但能敏锐地接受地面振动传来的声波,由于蛇的身体紧贴地面,这种沿地面传来的声波,通过头骨的方骨经耳柱骨而传进内耳,从而产生听觉(图 18-32)。如将蛇的方骨破坏,则将影响蛇的听觉。

爬行类的听觉能力究竟如何呢?实验证明:鳄类能接收 20～3 000 Hz(赫兹,为频率单位,代表周/秒),蜥蜴能接收 100～10 000 Hz(有些种类达到 19 000 Hz),龟类能接收

3 000 Hz,蛇类能接收 100～700 Hz(人的听觉范围是 15～20 000 Hz)。

3. 嗅觉器官

(1) 结构特点

大多数爬行动物在口腔顶部形成腭褶,鳄类则形成完整的次生腭,使内鼻孔的开口向后移到口腔的后部,使鼻腔大为延长。爬行动物的鼻腔内首次出现了鼻甲骨(turbinal bone),鳖的鼻甲尚不发达,但鳄类的鼻甲已很复杂。多数蜥蜴的鼻腔分为上下两部,上部的鼻腔黏膜上有嗅觉感觉细胞,为真正的嗅觉部位,下部为呼吸通路,称鼻咽道。

(2) 犁鼻器

蜥蜴和蛇类的犁鼻器(或称贾氏器,vomeronasal organ,或 Jacobson's organ)十分发达(见图 18-33)。它是在鼻腔前面的一对盲囊,开口于口腔顶壁,和鼻腔没有联系。犁鼻器是一种化学感受器,也可以称为是嗅觉器官,其内壁具嗅黏膜,通过嗅神经与脑相连。由于犁鼻器不与外界直接相通,这就要靠舌头的帮助了。蛇的舌头有细长而分叉的舌尖,总是在不停地吞吐着,俗称"信子"。原来其活动频繁的舌尖是在搜集空气中的各种化学物质,当舌尖缩回口腔时,即进入犁鼻器的两个囊内,产生嗅觉,从而判断出其所处的环境条件。鳄和龟鳖类的犁鼻器退化。

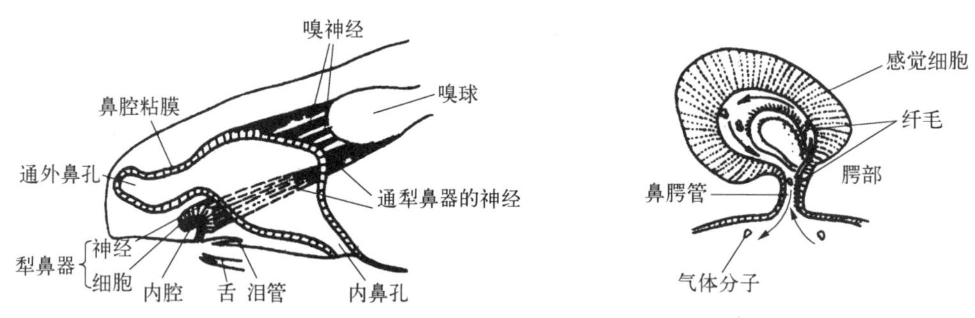

图 18-33 爬行动物(蜥蜴)的犁鼻器(引自杨安峰,Halliday 等)

4. 其他特殊感受器

(1) 红外线感受器

最受人注意的是蛇的红外线感受器(infrared receptor),这是存在于蝰科(Viperidae)、蝮亚科(Crotalinae)蛇类以及蟒科(Boidae)大多数种类的一种特殊的热能感受器。颊窝和唇窝都是这类感受器。

1) 颊窝(loreal pit) 颊窝是长在蝮亚科蛇类的鼻孔和眼睛之间的一个陷窝,窝内有一薄膜,把窝腔分为内外两部分(图 18-34)。薄膜是一层薄的上皮细胞,上面密布神经末梢,其末端呈球形膨大,其内充满线粒体。

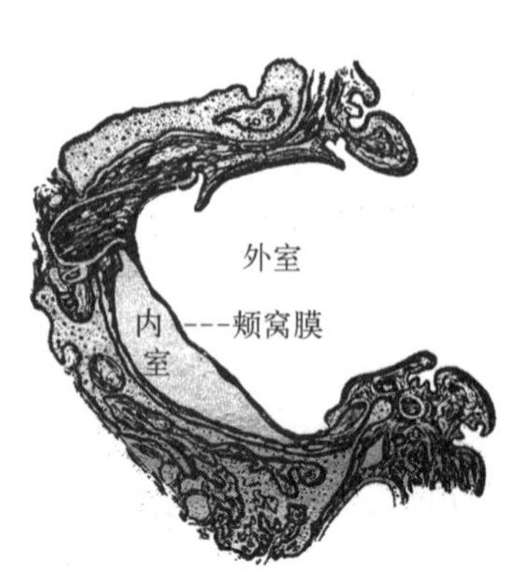

图 18-34 颊窝的切面(显微结构)(引自成都生物研究所,1979)

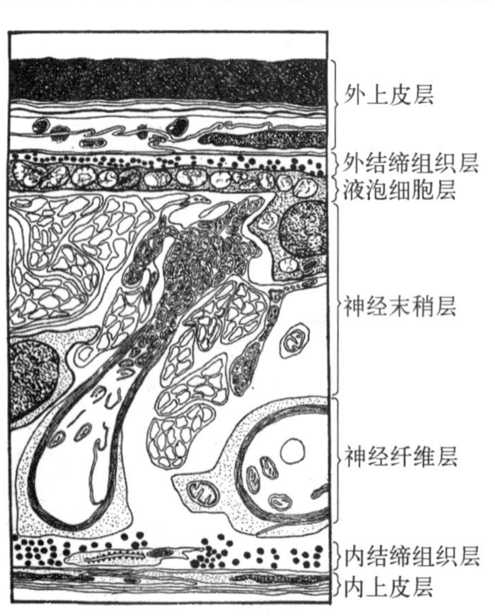

图 18-35 颊窝膜的超微结构(引自成都生物研究所,1979)

颊窝膜的厚度仅 10 μm,可分为 7 层

电子显微镜的研究表明(图 18 - 35),当神经末梢接受刺激之后,线粒体的形态发生改变。颊窝是一个热敏器官,对周围环境温度的变化极为敏感,能在数英尺的距离内感知0.001℃ 的温度变化。因此,这类蛇能在夜间准确地判断附近恒温动物的存在及其远近位置。

2) 唇窝(labial pit) 为蟒科蛇类所具有,呈裂缝状,其位置正在唇鳞片处,故名。其作用和颊窝相同。

(2) 皮肤感觉小凹

蛇和蜥蜴类在角质鳞之间或角质鳞的顶端(游离缘上)具有一些皮肤感觉小凹(pit receptors)。位于角质鳞顶端的称为顶凹(apical pits),一般是在每片鳞片顶端具有一个或两个顶凹,也有多达 7 个者,由每个凹内伸出一根感觉毛。由于爬行类皮肤上的裸出的或带有结缔组织被囊的皮肤感受器皆埋在厚的角质鳞下,因此,上述露在外面的皮肤感觉小凹对于接受外界刺激,特别是触觉刺激具有重要意义。

18.3.10 排泄系统

1. 后肾

爬行类的后肾(图 18 - 36)位于腹腔的后半部,一般局限在腰区,它们的体积通常不大,表面多是分叶的。肾的形状和排列因动物的体形而异,如蛇的肾脏很长,呈明显的分叶;一对肾脏不是排列在左右两侧,而是一前一后。输尿管末端开口于泄殖腔。

和一般羊膜动物一样,爬行类胚胎期经历了前肾和中肾阶段,成体的肾脏属于后肾(metanephros)。后肾在个体发育中出现的时期较晚,在身体着生的部位较靠后,肾单位数目多,因而泌尿的能力强,并通过专门的管道——后肾管(metanephric duct),输送尿液。后肾发生以后,中肾管失去了输尿机能,在雄性成为专门的输精管(吴氏管),在雌性则退化。

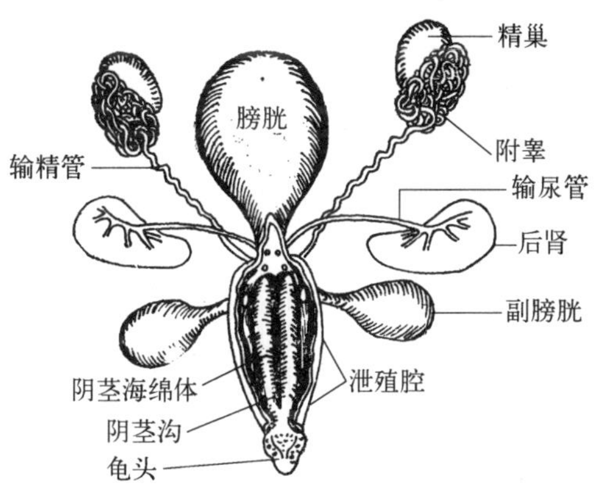

图 18 - 36 雄龟的泄殖系统(引自杨安峰,1994)

2. 尿囊膀胱

爬行类除楔齿蜥、大部分蜥蜴和龟鳖类以外,一般无膀胱。蜥蜴和龟鳖类的膀胱开口于泄殖腔腹壁。从个体发生上来看,爬行类和所有羊膜类一样,膀胱是由尿囊基部扩大而形成,这种类型的膀胱称尿囊膀胱(allantoic bladder)。有一些淡水龟鳖类,除膀胱外还有两个副膀胱(accessory bladder)(图 18 - 36),其开口与膀胱的开口相对。副膀胱的壁上分布有丰富的毛细血管,可以作为呼吸的辅助器官;雄性的副膀胱还有贮水的功能,供营巢产卵时湿土之用。

生活在干旱地区的爬行类,其膀胱具有回收水分的能力,这对于维持体内的水分,具有十分重要的意义。

3. 排泄物

爬行类和鸟类一样,同属于卵生的羊膜类,尿液中以含尿酸(uric acid)为主,而两栖类、哺乳类的尿则以尿素为主。

4. 盐腺

居住在多盐环境或干旱条件下的很多爬行类(蜥蜴、蛇和龟类)还发展了肾外排盐(extra renal salt excretion)的结构,这种排盐的盐腺(salt gland)大多位于头部,如蠵龟(*Caretta caretta*)的盐腺位于眼后上方。蜥蜴的盐腺位于嗅囊外面,分泌的含盐液体通过小管流入鼻道,在鼻孔处或鼻道内形成氯化钠或氯化钾的结晶。

18.3.11 生殖系统

1. 雄性

雄性(图 18 - 36)具精巢一对,以盘旋的输精管通至泄殖腔的背面。羊膜类的输精管是由中肾管(吴氏管)演变而来。爬行类全是体内受精,除楔齿蜥外,雄性皆有交配器。蛇与蜥蜴的交配器称为半阴茎(hemipenis)(图 18 - 37),是由泄殖腔后壁伸出的一对可膨大的囊状物。在平时,半阴茎缩在体内;交配时,半阴茎竖立,囊的内面向外,翻出体外,插入雌体泄殖腔内,半阴茎的内侧表面有螺旋沟,精液沿此沟射出。

蛇的半阴茎内壁上有许多小棘，棘的大小和数量因蛇的种类而有不同，半阴茎的形状也因种而异。龟、鳖和鳄类的交配器具有一个，名为阴茎(penis)，内有海绵组织，也能勃起，但不如哺乳类的发达。爬行动物的幼体雌雄难以鉴别。区别蛇和蜥蜴的雌雄，最简单的方法是从新鲜标本尾后半插入针头，向前注入液体施压，如是雄性，半阴茎就会向外翻出。鳄类成体的雌雄鉴别，可用手指伸入泄殖腔内触摸阴茎的方法来完成。

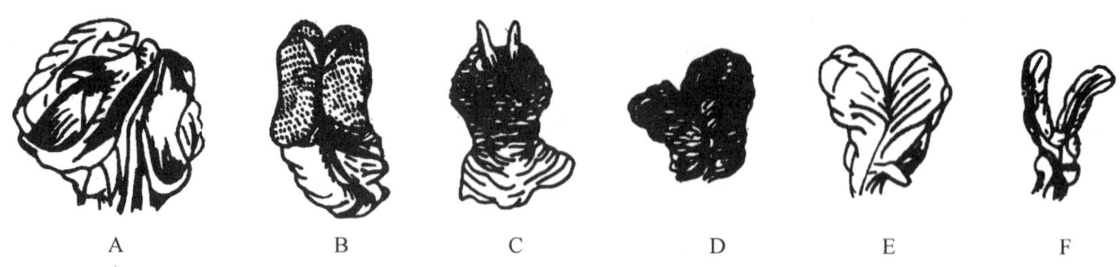

图 18-37　几种蜥蜴的半阴茎(引自张服基)

A. 多疣壁虎；B. 变色树蜥；C. 鳄蜥；D. 北草蜥；E. 密点麻蜥；F. 蝘蜓

2. 雌性

雌性(图 18-38)具一对卵巢，位于体腔背壁的两侧。一对输卵管各以一个大的裂缝状喇叭口开口于体腔。输卵管分化为具有不同功能的部位：在楔齿蜥、龟鳖类和鳄类，输卵管的中部分泌蛋白的腺体，称蛋白分泌部，但其他种类则无此腺体；输卵管的下部具有能分泌形成革质(蜥蜴、蛇)或石灰质(龟、鳖)卵壳的腺体，称壳腺。输卵管最后开口于泄殖腔。

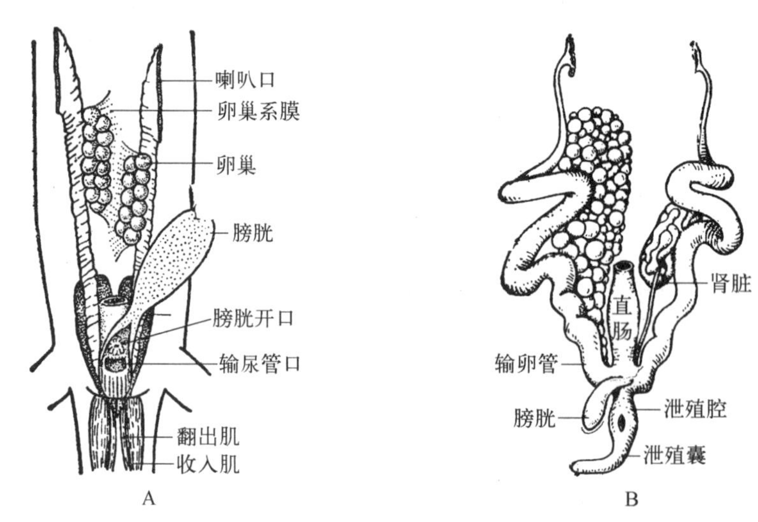

图 18-38　爬行动物的泄殖系统(引自杨安峰，1994)

A. 雌性蜥蜴；B. 雌性鳖

3. 生殖方式

1) 卵生(Ovoparous)　爬行类大多数为卵生。在繁殖时期，它们到比较潮湿、温暖、阳光充足的地方产卵，或者把卵产在特别挖掘的土坑内或铺好的草堆中，借阳光的照射或植物腐败后所产生的热量来孵化。鳄类能筑巢，如扬子鳄在 6 月中旬交配后，即开始筑巢，营巢地点多在向阳的南坡。它能利用吻部和前肢挖成一个浅凹，并用杂草、树叶等铺在浅凹内，卵就产在该层垫草中，在产卵之后，在上面再覆盖上杂草，成为一个直径达 0.5 m、高度约 70 cm 的巢(图 18-83，彩页)。

2) 卵胎生(ovoviviparous)　部分爬行动物为卵胎生。即受精卵不在体外发育，而是在母体输卵管内发育，至完成发育成为幼体时始产出，胚胎发育时的营养主要是依靠卵内贮存的卵黄。如铜石龙蜥(*Sphenomorphus indicus*)、胎生蜥(*Lacerta vivipara*)等一些蜥蜴类和多数毒蛇(包括海蛇)。但也有人观察到，某些卵胎生的种类，在胚胎发育的后期有和母体进行气体交换和依靠母体供给营养的现象。应认为，寒冷的气候是引起爬行类卵胎生的主要原因。从爬行类的地理分布可以证实这一点。同一属中分布在最北方和高山上的种类大多是卵胎生的，而分布在较温暖地区的其他种则是卵生。例如，分布在 2 000 m 处的西藏沙蜥(*Phrynocephallus theobaldi*)是卵生的,而分布在 4 000 m 处的同种动物则是卵胎生的。

3) 胎生(Viviparous) 如果按照哺乳动物的标准,爬行动物是没有胎生种类的。我国特产动物鳄蜥在当年年底仔蜥就在母体输卵管内发育成熟,但延滞到第二年 5 月才产生母体外。解剖怀孕后期的鳄蜥,成熟仔蜥已无卵黄,而母体输卵管壁布满微血管网。可能发育后期的仔蜥依靠母体提供营养,应属于少数胎生蜥蜴之一。青环海蛇也有类似现象。

4) 孤雌生殖(Parthenogenesis) 孤雌生殖是指只有雌性而没有雄性,而雌性个体都可以产出能够孵出幼体的卵。据报道钩盲蛇是孤雌生殖的惟一蛇种。

18.4 爬行纲分类

世界上现存的爬行类约有 5 700 余种,分属于 4 个目中,即喙头目、龟鳖目、有鳞目和鳄目。我国约有 412 种,除喙头目外,其余 3 个目在我国均有分布。

18.4.1 喙头目(Rhynchocephalia)

本目是爬行类中最古老的类群之一,现仅存留一属一种,即新西兰产的楔齿蜥(喙头蜥)(*Sphenodon punctatum*)。它所具有的一系列原始性特征反映出二亿多年前古爬行类的模样,在动物学上有"活化石"之称。

楔齿蜥体长 50~76 cm,外形和大型蜥蜴相似(图 18-39,见彩页),体外被覆颗粒状细小的角质鳞,背中线处有一列棘状鳞,头前端呈鸟喙状(故又称喙头蜥)。楔齿蜥栖于洞穴中,夜间出来觅食,主要以昆虫和蠕虫为食。性成熟很晚,约 20 年才成熟,它的寿命可达百年。现存的楔齿蜥仅产于新西兰岛,该岛的动物区系以保留着最古老的动物种类为特点。数量很少,已濒临绝灭的边缘,属于世界上最珍稀的动物之一。

18.4.2 龟鳖目

本目是爬行细中最为特化的一类。身体宽短,背腹具甲。大多数种类的颈、四肢和尾部皆可以在一定程度上缩进甲内。腹甲主要由真皮形成的厚骨板形成,它和楔齿蜥、鳄所具有的腹壁肋是同源的结构,另外,间锁骨(上胸骨)和锁骨也参与腹甲的形成。

背腹甲的角质板和骨板按一定顺序排列,角质板的数目略少于骨质板(图 18-40)。

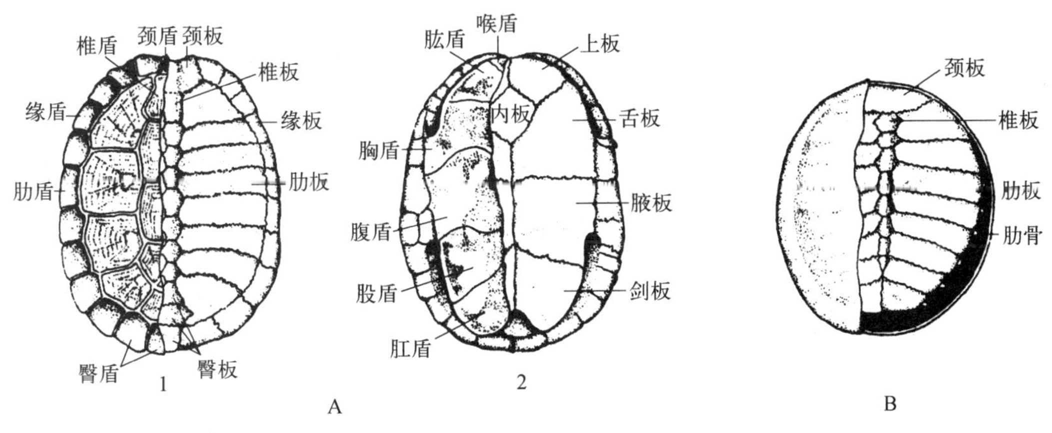

图 18-40 龟鳖类的背甲和腹甲(引自赵肯堂)

A. 龟的背甲(1)和腹甲(2);B. 鳖的背甲

泄殖腔孔呈圆形或纵裂。卵生,卵一般有钙质的硬壳。体内受精,雄性具单个的交配器,和鳄类相似。一般营水栖生活(淡水或海水),也有少数营陆地生活,但都在陆地上产卵,并在陆地上进行发育。龟鳖类的食性可分为草食性、肉食性和杂食性。陆栖龟类大多为草食性,鳖类大多为肉食性,其他种类也有草食、肉食和杂食的。龟类的寿命较长,一般可活数十年,据报道,最高纪录曾达到 180 年。

世界上现存的龟鳖类约有 270 种,分属于 4 个亚目。分布多在热带和温带地区,我国目前已知 38 种,分属 3 亚目 6 科,大多数种类产于华南区,只有少数种类分布到北方。我国没有侧颈龟亚目。

1. 曲颈龟亚目(Cryptodira)

大多数的现存龟类都属于本亚目,包括所有的陆生种类和大部分的淡水种类。其特征是当颈部缩入甲中时,沿垂直面弯曲成“S”形。颈椎的横突不发达或退化。带骨不与甲相愈合。

我国产有 2 科:

(1) 平胸龟科(Platysternidae)

本科在我国仅一属一种,即平胸龟(又名大头龟,*Platysternon megacephalum*,图 18-41,见彩页)。头大、尾长、身体较扁平。背甲与腹甲以下缘甲(桥甲)相连。生活在山区溪流中。分布于我国华南、华东、华中一带。平胸龟在地理分布上属于东洋界特有种类,分布于东南亚热带及亚热带地区,向北伸入我国,一直到华中区。

(2) 龟科(Testudinidae)

无下缘甲,背甲与腹甲直接相连。头较小。背甲明显凸出且有纵棱。颈部、尾部和四肢均可完全缩入甲中。四肢较扁平,指趾间具蹼。营水栖(淡水)、半水栖或陆栖生活。草食或杂食性。例如:

乌龟(*Chinemys reevesii*)又名金龟(图 18-42,见彩页)。生活于河流、池塘或稻田中,有时也爬到岸上。杂食性。是我国最习见的龟类,除东北及青藏高原外,其他各省都产。

四爪陆龟(*Testudo horsfieldi*)(图 18-43,见彩页),生活在海拔 700~1 000 m 的黄土丘陵地,常在蒿草丰富、土质湿润、螺壳较多的阴坡凹地栖息。是生活在内陆草原地区的龟类,我国仅产于新疆霍城县。该物种数量稀少,现被列为国家一级保护动物。

2. 侧颈龟亚目(Pleurodira)

主要特征是颈部不能缩入甲内,仅能在水平面上弯向一侧,将头藏在背、腹甲之间。颈椎具发达的横突。腰带与甲壳愈合在一起。栖于淡水中。分布于南半球的非洲、南美和澳洲,我国没有分布。例如蛇颈龟(*Chelus*)、侧颈龟(*Pelusious*)(见图 18-44,见彩页)。

3. 海龟亚目(Cheloniidea)

本亚目全系海产,生活在热带和亚热带海水中。背甲不具隆起,骨板不完全且很扁平。头部、颈部和四肢均不能缩入,颈部短,颈椎的横突很不发达。四肢变成桨状,指趾骨变扁平,而且延长,常常没有关节,具 1~2 爪或无爪。分为 2 科。

(1) 棱皮龟科(Dermochelidae)

背甲是由许多小的盾片和骨板构成,成体在甲外覆以革质的皮肤。背甲上面有 7 条纵行的棱。四肢成桨状。前肢约为后肢长的 2 倍,无爪。我国仅产一属一种。

棱皮龟(*Dermochelys coriacea*)体型甚大(见图 18-45,见彩页),记载中最大的体长达2.4 m,体重达 725 kg,为海龟中最大的种类。以软体动物、棘皮动物、甲壳类、鱼类等为食,也吃海藻。生殖时到海岸上产卵。

(2) 海龟科(Cheloniidae)

甲外被大型的角质盾片,背甲上无纵行棱,四肢呈桨状,具一或两个爪。

海龟(*Chelonia mydas*,图 18-46,见彩页)体长约 1 m,体重约 450 kg。以海藻为食。海龟的导航机制是仿生学的研究课题之一。

玳瑁(*Eretmochelys imbricata*,图 18-47,见彩页) 身体比海龟小,体长约 60 cm,体重约45 kg。背甲共 13 块(在海南岛一带土名“十三鳞”)。玳瑁的肉臭,不能食用,但卵可食。产于我国南海及东海。

4. 鳖亚目(Trionychoidea)

本亚目包括一些小型种类。骨板外没有角质盾甲,而被以柔软的革质皮肤。腹甲各骨板退化缩小,不互相愈合。颈能缩入甲内,呈“S”形。有长而活动的吻。鼻孔即开于吻的尖端。四肢具发达的蹼,内侧 3 指(趾)具爪。生活在淡水中,分布于非洲、亚洲南部及北美等地。我国仅产一科,即鳖科(Trionychidae)。主要的代表如下。

鳖(*Trionyx sinensis*,图 18-48,见彩页)俗称甲鱼、团鱼。栖居于江河、湖泊、池塘中,有时上岸,但不能离开水源很远。鳖肉的味道鲜美且营养价值高,是有名的珍肴佳品,也可以作为滋补品,在我国是养殖的对象。

鼋(*Pelochelys bisroni*,图18-49,见彩页)别名蓝团鱼等。是鳖科动物中最大的一种,背甲长33~47 cm,宽30~41 cm。栖息于江河、湖泊中,善于钻泥沙,以水生动物为食。分布云南、海南、广东、广西、福建、浙江、江苏。由于鼋的背甲骨板可以入药,且肉味鲜美,遭到了大量捕杀,现在野外的数量已经不多。为国家一级保护动物。

18.4.3 有鳞目(Squamata)

本目为现存爬行动物中最为兴盛的一个类群。身体一般长形,体被角质鳞片,一般无骨板。头骨颞窝属于双颞窝类(Diapsida),但在进化过程中发生了变异:蜥蜴类失去颞下弓,仅保留颞上窝;蛇类的颞上弓和颞下弓全失去,因之也不存在颞窝了。方骨与颅骨形成能动关节,这一点和其他3个目皆不同。椎体一般为前凹型,少数低等种类也有双凹型的。上下颌具侧生齿或端生齿。荐椎有两块。前后肢发达或退化。体内受精,雄性具一对交配器,是由泄殖腔壁向外翻出的一对囊状物,称半阴茎。卵生或卵胎生。卵与楔齿蜥的卵相似,无蛋白,而且卵壳是革质的,和龟鳖类、鳄类的卵不同。泄殖腔孔横裂。犁鼻器(贾氏器)十分发达。营水生、半水生、陆生、树栖或地下穴居等多种生活方式。分布很广,世界各地均产。全世界约有5 500种,据赵尔密等(2000年)统计,我国有鳞目共有371种。分为以下两个亚目。

1. 蜥蜴亚目(Lacertilia 或 Sauria)

身体长形,颈部显著,有较长而活动的尾,多数种类的尾能自断。一般都具有发达的前、后肢,少数种类四肢退化,外形似蛇,但仍保留着肩带,也保留着胸骨,肋骨与胸骨相连接(蛇缺肩带和胸骨)。腹鳞方形或圆形。具有能活动的眼睑。鼓膜明显,有外耳道。舌扁,无舌鞘。一般具膀胱。主要以昆虫和小型无脊椎动物为食。营陆地生活、半树栖生活,极少数营水栖生活。分布很广,但以热带地区所产为多,少数种类分布在北极圈内。我国所产的蜥蜴类,主要属于东南亚热带、亚热带分布的种类。延伸到我国境内,大多集中在华南区。本亚目全世界约3 000余种,分20个科;根据《中国动物志》爬行纲第二卷记载我国产156种,分属于9个科,列举有代表性的几科:

(1) 壁虎科(Gekkonidae)

包括一些原始的小型种类。椎体属双凹型。皮肤柔软,具颗粒状角质鳞片。头顶不具大型对称的盾片。无活动的眼睑,瞳孔呈垂直状。它们大都是夜间活动的种类,指趾端具吸盘,吸盘具一列或二列横行排列的鳞片。善于攀缘,可以在岩石上、墙壁上爬行,白天隐居。以昆虫为食,捕食很灵活,常在人家附近捕食蚊虫,对人有益。例如:

无蹼壁虎(*Gekko swinhonis*)(图18-50,见彩页)俗名爬墙虎、守宫。为华北地区常见的一种。十月间隐匿不见而开始冬眠。

大壁虎(*Gekko gecko*)俗名蛤蚧(图18-51,见彩页)。体长34 cm左右。栖于岩石缝或树洞内。也在住宅天花板上,夜出食虫。大壁虎发出鸣声“蛤—蚧”,因此得名。分布于广东、广西、福建、云南、台湾等省。蛤蚧是著名的中药。《本草纲目》中就有蛤蚧“补肺气、益精血、定喘正嗽、疗肺痈消渴、助阳道”的记载。

(2) 睑虎科(Eublepharidae)

体通常侧扁,头部被粒鳞。具眼睑,瞳孔垂直。椎体前凹型。指趾细直,无攀瓣。爪通常被部分覆盖或可收缩。具肛后囊和肛后骨。主要生活在干燥地区的土中。该科有22种,主要分布在东南亚、南亚、印度尼西亚、澳大利亚、西非及东非、北美及中美各有少数种分布。中国仅发现1种。

睑虎(*Goniurosaurus lichtenfelderi*)(图18-52,见彩页)头体长82~102 mm。常生活在热带山区的山洞里。国内分布在海南、广西、贵州。

(3) 鬣蜥科(Agamidae)

包括较原始的种类。椎体为双凹型。身体被覆方形鳞,多数呈覆瓦状,背鳞具棘。头顶不具大而对称的盾片。口内具有宽而厚的肉质舌,颌上具端生齿。具活动的眼睑。四肢发达,具长的指(趾)和爪。尾细长柔软,不易折断。有的种类身体扁平,体侧且有皮膜;有的身体侧扁,不具皮膜。大腿基部具或不具股腺。营树栖或陆栖生活。以昆虫为食,也有食植物的。约有300余种,分布于热带及亚热带。例如:

斑飞蜥(*Draco maculatus*)(图18-53,见彩页)俗称飞龙。体侧具皮膜,内有几根延长的肋骨支持,展开如冀，能在树间滑翔。可以入药。分布于我国云南、贵州、广东、广西一带。

(4) 避役科(Chamaeleonidae)

在系统发生上，它们与鬣蜥相近，但适应于树栖生活而极端特化，所以在分类上，也有人把它从蜥蜴亚目中分出，成为独立的一亚目。体小型或中型，多数体长 25～35 cm，大的种类可达 60 cm。主要分布于非洲和马达加斯加，少数种类分布在南欧、印度和斯里兰卡。我国不产。本科著名的代表是：

避役(*Chamaeleon vulgaris*，图 18－54，见彩页)在树上攀登和紧握树枝的能力很强，尾很长，也善于缠绕。舌很长，可以伸出几乎和身体等长的距离，舌端膨大，富于黏液腺，捕食时，舌能迅速“射”出，以舌端粘着昆虫，堪称远距离捕食的能手。避役具有在不同环境条件下迅速改变体色的能力，是名副其实的“变色龙”。这种生理性的变色是在植物性神经系统的控制下使色素细胞迅速扩展或收缩而引起的。当遇敌害时，身体胀大和迅速改变体色，都起到警戒和保护的作用。

(5) 石龙子科(Scincidae)

身体中型或小型，体表被覆瓦状排列的光滑圆形鳞片，角质鳞下有骨质板。头顶具大型对称的盾片。具正常的 5 趾型四肢，也有四肢退化的种类。尾长。无股腺及鼠蹊腺。舌尖端分叉，具鳞片状突起。牙齿为侧生齿。营陆地生活或地下生活，喜在干燥的沙土和多岩石的地方活动。以昆虫为食。卵生或卵胎生。分布很广，但主要在东半球。例如：

蓝尾石龙子(*Eumeces elegans*)(图 18－55，见彩页)栖于低山山林及山间道旁的石块下，亚卵胎生繁殖。产于我国长江以南各省。

蝘蜓(*Lygosoma indicum*)(图 18－56，见彩页)体长约 90 mm，短于尾长。因体呈古铜色而俗称铜石龙子，体侧各有一条醒目的黑色纵纹，止于尾基。生活于平原或低山地区。分布在河南、陕西、甘肃和长江以南各省。

(6) 蜥蜴科(Lacertidae)

身体中型或小型。四肢发达，各具 5 指(趾)，尾长而尖，易于折断。角质鳞下无骨板。头部大都具大型对称的盾片，腹部鳞片较大，呈方形，与侧鳞有明显区别。鼓膜外露或下陷。舌宽、扁平，具鳞片状的突起。大腿的基部腹侧具股腺或鼠蹊腺。生活在山坡、岩石缝隙中，常在干燥、阳光充足的地方活动。例如：

丽斑麻蜥(*Eremias argus*)俗名麻蛇子(图 18－57，见彩页)。是我国长江以北最常见的一种小型蜥蜴。栖息场所极为广泛，不仅活动于农田、山野、草丛、灌木丛等平原和丘陵地区，亦能活动于山上。

北草蜥(*Takydromus septentrionalis*，图 18－58，见彩页)俗名蛇舅母。栖息于海拔 180～1 750 m 的丘陵、平原和山区的茂密草丛中或矮灌木林间，受到惊扰则迅速逃遁，以昆虫为食。分布于我国东南及华中各省。

(7) 蛇蜥科(缺肢蜥科)(Anguidae)

身体细长形，四肢消失，似蛇。头顶具大型而对称的盾片。尾长，易折断，能迅速再生。舌分前后两部：前部薄，能伸缩；后部厚，不能伸缩。眼小，有活动的眼睑。体侧有凹入的纵沟。具侧生齿。分布于欧洲、美洲热带地区、北非和印度，分布是间断的。

我国产细脆蛇(*Ophisaurus gracilis*)，分布于西南区；脆蛇蜥(*Ophisaurus harti*，图 18－59，见彩页)，分布在长江以南各省，该种为最常见，生活在草丛中，穴居，夜间活动，行动缓慢。

(8) 巨蜥科(varanidae)

是原始的蜥蜴类，体型巨大，最大者为东印度 Komodo 岛屿上所产的巨蜥(*Varanus komodoensis*)，体长达 3 m 多。体躯和四肢均很粗壮，颌很长，尾部长而侧扁。身体被颗粒状细鳞，腹鳞方形，头顶具细鳞，不具对称的大型盾片。舌长而细，分叉，能缩入鞘内，很像蛇类。牙齿大，顶端尖，为侧生齿。分布于非洲、亚洲南部、澳洲东南部岛屿。在我国分布于海南岛和云南南部。

圆鼻巨蜥(*Varanus salvator*，图 18－60，见彩页)体长达 2 m 余。陆生，爬行甚快，也能在水中游泳。完全肉食性。皮可制皮鞋、提包等日用品，肉可食用。分布于云南、广东、广西和海南省。

(9) 鳄蜥科(Shinisauridae)

我国广西瑶山的鳄蜥属于本科，仅 1 属，1 种。为我国特产。

鳄蜥(*Shinisaurus crocodilurus*，图 18－61，见彩页)俗称雷公蛇。它头似蜥蜴，尾似小鳄，其大小与爬行姿态也很像初生的小鳄，故名鳄蜥。体全长 30～40 cm。鳄蜥是我国特有的珍稀动物，仅产于广西瑶山等地区,1930 年初次发表,定为新属新种,已列为国家一级保护动物。

(10) 双足蜥科(Dibamidae)

体似蚯蚓,周身被覆瓦状排列的圆鳞,没有骨化皮层。舌短,后端分叉,前端尖出不分叉,表面有横褶襞;齿小而尖,钩曲;眼不明显,隐于眼鳞之下,无耳孔。雌性无前后肢;雄性肛侧凹沟内有一对短而扁平、覆以鳞片的鳍状后肢。雄性具肛前孔。营穴居生活;以白蚁等地下昆虫为食。分布于我国南部、中南半岛、菲律宾、印度尼西亚及墨西哥中部。中国仅分布 2 种。

白尾双足蜥(*Dibamus bourreti*,图 18-62,见彩页)形似蚯蚓,体长 200 mm 左右。生活时通身紫铜色,有金属光泽,腹面色略浅,头部前半部为灰白色,尾末端为玉白斑。我国主要发现于湖南及广西,国外分布于越南。

(11) 毒蜥科(Helodermatidae)

唯一有毒的蜥蜴类。体形肥胖,尾短而粗,背面有珠状小瘤,皮下有扁平的骨鳞。体色醒目可怖,背部灰白色或黑色,饰有斑驳错落的粉红色、黑色及黄色的斑点,尾具宽阔的深色环纹。栖于沙地,行动缓慢,以蚁类、蛇卵及小鼠为食。卵生。

本科 1 属 2 种,即短尾毒蜥(*Heloderma suspectum*)和珠背毒蜥(*Heloderma horridum*)(图 18-63,见彩页)

2. 蛇亚目(Ophidia 或 Serpentes)

是一支特化的爬行动物,穴居,适于以腹部贴地爬行。体呈圆筒形,无四肢,无胸骨,无肩带,但有少数种类尚保存退化的腰带(如盲蛇科),也有的种类还有残余的后肢(如蟒蛇科),头骨不存在颞窝,颞上弓及颞下弓全失去。椎体均为前凹型。蛇的脊椎骨数目多者可达 500 块,脊椎分区不明显,仅分化为尾椎和尾前椎两部,代表特化的类型。无活动的眼睑,眼睑互相愈合而透明,如表玻璃。无外耳孔和外耳道,鼓膜、鼓室均已萎缩,但有耳柱骨埋于鳞下。牙齿发达,生长在上、下颌骨、腭骨及翼状骨上。舌细长,尖端分叉。左肺通常退化。无膀胱。雄性只交接囊一对。大都营陆地生活,也有树栖、半水栖、水栖(淡水、海水)的。多数为卵生,少数为卵胎生(毒蛇大多是卵胎生)。本亚目在全世界约有 2 500 种,分属于 13 科,分布广,但以热带为最多。根据《中国动物志》爬行纲第三卷记载了我国已知蛇类 209 种,隶属于 8 科,其中毒蛇约 50 种,分属于 4 科,多数种类集中于南方。

(1) 盲蛇科(Typhlopidae)

包括一些外形似蚯蚓的小型蛇。体呈圆筒形,体长不超过半米。全身被以光滑的圆形鳞片,背腹部鳞片无区别。头小,由于方骨不能活动,下颌骨左右两半愈合,故口不能张开很大。无明显颈部。眼睛退化,隐于皮肤鳞片之下,故称盲蛇。仅在上颌横列的上颌骨上有牙齿,下颌无牙齿。为较为原始的一科,后肢仍保留着腰带的残迹。营穴居生活。主要以昆虫为食。卵生。为无毒蛇,分布于环球的热带和亚热带地区。例如:

盲蛇(*Typhlops braminas*,图 18-64,见彩页)俗名地鳝、铁丝蛇。长约 17 cm 形似蚯蚓。眼退化,隐于皮下。生活于泥土中或石块下,分布在华南和华中两区。

(2) 蟒科(Boidae)

包括体型最大的一些无毒蛇类(世界上最大的蟒蛇长达 10 m)。但也包括一些体长不足半米的小型种类。身体背部的鳞片小而光滑,腹面的鳞片大而宽,一列。瞳孔竖立,上下颌全具齿。本科为蛇类中较低等类群,具后肢的残余,在泄殖腔孔两侧有一对角质爪,内部骨骼保留有退化的髂骨和股骨。有成对的肺(其他蛇类大多仅一个右肺)。地栖或树栖性,尾的缠绕性很强,善于攀缘在树上。主要以鸟类和哺乳类等恒温动物为食,甚至能吞吃体重达 20.30 kg 的麂、鹿和山羊。捕食时,以身体缠绕之,使捕获物窒息而死。和捕食恒温动物的习性相适应,蟒蛇类发展了特有的红外线感受器——唇窝。卵生或卵胎生。卵生种类中有的具有孵卵习性,母蛇将身体蜷曲,将卵裹在中间,这时它比雄蛇的体温要高出一些。分布于东西半球的热带和亚热带地区。

蟒蛇(*Python molurus*,图 18-65,见彩页) 分布于福建、广东、台湾等地。肉可食,皮可制革,蟒皮具有美丽的饰纹,美观而结实,是制作二胡等乐器的好材料,具有良好的音响效果。属国家一级保护动物。

(3) 游蛇科(Colubridae)

是现代蛇类中最大的一科,包括约 1 500 种(占全部蛇种类的半数以上)。身体大多为中型。多数是无毒蛇,但也包括一些有毒的蛇类。上下颌全具齿,具毒牙的种类,属于后沟牙(opisthoglyphic tooth)。背鳞小,腹鳞宽大。头顶被少数大型对称的盾片。无腰带及后肢的残余。营陆栖、树栖、半水栖和水栖的生活方式。卵生或卵胎生。分布几遍及全球。例如:

虎斑颈槽蛇(*Rhabdophis tigrinus*,图 18-66,见彩页)又名红脖游蛇、野鸡脖、竹竿青。栖于水边草丛中,以蛙类为主食。分布几遍全国。

赤链蛇(*Dinodon rufozonatum*,图 18-67,见彩页)为陆地上常见的无毒蛇。分布很广,我国华东、华北、西南等地都有。

红点锦蛇(*Elaphe rufodorsata*,图 18-68,见彩页)俗名水蛇。栖于水边草丛中,有时也到水中游泳,以鱼类和蛙类为食。分布于华北、华中及东北一带。

中国水蛇(*Enhydris chinensis*,图 18-69,见彩页)又名泥蛇。栖于稻田、池塘及水沟等处,捕食鱼类。分布在长江以南地区,是本科中的有毒蛇。

其他常见种类有乌梢蛇(*Zaocys dhumnades*,图 18-70,见彩页)、王锦蛇(*Elaphe carinata*,图 18-71,见彩页)、黑眉锦蛇(*Elaphe taeniura*,图 18-72,见彩页)等。

(4) 眼镜蛇科(Elaphidae)

上颌的前部有沟状毒牙一对,毒牙粗短而直立,属于前沟牙(proteroglyphic tooth),为有剧毒的毒蛇。尾圆形。卵胎生。以啮齿类为主要食物。陆生或树栖。分布于亚洲、非洲、美洲等地区。例如:

眼镜蛇亚科(Elapinae)

眼镜蛇(*Naja naja atra*,图 18-73,见彩页)体长 1~1.5 m。受惊时,身体前部能直立,颈部膨大,颈背部的花纹呈眼镜状,故名。分布在广东、广西、浙江、湖南、江西和安徽一带,以长江为其北限。

本科包括许多剧毒蛇类,如金环蛇(*Bungarus fasciatus*,图 18-74,见彩页),体表具黑色和黄色相间的环纹。银环蛇(*Bungarus multicinctus*,图 18-75,见彩页),体表具黑色和白色相间的环纹。分布在我国华南各省,以及东南亚一带。

海蛇亚科(Hydrophiinae)

本科主要特征是尾侧扁,具前沟牙。均为毒蛇。栖海水中。卵胎生。例如:

青环海蛇(*Hydrophis cyanocinctus*,图 18-76,见彩页)背部有青色环纹。分布于我国南部沿海及东海。

(5) 蝰蛇科(Viperidae)

上颌骨宽短,而且能活动,张口时可以呈直立状态。上颌的前面具一对管牙。全为卵胎生。包括陆生、树栖、半水栖和穴居的种类。分布很广,包括欧洲、亚洲、非洲和美洲等地。分为以下两亚科:

蝰亚科(Viperinae) 在眼与鼻孔之间不具颊窝。

蝮亚科(Crotalinae) 在眼与鼻孔之间具颊窝。例如:蝮蛇(*Agkistrodon halys*,图 18-77,见彩页)俗名草上飞。是我国分布最广,数量最多的一种毒蛇。北方分布在辽宁、吉林、黑龙江、内蒙古,向南延伸可达西南区和长江下游一带。辽宁旅顺西北著名的蛇岛上的蛇全是这一种蝮蛇。蛇岛的面积仅一平方公里左右,据近年的考察,认为该岛现存的蝮蛇约有两万条。蝮蛇的食性很广,包括鱼、蛙、蜥蜴、鸟、鼠等。卵胎生,每年 6~9 月间产仔。

我国常见的其他种类有:尖吻蝮(俗名五步蛇,*Agkistrodon acutus*,图 18-78,见彩页)、竹叶青(*Trimeresurus stejnegeri*,图 18-79,见彩页)。均分布在长江以南地区。

闻名的响尾蛇(*Crotalus horridus*),其尾部的角质环在摆动时能发出响声。产于美洲。

18.4.4 鳄目(Crocodilia)

本目动物是现代爬行类中结构最高等的,其心室已分隔为左右两室,仅留一孔(潘氏孔)相通,血液循环已接近于完全的双循环。次生腭甚完整(见图 18-9),使内鼻孔后移,鼻腔与口腔完全分开。牙齿着生于上下颌骨的齿槽内(槽生齿),这是现代爬行类中唯一的情况。其肾门静脉的作用较其他爬行类更为降低,显示鳄已和恒温动物更为接近。

除进步性特征外,鳄类还有许多适合于水中生活的特征,如侧扁的尾,后足有蹼,鼻孔和耳孔有能关闭的瓣膜,在口腔后部咽的前面有称为腭帆(velum palatinum)的肌肉质瓣膜。当鳄在水中张开口时,腭帆关闭挡住咽的入口。这样,鳄把鼻孔伸出水面进行呼吸,同时并不妨碍吞吃食物。肺脏很大,且结构复杂,适于在水中停留较长时间而不需要换气。

体表被角质鳞,背部角质鳞下面还有真皮骨板。头骨仍保留着原始的双颞窝,方骨不能活动。椎体多为前凹型,脊柱明显地分为颈、胸、腰、荐、尾 5 部分。肋骨具 2 头:上面的头与横突相连,下面的头则与椎体相连。胸椎肋骨具钩状突。具胸骨。在胸骨后方还有游离的腹壁肋,代表退化了的骨板,由真皮骨化而来。胃由前部的薄壁胃和后部的厚壁肌肉胃组成。泄殖腔孔纵裂。体内受精,雄性具单个的交配器。卵生。

全世界现存鳄类共 23 种,分 3 个科,即短吻鳄科(Alligatoridae)、鳄科(crocodilidae)、食鱼鳄科(Gavialidae),分布在亚洲、美洲、非洲等热带亚热带地区。代表种类有:

扬子鳄(鼍)(*Alligator sinensis*,图 18-80,见彩页)是鳄类中较小型者,最大体长 2 m 多,吻短而钝,属于短吻鳄(鼍)科。栖于江湖岸边的滩地、芦苇或竹林丛生处。挖穴而居,洞口一或多个。

扬子鳄为我国特产,根据化石材料,过去在我国分布很广,目前分布区已大大缩小,仅存于安徽南部的宣城及毗邻的浙江安吉,野外数量不及 150 条,为国家一级保护动物。

密西西比河鳄(*Alligator mississippiensis*,图 18-81,见彩页),产于北美密西西比河水系,为鼍属中仅存的两种。目前这两种短吻鳄分隔的距离几有地球的半圈,而在第三纪时,它们曾广泛分布于新旧大陆。栖居于淡水中或咸水沼泽地带、池塘以及大小不同的水域。可见,目前的分布状况具有残留的特点,是不连续分布的一例。

湾鳄(*Crocodilus porosus*)是一种大型能食人的鳄。属于鳄科,分布于印度、马来半岛及澳大利亚北部等地的沿海和潮汐带。该鳄对海水的耐受性较一般鳄要大,多栖息于沿海的咸水沼泽地带或潮汐可波及的地区,因而也称该鳄为咸水鳄。在历史上曾分布于我国南部沿海。目前这种鳄在我国沿海已经绝迹了。

印度食鱼鳄(*Gavialis gangeticus*,图 18-82,见彩页)亦称恒河鳄,属于食鱼鳄科。产于印度、缅甸。吻细长,两侧呈平行状,吻长度是吻基宽的 3.3~3.5 倍,体长达 6.5 m。

目前,我国引进养殖的鳄鱼种类较多,如湾鳄、暹罗鳄(*Crocodilus siamensis*)及尼罗鳄(*Crocodilus niloticus*)等。

思 考 题

1. 名词解释:羊膜动物 蜕皮 鼠鼷窝 股窝 次生腭 颞窝 双颞窝 枢椎 耻骨连合 坐骨连合 跗间关节 端生齿 侧生齿 槽生齿 同型齿 异型齿 卵齿 犁鼻器 新脑皮 顶眼 颊窝 唇窝 尿囊膀胱 羊膜卵 卵胎生 尿囊
2. 试从器官系统的结构和生理的特点来说明爬行类对陆地生活的适应。
3. 羊膜类和无羊膜类在泄殖系统上有何重要区别?
4. 简述羊膜卵的主要特征及其在动物演化史上的意义。
5. 列举五项首次出现于爬行纲的结构,它们的出现各有何生物学意义?
6. 现代爬行类分为几个目?各目的主要特征及代表动物。
7. 什么是颞窝?爬行类根据颞窝的有无和颞窝的位置可以分为几种类型?
8. 毒蛇与无毒蛇如何区分?
9. 举例说明爬行动物与人类的关系。

图 18-39 楔齿蜥(*Sphenodon punctatum*)
(引自 http: //www.csdyzx.cn/swtd/dongwu/jzdwm/lddwqx08.htm)

图 18-41 平胸龟(*Platysternonmegacephalum*)
(引自 http: //ownersfish.fc2web.com/turtle/turtles)

图 18-42 乌龟(*Chinemys reevesii*)
(引自吴孝兵)

图 18-43 四爪陆龟(*Testudo horsfieldi*)
(引自 http: //www.biolib.cz/IMG/GAL/11623.jpg)

图 18-44 侧颈龟(*Pelusious*)
(引自 http: //www.sweb.cz/Pelomedusa/druhy/p.adansonii/obrazky)

图 18-45 棱皮龟(*Dermochelys coriacea*)
(引自 http: //www.sthlm-herp.net/galleri/galleri_800/havsskoldis_800.html)

图 18-46 海龟(*Chelonia mydas*)
(引自 http: //www.pifsc.noaa.gov/cred/img/mdr/GreenSeaTurtle.jpg)

图 18-47 玳瑁(*Eretmochelys imbricata*)
(引自 http: //www.iecool.com/photo/show/537/40808.htm)

图 18-48 鳖(*Trionyx sinensis*)
(引自 http: //tortoises.diy.myrice.com/images/Trionyx%20sinensis.gif)

图 18-49 鼋 (*Pelochelys bisroni*)
(引自 http: //rsz.ccjy.cn/teacher/kejian/sw/lcq/ldsh/物种知识/物种知识-两栖爬行类/鼋.htm)

图 18-50 无蹼壁虎(*Gekko swinhonis*)
(引自 http: //homepage3.nifty.com/japrep/gekko/gekko/photo/tawababy.jpg)

图 18-51 大壁虎(*Gekko gecko*)
(引自 http: //www.bluechameleon.org/)

图 18-52 睑虎
（*Goniurosaurus lichtenfelderi*）
（引自 http：//www.reptarium.cz/content/03000002510_01_f.jpg）

图 18-53 斑飞蜥（*Draco maculatus*）
（引自 http：//www.nbh.gov.cn/）

图 18-54 避役（*Chamaeleon vulgaris*）
（引自 Miller & Harley，2003）

图 18-55 蓝尾石龙子（*Eumeces elegans*）
（引自吴孝兵）

图 18-56 蝘蜓(*Lygosoma indicum*)
（引自吴孝兵）

图 18-57 丽斑麻蜥（*Eremias argus*）
（引自 http：//sochon.kfem.or.kr/subpage/sub_image/photo-1.jpg）

图 18-58 北草蜥
（*Takydromus septentrionalis*）
（引自吴孝兵）

图 18-59 脆蛇蜥（*Ophisaurus harti*）
（引自 http：//daguanyuan.im.ac.cn/dongwu/images/px/px02/5b.jpg）

图 18-60 圆鼻巨蜥（*Varanus salvator*）
（引自 http：//www.pep.com.cn/200406/ca458061.htm）

图 18-61 鳄蜥(*Shinisaurus crocodilurus*)
（引自黄乘明）

图 18-62 白尾双足蜥（*Dibamus bourreti*）
（引自 http：//202.186.86.56/photos/sendbinary.asp?path=thumbnails/153/dibamus.jpg&type=actual）

图 18-63 珠背毒蜥（*Heloderma horridum*）
（引自 www.helodermahorridum.com/beaded_lizard.php）

图 18-64　盲蛇（*Typhlops braminas*）
（引自 http：//www.wwfchina.org/csis/search/image/upload/10775354021.jpg）

图 18-65　蟒蛇（*Python molurus*）
（引自 http：//store.reptileron.com/images）

图 18-66　虎斑游蛇（*Rhabdophis tigrinus*）
（引自 http：//www.wwfchina.org/bbs/bottomtest.shtm? channelid=12&ddd=369404&id=370075）

图 18-67　赤链蛇（*Dinodon rufozonatum*）
（引自 http：//www.cunzhangcn.com/News/TeZhongyz/20069981127.htm）

图 18-68　红点锦蛇（*Elaphe rufodorsata*）
（引自 http：//www.pxtx.com/bbs/UploadFile/200381811252469571.jpg）

图 18-69　中国水蛇（*Enhydris chinensis*）
（引自 http：//www.pxtx.com/bbs/printpage.asp?BoardID=50&ID=3827）

图 18-70　乌梢蛇（*Zaocys dhumnades*）
（引自 http：//baike.baidu.com/view/16271.htm）

图 18-71　王锦蛇（*Elaphe carinata*）
（引自 http：//www.nhf.dk/Fotoalbum/albums/userpics/carin.jpg）

图 18-72　黑眉锦蛇（*Elaphe taeniura*）
（引自 http：//bioll.bio.nagoya-u.ac.jp：8001/~ssugiya/001125snake2.jpg）

图 18-73　眼镜蛇（*Naja naja atra*）
（引自 http：//www.pxtx.com/sis/uploadfiles/20040731115158-99814.jpg）

图 18-74　金环蛇（*Bungarus fasciatus*）
（引自 http：//pubwww.srce.hr/botanic/cisb/doc/fauna/zmije/krait.jpg）

图 18-75　银环蛇（*Bungarus multicinctus*）
（引自 http：//www.pxtx.com/bbs/UploadFile/2005-1/2005131103824322.jpg）

图 18-76　青环海蛇(*Hydrophis cyanocinctus*)
(引自 http://daguanyuan.im.ac.cn/dongwu/images/px/px02/21b.jpg)

图 18-77　蝮蛇(*Agkistrodon halys*)
(引自 http://elitecom.cn/img/UserPhoto/czcjlbst.jpg)

图 18-78　尖吻蝮(*Agkistrodon acutus*)
(引自 http://www.pxtx.com/bbs/UploadFile/2005-5/20055181939797.jpg)

图 18-79　竹叶青(*Trimeresurus stejnegeri*)
(引自 http://www.lishaomin.com/f/read_104_34163_1.html)

图 18-80　扬子鳄(*Alligator sinensis*)
(引自吴孝兵)

图 18-81　密西西比河鳄(*Alligator mississippiensis*)
(引自 http://www.pcppp.com/bbs/Announce/Announce.asp?BoardID=50012&ID=19232)

图 18-82　印度食鱼鳄(*Gavialis gangeticus*)
(引自 http://post.baidu.com/f?kz=123948447)

图 18-83　扬子鳄的卵及卵巢
(引自吴孝兵)

第19章 鸟　纲(Aves)

提　要

适应飞翔和树栖生活，通过多种方式减轻体重、增加飞行动力和灵活性。前肢特化成翼。体被羽毛。骨骼中空有愈合现象。与飞翔、树栖有关肌肉发达且向身体中央集中。具喙、嗉囊和肌胃，取食消化效率高。支气管式肺与气囊相连，形成高效率的贯流通气和交叉对流气体交换。心脏大而心率快，具肌瓣。后肾排泄尿酸，无膀胱。雌性仅具左侧卵巢；雄性无交配器，但有交配现象。大脑主要由纹状体构成，调控学习、迁徙和繁殖行为；小脑发达，调节平衡运动。横纹肌对视觉进行双重调节。

19.1　鸟类的主要特征

鸟类由爬行动物进化而来，是一支进一步适应飞翔生活的高度特化的脊椎动物类群。与飞翔生活相适应，需要减少阻力、增加推进力，减少重力、增加空气的浮力作用，保持重心稳定，鸟类的形态结构发生重大变化。因此，学习鸟纲不仅要了解鸟类与爬行动物的异同特征和演化关系，更要了解其适应飞翔生活的特化特征。

1. 鸟类与爬行动物相同的特征

1）皮肤薄而缺乏皮肤腺，干燥。

2）羽毛和爬行动物的角质鳞片是同源结构，都是表皮角质层演化的产物，并且鸟类足部也具有表皮鳞片。

3）头骨双颞窝、仅有一个枕髁与寰椎相关节。

4）产大型羊膜卵，为卵生羊膜动物。胚胎发育时行盘状卵裂。

5）后肾排泄尿液的主要成分为尿酸，不溶于水，有助于胚胎在卵壳内发育。

2. 鸟类比爬行动物进步的特征

1）心脏分为完全的2心房2心室，完全双循环，右房室瓣肌肉质，心跳快、输送血液能力强，保证旺盛代谢能力对输送物质的要求。

2）具有发达的神经、感官系统和复杂的行为，头骨高，颅型，大脑较大是由于纹状体的增大造成的，不是大脑皮层发达，本能行为发达。

3）具有高而稳定的体温(38～44℃)，减少了对外界温度条件的依赖，飞翔能力强，因而分布广泛。

4）有完善的求偶交配、筑巢、孵卵育雏行为，为子代提供更多的学习机会，提高了子代成活率和生存能力。

3. 鸟类适应飞翔生活的特化特征

1）体呈流线型，体表被羽毛。

2）前肢变为翼，两列跗骨之间形成跗间关节。具有发达的栖肌和胸肌，适应起落飞翔生活，强而迅速的飞翔能力使鸟类能主动迁徙适应环境的变化。

3）气质骨骼中空而轻、多愈合，如脊柱有部分愈合现象，加强支持作用而减轻飞翔体重。

4）无膀胱，大肠不储存粪便，有助于减轻体重。

5）有气囊与肺相连，肺结构形成贯流式通气的呼吸机制和交叉对流的气体交换机制。

4. 恒温在动物演化史上的意义

1) 高而稳定的体温　鱼类、两栖类、爬行类、鸟类和哺乳类的中枢神经中都有对温度敏感的结构，可见控制机体与环境间的温度关系早就存在的，因而动物对环境温度变化反应的行为广泛发生。2 亿年前，动物沿变温和恒温两条路线进化。鸟类和哺乳动物都出现高而稳定的体温，即恒温，鸟类为 40±2℃，真兽类为 38±2℃，有袋类为 36±2℃，鸭嘴兽为 31±2℃。

2) 高而稳定的代谢水平　恒温动物的代谢水平至少是变温动物的 6 倍。同体重哺乳动物和爬行动物每天的能耗比(见表 19－1)。

表 19－1　同体重兽类和爬行动物代谢比较

体　重	哺乳动物	爬行动物	哺乳/爬行比
10 g	2.5	0.2	13/1
100 g	13.5	1.1	13/1
1 kg	77.8	6.5	12/1
10 kg	437.8	38.5	11/1
100 kg	2 461.7	226.7	11/1
1 000 kg	13 843.2	1 335.0	10/1

3) 恒温有利于体内一系列的酶反应　生命活动是一系列酶参加的化学反应过程，温度低，反应速度慢，温度过高，由蛋白质构成的酶就会发生变性，失去活性。因此，在一定范围内温度增加，温度升高 10℃，耗氧率增加 2～3 倍，加速许多生理过程；恒温对促进体内各种酶的活性、催化快速的化学反应起着重要作用。

4) 恒温是产热和散热的动态平衡　机体产热少于散热，体温下降；产热多于散热，体温升高；产热等于散热，体温维持恒定。环境温度低，散热增加；低限是引起水结晶并脱水，致使细胞结构和溶质浓度产生不可逆变化。环境温度升高，散热降低，热量将从环境传导、辐射进入体内。伴随着活动，代谢产热可增加 10 倍以上，散热必须以同样的速度增加，否则，如高温作业，常出现体温迅速升高而中暑，甚至引起细胞内蛋白质变性造成热致死。

5) 高于环境温度有助于体温调节　环境平均温度 20～30℃，体温 36～42℃，有利于酶促反应和体温调节，多余热及时由传导(conduction)、辐射(radiation)、蒸发(evaporation)散发出去。鸟类、哺乳类发育羽毛和毛形成隔热层，可防止热量过多散失；两栖爬行动物无隔热层，过度散热将引起体温下降，体温随环境温度而变化，为变温动物。

6) 完善的调节机制　散热等于产热是维持恒温绝对必需的。鸟类和哺乳类丘脑下部有体温调节中枢，通过高度发达的神经-内分泌系统，迅速调节产热和散热过程，保证 Htot＝Hc＋Hr＋He＋Hs，维持体温稳定。

鸟类的机体不仅能产生热，而且能保持高而稳定体温，从而减少了动物对自然环境的依赖性，扩大了生活和分布的范围，鸟类和哺乳动物都属于恒温动物，具有较高而稳定的新陈代谢水平，其代谢率至少是变温动物的 6 倍；体温调节中枢位于丘脑下部，通过神经、内分泌活动完成协调，具有较强的体温调节能力，保证机体产热、散热在环境温度发生剧烈变化的情况下保持动态的平衡，从而使体温保持比较稳定而稍高于环境温度的水平。高而恒定的体温能促进体内的酶促反应，机体生化反应的快速进行使细胞对刺激的反应迅速而持久，有利于动物的取食和躲避敌害等各种活动。高而恒定的体温使动物减少对环境的依赖性，昼夜、冬天、夏天均可活动，增强生存竞争力，开辟新的营养生境，扩大活动分布范围。特别是在爬行动物统治时代对动物的进化具有重要意义。

19.2　鸟类的形态结构与功能概述

19.2.1　外形特点

鸟类的身体分为头、颈、躯干、尾、四肢等部分(图 19－1)。

头部具有由上下颌延伸而成的喙,外覆角质鞘。鼻孔位于上喙基部,裂缝状;有的上喙基有裸露无羽而突出的皮肤叫蜡膜。眼大而圆,上下眼睑和瞬膜可活动;瞬膜(图 19-2)盖住眼,可防止飞翔气流对眼的冲击作用,内缘羽状上皮(feather epithelium)能清洗灰尘。耳孔位于眼的后下方,鼓膜下陷形成外耳道,周围耳羽具有收集声波的作用。颈部长而灵活。躯干部椭圆形,龙骨突和发达的胸肌使腹面向外突出。尾部缩短,具尾羽,背面有尾脂腺,腹面有一横裂的泄殖腔孔。

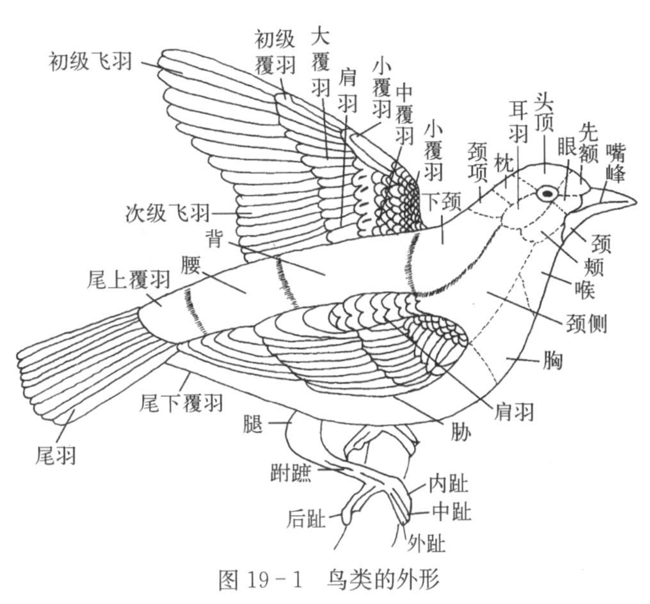

图 19-1 鸟类的外形

前肢特化为翼,上臂、前臂、手部与翼上飞羽构成铰链式连接成“Z”形弯曲,展开时呈直线向外伸展成为一个整体,有利于飞翔。后肢由股、胫和足部组成,股部短被羽毛覆盖,胫部长,胫下部及足裸露,被角质鳞。足部近端为直立的跗蹠部,远端四趾着地,常态足三趾向前,一趾向后。

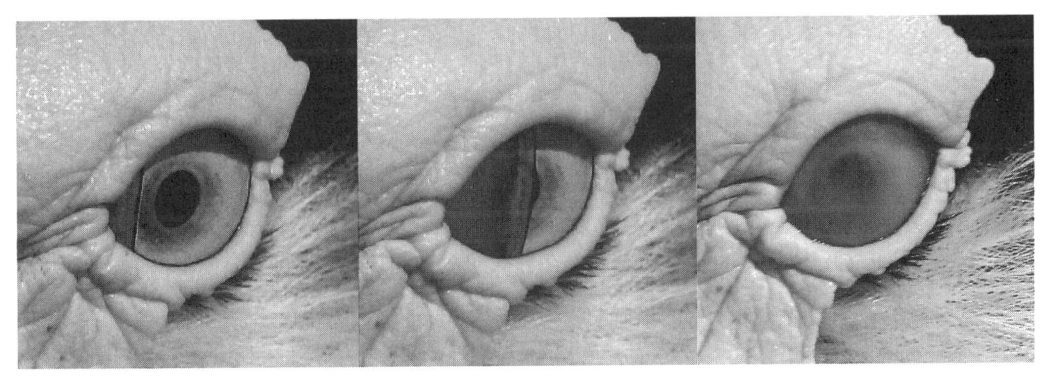
图 19-2 瞬膜(引自 Toby_Hudson)

19.2.2 皮肤系统

1. 皮肤的特点

鸟类的皮肤薄、软、干燥,疏松。有利于羽毛活动和飞行时肌肉的舒缩活动。

2. 表皮(epidermis)与真皮(dermis)

表皮松软,角质层薄,足无羽区的表皮角质层加厚形成鳞片。真皮薄,分布有血管、神经末梢,深层有连接羽根的皮肤肌,牵连皮肤。收缩时使羽毛运动。

3. 皮肤衍生物

(1) 羽毛(feather)

1) 羽的发生 胚胎时期,表皮增厚下陷向斜后方生长形成羽毛囊,基部包被真皮突起形成真皮乳头,供应营养,包围乳头的表皮形成羽领,生长增殖并形成许多纵行羽柱,其中背中线羽柱生长迅速,带动其他羽柱并生两侧,分生能力强的腹中线不断产生羽柱加入,在羽柱不断向外推移的过程中,逐渐角质化形成一个羽枝构成羽片,羽乳头外面的表皮形成角质的羽鞘,当羽鞘破裂羽枝展开(图 19-3)。基部羽领背面一枝羽柱生长快形成羽轴,其余羽柱在羽轴两侧形成羽枝,发育为正羽。

2) 羽毛的类型

正羽(contour feather) 正羽由羽轴(sgaft)和羽片(vanes)构成。羽轴中空,羽轴下部为羽根(calamus),埋入皮肤,半透明,羽根末端小孔为下脐,真皮乳头突入其中供给羽毛生长发育的营养。羽根上端小孔为上脐,由此生出副羽。羽轴上部为羽茎,两侧有由羽枝构成的羽片,每条羽枝的两侧斜生出许多平

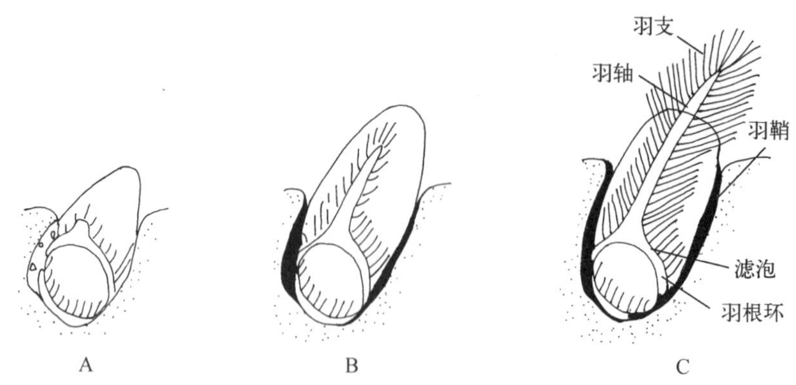

图 19-3 羽毛的发生(A—C)

行的羽小枝,羽小枝上有钩和槽,相邻的羽小枝上的钩、槽彼此相钩连形成结实而有弹性的羽片。因外力作用钩、槽脱开后,鸟用喙梳理羽毛时可重新钩结,使羽片保持完好的整体结构和功能(图 19-4)。

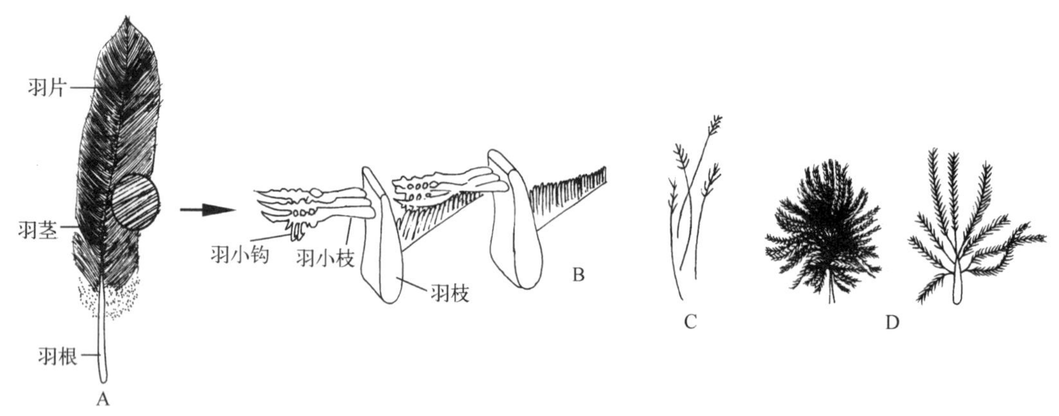

图 19-4 鸟类羽毛的类型

A. 正羽;B. 正羽的羽枝、羽小枝;C. 纤羽;D. 绒羽

正羽分布于体表为廓羽。着生在翼部的为飞羽(flight feather),可分为着生在腕、掌、指处的初级飞羽(primaries);着生在前臂上的次级飞羽(secondqries);着生在上臂部的三级飞羽(tertiaries)。着生在尾部的正羽为尾羽,其数目、形状为鸟类分类的依据。

绒羽(down feather) 羽轴纤弱,羽根短,顶部簇生丝状羽枝,羽小枝无钩,故不形成羽片。分布在正羽的下面,构成隔热层。

纤羽(filopume) 毛发状,只具羽轴部分,顶部有几根短羽枝。分布在羽毛之间,有触觉功能。

2) 羽区(pteryla)与裸区(apteria) 鸟羽在体表不均匀分布,着生羽毛的区域叫羽区(pteryla),无羽毛的区域叫裸区(apteria)(图 19-5)。羽毛的着生分布方式有利于飞行时的剧烈活动。生殖季节,孵卵鸟腹部羽毛脱落的区域为孵卵斑。羽的主要功能有形成隔热层,保持体温;构成飞羽、尾羽等飞翔器官;廓羽使身体呈流线型,减少飞行阻力;保护皮肤,防止机械损伤;羽毛具有不同的颜色,构成保护色或炫耀色彩。

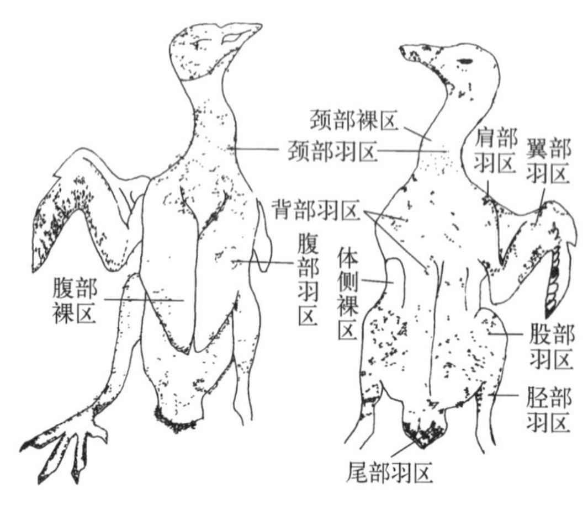

图 19-5 鸟类皮肤的羽区与裸区

3) 羽毛的颜色 来源于黑色素细胞的黑色素可使羽毛产生黑、灰、褐色等不同颜色。食物中的酪氨酸和核黄素影响黑色素形成,对羽毛的颜色有一定的影响。由于色素沉积于角质层内,产生红、紫、黄、橙、绿等颜色;羽毛生长时这些色素细胞就加入其中了,羽毛颜色一旦形成就不能改变了。同时,羽毛的折光作用形成不同色彩,常见的紫蓝色、铜绿色金属光泽及可随视角改变而变化的色泽。

4) 换羽(molt) 雏绒羽换成稚羽后,多数鸟类每年换羽2次,雷鸟每年换羽3～4次。在甲状腺素的调节影响下,新羽从真皮乳头生长,旧羽柄从下脐处整个从羽囊中脱离,新羽则从同一羽囊深部的新羽乳头处生出,将旧羽推出。春季,雄鸟更换的漂亮新羽叫夏羽(婚羽);秋季换羽更换的新羽叫冬羽。

换羽是一个高度有序的过程,有完全换羽和不完全换羽;各种鸟类各有自己的换羽顺序,飞羽和尾羽是准确地对称的更换,以维持飞行平衡。鸭雁类完全换羽时,丧失飞行能力。许多鸟在生殖季节前换羽,以形成艳装吸引异性进行求偶繁殖。

(2) 尾脂腺(oil gland or uropygial gland)

鸟类除了尾脂腺外,无其他皮肤腺。尾脂腺位于尾端背侧,其化学成分在分类学上具有重要的意义。鸨、鹦鹉、鹤鸵、鸸鹋等不具尾脂腺,水禽则特别发达,分泌油质保护润泽羽毛,其分泌物中还含有维生素D,被皮肤吸收有利于骨骼正常生长发育。鸟类在啄理羽毛时,将尾脂腺分泌的脂类涂于羽毛上使之保持光泽、防止水分浸入羽毛层内,形成隔水层,有利于水中生活。

19.2.3　骨骼系统

1. 骨骼特点

与适应飞翔生活减轻体重和有利于产大型硬壳卵的繁殖生活习性相适应,鸟类的骨骼轻而坚固,气质骨薄、愈合、中空,肢骨变形较大(图19-6)。骨重约占体重的4.4%,而大鼠的骨重为体重的5.6%。

2. 头骨

幼体可辨认的骨块愈合成一个整体的完整脑颅,骨片薄,成体骨缝消失。颅腔大,颅顶拱起,为高颅型头骨。脑颅长轴与脊柱不在一条直线上。枕骨大孔移到头骨底部,耳骨位置移向下侧面。双颞窝,进化过程中颞上弓消失,颞窝与眼窝合并而形成大眼窝;眶间隔发达。上下颌骨伸延成喙,外套角质鞘。方骨发达与脑颅形成可动关节。无完整的次生骨质腭。左右腭骨在中线处不愈合形成裂缝状叫裂状腭。

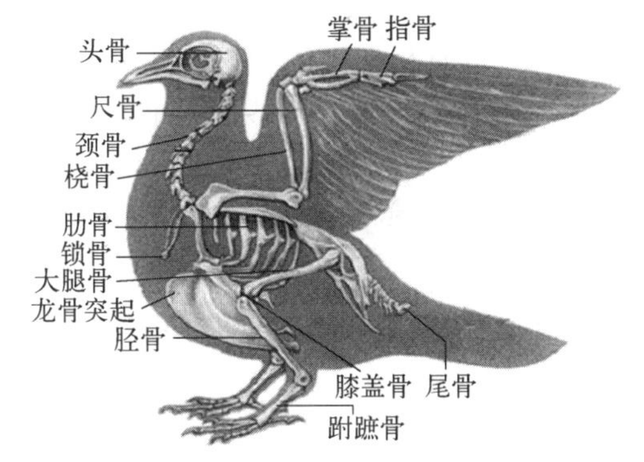

图19-6　家鸽的骨骼系统

3. 脊柱

脊柱分为颈、胸、腰、荐、尾5部分。部分胸椎、腰椎、荐椎、一些尾椎愈合形成愈合荐椎,又称综荐骨(synsacrum),为鸟类特有,与宽大的腰带相愈合,适应后肢支撑体重、飞行时构成稳定的中轴。

颈椎数目较多,鸽14枚,鸡16～17枚。第1枚为寰椎,前面有关节凹与头骨枕髁相关节。第2枚为枢椎,齿突伸入寰椎孔内。其余颈椎椎体为马鞍形,又称异凹椎体(heterocoelous vertebrae)。背面观椎体前凹形,侧面观为后凹形。使椎间关节活动性加大更加灵活,颈部能呈S状弯曲缩回,突然伸直增加啄击力量,头可转动180°～270°。不发达的颈肋与横突愈合,基部有横突孔供动脉通过。

胸椎　鸟类胸椎5～10枚。除企鹅胸椎不愈合外,其余鸟类多有愈合。鸡胸椎7枚,第2～5枚愈合,第7枚胸椎参与综荐骨的形成。家鸽胸椎5枚,前4枚愈合,最后1枚参与综荐骨的形成。

腰椎、荐椎　多枚腰椎与2枚荐椎愈合,并且与胸椎、尾椎愈合,共同形成鸟类特有的综荐骨,使腰部保持一个整体。

尾椎　前几枚尾椎参与形成综荐骨,中间几枚游离,最后几枚愈合形成尾综骨(pygostyle),为鸟类特有,支持尾羽,能改变尾羽方向,在飞行过程中起舵的作用。

4. 肋骨与胸骨

肋骨为双头肋骨,由背侧的椎肋与腹侧的胸肋构成,椎肋小头与胸骨椎体、肋骨结节与胸椎横突相关节。胸肋多具钩状突,压覆在后一个肋骨的椎肋上使胸廓形成一个整体,加强胸廓的坚固性。

胸骨发达。突胸总目鸟类的胸骨沿腹中线隆起形成发达的龙骨突(keel),为胸肌附着提供附着处。两侧形成突起为分类的依据。鸡的胸骨两侧有3个突起,称前侧突、斜侧突、后侧突。平胸总目无龙骨突。

5. 附肢骨

肩带(pectoral girdle)　由肩胛骨(scapule)、锁骨(clavicle)、乌喙骨(coracoid)三骨构成。肩胛骨为狭长

骨片,位于肋骨背面,胸椎两侧,向后达髂骨前缘。锁骨细长,两侧锁骨联合呈“V”形,称为叉骨(furculawishbone)。鼓翼时增强肩带弹性,防止左右乌喙骨相撞;无飞翔能力鸟的锁骨退化。乌喙骨短而粗大,一端与肩胛骨共同形成肩臼与肱骨相关节,另一端与胸骨形成关节。

前肢 由于前肢变为翼,上臂由粗大的肱骨构成,肱骨腹面有一气孔,气囊由此入骨腔。前臂由细桡骨和粗尺骨组成,尺骨外缘着生翼羽。腕、掌、指部变化较大;腕骨近端2枚独立,分别叫尺腕骨、桡腕骨,其余腕骨与掌骨愈合成1块腕掌骨。指骨只有3个指,第1、5指退化,指骨式0,1,2,1,0;第2指和第4指只有1节指骨,第3指有2节指骨。手部附着初级飞羽(primaries),尺骨附着次级飞羽(secondaries),肱骨附着三级飞羽,第二指骨支持小翼羽,羽根的着生方式和铰链式关节使前肢形成一个整体,只能在翼平面上展开、褶合,不能旋转,有利于飞行(图19-7)。

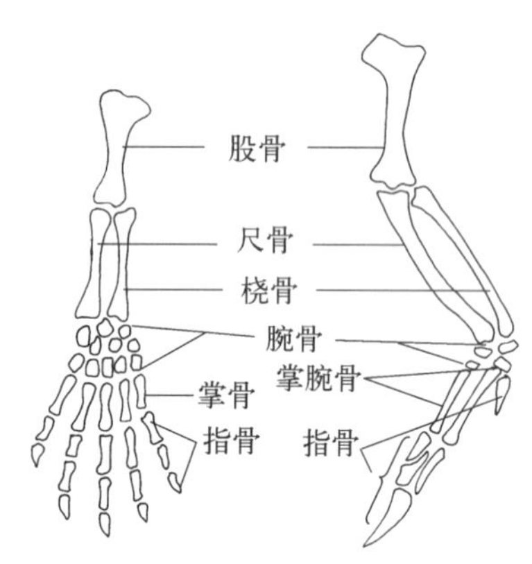

图19-7 鸟类与模式四足动物前肢骨骼的比较

腰带(pelvic girdle) 由髂骨、坐骨、耻骨愈合形成,与综荐骨愈合形成开放式骨盆,左右耻骨不愈合,开放性骨盆张开程度与是否进入产卵期相关。背部长大的薄骨片状髂骨与坐骨之间有髂坐骨孔。腹缘细长耻骨与坐骨之间有裂缝状的闭孔。产卵时局部去钙变软,耻骨间距离增大。

后肢 股骨粗短,埋在腹侧肌肉中。腓骨退化呈刺状在胫部外侧;胫骨远侧与跗骨愈合成胫跗骨(tibiotarsus)。远端跗骨与蹠骨愈合成跗蹠骨(tarsometatarsus)。胫跗骨与跗蹠骨间形成的关节叫跗间关节(踵关节),有利于鸟类的起飞与降落。公鸡跗蹠骨内侧有一强大表皮衍生物突起叫距。

趾部 4趾,常态足3前1后(2、3、4趾向前,拇指向后),趾端有爪。鸟类的足型主要有常态足、并趾足、前趾足、对趾足、异趾足等主要类型;有些鸟类趾间具蹼,可分为满蹼足、全蹼足、凹蹼足、半蹼足、瓣蹼足等类型(图19-8)。

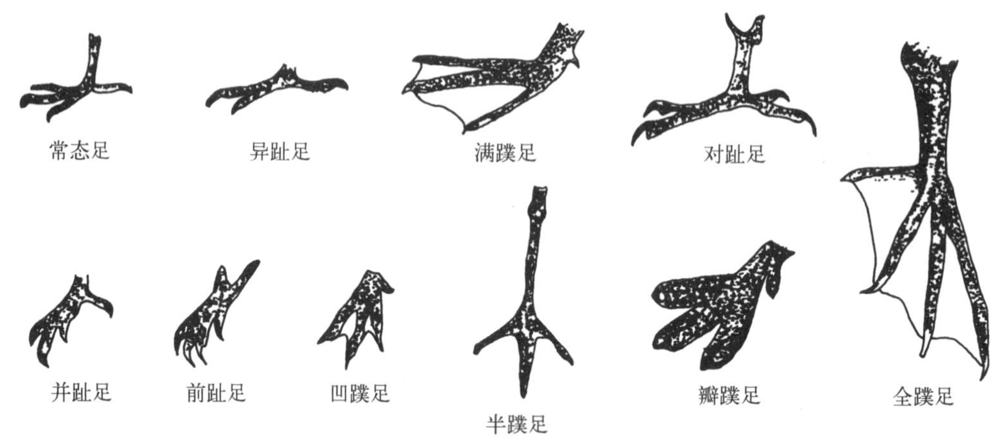

图19-8 鸟类趾与蹼足类型

19.2.4 肌肉系统

1. 特点

与飞翔和树栖有关的肌肉如胸肌、腿部肌肉发达。肌肉系统向身体中心部位集中,对飞翔时保持身体重心的稳定很重要。支配附肢运动的四肢肌的肌腹向躯干中央的重心部位集中,通过长的肌腱操纵四肢远端骨骼完成运动,有助于保持飞翔运动时身体的重心和平衡。躯干背部因脊柱的缩短和部分愈合,而背部肌肉不发达;颈部肌肉发达,能使灵活的颈部完成多方位和多方向的精细活动。

2. 胸肌

为鸟类最显著而发达的飞翔肌肉,功能拮抗的两组肌肉控制翅上、下搧翅的运动。鸟类胸肌发达,约占体重的1/5。胸大肌(pectoralis muscle)位于浅层,起于胸骨龙骨突、乌喙骨及锁骨,止于肱骨腹面;收缩时使翼下降,产生强有力的搧翅动作。胸小肌(supracoracoideus muscle)位于胸大肌深层,起于胸骨龙骨突,绕过肩关节止于肱骨近端背面;收缩时使翼举起(图 19－9)。

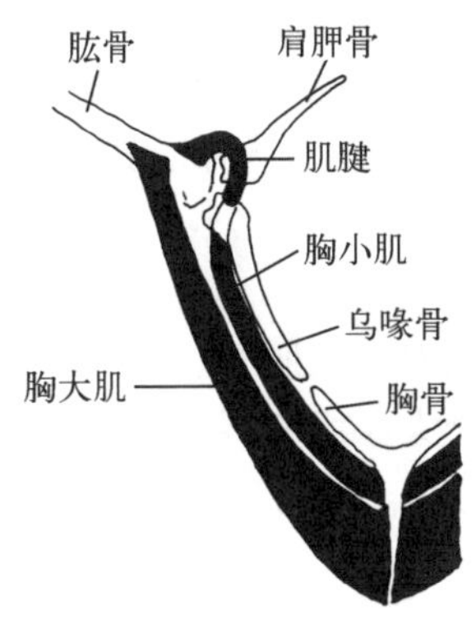

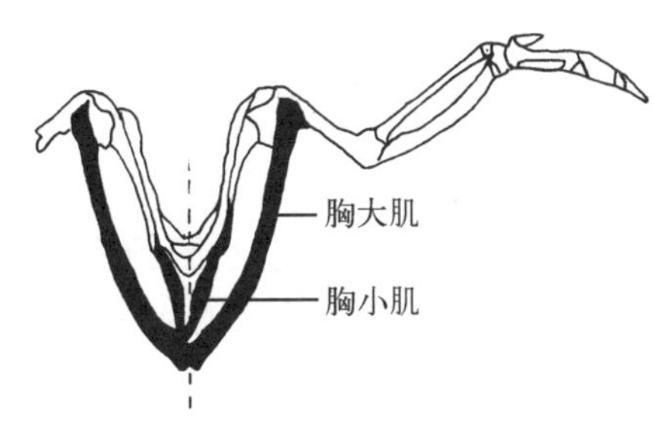

图 19－9 鸟类的胸肌和翼运动

3. 后肢肌

后肢肌肉集中在股部和胫部上方,以长肌腱连于足上。贯趾屈肌、腓骨中肌起于胫部上方,它们的肌腱止于趾骨的腹面,二肌的背部经栖肌(ambiens)(图 19－10)与腰带相连;肌肉收缩可使趾弯曲,当鸟栖息树枝上,体重越向下压,导致屈肌肌腱拉得越紧,握紧树枝有利于树栖栖息。

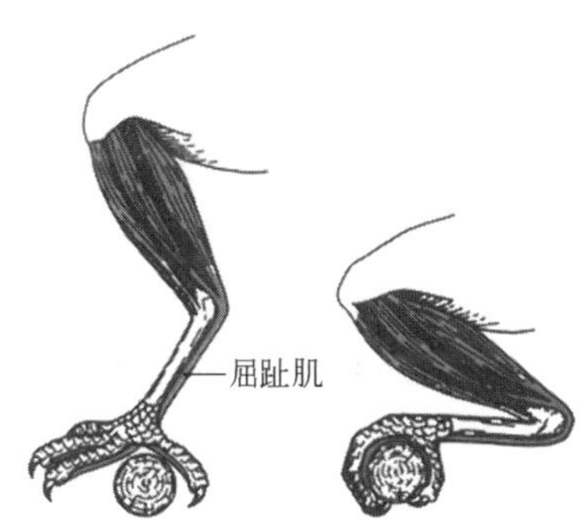

图 19－10 鸟类的栖肌屈趾肌与屈趾关系

4. 皮肤肌(dermal muscle)

皮肤肌发达,分布于皮下层,止点多在羽毛囊。肌肉收缩可使皮肤抖动,羽毛竖起。

5. 鸣肌(syringeal muscles)

鸟类特有,鸣禽类鸟特别发达,起止于气管、支气管,或体壁与气管。能够改变鸣膜(tympanic membrane)形态和紧张度,当气流通过时产生抑扬顿挫具有不同意义的鸣叫声,以利于占区、进行求偶活动。

19.2.5 消化系统

1. 特点

鸟类活动能力强,代谢率高,食量大,每天的进食量约为体重的 30%;消化力强、消化过程迅速,食物 10 分钟至 2 小时就可通过消化道。消化系统结构与减轻体重和飞翔生活这些特点是相适应的。

鸟类的消化道由喙、口腔、咽、食管、嗉囊、胃(腺胃,肌胃)、小肠、盲肠、直肠、泄殖腔等部分组成(图 19－11)。

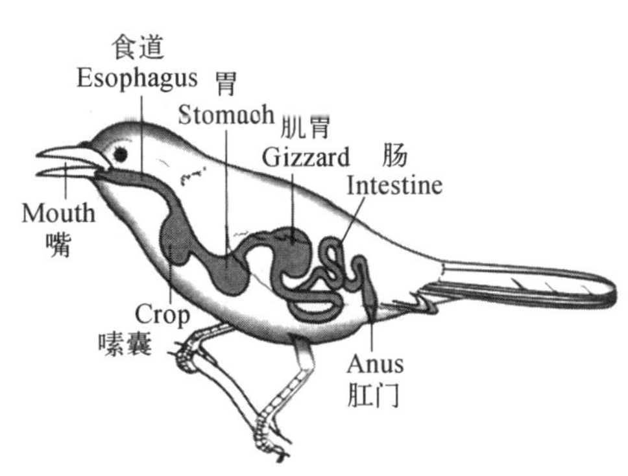

图 19－11 鸟类的消化系统

2. 口部

喙由上下颌骨延长形成,外被角质鞘,喙有一定硬度,以弥补无齿给取食带来的不便。喙由于食性不同而形态各异,如锥状、锉状、钩状、钓匙状等。

口腔顶壁硬腭褶中央有裂隙叫腭缝。内鼻孔在其中。腭褶后部有一排乳头状突起为口、咽分界。腭褶后有小孔为左右耳咽管开口。口腔底壁后方有纵长的裂缝叫喉门。舌(tongue)位于口腔底部,呈三角形,外有角质鞘,舌的形态结构与食性和生活方式有关,如取食花蜜鸟类舌呈管状和刷状,啄木鸟的舌具有倒钩。

3. 食管(esophagus)

鸟类的食管比较长,扩张能力强,黏膜分泌物可润滑食物,食管的中下部有明显膨胀的部分,叫嗉囊(crop)。肉食性鸟类无嗉囊;鸭、鹅等无明显嗉囊;食谷鸟类等嗉囊明显,可临时贮存、软化食物,并有轻微消化作用。鸽的嗉囊能分泌鸽乳(crop milk),以喂养幼鸽;食鱼鸟类如鸬鹚、白额鹱等,嗉囊能制造食糜喂雏。

4. 胃(stomach)

鸟类的胃分为腺胃和肌胃两部分。腺胃(proventriculus)纺锤形,壁厚,腺体丰富,分泌消化液,含胃蛋白酶和盐酸。肌胃的肌肉壁很厚,黏膜上皮分泌物与上皮细胞碎屑形成一层黄色的厚角质膜(鸡内金)。食谷鸟类的角质膜较厚易剥离,食肉鸟类较薄。肌胃又称砂囊(gizzard),含内有大量食进去的砂砾,胃壁发达的肌肉收缩活动可磨碎食物,代替牙齿提高消化功能。

5. 肠(intestine)

十二指肠(duodenum)与肌胃相连,小肠肠管成"U"形。十二指肠有1根胆管、1根肝管和2～3根(家鸽3根)胰管与之相通。鸡的小肠约为体长的4～6倍。盲肠1对,位于大小肠交界处,具有吸收水分、发酵分解植物纤维、合成和吸收维生素等作用。植食性鸟盲肠发达,鸽不发达。大肠很短,不贮存粪便,有助于减轻体重适应飞翔生活。

6. 泄殖腔

为直肠末端的膨大处,是消化、排泄、生殖的共同通道。泄殖腔壁上发育程度不同的褶将其分为几个区域,粪道在前方,泄殖道在后方。泄殖腔孔开口体表。

7. 消化腺

口腔黏膜有许多唾液腺(salivary gland),分泌物不含消化酶,但食谷的燕雀类唾液中含消化酶,雨燕目的唾液腺发达,分泌糖蛋白(glycoprotein)等,能将海藻粘合再做巢,其中金丝燕的鸟巢是传统的营养补品"燕窝",目前国际上已经禁止采集燕窝。小肠壁上有肠腺分泌肠液。

胰脏(pancreas) 由小肠上的3个胰突发育而成,位于十二指肠肠系膜上,分为背叶、腹叶、脾叶3叶。各有1条胰管通入十二指肠,开口于胆管开口附近。

肝脏(liver) 由小肠上的肝突发育而成,具2叶,右叶大于左叶。左叶发出1条肝管通入十二指肠,右叶上有胆囊(鸽无胆囊),并发出胆管通入十二指肠。

19.2.6 呼吸系统

1. 呼吸系统的基本结构

鸟类的体温高而稳定,代谢率高,需氧量大,呼吸频率高,适应高效率的呼吸作用,鸟类呼吸系统有特殊的结构特点,其进步性就在于吸气、呼气都是吸入的新鲜气流贯流毛细支气管与血液交叉对流进行气体交换,这是适应飞行生活的进步性特征,但并不是飞行的先决条件,蝙蝠具有哺乳动物的肺,也是很好的飞行家。

(1) 呼吸道

包括外鼻孔、鼻腔、内鼻孔、喉、气管、支气管。

外鼻孔1对,位于喙基部。鼻腔短而狭,以鼻中隔分开,每侧鼻腔有上、中、下3块软骨形成鼻甲,覆盖的黏膜具纤毛,含分泌黏液和浆液的腺体,有助于空气的过滤、湿润和温暖,适应高空寒冷气流呼吸。内鼻孔裂缝状,开口于口腔顶壁。喉门裂缝状,喉头有1对杓状软骨、1个环状软骨支持。

气管和支气管圆柱状,由半骨化软骨环支持,有的软骨环甚至部分骨化。气管长度与颈长相当;也有些鸟如鹤类气管长度比颈部长,天鹅的气管长度为颈长的3～4倍,气管盘曲在龙骨突附近,发音时起共鸣、呼吸时有温暖空气的作用。气管进入胸腔后分为2个支气管并进入肺中。气管与支气管交界处软骨环间距离变大,此处气管环少,管壁薄,覆有鸣膜,形成鸟类的发声器官叫鸣管(图19-12)。

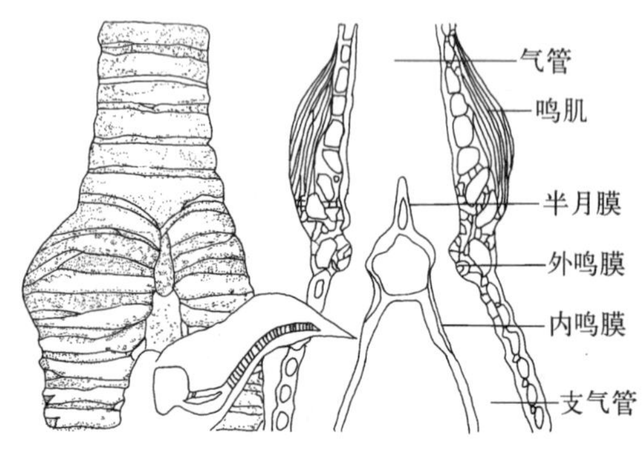

图19-12 鸟类的鸣管

鸣管(syrinx)外侧有鸣肌,有些种类有5～9对鸣肌,复杂的鸣肌收缩时,能改变鸣膜(tympanic membrane)的紧张度产生各种鸣啭。许多鸣禽支气管起始部有向气管内凸起的鸣骨(pessulus)支撑鸣膜,其上伸出半月膜(semilunar membrane)。当强大的气流通过鸣管时,使鸣膜和半月膜振动发音,同时鸣肌的缩舒活动控制鸣膜的紧张度,配合气流的大小变化产生不同频率、不同响声的复杂鸣啭声来。声谱结合鸟类行为分析表明,鸟类的鸣叫有警告危险、联络、占区和吸引异性等作用。

(2) 肺(lung)

鸟类的肺除企鹅等低等种类由古肺组成外，其余的由古肺(palaeopulmo)和新肺(neopulmo)两部分构成，肺紧贴胸腔背部，被1透明膜质斜隔将其与其他器官分开。肺分为左右两叶，为弹性较小的海绵状体，肺是由各级支气管形成的彼此吻合相通的网状管道系统；古肺由分支的D—P—V支气管系统组成；大部分鸟类还具有完全由平行支气管组成的新肺，位于初级支气管和吸气囊之间。

支气管进入肺后成为贯穿肺的初级支气管，其后背部和前腹部分别发出背、腹支气管(dorsal and ventral bronchus，称次级支气管)，联结背、腹次级支气管的是平行支气管(parabronchi，也称三级支气管)，以平行支气管为中轴，沿其全长向不同方向辐射而吻合的毛细支气管(air capillary)互相连通形成复杂的支气管网，气体通过平行支气管时可以自由贯流没有盲端的毛细支气管网，构成鸟肺的呼吸单位(respiratory unit)(图19-13)。毛细支气管是鸟肺进行气体交换的部位，其面积比人约大10倍。

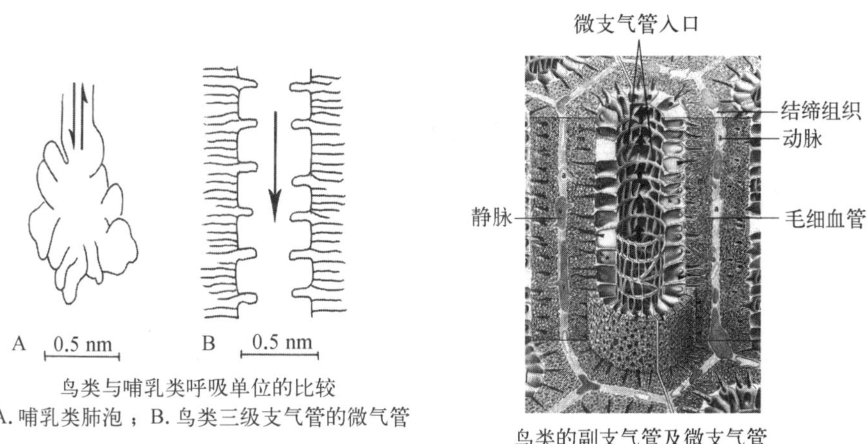

鸟类与哺乳类呼吸单位的比较
A. 哺乳类肺泡；B. 鸟类三级支气管的微气管

鸟类的副支气管及微支气管

图19-13 鸟肺的呼吸单位

(3) 气囊(air sac)

鸟肺与9个发达的气囊(air sac)相连(图19-14)，气囊分为吸气囊和呼气囊两组，气囊为某些初级支气管和次级支气管末端形成的膨大的薄囊，位于内脏器官之间。吸气囊为初级支气管气囊，称后气囊，包括后胸气囊1对，位于胸腔后部，前胸气囊后方；腹气囊1对，位于腹腔内脏之间，与腹腔同长，与股骨气室相通。呼气囊为次级支气管气囊，称前气囊，包括颈气囊1对，由肺前缘发出，位于颈基部；锁间气囊1个，呈三角形，位于左右锁骨形成的夹角间，分支进入肱骨、腋下和大小胸肌之间。前胸气囊1对，位于胸腔中部，肺腹面，贴近肋骨及围心膜。

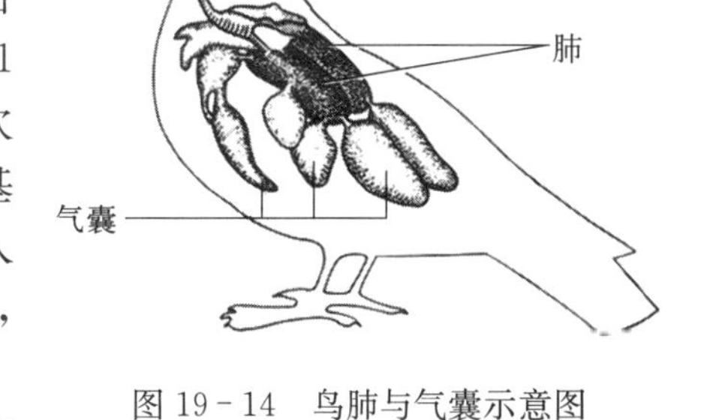

图19-14 鸟肺与气囊示意图

气囊能储存气体，参与稳定肺内的气流和对气流方向的控制，位于内脏器官间的气囊不仅可减少器官间摩擦，其吸入的气体(鸽摄入气体3/4)能降低体温，调节体温，促进精子发生。气囊的分支伸入骨骼内可减轻飞行时的特殊重力作用，有助于飞翔。

2. 呼吸运动与肺通气

鸟类静止时，吸气肌(肋间肌)和呼气肌(腹肌)的舒缩活动引起肋骨升降、胸廓扩大、缩小，从而引起肺、气囊的扩张、缩小，完成呼吸。飞翔时，因胸骨、肋骨固定，翼的搧动使前、后气囊收缩、扩张，引起肺通气完成呼吸作用。呼吸频率与体重成反比，与搧翼频率成正比；飞翔时的呼吸频率比静止时高12～20倍。

呼吸运动作用于胸腹腔，吸入气体进入气囊并从气囊抽出气体，肺通气保证在整个呼吸周期都有新鲜气体贯流通过肺的气体交换部位，故称贯流通气(flow-through ventilation)。由于鸟肺附着于肋骨上，腹面有起源于腹膜的特殊肺腱膜(pulmonary aponeurosis)由肺肋肌(costpulmonary muscle)连到肋骨上，气囊腹面有斜隔(oblique septum)，吸气时气囊扩张，肺组织反因肺肋肌的收缩挤压而缩小，使大量吸入气体进入后气囊，加速肺内气体进入前气囊；呼气时能有较多气体进入肺(图19-15)。

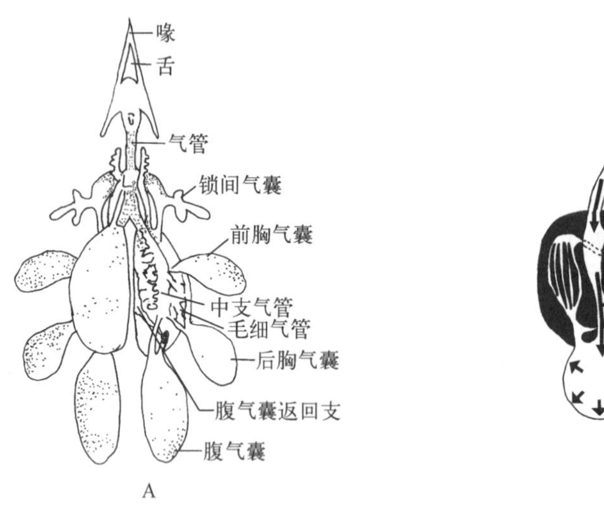

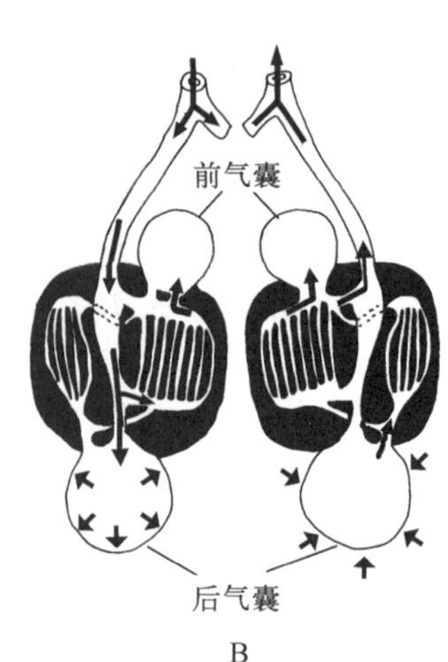

图 19－15　鸟类肺、气囊与气流途径

鸟肺与气囊：A. 肺与气囊的关系；B. 气流途径

3. 鸟肺内的气体交换

由于鸟肺毛细气管和毛细血管及其间质组织的厚薄、特性形成后，在呼吸过程中不会发生变化，气—血间气体交换率的高低就由二者间的气体分压差决定，不论是吸气还是呼气，只要气—血间存在分压差就会进行气体交换，但气体交换率则随分压差高低的变化而呈正比例变化。

鸟肺毛细支气管的排列方向与包围管外的毛细血管互相垂直，使气流与血流交叉且相向从平行支气管的一端流向另一端，实验性反转气流方向，鸟肺的气体交换率没有变化证实，气流与血流交叉对流连续进行气体交换(图 19－16)。交叉对流(cross-current)的气体交换机制形成高而稳定的气体交换率，使其交换率远远高于肺泡，因此，同样大小的鸟类在 6 000 多米高处活动自如，而哺乳动物却不能活动。

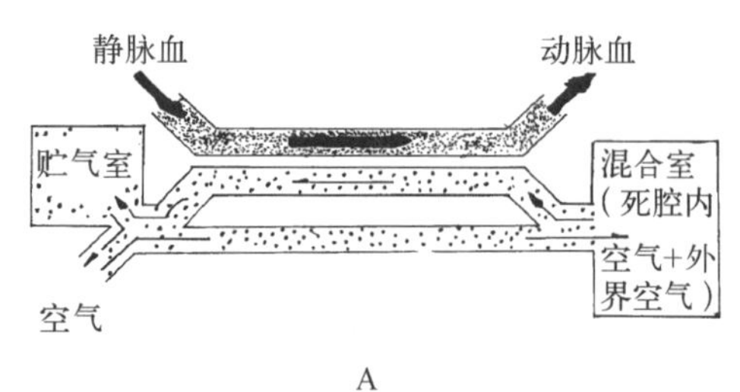

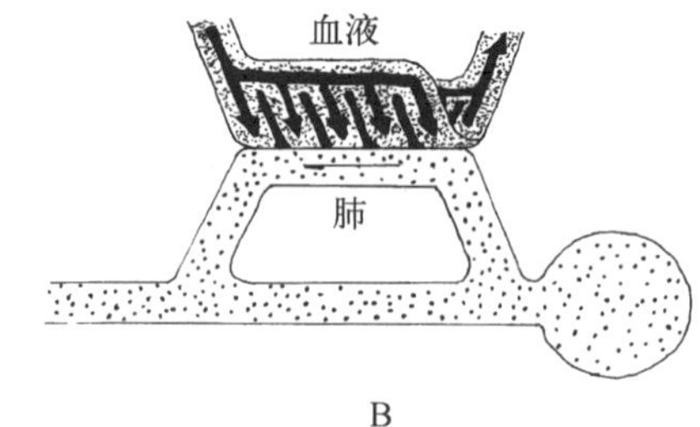

图 19－16　交叉对流气体交换

鸟呼吸，空气流动的图解

1、3. 吸气；2、4. 呼气

图 19－17　鸟类的呼吸周期

4. 呼吸周期

鸟类支气管式的肺与呼气、吸气两组气囊相连。吸气时，两组气囊同时扩张，肺内气体进入前气囊；新鲜空气经初级支气管及新肺进入后气囊，小部分空气可直接进入并经过古肺 D—P—V 系统。呼气时，前后气囊同时缩小，后气囊内的气体经返回支、新肺进入古肺 D—P—V 系统进行气体交换，肺内部分气体可与呼气囊气体一起呼出。呼吸过程中，由于气囊的作用，保证气流(前后—后前)双向贯流新肺、单向(D—P—V)稳定地贯流古肺气体交换部位，贯流通气使三级支气管内无余气存在，始终是含氧量高而稳定的吸入气流连续贯流并通过肺气体交换部位，进行高效率的气体交换。贯流通气吸入气团需经一吸一呼 2 个呼吸周期才能排出(图 19－17)，而肺泡潮式通气是 1 个呼吸周期。

鸟类呼吸时，吸入气团需经 2 个呼吸周期才能排出，整个呼吸周期贯流通气使新鲜的吸入气流始终连续地贯流肺气体交换部位,肺内没有余气,因而气体—血液间的气体分压差大而稳定,气体交换率高而稳定,故称贯流式呼吸(flow through respiration)*。这种特殊的呼吸方式与其他陆生肺呼吸脊椎动物不同(表 19-2),二者的不同并不是吸气、呼气肺内是否进行气体交换,而是肺通气不同,造成气体交换率明显不同。

表 19-2 鸟类与哺乳动物呼吸的比较

	鸟 类	哺乳动物
肺	支气管式古肺和新肺	肺泡式肺
气体交换单位	毛细支气管	肺泡
通气气流方向	古肺单向、新肺双向贯流毛细气管	潮式气流进出肺泡
呼吸气流性质	呼吸时,始终是新鲜气流	只吸气是新鲜气流
余气	没有	肺泡内有大量余气
交换气流	新鲜气流	混合气体
气流含氧量	高而稳定	随呼吸周期波浪式变化
气—血间分压差	大而稳定	小而波动
气体交换	呼吸周期连续进行	呼吸周期连续进行
气体交换率曲线	高而稳定	波浪式

5. 新肺(neopulmo)

按照传统观点,鸟类吸气时,新鲜气体进入后气囊,由于不经过肺进行气体交换,后气囊气体的含氧量和 CO_2 含量就应该和空气的相似,然而,二者存在明显不同(表 19-3),不仅后气囊 O_2 和 CO_2 含量与空气不同,而且前后气囊内的 O_2 和 CO_2 含量也不同,显然,后气囊的气体是经过交换的气体。于是,人们利用电子显微镜在初级支气管和后气囊间发现了与平行支气管相似的结构——新肺。由于气体通过新肺时,进行了充分气体交换后进入后气囊,造成后气囊中的氧气低于空气,二氧化碳则明显高于空气,而古肺的气体交换作用似乎不如人们想象的那样高。

表 19-3 前后气囊气体含量与空气的比较

	氧气/%	二氧化碳/%
空 气	20.9	0.03
后气囊	17.00	4.00
前气囊	13.00～14.00	6.00～7.00

19.2.7 循环系统

鸟类的血液循环为完全双循环,运送血液和淋巴,迅速把营养物质、氧气、激素等运送到身体各组织器官,把代谢产物运送到肺和肾脏排出,适应高代谢率的飞翔生活的需要。

1. 心脏(heart)

胚胎时期静脉窦成为窦房结,为神经肌肉起搏组织,体静脉直通右心房,心室完全分隔成 2 室,二心房二心室使多氧血与缺氧血完全分开。右心室含缺氧血,左心室含多氧血;右房室瓣是肌肉质的,左房室孔有二片瓣膜(二尖瓣),由心室发出的动脉口有半月瓣。瓣膜的作用是防止血液倒流。心脏自身的营养靠冠状血管供应。

鸟的心脏占体重比是脊椎动物中最大的,一般为 0.95%～2.37%(鱼 0.2%,两栖类0.46%,爬行动物 0.51%,哺乳动物 0.59%,人心脏占体重的 0.42%)。鸟类心脏的大小既与种类有关,也与生活地的纬度和海拔高度有关,生活在高纬度、高海拔的种类心脏体积较大。

鸟类的心跳较快,平均心率 300～500 次/分,鸡 200～350 次/分,火鸡 100 次/分,麻雀 500 次/分,而哺乳动物的心率较低,如象 25 次/分,人 70 次/分,活动时心率还会增加,如蜂鸟可从 615/分增加到 1 200/分;血压高,如火鸡达 53.3 kPa。因此,心脏的血液输出量大,将物质迅速运达组织进行代谢。

---

* 习惯上称双重呼吸(double respiration),谓“吸气和呼气时,在肺内均能进行气体交换的现象”(杨安峰),其实肺内气体交换是连续的过程,但肺通气有吸气、呼气之分,却不进行气体交换。

2. 动脉(artery)

动脉系统与爬行动物的相似,但只保留右体动脉弓,由左心室发出,绕道心脏背面成为背大动脉(dorsal aortid)。由它发出 2 支无名动脉(innominate artery),各分出颈动脉(carotid artery)、头臂动脉和胸动脉(pectoral artery)3 支。颈动脉有的左右 2 支,有的 2 支发出后愈合成 1 条或只有左颈动脉;颈总动脉分支形成内颈动脉(internal carotid artery)和外颈动脉(external carotid artery)。背大动脉(dorsal aorta)沿脊柱后行,沿途形成成对的分支,肋间动脉(costal artery)、腰动脉(inmbar artery)、生殖动脉(genital artery)、肾动脉(renal artery)、总髂动脉(common iliac atery)进入各器官。不成对的动脉有腹腔动脉(celiac artery)分支进入胃、脾脏、胰脏、肝脏和十二指肠;前肠系膜动脉(anterior mesenteric artery)分支到小肠和胰脏。后肠系膜动脉(posterior mesenteric artery)分支到直肠。

3. 静脉(vein)

鸟类的静脉具有以下特点。

肾门静脉(renal portal vein)更趋退化,尾静脉达到肾脏,主干与后大静脉连接并有瓣膜控制血流,血液可直接流入后大静脉,这对提高血流速度和血压是有意义的。

尾肠系膜静脉(coccygeomesenteric vein)为鸟类所特有,由尾静脉分出,收集尾部血液汇入肝门静脉,一般认为它和侧腹静脉同源。

一对前腔静脉(anterior vena cava)汇集颈静脉、锁骨下静脉(subclavian vein)、胸静脉(pectoral vein)的血液进入右心房。一条粗短的后腔静脉(posterior vena cava)汇集身体后部髂静脉及肝静脉的血液进入右心房。

肝门静脉(hepatic portal vein)汇集来自胃、十二指肠静脉、前肠系膜静脉、后肠系膜静脉后形成 2 支静脉干入肝,其中右肝门静脉汇集尾肠系膜静脉(图 19-18)。

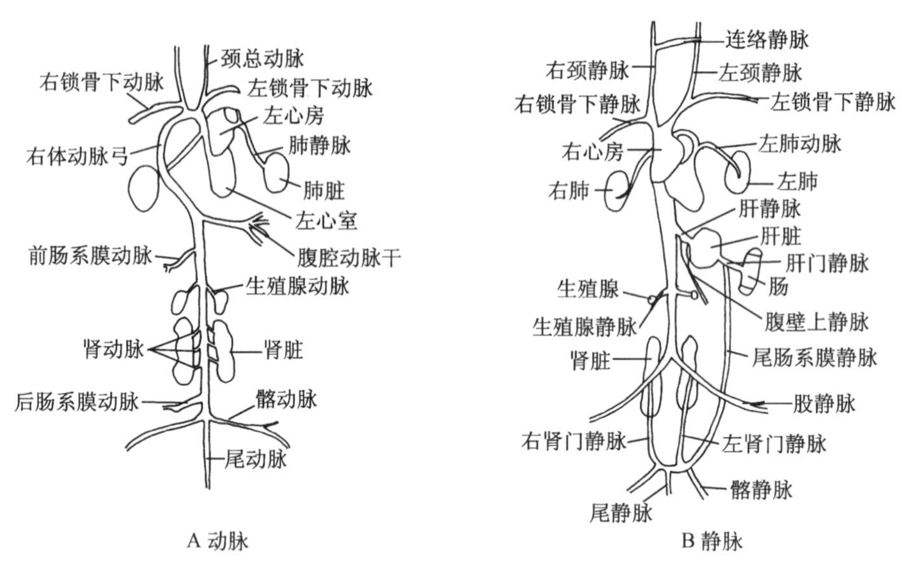

图 19-18 鸟类的循环系统

4. 淋巴系统

鸟类的淋巴系统由淋巴管、淋巴结、淋巴小结、腔上囊、胸腺、脾脏等组成。淋巴管(lymphatic vessl)最终汇集成一对大的胸导管将淋巴液送入前腔静脉。淋巴结只有少数鸟类被研究。鸡胚有淋巴心,无淋巴结,消化管壁上有淋巴小结。

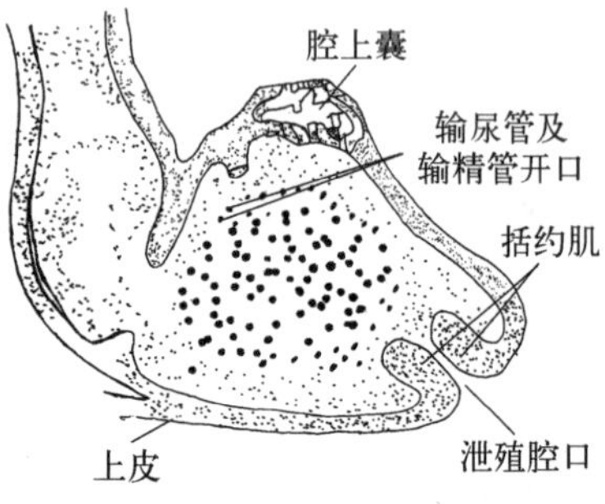

胸腺(thymus)为气管两侧紧贴颈静脉的淡红色、扁平不规则的叶状结构,性成熟时体积最大,促进淋巴细胞发育成熟并诱导其产生细胞免疫力。

脾脏(spleen)位于腺胃、肌胃背侧的交界处,呈红褐色四面体形态;能产生淋巴细胞、单核细胞、破坏吞食衰老的红细胞。

泄殖腔背壁有一个盲囊状的腔上囊(bursa fabricii)为淋巴腺体,幼鸟发达,成鸟退化;是鸟类特有的一个中心淋巴器官,产生淋巴细胞(图 19-19)。

腔上囊
输尿管及输精管开口
括约肌
上皮
泄殖腔口

图 19-19 家鸽的泄殖腔

19.2.8 排泄系统

鸟类的排泄系统由肾脏、输尿管、泄殖腔组成(图 19-20)。多数鸟类无膀胱,鸵鸟留有痕迹。鸟类无膀胱、排泄尿酸是保水和减轻体重适应陆生飞翔生活的措施。

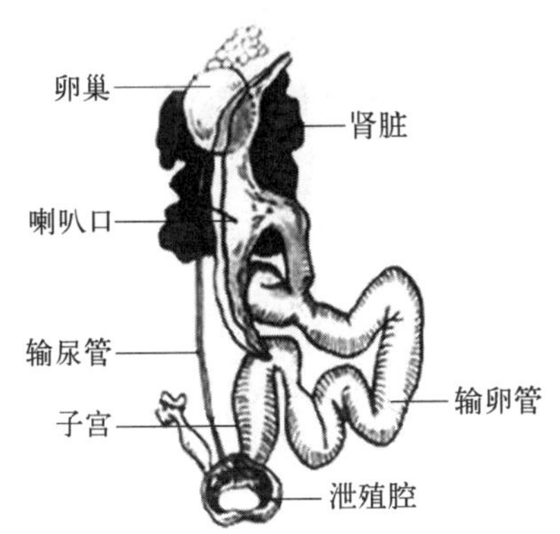

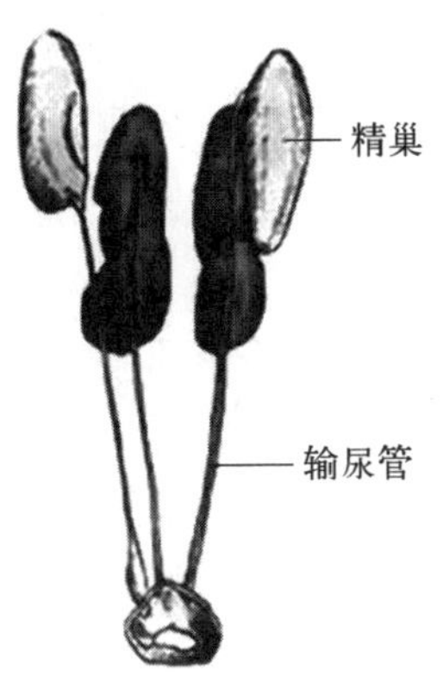

图 19-20 家鸽的泌尿生殖系统

1. 肾脏(kidney)

发生上属于胚胎期的后肾(metanephros)。胚胎时期,前肾、中肾发育后,躯体后部的生肾组织聚集发生,不按体节排列发育形成成体的肾脏,由数目众多的肾单位构成肾脏的基本结构和功能单位。

肾脏一对,位于综荐骨下方的深窝内,暗紫色的长形扁平体。每个肾分成由许多肾小叶(图19-21)构成的前、中、后 3 叶,质软而脆,易碎。皮质部深红色,深层髓质部颜色较浅。肾小管进一步分化,具有近曲小管(proximal convoluted tuble)和远曲小管(distal convoluted tuble),并且出现了髓攀(synsacrum)。

图 19-21 鸡的肾小叶

2. 输尿管(ureter)

由肾脏的腹面近内侧缘发出,沿体腔背侧后行,开口于泄殖腔中部。

3. 排泄物以尿酸为主

鸟类属排尿酸动物(uricotelic animal),尿酸约占含氮废物总量的 87%以上;鸡排出的含氮废物中尿酸占 84%,氨 6%~7%,尿素 5%。尿酸在肝脏内合成,微溶于水(6 ml/L)。在肾脏中沉淀呈半固体的胶体状溶液(浓度为 2%),经输尿管排出。

排尿酸是鸟类对产有壳卵的一种适应,胚胎在卵壳内完成发育,含氮代谢废物只能贮藏在尿囊中,尿酸与尿酸盐难溶于水,以结晶方式沉淀贮存,能防止机体中毒,有利于水分的重吸收利用且少占空间,对胚胎的正常发育有利;脂肪是胚胎代谢能量(90%)的主要来源,脂肪代谢能产生较多的水分,少量含氮废物,是节能保水的一种适应。

4. 盐腺(salt gland)

海洋鸟类和沙漠鸟类具有发达的盐腺(图 19-22),排出体内多余的盐分;盐腺位于眶上区鼻孔之间,可分泌 5%的盐溶液通过泌盐管将分泌液排入鼻腔,经内鼻孔入口腔沿喙尖滴出或经上喙深沟流至喙尖。海鸟饮海水后 15 秒就有盐液滴出;鹱形目的鼻孔开口于喙基的角质管内,盐类分泌物由此管排出不会影响呼吸。盐腺排盐,增强了肾小管和泄殖腔的吸水功能,有助于保水。

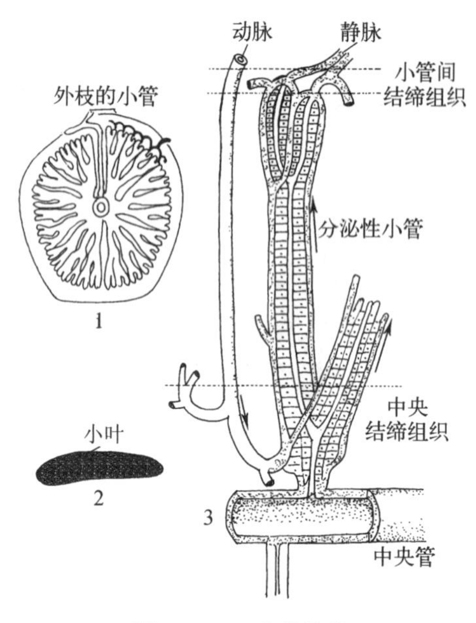

图 19-22 鸥的盐腺

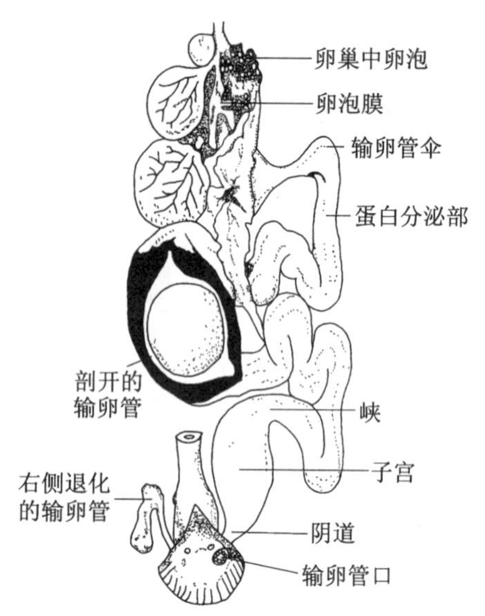

图 19-23 雌鸡的生殖系统

19.2.9 生殖系统

1. 雄性生殖系统

精巢 精巢一对,豆形,借系膜悬挂于同侧肾脏前叶腹侧。胚胎中胚层下节的细胞发育成的生殖嵴分化成初级性索和生殖上皮,性索发育成曲细精管,上皮内含有精原细胞。曲细精管与精巢网小管参与形成的输出小管相连,生殖细胞在输出小管成熟。生殖季节,白色精巢极度增大。间质细胞分泌雄性激素。

输精管 多弯曲的管,沿输尿管(直管)外侧向后运行,开口于泄殖腔。

交配器 多数鸟类无交配器,但鸡形目有能伸出的小凸起;鸵鸟具能勃起长约 20 cm 的阴茎;雁形目雄鸟的泄殖腔腹面有 1 个具螺旋沟状阴茎。鸟类有交配现象。家鸡交配 26 分钟后,精子即可到达输卵管上端,在此存活 7~35 天,当卵通过时在输卵管上端与卵结合形成受精卵,将公鸡放入鸡群 2 天后才能产出受精卵,否则,由于已经形成卵清等物质包围卵,就会形成不受精的白蛋。

2. 雌性生殖系统

卵巢 隼形目鸟类两侧卵巢都存在。多数鸟类的卵巢早期发育为一对,后来,仅左侧的发育形成有功能的卵巢(图 19-23);右侧作为一种退化器官可在卵巢失去功能时变为精巢。切除左侧卵巢则右侧"卵巢"发育成类似精巢的器官。发育早期,生殖上皮增厚形成含有卵原细胞的次级性索,卵原细胞外包围一层性索细胞形成卵泡。雏鸡孵出时已形成初级卵泡。性成熟后,卵巢的发育与性周期密切相关;成熟的卵突出于卵巢表面,呈葡萄状;初级卵母细胞经第 1 次成熟分裂形成次级卵母细胞,在 LH 激素作用下排出次级卵母细胞进入输卵管后,进行第 2 次成熟分裂形成卵和第二极体。鸡排卵后大约 15 分钟开始第 2 次成熟分裂。

输卵管 鸟类的输卵管根据功能和构造不同分为 5 部分:伞部、蛋白分泌部、峡部(isthus)、子宫(uterus)、阴道(vagina)。漏斗状伞部边缘薄形成皱褶;鸡卵细胞可在此停留15~18 分钟并完成受精作用。管壁厚、黏膜形成纵褶的蛋白分泌部有腺体,分泌浓蛋白(albumen)包在卵黄外边,因卵旋转下行在两端形成由浓稠蛋白拧扭形成的系带。峡部管腔较窄,腺细胞分泌物形成内、外壳膜(shell membrane)。子宫为输卵管膨大部,黏膜形成深褶,肌肉层发达;在此吸收水分形成蛋白,壳腺分泌含钙化合物形成硬壳(shell)。产蛋前 4~5 h 子宫壁色素细胞分泌色素涂于壳表面,形成各种鸟类特有的色斑。阴道为输卵管末端开口泄殖腔左侧;腺体分泌黏液或角质物涂在蛋壳表面,有润滑和保护蛋壳色泽的作用。蛋壳上有小孔,有利于胚胎呼吸(图 19-24)。

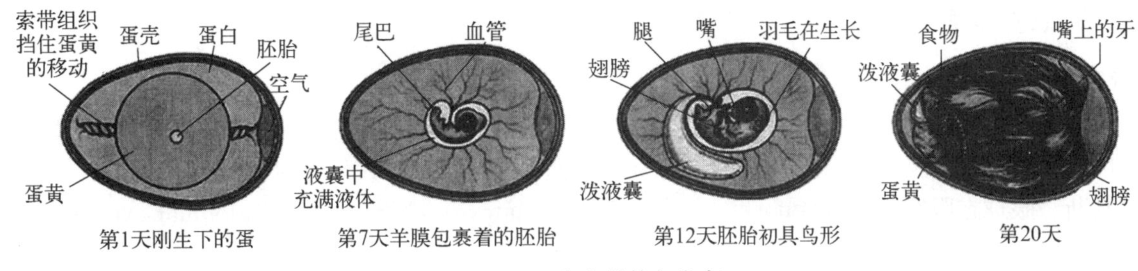

图 19-24 鸟卵结构与发育

19.2.10 神经系统

1. 特点

大脑因纹状体发达而发达。嗅叶退化。视叶发达。小脑发达。

2. 大脑

膨大的 2 个大脑半球(cerebral hemisphere)主要由纹状体构成,向后遮盖间脑及中脑前部。表面光滑,顶壁薄,以原脑皮(primordial)为主,新脑皮(neocortex)仍处在爬行类水平上。大脑底部纹状体(striatum corpora)在新纹状体上又增加了超纹状体,是鸟类求偶营巢、孵卵育雏复杂本能活动和"智慧"中枢(图 19-25)。切除超纹状体,鸟类的正常兴奋抑制被破坏,视觉受影响,求偶、营巢等本能丧失,许多学习动作不能实现。

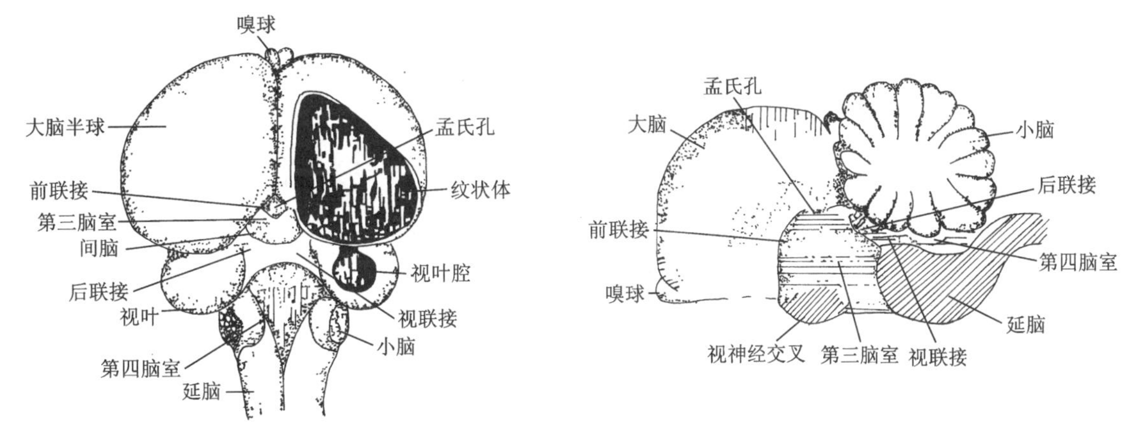

图 19-25 家鸽的脑

3. 间脑

间脑由上丘脑、丘脑、下丘脑组成。下丘脑(hypothalamus)为间脑底壁,是重要的神经分泌部位,直接影响脑下垂体的分泌;有体温调节中枢并控制植物性神经系统。

4. 中脑

位于大脑半球后下方,与发达的视觉相关,背侧有一对发达的视叶(optic lobe)为视觉高级中枢。还有复杂行为如啄食、恐惧等的相关中枢。

5. 小脑(cerebellum)

特别发达,分化为 3 部分;中间为蚓部,表面有许多横沟,两侧为小脑卷。能很好整合骨骼肌肉、视觉和内耳平衡感觉,协调森林等环境中的复杂飞翔活动。

6. 延脑(medulla oblongata)

中央有第四脑室。延脑有呼吸中枢、心跳中枢、分泌中枢等许多重要神经中枢。

7. 脊髓(spind cord)

中央管与第四脑室相通。末 3 对颈神经与第 1、2 对胸神经形成臂神经丛,其神经细胞集中使脊髓形成颈膨大。腰荐部脊神经形成腰荐神经丛,其神经细胞集中使脊髓形成腰膨大。

8. 周围神经

鸟类的脑神经 12 对,交感神经和副交感神经分开。

19.2.11 感觉器官

1. 视觉器官(visual organ)

与鸟类飞翔生活中的定向、定位、觅食、防御等活动有关，鸟眼是脊椎动物中最大的，位于头的两侧，少数不同程度的向前，两侧者视野更宽广，如家鸽为300°；向前者视野较小，如草鸮为150°。但能有更好的立体感和距离判断。眼球在眼窝内缺少活动性。多数为扁平眼(flateye)，鹰类为球状眼(globular eye)，鸮类为筒状眼(tubular eye)。

巩膜坚韧，前面与角膜交界处有10～18枚骨片，称巩膜骨(scleroticring)，呈覆瓦状排成环状，构成眼壁坚强支架，防止飞翔时气流压力使眼球变形。脉络膜富有血管和色素，前端连睫状体和虹膜，睫状体借悬带悬挂晶体；虹膜褐色，鸮类为黄色、红鹳为绿色；虹膜中央多为圆形瞳孔。视网膜单位面积感光细胞多，鹰眼中央凹视细胞是人的8倍。具含高浓度类胡萝卜素的视锥油滴(cone oil droplets)，为视锥细胞提供选择性过滤器，似油镜一样增加视觉的灵敏度，蜂鸟能见到接近紫外线的光线。昼行性鸟类视锥细胞多于视杆细胞，夜行性鸟类相反。鸟类的眼后房内有特殊的结构，称栉膜(pectin)，含丰富血管和黑色素，扇形的栉膜从盲点扩展到眼后房，参与眼球内部代谢活动，营养眼有利于视觉的迅速调节。晶体双凸形，其凸度可改变。瞬膜发达，飞翔时遮盖眼球，保护角膜(图19-26)。瞬膜内缘具羽毛状上皮，能随瞬膜运动清刷角膜上的污物。

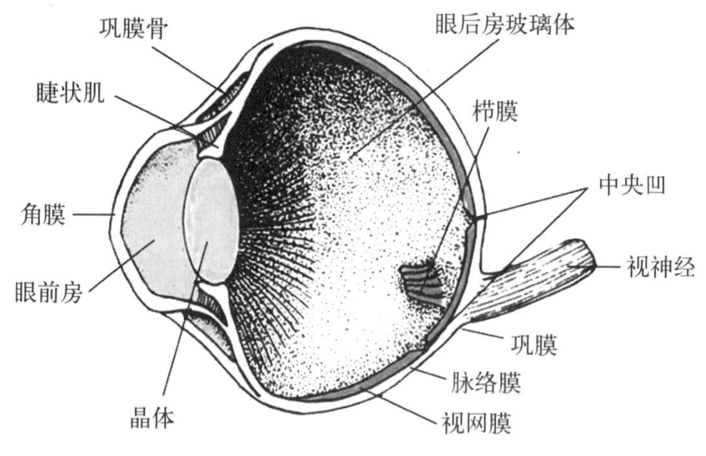

图19-26 眼结构

陆生脊椎动物晶体周围的睫状肌(ciliary muscle)为平滑肌，但鸟类有前角膜调节肌(crampton muscle)、睫状肌(Bruke muscle或称后巩膜角膜肌 posterior sclerocorneal muscle)，以及巩膜四周的环肌，2组肌肉都是横纹肌，因而能够迅速地调节角膜的曲度(鸟类特有)、晶体的凸度以及晶体与角膜间的距离，故鸟类的视觉调节称为双重调节(double reguration，或三重调节)(图19-27)，完善精巧而迅速的调节机制，使鸟类翱翔在高空时，对地面上的物体能明察秋毫，清楚地看见地面上活动的小鼠，一旦向地面俯冲，瞬时可把远视眼调节为近视眼看准猎物和障碍物，适应飞翔捕食和复杂的丛林飞翔生活环境。

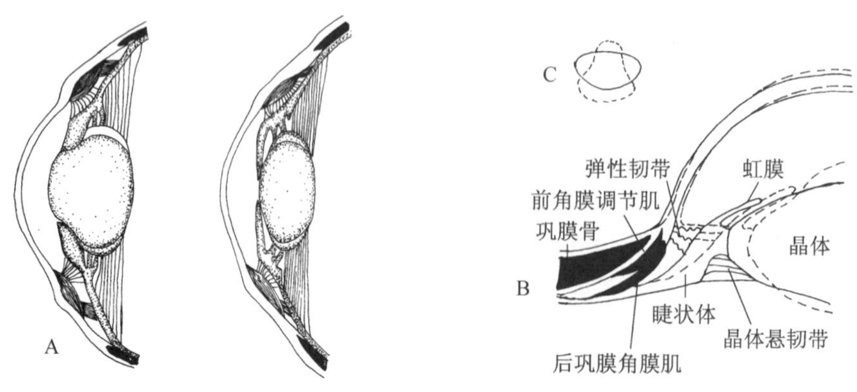

图19-27 鸟类视力调节模式图

A. 从近视(左)调到远视(右)；B. 眼球局部切面示调节肌；C. 晶体调节前、后的形状

2. 听觉器官(auditory organ)

与爬行动物近似,鸟类听觉器官由外耳、中耳、内耳构成。耳孔通常被耳羽,夜行性鸟的两个耳孔不对称,借两者间对声波接收的微小差异使定位更准确,其最敏感位置是沿视线发出的声音。

内耳为含有内淋巴液的膜质管腔叫膜迷路(图19-28),包括3个半规管(semicircular duct),椭圆囊(utriculus)、球状囊(sacculus)、瓶状囊(cochlea),鸟类的瓶状囊比爬行类的长,稍有弯曲但未形成耳蜗管;其单位面积的纤毛细胞是哺乳动物的10倍多,音频范围是40～29 000 Hz。颅骨包围内耳形成的管腔叫骨迷路,骨迷路与膜迷路间有外淋巴液,膜迷路就悬浮在外淋巴液中。中耳包括鼓膜、鼓室、耳柱骨;耳柱骨一端连在鼓膜上,另一端与内耳卵圆窗相连。因此,声波经鼓膜—耳柱骨—卵圆窗—外淋巴—膜迷路—内淋巴—听斑传递。

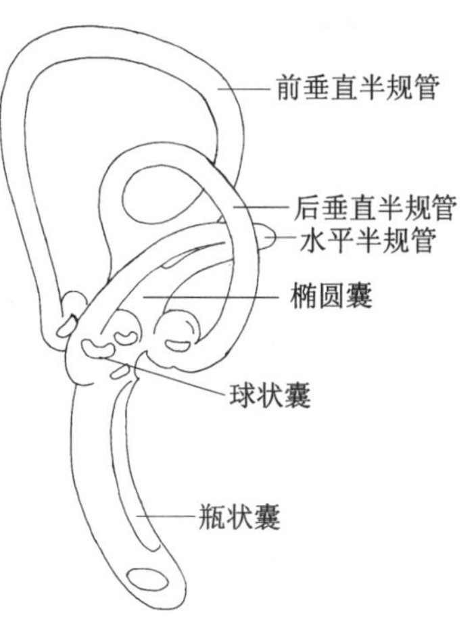

图19-28 膜迷路

3. 嗅觉器官(olfactory organ)

鸟类的鼻腔中有3个鼻甲骨,但嗅觉器官退化。少数种类嗅觉发达如无翼目能嗅出地下昆虫或蠕虫,鹱形目鸟类能嗅出海面上散布的动物油脂气味,兀鹫等靠嗅觉觅食定位。

19.2.12 内分泌系统

1. 脑下垂体(hypophysis)

位于间脑的腹面,视神经交叉的后面。由前叶和后叶两部分组成,前叶叫腺垂体(adenhypophysis),来源于胚胎时口腔顶壁发生的拉克氏囊,后叶来源于间脑底部隆起,叫神经垂体(neurohypophysis)。腺垂体分泌生长激素(GH)、促甲状腺激素(TSH)、促肾上腺皮质激素(ACTH)、促卵泡生成素(FSH)、促黄体生成素(LH)、催乳激素(PRL)。神经垂体分泌加压素和催产素。

2. 甲状腺(thyroid gland)

1对椭圆形,暗红色腺体。位于气管进入胸腔处,气管两侧、颈动脉的旁边。分泌甲状腺素和三碘甲状腺素,促进生长发育和新陈代谢。

3. 肾上腺(adrenal gland)

1对黄褐色或紫红色的小腺体。位于肾前叶的前方,雄鸡与附睾相连,雌鸡左侧与卵巢相连。

19.2.13 鸟类迁徙

迁徙(migration)是指每年的春季和秋季,鸟类主动地适应环境条件的变化,在越冬地和繁殖地之间周期性地进行定期、定向、集群迁飞的现象。鸟类迁徙多发生在南北半球之间,少数在东西方向。候鸟迁徙的途径、远近和速度各有不同。如在我国东北繁殖的白鹭、白枕鹤,秋天飞往日本国的南部去越冬,而在我国东北繁殖的红脚隼,迁徙途经我国的辽宁、山东、福建等沿海诸省,飞越印度洋到非洲东、南部越冬。

1. 鸟类迁徙类型

根据鸟类迁徙的特点,鸟类可分为留鸟、候鸟和迷鸟3种类型。

(1) 留鸟(resident)

终年留居在繁殖地区,没有迁徙习性的鸟类。如麻雀、喜鹊等。有些留鸟繁殖后,在种的分布区内,没有固定的栖息场所,随食物变化而改变栖息场所,如啄木鸟和山斑鸠,夏天生活在山林中,冬天迁到原野觅食和越冬。这些鸟类称为漂泊鸟(wandering bird)。

(2) 候鸟(migrant)

每年随季节不同,在繁殖区与越冬区之间进行迁居的鸟类,分为夏候鸟(summer resident)夏季迁某地繁殖,秋天迁离当地的鸟类。家燕为我国常见的夏候鸟。冬候鸟(winter resident)冬季迁某地越冬,春季迁离当地的鸟类。鸭雁类为我国常见的冬候鸟。旅鸟(traveler)春秋季节,迁徙途中规律性地经过某地的鸟类,如鸻鹬类和极北柳莺、小鹀等为我国大部分地区常见的旅鸟。

由于我国地域辽阔,南北气候相差悬殊,有些鸟类在我国北方是夏候鸟,在南方则是冬候鸟,故候鸟的划分,随地区而有所不同,并非固定不变。

(3) 迷鸟(straggler bird)

在迁徙过程中,由于自然因素的变化,偏离迁徙路线或栖息地而偶然到异地的鸟类。

2. 迁徙诱因

1970 年,Harris 在英国标记不迁徙银鸥与迁徙小黑背鸥(*Larus fuscus*)的卵互换孵化出来的幼鸟,结果表明,银鸥幼鸟跟随义亲迁到法国,而银鸥孵化出来的小黑背鸥幼鸟却迁到欧洲大陆;换卵孵化试验证实鸟类迁徙是自然选择的结果。引起鸟类迁徙的原因是非常复杂的,由多种因素引起,主要有以下 3 种因素。

(1) 历史因素

由于新生代第四纪周期性地发生过多次冰川运动,气候剧变,不利于鸟类的生存繁衍,而种群大量繁殖造成对食物需求量增加,致使鸟类形成定期迁徙的遗传本能。有 2 种学说,从地球历史推测鸟类迁徙的起源问题,鸟类起源于越冬地,在夏季,向北方冰川退却的地方扩散,当冰川再来临时返回南方越冬;鸟类起源于繁殖地,冰川来临时迫使它们向南方迁徙,北方冰川退却时返回故乡繁殖,周期性的冰川运动和遗传本能使鸟类形成定期的迁徙行为。然而,冰川运动是鸟类产生迁徙的原因,不能解释冰川运动前的第三纪鸟类的迁徙行为就已经出现,以及没有经历冰川的地方鸟类也有迁徙现象。

(2) 生态因素

多数鸟类学者认为,季节性的气候变化导致食物缺乏而不利于繁殖、生存,通过迁徙寻求丰富的食物供应和隐蔽良好的营巢场所,如食虫鸟类能保证雏鸟的生长发育有充足的食物,亲鸟有足够的育雏时间。

(3) 生理因素

日照长短和自然景观的变化,刺激并影响神经内分泌系统的活动,对鸟类的生理机能产生重要影响。春天光照时间增长,植物开始发育,鸟类激素分泌增加,刺激生殖腺发育,促使鸟类向繁殖地迁飞。

三方面的因素不是孤立的,而是相互关系、相互制约的,某种因素甚至常起主导作用。外界季节性的条件变化作为信号通过机体内部的神经体液调节而起作用。

3. 迁徙研究

鸟类是没有“国籍”的,它们迁徙的路程长,常由一个国家飞到另一个国家,由一个洲飞往另一个洲,因此,鸟类迁徙研究工作,要靠全世界各国的鸟类工作者和广大的爱鸟群众合作完成。

迁徙研究多采用环志法进行。用铝合金制成的脚环上有环志站及序号等标记。每个环号有一张卡片,记载鸟名、环志号、性别、地点、日期等,把脚环套在鸟的跗蹠部位释放,当它再度被捕,获鸟者将脚环号、日期和地点报告给环志站,立即把鸟释放;如果得到的是带脚环死鸟,取下脚环随同获鸟日期和地点,一起寄往环志站。日积月累,便可以获得鸟类的迁徙路线、时间及一些个体生态的宝贵资料。

可采用鲜艳的染料喷在鸟羽上观察;把微型发报机戴在大型鸟类身体上追踪,利用遥感技术测定鸟类迁徙途中栖息处,利用先进有效的方法获得可贵的迁徙资料。

4. 迁徙路线

在北美海岸放飞的套上脚环的北极燕鸥,90 天后在 14 500 km 外的非洲东南部被捕;在北冰洋沿岸套环后飞走的燕鸥,在澳洲被重获,它至少飞了 22 500 km;金鸻在苏联的西伯利亚东北部和北美的阿拉斯加繁殖地,秋季迁徙,沿我国海岸线飞行,或飞越大海,飞行 4 000 km 到达美国的夏威夷群岛。通过环志可以大致确定鸟类的迁徙路线,在我国候鸟迁徙的路径主要有三个迁徙区,西部候鸟迁徙区,包括在内蒙古西部、甘肃、青海、宁夏等地干旱或荒漠、半荒漠及高原草甸草原等环境中繁殖的候鸟,迁徙时沿阿尼玛卿、巴颜喀拉、邛崃等山脉向南沿横断山脉到四川西部、云贵高原甚至印支越冬;中部候鸟迁徙区,包括内蒙古东部、中部草原、华北西部及陕西繁殖的候鸟,冬季沿太行山、吕梁山越过秦岭、大巴山进入四川盆地及经大巴山东部至华中或更南地区越冬;东部候鸟迁徙区,包括在东北、华北东部及俄罗斯西伯利亚繁殖的候鸟,沿海岸线至华中、华南甚至到东南亚各国越冬,或沿海岸至日本、马来西亚、菲律宾、澳大利亚等地越冬。

5. 迁徙距离

迁徙鸟类的繁殖地和越冬地的距离从几百公里到上万公里,如北极燕鸥是迁徙距离最长的鸟类,繁殖地在北极地区,越冬地在南非海岸,飞行距离约 18 000 km。绿头鸭迁徙距离为890 km。家燕是 8 800 km。

6. 迁徙速度

雷达研究表明,陆地迁徙鸟为30～70 km/h,海洋迁徙鸟速度较快,平均速度约为67 km/h。由于白天要觅食、饮水或因其他环境因素的干扰,夜间迁飞比白天快;由于春天要尽快飞至繁殖地,以便选择巢区、寻找配偶、做巢、孵卵、育雏,春季比秋季快。迁徙距离长的鸟类每天平均飞行150～200 km,迁徙距离短的鸟每天平均飞行不超过100 km。一般鸟类每天飞行6～8小时,每天飞行200～280 km。

7. 飞行高度

飞行高度与鸟类的体型、天气状况等因素有关,如小型鸣禽不超过300 m,大型鸟3 000～6 300 m,大天鹅飞越珠穆朗玛峰,可达9 000 m;飞越墨西哥湾的鸟夜间飞行的高度为244～488 m,白天为1 220～1 524 m。雨燕晴天飞行的高度为2 300～3 600 m,阴天高度为700 m。

8. 迁徙时间

大多数鸟类如食虫鸟、食谷鸟、涉禽、鸭类等在夜间迁飞。大型鸟类和猛禽多在白天迁飞。多数鸟类幼鸟与成鸟一同迁徙,雨燕幼鸟先迁徙,金鸻则成鸟先离开繁殖地。

9. 迁徙定向(orientation)

鸟类迁徙的路程很长,但飞行路线固定不变,也不迷失方向,例如,将18只信天翁装在蒙着黑布的箱中,用飞机运到千里以外释放,它们以200～500 km的日速度返回故土;春天,将捕捉的迁徙加拿大鹅绑住双翅,它们会义无反顾地继续向北方步行达25 km,其实很多鸟类都有很强的归巢能力,而能够保持各自特有的繁殖分布区。因此,人们推测鸟类体内一定存在极精确的定位装置,其精确度远远超过现在的电子导航设备,所以,鸟类的迁徙定向研究吸引了很多鸟类学家和仿生学家,人们正在使用现代技术对迁徙的定向导航问题继续进行研究和探索。

(1) 视觉定向(visual orientation)

可有以下几种方式。

1) 陆标导航(landmark)　迁徙鸟类沿着固定路线飞行,可能与飞行路线上的地面景观标志有关。如追踪运往342 km以外的地方放飞的鲣鸟表明,它们首先去找熟悉的大西洋海岸线,然后迅速飞回栖息地。

2) 太阳导航(sun orientation)　鸟类能不断调整迁徙平行轴和太阳的角度及纬度的变化进行定向。1957年,Krammer将迁徙的紫翅椋鸟置于有阳光照射笼中,在其扇翅时,头的方向与迁徙方向完全相同,改变阳光照射方向则鸟亦改变方向,而阴天鸟的活动不定向。这一研究为Matthews1953年提出的太阳导航学说提供了证据。

3) 星辰定向(stellar orientation)　夜间迁徙的鸟类靠星辰导航,放在笼中的鸟会按其迁徙方向飞行,置于人造天文馆中,它们就会按照人为的天文方向定位。1967年,Emlen将靛蓝彩鹀在天文馆人造星空下,随星空变化而改变迁飞方向,甚至其迁飞方向可随星辰旋转180°。当星辰不可见时,实验鸟不定向或随机定向。Frank C. Bellrose将美国中部的绿头鸭带离巢区的实验也发现,晴天,它们面向其巢,夜间阴天则乱动。

(2) 地磁场定向(geomagnetic orientation)

第二次世界大战期间,Knorr观察到,雷达可使飞行的黑凫和斑背潜鸭散群,离开雷达区就会重新集群沿原迁徙路线前进。信鸽头上加具有特定方向的磁场,晴天时能正常飞行,阴天时飞行方向随磁场改变而改变。William Keeton发现带有磁铁的信鸽会迷失飞行方向,而带有同样的非磁化铁则飞行方向正常。Walcott和Green(1974)将具有特定的反磁场方向的线圈加在信鸽头上,可使阴天放飞的鸽子飞行方向产生180°的改变。有些候鸟在磁场强大、磁偏角和磁倾角异常的低空飞行时也会迷失方向。Larkin和Sutherland(1977)指出,夜间飞越正在被操纵的大的交流电系统时,就更频繁地改变飞行方向。

以上事实说明,鸟类可感受低强度的电磁场。100多年来,有这样的理论,鸟类有6种感官能发现地球的极性,利用地球磁场进行迁徙定向。Presti和Pettigrew(1980)证实,永久性磁性物质(可能由Fe_3O_4组成)集中在冠雀(*Zonotrichia Leucophrys*)颈部的肌肉中,迁徙鸟类颈部肌肉中的磁性感受器能使它们从地球磁场中提取有用的导航信息。

(3) 嗅觉定向(olfactory orientation)

破坏嗅神经,或将强烈气味注入鸽子的鼻腔中,或用活性炭滤过器使鸽子的嗅觉器官不能发挥作用,鸽子的飞行就会迷失方向。但有实验证实,鸟类不能返巢是因实验不适而不愿飞行造成的。

19.3 鸟纲分类

为了解认识鸟类,探讨鸟类与生态环境和人类的关系,人们对鸟类进行物种分类和生态分类。依据生活习性和形态特征可将鸟类分成走禽、涉禽、游禽、攀禽、猛禽、鸣禽等不同生态类群。但不同的学者对鸟类的分类有不同的意见,目科的划分也互有差异。

20 世纪 70、80 年代,Charles C. Sibley 等应用 DNA 杂交技术对鸟类的系统发育和亲缘关系进行了研究,根据 12 000 个鸟类的 DNA/DNA 杂交试验结果,提出了新的分类体系;新的分类体系,过去认为较高等的攀禽被降为较低等的类群,原本认为较原始的水禽则多变成了较高等的类群,而且游禽、涉禽和猛禽多被合并入鹳形目及鹤形目。新的分类表达了不同鸟类之间的血缘关系。但在应用中,人们通常还是以传统分类为主,Petertal 等的巨著 Check-list of Bird of the World《世界鸟类名录》为经典的鸟类传统分类体系,被较多的人所接受。

全世界的鸟类可分为 2 个亚纲(彩页见 19-29~19-36)。

19.3.1 古鸟亚纲(Archaeornithes)

古鸟亚纲是已经灭绝了的鸟类。具牙齿,无龙骨突,前三趾分离,趾端具爪,尾椎骨 13 枚以上,无尾综骨。如始祖鸟目的始祖鸟(Archaeopteryr lithographica)。

19.3.2 今鸟亚纲(Neornithes)

除少数种类灭绝外,大部分是现存鸟类。多有龙骨突,尾椎骨不超过 13 块,有尾综骨,3 块愈合掌骨远端与腕骨愈合成腕掌骨。

1. 齿颌总目(Odontognathae)

有牙齿,已经灭绝。如黄昏鸟目(Hesperornithiformes)、鱼鸟目(Ichthyornithiformes)。

2. 平胸总目(Ratita)

又称古颚总目(Palaeognathe)。无龙骨突;翼退化,不能飞翔。皮肤上无羽区和裸区之分;羽小枝无羽小钩。后肢强壮,二趾或三趾。雄性具交配器。封闭形骨盆。

(1) 鸵形目(Struthioniformes)

为现存最大的鸟类,体高达 2.5 m,体重达 135 kg。仅 1 种,即非洲鸵鸟(*Struthia camelus*),后肢粗大,仅具 2 趾(第 3、4 趾)。卵大。生活于沙漠草原地带。群居,繁殖时一雄多雌,雏鸟早成鸟。

(2) 美洲鸵鸟目(Rheiformes)

本目 1 属 2 种,分布于南美洲草原地带。如美洲鸵鸟(*Rhea Americana*),后肢具 3 趾(第 2、3、4 趾),均向前。

(3) 澳洲鸵鸟目(Casuariiformes)

分布于澳洲及附近的岛屿上,包括 2 属 4 种。代表种类有鸸鹋(*Dromaus novachollandeae*)又称澳洲鸵鸟,喙宽扁,头顶无隆起,副羽发达,3 趾向前,第 2 趾具锐爪。食火鸡(*Casuarius casuarius*)又称鹤鸵,喙宽扁,背面有隆起,头颈大部分裸出,头顶有高角质冠,后肢 3 趾向前。

(4) 无翼鸟目(Apterygiformes)

为平胸总目中体型最小的一类,仅分布于新西兰。包括 1 属 3 种。如小斑几维(*Apteryx owenii*),喙细长末端具鼻孔;翼退化,体羽呈毛状;无锁骨,肱骨仅留痕迹;后肢具短的 4 趾(3 前 1 后)。

3. 企鹅总目(Sphenisciformes)

又称楔翼总目(Impennes)。龙骨突发达,骨骼不是气质骨。前肢鳍状,后肢短移至体后方,4 趾向前,趾间具蹼。具鳞片状羽毛。现存 6 属 18 种。如皇企鹅(*Aptenodtes forsteri*)、帝企鹅(*Aptenodytes patagonicus*)等。

4. 突胸总目(Crinatae)

又称今颚总目(Neognathae)。龙骨突发达,具气质骨,有尾综骨;翼发达;体表分羽区及裸区,正羽发达,羽小枝具羽小钩;雄鸟多不具交配器。

(1) 䴙䴘目(Podicipediformes)

腿短,着生在身体后部,跗蹠部侧扁,趾具瓣蹼,后趾小,位置较高;尾短小,由一簇绒羽构成;善游泳潜水,不适陆地行走。共由1科即䴙䴘科(Podicipedidae)5属22种,我国有2属5种。如凤头䴙䴘(*Podiceps cristatus*),嘴长而尖,从嘴角至眼有一黑线,头顶有向后伸出的成丛黑色冠羽,颈细长,游泳时直伸与水面垂直。小䴙䴘(*Tachybaptus ruficollis*),体短胖,嘴裂和眼具醒目乳黄色斑,繁殖期上颈前部两侧具紫红色带状斑,无冠羽。

(2) 鹱形目(Procellariiformes)

鼻呈管状;喙由多个角质片构成,上喙先端具钩。前3趾间有蹼,后1趾退化。翼尖长,善飞的大中型海鸟。全世界共有4科23属110种,我国有3科7属13种。

信天翁科(Diomedeidae) 鼻管位于嘴峰两侧,不合并。如短尾信天翁(*Diomedea albatrus*),体白色,头颈缀有黄色,初级飞羽和尾尖端黑褐色,嘴粉红色。

鹱科(Procellariidae) 鼻管位于嘴峰上,其开口左右合一。如白额鹱(*Puffinus leucomelas*),前额,头侧,前颈和下体及翅下边白色,上体暗褐色。颈和脸部有暗色斑纹。尾羽黑褐色。飞翔时左右倾斜靠近水面飞行、捕食鱼类。

(3) 鹈形目(Pelecaniformes)

喙长而大,有的具钩,颌下喉囊发达。4趾向前,趾间有全蹼。中大型游禽。全世界有6科7属68种,我国有5科5属17种。

鹈鹕科(Pelecanidae) 喙扁平,上喙末端具钩,喉囊大可达喙的全长。中央尾羽不延长。体形大。代表种类斑嘴鹈鹕(*Pelecanus philippensis*),嘴肉红色,长而粗,上喙具蓝色斑点,喉囊紫色;通体白色;后颈、枕部长窄而蓬松的淡白色羽形似马鬃,形成短冠羽,脚黑褐色。白鹈鹕(*Pelecanus onocrotalus*),嘴长直,铅蓝色,喉囊黄色;夏羽,后头白色冠羽长而窄;颈长,体粗胖,体羽白色缀有橙色,胸有一簇黄色披针形羽毛;脚肉红色。

鸬鹚科(Phalacrocoracidae) 嘴呈圆锥形,上嘴具钩,喙基部喉囊较小。脚位于体后,体形中等。如普通鸬鹚(*Phalacrocorax carbo*),通体黑色,具紫绿色光泽,喉囊黄绿色,眼后下方白色,繁殖季节脸部有红斑。

军舰鸟科(Fregatidae) 蹼足凹状,尾叉形;跗蹠短,被羽;爪长弯曲,中趾爪内侧栉状。如黑腹军舰鸟(*Fregata minor*),喙强而长,尖端具钩;翅窄而尖长。雄性黑色具光泽,喉囊红色;雌性背黑、胸腹部白色,喉囊灰色。

鲣鸟科(Sulidae) 喙短钝、锥形,端部稍下弯,嘴缘锯齿状;成鸟鼻孔关闭,喉部多裸露,喉囊不明显;尾楔形;大中型海鸟。如褐鲣鸟(*Sula leueogaster*),喙黄色。头、颈、胸、上体黑褐色,腹白色。脚淡黄色。

(4) 鹳形目(Ciconiiformes)

喙长,颈长,腿长;趾长基部具蹼,4趾,3前1后,在同一个平面上;大中型涉禽,全世界现存5科38属115种,我国有3科18属34种。

鹭科(Ardeidae) 嘴形长直而侧扁,先端尖锐;外趾与中趾间具蹼膜,中趾爪内侧缘具栉状突;飞行时颈部呈"S"状,脚向后直伸。代表种类大白鹭(*Egretta alba*),全身白色;夏羽背及前颈下部有蓑羽,无冠羽和胸前蓑羽;口角黑线延至眼后。中白鹭(*Egretta intermedia*),全身白色,夏羽无冠羽,胸前具蓑羽;嘴和脚较短,口角黑线仅延至眼下。小白鹭(*Egretta garzetta*),嘴黑色,全身白色,趾黄色;夏羽枕部冠羽2根,为狭长而软的矛状饰羽;背部与前胸着生蓑羽。苍鹭(*Ardea cinerea*),夏羽2条黑色长冠羽;头颈部白色,前颈部有2～3列纵形黑斑,体侧有大型黑色块斑。上体灰色,下体白色。

鹳科(Ciconiidae) 嘴长而直,中趾爪内侧不具栉状突,飞行时,颈、脚直伸。如黑鹳(*Ciconia nigra*),上体、颈部黑色,下体白色,嘴和脚红色。东方白鹳(*Ciconia boyciana*),嘴粗长,黑色;体羽白色,飞羽黑色,脚红色,胫下部裸露。

鹮科(Threskionithidae) 头部裸出;嘴细长向下弯曲或末端扁平呈匙状,鼻孔位于喙基部,嘴峰两侧有长形鼻沟;跗蹠部具网状鳞。如朱鹮(*Nipponia nippon*),头、羽冠和体羽白色;嘴黑、脸部红色,翅和尾缀有粉红色;脚短、红色,胫下部裸出。白琵鹭(*Platalea leucorodia*),头裸露部分黄白色,眼先有黑色线状斑纹;嘴灰、前端黄色,长琵琶形。

(5) 雁形目(Anseriformes)

游禽,喙多扁平、先端具厚嘴甲,喙缘具锯齿形缺刻。有翼镜。腿短,前 3 趾间具蹼,后趾位高;尾脂腺发达;雄鸟具交配器;全世界有 2 科 44 属 160 种;我国有 1 科 20 属 50 种。

鸭科(Anatidae) 特征同目,代表种类豆雁(*Anser fabalis*),嘴黑褐色,近先端具黄斑;背羽褐、羽缘近白色,下体污白色,两肋具灰褐色横斑。鸿雁(*Anser cygnoides*),额基与嘴之间细纹棕白色;额基至头顶、后颈正中央暗棕色;前颈近白色。大天鹅(*Cygnus Cygnus*),全身洁白,嘴基黄斑延伸超过鼻孔,嘴端黑色;跗蹠、蹼、爪黑色。小天鹅(*Cygnus columbianus*),体洁白,嘴灰色,嘴基黄斑仅延伸至鼻孔。疣鼻天鹅(*Cygnus olor*),眼先裸露、黑色,嘴基、嘴缘黑色,其余部分红色,前额有突出的黑色疣状物。绿头鸭(*Anas platyrhnchos*),雄性头颈部绿色具金属光泽,颈基部领环白色;翼镜呈金属紫蓝色,其后缘有黑色窄纹和白色宽边;两对中央尾羽黑色向上卷曲成钩状,两侧灰褐色尾羽具白缘;雌性头顶至枕部黑具棕黄色羽缘,上体羽毛黑褐色,具棕白色羽缘形成 V 形斑,翼镜同雄性。针尾鸭(*Anna acuta*),雄性背部具淡褐与白色相间波状横斑,颈侧白色纵带与下体白色相连;翼镜铜绿色;一对中央尾羽特别延长;雌性上体黑褐色杂以黄白色斑纹,无翼镜;尾较雄性短。赤麻鸭(*Tadorna ferruginea*),赤黄色,翅上有明显白斑和铜绿色翼镜;嘴、脚、尾黑色;夏羽,雄性颈基部有一窄的黑领环,雌性无黑领环。鸳鸯(*Aix galericulata*),雄性婚羽,额、头顶中央翠绿色,冠羽长、绿色,最内侧一枚栗黄色飞羽内翈扩大直立成帆状饰羽;胸侧有 3 道黑条纹;雌性上体灰褐色,眼周及眼后具白色纹,无冠羽及饰羽;雄鸟非婚羽似雌鸟。

(6) 隼形目(Falconiformes)

上喙尖锐钩曲,喙基被蜡膜;翼发达;脚强健具利爪;腺胃发达;视力敏锐;晚成鸟;肉食性猛禽;全世界现存 5 科 80 属 311 种,我国有 3 科 24 属 63 种。

鹗科(Pandionidae) 外趾能够外翻,趾底多刺突,仅 1 种,即鹗(*Pandion haliaetus*),前额、头顶和头侧白缀皮黄色,头顶中央缀有暗褐色纵纹,枕部羽毛稍延长成披针形,形成一短的羽冠。

鹰科(Accipitridae) 嘴短而强健,上嘴两侧具弧状垂突;嘴基蜡膜、鼻孔裸露或被须状羽;体羽灰褐色或暗褐色。代表种类黑鸢(*Milvus migrans*),体羽暗褐色;耳羽黑褐色。翼下白斑显著;尾叉状,具黑、褐色相间的宽度相等的横斑;翱翔时,两翅平伸。苍鹰(*Accipiter gentilis*),背灰褐色;腹白有深褐色横斑,尾灰褐色,有 4 条深褐色横斑,尾端白色。普通鵟(*Buteo buteo*),上体多暗褐色;下体暗褐色或淡褐色,具深棕色横斑或纵斑;翼下白色,翼尖、翼角、飞羽外缘黑色,初级飞羽基部白斑明显;圆尾,淡灰褐色,具暗色横斑;翱翔时两翅上举成"V"形。金雕(*Aquila chrysaetos*),头顶黑褐色,颈后羽毛具金黄色光泽;体羽栗褐色;除脚趾外,腿被羽;大型猛禽。秃鹫(*Aegypius monachus*),嘴形强大,鼻孔圆形;头顶部被绒羽或裸露无羽;上体暗褐色;下体白色,胸部有赤褐色斑纹;外趾能反转,趾下及爪侧有发达的角质刺;大型猛禽。

隼科(Falconidae) 上喙两侧具单个齿突;多具宽阔显著髭纹;翅型尖长,尾较长,多为圆形或凸形尾,胫较短而粗壮。如红隼(*Falco tinnunculus*),前额、眼先和细窄眉纹棕白色。眼下有黑色宽髭纹;肩和翅上覆羽砖红色,具近似三角形黑斑;飞羽和覆羽黑褐色,具淡灰褐色端缘;尾蓝灰色,具宽阔的黑色次端斑和窄的白色端斑。红脚隼(*Falco amurensis*),雄性暗石板灰色,尾和翅灰色,飞羽外翈银灰色,尖端黑褐色,无横斑;眼周、蜡膜和脚红色;雌性上体暗灰色,具黑色横斑,下体乳白色,胸部纵纹、腹部横斑黑褐色,翅下腹羽和腋羽白色,具黑色斑点和横斑。猎隼(*Falco cherrug*),前额、眼先白色,眉纹白,眼下黑色暗纹显著,头顶褐色,具肉桂色纵纹;后颈、颈侧乳白色;上体暗褐色;下体白色,具淡黄色斑点。游隼(*Falco peregrinus*),头顶和后颈暗石板蓝灰色;眼周黄色,颊部具有粗著垂直向下的黑色髭纹;头、后颈黑色,上体蓝灰色,下体白色,上胸具黑色细斑,下胸至尾下密被黑横斑。

(7) 鸡形目(Galliformes)

喙短而坚;翼短而圆;爪、足强健,雄鸟跗蹠部具距,羽色鲜艳;陆栖性鸟类,适应地面行走;全世界现存 7 科 76 属 286 种,我国有 2 科 26 属 63 种。

松鸡科(Tetraonidae) 鼻孔被羽。中央尾羽不特别延长;跗蹠部全部或部分被羽,无距,后趾位置明显高于前三趾。如花尾榛鸡(*Bonasa bonasia*),俗称"天龙";有短羽冠,上体棕灰色具栗色横斑,颏、喉黑色,下体暗棕色或杂白色,外侧尾羽呈花斑状;具宽阔黑色次端斑;雌鸟颏、喉棕白色。柳雷鸟(*Lagopus lagopus*),头、颈、背、内侧飞羽、胸红褐色或棕黄色,后颈和上体具暗黑褐色横斑和斑点;翅覆羽、外侧飞羽、腹部和腿覆羽、趾白色;尾黑色,外侧尾羽尖端白色;雌鸟皮黄色,具黑色横斑和虫状斑;冬羽均为白色。

雉科(Phasianidae) 嘴短锥状,上嘴先端微向下曲。头顶具肉冠或羽冠;腿强壮适于奔跑,跗蹠部裸露或上部被羽,趾裸露,后趾位置高,雄鸟有距,雌性亦可具距;雌雄异色,雄鸟羽色华丽。如绿孔雀(*Pavo muticus*),体羽翠蓝绿色;头有直立冠羽;尾上覆羽端部具有眼状斑,可形成尾屏;雌鸟背羽褐色,主要为翠金属绿色,无尾屏。红腹锦鸡(*Chroysolophus pictus*),头具金黄色羽冠;后颈被橙棕色,缀有黑边的扇状羽;上背浓绿色,其余上体金黄色;下体深红色;尾羽特长,黑褐色,缀以黄色斑点;雌鸟头顶和后颈黑褐色;体羽棕黄色,缀黑褐色虫状斑和横斑。环颈雉(*Phasianus colchicus*),前额和上嘴基部黑有蓝绿色光泽,头顶棕褐色,眉纹白色,耳羽蓝黑色;颈部黑色横带延伸到颈侧与喉部黑色连成环状,其下白色环带形成颈环;腹黑色;尾羽黄灰色,最外侧两对除外,有交错排列的黑横斑;雌鸟头和后颈棕白色具黑色横斑,下体沙黄色,尾羽较短。红腹角雉(*Tragopan temminckii*),绯红色;头黑,眼后有金色条纹,脸部裸皮蓝色,具可膨胀的喉垂和肉质角;上体有带黑色外缘的白色圆点,下体有灰白色椭圆斑点。黄腹角雉(*Tragopan caboti*),棕黄色;头黑,前颈及颈侧具猩红斑块,眼后条纹黄色,脸颊裸皮、喉垂橘黄色,喉垂膨胀时呈艳丽蓝色和红色;上体具黄色斑点,下体草黄色。褐马鸡(*Crossoptilon mantchuricum*),体羽浓褐色;嘴粉红色;头侧裸露赤红色;颏、颊和耳羽白色,耳羽长而硬呈束状,突出于头侧似一对角;腰和尾羽基部白色,尾羽翘起,羽支分散下垂。白冠长尾雉 (*Syrmaticus reevesii*),头颈部白色,头顶有一黑色环带;上体金黄色,下体深栗杂以白色,尾特长具二列黑栗交替横斑;雌鸟上体黄褐色,背部具显著黑色和大型矢状白色斑;下体浅栗棕色,尾较短,具多道不显著的黄褐色横斑。石鸡(*Alectoris chukar*),颏、喉、颊白色,黑色横带自前额开始经眼和耳沿颈侧而下形成1黑圈,将白色喉部与灰色胸部分开;眼先黑色扩展到口角,两肋有细密黑色横斑。

(8) 鹤形目(Gruiformes)

涉禽,趾间不具蹼或具微蹼,四趾不在一个平面上,后趾高于前3趾;全世界现存11科58属203种,我国有4科17属34种。

三趾鹑科(Turnicidae) 足3趾,后趾退化;雌鸟羽色鲜艳、较雄鸟大;繁殖时一雌多雄。如黄脚三趾鹑(*Turnix tanki*),嘴黄色;上体黑褐具栗色或棕色斑纹,胸、肋浅棕黄色具黑褐色圆斑。脚淡黄色。

鹤科(Gruidae) 体型大,头顶多少裸出,后趾小,位置高。如丹顶鹤(*Grus japonensis*),全身几乎纯白色;裸露头顶朱红色,眼后耳羽至枕部白色,颊、喉、颈黑色;次级飞羽和三级飞羽黑色,盖住白色尾部。灰鹤(*Grus grus*),体羽灰色,头顶及翅尖黑色,头后裸露处朱红色。蓑羽鹤(*Anthropoides virgo*),蓝灰色,头侧、颏、喉、前颈黑色;前颈羽延长成蓑羽垂于胸前;耳羽白色,延长垂于头侧。

秧鸡科(Rallidae) 体中小型,喙长直或短钝,四趾在同一平面上,趾间具瓣蹼。如骨顶鸡(*Fulica atra*),体羽黑色,头顶至嘴有白色额甲,趾具瓣蹼。黑水鸡(*Gallinula chloropus*),嘴黄色,额甲鲜红色。体黑褐色,肋有白色条纹;脚黄绿色,上部有1红色环带。董鸡(*Gallicrex cinerea*),嘴黄、额甲红色,后端凸起伸出头顶如鸡冠;体灰黑色。白胸苦恶鸟(*Anaurornis phoenicurus*),头顶及上体灰色,脸、额、胸及上腹部白色,下腹及尾下棕色。

鸨科(Otidae) 体型大,脚长,喙粗短,足具前3趾,后趾消失。如大鸨(*Otis tarda*),头、颈和前胸深灰色,背部淡棕有黑色横条纹;足具三趾;雄性颏下两侧有须状羽。

(9) 鸻形目(Charadriiformes)

中小型涉禽;脚长,胫下部裸出,尾短圆,翼尖长;四趾中以中趾最长,后趾小或消失;全世界现存18科90属350种,我国有14科47属125种。

鸻科(Charadriidae) 喙短而直,尾短,跗蹠细长,后趾短或退化。如凤头麦鸡(*Vanellus vanellus*),嘴黑色;头顶具细长稍向前弯的黑色冠羽;上体暗绿色,下体白色,胸具宽阔黑色环带,颏、喉黑色以黑带与黑色胸带相连;脚肉红色。金眶鸻(*Charadrius dubius*),嘴黑色;额的宽阔黑横带后有1窄的白色横带;贯眼纹黑色,眉纹白色,眼周金黄色,后颈具1白色领环;上体沙褐色。

鹬科(Scolopacidae) 喙细长变化较大,长直而尖、或长而下弯、或长而上弯;体色淡而具有条纹,脚细长,大多具4趾;趾间无蹼。如白腰草鹬(*Tringa ochropus*),嘴细长向下弯曲,上体淡褐具黑褐色纵纹,腰白色,尾白具黑色横斑。

燕鸻科(Glareolidae) 喙短、基部宽阔、先端下弯翼长而尖,尾叉形;脚较短,中趾爪内缘具栉状突。如燕鸻(*Glareola maldivarum*),嘴黑色基部红色;眼先、眼下缘沿头侧向下围绕喉部棕白色,有一条黑色细线,圈内有一窄白圈;上体茶褐色,腰白色,腹白色;翼尖长下覆羽棕红色;尾黑叉尾。

鸥科(Laridae) 游禽,喙先端具钩,翼狭长而尖,尾圆形,前3趾具蹼,后趾短小,位置高。如红嘴鸥(*Larus ridibundus*),嘴细长暗红色先端黑色;头和上颈部咖啡色,背肩灰色,外侧飞羽白色具黑色尖端,其余飞羽灰色,体羽白色。

(10) 沙鸡目(Pterocliformes)

地栖;喙端,基部无蜡膜;翼尖长;中央尾羽特别延长;脚短,仅3趾,后趾缺失,跗蹠及趾均被羽。全世界仅沙鸡科(Pteroclidae)2属16种,我国有2属3种。如毛腿沙鸡(*Syrrhaptes paradoxus*),尾、翅长而尖。通体沙灰色。背部密被黑色横斑;腹部具1大型黑斑。

(11) 鸽形目(Columbiformes)

树栖;喙短基部具蜡膜;翼发达善飞翔;尾圆形或楔形;腿短健,四趾在同一平面。全世界现存仅鸠鸽科(Columbidae)41属309种,我国有7属31种。如岩鸽(*Columba rupestris*),头、颈上部暗灰色,颈下部、背、上胸具绿色和紫色金属光泽,翅上有两道不完整黑色横斑;尾具白色横带。山斑鸠(*Streptopelia orientalis*),嘴铅蓝色,颈基两侧具有黑色和蓝灰色颈斑;肩具红褐色羽缘;上体褐色,下体主要为葡萄黑褐色;尾黑具灰白色端斑。珠颈斑鸠(*Streptopelia chinensis*),上体褐色,下体粉红色,黑色后颈布满白色细小斑点;尾长,外侧尾羽黑褐色,末端白色;脚红色。

(12) 鹦形目(Psittaciformes)

喙坚硬,具钩,喙基有蜡膜,对趾型足;第4趾能前后反转,趾端具利爪;体羽艳丽;全世界有2科84属353种;我国有1科3属7种。

鹦鹉科(Psittacidae) 特征同目。代表种类绯胸鹦鹉(*Psittacula alexandri*),头葡萄灰色,颏白色,眼周湛绿色;前额有黑带伸至眼后,下嘴基部两侧有黑色宽带斑伸至颈侧;上体绿色,喉和胸葡萄红色或砖红色;蓝色中央两枚尾羽特别长。雌鸟头蓝灰色,喉、胸红色,中央尾羽较短。虎皮鹦鹉(*Melopsittaccs undulates*),上嘴强大而钩曲,基部具蜡膜;羽色艳丽,常见黄,绿,蓝,白色,羽端有黑缘。各地均有笼养。

(13) 鹃形目(Cuculiformes)

攀禽,对趾形足,喙稍向下弯曲,尾凸尾或圆尾,多不营巢;全世界2科34属159种,我国仅杜鹃科(Cuculidae)8属20种。如大杜鹃(*Cuculus canorus*),上体暗灰色;腹具细密黑褐横斑,鸣叫二声一度"布—谷"。四声杜鹃(*Cuculus micropterus*),上体浓褐色,尾具黑色端斑和白色斑点。腹具粗横斑。鸣叫四声一度"谷—谷—谷—谷"。中杜鹃(*Cuculus saturatus*),上体石板灰褐色,喉和上胸灰色,腹有宽黑褐色横斑。

(14) 鸮形目(Strigiformes)

夜行性猛禽;眼大向前,眼周羽毛形成面盘;喙坚强而钩曲,基部具蜡膜;耳孔大,耳羽发达;脚强健,跗蹠部被羽;第四趾能前后转动,爪锐利;全世界2科27属205种,我国2科13属31种。

草鸮科(Tytonidae) 面盘明显而完整,呈心脏形;头顶两侧无耳簇羽。如草鸮(*Tyto capensis*),面盘灰棕色,上体栗褐色至黑褐色具橙黄色斑纹;尾淡白色,有4道显著黑色横斑。

鸱鸮科(Strigidae) 头大而圆,面盘呈圆形或缺失;眼大位置向前,眼周围以细羽,形成一圈皱领;有些种类具耳簇羽。如长耳鸮(*Asio otus*),面盘大而圆;头两侧竖直耳羽长;上体棕黄色,密布粗黑羽干纹;下体黑色羽干纹具树枝样分支。跗蹠部被棕黄色羽毛。短耳鸮(*Asio flammeus*),耳羽短不明显;上体棕黄色,有黑和皮黄色斑点及条纹;下体棕黄色,黑色羽干纹,不分枝。

(15) 夜鹰目(Caprimulgiformes)

夜行性攀禽,并趾型,中爪具栉状缘,口宽阔,嘴须发达,飞捕昆虫;全世界5科20属117种,我国2科3属8种。

夜鹰科(Caprimulgidae) 嘴短弱而软,嘴裂宽阔,嘴须长;鼻孔呈管状;中趾爪内缘具栉状突。如普通夜鹰(*Caprimulgus indicus*),颏、喉黑褐色,下喉具大型白斑;上体灰褐色,密杂黑褐色和灰白色虫状斑;胸灰白色。外侧尾羽具白端斑。

(16) 雨燕目(Apodiformes)

小型攀禽,喙短基部宽阔;翼尖长;后肢短,前趾型,四趾向前;尾叉形;全世界2科19属96种,我国2科

5属10种。

雨燕科(Apodidae)　喙短宽、口裂大;跗蹠部被羽或裸露;脚短弱;体羽多黑褐色。如雨燕(*Apus apus*),嘴短阔扁平纯黑色;颏、喉灰白具淡褐色细羽干纹;头、上体黑褐色,头顶和背羽具光泽;翅狭长,镰刀状;尾叉状;胸腹和尾下覆羽黑褐色;脚黑褐色。白腰雨燕(*Apus pacificus*),颏、喉白色;通体黑褐色,上体具近白色羽缘,下体羽端白色,腰白具细黑褐色羽干纹。

(17) 佛法僧目(Corciiformes)

攀禽;嘴长粗壮或细曲;翅长而阔;脚短,跗蹠部前缘被盾鳞,后缘被网状鳞;并趾型,向前的三趾基部微合并;全世界共7科34属152种,我国3科11属20种。

翠鸟科(Alcedinidae)　喙粗大而直;翼短圆,尾短;跗蹠短而弱;体色以蓝、绿、栗、白为主。如翠鸟(*Alcedo atthis*),耳羽棕红色,耳后有白斑;贯眼纹黑色;颏喉白色;前额、头顶、枕和后颈黑绿色;背、尾上羽毛翠蓝色;雌鸟头顶灰蓝色,羽色较淡,上体蓝色。

(18) 戴胜目(Upupiformes)

中等攀禽;喙细长,先端弯曲;第3、4趾基部并连;跗蹠部短弱;头顶具扇状冠羽。全世界2科3属10种,我国仅戴胜科(Upupidae)1种,即戴胜(*Upupa epops*),嘴细长向下弯;头具长的扇状冠羽,粉红色具黑端斑和白色次端斑;翅宽圆,具粗的黑白相间横斑。

(19) 䴕形目(Piciformes)

攀禽,喙强直锥状;舌长具倒钩,脚短强,对趾型,爪尖锐。尾楔状;全世界6科63属408种。我国3科14属39种。

啄木鸟科(Picidae)　中小型攀禽;尾羽羽干坚硬,末端突出。常见种类灰头绿啄木鸟(*Picus canus*),颊、喉灰色;背辉绿色,下体灰色;雄性前顶冠猩红色,雌鸟顶冠灰色。大斑啄木鸟(*Picoides major*),额、颊、耳羽白色;上体黑色,肩和翅各大白斑;下体乌白色。飞羽具黑白相肩横斑;尾黑色,外侧尾羽有黑白相间横斑;雄鸟枕部红色。

(20) 雀形目(Passeriformes)

鸣肌发达,善鸣叫;腿细短,常态足,后趾与中趾等长,跗蹠后部鳞片愈合成一块完整的鳞板,善营巢;种类繁多,全世界共100科1 146属5 770余种。我国44科188属740余种。

百灵科(Alaudidae)　跗蹠后缘具盾状鳞;后趾爪长而直,等于或大于后趾;三级飞羽较长。如蒙古百灵(*Melanocorypha mongolica*),头、后颈栗色;眉纹白色;上体褐色杂有棕黄和灰白色斑纹,胸具由细纹相连的显著黑斑;飞羽黑褐有白斑,翅长达尾端。除中央尾羽外,其余尾羽黑褐具白端斑;下体白色。凤头百灵(*Galeida cristata*),头具簇状黑褐色羽冠。眉纹淡棕色;上体沙褐具黑色羽干纹及淡缘,下体淡棕色。

燕科(Hirundinidae)　喙短扁,基部宽阔,口裂大;翅尖长,尾叉形;腿短而细弱。如家燕(*Hirundo rustica*),额、颏、喉及前胸深栗红色;上体黑具蓝色金属光泽;黑褐色胸带不完整;腹以下白色;尾羽及飞羽黑褐有蓝绿色光泽。金腰燕(*Hirundo daurica*),上体蓝黑具金属光泽;腰部栗黄色横带宽阔;下体白色染棕具黑褐色纵纹。

鹡鸰科(Motacillidae)　体型纤细,喙较细长,上喙先端具缺刻;翅尖长,三级飞羽几达翼端;尾细长,外侧尾羽具白斑或几纯白;后趾与爪均延长。如山鹡鸰(*Dendronanthus indicus*),眉纹淡黄色;上体橄榄褐色;翼羽黑褐色,翼侧2条淡黄色横斑;下体白色,胸部2条黑色横带以黑斑相连。灰鹡鸰(*Motacilla cinerea*),眉纹白,贯眼纹黑色;喉黑色,冬季黄色;上体灰褐色,下体黄色;尾羽黑色,外侧尾羽黑褐具大白斑;雌鸟喉部灰褐色。白鹡鸰(*Motacilla alba*),前头、脸、颏、喉白色;头侧白有黑颧纹;上体黑至深灰色;下体白色胸部具宽窄不等的黑色胸带;翼上覆羽及飞羽具白斑;尾羽黑色,外侧尾羽具白斑。

伯劳科(Laniidae)　喙粗壮而侧扁,尖端具钩曲和齿突;鼻孔圆,口须发达;头侧多具黑色贯眼纹;跗蹠强壮,趾具钩爪。如红尾伯劳(*Lanius cristatus*),黑色嘴基过眼宽纹达耳区;眉纹白色或淡棕色,颏、喉白色下;上体栗褐色,下体棕白色;雌鸟体有暗色鳞纹,过眼纹黑褐色。虎纹伯劳(*Lanius tigrinus*),头顶、上背蓝灰色;黑色宽过眼纹自额达颈侧;上体棕栗色,背、腰有不规则黑斑纹;下体纯白;雌鸟头顶灰色染褐,肋具黑斑纹。牛头伯劳(*Lanius bucephalus*),头顶、后颈栗色;过眼黑纹自嘴基达耳区;眉纹白色;飞羽黑褐具淡缘,外侧飞羽基部白构成明显翼斑;下体近白色,有不规则暗色鳞状斑;雌鸟过眼纹及翅斑不明显。

鸫科(Turdidae) 喙略侧扁,上喙先端微具缺刻;鼻孔不被羽;跗蹠长而健壮;圆翼或尖翼。如红尾歌鸲(*Luscinia sibilans*),眼先和颊黄褐色;上体橄榄褐色;下体、颏、喉污白沾皮黄色;尾羽栗棕色。蓝歌鸲(*Luscinia cyane*);颊后部、颈侧至胸侧有一条黑纹;耳羽黑色;头、背、腰至尾上覆羽及内侧飞羽、覆羽铅蓝色,飞羽黑褐色;腰、尾上覆羽浅蓝色;下体纯白色;尾羽黑褐色;雌鸟上体橄榄褐色。红点颏(*Luscinia calliope*),头顶、额棕褐色;眉纹白色;颏、喉赤红缀黑色边;上体橄榄褐色;胸灰色,腹白色;雌鸟颏、喉白色,胸沙褐色。蓝点颏(*Luscinia svecica*),颏、喉辉蓝中央具1栗色块斑,斑后横带状蓝色;上体及翼表土褐色;腹苍白色;中央1对尾羽黑褐其余尾羽先端黑色,余部栗红色;雌鸟颏、喉棕白色,胸前有黑褐色宽斑带。斑鸫(*Turdus naumanni*),头顶、上颈、耳羽橄榄褐色,额有黑色纹;颏、喉两侧有黑斑,喉、颈、侧胸红有黑纹;下体白色,胸、肋具栗色或黑色斑点;翅黑褐色,大覆羽、次级飞羽外缘棕红色;雌鸟头灰染褐色;上体灰橄榄褐色,翅无棕红色缘。

画眉科(Timaliidae) 喙直侧扁,喙缘光滑或端部具缺刻,鼻孔被羽或须所覆盖;口须发达;腿长,趾健壮。如画眉(*Garrulax canorus*),额棕色,眼周白色向后延伸成眉状;头顶、上背橄榄褐色,具黑褐色宽羽干纹;下体腹部中央污灰,余部棕黄色;尾羽褐具黑色横斑。红嘴相思鸟(*Leiothrix lutes*),颏、喉灰黄色;额、头顶、枕部呈沾黄橄榄绿色;上胸橙红,下胸、腹、尾下覆羽乳黄色;飞羽黑褐色,初级飞羽后缘黄色,羽基赤红色翅斑显著;尾叉状,中央尾羽具亮蓝黑色羽端。

莺科(Sylviidae) 体型纤细,喙细尖,上喙先端多具缺刻;翅短圆;跗蹠稍细;羽色以灰色、褐色、橄榄绿色为主。如黄眉柳莺(*Phylloscopus inornatus*),眉纹浅黄绿色,冠眼纹暗褐色;头顶有1条不明显的黄绿色冠纹;上体橄榄绿色,头部色深;下体白色;大覆羽和中覆羽先端淡黄绿色形成2条翼斑。黄腰柳莺(*Phylloscopus proregulus*),眉纹黄绿色;头中央有淡黄绿色冠纹;上体橄榄绿色,腰羽黄色形成宽阔带斑;下体苍白;黄白色三级飞羽、大覆羽、中覆羽先端形成2道翼斑。

鹟科(Muscicapidae) 喙宽阔平扁,口裂大,上喙先端微具缺刻;口须发达,鼻孔被羽覆盖;翅短圆;跗蹠及趾细而弱。如寿带(*Terpsiphone paradisi*),额至上颈亮蓝黑色,背、翅、尾栗红色,肋、胸暗灰色,下体灰白,中央尾羽特别长;雌鸟羽色较淡,尾羽较短。

椋鸟科(Sturnidae) 喙较长而直,上喙先端稍下曲,端部微具缺刻;翅圆或尖形;跗蹠粗长。如八哥(*Acridotheres cristatellus*),鼻羽冠状;体黑,飞羽白斑飞翔时呈"∧"字形。鹩哥(*Gracula religiosa*),喙基有须羽;眼至后头有鲜黄色肉质垂片;体黑具金属光泽,翼羽有白斑;喙和足橙色。灰椋鸟(*sturnus cineraceus*),嘴橙红色;两颊白,头顶和颈部黑色,前额和头侧白而杂有黑纹,背灰褐色,腰及腹部为白色,尾羽黑色,先端具白斑。

黄鹂科(Oriolus chinensis) 喙长粗壮,喙峰稍拱曲,上喙先端微具缺刻;鼻孔裸露,盖以薄膜;体羽鲜艳,多为黄色、橄榄绿色,杂有黑斑,少数紫红色。如黑枕黄鹂(*Oriolus chinensis*),嘴粉红;体黄色,额基过眼至枕部有一宽阔黑色带斑,初级飞羽黑色,尾羽黑色外侧尾羽具黄端斑;雌鸟下体有纵纹。

山雀科(Paridae) 喙短壮略呈圆锥形,鼻孔略被羽覆盖,翅短圆,方尾或圆尾,腿、脚较健壮,羽松软。如大山雀(*Parus major*),眼下、颊、耳羽至颈侧白色呈三角形斑;头、枕部、后颈上部黑色,上背黄绿色,下背至尾上覆羽灰蓝色;白色胸腹部中央的黑色纵带与尾下黑色覆羽相接。煤山雀(*Parus ater*),额、头顶亮黑色;颊、耳羽、颈侧白色,颏、喉黑色;背蓝灰色,后颈亮黑中央具大型白斑;胸污白色,下体乳白色;腰尾沾棕褐色。沼泽山雀(*Parus palustris*),嘴基经颊、耳羽至颈侧沾灰白色;颏、喉黑羽端白形成细点;额、头顶、后颈至上背黑色;飞羽、尾羽灰褐色;两肋棕灰色。

雀科(Ploceidae) 喙粗短呈圆锥形;翅圆形,脚强健。如树麻雀(*Passer montanus*),头顶、后颈栗褐色;颊白有黑斑,颏、喉黑色;大、中覆羽黑色,白色羽端在翼上形成2道显著横纹;胸腹淡灰白色。

燕雀科(Fringillidae) 喙多粗壮呈圆锥形,上下喙缘结合紧密,末端尖;平尾或凹尾,或长或短;腿、脚健壮。如燕雀(*Fringilla montifringilla*),头、颈两侧、额至背黑色;下背、腰、尾上覆羽白色;颏、喉、胸、两肋呈棕色,下体白色;除第1~3枚初级飞羽,飞羽基部各具1白斑;大覆羽和尾羽黑色;雌鸟羽色较雄鸟暗,头土黄色。金翅雀(*Carduelis sinica*),额、眉、颊及颏黄绿色;头顶、耳羽、后颈灰色,腰黄色;上腹及尾下覆羽黄色,下腹近白;飞羽基部亮黄末端黑色;尾羽基部黄末端黑色;雌鸟头顶、颊、后颈浓橄榄褐色;颏、喉灰色,腹部中央近白色。红交嘴雀(*Loxia curvilrostra*),嘴基至耳羽有1朱红斑;眼周及耳羽暗褐色;颏及下腹近白;

腰朱红色；下体羽端朱红近端浅红；飞羽、尾羽黑褐色；雌鸟眼周、耳羽、颊、颈侧灰色，上体灰褐色；颏与下腹灰白。喉、胸、肋灰黄色。黑尾蜡嘴雀(*Eophona migratoria*)，嘴基至颈侧、头顶、颊、颏、喉黑色；后颈、背深灰褐色；上腹黄白混杂，下腹白色；腰、尾上覆羽由浅褐灰转为浅灰；中央尾羽黑；雌鸟头顶、颊、颏灰褐色，颈侧、耳羽、喉银灰色，背、肩灰黄褐色；腰及尾上覆羽银灰色；尾羽黑褐色，中央 4 枚浅灰褐色。锡嘴雀(*Coccothraustes coccothraustes*)，嘴基、眼先、颏、喉中央黑色；额、头顶浅黄褐色；颈淡棕黄有 1 灰色阔带；下体及体侧淡灰红色；飞羽黑色，三级飞羽茶褐色；中央尾羽基部黑栗色；雌鸟眼先、嘴基羽黑色具土黄色尖端，胸灰黄色，腹部白色。

鹀科(Emberizide)　喙多为圆锥形，上下喙边缘切合不紧密，微向内弯；外侧尾羽多具有白斑。如三道眉草鹀(*Emberiza cioides*)，头顶、耳羽、后颈栗色。额基、眉纹、颊灰白色；眼先、颧纹黑色；颏、喉、颈侧淡灰色；上体余部栗红色；上胸淡灰色，胸横带栗红色具黑纵纹；腹沙黄色；尾羽黑褐色，中央尾羽淡栗红色；雌鸟较淡，无胸带。

鸦科(Corvidae)　喙、脚均健壮；喙几与头等长，先端下曲，喙尖锐具微钩或缺刻；鼻孔圆，被羽覆盖；体羽以黑、褐、灰、蓝为主，常具金属光泽。如松鸦(*Garrulus glandarius*)，体紫褐染灰色，腰至尾上覆羽白色；翼有一个由翠蓝、白、黑色狭带组成斑块；尾羽黑色。灰喜鹊(*Cyanopica cyana*)，颏、喉白色，头顶至后颈黑具蓝色金属光泽，体青灰色。中央尾羽较长羽端白色；飞羽青蓝色，初级飞羽外缘具白斑。喜鹊(*Pica pica*)，头颈具紫色金属光泽；头、颈、背至尾黑色；肩具大型白斑；胸黑色，腹白色；翼羽黑色，初级飞羽内缘白色；尾长成楔形。红嘴蓝鹊(*Cissa erythrorhyncha*)，嘴红色；头、颈至胸黑色，头顶、后颈有青灰色斑；上体青灰色；飞羽褐色外缘灰蓝色具白色羽端；尾羽蓝紫灰色，中央尾羽具白端斑，外侧尾羽具黑色次端带及白端斑。秃鼻乌鸦(*Corvus frugilegus*)，嘴基皮肤裸露，灰白色；体黑色具紫色金属光泽；翼和尾带铜绿色。寒鸦(*Corvus monedula*)，体羽纯黑，具紫色金属光泽；后颈、颈侧、下胸以下的下体均为白色或灰白色。大嘴乌鸦(*Corvus macrorhynchus*)，嘴粗大，体黑色具绿色金属光泽；翼及尾具紫色金属光泽。

思　考　题

1. 为什么说始祖鸟化石证明了鸟类与爬行动物之间的密切的亲缘关系？现生鸟类有哪些结构特点与爬行动物相似？
2. 鸟类的皮肤、骨骼和肌肉对飞翔生活有哪些适应？在其他器官系统上有哪些适应飞翔生活的特点？试从减轻体重和加强飞翔力量两方面分析。
3. 鸟类有哪些进步性特征？
4. 分析鸟翼适应飞翔的力学结构。
5. 比较鱼类、两栖类和鸟类的循环系统。
6. 鸟类分为几个总目？鸟类分类的主要依据是什么？
7. 试举出 10 种常见的鸟，并指出它们的生态类型？
8. 鸟类在繁殖上有哪些复杂的行为？

第20章 哺乳纲(Mammalia)

提 要

哺乳动物是脊椎动物中结构最完善,功能和行为最复杂,适应能力最强,演化地位最高的类群。它们具有许多进步的特征,如全身被毛、运动快速、咀嚼肌强大、异型齿,唾液腺有初步消化的作用、双循环,恒温、后肾、神经系统和感觉器官高度发达、胎生和哺乳等,能够适应各种复杂的生活环境,成为现存动物界中的优势动物。

20.1 哺乳纲的主要特征

哺乳动物是全身被毛、运动快速、恒温、胎生、哺乳的脊椎动物。是脊椎动物中结构最完善,功能和行为最复杂,适应能力最强,演化地位最高的类群。它们具有许多进步的特征,特别是脑的高度发达,能够适应各种复杂的生活环境,成为现存动物界中的优势动物。其主要特征有:

1. 有高度发达的神经系统和感觉器官

哺乳动物大脑和小脑的体积增大,大脑皮层加厚,表面出现了明显的沟回,使大脑皮层的表面积大大增加,成为高级神经活动的中枢。感觉器官完善,表现在嗅觉器官鼻腔内有复杂的鼻甲骨和较大的嗅囊;听觉器官内耳耳蜗延长卷曲成螺旋状,中耳有3块传导灵敏的听小骨,有外耳道和外耳壳。因此,哺乳动物可以获得最多信息,协调复杂的机能活动和适应多变的环境条件。

2. 出现了口腔消化

口腔中出现了异型齿和含消化酶的唾液腺,通过口腔咀嚼,在口腔内能对食物进行初步机械消化和化学消化,从而大大提高了对营养物质的摄取能力。

3. 体温恒定

哺乳动物的肺由大量肺泡组成,肌质横膈膜参与了呼吸运动,提高了呼吸效能;心脏4室,为完全的双循环,使代谢水平大为提高;体表被毛,皮下有发达的脂肪层,形成了良好的隔热保温装置;中枢神经系统有完善的体温调节能力,从而保证了哺乳类有较高而恒定的体温。

4. 具有陆上快速运动的能力

哺乳动物四肢垂直着生在躯体的腹面,支承力量强,骨骼和肌肉发育完善,骨与骨连接灵活而牢固,可作多种方式活动,保证了哺乳动物具有陆地快速运动的能力。

5. 胎生、哺乳,完善了陆上繁殖的能力

哺乳类产羊膜卵,体内受精;胚胎在母体子宫内发育,通过胎盘可从母体内获得充足的营养和氧气,顺利地排出代谢废物和CO_2,保证了胚胎的正常发育。胎儿在母体内完成胚胎发育过程——妊娠而成为幼儿时才产出。母体以营养丰富、易于消化的乳汁哺育幼仔,并保护幼仔不受各种敌害的侵袭,使哺乳类后代的成活率大大提高。

胎生(vivipary)和哺乳完善了脊椎动物在陆上繁殖的能力,使后代的成活率大为提高。胎生的方式为胚胎发育提供了保护、营养以及稳定的恒温发育条件,使外界环境条件对胚胎发育的不利影响减轻到最低程度。

胎盘(placenta,图20-1)由胎儿的绒毛膜(chorion)、尿囊(allantois)和母体子宫壁的内膜结合而成,营养物质和代谢废物是通过高度特异的选择性的弥散作用进行交换的。

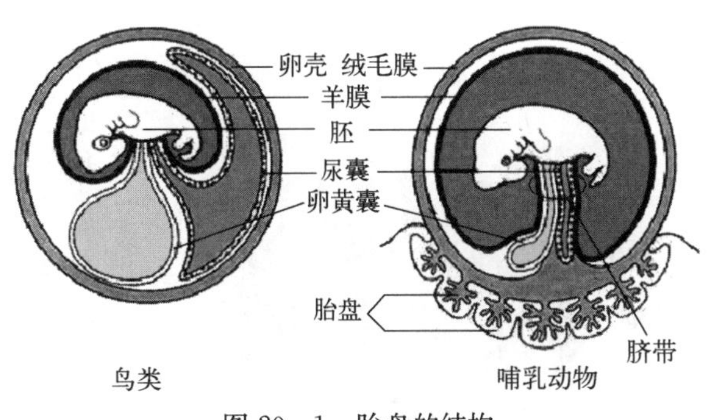

图 20－1　胎盘的结构

按照胎盘绒毛膜上绒毛的分布情况，可把胎盘分为下列四种：

1) 散布胎盘(diffuse placenta)　绒毛平均散布在整个绒毛膜上，整个或大部分绒毛膜参加胎盘组成，如鲸、狐猴及某些有蹄类。

2) 叶状胎盘(cotyledonary placenta)　绒毛膜上的绒毛呈叶状分布，如大多数反刍动物。

3) 环状胎盘(zonary placenta)　绒毛集中于胚体的腰部，成环带状，如食肉目、象、海豹等。

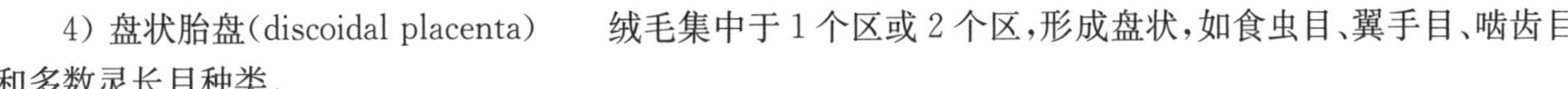

4) 盘状胎盘(discoidal placenta)　绒毛集中于 1 个区或 2 个区，形成盘状，如食虫目、翼手目、啮齿目和多数灵长目种类。

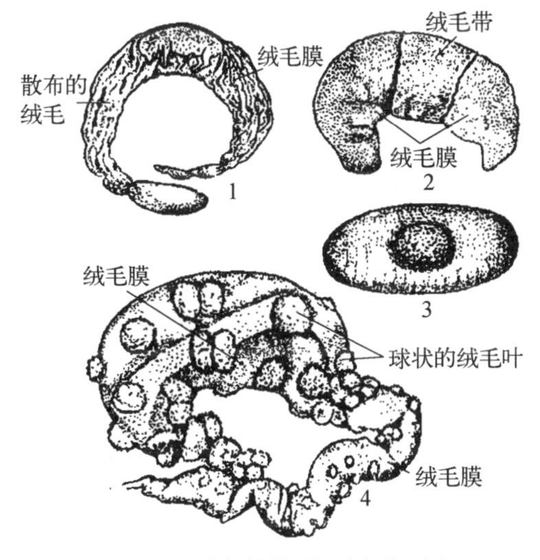

图 20－2　胎盘的类型(引自张雨奇)

1. 散布胎盘；2. 环状胎盘；3. 盘状胎盘；4. 叶状胎盘

根据胎盘绒毛膜与子宫内膜结合紧密程度又可分为无蜕膜胎盘和蜕膜胎盘两类。无蜕膜胎盘的特点是胚胎的尿囊、绒毛膜与母体子宫内膜结合不紧密，胎儿产出时易于脱离，不使子宫壁大出血，如散布状胎盘和叶状胎盘。蜕膜胎盘的特点是胚胎的尿囊、绒毛膜与母体子宫内膜结合紧密，结为一体，产时需将子宫壁内膜一起撕下，造成子宫壁大出血，如环状胎盘和盘状胎盘。(图 20－2)

20.2　哺乳纲动物的结构与功能概述

20.2.1　外形

哺乳动物大多全身被毛，明显分为头、颈、躯干、四肢和尾 5 部分。有肉质的唇，唇边有触毛。眼有眼睑、瞬膜；有长的外耳，一般都能转动。尾为运动的平衡器官，大都趋于退化。四肢着生在躯干腹面两侧，和地面垂直，从而把躯体高高举起，抬离了地面。又因前肢肘关节转向后，后肢膝关节转向前，增强了杠杆作用，提高了支撑与弹跳力，适应于在陆上行走、快速奔跑、跳跃；前后肢也有了分工，前肢主要是把身体向前拉，后肢主要是把身体向前推。从而结束了低等脊椎动物如爬行类那样四肢由两侧伸出，用腹部贴地，以尾作为运动辅助器官在地面爬行的状态(图 20－3)。

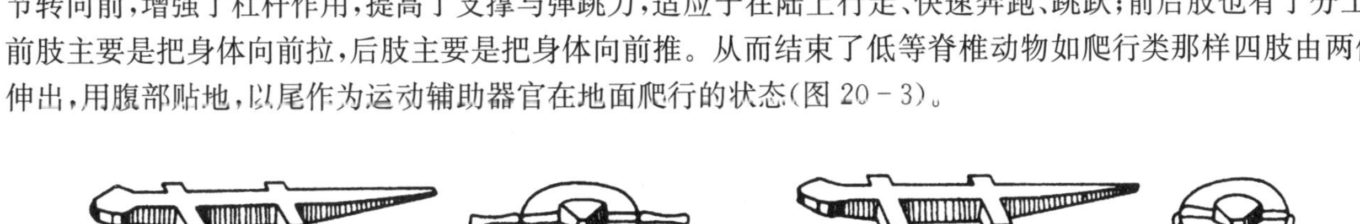

图 20－3　低等陆栖脊椎动物(A)与哺乳类(B)四肢的比较(引自郑光美)

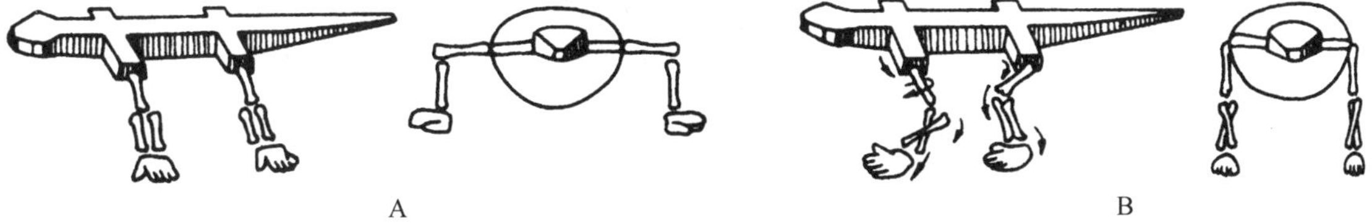

适应于不同生活方式的哺乳类，在形态上有较大改变，水栖种类(如鲸)体呈鱼形，附肢退化呈桨状；飞翔种类(翼手类)前肢特化，具有翼膜；穴居种类(如鼹鼠)体躯粗短，前肢特化如铲状，适于掘土；陆生种类则呈兽形，躯体均衡，四肢发达，适应奔跑。

20.2.2　皮肤及衍生物

哺乳动物的皮肤结构复杂，厚，具许多衍生物，其作用是感觉、排泄、保护、分泌、调节体温等。

1. 皮肤

皮肤由表皮层和真皮层组成。表皮层又分为角质层和生发层。角质层能防止体内水分散失,由角质化的细胞所组成,发达,常脱落。生发层为单层柱状上皮,与真皮相接,能不断分裂增生,老的细胞角质化后形成角质层,以“皮屑”脱落。表皮内无血管,营养靠真皮渗透供给。真皮很厚,由致密纤维结缔组织构成。在与表皮接界的部分形成若干突起嵌入表皮内,叫真皮乳突。真皮内富含血管、神经末梢、感受器和皮肤腺等。真皮下面由蜂窝组织构成皮下层,内含大量脂肪细胞。皮下脂肪有贮藏营养、保温、隔热的作用。皮下层是真皮和肌肉之间的联系组织(图 20-4)。

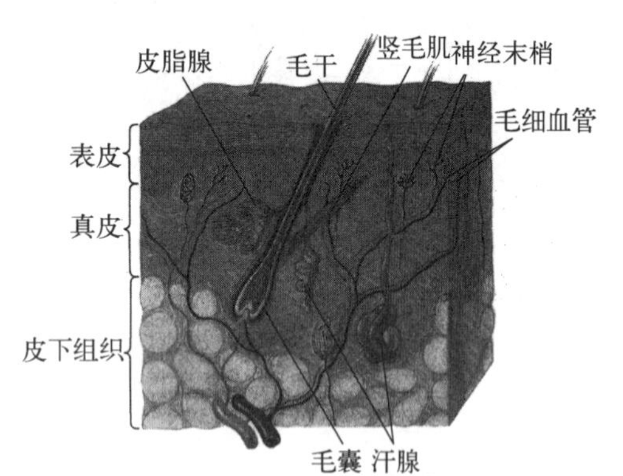

图 20-4 哺乳动物的皮肤

2. 衍生物

哺乳动物的皮肤衍生物有毛(hair)、皮脂腺(sebaceous gland)、汗腺(sweat gland)、味(臭)腺(scent gland)、乳腺(mammary gland)及爪(claw)、甲(nail)、角(horn)等。

(1) 毛

毛为表皮角质化的产物,由裸露的毛干和埋在皮肤内的毛根组成。毛干中央的髓质部通常含有空气,其周围的皮质部内常具色素。毛根末端膨大部分为毛球,毛球能不断进行细胞分裂,使毛随之增长。毛球基部凹陷,内有真皮构成的毛乳头,具丰富的血管供给毛球营养。围于毛根外的组织叫毛囊,毛囊基部有竖毛肌附着,竖毛肌另一端终止于真皮乳头,收缩时可使毛竖立。

毛根据结构可分为针毛、绒毛和触毛。针毛长而坚韧,具一定的毛向,耐摩擦,有保护功能。绒毛位于针毛下层,短而密,无毛向,保温性强。触毛为特化的针毛,长而硬,常长在嘴边,有触觉作用。豪猪、刺猬、针鼹以及其他一些哺乳类生出有效且危险的刺甲胄;北美豪猪的刺被击中时能于基部断裂,加上末端有向后的尖钩深刺于受害者。

毛的长度、密度、质地、颜色等随种类而异。很多种类哺乳动物的毛在每年春秋更换。秋季夏毛脱落,长出长而密的冬毛;春季冬毛脱落,长出短而疏的夏毛。

犰狳的甲壳有着十分不同的来源。鳞片是真皮来源的小骨骼,被以韧且角化的表皮。毛发从鳞片之间与无鳞的身体腹部长出。

(2) 皮肤腺

哺乳类皮肤腺发达,都为多细胞腺体。主要有皮脂腺、汗腺、乳腺、味腺(臭腺)等。

皮脂腺:位于毛囊与竖毛肌之间,其导管开口于毛囊。它们属于全浆分泌腺,因在分泌过程中,腺体的内层细胞整个破坏,必须通过细胞再生以维持进一步的分泌。腺泡细胞内含脂滴,细胞解体后形成脂性分泌物,称“皮脂”。皮脂顺着毛干经毛孔排出。有滋润毛发和皮肤的作用,同时对皮肤的保温、保湿、防止水和水溶性物质渗入皮肤也起到了一定的作用。

汗腺:为哺乳类所特有的一种管状腺。由表皮生发层细胞陷入真皮形成,有导管通皮肤表面。分泌的汗液成分与尿相似,能通过蒸发散热,是哺乳类调节体温的一种重要方式。灵长类的汗腺遍布全身,其他兽类大多限于一定部位,如牛、羊的汗腺仅限于吻部。有排泄和调温的功能。汗腺不发达的种类(如狗),体热散发主要靠口腔、舌和鼻表面蒸发。哺乳类皮肤内还有一种顶泌腺(apocrine gland),其结构似汗腺,开口于近毛囊处。顶泌腺的确切功能还不清楚,人的顶泌腺分泌物能被体表细菌转化为一种嗅产物(odorous product)。哺乳类的各种香腺及麝香腺,可能是一种变形的顶泌腺。

乳腺:由汗腺演变而来的管、泡状复合腺。乳腺集中的地方叫乳区,乳区上有乳头。乳头的数目及着生乳头的位置因种类而异。最少的只有 1 对,如马、蝙蝠、鲸、象、灵长类等。最多的是树袋熊有 12 对。其他如食肉类有 3~4 对,啮齿类 1~5 对,牛 2 对,猪 4~8 对。通常乳头的数目稍多于一窝幼仔的数目。一般只是雌性具乳腺,但雄性灵长类及某些兽类具有失去机能的退化的乳腺。

味腺(臭腺):是汗腺或皮脂腺的变形,其分泌物有特殊气味。如兔的鼠鼷腺,鼬的肛腺,雄麝的麝香腺等。臭腺对吸引异性、识别同种和自卫等都有重要作用。

(3) 爪、甲和蹄

均为指(趾)端表皮的角质构造。爪由上部的爪体和下部的爪下体组成。爪体较厚,且两侧向下弯曲包住爪下体。甲和蹄是爪的变形。甲为灵长类特有,其爪体平展;蹄由爪体增厚弯成圆形,包入爪下体而形成(如马),可减少足部和地面的接触面积,便于动物行走和奔跑(见图 20-5)。

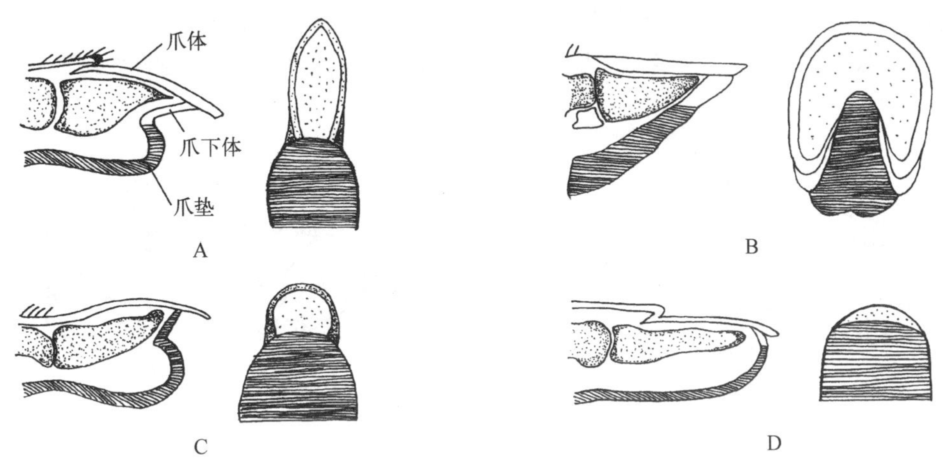

图 20-5 几种哺乳动物末节趾骨的纵切和腹面观

A. 食肉类的爪;B. 马的蹄;C. 典型灵长类的指甲;D. 人的指甲

(4) 角

角为某些哺乳动物头部的表皮与部分真皮的特化产物,在生殖、防卫或进攻中有重要作用。常见的有洞角(如牛角)及实角(如鹿角)。洞角是由表皮产生的角质鞘及额骨上的骨质突起彼此紧密结合而成,中空不分叉,终生不脱换,如牛、羊的角。实角为分叉的实心骨质角,往往雄兽比雌兽发达,且每年要脱换 1 次。它是由真皮骨化后穿出皮肤而成,是真皮衍生物,如鹿角。刚生出的鹿角,尚未骨化,外面包有丰富的血管和带茸毛的皮肤,称为鹿茸,梅花鹿、马鹿的茸为名贵中药。有一些羚羊,如高鼻羚羊、叉角羚等,其骨心不脱落,但角鞘周期性地更换,特称为羚羊角。犀牛的角是由表皮特化而成,称表皮角(也称角质纤维角),无骨心,不脱落,但一旦断落后能重新长出新角。长颈鹿的角叫瘤角,不分叉,不脱落,在骨心外终生包有活的皮肤,为一种特殊结构的角(图 20-6)。

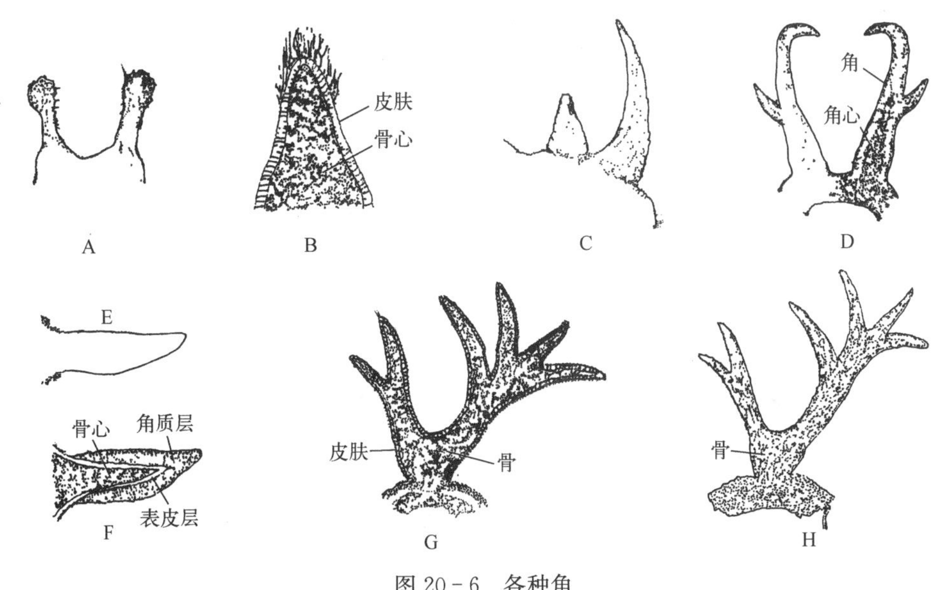

图 20-6 各种角

A、B. 瘤角(长颈鹿);C. 犀角;D. 羚羊角;E、F. 牛角;G. 鹿茸;H. 成熟的鹿角(引自华中师院)

20.2.3 骨骼系统

哺乳类骨骼高度发达,构成动物体的基本轮廓,具有支持身体,保护体内柔软器官的功能,并与关节和肌肉一起构成动物的运动器官。骨腔内具有骨髓,重而坚实,与鸟类不同。此外,骨组织是哺乳动物体内最大的“钙库”,在调节血中钙、磷代谢方面有重要作用。红骨髓还是成体动物的重要造血器官。

哺乳动物骨骼系统的演化趋向是:骨化完全,为肌肉的附着提供充分的支持;愈合和简化,增大了坚固性并保证轻便;提高了中轴骨的韧性,使四肢得以较大的速度和范围(步幅)活动;长骨的生长限于早期,与爬行类的终生生长不同,提高了骨的坚固性并有利于骨骼肌的完善。

哺乳动物的头骨(图20-7)在脊椎动物中是最简单的,骨块的减少和愈合是其一个明显的特征,如枕骨、蝶骨、颞骨和筛蝶骨等等,均系由多数骨块愈合而成。骨块愈合是解决坚固与轻便这一矛盾的途径。

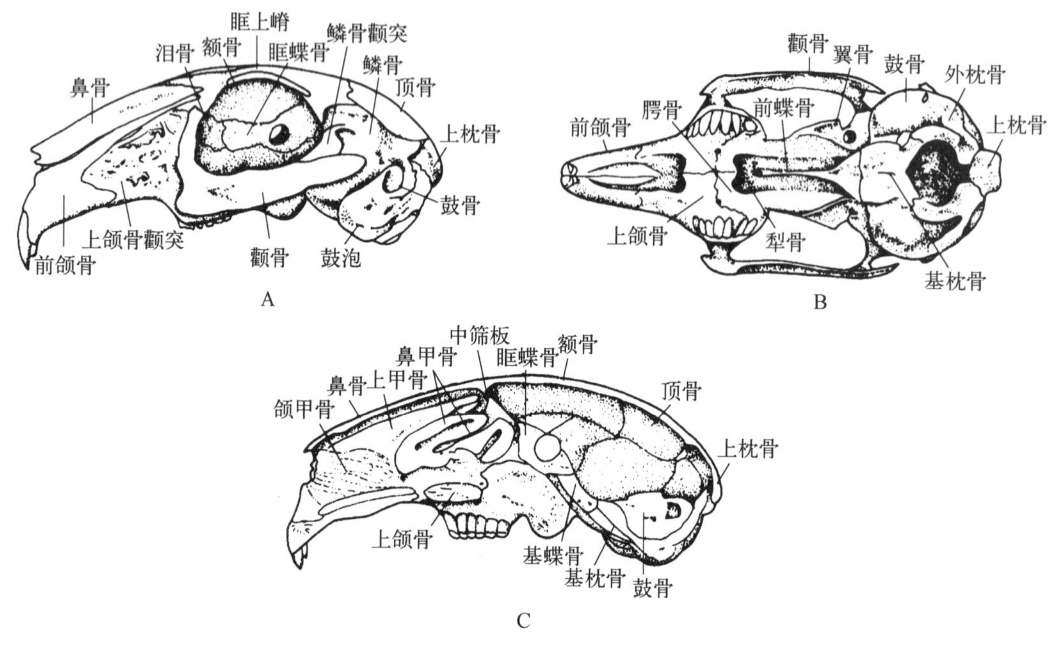

图20-7 兔的头骨(引自刘凌云)

A. 侧面;B. 腹面;C. 矢状切面

由于颅腔扩大以容纳发达的脑,从而使枕骨大孔移至颅骨的腹面,两侧各有一枕髁,顶部则形成了明显的“脑勺”。

嗅觉的发展使鼻腔容积扩大,从而形成明显的“脸部”。在鼻腔内出现复杂的鼻甲骨(嗅黏膜即覆于鼻甲骨表面),使嗅觉表面积又获得增大,这是哺乳类嗅觉灵敏的基础。相当于爬行动物的副蝶骨向前伸入鼻腔,构成鼻中隔的一部分,称为“犁骨”。中耳腔被硬骨(鼓室泡)所保护,腔内有3块互为关节的听骨(锤骨、砧骨及镫骨)把鼓膜与内耳相联结。鼓膜受到声波的轻微震动,即被这些巧妙的装置加以放大并传送入内耳。在原始腭下方,腭骨与前额骨、颌骨的突起拼合形成次生腭(硬腭 hard palate)(图20-8),使内鼻孔后移,这样,口腔与鼻通路就完全分开,解决了口腔咀嚼与呼吸之间的矛盾。

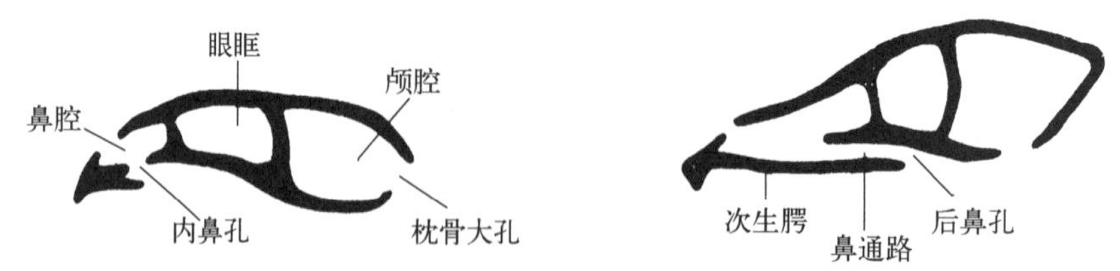

图20-8 哺乳类次生腭的形成(引自郑光美)

1. 头骨

哺乳类头骨的一个标志性特征是下颌由单一的齿骨构成。齿骨与头骨的额骨鳞状部直接关节,从关节所处的位置(支点)和关节的方式来看,均加强了咀嚼的能力。与此相联系的是头骨具有颧弓(zygomatic arch,由颌骨与颞骨的突起以及颧骨本体所构成),以作为强大的咀嚼肌的起点。颧弓的特点常作为分类的一种依据。

2. 脊柱、胸骨和肋骨

哺乳动物的脊柱分为颈椎、胸椎、腰椎、荐椎和尾椎5部分(图20-9)。颈椎绝大多数为7枚(海牛6枚、二趾树懒 6～10 枚)，这是哺乳动物重要特征之一。第 1、2 枚颈椎分别特化为寰椎和枢椎(羊膜类共同特征)，这种结构使寰椎与头骨间除可作上下运动外，寰椎还能与头骨一起在枢椎的齿突(枢突)上转动，更提高了头部的运动范围，这对于充分利用感官、寻捕食物和防卫，都是有利的适应(图 20-10)。胸椎 10～13 枚，两侧与肋骨相关节，并与肋骨及胸骨共同构成胸廓。腰椎一般 4～7 枚(鲸类可多达 21 枚)，椎体粗，无肋骨。荐椎多 3～5 枚，常愈合为 1 块荐骨，与后肢带骨相关节。尾椎数目变化较大而趋向退化。

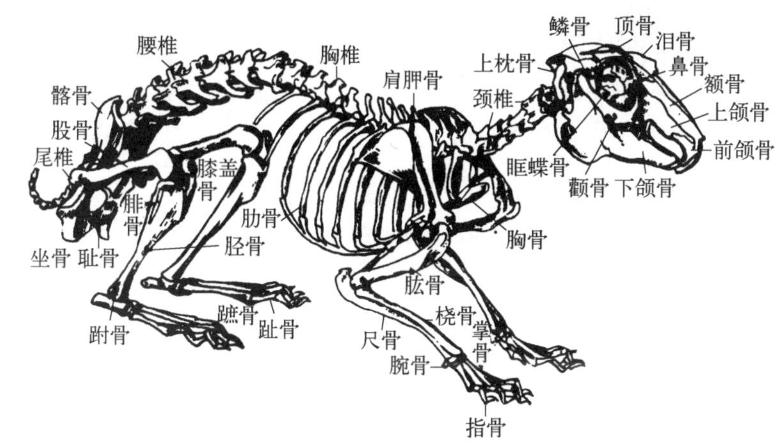

图 20-9 家兔的骨架

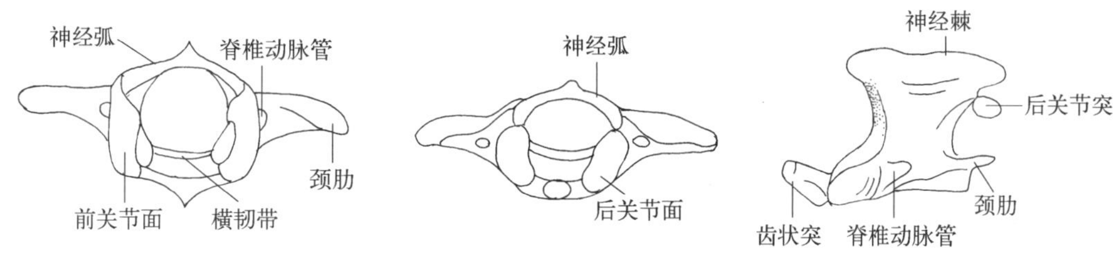

图 20-10 家兔的寰椎和枢椎(引自郝天和)

哺乳动物的脊椎骨椎体宽大、两端的关节面呈平面，称双平型椎体。在相邻椎体之间有软骨构成的椎间盘。椎间盘内的髓核是退化脊索的痕迹。这种结构特点既提高了脊柱的负重能力，又能缓冲在运动时对脑及内脏的震动和椎骨间的摩擦(图 20-11)。

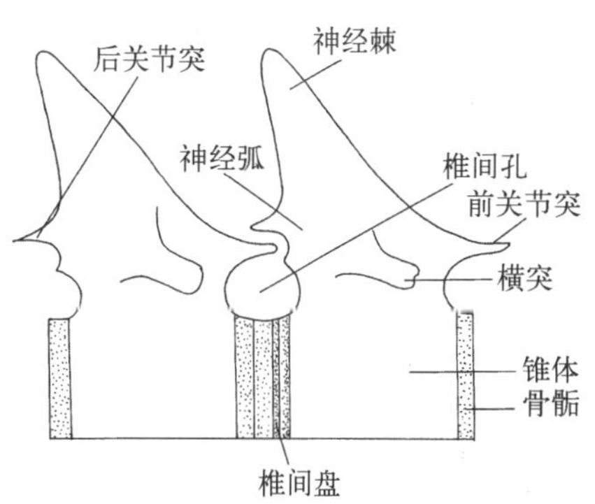

图 20-11 哺乳动物的双平型椎体(引自郝天和)

3. 附肢骨骼

哺乳动物的附肢骨骼分带骨和肢骨。

肩带薄片状，由肩胛骨、乌喙骨和锁骨构成。肩胛骨十分发达；乌喙骨退化成肩胛骨上的 1 个突起；锁骨多趋于退化，仅在攀援、掘土和飞翔等类群发达，以奔跑为主的哺乳动物则退化。腰带由髂骨、坐骨和耻骨愈合构成。髂骨与荐骨相关节，左右坐骨和耻骨在腹中线连接，形成封闭式骨盆。四肢行走的动物没有负担全身重量的功能，所以是长形的，人担负全身重量而骨盆宽大。哺乳动物腰带的这种结构大大加强了对后肢支持力量和牢固性(图 20-12)。

附肢骨发达，发生扭转现象，具有向后的肘关节和向前的膝关节，并且肱骨与股骨同身体垂直，把身体完全支撑离地。这样，不但增强了支持的能力，而且扩大了步幅，提高了运动的速度。

哺乳动物因长期适应于各种环境中，使肢骨发生不同的变化。空中飞翔的种类(如蝙蝠)，前肢的指骨延长，以支撑翼膜；水中游泳的种类(如海豚)，后肢退化，前肢上臂及前臂骨极度缩短而指骨加长，指节骨数目增多，形成鳍状；陆地生活的种类，较原始者以指(趾)骨及掌(蹠)骨着地，称蹠行式(plantigrade)，大多数哺乳动物属于此类；一些善于奔跑及跳跃的类群(如犬和猫等)，仅以指(趾)骨着地，称趾行式(digitigrade)；适于迅

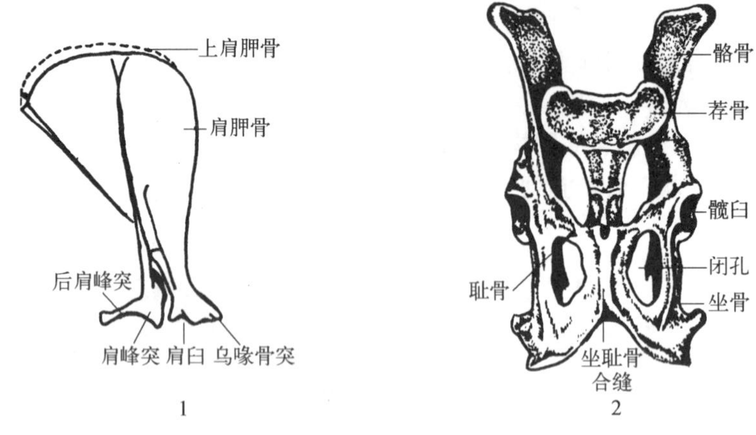

图 20-12 兔的肩带和腰带(引自张雨奇)

1. 肩带;2. 腰带

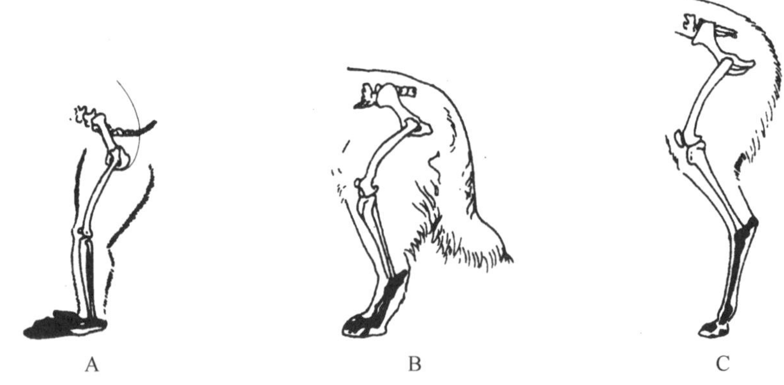

图 20-13 哺乳动物的足型(引自刘凌云)

A. 蹠行式(狒狒);B. 趾行式(狐);C. 蹄行式(羊、驼)

速奔跑的有蹄类则仅以指(趾)端着地,且指(趾)骨数目趋于减少,称为蹄行式(unguligrade)(图 20-13)。

20.2.4 肌肉系统

基本上与爬行类相似,但结构与功能均已进一步复杂化,特别表现在四肢肌肉强大以适应快速奔跑。此外还具有以下特点:

1. 具有特殊的膈肌

也称横膈膜(横膈肌),分隔胸腔和腹腔。一方面改变胸腔的大小,组成呼吸运动的重要部分;另一方面对腹腔有一定的压力,因而对排泄、排遗有一定的压力(图 20-14)。

2. 皮肤肌发达

在面部的皮肤肌就是表情肌,表达各种心理状态,在人特别发达。

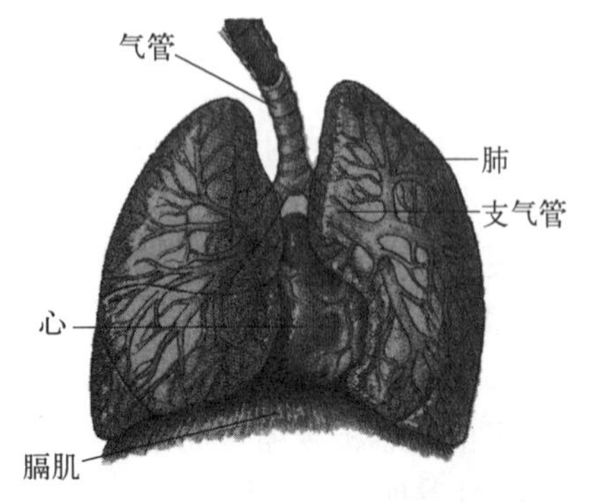

图 20-14 哺乳动物的横膈肌

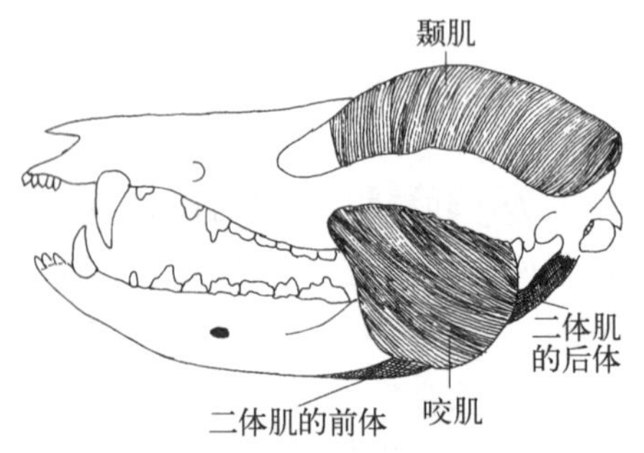

图 20-15 负鼠的咀嚼肌

3. 咀嚼肌强大

与口为捕食和防御的主要武器及用口腔咀嚼有密切关系(图 20-15)。

20.2.5 消化系统

哺乳动物消化系统分为消化道和消化腺。消化腺十分发达。

1. 消化道

消化道可分为口腔、咽、食管、胃、小肠、大肠、肛门等部分。

(1) 口腔

肌肉质的唇(lip):哺乳动物口腔前有肉质唇,口腔内有齿、舌和唾液腺的开口,有摄食、咀嚼、消化、湿润和味觉等功能。肉质唇是哺乳动物所特有的,草食兽尤其发达,有吮乳、摄食及辅助咀嚼的功能。

腭:口腔顶壁为腭,前部为硬腭或次生腭,由前颌骨、上颌骨、腭骨参与形成。后部为软腭(肌肉质)。腭部常有角质棱,防止食物脱落。家兔软腭长,后端为一凹形游离缘,为口腔后界。次生腭的产生,使内鼻孔后移至喉,呼吸与口腔咀嚼互不相干,为咽交叉。

舌(tongue):肌肉质,能自由活动,与摄食、咀嚼时搅拌食物及吞咽动作有密切关系。舌表面分布有味觉感受器——味蕾。舌辅助人发音。发达的肌肉质的舌上有味蕾(taste bud)分布,有味觉作用,与摄食、搅拌及吞咽动作密切相关,也是人的发音辅助器官。

牙齿:哺乳动物的牙齿为槽生齿,是真皮与表皮的衍生物,有摄食、咀嚼、防卫等作用。齿的上端称为齿冠,齿冠的表面覆盖坚硬的釉质(enemel);齿的下端为齿根,齿根的外面覆盖一层齿骨质(cement,白垩质)。齿的内部空腔称为髓腔,充有结缔组织、血管和神经,供应牙齿所需的营养。髓腔外的厚壁为齿质(dentine)。齿根外有齿龈包被,故仅齿冠露出齿龈之外(图 20-16)。

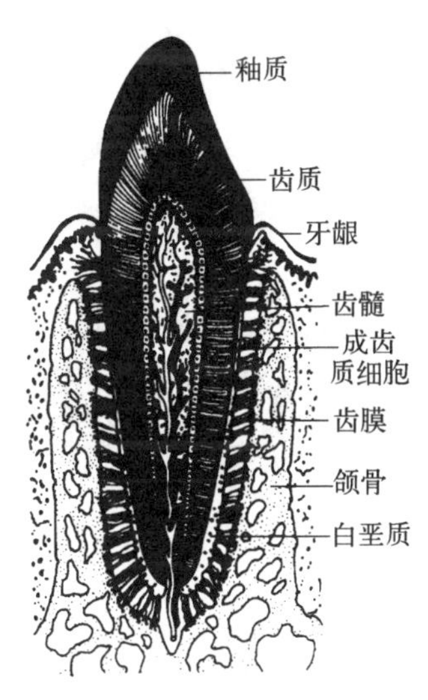

图 20-16 哺乳动物犬牙的剖面(引自刘凌云)

1) 牙齿的类型 牙齿可分为门齿(incisor)、犬齿(canine)、前臼齿(premolar)和臼齿(molar),为异齿型(heterodont dentition)。门齿的齿冠呈凿状,便于切断食物;犬齿的齿冠呈锥状,便于撕碎食物;前臼齿和臼齿的齿冠成臼状,便于磨碎食物。由于食性的不同,牙齿也产生了差异:草食性动物的门、臼齿特别发达;肉食性动物的犬齿特别发达。有些种类的牙齿只有门齿、前臼齿和臼齿,无犬齿,形成空位,称为犬齿虚位,如兔形目和啮齿目等。

哺乳动物一般一生有两套牙齿(图 20-17),小时为乳齿,大时为恒齿,终生不换,称为再生齿或一换性齿。

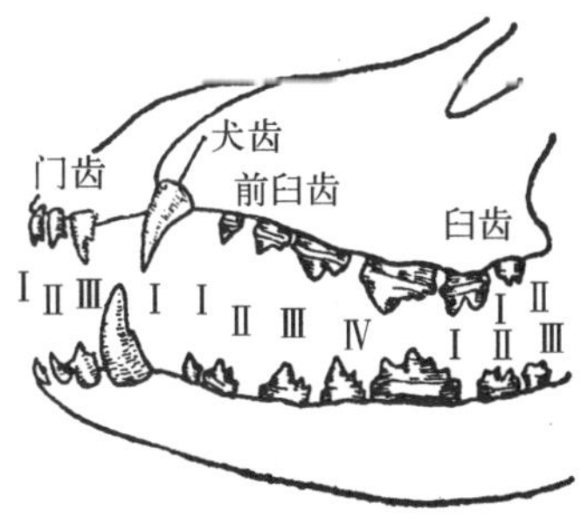

图 20-17 狗的乳齿(上)和恒齿(下)(引自华中师院)

2) 齿式(dental formula) 哺乳动物牙齿的数目各不相同,但同一种类的齿数是很固定的,可作为分类的依据。通常用齿式表示之:

$$\frac{\text{门齿、犬齿、前臼齿、臼齿}}{\text{门齿、犬齿、前臼齿、臼齿}}$$

如牛的齿式为$\frac{0、0、3、3}{4、0、3、3}=32$,鼠的齿式是$\frac{1、0、0、3}{1、0、0、3}=16$,人的齿式为$\frac{2、1、2、3}{2、1、2、3}=32$。

因食性不同牙齿可分为四种类型。

食虫型：门齿尖锐，犬齿不发达，臼齿齿冠有锐利齿尖呈“W”型。

食肉型：门齿较小，犬齿发达，臼齿常有尖锐突起。上颌最后一个前臼齿与下颌第一臼齿常特别增大，锋利称裂齿。

食草型：具门齿，犬齿不发达或无，臼齿扁平，齿尖呈半月形，齿冠高。

杂食性：门齿、犬齿、前臼齿、臼齿(有丘状隆起)。

(2) 咽(Pharynx)

位于口腔后方，是食物进入食管、空气进入气管的共同通道。哺乳动物适应于吞咽食物碎屑、防止食物进入气管，而在喉门外形成一个软骨的喉门盖即会厌软骨(epiglottis)。当完成吞咽动作时，先由舌将食物后推至咽，食物刺激软腭而引起一系列的反射：软腭上升、咽后壁向前封闭咽与喉的通道。此时呼吸暂停，食物经咽部而进入食管，以吞咽反射的完成，解决咽交叉部位呼吸与吞咽的矛盾。

咽顶部有内鼻孔，咽壁两侧有耳咽管开口，耳咽管另一端通中耳腔，调整中耳室中气压，保护鼓膜。咽前侧方有扁桃体(tonsil)，属于淋巴器官。

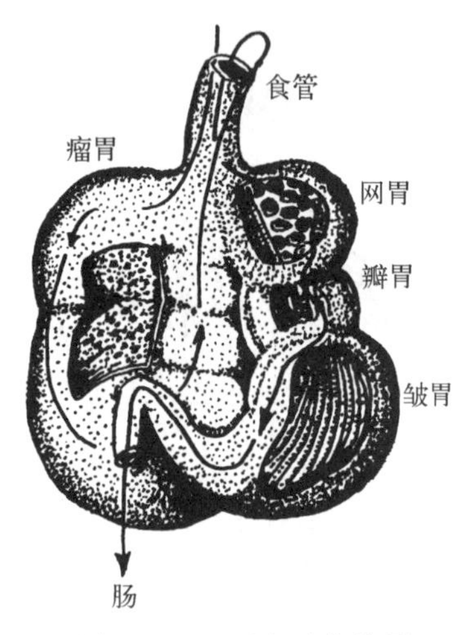

图 20-18 反刍动物的胃(引自张雨奇)

(3) 食管

细长肌管，上端开口于咽，经胸腔穿过膈进入腹腔，与胃相连。

(4) 胃

胃在食管之后，以贲门部和食管相连，以幽门部与小肠相接，是一个暂时贮存食物并进行部分消化的囊腔。胃壁有很厚的肌肉层，胃壁黏膜中的胃腺能分泌酸性胃液。胃壁肌肉收缩可使胃液与食物充分混合。

复胃与反刍胃(rumination)：大多数哺乳动物的胃为单胃，反刍动物具复杂的复胃。复胃一般分瘤胃(rumen)、网胃(reticulum，蜂窝胃)、瓣胃(omasum)和皱胃(abomasum)4 室(图 20-18)，前 3 个胃室为食管的变形，皱胃为胃本体。从胃的贲门部开始，经网胃至瓣胃孔处，有一肌肉质的沟褶，称食管沟。食管沟在幼兽发达，借肌肉收缩可构成暂时的管，使乳汁直接流入皱胃内，至成体则食管沟退化。食物从口经食管入瘤胃，暂时贮存，并进行发酵，然后进入网胃，网胃内壁有许多蜂窝状的褶壁，能将食物小部分地分次吐到口中重新咀嚼，故名反刍。食物经细嚼后咽下，再到瘤胃，然后经网胃到瓣胃和皱胃，进一步磨碎和消化。

(5) 肠

肠可分为小肠(十二指肠、空肠、回肠)和大肠(盲肠、结肠、直肠)。十二指肠呈“U”形，前端与胃幽门相通，有胆、胰管的开口；空肠最长，弯曲，由肠系膜固定其位置；回肠较短。从胃来的食糜主要在小肠消化吸收。在小肠内食糜受到肠液、胰液和胆汁 3 种消化液的作用，很快分解为可吸收的营养物质。小肠黏膜富含绒毛(黏膜的指状突起)、毛细血管、毛细淋巴管、乳糜管，能有效地吸收营养物质。大肠主要作用是吸收水分，位于小肠与大肠交界处的是盲肠，草食性动物的盲肠特别发达，在细菌作用下有助于纤维质的消化。直肠末端以肛门通体外(图 20-19)。

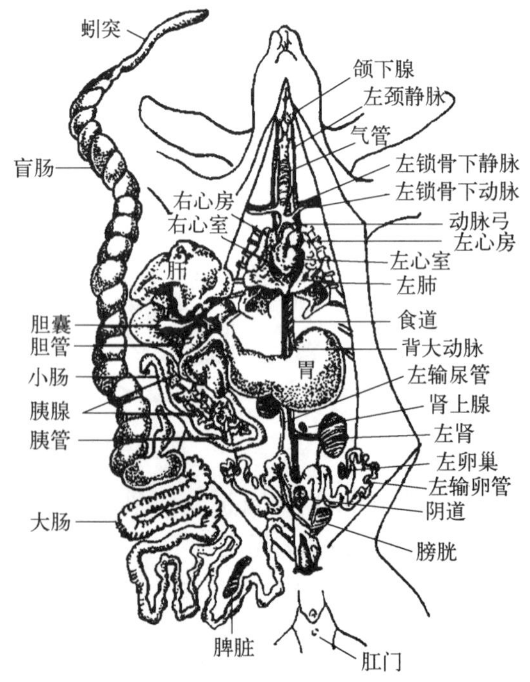

图 20-19 雌兔的内脏(引自张雨奇)

2. 消化腺

口腔消化：哺乳动物口腔中，有 3 对唾液腺(salivary gland)——耳下腺(parotid gland)、颌下腺(submaxillary)、舌下腺(subingual gland)，都有导管开口于口腔，除马和食肉类外，分泌的唾液中均含有淀粉酶。肝脏和胰脏为主要的消化腺，大多数种类具胆囊(少数种类如马、鹿、鼠等无胆囊),胆汁和胰液注入十二指肠。

肝脏和胰脏：位于小肠附近,分别分泌胆汁和胰液,注入十二指肠。

20.2.6　呼吸系统

呼吸系统十分发达。空气经外鼻孔、鼻腔、喉、气管而入肺。

1. 鼻腔

鼻腔内具发达的鼻甲骨,鼻腔壁及鼻甲骨上均覆有黏膜,盘曲的鼻甲骨使黏膜面积大为增加。黏膜上富有血管、腺体,并被覆纤毛上皮,可使吸入的空气温暖、湿润,并粘住随气流进入的尘埃和杂物。

2. 喉(larynx)

喉为呼吸通道,是气管前端的膨大部,也是发音器官。喉的基部有1块环状软骨,其前方有1块大的甲状软骨,形成喉的腹壁和侧壁;喉的背面两侧有1对小的杓状软骨,构成喉的背壁;甲状软骨的前缘,连接着1个匙状的会厌软骨。当吞咽时,会厌软骨向后盖住喉门,使食物不至于落入气管中。甲状软骨与杓状软骨之间有声带,为发音器官(图20-20)。

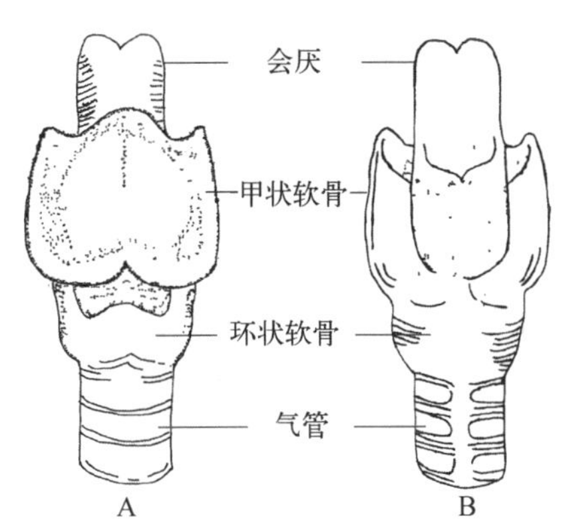

图20-20　兔的喉(引自华中师范学院)
A. 背面;B. 腹面

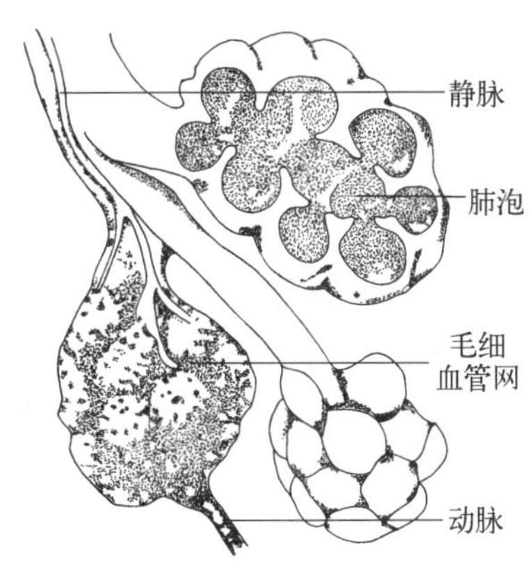

图20-21　人的肺泡

3. 气管与肺

喉部下接气管,气管分叉为两条支气管,伸入肺后再分为若干次级支气管、三级支气管、四级支气管,最后为薄壁的微细支气管,末端膨大成肺泡囊,内有许多小室为肺泡(图20-21),是呼吸、进行气体交换的最基本单位。除微细支气管外,各级支气管壁都有软骨环。

4. 呼吸方式

哺乳动物和所有的羊膜动物一样,均以扩张或压缩胸廓的方法进行呼吸,但是与其他羊膜动物不同的是胸腔的扩大和缩小不仅依靠肋骨的变换,同时也依靠横隔膜的升降。当肋骨上举时,横隔膜下降,胸腔扩大,氧气吸入;反之,则呼出二氧化碳。

20.2.7　循环系统

哺乳动物的循环系统由血液、心脏、血管和淋巴系统组成。主要特点是：仅保留左体动脉弓;静脉系统主干趋于简化,无肾门静脉。

1. 心脏

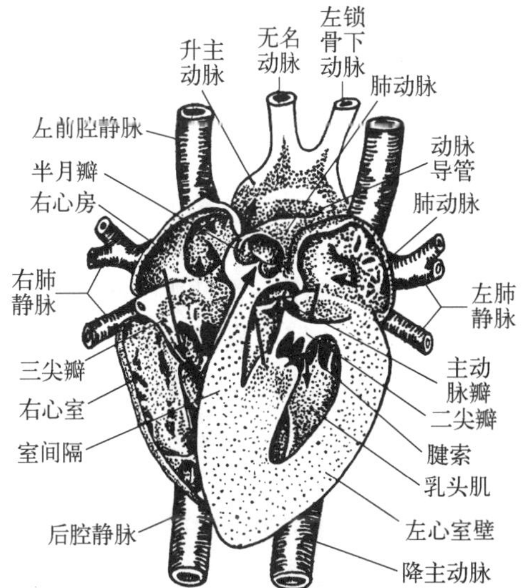

图20-22　兔的心脏冠切面(腹面观)(引自张雨奇)

心脏(图20-22)位于胸腔中部偏左的心包腔内,心包腔内有大量液体,可减少心脏搏动时的摩擦。心脏4室,右侧心房与心室壁均较薄,右房室间有三尖瓣(tricuspid valve);左侧心房与心室壁较厚,房室间具膜质的二尖瓣

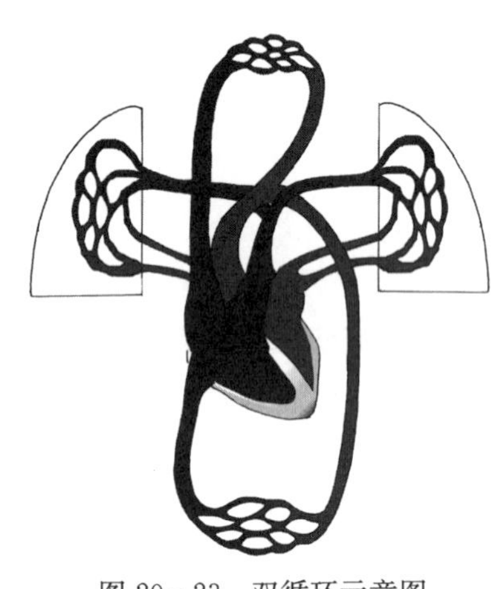
图 20-23 双循环示意图

(bicuspid valve)。从心脏发出的大动脉基部也有 3 个半月瓣。这些瓣膜可防止血液逆流,使血液单向流动。

2. 动脉

哺乳动物只保留左体动脉弓。向后成为背大动脉,直达尾端,沿途发出各分支到全身。右心室接受右心房来的静脉血,然后进入肺动脉,与肺静脉、左心房构成肺循环;左心室接受左心房来的动脉血、然后进入体动脉,与体静脉、右心房构成体循环,因而属于双循环(图 20-23)。

3. 静脉

静脉是输送血液返回心脏的管道,内有一系列瓣膜,可防止血液倒流。哺乳动物的静脉系统趋于简化,表现在单一的前大静脉和后大静脉代替了低等四足动物成对的前主静脉和后主静脉;肾门静脉及成体的腹静脉消失,使尾及后肢血液回心时血流速度加快,血压提高(图 20-24)。

4. 淋巴

哺乳动物的淋巴系统十分发达,包括淋巴液、淋巴管、淋巴结、胸腺、脾脏及其他淋巴器官,有辅助组织液回流,维持血量恒定,运送脂肪,制造淋巴细胞,参与免疫等功能。脾脏也是重要的淋巴器官,位于胃的后方,呈深红色,其功用为清除衰老的红细胞,贮存部分血液和吞噬外来的微粒体,也能制造淋巴球。

5. 血液

血液由血细胞和血浆组成。成熟的红细胞无核,呈双面凹陷的圆盘状,且红细胞的体积小、数量多。血液的总量大,约是体重的 7%~8%,所以能很好地完成运输、调节、防御等多种功能。

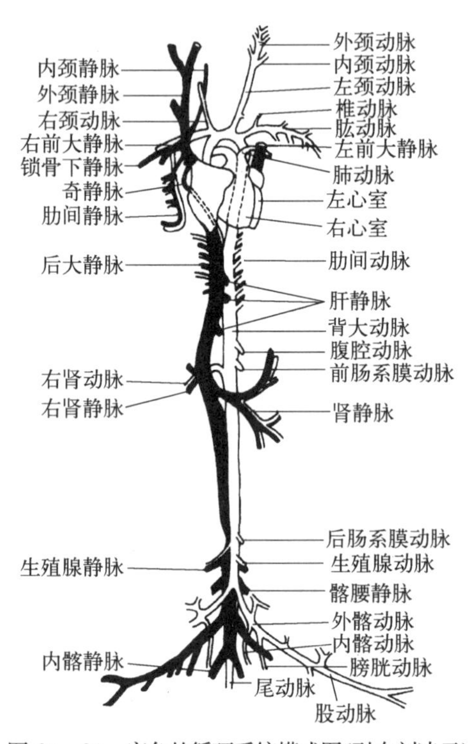

图 20-24 家兔的循环系统模式图(引自刘凌云)

20.2.8 排泄系统

排泄系统包括肾脏、输尿管、膀胱及尿道。哺乳动物的肾脏是 1 对卵圆形暗红色的后肾,位于腹腔腰部脊柱两侧,一般是右侧高于左侧。肾的内缘凹入,称为肾门,是血管、神经和输尿管出入的门户。沿正中线纵切 1 个肾脏,从外向内观察,可看到 3 层结构:外层为皮质部,是肾小体密集的地方;中层为髓质部,是许多肾小管汇合的地方;内层为肾盂,是输尿管在肾内的膨大部分。

肾小体(renal corpuscle)和肾小管(tubule)组成 1 个肾单位(nephron),是肾脏的结构和功能单位。每个肾脏有数十万到数百万肾单位。肾小体由毛细血管盘曲成的肾小球(glomerulus)及包在其外面的双层壁的肾小囊(bowman capsule)组成。肾小囊伸出的肾小管细长盘曲,由皮质伸到髓质,肾小管又可分为近曲小管(proximal convoluted tubule)、髓袢(loop of Henle)、远曲小管(distal convoluted tubule)。许多肾小管在髓质汇成集合管(collecting tubule)。由集合管组成肾乳头开口于肾盂,再通入输尿管。出肾小球渗入肾小囊的尿液为原尿。原尿通过肾小管和集合管时,大部分水分和氯化钠及几乎全部葡萄糖被重吸收而成为终尿。终尿经集合管、肾乳头进入肾盂,再经输尿管暂时贮存在膀胱中,最后经尿道排出体外。雄性尿道是尿液和精液的共同通道,雌性尿道仅排尿液。尿殖孔和肛门分开是哺乳动物的特征(图 20-25)。

皮肤也是哺乳动物的排泄器官,并参与体温的调节。

20.2.9 生殖系统

1. 雄性生殖系统

由睾丸、附睾、输精管、阴茎及一些附属腺体组成。

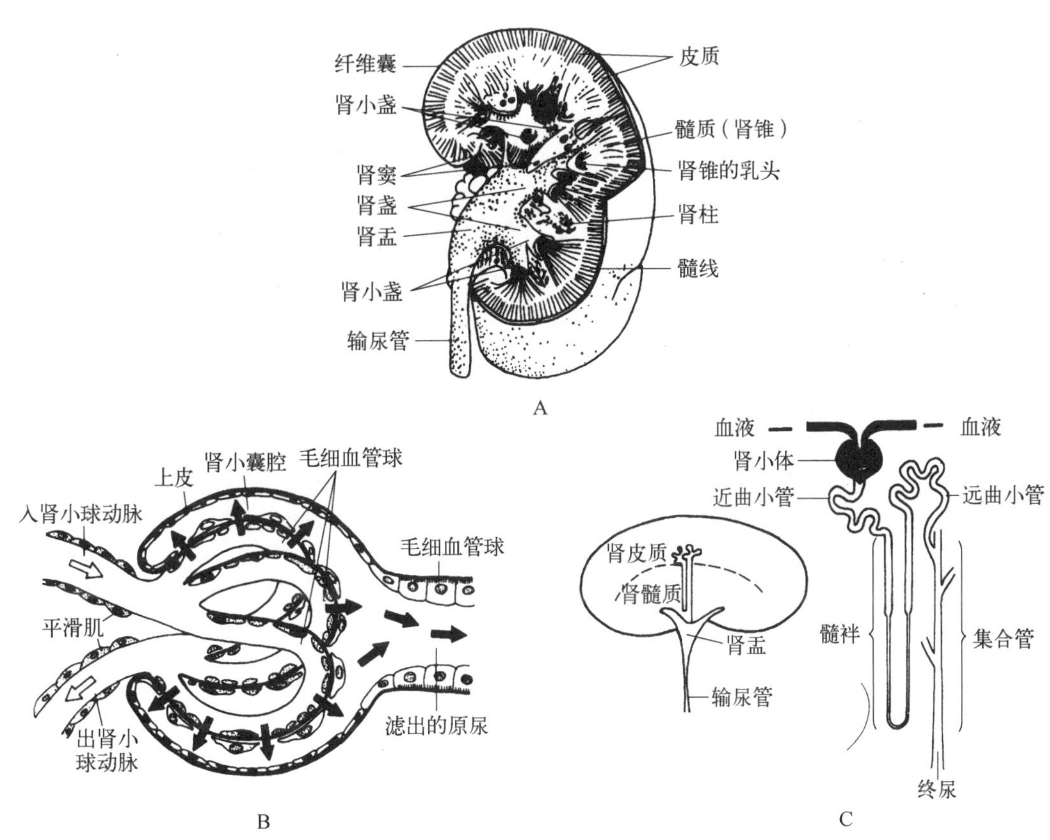

图 20－25　哺乳类的肾脏及肾单位

A. 肾脏纵剖；B. 肾小体(引自 McFarland)；
C. 肾脏及肾单位示意图，示肾单位的结构及其在肾脏中的位置(引自 Schmidt-Nielsen)

睾丸是由众多的曲精细管(精小管)组成，为精子产生的场所。睾丸所在的位置有 3 种情况。一些动物的睾丸终生位于阴囊(scrotum)中，如食肉目、灵长目等；有的终生位于腹腔中，无阴囊，如食虫目、翼手目、鲸目等；有的在繁殖期睾丸下降到阴囊中，非繁殖期缩回到腹腔中，如兔形目、啮齿目等。

附睾(epididymis)是大而弯曲的管，它的壁细胞分泌弱酸性黏液，构成适于精子存活的条件，精子在这里经过重要发育阶段而成熟。

附睾下端经输精管而达于尿道，精液经尿道、阴茎(penis)而通体外。阴茎为雄性的交配器官，由附于耻骨上的海绵体(corpus cavernosum)所构成，海绵体包围尿道。尿道兼有排尿和输精的双重作用。

重要的附属腺体有精囊腺(seminal vesicle)、前列腺(prostate gland)和尿道球腺(bulbourethral gland)，它们的分泌物构成精液的主体，所含的营养物质，能促进精子的活性。前列腺还分泌前列腺素，对于平滑肌的收缩有强烈影响。精液中含有高浓度的前列腺素，可使子宫收缩，有助于受精。尿道球腺在交配时首先分泌，腺液为偏碱性的黏液，起着冲洗尿道、中和阴道内的酸性，以利于精子存活的作用。

2. 雌性生殖系统

由卵巢、输卵管、子宫、阴道等组成。

卵巢 1 对位于腹腔背侧，卵巢内有许多不同发育程度的卵泡，每个卵泡中有 1 个卵细胞。输卵管上端以喇叭口开口于腹腔内卵巢附近，下连子宫(uterus)。子宫经阴道开口于体外。成熟的卵子突破卵巢壁经腹腔入输卵管，在输卵管的上段受精后下行种植于子宫壁上，接受母体营养进行发育(图 20－26)。

哺乳类的子宫有多种类型，在真兽亚纲可分以下 4 种。

1) 双子宫　两侧子宫尚未愈合，分别开口于单一的阴道。如许多啮齿类、兔和象等，为原始类型。

2) 对分子宫(分隔子宫、双分子宫)　两子宫在靠近阴道处合并，以单一的孔开口于阴道。如多数食肉类、牛、猪等。

3) 双角子宫　子宫合并的程度较对分子宫更大，仅在子宫上端两侧分离。如多数有蹄类。

4) 单子宫　两子宫完全愈合。如翼手类和灵长类，为高等类型，一般产仔数目较少(图 20－27)。

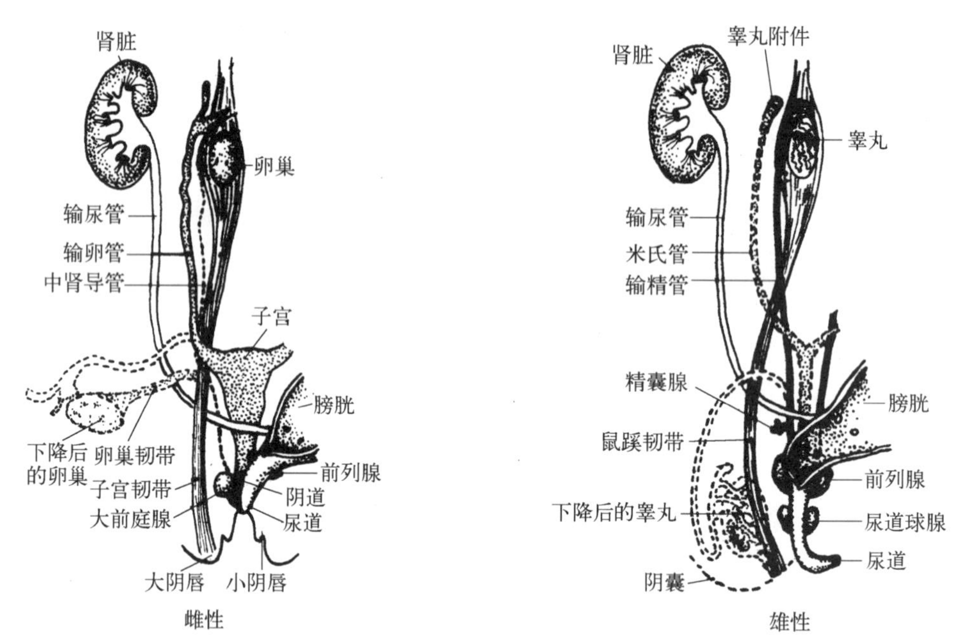

图 20-26 哺乳类雌雄生殖系统模式图(引自张雨奇)

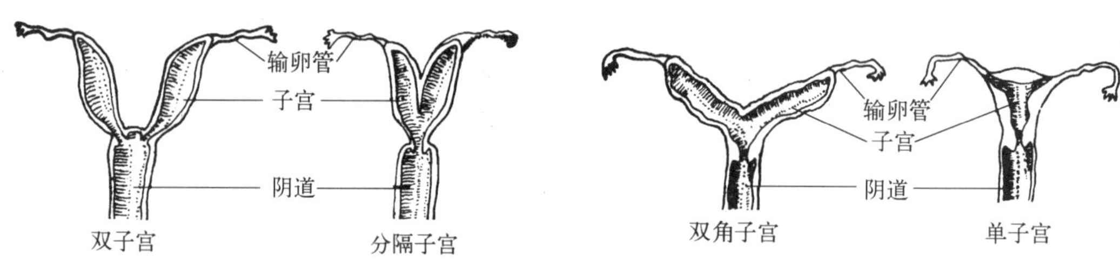

图 20-27 哺乳类子宫类型(引自张雨奇)

20.2.10 神经系统

哺乳动物的神经系统高度发达,包括中枢神经系统、外周神经系统和植物性神经系统 3 部分,能够有效地协调体内各器官的统一,并对复杂的外界条件的变化迅速作出反应。

1. 中枢神经系统

由脑和脊髓所组成,脑又分为大脑、间脑、中脑、小脑和延脑 5 部分。

大脑 由 1 对大脑半球组成,在哺乳动物十分发达。由于其体积的增大,故向后盖住了间脑和中脑,在灵长类甚至可遮盖小脑。大脑是哺乳类感觉和运动功能的主要调节区,每侧的大脑半球控制对侧的身体。大脑半球还具有与行为、记忆、学习等活动有关的高级机能。大脑半球的增大并不是像鸟类那样由于纹状体的增大,而主要是由于大脑表面新脑皮的产生和发展。新脑皮又称为大脑皮层(cerebral cortex),由神经细胞和无鞘神经纤维构成,呈灰色,故也称大脑灰质。大脑表皮有沟和回的结构,从而为神经细胞体的大量增加提供了更大的面积。两大脑半球之间产生了许多连接的神经纤维,使大脑的机能互相联系起来。连接两大脑半球的主要神经纤维称为胼胝体(corpus callosum),是哺乳动物独有的构造。纹状体退化成基底核,成为调节运动的皮层下中枢。原脑皮则萎缩形成海马,主要仍为嗅觉中枢。大脑成为最高级的神经中枢,各种活动和各种感觉都集中在大脑上,中脑只是一个中转站的作用(图 20-28)。

间脑 大部被大脑所覆盖。丘脑(thalamus)大,两侧壁加厚叫做视丘,背面为视丘上部(丘脑上部),腹面为视丘下部(丘脑下部,hypothalumus)。视丘上部为感觉中枢,来自全身的感觉冲动(嗅觉除外)汇合于此,再经更换神经元之后达于大脑。视丘下部为体温调节中枢和交感神经中枢,支配血压、内分泌和唾液的分泌等活动。间脑从腹面发出视神经,构成视交叉。其后为脑下垂体,间脑背面有松果体,这两个结构都是内分泌腺。

中脑 体积小,背面具有四叠体(corpora quadrigemina),前 1 对突起为前丘,是视觉反射中枢;后 1 对突

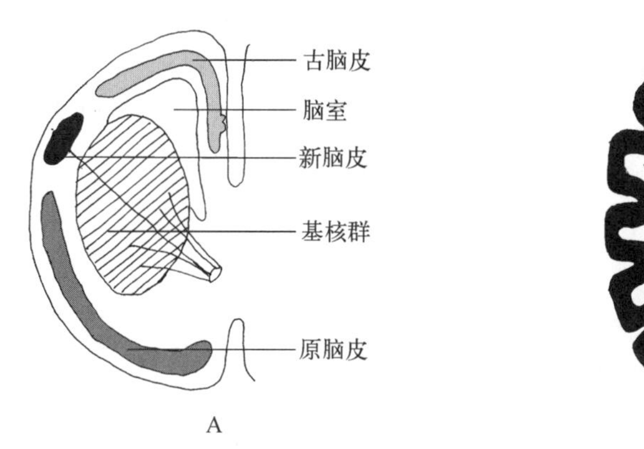

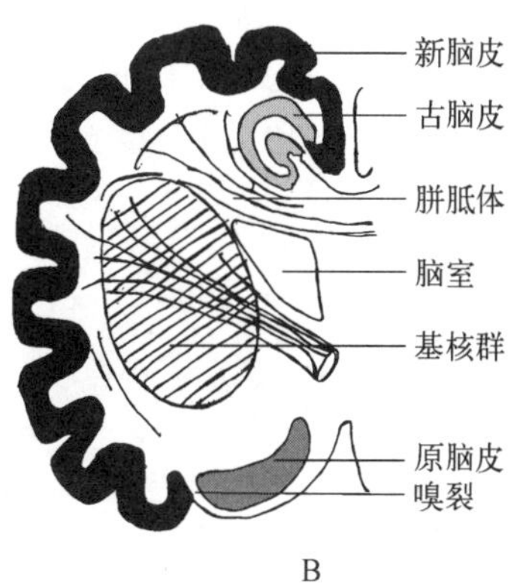

图 20-28　左大脑半球横切面

A. 高等爬行类；B. 高等哺乳类

起为后丘，是听觉反射中枢。中脑底部加厚，称大脑脚(cerebral peduncle)，为神经纤维的通路。

小脑　很发达，表面的灰质为小脑皮层，是哺乳动物所特有的结构。小脑分为五部：中央部分的蚓部，左右两侧的小脑半球和由小脑半球分出的小脑鬈。小脑的前腹面有突起，称脑桥，内含神经纤维，联络大脑和小脑。小脑具有协调身体各部的动作、保持身体正常姿势和平衡的机能。

延脑　位于小脑的腹方，构造与脊髓相似，灰质在内，白质在外。延脑除了构成脊髓与高级中枢联络的通路以外，本身具有许多反射活动的中枢，如呼吸、吞咽、呕吐、咳嗽、血管张缩、心脏跳动和消化腺分泌等，因此又称为“生命中枢”(图 20-29)。

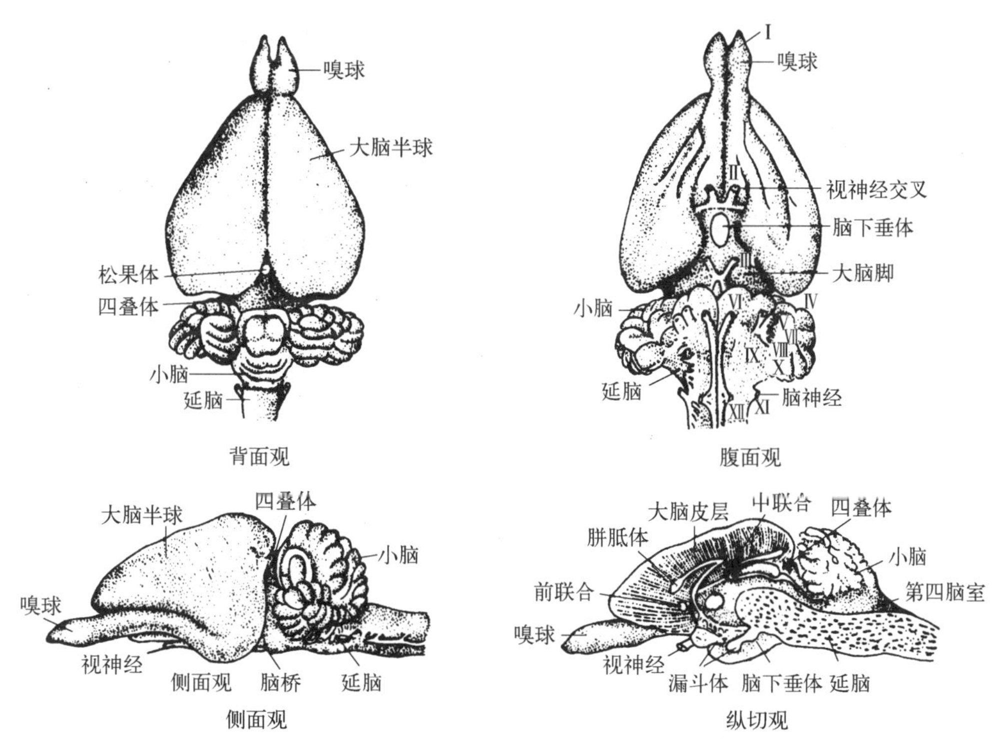

图 20-29　家兔脑的构造(引自郝天和)

脑内具有脑室，与脊髓的中央管相通。大脑内的空腔称第 1、2 脑室，间脑腔为第 3 脑室，中脑腔仅为一狭缝，为中脑水管，将第 3 脑室与延脑的第 4 脑室相连。脑和脊髓外面包有硬膜、蛛网膜和软膜。

脊髓　呈扁圆柱形，有 1 个颈膨大和 1 个腰膨大。横断面呈蝶形，灰质在内，白质在外。脊髓腹面有腹沟，背面有背沟。脊髓的主要功能是完成反射活动和联系周围神经与脑之间的神经传导。

2. 外周神经系统

为联系中枢神经系统和身体各器官之间的神经，包括脊神经和脑神经两部分。

脊神经是由脊髓发出的神经。在脊髓的两侧分别有背根和腹根,腹根由传出神经纤维组成,背根由传入神经纤维组成,有神经节。背、腹根合并成脊神经,经椎间孔通出椎管。合并后的混合脊神经再发出背支分布到躯体背部的肌肉和皮肤;腹支分布到躯体腹面的肌肉和皮肤;交通支(脏支)与交感神经节相连(图 20-30)。

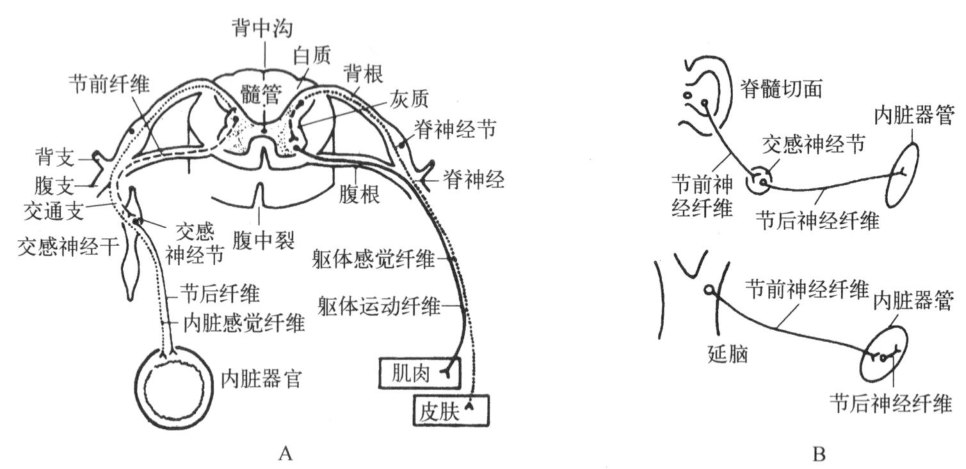

图 20-30 脊神经与植物性神经传导通路的比较(引自郝天和)

A. 脊神经;B. 交感(上)和副交感神经(下)

脑神经自脑发出,在哺乳动物有 12 对,其中第Ⅰ、Ⅱ、Ⅷ对是感觉神经,分别和嗅、视、听觉发生联系。第Ⅲ、Ⅳ、Ⅵ对是运动神经,和动眼肌肉相联系。第Ⅴ、Ⅶ、Ⅸ、Ⅹ为混合神经,前三对主要分布于头部器官,第Ⅹ对主要分布于咽喉以下胸、腹部内脏。第Ⅺ对主要是到咽喉及颈部的运动神经,第Ⅻ对是舌肌的运动神经。

3. 植物性神经系统(vegetative system)

哺乳类的植物性神经系统特别发达,其主要机能是调节内脏活动和新陈代谢过程,保持体内环境的平衡。它与脑神经和脊神经不同,由中脑、延脑、脊髓的胸、腰段和荐段发出后,必须在神经节内更换神经元后才能到达它所支配的器官。植物性神经系统虽也受中枢神经系统控制,但却不受意识支配,所以又称自主神经系统(autonomic system)。植物性神经系统分交感神经系统(sympathetic system)和副交感神经系统(parasympathetic system)两大部分,这两部分的调节作用是相互拮抗的。绝大多数内脏器官都同时受到它们的双重支配。

交感神经由交感神经节和神经链所组成,位于脊椎的两侧,有交通支与脊神经相连,其中枢位于颈、胸、腰的脊髓内。

副交感神经包括一部分的脑神经(第Ⅲ、Ⅶ、Ⅸ、Ⅹ对脑神经)及第 2、3、4 荐部的脊神经,中枢位于中脑、延脑和荐部脊髓。

当交感神经兴奋时,心跳加快,血压升高,瞳孔放大,消化降低等;当副交感神经兴奋时,心跳减慢,血压降低,瞳孔缩小,消化加快等。两者相辅相成,使动物的兴奋有一定的限定。

20.2.11 感觉器官

1. 嗅觉

哺乳动物的嗅觉高度发达,鼻腔和鼻甲骨扩大。鼻甲骨是鼻腔内回旋曲卷的薄骨片,有筛鼻甲、上鼻甲及颌鼻甲之分,嗅黏膜附于其上,面积大为增加。嗅黏膜上密布嗅细胞和嗅神经末梢,从而使哺乳动物嗅觉极为灵敏。但水栖兽类的嗅觉趋向退化。

2. 听觉

听觉器官由外耳、中耳、内耳 3 部分组成。外耳道延长,出现了特有的耳郭,可收集声波,有的种类可以转动。中耳由鼓膜和彼此相连的锤骨(接触鼓膜)、砧骨和镫骨(接触内耳椭圆窗)组成了灵敏的传音系统。内耳中主要的部分为膜迷路,包含 3 个半规管、两个囊(椭圆囊和球状囊)和耳蜗管(cochlea)。整个膜迷路是埋存于颞骨岩部洞腔中。洞腔与膜迷路形状一致,故名骨迷路。膜迷路中含内淋巴液,膜迷路与骨迷路间含外淋巴液。耳蜗内有非常复杂的螺旋器。螺旋器具有多数长短不同的纤维，能与高低不同的声音起共鸣，变成冲动后，通过听神经传至大脑皮层听区（图 20-31）。

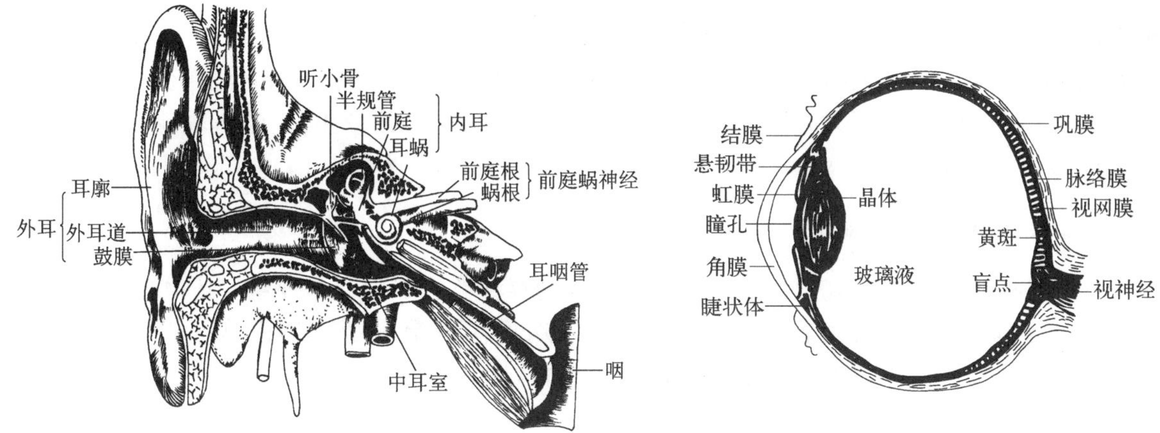

图 20-31 人耳的构造（引自张雨奇）

图 20-32 哺乳类眼球构造（引自张雨奇）

3. 视觉

哺乳动物眼球构造（图 20-32）基本和其他陆生脊椎动物相似，以睫状肌改变晶体形状来调节视力。睫状肌为平滑肌，与鸟类和爬行类的横纹肌不同。除灵长类外一般对光的感觉灵敏，而对颜色的辨别力较差。

20.3 哺乳纲动物的分类

哺乳动物又称兽类，现存约有 4 200 种，分布几遍全球。主要根据生殖方式不同分为原兽亚纲（Prototheria）、后兽亚纲（Metatheria）和真兽亚纲（Eutheria）3 个亚纲。

20.3.1 原兽亚纲（Prototheria）

是现存最原始的哺乳动物，还保留有一系列与爬行类相似的特征。如肩带具独立的乌喙骨、前乌喙骨及间锁骨（多数哺乳类肩带主要由肩胛骨组成）；大脑无胼胝体；卵生，雌兽有孵卵行为；乳腺仍为一种特化的汗腺，不具乳头；无交配器；成体无齿；有休眠现象；具泄殖腔，因此称单孔类。但其又具备哺乳动物的基本特征，如体表被毛；用母乳哺育幼仔；体腔中有横膈；体温基本恒定（在 26～35℃之间波动）；仅具左体动脉弓；下颌由单一齿骨构成等。本亚纲动物只有单孔目（Momotremata），仅分布澳洲及其附近的岛屿上。主要代表动物如：

鸭嘴兽（*Orhithorhychus anatinus*）：为半水栖动物，体被短而浓密的褐色软毛，颌部突出似鸭嘴状，四肢具蹼及爪，尾扁平，适于挖掘及游泳，穴居水边。以软体动物、甲壳类、蠕虫及水生昆虫为食。春季雌兽用植物叶、根等营巢繁殖，每产 2～3 枚卵，孵化期 14 天，孵出后，幼兽舐食乳汁，约经 5 个月的哺乳期后才能营独立生活。雄兽后肢有和毒腺相连的距。（图 20-33，见彩页）

针鼹（*Tachygolssus aculeatus*）：是善于掘土的陆栖兽类，体被针刺和粗毛，腿短，足具强爪，吻长而细尖，上、下颌不具牙齿，有能伸缩的长舌，舌富有黏液，能伸出口外捕食蚁类。生活在雨林或灌林中。生殖时雌兽腹部临时形成皮肤囊，卵在囊中孵化，孵化期为 28 天，幼仔在囊中舐食乳汁（见图 20-33，见彩页）。

20.3.2 后兽亚纲（Metatheria）

为一类进化水平介于原兽亚纲和真兽亚纲之间的较低等的哺乳动物，约有 250 余种，主要分布于澳洲，少数分布中、南美洲。主要特征有：胎生，但无真正胎盘（多数种类胚胎尿囊不发达，仅借卵黄囊与母体子宫壁接触）；妊娠期短，幼仔产出时发育还极不完全，需在母体上的育儿袋中继续发育，所以称为有袋类；泄殖腔退化，但仍有残余；具有乳腺，乳头在育儿袋内；异齿型；双子宫，雄性阴茎有分叉的阴茎头；体温还有变化。

大袋鼠（*Macropus rufus*）：体大型，可长达 2 m，体重约 90 kg。食草，上颌门齿 3 对，下颌 1 对。头小，前肢短细,平时不着地;后肢强大,善跳跃,可越过 8 m 多的障碍物。尾粗大,用以支持或平衡。每胎 1 仔,刚出生幼仔小似核桃,体裸露,在育儿袋中不能自然吸吮乳汁,只能衔住乳头,靠母兽乳腺肌肉收缩使乳汁流入口中。经 7~8 个月幼仔才能离开育儿袋独立生活(图 20-34,见彩页)。

澳洲原来与欧亚大陆相连,当时这些原始的有袋类非常发达,在未出现高等哺乳动物(真兽亚纲)时,澳洲就与欧亚大陆分离,在欧亚大陆上的有袋类被真兽亚纲动物所排挤,即自然选择的结果。而真兽亚纲动物未能侵入澳洲,所以现在尚有大量的原始有袋类生存,并发展了各种生态类群,如袋狼(*Thylacinus cynocephalus*)、袋獾(*Sarcophilus harrisii*)、袋熊(*Vombatus ursinus*)等等。

20.3.3 真兽亚纲(Eutheria)

又称有胎盘类,是高等的哺乳动物类群。分布广泛,现存种类的 95%属本亚纲。其主要特征是:胎生,具真正的胎盘,幼儿产出时发育完全;不具泄殖腔,乳腺充分发育,具乳头;肩带多由单一肩胛骨构成;大脑皮层发达,有胼胝体;异齿型,体温恒定。现存种类约 4 000 种,分隶 17 个目。

1. 食虫目(Insectivora)

最原始的 1 个目。体型较小,外被细密的毛或粗硬的棘:头小,具能动的吻。四肢具 5 趾,蹠行性,趾端具小爪。陆栖掘地生活,少数半水栖或半树栖生活。子宫为双角子宫或对分子宫,盘状胎盘。主要以昆虫及蠕虫为食,大多数夜行性。无阴囊。常见种类有刺猬(*Erinaceus europaeus*)、臭鼩鼱(*Suncus murinus*)等(图 20-35,见彩页)。

2. 树鼩目(Scandentia)

小型树栖食虫的哺乳动物。在结构上(例如臼齿)似食虫目但又有似灵长目的特征,例如嗅叶较小,脑颅宽大,有完整的骨质眼眶环等。仅有 1 科 16 种,均分布在东南亚热带森林内,外形略似松鼠。代表动物北树鼩(*Tupaia belangeri*)分布我国云南、广西及海南岛(图 20-36,见彩页)。

3. 翼手目(Chiroptera)

在前肢、后肢和尾之间连以皮肤特化成的皮膜而为翼,前肢第 2 至第 5 指骨特别延长为翼的支架,是唯一有真正飞行能力的哺乳类。锁骨发达,胸骨具龙骨突起;拇指游离具爪,后肢短,趾端具爪,利于挂栖。夜行性,多以昆虫为食(亦有食果、花、血、肉者)。视力弱,听觉、触觉灵敏,耳壳大,内耳发达,能借回声定位引导飞行。盘状胎盘,单子宫或双角子宫,无阴囊。本目种类仅次于啮齿类,现存约有 900 多种,遍及全球。如普通伏翼(*Pipistrellus pipistrellus*,图 20-37,见彩页)。

4. 灵长目(Primates)

树栖生活类群。除少数种类外,拇指(趾)多能与它指(趾)相对,适于树栖攀缘及握物。手掌(及蹠部)裸露,并具有两行皮垫,有利于攀缘。指(趾)端部除少数种类具爪外,多具指甲。面部裸出,两眼前视。锁骨较发达,大脑半球高度发达。蹠行性。雄有阴囊和阴茎。雌有双角子宫或单子宫,有月经。散布状胎盘或盘状胎盘。广泛分布于热带、亚热带和温带地区。群栖,杂食性。代表种类(图 20-38,见彩页)。

(1) 懒猴科(Lorisinae)

体小,四肢细长,尾很短。第 2 趾端具爪。如云南所产的懒猴(*Nycticebus coucang*,又称蜂猴,风猴),是我国仅有的原猴类。

(2) 卷尾猴科(Cebidae)

鼻间隔宽阔,左右鼻孔距离甚远且向两侧开口,属于阔鼻类。该类动物仅分布于西半球南部。如黑帽卷尾猴(*Cebus apella*)。

(3) 猴科(Cercopithecidae)

鼻间隔狭窄,鼻孔一般向下开口。拇指(趾)能与其他指(趾)相对。尾长,不具缠绕性。多具颊囊和臀胼胝。脸部有裸区。后肢一般较前肢长。如猕猴(*Macaca mulatta*,恒河猴)、短尾猴(*Macaca thibetana*)、川金丝猴(*Rhinopithecus roxellanae*)、黔金丝猴(灰金丝猴,*Rhinopithecus brelichi*)、滇金丝猴(黑金丝猴,*Rhinopithecus bieti*)、白头叶猴(*Semnopitecus francoisi leucocephalus*)和黑叶猴(*Semnopitecus francoisi*)等。

(4) 长臂猿科(Hylobatidae)

狭鼻类,臂特长,站立时手可及地;无尾;具小的臀胼胝,无颊囊。如我国的黑长臂猿(*Hylobates*

concolor)、白眉长臂猿(*Hylobates hoolock*)和白掌长臂猿(*Hylobates lar*)。

(5) 猩猩科(Pongidae)

狭鼻类;体大;前肢长,下垂过膝。无尾,无颊囊及臀胼胝。如黑猩猩(*Pan troglodytes*)、猩猩(*Pongo pygmaeus*)和大猩猩(*Gorilla gorilla*)。

(6) 人科(Hominidae)

人在动物分类上亦属灵长目。全世界现代人都属同一种,只是按肤色可分为黄、白、黑、红等种族。直立行走,臂不过膝,体毛退化,手足分工。人有语言,有思维,会劳动,能主动改造自然,过社会性生活,使人类与猿类有本质的不同。

5. 贫齿目(Edentata)

为牙齿趋于退化的一支食虫哺乳动物。不具门牙和犬牙;若臼齿存在时也缺釉质,且均为单根齿。大脑几无沟、回。后足5趾,前足仅有2~3个趾发达,具有利爪以掘穴。分布于中、南美的森林中。著名的代表动物有大食蚁兽(*Myrmecophaga tridactyla*)和三趾树懒(*Bradypus tridactylus*)(图20-39,见彩页)。

6. 鳞甲目(Pholidota)

全身被有大型角质鳞甲,鳞间长有少量的毛;头小,无齿,舌细长,富含黏液,适于捕虫;爪发达,用以挖掘蚁穴;以蚁类为食;双角子宫,散布状胎盘;分布于亚洲、非洲的热带、亚热带。如穿山甲(*Manis pentadactyla*)(图20-40,见彩页)。

7. 兔形目(Lagomorpha)

中、小型食草兽类。上颌具有2对前后着生的门牙,后1对很小,隐于前1对门牙的后方。上唇具唇裂,无犬齿,蹠行性。双子宫或双角子宫,盘状胎盘,睾丸于生殖期下降到阴囊内。如达乌尔鼠兔(*Ochotona daurica*)、草兔(*Lepus capensis*)等(图20-41,见彩页)。

8. 啮齿目(Rodentia)

是哺乳动物中种类最多、数量最大的目,约占世界已知兽类的1/3。上、下颌各有1对凿状门齿,门齿仅前面被有珐琅质,能终生生长,咬肌发达,常借啃物以自行磨利。犬齿虚位。双子宫或双角子宫,盘状胎盘,睾丸在生殖期下降到阴囊。本目动物适应能力强,遍布全球各种环境中。代表种类(图20-42,见彩页)。

(1) 松鼠科(Sciuridae)

适应于树栖、半树栖及地栖等多种生活方式。头骨具眶后突,颧骨发达。如赤腹松鼠(*Callosciurus erythraeus*)、喜马拉雅旱獭(*Marmota himalayana*)等。

(2) 仓鼠科(Circetidae)

适应于多种生活方式,在体型上有变异。不具前臼齿,颧骨不发达。如灰仓鼠(*Cricetulus migratosius*)、黑线仓鼠(*Cricetulus barabensis*)等。

(3) 鼠科(Muridae)

中小型鼠类,种类极多。多具长而裸、外被鳞片的尾。不具前臼齿,臼齿齿尖常排成三纵列。如巢鼠(*Micromys minutus*)、小家鼠(*Mus musculus*)、褐家鼠(*Rattus norvegicus*)、黄胸鼠(*Rattus flavipectus*)、黑线姬鼠(*Apodemus agrarius*)等。

(4) 河狸科(Castoridae)

为半水栖的大型啮齿动物,体重可达30 kg,如我国新疆分布的河狸(*Castor fiber*)。

(5) 跳鼠科(Dipodidae)

荒漠鼠类。后肢显著加长,蹠骨及趾骨趋于愈合及减少,适于跳跃,尾长而具有端部丛毛。如三趾跳鼠(*Dipus sagitta*)。

(6) 豪猪科(Hystricidae)

身上有棘刺,棘刺比较容易脱落,身体后方的棘刺比前方的更发达,抵御敌害的典型姿势就是将身体背向对方,如豪猪(*Hystrix hodgsoni*)。

9. 鲸目(Cetacea)

大型水栖兽类,体呈流线型,似鱼,体毛退化,前肢鳍状,后肢退化消失,体末端有一水平叉状尾鳍,多数种类有由结缔组织和脂肪形成的背鳍,无耳壳,皮下脂肪发达,肺有贮气结构,鼻孔1对或单一,开口于头背,又称喷水孔,睾丸位于腹腔,双角子宫,散布状胎盘,生殖孔两旁有乳房1对,借皮肤肌的收缩可将乳汁喷入仔鲸口中。如抹香鲸(*Physeter catodon*)、白鱀豚(*Lipotes vexillifer*)等(图20-43,见彩页)。

10. 食肉目(Carnivora)

体型一般较大,肉食性。门齿小,犬齿强大而锐利,臼齿通常有锐利的齿锋,其中最后1枚上颌前臼齿和下颌第1臼齿特别发达,上下嵌合呈剪刀状相交,适于撕裂,称为裂齿。四肢发达,指(趾)端均具锐爪,趾行性或蹠行性。双角子宫,环状胎盘,睾丸在阴囊内。多为肉食性猛兽。代表种类(图20-44,见彩页)。

(1) 犬科(Canidae)

体型中等,颜面部长而突出;爪钝,不能伸缩;四肢细长适于奔跑,前趾5指,后肢常具4趾;趾行性。嗅觉特别发达。如狼(*Canis lupus*)、狐(*Vulpes vulpes*)、豺(*Cuon alpinus*)、貉(*Nyctereutes procyonoides*)等。

(2) 熊科(Ursidae)

体粗大而笨重,耳小,尾短,四肢粗,爪大,裂齿不发达,蹠行性;杂食。如黑熊(*Ursus thibetanus*)。

(3) 熊猫科(Ailuropodidae)

体似熊但吻短;以竹叶为主食;为食肉目中的"素食"种类;本科仅有我国特产的大熊猫(*Ailuropoda melanoleuca*)。

(4) 鼬科(Mustelidae)

中小型兽类;体形细小,四肢短,前后肢均有5趾,爪不能伸缩,蹠行性或半蹠行性;多数在肛门附近有臭腺。如黄鼬(*Mustela sibirica*)、紫貂(*Martes zibellina*)、小爪水獭(*Aonys cinerea*)等。

(5) 猫科(Felidae)

中大型兽类;头圆吻短,前肢5指,后肢4指;爪锐利,能伸缩;犬齿和裂齿发达;肉食性,性凶猛,以伏击方式捕杀其他热血动物。如虎(*Panthera tigris*)、豹(*Panthera pardus*)、狮(*Panthera leo*)、猞猁(*Felis lynx*)等。

(6) 灵猫科(Viverridae)

体多具有各种条纹、斑点或单色但尾有环带;肛腺发达;如大灵猫(*Viverra zibetha*)、小灵猫(*Viverricula indica*)等。

11. 鳍脚目(Pinnipedia)

为海栖食肉兽类。除生殖、换毛时上陆外,一生都在海中度过;体纺锤形,被毛,四肢鳍状,各具5指,指(趾)间具蹼。后肢转向体后,以利于上陆爬行;尾小,夹在后肢间;皮下脂肪发达;不具裂齿;双角子宫,环状胎盘;睾丸在腹腔中;分布在寒带、温带海洋沿岸地区。如斑海豹(*Phoca vitulina*)等(图20-45,见彩页)。

12. 长鼻目(Proboscidea)

现存最大的陆栖动物。体毛稀少,具厚皮,鼻长圆筒状,富有肌肉,为延长的鼻与上唇所构成;鼻端有指突,能取物;四肢粗壮如柱,脚底有很厚弹性组织垫;上门齿特别发达,突出唇外;半蹠行性;双角子宫,环状胎盘;睾丸在腹腔;仅1属2种,即非洲象(*Loxodonta africana*)和亚洲象(*Elephas maximus*,图20-46,见彩页)。

13. 奇蹄目(Perissodactyla)

四肢中1个或3个指(趾)发达,其余各趾退化或消失;指(趾)端具蹄,蹄行性;门齿适于切草,犬齿退化,臼齿咀嚼面上有复杂的棱脊;胃单室,盲肠发达;大多为双角子宫,散布状胎盘;睾丸在阴囊中。

(1) 马科(Equidae)

仅第3指(趾)发达,各趾退化。如野马(*Equus przewalskii*)、西藏野驴(*Equus kiang*,图20-47,见彩页)。

(2) 犀牛科(Rhinocerotidae)

前后足各具3个负重的趾。皮肤厚,几乎无毛。具1~2个单角。如印度犀(*Rhinoceros unicornis*)和黑犀(*Diceros bicornis*)(图20-48,见彩页)。

14. 偶蹄目(Artiodactyla)

第3和第4趾特别发达,指(趾)端有蹄,第2、5指(趾)或为悬蹄或退化;多具角;尾短;上门齿常退化或消失,臼齿结构复杂,适于草食;多有复胃,反刍;双角子宫,散布状胎盘或叶状胎盘;睾丸在阴囊中;除澳洲外,遍及世界各地;代表种类(图20-49,见彩页)。

(1) 猪科(Suidae)

吻部延伸,在鼻孔处呈盘状,内有软骨垫支持;毛鬃状;尾细,末端具鬃毛;足具4趾;具门牙,犬齿在雄兽外突成獠牙;单室胃。如野猪(*Sus scrofa*)。

(2) 河马科(Hippopotamidae)

体大型,皮肤厚,毛稀少,四肢短,各肢具4趾;具有大而圆的吻部,眼凸出,位于背方,耳小;半水栖;3室胃,不反刍;分布非洲。如河马(*Hippopotamus amphibius*)。

(3) 驼科(Camelidae)

头小颈长,上唇延伸并有唇裂;足具2趾。趾型宽大,具有厚弹力垫,负重时2趾分开,适于在沙漠中行走;胃3室。如双峰驼(*Camelus bactrianus*)。

(4) 鹿科(Cervisae)

具4趾,中间1对较大。多数雄性有分叉的实角。如梅花鹿(*Cervus nippon*)、马鹿(*Cervus elaphus*)、小麂(*Muntiacus reevesi*)、黑麂(*Muntiacus crinifrons*)、毛冠鹿(*Elaphodus cephalophus*)、獐(*Hydropotes inermis*)等。

(5) 长颈鹿科(Giraffidae)

具长颈,长腿;两性头顶均具2~3个不分叉并包有毛皮的瘤角,终生不脱落;具2蹄。以树叶嫩枝为食;分布非洲。如长颈鹿(*Giraffa camelopardalis*)。

(6) 牛科(Bovidae)

绝大多数雄兽具1对洞角(少数2对);草食性,反刍;广泛分布世界各地。如野牛(*Bos gaurus*)、黄羊(*Procapra gutturosa*)、鬣羚(*Capricornis sumatraensis*)、藏羚羊(*Pantholops hodgsonii*)等。

思 考 题

1. 哺乳类的进步特征表现在哪些方面?结合各个器官系统的结构功能加以归纳。
2. 胎生、哺乳有何生物学意义?
3. 总结哺乳类的胎盘类型、结构及各部分的功能。
4. 哺乳类皮肤的结构特点是什么?有哪些皮肤衍生物?
5. 哺乳类的运动系统有哪些特点?
6. 简述咀嚼式口腔消化的意义及哺乳类牙齿的结构与特点。
7. 比较食草兽类和食肉兽类在消化系统上的区别,说明消化系统的变化是和食性密切相关的。
8. 哺乳类的呼吸系统和呼吸方式有什么特色?
9. 哺乳类的血液循环系统在结构方面与鸟类有何不同?
10. 试述哺乳类的肾脏结构、功能及尿的形成。
11. 归纳哺乳类生殖系统结构的特点。
12. 哺乳类的神经系统有什么特点?
13. 列表比较原兽亚纲、后兽亚纲和真兽亚纲的主要区别特征。
14. 了解真兽亚纲各主要目的分类特征及常见代表动物。

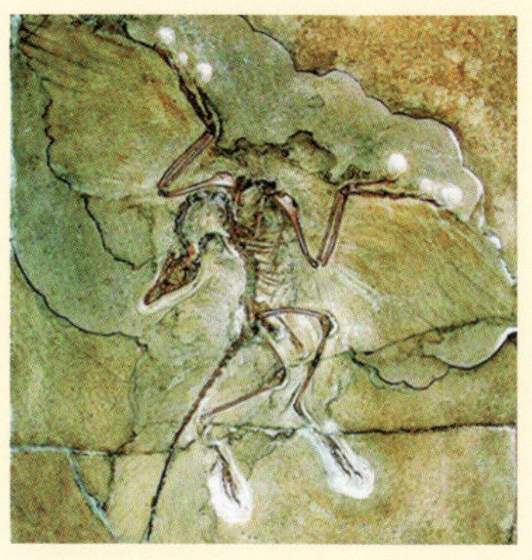

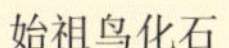

始祖鸟化石

始祖鸟复原图

美洲鸵鸟

食火鸡

几维鸟

企鹅

小鸊鷉

斑嘴鹈鹕

鸬鹚

黑鹳

白鹳

小白鹭

苍鹭

朱鹮

白琵鹭

图 19-29　鹳形目鸟类等

图 19-30　雁形目和隼形目鸟类

大鸨　骨顶鸡　黑水鸡　白胸苦恶鸟

图 19-31　鸡形目和鹤形目鸟类

图 19-32　鸻形目和鸽形目鸟类

图 19-33　佛法僧目等鸟类

红尾歌鸲　　蓝歌鸲　　红点颏　　蓝点颏

图 19-34　雀形目鸟类(一)

斑鸫　蓝翅八色鸫　画眉　红嘴相思鸟

黄眉柳莺　黄腰柳莺　寿带　八哥

鹩哥　灰椋鸟　黑枕黄鹂　大山雀

煤山雀　沼泽山雀　家麻雀　燕雀

图 19-35　雀形目鸟类(二)

金翅雀

红交嘴雀

黑尾腊嘴雀

锡嘴雀

三道眉草鹀

松鸦

灰喜鹊

喜鹊

红嘴蓝鹊

秃鼻乌鸦

寒鸦

大嘴乌鸦

图 19-36　雀形目鸟类(三)

鸭嘴兽*Orhithorhychus anatinus*

针鼹*Tachygolssus aculeatus*

图 20-33

大袋鼠*Macropus rufus*

图 20-34

刺猬 *Erinaceus europaeus*

臭鼩鼱*Suncus murinus*

图 20-35

北树鼩*Tupaia belangeri*

图 20-36

普通伏翼*Pipistrellus pipistrellus*

图 20-37

懒猴*Nycticebus coucang*

黑帽卷尾猴*Cebus apella*

猕猴*Macaca mulatta*

短尾猴*Macaca thibetana*

川金丝猴*Rhinopithecus roxellanae*

黔金丝猴（灰金丝猴）*Rhinopithecus brelichi*

滇金丝猴（黑金丝猴）*Rhinopithecus bieti*

白头叶猴*Semnopitecus francoisi leucocephalus*

黑叶猴*Semnopitecus francoisi*

黑长臂猿*Hylobates concolor*

白眉长臂猿*Hylobates hoolock*

白掌长臂猿*Hylobates lar*

黑猩猩*Pan troglodytes*

大猩猩*Gorilla gorilla*

猩猩*Pongo pygmaeus*

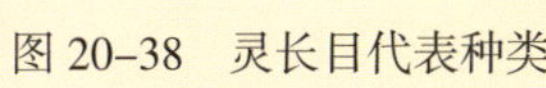

图 20-38　灵长目代表种类

大食蚁兽*Myrmecophaga tridactyla*

三趾树懒*Bradypus tridactylus*

图 20-39

穿山甲*Manis pentadactyla*

图 20-40

达乌尔鼠兔*Ochotona daurica*

图 20-41

草兔*Lepus capensis*

赤腹松鼠*Callosciurus erythraeus*

喜马拉雅旱獭*Marmota himalayana*

灰仓鼠*Cricetulus migratosius*

黑线仓鼠*Cricetulus barabensis*

巢鼠*Micromys minutus*

小家鼠*Mus musculus*

褐家鼠*Rattus norvegicus*

黄胸鼠*Rattus flavipectus*

黑线姬鼠*Apodemus agrarius*

河狸*Castor fiber*

三趾跳鼠*Dipus sagitta*

豪猪*Hystrix hodgsoni*

图 20-42 啮齿目代表种类

抹香鲸Physeter catodon

白鱀豚Lipotes vexillifer

图 20-43

狼Canis lupus

貉Nyctereutes procyonoides

豺 Cuon alpinus

狐Vulpes vulpes

黑熊Ursus thibetanus

大熊猫Ailuropoda melanoleuca

黄鼬Mustela sibirica

紫貂Martes zibellina

小爪水獭Aonys cinerea

虎Panthera tigris

豹 Panthera pardus

狮Panthera leo

猞猁Felis lynx

大灵猫Viverra zibetha

小灵猫Viverricula indica

图 20-44　食肉目代表种类

斑海豹*Phoca vitulina*

图 20-45

非洲象*Loxodonta Africana*

亚洲象*Elephas maximus*

图 20-46

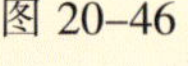

野马*Equus przewalskii*

西藏野驴*Equus kiang*

图 20-47

黑犀*Diceros bicornis*

印度犀*Rhinoceros unicornis*

图 20-48

野猪*Sus scrofa*

河马*Hippopotamus amphibius*

双峰驼*Camelus bactrianus*

长颈鹿
Giraffa camelopardalis

梅花鹿*Cervus nippon*

马鹿*Cervus elaphus*

獐*Hydropotes inermis*

小麂*Muntiacus reevesi*

黑麂*Muntiacus crinifrons*

毛冠鹿*Elaphodus cephalophus*

野牛*Bos gaurus*

鬣羚*Capricornis sumatraensis*

黄羊*Procapra gutturosa*

藏羚羊*Pantholops hodgsoni*

图 20-49 偶蹄目代表种类

第21章 脊索动物的起源与演化

提　要

本章在介绍生物进化理论、物种形成理论、动物进化例证、动物进化形式和种系发生等基本知识的基础之上，重点讨论了脊索动物门的起源以及脊索动物主要类群之间的系统发生关系。

21.1　动物进化的主要例证

1. 比较解剖学例证

比较各类动物的体制结构有利于找到它们之间的进化线索与亲缘关系。主要有三个方面的线索，首先是同源器官：基本结构和来源上相同，但外形和功能却可能不同的器官，如鸟类的翅和人类的上肢为同源器官；其次是同功器官：基本结构和来源上不同，但外形和功能却相似的器官，如蝶翅和鸟类的翅；第三为痕迹器官：在某些类群中已退化或功能已经丧失的器官痕迹，而其祖先的这些器官曾经发达，如某些蛇类残存的腰带结构说明其祖先曾经有附肢。

2. 胚胎学例证

Haeckel 的"生物发生律"，即个体发育的历史是系统发育历史简单而迅速的重演为最充分的胚胎学例证。还有一个明显的例子是所有的高等生物的胚胎发育都是从一个受精卵开始的，这个情况可以说明高等生物起源于单细胞生物。

3. 古生物学例证

古生物学研究的对象——化石是古代生物保存在地层里的遗体、遗迹、遗物等，是生物进化最直接、最可靠、最有力的证据。化石与地层有着密切的关系，根据地层的地质年代，可以揭示出生物进化的顺序。

4. 蛋白质及核酸的现代分子生物学例证

通过生物化学的分析可知，构成各种类型生物的化学元素是一样的；构成蛋白质的 20 种氨基酸是一样的；构成 DNA 的四种脱氧核糖核苷酸和构成 RNA 的四种核糖核苷酸是一样的；所有的遗传物质和遗传密码是一样的；各种生命活动中的高能化合物 ATP 是一样的；各种生物体内的糖酵解过程都是相似的，等等。这些分析表明，各种生物的结构和基本生命活动方面的高度一致性，证明一切生物具有共同起源。近 20 年来分子系统学(molecular phylogenetics)的迅猛发展极大地推动了动物进化的研究。分析和比对不同物种的同一种蛋白质的氨基酸组成和序列或不同物种的同一种基因的 DNA 序列，或者比较蛋白质或 RNA 的高级结构等数据，通过分析软件可以估计各种生物之间的亲缘关系。

21.2　进化理论

21.2.1　拉马克学说

人们很早就在思索这样一些问题：动物和植物为什么有那么繁多的种类？不同种类的差别是怎样造成的？不同种类之间有什么联系？人是怎样产生的？对于这些问题，天主教的神父们简单地用一句"上帝创造了一切"来予以回答。然而，许多人并不满足于这样的解释。早在古希腊就有过陆地动物是从鱼类进化而来的思想。尤其是随着近代科学和工业革命的发展,资产阶级为了掠夺资源和扩大市场,组织了许多探险队和科学考察队。由于这些探险和科学考察,人类关于动、植物和它们生活条件的知识极大地丰富了。地质学、古生物学、解剖学、生理学、胚胎学,特别是细胞学取得了巨大的进步。于是在18世纪末,许多人提出了生物进化思想。

19世纪初期,法国生物学家拉马克继承和发展了前人关于生物是不断进化的思想,大胆鲜明地提出了生物是从低级向高级发展进化的学说。1744年8月1日,拉马克出生于法国毕伽底的一个小贵族家庭中。青少年时期的拉马克兴趣多变,他对宗教、军队、天文学、金融、音乐、医学等方面都曾经产生过浓厚的兴趣。正当拉马克在人生的道路上徘徊不定的时候,有幸结识了法国大革命时期人人崇拜的偶像、法国著名的思想家、哲学家、教育学家、文学家卢梭。其后拉马克在卢梭的研究室专心钻研起生物学,1778年,他出版了第一部著作《法国植物志》,1800年又写《无脊椎动物的自然历史》一书。拉马克最重要的著作是1809年写的《动物学哲学》一书。拉马克把脊椎动物分作4个纲,就是鱼类、爬虫类、鸟类和哺乳动物类,他把这个阶梯看作是动物从简单的单细胞机体过渡到人类的进化次序。拉马克作为进化论的先驱者,在这本书里阐述了生物进化的观点。他认为:所有的生物都不是上帝创造的,而是进化来的,进化所需要的时间是极长的;复杂的生物是由简单的生物进化来的,生物具有向上发展的本能趋向;生物为了适应环境继续生存,物种一定要发生变异;家养可以使物种发生巨大变化,和野生祖先大不相同等等。

拉马克认为生物具有变异的特性,主张生物是进化的,环境变化是物种变化的原因,环境起了变化,生物也随着发生变化,有的器官由于使用而发达,不用则退化,这样变化了的性状(获得性)能够遗传下去,据此他提出了器官的"用进废退"和"获得性遗传"理论。

拉马克是历史上第一个系统地提出生物进化理论的科学家,他肯定了生物的变异和进化,主张其变异和进化是一个发展的过程而不是激变所造成。同时,生物的进化具有一定的方向性,是从低级到高级,从简单到复杂,从非生物到生物。生物与环境具有密切的联系,动物和植物都具有适应环境的能力。环境对于高等动物的影响是通过其习性的改变而实现的。拉马克认为自然界存在着"最高造物主",生物最终是由造物主所创造,生物的特性是由造物主所赋予,由这种神秘的伟大力量给自然安排了一般程序、一般的自然法则,以后便让自然依照一定的法则产生出各类生物,而神秘的力量本身将不再直接干预。另外,他的学说过分强调动物的主观愿望的作用。例如,他解释天鹅类动物颈长、腿短,是由于它们为了要从河底取食,但又无力使腿部变长,只得不断伸长颈部,年长月久,便出现这样的类型。但是,我们应该看到,拉马克的进化理论是建立在获得性遗传理论的基础上,一旦获得性遗传理论不成立,拉马克的进化论也就不能用来说明进化的机制了。

21.2.2 达尔文学说

达尔文(1809～1882)是英国杰出的生物学家,进化论的主要奠基人。达尔文在其巨著《物种起源》中,从分类学、形态学、胚胎学、生物地理学、古生物学等方面列举许多事实,证明不同生物之间具有一定的亲缘关系,古代生物和现代生物之间有着共同的祖先。在达尔文学说的体系中,最主要的是自然选择学说,其内容主要是:"变异"、"过度繁殖"、"生存竞争"和"适者生存"理论。达尔文学说是一个庞大的科学体系,但学说的中心是选择,特别是自然选择;而自然选择又是在人工选择的基础上建立起来的。

达尔文学说主要包括两方面:① 人工选择学说:许多家养动物和栽培植物,都起源于野生类群。它们在人们有计划的选择下,使有益于人类的变异逐渐积累和增强,实际上是个优胜劣汰的过程。这一学说有三个要素:一是有变异存在;二是这种变异能够遗传;三是人类对变异可以选择。三者缺一不可。② 自然选择学说:首先,达尔文认为生物普遍存在着变异。一切生物都有变异特性,世界上没有两个完全相同的生物。变异可分为一定变异和不定变异两种。所谓一定变异是指同一祖先的后代,在相同的条件下可能产生相似的变异。如气候的寒暑与毛皮的厚薄,食物的丰匮与个体的大小。所谓不定变异是指来自相同或相似亲体的不同个体,在相同或相似条件下所产生的不同变异。如同一白色母羊所生羊羔中,可能有白、黑或其他颜色。同时,达尔文认为生物普遍具有高度的繁殖率与自下而上的竞争能力。生物有着繁殖过剩的倾向,但由于食物与空间的限制及其他因素的影响,每种生物只有少数个体能够发育与繁殖。达尔文还认为:生物在生存竞争中,对生存有利的变异个体被保留下来,而对生存不利的变异个体则被淘汰,这就是自然选择或适者生存。适应是自然选择的结果。在自然选择过程中，只有适者才能生存，但适应对生存也只有相对的意义，一旦生活环境改变，原来的适应就可能变为不适应。最后，达尔文认为：通过自然选择形成新物种。

达尔文自己把《物种起源》称为“一部长篇争辩”，它论证了两个问题：第一，物种是可变的，生物是进化的。当时绝大部分读了《物种起源》的生物学家都很快地接受了这个事实，进化论从此取代神创论，成为生物学研究的基石。即使是在当时，有关生物是否进化的辩论，也主要是在生物学家和基督教传道士之间，而不是在生物学界内部进行的。第二，自然选择是生物进化的动力。当时的生物学家对接受这一点犹豫不决，因为自然选择学说在当时存在着三大困难：

第一，是缺少过渡型化石。按照自然选择学说，生物进化是一个在环境的选择下，逐渐地发生改变的过程，因此在旧种和新种之间，在旧类和新类之间，应该存在过渡形态，而这只能在化石中寻找。在当时已发现的化石标本中，找不到一具可视为过渡型的。达尔文认为这是由于化石记录不完全，并相信进一步地寻找将会发现一些过渡型化石。确实地，在《物种起源》发表两年后，从爬行类到鸟类的过渡型始祖鸟出土了，以后各种各样的过渡型化石纷纷被发现，最著名的莫过于从猿到人的猿人化石。现在被称为过渡型的化石已有上千种，但是与已知的几百万种化石相比，仍然显得非常稀少。这有两方面的原因：一方面，生物化石都是偶然形成的，因此化石记录必然非常不完全；另一方面，按照现在流行的“间断平衡”假说，生物在进化时，往往是在很长时间的稳定之后，在短时间内完成向新种的进化，因此过渡形态更加难以形成化石。

第二，是地球的年龄问题。既然自然选择学说认为生物进化是一个逐渐改变的过程，它就需要无比漫长的时间。达尔文认为这个过程至少需要几亿、十几亿年。但是当时物理学界的泰斗威廉·汤姆逊用热力学的方法证明地球只有一亿年的历史，而只有最近的最多 2 000 万年地球才冷却到能够让生命生存。对于物理学家的挑战，达尔文无法反击，只能说“我确信有一天世界将被发现比汤姆逊所计算而得的还要古老”。我们今天已知道达尔文是对的，而汤姆逊算错了，现在的地质学界公认地球有 40 几亿年的历史，而至少在 30 亿年前生命就已诞生。但是在当时，在地球的年龄问题上，人们显然更倾向于相信物理学权威。

第三个困难是最致命的：达尔文找不到一个合理的遗传机理来解释自然选择。当时的生物学界普遍相信所谓“融合遗传”：父方和母方的性状融合在一起遗传给子代。这似乎是很显然的，白人和黑人结婚生的子女的肤色总是介于黑白之间。汤姆逊的学生、苏格兰工程师简金(F. Jenkin) 据此指出：一个优良的变异会很快地被众多劣等的变异融合、稀释掉，而无法像自然选择学说所说的那样在后代保存、扩散开来，就像一个白人到一个非洲黑人部落结婚生子，几代以后他的后代就会完全变成了黑人。达尔文虽然从动植物培养中知道一个优良的性状是可以被保留下来的，但是他没有一套合理的遗传理论来反驳简金。达尔文被迫做出让步，承认用进废退的拉马克主义也是成立的，可以用来补充自然选择学说。事实上，在达尔文逝世(1882)前后，生物学界普遍接受拉马克主义，而怀疑自然选择学说。

如果达尔文知道奥地利遗传学家孟德尔的实验，就不会在遗传问题上陷入绝境了。孟德尔在 1865 年就已经发现了基因的分离定律和独立分配定律。生物遗传并不融合，而是以基因为单位分离地传递，随机地组合。因此，只要群体足够大，在没有外来因素(比如自然选择)的影响时，一个遗传性状就不会消失(肤色的融合是几对基因作用下的表面现象)。在自然选择的作用下，一个优良的基因能够增加其在群体中的频率，并逐渐扩散到整个群体。

很显然，孟德尔主义正是达尔文所需要的遗传理论。可惜，孟德尔的发现被当时的科学界完全忽视了。具有讽刺意味的是，当孟德尔主义在 1900 年被重新发现时，遗传学家们却认为它宣告了达尔文主义的死亡，在他们看来，随机的基因突变，而不是自然选择，才是生物进化的真正动力。只有一些在野外观察动植物行为的生物统计学家仍然信奉达尔文主义，因为他们所观察到的生物对环境的奇妙适应性，是无法用随机的突变来解释的。

21.2.3 分子进化的中性学说

1968 年，日本遗传学家木村资生提出中性学说，认为在分子水平上，生物进化不受自然选择的作用，而是按一定的速率随机地突变，这些突变对生物的生存没有好处也没有坏处，对生物的生殖力和生活力，即适合度没有影响。木村在当时是根据蛋白质序列提出这个学说的，20 世纪 80 年代以来，DNA 序列大量测定所得的结果表明 DNA 序列的改变更符合中性学说。有关中性学说的正确性和适用范围目前仍然没有定论。

20 世纪 50 年代以后,先后搞清楚了许多生物大分子的一级结构。通过比较不同生物的某些功能相同的蛋白质的氨基酸序列差异,人们发现,亲缘关系近的差异较小,亲缘关系远的差异较大,与物种的表型进化情况基本一致。分子进化有 3 个特点:一是多样性程度高,与表型多态(即在一相互交配的群体中存在着两种或多种基因型的现象)相比,分子多态更为丰富(例如细胞色素 C 这种蛋白质分子在行有氧呼吸的不同物种中就有种种不同的分子结构);二是各种同源分子能很好地完成各自的功能(如脊椎动物的血红蛋白分子都能运氧、各种生物的细胞色素 C 都能在氧化磷酸化中完成电子的传递等);三是随着生物从低级向高级演化,同源分子中逐年发生氨基酸或核苷酸的替换,且替换速率数基本恒定。关于大分子的进化性变化,早在 1965 年楚克坎德尔和波林等就有过全面的论述。木村的功绩是在理论上更迈进一步,把中性突变和遗传随机漂变放到决定性的位置上,提出分子进化的中性学说,较合理地解释了分子进化的各种现象。

中性学说只是强调分子水平上多数突变是中性的,并没有说全部突变都是中性的。对于蛋白质来说,只有不改变分子的三级结构和功能的那些氨基酸替换,才大致保持每年每位置上的恒定速度,否则就要受到自然选择的作用。如血红蛋白-β链上的大多数氨基酸替换都是中性替换,这些替换的固定都是通过遗传漂变实现的;但如果其第 6 位的谷氨酸被缬氨酸所替换,则在人血中就会出现不能运氧的镰形红细胞。如果所有红细胞都是镰形细胞(纯合体),个体未到成年就会死去,这样的突变当然要受到自然选择的作用而最终被淘汰。生物大分子虽然有丰富的多样性,但要维持其正常的结构与功能,其替换就不可能完全随机;不同分子受到的遗传压力不同,所受到的选择清除程度也不一样。由此可见,中性学说和达尔文的自然选择学说并不对立。不少学者认为,在理解生物进化上可把中性学说看做是附加在自然选择学说中的一个原理,是在分子水平上对达尔文主义的补充和发展。

21.2.4 现代综合进化论

近半个多世纪以来,由于分子生物学、分子系统学、分子遗传学和群体遗传学的兴起,结合生物学其他分支学科的新成就,对生物进化问题,提出了新的理论,即现代综合进化论。该学说认为生物进化是在群体中实现的,其主要论点为:① 突变(达尔文所说的不定变异,即基因突变或染色体畸变)为生物进化提供了原材料。② 基因频率与遗传平衡。基因频率就是该基因在一个种群中的数量。一个种群在一定条件下,后代与亲代的基因频率可保持不变,这种基因各代保持稳定的状态为遗传平衡。生物进化是以种群为单位而实现的。③ 自然选择与基因频率的演变。种群的演变,标志着基因频率的改变。引起基因频率的改变主要由于突变和种群间的基因迁移,而这些因素必须在自然选择的主导作用下才能定向改变种群的基因频率。④ 适合度与选择压力。适合度是指生物生存、生殖并将基因传给后代的能力。所谓选择压力是指自然选择作用于某一种群效果的衡量标准。⑤ 在新物种形成过程中强调隔离的作用。新物种形成有三个阶段:突变→选择→隔离,由于地理隔离,在自然选择的作用下形态、习性甚至结构进一步分化,就产生生殖隔离,进而形成新种。

20 世纪以来,生物进化理论的发展主要表现在:① 现代综合进化论对达尔文式的进化给予了新的更加精确的解释;② 人们发现除了这种由于自然选择引起的渐变的进化之外,可能还有其他方式的进化,可以统称为非达尔文式的进化。达尔文创立的进化学说所采用的方法基本上是描述和比较的方法。综合进化论则是建立在实验和定量分析的基础上,因而是比达尔文学说更为精确的理论。在达尔文时代,自然选择还只是一种推测,而现在则是被受控实验所证明的理论。综合进化论使自然选择学说更加精确,它更新了自然选择学说的一些基本概念,如在达尔文看来,进化的改变仅仅体现在个体上,综合进化论则认为,由于基因分离和重组,有性繁殖的个体不可能使其基因型恒定地延续下去,只有交互繁殖的种群才能保持一个相对恒定的基因库。因此,进化体现在种群的遗传组成的改变上,不是个体在进化,而是种群在进化。其次,在达尔文学说中,自然选择来自繁殖过剩和生存斗争,它是基于繁殖过剩和生存斗争作出的一个推论,而在综合进化论中,则将自然选择归结为不同基因型有差异的延续。在种间或种内的生存斗争中,竞争的胜利者被选择下来,它的基因型得以延续下去,这固然具有进化价值,但除此以外,生物之间的一切相互作用,包括哺食、竞争、寄生、共生、合作等等,只要影响基因频率和基因型频率的变化都具有进化价值。没有生存斗争,没有“生死存亡”问题,单是个体的繁殖机会的差异也能造成后代遗传组成的改变,自然选择也在进行。第三,达尔文还不能区别可遗传的变异和不遗传的变异，他有时还采用了后天获得性遗传的概念。综合进化论摒弃了这些过时的概念，而将自然选择学说和孟德尔理论及基因论有机地结合起来。

21.3 动物进化的形式与种系发生

21.3.1 进化形式

进化形式一般有趋同进化(convergent evolution)、平行进化(parallel evolution)、趋异进化(divergent evolution)与适应辐射(adaptive radiation)。

1. 趋同进化

不同的物种或类群，由于生活在极为相似的环境条件下，经选择作用而出现相类似的性状。例如，内肛动物(假体腔动物)和外肛动物(真体腔动物)的小生境非常相似，它们的外形和内部结构有许多相似之处；再如鲸与海豚表面上看很像鱼类，是由于水环境的选择压力导致这些哺乳动物发展出类似于鱼的流线形体形与鳍状附肢。

2. 平行进化

一般是指两个不同类群的动物生活于极为相似的环境中，具有一些共同的生活习性，而造成一些对等的器官出现相似的性状或相似的行为。这在很多动物类群中是普遍的，例如有袋类的大袋鼠和啮齿类的跳鼠都过地面的跳跃生活，它们都具有较长的后肢，它们的尾都具平衡与支持身体的功用。通常平行进化与趋同进化不易分别，一般来说，如后裔的相似程度大于祖先的则为趋同进化，如相似程度差不多则为平行进化。

3. 趋异进化和适应辐射

趋异进化也叫分支进化，是指由同一祖先分支出2个或多个支系的进化形式。而适应辐射也为同一祖先的分支，但适应辐射是指在相对较短的地质时间内，由一祖先经辐射分支而形成许多支系，换言之，适应辐射是发生于一个祖先在短时间内经过辐射扩展而侵占了许多新的不同的生态位，从而适应发展出新的物种或新的分类单元。

21.3.2 种系发生

整个生物可以追溯到一个共同的祖先。因此，将现时生存的与曾经生存过的生物类群按它们的祖裔亲缘关系相互连接起来组成一个生物进化系统，这个系统就是种系发生，也叫系统发育，通常形象化地称为进化树或种系发生树。

21.4 物种与物种形成

21.4.1 物种

物种(species)是自然界中客观存在的生物群体单位，它是具有一定的形态特征和生理特性以及一定自然分布区的生物类群，是生物分类的基本单位。在有性生物，一个物种中的个体一般不能与其他物种中的个体交配，或能与其他物种中的个体交配但交配后不能产生有生殖能力的后代。

实际上，对物种概念的定义已有几百年的历史了。早在17世纪有人提出物种是一个繁殖单元；后来林奈进一步提出，物种是由形态相似的个体组成，同种个体间可自由交配，并能产生可育后代，而异种个体间则杂交不育；达尔文提出，种是显著的变种，是性状差异明显的个体类群；杜布赞斯基(Dobzhansky)认为，物种是享有一个共同基因库、能进行杂交的个体的最大的生殖群落。迈尔(Mayr，1982)给物种下了一个定义：物种是由种群所组成的生殖单元(和其他单元在生殖上隔离着)，它在自然界中占有一定的生境。我国学者陈世骧(1987)认为物种在宗谱上代表一定的分支。尽管很多学者对物种的概念提出了各种各样的观点，但都忽视了行无性生殖的低等生物，这有待进一步研究和探讨。

在实际的分类学工作中物种的划分一般要考虑综合因素。

1) 形态学标准　根据生物体的形态特征方面的差异进行物种的划分，在分类学上这仍然是常用和占主体地位的标准。这种分类方法方便易行，但由于从大量形态学特征中剔除非同源特征、选择同源特征的难度较大等因素的限制，分类标准难以统一。

2) 遗传学标准　理论上是指以群体间的遗传组成方面的差异、染色体数目和结构方面的差异以及由遗传原因导致的生理生化方面的差异等作为标准，实际操作上是以能否进行杂交以及杂种后代有否繁殖能力作为标准，也即生殖隔离标准，这是区分不同物种的重要标准。这方面的标准已经发展到分子水平。凡能够进行杂交而且产生能生育的后代的个体或类群，就属于同一个物种；凡不能进行杂交，或者能够进行杂交但不能产生有生育能力的后代的个体或类群，则属于不同的物种。例如，水稻和玉米间不能进行杂交，所以它们分属于两个不同的物种。又如马和驴能够相互杂交而产生马骡和驴骡，但所得杂种均不能生育，所以马和驴也属于不同的物种。

3) 生态学标准　物种是生态系统中的功能单位，不同物种占有不同的生态位，不同的物种有不同的生态习性。

4) 生物地理学标准　不同物种的地理分布范围不同，有的分布区域很广阔，有的分布区域很狭窄；有的过去分布广，后来变狭窄了；有的则相反，过去分布很狭窄，后来变得宽阔了。

21.4.2　物种形成

物种形成(speciation)也叫物种起源，是指物种的分化产生，它是生物进化的主要标志。物种的形成是一种由量变到质变的过程，从原有的物种中形成一个新的物种，称为物种形成。对于新的物种形成的机制有不同的假说，但基因突变、自然选择是两个基本的过程。在物种形成过程中，地理隔离和生殖隔离起了十分关键的作用。

1. 物种形成的区域因素

根据物种形成的区域，大致可以分为异域型、同域型和邻域型三种类型：

(1) 异域型的物种形成

一个物种的多个种群生活在不同的空间范围内，由于地理隔绝使这些种群之间的基因交流出现障碍，导致特定的种群积累着不同的遗传变异并逐渐形成各自特有的基因库，最终与原种群产生生殖隔离，形成新的物种。

(2) 同域型的物种形成

生活在同一区域内的物种，由于资源的限制和种群内部的激烈竞争，导致生态位出现分化。占据不同生态位的群体出现基因交流的障碍，通过生殖隔离而形成新的物种。

(3) 邻域型的物种形成

有些物种的分布区很广但扩散能力较差，在其分布区的边缘地带的一些种群，由于栖息地环境的差别而形成基因交流的阻碍，逐渐建立起自己独特的基因库，并形成生殖隔离，最终形成了新的物种。

2. 物种形成的速度因素

而根据物种形成的速度，物种的形成可以概括为两种不同的方式：一种是渐变式，即在一个相当长的时间内旧的物种逐渐演变成为新的物种，这是物种形成的主要方式。另一种是爆发式，即在短时期内以飞跃形式从一个物种变成另一物种，它在高等植物，特别是种子植物的形成过程中，是一种比较普遍的形式。

(1) 渐变式物种形成(gradual speciation)

渐变式物种形成方式是通过突变、选择和隔离等过程，首先形成若干亚种，然后进一步逐渐累积变异造成生殖隔离而成为新种。渐变式又可分为两种方式：即继承式和分化式。继承式物种形成(successional speciation)是指一个物种可以通过逐渐积累变异的方式，经历悠久的地质年代，由一系列的中间类型，过渡到新的种。例如纵观马的进化历史，就可以看到这种进化方式。分化式物种形成(differentiated speciation)是指一个物种的两个或两个以上的群体，由于地理隔离或生态隔离，而逐渐分化成两个或两个以上的新种。它的特点是种的数目越变越多，而且需要经过亚种的阶段，如地理亚种或生态亚种，然后才变成不同的新种。

(2) 暴发式物种形成(sudden speciation)

暴发式物种形成方式，是指不需要悠久的演变历史，在较短时间内形成新物种的方式。这种形式一般不经过亚种阶段，而是通过染色体数目或结构的变异、远缘杂交、大的基因突变等，在自然选择的作用下逐渐形成新物种。

21.5　脊索动物的起源与演化

21.5.1　原索动物的起源与演化

原索动物有脊索、咽鳃裂和一条背神经管，这些构造也都是脊椎动物在其个体发育过程中所具有的。因此脊椎动物与原索动物可能有共同的祖先，即原始无头类。据推测可能在寒武纪，它们生活在海里，身体两侧对称，呈鱼形，并能游泳自如。后来由原始无头类演化出前端具有脑和感觉器官的原始有头类，成为脊椎动物的祖先。而原索动物中的尾索动物和头索动物可能是原始无头类另外两个特化的分支：一支营固着生活，趋向于退化方面发展，产生了具有特殊保护性的被囊；一支趋向于水底生活，产生了围鳃腔。

21.5.2　圆口纲的起源与演化

现存的原口纲动物迄今尚未找到化石，但是在奥陶纪、志留纪与泥盆纪地层中，却找到了与原口纲动物近似的化石种类，称之为甲胄鱼(Ostracoderms)，在分类上另立为一纲，即甲胄鱼纲(Ostracodermi)。这类动物都没有上下颌，因此可以总称之为化石无颌类。化石无颌类是迄今所知道的最古老的脊椎动物。它们的身体前部，特别是在头部一般都覆盖着坚硬的大块硬骨甲(也有头部不具骨甲的，如缺甲类)，甲胄鱼的名称由此得来。也正是因为有发育完好的硬骨甲，才得以很好地成为化石保存下来。

甲胄鱼和原口纲动物相隔有四亿多年之久，但是它们之间有许多共同之处，足以说明它们之间有一定的联系。一般认为，这两类不一定有直接的亲缘关系，而是来自共同的无颌类祖先。圆口类是向着半寄生或寄生生活发展的一支；而甲胄鱼也是比较特化的类群，它们身体的前部覆盖着沉重的骨甲，它们可能是游泳能力不强的底栖动物。

值得一提的是，在进化过程中软骨、硬骨究竟哪个先出现的问题目前颇有争议。基于在胚胎发育中软骨先出现的这一事实，软骨先出现的意见容易得到认同；可是基于最古老的化石无颌类已经有了硬骨组织的证据，不少古生物学家认为硬骨是更为原始的，而圆口类和软骨鱼类的软骨是次生性的。

21.5.3　鱼类的起源与演化

鱼类是低等的水栖脊椎动物，是属于有颌脊椎动物。从整个动物演化的情况来看，脊椎动物是从无脊椎动物演化来的，有颌类是从无颌类进化而来。

在泥盆纪时代，鱼类就出现了四大类：棘鱼类(Acanthodii)、盾皮鱼类(Placodermi)、软骨鱼类(Chondrichthyes)及硬骨鱼类(Osteichthyes)(图21-1)。

1. 棘鱼类

在地质年代上是出现最早的鱼类，化石出现在志留纪，最初发掘出来的棘鱼化石仅仅是一些棘和鳞片，到泥盆纪时，已达最高峰，化石也较完整。棘鱼是原始有颌类的一种，上颌(腭方骨)与下颌相咬合，体长仅是几厘米的小鱼，体呈纺锤形，歪尾，偶鳍除胸、腹络之外，在胸、腹鳍之间，腹部两侧尚有五对较小的鳍，奇鳍和偶鳍基部较宽，各鳍前均有一小棘，棘鱼的名称由此而来。体表覆盖一层细密的菱形鳞片，头上排有规则的小骨板保护头部，鳃孔不外

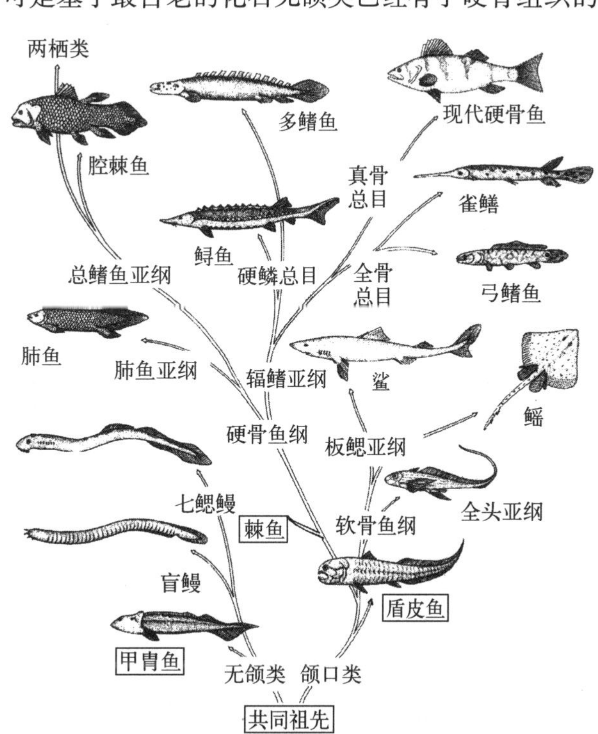

图21-1　基于形态学和化石证据假定的鱼类主要类群系统发生关系(参考Hickman等)
黑框示已灭绝类群。

露,头侧各有5个鳃小盖,其上覆盖着一块大的骨质鳃盖物。

棘鱼曾一度被划为盾皮鱼类的一种,是由于它的细密的鳞片和头上的小骨板,现在对这点还有不同的看法。也曾经把棘鱼类划为软骨鱼类,是因为它有歪尾。现在更多的人认为棘鱼接近硬骨鱼类的祖先——古鳕鱼类,是因为它的鳞片、部分骨化的骨骼及鳃盖等这些特征。

2. 盾皮鱼类

体外被有盾甲,盾皮鱼类由此而得名。有颌(有典型的下颌和与头骨愈合在一起的上颌),有成对鼻孔,偶鳍和歪型尾,骨骼为软骨。它是在志留纪与泥盆纪时期,沿着和早期的鲨类与硬骨鱼类不同的进化路线发展起来的有颌脊椎动物。随着泥盆纪的结束而退出历史舞台,只有少数延续到石炭纪。

促使棘鱼类和盾皮鱼类绝灭的因素是多方面的,但促使这些类群衰落的主要原因,则是早期的硬骨鱼类与鲨类的兴起和发展,它们有更好的适于游泳的结构,超过了同时代的棘鱼类和盾皮鱼类,在同一水域环境生存的棘鱼类和盾皮鱼类,在生存竞争中被淘汰了。

3. 软骨鱼类

软骨鱼类和硬骨鱼类从有化石记录开始以来,就已明显的表明,它们是两个系统,沿不同进化路线发展而来。盾皮鱼类是软骨鱼类的近亲,棘鱼类则是硬骨鱼类的近亲。

由于软骨不利于保存化石,除少数情况外,保留下来的大多是一些牙齿和鳍刺。软骨鱼早就分为两个支系:一支为鲨鳐类,另一支则为全头类。

4. 硬骨鱼类

一般认为从棘鱼发展而来。从最早的化石记录开始就分成两支:一支为辐鳍类,发展为现代硬骨鱼类的主体;另一支是肉鳍类,由其中的总鳍鱼类演化出陆生脊椎动物。

辐鳍类(Actinopterygii)化石由泥盆纪开始,发展至今天,大致经历了3个阶段:① 软骨硬鳞类(Chondroste):以古鳕鱼类(Palaeonisci)为代表,泥盆纪开始出现,石炭纪是它的全盛时期,到三叠纪渐渐被全骨类代替,到白垩纪绝迹。体呈纺锤形,被菱形硬鳞,骨骼大部分为软骨,脊索发达,上颌固定在颊部,歪尾,上叶覆有鳞片;② 全骨类(Holostei):比软骨硬鳞鱼有明显的进步。椎骨骨化,上颌不再固定在颊部,歪尾,鳞片变薄。化石在三叠纪开始出现,全盛时期是中生代,到中生代后期渐被真骨鱼类取代。现代生存的只北美的雀鳝和弓鳍鱼;③ 真骨类(Teleostei):是辐鳍类发展的第三阶段,它是沿着全骨鱼类所取得的那些进步性,继续向前发展,所以它能繁荣昌盛、至今不衰地分布在全球各个水域,占领各种生态环境。化石在侏罗纪开始出现,在白垩纪和第三纪时期,广泛的辐射发展,成为各种生态类型,使它们更好地适应各种不同的生态环境。

肉鳍类(Sarcopterygii)或称内鼻类,包括肺鱼和总鳍鱼。肉鳍类的化石从泥盆纪早期已出现,在以后的地质年代从未得到大的发展,中生代末期已接近灭绝,至今残存的肺鱼有三属,而总鳍鱼则仅有矛尾鱼留存到现在。古总鳍鱼的一支演化出陆生脊椎动物的祖先。

中国科学院古脊椎所朱敏等1999年在云南曲靖发现了一种叫做斑鳞鱼的古鱼化石,斑鳞鱼生活在四亿多年前的古海洋中,它不但具有肉鳍鱼类的一些典型特征,而且具有辐鳍鱼类的某些重要特征,另外还具有一些已经灭绝掉的盾皮鱼类和棘鱼类的一些特征,所以斑鳞鱼有可能是代表硬骨鱼类的祖先类型。作为迄今所知最早的具有完整的头颅和肩带遗骸的硬骨鱼类,斑鳞鱼所具有的特征组合很可能正是硬骨鱼类祖先的特征。这一研究成果为解开硬骨鱼类起源之谜提供了重要线索,在英国《自然》杂志上发表后立即引起国际学术界的关注,也激发起国外同行对硬骨鱼类起源与早期演化研究的浓厚兴趣。英法科学家立即在瑞典志留系地层中寻找硬骨鱼类新材料,期望有新的突破。2000年1月澳大利亚和英国科学家在《自然》上报道了一件在澳大利亚发现的硬骨鱼类脑颅化石。该化石清楚地保存了眼柄附着部位,因此被认为是最原始的硬骨鱼类脑颅。澳大利亚化石的发现扩大了硬骨鱼类祖先的候选名单,但谁更接近硬骨鱼类的祖先仍有待深入研究。

后来朱敏等2001年在云南曲靖又发现了一种称为无孔鱼的原始的肉鳍鱼类化石,他们还进一步发现在斑鳞鱼和无孔鱼脑颅上也有眼柄附着构造,这一发现扩大了眼柄特征在硬骨鱼类中的分布范围,也支持了斑鳞鱼和无孔鱼在整个硬骨鱼类分类系统中的祖先或基干位置。在硬骨鱼类的早期演化过程中,辐鳍鱼类和肉鳍鱼类两大支系的平行演化多次发生。无孔鱼的发现和研究为两大支系的平行演化提供了新的证据,同时也有助于探讨斑鳞鱼在硬骨鱼类中的系统分类位置。朱敏等认为澳大利亚未命名的脑颅化石可能是最原始的辐鳍鱼类，而斑鳞鱼是最原始的肉鳍鱼类，无孔鱼的特征表明它在系统发育上是斑鳞鱼和其他更进步的肉鳍鱼类之间的中间类型。澳大利亚脑颅化石、斑鳞鱼和无孔鱼都各自保留了硬骨鱼类祖先的部分特征，如眼柄、颊部外骨骼形式和胸棘刺等。

在云南曲靖，与无孔鱼共同生活的早期肉鳍鱼类有杨氏鱼、奇异鱼和斑鳞鱼等。同属肉鳍鱼类、最原始的四足型动物肯氏鱼也发现于这一地区。约 4 亿年前的早泥盆世早期，全球目前共发现 6 个肉鳍鱼类的属，其中 5 属来自华南古陆。华南早泥盆世脊椎动物群土著性色彩非常浓，世界其他地区同时期动物群通常都缺少肉鳍鱼类化石和其他华南特有的种类，如盔甲鱼类、云南鱼类等。这些都为华南地区肉鳍鱼类新的起源中心假说提供了重要证据。

21.5.4　两栖类的起源与演化

两栖类起源于泥盆纪末期的古总鳍鱼类。根据古生物学的研究，在泥盆纪末期出现了真陆生植物，地面上气候潮湿而温热。当时的森林，如巨大的木贼类和树状的羊齿植物，沿着池沼和河岸生长。大量植物的枝叶和残体落入水中，由于植物的腐烂，使某些水域缺氧。大量的鱼死亡了，而具有肺呼吸和偶鳍具有爬行能力的古总鳍鱼类则从缺氧或干涸了的水池爬到另外有水的地方去生活。在脊椎动物进化史上，从水栖转变到陆栖是一个巨大的飞跃。由水栖转为陆栖，动物在身体结构上首先必须进行两项最重要的改变：第一是形成能直接从空气中吸取氧气的肺；第二是由适应于在水中游泳的偶鳍转变为能在陆地上支持身体和行走的四肢。这样，在长期的演变过程中，鳍变成了足，鳃让位于肺，逐渐演化出最早的两栖动物。最早的两栖类化石发现于北美格陵兰泥盆纪晚期地层里，称为鱼头螈(Ichthyostega)，身长约 1 m，在它身上具备着鱼类和两栖类的双重性质。例如头骨全被膜原骨的硬骨所覆盖，骨片的数目和排列与古总鳍鱼近似，还有前鳃盖骨的残余，具有迷路齿，这些都是与古总鳍类相似的特征。但是，鱼头螈已经有五趾型的四肢，脊椎骨上还长出了前、后关节突，前肢的肩带与头骨已失去连接，说明头部已能活动，这些特征说明鱼头螈已经进入了两栖动物的范畴。两栖类到石炭纪得到了大量的发展，形成各种各样的类群。

石炭纪中蕨类植物极为繁盛，有不少长成高大的树木，形成了广阔的森林，这就是那个时期地层里埋着大量煤的由来。石炭纪这个名称就是因为那个时代的地层里埋藏着大量的煤的缘故。茂盛的蕨类植物，加上潮湿炎热的气候，这就为两栖类的发展创造了良好的条件。石炭纪和以后的二叠纪是两栖类最为繁盛的时代，因此，这两个纪被称为两栖类时代。

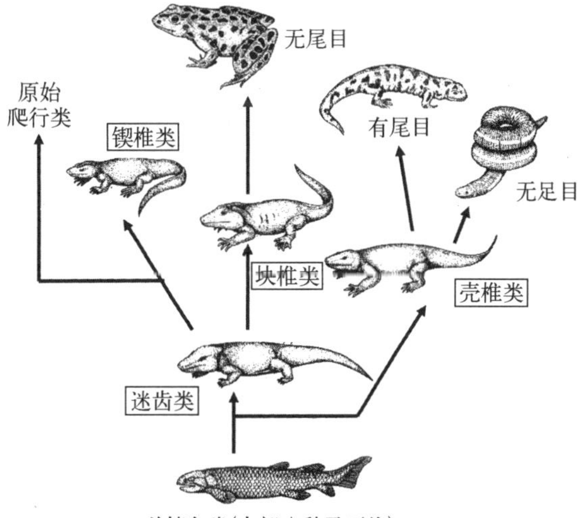

图 21－2　基于形态学和化石证据假定的两栖类主要类群系统发生关系(参考 Hickman 等)

黑框示已灭绝类群。

从鱼头螈分化出来的古生代的两栖类，因头骨皆具有膜原骨形成的完整的骨板覆盖，可以总称之为坚头类(Stegocephalia)(图 21－2)。在石炭纪和二叠纪，坚头类曾大量辐射发展，形成各种各样的类群。可分为两大类：迷齿类(Labyrinthodontia)和壳椎类(Lepospondyli)。迷齿类是古生代两栖类的主干，因这一类的动物都有总鳍鱼式的迷路齿，故得名。鱼头螈就是这一类中最早的代表。迷齿类的脊椎骨椎体在形成时经历软骨阶段，它们的椎体是由前后两部分组成，前面的称为间椎体，后面的称为侧椎体。而壳椎类的脊椎骨和迷齿类不同，其椎体形成时不经过软骨阶段，而是由造骨组织围绕脊索直接骨化形成的，它的椎体没有存椎体和侧椎体之分，只是一个线轴状的骨质圆筒，而且往往把上面的椎弓也愈合在一起。壳椎类出现于石炭纪早期，它们是两栖类进化过程中的一个旁支，生活到早二叠纪便绝灭了。

现存两栖动物和古代两栖类的亲缘关系，目前还不能确定。许多学者认为无尾目起源于迷齿类，而无足目和有尾目起源于壳椎类；但也有一些学者持另一种看法，认为现存的 3 目两栖动物有着共同的起源，它们虽然彼此之间区别很大,但这三类有不少共同的地方:如皮肤都是裸露的,都丧失了头甲和腹甲,头骨的大部分膜原骨消失,它们的中耳中有第二块听小骨和耳柱骨相接;它们的牙齿也有共同之处。

21.5.5 爬行类的起源与演化

1. 爬行类的起源

爬行类是从石炭纪末期的古代两栖类的坚头类进化来的。在石炭纪末期,地壳有了很大变动,陆地上出现了大片的沙漠,在很多地区,原来温暖而潮湿的气候转变为干燥的大陆性气候。植物界也随之改观,适应干旱的裸子植物逐渐代替了沼泽生的蕨类植物。在这种条件下,很多古代两栖类绝灭了,代之而起的是具有适应陆生体制结构和适应陆上生殖的爬行动物。研究爬行动物起源的最重要化石代表是西蒙龙(Seymouria)。该化石发现于距今约 25 000 万年的下二叠纪。从它的结构来看,恰好介于两栖类和爬行类之间。例如头骨与早期两栖类坚头类极为近似,颈部不明显,牙齿为迷路齿(牙齿横断面釉质和齿质形成复杂的迷路状),在某些种类,成年化石标本上还有侧线管。以上都是似两栖类的特征。但西蒙龙又具有许多似爬行动物的特征,例如头骨具单枕髁,肩带具有发达的间锁骨,有 2 枚荐椎,腰带与四肢骨均较粗壮,更适于陆上爬行等。由此可见,西蒙龙是介于两栖类和爬行类之间的中间类型。爬行类自从石炭纪末出现以后,到二叠纪已很兴旺,并逐渐取代了两栖类。整个中生代,爬行类在地球上占据了优势地位。

2. 爬行类的适应辐射

爬行类比两栖类更适应陆上生活,这对爬行动物的广泛适应辐射特别有意义。杯龙类(Cotylosaurria)是爬行类祖先(图 21-3),出现于古生代石炭纪,至中生代三叠纪绝灭。杯龙类具一系列类似古代两栖类的特征,与其他爬行纲类群相比较,头骨不具颞孔,为无颞窝类。

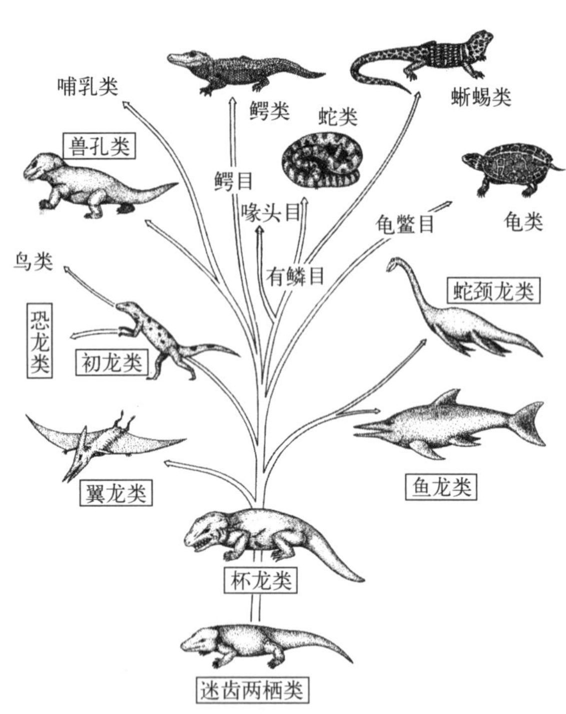

图 21-3 基于形态学和化石证据假定的爬行类主要类群系统发生关系(参考 Hickman 等)
黑框示已灭绝类群。

游泳迅速而巨大的鱼龙(Ichthyosaurus)和蛇颈龙(Plesiosaurs),直接起源于杯龙类,在中生代大部分时间中统治了海洋,它们在距今 1 亿年左右时间中先后绝灭。

龟鳖类是一个特殊的、古老的水生支系,现代种类头骨不具颞孔,它们发展了消极保护适应的龟壳而从三叠纪延续至今。

槽齿类(Thecodntia)来自杯龙类起源的初龙类(Archosauria),头骨每侧具两个颞孔,通常具眶前孔,与始鳄类(Eosuchinans)有共同祖先。中生代早期的大多数爬行动物类群是由槽齿类分支演化来得,如鳄类(Crocodilians)、翼龙类(Pterosaurs)和恐龙类(Dinosaurs)。槽齿类是一类十分灵活,双腿行走或快跑的爬行动物,自由的前肢对捕食与对抗敌害十分有利。双腿行走和自由的前肢对槽齿类在中生代能演化成庞大的家族是直接相关的。利用双脚行走也可能是翼龙类与鸟类的翼进化的一个重要前奏,由于前肢已从站立和行走中解脱出来,才有可能向翼的方向发展。槽齿类是鸟类的祖先。

在中生代侏罗纪与白垩纪处于统治地位的恐龙类于中生代末期绝灭。根据腰带的结构可分为两大类,即蜥龙类(Saurischia)和鸟龙类(Ornithischia)。蜥龙类腰带三放型,即髂骨前后伸展、耻骨向前下方伸展、坐骨向后下方伸展。栖龙类的原始种类多是肉食性的,称兽脚类(Theropoda),前肢甚短,以后肢着地,如霸王龙(Tyrannosaurus)等。蜥龙类在发展过程中出现了草食性的四足着地的巨型孔龙,称为蜥脚类(Sauropoda)。它们栖居与沼泽地区,体重可达百吨,具长颈、长尾和小头,如梁龙(Diplodocus)、雷龙(Brontosaurus)等。鸟龙类的腰带四放行,即髂骨前后伸展、耻骨和坐骨一起向后伸展,在耻骨前方有一向前伸的前耻骨突起。鸟龙类的原始种类是草食性的，较原始的种类以后肢着地，如禽龙(Iquanodon)；晚期的鸟龙类以四肢行走，很多种类披有坚甲和利角，如剑龙(Squamata)。

始鳄类于晚古生代源自杯龙类，头骨每侧亦具两个颞孔，但无眶前孔。由它演化出2个生活至今的类群，即有鳞类和喙头类(Rhynocephalians)。有鳞类包括蜥蜴类和蛇类。从中生代末期开始，当许多爬行动物走向绝灭时而有鳞类却走向繁荣，成为爬行类中最大的一个目。喙头类已衰退成单一的种，即喙头蜥，是停滞进化成为“活化石”的一个典型代表。

石炭纪末出现的盘龙类(Pelycosaurs)头骨侧下方有一个颞孔，它的后代中的兽孔类(Therapsids)，是似哺乳类的爬行类，由这一支发展出哺乳动物。在白垩纪末期恐龙类和一些其他的爬行动物类群绝灭的同时，开始了哺乳类的适应辐射。

21.5.6　鸟类的起源与演化

1. 鸟类的起源

鸟类的起源是生物学上难解之谜。从达尔文的《物种起源》发表以来，科学家一直在推测鸟类的起源及其进化史。对此，世界各国的科学家根据各自的研究，提出了各种各样的假说，19世纪中叶，英国古生物学家赫胥黎发现：恐龙与鸵鸟的后肢，至少有35个特征是共同的，因此他提出了鸟类起源于晚侏罗纪的小型兽脚类恐龙的假说。1860年在德国巴伐利亚约1.5亿年以前的石灰岩沉积层中发现一根孤零零的鸟羽，次年在同一地区发现一具有鸟状羽毛和翼的动物骨骼——这就是举世闻名的始祖鸟。始祖鸟的骨骼解剖特征为鸟类起源于恐龙提供了明显的证据。但是，会飞的鸟类如何由爬行类中的恐龙进化而来的问题，使得科学家们为之争论了100年之久。到了20世纪60年代，美国耶鲁大学古生物学家奥斯特龙对始祖鸟和小型兽脚类恐龙进行比较解剖学研究，发现始祖鸟骨骼结构的每一特征，几乎在屈骨龙类中都可找到。这一研究成果使鸟类起源于恐龙的假说得到了充实。然而在分支系统演化树上，始祖鸟与兽脚类恐龙之间仍然缺失许多中间的进化环节。因此鸟类起源于恐龙一直只是一种假说，值得一提的是近年来在中国辽西发现的中华龙鸟为鸟类起源于恐龙的假说提供了有利的证明。

1996年，中国地质科学院地质研究所季强等人得到了一块采自东北地区特殊的食肉性恐龙化石，这条恐龙的周身，似乎覆盖着一层很短的纤维状皮肤衍生物。从骨骼学的意义上看，它是一条食肉性恐龙，但是从当时世界上发现的资料看，所有的恐龙化石都没有保存这种纤维状皮肤衍生物。他们对标本的皮肤衍生物进行形态结构和生物化学等方面研究结果表明标本上的皮肤衍生物确属羽毛，并正式将这种化石命名为“中华龙鸟”(图21-4)。这样命名的根据有三：一是化石是在中国发现并由中国科学家研究；二是这种生物长有原始羽毛，那它就是介于恐龙和鸟类之间的过渡性生物，取名“龙鸟”意思是说它既像龙又像鸟；三是这种命名表明他们支持赫胥黎鸟类是由小型兽脚类恐龙演化而来的假说。中华龙鸟的研究完成后，季强并没有停止他的探索，1997年底，他在东北地区发现了原始祖鸟化石；1998年6月又找到尾羽鸟化石。它们是继中华龙鸟之后新发现的两种长羽毛的恐龙，也是介于小型兽脚类恐龙与鸟类之间的过渡性生物。它们的发现进一步证明鸟类的确是由小型兽脚类恐龙演变而来的。

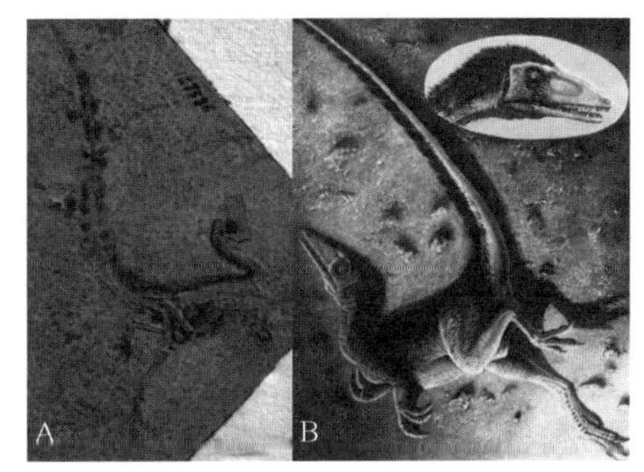

图21-4　中华龙鸟化石(A)和外形复原图(B)
(引自 http://www.dinosaur.net.cn/museum/Sinosauropteryx.htm)

然而，美国堪萨斯被俄勒冈州立大学古生物学家约翰·鲁本和特里·琼斯发现的外形似蜥蜴、身上覆盖着羽毛、可以飞行的远古时期爬行类动物化石有可能使恐龙是现代鸟类祖先的理论面临严重挑战。这种带有羽毛的爬行类动物生活在距今2.2亿年前，时间要比恐龙早数百万年，它的头部、肩部和叉骨和鸟类都非常相似。尤其是它的叉骨，几乎与始祖鸟一模一样，并且有可能已经有肌肉可以控制身上羽毛，但还无法像现在的鸟类一样飞行，只能从树上向下滑翔，羽毛结构和现代鸟类完全一样，都有中空的特点。他们认为，羽毛具有非常复杂的结构，它不可能起源两次：先是起源于早期爬行类动物，然后再起源于恐龙；他们进一步指出，与鸟类最为相似的两种恐龙 Bambiraptor 和 Velociraptor 出现的时间要比人类已知鸟类出现的时间整整晚了7 000万年。很明显，从时间上就不能吻合。而这个外形似蜥蜴、身上长着羽毛的古爬行动物生活的年代与鸟类出现的时间极相符,它身上的羽毛说明它很有可能才是鸟类的祖先。

2. 鸟类的适应辐射

鸟类在白垩纪已进化到一定程度,除某些种类尚保留爬行类的某些特点如具颌骨与齿外,已基本达到现代鸟的水平。某些种类牙已退化,头骨骨片有愈合现象,龙骨突逐渐明显,尾已缩短,尾骨末端形成尾综骨等,这些特点都与飞翔有关。

在分类上将白垩纪具齿的、现已绝灭的鸟类归为齿颌总目(Odontognathae)。齿颌总目代表了今鸟亚纲中的一个侧支,是一个没有飞翔能力的适于水生的类群,化石大多数发现于美国中西部,此地区在白垩纪时是海洋。如黄昏鸟,是一种长约 1.5~2 m 的潜水鸟,用发达具蹼的后肢游泳,翼退化缩小,具齿,颌骨变得适于捕鱼;具飞翔能力的齿颌类的代表有鱼鸟属(*Ichthyornis*),是海鸥样的飞翔鸟。

进入新生代则为鸟类的大发展时期,到第三纪始新世末,几乎所有现在生活的各目的鸟(包括雀形目)都已出现,它们均不具齿,适应辐射于多种多样的生活环境。不具齿的今鸟亚纲的鸟类可以按是否具有龙骨而分为平胸类和突胸类。平胸类失去了一些飞翔的特点,如不具龙骨、胸肌不发达、翼退化等,而加强了快跑的特点,如鸵鸟腿长而强壮。根据动物地理学的证据看,从飞翔类鸟进化为平胸类鸟在鸟类进化史上至少发生 4 次或 4 次以上,但是它们与其他鸟类的亲缘关系仍不清楚。除 3 种鸵鸟和食火鸡等现在生存的平胸类外,还有两类绝灭的,它们是恐鸟目(Dinornithiformes)和象鸟目(Aepyornithformes)。恐鸟类生活于新西兰,身高达 3 m 以上,体重约 450 kg,是世界上最大的鸟类,绝灭于至今 300 年前。象鸟生活于马达加斯加,体大于鸵鸟,卵重超过 10 kg,直径约 33×24 cm,是世界上最大的鸟卵,距今 200 年前尚有生存的种类。

21.5.7 哺乳动物的起源与演化

1. 哺乳动物的起源

早在三叠纪晚期,就在恐龙刚刚登上进化舞台的同时,一群在当时并不起眼的小动物从兽孔目爬行动物当中的兽齿类里分化出来(图 21-5)。它们有点"生不逢时",因为在随后从侏罗纪到白垩纪长达 1 亿多年的漫长岁月里,它们一直生活在以恐龙为主的爬行动物的巨大压力下,在夹缝里求生存。直到白垩纪之末,当恐龙等在中生代异常适应的爬行动物发生了大灭绝之后,它们才得以在随后的新生代中顽强地崛起并成为新生代地球的主宰。它们就是哺乳动物,它们最终能够从夹缝里崛起的原因则是它们已经具备了一系列进步的特征。

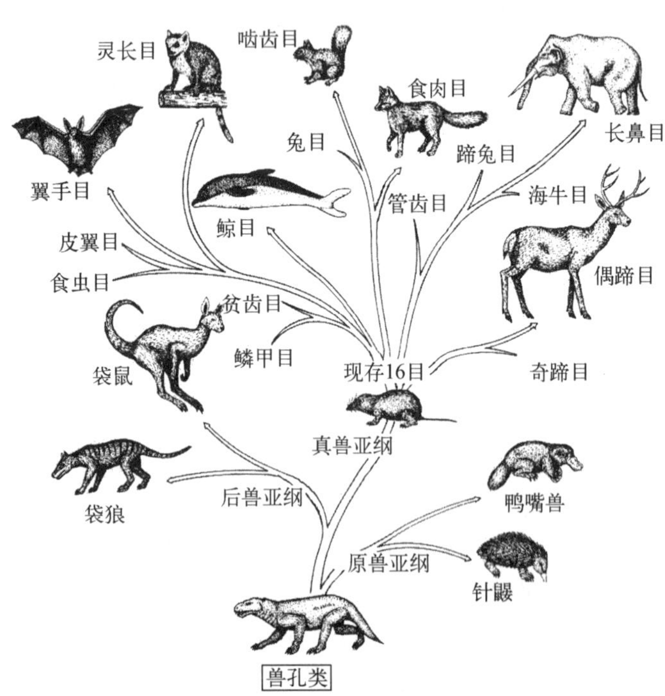

图 21-5 基于形态学和化石证据假定的哺乳类主要类群系统发生关系(参考 Hickman 等)

黑框示已灭绝类群。

2. 哺乳动物的适应辐射

一般认为现存的哺乳类很可能是多系起源的。大多数后兽亚纲与真兽亚纲的哺乳动物是侏罗纪某些古兽类的后代,而原兽亚纲则是从完全不同的路线进化来的,可能是在中生代三叠纪末出现的多结节齿类(Multituberculata)的后代。

在中生代侏罗纪,三结节齿类(Trituberculata),臼齿齿尖已从三锥齿类的直行排列演变成三角形排列。由三结节齿类演化为三齿兽类(Triconodonta)、对齿兽类(Symmetrodonta)和古兽类(Pantotheria),其中前两支生活到侏罗纪与白垩纪交替时期绝灭,而第三支古兽类却得到蓬勃发展。古兽类是后兽亚纲和真兽亚纲的祖先。此时期多结节齿类还很兴旺;到中生代末期(白垩纪),出现了后兽亚纲(有袋类)和真兽亚纲(有胎盘类);从新生代初期开始,哺乳类获得空前大发展。一方面是由于当时的环境条件对爬行类不利,而更主要的是由于哺乳类的一系列进步性特征在生存斗争中占据有利地位。现存各目哺乳类多是此时期辐射出来的。该时期多结节齿类也进化为原兽亚纲。

澳洲由于较早地(白垩纪)与其他大陆隔离,真兽类哺乳动物未能侵入,因此澳洲的新生代便成为有袋类的辐射时期,与其他大陆的真兽类的辐射形成许多平行进化现象。

21.5.8 现存脊索动物主要类群间系统发生关系

脊索动物门是动物界中最高等的一个门,尽管它们的形态结构复杂,生活方式多样,然而都无一例外地具有三大主要特征脊索、背神经管和咽鳃裂。但现存的最低等脊索动物如海鞘、文昌鱼等,由于体内还没有坚硬的骨骼,至今还没有发现它们的化石。因此,关于脊索动物的起源,只能用比较解剖学和胚胎学的证据来进行推测。近100余年,许多动物学工作者提出了种种的假说,其中两个假说有一定的影响:其一是环节动物论(annelid theory),认为脊索动物起源于环节动物,指出这两类动物都是两侧对称和分节的,都有分节的排泄器官和发达的体腔,都是密闭式的循环系统。如果把一个环节动物的背腹倒置,则腹神经索就变得和脊索动物的背神经管位置一样了;心脏的位置和血流的方向也就同于脊索动物。但是,这样背腹倒置的论点也是不能自圆其说的。例如,这样口就变得在背侧,脑就在腹侧,和脊索动物也并不一样,而且脊索、鳃裂以及胚胎发育等方面的差异,都无法解释。因此,这一假说目前已被遗弃。其二是棘皮动物论(echinoderm theory),认为脊索动物起源于棘皮动物。这是基于胚胎发育的研究。棘皮动物在胚胎发育过程中属于后口动物(deuterostomia),同时以体腔囊法形成体腔,和一般无脊椎动物不同,但却和脊索动物相似。另外,棘皮动物的幼体短腕幼虫(Auricularia)和半索动物的幼体柱头幼虫(Tornaria)在形态结构上非常近似。半索动物在动物界的地位是处于无脊椎动物与脊索动物之间的过渡地位。生物化学方面的研究也证明棘皮动物和半索动物有较近的亲缘关系。这两类动物的肌肉中都同时含有肌酸和精氨酸,一方面表明这两类动物亲缘关系较近,另一方面也表明这两类动物是处于无脊椎动物(仅有精氨酸)和脊索动物(仅具肌酸)之间的过渡地位。基于上述原因,持棘皮动物论者认为棘皮动物和脊索动物来自共同的祖先。两假说中,以后一假说赞同者较多,可能是正确的,虽然还没有直接的化石证据。

至于脊索动物的祖先,推想是一种蠕虫状的后口动物,它们具有脊索、背神经管和鳃裂。这种假想的祖先可以称之为原始无头类。原始无头类有两个特化的分支,即尾索动物和头索动物。由原始无头类的主干演化出原始有头类,即脊椎动物的祖先。原始有头类以后向两个方向发展:一支进化成比较原始、没有上下颌的无颌类(甲胄鱼和圆口类);另一支进化成具有上下颌的有颌类,即鱼类的祖先。脊椎动物的进化可以分为三个大阶段:第一阶段是在水中的进化,也就是鱼类(软骨鱼和硬骨鱼)的进化;第二阶段是从水中到陆地上的进化,硬骨鱼类中衍生出了两栖类,两栖类衍生出了爬行类;第三阶段是由爬行类衍生出鸟类和哺乳类两支高等脊椎动物(图21-6)。

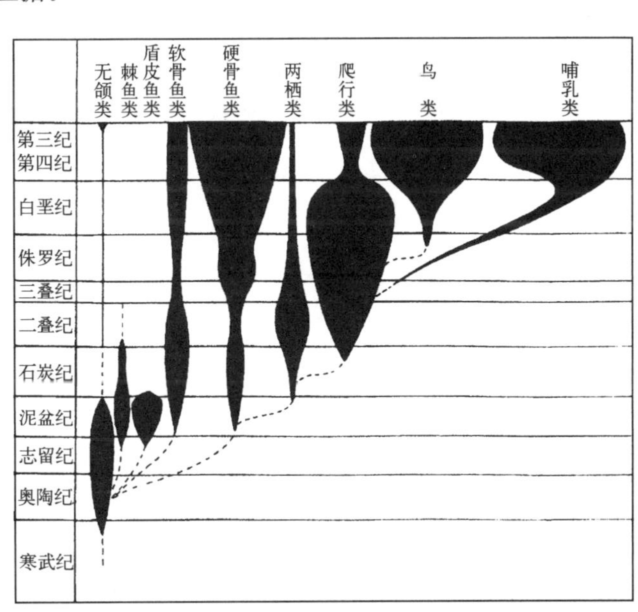

图21-6 脊索动物主要类群地史分布(自郝守刚等,2000)

为探讨现存脊索动物主要类群间系统发生关系,基于从GenBank中收集的22种脊索动物18S rDNA序列数据重建了系统发生树(图21-7)。分子系统发生树的拓扑结构在很大程度上证实了关于脊索动物主要类群间系统发生关系的传统观点,如尾索动物和头索动物位于系统树的基部位置,软骨鱼纲、两栖纲、爬行纲、鸟纲和哺乳纲各类群的单系性,爬行纲、鸟纲和哺乳纲三类群有较近亲缘关系等。但同时分子系统树又对传统观点提出了挑战,如分子系统树表明硬骨鱼类为多系发生,龟鳖目不在爬行类支系的基部位置揭示龟鳖目在现存4目爬行动物中可能不是最原始的类群。看来,进一步综合化石、形态学、发育生物学和分子系统学等多方面的数据深入探讨脊索动物主要类群间系统发生关系显得非常必要。

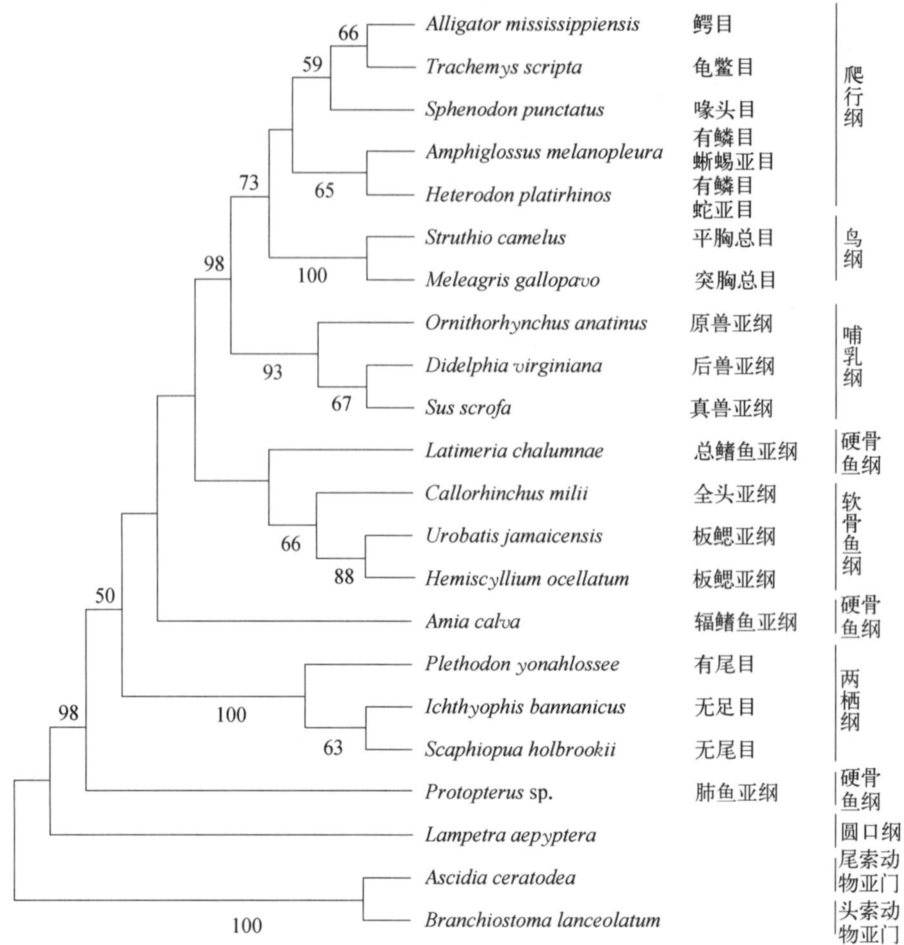

图 21－7 基于 18S rDNA 序列、用 MEGA(2.1 版本)程序中的 NJ 法(Neighbor-joining method)重建的分子系统树(潘红春绘)，每个结点上方的数字分别为来自 NJ 法的自引导值(1 000 个复制品)。

思 考 题

1. 名词解释：趋同进化 平行进化 趋异进化 适应辐射 物种 物种形成
2. 简述动物进化的主要例证。
3. 何谓分子进化的中性学说？
4. 物种形成的主要方式有哪几种？请简要阐述。
5. 有哪几种进化理论？简述每种理论的主要观点。
6. 简述脊索动物起源的主要假说。
7. 简述脊索动物门主要类群系统发生关系。

第22章 动物地理分布

提　要

动物区系是历史发展过程中所形成的和在现代生态条件下所生存的动物群，根据脊椎动物的分布，全世界陆地分为澳洲界、新热带界、热带界、东洋界、古北界、新北界6个动物地理界。我国在动物地理区划上属于东洋界和古北界，古北界分为东北区、华北区、蒙新区、青藏区；东洋界分为华中区、华南区、西南区。

动物的地理分布是指动物与地域有关的分布。每一种动物都占有一定的地理空间，即有自己的分布区，动物在这里完成生长、发育、繁殖等一切生命活动。许多物种的分布区是相互重叠的。在一个地区中，由历史发展过程中所形成的和在现代生态条件下所生存的动物群称为动物区系(fauna)。按照不同地区动物组成的特点，可以把地球划分为若干动物地理区，从大的环境上看，整个动物界可以分为海洋动物区系和陆地动物区系。海洋的环境条件比陆地相对稳定，陆地由于自然环境复杂、气候条件多变，而且存在许多影响动物分布的因素，因此物种分化十分显著。

22.1 世界陆地动物地理分区概述

根据陆地上动物尤其是脊椎动物的分布情况，把全世界陆地划分为6个动物地理界(图22-1)，每个动物地理界都有其独特的动物区系。动物地理界的界限一般是由陆地的边界或山脉、沙漠等形成的自然屏障，缺少这些自然屏障隔离的地区，动物区系呈现出广泛的过渡性。

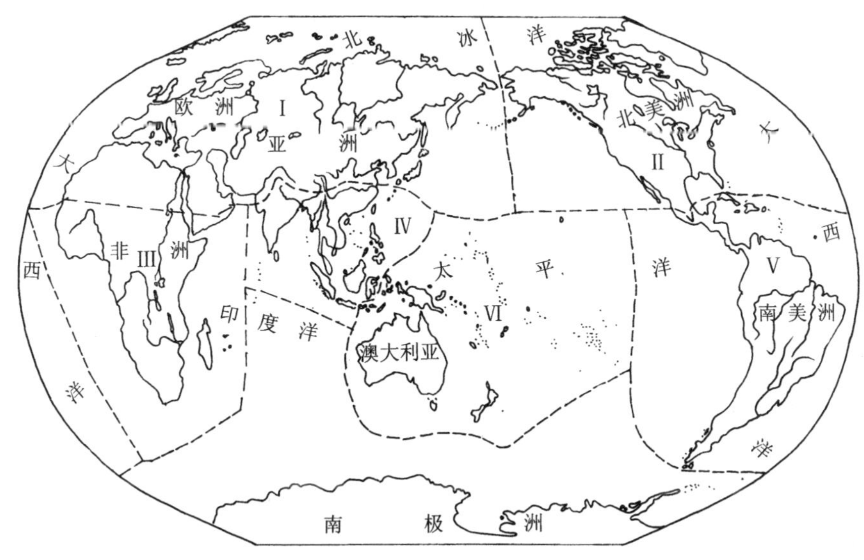

图22-1　世界动物地理分区

Ⅰ. 古北界；Ⅱ. 新北界；Ⅲ. 热带界；Ⅳ. 东洋界；Ⅴ. 新热带界；Ⅵ. 澳洲界

1. 澳洲界(Australian realm)

包括澳洲大陆、新西兰、塔斯马尼亚以及附近太平洋上的岛屿。由干旱地带、潮湿地带、孤岛等景观组成,气候比较干燥,多为草原、荒漠,热带雨林和季雨林面积较少。澳洲界动物区系是所有动物区系中最古老的,在很大程度上保留着中生代晚期的特点,动物种类比较贫乏,在各纲中均保有原始的物种。

澳洲肺鱼是本界淡水河流中的特产。爬行类中的楔齿蜥仅分布于新西兰及附近的岛屿上。在鸟类中有13个特有科530余种特有种,如鸸鹋、食火鸡、几维鸟、琴鸟、园丁鸟等。哺乳动物中缺乏其他地区占绝对优势的真兽亚纲种类,仅有少数翼手类和啮齿类,而保存了最原始的哺乳动物,其中原兽亚纲动物仅分布于本界,后兽亚纲动物在本界得到了空前的发展,形成了广泛的适应辐射。

澳洲界动物区系的特点可从历史因素进行解释,在中生代末期与大陆相隔离,当时真兽亚纲动物还没有出现,后兽亚纲动物在地球上广泛分布,后来在其他大陆上出现了真兽亚纲动物,由于地理隔离没有扩散到澳洲。使得后兽亚纲等低等哺乳动物在澳洲能够得到进一步发展,适应各种不同的环境条件,成为哺乳动物的优势类群。本界现存的真兽亚纲动物是从其他地区飞过去的(蝙蝠)或人类活动带入的。

2. 新热带界(Neotropical realm)

包括南美大陆、中美、墨西哥南部平原和西印度群岛。属于热带气候,有大面积的热带雨林和草原,很少有沙漠和温带植物。新热带界动物区系的特点是物种繁多而具特色。

鱼类、两栖类、爬行类在本界不仅种类非常丰富,而且有许多特有种,如美洲肺鱼、电鳗、电鲶、负子蟾、美洲鬣蜥等均为本界所特有;鸟类的种类和数量均是最丰富的地区之一,其中有美洲鸵鸟科、共鸟科、麝雉科、凤冠雉科、叫鸭科、灶鸟科、侏儒鸟科等31个特有科;哺乳动物中有袋目的新袋鼠科(负鼠),贫齿目(犰狳、食蚁兽、树懒),灵长目中的阔鼻亚目(狨猴、卷尾猴、蜘蛛猴),翼手目中的魑蝠科、吸血蝠科,啮齿目中的豚鼠科、毛丝鼠科、海狸鼠科等均为本界所特有,本界哺乳动物种类虽然丰富,但缺乏其他大陆广泛分布的种类,如食虫目、食肉目、长鼻目、奇蹄目、偶蹄目等。

新热带界动物组成的特点除了与环境有关外,还与历史因素有重要关系,南美洲曾经和南极大陆、澳洲、非洲连在一起,因此动物区系上仍残留着这种联系的特征,如有袋类、鸵鸟、肺鱼等。直至第三纪才与其分离,发展了许多特有种类。第三纪末期南美洲又与北美洲相连,导致两地区动物相互渗透,形成了现今复杂多样的动物区系。

3. 热带界(Ethiopian realm)

又称埃塞俄比亚界,包括撒哈拉沙漠以南的非洲大陆、北回归线以南的阿拉伯半岛、马达加斯加及附近岛屿。本界大部分为沙漠、草地和热带草原,气候较稳定。本界动物区系的特点是物种组成多样性和具有丰富的特有种类。

鱼类中的非洲肺鱼、多鳍鱼,两栖类中的爪蟾,爬行类中的避役等均是本界的特产。鸟类中陆栖、奔走及食种子的鸟类较多,水鸟较少,非洲鸵鸟目和鼠鸟目为特有目。哺乳动物中蹄兔目和管齿类目为特有目,还有许多特有科,如食虫目的金毛鼹科、獭鼩科,啮齿目的鳞尾鼠科、跳兔科滨鼠科,偶蹄目的河马科、长颈鹿科等。以及黑猩猩、大猩猩、狒狒、非洲象、非洲犀牛、斑马等特有种。

热带界和东洋界在动物区系上拥有许多共同的目或科,如鸟类的犀鸟科、阔嘴鸟科、太阳鸟科等,哺乳动物的鳞甲目、长鼻目、灵长目中的狭鼻亚目、懒猴科及奇蹄目中的犀科等,说明了两界在历史上有着密切的联系。本界的另一特征是一些广泛分布于旧大陆的科不见于本界,如鸟类中的河乌科、鷦鷯科等,哺乳动物食虫目的鼹科、食肉目的熊科、偶蹄目的鹿科等。

4. 东洋界(Oriental realm)

包括亚洲南部喜马拉雅山脉和秦岭以南地区、印度半岛、中印半岛、斯里兰卡岛、马来半岛、菲律宾群岛、苏门答腊岛、爪哇岛及加里曼丹岛等。本界地处热带、亚热带,降水丰富、植被类型多样,具有以热带和亚热带雨林为主,季雨林、干旱热带森林、灌丛、热带草原及沙漠等多种环境,使得本界动物区系复杂而多样,种类仅次于新热带界和热带界。

两栖类中虽没有特有科,但种类十分丰富,尤其是无尾两栖类,爬行类包括平胸龟科、鳄蜥科、拟毒蜥科、异盾蛇科、食鱼鳄科5个特有科,鸟类中的虽然只有雀形目中的和平鸟科为特有科,但有许多科是以本界为分布中心,如鸡形目中的雉科,雀形目中的阔嘴鸟科、黄鹂科、卷尾科、椋鸟科、画眉科等。哺乳动物中的皮翼目为特有目，特有科包括灵长目中的树鼩科、长臂猿科、眼镜猴，啮齿目中的刺山鼠科等。

5. 古北界(Palearctic realm)

包括欧洲大陆、北回归线以北的阿拉伯半岛及撒哈拉沙漠以北的非洲、喜马拉雅山脉与秦岭山脉以北的亚洲。本界气候、自然地理、生态栖息地类型等复杂多样，主要山脉东西走向，动物组成相对贫乏，无特产科，但有一些特有属，如哺乳动物中的鼹鼠、金丝猴、旅鼠、熊猫、狐、貉、獾、骆驼、獐、羚羊等，鸟类中的山鹑、鸨、毛腿沙鸡、百灵、岩鹨等。

6. 新北界(Nearctic realm)

包括墨西哥以北的北美洲。本界气候、自然地理、生态栖息地类型等与古北界相似，山脉南北走向，动物组成也较贫乏，但有一些特产科，如鱼类中的弓鳍鱼科、雀鳝科，两栖类中的两栖鲵科、鳗螈科，爬行类中的北美蛇蜥科，哺乳动物中的叉角羚科、山河狸科等。此外大褐熊、美洲麝牛、美洲驼鹿、白头海鹏等均是本界的特有种。

古北界与新北界的动物区系有许多共同的特点，有人将这两界合称为全北界(Holarctic realm)。有很多科为两界所共有，如鱼类中的刺鱼科、狗鱼科、鲟科、白鲟科，两栖类中的洞螈科、大鲵科，鸟类中的松鸡科、攀雀科，哺乳动物中的鼠兔科、河狸科等。

22.2 我国动物地理分区

我国在动物地理区划上隶属于东洋界和古北界，其分界线为西起喜马拉雅山脉，穿过横断山脉达到岷山与秦岭，向东以伏牛山—淮河一线。在东部地区由于地势平坦，缺少自然屏障而呈现出广阔的过渡地带。古北界又分为2个亚界，即东北亚界和中亚亚界，东洋界均属于中印亚界，根据我国陆生脊椎动物的分布情况，古北界分为东北区、华北区、蒙新区、青藏区4个区，东洋界分为西南区、华中区、华南区3个区，再进一步划分为19个亚区(图22-2)，依生态分布可划分为7个基本的生态地理动物群，即寒温带针叶林动物群，温带森林—森林草原、农田动物群，热带森林—林灌、草地—农田动物群，亚热带林灌、草地—农田动物群，温带草原动物群，温带荒漠、半荒漠动物群和高地森林草原—草原草甸、寒漠动物群。动物地理区划和生态地理动物群之间的关系见表22-1。

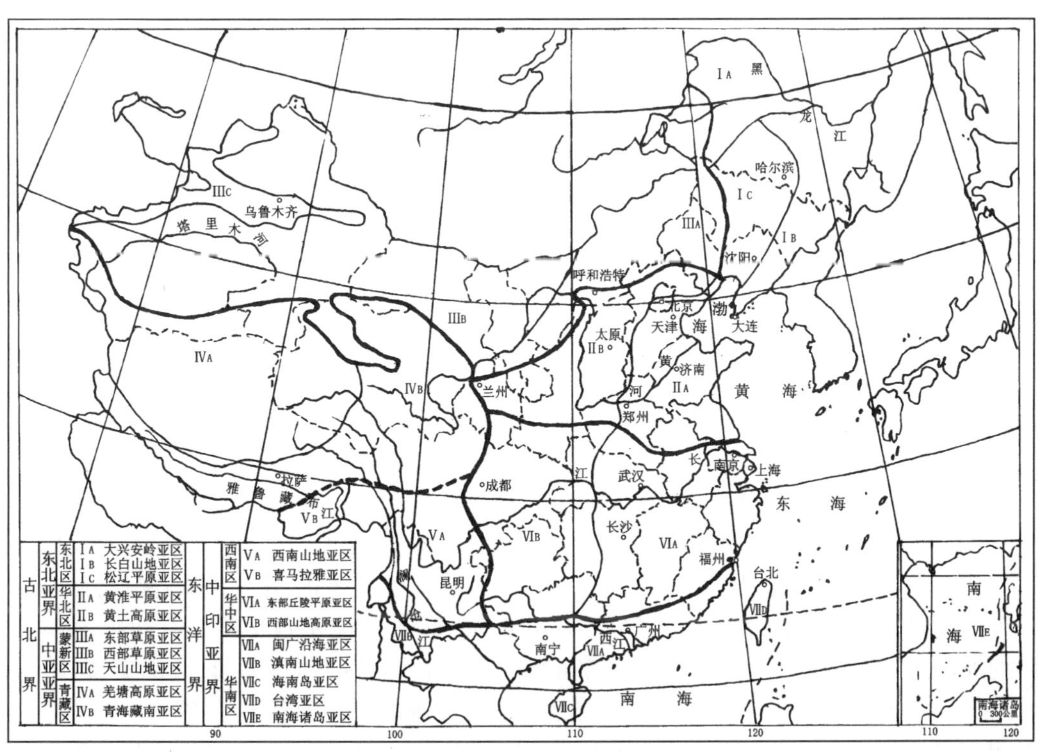

图22-2 中国动物地理区划图

表 22-1 我国动物地理区划及与生态地理动物群的关系

<table>
<tr><th>界</th><th>亚 界</th><th>区</th><th>亚 区</th><th>生态地理动物群</th></tr>
<tr><td rowspan="7">古北界</td><td rowspan="3">东北亚界</td><td rowspan="2">Ⅰ 东北区</td><td>Ⅰ$_{\mathrm{A}}$大兴安岭亚区</td><td>寒温带针叶林动物群</td></tr>
<tr><td>Ⅰ$_{\mathrm{B}}$长白山亚区
Ⅰ$_{\mathrm{C}}$松辽平原亚区</td><td rowspan="2">温带森林—森林草原、农田动物群</td></tr>
<tr><td>Ⅱ 华北区</td><td>Ⅱ$_{\mathrm{A}}$黄淮平原亚区
Ⅱ$_{\mathrm{B}}$黄土高原亚区</td></tr>
<tr><td rowspan="4">中亚亚界</td><td rowspan="3">Ⅲ 蒙新区</td><td>Ⅲ$_{\mathrm{A}}$东部草原亚区</td><td>温带草原动物群</td></tr>
<tr><td>Ⅲ$_{\mathrm{B}}$西部荒漠亚区</td><td>温带荒漠、半荒漠动物群</td></tr>
<tr><td>Ⅲ$_{\mathrm{C}}$天山山地亚区</td><td rowspan="3">高地森林草原—草原草甸、寒漠动物群</td></tr>
<tr><td>Ⅳ 青藏区</td><td>Ⅳ$_{\mathrm{A}}$羌塘高原亚区
Ⅳ$_{\mathrm{B}}$青海藏南亚区</td></tr>
<tr><td rowspan="4">东洋界</td><td rowspan="4">中印亚界</td><td rowspan="2">Ⅴ 西南区</td><td>Ⅴ$_{\mathrm{A}}$西南山地亚区</td></tr>
<tr><td>Ⅴ$_{\mathrm{B}}$喜马拉雅亚区</td><td rowspan="2">亚热带林灌、草地—农田动物群</td></tr>
<tr><td>Ⅵ 华中区</td><td>Ⅵ$_{\mathrm{A}}$东部丘陵平原亚区
Ⅵ$_{\mathrm{B}}$西部山地高原亚区</td></tr>
<tr><td>Ⅶ 华南区</td><td>Ⅶ$_{\mathrm{A}}$闽广沿海亚区
Ⅶ$_{\mathrm{B}}$滇南山地亚区
Ⅶ$_{\mathrm{C}}$海南岛亚区
Ⅶ$_{\mathrm{D}}$台湾亚区
Ⅶ$_{\mathrm{E}}$南海诸岛亚区</td><td>热带森林、林灌、草地—农田动物群</td></tr>
</table>

1. 东北区

位于我国最北部，包括大兴安岭、小兴安岭、张广才岭、老爷岭、长白山山地、松花江、辽河平原、三江平原。气候寒、温而潮湿，大兴安岭冬长无夏，至长白山山地，冬季约 5～7 个月，夏季约 3 个月。本区森林茂密，大兴安岭主要以落叶松、云杉等组成的针叶林带，小兴安岭、长白山等为红松、云杉等与栎、槭、榆、山杨等构成的针阔混交林，树种复杂。属于寒温带针叶林动物群和温带森林—森林草原、农田动物群，动物特点是耐寒性森林动物丰富，如哺乳动物中食肉目、啮齿目、偶蹄目等，典型代表种类有紫貂、水獭、黄鼬、猞猁、虎、豹、貉、赤狐、狼、黑熊、松鼠、花鼠、林姬鼠、马鹿、狍、麝、驼鹿、驯鹿、野猪等；鸟类松鸡科种类最多，如黑琴鸡、花尾榛鸡、柳雷鸟等，岩鹨科、潜鸟科及旋木雀、鳾鹓、三趾啄木鸟、星鸦、戴菊、交嘴雀等均是本区的著名代表，此外还有许多在南方越冬的种类，夏季迁到本区繁殖；两栖爬行动物贫乏，种类较少，代表种类如胎生蜥蜴、极北蝰、棕黑锦蛇、极北小鲵、爪鲵、黑龙江林蛙等。特有种类有狼獾、雪兔、林旅鼠、河狸、驼鹿、驯鹿、胎生蜥蜴、黑龙江草蜥、爪鲵等。

2. 华北区

包括黄土高原、冀北山地以及黄淮平原。范围为北接东北区、蒙新区，南至秦岭、淮河，东至黄、渤海，西达甘肃的兰州盆地。气候属暖温带，四季显著、冬季寒冷、夏季炎热，由于人类活动，多数地区已经开垦，森林被破坏，植被主要为农田、草地、灌丛等，森林仅在太行山、燕山、秦岭等地有零星分布。动物特点是种类贫乏、特有物种稀少，蒙新区、东北区以及东洋界的种类均渗透到本区。如蒙新区的黄鼠、五趾跳鼠、沙鼠，东北区的松鼠、花鼠、飞鼠等，东洋界的社鼠、猪獾、花面狸、黑枕黄鹂、红嘴蓝雀、珠颈斑鸠、黑眉锦蛇等均有分布。本区广泛分布种类如哺乳动物中的麝鼹、大仓鼠、田鼠、鼢鼠、草兔等，食肉目主要以中、小型种类为主，如狐、黄鼬、狗獾、豹等，大、中型森林动物稀少，仅有少数的狍、野猪等；鸟类中的灰喜鹊、大山雀、斑鸠、石鸡、白鹡鸰、岩鸽、山噪鹛等；爬行类中的无蹼壁虎、丽斑麻蜥、山地麻蜥、红点锦蛇、白条锦蛇、赤链蛇、黄脊游蛇、虎斑颈槽蛇等以及两栖类中的花背蟾蜍、中国林蛙、黑斑蛙、北方狭口蛙等。复齿鼯鼠、褐马鸡为本区特有种类。

3. 蒙新区

包括内蒙古高原、鄂尔多斯高原、阿拉善沙漠、河西走廊、塔里木、柴达木、准噶尔盆地和天山山地等。大部分为典型的大陆性气候，寒暑变化剧烈，夏季昼夜温差可达30～40℃。该区东部雨量较多，为草原及草甸地带，西部降雨少，为荒漠和半荒漠地带。动物种类贫乏，缺乏适应潮湿的种类，主要为荒漠和草原种类。哺乳动物中啮齿类和有蹄类以及中小型食肉类最为繁盛，如跳鼠、沙鼠、黄鼠、草原旱獭、田鼠、鼢鼠、黄羊、岩羊、双峰驼、鹅喉羚、黄鼬、艾鼬、伶鼬、狼、狐、草兔等，鸟类以适应荒漠生活的种类为主，如百灵、云雀、毛腿沙鸡、大鸨、原鸽等，爬行动物中鬣蜥科和蜥蜴科最为丰富，如沙蜥、麻蜥等，两栖动物种类少，仅新疆北鲵、中国林蛙、花背蟾蜍、绿蟾蜍等。

4. 青藏区

包括青海(柴达木盆地除外)、西藏和四川西北部，被横断山脉、喜马拉雅山脉、昆仑山、阿尔金山、祁连山等山脉所环绕，是世界上最高最大的高原，平均海拔在4 500 m以上。气候为高寒类型，冬季漫长而无夏季，植被类型主要为高山草甸、草原及高寒荒漠。动物种类最为贫乏，主要由适应高寒的物种组成，如哺乳动物中的白唇鹿、野牦牛、藏羚、岩羊、盘羊、西藏野驴、鼠兔、喜马拉雅旱獭、狼、雪豹、马熊等，鸟类中的雪鸡、黑颈鹤、藏马鸡、白马鸡、雪鹑、藏雀等，爬行类中的温泉蛇、喜山龙蜥、西藏竹叶青等，两栖类中的西藏蟾蜍等。野牦牛和藏羚羊为本区的特有种。

5. 西南区

包括四川西部、昌都地区东部、北起青海及甘肃南缘，南达云南北部，即横断山脉部分以及喜马拉雅山南坡针叶林以下的山地。区内布满高山峡谷，地形起伏大，海拔在1 600～4 000 m之间，植被垂直分布显著、气候变化剧烈，动物垂直分布明显。组成本区动物区系的动物群属于高地森林草原-草原草甸、寒漠动物群和亚热带林灌、草地—农田动物群。在横断山脉地区，还呈现出古北界和东洋界种类交错现象。代表种类如哺乳动物中的大熊猫、小熊猫、金丝猴、羚牛、黑麂、鼠兔、跳鼠、鼩鼱、麝、猕猴、花面狸等，鸟类中的雉科、画眉科以及鹦鹉科、太阳鸟科、啄花鸟科等，两栖爬行动物均较丰富。

6. 华中区

包括四川盆地以东的长江流域地区。区内地形复杂，西部北起秦岭，南至西江上游，除四川盆地外，主要是高原和山地；东部为长江中下游流域，主要是丘陵和平原。气候温和，雨量充沛，植被主要是温带夏绿林和亚热带常绿林，动物种类比较丰富，但由于本区与华北区、华南区、西南区之间无显著的自然屏障，因此呈现出东洋界和古北界相混杂和过渡的现象。主要为东洋界的成分，如哺乳动物中的短尾猴、穿山甲、赤腹松鼠、竹鼠、毛冠鹿、华南兔、灵猫、华南虎等，鸟类中的牛背鹭、啄花鸟科、白颈长尾雉、山椒鸟科等，爬行类中的扬子鳄、尖吻蝮、眼镜蛇、王锦蛇、玉斑锦蛇等，两栖类中的细痣疣螈、斑腿树蛙、沼蛙等，也有部分古北界种类的渗透，如刺猬、岩松鼠、林姬鼠、麝、灰喜鹊、攀雀、日本雨蛙等。本区特有种类如獐、黑麂、白暨豚、白颈长尾雉、黄腹角雉、竹鸡、扬子鳄、东方蝾螈、中国雨蛙等。

7. 华南区

包括云南及广东、广西的南部、福建东南沿海一带以及台湾、海南岛和南海群岛。区内地形复杂、炎热多雨，年平均气温多在22℃以上，年降水量超过1 000 mm，属于热带、亚热带地区，自然条件优越，植被以热带雨林和季风林为主。是动物种类最繁盛的地区，哺乳动物中代表种类如长臂猿、懒猴、熊猴、叶猴、亚洲象、大斑灵猫、椰子狸、熊狸、华南虎、鼬獾、犬蝠、棕果蝠、狐蝠、树鼩、赤腹松鼠、巨松鼠、黑家鼠、黄胸鼠等，鸟类也极为丰富，如鹦鹉科、犀鸟科、咬鹃科、蜂虎科、阔嘴鸟科、八色鸫科、太阳鸟科、原鸡、绿孔雀、绿鸠等。爬行类中的大壁虎、飞蜥、巨蜥、鳄蜥、蝰蛇、金环蛇、蟒蛇等。两栖类中的华南湍蛙、树蛙、版纳鱼螈等。

思 考 题

1. 简要叙述世界动物地理分布及各区的特点。
2. 简要叙述中国动物地理分布和各区脊椎动物分布特点。

参考文献

北京农业大学. 1999. 昆虫学通论(第二版)(上、下册). 北京：中国农业出版社.
秉　志. 1960. 鲤鱼解剖. 北京：科学出版社.
彩万志，庞雄飞等. 2004. 普通昆虫学. 北京：中国农业大学出版社.
蔡英亚，张　英，魏若飞. 1995. 贝类学概论(修订版). 上海：上海科学技术出版社.
陈宜瑜. 1992. 系统动物学和动物地理学的发展趋势及我国近期的发展战略. 动物学杂志，27(3)：50～56.
陈　义. 1958. 无脊椎动物学. 上海：商务印书馆.
陈　义. 1993. 无脊椎动物比较形态学. 杭州：杭州大学出版社.
陈阅增. 1993. 关于动物学内容的革新问题. 生命科学，5(2)：10～12.
成庆泰，郑葆珊等. 1987. 中国鱼类系统检索(上、下册). 北京：科学出版社.
丁汉波. 1983. 脊椎动物学. 北京：高等教育出版社.
动物学名词审定委员会. 1996. 动物学名词. 北京：科学出版社.
堵南山，赖　伟，邓雪怀等. 1989. 无脊椎动物学. 上海：华东师范大学出版社.
堵南山. 1988. 无脊椎动物学教学参考图谱. 上海：上海教育出版社.
范学铭，陈凤虎，张彦帅等. 2003. 黑龙江省水螅的分布及适应性分析. 哈尔滨师范大学学报，19(3)：73～76.
范学铭，肖　玮，张彦帅. 2005. 五种水螅基因组DNA的RAPD多态性研究. 动物分类学报，30(1)：205～208.
范学铭. 2000. 淡水水螅对环境因子的要求与适应. 生物学通报，35(5)：5.
范学铭. 2004. 水螅的有性生殖. 生物学通报，39(12)：53.
范学铭. 2005. 大连海滨实习指导. 哈尔滨：黑龙江人民出版社.
高尚武，洪惠馨，张士美. 2002. 中国动物志——刺胞动物门. 北京：科学出版社.
顾福康. 1991. 原生动物学概论. 北京：高等教育出版社.
顾宏达. 1992. 基础动物学. 上海：复旦大学出版社.
郭承华等. 1998. 棘皮动物氨基多糖的提取与活性研究概况. 海洋通报，17(5)：84～87.
国家环境保护总局. 2002. 动物多样性. http：//www. zhb. gov. cn/natu/swdyx/swdyxxz/ 200211/ t20021118_70615. htm.
侯　林，邹向阳，姚　峰. 2005. 卤虫生物学研究. 生物学通报，40(7)：4～5.
华东师范大学，南京师范大学，湖南师范大学. 1991. 动物学. 北京：高等教育出版社.
华中师院等. 1983. 动物学(上、下册). 北京：高等教育出版社.
黄大卫. 2001. 生物系统学面临的难题. 动物学报，47(5)：593～597.
江静波等. 1995. 无脊椎动物学(第三版). 北京：高等教育出版社.
克列夫兰 P. 希克曼. 1988. 动物学大全(上册)第一版. 北京：科学出版社.
李明德. 1992. 鱼类学(上、下册). 天津：南开大学出版社.
廖玉麟. 1997. 中国动物志-棘皮动物门-海参纲. 北京：科学出版社.
林景祺. 1985. 带鱼. 北京：中国农业出版社.
刘凌云，郑光美等. 1997. 普通动物学(第三版). 北京：高等教育出版社.
刘明玉，解玉浩，季达明. 2000. 脊椎动物大全. 沈阳：辽宁大学出版社.
刘　恕，曾中平. 1994. 动物学. 北京：高等教育出版社.
吕朝阳. 2000. 从系统动物学的诞生和发展探讨现代动物学研究的热点. 生物学杂志，17(2)：4～5.
孟庆闻，缪学祖，俞泰济等. 1989. 鱼类学(形态・分类). 上海：上海科学技术出版社.
孟庆闻，苏锦祥，李婉瑞. 1987. 鱼类比较解剖. 北京：科学出版社.
南京师范学院. 1960. 动物学. 北京：人民教育出版社.
彭　宇，胡　萃，赵敬钊等. 2001. 真水狼蛛胚胎发育过程中形态和主要化学物质含量的变化. 动物学报，47(2)：190～195.
齐钟彦，马绣同，王祯瑞等. 1989. 黄渤海的软体动物. 北京：中国农业出版社.
钱逸. 2001. 论扬子蛤与带壳软体动物早期演化. 科学通报，46(20)：1730～1734.
全仁哲. 2002. 线虫动物门、腹毛动物门及轮虫动物门间系统学研究. 石河子大学学报，6(2)：101～104.
任淑仙，施　浒，杨安峰. 1982. 动物的类群. 北京：人民教育出版社.
任淑仙. 1990. 无脊椎动物学(上册). 北京：北京大学出版社.
山东海洋学院. 1961. 无脊椎动物学. 北京：中国农业出版社.
宋大祥. 1997. 蛛网的进化. 菏泽师专学报，19(2)：1～9.
宋大祥. 2000. 蜘蛛的生物学. 河北大学学报，20(3)：209～215.
宋大祥. 2004. 无脊椎动物的生殖和发育. 生物学通报，39(3)：1～3.
宋大祥. 2006. 节肢动物的分类和演化. 生物学通报，41(3)：1～3.
宋微波等. 1999. 原生动物学专论. 青岛：青岛海洋大学出版社.

王所安. 1961. 脊椎动物学. 北京：人民教育出版社.
王所安. 1986. 动物结构与类群. 天津：天津科学技术学出版社.
王子臣，常亚青. 1997. 经济类海胆增养殖研究进展及前景. 海洋科学，6：20～22.
吴纪华. 2001. 线虫系统发育研究进展. 科学通报，46(13)：1068～1073.
徐秉锟. 1988. 人体寄生虫电镜图谱. 北京：人民卫生出版社.
徐凤山. 1997. 中国海双壳类软体动物. 北京：科学出版社.
许崇任，程 红. 2000. 动物生物学. 北京：高等教育出版社，德国：施普林格出版社.
许木启，张知彬. 2002. 我国无脊椎动物生态学研究进展概述. 动物学报，48(5)：689～694.
杨安峰. 1992. 脊椎动物学(修订本). 北京：北京大学出版社.
叶富良. 1991. 鱼类学. 北京：高等教育出版社.
殷 华，范学铭. 2003. 水螅排离胚胎的行为. 生物学通报，38(4)：57.
余 汶. 1990. 带壳软体动物的第一次大发展. 贝类学论文集，第三辑.
张春霖，成庆泰，郑葆珊等. 1955. 黄渤海鱼类调查报告. 北京：科学出版社.
张凤瀛，廖玉麟等. 1964. 中国动物图谱——棘皮动物. 北京：科学出版社.
张荣祖. 1999. 中国动物地理. 北京：科学出版社.
张孝威. 1983. 鲐鱼. 北京：中国农业出版社.
张彦帅，范学铭. 2005. 黑龙江省强壮水螅遗传多样性的 RAPD 分析. 动物学研究，26(2)：152～156.
赵尔宓，张学文，赵 蕙，鹰 岩. 2000. 中国两栖纲和爬行纲动物校正名录. 四川动物，19(3)：196～207.
赵尔密，赵肯堂，周开亚等. 1999. 中国动物志——爬行纲(第二卷). 北京：科学出版社.
赵尔密. 2006. 中国蛇类. 合肥：安徽科学技术出版社.
赵建成，吴跃峰. 2002. 生物资源学. 北京：科学出版社.
赵汝翼，路顺奎. 1958. 无脊椎动物学. 北京：高等教育出版社.
郑葆珊，黄浩明，张玉玲等. 1980. 图们江鱼类. 长春：吉林人民出版社.
郑光美. 1995. 鸟类学. 北京：北京师范大学出版社.
郑光美. 2005. 中国鸟类分类与分布名录. 北京：科学出版社.
郑乐怡，归 鸿. 1999. 昆虫的分类(上、下册). 南京：南京师范大学出版社.
郑作新. 1982. 脊椎动物分类学. 北京：中国农业出版社.
周正西，王宝青. 1999. 动物学. 北京：中国农业大学出版社.
朱元鼎，张春霖，成庆泰. 1963. 东海鱼类志. 北京：科学出版社.
朱元鼎. 1960. 中国软骨鱼类志. 北京：科学出版社.
椎野季雄. 1978. 水产无脊椎动物学(第 4 次印刷). 东京：培風館.
左仰贤. 2001. 动物生物学教程. 北京：高等教育出版社.
A Paul. Meglitsch. 1991. Zoology. Oxford：Oxford unversity Press.
Alexander. R M. 1978. 无脊椎动物学. 杜芝兰，张宗炳校. 北京：北京大学出版社.
Alexander. R M. 1985. 无脊椎动物学(上册). 杜芝兰译. 北京：北京大学出版社.
Barnes. D R. 1963. Invertebrate zoology. W. B. Saunders Co.
Brusca，R C & G J Brusca. 2002. Invertebrates. (2nd ed.). Sunderland：Sinauer Associates，Inc.
Ery，W G. 1970. The Biology of the Porifera Symp. Zool. Soc. Lond.
Garey RJ，Near TJ，Nonnemacher MR，et al. 1996. Molecular evidence for Acanthocephala as a subtaxon of Rotifera. J Mol Evol，43：287～292.
Garey RJ，Schmidt-Rhaesa A，Near TJ，et al. 1998. The evolutionary relationships of rotifers and acanthocephalans. Hydrobiologia，387/388：83～91.
Giribet，G，G D，Edgecombe and Wheeler W C. 2001. Arthropod phylogeny based on eight molecular loci and morphology. Nature，413 (13)：157～161.
Haszprunar G. 1991. Middle Cambrian mollusks from Idaho and early conchiferan evolution. New York Museum Bulletin，481：69～86.
Hickman C P，et al. 1993. Integrated principles of Zoology. (9th ed.). Dubuque：WCB Publishers.
Jurd Richard D. 2000. 动物生物学(影印版). 北京：科学出版社.
LH Hyman. 1951. The Invertebrates，Vol. 3，Acanthocephala，Aschelminthes，and Entoprocta. New York：McGraw-Hill.
Mark Welch DB. 1999. Evidence for the Evolution of Bdelloid Rotifers Without Sexual Reproduction or Genetic Exchange. A thesis presented for the degree of Doctor of Philosophy. Cambridge，Massachusetts：Harvard University.
Mark Welch DB. 2000. Evidence from a protein-coding gene that acanthocephalans are rotifers. Invertebr Biol，119：17～26.
Miller，Harley Stephen A.，P John. 2002. Zoology. Boston：WCB/McGraw-Hill.
Miller，S A & J P Harley. 2005. Zoology. (6th ed.) Boston：McGraw-Hill.

Mizzaro-Winmer & Salvini-Plawen. 2001. Practical Malacology.

Nielsen, C. 2001. Animal Evolution: Interrelationships of the Living Phyla. (2nd ed.). Oxford: Oxford University Press.

Peel, J S. 1991. The Class Tergomya and Helcionelloida, and early molluscan evolution. *In*: J. S. Peel (ed.), Functional morphology, evolution and systematics of Early Palaeozoic univalved molluscs. Gronlands Geologiske Undersogelse Bulletin, 161: 11~65.

Q Bone, N B Marshall. 1982. Biology of fishes. New York: Chapman & Hall Press.

R C Brusca, G J. 2002. Brusca. Invertebrates. (2nd ed.) SINAUER.

Runnegar, B and Pojeta, J. 1971. Molluscan phulogeny the paleontological view point. Science, 186: 311~317.

Steiner G, Dreyer H. 2003. Molecular phylogeny of Scaphopoda inferred from 18S rDNA sequences-support for a Scaphopoda-Cephalopoda clade. Zoologica Scripta 32(4): 343~356.

Urbakh M., Klafter J., Gourdon D. et al. 2004. The nonlinear nature of friction. Nature, 430(29): 525~528.

V V Aleshin. 1998. Phylogeny of nematoda and cephalorhynda derived from 18srDNA. J Mol Evol, 47: 597~605.

VA Andrey, M Chisato, S Yoshihisa. 2002. Taxonomic study of the Kinorhynchya in Japan. III Zoological Science, 19: 463~473.

Waller, T R. 1998. Origin of the molluscan class Bivalvia and a phylogeny of major groups. *In*: P. A. Johnston and J. W. Haggart (eds.), Bivalves—an Eon of Evolution, Calgary: Press of Calgary University. 1~45.

Westheide & W. 1997. The direction of evolution within the polychaeta. Journal of Natural history, 31(1): 1~15.

Zaman V. 1992. Atlas of Medical Parasitology, 3rd Edition. Singapore: Singapore University Press.

http://life.xmu.edu.cn/kejian/animal%20biology/3-7.files/frame.htm.

http://www.bioon.con/figure/200405/37184.html.

http://www.biosci.ohio-state.edu/~parasite/nematomorpha.

http://www.biosci.ohio-state.edu/~parasite/nematomorpha.

http://www.cvm.okstate.edu/~users/jcfox/htdocs/clinpara/Acanthocephala.htm.

http://www.cvm.okstate.edu/~users/jcfox/htdocs/clinpara/Acanthocephala.htm.

http://www.ipmimages.org/images/768x512/1356098.jpg.

http://www.ipmimages.org/images/768x512/1356098.jpg.

http://www.microscopy-uk.org.uk/mag/wimsmall/extra/rotif.

http://www.microscopy-uk.org.uk/mag/wimsmall/extra/rotif.